GOLDMANN

Buch

Wer benutzte die ersten Werkzeuge? Wo wurden die ersten Haushaltstiere gehalten? Wann wurden die ersten Tongefäße gebrannt? Wer hat die Null in das Zahlensystem eingefügt?
Obwohl wir im täglichen Leben uns ganz selbstverständlich vieler Erfindungen und Entdeckungen bedienen, haben wir meist nur eine vage Vorstellung, wann was wo und vom wem erfunden und entdeckt wurde.
Isaac Asimov hat »Das Wissen unserer Welt« in dieser umfangreichen Chronologie zusammengetragen. Unter den entsprechenden Jahreszahlen beschreibt er die wichtigsten Errungenschaften auf dem Gebiet der Astronomie, Mathematik, Physik, Chemie sowie Biologie. Diesen wissenschaftlichen Fakten folgt eine Zusammenfassung der wichtigsten historischen Ereignisse; dadurch gelingt es Asimov, den Zusammenhang und die Wechselwirkung zwischen dem Fortschritt der Wissenschaft und dem Geschehen auf der Weltbühne zu verdeutlichen.
Eine tabellarische Darstellung zu Beginn des Buches ermöglicht eine schnelle Übersicht über die wichtigsten Erfindungen und Entdekkungen und stellt gleichzeitig den optimalen Einstieg in diesen Fahrplan der Naturwissenschaften dar

Autor

Isaac Asimov wurde 1920 in der Sowjetunion geboren. Im Alter von drei Jahren kam er in die Vereinigten Staaten von Amerika und wuchs in Brooklyn, New York, auf. 1947 promovierte er an der Columbia University und war bis 1958 ordentlicher Professor an der Boston University. 1950 veröffentlichte er sein erstes Buch. Heute kann er auf das beeindruckende Werk von über 425 Büchern (Science Fiction und Sachbücher) zurückblicken. Der Autor lebt in New York.

Von Isaak Asimov liegt im Goldmann Verlag bereits vor:

Isaak Asimov/Ch. G. Waugh/M. H. Greenberg »Unheilige Nacht« (8077)

Isaac Asimov

Das Wissen unserer Welt

Erfindungen und Entdeckungen vom Ursprung bis zur Neuzeit

Aus dem Amerikanischen von
Markus Schmid, Hans Bangerter
und Sonja Göttler

GOLDMANN VERLAG

Die Originalausgabe erschien 1989 unter
dem Titel »Asimov's Chronology of Science and Discovery«
bei Harper & Row, New York

Umwelthinweis:
Alle bedruckten Materialien dieses Taschenbuches
sind chlorfrei und umweltschonend.
Das Papier enthält bereits Recycling-Anteile.

Der Goldmann Verlag
ist ein Unternehmen der Verlagsgruppe Bertelsmann

Genehmigte Taschenbuchausgabe

Umschlagfoto: PICTOR International,
Michelangelo, Sixtinische Kapelle
Satz: Büro Dr. Ulrich Mihr, Tübingen
Druck: Elsnerdruck, Berlin
Verlagsnummer: 12475
SD · Herstellung: Ludwig Weidenbeck
ISBN 3-442-12475-1
Made in Germany

1 3 5 7 9 10 8 6 4 2

Über vier Millionen Jahre Wissenschaft auf einen Blick

Wissenschaftliche Erfindungen und Entdeckungen von der Urzeit bis in die Gegenwart

Zeitrechnung v. Chr.

4 Mio	Erste Bipeden
2 Mio	Steinwerkzeuge in Gebrauch
500 Tsd	Feuer gebändigt
200 Tsd	*Homo sapiens neanderthalensis*
30 Tsd	*Homo sapiens sapiens*
	Öllampe erfunden
	Pfeil und Bogen in Gebrauch
12 Tsd	Tiere domestiziert
8000	Aufkommen des Ackerbaus
7000	Tonwaren in Gebrauch
6000	Netze aus Leinenschnüren gefertigt
	Flöße gebaut
	Sicheln erfunden
5000	Künstliche Bewässerung
	Erste Waagen
4000	Kupfergewinnung aus Erz
	Sonnenuhr erfunden
3600	Bronze entdeckt
3500	Erste Fahrzeuge mit Rädern
	Segelschiffe in Gebrauch
	Schrift entwickelt
3100	Einigung Ägyptens
3000	Kerzen in Gebrauch
2800	Kalender eingeführt
2650	Steinmonumente errichtet
2500	Glas in Gebrauch
2340	Erste Reichsgründung
2000	Pferde gezähmt
1800	Sumerisches Zahlensystem entwickelt
	Siebentägige Woche eingeführt
	Fünf Planeten und zwölf Tierkreise benannt
	Gärung genutzt
1775	Erste bekannte Gesetzessammlung
1550	Erstes Lehrbuch über medizinische Behandlungsmethoden
1500	Alphabet entwickelt
1375	Monotheismus vertreten
1200	Wasser- und lichtfeste Farbstoffe erfunden
1100	Phönizier erkunden das Mittelmeer
1000	Beginn der Eisenzeit
750	Bauwerke mit Rundbögen errichtet
700	Aquädukte gebaut
	Erster zoologischer Garten
	Sonnenuhren verbessert
640	Erste Bibliothek
	Münzen in Gebrauch
585	Sonnenfinsternis vorhergesagt

580 Wasser als Element bezeichnet
520 Irrationale Zahlen definiert
510 Erste brauchbare Landkarte
500 Erste Vorstöße in den Atlantik
Menschliche Leichen seziert
Abakus in Gebrauch
Planet Venus benannt
480 Träume rational gedeutet
440 Begriff des Atoms geprägt
420 Epilepsie als Krankheit charakterisiert
400 Katapulte gebaut
387 Gelehrtenschulen gegründet
350 Heliozentrismus vermutet
Logisches System beschrieben
Erde als Kugel bezeichnet
Lehre von den fünf Elementen formuliert
Tierarten klassifiziert
Erste Sternkarte
320 Erste Naturgeschichte der Pflanzen
312 Gepflasterte Straßen gebaut
300 Geometrie entwickelt
Gezeiten beobachtet
Venen und Arterien unterschieden
280 Teile des Gehirns beschrieben
Größe von Sonne und Mond geschätzt
Erster Leuchtturm errichtet
270 Wasseruhr erfunden
260 Prinzip des Hebels entdeckt
240 Erdumfang berechnet
Systematische Jahreszählung eingeführt
214 Bau der Chinesischen Mauer beginnt
170 Pergament erfunden
150 Entfernung zum Mond geschätzt
134 Sternkarten verbessert
100 Glasbläserei entwickelt
85 Wasserrad erfunden
46 Julianischer Kalender mit Schaltjahr eingeführt

Zeitrechnung n. Chr.

25 Klimazonen der Erde benannt
50 Erste wichtige Abhandlung über Pharmakologie
Dampfkraft genutzt
105 Papier hergestellt
140 Geozentrisches Universum beschrieben
180 Rückenmark erforscht
250 Algebra entwickelt
300 Klassische Alchemie zusammengefaßt
Steigbügel aus Metall erfunden
400 Schubkarren erfunden
537 Erste Kuppelbauten mit Fenstern
552 Seidenproduktion in Europa beginnt
600 Beetpflug erfunden
673 »Griechisches Feuer« erfunden
700 Porzellan erfunden
750 Essigsäure untersucht
770 Hufeisen erfunden
810 Zahlensystem durch Null ergänzt
850 Kaffee entdeckt
870 Polarkreis überquert
874 Erste Dauersiedlung auf Island
900 Kummet erfunden
982 Grönland besiedelt
1000 Labrador und Neufundland entdeckt
Optik begründet
1050 Armbrust erfunden
1054 Neuer Stern erschienen

1066 Komet am Himmel erschienen
1071 Gabeln in Gebrauch
1137 Strebebögen entwickelt
1180 Erste Windmühlen in Europa
1194 Spitzbergen entdeckt
1202 Arabische Zahlen in Europa eingeführt
1228 Kohleabbau in England beginnt
1241 Europäische Schiffe mit Steuerruder ausgerüstet
1249 Augengläser erfunden
Schießpulver in Europa in Gebrauch
1252 Alfonsinische Tafeln zusammengestellt
1269 Magnetpole beschrieben
1291 Spiegel aus Glas erfunden
1298 Erste Reisen nach Fernost
Spinnrad in Europa eingeführt
Langbogen erfunden
1300 Schwefelsäure entdeckt
Alkoholische Getränke destilliert
1304 Erste brauchbare Zeichnung eines Kometen
1312 Besuch der Kanarischen Inseln
1316 Erstes Buch über Anatomie
1335 Mechanische Uhr erfunden
1346 Kanone erfunden
1403 Erste Quarantäne verhängt
1405 Chinesen erforschen den Indischen Ozean
1418 Madeira entdeckt
1427 Azoren entdeckt
1436 Gesetz der Perspektive in der Kunst in Gebrauch
1439 Artillerie verbessert
1450 Arkebusen erfunden
1451 Konkave Linsen geschliffen
1454 Gutenbergbibel gedruckt
1472 Kometenbahn ermittelt
1487 Kap der Guten Hoffnung entdeckt
1492 Amerika entdeckt
Magnetische Deklination festgestellt
1495 Erstes Auftreten der Syphilis
1497 Portugiesen erreichen Indien
1502 Amerika als Neue Welt erkannt
1504 Taschenuhr erfunden
1513 Südsee entdeckt
Florida entdeckt
1519 Mexiko erobert
1523 Erste Weltumseglung
1531 Peru erobert
1535 Gleichungen dritten Grades gelöst
1538 Stellung der Kometenschweife beschrieben
1541 Erste Europäer am Mississippi
1542 Amazonas erforscht
1543 Heliozentrisches System veröffentlicht
Erstes Anatomiebuch mit Illustrationen
Wissenschaftliche Revolution beginnt
1545 Negative Zahlen beschrieben
Chirurgische Methoden verbessert
1551 Trigonometrische Tafeln entwickelt
Preußische Tafeln zusammengestellt
1552 Eustachische Röhre beschrieben
1553 Suche nach Nordostpassage
1555 Homologien bei Wirbeltier-Skeletten beschrieben
1556 Mineralogie begründet
Tabak gelangt nach Europa
1560 Erste Forschungsgemeinschaften

1565	Muskete erfunden	**1610**	Jupitermonde entdeckt
1568	Erste Weltkarten, die auf Mercatorprojektion basieren		Venus durch Fernrohr betrachtet
	Moderne Geographie begründet		Sonnenflecken entdeckt
1572	Supernova beobachtet	**1612**	Andromedanebel entdeckt
1576	Europäer entdecken Grönland	**1614**	Logarithmentafeln erstellt
1577	Erstes astronomisches Observatorium	**1616**	Baffin Bai entdeckt
1578	Drakestraße entdeckt		Feuerland umsegelt
1581	Pendelbewegung untersucht	**1620**	Postkutschen eingeführt
	Sibirien erforscht		Wissenschaftliche Methoden beschrieben
1582	Gregorianischer Kalender eingeführt	**1621**	Brechungsgesetz formuliert
1583	Hydrostatik begründet	**1622**	Rechenschieber erfunden
1586	Dezimalbrüche in Gebrauch	**1624**	Gase benannt und untersucht
1589	Experimente mit fallenden Körpern	**1627**	Rudolfinische Tafeln zusammengestellt
	Geheimschriften entziffert		Auerochse ausgestorben
	Strickmaschine erfunden	**1628**	Blutkreislauf untersucht
1590	Mikroskop erfunden		Physiologie begründet
1591	Algebraische Symbole eingeführt	**1633**	Galilei schwört unter Zwang dem Heliozentrismus ab
1592	Thermometer erfunden	**1635**	Beobachtungen über magnetische Deklination veröffentlicht
	Ruinen Pompejis entdeckt	**1637**	Analytische Geometrie begründet
1596	Niederlande nimmt Handel mit Ostindien auf		Fermats letztes Theorem formuliert
	Wert von Pi auf zwanzig Dezimalstellen errechnet	**1640**	Koks aus Kohle hergestellt
1597	Erstes Lehrbuch für Chemie	**1641**	Fernrohre mit Fadenkreuz ausgestattet
1600	Erde als großer Kugelmagnet beschrieben	**1642**	Chinin in Europa bekannt
1603	Venenklappen entdeckt		Addiermaschine erfunden
1607	Jamestown in Virginia gegründet		Südpazifische Inseln entdeckt
1608	Fernrohr erfunden	**1643**	Barometer erfunden
1609	Planetenbahnen als Ellipsen beschrieben	**1645**	Luftpumpe erfunden
	Milchstraße durch Fernrohr betrachtet	**1648**	Zusammenhang zwischen Luftdruck und Höhe festgestellt
	Mond durch Fernrohr betrachtet		Pascalsches Prinzip entdeckt
		1650	Erster Doppelstern entdeckt
			Erdalter geschätzt

1651 Mondkrater benannt
1653 Lymphgefäße entdeckt
1654 Wahrscheinlichkeitstheorie aufgestellt
Luftdruck bei Schauversuchen demonstriert
1656 Saturnring und Saturnmond entdeckt
Pendeluhr erfunden
1657 Experimente mit fallenden Körpern im Vakuum
1658 Rote Blutkörperchen entdeckt
1659 Syrtis Major auf dem Mars entdeckt
1660 Kapillare entdeckt
Statische Elektrizität nachgewiesen
1661 Chemisches Element definiert
Theorie über das Gleichgewicht zwischen Säuren und Laugen im Körper aufgestellt
1662 Boyle-Mariottesches Gesetz formuliert
Royal Society gegründet
1664 Der Große Rote Fleck auf dem Jupiter entdeckt
1665 Zellen entdeckt
Diffraktion des Lichts untersucht
Rotation von Planeten gemessen
1666 Lichtspektrum entdeckt
1668 Impulserhaltungssatz formuliert
Theorie der Urzeugung widerlegt
Erstes Spiegelteleskop gebaut
1669 Infinitesimalrechnung entwickelt
Phosphor entdeckt
Fossilien als Überreste von Lebewesen erkannt
Doppelbrechung beschrieben
Veränderung des Blutes an der Luft bemerkt
1670 Symptome der Zuckerkrankheit erkannt
1671 Zweiter Saturnmond entdeckt
1672 Entfernung Erde-Mars bestimmt
1675 Lichtgeschwindigkeit gemessen
Saturnring als zwei Ringe erkannt
1676 Mikroorganismen unter dem Mikroskop gesehen
1678 Katalog mit südlichen Sternen veröffentlicht
Wellentheorie des Lichts aufgestellt
1679 Dampfkochtopf erfunden
1680 Mechanik von Muskeln und Knochen beschrieben
1681 Dronte ausgestorben
1682 Geschlechtliche Fortpflanzung bei Pflanzen beschrieben
1683 Bakterien entdeckt
1684 Größe der Erde präzisiert
1685 Imaginäre Zahlen definiert
1686 Meteorologische Generalkarte gezeichnet
Erste moderne Systematik der Pflanzenwelt
1687 Newtons Bewegungsgesetze formuliert
Gesetz der allgemeinen Gravitation formuliert
Erde als abgeplattetes Rotationsellipsoid mit äquatorialer Ausbuchtung beschrieben

1688 Scheibenglas erfunden
1691 Moderne zoologische Klassifikation beginnt
1693 Rechenmaschine erfunden
Erste Sterblichkeitstabellen zusammengestellt
1698 Dampf-Vakuum-Pumpe erfunden
Erste Forschungsreise zur See
1699 Zusammenhang zwischen Volumen und Temperatur bei Gasen festgestellt
1700 Binärsystem vorgeschlagen
1705 Wiederkehr des Halleyschen Kometen vorhergesagt
Beitrag der Luft zur Ernährung der Pflanzen vermutet
1706 Erste gefederte Kutschen
Elektrostatischer Generator verbessert
1707 Pulsmeßuhr erfunden
1708 Koks für Eisenverhüttung verwendet
1710 Pennsylvania-Büchse gebaut
1712 Newcomensche Kolbendampfmaschine erfunden
1713 Pockenimpfungen in der Türkei
1714 Quecksilberthermometer erfunden
1715 Sonnenfinsternis vorhergesagt und beobachtet
1718 Eigenbewegung der Fixsterne entdeckt
1722 Osterinsel entdeckt
1728 Schiffschronometer erfunden
Jährliche Verschiebungen der Sternpositionen mit der Aberration des Lichts erklärt
Lichtgeschwindigkeit genauer ermittelt
Beringstraße entdeckt
Erstes Buch über Zahnmedizin veröffentlicht
1729 Elektrische Leiter und Nichtleiter definiert
1733 Achromatische Linse erfunden
Blutdruck gemessen
Verwandtschaft zwischen Elektrizität und Magnetismus festgestellt
Schnellschützen-Webstuhl erfunden
1735 Äquatoriale Ausbuchtung der Erde gemessen
Klassifikation der Pflanzen verbessert
Beschreibung der Winde verbessert
1736 Erstes Buch über Mechanik veröffentlicht
1737 Kobalt entdeckt
1738 Kinetische Gastheorie formuliert
1739 Erste Europäer an den Rocky Mountains
1740 Süßwasser-Hydra entdeckt
1742 Celsius-Thermometerskala entwickelt
Goldbachsche Vermutung aufgestellt
Franklin-Ofen erfunden
1744 Transzendente Zahlen definiert
1745 Leidener Flasche erfunden
Eisen im Blut gefunden
1747 Mittel gegen Skorbut gefunden
1748 Osmose untersucht
Eigenschaften von Platin beschrieben
1749 Erste Spekulationen über biologische Evolution
Hypothese, die Erde sei durch Kollision der Sonne mit einem Kometen entstanden
1751 Nickel entdeckt
Erste moderne Enzyklopädie

1752 Blitzableiter erfunden
Chemische Prozesse bei der Verdauung nachgewiesen
Wärme als ursächlicher Faktor in der Erdgeschichte erkannt
1754 Quantitative Analyse bei der Untersuchung von Kohlendioxyd angewandt
1755 Nebel als große Sternsysteme interpretiert
1756 Landbrücken zwischen den Kontinenten vermutet
1758 Wiederkehr des Halleyschen Kometen
Flammentests in der Chemie in Gebrauch
1759 Moderne Embryologie begründet
1760 Erdbeben erforscht
Wissenschaftliche Beschäftigung mit der Wärme
Moderne Pathologie begründet
1761 Durchgang der Venus beobachtet
Brusterkrankungen mit Perkussionsmethode diagnostiziert
1762 Latente Wärme definiert
1763 Bestäubung erforscht
1764 Dampfmaschine verbessert
1765 Theorie des Plutonismus formuliert
1766 Wasserstoff entdeckt
Erste Anfänge der Neurologie
1768 Urzeugung von Mikroorganismen widerlegt
Australien entdeckt
Sodawasser erfunden
1769 Fortschritte in der quantitativen Chemie
Spinnmaschine erfunden
Quelle des Blauen Nil entdeckt
Meeresströmungen erforscht
Wasserlösliche Gase untersucht
1771 Messier-Katalog veröffentlicht
Pflanzliche Verwertung von Kohlendioxid untersucht
1772 Verbrennungsvorgänge quantitativ untersucht
Verwandtschaft zwischen Diamant und Kohle festgestellt
Stickstoff entdeckt
1773 Polarkreis überquert
Bazillen und Spirillen entdeckt
1774 Sauerstoff entdeckt
Chlor isoliert
Psychosomatische Leiden mit »Mesmerismus« behandelt
1775 Wirkung von Digitalis beschrieben
1776 Menschenrassen klassifiziert
1777 Drehwaage erfunden
1778 Molybdän entdeckt
Hawaii-Inseln entdeckt
1779 Befruchtung beim Menschen erforscht
Photosynthese exakter beschrieben
1780 Stimulanz der Muskeln durch elektrischen Strom untersucht
1781 Uranus entdeckt
Doppelsterne entdeckt
Kristallographie begründet
Neigung der Polarachse des Mars bestimmt
Dampfmaschine weiter verbessert

1782 Veränderliche Sterne entdeckt
1783 Bewegung der Sonne gegenüber anderen Sternen untersucht
Atmung als Form der Verbrennung erkannt
Erster Flug mit Heißluftluftballon
Wolfram entdeckt
1784 Auswirkungen von Vulkanausbrüchen auf das Wetter vermutet
Bifokale Linsen erfunden
Zusammensetzung des Wassers entdeckt
Polarkappen des Mars beobachtet
Europäer besiedeln Alaska
Tellur entdeckt
1785 Sternhaufen beobachtet
Zahl der Sterne in der Milchstraße geschätzt
Theorie des Aktualismus formuliert
1786 Mont Blanc bestiegen
1787 Beziehung zwischen Temperatur und Volumen bei Gasen wiederentdeckt
Chemische Nomenklatur vorgeschlagen
Erstes funktionstüchtiges Dampfschiff
1788 Algebra und Infinitesimalrechnung auf mechanische Probleme angewendet
Tabelle chemischer »Affinitäten« erstellt
1789 Weitere Saturnmonde entdeckt
Säuren ohne Sauerstoff gefunden
Gesetz von der Erhaltung der Masse aufgestellt
Uran entdeckt

1790 Industrielle Revolution erreicht die Vereinigten Staaten
Metrisches System eingeführt
1791 Titan entdeckt
Columbia-River entdeckt
1793 Baumwollentkerner erfunden
Humanere Behandlung von Geisteskranken gefordert
Vancouver-Insel umsegelt
1794 Außerirdische Herkunft der Meteoriten vermutet
»Seltene Erden« entdeckt
1795 Lebensmittel in Dosen konserviert
1796 Erste Pockenschutzimpfung
Nebularhypothese aufgestellt
Heptadekagon konstruiert
1797 Chrom entdeckt
Erster Fallschirmabsprung
1798 Erdmasse errechnet
Vergleichende Anatomie begründet
Bevölkerungswachstum analysiert
Ammoniak verflüssigt
Austauschteile für Musketen hergestellt
Beryllium entdeckt
1799 Gesetz der konstanten Proportionen formuliert
Gesteinsschichten untersucht
Perturbationen des Sonnensystems untersucht
Stein von Rosette entdeckt

1800 Elektrische Batterie erfunden
Erste Elektrolyse von Wasser durchgeführt
Infrarotstrahlung entdeckt
Gasbeleuchtung erfunden
Stickoxydul (Lachgas) entdeckt
Gewebeuntersuchungen veröffentlicht
Verformbares Platin erfunden
1801 Jacquardwebstuhl erfunden
Ceres, der erste Asteroid, entdeckt
Wirbellose klassifiziert
UV-Strahlung entdeckt
Existenz von Lichtwellen nachgewiesen
Niobium entdeckt
1802 Weitere Asteroiden entdeckt
Tantal entdeckt
1803 Begriff des Atomgewichts eingeführt
Existenz von Meteoriten bestätigt
Cerium, Osmium und Irdium entdeckt
1804 Erste wissenschaftliche Ballonfahrten
Erste Fahrt einer Dampflokomotive auf Schienen
Missouri bis zur Quelle erforscht
1805 Morphin entdeckt
1806 Asparagin, die erste Aminosäure, entdeckt
1807 Natrium und Kalium entdeckt
Erster kommerzieller Erfolg mit Dampfschiff
1808 Polarisiertes Licht entdeckt
1809 Theorie über die Vererbung erworbener Eigenschaften formuliert
Aerodynamik begründet
1810 Abhandlung über das Nervensystem veröffentlicht
Chlor als Element erkannt
1811 Avogadrosche Hypothese aufgestellt
Iod entdeckt
1812 Katalyse für die Stoffumsetzung benutzt
Wissenschaft der Paläontologie begründet
Mechanistisches Weltbild entworfen
1813 Chemische Symbole eingeführt
Pflanzen-Enzyklopädie erscheint
1814 Spektrallinien entdeckt
1815 Polarisationsebene des Lichts untersucht
Organische Radikale untersucht
Proutsche Hypothese aufgestellt
Straßenbau verbessert
1816 Stethoskop erfunden
1817 Chlorophyll isoliert
Kadmium, Lithium und Selen entdeckt
1818 Abhandlung über transversale Lichtwellen veröffentlicht
Bahn des Enckeschen Kometen berechnet
Liste mit Atomgewichten veröffentlicht
1819 Zusammenhang zwischen spezifischer Wärme und Atomgewicht nachgewiesen
Erste Atlantiküberquerung mit Dampfschiff

1820 Elektromagnetismus entdeckt
Aminosäure Glycin entdeckt
Kontinent Antarktis gesichtet
Beugungsgitter zur Erzeugung von Spektren benutzt
1821 Mit Elektrizität Bewegung erzeugt
Seebeck-Effekt nachgewiesen
Vermutung formuliert, daß weite Teile Europas einst von Gletschern bedeckt waren
1822 Wärmeleitung untersucht
Moderner Computer entworfen
Projektive Geometrie entwickelt
Überreste des Dinosauriers Iguanodon gefunden
Erstmals ägyptische Hieroglyphen übersetzt
1823 Salzsäure in den Magensäften nachgewiesen
Platin als Katalysator benutzt
Isomere entdeckt
Chlorgas verflüssigt
Elektromagnet erfunden
1824 Portland-Zement erfunden
Thermodynamik begründet
Entfernung zur Sonne präzisiert
Gleichungen fünften Grades analysiert
Silikon entdeckt
1825 Dampflokomotive erzielt kommerziellen Erfolg
Aluminium entdeckt
Verdauung experimentell untersucht
Kerzen aus Fettsäuren hergestellt
Linsen zur Korrektur von Astigmatismus hergestellt
1826 System der nicht-euklidischen Geometrie veröffentlicht
Brom entdeckt
1827 Ohmsches Gesetz formuliert
Erste Turbine gebaut
Schraubenpropeller er-funden
Eizellen von Säugetiere untersucht
Nährstoffe in Kohlen hydrate, Fette und Eiweiße unterteilt
Brownsche Molekularbewegung beschrieben
1828 Harnstoff synthetisiert
Bei allen Wirbeltier-Embryonen Rückenseite nachgewiesen
Thorium entdeckt
1829 Nicolsches Prisma erfunden
1830 Achromatisches Mikroskop erfunden
Mathematische Gruppentheorie erfunden
Aktualismus anerkannt
1831 Prinzip des Stromgenerators entdeckt
Elektromotor erfunden
Zellkern entdeckt
Sichere und praktische Zündhölzer zum Reiben erfunden
Magnetischer Nordpol entdeckt
Chloroform entdeckt
Zusammenhang zwischen Diffusionsgeschwindigkeit und Molekulargewicht bei Gasen untersucht
Theorie über die Richtung von Wirbelstürmen veröffentlicht
1832 Gesetzmäßigkeiten der Elektrolyse entdeckt
1833 Diastase, das erste Enzym, entdeckt

1834 Mähdrescher erfunden
Zellulose entdeckt
1835 Trockeneis hergestellt
Coriolis-Kraft beschrieben
Revolver patentiert
1836 Pepsin entdeckt
Daniell-Zelle entwickelt
1837 Begriff der Eiszeit eingeführt
Chlorophyll zur Photosynthese in Beziehung gesetzt
Nachweis erbracht, daß es unmöglich ist, einen Winkel mit Zirkel und Lineal in drei gleiche Teile zu teilen
1838 Entfernung eines Sterns bestimmt
Zelltheorie formuliert
Hefezellen untersucht
Protein benannt
Morse-Code erfunden
1839 Fotografie erfunden
Erstmals Mond fotografiert
Gummi vulkanisiert
Brennstoffzelle entwickelt
Antarktis entdeckt
Ross-Schelfeis entdeckt
Fahrrad erfunden
Lanthan entdeckt
1840 Thermochemie begründet
Ozon entdeckt
1841 Hypnose erforscht
Foto-Negativ erfunden
Zündnadelgewehr erfunden
Normschraubengewinde vorgeschlagen
1842 Chemischer Dünger erfunden
Doppler-Effekt entdeckt
Längen-Breiten-Index zur rassischen Unterscheidung vorgeschlagen
1843 Mechanischer Gegenwert von Wärme bestimmt
Zyklus bei Sonnenflecken entdeckt
Mathematisches System der Quaternionen entwickelt
Höhere analytische Geometrie entwickelt
Wheatstone-Brücke bekannt gemacht
Erstes transatlantisches Linienschiff
1844 Erste Nachricht telegrafiert
Unsichtbare Begleiter von Sirius und Prokyon vermutet
1845 Weitere Asteroiden entdeckt
Spiralnebel entdeckt
Permanente Gase ermittelt
1846 Äther als Betäubungsmittel benutzt
Neptun entdeckt
Existenz eines Planeten Vulkan vermutet
Wirkung asymmetrischer Kristalle auf polarisiertes Licht untersucht
Protoplasma benannt
Keilschrifttexte entziffert
Nähmaschine patentiert
1847 Energieerhaltungsgesetz formuliert
Empfehlung an Ärzte, steril zu arbeiten
Anästhesie bei Entbindungen benutzt
Nitroglyzerin erfunden
Formale Logik begründet
Zahnfüllungen aus Silberamalgam eingeführt
1848 Absolute Temperaturskala vorgeschlagen
Verschiebung von Spektrallinien festgestellt
Crab-Nebel entdeckt

1849 Lichtgeschwindigkeit durch erdgebundenes Experiment ermittelt
Saturnringe durch Roche-Grenze erklärt
Nervenfasern als Fortsätze von Nervenzellen erkannt
1850 Zweiter Hauptsatz der Thermodynamik formuliert
Infrarotstrahlung untersucht
1851 Mit Pendel Erdrotation demonstriert
Weitere Satelliten von Saturn und Uranus entdeckt
1852 Joule-Thomson-Effekt entdeckt
Idee der Wertigkeit in die Chemie eingeführt
Gyroskop als Kompaß benutzt
Einfluß der Sonnenflecken auf das Magnetfeld der Erde beschrieben
Personenaufzug erfunden
1853 Alter der Sonne bestimmt
Erste Gleitflugzeuge gebaut
Kerosin für die Verwendung in Lampen hergestellt
1854 Verunreinigtes Wasser als Überträger der Cholera erkannt
»Telegrafen-Plateau« auf dem Meeresboden entdeckt
Neue Form der nichteuklidischen Geometrie entwickelt
1855 Kraftlinien erhalten mathematische Gestalt
Geißler-Röhre erfunden
Seismograph erfunden
Kunststoff erfunden
1856 Glykogen entdeckt
Bessemer-Verfahren zur Herstellung von billigem Stahl entwickelt
Synthetischer Farbstoff erfunden
Skelett eines Neandertalers entdeckt
Pasteurisation entwickelt
1857 These über die Zusammensetzung der Saturnringe aufgestellt
1858 Theorie der Evolution durch natürliche Selektion veröffentlicht
Struktur organischer Moleküle ermittelt
Zellularpathologie begründet
Erster funktionsfähiger Kühlschrank
Elektrizität im Vakuum untersucht
1859 Erste erfolgreiche Ölbohrung
Speicherbatterie erfunden
Unterschiedliche Spektrallinien in jedem Element gefunden
Sonneneruption beobachtet
Kinetische Gastheorie formuliert
1860 Urzeugung endgültig widerlegt
Zahlreiche organische Moleküle synthetisiert
Verbrennungskraftmaschine entwickelt
Anhand von Fotografien Protuberanzen der Sonne entdeckt
Avogadrosche Hypothese bestätigt
Theorie der Schwarzen Körper aufgestellt

1861 Versteinerung des Archeopteryx gefunden
Funktion des Broca-Sprachzentrums gezeigt
Thallium entdeckt

1862 Keimtheorie der Krankheit veröffentlicht
Dunkler Sirius-Begleiter entdeckt
Wasserstoff auf der Sonne festgestellt
Chloroplasten entdeckt
Quelle des Weißen Nil gefunden
Erstmals Panzerschiffe eingesetzt
Maschinengewehr erfunden
Hämoglobin benannt

1863 Merkmale des Treibhauseffekts beschrieben
Gesetz der Achtergruppen zur Klassifikation der Elemente vorgeschlagen
Beschaffenheit der Sterne ermittelt
Erstes Barbiturat entdeckt
Indium entdeckt

1864 Natur des Orionnebels geklärt

1865 Mendelsche Gesetze veröffentlicht
Benzolring vermutet
Avogadro-Zahl errechnet
Antiseptische Chirurgie eingeführt
Erste Maxwellsche Gleichungen aufgestellt
Möbiussches Band erfunden
Sicherheitsschloß patentiert

1866 Dynamit erfunden
Klinisches Thermometer erfunden
Kirkwood-Lücken entdeckt
Beschaffenheit des Erdmittelpunkts untersucht
Spektrum einer Nova untersucht

1867 Trockenzelle erfunden
Schreibmaschine erfunden
Massenwirkungsgesetz formuliert

1868 Luftdruckbremse erfunden
Helium entdeckt
Skelette des Cro-Magnon-Menschen gefunden
Leben in der Tiefsee entdeckt

1869 Periodensystem der Elemente veröffentlicht
Nukleinsäure entdeckt
Kritische Temperatur bei Gasen vermutet
Biogeographie begründet
Langerhans-Inseln in der Bauchspeicheldrüse entdeckt
Zelluloid patentiert
Gerät zum Stimmenzählen erfunden

1870 Ruinen von Troja entdeckt

1871 Theorie der menschlichen Evolution veröffentlicht
Trockenplatten in der Fotografie eingeführt
Neue Obstsorten und Pflanzenvarietäten gezüchtet

1872 Gilgamesch-Epos gefunden
Bakteriologie begründet
Spektrum eines Sterns fotografiert
Experimentalpsychologie begründet

1873 Gasgesetze präzisiert
Lepra-Erreger entdeckt
Transzendente Zahlen definiert
Blutplättchen entdeckt

1874 Gallium entdeckt
Räumliche Ausrichtung der Kohlenstoffvalenzen vermutet
Transfinite Zahlen definiert
Anomalie des elektrischen Stroms bei Kristallen festgestellt

1875 Befruchtung bei Seeigeln beobachtet
Radiometer erfunden

1876 Telefon patentiert
Viertakt-Verbrennungsmaschine erfunden
Hauptsätze der chemischen Thermodynamik veröffentlicht
Bakterien kultiviert
Begriff »Kathodenstrahlen« eingeführt

1877 Molekulargewichte von Proteinen gemessen
Sauerstoff verflüssigt
Phonograph erfunden
»Kanäle« auf dem Mars entdeckt
Zwei Marsmonde beobachtet

1878 Enzyme benannt
Warven (Schichten) pleistozäner Ablagerungen untersucht
Ytterbium entdeckt

1879 Elektrisches Licht erfunden
Theorie über die Entstehung des Mondes aufgestellt
Saccharin synthetisiert
Scandium entdeckt
Thulium, Holmium und Samarium entdeckt
Zusammenhang zwischen Strahlung und Temperatur eines Körpers untersucht

1880 Malaria-Erreger entdeckt
Orionnebel fotografiert
Erster moderner Seismograph entwickelt
Gadolinium entdeckt
Unverarbeitete Seeleneindrücke als Ursache für psychische Störungen vermutet
Elektromechanischer Rechner erfunden
Beschaffenheit der Kathodenstrahlen ermittelt
Stoffe unter hohem Druck untersucht
Piezoelektrizität entdeckt

1881 Interferometer entwickelt
Erster künstlicher Impfstoff gegen Milzbrand hergestellt
Pneumokokken isoliert
Venn-Diagramm vorgeschlagen

1882 Chromatin bei der Zellteilung untersucht
Lichtgeschwindigkeit genauer ermittelt
Beugegitter verbessert
Tuberkuloseerreger entdeckt
Pi als transzendente Zahl erkannt

1883 Erste Stahllegierung patentiert
Wechselstrom benutzt
Edison-Effekt beschrieben
Kunstseide erfunden
Meiose untersucht
Funktion der Phagozyten bestimmt
Diphtherie-Erreger entdeckt
Maxim-Maschinengewehr erfunden
Begriff »Eugenik« eingeführt

1884 Statistische Mechanik begründet
Theorie der elektrolytischen Dissoziation vorgeschlagen
Struktur von Zucker untersucht
Kokain als örtliches Betäubungsmittel verwendet
Farbstoff zur Charakterisierung von Bakterien eingeführt
Erste funktionstüchtige Dampfturbine gebaut
Zeilensetzmaschine (Linotype) patentiert
Füllfederhalter erfunden

1885 Erster Tollwutimpfstoff hergestellt
Purin und Pyrimidin isoliert
Praesodym und Neodym getrennt
Auerlicht erfunden
Transformator erfunden
Dreirädriges Automobil
Fingerabdrücke als Mittel der Identifizierung erkannt

1886 Billige Methode der Aluminiumerzeugung entwickelt
Germanium entdeckt
Fluor isoliert
Dysprosium entdeckt
Kanalstrahlen entdeckt
Raoult-Gesetz vorgeschlagen
Stickstoffbindende Bakterien in Pflanzen entdeckt

1887 Michelson-Morley-Experiment gescheitert
Fotoelektrischer Effekt beobachtet
Luftwiderstand bei Überschallgeschwindigkeit untersucht
Luftgefüllte Gummireifen erfunden

1888 Radiowellen nachgewiesen
Le-Chatelier-Braunsches Prinzip formuliert
Chromosomen benannt
Erste Grönland-Durchquerung auf dem Landweg
Kodak-Kamera erfunden

1889 Neuronentheorie formuliert
Tetanus-Erreger isoliert
Geometrie in Formallogik übersetzt
Aktivierungsenergie untersucht
Rotation des Merkur untersucht
Spektroskopische Doppelsterne entdeckt
Rauchloses Schießpulver Kordit erfunden
Film erfunden

1890 Tetanusantitoxin hergestellt
Überreste des Java-Menschen gefunden
Spektroheliograph erfunden
Chirurgen benutzen Gummihandschuhe

1891 Anhand von Fotografien Asteroiden entdeckt
Schwarze und träge Masse gemessen
Existenz des Elektrons vermutet
Karborundum hergestellt
Gleitflugzeug verbessert

1892 Fünfter Jupitermond entdeckt
Strahlungsdruck von Licht gemessen
Lorentz-Fitzgerald-Kontraktion formuliert
Dewar-Gefäß erfunden

1893 Grundlagen der Psychoanalyse formuliert
Überträger der Rindermalaria entdeckt
Zusammenhang zwischen maximaler Wellenlänge und absoluter Temperatur gezeigt
Behandlung von Wechselstromvorgängen vereinfacht
Polarmeer erforscht

1894 Argon entdeckt

1895 X-Strahlen entdeckt
Kathodenstrahlen als geladene Teilchen erkannt
Zusammenhang zwischen Geschwindigkeit und Masse gezeigt
Helium auf der Erde entdeckt
Wirkung von Wärme auf Magnetismus nachgewiesen
Antenne erfunden

1896 Von Uran erzeugte Strahlen entdeckt
Mangelernährung als Krankheitsursache erkannt
Zeeman-Effekt demonstriert
Zellfreie Gärung untersucht
Raumakustik erforscht

1897 Subatomares Teilchen (Elektron) entdeckt
Uranatom als Strahlenquelle ermittelt
Alpha- und Betastrahlen identifiziert
Nickel als Katalysator benutzt
Stechmücke als Überträger der Malaria erkannt
Oszilloskop erfunden
Größter Refraktor der Welt gebaut
Dieselmotor erfunden

1898 Polonium und Radium entdeckt
Neon, Krypton und Xenon entdeckt
Wasserstoff verflüssigt
Neunter Saturnmond entdeckt
Planetoid Eros entdeckt
Filtrierbares Virus entdeckt
Mitochondrien identifiziert
Adrenalin erforscht
Erstes modernes Unterseeboot

1899 Actinium entdeckt
Logik auf die Geometrie angewendet
Festen Wasserstoff erzielt

1900 Erster Schritt zur Quantentheorie unternommen
Verhältnis zwischen Masse und Geschwindigkeit untersucht
Betateilchen als Elektronen bestimmt
Gammastrahlen entdeckt
Radon entdeckt
Zusammenhang zwischen Radioaktivität und Umwandlung von Atomen vermutet
Elektronenemission bei erhitzten Metallen bemerkt
Idee eingeführt, daß es Mutation geben könnte
Blutgruppen unterschieden
Tryptophan isoliert
Erreger des Gelbfiebers entdeckt
Die Traumdeutung erscheint
Freie Radikale untersucht
Erstes lenkbares Luftschiff erfunden
Ruinen von Knosos entdeckt

1901 Radioaktive Energie gemessen
Radiogerät erfunden
Europium entdeckt
Grignard-Reagenzien in Gebrauch

1902 Chromosomen mit Erbfaktoren in Verbindung gebracht
Sekretin, das erste Hormon, entdeckt
Vererbungsgesetze auf Tiere angewandt
Anaphylaktischer Schock untersucht
Zusammenhang zwischen photoelektrischem Effekt und Elektronenemission untersucht
Gefäßnähte verbessert
Atomare Zerfallstheorie formuliert
Existenz der Kennelly-Heaviside-Schicht vorausgesagt
Stratosphäre und Troposphäre identifiziert
Versuch gescheitert, Gesetze der Mathematik aus der Formallogik abzuleiten
Ultramikroskop erfunden

1903 Erster erfolgreicher Flug mit Flugzeug
Möglichkeit von Weltraumflügen erwogen
Elektrokardiogramm erfunden

1904 Gleichrichter (Diode) erfunden
Atomstruktur vorgeschlagen
Koenzyme entdeckt
Organische Indikatoren in Gebrauch
Novocain entdeckt
Sternströme entdeckt
Äußere Jupitermonde entdeckt

1905 Spezielle Relativitätstheorie veröffentlicht
Nachweis erbracht, daß der Satz von der Erhaltung der Masse im Energiesatz aufgeht
Zusammenhang zwischen Farbe und Helligkeit von Sternen entdeckt
Photoelektrischer Effekt und Quantentheorie in Verbindung gebracht
Braunsche Bewegung beschrieben; Größe von Atomen bestimmt
Planetesimal-Hypothese aufgestellt
Intermediärprodukte im Stoffwechselprozeß festgestellt
Verschiedene Merkmale als genetisch voneinander abhängig erkannt
Begriff »Hormon« vorgeschlagen
Apparatur zur Erzeugung von Hochdruck gebaut
Intelligenztest entwickelt

1906 Musik und Sprache durch Radiowellen übertragen
Verstärkervakuumröhre (Triode) erfunden
Trojaner (Planetoidengruppe) entdeckt
Beziehung zwischen Alphateilchen und Helium vermutet
Charakteristische Röntgenstrahlen erzeugt
Dritter Hauptsatz der Thermodynamik
Existenz der Vitamine vermutet
Struktur von Chlorophyll bestimmt
Chromatographie entwickelt
Zusammenhang zwischen Radioaktivität in der Erdkruste und vulkanischer Tätigkeit vermutet

1907 Mit Hilfe von Uran Gesteinsalter ermittelt
Lutetium entdeckt
Polypeptid synthetisiert
Beginn der modernen Chemotherapie
Genetische Vererbung am Beispiel der Taufliegen untersucht
Tiergewebe im Reagenzglas kultiviert
Theorie der Raumzeit ver-öffentlicht
Konditioniertes Lernen untersucht

1908 Größe von Atomen ermittelt
Helium verflüssigt
Geigerzähler erfunden
Magnetische Felder in den Sonnenflecken entdeckt
Erreger des mexikanischen Typhus entdeckt
Fließband erfunden
Haber-Bosch-Verfahren entwickelt

1909 Mittel gegen Syphilis hergestellt
Typhusüberträger entdeckt
Ribose in Nukleinsäuren gefunden
Begriff »Gen« geprägt
Glühfaden aus Wolfram entwickelt
Neonlicht entdeckt
Bakelit erfunden
Mohorovicic-Diskontinuität entdeckt
Nordpol erreicht

1910 Neonlicht eingeführt
Bestimmte vererbte Merkmale als geschlechtsgebunden erkannt
Versuch, die Mathematik aus der reinen Logik abzuleiten

1911 Theorie des Atoms vorgelegt
Nebelkammer verbessert
Wert der elektrischen Elementarladung ermittelt
Kosmische Strahlen festgestellt
Supraleitfähigkeit entdeckt
Chromosomenkarten vorgelegt
Krebsviren entdeckt
Bewegung an tektonischen Brüchen als Ursache für Erdbeben erkannt
Erstes funktionsfähiges Wasserflugzeug
Südpol erreicht
Elektrischer Anlasser für Automobile erfunden

1912 Perioden-Helligkeits-Beziehung der Cepheiden entdeckt
Geschwindigkeit des Andromedanebels gemessen
Theorie der Kontinentalverschiebung veröffentlicht
Beugung von Röntgenstrahlen durch Kristalle untersucht
Zwei Neon-Isotope entdeckt
Konzept des Dipolmoments vorgeschlagen
Begriff *Vitamine* vorge-schlagen
Mittels Kohlehydrierung Kraftstoff erzeugt

1913 Begriff *Isotop* geprägt
Unterschiedliche Atommassen von Blei gemessen
Quantentheorie auf das Atom angewendet
Röntgenröhre mit Wolframglühkathode erfunden
Glühlampe verbessert
Stark-Effekt entdeckt
Entfernung der Magellanschen Wolken bestimmt
Ozonosphäre entdeckt
Vitamine A und B untersucht
Michaelis-Menten-Gleichung aufgestellt
Glykolyse erklärt

1914 Ordnungszahlen den chemischen Elementen zugeordnet
Wellenlängen von Röntgenstrahlen bestimmt
Verfahren zur Strukturbestimmung von Kristallen entwickelt
Kontinuierliches Betaspektrum nachgewiesen
Proton untersucht und benannt
Theorie der Sternentwicklung verkündet
Weißer Zwerg entdeckt
Neunter Jupitermond entdeckt
Acetylcholin isoliert
Erdmantel und Erdkern untersucht
Behaviorismus formuliert

1915 Vitaminmangel als Ursache von Pellagra erkannt
Thyroxin isoliert
Bakteriophagen entdeckt
Elliptische Elektronenbahnen vermutet
Umwandlung von Wasserstoff in Helium erwogen

1916 Allgemeine Relativitätstheorie veröffentlicht
Schwarze Löcher vermutet
Funktion des Elektrons bei der chemischen Bindung untersucht
Überlagerungsrundfunkempfänger erfunden

1917 Expansion des Weltraums vermutet
Protactinium entdeckt
2,5-m-Refraktor aufgestellt
Schallortungsverfahren entwickelt
Pulverkristallographie entwickelt

1918 Zentrum der Milchstraße bestimmt
Spektralklassen eingeführt
Radioaktive Indikatoren benutzt
Embryonale Entwicklung untersucht

1919 Massenspektrograph erfunden
Erstmals künstliche Atomspaltung herbeigeführt
Allgemeine Relativitätstheorie erstmals experimentell bestätigt
Bienensprache untersucht

1920 Durchmesser eines Fixsterns gemessen
Entfernung zum Andromedanebel diskutiert
Asteroid Hidalgo entdeckt
Dendrochronologie begründet
Klimazyklen vermutet
Leber als Schonkost gegen Blutarmut entdeckt
Luftmassen in der Atmosphäre festgestellt

1921 Insulin isoliert
Chemische Übertragung von Nervenimpulsen nachgewiesen
Rachitis mit Vitamin D behandelt
Glutathion isoliert
Magnetron erfunden
Bleitetraäthyl als wirksames Mittel gegen Klopfen in Benzinmotoren entdeckt
Begriffe »introvertiert« und »extrovertiert« bekannt gemacht
Rohrschachtest eingeführt

1922 Sumerische Ruinen ausgegraben
Tutanchamuns Grab geöffnet
Vitamin E entdeckt
Wachstumshormon entdeckt
Lysozym isoliert
Entstehung des Lebens untersucht
Geschwindigkeit von Nervenimpulsen gemessen
Theorie über die Ausdehnung des Universums erweitert

1923 Compton-Effekt entdeckt
Teilchen-Wellen-Dualismus für Materie eingeführt
Debye-Hückelsche Theorie entwickelt
Säure-Base-Theorie vorgelegt
Konenzym-Struktur bestimmt
Cepheiden im Andromedanebel beobachtet
Hafnium entdeckt
Ultrazentrifuge entwickelt

1924 Schädel eines Australopithecinen gefunden
Bose-Einstein-Statistik entwickelt
Ionosphäre entdeckt
Zytochrom entdeckt
Zusammenhang zwischen Sonnenlicht und Vitamin D untersucht

1925 Konzept der Bindungsenergie vorgeschlagen
Ausschließungsprinzip formuliert
Vierte Quantenzahl als Teilchenspin interpretiert
Matrizenmechanik entwickelt
Magnetismus und absoluter Nullpunkt
Gravitationsrotverschiebung festgestellt
Rhenium entdeckt
Morphin synthetisiert
Parathormon isoliert
Eisen in Zytochrom nachgewiesen

1926 Wellenmechanik entwickelt
Wellenpakete vermutet
Fermi-Dirac-Statistik entwickelt
Rotation der Galaxis vorgeschlagen
Flüssigtreibstoff-Rakete gebaut
Enzym kristallisiert
Leberdiät gegen perniziöse Anämie verordnet

1927 Unschärferelation formuliert
Beugung von Elektronen entdeckt
Lichtgeschwindigkeit genauer ermittelt
Theorie vom Kosmischen Ei aufgestellt
Chemische Bindung mit Hilfe der Quantenmechanik erklärt
Backenzahn des Pekingmenschen gefunden
Mittels Röntgenstrahlen Mutationen bei Taufliegen erzeugt
M/N-Blutgruppensystem entdeckt
Tonfilm erfunden

1928 Penicillin entdeckt
Diels-Alder-Reaktion entwickelt
Raman-Effekt beschrieben
Spieltheorie entwickelt
Vitamin C isoliert

1929 Galaxienflucht vermutet
Zusammensetzung der Sonne bestimmt
Energiequelle der Sonne untersucht
Koinzidenzmethode entwikkelt
Teilchenbeschleuniger gebaut
Sauerstoffisotopen entdeckt
Desoxyribose entdeckt
Häm-Struktur bestimmt
Östron isoliert
Intrinsic-Faktor vermutet
Elektroenzephalographie erfunden
Herzkatheter erfunden
Kindliche Entwicklungsstufen beschrieben

1930 Pluto entdeckt
Temperatur auf der Mondoberfläche ermittelt
Koronograph erfunden
Schmidt-Kamera erfunden
Existenz von interstellarem Staub vermutet
Antimaterie vermutet
Zyklotron entwickelt
Computer gebaut, der Differentialgleichungen löst
Pepsin kristallisiert
Struktur von Vitamin A bestimmt
Chlorfluorkohlenwasserstoffe synthetisiert

1931 Gödels Vollständigkeitssatz vorgelegt
Existenz des Neutrinos vorgeschlagen
Deuterium entdeckt
Phänomen der Resonanz untersucht
Androsteron isoliert
Neopren erfunden
Nylon erfunden
Größe von Viren bestimmt
Viren kultiviert
Erster Ballon in der Stratosphäre

1932 Neutronen entdeckt
Atomkern aus Protonen und Neutronen vorgeschlagen
Positron entdeckt
Erste künstliche Kernreaktion herbeigeführt
Radiowellen aus dem Weltall empfangen
Elektronenmikroskop erfunden
Prontosil gegen Streptokokkeninfektionen entwickelt
Vitamin C isoliert
Harnstoffzyklus entdeckt
Polaroid erfunden
Quinacrine als Malariamittel entwickelt

1933 Vitamin C synthetisiert
Molekularstrahlen untersucht
Absoluter Nullpunkt fast erreicht

1934 Uran mit Neutronen beschossen
»Schwache Wechselwirkungen« eingeführt
Künstliche Radioaktivität erzeugt
Tscherenkow-Effekt beobachtet
Supernovä vermutet
Existenz von Neutronensternen vorgeschlagen
Progesteron isoliert
Bathysphäre erfunden

1935 Uran 235 entdeckt
Isotope als Indikatoren verwendet
Viren kristallisiert
»Starke Wechselwirkung« vorgeschlagen
Sulfanilamid isoliert
Riboflavin synthetisiert
Cortison isoliert
Prostaglandine isoliert
Radar entwickelt
Prägung beschrieben
Richter-Skala entwickelt

1936 Absorption von Neutronen beschrieben
Thiamin synthetisiert
Künstliches Herz verwendet

1937 Technetikum erzeugt
Müon entdeckt
Elektrophorese entwickelt
Elektronenmikroskop verbessert
Emissionsmikroskop entwickelt
Radioteleskop gebaut
Robonukleinsäure in Virus gefunden
Krebs-Zyklus entdeckt
Pellagra mit Niacin behandelt
Impfstoff gegen Gelbfieber entwickelt
Zusammenhang zwischen Mutation und Evolution untersucht

1938 Theorie über die Energieerzeugung der Sterne vorgelegt
Methode der magnetischen Kernresonanz entwickelt
Vitamin E synthetisiert
Phasenkontrastmikroskop erfunden
Erste funktionstüchtige Fernsehkamera gebaut
Xerographie erfunden
Kugelschreiber patentiert
Quastenflosser gefunden

1939 Kernspaltung entdeckt
Atombombe für möglich gehalten
Francium entdeckt
Mögliche Existenz von Neutronensternen analysiert
Magnetische Eigenschaften des Neutrons gemessen
Vitamin K synthetisiert
Rhesus-Faktor entdeckt
Penicillin als Antibiotikum entwickelt
Tyrothricin isoliert
Erstes Spurenelement identifiziert
Insektenvertilgungsmittel DDT entwickelt
Erster Hubschrauber-Flug
Frequenzmodulation entwickelt

1940 Neptunium und Plutonium entdeckt
Uran angereichert
Astat entdeckt
Betatron gebaut
Streptomycin entdeckt
Farbfernsehsystem entwickelt

1941 Polarimetrie verbessert
Herzkatheter eingeführt
Entfernung zur Sonne genauer ermittelt
Erstes Flugzeug mit Düsentriebwerk gebaut
Funktion der Gene hergeleitet

1942 Erster Atommeiler gebaut
Biotin synthetisiert
Erste mikroskopische Aufnahmen von Bakteriophagen

1943 ACTH-Hormon isoliert
LSD hergestellt
Seyfert-Galaxien entdeckt
Unterwasseratmungsgerät erfunden

1944 DNA als Erbmaterial erkannt
Teflon kommerziell verwertet
Chinin synthetisiert
Herbizit 2,4–D eingeführt
Nebularhypothese aufgestellt
Theorie über die Ausstrahlung von Radiowellen durch interstellaren Wasserstoff vorgelegt
Americium und Curium erzeugt
V 2–Raketen eingesetzt

1945 Erste Atombombe explodiert
Projekt eines verbesserten Teilchenbeschleunigers vorgeschlagen
Promethium entdeckt
Mutationen bei Bakteriophagen nachgewiesen
Jetstreams erforscht
Künstliche Niere entwickelt

1946 Erster vollelektronischer Mehrzweckrechner (ENIAC) entwickelt
Mittels Mikrowellen Entfernung zum Mond bestimmt
Methode der magnetischen Kernresonanzabsorption entwickelt
Funktion des Noradrenalins als Informationsübermittler im Nervensystem erkannt
Geschlechtliche Fortpflanzung von Bakterien nachgewiesen
Genetisches Material verschiedener Viren zu neuem Virustyp kombiniert
Künstlich Schneefall herbeigeführt

1947 Pion entdeckt
C14–Methode entdeckt
Crab-Nebel als Radioquelle erkannt
Atmosphäre des Mars analysiert
Chloramphenikol isoliert
Grundidee der Holographie entwickelt
Sofortbildkamera erfunden
Erster Flug mit Überschallgeschwindigkeit
Fernsehgeräte kommen in die Haushalte

1948 Transistor erfunden
Langspielplatte erfunden
Theorie der Kybernetik veröffentlicht
Schalen im Atomkern vorgeschlagen
Renormalisierte Quantendynamik vorgeschlagen
Urknalltheorie beschrieben
Fünfter Uranusmond entdeckt
Struktur von Nukleinsäuremolekülen untersucht
Cyancobalamin entdeckt
Cortison zur Behandlung von Arthritis eingesetzt
Gewebetransplantation erforscht
Kultivierung von Viren verbessert
Bathysphäre erfunden

1949 Asteroid Icarus entdeckt
Zweiter Neptunmond entdeckt
Atomuhr eingeführt
Berkelium und Californium erzeugt
Erste sowjetische Atombombe gezündet
Entdeckung der erworbeen Immuntoleranz
Lebenswichtige Aminosäuren identifiziert
Vermutung geäußert, daß Kometen »schmutzige Schneebälle« sind

1950 Materiewolke als mögliche Ursache für Kometen in Betracht gezogen
Durchmesser des Pluto ermittelt
Turing-Maschine erfunden
Erster Schachcomputer gebaut
Endoplasmatisches Retikulum entdeckt
Kohlenstoff 14 als Indikator benutzt

1951 Brutreaktor entwickelt
Emission von interstellarem Wasserstoff festgestellt
Spiralarme im Milchstraßensystem vermutet
Zwölfter Jupitermond entdeckt
Theorie der Supraleitung vorgelegt
UNIVAC gebaut
Steroide synthetisiert
Acetyl-Koenzym A isoliert
Trinkwasser fluoridiert

1952 Erste Wasserstoffbombe gezündet
Einsteinium und Fermium entdeckt
Kaonen und Hyperonen entdeckt
Experiment über den Ursprung des Lebens durchgeführt
DNA mit Röntgenstrahlen untersucht
Struktur von Insulin bestimmt
Nukleinsäure von Viren untersucht
Nervenwachstumsfaktor identifiziert
Radioimmunoassay entwickelt
REM-Phasen entdeckt
Erster Tranquilizer, Reserpin, untersucht
Gaschromatographie entwickelt
Zonenschmelzverfahren eingeführt

1953 Doppelhelix-Modell für die DNA entwickelt
Isotaktische Polymere entwickelt
Theorie der Plattentektonik vorgelegt
Blasenkammer erfunden
»Strange particles« untersucht
Maser (Vorläufer des Laser) entwickelt
Herz-Lungen-Maschine verwendet
Transistor-Hörgerät eingeführt
Spraydosen billiger hergestellt

1954 Polio-Impfstoff eingeführt
Erste erfolgreiche Nierentransplantation durchgeführt
Erster Atomreaktor für Stromerzeugung gebaut
Oxytocin synthetisiert
Chloroplasten isoliert
Strychnin synthetisiert
Multinukleotider genetischer Code vorgeschlagen
Roboter patentiert
Photozellen entwickelt
Bevatron gebaut
Wirksamkeit von Antibabypillen nachgewiesen
Erste Kontaktlinsen aus Kunststoff hergestellt

1955 Aktive Sternsysteme vermutet
Bildung von Sternen beobachtet
Radiowellen vom Jupiter nachgewiesen
Rotation des Pluto bestimmt
Antiprotonen erzeugt
Medelevium entdeckt
Künstliche Diamanten hergestellt
Feldionenmikroskop gebaut
DNA durch Einwirkung von Enzymen synthetisiert
Struktur des Cyancobalamin bestimmt

1956 Antineutrinos entdeckt
Verletzung des Gesetzes der Paritätserhaltung entdeckt
Antineutron vermutet
Festkörper-Maser entwickelt
Hohe Temperatur auf der Venus festgestellt
Bedeutung der Ribosomen für den Eiweißaufbau erkannt
Boten-RNA entdeckt
Struktur des ACTH-Hormons bestimmt

1957 Sputnik in den Weltraum geschossen
Radioteleskop in Jodrell Bank gebaut
Photosynthese detailliert beschrieben
Gibberelline im Westen untersucht
Interferon entdeckt
Sabin-Impfstoff gegen Polio entwickelt
Erster intrakorporaler Herzschrittmacher entwickelt
Borazon hergestellt

1958 Mößbauer-Effekt entdeckt
Röntgenstrahlen der Sonne festgestellt
Magnetosphäre entdeckt
Nobelium erzeugt
Fotokopieren perfektioniert

1959 Erste Raumsonden zum Mond geschossen
Birnenform der Erde erkannt
Existenz des Sonnenwinds bestätigt
Struktur des Hämoglobin-Moleküls bestimmt
Überreste von *Homo habilis* gefunden
Funkenkammer gebaut
Neue Theorie über das Farbensehen entwickelt

1960 Erster Laser gebaut
Allgemeine Relativitätstheorie experimentell bestätigt
Meter definiert
Integrierte Schaltkreise gebaut
Resonanzteilchen entdeckt
Theorie über Ausweitung des Meeresbodens vorgelegt
Erste Wettersatelliten ins All geschossen
Struktur der zyklischen AMP bestimmt
Chlorophyll synthetisiert

1961 Erster Mensch im Weltraum
Reflektierte Mikrowellen von der Venus empfangen
Heliosphäre festgestellt
Existenz der Quarks postuliert
Lawrencium entdeckt
Genetischer Code weiter entziffert
Theorie der Genregulierung veröffentlicht
Elektronisch gesteuerte Uhren eingeführt

1962 Erster Amerikaner im Weltraum
Erster aktiver Nachrichtensatellit gestartet
Venussonde gestartet
Rotation der Venus bestimmt
Verbindungen mit Edelgasen hergestellt
Weitere Annäherung an den absoluten Nullpunkt erzielt
Erste Halbleiter-Dioden hergestellt
Bericht über die Wirkung von Pestiziden auf die Umwelt veröffentlicht

1963 Quäsare erforscht
Größtes Einzelradioteleskop erstmals benutzt
Mit Hilfe von Raketen Röntgenstrahlen aus dem All aufgefangen
Hydroxylgruppen im Weltraum festgestellt
Erste Frau im Weltraum
Restmagnetismus im Meeresboden festgestellt

1964 Hintergrundstrahlung von Mikrowellen festgestellt
Omega-Minus-Teilchen entdeckt
CPT-Symmetrie vorgeschlagen
Struktur der Boten-RNA ermittelt
Erstes mehrköpfiges Weltraumunternehmen gestartet
Rutherfordium erzeugt

1965 Marskrater fotografiert
Rotation des Merkur entdeckt
Erster Weltraumspaziergang
Erstes Rendezvous im Weltraum
Erster kommerzieller Nachrichtensatellit gestartet
Venussonde erreicht Venus
Erste Hologramme hergestellt
Mikrofossilien identifiziert
Eiweiße synthetisiert

1966 Mondoberfläche kartographiert
Erstes Anlegemanöver im Weltraum

1967 Pulsare entdeckt
Atmosphäre der Venus analysiert
Erste schwere Unfälle in der Raumfahrt
Herztransplantation durchgeführt
Erster Klon eines Wirbeltiers erzeugt
Hahnium erzeugt

1968 Elektroschwache Vereinigungstheorie vorgelegt
Neutrinos der Sonne beobachtet
Wasser- und Ammoniakmoleküle im All entdeckt
Pulsare als rotierende Neutronensterne identifiziert
Mond umflogen

1969 Erste bemannte Mondlandung
Astronauten wechseln während des Fluges die Raumschiffe
Sichtbarer Pulsar identifiziert
Meteoriten in der Antarktis gefunden
Eiweißstruktur weiter erhellt
Künstliches Herz eingepflanzt
Technik der Bypass-Operationen verbessert

1970 Verflüchtigung Schwarzer Löcher erwogen
Aminosäuren in Meteorit gefunden
Genartiges Molekül synthetisiert
Besonderes Restriktionsenzym entdeckt
Reverse Transkriptase entdeckt
Megavitamin-Therapie vorgeschlagen
Fiberoptik entwickelt
Elektronenmikroskop verbessert
Instrumente weich auf der Venus gelandet
Astronauten aus Apollo XIII geflüchtet
Überschallpassagierflugzeuge eingeführt

1971 Marsoberfläche kartographiert
Mondgestein zur Erde gebracht
Raumstation auf Erdumlaufbahn gebracht
Schwarzes Loch indirekt beobachtet
Mini-Schwarze-Löcher vermutet
Taschenrechner eingeführt

1972 Vitamin B-12 synthetisiert
Theorie des punktuellen Gleichgewichts formuliert
Lichtgeschwindigkeit genauer ermittelt
Satellit abgeschossen, der Bodenschätze entdecken soll
Quantenchromodynamik begründet
Computertomographie eingeführt
Compact-Discs eingeführt

1973 Raumsonde erreicht Jupiter
Skylab gestartet
Quantenfluktuation als Ursprung des Universums vorgeschlagen
Genmanipulation beginnt
Zerfall von Protonen vermutet

1974 Oberfläche des Merkur kartographiert
Neue Theorie über Entstehung des Mondes entwickelt
Dreizehnter Jupitermond entdeckt
Zerstörende Wirkung der FCKW auf Ozonschicht vermutet
Tauon entdeckt
C-Quarks eingeführt

1975 Mikrochips hergestellt
Oberfläche der Venus fotografiert
Endorphine entdeckt

1976 Nach Leben auf dem Mars geforscht
Oberfläche des Pluto untersucht
Funktionsfähiges Gen synthetisiert
Stringtheorie aufgestellt

1977 Ringe des Uranus entdeckt
Entferntester Asteroid Chiron entdeckt
Inflationstheorie über die Entstehung des Universums vorgelegt
Velar-Pulsar entdeckt
Leben in der Tiefsee erforscht
Überreste eines aufrecht gehenden Hominiden entdeckt
Nichtbakterielle DNA untersucht
Letzter Pocken-Fall; erste AIDS-Opfer
Glasfasersysteme bei Versuchen mit Telefonsystem eingesetzt
Ballon-Angioplastie entwickelt

1978 Oberfläche der Venus kartographiert
Satellit des Pluto entdeckt
Onkogene erzeugt
Virus-Genom bestimmt
Erstes »Retortenbaby« geboren

1979 Jupitermonde beobachtet
Komet als Ursache für das Aussterben der Dinosaurier vermutet
Gluon beobachtet

1980 Monde und Ringsystem des Saturn beobachtet
Experiment läßt vermuten, daß Neutrino Masse besitzt

1981 Erster Space-Shuttle gestartet
Diskontinuierlicher Ring um Neptun vermutet

1982 Superschneller Pulsar entdeckt
Magnetischer Monopol entdeckt
Jarvik-Kunstherz eingepflanzt
Laserdrucker eingeführt

1983 Elektroschwache Theorie bestätigt
Hinweise auf Planetenbildung außerhalb des Sonnensystems gefunden
Nuklearer Winter beschrieben

1984 DNA-Analyse auf menschliche Evolution angewandt
Bericht über Braunen Zwerg veröffentlicht

1985 Loch in der Ozonschicht festgestellt
Oberflächen von Pluto und Charon untersucht

1986 Uranus durch Raumsonde erforscht
Wiederkehr des Halleyschen Kometen

1987 Supernova in der Großen Magellanschen Wolke beobachtet
Keramiksupraleiter entwickelt

1988 Entfernte Galaxien entdeckt
Turiner Grabtuch mit Hilfe der Radiocarbonmethode als unecht erkannt
Treibhauseffekt scheint sich zu verstärken

1989 Voyager II erreicht Neptun. Er erwies sich als der zweite »blaue Planet«
Dreidimensionale Karten des Universums werden erstmals erstellt

1990 Japanischen Forschern gelingt es, bei Japonica-Reis vermehrungsfähige transgene Pflanzen zu erhalten
Einzigartige »Radarkartierung« der Oberfläche des Planeten Venus

1991 Der »Killer-Krater wird auf der Halbinsel Yukatan entdeckt. Damit kann als gesichert gelten, daß vor 65 Mio. Jahren ein etwa 10 km großer Asteroid zur Erde stürtzte und einen »dunklen Winter« auslöste

Entdeckung planetarer Begleiter bei Pulsaren

Im Ötztal der Alpen wurde die fast unversehrt gebliebene Leiche eines seit 4000 Jahren im Eis begrabenen Mannes gefunden

Himmelskörper wird entdeckt, der weit jenseits des Pluto seine Bahn um die Sonne zieht. Wurde »Smiley« getauft

Große Radioteleskope werden auf der ganzen Welt in den kommenden zehn Jahren etwa 1000 sonnenähnliche Sterne in der näheren Umgebung unseres Sonnensystems abhören, sowie eine Übersichtssuche durch die gesamte Galaxis vornehmen

USA entwickelt ein Hyperschallflugzeug mit dem Namen »Aurora«

Ozon-Schicht auch über der nördlichen Halbkugel immer dünner werdend

4 000 000 v. Chr.

Der aufrechte Gang

Der erste menschliche Fortschritt war biologischer Natur. Ein Mensch entstand.
Doch wodurch wird der Mensch eigentlich zum Menschen? Welche Eigenschaft ist so *menschlich,* daß wir mit einem Mal sagen können: »Das ist ein Mensch. Ohne diese Eigenschaft wäre dieser Organismus etwas anderes.«
Natürlich hat der moderne Mensch viele Eigenschaften entwickelt, die wir heute für typisch menschlich halten, so viele, daß es uns schwerfällt, eine herauszugreifen und zu sagen: »Das ist die entscheidende.« Drehen wir also das Rad der Entwicklung zurück. Reisen wir in die Vergangenheit, lassen wir die Entwicklung an uns vorüberziehen, bis die Menschen immer primitiver werden, dem Menschen immer unähnlicher, dem Affen immer ähnlicher.
Doch stoppen wir das Rad an einem Punkt, an dem unsere Vorfahren dem Menschen noch ähnlicher waren als dem Affen. Alle Lebewesen, die mehr Mensch als Affe sind, nennt man *Hominiden* (von dem lateinischen Wort für »Mensch«). Alle Lebewesen, die mehr Affe als Mensch sind, nennt man *Pongiden* (von einem afrikanischen Wort für »Affe«).
Wir müssen unseren ersten Satz also anders formulieren. Er lautet nun: »Der erste hominide Fortschritt war biologischer Art. Es entstanden Hominiden.«

Wenn wir in die Vergangenheit reisen und die Knochen und Zähne der ersten Hominiden untersuchen (mehr ist von ihnen nicht geblieben), so stoßen wir auf ein Lebewesen, das etwa so groß war wie ein heutiger Schimpanse, vielleicht sogar noch etwas kleiner, und ein ebenso großes Gehirn hatte. Doch in einem wesentlichen Punkt glich es mehr einem Menschen als einem Affen. Dieses menschliche Merkmal ist so offensichtlich, daß wir beim Anblick eines solchen Lebewesens sofort sagen würden: »Das ist kein Affe.«
Das Lebewesen war der erste Hominide, weil es ein Zweibeiner war. Es lief auf zwei Beinen. Das schließen wir aus der Form der Wirbelsäule, des Beckengürtels und der Oberschenkelknochen.
Die Tatsache, daß menschliche Wesen auf zwei Beinen gehen, erscheint uns als typisch menschlich. Wir sind *Bipeden* (von den lateinischen Wörtern für »zwei Beine«). Andere Säugetiere sind *Quadrupeden* (Vierbeiner).
Natürlich laufen, rennen oder hüpfen auch Vögel auf zwei Beinen. Aus diesem Grund bezeichnete der griechische Philosoph Platon (ca. 427 bis ca. 347 v. Chr.) den Menschen als »federlosen Bipeden«. Und damit nicht genug: Es gibt auch Bipeden mit Fell (Känguruhs und Wüstenspringmäuse) und Bipeden mit Schuppen (verschiedene Dinosaurierarten), von denen Platon freilich nichts wußte.
Betrachten wir die Bipeden also genauer. Gehen wir der Frage nach, wodurch sich der menschliche Zweibeiner von anderen unterscheidet.
Häufig haben bipedische Tiere nur deshalb zwei Beine, weil ihre beiden Vordergliedma-

ßen anderen (und bevorzugten) Arten der Fortbewegung dienen. Die meisten Vögel können beispielsweise fliegen, ihre Vorderbeine haben sich zu Flügeln umgebildet. Pinguine schwimmen, ihre Vorderbeine wurden zu Flossen. In beiden Fällen ist Laufen, Rennen oder Hüpfen zweitrangig.

Selbstverständlich gibt es auch flugunfähige Vögel wie den Strauß, für den Gehen oder Rennen die einzigen Arten der Fortbewegung sind. Doch in solchen Fällen ist der Körper entsprechend gebaut. Vorder- und Hinterteil sind etwa gleich schwer, und das Gleichgewicht stellt sich automatisch auf den Beinen in der Mitte ein. Dies gilt auch für zweibeinige Reptilien wie den Tyrannosaurus oder Säugetiere wie das Känguruh. Lange Schwänze sorgen für das nötige Gegengewicht, und der Körper bleibt im wesentlichen in einer waagerechten Haltung.

Doch nehmen wir einmal an, der Körper eines Quadrupeden endet an den Hüften und hat keinen Schwanz als Gegengewicht. In diesem Fall ruht der Schwerpunkt nur dann auf den Hinterbeinen, wenn der ganze Körper in eine senkrechte Lage gekippt wird.

Bei einigen schwanzlosen Tieren ist dies tatsächlich der Fall. Zum Beispiel bei Bären und Schimpansen. Sie können auf den Hinterbeinen stehen und sogar laufen. Sonderlich wohl fühlen sie sich dabei allerdings nicht. Lieber nehmen sie die vorderen Gliedmaßen zu Hilfe. Ähnliches gilt für die Pinguine. Auch sie haben eine aufrechte Körperhaltung, doch als Schwimmer sind sie an Land recht unbeholfen. Zwar können sie auf ihren Beinen notfalls weite Entfernungen zurücklegen, doch wenn sich die Möglichkeit bietet, rutschen sie lieber auf dem Bauch über das Eis.

Das menschliche Wesen ist also ein schwanzloser Bipede, der sich dauerhaft und *bequem* aufrecht halten kann. Doch woran liegt es, daß der Mensch bequem auf zwei Beinen geht?

Es liegt an seiner Wirbelsäule. Sie krümmt sich direkt über dem Becken leicht s-förmig nach hinten und verleiht dem Gang dadurch eine bequeme Elastizität. Kein anderes Lebewesen hat diese Krümmung der Wirbelsäule. (Die Fortbewegung auf zwei Beinen bringt jedoch auch Probleme mit sich wie etwa Bandscheibenschäden, Unterleibsbrüche oder versehentliche Stürze – Probleme, die wahrscheinlich nicht auftreten würden, wenn sich der Mensch dem aufrechten Gang bereits vollkommen angepaßt hätte.)

Die frühesten Hominiden bestimmte zum ersten Mal der südafrikanische Anthropologe und gebürtige Australier Raymond Arthur Dart (1893–1988). Im Jahr 1924 brachte man ihm aus einem südafrikanischen Kalksteinbruch einen Schädel, der, obwohl ungewöhnlich klein, recht menschlich aussah. Ein Jahr später nannte er den Typus von Lebewesen, von denen der Schädel stammte, *Australopithecus* (was soviel wie »südlicher Menschenaffe« bedeutet). Weitere Funde belegten jedoch, daß es sich nicht um einen Affen, sondern um einen Hominiden handelte. Bis heute wurden mindestens vier Arten bestimmt, die unter dem Oberbegriff *Australopithecinen* zusammengefaßt werden.

Im Jahr 1974 grub der amerikanische Anthropologe Donald Johanson das einmalig erhaltene Skelett eines weiblichen *Australopithecus* aus. Er nannte es Lucy (ein weibliches Skelett unterscheidet sich von einem männlichen durch die Beckenform). Nach dem Alter des Gesteins zu urteilen, in dem der Fund gemacht wurde, war das Skelett möglicherweise vier Millionen Jahre alt. Lucy ist eine Vertreterin des *Australopithecus afarensis,* so benannt nach dem Fundort der Knochenreste im östlichen Zentralafrika. *Australopithecinen* lebten nur in Ost- und Südafrika. Der Osten Zentralafrikas dürfte die Wiege der Menschheit gewesen sein.

Lucy war so groß wie ein Schimpanse, aber zarter gebaut. Ihre Verwandten unter den Australopithecinen erreichten vermutlich Größen zwischen 0,90 Meter und 1,20 Meter und wogen vielleicht 65 Pfund. Das Gehirn war nicht größer als bei einem Schimpansen, also viermal kleiner als unseres.

Die ersten Australopithecinen lebten wahrscheinlich so ähnlich wie Schimpansen, hock-

ten einen Teil des Tages auf Bäumen und ernährten sich vorwiegend vegetarisch. Sprechen konnten sie mit Sicherheit nicht. Doch sie waren Bipeden wie wir und liefen genauso leicht und bequem auf den Hinterbeinen.
Warum krümmte sich beim Australopithecus die Wirbelsäule nach hinten? Oder anders ausgedrückt: Warum brachte die Evolution den Hominiden hervor?
Vor vier Millionen Jahren hatte auf der Erde ziemlich lange ein warmes Klima geherrscht. Die Folge war, daß große Tropentiere wie Elefanten, Nashörner und Flußpferde ihr Fell verloren, weil es unter diesem Kälteschutz zu warm wurde. Und aus irgendeinem Grund bildete sich auch das Haarkleid der Hominiden zurück, obwohl sie kleiner waren als die anderen unbehaarten Säugetiere. Auf welcher Entwicklungsstufe dies geschah, wissen wir nicht.
Eines wissen wir jedenfalls: Die Welt der Australopithecinen wurde zunehmend kühler. Die Wälder schrumpften, Savannen breiteten sich aus. Waldbewohner, die nicht von den Bäumen herunterstiegen, verschwanden natürlich mit dem Wald.
Einige auf Bäumen lebende Prähominiden paßten sich erfolgreich an die Savannenlandschaft im östlichen Zentralafrika an. Nach und nach stiegen sie von den Bäumen herunter – eine Umstellung, die ihnen sehr schwergefallen sein dürfte. Je länger sie sich auf dem Boden aufhielten, desto häufiger stellten sie sich auf die Hinterbeine und spähten über das hohe Gras, um nach Nahrung oder Raubtieren Ausschau zu halten. Wer leichter und länger aufrecht stehen konnte, überlebte eher.
Schon eine schwache Krümmung der Wirbelsäule erleichterte das Aufrechtstehen. Wer eine solche Wirbelsäule besaß, hatte größere Überlebenschancen und vererbte diese Krümmung seinen Nachkommen. Was wir heute *natürliche Auslese* nennen, verhalf den Prähominiden zur Zweibeinigkeit und damit zu einer ausgesprochen hominiden Eigenschaft.
Der aufrechte Gang hatte positive Nebeneffekte, die den Prozeß der natürlichen Auslese zusätzlich verstärkten. Da die Vordergliedmaßen nicht mehr zum Abstützen benötigt wurden, waren sie frei für andere Zwecke. Die Prähomininen konnten nun leichter nach Gegenständen in ihrer Umgebung greifen, sie befühlen oder dicht an Augen, Ohren und Nase heranführen. Die Folge: Das Gehirn wurde unablässig mit Eindrücken überflutet.
Das Gehirn veränderte sich. Je größer oder komplexer es wurde, desto zweckmäßiger konnte es die Fülle von Eindrücken verarbeiten. Auch das trug zur Verbesserung der Überlebenschancen bei. Die natürliche Auslese förderte die Ausbildung größerer und leistungsfähigerer Gehirne.
Die ersten Australopithecinen besaßen ein ebenso großes Gehirn wie Schimpansen, waren aber kleiner und zierlicher. Im Verhältnis zum Körper war ihr Gehirn also größer als bei allen damaligen und späteren Pongiden. Und da dieses Verhältnis ein entscheidender Faktor für das ist, was wir heute Intelligenz nennen (sofern die Größe des Gehirns in vernünftigen Grenzen bleibt), waren die Australopithecinen vermutlich die intelligentesten Landtiere ihrer Zeit.

2 000 000 v. Chr.

Steinwerkzeuge

Zuweilen stellen wir uns den Menschen als ein Tier vor, das Werkzeuge benutzt. Doch nicht nur der Mensch verwendet Werkzeuge. Fischotter, zum Beispiel, lassen sich mit dem Bauch nach oben im Wasser treiben und schleppen dabei einen Stein mit, an dem sie Schalentiere aufschlagen.
Besser also, wir sprechen von einem Tier, das Werkzeuge herstellt. Aber auch das ist nicht ganz richtig. So wurden Schimpansen dabei beobachtet, wie sie Blätter von Zweigen abzupften und dann mit den kahlen Zweigen Termiten fingen – für Schimpansen ein besonderer Leckerbissen.

Zweifellos konnten Australopithecinen alles, was Schimpansen können. Auch wenn uns jeder Beweis fehlt, so können wir doch mit ziemlicher Sicherheit davon ausgehen, daß sie Äste und lange Knochen als Keulen verwendeten. Und bestimmt warfen sie mit Steinen oder benutzten sie wie die Seeotter.

Die Australopithecinen haben vermutlich drei Millionen Jahre lang auf der Erde gelebt und sind erst 1 Million v. Chr. endgültig ausgestorben. Doch im letzten Drittel ihres Erdendaseins waren sie nicht mehr die einzigen Hominiden. Einige Australopithecinen hatten so ausgesprochen menschliche Eigenschaften entwickelt, daß sie der gleichen Gattung zugeordnet werden können wie wir.

Mit anderen Worten: Vor zwei Millionen Jahren entstand die Gattung *Homo*. Eine Zeitlang bewohnte sie gemeinsam mit den Australopithecinen die ostafrikanischen Savannen. Zwangsläufig kam es zum Konflikt zwischen ihnen. Die größeren und intelligenteren Hominiden setzten sich durch und trugen (vielleicht sogar entscheidend) zum Aussterben der Australopithecinen bei.

In den sechziger Jahren fand der englische Anthropologe Louis Seymour Bazett Leakey (1903–1972) zusammen mit seiner Frau Mary und seinem Sohn Jonathan in der Oldowai-Schlucht im heutigen Tansania Überreste eines der ältesten Vertreter der Gattung *Homo*. Die Hominiden, die er freilegte, erhielten den Namen *Homo habilis* (lateinisch für »geschickter Mensch«), weil Gegenstände bei ihnen gefunden wurden, die darauf schließen lassen, daß sie einfache Steinwerkzeuge hergestellt hatten.

Der *Homo habilis* war kleiner als einige größere Arten der Australopithecinen. Im Sommer 1986 wurden fossile Reste des *Homo habilis* entdeckt, die ungefähr 1,8 Millionen Jahre alt sind (erstmals wurden Schädelteile und Gliederknochen eines Vertreters dieser Art gefunden). Sie stammen von einem kleinen, leichtgewichtigen Erwachsenen. Er war etwa einen Meter groß und hatte erstaunlich lange Arme.

Die Vertreter des *Homo habilis* waren zwar klein, doch ihr Schädel war stärker gewölbt als bei allen Australopithecinen. Ihr Gehirn war fast halb so groß wie beim heutigen Menschen. Außerdem besaßen sie dünnere Schädelknochen. Nach der Gehirnstruktur zu schließen, konnten sie, wenn auch nicht sprechen, so doch zumindest eine größere Zahl unterschiedlicher Laute hervorbringen. Ihre Hände sahen eher wie unsere Hände aus, und ihre Füße waren exakt wie unsere. Die Kiefer waren nicht mehr so massig, so daß das Gesicht weniger affenartig wirkte.

Diese Geschöpfe benutzten offensichtlich Steinwerkzeuge, um Splitter von Feuersteinen abzuschlagen und sogenannte Klingen herzustellen. Damit verfügten Hominiden erstmals über einen Vorrat an scharfen Schneidewerkzeugen und waren nicht mehr auf zufällige Funde angewiesen. Und mehr noch: Sie konnten die Klingen wirklich schärfen und sogar nachschleifen, wenn sie stumpf geworden waren.

Diese Steinmesser erleichterten die Nahrungsbeschaffung. Raubkatzen, Wölfe und Bären besaßen Reißzähne, mit denen sie die zähe Tierhaut zerreißen konnten. Der *Homo habilis* konnte dies nicht. Ohne Messer mußte er mit Aas vorliebnehmen, das Raubtiere bereits zerfleischt hatten, und sich mit dem davonmachen, was er auflesen konnte.

Doch die Messer waren wie künstliche Reißzähne. Mit ihrer Hilfe konnte der *Homo habilis* Häute aufschlitzen und Fleisch von Haut und Knochen schaben. Zudem war er nicht länger auf Kadaverreste angewiesen, denn er war jetzt selbst in der Lage, Tiere zu töten, ziemlich große Tiere sogar. Und als er auf die Idee kam, Steinäxte an Äste zu binden und erste primitive Speere herzustellen, konnte er die Beute sogar aus der Entfernung erlegen. Beim Speerwurf konnte er Abstand wahren, so war er vor einem unmittelbaren Vergeltungsangriff sicher.

Die Hominiden wurden Jäger und rotteten die rivalisierenden Australopithecinen aus. Mit Sicherheit gehören alle Hominiden des letzten Jahrmillions ausnahmslos zur Gattung *Homo*.

500 000 v. Chr.

Feuer

Um 1 600 000 v. Chr. war der *Homo habilis* verschwunden. Er hatte sich zu einer neuen Art, dem *Homo erectus*, entwickelt, dessen Vertreter etwa so groß und schwer waren wie die heutigen Menschen. Sollte es noch Exemplare des *Homo habilis* gegeben haben, nachdem sich die neue Art durchgesetzt hatte, so überlebten sie nicht lange.

Von 1 Million v. Chr. bis 300 000 v. Chr. war der *Homo erectus* der einzige lebende Hominide. Als erster Hominide konnte er, in einigen Fällen, 1,80 m groß werden und 150 Pfund wiegen. Auch das Gehirn war größer, manchmal dreiviertel so schwer wie beim modernen Menschen.

Der *Homo erectus* stellte weit bessere Steinwerkzeuge her als seine Vorgänger. Seine Vertreter – man spricht auch von Urmenschen – konnten die größten Tiere ihrer Zeit erlegen. Sie waren die ersten, die erfolgreich das Mammut jagten.

Insbesondere auf zwei Gebieten machte der *Homo erectus* enorme Fortschritte.

Über dreieinhalb Millionen Jahre lang hatten alle Hominiden nur in der südöstlichen Hälfte Afrikas gelebt. Der *Homo erectus* war der erste, der diesen Lebensraum wesentlich erweiterte. Um 500 000 v. Chr. war er über Afrika hinaus bis nach Europa und Asien und sogar bis zu den indonesischen Inseln vorgedrungen.

Tatsächlich wurden die ersten Überreste des *Homo erectus* auf der indonesischen Insel Java entdeckt. Dort fand der holländische Anthropologe Eugen Dubois (1858–1949) im Jahr 1891 eine Schädeldecke, einen Oberschenkelknochen und zwei Zähne. Kein bis dahin bekannter Hominide hatte eine so schmale Gehirnschale. Dubois nannte seinen Fund *Pithecanthropus erectus* (was soviel wie »aufrechtgehender Affenmensch« bedeutet).

Zwischen 1927 und 1929 gelangen dem kanadischen Anthropologen Davidson Black (1884–1934) in der Nähe von Peking ähnliche Funde. Er nannte seinen Hominiden *Sinanthropus pekinensis* (griechisch für »Peking-Mensch«).

Schließlich stellte man fest, daß beide Knochenfunde wie auch andere fossile Reste von der gleichen Art stammten und mit Recht der Gattung *Homo* zugeordnet werden konnten. Der von Dubois geprägte Begriff *erectus* wurde beibehalten, obwohl Hominiden schon mindestens zweieinhalb Millionen Jahre vor der Entstehung des *Homo erectus* aufrecht gegangen waren. Doch davon wußten Dubois und seine Zeitgenossen noch nichts.

Der *Homo erectus* entwickelte sich während einer Eiszeit. Die Gletscher wuchsen gewaltig an und entzogen den Ozeanen so viel Wasser, daß der Meeresspiegel um etwa hundert Meter fiel. Interkontinentale Landbrücken entstanden. Über eine solche Landverbindung gelangte der *Homo erectus* vom asiatischen Festland auf die indonesischen Inseln.

Der *Homo erectus* mußte seine Lebensgewohnheiten dem kalten Klima anpassen. Wie die früheren Hominiden streifte er in Gruppen umher. Doch im Gegensatz zu seinen Vorgängern schützte er sich vor Wind und Regen, schichtete Steine aufeinander oder spannte Tierhäute um einen Pfosten in der Mitte. Kurzum, er baute die ersten primitiven Häuser. Gab es Höhlen, so suchte er dort Unterschlupf. Die ersten Überreste des *Homo erectus* in Asien (Blacks Funde in der Nähe von Peking) wurden in einer verschütteten Höhle entdeckt.

Die Höhle bei Peking enthielt Brandspuren. Das bedeutet, daß der Mensch vor rund fünfhunderttausend Jahren das Feuer »entdeckt« hatte – und das unterschied ihn von allen anderen Lebewesen. Jede menschliche Gemeinschaft, und mochte sie noch so primitiv gewesen sein, erlernte und beherrschte den Gebrauch des Feuers. Kein anderes Lebewesen nutzte das Feuer, nicht einmal in der primitivsten Form.

Ich habe *entdecken* deshalb in Anführungszeichen gesetzt, weil das Feuer nicht im eigentlichen Sinn entdeckt wurde. Seit die Erdatmosphäre sich soweit mit Sauerstoff angereichert hatte, daß ein Feuer brennen konnte, und seit brennbare Wälder die Erde bedeckten – seit rund vierhundert Millionen Jahren also –, konnte ein Blitz ein Feuer entzünden. Und genau wie heute flüchtete vor einem solchen Feuer jedes Tier, das dazu in der Lage war.

Mit Entdecken meinen wir also eigentlich die Bändigung des Feuers. Irgendwann lernte der *Homo erectus,* brennende Äste aus einem natürlich entstandenen Feuer zu ziehen, in vernünftigen Mengen Brennmaterial nachzulegen, bevor die Flammen erloschen, und das Feuer sinnvoll zu nutzen.

Wie dies geschah, wissen wir nicht. Ich persönlich vermute, daß Kinder den Anfang machten. Sie waren von den züngelnden Flammen fasziniert. Und da sie im Gegensatz zu Erwachsenen noch keine schmerzlichen Erfahrungen mit Verbrennungen gemacht hatten, gaben sie ihrer Neugier nach und spielten mit dem Feuer. Der Erwachsene, der am nächsten stand, riß sie vermutlich weg und trat die Flammen aus. Doch irgendwann muß einer beherzter gewesen sein als die anderen und erkannt haben, daß es von Vorteil war, das Spiel etwas gezielter fortzusetzen.

Mit der Nutzbarmachung des Feuers veränderte sich das Leben der Menschen von Grund auf. Feuer spendete Wärme und Licht und ermöglichte es dem Menschen, seine Aktivitäten auf die Nacht und den Winter auszudehnen. Dies war besonders während einer Eiszeit wichtig, denn nun konnte der *Homo erectus* auch in die kühleren Regionen vorstoßen.

Feuer allein genügte jedoch nicht. Wer bei Kälte nicht an die Feuerstelle gebunden sein wollte, brauchte mehr. Doch eine Gemeinschaft von Jägern lernte leicht, Tierhäute zu säubern und sich darin einzuwickeln. So ersetzten Felle das Haarkleid, das der Mensch verloren hatte.

Feuer war auch ein wirksamer Schutz vor wilden Tieren. Ein Lagerfeuer in einer Höhle oder in einem Steinkreis hielt selbst die wildesten Raubtiere fern. Vermutlich schlichen sie unter wütendem Knurren durch die Umgebung. Und wenn sie nicht klug genug waren, das Feuer zu meiden, so belehrte sie der einmalige Kontakt mit den Flammen eines Besseren. Mit brennenden Ästen versetzte der *Homo erectus* das Wild in Panik, trieb es in Fallen oder über Klippen.

Natürlich konnte mit Feuer auch gekocht werden. Das ist wichtiger, als es zunächst scheinen mag. Gebratenes Fleisch ist nicht nur zarter und schmeckt besser, beim Braten werden auch Parasiten und Bakterien abgetötet. Und ein weiterer Vorteil: Der Mensch konnte seinen Speisezettel um pflanzliche Kost bereichern, die bisher ungenießbar gewesen war. Versuchen Sie einmal, frisch gepflückten Reis oder ungekochte Körner einer beliebigen Getreideart zu essen, dann werden Sie begreifen, was ein kurzes Erhitzen über dem Feuer bewirkt.

Schließlich eröffnete das Feuer vielfältige Möglichkeiten, anorganische Substanzen chemisch umzuwandeln. So konnten durch Ausschmelzen Metalle gewonnen werden. Kurzum, mit dem Feuer begann das erste »technische« Zeitalter der Menschheit.

Anfangs gelangten die Menschen natürlich nur dann in den Besitz von Feuer, wenn es irgendwo auf natürliche Weise entstanden war. Und war ihnen das gelungen, so mußten sie es ständig am Brennen halten. Wenn es erlosch, machten sie sich sofort auf die Suche nach Ersatz. Lebte in der Nähe keine Sippe, die aushelfen konnte (vorausgesetzt sie war freundlich gesonnen und hilfsbereit – was wahrscheinlich war, denn beim nächsten Mal konnte sie betroffen sein), so mußte sie warten, bis irgendwo wieder ein natürliches Feuer entstand und die Bedingungen so günstig waren, daß man gefahrlos brennende Äste holen konnte.

Doch mit der Zeit entwickelte der Mensch Techniken, auch dort ein Feuer zu entfachen, wo vorher keines gebrannt hatte. Dies konnte mittels Reibung geschehen: durch Drehen eines zugespitzten Holzstabes in der Vertiefung eines Holzscheites, die trockene Späne, Blätter oder Zunderschwamm enthielt. Die Reibungshitze brachte den Zunder schließlich zum Entflammen. Wir wissen nicht, wann solche Verfahren erstmals entwickelt wurden, doch mit der Fertigkeit des Feueranzündens gelang der Menschheit wieder ein Riesenschritt nach vorn.

200 000 v. Chr.

Religion

Um 200 000 v. Chr. waren die letzten Individuen verschwunden, die als Vertreter des *Homo erectus* angesehen werden könnten. Ihre Art war ausgestorben. Doch einige hatten sich zu Hominiden weiterentwickelt, deren Gehirne ebenso groß waren wie unsere. Allerdings hatten sie ein flaches Schädeldach und ein stark vorspringendes Hinterhaupt. Sie waren kurz vor dieser Zeit erstmals aufgetreten und hatten wahrscheinlich zum Aussterben der älteren Art beigetragen.

Erste Skelettreste solcher Hominiden wurden 1856 im Neandertal bei Düsseldorf entdeckt und nach dem Fundort *Neandertaler Mensch* oder einfach nur *Neandertaler* benannt.

Sie waren die ersten Hominiden, die entdeckt wurden und sie unterschieden sich deutlich vom modernen Menschen. Ihre Schädelform wich beispielweise erheblich von unserer ab: fliehende Stirn mit starken Augenbrauenwülsten, vorstehender Kiefer, kräftige Zähne, kein Kinn.

Da es sich um die ersten Hominidenfunde handelte und das Abendland immer noch hartnäckig an dem Glauben festhielt, die Erde sei nur ein paar tausend Jahre alt (wie angeblich der Bibel zu entnehmen war), wurden die Knochen des Neandertalers nur widerstrebend als Überreste einer frühen Form des *Homo sapiens* anerkannt. So sahen einige Wissenschaftler in den Knochen Überreste gewöhnlicher Vertreter des *Homo sapiens,* die an einer Knochenkrankheit oder anderen Anomalien gelitten hatten.

Als jedoch weitere Skelette von Neandertalern gefunden wurden und alle die gleiche Schädelform aufwiesen, war die These einer Anomalie nicht mehr aufrechtzuhalten. Der französische Anthropologe Paul Broca (1824–1880) faßte die Argumente zusammen, die dafür sprachen, daß der Neandertaler eine primitivere Lebensform der unsrigen war. Dies brachte die Wende.

Der offizielle Name der Neandertaler lautete zuerst *Homo neanderthalensis.* Da sie uns aber bis auf wenige Details der Schädelform sehr ähnlich waren, wurden sie schließlich als Vertreter unserer Menschenart anerkannt. Und warum nicht? Alles deutet darauf hin, daß sie sich mit Menschen des heutigen Typs vermischt haben. Inzwischen heißt der Neandertaler *Homo sapiens neanderthalensis* und gilt als eine der beiden bekannten Unterarten des *Homo sapiens.* Wir modernen Menschen gehören der anderen an.

Die Neandertaler lebten während der Eiszeiten von 200 000 v. Chr. bis 30 000 v. Chr. in Afrika, Europa und Asien. Mit Sicherheit konnten sie Feuer machen. Sie jagten das Mammut, das Wollnashorn und den riesigen Höhlenbären. Ihre Steinwerkzeuge wiesen nicht nur eine größere Vielfalt auf, sie waren auch feiner und sorgfältiger gearbeitet als alle anderen zuvor.

Die Neandertaler waren die ersten Hominiden, die ihre Toten bestatteten. Frühere Hominiden machten es wie die Tiere und ließen ihre Toten einfach liegen. Raubtiere fielen über sie her, die Reste verfaulten. Daß die Neandertaler ihre Toten begruben und so vor Aasfressern, wenn auch nicht vor der Verwesung, schützten, zeigt, daß sie Achtung vor dem Leben hatten, Gefühle empfanden und für den einzelnen sorgten. Manche Toten waren alt und verkrüppelt. Sie konnten nur durch die Fürsorge der Sippe so lange überlebt haben.

Die Neandertaler gaben ihren Toten sogar Nahrung und Blumen mit ins Grab. Dies läßt darauf schließen, daß sie an ein Weiterleben nach dem Tod glaubten. Sie hatten also religiöse Vorstellungen nach unserem heutigen Verständnis – sie glaubten an eine Welt, die mit den Sinnen nicht wahrnehmbar war.

20000 v. Chr.

Kunst

Irgendwann nach 50 000 v. Chr. lebte ein Verwandter des Neandertalers. Selbst die männlichen Erwachsenen besaßen weniger starke Augenbrauenwülste, eine hohe Stirn, ein ausgeprägtes Kinn und kleinere Zähne. Kurz und gut, es handelte sich exakt um den Menschentyp, dem auch wir angehören: den *Homo sapiens sapiens,* der zuweilen auch *Jetztmensch* genannt wird.
Zwischen 50 000 v. Chr. und 30 000 v. Chr. lebten noch beide Unterarten des *Homo sapiens.* Danach starben die Neandertaler aus. Einiges spricht dafür, daß die Jetztmenschen sie hingemetzelt haben. Wie dem auch sei, jedenfalls leben seit rund dreißigtausend Jahren nur noch Hominiden des modernen Typs.
Die Jetztmenschen waren ausgesprochen erfolgreich. Sie erweiterten erstmals den Lebensraum des *Homo erectus.* Zwischen 40 000 und 30 000 v. Chr. nutzten sie die Landbrükken, die durch die Absenkung des Meeresspiegels entstanden waren, und drangen von Südostasien nach Australien und von Nordostasien nach Nordamerika vor. Bis dahin hatten auf keinem der beiden Kontinente Hominiden gelebt. Auf die gleiche Weise gelangten sie auf die japanischen Inseln.
Die Menschen breiteten sich immer weiter aus. Um 10 000 v. Chr. hatten sie den südlichsten Teil Südamerikas und sogar Feuerland erreicht, die Insel am Südzipfel des Kontinents. Bis auf die Antarktis und die nördlichen Eisregionen waren nun alle Festlandgebiete besiedelt.
Natürlich waren die Menschen Jäger. Und sie entwickelten sogar Rituale, mit denen sie das Jagdglück beschworen. Ein Ritual bestand etwa darin, Bilder erfolgreich erlegter Tiere zu malen. Vielleicht glaubten die Menschen, daß die Bilder ihnen eine magische Kraft über die dargestellten Objekte verliehen. Oder sie hofften, auf diese Weise die Geister der Tiere zu besänftigen und günstig zu stimmen.
Im Jahr 1879 legte der spanische Archäologe Don Marcelino de Sautuola (gest. 1888) gerade die Altamira-Höhle in Nordspanien frei, als seine vierjährige Tochter, die ihn begleitete, Malereien an der Decke erspähte und ausrief: »Mira toros, Papa, mira toros!« Was sie entdeckt hatte, waren Darstellungen von Bisons, Hirschkühen und anderen Tieren in roter und schwarzer Farbe, die um 20 000 v. Chr. entstanden sein dürften.
Die Malereien beweisen ein hohes Maß an künstlerischer Fertigkeit. Falls es eines Beweises bedarf, daß uns diese frühen Menschen geistig ebenbürtig waren, diese Höhlenmalereien liefern ihn. In den vergangenen zwanzigtausend Jahren haben wir zwar enorme Kenntnisse und Erfahrungen erworben, aber wir sind keinen Deut menschlicher als diese frühzeitlichen Höhlenmaler.
Die Kunstwerke waren in der Tat so hervorragend, daß viele Leute an ihrem tatsächlichen Alter zweifelten. Sie witterten Betrug und glaubten, es handle sich um moderne Fälschungen. Erst nach der Entdeckung anderer Höhlen und Felsbilder wurden Echtheit und Alter dieser eiszeitlichen Kunst anerkannt.
Die Höhlenmalereien wurden an abgelegenen Stellen entdeckt und waren nur bei künstlichem Licht sichtbar. Deshalb nimmt man an, daß sie eher für religiöse und rituelle Zwecke als zum Vergnügen gemalt wurden. Dennoch haben die Künstler ohne Frage unendliche Mühe auf ihre Werke verwendet, und es fällt schwer zu glauben, daß sie keine Freude bei der Arbeit empfanden.

Pfeil und Bogen

Einige Felsbilder zeigen Jagd- und Kampfszenen mit Pfeil und Bogen. Seit wann es Pfeil und Bogen gibt, ist ungewiß, fest steht nur, daß sie mindestens seit 20 000 v. Chr. in Gebrauch waren.
Der Pfeilbogen war eine wichtige Errungenschaft: Zum ersten Mal hatte der Mensch ein Gerät erfunden, in dem er Energie langsam speichern und dann plötzlich freigeben konnte. Seine Reichweite war größer als die des Wurfspeers. Der Bogen war die erste richtige Fernwaffe. Für den Jäger war es natürlich ein unschätzbarer Vorteil, daß er ein wildes Tier, das obendrein viel größer war als er, aus größtmöglicher Distanz angreifen konnte.
Schließlich wurden Pfeil und Bogen auch von Menschen gegen Menschen eingesetzt (wie alle Geräte, die Unheil anrichten können, ganz gleich, für welchen Zweck sie ursprünglich gedacht waren). Der Bogen blieb bis zum Beginn des fünfzehnten Jahrhunderts die wichtigste Kriegswaffe.

Öllampen

Ein Lagerfeuer aus Holz oder Reisig spendete Licht, aber es ließ sich nicht herumtragen. Und sein Schein fiel nicht immer dorthin, wo gerade Licht gebraucht wurde. Nun ist Holz aber nicht der einzige mögliche Brennstoff. Das blieb auch den Menschen nicht verborgen. Wenn sie Fleisch brieten, bemerkten sie, wie Fett heruntertropfte und sich entzündete.
Wollte man also ein kleineres, kompakteres Feuer, brauchte man nur poröses Holz in Öl zu tauchen und in Brand zu stecken. Schon hatte man eine Fackel. Und noch praktischer: Man füllte Öl in einen Behälter (zum Beispiel in einen ausgehöhlten Stein) und steckte einen Docht aus Pflanzenfasern hinein. Die Fasern saugten das Öl auf und brannten so lange, bis das Öl verbraucht war. Die Lampe ließ sich nach Belieben von Ort zu Ort tragen.
Es gibt Hinweise, daß solche einfachen Lampen schon um 20 000 v. Chr. in Gebrauch waren.

12 000 v. Chr.

Domestizierung von Tieren

Im Jahr 1950 wurden in Höhlen bei Kirkuk, im Norden des heutigen Irak, neben menschlichen Knochen auch fossile Reste von Hunden gefunden. Sie stammen aus der Zeit um 12 000 v. Chr.
Natürlich wissen wir nicht, wie der Mensch den Hund domestiziert hat. Ich vermute, daß Kinder auch hierzu den Anstoß gaben. Ich stelle mir das so vor: Ein Kind freundete sich mit einem Wolfswelpen an, dessen Mutter die Sippe aus Notwehr getötet oder als Beute erlegt hatte. Und als dann der Tag kam, an dem der Welpe geschlachtet werden sollte, erhob es dagegen so heftigen Protest, daß die Eltern schließlich nachgaben.
Wahrscheinlich zeigte sich sehr bald, daß der Hund als Jäger und Rudeltier seinen menschlichen Herrn als Rudelführer anerkannte. Er begleitete ihn auf die Jagd. Er half, das Wild zur Strecke zu bringen, wartete, bis der Mensch sich seinen Teil genommen hatte, und war mit dem zufrieden, was für ihn übrig blieb.
Auf diese Weise nahm der Mensch erstmals die Dienste von Tieren in Anspruch.
Um 10 000 v. Chr. gelang mit der Domestizierung von Ziegen in Vorderasien ein weiterer Fortschritt. Die Menschen hüteten die Ziegen, fütterten sie und hielten sie zur Fortpflanzung an. Die zuchtfähigen Tiere lieferten Milch für Butter und Käse, die anderen wurden geschlachtet. Der große Vorteil dabei war: Ziegen fraßen nur Gras und andere Pflanzen, die für den Menschen nicht eßbar waren. Dagegen mußten Hunde mit dem gefüttert werden, was sonst die Mägen der Menschen füllte.

Bis dahin hatte der Mensch seinen Nahrungsbedarf durch Jagen und Sammeln gedeckt, mit all den Unsicherheiten, die damit verbunden waren. Mit der Viehhaltung wurde die Versorgung viel sicherer.

Nachtrag

Zu dieser Zeit begannen die Gletscher zurückzuweichen.

8000 v. Chr.

Ackerbau

Die Menschen führten ein Nomadenleben. Solange die Jagd die wichtigste Nahrungsquelle war, folgten sie den wandernden Tierherden. Doch auch Sippen, die ausschließlich von Pflanzen und nichtwandernden Tieren lebten, konnten nur begrenzte Zeit an einem Ort verweilen. Irgendwann waren die vorhandenen Nahrungsreserven aufgebraucht, dann mußten sie weiterziehen und woanders nach Nahrung suchen.

Sogar als Hirten blieben die Menschen Nomaden. Überweidung und jahreszeitlich bedingte Wetterwechsel zwangen sie, ihre Herden von Zeit zu Zeit auf frische Weiden zu treiben.

Doch um 8 000 v. Chr. gelang in derselben Region, in der erstmals Tiere domestiziert wurden, eine Entdeckung, die tiefgreifendere Veränderungen nach sich zog als alle anderen Errungenschaften seit der Nutzbarmachung des Feuers.

Gemeint ist die Kultivierung von Pflanzen. Aus irgendeinem Grund kamen Menschen auf die Idee, Samen zu pflanzen und keimen zu lassen, die Keime zu gießen, Unkraut zu jäten und geduldig zu warten, bis die Pflanzen herangereift waren und endlich geerntet und als Nahrung verwendet werden konnten.

Es war eine mühsame und zermürbende Arbeit, doch die Erträge waren hoch. Jedenfalls brachte die Feldarbeit mehr ein als Jagen und Sammeln, ja sogar mehr als die Viehhaltung, denn pflanzliches Leben liefert mehr Nahrung als tierisches Leben.

Durch Ackerbau und Viehzucht, insbesondere durch den Ackerbau, konnte auf einer bestimmten Fläche eine größere Bevölkerung ernährt werden als zuvor. Weniger Menschen verhungerten, mehr Kinder überlebten, und die Bevölkerung wuchs.

Die Wiege des Ackerbaus stand im Norden des heutigen Irak. Dort wuchsen Wildformen von Weizen und Gerste. Beide Getreidesorten wurden kultiviert. Das Mehl, das aus den Körnern gemahlen wurde, bot zwei unschätzbare Vorzüge: Man konnte es monatelang aufbewahren, ohne daß es verdarb, und man konnte wohlschmeckendes und nahrhaftes Brot daraus backen.

Trotz der verbesserten Nahrungsversorgung müssen sich die Bauern ihrer Plackerei bewußt gewesen sein. Nicht einmal der Einsatz von Tieren erleichterte ihnen die Arbeit wesentlich. Es ist durchaus möglich, daß die biblische Geschichte vom Garten Eden auf Bauern zurückgeht, die sich wehmütig an eine Art »Goldenes Zeitalter« erinnerten, in dem der Mensch noch frei und vergleichsweise müßig als Jäger und Sammler umherstreifte. Vielleicht fragten sie sich, was geschehen war, warum sie dieses Paradies verloren hatten und nun gezwungen waren, ihr Brot im Schweiße ihres Angesichts zu verdienen.

Nicht von ungefähr heißt es in der Bibel über Adams erste Söhne: »Und Abel wurde ein Schäfer, Kain aber wurde ein Ackermann.«

Der Bevölkerungsanteil der Bauern wuchs rascher als der Anteil der Hirten. Wir können uns gut vorstellen, wie sich das Ackerland ausdehnte und immer größere Flächen beanspruchte, die bisher von den Hirten genutzt worden waren. (Das gleiche geschah übrigens im amerikanischen Westen, als die Farmer das Land besiedelten und zum Verdruß der umherziehenden Cowboys ihre Grundstücke ein-

zäunten.) Kein Wunder also, daß Kain in der Bibel seinen Bruder Abel erschlägt.
Mit dem Ackerbau setzte die Seßhaftwerdung ein. Ein Bauer, der sein Feld bestellt hatte, konnte nicht einfach weiterziehen. Er war an Hof und Acker gebunden.
Die Seßhaftigkeit brachte neue Risiken mit sich. Solange die Menschen als Jäger, Sammler oder Hirten gelebt hatten, konnten sie Gefahren aus dem Weg gehen. Näherte sich etwa eine fremde Sippe in der räuberischen Absicht, alle vorhandene Nahrung an sich zu reißen, hinderte sie nichts an der Flucht, wenn ein Kampf zu gefährlich war.
Bauern konnten nicht so einfach davonlaufen, wenigstens nicht, ohne ihre Felder aufzugeben und zusehen zu müssen, wie ihr Lebenswerk zerstört wurde. Gar nicht davon zu reden, daß sie ohne ihre Felder verhungert wären. Die Bevölkerung hatte sich dank des Ackerbaus so vermehrt, daß die Natur nicht mehr ausreichend Nahrung für alle bot. Kurzum, sie waren auf den Ackerbau angewiesen.
Die Bauern mußten also Vorkehrungen dafür treffen, ihr Hab und Gut um jeden Preis zu verteidigen. Und weil das gemeinsam leichter war, schlossen sie sich zusammen. Zunächst suchten sie eine geeignete Stelle. Günstig war zum Beispiel eine Anhöhe (denn von dort oben konnten sie ihre Geschosse den Berg hinunterschleudern, während sie der Feind hinaufschleudern mußte, was die Wirkung zwangsläufig herabsetzte). Und natürlich mußte die Wasserversorgung gesichert sein (ohne Nahrung kann man eine Zeitlang auskommen, aber nicht ohne Wasser). Hatten sie eine solche Stelle gefunden, errichteten sie Häuser und umgaben sie mit einem Schutzwall. Auf diese Weise entstanden Städte, und die Menschen, die dort lebten, waren Stadtbewohner.
Im Norden des heutigen Irak, ungefähr dort, wo Ackerbau und Viehzucht ihren Anfang nahmen, wurden die Reste einer solchen Stadt gefunden. Sie dürfte etwa um 8 000 v. Chr gegründet worden sein. Der Ort heißt Jarmo. Dort begann der amerikanische Archäologe Robert J. Braidwood 1948 vorsichtig an einem Hügel zu graben. Er fand Reste von Häusern, die mit dünnen Wänden aus gepreßtem Lehm in kleine Zimmer unterteilt waren. Die Stadt dürfte kaum mehr als hundert bis dreihundert Einwohner gehabt haben, aber Städte wuchsen rasch.
Der Ackerbau ermöglichte den Bauern, mehr Nahrung zu produzieren, als sie für den Eigenbedarf brauchten. Die Folge: Einige Menschen konnten auch anderen Arbeiten nachgehen – handwerklichen oder künstlerischen etwa – und ihre Produkte gegen die überschüssigen Erzeugnisse eines Bauern eintauschen. Zum ersten Mal hatten Menschen Zeit, über etwas anderes als die nächste Mahlzeit nachzudenken. Hinzu kam, daß sie in der Stadt in engem Kontakt miteinander lebten. Das erleichterte die Verständigung. Erfindungen und neue Ideen machten schnell die Runde.
Mit dem Aufkommen des Ackerbaus und der Städte entstand eine neue und vielschichtigere Lebensform, die wir *Zivilisation* nennen (von dem lateinischen Wort für »Stadtbewohner«). Anfangs war das zivilisierte Gebiet noch klein, aber es dehnte sich unaufhaltsam aus. Heute kann fast die ganze Welt als zivilisiert gelten.

Nachtrag

Die Gletscher waren inzwischen zurückgewichen, und das Erdklima entsprach etwa dem von heute. Die arktischen Küstenregionen wurden bewohnbar. Inuit (Eskimos), Lappen und Sibirier begannen sie zu besiedeln. Der Meeresspiegel stieg auf den heutigen Stand und schnitt Amerika und Australien von Asien ab. Beide Kontinente blieben nahezu zehntausend Jahre isoliert.
Die Erdbevölkerung dürfte um 10 000 v. Chr. bei nicht mehr als 3 Millionen gelegen haben (und zu Zeiten des Neandertalers bei nur 2 Millionen). Mit dem Aufkommen der Viehzucht nahm sie zu. Um 8 000 v. Chr. lag sie bei 5 Millionen und mit dem Ackerbau wuchs sie weiter.

7000 v. Chr.

Keramik

Für den Menschen war es immer wichtig, Dinge zu transportieren, und was lag näher, als sie in der Hand oder in der Armbeuge zu tragen. Doch die Menge, die sich auf diese Weise transportieren ließ, war sehr begrenzt. Der Mensch benötigte gewissermaßen künstliche Hände, die beträchtlich größer waren als seine natürlichen.
Er benutzte Tierhäute, um Gegenstände zu tragen, aber Tierhäute waren unpraktisch und schwer. Kürbisse waren schon besser, aber es gab sie nicht immer und überall. Schließlich lernte der Mensch, aus Schilf oder Zweigen Körbe zu flechten. Die Körbe waren leicht und in allen Formen herstellbar.
Allerdings konnte man in Körben nur feste, trockene Gegenstände transportieren, die beträchtlich größer waren als die Löcher im Flechtwerk. Für die Beförderung von Mehl oder Öl taugten sie nicht, und was noch wichtiger war: Auch Wasser ließ sich mit ihnen nicht transportieren.
Der Gedanke lag nahe, die Körbe mit Ton zu bestreichen. Der getrocknete Ton dichtete die Löcher ab und verlieh dem Korb mehr Stabilität. Allerdings bröckelte er gerne ab, vor allem wenn der Korb geschüttelt oder gestoßen wurde. Wurde der Korb jedoch zum Trocknen in die pralle Sonne gestellt, härtete der Ton aus, und der Korb eignete sich recht gut für den Transport von Mehl und Flüssigkeiten.
Aber wozu eigentlich der Korb? Warum nicht einfach nur Ton nehmen, ein Gefäß formen und in der Sonne trocknen lassen? So entstanden die ersten primitiven Tongefäße, einige vermutlich bereits um 9 000 v. Chr. Allerdings waren sie bröckelig und hielten nicht lange.
Die Gefäße mußten stärker erhitzt werden. Wurden sie ins Feuer gestellt, entstand harte *Keramik*. Die Spuren solcher Keramik lassen sich bis etwa 7 000 v. Chr. zurückverfolgen. Bis dahin war Feuer nur als Lichtquelle, Wärmespender oder zum Kochen benutzt worden, nun zum ersten Mal auch für einen anderen Zweck.
Tongefäße ermöglichten nicht nur den Transport von Flüssigkeiten, sondern auch eine neue Form des Kochens. Bisher war die Nahrung meist gebraten und direkt den Flammen oder trockener Hitze ausgesetzt worden. Da der Mensch nun aber Töpfe besaß, die sich mit Wasser füllen ließen und zudem feuerfest waren, konnte er seine Nahrung in Wasser erhitzen – er konnte sie kochen. So entstanden Eintöpfe und Schmorgerichte.
Und natürlich konnte Keramik verziert und modelliert werden. Kunstvoll verzierte Stücke waren sehr begehrt. Der Künstler konnte sie gegen andere Dinge eintauschen, die er benötigte. Und da Töpferwaren unbegrenzt haltbar waren, wenn man vorsichtig mit ihnen umging, konnten sie durch viele Hände gehen. Sie wurden zur Handelsware zwischen verschiedenen Völkergruppen.
Bei den frühen keramischen Erzeugnissen wurde der Ton noch gepreßt und in die gewünschte Form gedrückt. Die Gefäße, die dabei entstanden, waren klobig und unsymmetrisch, aber sie erfüllten ihren Zweck.
Konnte man das Gefäß beim Modellieren allerdings drehen, so entstand unter verhältnismäßig schwachem Druck der Hand eine gleichmäßige zylindrische Form. Wurde der Druck verstärkt oder nach unten verlagert, ließen sich aus der ursprünglichen Röhre komplizierte Formen entwickeln, ohne daß dabei die Symmetrie zerstört wurde. Zu diesem Zweck brauchte man den Ton nur auf eine waagrechte und runde Holz- oder Steinscheibe legen (eine *Töpferscheibe*), die auf einer senkrechten Achse lagerte und sich ganz schnell drehen ließ.
Die Töpferscheibe war eines der ersten Beispiele für die Verwendung des Rades und die Nutzung der Drehbewegung. Wir wissen nicht, wann sie zum ersten Mal verwendet wurde, aber der Gedanke liegt nahe, daß der Mensch durch sie auf das Rad und die Fortbewegung auf Rädern aufmerksam wurde.

Nachtrag

Jericho, im heutigen Israel, dürfte zur damaligen Zeit mit 2 500 Einwohnern die größte Stadt der Welt gewesen sein.

6000 v. Chr.

Leinen

Flachs liefert Fasern, die genauso verwoben werden können, wie Ruten oder Rinden zu Körben geflochten werden. Um einen festen Faden zu erhalten, dreht man mehrere solcher Fasern zusammen. Das Ergebnis nennen wir *Leinen.* (Wie *Leinen* stammt das Wort *Leine* von dem lateinischen Wort für »Flachs«.)
Bereits um 6 000 v. Chr. wurde Leinen zu Schnüren verarbeitet und beim Fischfang verwendet. Die Fischer verknüpften die Schnüre und stellten so Netze her.
Schließlich wurden auch sehr engmaschige Netze hergestellt – mit anderen Worten *Stoffe* oder *Textilien* (von dem lateinischen Wort für »weben«). Die Herstellung von Kleidern aus Leinen und dann auch aus anderen Fasern pflanzlicher oder tierischer Herkunft wie Baumwolle und Wolle veränderte die Bekleidungsgewohnheiten von Grund auf. Bis dahin hatten die Menschen nur Pelze getragen. An kalten Tagen waren Pelze angenehm, aber in der übrigen Zeit zu warm. Sie waren luftundurchlässig, schwer, und sie stanken.
Textilien dagegen waren leicht, bequem und problemlos zu reinigen. Textilien blieben bis heute das beliebteste Material für die Herstellung von Kleidung.

Flöße

Menschen konnten ohne Gewässer nicht leben, insbesondere brauchten sie frisches Wasser zum Trinken. Deshalb siedelten sie an Flüssen und Seen.
Die Gewässer waren aber auch eine Nahrungsquelle. Die Menschen wagten sich ins Wasser und fingen Fisch. Sie lernten schwimmen. Außerdem fiel ihnen auf, daß Holz im Wasser nicht unterging. Um 6 000 v. Chr. banden sie Baumstämme zu Flößen zusammen und ließen sich bei ruhigem Wetter eine Weile auf dem Wasser treiben. Wenn sie die Hände oder etwas anderes zum Paddeln benutzten, konnten sie sogar kleinere Gewässer überqueren.

Sicheln

Die Menschen brauchten Geräte, die ihnen die Feldarbeit erleichterten. Zum Beispiel mußten sie das reife Getreide ernten, und bereits um 6 000 v. Chr. verwendeten sie dazu *Sicheln* (von dem lateinischen Wort für »schneiden«). Genau genommen handelte es sich dabei um Messer (ursprünglich aus scharf geschliffenen Steinen), die am Ende eines Stocks befestigt waren. Mit ihrer Hilfe konnten sie die Halme knapp über dem Boden abschneiden.
Waren die Halme geerntet und die Spreu entfernt, zerrieb man die Körner zwischen zwei Steinen zu Mehl. Ein Stein besaß eine Vertiefung, in die das Korn gefüllt wurde, der andere Stein war abgerundet. Durch kräftiges Drehen mit dem Drehstein konnte das Korn zermahlen werden. Ein solches Mahlgerät, das mit der Hand betrieben wurde, wird *Handmühle* genannt.

Nachtrag

Um diese Zeit wurde der kräftige Auerochse (das »Einhorn« aus der Bibel) gezähmt. Er ist die Stammform unserer Hausrinder.

5000 v. Chr.

Bewässerung

Ackerbau erfordert eine regelmäßige Wasserversorgung, sonst gehen die Pflanzen ein. So war es nur natürlich, daß er in solchen Gegenden aufkam, wo es normalerweise in ausreichender Menge regnete. Doch auch in solchen Gegenden bleibt der Regen gelegentlich aus, und dann trocknet die Erde aus.
Ein größerer Fluß ist ein zuverlässiger Süßwasserlieferant (Salzwasser aus dem Meer ist nicht zu gebrauchen). Bauernhöfe entstanden deshalb zuerst an Flüssen.
Während Regen direkt auf das Getreide fällt, muß Flußwasser zu den Feldern geleitet werden. Dazu werden Gräben gezogen. So kann das Wasser aus dem Fluß abfließen und dort in den Boden sickern, wo die Pflanzen wachsen. Solche Kanäle müssen instandgehalten werden. Sie dürfen weder versanden noch überlaufen.
Außerdem müssen die Kanäle tiefer gelegt werden, wenn der Wasserstand des Flusses bei Trockenheit fällt. Und da der Fluß bei ungewöhnlich starken Regenfällen (die nicht unbedingt in unmittelbarer Nähe von Höfen niedergehen, sondern auch kilometerweit weg stromaufwärts) gelegentlich anschwillt, müssen Dämme gebaut werden, die das Hochwasser zurückhalten. Diese Dämme bedürfen ständiger Wartung, damit sie keine undichten Stellen bekommen oder gar brechen.
All diese Bewässerungsmaßnahmen gewährleisten mehr oder weniger eine gute Ernte und damit eine ausreichende Nahrungsversorgung. Doch sie machen auch viel Arbeit.
Ein einzelner kann diese Arbeit nicht bewältigen. Aber auch viele müssen scheitern, wenn sie ihre Maßnahmen nicht aufeinander abstimmen. Bewässerung erfordert Zusammenarbeit. Das Schicksal vieler Höfe hängt von ihr ab. Nur wenn sich die Arbeit dieser Höfe sinnvoll ergänzt, bleiben die Dämme überall in gutem Zustand.
Aus diesem Grund brauchen die Bauern Anführer, die die Arbeit überwachen und die Aufgaben verteilen, die Fähigen und Fleißigen ermutigen und die Faulen und Unfähigen bestrafen. Kurzum, die Notwendigkeit der Bewässerung führt zur Bildung einer *Regierung*, wie wir heute sagen würden, und aus einer Ansammlung von Bauernhöfen um eine wehrhafte Stadt wird ein *Stadtstaat* mit einem Herrscher und festen Verhaltensregeln.
Die ersten Stadtstaaten entstanden um 5 000 v. Chr. am Unterlauf von Euphrat und Tigris, im Süden des heutigen Irak (damals noch unter dem Namen Sumer bekannt). Weitere Stadtstaaten bildeten sich etwa zur gleichen Zeit am Nil in Ägypten. In Ägypten regnete es zwar fast nie, aber der Nil war ein verläßlicher Wasserlieferant und überflutete regelmäßig einmal im Jahr das Land, wenn tief im Süden, an seinem Oberlauf, Regenzeit herrschte. Die Nilfluten spülten fruchtbaren Schlamm auf die Felder längs der Ufer.

Waagen

Wer Handel treibt, muß seine Ware irgendwie messen können: so viel von diesem für so viel von jenem. Der Verkäufer kann die Ware in der Hand wiegen, aber das ist willkürlich und wird wohl stets auf Ablehnung des Käufers stoßen. Objektiver ist es, wenn man an den beiden Enden eines Stabes zwei Schalen aufhängt und den Stab in der Mitte hochhebt. Die Ware, die gewogen werden soll, wird in die eine Schale gelegt, und in die andere Schale kommen geeichte Gewichte, bis beide Schalen im Gleichgewicht sind. Das Prinzip ist so einfach und das Gerät so leicht herzustellen, daß solche Waagen in Ägypten vermutlich schon vor 5 000 v. Chr. verwendet wurden und wohl auch einigermaßen exakt waren.

4000 v. Chr.

Kupfer

Über zwei Millionen Jahre lang – vom ersten Auftreten des *Homo habilis* bis etwa 4000 v. Chr. – wurden Werkzeuge und Waffen aus Stein, Holz oder Knochen hergestellt. Stein ist am haltbarsten, und nicht von ungefähr sind die meisten Zeugnisse früher menschlicher Kultur aus Stein. Deshalb wird diese lange Periode der Menschheitsgeschichte *Steinzeit* genannt. Der römische Poet Titus Lucretius Carus (95–55 v. Chr.) war der erste, der diesen Namen gebrauchte, und im Jahr 1834 führte ihn der dänische Archäologe Christian Jürgensen-Thomsen (1788–1865) wieder ein.

Die Steinzeit wird in *Paläolithikum, Mesolithikum* und *Neolithikum* unterteilt (zu deutsch »Altsteinzeit«, »mittlere Steinzeit« und »Jungsteinzeit«). Die Einteilung richtet sich nach den verbesserten Methoden der Steinbearbeitung.

Doch die Steinzeitmenschen müssen gelegentlich auch auf Kiesel gestoßen sein, die anders aussahen als andere: Sie glänzten ganz merkwürdig und waren schwerer als normale Kiesel vergleichbarer Größe. Außerdem zersprangen oder zersplitterten sie unter den Schlägen eines Steinhammers nicht wie gewöhnliche Kiesel, sondern verformten sich.

Diese zufällig gefundenen Kiesel waren aus *Metall.* Dutzende verschiedener Metalle sind bekannt, aber die meisten kommen nur in Verbindungen mit nichtmetallischen Stoffen vor und bilden bröckelige Materialien. In gediegener Form werden nur solche Metalle gefunden, die ungern Verbindungen mit anderen Substanzen eingehen. Die drei Metalle, die man am ehesten in gediegener Form findet, sind jedoch ziemlich selten. Es sind dies Kupfer, Silber und Gold. Nicht umsonst stammt das Wort *Metall* von einem griechischen Ausdruck ab, der soviel wie »nach etwas suchen« bedeutet.

Schon um 5 000 v. Chr. oder sogar noch früher handelten die Menschen mit Metallklumpen. Da Metall glänzt und sich daraus reizvolle Dinge hämmern ließen, wurde es anfangs ausschließlich für Schmuckgegenstände verwendet. Gold war am begehrtesten, da es die schönste Farbe hatte (ein schimmerndes Gelb) und am meisten wog. Außerdem veränderte es sich nicht mit der Zeit. Silber wurde mit der Zeit dunkel und das rötliche Kupfer sogar grün. (Das Wort Kupfer geht auf den lateinischen Namen für Zypern zurück. Anfänglich kam das Metall nämlich von dieser Mittelmeerinsel.)

Erst als man entdeckte, daß Metalle aus besonderen Gesteinen, den sogenannten *Erzen*, gewonnen werden können, verwendete man sie auch für andere Zwecke. Kupfer machte den Anfang. Kupfer kommt in Verbindungen mit Sauerstoff, Kohlenstoff oder beidem vor. Um 4000 v. Chr. entdeckte man, daß aus diesen Erzen reines Kupfer gewonnen werden kann.

Zweifellos spielte dabei der Zufall eine Rolle. Zum Beispiel könnte über einer Stelle mit Kupfererz ein großes Holzfeuer gebrannt haben: Durch die Hitze verband sich der Kohlenstoff im Holz und im Erz mit dem Sauerstoff im Erz zu Kohlendioxid und entwich, und zurück blieb das metallische Kupfer. Ein aufmerksamer Mensch bemerkte die rötlichen Klumpen in der Asche, und irgendwann begriffen andere, wie das Kupfer entstanden war, suchten nach Erz und erhitzten es. Auf diese Weise ermöglichte das Feuer die *Metallurgie* – das Ausschmelzen von Metall aus Erz.

Schmuckgegenstände aus Kupfer waren sehr verbreitet, aber zur Herstellung von Werkzeugen war das Metall nicht geeignet, wie manche vielleicht gedacht hatten. Zwar haben scharfkantige Metallstücke den Vorteil, daß sie durch Hämmern mühelos geschärft werden können, wenn sie stumpf geworden sind – beschädigte Steinäxte müssen durch mühseliges Abschlagen repariert werden –, doch Kupfer war zu weich. Die Schneiden wurden bei der Benutzung so schnell stumpf, daß man sie schon nach kurzem Gebrauch wieder zurechthämmern mußte.

Sonnenuhren

Schon seit Urzeiten verstanden es die Menschen, anhand der Tage die Zeit zu messen. Oft wollten sie aber auch einzelne Tagesabschnitte messen. Eine Möglichkeit dazu bot der Lauf der Sonne. Wie es schien, zog sie stets mit konstanter Geschwindigkeit von Osten nach Westen.
Natürlich konnte man nicht in die Sonne starren, aber es war die leichteste Sache der Welt, einen Stab in die Erde zu stecken und den Schatten zu beobachten. Bei Sonnenaufgang dehnten sich die Schatten weit nach Westen. Dann, mit fortschreitendem Tag, wurden sie kürzer und kürzer und drehten sich ein wenig nach Norden. Am Mittag waren sie am kürzesten (und zeigten nach Norden), und je näher der Sonnenuntergang rückte, desto länger wurden sie nach Osten hin.
Diese Erfindung stammt höchstwahrscheinlich aus Ägypten. Dort scheint die Sonne fast immer. Um 4000 v. Chr. hatten die Ägypter den Tag vermutlich in zwölf gleichlange *Stunden* eingeteilt.

Nachtrag

Stadtstaaten entstanden auch an einem dritten Fluß, dem Indus, im heutigen Pakistan. Diese *Induskultur* war der Neuzeit unbekannt, bis 1922 bei Mohenjo-Daro mit den ersten Ausgrabungen begonnen wurde.

3600 v. Chr.

Bronze

Kupfer, das aus Erzen gewonnen wird, ist manchmal härter, manchmal weicher. Das liegt daran, daß Kupfererz nicht unbedingt rein ist. Es kann mit anderen Stoffen vermengt sein, die sich beim Erhitzen mit dem Kupfer verbinden und eine *Legierung* bilden. Ein solches Gemenge besteht zum Beispiel aus Kupfer und Arsen. Allerdings ist Arsen giftig, und Leute, die damit arbeiteten, wurden wahrscheinlich krank. Deshalb mied man dieses Erzgemenge (dies ist vielleicht der erste bekanntgewordene Fall in der Geschichte der Technik, bei dem die Sicherheit der Arbeiter eine Rolle spielte).
Glücklicherweise wurde eine andere Art von Erzgemenge entdeckt, aus dem hartes Kupfer gewonnen werden konnte. Es handelt sich um Zinnerz. Das harte Kupfer war in Wahrheit eine Kupfer-Zinn-Legierung und wurde *Bronze* genannt (möglicherweise von einem persischen Wort für »Kupfer«).
Bronze war so hart, daß sie mit Stein konkurrieren konnte. Schneiden aus Bronze blieben länger scharf und konnten wieder in Form gehämmert werden, was allerdings nicht oft erforderlich war.
Immer häufiger wurde Bronze für Werkzeuge, Waffen und Rüstungen verwendet. Um 3000 v. Chr. brach in Vorderasien die *Bronzezeit* an und erfaßte in dem Maße auch andere Regionen, wie die Methode der Bronzeherstellung Verbreitung fand.
Das große kulturelle Werk der Bronzezeit war Homers *Ilias*, die Geschichte des Trojanischen Krieges (um 1200 v. Chr.). Die griechischen und trojanischen Helden kämpften in Bronzerüstungen, trugen Bronzeschilde und streckten ihre Gegner mit Bronzeschwertern nieder.

3500 v. Chr.

Wagen

Wenn Gegenstände so schwer waren, daß sie nicht mehr in der Hand getragen werden konnten, wurde der Transport auf dem Landweg zum Problem. Anfangs behalf sich der Mensch mit Schlitten, die er mit eigener Muskelkraft zog. Später setzte er Tiere ein, die stärker waren als er (beispielsweise Rinder). Doch auch sie kamen nur langsam voran. Denn selbst auf glattem Untergrund entstand eine beträchtliche Reibung, egal ob der Boden mit Sand, Gras oder Kieseln bedeckt war.
Wenn man primitive Rollen unter den Schlitten legte, ging es leichter. Die Rollen drehten sich, und dadurch verringerte sich die Reibung erheblich. Das erleichterte zwar den Transport, doch der Zeitaufwand war nun größer, denn man mußte die Rollen hinten wegnehmen und vorn wieder unterlegen. Was fehlte, waren *Achsen* und *Räder*.
Irgendwann kam jemand auf die Idee, vorn und hinten am Schlitten zwei Rollen zu befestigen, und zwar so, daß sie sich in ihren Halterungen drehten und ständig mit dem Schlitten mitliefen. Schließlich wurden an den Enden der Rollen massive Holzscheiben angebracht, die den Schlitten vom Boden abhoben und sich ungehindert drehten.
Solche Wagen mit Rädern kamen schneller voran und waren leichter zu ziehen als Schlitten auf Rollen. Sie revolutionierten den Transport über Land. Um nur einen Vorteil zu nennen: Sie erleichterten den Handel.
Wagen dieser Art waren in Mesopotamien nachweislich schon um 3500 v. Chr. in Gebrauch.

Flußboote

Auf dem Wasser lassen sich schwere Lasten fraglos leichter befördern als über Land. Im Wasser ist die Reibung um einiges geringer, und es tauchen nicht ständig Hindernisse wie Felsen, Hügel oder Steigungen auf.
Der Nil war in dieser Hinsicht ideal. Er lieferte dem regenarmen Ägypten nicht nur Wasser und düngte durch die alljährliche Überflutung regelmäßig den Boden. Er eignete sich auch hervorragend für den Lastentransport, da er ruhig dahinfloß und keine Stürme zu befürchten waren. Der Nil brachte keine Boote zum Kentern wie der wilde Tigris in Mesopotamien. (Der Name dieses Flusses kommt von dem griechischen Wort für »Tiger«.)
Zudem fließt der Nil fast direkt nach Norden, während der Wind meistens in die entgegengesetzte Richtung bläst. Ein Boot kann also gemächlich stromabwärts treiben, und wenn es zurückkehren muß, wird ein Segel gehißt, und der Wind schiebt es stromaufwärts.
Ägypten hat keine Wälder, aber zu jener Zeit gab es entlang des Nils üppige Schilfgrasbestände (*Papyrus* genannt). Aus dem gebündelten Schilfgras ließen sich Boote bauen. Die Boote wurden mit Hohlräumen versehen, so daß sie mehr Wasser verdrängten und größere Lasten tragen konnten, ohne unterzugehen. Sie waren nicht besonders stabil, aber auf dem zahmen Nil war das auch gar nicht nötig. (Als Moses auf dem Nil ausgesetzt wurde, legte man ihn in ein kleines Boot – oder eine Arche – aus Binsen, das heißt aus Papyrus.)
Ägypten verfügte also über einen äußerst bequemen Verkehrsweg, und dies mag auch der Grund dafür sein, warum sich der Wagen der Sumerer hier nur langsam durchsetzte. Die Ägypter hatten nur wenig Bedarf für ein solches Transportmittel.
Seit 3500 v. Chr. befahren ägyptische Boote den Nil. Um 3000 v. Chr. wagten sich die ersten hinaus auf das Mittelmeer und fuhren, sich immer dicht an die Küste haltend, an der Halbinsel Sinai und an Kanaan vorbei bis zum Libanon. Dort erwarben sie Baumstämme, die in Ägypten fehlten, und brachten sie als Baumaterial zurück.

Schrift

Die Sumerer hatten die fortschrittlichste Kultur der Welt. Aus diesem Grund war auch das Leben komplizierter als anderswo. Zum Beispiel mußten die Menschen wissen, wieviel Korn sie produzierten, was sie kauften und verkauften und wieviel Abgaben sie an die Gemeinschaft leisteten (was wir heute *Steuern* nennen).
Ohne das Leistungsvermögen eines geschulten Gedächtnisses herabsetzen zu wollen, dürfen wir wohl annehmen, daß es irgendwann nicht mehr möglich war, alles im Kopf zu behalten. Es war nötig, sich Notizen zu machen.
Praktisch jeder kann auf die Idee kommen, für jeden Korb mit Früchten einen Strich am Boden zu machen und schließlich die Striche zu zählen, damit er weiß, wie viele Körbe er ausgeliefert hat. Solange er freilich in einer einfachen Gesellschaft lebt, kann er sich diese Mühe sparen.
Wird jedoch das Gedächtnis überfordert, behilft man sich mit solchen Zeichen. Der Einfachheit halber benutzt man für eins, fünf und zehn unterschiedliche Zeichen, damit man nicht so viele Zeichen zusammenzählen muß. Dann erfindet man ein Zeichen für *Frucht* und ein anderes für *Korn* und wieder ein anderes für *Mann* und so weiter. Schließlich hat man für jedes Ding ein eigenes Zeichen – vermutlich recht primitive Bilder. Wenn andere Leute solche Zeichen übernehmen und lernen, sie zu benutzen und zu verstehen, hat man eine *Schrift*.
Die Sumerer scheinen als erstes Volk ein solches Schriftsystem entwickelt zu haben. Zum Schreiben verwendeten sie Griffel, mit denen sie keilförmige Zeichen in Lehm drückten. Deshalb wurde diese Schrift später *Keilschrift* genannt. Im Lauf der Zeit wurden die Symbole stilisiert und etwas vereinfacht. Sie verloren ihre Funktion, die Dinge bildhaft wiederzugeben. Allerdings stand nach wie vor jedes Symbol für ein Wort, so daß sich jeder, der lesen und schreiben wollte, Hunderte oder gar Tausende von Symbolen merken mußte. Die Folge war, daß nur eine kleine Minderheit lesen und schreiben konnte. Aber das genügte damals. Die Gesellschaft funktionierte auch so.
Die Ägypter griffen die Idee auf, führten aber einen völlig anderen Zeichensatz ein, der auf seine Art genauso kompliziert war wie die Keilschrift. Die ägyptischen Schriftzeichen werden *Hieroglyphen* genannt (nach dem griechischen Ausdruck für »heilige Schriftzeichen«, weil die Griechen sie meist aus ägyptischen Tempeln kannten). Sie wurden mit Pinseln auf dünne und zusammenrollbare Bogen aus dem Mark der Papyrusstauden gemalt.
Schrift ist eine tiefgreifende Neuerung. Sie ist eine Art erstarrte Rede. Schriftlich niedergelegte Gedanken und Berichte überdauern länger als das gesprochene Wort und sind gewöhnlich genauer als die mündliche Überlieferung. Werden sie von Zeit zu Zeit sorgfältig abgeschrieben, bleiben sie ewig erhalten.
Jede Generation kann die gesammelten Erfahrungen und das Wissen der vorherigen Generation exakter und schneller erlernen und sich infolgedessen rascher weiterentwickeln.
Schriftliche Aufzeichnungen geben uns ein recht genaues Bild von den Ereignissen der Vergangenheit, dazu die Namen von Personen und Orten sowie andere Einzelheiten. Wollen wir dagegen eine schriftlose Gesellschaft verstehen, so müssen wir aus den Dingen lesen, die von ihr geblieben sind – aus ihrer Keramik, ihrer Kunst, ja sogar aus ihrem Abfall.
Eine Gesellschaft, die eine Schrift hat, gehört zur Geschichte. Ein Gesellschaft, die keine hat, nennen wir vorgeschichtlich oder *prähistorisch*. Mit anderen Worten: Die Geschichte beginnt um 3500 v. Chr. mit den Sumerern.

Der Pflug

In der Frühzeit des Ackerbaus wurde der Samen einfach über den Boden gestreut, und die

Pflanzen wuchsen wild durcheinander. Schließlich entdeckte man, daß Korn einfacher zu gießen, zu jäten und zu ernten war, wenn es in Reihen gepflanzt wurde.
Die einfachste Form des Pfluges war ein geschmiedeter Grabstock. Mit ihm zog man Furchen in die Erde, in die man anschließend die Samen streute. Das beschleunigte die Aussaat erheblich. Der erste Pflug war um 3500 v. Chr. in Mesopotamien in Gebrauch.

3100 v. Chr.

Nationen

In dem Maße, wie die Stadtstaaten größer und bevölkerungsreicher wurden, rückten sie einander immer näher. Damit wuchs auch ihre gegenseitige Abhängigkeit.
Genau wie der Bau von Bewässerungsanlagen innerhalb eines Stadtstaats geregelt werden mußte, so mußte er auch bei allen anderen Stadtstaaten geregelt werden, die an einem bestimmten Fluß lagen. Was hatte es für einen Sinn, Deiche und Gräben in Ordnung zu halten, wenn der Nachbar stromaufwärts seine Anlagen zerfallen ließ, zum falschen Zeitpunkt eine Überflutung verursachte oder das Wasser staute?
Die Stadtstaaten mußten sich zusammenschließen, und ein solcher Zusammenschluß erfolgte erstmals in Ägypten. Die bequemen Verkehrswege entlang des Nils trugen dazu bei, daß Meinungsverschiedenheiten schnell ausgeräumt werden konnten, und zudem hatten die Stadtstaaten auf einer Länge von 800 Flußkilometern alle die gleiche Kultur und Sprache.
Um 3100 v. Chr. schlossen sich die Stadtstaaten am Nildelta (Unterägypten) mit denen südlich des Deltas (Oberägypten) unter der Führung von Menes, dem ersten König der ersten Dynastie, zusammen. (Der ägyptische Priester Manetho schrieb um 300 v. Chr. eine ägyptische Geschichte und teilte die Herrscher in Dynastien ein. Jede Dynastie repräsentierte eine Familie, deren Mitglieder Ägypten eine Zeitlang regierten.)
Da die ägyptischen Stadtstaaten durch eine gemeinsame Sprache und Kultur verbunden waren, bildeten sie das, was wir heute eine *Nation* nennen. Die Ägypter waren die erste Nation der Welt.

3000 v. Chr.

Kerzen

Seit Jahrtausenden waren bereits Öllampen in Gebrauch, und sie sollten es auch noch Tausende von Jahren bleiben, aber sie waren nicht ungefährlich: Wenn Öl verschüttet wurde, konnte sich das Feuer bedrohlich ausbreiten. Brachte man festes Fett zum Schmelzen und ließ es dann um einen Docht herum hart werden, so bildete die feste Masse Lampe und Behälter zugleich. Eine solche *Kerze* konnte man herumtragen, ohne daß man Gefahr lief, etwas zu verschütten.
Die ersten Kerzen sind auf ägyptischen Malereien zu sehen, die um 3000 v. Chr. entstanden sind. Seitdem sind sie in Gebrauch. Allerdings verwendet man sie heute mehr zur Dekoration als zur Beleuchtung.

Nachtrag

Auf der Mittelmeerinsel Kreta, zwischen Ägypten und Griechenland, entwickelte sich eine Zivilisation. Es war die erste Zivilisation, die nicht in Afrika oder Asien, sondern auf europäischem Boden entstand.

2800 v. Chr.

Kalender

Nur mit Hilfe der Tage und der Tageszeiten, die eine Sonnenuhr anzeigt, läßt sich der Lauf der Zeit nicht verfolgen. Manche Phänomene wie etwa der Wechsel der Jahreszeiten dauern viele Tage. Sie zu zählen ist nicht nur lästig, man vertut sich auch leicht dabei.
Es gibt allerdings regelmäßig wiederkehrende Phänomene, die nicht so lange dauern: die Mondphasen. Der Mond braucht 29 oder 30 Tage, um seine Phasen zu durchlaufen, und nach zwölf oder dreizehn solcher Zyklen oder *Monate* (abgeleitet von dem Wort Mond) beginnt auch der Zyklus der Jahreszeiten von vorn.
Wir wissen nicht, wann Menschen den Monat zum ersten Mal als Zeitmaß benutzten. Es gibt Hinweise, daß sogar prähistorische Menschen die Monate zählten, aber erst das Volk an Euphrat und Tigris brachte System in die Angelegenheit. Es errechnete einen Zyklus von neunzehn aufeinanderfolgenden Jahren, die teils aus zwölf, teils aus dreizehn Monaten bestanden. Dieser sogenannte *Mondkalender* wurde später von Griechen und Juden übernommen.
Die Ägypter richteten sich anfangs nicht nach dem Mond. Für sie war das wichtigste Ereignis des Jahres die regelmäßige Überflutung durch den Nil. Die Priester, die für die Regulierung des Hochwassers verantwortlich waren, beobachteten Tag um Tag den Pegelstand des Flusses und entdeckten schließlich, daß die Flut ungefähr alle 365 Tage auftrat. Das entsprach dem Zeitraum, den die Sonne brauchte, um relativ zu den Sternen einen scheinbaren Kreis am Himmel zu ziehen (heute wissen wir, daß die Erde so lange braucht, um die Sonne zu umrunden). Wir sprechen von einem *Sonnenjahr,* und ein danach erstellter Kalender ist ein *Sonnenkalender.*
Die Ägypter wußten, daß es zwölf Neumonde im Jahr gab. Das ergab zwölf Monate, doch alle waren dreißig Tage lang – die tatsächliche Länge der Mondphase wurde nicht berücksichtigt. So erhielten die Ägypter 360 Tage und hängten fünf zusätzliche Tage an.
Dieser Kalender war einfacher und praktischer als jeder andere Kalender der Frühzeit. Die Historiker sind sich nicht einig, wann er eingeführt wurde, aber möglicherweise haben ihn Priester bereits um 2800 v. Chr. für eigene Berechnungen benutzt (der Kalender stärkte ihre Macht, denn durch ihn wußten sie als einzige, wann der Nil über die Ufer treten würde).
Fast dreitausend Jahre lang blieb der ägyptische Kalender unübertroffen. Und selbst seine Nachfolger waren nur Abwandlungen – und nicht in jedem Fall besser. Auch unser heutiger Kalender basiert weitgehend auf dem ägyptischen. Damit ist er fast fünftausend Jahre alt.

2650 v. Chr.

Monumente aus Stein

Die Ägypter produzierten dank des Nils Nahrung im Überfluß. Ein Großteil der Bevölkerung war daher zumindest zeitweise frei für andere Aufgaben. Das bedeutete, daß die ägyptischen Herrscher ihr Volk zu staatlichen Bauvorhaben heranziehen konnten, mit denen sie ihre Größe und damit auch die Größe von Staat und Volk demonstrieren wollten. Außerdem sollten die Bauten auch künftige Generationen an diese Größe erinnern.
Also errichteten die ägyptischen Herrscher kunstvolle Gebäude (oder *Paläste,* wie wir sie heute nennen). Nicht von ungefähr hieß der ägyptische König *Pharao,* nach einem von den Griechen übernommenen ägyptischen Ausdruck für »großes Haus«. (Dies entspricht unserer heutigen Gepflogenheit, vom »Weißen Haus« zu sprechen, wenn wir den Präsidenten meinen.)

Die ägyptische Religion verhieß ausdrücklich ein Leben nach dem Tod. Doch um die Unsterblichkeit zu sichern, mußte der Körper nach ägyptischem Glauben vor dem Zerfall geschützt werden. Deshalb bauten sich bedeutende Persönlichkeiten kunstvolle Grabstätten. Sie bestanden aus länglichen Ziegelbauten und wurden *Mastabas* genannt. (Heutzutage setzen wir unseren Präsidenten durch riesige Bibliotheken unvergängliche Denkmäler.)

Als Djoser, der zweite König der dritten Dynastie, um 2600 v. Chr. an die Macht kam, ließ er zum Gedenken an seine Größe ein besonders prächtiges Grabmal errichten. Sein Berater und Architekt Imhotep ließ sechs steinerne Mastabas aufeinander bauen, wobei die obere jeweils kleiner war als die darunterliegende. Das Bauwerk sah schon fast wie eine Pyramide aus, hatte aber in gleichmäßigen Abständen Absätze wie einige moderne Wolkenkratzer. Die Absätze wirkten wie Stufen, auf denen ein Riese zur Spitze steigen konnte. Deshalb erhielt das Bauwerk den Namen Stufenpyramide.

Mit einem rechteckigen Grundriß von ungefähr 125 auf 110 Metern und einer Höhe von fast 61 Metern war die Stufenpyramide des Djoser der erste große Steinbau der Geschichte. Außerdem ist sie das älteste von Menschen errichtete Bauwerk, das im wesentlichen erhalten geblieben ist.

Mit der Stufenpyramide setzte eine regelrechte Mode ein, und mehrere Jahrhunderte lang beschäftigten die Pharaonen das Volk in der erntefreien Zeit mit dem Bau immer prachtvollerer Pyramiden. Immer größere Steine wurden verwendet. Der Höhepunkt war erreicht, als der Pharao Chufu (Cheops bei den Griechen) um 2530 v. Chr. die Cheopspyramide bauen ließ, die größte von allen.

Die fertige Pyramide hatte eine quadratische Grundfläche mit einer Seitenlänge von 230,38 Meter und bedeckte ein Areal von 5,3 Hektar. Die vier Seitenflächen strebten glatt nach oben (da man von der Stufenform abgekommen war) und stießen in 146,6 Meter Höhe zusammen. Die Pyramide bestand aus schätzungsweise 2,3 Millionen Steinblöcken, die durchschnittlich etwa zweieinhalb Tonnen wogen. Jeder Block mußte aus Steinbrüchen herbeigeschafft werden, die gut tausend Kilometer entfernt am oberen Nil lagen. Natürlich wurde dazu der Wasserweg benutzt.

Im Innern führten mehrere Gänge zu einer Kammer, fast im Zentrum des riesigen Steinhaufens. Dort befanden sich der Sarkophag mit der Mumie des Königs und seine Schätze für das Leben nach dem Tod.

Die modische Vorliebe für solche pompösen Bauten hielt nicht lange an. Selbst in Ägypten war der Zeit- und Arbeitsaufwand dafür zu groß. Doch der Drang, große Bauwerke zu errichten – ob sie nun nützlich waren, symbolische Bedeutung hatten oder an ihre Erbauer erinnern sollten –, verließ die Menschen nie. Einige mittelalterliche Kathedralen, die etwa 3 500 Jahre später errichtet wurden, übertrafen die Pyramiden noch an Höhe, und heute besitzen wir Wolkenkratzer, riesige Brücken, Staudämme und ähnliches mehr.

2500 v. Chr.

Literatur

Geschichten erzählen ist wahrscheinlich so alt wie die Sprache. Und vermutlich waren begabte Geschichtenerzähler vor 50 000 Jahren ebenso gefragt wie heute. Sicher ist, daß irgendwann recht kunstvolle Geschichten entstanden, daß Menschen sie auswendig lernten, sie weitererzählten oder dem Publikum vorsangen. Homers *Ilias* und *Odyssee* wurden vermutlich viele Male vorgetragen, bevor sie schriftlich festgehalten wurden.

Nach Einführung der Schrift war es nur eine Frage der Zeit, bis bekanntere Geschichten und Sagen aufgezeichnet wurden. Solange eine Geschichte nur in mündlicher Form vorliegt, kann man sie nur hören, wenn gerade ein Barde da ist und Lust hat, sie vorzutragen.

Und das ist selten der Fall. Liegt die gleiche Erzählung aber in geschriebener Form vor, kann man sie jederzeit lesen, wie es einem beliebt. Eine aufgeschriebene Geschichte ist wie ein Barde, der ständig zur Verfügung steht.

Die Sumerer erfanden nicht nur die Schrift, sie waren aller Wahrscheinlichkeit nach auch die ersten, die Geschichten aufschrieben. Eine solche Geschichte wurde unter den Überresten der Bibliothek des Assurbanipal entdeckt. Assurbanipal war ein assyrischer König, der von 669 bis etwa 627 v. Chr. regierte, also fast zweitausend Jahre nach Einführung der Schrift durch die Sumerer.

Der englische Archäologe George Smith (1840–1876) stieß 1872 auf diese Erzählung. Er fand zwölf Tontafeln mit Keilschrift, die von der Suche des sumerischen Königs Gilgamesch nach Unsterblichkeit berichteten.

Die Geschichte dürfte erst um 2500 v. Chr. in schriftlicher Form vorgelegen haben. Beiläufig wird darin von einer großen Überschwemmung berichtet, die einige Jahrhunderte zuvor das Tal von Euphrat und Tigris verwüstet hatte. Die Verfasser der Bibel übernahmen diesen Teil des Berichts, schilderten ihn als Sintflut und weckten die Vorstellung einer weltweiten Überschwemmung.

Das Gilgamesch-Epos ist die älteste Dichtung, die in schriftlicher Form vorliegt und nahezu vollständig bis in unsere Tage erhalten geblieben ist. Es kann als Grundstein der Literatur angesehen werden kann.

Glas

Glas wird nicht wie Keramik aus Ton, sondern aus Sand hergestellt. Eigentlich ist es gar kein fester Körper, sondern eine Flüssigkeit, die so zäh ist, daß sie nur unmerklich fließt und deshalb fest zu sein scheint. Da Glas viel zerbrechlicher als Keramik ist, machte es der Keramik eine Zeitlang nur durch seine Schönheit ernsthafte Konkurrenz. Es ist lichtdurchlässig, und durch Verunreinigungen (die bei der Schmelze zuweilen absichtlich beigemischt werden) kann es kräftige und reizvolle Farben annehmen.

Die frühesten bekannten Gegenstände aus Glas wurden in ägyptischen Gräbern aus der Zeit um 2500 v. Chr. gefunden. Allerdings handelt es sich dabei nur um einfache Schmuckstücke. Gefäße aus Glas wurden erst tausend Jahre später verwendet.

Nachtrag

Auch am Hwangho (Gelben Fluß) im heutigen Nordchina entstand zu dieser Zeit eine Kultur. Unabhängig von äußeren Einflüssen hatten die Menschen dort den Ackerbau entwickelt. Auch die Bewohner Mittelamerikas begannen nun, den Boden zu bestellen.

2340 v. Chr.

Entstehung von Reichen

Konflikte aller Art sind so alt wie das Leben. Doch mit den Menschen nahmen die Konflikte neue und bedrohliche Ausmaße an. Schuld daran war ihre Intelligenz. Sie erinnerten sich an vergangenes Unrecht, gerieten darüber ins Grübeln und heckten Rachepläne aus. Und nach einem Sieg wußten sie, daß die Unterlegenen nun ihrerseits nach Rache dürsteten. Deshalb taten sie alles, um den Gegner völlig auszulöschen. Außerdem gab ihnen der technische Fortschritt wirkungsvolle Waffen in die Hand. Das Ergebnis: Die Kämpfe wurden immer blutiger.

Sumer lag nicht so günstig wie Ägypten. Die Flüsse Tigris und Euphrat konnten beispielsweise nicht im gleichen Maße als Wasserstraße genutzt werden wie der Nil. Die Bewohner der Region unterhielten nur wenig Kontakte, und offenbar hatten sie kaum gemeinsame Interessen. Die sumerischen Stadtstaaten bekämpften sich mit ihren Wagen und

Bronzewaffen beharrlicher als die ägyptischen Stadtstaaten.
Und was noch entscheidender war: Während Ägypten zu beiden Seiten des Nils von Wüste geschützt war, stand Sumer für Eindringlinge offen. So kam es, daß sich nicht-sumerische Völker an den Oberläufen von Euphrat und Tigris ansiedelten.
Die Akkadier – ein Volk, das nicht Sumerisch sprach – gründeten ihre Städte nördlich von Sumer, dort, wo sich Euphrat und Tigris am stärksten annähern. Das Akkadische gehörte zur *semitischen* Sprachengruppe (das wichtigste heute noch gesprochene Semitisch ist Arabisch). Die sumerische Sprache war nicht semitisch und ist mit keiner anderen Sprache verwandt, die wir kennen. Die sumerischen Stadtstaaten verstanden sich mit ihren akkadischen Nachbarn noch weniger als untereinander.
So kam es, daß die Stadtstaaten an Euphrat und Tigris noch siebenhundert Jahre nach der Staatsbildung in Ägypten keine friedliche Einigung zustande gebracht hätten – obwohl klar war, daß das Land unter einer gemeinsamen Herrschaft aufblühen würde. Man konnte sich nicht darauf verständigen, welche Stadt oder welcher Herrscher die Führung übernehmen sollte. Also mußte das Problem gewaltsam gelöst werden.
Um 2350 v. Chr. kam in der akkadischen Stadt Akkad ein Mann namens Sargon (etwa 2350–2290 v. Chr) an die Macht. Durch geschickte Kriegsführung brachte er ganz Akkadien und Sumer unter seine Herrschaft. Er schickte seine Truppen auch nach Norden und Osten und eroberte an den Oberläufen von Euphrat und Tigris das spätere Assyrien und ein Gebiet östlich des Tigris, das unter dem Namen Elam bekannt war.
In Ägypten hatten sich Stadtstaaten mit ähnlicher Sprache und Kultur zusammengeschlossen. Sargon dagegen regierte über Völker mit unterschiedlichen Sprachen und Kulturen.
Wenn eine Kulturgruppe andere politisch und militärisch beherrscht, so spricht man gewöhnlich von einem *Reich*. Sargon schuf das erste Reich, das wir kennen. Und natürlich war es nicht das letzte.

Nachtrag

Kreta wurde nun zur Seemacht, der ersten in der Geschichte. Als Insel war Kreta auf den Handel mit Schiffen angewiesen, und gleichzeitig boten die Schiffe Schutz vor einer Invasion. Dank seiner Flotte beherrschte Kreta die Inseln in der Ägäis und die griechische Küste und sicherte seinen Bewohnern einen Frieden, der tausend Jahre währte.

2000 v. Chr.

Pferde

Bisher waren nur Rinder und Esel als Zugtiere vor Karren und Pflüge gespannt worden. Das Rind war zwar stark, aber es war auch schwerfällig, dumm und langsam. Der Esel war intelligenter, aber auch kleiner und schwächer. Keiner von beiden war in der Lage, schwere Wagen mit massiven Rädern schnell zu ziehen. Als Zugtiere im Krieg taugten deshalb beide nicht besonders.
Massen von Fußsoldaten bildeten damals die Heere. Sie schwangen Speere und Schwerter, duckten sich hinter Schilden und schlugen solange aufeinander ein, bis der Widerstand auf einer Seite gebrochen war und die Krieger davonstoben. Wagen dienten nur als Transportmittel für Waffen und Ausrüstung oder als fahrbarer Untersatz für Herrscher und Heerführer, um ihnen das Laufen zu ersparen.
Dann aber, um 2000 v. Chr., wurde ein schnelles Tier gezähmt – das Wildpferd. Dieses Kunststück gelang keiner hochentwickelten Kultur, sondern den Nomaden, die durch die Steppen des heutigen Iran streiften. Das Pferd war größer und stärker als der Esel und schneller und intelligenter als das Rind. Den-

noch schien es als Zugtier zunächst ungeeignet. Was fehlte, war das passende Geschirr. Das Geschirr eines Ochsen drückte dem Pferd auf die Luftröhre.
Dann, irgendwann vor 1800 v. Chr., fand jemand heraus, wie man Pferde für leichte Transporte einsetzen konnte. Er baute einen Wagen, der praktisch nur aus zwei hohen Rädern und einer Plattform bestand, die gerade so groß war, daß ein Mensch darauf stehen konnte. Speichenräder ersetzten die massiven Holzscheiben. Sie waren leichter, aber deshalb nicht weniger stabil, und wurden so an der Achse befestigt, daß sie sich unabhängig voneinander drehen konnten. Fertig war der *Streitwagen.*
Ein oder mehrere Pferde, die eine so leichte Last zogen, waren schnell, viel schneller als ein Fußsoldat. Und ein zweirädriger Streitwagen war fast ebenso wendig wie das Pferd selbst. Der Lenker konnte mühelos die Richtung wechseln.
Schon bald merkten die Nomaden, daß eine Abteilung wild heranpreschender Streitwagen kaum aufzuhalten war. Wenn die Fußsoldaten die Pferde auf sich zurasen sahen, ergriffen sie in panischer Angst die Flucht.
Zum ersten Mal in der Geschichte gab es eine Kriegswaffe, mit deren Hilfe man einen Gegner überrumpeln und vernichtend schlagen konnte. Die plündernden Nomaden brachen in Mesopotamien ein und brachten es für eine gewisse Zeit unter »barbarische« Herrschaft. Sie gründeten das Königreich Mitanni im heutigen Syrien und Nordirak sowie das Hethiterreich in der heutigen Osttürkei. Im Jahr 1700 v. Chr. fielen sie in Kanaan ein, dann in Ägypten, das erstmals von fremden Eindringlingen erobert wurde, und schließlich sogar in Indien.
Die Reiterhorden brachten Verwüstung in die besiedelten Gebiete, aber sie gaben auch Anstöße zu neuen Entwicklungen. Sie veranlaßten die Eroberten, ihre möglicherweise dekadent gewordenen Lebensgewohnheiten zu ändern, und sie förderten den Ideenaustausch zwischen den besiedelten Landstrichen.

Nachtrag

Allmählich begann der Aufstieg der phönizischen Stadtstaaten an den östlichen Mittelmeerküsten. Die Phönizier bauten Schiffe und eigneten sich nautische Kenntnisse an. Dennoch blieben die Kreter noch einige Jahrhunderte auf dem Gebiet der Seefahrt überlegen.

1800 v. Chr.

Mathematik und Astronomie

Schon die ersten Menschen stellten Berechnungen an. Sogar einige Tiere können in bescheidenem Maße zählen lernen. Und niemand wird ernsthaft glauben, daß beispielsweise die Pyramiden ohne grundlegende geometrische Kenntnisse erbaut werden konnten.
Die Sumerer und ihre Nachfolger, die Babylonier, machten als erste erkennbare Fortschritte auf den Gebieten Mathematik und Astronomie. Um 1800 v. Chr. hatten sie ein Zahlensystem entwickelt, das auf der Zahl 60 beruhte – ein System, nach dem wir uns in gewisser Hinsicht auch heute noch richten, da wir die Minute in 60 Sekunden und die Stunde in 60 Minuten unterteilen. Warum aber gerade 60? Ganz einfach: Weil sich 60 gleichermaßen durch 2, 3, 1, 5, 6, 10, 12, 15 und 30 teilen läßt. So vermied man ständige Brüche – mit denen die Menschen damals nicht zurechtkamen.
Außerdem besteht ein Kreis aus 360 Grad (6 × 60). Auch das ist eine Zahl, die sich einfach teilen läßt. Und zudem braucht die Sonne 365 Tage für ihre scheinbare Umrundung des Himmels, so daß sie relativ zu den Sternen um etwa ein Grad pro Tag weiterwandert. Auch dies mag zur Wahl der Zahl 60 geführt haben.
Die Sternkundler an Tigris und Euphrat ent-

deckten schließlich, daß neben Sonne und Mond fünf leuchtende Sterne ihre Position gegenüber den feststehenden »Fixsternen« veränderten. Diese beweglichen Sterne, die wir *Planeten* (von dem griechischen Wort für »umherschweifen«) nennen, wurden nach Göttern benannt. Auch wir halten uns heute noch daran. Wir nennen die fünf hellen Himmelskörper Merkur, Venus, Mars, Jupiter und Saturn. Da es sieben solcher Planeten gab (wenn wir Sonne und Mond hinzuzählen), führten die Babylonier die siebentägige *Woche* ein. Jeweils ein Planet stand für einen Wochentag. Zuerst übernahmen die Juden die Woche als Zeiteinheit, später auch die Christen und durch sie praktisch die ganze moderne Welt.

Die sieben Planeten ziehen auf Bahnen über den Himmel und durchlaufen dabei bestimmte Sterngruppen. Die Griechen faßten diese Sterngruppen später unter dem Begriff *Tierkreis* zusammen. Der Tierkreis wurde in zwölf *Sternzeichen* unterteilt, so daß die Sonne etwa einen Monat lang in jedem Sternzeichen stand. Schließlich ermittelten die Sumerer und Babylonier auch die Planetenbahnen genauer und konnten so zumindest ungefähr vorhersagen, wo die Planeten demnächst stehen würden. Dies war der Anfang der mathematischen Astronomie.

Da die Sonne das Leben auf der Erde durch den Wechsel zwischen Tag und Nacht tiefgreifend beeinflußte und die Mondphasen die Länge des Monats bestimmten, lag die Vermutung nahe, daß auch die anderen Planeten von Bedeutung waren. Die Menschen stellten allerlei Vermutungen über den Einfluß jedes Planeten an, je nachdem wie er seine Position gegenüber den Sternen und anderen Planeten veränderte. So entstand ein kompliziertes System zur Vorhersage der Zukunft: die *Astrologie.*

Die Astrologie ist zwar kompletter Unsinn, doch offenbar ist der Wunsch, etwas über die Zukunft zu erfahren, unausrottbar, und so glauben auch heute noch viele ungebildete, naive oder einfach nur törichte Menschen an sie.

Gärung

Fruchtsäfte fangen manchmal an zu *gären,* wenn man sie stehen läßt. Dabei verändert sich ihr Geschmack. Ähnliches gilt auch für feuchtes Korn. Vermutlich von Hunger oder Durst getrieben, haben Menschen solche gegorenen Stoffe zu sich genommen und dabei festgestellt, daß sie gar nicht übel schmeckten und obendrein angenehme Nebenwirkungen hatten. Kurz und gut, es handelte sich um Alkohol, der aus Zucker und Stärke entstanden war, und das Wohlbefinden der Menschen rührte daher, daß sie betrunken waren. (Nicht nur Menschen, auch Vögel und andere Tiere stürzen sich manchmal gierig auf vergorene Früchte und bekommen offensichtlich einen Schwips.)

Bereits in vorgeschichtlicher Zeit dürften Menschen dieses Gefühl gekannt haben. Um 1800 v. Chr. war der Konsum gegorener Stoffe schon so verbreitet, daß per Gesetz geregelt werden mußte, wie Vergehen nach übermäßigem Biergenuß zu ahnden waren.

Seit den Anfängen des Ackerbaus wurde aus Korn Mehl gemahlen, mit Wasser vermischt und dann zu flachem, hartem, aber nahrhaftem Brot verbacken. Hin und wieder kam es jedoch vor, daß der feuchte Teig zu gären anfing und Gase (Kohlendioxid) freisetzte. Das Brot aus diesem Teig ging auf und war locker. Es handelte sich um *Sauerteigbrot.* Es war genauso nahrhaft wie die Fladen, aber weicher und angenehmer zu essen.

Die Ägypter entdeckten den Sauerteig kurz nach 1800 v. Chr. und lernten, den Gärungsvorgang zu steuern. Wurde ein Teil des vergorenen Teiges nicht gebacken und dem noch unvergorenen Teig beigegeben, so ging auch der frische Teig auf. Man war nicht mehr vom Zufall abhängig.

Nachtrag

Zu dieser Zeit begann der rasche Niedergang der Kulturen an Euphrat und Tigris und am Indus. Die sumerische Kultur verschwand unter dem Ansturm fremder Völker. Am Indus hatte die ständige Bewässerung zu einer solchen Versalzung des Bodens geführt, daß auf den Feldern nicht mehr genug Getreide wuchs, um das Volk zu ernähren.

1775 v. Chr.

Gesetz

Die Menschen hatten vermutlich schon immer Sitten und Gebräuche, an denen sie beharrlich festhielten, ohne daß sie jemand dazu zwang.
In einer einfachen Gemeinschaft genügen Sitten und Gebräuche. Jeder weiß, welches Verhalten von ihm erwartet wird, und richtet sich fast automatisch danach. Wenn nicht, droht ihm der Verstoß aus der Gemeinschaft, und diese Aussicht allein genügt, um die Einhaltung der sittlichen Normen zu erzwingen.
In dem Maße aber, wie eine Gesellschaft komplexer wird, wächst auch die Zahl der Tätigkeiten, die überwacht und geregelt werden müssen. Die Bedingungen des Zusammenlebens werden schwieriger, die Probleme komplizierter, die Beziehungen unübersichtlicher. Bald gibt es so viele Regeln, daß der einzelne sie unmöglich alle im Kopf behalten kann. Außerdem besteht die Gefahr, daß einflußreiche Menschen manche Regeln eigenmächtig verändern oder neue aufstellen, um sich Vorteile zu verschaffen. Deshalb müssen die Regeln der Gemeinschaft schriftlich festgehalten werden. So kann sie jeder nachlesen, und niemand kann sie unrechtmäßig oder willkürlich verdrehen oder verändern.
Wann die ersten Gesetze aufgeschrieben wurden, wissen wir nicht. Doch die erste einigermaßen vollständige Gesetzessammlung, die erhalten geblieben ist, stammt von dem babylonischen König Hammurabi. Hammurabi, der von 1728 bis 1686 regierte, schuf um das bis dahin bedeutungslose Babylon herum für kurze Zeit wieder ein Reich, das ganz Mesopotamien umfaßte. (Danach wurden die Menschen an Euphrat und Tigris fast zweitausend Jahre lang als Babylonier bezeichnet.)
Hammurabi hatte die Gesetzessammlung in eine 2,25 Meter hohe Stele aus hartem Diorit einmeißeln lassen. Offenbar wollte er den Gesetzen Dauerhaftigkeit verleihen, und wie man sieht, ist ihm das auch gelungen, denn wir besitzen sie heute noch.
Die Spitze der Stele schmückt ein Relief. Es zeigt Hammurabi, wie er vor dem Sonnengott Schamasch steht. (Zur damaligen Zeit war es eine verbreitete Vorstellung, daß ein König die Gesetze aus den Händen eines Gottes in Empfang nahm. Das verlieh ihnen göttliche Autorität. In der Bibel empfängt Moses die jüdischen Gesetze von Gott auf dem Berg Sinai.)
Unter dem Relief, auf der Vorderseite der Stele, sind in sauberer Keilschrift und in 21 Kolumnen nahezu dreihundert Gesetze eingemeißelt. Sie regeln das Zusammenleben des Volkes und geben dem König und seinen Beamten Richtlinien für die Rechtsprechung.
Ursprünglich stand die Stele in der Stadt Sippar, von Babylon etwa fünfzig Kilometer stromaufwärts, doch ein Heer der Elamiten fiel in die Stadt ein, plünderte sie und verschleppte die Stele in die elamitische Hauptstadt Susa. In den Ruinen von Susa fand sie im Jahr 1901 schließlich der französische Archäologe Jacques Jean Marie de Morgan (1857–1924) und brachte sie nach Europa.

1550 v. Chr.

Medizin

Jeder Mensch wird einmal krank oder verletzt sich bei einem Unfall. Das Problem, wie man wieder gesund oder geheilt wird, geht also jeden an.

Früher wandten sich die Menschen mit Zaubersprüchen oder Ritualen an eine Vielzahl von Göttern, um wieder gesund zu werden. Sie vollzogen rituelle Handlungen oder verwendeten Pflanzen oder Körperteile von Tieren, denen heilsame Wirkungen nachgesagt wurden. Die erste schriftliche Zusammenstellung solcher Heilmethoden, die wir kennen, ist ein ägyptischer Papyrus aus der Zeit um 1550 v. Chr. Er wurde 1873 von dem deutschen Archäologen Georg Moritz Ebers (1837–1898) entdeckt und nach ihm Papyrus Ebers benannt. Er beschreibt rund siebenhundert Zaubermittel und Behandlungsmethoden aus der Volksmedizin gegen verschiedenste Leiden.

Nachtrag

Die Ägypter machten Theben zu ihrer Hauptstadt, vertrieben 1570 v. Chr. die Wagenlenker aus dem Norden und eroberten Teile der östlichen Mittelmeerküste. Sie errichteten ein ägyptisches Reich. In den folgenden drei Jahrhunderten erlebte das Land seine größte Blüte in der Geschichte.

Zu dieser Zeit faßte die Zivilisation auch auf dem griechischen Festland Fuß. Die mächtigste griechische Stadt war Mykene. Nach ihr wurden die Griechen Mykenier genannt. Griechenland ist ein gebirgiges Land und besteht aus Tälern, die voneinander getrennt sind und die kein Fluß miteinander verbindet. Dies war mit ein Grund dafür, daß die Griechen Stadtstaaten gründeten und vierzehn Jahrhunderte lang keine Einigung zustandebrachten.

2000 v. Chr.

Alphabet

Um 1500 v. Chr. waren die ägyptischen Hieroglyphen und die (von den Sumerern übernommene) babylonische Keilschrift neben der chinesischen Schrift im Fernen Osten die wichtigsten Schriften der Welt. Doch alle drei waren entsetzlich kompliziert, und zweifellos wären sie es noch heute. Das Chinesische jedenfalls ist es.

Zwischen Ägypten und dem babylonischen Reich lag das Gebiet der Phönizier, die an der östlichen Mittelmeerküste lebten. Die Phönizier waren Kaufleute und verkauften ägyptische Waren nach Babylon und babylonische nach Ägypten. Deshalb mußten sie sowohl die ägyptische als auch die babylonische Sprache lernen, und das war gewiß kein leichtes Unterfangen.

Ein paar unbekannte Phönizier hatten den großartigen Einfall, das Schreiben durch eine Art Kurzschrift zu vereinfachen. Warum, so sagten sie sich, gab man nicht jedem gängigen Laut, den die Menschen beim Sprechen hervorbrachten, ein eigenes Zeichen? Aus solchen Lautzeichen ließen sich sämtliche Wörter einer Sprache zusammensetzen! Tatsächlich hatten die Ägypter schon solche Lautzeichen verwendet, daneben aber auch Zeichen für Silben und ganze Wörter beibehalten. Die phönizischen Erfinder gingen einen Schritt weiter: Sie verwendeten ausschließlich Lautzeichen und bildeten nur aus ihnen die Wörter.

Die ersten beiden Zeichen in dieser Zeichenfolge waren *aleph* (das gängige Zeichen für Rind) und *beth* (das gängige Zeichen für Haus). Bei den Griechen, die das System schließlich übernahmen, wurden daraus *alpha* und *beta.* Noch heute nennen wir das Zeichensystem *Alphabet.*

Das *phönizische Alphabet* kam um 1500 v. Chr. in Gebrauch und revolutionierte die Schrift. Es erleichterte das Schreiben und Lesen ganz enorm und erhöhte damit die Chancen des einzelnen, beides zu lernen. Das Alphabet gehört zu den Erfindungen, die nur einmal in der Geschichte der Menschheit gemacht wurden. Kein anderes Volk führte unabhängig davon ein Alphabet ein. Alle heute gebräuchlichen Alphabete (auch das, auf dem dieses Buch basiert) stammen vom ersten Alphabet der Phönizier ab.

Nachtrag

Die Chinesen machten in dieser Zeit beachtliche technische Fortschritte. Sie hatten Pferdewagen entwickelt, den Wasserbüffel gezähmt und verwendeten erstmals auch Seide, eine tierische Faser, die aus den Kokons einer bestimmten Raupenart gewonnen wurde.

1375 v. Chr.

Monotheismus

Die Menschen glauben gewöhnlich an eine Vielzahl verschiedener übernatürlicher Kräfte. Jedes Ding – ob Sonne, Mond, Bäume, Tiere oder sogar Abstraktionen wie Sippe und Staat – wird mit übernatürlichen Erscheinungen oder Ursachen in Verbindung gebracht.
Der erste Mensch, der unseres Wissens hinter allem nur eine einzige göttliche, alles regelnde Macht vermutete, war ein ägyptischer Pharao namens Amenhotep IV. Er regierte von 1379 bis 1362 v. Chr. und hielt den Sonnengott für den alleinigen und einzigen Gott. Dies erscheint durchaus verständlich, wenn man bedenkt, daß es ohne die Sonne weder Erde noch Menschen gäbe. Er nannte den Sonnengott Aton und sich selbst Echnaton, was soviel wie »er gefällt dem Aton« bedeutet. Echnaton scheiterte jedoch nach siebzehnjähriger Regentschaft. Die Priesterschaft und das ägyptische Volk hingen ihrem alten Glauben an und lehnten seine Vorstellungen ab.
Möglicherweise lebten Echnatons Ideen in einigen Menschen weiter und beeinflußten auch Moses, der die israelitischen Sklaven nach der Bibel anderthalb Jahrhunderte nach Echnatons Tod aus Ägypten führte. (Die Juden sahen später im legendären Abraham den Vater des Monotheismus. Abraham soll etwa vier oder fünf Jahrhunderte vor Echnaton gelebt haben, wird allerdings außer in der Bibel nirgends erwähnt.)
Der Glaube an einen einzigen Gott war ein deutlicher Fortschritt gegenüber der Vielgötterei, da er Ordnung in das Chaos des Übernatürlichen brachte und eine durchdachtere Glaubenslehre ermöglichte.

Nachtrag

Im Jahre 1470 v. Chr. zerstörte ein gewaltiger Vulkanausbruch die Insel Thera im Norden Kretas. Die Vulkanasche regnete auf Kreta nieder, und der *Tsunami* (Flutwelle) im Gefolge dieses Ausbruchs peitschte gegen die Küste. Die Katastrophe richtete auf Kreta solche Verwüstungen an, daß die fünfzehnhundert Jahre alte Kultur sich nie mehr davon erholte. Kretas Niedergang ermöglichte den Aufstieg der mykenischen Griechen auf dem Festland. Sie übernahmen in den kommenden Jahrhunderten die Vorherrschaft in der Ägäis. Gleichzeitig wurden die Phönizier zum überragenden Seefahrervolk des Altertums. Sie sollten es tausend Jahre lang bleiben.

1200 v. Chr.

Farbstoffe

Der Mensch hat den unwiderstehlichen Drang, alles zu verschönern, und da er Farben sehen kann, findet er Buntes normalerweise reizvoller als Schwarz und Weiß.
Schon die frühen Steinzeitkünstler malten ihre Bilder mit bunter Erde. Doch erst um 3000 v. Chr. wurde in Ägypten und China von Natur aus weiße oder gelbliche Kleidung mit Farbstoffen gefärbt. Man nahm dazu *Indigo*, einen blauen, aus Pflanzen gewonnenen Farbstoff, und *Krappfarbstoffe* aus den Wurzeln der Rötelgewächse. Um 1400 v. Chr. ließ sich Kleidung praktisch beliebig färben.
Nur hatten die ersten Farbstoffe einen großen Fehler: In der Sonne bleichten sie aus, und

beim Waschen verloren sie ihre Leuchtkraft. Schon nach kurzer Zeit sahen gefärbte Stoffe blaß und verwaschen aus.
Ein Farbstoff, dem weder Sonne noch Wasser etwas anhaben konnten, wurde aus einer Schnecke gewonnen, die im östlichen Mittelmeer vorkam. Die Herstellung war mühsam, aber am Ende hatte man ein leuchtendes Purpur, das auch leuchtend blieb. Um 1200 v. Chr. wurde dieser Farbstoff in der phönizischen Stadt Tyros hergestellt und deshalb *Tyrisches Purpur* genannt. Da er sehr begehrt war, die Schnecken jedoch nur geringe Mengen lieferten, stieg der Preis ins Unermeßliche. Trotzdem fand er seine Abnehmer – reiche und mächtige Leute. Tyros wurde durch den Farbstoffhandel immer wohlhabender, konnte es sich sogar leisten, eine eigene Handelsflotte zu unterhalten, und mehrte seinen Reichtum durch gewagte Handelsreisen.
Nicht zuletzt wegen dieses Farbstoffs glauben einige, daß der Name *Phönizien*, mit dem die Griechen das Land um Tyros bezeichneten, auf einen griechischen Ausdruck für »Purpurland« zurückgeht.

Nachtrag

Noch immer litt die Region im östlichen Mittelmeer unter den Folgen des Vulkanausbruchs auf Thera. Plünderer (darunter auch Kreter, die von der Insel geflohen waren) fielen von der See her in Kanaan ein und gründeten die Städte der Philister. Sie griffen auch Ägypten an. Das Volk am Nil konnte den Angriff zwar abwehren, aber nur unter sehr großen Opfern. Für das Land Ägypten begann ein langsamer Niedergang, von dem es sich nie mehr erholen sollte.
Unterdessen erreichten die Mykener den Höhepunkt ihrer Macht. Im Jahr 1184 v. Chr. zerstörten sie Troja an der Nordwestspitze Kleinasiens. Troja hatte die Meerenge zwischen dem Ägäischen und dem Schwarzen Meer kontrolliert. Jetzt war der Handelsweg durch dieses Nadelöhr für die Mykener frei.

1100 v. Chr.

Navigation

Bereits seit zweitausend Jahren gab es Schiffe, aber sie waren nur für Flußfahrten ausgerüstet. Wagten sich die Besatzungen aufs Meer hinaus, so blieben sie stets in Küstennähe. Sogar die Kreter, die verwegensten Seefahrer der Zeit, befuhren nur das östliche Mittelmeer und fühlten sich am sichersten in der Ägäis, deren zahlreiche Inseln kurze Törns von Land zu Land ermöglichten.
Entlegene Teile des Meeres erscheinen in den griechischen Sagen als Orte voller Mythen und Rätsel. Die Geschichte von Jason und den Argonauten handelt von der ersten tollkühnen Fahrt in das riesige und insellose Schwarze Meer. Und Homer schildert in seiner *Odyssee* die Abenteuer des Odysseus im noch größeren Westteil des Mittelmeers.
Erst die Phönizier wagten sich aufs offene Meer hinaus. Sie hatten festgestellt, daß die sieben Sterne, die das vertraute Sternbild des Großen Bären bildeten, immer im Norden standen und zu jeder Jahreszeit die ganze Nacht über sichtbar waren (vorausgesetzt, der Himmel war nicht bewölkt). Dies war sicherlich schon seit langem bekannt. Doch die Phönizier waren offenbar die ersten, die im Vertrauen auf diese Tatsache Schiffe und Leben aufs Spiel setzten. Da der Große Bär anzeigte, wo Norden war, wußten sie auch, wo alle anderen Himmelsrichtungen waren. Sie brauchten also keine Angst mehr zu haben, sich zu verirren, sobald sie das Land und die »Landmarken« aus den Augen verloren hatten. Es gab ja noch die »Himmelsmarken«.
Außerdem wollten die Phönizier nicht nur von Wind und Segeln abhängig sein. Da auf den Wind kein Verlaß war, nahmen sie Ruder mit an Bord, wie sie die Ägypter bereits seit zweitausend Jahren auf dem Nil verwendeten. Über zweieinhalb Jahrtausende lang sollten nun Ruderschiffe (Galeeren) das Mittelmeer befahren.

Mit dem Großen Bären zur Rechten und mit Rudern an Bord konnten die phönizischen Kapitäne nun unerschrocken nach Westen segeln. Sie wußten, daß sie jederzeit umkehren und wieder zurückfahren konnten – der Große Bär wies den Weg. Ab 1100 v. Chr. erforschten die Phönizier die nordafrikanischen und südeuropäischen Küsten westlich von Griechenland und Ägypten, trieben dort Handel und gründeten vereinzelt auch Siedlungen.

Nachtrag

Etwa um diese Zeit wurden die Israeliten in Vorderasien von den Philistern unterworfen. Gleichzeitig traten die Assyrer, die an den Oberläufen von Tigris und Euphrat lebten, zum ersten Mal als Eroberer auf. Unter König Tiglatpileser I., der etwa von 1115 bis 1077 v. Chr. regierte, drangen sie bis zum Mittelmeer vor.

1000 v. Chr.

Eisen

Das zweithäufigste Metall in der Erdkruste ist Eisen (nur Aluminium kommt noch häufiger vor). Allerdings tritt Eisen nur in Verbindungen mit anderen Stoffen auf. Lediglich in manchen Meteoriten, die vom Himmel fallen, wird es als reines Metall gefunden.

Solche Meteoriten wurden gelegentlich in der Antike gefunden und sogar schon in prähistorischer Zeit genutzt. Im Vergleich zu Gold, Silber und Kupfer war Eisen zwar ein häßliches Metall. Doch das Eisen der Meteoriten war noch härter und unverwüstlicher als Bronze. Da es länger scharf blieb als Bronze, war es sehr begehrt. Es eignete sich hervorragend für scharfe Werkzeugteile.

Das ist auch der Grund dafür, daß dort, wo die ersten höheren Kulturen entstanden, heute keine Eisenmeteoriten aus der Frühzeit mehr zu finden sind. Die Menschen lasen sie alle auf.

Aber die Erze lieferten kein Eisen. Gold, Kupfer, Silber, Blei, Zinn, schließlich auch Quecksilber ließen sich mühelos mit Hilfe eines Holzfeuers gewinnen, nicht aber Eisen. Eisen war fester mit anderen Stoffen verbunden als die anderen Metalle. Um es herauszuschmelzen, waren höhere Temperaturen erforderlich.

Irgendwann stellten die Menschen Holzkohle her, indem sie bei geringer Luftzufuhr Holz verbrannten. Die meisten Bestandteile verbrannten, doch was übrig blieb, war mehr oder weniger reiner Kohlenstoff. Holzkohle brannte ohne Flammen und erreichte höhere Temperaturen als Holz.

Die Hethiter in Kleinasien entdeckten um 1500 v. Chr., daß sie aus bestimmten Erzen durch Erhitzen mit Holzkohle Eisen gewinnen konnten. Doch zunächst war das neue Metall eine Enttäuschung. In reiner Form war es längst nicht so hart wie die beste Bronze. (Meteoriteneisen ist *kein* reines Eisen, sondern eine Mischung aus neun Teilen Eisen und einem Teil Nickel. Die Menschen von damals konnten diese Legierung nicht herstellen, da Nickel unbekannt war.)

Bestimmt waren etliche Fehlversuche nötig, bevor man um 1200 v. Chr. entdeckte, daß auch Eisen gehärtet werden konnte. Diese Entdeckung gelang, als sich etwas Kohlenstoff aus der Holzkohle mit Eisen verband und dabei eine kohlenstoffhaltige Eisenlegierung entstand, die wir heute *Stahl* nennen.

Um 1000 v. Chr. konnte dieses kohlenstoffhaltige Eisen bereits in größeren Mengen hergestellt werden – die *Eisenzeit* begann. Während dieser Epoche war Eisen das wichtigste Metall für die Herstellung von Waffen und Werkzeugen.

Nachtrag

Mit dem Aufkommen des Eisens verschoben sich die Kräfteverhältnisse im Krieg. So etwa,

als die halbbarbarischen Griechen (Dorer) aus dem Norden in Mykene einfielen. Da die Dorer Waffen aus Eisen besaßen, waren sie ihren Gegnern, die noch Bronzewaffen trugen, überlegen. Sie besetzten Griechenland, zerstörten die mykenische Kultur und stürzten das Land in eine finstere Epoche, die Jahrhunderte andauern sollte.
Auch die Israeliten in Kanaan besaßen inzwischen Waffen aus Eisen. Sie besiegten die Philister und gründeten unter dem neuen König David ein eigenes Reich, das sich über die ganze östliche Mittelmeerküste erstreckte.

750 v. Chr.

Rundbogen

Eine Türöffnung baut man am einfachsten so: Man errichtet zwei senkrechte Pfeiler aus Holz, Stein oder einem anderem Material und legt dann waagrecht einen Träger darüber.
In der Mitte hängt der waagrechte Träger frei in der Luft und kann deshalb relativ leicht durchbrechen. Je länger der Träger, desto bruchanfälliger ist er. Nimmt man statt dessen kleine Steine und legt sie in einem vertikalen Halbkreis aneinander, so daß jeder den nächsten trägt, und verwendet man dabei noch Mörtel als Haftmittel zwischen den Steinen, so entsteht ein *Rundbogen.*
Ein Rundbogen kann eine größere Strecke überspannen und größere Belastungen aushalten als ein waagrechtes Teil.
Zwar hatten schon die Sumerer kleine, einfache Rundbögen gebaut, doch der erste Rundbogen, der eigens für ein Höchstmaß an Belastung konzipiert war, tauchte um 750 v. Chr. bei den Etruskern auf.

Nachtrag

Um 900 v. Chr. waren die Etrusker bis zur italienischen Westküste im Norden Roms vorgedrungen. Sie waren jetzt das mächtigste Volk in Italien. Der Sage nach wurde Rom um 753 v. Chr. gegründet. In den ersten Jahrhunderten beherrschten es die Etrusker.
Die Stadt Karthago, Roms spätere Rivalin, wurde ebenfalls der Sage nach um 814 v. Chr. von den Phöniziern gegründet. Sie lag in Nordafrika, im heutigen Tunesien.
Das Reich Israel unter König David überdauerte nicht lange. Im Jahr 933 v. Chr. brach es in die beiden Staaten Israel und Juda auseinander. Beide lebten unter dem immer mächtiger werdenden Assyrien, das nun Westasien beherrschte.
In Griechenland ging die finstere Epoche allmählich zu Ende. Homer verfaßte um 850 v. Chr. die Heldenepen über den Trojanischen Krieg. Im Jahr 776 v. Chr. fanden die ersten olympischen Spiele statt. (Über die gemeinsame Sprache hinaus knüpften Homers Epen und die olympischen Spiele kulturelle Bande zwischen den Griechen, doch auf der politischen Ebene gingen die Kämpfe weiter.)

700 v. Chr.

Aquädukte

In dem Maße, wie die Städte wuchsen, wurde die Versorgung der Menschen zum Problem: Noch nie hatten so viele auf so engem Raum zusammengelebt. Luft, die der Mensch am unmittelbarsten und dringendsten braucht, war überall vorhanden (allerdings war sie rauchgeschwängert, wenn in jedem Haus ein Feuer brannte).
Wasser war da schon ein größeres Problem. Normalerweise werden Städte dort gebaut, wo es Wasser gibt. Wenn die Stadt jedoch wächst, reicht das Wasser unter Umständen

nicht mehr aus. Die Brunnen in der Stadt oder in der unmittelbaren Umgebung liefern vielleicht nicht die erforderliche Menge. In einem solchen Fall muß das Wasser aus einiger Entfernung herbeigeschafft werden, entweder über Kanäle oder eigens dafür errichtete Bauwerke.
Solche Bauwerke nennt man *Aquädukte* (aus dem Lateinischen für »Wasserleitung«). Um 700 v. Chr. hatte Sanherib, König der Assyrer von 704 bis 681 v. Chr., einen Aquädukt bauen lassen, das Wasser in die Hauptstadt Ninive leiten sollte. Und etwa um die gleiche Zeit ließ Hiskia, König von Juda von etwa 715 bis 686 v. Chr., einen Aquädukt zur Wasserversorgung Jerusalems errichten.

Zoologische Gärten

Seit Entstehung der Gattung *Homo* jagten Hominiden und Jetztmenschen Tiere und ernährten sich von ihnen. Niemand verschwendete einen Gedanken daran, Tiere zu erhalten. Es galt als selbstverständlich, daß jede Tierart immer existieren würde, oder man machte sich darüber überhaupt keine Gedanken. Auch die assyrischen Könige waren große Jäger (mehr aus sportlichem Vergnügen als wegen des Fleisches), und die assyrische Kunst ist reich an Darstellungen, auf denen Könige Löwen und andere Tiere erlegen.
Dennoch kam gelegentlich der Wunsch auf, Tiere zu erhalten. Wenn heute jemand ein seltenes Kunstwerk besitzt, so bringt ihm das ein gewisses Ansehen ein. So ähnlich muß es damals gewesen sein, wenn jemand aus purem Vergnügen ein seltenes Tier hielt. Ein frühes Beispiel dafür sind die Palastanlagen des assyrischen Königs Sanherib (s. o.), die einen Zoo und einen botanischen Garten beherbergten.

Sonnenuhren

Die erste Sonnenuhr bestand aus einem Stab, den man in die Erde steckte, um dann seinen Schatten zu beobachten (vgl. 4000 v. Chr.). Der Stab wurde *Gnomon* (griechisch für »Zeiger«) genannt, da er grob die Zeit anzeigte.
Schließlich trugen die Menschen am Rand einer runden Schale Markierungen für die Stunden auf und steckten in die Mitte einen Gnomon, der nach Norden geneigt war. Aufgrund der Neigung blieb der Schatten immer gleich lang, wenn er auf dem Rand der Schale von Westen nach Osten wanderte. So ließen sich Sonnenuhren einfacher und bequemer ablesen.
Sonnenuhren dieser Art gab es bereits um 700 v. Chr. in Ägypten. (Noch heute finden wir sie manchmal in Gärten. Allerdings dienen sie eher als Verzierung.)

Nachtrag

Die Assyrer unter König Sanherib beherrschten zu dieser Zeit alle älteren Kulturen Westasiens. Sie zerstörten um 722 v. Chr. Israel und belagerten 701 v. Chr. Jerusalem. Juda bestand weiter, mußte allerdings schweren Tribut leisten. Auch die phönizischen Städte wurden tributpflichtig.

640 v. Chr.

Bibliotheken

An Bücher, ob Tontafeln mit Keilschrift oder Papyrusrollen mit Hieroglyphen, war im Altertum nur sehr schwer heranzukommen. Wollte man die Kopie eines Buches, mußte es ein gewissenhafter und hochgebildeter Schreiber Strich für Strich übertragen. Das Abschreiben war eine zeitraubende und mühselige Arbeit. Deshalb waren Bücher nicht nur selten, sondern auch teuer.
Nur wenige Leute konnten sich Bücher leisten. *Bibliotheken* bestanden aus wenigen Büchern und gehörten entweder reichen

Männern oder Gelehrten, die ihren Schatz mühsam zusammengetragen hatten. Nur Könige hatten die Mittel für große Bibliotheken, wie wir sie heute kennen.
Der erste königliche Büchersammler, von dem wir Kenntnis haben, war Assurbanipal (vgl. 2500 v. Chr.). Er ließ jedes Buch in seinem Reich abschreiben und stellte die Kopie in die Bibliothek in Ninive. Am Ende besaß er Tausende von Büchern, die alle sorgfältig katalogisiert waren.

Münzen

Ursprünglich bestand der Handel aus Tauschgeschäften: Du gibst mir dies und ich gebe dir das. Wenn zwei Leute etwas besaßen, das sie selbst nicht brauchten, wohl aber der andere, waren sie sich schnell handelseinig. Aber gewöhnlich wollte keiner etwas hergeben, das weniger wert war als das, was er dafür bekam. Da aber schwer zu beurteilen war, ob zwei Dinge gleichviel wert waren, dürfte es oft vorgekommen sein, daß sich beide Händler übervorteilt fühlten.
Schließlich wurde es üblich, Metalle, insbesondere Gold, als Tauschmittel zu verwenden. Gold war schön und als Schmuck begehrt. Es rostete oder korrodierte nicht, und es war selten, so daß ein kleiner Klumpen lange seinen Wert behielt. Setzte man für alles einen Preis in Gold fest, so konnte man eine Ware für diesen Betrag erwerben oder gegen eine andere Ware eintauschen, für die man die gleiche Menge Gold bekam.
Für solche Geschäfte brauchte man eine Waage (vgl. 5000 v. Chr.), mit der sich die kleinste Menge Gold wiegen ließ. Doch damit tauchte eine neue Unsicherheit auf: Betrüger konnten Waage oder Gewichte zu ihren Gunsten manipulieren.
Im westlichen Kleinasien gründete Gyges um 680 v. Chr. das Königreich Lydien. Er herrschte über dreißig Jahre lang. Unter seinem Sohn Ardys, der von 648 bis 613 v. Chr. regierte, führte das Reich Goldstücke mit festgelegten Gewichten ein. Eingeprägt war neben dem Gewicht auch das Bildnis des Königs, das für die Echtheit der Münze garantieren sollte. Bei jedem Handel brauchten fortan nur noch Münzen den Besitzer zu wechseln, Wiegen war überflüssig.
Das Münzsystem verhalf dem Handel zu einem enormen Aufschwung. Seine Vorteile waren so einleuchtend, daß auch andere Herrscher die Idee übernahmen.

Nachtrag

Assyriens Macht wuchs weiter. Im Jahre 671 v. Chr. griff König Asarhaddon, der von 680 bis 669 v. Chr. regierte, Ägypten an und eroberte es.
Nach der Legende gründete Kaiser Jimmu-Tenno im Jahre 660 v. Chr. das japanische Reich.

585 v. Chr.

Eklipsen

Als die babylonischen Astronomen Planeten auf ihrer Bahn durch den Tierkreis beobachteten, fiel ihnen auf, daß bisweilen zwei Planeten einander ziemlich nahe kamen. Am auffälligsten war das bei Sonne und Mond. Hin und wieder zog der Mond vor der Sonne vorbei und verdunkelte sie teilweise, manchmal sogar ganz. Dann wieder kam es vor, daß die Sonne auf der einen Seite der Erde stand und der Mond genau auf der gegenüberliegenden Seite. Der Erdschatten fiel auf den Mond und verdunkelte *ihn*. Es konnte also eine *Sonnenfinsternis* oder eine *Mondfinsternis* eintreten. (In der Astronomie spricht man von *Eklipsen*. Eklipse kommt aus dem Griechischen und bedeutet soviel wie »Verschwinden«, denn wenn es zu eine Finsternis kam, schienen Sonne oder Mond vom Himmel zu verschwinden.)

Eine Finsternis ist ein erschreckendes Schauspiel. Der Betrachter kann tatsächlich den Eindruck bekommen, daß Sonne oder Mond verlöschen – die Folgen wären unabsehbar. Und selbst wenn klar ist, daß es sich nur um eine vorübergehende Verdunkelung von Sonne oder Mond handelt, sehen Menschen darin häufig ein böses Omen, das die Götter als Warnung schicken.
Aus der Beobachtung von Sonne und Mond lernten die frühen Astronomen vorherzusagen, wann Eklipsen eintraten. Sonnen- und Mondfinsternis wurden zu selbstverständlichen Naturerscheinungen. Sie kamen nicht unerwartet und hatten nichts Unheilvolles mehr. (Man vermutet, daß bereits prähistorische Sternkundler imstande waren, eine Mondfinsternis vorherzusagen. Die Steinblöcke in Stonehenge in Südwestengland waren in Form eines Observatoriums aufgestellt, das die Vorhersage solcher Erscheinungen ermöglichte.)
Der griechische Philosoph Thales von Milet (624–549 v. Chr.) hatte offenbar die Methoden der Babylonier gelernt und und sagte eine Sonnenfinsternis genau voraus, die am 28. Mai 585 v. Chr. eintrat (das genaue Datum wurde durch Zurückrechnen ermittelt). Dieser Erfolg machte Thales noch berühmter und trug dazu bei, die Furcht vor Eklipsen abzubauen, da sie erwiesenermaßen vorhersagbar waren.

Nachtrag

Die Macht der Assyrer war zwar gewaltig, doch die ständigen Eroberungen und die Probleme mit den unterjochten Völkern zehrten an den Kräften des Reiches. Nach Assurbanipals Tod im Jahr 626 v. Chr. zerfiel Assyrien unter seinen unfähigen Nachfolgern ziemlich rasch. Um 609 v. Chr. existierte es nicht mehr. Die Chaldäer herrschten jetzt in Mesopotamien und an den östlichen Mittelmeerküsten. Im Norden grenzte ihr Reich an das Reich der Meder.
Im Süden Griechenlands wuchs Sparta durch zunehmende Militarisierung zum mächtigsten griechischen Stadtstaat heran. In Athen bildete sich eine Demokratie heraus.

580 v. Chr.

Die Grundelemente

Thales von Milet (vgl. 585 v. Chr.) war der erste Mensch, der sich die Frage stellte, woraus das Universum bestand, und unabhängig von Göttern und übernatürlichen Kräften nach einer Antwort suchte. Mit ihm beginnt gewissermaßen das rationale Denken.
Gegen 580 v. Chr. verkündete er seine Antwort: Wasser war die Grundlage aller Dinge, und alles, was kein Wasser zu sein schien, war aus Wasser entstanden oder umgewandeltes Wasser. Wasser war das wichtigste *Element* (von einem lateinischen Wort, dessen ursprüngliche Bedeutung unklar ist) oder der Urstoff der Erde.

Nachtrag

Zu dieser Zeit belagerten die Chaldäer unter Nebukadnezar II. (etwa 604–562 v. Chr.) die Stadt Tyros (vgl. 1200 v. Chr.). Sie fiel 573 v. Chr. nach dreizehnjähriger Belagerung. Tyros blieb zwar weitere zweihundert Jahre eine wichtige Stadt, doch ihre große Zeit war vorbei. Karthago wurde nun die bedeutendste phönizische Stadt. Gleichzeitig erlebte Babylon unter Nebukadnezar II. seine Blütezeit. Keine Stadt der Welt war reicher, keine hatte mehr Einwohner.

520 v. Chr.

Irrationale Zahlen

Der griechische Philosoph Pythagoras (etwa 580–500 v. Chr.) hielt die ganzen Zahlen für den Urgrund des Kosmos. Auch Brüche, die nichts weiter als geteilte ganze Zahlen darstellen, zählte er dazu. Beispielsweise ist $3/4$ der Quotient der ganzen Zahlen 3 und 4. Werden drei Kuchen gerecht unter vier Leuten aufgeteilt, so bekommt jeder $3/4$ von jedem Kuchen. Ganze Zahlen und Brüche bilden die *rationalen Zahlen*. Der Gedanke liegt nahe, daß es nur rationale Zahlen gibt.
Aber nehmen wir ein rechtwinkeliges Dreieck, dessen beide Schenkel gleich lang sind. Wie lang ist die Seite, die dem rechten Winkel gegenüberliegt? Die Lösung findet man, wenn man sich daran erinnert, daß die Summe der Quadrate über den Katheten gleich der Summe der Quadrate über der Hypotenuse ist. Das war schon lange bekannt. Pythagoras stellte dafür allerdings einen klaren Beweis auf, der deshalb *Satz des Pythagoras* genannt wird.
Beträgt nun die Fläche des Quadrats über den kurzen Seiten 1 Flächeneinheit, so mißt das Quadrat über der Hypotenuse 2 Flächeneinheiten. Daraus folgt: Die Länge der Hypotenuse entspricht Wurzel aus 2 oder der Zahl, die mit sich selbst multipliziert 2 ergibt. $7/5$ ist fast richtig, da $7/5 \times 7/5 = 2{,}04$ ergibt. Noch näher dran liegt $707/500$, da $707/500 \times 707/500$ etwas mehr als 1,999 ergibt.
Auf diese Weise läßt sich ganz leicht zeigen, daß es keinen, aber auch wirklich keinen Bruch gibt, der genau zwei ergibt, und sei er noch so kompliziert. Die Quadratwurzel aus 2 ist also keine rationale Zahl, sondern eine *irrationale Zahl*. Heute wissen wir, daß es unendlich viele solcher irrationalen Zahlen gibt.

Nachtrag

In Indien rief Siddhartha Gautama (Buddha, etwa 563–483 v. Chr.) den Buddhismus ins Leben. Etwa zur gleichen Zeit begründete Zarathustra (etwa 628–551 v. Chr.) in Persien den Parsismus. In China begründete Laotse (6. Jhd. v. Chr.) den Taoismus.
Weder das Chaldäerreich noch das Reich der Meder bestanden lange. Von Persien aus, einer Provinz des Mederreichs, stürzte ein Herrscher namens Kyros II. (etwa 559–529 v. Chr.) den König der Meder und gründete das *Persische Reich*. Er eroberte Lydien und das Chaldäerreich, sein Sohn Kambyses II. (Regierungszeit 529–522 v. Chr.) unterwarf Ägypten. Das Persische Reich war nun das größte Reich, das die Welt bislang gesehen hatte. Die Zahl seiner Untertanen dürfte bei 15 Millionen gelegen haben. Allerdings lebten in China um diese Zeit wohl schon gut 20 Millionen Menschen.

510 v. Chr.

Karten

Ägypter wie Babyloner versuchten, von der ihnen bekannten Welt Karten zu zeichnen. Doch das Reisen war zu dieser Zeit noch sehr beschwerlich. Die meisten Menschen kannten nur ihre unmittelbare Umgebung. Und wenn sie doch einmal auf Reisen gingen, so fiel es ihnen schwer, sich Richtungen oder Entfernungen zu merken.
Die erste Landkarte, die wenigstens ein ungefähres Abbild der Wirklichkeit lieferte, zeichnete ein griechischer Geograph namens Hekataios (geb. um 550 v. Chr.). Die Umstände waren günstig. Zu seinen Lebzeiten hatte sich das Persische Reich bereits gefestigt, und so konnte er Tausende von Kilometer bereisen, ohne in Kämpfe oder Unruhen zu geraten.

Die Karte, die Hekataios um 510 v. Chr. zeichnete, stellt die Welt als eine von Ozeanen umflossene Scheibe dar. Von Westen her frißt sich ein Meeresarm bis zur Mitte der Scheibe: das Mittelmeer. Europa liegt im Norden, Afrika im Süden und Asien im Osten.

Nachtrag

Die Römer vertrieben um 509 v. Chr. ihren König, nachdem sie über zweihundertfünfzig Jahre unter einer Monarchie gelebt hatten, und gründeten die Römische Republik, die nahezu fünfhundert Jahre bestehen sollte.
Wie es der Zufall wollte, errichtete Athen, das bisher unter einer Diktatur gelebt hatte, im Jahr darauf eine Demokratie.

500 v. Chr.

Der Atlantik

Die phönizischen Seefahrer waren nach sechs Jahrhunderten überall im Mittelmeer zu Hause und wagten sich inzwischen sogar durch die Meerenge, die wir heute Straße von Gibraltar nennen, auf den Atlantik hinaus.
Dafür hatten sie einen besonderen Grund: Die Zinnminen im östlichen Mittelmeer waren nämlich erschöpft. (Zum ersten Mal mußten sich die Menschen mit dem Verlust eines wichtigen Rohstoffs auseinandersetzen.) Zinn war als Bestandteil von Bronze unverzichtbar, deshalb mußte unbedingt Ersatz beschafft werden – und wenn nicht im Mittelmeerraum, dann eben woanders.
Die Phönizier entdeckten irgendwo im Atlantik *Zinninseln*. Die Lage dieser Inseln verrieten sie nicht, um das Monopol für Zinnerz zu behalten, doch man hält es für denkbar, daß sie bis nach Cornwall an der Südwestspitze Englands gelangt waren, wo Zinnerz noch bis in die Gegenwart abgebaut wurde.
Berichten zufolge sollen die Phönizier um 500 v. Chr. sogar Afrika umschifft haben – eine Reise, für die sie drei Jahre benötigten. Ein halbes Jahrhundert später beschrieb der griechische Geschichtsschreiber Herodot (etwa 484–420 v. Chr.) die Reise, äußerte jedoch erhebliche Zweifel. Die Phönizier hatten nämlich berichtet, daß tief im Süden die Mittagssonne in der nördlichen Hälfte des Himmels stehe. Und das hielt Herodot für undenkbar.
Heute wissen wir freilich, daß die Sonne in den gemäßigten Zonen der Südhalbkugel *immer* in der nördlichen Himmelshälfte steht. Die Phönizier hätten sich eine scheinbar so lächerliche Geschichte niemals ausgedacht, wenn sie es nicht mit eigenen Augen gesehen hätten. Gerade der Umstand, der Herodot an der Geschichte zweifeln ließ, überzeugt uns von ihrer Wahrheit.

Sezieren

Das Innere eines menschlichen Körpers blieb den Blicken normalerweise verborgen. Tiere hingegen wurden seit grauer Vorzeit geschlachtet, so daß man über ihre inneren Organe gut im Bilde war. Außerdem war man der Ansicht, daß beispielsweise aus der Leber eines Tieres die Zukunft gelesen werden könnte. Das führte dazu, daß die tierische *Anatomie* (von dem griechischen Wort für »Zerschneiden«) genauer und sorgfältiger studiert wurde, als man vielleicht erwarten würde.
Doch ein toter Mensch ist etwas anderes als ein totes Tier. Der Mensch muß mit Achtung behandelt werden, auch wenn er tot ist, so lautet das allgemeine Empfinden. Verletzungen und klaffende Wunden, die Menschen im Krieg, bei privaten Fehden oder auf der Jagd davontrugen, ließen nur begrenzte und unsystematische Studien zu.
Der griechische Physiker Alcmaion (6. Jh. v. Chr.) war der erste, der vermutlich um 500 v. Chr. menschliche Leichen bewußt und sorgfältig sezierte. Dabei stellte er fest, daß zwischen Arterien und Venen ein Unterschied

bestand und daß die Sinnesorgane über Nerven mit dem Gehirn verbunden waren.

Abakus

Niemand weiß, wann zum ersten Mal ein Abakus verwendet wurde. In Ägypten war er wohl schon 500 v. Chr. bekannt.
Der Abakus besteht aus Perlenreihen, die auf Drähte aufgezogen sind. Bei der einfachsten Ausführung sind es zehn Perlen pro Draht. Die Perlen der ersten Reihe gelten als Einer, die der zweiten Reihe als Zehner, die der dritten als Hunderter und so weiter.
Wie mit Fingern einer Hand kann man mit den Perlen addieren und subtrahieren. Der Vorteil besteht aber darin, daß man nun über neun oder zehn »Hände« verfügt, je nachdem, wieviel Perlenreihen der Abakus hat. Außerdem rechnet es sich mit den Perlen leichter und schneller als mit den Fingern.
Wer den Umgang mit dem Abakus beherrscht, kann blitzschnell multiplizieren, dividieren und viele komplizierte arithmetische Berechnungen durchführen. Der Abakus war das erste wirklich wichtige Rechengerät, das von Menschenhand geschaffen wurde.

Venus

Zu Anfang waren die Griechen in der Astronomie noch nicht so weit wie die Babylonier. Sie kannten den Abendstern, einen leuchtenden Planeten, der nach Sonnenuntergang im Westen aufging und den sie deshalb *Hesperos* (griechisch für »Abend«) nannten. Und sie kannten den Morgenstern, einen leuchtenden Stern, der vor Sonnenaufgang im Osten erschien und den sie *Phosphoros* nannten (nach dem griechischen Wort für »Lichtträger«, da kurz nach seinem Erscheinen die Sonne aufging).
Pythagoras (vgl. 520 v. Chr.) bemerkte als erster Grieche, daß es sich bei den beiden um ein und denselben Himmelskörper handelt, denn stand der Abendstern am Himmel, erschien kein Morgenstern und umgekehrt. (Pythagoras machte diese Entdeckung vermutlich auf einer Reise nach Babylonien.) Um 500 v. Chr. benannte er diesen Planeten, der von einer Seite der Sonne zur anderen und wieder zurück wanderte, nach der griechischen Göttin der Liebe und Schönheit Aphrodite. Die Römer (und später auch wir) gaben ihm analog den Namen der Göttin *Venus*.

Nachtrag

Um 499 v. Chr. lehnten sich die griechischen Städte in Kleinasien gegen die persische Herrschaft auf. Athen schickte zwanzig Schiffe zur Unterstützung der Rebellen und zog sich dadurch den Zorn des persischen Königs Darius I. zu (Regierungszeit von 522–486 v. Chr.). Binnen fünf Jahren warf er den Aufstand nieder und wandte sich dann Athen und dem übrigen Griechenland zu.

480 v. Chr.

Träume

Die Menschen stellten sich Träume stets als das Tor zu einer fremden und andersartigen Welt vor. Träume, in denen Tote erschienen, scheinbar zu neuem Leben erwachten und sprachen, weckten Vorstellungen von Geistern und einer jenseitigen Welt und verstärkten den Glauben an ein Leben nach dem Tod. Träume, die einigermaßen Sinn machten, galten als geheime Botschaften der Götter. Homer bezeichnet Träume als Botschaften des Zeus, und sowohl im Alten wie im Neuen Testament sind sie Verheißungen Gottes.
Nur die griechischen Philosophen dachten rationaler. Nach ihrer Ansicht richtete sich das Universum nach Naturgesetzen, die man durch Beobachten und Schlußfolgern verstehen lernen konnte. Sie bemühten in ihren Er-

klärungen keine übernatürlichen Kräfte – das heißt, keine Kräfte neben oder über den Naturgesetzen.
So behauptete der griechische Philosoph Heraklit (etwa 540–480 v. Chr.), daß Träume die Gedanken eines Menschen seien und darüber hinaus keine Bedeutung hätten.

Nachtrag

Im Jahr 492 v. Chr. unterwarfen die Perser Thrakien und Makedonien im Norden Griechenlands. Zwei Jahre später landete eine persische Streitmacht auf attischem Gebiet, wurde aber in der Schlacht von Marathon geschlagen. Durch diesen Sieg gelang es den Griechen, eine drohende persische Herrschaft abzuwenden. Als Darius I. starb, mußte sein Sohn Xerxes I., der von 486 bis 465 v. Chr. regierte, zunächst einmal einen Aufstand in Ägypten niederschlagen.
In China starb der Philosoph Kong Fu Zi (551–479 v. Chr., bekannter unter seinem latinisierten Namen Konfuzius). Er war kein Religionsstifter, sondern verkündete eine praktische Moralphilosophie, die in China bis heute großen Einfluß hat.

440 v. Chr.

Atome

Der griechische Philosoph Leukipp (2. Hälfte des 5. Jh. v. Chr.) war der erste, der kategorisch feststellte, daß es für jedes Ereignis eine natürliche Erklärung gebe. Eine solche Auffassung schließt das Wirken übernatürlicher Kräfte aus und entspricht der wissenschaftlichen Sichtweise von heute.
Demokrit (etwa 460–370 v. Chr.) übernahm Leukipps Lehre und baute sie aus. Wie zuvor schon sein Lehrer behauptete Demokrit gegen 440 v. Chr., die Materie bestehe aus winzigen Teilchen, die so klein seien, daß etwas noch Kleineres unvorstellbar sei. Da er die Teilchen für unteilbar hielt, nannte er sie *Atome* nach dem griechischen Wort für »unteilbar«.
Natürlich konnten Leukipp und Demokrit ihre atomistische Lehre nicht beweisen. Es waren nur Spekulationen, und die meisten anderen Philosophen der damaligen Zeit bestritten sie energisch. Es dauerte zweitausend Jahre, bis die Bedeutung der atomistischen Theorien erkannt wurde.

Nachtrag

Im Jahre 480 v. Chr. schickte Xerxes eine große Streitmacht in das nördliche Griechenland. Das Heer zog gegen Athen und brannte es nieder. Die Bewohner der Stadt waren jedoch auf die Insel Ägina geflüchtet, wo die attische Flotte sie schützte. Nach der Seeschlacht bei Salamis am 23. September 480 v. Chr. und der Schlacht von Plataä im darauffolgenden Jahr vertrieben die Griechen die Perser und befreiten die griechischen Städte an der persischen Küste. Die Athener bauten ihre Seemacht im Ägäischen Meer aus. Um 460 v. Chr. brach für Athen unter Perikles (etwa 495–429 v. Chr.) ein goldenes Zeitalter an, in dem Kunst, dramatische Dichtkunst, Philosophie und Geschichtswissenschaft einen enormen Aufschwung erlebten. In dieser Blütezeit lebten in den attischen Stadtstaaten rund 250 000 Menschen, davon allerdings ein Drittel als Sklaven.
Etwa zur gleichen Zeit begann in China die Eisenzeit, fünfhundert Jahre später als in Vorderasien.

420 v. Chr.

Epilepsie

Entsprechend seiner rationalen Grundhaltung behauptete der griechische Arzt Hippokrates (etwa 460–377 v. Chr.), daß jede Krankheit eine natürliche Ursache habe und weder als göttliche Heimsuchung noch als Strafe anzusehen sei.

Damit meinte er ausdrücklich auch die Epilepsie. Menschen, die an dieser Krankheit litten, fielen von Zeit zu Zeit urplötzlich zu Boden und blieben zuckend liegen, als hätten sie die Kontrolle über sich verloren. Weil es so aussah, als seien Götter oder Dämonen in ihren Körper gefahren, nannte man die Epilepsie auch »heilige Krankheit«. Hippokrates bestritt das und suchte dagegen nach Möglichkeiten der Behandlung oder Linderung.

Nach Auffassung des Hippokrates hing die Gesundheit von der richtigen Mischung der vier *Körpersäfte* ab: Blut, Schleim, gelbe und schwarze Galle. Zwar irrte er hier, doch immerhin versuchte er, Krankheiten auf natürliche Ursachen zurückzuführen, und damit lag er nicht falsch.

Nachtrag

Ganz Griechenland wurde in den 432 v. Chr. beginnenden *Peloponnesischen Krieg* zwischen Athen und Sparta (und deren Verbündeten) verwickelt. Im Jahre 429 v. Chr. starb ein Drittel der attischen Bevölkerung an der Pest. Der Krieg schleppte sich über Jahre hin und richtete langsam das Land zugrunde.

400 v. Chr.

Katapulte

Die Griechen der damaligen Zeit verstanden das Kriegshandwerk. Den Kern ihrer Heere bildeten schwerbewaffnete Fußsoldaten, die sogenannten *Hopliten* (nach dem griechischen Wort für »Rüstung«). Helme, Brustpanzer und Beinschienen der Hopliten waren aus hartem Stahl gearbeitet. Bewaffnet waren sie mit einem Schwert und einem langen Speer, der nicht geworfen wurde, sondern eher als Stoßlanze diente. Am linken Arm trugen sie einen Schild. Die Hopliten waren für den Kampf in geschlossener Formation und nicht als Einzelkämpfer ausgebildet – auf die Stoßkraft des Verbandes kam es an, nicht auf den einzelnen Kämpfer. Eine Front von Hopliten war ohne weiteres in der Lage, die leicht bewaffneten und ungeordneten Haufen, aus denen die meisten nichtgriechischen Heere bestanden, zu vernichten. Den Hopliten verdankten die Griechen ihren Sieg über das mächtige persische Reich.

Die bedeutendste griechische Stadt im Westen war Syrakus an der Ostküste Siziliens. Unter Dionysios, der 405–367 v. Chr. regierte, stand die Stadt auf dem Gipfel ihrer Macht. Dionysios förderte die Entwicklung neuer Waffen, und um 400 v. Chr. erfanden seine Ingenieure das *Katapult* (von dem griechischen Wort für »wegschleudern«). In seiner ursprünglichen Form erinnerte das Katapult an eine riesige Armbrust. Es stand fest an einem Ort und mußte von mehreren Männern gespannt werden. Es schoß jedoch keinen Bolzen ab, sondern schleuderte riesige Steine gegen die Stadtmauern – oder über die Mauer hinweg in die Stadt.

Das Katapult war die erste Fernwaffe, mit der schwere Gegenstände abgeschossen werden konnten, mithin die erste *Artilleriewaffe* (nach dem französischen Wort für Geschütz). Allerdings dauerte es lange, bis das Katapult schußbereit war, und das war ein großer

Nachteil. Der Feind konnte nämlich sehen, wie es gespannt wurde, und hatte folglich genug Zeit, sich aus der Schußbahn zu bringen. Und doch war es ein warnendes Beispiel dafür, was von künftigen Entwicklungen noch zu erwarten war.

Nachtrag

Nach einer kurzen Phase des Friedens im Peloponnesischen Krieg überredete 415 v. Chr. der attische Feldherr Alkibiades (etwa 450–404 v. Chr.) die Athener, mit einer riesigen Flotte Syrakus anzugreifen. Bald darauf wurde Alkibiades jedoch von seinen Feinden des Religionsfrevels bezichtigt und zurückbeordert. Er flüchtete nach Sparta, und der Angriff auf Syrakus wurde für die Athener zum Debakel. Der Peloponnesische Krieg endete 404 v. Chr. mit einem überragenden Sieg Spartas über Athen.

387 v. Chr.

Gelehrtenschulen

Im Jahre 387 v. Chr. gründet der griechische Philosoph Plato (etwa 427–348 v. Chr.) in einem Hain nördlich von Athen eine Schule – wenn man so will, die erste Universität der Welt. Da der Hain früher einem altattischen Helden namens Akademos gehört hatte, wurde die Schule nach ihm *Akademie* genannt. Platons Schüler Aristoteles (384–322 v. Chr.) gründete 335 v. Chr. in Athen eine eigene Schule. Sie hieß *Lykeion,* da das Schulgebäude dem Gott der Hirten, Apollo Lykeios, geweiht war. Die Vorlesungen des Aristoteles wurden in nahezu hundertfünfzig Bänden gesammelt. Sie faßten das gesamte Wissen der damaligen Zeit zusammen und enthielten darüber hinaus viele Gedanken und Beobachtungen, die von Aristoteles selbst stammten. Durch einen glücklichen Umstand blieben fünfzig Bände erhalten. Sie wurden um 100 v. Chr. in einem Kellergewölbe in Kleinasien entdeckt und nach Athen gebracht. Nach der Eroberung Athens im Jahre 86 v. Chr. nahm sie der römische Feldherr Lucius Cornelius Sulla (138–78 v. Chr.) mit nach Rom und ließ sie abschreiben.

Nachtrag

Vorübergehend hatten die Athener unter einer Diktatur zu leiden, doch sie befreiten sich von ihr. Im Jahre 399 v. Chr. verurteilten sie Sokrates (um 470–399 v. Chr.), einen der bedeutendsten Philosophen der Geschichte, zum Tode. Dieses Urteil wird der attischen Demokratie häufig angekreidet, doch Sokrates selbst war kein überzeugter Demokrat, und mehrere seiner Anhänger hatten sich offen antidemokratisch geäußert. Platon war sein Schüler und schrieb seine Ansichten in einem Buch nieder, das bis heute erhalten geblieben ist. Möglicherweise zeigt es Sokrates in einem besseren Licht, als er es eigentlich verdient.
Rom spielte noch eine unbedeutende Rolle. Es lag ständig im Krieg mit seinen Nachbarn. Im Jahr 390 v. Chr. fielen keltische Stämme, die sogenannten Gallier, in Italien ein. Sie plünderten Rom, zerstörten es und ließen sich am Po nieder. Damals hätte niemand erwartet, daß die Stadt noch einmal von sich reden machen würde.

350 v. Chr.

Andere Zentren des Universums

Zur damaligen Zeit zweifelte kaum jemand daran, daß die Erde den festen und unbeweglichen Mittelpunkt des Universums bildete und daß sich alles am Himmel um sie drehte.

Jedenfalls sah es so aus, und konnte man leugnen, was so klar vor Augen lag?
Trotzdem hatte der griechische Philosoph Philolaos, ein Schüler des Pythagoras (vgl. 520 v. Chr.) bereits im 5. Jahrhundert v. Chr. behauptet, daß die Erde mit allen sichtbaren Planeten einschließlich der Sonne um ein unsichtbares zentrales Feuer kreise. Er behauptete unseres Wissens als erster, daß die Erde sich bewegt und nicht der Mittelpunkt der Welt ist. Doch seine Behauptung war eher intuitiv als vernunftmäßig begründet und fand wenig Beachtung.
Der griechische Astronom Herakleides Ponticos ging nicht so weit. Er hielt die Erde für den starren Mittelpunkt der Welt, wies aber um 350 v. Chr. darauf hin, daß Merkur und Venus sich niemals weit von der Sonne entfernten. Die Griechen hatten für jeden Planeten, der die Erde umkreiste, Tabellen aufgestellt, und aus diesen Tabellen ließ sich das errechnen. Ganz einfach war dies freilich nicht. Herakleides vermutete, daß Merkur und Venus um die Sonne kreisten und daß die Sonne mit diesen beiden Planeten im Gefolge die Erde umkreiste. Damit vertrat er als erster die Ansicht, daß zumindest ein Teil des Universum heliozentrisch sei, daß zumindest einige Himmelskörper um die Sonne kreisten und erst in zweiter Linie um die Erde.

Logik

Jeder Mensch erwirbt bestimmte Denkformen. Anders kann er nicht überleben. Schon die Jäger der Urzeit lasen aus Hufspuren, daß ein Tier vorübergekommen war, und schlossen aus der Art der Fährte auf die Tierart. Alles, was wir bei normalem Geisteszustand tun, beruht auf gewissen Überlegungen. Leider können wir uns aber auch täuschen, und allzu oft beeinflussen Gefühle, egoistische Interessen und vieles andere unser Denken. Das führt dazu, daß Menschen sich recht häufig und unter bestimmten Umständen sogar fast immer unvernünftig verhalten.
Aristoteles (vgl. 387 v. Chr.) gilt heute als der erste Philosoph, der allgemeine Regeln für das Denken *(Logik,* nach dem griechischen Wort für »Wort«) aufgestellt hat. In seinen heute unter dem Titel *Organon* zusammegefaßten Schriften beschäftigt er sich ausführlich mit dem Studium der Logik. Er beschreibt darin die Kunst, von der Prämisse auf die notwendige Konklusion zu schließen, und zeigt, wie sich die Stichhaltigkeit eines Gedankengangs beweisen läßt.

Die Erde als Kugel

Betrachtet man die Erde, erscheint ihre Oberfläche hügelig und uneben, aber insgesamt doch flach. Dies wird besonders deutlich, wenn wir über einen See hinwegblicken.
Der erste Mensch, der vermutet hat, daß die Erde nicht flach, sondern rund ist, war unseres Wissens Pythagoras (vgl. 520 v. Chr.). Aber erst Aristoteles (vgl. 387 v. Chr.) faßte um 350 v. Chr. die Gründe für eine solche Vermutung zusammen – Gründe, die noch heute Gültigkeit haben.
Fährt man beispielsweise nach Norden, gehen die Sterne am nördlichen Horizont auf und hinter dem südlichen Horizont unter; fährt man dagegen nach Süden, geschieht das Umgekehrte. Der Erdschatten auf dem Mond während einer Mondfinsternis ist immer bogenförmig. Entfernen sich Schiffe auf dem Meer, so scheint der Rumpf vor den Aufbauten zu verschwinden, und diese Beobachtung macht man immer, egal in welche Richtung das Schiff sich entfernt. Dies alles deutet darauf hin, daß die Erde rund ist.
Obwohl die Geistesgeschichte damals noch ganz am Anfang stand, ließen sich gebildete Menschen von diesen Argumenten überzeugen. Und doch gibt es heute noch Menschen, die darauf beharren, daß die Erde eine Art Scheibe sei. Diese wissenschaftsfeindliche Haltung ist offenbar nicht auszurotten, und so drängt sich einem der Verdacht auf, daß ihre Vertreter sich entweder nur einen Scherz erlauben oder ein bißchen verrückt sind.

Die fünf Elemente

Aristoteles (vgl. 387 v. Chr.) faßte auch die frühen Gedanken zu den Elementen zusammen. So hatte Thales (vgl. 580 v. Chr.) etwa behauptet, die Erde bestehe aus Wasser, während spätere Philosophen andere Stoffe favorisiert hatten.
Aristoteles selbst war der Ansicht, daß die Erde aus vier Elementen bestand, die in Schichten übereinanderlagen: Erde, Wasser, Luft und Feuer.
Der Himmel selbst unterschied sich nach seiner Ansicht grundlegend von der Welt und bestand aus einem fünften Element, das er *Äther* nannte (was im griechischen soviel wie »strahlend« bedeutet). Die Himmelskörper leuchteten, während die Welt dunkel war, außer sie reflektierte das Licht. Die Himmelskörper zogen endlos ihre Bahnen, während die Körper auf der Erde ständig vergingen oder neu entstanden. Die Himmelskörper waren unveränderlich und unbeeinflußbar, während auf der Erde sich alles veränderte und verschlechterte.
Die Ansichten des Aristoteles erwiesen sich zwar als falsch, aber noch heute sagen wir, »wir kämpfen gegen die Elemente an«, wenn wir Wind und Wetter ausgesetzt sind. Und wenn wir auf das Wesen einer Sache hinweisen wollen, so sprechen wir von der *Quintessenz,* nach dem lateinischen Ausdruck für »fünftes Element«.

Klassifikation der Tiere

Aristoteles (vgl. 387 v. Chr.) war ein aufmerksamer und gewissenhafter Beobachter und von der Aufgabe fasziniert, Tierarten zu klassifizieren und einander zuzuordnen. Er studierte über fünfhundert Tierarten und sezierte annähernd fünfzig. Seine Klassifikationsmethode war vernünftig und in mancher Hinsicht verblüffend modern.
Sein besonderes Interesse galt dem Leben im Meer. Er beobachtete, daß Delphine ihre Jungen lebend zur Welt brachten, sie vor der Geburt durch ein spezielles Organ, die sogenannte Plazenta, ernährten und ihnen nach der Geburt Milch gaben. So etwas taten Säugetiere, aber keine Fische, also ordnete Aristoteles die Delphine den Landtieren zu, statt den Fischen des Meeres. Die Biologen brauchten fast zweitausend Jahre, bis sie sich Aristoteles in diesem Punkt anschlossen.
Klassifikation ist wichtig, denn sie hilft dem Wissenschaftler, seinen Untersuchungsbereich übersichtlich zu ordnen. In der Biologie war sie besonders wichtig und führte schließlich zu der Idee einer biologischen Evolution.

Sternkarten

Der griechische Mathematiker Eudoxos (etwa 400–350 v. Chr.) verbesserte um 350 v. Chr. die primitive Weltkarte des Hekataios (vgl. 510 v. Chr.). Außerdem versuchte er als erster, eine Himmelskarte anzufertigen.
Der Himmel war kartographisch schwieriger darzustellen als die Erde. Auf der Erde gab es Orientierungspunkte: Küstenlinien, Flüsse, Bergketten und anderes mehr. Am Himmel gab es nur Sterne.
Es war also vernünftig, zuerst einmal Orientierungspunkte zu schaffen, und so zog Eudoxos imaginäre Linien, die strahlenförmig vom Polarstern ausgingen und von anderen Linien im rechten Winkel geschnitten wurden. Die auseinanderlaufenden Linien nennen wir heute *Längengrade,* die rechtwinklig dazu verlaufenden *Breitengrade.* Auf diese Weise konnte Eudoxos die Position der Sterne eindeutig bestimmen, obwohl der Himmel keine festen Orientierungspunkte aufwies.

Nachtrag

Die Griechen zogen keine Lehren aus den katastrophalen Folgen des Peloponnesischen Krieges. Im Gegenteil, die Kämpfe zwischen den Städten nahmen eher noch zu. Auch Theben, das unter spartanischer Herrschaft stand, kämpfte um seine Freiheit.

Epameinondas (etwa 410–362 v. Chr.) führte die Rebellion gegen Sparta an. Er stellte das thebanische Heer so auf, daß der Hauptflügel, bestehend aus achtundvierzig Reihen Hopliten, die Wirkung eines Rammbocks hatte. Diese Formation erhielt den Namen *Phalanx* (nach dem ursprünglichen griechischen Wort für »Rammbock«). Epameinondas verfuhr nach folgender Taktik: Zuerst preschte die Phalanx vor, dann erst griffen die übrigen Truppen von der Seite an. Die Phalanx der Thebaner schlug die Spartaner in der Schlacht von Leuktra 371 v. Chr. vernichtend. Durch diese eine Niederlage verloren die Spartaner für immer die Vorherrschaft.

Theben stieg zur führenden Macht auf, konnte diese Position jedoch nicht behaupten, da es sofort die anderen Städte gegen sich hatte. Im nordgriechischen Makedonien wurde um 359 v. Chr. Philipp II. neuer König (382–336 v. Chr.). Philipp II. war ein außergewöhnlicher Mann. Er formte das makedonische Heer zu einer großartigen Streitmacht und schickte sich an, mit Hilfe einer klugen Strategie ganz Griechenland unter seine Herrschaft zu bringen. Der attische Politiker Demosthenes (384–322 v. Chr.) erkannte die Gefahr und versuchte mit allen Mitteln, die Athener aufzurütteln. Doch nach den Verlusten des vorausgegangenen Jahrhunderts hatte die Stadt keine Kraft mehr zum Widerstand.

Unterdessen erholte sich weit im Westen Rom von den Verwüstungen, welche die Gallier angerichtet hatten, und sicherte sich die Vorherrschaft über die umliegenden Städte. Rom übernahm die Führung des *Latinischen Städtebundes*.

320 v. Chr.

Botanik

Der griechische Gelehrte Theophrastos (etwa 372–287 v. Chr.), ein Schüler des Aristoteles (vgl. 387 v. Chr.), übernahm nach dessen Flucht aus Athen die Leitung des Lykeion und verfaßte um 320 v. Chr. ein Buch, in dem 550 Pflanzenarten beschrieben werden, darunter auch solche, die nur in so fernen Ländern wie Indien wuchsen. Es war das erste systematische Buch über Botanik.

Nachtrag

Nach der Ermordung Philipps II. (vgl. 350 v. Chr.) bestieg dessen Sohn Alexander III. (336–323 v. Chr.) den Thron. Der neue König zeigte sich noch fähiger als der Vater. Er sicherte die Nordgrenze des Reiches, warf in Griechenland einen Aufstand nieder und überquerte 334 v. Chr. den Hellespont. In Persien bezwang er riesige Heere, verlor keine einzige Schlacht und eroberte in zehnjährigem Kampf das persische Reich. Diese Erfolge brachten ihm den Namen Alexander der Große ein. Er starb unerwartet in Babylon, vermutlich an Malaria.

Das persische Reich war nun ganz in griechischer Hand. Das war übrigens auch der Grund, warum Theophrastos Pflanzen aus dem fernen Indien untersuchen konnte.

Roms Stellung auf der italienischen Halbinsel wurde nur durch die Stämme der Samniten im Osten des Latinischen Städtebundes bedroht. Sie waren ein durchaus ernstzunehmender Gegner. Solange Alexander in Persien kämpfte, schlugen sich die Römer in Mittelitalien mit den Samniten herum. Um 320 v. Chr. war noch lange nichts entschieden, und auch eine Niederlage der Römer lag im Bereich des Möglichen.

312 v. Chr.

Straßen

Wenn man erst einmal Wagen hat, braucht man auch Straßen. Kein Gefährt kann schnell fahren, wenn Steine und Gestrüpp den Weg versperren. Fährt es trotzdem schnell, gehen die Räder zu Bruch. Also müssen Straßen gebaut werden, Straßen, die breit, gerade und eben sind. Die Römer begriffen das.

In den Jahren nach der Demütigung durch die Gallier hatte Rom die *Legion* entscheidend verbessert. Die Legion war weitaus flexibler als die Phalanx. Die Phalanx konnte ausschließlich in geschlossener Formation kämpfen. War das Gelände nicht flach, geriet die Schlachtordnung durcheinander. Die Legionäre hingegen konnten in unebenem Gelände die Formation auflockern, ohne sie jedoch ganz aufzulösen, und sie wiederherstellen, sobald es das Gelände zuließ.

Im Jahre 312 v. Chr. begann der hohe römische Beamte Appius Claudius (4.-3. Jh. v. Chr.) mit dem Bau der *Via Appia*. Die Via Appia war besser als jede andere Straße und verband Rom mit dem über 200 Kilometer entfernten Capua. Anfangs hatte sie einen Schotterbelag, später wurde sie mit Steinplatten gepflastert und bis zur Ferse des italienischen Stiefels weitergeführt.

Die Straße erlaubte schnelle Truppenbewegungen und brachte Rom enorme Vorteile, wenn es darum ging, die eigenen Truppen zu verstärken oder den Feind zu überraschen. Schließlich überzog Rom sein Herrschaftsgebiet mit einem Straßennetz von 80 000 Kilometern Länge. Die Straßen waren stellenweise über zehn Meter breit. Da römische Heere rasch von einer Grenze zur anderen gelangen konnten, genügten zum Schutz der Grenzen relativ kleine Verbände.

Nachtrag

Alexander der Große hinterließ keinen Erben. Kaum war er tot, fielen seine Feldherren, durchweg erprobte Heerführer, übereinander her. Jeder versuchte, die Macht an sich zu reißen. Noch um 312 v. Chr., also elf Jahre nach Alexanders Tod, stand der Nachfolger nicht fest.

300 v. Chr.

Geometrie

Schon die Ägypter hatten sich mit angewandter Geometrie beschäftigt. Sie brauchten die Geometrie, um die Pyramiden zu bauen und nach jeder Überschwemmung des Nils die Grenzlinien nachzuziehen. Doch erst die Griechen befaßten sich auch theoretisch mit der Geometrie. Sie arbeiteten mit gedachten Punkten, Linien, Kurven, Ebenen und Körpern und versuchten, bestimmte Dinge nur durch logisches Denken zu beweisen, ohne Messungen vorzunehmen. (Denken zeichnete den Philosophen aus. Nur der Handwerker nahm Maße, und dafür waren sich die griechischen Gelehrten zu fein. Eine solche Haltung mag in der Mathematik ja noch nützlich gewesen sein, nicht aber in der Experimentalwissenschaft. Prompt blieben die Griechen auf diesem Gebiet zurück.)

Mehrere griechische Mathematiker trugen zur Entwicklung der Geometrie bei, allen voran Eudoxos (vgl. 350 v. Chr., Sternkarten). Doch erst Euklid verhalf ihr zur ihrer eigentlichen Bedeutung. Euklid lebte in Alexandria, einer Stadt, die in der Wissenschaftsgeschichte eine große Rolle spielt.

Alexander der Große (vgl. 320 v. Chr.) hatte die Hafenstadt Alexandria am Westrand des Nildeltas gegründet, und nach ihm war sie auch benannt worden. Sie war die größte griechische Stadt, doch waren unter ihren Be-

wohnern auch viele Äqypter und Juden. Binnen kurzer Zeit wurde sie zur Metropole der hellenistischen Welt. Ptolemaios I. (um 366–283 v. Chr.), nach Alexanders Tod Herrscher über Ägypten, machte Alexandria zu seiner Hauptstadt.
Ptolemaios I. verstand sich als Förderer der Künste und Wissenschaft und gründete das *Museion,* so benannt nach den Musen, den Schutzgöttinnen des geistigen Lebens. Ihnen war diese Einrichtung geweiht. Unter Ptolemaios I. und seinem Sohn Ptolemaios II. (308–246 v. Chr.) wurde das Museion zur größten und bedeutendsten Lehrstätte des Altertums. Angegliedert war die umfangreichste Bibliothek des Altertums.
Vater und Sohn lockten Wissenschaftler und Denker nach Alexandria und stellten großzügige Unterstützung in Aussicht. Auch der griechische Mathematiker Euklid, vermutlich ein Schüler der Akademie, folgte ihrem Ruf und kam von Athen nach Alexandria. Und wie er wanderten auch viele andere aus dem eigentlichen Griechenland in die neuen Gebiete der nach Alexanders Tod entstandenen *Hellenistischen Staatenwelt* ab. Die Folge war ein »Bildungsnotstand« im Heimatland.
Um 300 v. Chr. stellte Euklid sämtliche geometrischen Erkenntnisse der Mathematiker vor ihm zu einem Lehrbuch zusammen und nannte das Werk *Elemente.* Vergleichsweise wenig stammte von ihm selbst, doch das Wenige war außergewöhnlich.
Euklid begann mit einem Minimum von Aussagen, die so selbstverständlich waren, daß sie nicht bewiesen werden mußten. Ausgehend von diesen *Axiomen* bewies er einen Lehrsatz nach dem anderen, wobei jeder Beweis nur auf den Axiomen und vorausgegangenen Beweisen beruhte. Auf diese Weise stellte er die Geometrie auf eine sichere Grundlage und gab ihr einen in sich geschlossenen Aufbau.
Die *Elemente* waren das erfolgreichste Lehrbuch, das je verfaßt wurde, und sind, in mehr oder weniger modifizierter Form, noch heute in Gebrauch.

Gezeiten

Die Griechen befuhren auf den Spuren der Phönizier zwar das ganze Mittelmeer, doch mit deren nautischem Können konnten sie sich nicht messen. So war es auch kein Wunder, daß sich nur ein einziger Grieche fand, der den Phöniziern aus dem Mittelmeer hinaus in den Atlantik folgte. Sein Name war Pytheas (um 300 v. Chr.).
Wie die Phönizier segelte er nach Norden zu den britischen Inseln und sogar noch weiter bis *Thule,* bei dem es sich entweder um Norwegen oder Island gehandelt haben dürfte. Er segelte auch an Dänemark vorbei in die Ostsee. Heute klingen seine Reiseberichte glaubwürdig, doch seine Zeitgenossen hielten sie für Seemannsgarn. Es blieb bei diesen Erkundungsfahrten.
Vom wissenschaftlichen Standpunkt aus war das wichtigste Ergebnis seiner Reisen die Beobachtung der Gezeiten. Im Mittelmeer gibt es praktisch keine Gezeiten, denn kaum gelangt bei Flut Wasser durch die schmale Straße von Gibraltar und läßt den Meeresspiegel um ein paar Zentimeter steigen, fließt es auch schon wieder ab.
Im Atlantik beobachtete Pytheas das Wechselspiel richtiger Gezeiten und beschrieb es – mit dem Ergebnis, daß ihm keiner glaubte.

Arterien

Der griechische Physiker Praxagoras (4. Jh. v. Chr.) unterschied zwei Arten von Gefäßen: Arterien und Venen. Allerdings dachte er, daß die Arterien Luft transportierten (da sie in Leichen normalerweise leer sind). Diese Vermutung erwies sich zwar als falsch, doch noch heute spiegelt sie sich im Namen wider, der von dem griechischen Ausdruck für »Luftträger« stammt. Außerdem stellte Praxagoras fest, daß das Gehirn mit dem Rükkenmark verbunden ist.

Nachtrag

Im Jahre 301 v. Chr. kam es bei Ipsos zur Entscheidungsschlacht zwischen den Feldherren Alexanders des Großen. Zweiundzwanzig Jahre waren seit Alexanders Tod vergangen, und aufgrund der ständigen Kämpfe war das Reich für immer auseinandergebrochen. Die Feldherren und ihre Nachkommen nannten sich Könige, und die hellenistischen Staaten bekämpften einander wie einst die griechischen Stadtstaaten. Und mit dem gleichen Ergebnis: Sie wurden immer schwächer.

280 v. Chr.

Gehirn

Im Museion von Alexandria führten Herophilos (um 355–280 v. Chr.) und sein Nachfolger Erasistratos die ersten bedeutenden anatomischen Untersuchungen durch. Beide interessierten sich besonders für das Gehirn und die Nerven. Um 280 v. Chr. unterteilte Herophilos die Nerven in sensorische Nerven (die Impulse empfangen) und motorische Nerven (von denen Impulse ausgehen). Er beschrieb auch Leber und Milz, untersuchte und benannte die Netzhaut des Auges und gab dem ersten Abschnitt des Dünndarms den Namen Duodenum (Zwölffingerdarm). Er stellte fest, daß die Arterien pulsierten, und vermutete, daß sie Blut und nicht Luft transportieren.
Erasistratos unterschied zwischen dem Großhirn (dem Hauptteil des Gehirns) und dem Kleinhirn (dem darunterliegenden kleineren Teil). Er fand heraus, daß der Mensch mehr Gehirnwindungen besitzt als andere Lebewesen, und vermutete darin die Ursache für die höhere Intelligenz des Menschen. Anders als Herophilos glaubte er nicht, daß die Arterien Blut enthielten.
Dieser vielversprechende Anfang erfuhr ein jähes Ende. Nach dem Glauben der Ägypter mußte der Körper für das Leben nach dem Tod intakt bleiben. Auf Druck der öffentlichen Meinung wurde das Sezieren von Leichen im Museion eingestellt. Es dauerte anderthalb Jahrtausende, bis das Studium des menschlichen Körpers wiederaufgenommen wurde.

Größe von Mond und Sonne

Die Vorstellung liegt nahe, daß die Himmelskörper im Vergleich zur Erde unbedeutend klein seien. Schließlich sind sie nur Lichtpunkte am Himmelsgewölbe, das kaum höher zu sein scheint als die Berge auf der Erde. Sonne und Mond sind zwar klar als Scheiben zu erkennen, aber auch sie wirken recht klein. Jede andere Behauptung wäre zur damaligen Zeit bestimmt als verrückt oder falsch abgetan worden.
So hatte der griechische Philosoph Anaxagoras (etwa 500–428 v. Chr.) die Athener natürlich schockiert, als er behauptete, die Sonne sei ein glühender Felsbrocken in der Größe des südlichen Griechenlands. Seine Mitbürger hatten ihn der Gottlosigkeit angeklagt, in den Kerker geworfen und in die Verbannung geschickt.
Zwei Jahrhunderte waren seitdem vergangen, und die griechische Welt hatte sich enorm vergrößert. Und mit der Erweiterung der Horizonte war auch die Toleranz gegenüber gewagten Ansichten größer geworden.
Der griechische Astronom Aristarchos (etwa 310–230 v. Chr.) bestimmte als erster die Größe der Himmelskörper. Um 280 v. Chr. ermittelte er die Größe des Erdschattens auf dem Mond und gelangte aufgrund einer Reihe richtiger mathematischer Schlüsse zu der Einschätzung, daß der Durchmesser des Mondes ein Drittel des Erddurchmessers betrage. Das Ergebnis war etwas zu hoch, da ihm die Instrumente fehlten, um den Schatten genau zu messen.
Außerdem versuchte Aristarchos, mit den Mitteln der Trigonometrie die Größe von

Sonne und Mond zu berechnen. Er bemerkte, daß sich bei Halbmond Sonne, Mond und Erde an den Scheitelpunkten eines rechtwinkligen Dreiecks befanden. Maß man die Winkel, ließen sich die Seitenlängen errechnen. Aristarchos' Berechnungen stimmten, aber wieder fehlten ihm die Instrumente für exakte Messungen. Er kam zu dem Ergebnis, daß die Sonne zwanzig Mal weiter von der Erde entfernt sei als der Mond und der Durchmesser der Sonne folglich siebenmal größer sei als der Erddurchmesser. Damit lag Aristarchos zwar weit daneben, gleichwohl hatte er als erster Wissenschaftler gezeigt, daß die Himmelskörper in ihrer Größe mit der Erde vergleichbar sind.
Vielleicht war es die enorme Größe der Sonne, die Aristarchos vermuten ließ, daß nicht die Erde, sondern die Sonne der Mittelpunkt des Universums sei und daß sich Erde und Planeten um die Sonne drehten. Er hatte für diese Behauptung keinerlei Beweise, und die Vorstellung allein überzeugte niemanden. Selbst wenn die Sonne ein riesiger Körper war, so galt sie doch als Feuerball ohne festen Kern. Daß sich die feste, schwere Erde um die Sonne drehen sollte, erschien lächerlich.

Leuchttürme

Es dauerte nicht lange, bis das hellenistische Reich die technischen Errungenschaften in große architektonische Leistungen umsetzte. Die Insel Rhodos beispielsweise feierte den erfolgreichen Widerstand gegen eine Belagerung durch einen makedonischen Feldherrn in den Jahren 305–304 v. Chr. mit der Errichtung einer großen Statue in der Hafeneinfahrt. Die Statue, die 280 v. Chr. vollendet wurde, war 32 Meter hoch und wurde der *Koloß von Rhodos* genannt. Sie blieb sechzig Jahre stehen, bevor sie durch ein Erdbeben zerstört wurde. Später wurde die Größe der Statue maßlos übertrieben.
In Alexandria entstand ein sinnvolleres und noch größeres Bauwerk: der erste bedeutende Leuchtturm. Nach der Landzunge, auf der er stand, wurde er *Pharos* genannt. Er war mindestens 85 Meter hoch und ruhte auf einem gewaltigen quadratischen Fundament. Über Treppen mußten Unmengen geharztes Holz hinaufgeschafft werden (natürlich gab es keinen Aufzug). Noch sechzig Kilometer entfernt war das Holzfeuer auf hoher See zu sehen. Auch dieses Bauwerk wurde 280 v. Chr. vollendet. Es überdauerte sechzehn Jahrhunderte und wurde dann ebenfalls durch ein Erdbeben zerstört.
Der Koloß von Rhodos und der Leuchtturm von Pharos zählten im Altertum zu den *Sieben Weltwundern.*

Nachtrag

Rom beherrschte nun ganz Mittelitalien zwischen der Poebene, in der sich die Gallier angesiedelt hatten, und dem Süden, in dem die griechischen Stadtstaaten herrschten. Tarent, der wichtigste dieser Stadtstaaten, ersuchte aus Furcht vor Rom Pyrrhus (319–272 v. Chr.) um Hilfe. Pyrrhus war König von Epirus und im Einsatz der Phalanx erfahrener als jeder andere. Zum ersten Mal mußten die Römer auf dem Schlachtfeld den Griechen gegenübertreten.

270 v. Chr.

Wasseruhren

An Sonnenuhren konnten die Menschen ablesen, wie die Zeit verging. Allerdings nur bei Tag, wenn die Sonne schien. Außerdem war eine Sonnenuhr nicht transportabel.
Es gab aber auch andere Möglichkeiten der Zeitmessung. Im Grunde kam jeder Vorgang, der über einen bestimmten Zeitraum hinweg stabil blieb, dafür in Frage. Da war zum Beispiel die Sanduhr: Innerhalb einer bestimmten Zeit rieselte feiner, trockener Sand aus dem

oberen in den unteren Kolben. Oder man nahm Kerzen, von denen man wußte, wie schnell sie herunterbrannten. Wollte man die Stunden ablesen, genügte es, entsprechende Markierungen anzubringen. Die Ägypter und Chinesen benutzten seit langem auch Wasser zur Zeitmessung: Sie ließen es einfach von einem höheren in einen tieferen Behälter tropfen.
Bei den Griechen hieß die Wasseruhr *Klepshydra* (»Wasserdieb«), weil das Wasser unmerklich aus dem oberen Behälter verschwand. Um 270 v. Chr. entwickelte der griechische Ingenieur Ktesibios (2. Jh. v. Chr.) eine Wasseruhr, die sich bald großer Beliebheit erfreute. Im unteren Wasserbehälter befand sich ein schwimmender Stundenanzeiger. Stieg das Wasser, stieg auch der Schwimmer nach oben und drehte über eine Zahnstange ein Zahnrad, das wiederum einen Zeiger bewegte, der auf einer Skala von 1 bis 12 die Zeit anzeigte.
Mit Wasseruhren konnte man beispielweise die Redezeiten vor Gericht oder in Versammlungen überwachen. Aber im Grunde waren sie noch ziemlich primitive Zeitmeßgeräte.

Nachtrag

Im Jahre 280 v. Chr. besiegte Pyrrhus die Römer bei Heraclea in Süditalien. Die Römer hatten erstmals einer Phalanx und Elefanten gegenübergestanden. Doch 275 v. Chr. brachten sie Pyrrhus in der Schlacht von Benevent eine vernichtende Niederlage bei und zwangen ihn zum Rückzug nach Griechenland. Sie besetzten die griechischen Stadtstaaten und beherrschten nun das gesamte Italien südlich der Poebene.
Die Stadt Karthago, die an einer schmalen Stelle des Mittelmeers Italien genau gegenüberlag, stand zu dieser Zeit in voller Blüte und verfolgte mit Sorge den Aufstieg Roms. Zwischen ihr und Italien lag Sizilien, dessen westlichen Teil sie beherrschte. Der östliche Teil gehörte zum Machtbereich des griechischen Stadtstaats Syrakus, der mit Rom verbündet war.

260 v. Chr.

Hebel

Schon in der vorgeschichtlichen Zeit wurden Hebel benutzt. Für einen halbwegs intelligenten Menschen ist das auch keine große Sache. Wer versucht, mit einem langen Stock einen Felsblock hochzustemmen, merkt bald, daß es besser geht, wenn er den Stock über einen kleineren Stein heruntergedrückt. Und ebenso schnell kommt er dahinter, daß sich der große Felsblock umso leichter hochstemmen läßt, je näher man den kleinen Stein an ihn heranrückt.
Genaue Berechnungen über die Hebelwirkung wurden allerdings erst 260 v. Chr. von dem griechischen Wissenschaftler Archimedes (etwa 287–212 v. Chr.) angestellt.
Manch einer wird sagen: »Was ändert das schon, daß Gelehrte komplizierte Berechnungen anstellen und knifflige Theorien über den Hebel ausarbeiten, wenn praktische Leute solche Geräte schon seit Jahrtausenden benutzen?«
Der entscheidende Punkt ist aber, daß praktische Anwendungen ohne theoretischen Hintergrund nur nach dem Prinzip von Versuch und Irrtum erfolgen. Gewiß, dabei werden Fortschritte gemacht, aber eben nur langsam. Eine nützliche Theorie eröffnet dagegen ungeahnte Möglichkeiten. Sie macht deutlich, wie man ein Gerät verbessern kann oder welche Beobachtungen man noch anstellen muß. Theorien tragen erheblich zum Fortschritt bei.
Deshalb gebührt Archimedes auch Anerkennung dafür, daß er das Hebelprinzip entdeckt hat, egal wie lange der Hebel bereits bekannt war.
Außerdem entdeckte er das Prinzip des Auf-

triebs, nach dem jeder Gegenstand, der in eine Flüssigkeit getaucht wird, ein Flüssigkeitsvolumen verdrängt, das seinem eigenem Volumen entspricht. Diese Beobachtung eröffnete neue Möglichkeiten, das Volumen von Körpern zu messen, und neue Erklärungsansätze, warum manche Dinge schwimmen, und andere nicht und ähnliches mehr.
Nach der Legende sollte Archimedes herausfinden, ob eine goldene Krone mit einem minderwertigen Metall geringerer Dichte versetzt war, ohne dabei die Krone zu beschädigen. Dazu mußte er ihr Volumen ermitteln. Aber wie? Die Erleuchtung soll ihm gekommen sein, als er sich in einem öffentlichen Bad ins Wasser setzte und bemerkte, wie es über den Rand schwappte. Angeblich sprang er aus der Wanne und rannte mit dem Schrei »heureka!« (»ich habe es gefunden!«) nackt nach Hause. (Nebenbei bemerkt fanden die alten Griechen Nacktheit nicht anstößig. Archimedes' Verhalten wirkte folglich nicht so befremdend, wie man vielleicht meinen könnte.)

Nachtrag

Ein Krieg zwischen Karthago und Rom war unausweichlich geworden. Im Jahre 264 v. Chr. kam es über Sizilien zum Streit. Der *Erste Punische Krieg* begann (*Punier* nannten die Römer die karthagischen *Phönizier*). Zu Anfang stand es schlecht um Rom, da es keine Schiffe besaß und Karthago über die beste Flotte der Welt verfügte. Doch dann strandete ein karthagisches Schiff an der italienischen Küste, und ein Grieche aus Süditalien baute nach seinem Muster ähnliche Schiffe für Rom. Die Römer versahen ihre Schiffe mit Rammspornen, mit denen sie die Schiffe der Karthager durchbohren und an der Flucht hindern konnten. Auf Deck kämpften sie dann so ähnlich wie an Land. Im Jahr 260 v. Chr. gewannen die Römer so eine Seeschlacht. Von da ab begann sich der Krieg zugunsten Roms zu wenden.

240 v. Chr.

Erdumfang

Auch als bekannt war, daß die Erde rund ist, kannte noch niemand die Größe der Kugel. Riesig war sie, soviel stand fest, denn noch nie hatte sie ein Reisender ganz umrundet. Und noch immer gab es unbekannte Erdteile zu entdecken.
Doch dann kam der in Alexandria lebende griechische Gelehrte Eratosthenes (etwa 276–194 v. Chr.) auf eine Idee, wie er den Erdumfang berechnen konnte, ohne Ägypten zu verlassen. Weit im Süden lag die Stadt Syene, das heutige Assuan. Wie er gehört hatte, warf die Sonne dort am längsten Tag des Jahres keinen Schatten. Das bedeutete, daß die Sonne direkt über Syene stand. Zur gleichen Zeit stand sie in Alexandria 7 Grad neben dem Scheitelpunkt. Diesen Unterschied führte Eratosthenes auf die Erdkrümmung zwischen Syene und Alexandria zurück. Da er die Entfernung zwischen Syene und Alexandria wußte, konnte er ohne Schwierigkeiten ausrechnen, wie groß der Gesamtumfang der Erde sein mußte.
Er kam auf einen Umfang von rund 40 000 Kilometern. Die Berechnung stimmte beinahe.
Den Gelehrten des Altertums erschien die Zahl jedoch zu hoch. Sie bevorzugten eine niedrigere.

Zeitrechnung

Im Altertum gab es vermutlich keine zwei Völker, die auf die gleiche Weise die Jahre zählten. Jede Region hatte ihre eigene Zählweise – ein bestimmtes Jahr war »das Jahr, in dem der und der regierte« oder »das siebte Jahr von König Soundso« usw. Das machte es nicht nur schwer, die Zeitrechnung einer Region auf die einer anderen abzustimmen, sondern auch innerhalb einer bestimmten Region

wurde die Zählung ungenau, wenn die Reihenfolge der Herrscher oder die Regierungsdauer vergessen wurde.
Eratosthenes versuchte als erster, Ordnung in dieses Durcheinander zu bringen und die verschiedenen Systeme einander anzugleichen. Er rechnete die Daten bis zum Trojanischen Krieg zurück.
Unterdessen war im Jahr 312 v. Chr. Seleukos I. (etwa 358–281 v. Chr.), ein ehemaliger Feldherr Alexanders des Großen, in Babylon einmarschiert und hatte dieses Jahr zum Jahr eins der *Seleukidenära* erklärt. Von da an wurden die Jahre ohne Rücksicht auf die Herrscherfolge ständig weitergezählt.
In welchem Jahr genau sich im Altertum etwas ereignete, ist zwar nach wie vor etwas ungewiß, und je weiter man zurückgeht, desto ungewisser. Aber dank der Einrichtung der Seleukidenära und der Arbeit des Eratosthenes ist die Bestimmung von Daten leichter, als man gemeinhin annimmt, insbesondere für die Zeit nach 312 v. Chr.

Nachtrag

Im Jahre 241 v. Chr. endete der Erste Punische Krieg. Die siegreichen Römer nahmen Sizilien als erste Provinz in Besitz. Die gedemütigten Karthager sannen auf Rache.
Das ptolemäische Ägypten war auf dem Gipfel seiner Macht. Ptolemaios III. (Regierungszeit 246–221 v. Chr.) war klug genug, sich mit Rom zu verbünden.
In Indien regierte von etwa 273 bis 232 v. Chr. König Aschoka. Aschoka beherrschte fast den ganzen Subkontinent und hätte ohne seine pazifistischen und buddhistischen Grundsätze wohl auch die übrigen Gebiete erobert. Aschoka war ein ungewöhnlich toleranter Herrscher.

214 v. Chr.

Die Chinesische Mauer

Obwohl die Zivilisation in China inzwischen mindestens schon zweitausend Jahre alt war und beachtliche Leistungen in den Bereichen Wissenschaft und Technik hervorgebracht hatte – China war bis zum Beginn der Neuzeit den Ländern Europas in mancherlei Hinsicht voraus –, kann ich nur wenig darüber berichten. Dafür gibt es zwei Gründe.
Zum einen herrschte seit 221 v. Chr. in China eine neues Geschlecht, die Ch'indynastie. Der erste Kaiser dieser Dynastie hieß Shih Huang Ti (259–210 v. Chr.) und war ein ausgesprochen reformfreudiger Herrscher. Shih Huang Ti wollte ganz neu beginnen und ließ deshalb alle Bücher verbrennen (bis auf die über handwerkliche Künste). Sein Ziel war, das Land von den verderblichen Einflüssen der Vergangenheit zu befreien. Tatsächlich wurde das Land nach seiner Dynastie China genannt. Unsere Kenntnisse von der Zeit vor Shih Huang Ti sind aufgrund der Bücherverbrennung äußerst dürftig.
Zum anderen können wir den wissenschaftlichen Fortschritt nur anhand der Auswirkungen auf die moderne Welt beurteilen. Entdeckungen, die bereits vor langer Zeit gemacht wurden, jedoch keine besonderen Folgen zeitigten, müssen mehr oder weniger unberücksichtigt bleiben. Entdeckungen und Erfindungen zählen nur, wenn sie das Leben in der Gesellschaft beeinflussen. Es ist nun einmal eine Tatsache, daß die moderne Welt in Europa entstand: im 15. und 16. Jahrhundert mit dem Zeitalter der Entdeckungen, im 16. und 17. Jahrhundert mit der wissenschaftlichen Revolution und im 18. und 19. Jahrhundert mit der Industriellen Revolution. Selbstverständlich muß sich der Historiker mit allen Völkern und Kulturen befassen, und zwar unter allen erdenklichen Aspekten, aber Thema dieses Buches sind die wissenschaftlichen Errungenschaften, die unser Le-

ben verändert haben. Was sich in früherer Zeit ereignete, ist also nur insofern interessant, als es Europa betraf. Das ist keine Borniertheit meinerseits, sondern eine Entscheidung, die dem Gang der Weltgeschichte Rechnung trägt.

Dennoch muß zuweilen auf ein Ereignis eingegangen werden, das sich nicht in Europa zutrug und zu der Zeit auch keine direkten Auswirkungen auf Europa hatte. Hier ist so ein Fall.

Seit Urzeiten hatte China unter den Nomaden Zentralasiens zu leiden, die immer wieder arbeitsame chinesische Bauern überfielen, sie ihrer Ernte beraubten und in die Sklaverei verschleppten.

Shih Huang Ti hielt es für das beste, eine Mauer um das Land zu bauen, eine lange, hohe und breite Mauer, die weniger die Nomaden als vielmehr deren Pferde aussperren sollte. Ein Mensch kann über eine hohe Mauer klettern, ein Pferd kann es nicht. Aber ohne ihre Pferde waren die Nomaden hilflos.

Der Bau der Mauer begann im Jahr 214 v. Chr. Anfangs war sie aus Erde, später aus Ziegelsteinen. In regelmäßigen Abständen wurden Wachtürme errichtet, und schließlich war sie rund 2 450 Kilometer lang und reichte vom Pazifik bis tief nach Zentralasien hinein. Im großen und ganzen erfüllte die Chinesische Mauer ihren Zweck. Sie machte China zwar nicht unverwundbar, jedoch mit Sicherheit weniger verwundbar.

Die Chinesische Mauer ist das größte Bauwerk, das je vollendet wurde, und das einzige von Menschenhand geschaffene Werk, das selbst die Pyramiden übertrifft (die freilich zweitausendfünfhundert Jahre früher errichtet worden waren).

Nachtrag

Karthago mühte sich unterdessen, die Verluste in Sizilien durch die Errichtung eines neuen Reiches in Spanien wettzumachen. Als Rom versuchte, die Pläne der Karthager in Spanien zu vereiteln, unternahm der karthagische Feldherr Hannibal (247–183 v. Chr.), einer der größten Feldherren der Geschichte, einen Rachefeldzug. Im Jahre 218 v. Chr. überquerte er die Alpen, fiel in die norditalienische Tiefebene ein und überrumpelte die ahnungslosen Römer.

An der Trebia schlug er ein erstes römisches Heer, am Trasimenischen See ein zweites, noch größeres, und das größte schließlich 215 v. Chr. in der Schlacht bei Cannae. Seit Jahrhunderten hatte kein Feldherr den Römern eine so schmähliche Niederlage beigebracht, und keinem anderen sollte das in den folgenden Jahrhunderten wieder gelingen. Im Jahre 215 v. Chr. schien Rom besiegt.

170 v. Chr.

Pergament

Das ganze Altertum hindurch hatten die Menschen auf Papyrus geschrieben. Doch Ägypten war der einzige Papyruslieferant, und da die Papyrusstauden nicht schnell genug nachwuchsen, konnte die Nachfrage nicht befriedigt werden. Außerdem sahen es die ägyptischen Herrscher nur ungern, wenn andere Staaten Bibliotheken gründeten. Als etwa das kleine hellenistische Königreich Pergamon im westlichen Kleinasien unter König Eumenes II. eine Bibliothek aufbauen wollte, die der Bibliothek in Alexandria ebenbürtig war, zeigte man wenig Entgegenkommen und verweigerte die notwendigen Papyrusrollen.

Die Gelehrten, die Eumenes II. in Diensten hatte, erfanden daher um 170 v. Chr. eine neue Methode der Tierhautverarbeitung. Tierhaut war schon öfter als Beschreibstoff benutzt worden, doch die Pergamesen fanden eine Möglichkeit, die Haut so zu spannen, abzuschaben und zu säubern, daß sie am Ende ein dünnes, helles Blatt erhielten, das beidseitig beschrieben werden konnte. Nach dem

Ort seiner Entstehung wurde es *Pergament* genannt.
Pergament ist fester als Papyrus und praktisch unbegrenzt haltbar. Und anders als Papyrus läßt es sich abkratzen und neu beschreiben (worüber man im nachhinein nicht immer glücklich war). Sein größter Nachteil: Es war erheblich teurer als Papyrus. Zudem ließ es sich nicht in lange Bahnen schneiden und zusammenrollen. Einzelne Pergamentblätter mußten statt dessen zu einem *Kodex* zusammengebunden werden, zu einer Art Buch, wie wir es heute kennen.

Nachtrag

Nach der katastrophalen Niederlage bei Cannae waren die Römer gegenüber Hannibal vorsichtig geworden, gingen Schlachten aus dem Weg und hofften, ihn zu zermürben. Im großen und ganzen gelang ihnen das auch, weil maßgebliche Kreise in Karthago nicht wünschten, daß Hannibal zu mächtig wurde, und ihm deshalb die Unterstützung versagten. Schließlich schickten die Römer ein Heer nach Afrika, um Karthago selbst zu bedrohen. Hannibal eilte zur Verteidigung der Stadt unverzüglich zurück, wurde aber 202 v. Chr. entscheidend geschlagen. Die rachsüchtigen Römer übernahmen sämtliche Territorien Karthagos, einschließlich der Gebiete in Spanien. Nur die Stadt selbst räumten sie wieder. Rom war nun die führende Macht im westlichen Mittelmeerraum.
Anschließend zogen die Römer gegen den makedonischen König Philipp V., einen Verbündeten Hannibals. Sie besiegten ihn 197 v. Chr. in Thessalien, vertrieben ihn aus Griechenland und zwangen ihn zu hohen Tributzahlungen.
Unterdessen zog Antiochos III., König des Seleukidenreichs von 223 bis 187 v. Chr., in der Hoffnung auf einen leichten Sieg gegen die Römer. Doch es kam anders. Die Römer schlugen ihn 190 v. Chr. und ein zweites Mal im Jahr darauf. Danach wagten es die hellenistischen Königreiche nur noch selten, Rom herauszufordern.

150 v. Chr.

Entfernung zum Mond

In der Astronomie muß man mit Winkeln arbeiten. Man kann kein Metermaß an den Himmel halten und die Entfernung zwischen zwei Himmelskörpern messen. Messen läßt sich nur der Winkel, um den man den Kopf drehen muß, wenn man zuerst den einen und dann den anderen Himmelskörper betrachtet.
Macht man den Winkel zum Teil eines rechtwinkligen Dreiecks (jedes andere Dreieck läßt sich mit Hilfe eines Lotes in zwei rechtwinklige zerlegen), so stehen die Seiten in einem festen Verhältnis zueinander. Diese Verhältnisse sind unter den Namen *Sinus, Cosinus* und *Tangens* bekannt und gehören zu den *trigonometrischen Funktionen.*
Der griechische Astronom Hipparch (etwa 190–125 v. Chr.), der vielleicht bedeutendste Astronom des Altertums, war der erste, der genaue Tabellen für Winkel und die entsprechenden Seitenverhältnisse errechnete. Kannte man den Winkel, konnte man das Verhältnis der beiden Seiten ablesen und umgekehrt. Hipparch gilt deshalb als Begründer der Trigonometrie.
Mit Hilfe der Trigonometrie berechnete Hipparch die Entfernung zwischen Mond und Erde. Zuerst ermittelte er von verschiedenen Beobachtungsorten auf der Erde die Position des Mondes gegenüber den Sternen. Denn so wie sich jedes nahe Objekt scheinbar vor dem Hintergrund verschiebt, wenn man seinen Standort ändert, so scheint sich auch die Position des Mondes vor dem Hintergrund der Sterne zu verschieben, wenn man den Standort auf der Erde wechselt. Diese scheinbare Verschiebung nennt man *Parallaxe*. Sie ist um so kleiner, je weiter ein Objekt entfernt ist. Als Hipparch die Parallaxe des Mondes ermittelt hatte, konnte er mit Hilfe der Trigonometrie auch die Entfernung des Mondes errechnen, abhängig von der Größe der Erde. Nach sei-

nen Berechnungen betrug die Entfernung zum Mond das Dreißigfache des Erddurchmessers. Wenn die Erde, wie Eratosthenes festgestellt hatte, einen Umfang von 40 000 Kilometern hatte, dann mußte ihr Durchmesser etwa 12 800 Kilometer betragen. Folglich war der Mond 30 x 12 800 oder 384 000 Kilometer entfernt (was ziemlich genau stimmt). Das war sehr viel, und dabei wußte man, daß der Mond der nächste Himmelskörper war.
Dies war der erste Hinweis darauf, daß das Universum viel größer war, als man bisher angenommen hatte. Doch für weitere Messungen reichte die Parallaxenmethode nicht aus. Die Parallaxe ist bei weit entfernten Objekten mit bloßem Auge kaum mehr zu erkennen. Der Mond ist der einzige Himmelskörper, der so nah ist, daß sich die Parallaxe ohne Instrumente einigermaßen genau bestimmen läßt.
Von Hipparch stammen auch genaue Berechnungen zu einem Planetensystem mit der Erde als Zentrum.

Nachtrag

Nach weiteren Kämpfen wurde Makedonien um 148 v. Chr. römische Provinz. Das Land Philipps und Alexanders des Großen verlor für immer seine Unabhängigkeit.

134 v. Chr.

Sternkarten

Im Jahre 134 v. Chr. entdeckte Hipparch (vgl. 150 v. Chr.) im Sternbild Skorpion einen Stern, der bei keiner früheren Beobachtung verzeichnet worden war. Das war ein ernsthaftes Problem, denn das Firmament galt als unveränderlich und unvergänglich. War es tatsächlich ein neuer Stern, oder hatte ihn Hipparch bisher einfach übersehen?
Hipparch beschloß, eine Sternkarte zu zeichnen, damit jeder Astronom, der einen neuen Stern gesichtet zu haben glaubte, seine Entdeckung mit der Karte vergleichen konnte. Für die Karte ermittelte er wie Eudoxos (vgl. 350 v. Chr., Sternkarten) die Position jedes Sterns nach Längen- und Breitengraden. Hipparch erfaßte über tausend Sterne. Seine Karte war, was Umfang und Genauigkeit angeht, weit besser als alle ihre Vorgängerinnen. Außerdem übertrug Hipparch das System der Längen- und Breitengrade auf die Erde. Es hat bis heute gute Dienste geleistet.
Während der Arbeit an der Karte verglich Hipparch den Standort der Sterne mit den Ergebnissen früherer Astronomen und stellte dabei fest, daß sich alle Sterne von Westen nach Osten bewegten, und zwar mit einer Geschwindigkeit, mit der sie den Himmel innerhalb von 26 700 Jahren einmal umrunden würden. Da dies bedeutete, daß die Tagundnachtgleiche jedes Frühjahr etwas früher eintrat, nannte man diese Bewegung der Sterne *Äquinoktialpräzession* (»Vorrücken der Tagundnachtgleiche«).
Vermutlich um die gleiche Zeit teilte Hipparch die Sterne entsprechend ihrer Helligkeit in Klassen ein, die später *Größen* genannt wurden. Die zwanzig hellsten Sterne gehörten zur ersten Größe, die etwas matteren zur zweiten Größe und so weiter bis zu den kaum noch sichtbaren Sternen der sechsten Größe.

Nachtrag

Die Römer griffen Karthago ohne besonderen Anlaß an und machten die Stadt 146 v. Chr. nach dreijährigem Krieg dem Erdboden gleich. Nach siebenhundert Jahren hatte Karthago aufgehört zu existieren.
In Vorderasien verschwand eine noch ältere Stadt. Babylon, vier Jahrhunderte zuvor noch die größte Stadt der Welt, ging nach langem Siechtum für immer unter.
Während sich der Schatten Roms immer drohender über den Mittelmeerraum legte, wurde China unter der neuen Handynastie größer und stärker denn je. Beide Reiche knüpften

Handelsbeziehungen, aber aufgrund der großen Entfernung flossen die Waren nur spärlich.

100 v. Chr.

Glasbläserei

Die Herstellung von Glas blieb viele Jahrhunderte lang eine langwierige und mühsame Angelegenheit. Glas war deshalb selten und wurde nur bei feierlichen Anlässen verwendet. Dies änderte sich um 100 v. Chr. Vermutlich in Syrien gelang die Entdeckung, daß man geschmolzenes Glas mit einer Pfeife wie eine Seifenblase ausblasen konnte, so daß eine runde Hohlform entstand. Diese Kugel konnte man nicht nur nach Belieben formen, man konnte auch weitere Glasstücke an ihr anbringen. War das Glasgefäß fertig, ließ man es abkühlen und brach es von der Glaspfeife. Auf diese Weise stellten die Glasbläser kunstvolle Vasen, Schalen und sonstige Gefäße her. Mit einem Schlag wurde Glas billiger und fand im ganzen Mittelmeerraum Verbreitung. Doch es war farbig. Die Kunst, klares und durchsichtiges Glas herzustellen, war noch nicht bekannt.

Nachtrag

Die Römer brauchten im Mittelmeerraum keine Militärmacht mehr zu fürchten. Sie hatten alle unterworfen oder zu Marionetten gemacht. Dennoch bestand kein Grund zur Sorglosigkeit.
Auch wenn die Staaten im Mittelmeerraum sich nicht mehr widersetzten, so drohte doch von anderer Seite Gefahr: von Barbaren, die jederzeit in Rom einfallen konnten, von lokalen Marionettenherrschern, die die römische Verwaltung korrumpierten, und von den Sklaven in Italien, die jederzeit zu einem Aufstand bereit waren. Noch hatte Rom alles im Griff.

85 v. Chr.

Wasserräder

Anfangs war der Mensch bei der Arbeit allein auf seine Muskeln angewiesen. Später halfen ihm domestizierte Tiere. Aber wie der Mensch hat auch das Tier Bedürfnisse. Es muß gefüttert und versorgt werden. Konnte man nicht auch die Kraft der natürlichen Elemente nutzen? Sie war überall vorhanden und brauchte keine Pflege.
Eine solche Kraft war der Wind. Er blähte die Segel auf und schob ein Schiff gegen die Strömung vor sich her. Gab es auch eine natürliche Kraft, die einen Mühlstein bewegen und Korn mahlen konnte? Diese Arbeit mußte Tag für Tag getan werden, wenn die Menschen zu essen haben wollten.
Irgendwann kam jemand auf die Idee, die Strömung eines Flusses für diese Arbeit zu nutzen. Er leitete das Wasser über ein Schaufelrad, und das so in Drehung versetzte Schaufelrad trieb über ein Zahnradgetriebe einen Mühlstein an. Mit Wasserrädern wurden auch andere Maschinen angetrieben.
Das Wasserrad nahm Mensch und Tier einen Teil der Arbeit ab. In einem Gedicht aus dem Jahre 85 v. Chr. wird es zum ersten Mal erwähnt, doch vermutlich war es schon früher in Gebrauch.

Nachtrag

Immer noch träumten hellenistische Königreiche in Kleinasien davon, die Römer zu vertreiben. Bis 85 v. Chr. verzeichneten sie auch gewisse Erfolge, doch der römische Feldherr Lucius Cornelius Sulla Sulla, Lucius Cornelius (138 – 78 v. Chr.) machte dem ein Ende.

46 v. Chr.

Schaltjahr

Die Römer waren zwar erfolgreiche Soldaten, Politiker und Juristen, doch ihre Leistungen auf wissenschaftlichem Gebiet waren eher bescheiden. Es gab nicht einen bedeutenden römischen Wissenschaftler. Die Römer überließen diese Domäne den Griechen, und in dem Maße, wie Roms Macht zunahm und der griechische Ruhm verblaßte, verlor die Wissenschaft immer mehr an Bedeutung.

Es überrascht also nicht, daß die Römer einen Kalender verwendeten, der um vieles schlechter war als der ihrer östlichen Nachbarn. Und da die römische Priesterschaft diesen Kalender gelegentlich aus politischen Gründen veränderte, wurde er mit der Zeit immer ungenauer.

Doch der römische Imperator Gaius Julius Caesar, (100–44 v. Chr.) bewunderte den ägyptischen Sonnenkalender und beauftragte den ägyptischen Astronomen Sosigenes (1. Jh. v. Chr.), diesen Kalender für Rom zu überarbeiten. So entstand der *Julianische Kalender* (der nach Caesar benannt wurde und, abgesehen von einer kleinen Berichtigung sechzehnhundert Jahre später, noch heute in Gebrauch ist). Der Julianische Kalender umfaßte 365 Tage, wobei einige Monate 30 Tage, andere 31 Tage umfaßten und alle vier Jahre ein Tag hinzugezählt wurde *(Schaltjahr)*. Dies ist nötig, weil ein Jahr genau 365 1/4 Tage lang ist. In dieser Hinsicht war der Julianische Kalender sogar ein Fortschritt gegenüber dem ägyptischen Kalender.

Nachtrag

Im Jahre 48 v. Chr. wurde Caesar in Rom zum Diktator ernannt. Am 15. März 44 v. Chr. (an den berühmten *Iden des März)* wurde er ermordet.

Das einzige hellenistische Königreich, das zu dieser Zeit noch existierte, war das ptolemäische Ägypten unter Königin Kleopatra VII., die von 51 bis 30 v. Chr. regierte.

25

Klimazonen

Reisenden konnte nicht entgehen, daß an verschiedenen Orten ein unterschiedliches Klima herrschte. In den Wäldern Nordeuropas war es beispielsweise kühler als in Griechenland, und die Winter dort dauerten länger und brachten mehr Schnee. In Ägypten wiederum war es noch wärmer als in Griechenland, und nur ganz selten wurde es kalt.

Der römische Geograph Pomponius Mela (1. Jh. n. Chr.) sammelte 25 n. Chr. solche Beobachtungen. (Von nun an bezieht sich jedes Datum, bei dem nicht ausdrücklich »v. Chr.« vermerkt ist, auf die Zeit nach Christi Geburt.) Pomponius Mela ging von der Kugelform der Erde aus und behauptete, daß sie aus einer nördlichen und südlichen kalten Zone an den Polen, einer heißen Zone am Äquator und einer nördlichen und südlichen gemäßigten Zone dazwischen besteht. Noch heute gelten diese Bezeichnungen, obwohl die klimatischen Unterschiede weit komplizierter sind, als diese Zoneneinteilung glauben macht.

Nachtrag

Nach Julius Caesars Ermordung im Jahre 44 v. Chr. erneuerte sein Großneffe Gaius Octavius (63 v. Chr.-14) formell zwar die Republik, übernahm aber die höchste Gewalt im Staat. Im Jahre 27 v. Chr. verlieh ihm der Senat den Ehrennamen Augustus. Dieses Datum markiert nach Meinung vieler Historiker den Übergang von der römischen Republik zur

Kaiserzeit. Auch Ägypten wurde nun römische Provinz.
Im Jahre 4 v. Chr., vielleicht auch schon etwas früher, wurde Jesus geboren. Gekreuzigt wurde er vermutlich im Jahr 29.

50

Pharmazie

Der griechische Arzt Pedanios Dioskurides (etwa 40–90) diente im römischen Heer und hatte so Gelegenheit, die Pflanzenwelt in vielen Regionen am Mittelmeer zu studieren. Sein besonderes Interesse galt der medizinischen Verwendung von Pflanzen. In seinem Buch *De Materia Medica* beschrieb er über sechshundert Pflanzen und annähernd tausend Heilkräuter. Damit schuf er das erste bedeutende Werk der *Pharmakologie* (griechisch für »Lehre von den Heilkräutern«).

Dampfkraft

Alexandria war inzwischen zwar römisch und hatte seine Glanzzeit längst hinter sich, doch die große Bibliothek und das Museion existierten noch. Dort experimentierte zur damaligen Zeit auch ein griechischer Mathematiker und Mechaniker namens Heron (1. Jh). Heron konstruierte einen Kessel, aus dem zwei Röhren herausragten, die so gebogen waren, daß die Öffnungen in entgegengesetzte Richtungen wiesen. Kochte man Wasser in dem Kessel, so entwich der Dampf aus den Röhren und brachte den Kessel zum schnellen Rotieren. (Die modernen Sprinkleranlagen arbeiten nach demselben Prinzip. An Stelle des Dampfes nutzen sie den Rückstoß des ausströmenden Wassers.)
Heron hatte eine Dampfmaschine gebaut. Wirklich erfunden war die Dampfmaschine damit natürlich noch nicht, denn Herons Gerät fand keinerlei praktische Verwendung. Sie sei hier auch nur als Kuriosität am Rande erwähnt. Gleichwohl darf man fragen, was wohl geschehen wäre, wenn die Griechen ungestört und unbelastet vom fehlenden Interesse der Römer ihre wissenschaftliche Arbeit hätten fortsetzen können.

Nachtrag

Als Kaiser Augustus im Jahre 14 starb, folgte ihm sein Stiefsohn Tiberius (42 v. Chr.-37) auf dem Thron. Die Familie blieb bis zum Jahr 68 an der Macht, ohne daß die Thronfolge jemals richtig geregelt worden wäre. Immer wieder erschütterten Machtkämpfe das Reich und brachten es in Gefahr.

105

Papier

Um 105 entwickelte der chinesische Hofbeamte Tsai-Lun (etwa 50?–?118) ein Verfahren zur Herstellung eines dünnen, weichen Beschreibstoffes. Er hatte Ähnlichkeit mit dem Papyrus, und so wurde der Name in Europa beibehalten. Papier war dem Papyrus überlegen, denn es wurde nicht aus einem seltenen Rohr hergestellt, sondern aus Baumrinden, Hanf, Lumpen und minderwertigem Holz – praktisch aus allen nutzlosen Materialien, aus denen sich Zellstoff gewinnen ließ. Da Zellulose die am häufigsten vorkommende organische Substanz ist, wurde Papier nie mehr knapp.
Allerdings vergingen noch tausend Jahre, bis die Kenntnis der Papierherstellung nach Europa gelangte.

Nachtrag

Im Jahre 79 brach in der Nähe der Stadt Neapel der Vesuv aus, seit Menschengedenken zum ersten Mal. Die Lava begrub die Städte Pompeji und Herculaneum unter sich.
Unter Marcus Ulpius Trajan (Regierungszeit 98–117) erreichte das Römische Reich seine größte Ausdehnung. Trajan eroberte Dakien (das heutige Rumänien), Armenien und Mesopotamien. Die Bevölkerungszahl des Reiches dürfte zu dieser Zeit bei 40 Millionen gelegen haben.
Auch China hatte unter der Handynastie mit einer Bevölkerung von 50 Millionen einen Höhepunkt erreicht. In beiden Reichen zusammengenommen lebte damals ungefähr ein Drittel aller Erdbewohner.

140

Das geozentrische Universum

Claudius Ptolemäus (2. Jh.) gilt als der letzte bedeutende Astronom des Altertums. Er schrieb eine umfassende Darstellung des astronomischen Wissens der Antike, die bei den Arabern später als *Almagest* (»der Größte«) bekannt wurde. Ptolemäus stützte sich dabei weitgehend auf Hipparch.
In dieser Darstellung, die im nachhinein als ptolemäisches System bezeichnet wurde, behauptete er, die Erde sei der Mittelpunkt des Universums und alle anderen Planeten umkreisten sie in komplizierten Bahnen. Ptolemäus erarbeitete zur Vorausberechung der Planetenbewegungen mathematische Methoden, die seinen Zeitgenossen und späteren Generationen offenbar vierzehnhundert Jahre genügten. (Sein wichtigstes Hilfsmittel war dabei ein Astrolabium zum Vermessen der Gestirnshöhen. Das Astrolabium war einige Jahrhunderte zuvor entwickelt worden und gilt heute als das älteste wissenschaftliche Instrument.)

Nachtrag

Im Jahre 135 unterwarf Hadrian (römischer Kaiser von 117 bis 138) die in Judäa lebenden Juden und trieb sie aus dem Land. Von da an war das jüdische Volk heimatlos und lebte achtzehnhundert Jahre lang verstreut über die Erde, nur verbunden durch die Religion. Hadrian gab die entlegenen Provinzen auf, die Trajan erobert hatte, und verzichtete auf kostspielige Eroberungsfeldzüge.

180

Das Rückenmark

Der griechische Arzt Galen (129–etwa 199) arbeitete zunächst in einer Gladiatorenschule in Pergamon, seiner Geburtsstadt, und hatte dort Gelegenheit, sich oberflächliche Kenntnisse der menschliche Anatomie anzueignen. In Rom, wo er ab 161 lebte, konnte er nur Tiere sezieren und gelangte deshalb hin und wieder zu falschen Schlüssen über die menschliche Anatomie.
Trotzdem waren seine Studien über die Muskeln und ihre Funktionen beachtlich. So stellte er als erster fest, daß stets mehrere Muskeln gleichzeitig arbeiten. Außerdem wies er auf die Bedeutung des Rückenmarks hin, indem er es bei Tieren an verschiedenen Stellen durchtrennte und dann das Ausmaß der Lähmung beobachtete.

Nachtrag

Im Jahre 165 suchte eine Seuche das Römische Reich heim – wahrscheinlich Pocken. Zwei Jahre später rollte die erste Angriffswel-

le der Barbaren aus dem Norden an. Nach dem Tod von Kaiser Mark Aurel im Jahre 180 begann der lange Abstieg und Untergang des Römischen Reiches.
Rom hatte damals eine Million, vielleicht sogar anderthalb Millionen Einwohner und war somit die größte Stadt der Welt.

250

Algebra

Die Mathematiker im alten Griechenland hatten sich vor allem mit der Geometrie beschäftigt, nur Euklid (3. Jh.) griff Probleme auf, die nur mit den Mitteln der Algebra zu lösen waren. Er schrieb die erste Abhandlung über Algebra.
Viele seiner Aufgaben ergaben nur ganzzahlige Lösungen, deshalb nennt man solche Aufgaben noch heute *diophantische Gleichungen*. Diophantos zeigte, daß man Brüche wie Zahlen behandeln kann, und löste damit viele Probleme, die das Bruchrechnen verursachte.

Nachtrag

Um 250 erfanden die Chinesen das Schießpulver. Doch sie benutzten es praktisch nur zu Feuerwerken und als psychologische Waffe, um den Feind einzuschüchtern. Außerdem begannen sie, mit kochendem Wasser Tee aufzubrühen und zu trinken. Das neue Getränk war nicht nur wohlschmeckend, es beugte auch Infektionen vor, die durch nicht abgekochtes Trinkwasser übertragen wurden.

300

Alchimie

Von Anfang an war die Nutzung chemischer Prozesse fester Bestandteil des menschlichen Lebens. Zum Kochen gehören ebenso chemische Prozesse wie zur Gärung. Chemische Prozesse sorgen dafür, daß aus Ton Keramik wird, aus Erzen Metall, aus Holz Holzkohle und aus Sand Glas.
Doch erst nach dem Tod Alexanders des Großen (vgl. 320 v. Chr.) begannen Gelehrte mit der gezielten Untersuchung chemischer Prozesse. Das Zentrum dieser Bemühungen war das ptolemäische Ägypten, wo griechisches und ägyptisches Denken sich offenbar gegenseitig befruchtet hatten.
Wie Euklid das geometrische und Ptolemäus das astronomische Wissen des Altertums zusammengefaßt hatten, so faßte Zosimos (240–?) um 300 in Ägypten die klassische Alchimie zusammen.
Sein Werk war noch höchst mystisch und ohne großen Nutzen. Im Grunde war es nur aus dem vergeblichen Versuch heraus entstanden, ein Verfahren zur Umwandlung von »Grundmetallen« wie Blei oder Eisen in Gold zu finden. Und dennoch: Wißbegierigen Geistern, auch wenn sie auf Abwege geraten, gelingt früher oder später eine Entdeckung, und so auch diesem Alchimisten.

Steigbügel

Griechen und Römer kämpften vor allem mit Fußtruppen. Unerschrockene, gut ausgebildete Fußsoldaten konnten berittenen Angreifern jederzeit standhalten. Deshalb spielte die Kavallerie bei Griechen und Römern nur eine geringe Rolle. Gewiß, die Kavallerie konnte den Feind in Panik versetzen, ihn verfolgen, wenn er kopflos davonstob, oder die gegnerische Reiterei binden, doch selten entschied ihr Einsatz über den Ausgang einer Schlacht.

Streitwagen waren in dem Maße überflüssig geworden, wie es gelungen war, größere Pferde zu züchten, die einen Soldaten in voller Ausrüstung tragen konnten. Sättel machten das Sitzen auf den knochigen Pferderücken bequemer, aber immer noch war das Reiten ein riskantes Unterfangen. Ein Stoß mit der Lanze war gefährlich, denn wenn der Reiter ihn parierte, konnte er leicht aus dem Sattel gehoben werden. Da war es ratsamer, aus sicherer Entfernung Pfeile abzuschießen.

Um 100 v. Chr. kamen in Indien Lederschlingen auf, die man neben dem Sattel herabhängen ließ. In diese Schlingen steckte der Reiter den großen Zeh und fand so besseren Halt. Die Chinesen, die in kühleren Regionen lebten und Schuhe trugen, benötigten größere Schlingen, in die der Schuh hineinpaßte. Um 300 wurden diese *Steigbügel* (ursprünglich mittelhochdeutsch »Stegreif«, da der Reiter sich mit seiner Hilfe in den Sattel hieven konnte) bereits aus Metall gearbeitet. Sie waren so groß, daß man bei Bedarf schnell den Fuß herausziehen konnte.

Der Steigbügel gab dem Reiter einen festeren Halt, wenn er mit Schwert oder Lanze kämpfte. Nomaden aus Zentralasien übernahmen den metallenen Steigbügel von den Chinesen. Durch sie kam er nach Europa.

Nachtrag

Das Römische Reich ging weiter dem Untergang entgegen. Seit 180 fielen regelmäßig germanische Stämme aus dem Norden ein. Zwar gelang es Kaisern wie Claudius II. (268–270) und Aurelian (270–275), sie zurückzuwerfen. Und dann und wann versuchte ein Kaiser, das Reich durch Reformen zu stärken, wie etwa Diocletian (der von 284 bis 305 regierte). Doch im Grunde zögerten sie das Ende nur hinaus. Das Reich als Ganzes wurde schwächer, und die Eindringlinge wurden stärker.

400

Schubkarren

Ein Schubkarren ist im Grunde ein Wagen mit einem Rad. Das Rad sitzt weit vorn und wirkt als Drehachse, so daß aufgrund der Hebelwirkung Material von beachtlichem Gewicht hochgehoben werden kann – mehr als sonst von einem Menschen. Man braucht kein Tier und kann den Schubkarren leicht über holprige Wege und belebte Straßen lenken.

Um 400 (vielleicht auch einige Zeit davor) wurde der Schubkarren in China eingeführt, doch gelangte er erst Jahrhunderte später nach Europa. Im nachhinein fragt man sich, warum er nicht unmittelbar nach dem Rad erfunden wurde, denn er gehört zu den Geräten, deren Erfindung so nahezuliegen scheint – aber hinterher ist man immer klüger.

Nachtrag

Im Jahr 313 erkannte Konstantin I. (römischer Kaiser von 306–337) das Christentum an. An der Stelle des früheren Byzanz gründete er eine neue Stadt und nannte sie Konstantinopel. In dem Maße, wie sich das Machtzentrum des Reiches nach Osten verlagerte, ersetzte Konstantinopel Rom als Hauptstadt des Reiches. Der letzte starke Kaiser, der über das ganze Römische Reich herrschte, war Theodosius I. Er regierte von 379 bis 395. Nach seinem Tod zerfiel das Römische Reich endgültig in zwei Teile, die jeweils einen eigenen Kaiser hatten. Der Ostteil fiel an seinen ältesten Sohn Arcadius, der Westteil an seinen jüngeren Sohn Honorius. Arcadius regierte bis 408 in Konstantinopel, Honorius bis 423 im italienischen Ravenna.

Je mehr sich der Steigbügel durchsetzte, desto unaufhaltsamer wurde die Kavallerie. Für die nächsten tausend Jahre wurde der Krieg wieder zu einer Angelegenheit des Adels, denn nur er konnte sich Pferde leisten. Den mittleren und niederen Ständen gelang es nur noch selten, gegen ihre Herrscher aufzubegehren.

537

Kuppelbauten

Ein Kuppelbau ist ein halbkugelförmiger Aufbau auf einem Gebäude, der für sich schon imposant wirkt und Platz für vertikale Fenster bietet, durch die Licht einfallen kann. (Fenster in einem Flachdach sind weniger eindrucksvoll und schwächen die Konstruktion.)
Die Römer bauten die ersten Kuppeln. Im Jahr 27 v. Chr. begannen sie mit dem Bau des Pantheons und krönten es mit einer Kuppel – der größten, die vor Beginn der Neuzeit errichtet wurde. Allerdings wirkt sie klobig und ruht auf einem Rundbau. Zudem hat sie nur eine Öffnung im Scheitelpunkt, so daß die ästhetische Wirkung begrenzt bleibt.
Um 480 gelang es Baumeistern des Oströmischen Reichs, eine Kuppel auf einen viereckigen Unterbau zu setzen und mit vielen Fenstern zu versehen, ohne daß sie dadurch an Stabilität verlor.
Auf die dabei gewonnenen Erkenntnisse griff man zurück, als der oströmische Kaiser Justinian (der von 527 bis 565 regierte) die Hagia Sophia wiederaufbauen ließ, die im Nikaaufstand 532 zerstört worden war. Die Ruine wurde weggeräumt, ein größeres Areal abgesteckt, dann begannen die Bauarbeiten. Zehntausend Arbeiter brauchten für den Wiederaufbau sechs Jahre. Die neue Kuppel – Durchmesser 33 m, Höhe 55,6 m – war so raffiniert und geschickt mit Fenstern durchbrochen, daß der gesamte Innenraum der Kirche von Sonnenlicht durchflutet wurde. Von unten hatte der Betrachter den Eindruck, als sei die Kuppel frei schwebend am Himmel aufgehängt.

Nachtrag

Nach 400 konnte das Römische Reich den Eindringlingen aus dem Norden nicht länger standhalten. Im Jahr 476 wurde der letzte weströmische Kaiser zum Rücktritt gezwungen. Dieses Jahr markiert für viele den Untergang des Römischen Reiches, doch das Oströmische Reich existierte weiter.
Die Hunnen, die um 410 in das Römische Reich einfielen, waren von allen Eindringlingen am gefürchtetsten. Unter König Attila (406?–453) stießen sie westlich bis nach Gallien vor – weiter als alle anderen Invasoren aus Innerasien vor und nach ihnen. Doch 451 wurden sie in der Schlacht auf den Katalaunischen Feldern (bei Châlon-sur-Marne) geschlagen. Zwei Jahre danach starb Attila, und das Hunnenreich fiel auseinander.
Etwa um die gleiche Zeit segelten Polynesier ohne Kompaß über den weiten Pazifik, wobei sie sich nach Sternen und Strömungen richteten, und besiedelten nach dieser navigatorischen Meisterleistung Insel um Insel. Gegen 450 landeten sie auf Hawai.
Ebenfalls zu dieser Zeit erbauten die Maya im heutigen Mittelamerika die Stadt Chichén Itzá, die sich zum Zentrum der Mayakultur entwickeln sollte.

552

Seide

Nach der Legende wurde die Seide schon 2640 v. Chr. in China eingeführt. Dem sollte man nicht unbedingt Glauben schenken.
Zur Zeit des Römischen Reiches gelangte Seide über die *Seidenstraße* nach Europa, die quer durch ganz Asien führte. Sämtliche Stämme an diesem Handelsweg erhoben Wegezölle. Deshalb war Seide in Rom so teuer, daß sie mit Gold aufgewogen wurde. Da die römische Aristokratie aber nach Seide und

anderen exotischen Luxusartikeln aus dem Osten verlangte, floß viel Geld aus Rom in den Osten ab. Zweifellos trug auch das zu seinem Niedergang bei.
Dann entstand ein neupersisches Reich, das den Römern feindlich gesonnen war. Von da an gelangte keine Seide mehr nach Rom.
Justinian (vgl. 537) schickte daraufhin zwei byzantinische Mönche nach China, die lange dort gelebt hatten. Als sie zurückkamen, hatten sie Eier des Seidenspinners im Gepäck, versteckt in ausgehöhlten Bambusrohren. Im Jahr 552 begann die Seidenproduktion in Konstantinopel, und fortan verfügte man über eigene Seide.

Nachtrag

Etwa um dieselbe Zeit kam für die heidnischen Wissenschaften das Ende. Christliche Fanatiker hatten die Bibliothek in Alexandria verwüstet, und Kaiser Justinian hatte 529 die Akademie geschlossen, die Platon neunhundert Jahre zuvor gegründet hatte.

600

Der Beetpflug

Die Slawen in Osteuropa führten ein mühsames Leben als Bauern und waren in den weiten Ebenen ständig Einfällen aus Norden und Osten ausgesetzt. Sie wurden von den Goten beherrscht, von den Hunnen und später auch von anderen Invasoren. Doch sie ließen sich nicht unterkriegen, breiteten sich stetig aus und wirkten an einem bedeutenden Fortschritt mit.
Vermutlich erfanden sie um 600 den Beetpflug mit Sech, Pflugschar und Streichblech. Das breite Messer oder *Sech* des Pflugs zog senkrechte Furchen, schnitt mit der Schar den Boden waagerecht auf und hob, drehte und wendete den Boden mit dem scharfen *Streichblech.* Auf schweren nassen Böden war dieses Gerät ungemein nützlich, auf den lockeren Böden am Mittelmeer war es überflüssig. Als sich der neue Pflug in Ost- und Nordeuropa langsam durchsetzte, stieg die Nahrungsproduktion sprunghaft an, und mit ihr die Bevölkerungszahl.

Nachtrag

Im Jahre 611 fiel Chosru II., König des Sassanidenreichs in Persien von 590 bis 628, in das oströmische Reich ein. Er eilte von Sieg zu Sieg und eroberte bis 619 alle römischen Gebiete in Asien sowie Ägypten. Zur gleichen Zeit überrannten die asiatischen Awaren den Balkan. Vom oströmischen Reich drohte nichts mehr übrigzubleiben als Konstantinopel und die nordafrikanische Provinz. Doch der byzantinische Kaiser Herakleios (575–641) reorganisierte Armee und Verwaltung, führte 622 ein Heer nach Asien und schlug im Stil Alexanders des Großen die Perser vernichtend. Um 630 hatte er alle oströmischen Provinzen zurückgewonnen.
Inzwischen predigte in Arabien ein junger Mann namens Mohammed (570–632) eine neue Religion, den Islam (arab. »Ergebung in Gottes Wille«). Am 20. September 622 mußte er aus seiner Heimatstadt Mekka nach Medina flüchten. An diesem Tag der *Hedschra* (arab. »Flucht«) beginnt die Zeitrechnung seiner Anhänger, der Moslems.

673

Griechisches Feuer

Um 632 begannen die Araber von ihrer Halbinsel aus mit einer Reihe von Eroberungszügen und ließen innerhalb von fünfzig Jahren das alte persische Reich einschließlich Ara-

biens und Nordafrikas gewissermaßen wiederauferstehen. Nur Konstantinopel fehlte noch. Hatten sie die Stadt erst einmal genommen, so schien es, würden ihnen sämtliche europäische Gebiete des alten Römischen Reiches in die Hände fallen. Im Jahr 673 stand das arabische Heer vor Konstantinopel, und vor der Küste fuhr die Flotte auf. Die Stadt schien verloren.
Doch in der Stadt lebte ein Alchimist ägyptischer oder syrischer Abstammung namens Kallinikos (7. Jh.), der als Flüchtling nach Konstantinopel gekommen war.
Er hatte eine Substanz entdeckt, die leicht entflammbar war und sogar im Wasser brannte – vermutlich eine Mischung aus Erdöl, Kaliumnitrat und Kalziumoxid (die genaue Zusammensetzung ist nicht bekannt). Mit Hilfe von Spritzen sprühte man dieses *Griechische Feuer* den arabischen Holzschiffen entgegen. Als die Araber die brennenden Schiffe und das brennende Wasser sahen, ergriffen sie entsetzt die Flucht. Konstantinopel war gerettet.

Nachtrag

Während das Römische Reich zerfiel, blieb das Chinesische Reich trotz vieler Wirren bestehen. Im Jahr 618 kam die Tangdynastie an die Macht. Unter ihr erlebte China eine neue Blütezeit.

700

Porzellan

Bereits um 700 konnten die Chinesen *Porzellan* herstellen, eine Art Keramik, die glänzte, sehr hart und schneeweiß war und Ähnlichkeit mit Glas hatte. Außerdem hatte Porzellan einen glockenhellen Klang, wenn man es anstieß. Als es schließlich nach Europa kam, wurde es als *Chinaware* bekannt. Wer es sich leisten konnte, stellte jetzt lieber Geschirr aus Porzellan statt aus Holz, gewöhnlicher Keramik oder Metall auf den Tisch.
Um diese Zeit gelangten auch andere Produkte des Orients nach Europa – vor allem Baumwolle und Zucker aus Indien.

Nachtrag

Als die Hunnen Westeuropa in Angst und Schrecken versetzten, brachten sich Flüchtlinge auf küstennahen Inseln in der nördlichen Adria in Sicherheit. Dort lebten sie vom Fischfang und von der Salzgewinnung aus Meerwasser. Nach und nach wuchsen die Inseln zu der Stadt Venedig zusammen. Im Jahr 687 wählten die Bewohner ihr erstes Oberhaupt, den *Dogen* (italienisch »Führer«), und legten damit den Grundstein für Venedigs dominierende Rolle im Mittelmeer in den folgenden tausend Jahren.

750

Essigsäure

Als die Araber die Gebiete des ehemaligen Hellenistischen Staatenbundes eroberten, stießen sie auf die Bücher der griechischen Wissenschaftler und begannen begeistert mit ihrer Auswertung. Während das Wissen der Griechen in West- und Mitteleuropa fast ganz in Vergessenheit geriet, bewahrten es die Araber und übersetzten die Bücher von Euklid, Aristoteles, Ptolemäus und anderen ins Arabische. Über Jahrhunderte hinweg stellten die Araber im Mittelmeerraum und in Europa die besten Astronomen, Mediziner und Alchimisten.
Der bedeutendste arabische Alchimist war Dschabir Ibn Haijan (etwa 721–815). In Europa wurde er später unter dem Namen *Geber* bekannt. Wie viele andere wollte er Gold

herstellen und suchte nach einem geheimnisvollen Pulver *(Elixier,* arabisch für »trockene Substanz mit magischen Eigenschaften«), mit dem sich dieses Ziel verwirklichen ließ. Man nahm allgemein an, daß ein solches magisches Mittel auch alle Krankheiten heilen könnte, und nannte es deshalb *Lebenselixier* oder *Panazee* (nach Panakea, der griechischen Göttin der Genesung). Jahrhundertelang wurde sinnlos nach diesem Mittel gesucht.
Trotzdem machte Geber bei seiner Arbeit wichtige Entdeckungen. Bisher war Essig, eine verdünnte Essigsäurelösung, die stärkste bekannte Säure gewesen. Geber jedoch destillierte Essig und gewann auf diese Weise konzentrierte Essigsäuren, die natürlich stärker waren als Essig. Das war eine wichtige Entdeckung, denn bisher war Hitze das einzige bekannte Agens gewesen, mit dem sich chemische Veränderungen erzielen ließen. Auch Säuren erfüllten diesen Zweck, wenn sie stark genug waren, und sie bewirkten andere chemische Veränderungen als Hitze.

Nachtrag

Die Moslems waren tüchtige Seefahrer und Händler. Im Jahr 701 besuchten sie die indonesischen Inseln und brachten von dort Gewürze mit. Gewürze veränderten den Geschmack von Speisen und überdeckten den schlechten Geruch oder Beigeschmack leicht verdorbener Nahrungsmittel (da es noch keine Kühlschränke gab, kam es öfter vor, daß Nahrungsmittel verdarben). Schließlich gelangten Gewürze auch nach Europa. Sie waren ein wichtiges Motiv für die späteren Entdeckungsfahrten.
Karl Martell (etwa 688–741) wehrte in der Schlacht bei Tours und Poitiers den Sturm der moslemischen Araber ab. Er hatte ein schweres Reiterheer aufgestellt – Ritter auf großen gepanzerten Pferden. Mit ihren Rüstungen sahen sie aus wie lebende Panzer.
Erneut versuchten die Araber, Konstantinopel zu nehmen, jedoch ohne Erfolg. Damit war die Existenz des auf Kleinasien und die Balkanhalbinsel zusammengeschrumpften *Byzantinischen Reiches,* so die abendländische Bezeichnung für das Oströmische Reich, vorerst gesichert.
In Mittelamerika erreichte die Mayakultur ihren Höhepunkt.

770

Hufeisen

Pferde sind bei weitem die nützlichsten Tiere. Aufgrund ihrer Kraft und Schnelligkeit waren sie im Krieg unersetzlich, und auch auf dem Bauernhof leisteten sie wertvolle Dienste. Der Bauer brauchte ein kräftiges Tier, das den Pflug (vgl. 600) durch den schweren feuchten Boden zog.
Es war daher ein Fortschritt, als um 770 Hufeisen aufkamen, die den weichen Pferdehuf vor Verletzungen durch Felsen oder Steine schützten. Dagegen fehlte immer noch ein Geschirr, das dem Pferd beim Ziehen einer Last nicht auf die Atmungsorgane drückte.

Nachtrag

Im Jahre 751 überredete Karl Martells Sohn Pippin III. (714?–768) Papst Stephan II. (752–757), seine Ernennung zum König des Fränkischen Reiches kirchlich zu legitimieren. Als Gegenleistung unterstützte Pippin den Papst gegen die Langobarden, einen germanischen Volksstamm, der mittlerweile den größten Teil Italiens besetzt hielt, und schenkte ihm besetztes Gebiet in Mittelitalien. Durch diese *Pippinsche Schenkung* schuf er die Grundlage für den Kirchenstaat, der elf Jahrhunderte bestehen sollte. Mit König Pippin begann die Herrschaft der *Karolinger.*
Im Jahre 754 kam das moslemische Reich unter die Herrschaft einer neuen Kalifendynastie, der Abbasiden, die 762 Bagdad zur

neuen Hauptstadt des Reiches erklärten. Unter den Abbasiden entfaltete sich das moslemische Reich zu höchster Blüte.

810

Null

Vor rund zweitausenddreihundert Jahren hatten die Menschen zu schreiben begonnen. Seitdem beschäftigten sie sich auch mit Zahlen. Gewöhnlich zogen sie für jeden Einer einen Strich, 4 war also *////*. Für fünf, zehn und fünfzig wurden andere Zeichen eingeführt, damit man nicht zu viele Striche machen mußte. Oder man verwendete Buchstaben aus dem Alphabet wie die Juden oder die Griechen (was zu sinnlosen Verknüpfungen zwischen Wörtern und Zahlen führte, auf die sich der Aberglaube der mystischen Zahlensymbolik gründete).
Vermutlich kam jemand auf die Idee, für Einer, Zehner, Hunderter und so weiter jeweils die gleiche Zahl zu verwenden und sie, ähnlich wie beim Abakus (vgl. 500 v. Chr.), lediglich an eine andere Stelle zu setzen, um den Wert auszudrücken. Doch niemand probierte eine solche Schreibweise aus, da sich keiner ein Symbol vorstellen konnte, das eine Abakusreihe darstellte, in der keine Perlen bewegt worden waren.
Will man beispielsweise die Zahl 507 auf dem Abakus darstellen, so verschiebt man 5 Perlen in der Hunderterreihe und 7 auf der Einerreihe. Die 5 und die 7 kann man auch schreiben, aber wie soll man zeigen, daß in der Zehnerreihe keine Perle verschoben wurde?
Um das Jahr 500 kam ein indischer Mathematiker auf die Idee, einer solchen leeren Abakusreihe ein besonderes Symbol zu geben (unser Symbol ist 0, und wir nennen es Null.) Somit konnte die Zahl 507 nicht mehr mit 57 oder 570 verwechselt werden. Die Araber haben die Idee von den Hindus wahrscheinlich um 700 übernommen.
Der erste bedeutende Mathematiker, der mit dem Stellenwertsystem rechnete, war der Araber Mohammed Ibn Al Chwarismi (780–850). Um 810 schrieb er darüber ein umfassendes Buch. Er prägte darin einen Begriff, aus dem unser heutiges Wort Algebra hervorging.
Die neue Zahlenschreibweise setzte sich in Europa nur langsam durch. Es dauerte noch Jahrhunderte, bis man die umständlichen römischen Ziffern aufgab und die neuen *arabischen Ziffern* übernahm (die trotz ihres Namens aus Indien kamen). Es dauerte immer Jahrhunderte, bis eingefahrene Gewohnheiten aufgegeben und dafür etwas Gutes, aber Neues übernommen wurde. Doch am Ende setzten sich die neuen Ziffern durch. Sie eröffneten auch dem einfachen Volk die Chance, die Grundrechenarten zu erlernen.

Nachtrag

Pippin III., König des Frankenreichs, starb 768. Seine Söhne traten die Nachfolge an. Der älteste hieß Karl (742–821). Da ihm alles glückte, was er anpackte, wurde er Karl der Große genannt. Er zerschlug das Langobardenreich, warf die Araber in Spanien zurück und christianisierte die letzten heidnischen Germanen mit dem Schwert. An Weihnachten 800 krönte ihn Papst Leo III. zum Römischen Kaiser. Das Karolingerreich wurde nach dem Tod Karls des Großen zwar geteilt, doch das *Heilige Römischen Reich* (das deshalb so hieß, weil es mit päpstlichem Segen entstanden war und weiterbestand) existierte noch tausend Jahre weiter.
Zur gleichen Zeit begannen die Völker Skandinaviens, der Geschichte ihren Stempel aufzudrücken. Im Jahr 787 unternahmen die Wikinger Beute- und Plünderungsfahrten nach England, 795 landeten sie in Irland. Und das war erst der Anfang.

850

Kaffee

In vielen Regionen der Welt mußte man Wasser behandeln, bevor man es unbesorgt trinken konnte. Alkohol tötet Krankheitserreger ab, und so griffen manche Leute lieber zu Bier und Wein als zu Wasser (von Bakterien hatten sie keine Ahnung, aber Bier und Wein schmeckten besser). Andere kochten das Wasser und gaben Teeblätter hinzu, um den Geschmack zu verbessern.
Die Moslems durften keinen Wein trinken und kannten noch keinen Tee. Da ist es nur natürlich, daß sie sich nach anderen Getränken umsahen.
Vermutlich wuchs der Kaffeestrauch früher einmal wild in der äthiopischen Provinz Kafa und verbreitete sich von dort über Südarabien. Nach der Überlieferung bemerkte ein Ziegenhirte, daß seine Ziegen immer recht lebhaft wurden, wenn sie von den kirschenartigen Früchten des Kaffeestrauchs gefressen hatten. Er probierte sie selbst, und da er eine angenehme Wirkung verspürte, erzählte er anderen davon. Mit der Zeit erlernten die Menschen die Kunst, die Bohnen der Kirschen zu rösten, sie aufzubrühen und Kaffee zu machen. Jahrhunderte später kam der Kaffee auch nach Europa.

Nachtrag

Die drei Enkel Karls des Großen stritten miteinander wie einst die griechischen Stadtstaaten. Im Jahre 843 unterzeichneten sie den Vertrag von Verdun, in dem das Frankenreich für immer geteilt wurde. Aus dem westlichen Teil wurde Frankreich, aus dem östlichen Deutschland.
Die plündernden Wikinger machten mittlerweile alle Küsten unsicher und stießen sogar bis ins Mittelmeer vor. Die Zentralgewalt konnte die Küsten nicht schützen, also nahmen zahlreiche Grundherren die Verteidigung ihrer Ländereien selbst in die Hand. Der Feudalismus bildete sich heraus.
Schwedische Wikinger kamen nach Rußland und gründeten die Hauptstadt Kiew. Damit begann die russische Geschichte.
Das Abbasidenreich erreichte den Gipfel seiner Macht. Die Araber besetzten 826 Kreta, überfielen 827 Sizilien und stiegen zur dominierenden Macht im Mittelmeerraum auf. Danach allerdings zerfiel das Abbasidenreich.

870

Nördlicher Polarkreis

Als Seeräuber verbreiteten die Wikinger an den europäischen Küsten im 9. und 10. Jh. Angst und Schrecken, doch als wagemutige Seefahrer machten sie auch bedeutende Entdeckungen. Seit den Phöniziern, dreizehn Jahrhunderte zuvor, waren sie die wichtigsten Entdecker Europas.
Im Jahre 870 segelte der Wikinger Ottar nach Norden – offenbar aus reiner Neugier: Er wollte feststellen, wie weit sich das Land nach Norden erstreckte und ob es bewohnt war. Er umsegelte die Nordspitze Skandinaviens (Nordkap). Auf der Weiterfahrt nach Osten erreichte er schließlich das Weiße Meer.
Bei der Nordkapumseglung befand sich Ottar 500 Kilometer nördlich des Nordpolarkreises. Damit war er unseres Wissens der erste Mensch, der zur See den nördlichen Polarkreis überquerte.

Nachtrag

Die beiden Missionare Cyrill (etwa 827–869) und sein Bruder Methodius (etwa 825–884) verbreiteten den christlichen Glauben unter den Slawen in der heutigen Tschechoslowakei. Sie gelten als die Erfinder des *kyrillischen*

Alphabets, das auf dem griechischen Alphabet basiert und noch heute von Russen, Bulgaren und Serben verwendet wird.

874

Island

Von 500 bis 800 hatte Irland eine Art kulturelle Blüte erlebt. Sie endete jäh mit der Plünderung der reichen Klöster durch die Wikinger.
Vermutlich war es der Ire Brendan (etwa 484–578), der um 550 auf einer Fahrt nach Norden die der schottischen Küste vorgelagerten Inseln entdeckte: die Hebriden im Westen und die Shetland-Inseln im Norden. Vielleicht ist er noch weiter vorgedrungen. Angeblich sind die Iren bis Island gekommen und haben sich dort niedergelassen. Wenn das stimmt, dann sind sie entweder nicht lange geblieben oder zugrundegegangen.
Im Jahre 874 segelte ein Wikingerhäuptling namens Ingolfur westwärts und landete in Island, rund tausend Kilometer westlich von Norwegen. Zu dieser Zeit lebten keine irischen Siedler mehr auf Island, sofern es überhaupt welche gegeben hatte, und wenn doch, so wurden sie von den Wikingern umgebracht. Jedenfalls gründeten die Norweger die erste Dauersiedlung auf Island.
Damit expandierten die Europäer erstmals in ein Überseegebiet. Aber dabei blieb es vorerst, denn außer den Wikingern wußte in Europa niemand davon.

Nachtrag

Im Jahre 871 wurde Alfred (849–899) in England König der Angelsachsen. Von allen angelsächsischen Königen war er der fähigste.

900

Das Kummet

Nach der Erfindung von Beetpflug (vgl. 600) und Hufeisen (vgl. 770) fehlte nur noch das passende Geschirr, damit aus dem Pferd ein landwirtschaftliches Nutztier werden konnte. Im Jahre 900 oder sogar noch früher kam das Pferdekummet auf. Das Pferd drückte jetzt mit der Schulter und nicht mehr mit dem Hals gegen das Geschirr. Deshalb konnte es viel kräftiger ziehen.
In der Folgezeit stieg die Nahrungsmittelproduktion und damit auch die Bevölkerung in den nördlicheren Regionen Europas. Das politische und kulturelle Zentrum, seit den Anfängen der Zivilisation stets im Mittelmeerraum, verlagerte sich nun langsam nach Norden – ein Vorgang, der sich über neun Jahrhunderte hinzog.

Nachtrag

Alfred der Große, König von Wessex, besiegte 878 die in England siedelnden Dänen und zwang sie, den christlichen Glauben anzunehmen. Doch endgültig geschlagen waren die Dänen noch nicht. Neue Einfälle standen bevor.

982

Grönland

Kaum hatten die Wikinger Island besiedelt (vgl. 874), gingen Geschichten über eine andere Insel im Westen um. Tatsächlich lag dort, keine dreihundert Kilometer entfernt, eine riesige Insel.
Im Jahre 982 wurde der Isländer Erik Thor-

waldson (10. Jh.), in Anspielung auf seine Haarfarbe auch *Erik der Rote* genannt, wegen Totschlags zu drei Jahren Verbannung verurteilt und nutzte die Zeit für Entdekkungsfahrten nach Westen. Er fand die sagenhafte Insel, kehrte 985 nach Island zurück und warb um Freiwillige, die sich dort ansiedeln wollten. Er pries schamlos die Vorzüge der Insel und nannte sie *Grönland* (»grünes Land«).
Die erste Siedlung entstand 986 an der Südwestküste der Insel. Trotz des rauhen Klimas blieben die Wikinger über vier Jahrhunderte dort. Und wieder erfuhr Europa nichts von diesem Unternehmen.

Nachtrag

Die Herrschaft der Tangdynastie in China ging 907 zu Ende.
Eine russische Flotte wagte sich über das Schwarze Meer und griff Konstantinopel an. Auch sie wurde mit Hilfe des Griechischen Feuers vertrieben, das bei diesen Kämpfen zum letzten Mal eingesetzt wurde.
Den letzten großen Überfall der Wikinger auf Frankreich leitete im Jahr 911 ein gewisser Rollo (860–931). Durch ein Übereinkommen mit Karl III., der Frankreich von 893 bis 923 regierte und auch als Karl der Einfältige bekannt ist, erhielt Rollo an der Seinemündung ein Lehen. Die *Normandie* entstand (so benannt nach den »Nordmännern«).
Die Magyaren, ein asiatischer Volksstamm, fielen in das Deutsche Reich ein, wurden aber 955 auf dem Lechfeld von Otto I. entscheidend geschlagen. Otto I., der von 936 bis 973 regierte, erneuerte das Heilige Römische Reich Karls des Großen und wurde 962 zum Kaiser gekrönt. Die Magyaren ließen sich im heutigen Ungarn nieder (eine Ableitung von dem Wort Hunnen, mit denen die Magyaren verwechselt wurden).

1000

Vinland

Ein Wikinger namens Bjarne Herjulvson berichtete im Jahre 1000, er sei in einen Sturm geraten und an Grönland vorbei zu einem Land weiter westlich getrieben worden. Der Sohn Eriks des Roten, Leif Eriksson (um 1000), wollte der Sache auf den Grund gehen und brach zu einer Entdeckungsreise nach Westen auf.
Eriksson entdeckte das Land, das heute Labrador und Neufundland heißt. Er nannte es *Vinland* (Land des Weines) – vielleicht wollte er seine neue Entdeckung etwas aufwerten. Im Jahr 1002 entstand in Vinland eine Siedlung, doch nicht für lange. Interne Streitigkeiten und Widerstand von seiten der Eingeborenen beendeten den Siedlungsversuch schon bald.
Zum ersten Mal hatten Menschen aus Europa nordamerikanischen Boden betreten – doch auch davon ahnten die Europäer nichts, sieht man einmal von den Wikingern ab.

Nachtrag

Basileios II. regierte von 976 bis 1025 das Byzantinische Reich und führte es zum letzten Mal zu großer militärischer Stärke.

1025

Optik

Ein arabischer Naturforscher, der später in Europa unter dem Namen Alhazen (965–1039) bekannt wurde, erkannte als erster, daß das Sehvermögen durch Lichtstrahlen ermöglicht wird, die von außen auf das Auge tref-

fen. Bisher hatten Naturforscher angenommen, das Auge sende Lichtstrahlen aus.
Alhazen experimentierte auch mit Linsen und erklärte den Vergrößerungseffekt mit der Oberflächenkrümmung und nicht mit einer besonderen Eigenschaft des Materials. Seine Arbeit markiert den Beginn der Optik.

Nachtrag

Sven Gabelbart, dänischer König von 985–1014, eroberte im Jahr 1013 England. Als er kurz darauf starb, bestieg sein Sohn Knut der Große den Thron. Er regierte bis 1035. Die Dänen übten eine milde Herrschaft aus, und Knut war bei den Untertanen sehr beliebt. In Irland freilich wurden die Wikinger 1014 von Brian Boru, der die Insel von 1002 bis 1014 regierte, vertrieben.
In Mittelamerika begann der rasante Niedergang der Mayakultur. Die Historiker sind sich über die Ursachen im unklaren.

1050

Armbrust

Je mehr Kraft aufgewendet werden muß, um einen Bogen zu spannen, desto höher ist die Kraft, mit der der Pfeil von der Sehne schnellt. Und je höher die Schußkraft, desto größer sind Reichweite und Durchschlagskraft. Keine Frage: Je größer und härter der Bogen, desto besser – nur reicht irgendwann die Muskelkraft nicht mehr aus, um die Sehne zurückzuziehen.
Aus diesem Grund behalfen sich die Franzosen um 1050 mit einer Vorrichtung: Sie spannten den Bogen mit einer zweihändigen Kurbelwinde oder etwas ähnlichem. Schließlich fertigten sie Bogen aus Stahl und schossen Bolzen mit ihnen ab, die bis zu 300 Meter weit flogen und Kettenpanzer durchschlugen. Dies war die erste mechanische Handwaffe. Der abgeschossene Bolzen hatte eine furchtbare Wirkung. Die Menschen waren entsetzt. Ein Kirchenkonzil verbot 1139 den Gebrauch der Armbrust gegen Christen – nicht aber gegen Nicht-Christen (das Verbot bewirkte nichts).
Der größte Nachteil der Armbrust war die geringe Feuergeschwindigkeit. Bis die abgeschossene Waffe mit der Kurbelwinde wieder gespannt und schußbereit war, konnte der Feind über den Schützen herfallen.

Nachtrag

Im Jahr 1042 wurde in England Edward der Bekenner (1003?–1066) gekrönt. Damit hatte das Land wieder einen angelsächsischen König. Edward war tolerant, stand aber unter dem Einfluß der Normannen. Seit 1035 herrschte in der Normandie Herzog Wilhelm (etwa 1028–1087), der noch von sich reden machen sollte.

1054

Ein neuer Stern

Hipparch (vgl. 134 v. Chr.) hatte vor etwa zwölfhundert Jahren einen neuen Stern entdeckt. Dieses Kunststück war seither keinem Europäer mehr gelungen, obwohl chinesische Astronomen in der Zwischenzeit von zahlreichen Neuentdeckungen berichtet hatten.
Am 4. Juli 1054 leuchtete ein neuer Stern im Sternbild des Stiers. Drei Wochen lang strahlte er so hell, daß er sogar bei Tag zu erkennen war. Zeitweilig war er zweimal oder dreimal so hell wie die Venus und warf einen leichten Schatten. Zwei Jahre lang blieb er sichtbar, dann wurde er schwächer und verschwand schließlich wieder.
Die chinesischen Astronomen verzeichneten

den neuen Stern, doch in Europa blieb er unbemerkt (zumindest sind keine Hinweise erhalten geblieben). Das zeigt, wie schlecht es um die Astronomie und um die Wissenschaft im allgemeinen in Europa bestellt war. Erst allmählich erwachte der Kontinent aus einem fünfhundert Jahre währenden Dauerschlaf.

Nachtrag

Im Jahre 1053 gründete eine Gruppe von Normannen unter der Führung Robert Guiskards (etwa 1015–1085) in Süditalien ein Herzogtum. In den folgenden zwei Jahrhunderten übte Süditalien wieder eine Macht aus wie zuletzt unter den Griechen dreizehnhundert Jahre zuvor.
Die Kirche des Westens, die den Papst in Rom als ihr Oberhaupt anerkannte, und die Kirche des Ostens unter dem Patriarchen in Konstantinopel stritten häufig über Fragen der christlichen Lehre. Dieser Streit wurde durch die Rivalität der beiden Kirchenführer zusätzlich angefacht. Im Jahre 1054 exkommunizierte Papst Leo IX. (der von 1048 bis 1054 amtierte) den Patriarchen. Dies führte zu einer dauerhaften Trennung zwischen römisch-katholischer und russisch-orthodoxer Kirche.

1066

Komet

Immer wieder erschienen Kometen am Himmel. Sie verbreiteten Schrecken, da sie unerwartet auftauchten und unklar war, welcher Bahn sie folgten. Außerdem sahen sie ungewöhnlich aus: Sie erinnerten an einen Frauenkopf mit aufgelöstem, wallendem Haar (*Komet* kommt von dem griechischen Wort für »Haarstern«.)
Ihr plötzliches Erscheinen wirkte wie eine eindringliche Warnung des Himmels, und ihr »Haarschweif« machte die Menschen glauben, daß eine Katastrophe bevorstand. Und daß tatsächlich eine Katastrophe geschah, wenn ein Komet am Himmel leuchtete, war sehr wahrscheinlich (denn Katastrophen ereigneten sich auch dann, wenn kein Komet zu sehen war).
Im Jahre 1066 fand ein Komet besonders große Beachtung, insbesondere wegen der Ereignisse, die kurz darauf die Normandie und England erschütterten.

Nachtrag

Der englische König Edward der Bekenner starb 1066, und Herzog Wilhelm von der Normandie wollte seine Nachfolge antreten. Als der Komet am Himmel erschien, stach er mit einem Invasionsheer in See. Zur gleichen Zeit schlug Harald II. (etwa 1022–1066), der angelsächsische Thronanwärter, in Nordengland einen norwegischen Überfall zurück. Wilhelm behauptete, der Komet sei ein schlechtes Omen für Harald, und er hatte recht damit. In der Schlacht von Hastings am 14. Oktober 1066 unterliefen Harald einige taktische Fehler. Wilhelm siegte, eroberte England und wurde *Wilhelm der Eroberer.* Als Wilhelm I. regierte er das Land von 1066 bis 1087. Alle späteren englischen Könige bis zu Elizabeth II. sind seine Nachfahren.

1071

Gabeln

Messer und Löffel sind prähistorischen Ursprungs, doch Gabeln sind verhältnismäßig neu. Der byzantinische Adel benutzte Gabeln bereits zu einer Zeit, als in Westeuropa arm und reich noch mit den Fingern aßen. Eine byzantinische Prinzessin brachte zu ihrer Hochzeit mit einem venezianischen Dogen Gabeln mit – als Teil ihrer Aussteuer. Der venezianische Adel fand Gefallen an dem Gerät. Die Vorteile in puncto Reinlichkeit waren überzeugend. Von da an galt es als vornehm, mit Gabeln zu speisen. Freilich wirkten die neuen Eßmanieren auf viele Zeitgenossen etwas dünkelhaft und galten als Beispiel übertriebener Vornehmtuerei und Gespreiztheit.

Nachtrag

Der türkische Stamm der *Seldschuken* (so benannt nach einem früheren Stammeshäuptling) gründete 1037 den mächtigsten Staat des Vorderen Orients. Ihr zweiter *Sultan* (arab. »Herrscher«) Alp Arslan (etwa 1030–1072 oder 1073) führte 1071 ein Heer gegen den byzantinischen Kaiser Romanos IV. Diogenes (gest. 1071). Bei Mantzikert in Kleinasien errang er einen überwältigenden Sieg und brachte den größten Teil Kleinasiens unter seine Gewalt. Von dieser Niederlage erholte sich das Byzantinische Reich nie wieder, und obwohl es noch nahezu vier Jahrhunderte weiterbestand, war es künftig auf Unterstützung aus dem Westen angewiesen.

1137

Strebebögen

Die römischen Architekten waren nicht in der Lage gewesen, hohe Gebäude ohne dicke Mauern zu bauen. Als dann auch für die Dächer Stein verwendet wurde und noch mehr Gewicht zu tragen war, wurden die Mauern entsprechend dicker gebaut. Und aus Gründen der Stabilität bekamen sie außerdem nur ein paar schmale Fenster. Das Ergebnis war, daß die ersten *romanischen* Kirchen überwiegend eine düstere Atmosphäre ausstrahlten.

Doch im 12. Jahrhundert entwickelten die Architekten einen neuen Baustil. Sie konstruierten hohe Gebäude so, daß das Gewicht des Daches auf stützenden Pfeilern ruhte, die an den Außenwänden emporstrebten. Als zusätzliche Verstärkung zogen sie neben dem Gebäude Strebepfeiler hoch, die über sogenannte *Strebebögen* den seitlichen Druck von Dach und Gewölbe ableiteten.

Da das Strebewerk nun die Dachlast trug, konnte man die Wandabschnitte, die keine unmittelbare Stützfunktion hatten, dünner bauen und mit zahlreichen Fenstern durchbrechen. In die Fenster setzte man Buntglas, so daß schönes Licht den Innenraum durchflutete. Außerdem war nun der Bau sehr hoher Kathedralen möglich. Zum ersten Mal wurde die große ägyptische Pyramide an Höhe übertroffen.

Das erste bedeutende Beispiel des neuen Baustils war die Abteikirche in Saint-Denis bei Paris, die 1137 unter der Leitung des französischen Staatsmanns Suger (1081–1151) vollendet wurde.

Die Anhänger des traditionellen Baustils nannten die neue Bauweise spöttisch *gotisch* (was soviel wie barbarisch heißen sollte). Der Name blieb, aber der abwertende Beiklang verschwand. Die gotische Architektur gehört zu den prachtvollsten Errungenschaften der Kunst im zwölften und dreizehnten Jahrhundert.

Nachtrag

Das Byzantinische Reich unter Alexios I. Komnenos, der von 1081 bis 1118 regierte, wurde im Osten von den Türken und im Westen von den Normannen bedrängt. Byzanz suchte Unterstützung bei den Mächten im Westen.

Urban II., Papst von 1088 bis 1099, war zur Hilfe bereit. Zum einen wollte er das Heilige Land von den Türken befreien. Zum anderen hatte die Zahl der Adligen in Europa so zugenommen, daß nicht mehr genug Land für alle vorhanden war und endlose Streitereien ent-

standen. Im Jahre 1095 rief Papst Urban zum Kreuzzug auf, und in Scharen strömten landlose Ritter nach Osten, die einen aus religiösem Eifer, die anderen aus Beutegier.
Wirklich wichtig an den Kreuzzügen war nicht die Frage, wer künftig über das Heilige Land gebieten würde. Wichtig war vielmehr, daß die europäischen Kreuzfahrer mit einer Kultur in Berührung kamen, die höher entwickelt war als ihre eigene.

1180

Windmühlen

Das Wasserrad war immer noch die wichtigste Form, die Kräfte der Natur nutzbar zu machen. Doch leider lief das Wasserrad nur in der starken Strömung eines Flusses oder wenn es gelang, den Fluß zu stauen und einen künstlichen Wasserfall zu erzeugen. Kurzum: Die Menschen brauchten eine Energiequelle, die auch andernorts zur Verfügung stand.
Bewegte Luft konnte ebensogut ein Rad antreiben wie fließendes Wasser. Man kannte die Kraft des Windes von den Segelschiffen. Und was hinzukam: Wind gab es überall. Die ersten Windmühlen wurden um 700 in Persien entwickelt. Heimkehrende Kreuzfahrer berichteten von diesen Maschinen.
Im Jahr 1180 wurde in Frankreich die erste Windmühle gebaut. Danach fanden Windmühlen rasch in ganz Europa Verbreitung. Die Windräder in Vorderasien hatten sich gewöhnlich horizontal gedreht, in Europa drehten sie sich vertikal. Sie ließen sich schwenken, so daß sie den Wind einfingen, egal aus welcher Richtung er blies. Schließlich wurden sie so konstruiert, daß der Wind selbst die Mühlen so drehte, daß sie optimal standen. Windmühlen waren zuverlässig. Sie lieferten praktisch immer die notwendige Energie, um Korn zu mahlen und Wasser zu pumpen.

Magnetkompaß

Nach der Sage entdeckte ein Hirte im 6. Jahrhundert v. Chr. eine Eisenart, die Eisen anzog. Da das Erz nahe der Stadt Magnesia in Kleinasien gefunden wurde, nannte man es *Magnet* und die Erscheinung *Magnetismus.* Als erster untersuchte Thales (vgl. 585 v. Chr.) diese seltsame Erscheinung. Später stellte man fest, daß die Berührung mit einem magnetischen Erz ein Stück Eisen oder Stahl in einen Magneten verwandeln konnte.
Und irgendwie entdeckte man dann, daß ein Eisenmagnet, der sich frei drehen konnte, immer in Nord-Südrichtung zum Stehen kam. Wie es zu dieser Entdeckung kam, wissen wir nicht, fest steht nur, daß die Chinesen als erste davon wußten. Das geht aus einem chinesischen Buch aus dem 2. Jahrhundert hervor.
Die Chinesen benutzten den Magneten nie für die Navigation, weil sie keine guten Seefahrer waren. Vermutlich gaben sie ihr Wissen aber an die Araber weiter, und durch die Kreuzfahrer gelangte es schließlich nach Europa.
Der englische Gelehrte Alexander Neckam erwähnte 1180 (1157–1217) als erster Europäer, daß man mit Hilfe des Magnetismus die Richtung bestimmen kann. Kaum hörten die Europäer davon, wollten sie den Magneten auch schon als Navigationshilfe einsetzen und begannen, die Erfindung zu verbessern. Sie trugen die Himmelsrichtungen auf eine Scheibe auf und setzten eine Magnetnadel darauf. Da sich die Nadel frei über der Windrose drehen konnte, nannten sie das Instrument *Kompaß* (ital. »ringsum abschreiten«).
Wenn man überhaupt einen Punkt in der Geschichte herausgreifen kann, an dem der Aufstieg Europas zur Weltherrschaft begann, so war es der Augenblick, als die Europäer von dem Magnetkompaß hörten und ihn in Gebrauch nahmen. Erst mit seiner Hilfe konnten sie die riesigen Ozeane überqueren und jeden gewünschten Ort ansteuern. Am Ende beherrschten sie die ganze Welt wie keine andere Gruppe vergleichbarer Größe davor oder (höchstwahrscheinlich) danach.

Nachtrag

Im Jahre 1147 rief der mächtige französische Zisterzienserabt Bernhard von Clairvaux (1090–1153) zu einem zweiten Kreuzzug auf. Ludwig VII., König von Frankreich von 1137 bis 1180, und Konrad III., König des Deutschen Reiches von 1138 bis 1152, führten den Kreuzzug an. Er endete mit der völligen Niederlage. der Kreuzfahrer

1194

Spitzbergen

Isländische Wikinger entdeckten Inseln, die sie *Svalbard* (»kalte Küste«) nannten, Nicht-Skandinaviern besser bekannt als *Spitzbergen.* Die Inseln liegen etwa 1 500 km nördlich von Island und 800 km nördlich der Nordspitze Norwegens.
Spitzbergen ist der nördlichste Punkt, den die Wikinger auf ihren Entdeckungsfahrten oder überhaupt irgendwelche Schiffe ohne Kompaß erreichten. Wie alle anderen Entdeckungen der Wikinger blieb auch diese in Europa unbekannt.

Nachtrag

Nach dem Scheitern des zweiten Kreuzzugs trat ein fähiger moslemischer Führer namens Salah Ad Din Jusuf Ibn Aijub (1137 oder 1138–1193) in Erscheinung, den Europäern besser unter dem Namen *Saladin* bekannt. Er einte die Moslems und vertrieb die Kreuzfahrer. Im Jahre 1187 eroberte er Jerusalem zurück. Die Stadt war keine neunzig Jahre in christlicher Hand gewesen.
Im Jahr 1189 begann ein dritter Kreuzzug. Die Führung übernahmen drei europäische Herrscher: Richard Löwenherz, König von England von 1189 bis 1199, Philipp II. August, König von Frankreich von 1179 bis 1223, und Friedrich I. Barbarossa (oder Rotbart), Kaiser des Heiligen Römischen Reiches von 1152 bis 1190. Friedrich starb unterwegs, Philipp und Richard stritten sich ständig. So wundert es nicht, daß auch dieser Kreuzzug scheiterte und Jerusalem in der Hand der Moslems blieb.

1202

Arabische Zahlen

Der italienische Mathematiker Leonardo Fibonacci (etwa 1170 bis nach 1240) hatte als Sohn eines Kaufmanns ausgiebig Gelegenheit, Nordafrika zu bereisen. Dabei hörte er von den arabischen Zahlen und von der Stellenwertschrift, für die sich Al Chwarismi (vgl. 810) eingesetzt hatte.
Fibonacci schrieb 1202 darüber ein Buch, das *Liber Abaci (Buch vom Abakus).* Es trug zur Einführung der arabischen Zahlen in Europa bei, doch die römischen Zahlen blieben noch weitere dreihundert Jahre gebräuchlich.

Nachtrag

Die italienischen Hafenstädte Genua, Pisa und vor allem Venedig standen in voller wirtschaftlicher Blüte. Sie trieben Handel mit dem Byzantinischen Reich (oder was davon noch übrig war) und mit den Moslems. Diesen Verbindungen verdankten es Italiener wie Fibonacci, daß sie zu den fortschrittlichsten Wissenschaftlern ihrer Zeit gehörten.

1228

Kohle

Die ersten Feuer wurden mit Holz gemacht, und auch heute ist Holz ein verbreitetes Brennmaterial. Es wächst ständig nach und sollte eigentlich nie knapp werden, solange sich auf der Erde nichts grundlegend ändert. Doch nicht immer wachsen die Bäume so schnell nach, wie sie verheizt werden. Wenn beispielweise die Bevölkerung zunimmt, dann steigt auch der Bedarf an Brennholz.
Kohle ist im Grunde nichts anderes als uraltes Holz. Wenn Menschen zufällig Kohle fanden, machten sie Feuer damit. Wenn sie auf eine Ader stießen, die dicht unter dem Boden verlief, so gruben sie die Kohle manchmal aus. Aus Berichten weiß man, daß um 1000 v. Chr. in China, im alten Griechenland, bei den Ureinwohnern Amerikas und bei anderen Völkern mit Kohle Feuer gemacht wurde.
Lange Zeit verwendete der Mensch Kohle nur dann, wenn er ohne größere Umstände an sie herankam. Aber irgendwann wurden die Kohlevorkommen an der Erdoberfläche knapp, also begann man gezielt zu graben – zuerst in China.
In England begann man erst Anfang des 13. Jahrhunderts ernsthaft mit dem Kohleabbau. Im Jahr 1228 brachten Schiffe Kohle auf dem Seeweg von Newcastle nach London (die Londoner nannten sie deshalb *Meerkohle*).
In dem Maße, wie in England die Wälder abgeholzt wurden, mußte Kohle das Holz ersetzen.

Nachtrag

Im Jahre 1202 begann ein vierter Kreuzzug. Einer der Anführer war der venezianische Doge Enrico Dandolo (1107?–1205). Neunzehn Jahre zuvor war Dandolo als Gesandter in Konstantinopel in eine Schlägerei geraten und hatte teilweise das Augenlicht verloren. Das vergaß er wohl nie. Obwohl bereits zweiundneunzig Jahre alt, veranlaßte er einen Überfall auf das vom Bürgerkrieg erschütterte Konstantinopel. Die Kreuzfahrer nahmen die Stadt im Jahr 1204 ein und verwüsteten sie. Sie hatte die letzte umfassende Sammlung griechischer Schriften beherbergt – nach der Zerstörung blieben nur Überreste erhalten.
In England erhob sich der Adel gegen Johann I. Ohneland, König von 1199 bis 1216, und zwang ihn, im Jahr 1215 die *Magna Charta* zu unterzeichnen, in der die Befugnisse des Königs begrenzt und die Rechte des Adels festgelegt wurden. Das einfache Volk war zwar nicht betroffen. Da die Magna Charta jedoch die königlichen Rechte beschnitt, galt sie zu Recht als erster Schritt weg von der Autokratie.
Das wohl größte militärische Genie aller Zeiten, der Mongole Dschingis-Khan (etwa 1162–1227), einte die Nomaden in Zentralasien. Er eroberte Nordchina, Afghanistan und das Gebiet des heutigen Iran und unternahm Raubzüge nach Nordindien.

1241

Ruder

Wer ein Schiff steuern mußte, hielt in der Regel einfach ein breites Ruder ins Wasser. Durch Drehen des Ruders brachte er das Schiff in die gewünschte Richtung. Doch dann kam jemand auf die Idee, den Rudermechanismus fest in das Schiff einzubauen und vom Schiffsinneren aus zu bedienen. Das *Steuerruder* war erfunden.
Die Araber kannten das Steuerruder als erste, und vermutlich waren es wieder die Kreuzfahrer, die es nach Europa brachten. Schiffe der Hanse (ein Bündnis deutscher Städte, dessen Bedeutung in dieser Zeit ständig zunahm) wurden mit der Steueranlage ausgerüstet.

Nachtrag

Neuer Herrscher auf dem mongolischen Thron wurde Dschingis-Khans Sohn Ügedei (1185–1241). Auch unter ihm führten die Mongolen erfolgreiche Eroberungszüge durch. Im Jahre 1237 tauchten sie erneut in Europa auf und eroberten innerhalb von drei Jahren Rußland, Polen und Ungarn. Sie rückten 1241 bereits auf Wien und Venedig vor, als die Nachricht von Ügedeis Tod eintraf. Sie mußten umkehrten, um einen Nachfolger zu wählen. Danach kehrten sie nie wieder nach Mitteleuropa zurück. Allerdings behielten sie Rußland noch anderthalb Jahrhunderte in ihrer Gewalt. Zur Zeit des Mongolenreichs waren die Verkehrsverbindungen zwischen China und Europa besser als je zuvor. Das kam einmal mehr dem technischen Fortschritt in Europa zugute.

1249

Augengläser

Um 1249 erwähnte der englische Gelehrte Roger Bacon (etwa 1220–1292) Linsen, die dazu dienten, die Sehkraft zu verbessern. Sowohl in China wie in Europa wurden ungefähr zur gleichen Zeit erstmals Augengläser hergestellt, und wahrscheinlich wurden die entsprechenden Kenntnisse auch über die Handelswege durch das Mongolenreich ausgetauscht. Die ersten Augengläser (oder Brillen) hatten konvexe Linsen. Sie eigneten sich für ältere Leute, die unter Weitsichtigkeit litten. Linsen für Kurzsichtige wurden erst später hergestellt.

Schießpulver

Roger Bacon erwähnt erstmals auch das Schießpulver, doch über seine eigentliche Herkunft gibt es keine Zweifel: Die Chinesen kannten es schon seit Jahrhunderten. Vermutlich hatten es die Mongolen nach Europa gebracht.

In chinesischen Büchern aus dem Jahr 1044 ist genau nachzulesen, in welchem Verhältnis man Salpeter, Holzkohle und Schwefel mischen muß, damit man Schießpulver erhält. Die Chinesen brachten das Pulver in Bambusrohren und Raketen zur Explosion und setzten diese Waffen gegen die Mongolen ein. Doch ihre Wirkung war nicht besonders groß. Sie dienten wohl allenfalls dazu, Pferde zu erschrecken. Jedenfalls konnten sie die Mongolen nicht aufhalten.

Kaum hatten die Europäer vom Schießpulver erfahren, machten sie sich – wie schon beim Kompaß (vgl. 1180) – daran, die Erfindung für ihre Zwecke zu verbessern. Schon bald entwickelten sie ernstzunehmende Waffen.

Nachtrag

Gegen die Mongolen waren die Russen zwar machtlos, aber gegen schwächere Feinde konnten sie sich behaupten. Alexander, der Fürst von Nowgorod (etwa 1220–1263), ging einer Auseinandersetzung mit den Mongolen aus dem Weg. Er ließ die Nowgoroder Tribut zahlen und verhinderte damit, daß die gefürchteten Reiterhorden in die Stadt einfielen. Im Jahr 1240 schlug er die Schweden an der Newa, ungefähr dort, wo das heutige Leningrad steht. Dieser Sieg brachte ihm den Namen Alexander Newski ein. Zwei Jahre später besiegte er auf dem gefrorenen Peipussee den Deutschen Orden, einen geistlichen Ritterbund, der seine Macht über die ostslawischen Gebiete ausdehnen wollte.

1252

Planetentafeln

Die ptolemäischen Tafeln über die Planetenbewegungen (vgl. 140) waren nun schon elfhundert Jahre alt, und doch gab es nichts Besseres. Nun aber ließ Alfons X. von Kastilien, der von 1252 bis 1284 regierte, neue Tafeln zusammenstellen. Alfons, der wegen seiner Gelehrtheit der Weise genannt wurde, interessierte sich brennend für Astronomie. Als er von den komplizierten Berechnungen hörte, die für die Erstellung der Tafeln nötig waren, soll er den Ausspruch getan haben: »Wenn mich Gott um Rat gefragt hätte, so hätte ich eine einfachere Gestaltung des Universums vorgeschlagen«.
Er hatte recht. Das Universum ist ohne Frage weitaus komplexer, als Ptolemäus vermutet hatte. Doch in bezug auf die Daten, die man für die Errechnung von Planetentafeln brauchte, war es weniger komplex, als Ptolemäus angenommen hatte. Dennoch waren die *Alfonsinischen Tafeln* besser als alles, was es zuvor gegeben hatte.

Nachtrag

Der französische König Ludwig IX., genannt der Heilige, begann 1248 einen sechsten Kreuzzug und überfiel Ägypten, da er meinte, anschließend könne er mühelos das Heilige Land erobern. Zwei Jahre später war auch dieser Kreuzzug endgültig gescheitert. Ludwig IX. wurde gefangengenommen und mußte freigekauft werden.

1269

Magnetpole

Im Jahre 1269 nahm der französische Gelehrte Pèlerin de Maricourt (13. Jh.), auch unter dem lateinischen Namen Petrus Peregrinus de Maricourt bekannt, an der langwierigen Belagerung einer italienischen Stadt teil. Um die Zeit totzuschlagen, schilderte er einem Freund in einem Brief seine Studien über Magnete. Er hatte wichtige Entdeckungen gemacht: So etwa, daß es an den Magnetenden *magnetische Pole* gibt, an denen die Magnetkraft am stärksten ist, und daß sich Nord- und Südpol eines Magneten leicht feststellen lassen, weil gleiche Pole einander abstoßen und entgegengesetzte einander anziehen. Außerdem hatte er herausgefunden, daß sich keiner der beiden Pole abtrennen läßt: Bricht man einen Magneten in kleine Stücke, so hat jedes Stück wieder einen Nord- und Südpol. Das war vielleicht das erste gute wissenschaftliche Experiment im modernen Sinn, auch wenn die eigentliche Geburtsstunde der experimentellen Wissenschaft noch über dreihundert Jahre auf sich warten ließ.
Im gleichen Brief erklärte Peregrinus, daß ein Kompaß besser arbeite, wenn sich das magnetische Metallstück oder die Magnetnadel auf einem Stift statt auf einem Kork im Wasser drehen könne. Außerdem empfahl er, zur genaueren Bestimmung der Himmelsrichtung eine runde Skala zu unterlegen. Dies war ein weiterer großer Fortschritt für die Navigation auf offener See.

Nachtrag

Um 1260 beherrschten die Mongolen praktisch alle moslemischen Gebiete in Asien. Im Jahr 1258 hatten sie sogar Bagdad eingenommen und das über fünftausend Jahre alte Kanalsystem zerstört. Davon sollte sich das Land an Euphrat und Tigris nie mehr ganz erholen.

1291

Spiegel

Bisher hatte es fast nur gefärbtes Glas (vgl. 100 v. Chr.) gegeben. Doch dann entwickelten die Venezianer ein neues Verfahren und mischten dem Glas entfärbende Zutaten bei. Das Ergebnis war ein einigermaßen klares und durchsichtiges Glas. Farbloses Glas mag heute vielleicht langweilig erscheinen, die Menschen damals waren anderer Meinung. Sie fanden es wunderschön, und entsprechend begehrt waren Tassen und andere Gegenstände aus klarem Glas.

Im Jahre 1291 verlegte Venedig seine Glasmanufaktur auf eine bewachte Insel und drohte jedem, der das Herstellungsgeheimnis verriet, mit harten Strafen. Die Stadt versuchte mit allen Mitteln, das Monopol über den wertvollen Werkstoff zu behalten. *Venezianisches Glas* blieb der größte Luxus.

Unter anderem wurde erst durch klares Glas die Herstellung moderner Spiegel möglich. Früher konnten sich die Leute nur in stehenden Gewässern oder in der polierten Oberfläche eines Metalls wie etwa Bronze betrachten. Aber Wasser blieb nicht lange glatt, und poliertes Metall war teuer. Nur wenige Leute wußten also, wie sie aussahen, oder konnten so einfache Dinge tun, wie sich zu frisieren.

Eine klare Glasscheibe konnte auf der einen Seite mit einer Metallschicht bedampft werden. Dabei enstand ein heller klarer Spiegel, in dem man das eigene Gesicht nach Herzenslust betrachten konnte.

Nachtrag

Nach der Eroberung Südchinas wurde Kublai-Khan (1215–1294) im Jahr 1259 Herrscher über das ganze Mongolenreich. Während seiner fünfunddreißigjährigen Herrschaft erreichte das Mongolenreich, das sich vom Pazifik bis zur Ostsee erstreckte, den Höhepunkt seiner Macht.

Eduard I. (1239–1307) wurde 1272 König von England. Zehn Jahre später eroberte er Wales. Von da an hieß der älteste Sohn des Königs und Thronerbe *Prince of Wales.*

Rudolf I. (1218–1291) wurde 1273 Kaiser des Heiligen Römischen Reiches. Er war der erste Herrscher aus dem Hause Habsburg, das in der europäischen Geschichte über sechs Jahrhunderte lang eine herausragende Rolle spielen sollte.

Im Jahre 1290 stellte ein türkischer Stammesführer namens Osman I. Ghasi (1258–1326?) eine Kriegsschar auf, die unter dem Namen Osmanen bekannt wurde.

Im Jahre 1291 schlossen sich die drei Alpenkantone Uri, Schwyz und Unterwalden zu einem Bund zusammen, aus dem die heutige Schweiz hervorgehen sollte.

1298

Fernost

Das Mongolenreich erleichterte Reisen von Europa nach China. Im Jahr 1260 brachen die Brüder Nicolo und Maffeo Polo, wohlhabende venezianische Kaufleute, zu einer ersten Handelsreise nach Osten auf. Im Jahr 1275 unternahmen sie eine zweite Reise, die sie nach Nordchina in die Reichshauptstadt Kublai-Khans führte. Diesmal wurden sie von Nicolos Sohn Marco Polo (1254–1324) begleitet. Marco blieb zwanzig Jahre in China, stand dort in hoher Gunst und studierte Land und Leute. Das Volk, das er vorfand, war den Europäern nicht nur zahlenmäßig überlegen, sondern vor allem auch in zivilisatorischer Hinsicht, so etwa auf den Gebieten Gesundheitsfürsorge und Technik.

Marco Polo kehrte erst 1295 nach Venedig zurück. In einem Krieg zwischen Venedig und Genua geriet er in Gefangenschaft und wurde

eingesperrt. Im Gefängnis diktierte er einem Mitgefangenen seine Erinnerungen an China. Das Buch erschien 1298 und fand große Verbreitung, obwohl man ihm wenig Glauben schenkte.
Das Buch vermittelte jedoch das Bild eines märchenhaften Ostens, und für so manchen schwärmerischen Europäer wurde China zum Traumziel. Das sollte weitreichende Folgen haben.

Spinnrad

Über tausend Jahre lang waren Textilfasern von Hand zu Fäden gesponnen worden: Die Wolle wurde auf einen Stab, den sogenannten *Spinnrocken,* gewickelt und mit einer Spindel zu Garn gedreht – eine langwierige Arbeit, die, gewissenhaft ausgeführt, der Hausfrau viel Zeit abverlangte. Spinnen war die klassische »Frauenarbeit« schlechthin.
In Indien wurde diese Tätigkeit schließlich mechanisiert: Über ein Pedal wurde ein großes Rad angetrieben, und dieses Rad drehte die Spindel. Mit diesem *Spinnrad* ging das Spinnen von Garn aus Fasern erheblich schneller. Um 1298 gelangte das Spinnrad nach Europa.
Rad und Spindel waren durch einen Riemen miteinander verbunden. Das ist das erste Beispiel für die Verwendung eines *Keilriemens* bei einer Maschine. Und das Spinnrad war das erste wichtige mechanische Gerät, das der Frau die Hausarbeit erleichterte.

Langbögen

Im 13. Jahrhundert erfanden die Waliser den Langbogen. Er war über 1,8 Meter hoch und verschoß über 1 Meter lange Pfeile. Ein geübter Langbogenschütze traf sein Ziel noch aus 200 Metern Entfernung recht genau und schoß über 300 Meter weit, also doppelt so weit wie mit einer durchschnittlichen Armbrust (vgl. 1050). Aber noch entscheidender war, daß man mit dem Langbogen fünf- bis sechsmal schießen konnte, während die Armbrust gespannt wurde. Standen sich eine gleiche Anzahl von Armbrust- und Langbogenschützen gegenüber, waren die Armbrustschützen bald mit Pfeilen gespickt.
Einen Nachteil hatte der Langbogen allerdings: Der Schütze mußte den Bogen mit einer Kraft von 90 bis 100 englischen Avoirdupois-Pound (lbs) spannen, bis die Sehne in Ohrhöhe lag (zum Vergleich: heutige Sportschützen verwenden Bogen zwischen 30 und 50 lbs). Er brauchte also neben einer gehörigen Portion Übung auch ziemlich viel Kraft.
Eduard I. von England (vgl. 1291) erkannte, wie wertvoll die Waffe war, und ließ eine Truppe englischer Langbogenschützen ausbilden. Ihre erste Bewährungsprobe bestanden sie gegen die Schotten in der Schlacht von Falkirk am 22. Juli 1298.
Die schottischen Fußtruppen waren mit Piken bewaffnet, doch die englischen Schützen beschossen sie mit ihren Langbögen aus sicherer Entfernung. Erst als das schottische Heer zu einem kläglichen, ungeordneten Haufen zusammengeschrumpft war, griffen die englischen Reiter ein.
Die Engländer setzten den Langbogen auch in anderen Schlachten ein, aber kein anderes Volk übernahm diese doch offenkundig so wirkungsvolle Waffe – mit dem Ergebnis, daß die Engländer hundertfünfzig Jahre lang eine führende militärische Rolle spielten.

1300

Schwefelsäure

Die bedeutendste Entdeckung in der Alchimie machte ein Unbekannter. Dieser anonyme Alchimist veröffentlichte um 1300 seine Schriften, benutzte aber den Namen des großen arabischen Alchimisten Geber (siehe 750), vermutlich um glaubwürdiger zu wirken.

Da wir nichts über diesen Alchimisten wissen, müssen wir ihn *Pseudo-Geber* nennen. Das ist insofern schade, als er der erste war, der die Schwefelsäure beschrieb, die später zu einem der wichtigsten Grundstoffe in der Industrie wurde.
Schwefelsäure ist stärker als Essigsäure und ermöglichte viele chemische Reaktionen, die man bis dahin nicht gekannt hatte.

Destillierter Alkohol

Die natürliche Gärung hat ihre Grenzen. Wenn Früchte oder andere Substanzen gären, steigt der Alkoholgehalt und wird schließlich so hoch, daß die Mikroorganismen, die den Gärungsprozeß bewirken, abgetötet werden.
Die Alchimisten wußten, wie man destilliert: Man erhitzt einen Stoff, so daß die flüchtigen Stoffe verdampfen und sich in einem anderen Gefäß als Flüssigkeit niederschlagen, und zurück bleibt eine gereinigte Substanz. So verdampft beispielsweise beim Erhitzen von Meerwasser nur das Wasser und kann nach dem Abkühlen getrunken werden. Das Salz bleibt übrig und kann für andere Zwecke verwendet werden.
Schließlich wurden alkoholische Getränke destilliert. Da Alkohol einen niedrigeren Siedepunkt hat als Wasser, hat der Dampf anfangs einen höheren Alkoholgehalt als die Ausgangsflüssigkeit. Nach dem Abkühlen und Kondensieren des Dampfs erhält man ein stärkeres Getränk mit erheblich mehr »Prozenten« als zuvor.
Um 1300 destillierte der spanische Alchimist Arnau de Villanova (etwa 1235–1312) Wein und erhielt zum ersten Mal einigermaßen reinen Alkohol. Natürlich stellte er Weinbrand her, also destillierten Wein mit einem viel höheren Alkoholgehalt. Aber nicht nur Weinbrand, sondern auch Whiskey (aus vergorenem Getreide) ließ sich in beachtlichen Mengen produzieren.

1304

Der Halleysche Komet

Im Jahre 1301 erschien ein heller Komet über Europa. Wie immer löste er Panik aus, doch der italienische Maler und Baumeister Giotto di Bondone (1266–1337), gewöhnlich nur unter dem Vornamen bekannt, beobachtete den Kometen mit der Neugier eines Künstlers. Bisher hatten sich die Menschen bei der Beschreibung von Kometen meistens von ihrer Furcht leiten lassen und die unglaublichsten Darstellungen angefertigt (und das blieb auch noch lange so). Giotto jedoch malte 1304 die *Anbetung durch die Heiligen Drei Könige* und stellte den Stern von Bethlehem als Kometen dar, wobei der Komet von 1301 das Vorbild gewesen sein dürfte. Wir verdanken Giotto die erste realistische Darstellung eines Kometen.

Nachtrag

Im Jahre 1302 metzelte ein beherzter Haufen flämischer Bürger bei Kortrijk mit Piken ein französisches Ritterheer nieder, das sie niederreiten wollte. Hier deutete sich erstmals an, daß die Vorherrschaft der Kavallerie auf dem Schlachtfeld, die tausend Jahren zuvor in der Schlacht von Adrianopel begonnen hatte, allmählich zu Ende ging. Doch die Franzosen zogen aus dieser Niederlage über hundert Jahre lang keinerlei Konsequenzen.
Der französische König Philipp IV. (der Schöne), der von 1285 bis 1314 regierte, ärgerte sich über den päpstlichen Führungsanspruch von Papst Bonifaz VII. Am 8. September 1303 nahmen Häscher des Königs den Papst gefangen. Dieser Vorfall fügte dem Ansehen des Papsttums einen Schaden zu, von dem es sich nie mehr erholte. Fortan blieb der Einfluß des Papstes auf moralische Fragen beschränkt.

1312

Kanarische Inseln

Die Kanarischen Inseln liegen nordwestlich von Afrika vor der Küste Marokkos. Der König von Mauretanien (auf dem Gebiet des heutigen Marokko) hatte im Jahre 40 v. Chr. eine Forschungsexpedition zu diesen Inseln geschickt und sie schon besiedelt vorgefunden. Im Jahr 999 landeten die Araber dort, aber sie blieben nicht.

In Europa wußte niemand mehr von diesen frühen Besuchen. Erst 1312 landete ein genuesisches Schiff auf den Kanaren, und obwohl auch die Genueser nicht blieben, gelangte die Kunde von diesem Besuch nach Europa und wurde registriert. Er war der erste, noch unbedeutende Schritt der Europäer in Richtung Übersee.

Nachtrag

Das Mittelalter beschäftigte sich hauptsächlich mit der Theologie, das heißt mit dem Verhältnis zwischen Gott und den Menschen. Nach dem 13. Jahrhundert rückte immer mehr der Mensch selbst in den Mittelpunkt des Interesses. Eine Art *Humanismus* entstand, eine Rückbesinnung auf die Blütezeit Griechenlands. Diese Bewegung wurde *Renaissance* (frz. »Wiedergeburt«) genannt.

Erst die Menschen der Renaissance verstanden die zurückliegenden Jahrhunderte als Bindeglied zwischen antikem Humanismus und modernem Humanismus und nannten sie deshalb *Mittelalter.*

Unter dem Druck Philipps IV. mußte der Papst 1309 zum ersten Mal Rom verlassen. Der neue Papst Klemens V. verlegte den päpstlichen Sitz nach Avignon, das mitten in Frankreich und somit im Machtbereich des französischen Königs lag. Beide, Philipp IV. wie auch der Papst, untergruben das Ansehen des Heiligen Stuhls.

1316

Sektionen

Mit dem Aufleben des Humanismus befreiten sich die Gelehrten von der kirchlichen Dogmatik und wandten sich wieder verstärkt der Naturwissenschaft zu. In den medizinischen Akademien Italiens durften sie sogar wieder sezieren. Bedeutendster Anatom war der Italiener Mondino de' Luzzi (etwa 1275–1326). Er lehrte an der medizinischen Akademie in Bologna.

Im Jahre 1316 veröffentlichte er das erste Buch der Medizingeschichte. Es befaßte sich ausschließlich mit Anatomie. Noch stand Mondino unter dem Einfluß der griechischen und arabischen Autoren und vertraute blindlings den alten Lehren, statt eigenen Erkenntnissen zu folgen. Doch sein Buch blieb über zweieinhalb Jahrhunderte unerreicht.

Nachtrag

Eduard I. (vgl. 1291) wollte Schottland erobern und wie Wales dem Besitz der englischen Krone einverleiben. Fast wäre ihm dies auch gelungen, doch er starb, bevor er den Widerstand der Schotten brechen konnte. Thronfolger wurde sein Sohn Eduard II., der von 1307 bis 1327 regierte. Eduard II. war ein unfähiger König und miserabler Stratege. Am 24. Juni 1314 führte er sein Heer in der Schlacht von Bannockburn in eine Niederlage. Durch den Sieg sicherte sich Schottland für weitere drei Jahrhunderte die Unabhängigkeit.

1335

Mechanische Uhren

Die erste Weiterentwicklung der Wasseruhr (vgl. 270) erfolgte im 14. Jahrhundert. Von nun an wurde der Zeiger auf dem Zifferblatt nicht mehr durch steigendes Wasser bewegt, sondern durch ein herabhängendes Gewicht. Diese neuen mechanischen Uhren gingen zwar nicht genauer als Wasseruhren, waren aber praktischer und erforderten weniger Wartung. Außerdem konnten sie weithin sichtbar an einem Turm angebracht werden (am Rathaus oder an der Dorfkirche). Eine solche Uhr wurde beispielweise 1335 in Mailand montiert. Sie schlug zu jeder vollen Stunde, und erstmals konnten die Bürger die Zeit erfahren (jedenfalls die vollen Stunden). Sie brauchten nur die Glockenschläge zu zählen.

Nachtrag

Um 1320 erreichte das Papier endlich auch Europa. Im Jahr 1236 hatte die chinesische Obrigkeit das Papiergeld eingeführt – Marco Polo hatte das mit Erstaunen vermerkt. Doch die Mongolen ließen zu viel davon drucken und lösten damit eine Inflation aus, die sich besonders nach Kublai-Khans Tod bemerkbar machte. Das Papiergeld wurde 1311 zwar wieder eingezogen, doch hatte dieser Vorgang der mongolischen Herrschaft schwer geschadet.
In Mexiko begann um 1325 der Aufstieg der Azteken. Tenochtitlán (das heutige Mexico-City) wurde gegründet.
Im Jahre 1328 starb der französische König Karl IV., König von Frankreich, der seit 1322 regiert hatte. Er hinterließ weder Brüder noch Söhne. Es gab zwei Anwärter auf den Thron: seinen Vetter Philipp von Valois, der väterlicherseits vom französischen König Philipp III. abstammte, und seinen Neffen Eduard III., König von England (1312–1377), der mütterlicherseits vom französischen König Philipp IV. abstammte. Eduard war der nächste Verwandte, doch die Franzosen wollten lieber einen französischen Adligen als einen englischen König auf dem Thron. Also lehnten sie Eduards Ansprüche ab. Da Eduard diese Zurückweisung nicht hinnahm, konnte der Streit nicht ausbleiben.
Im Jahr 1333 brach im Fernen Osten eine schlimme Krankheit aus. Flöhe verbreiteten sie. Sie bissen Ratten und Menschen und übertrugen die Krankheit durch infiziertes Blut. Es war die Beulenpest.

1346

Kanonen

Kaum waren die Europäer in den Besitz von Schießpulver gekommen, da füllten sie es auch schon in lange Metallrohre. Mit der Kraft des detonierenden Pulvers ließ sich eine Stein- oder Metallkugel mit viel größerer Wucht davonschleudern als mit einem Katapult. Wer als erster ein solches Rohr oder eine solche *Kanone* (ital. für »Rohr«) gebaut hat, ist nicht bekannt. Einige behaupten, die ersten einfachen Kanonen seien 1324 bei der Belagerung von Metz eingesetzt worden. Doch das ist nicht belegt. Fest steht nur, daß sie 1346 zum Einsatz kamen.
König Eduard III. von England hielt nach wie vor an seinen Ansprüchen auf den französischen Thron fest, und 1337 kam es darüber zum Krieg mit Frankreich. Damit begann, was als der *Hundertjährige Krieg* in die Geschichte eingehen sollte.
Die erste größere Schlacht in diesem Krieg fand am 26. August 1346 bei Crécy in Nordfrankreich statt. Die Franzosen waren den Engländern zahlenmäßig überlegen, vor allem bei den Rittern. Außerdem führten sie genuesische Armbrustschützen mit. Trotzdem war es ein ungleicher Kampf. Die englischen

Langbogenschützen richteten unter den Franzosen ein Blutbad an. Eduard III. hatte auch Kanonen nach Crécy mitgebracht. Noch waren sie primititv und richteten wenig Schaden an – aber sie ließen Schlimmes für die Zukunft ahnen.

Nachtrag

Die Beulenpest (oder der *Schwarze Tod)* drang unaufhaltsam nach Westen vor. Um 1343 wütete sie auf der Krim. Dort steckten sich genuesische Kaufleute an. Sie brachten ihr Schiff noch nach Italien, obwohl an Bord alle tot waren oder im Sterben lagen, und die Pest erfaßte Europa.
Die Krankheit führte schnell zum Tod (manchmal kam das Ende schon vierundzwanzig Stunden nach dem Auftreten der ersten Symptome). Da die Menschen ihre Ursache nicht kannten und die einfachsten Regeln der Hygiene mißachteten, gab es nur eine Möglichkeit, der Pest zu entgehen: die Flucht. Die Katastrophe war unvorstellbar. Schätzungen zufolge raffte die Pest ein Drittel der Erdbevölkerung dahin (wobei es einem wie ein Wunder vorkommen mag, daß zwei Drittel überlebten).
Soweit wir wissen, gab es weder vorher noch nachher eine Katastrophe, die so nahe daran war, die Menschheit auszulöschen.

1403

Quarantäne

Obwohl die Ursachen von Krankheiten unbekannt waren und nur die üblichen Mutmaßungen angestellt wurden (Krankheit als Strafe Gottes oder als dämonische Heimsuchung), ging man Menschen aus dem Weg, die von einem besonders schlimmen oder abscheulichen Leiden befallen waren. Leprakranke (und bestimmt auch andere, die an weniger schlimmen Krankheiten mit Hautausschlag litten) wurden aus der Gesellschaft ausgeschlossen und aus der Stadt gejagt.
Auch als der Schwarze Tod ausbrach, mieden die Menschen die Infizierten (Sterbende wurden manchmal einfach ihrem Schicksal überlassen, Tote nicht begraben).
Die Stadt Venedig, seit jeher sehr umsichtig regiert, faßte im Jahr 1403 einen Beschluß: Um ein erneutes Aufflackern des Schwarzen Todes zu verhindern, mußten Fremde künftig eine Zeitlang warten, bevor sie die Stadt betreten durften. Waren sie bei Ablauf der Frist noch nicht erkrankt oder gar tot, konnte man davon ausgehen, daß sie die Krankheit nicht hatten.
Schließlich setzte sich allgemein eine Wartezeit von vierzig Tagen durch (vielleicht weil Fristen von vierzig Tagen in der Bibel eine wichtige Rolle spielen). Diese Wartezeit wurde nach dem französischen Wort für »vierzig« *Quarantäne* genannt.
In einer Gesellschaft, die keine anderen Mittel zur Bekämpfung von Krankheiten kannte, war die Quarantäne besser als nichts. Sie war die erste gezielte Maßnahme im Sinne öffentlicher Gesundheitspflege.

Nachtrag

Anderthalb Jahrhunderte nach der Eroberung Chinas unter Führung Dschingis-Khans wurden die Mongolen wieder aus dem Land vertrieben. Im Jahr 1368 kam die neue Dynastie der Ming an die Macht.
Das bedeutet allerdings nicht, daß die Mongolen damit von der Bildfläche verschwanden. Timur-Leng (Timur der Lahme, 1336–1405), ein Nachkomme Dschingis-Khans, knüpfte mit einer Reihe von Eroberungszügen an die Erfolge seines Vorfahren an. Er eroberte Zentralasien, machte Samarkand zu seiner Hauptstadt und zog anschließend gegen Persien. Nach der Vernichtung der Goldenen Horden in Rußland 1391 drang er bis nach Moskau vor. Er fiel in Indien und

Kleinasien ein und schlug 1402 die Osmanen (wodurch Konstantinopel weitere anderthalb Jahrhunderte verschont blieb). Timur-Leng starb während der Vorbereitung eines China-Feldzugs.

1405

Der Indische Ozean

Für kurze Zeit sah es so aus, als könnte China unter Kaiser Yung-Lo, der von 1402 bis 1424 regierte, zur Seemacht aufsteigen. Ein moslemischer Eunuch namens Cheng Ho (etwa 1371–1493) unternahm mehrere Erkundungsfahrten in Richtung Süden und Westen über den Indischen Ozean. Die erste Expedition stach 1405 mit 300 Schiffen und 27 000 Mann in See. Cheng Ho zwang die Machthaber auf den indonesischen Inseln, die chinesische Oberherrschaft anzuerkennen (zumindest bis die Schiffe wieder weg waren).

Auf einer zweiten Fahrt im Jahre 1409 besuchte Cheng Ho Indien und Ceylon. Als die Ceylonesen die Schiffe angriffen, vertrieb er sie und verschleppte ihren Herrscher als Gefangenen nach China. Bei späteren seiner insgesamt sieben Fahrten stieß er noch weiter nach Westen vor, erreichte sogar das Rote Meer und besuchte Mekka und Ägypten.

Doch dann starb Kaiser Yung-Lo, und seine Nachfolger hielten es nicht für nötig, solch gewagte Fahrten zu unternehmen, nur um minderwertige barbarische Völker kennenzulernen und mit ihnen Handel zu treiben. China allein war schon eine Welt für sich, und das genügte den Chinesen.

So verzichtete China auf die Möglichkeit, weltweit Einfluß zu nehmen, und überließ das Feld anderen Staaten, die viel kleiner, schwächer und weniger entwickelt waren.

1418

Madeira

Das kleine Portugal am anderen Ende des großen europäischen Kontinents verfolgte eine ganz andere Politik als China. China war wirtschaftlich unabhängig, Portugal dagegen wußte, daß es auf Güter aus dem Ausland angewiesen war. Die Chinesen brauchten nichts aus dem Ausland, die Portugiesen Seide, Gewürze und vieles andere mehr. Hinzu kam, daß Portugal ganz am Ende der Handelswege lag. Hierher kamen die Waren zuletzt, hier waren sie am teuersten. Und damit nicht genug: Seit die Mongolen verschwunden waren und die feindseligen Osmanen (trotz ihrer vorübergehenden Schwäche während Timur-Lengs Aufstieg) Vorderasien beherrschten, war der Handel zwischen China und Europa zusehends zurückgegangen.

Vor dieser Situation stand der portugiesische Infant Heinrich (1304–1460). Er wußte, daß jeder Versuch, mit dem von Marco Polo so packend beschriebenen Osten Handel zu treiben, sinnlos war – zumindest auf dem Landweg. Warum also nicht die Türken umgehen und statt dessen Afrika umsegeln, um dorthin zu gelangen?

Das Problem war nur, daß niemand wußte, wie weit der afrikanische Kontinent nach Süden reichte. Keiner konnte sagen, ob die Reise durchführbar, das Meer befahrbar war, ob ein Schiff die tropischen Breiten passieren konnte und so weiter. (Niemand beachtete Herodots abenteuerliche Erzählungen von den Phöniziern, die Afrika zweitausend Jahre zuvor umschifft hatten.)

Heinrich richtete 1418 bei Sagres am Kap St. Vincent ein Observatorium und eine Seefahrtsschule ein. Sagres liegt im äußersten Süden Portugals, am Südwestzipfel Europas. Jahr um Jahr rüstete Heinrich Schiffe aus und schickte sie immer weiter die afrikanische Küste hinunter. Heinrich, heute als Heinrich der Seefahrer bekannt, läutete das *Jahrhundert der Entdeckungen* ein. In die Rolle, auf die China zu diesem Zeitpunkt verzichtete, schlüpften nun Portugal und später andere europäische Mächte.

Das Ergebnis war, daß niemals chinesische Schiffe nach Portugal, wohl aber portugiesische (und andere europäische) Schiffe nach China kamen. China mußte die selbstauferlegte Beschränkung teuer bezahlen.

Heinrichs Bemühungen zeitigten 1418 erste Erfolge, als portugiesische Seefahrer die Inselgruppe *Madeira* entdeckten. Die Inseln waren unbewohnt und von großen Wäldern bedeckt (der Name stammt von dem portugiesischen Wort für »Holz«). Der Infant ließ die Inseln besiedeln. Der Wald wurde gerodet, das Land kultiviert. In erster Linie wurde Zuckerrohr angebaut.

Nachtrag

Im Jahr 1413 bestieg Heinrich V. (1387–1422) den englischen Thron. Bereit, den Kampf gegen Frankreich wieder aufzunehmen, stellte er ein Invasionsheer auf. Am 25. Oktober 1415 kam es zur Schlacht bei Azincourt. Wieder besiegten die englischen Langbogenschützen ein viel größeres Heer der Franzosen. Heinrich V. besetzte die Normandie und nahm 1418 die Hauptstadt Rouen ein. Mit einem Mal schwebte Frankreich in noch größerer Gefahr als nach dem Überfall Eduards III. achtzig Jahre zuvor.

1427

Azoren

Die Azoren sind eine Inselgruppe im Atlantik, deren östlichste Insel etwa zwölfhundert Kilometer westlich von Portugal liegt. Der portugiesische Seefahrer Diego de Sevilha entdeckte sie 1427.

Nachtrag

Heinrich V. wurde nicht alt. Als er 1422 starb, war sein Sohn, der als Heinrich VI. bis 1461 regierte, erst neun Monate alt. Den Krieg in Frankreich führte Johann, der Herzog von Bedford (1389–1435), weiter. Johann war der jüngere Bruder Heinrichs V.

Auch der französische König Karl VI. war 1422 gestorben. Ihm folgte sein Sohn Karl VII., der von 1422 bis 1461 regierte. Allerdings gab es da ein Problem: Karl VII. konnte nicht gekrönt werden, da sich Reims (der traditionelle Krönungsort französischer Könige) in feindlicher Hand befand. Und Philipp, der Herzog von Burgund, der weite Gebiete im Osten Frankreichs beherrschte, kämpfte auf der Seite der Engländer. Frankreichs Lage schien hoffnungslos.

1436

Perspektive

Die Renaissance war für die Kunst eine große Epoche des Realismus. Die italienischen Maler wollten ihren Ölgemälden eine dreidimensionale Wirkung geben. Dazu bedurfte es der richtigen *Perspektive:* Die Linien mußten so zusammenlaufen, wie sie es auch in der Wirklichkeit zu tun schienen. Der italienische Künstler Leon Battista Alberti (1404–1472) veröffentlichte 1436 ein Buch, in dem er nach streng mathematischen Methoden darlegte, wie man perspektivische Wirkungen erzielte. Battista war ein Wegbereiter der vierhundert Jahre später entwickelten *projektiven Geometrie.*

Nachtrag

Im Jahr 1428 rückte das englische Heer vor und belagerte das französisch besetzte Orlé-

ans am Ufer der Loire. Nur aus Furcht vor den vermeintlich unbesiegbaren Engländern durchbrachen die Franzosen nicht den Belagerungsring.
Dann, 1429, erschien ein Bauernmädchen namens Jeanne Darc (etwa 1412–1431) auf dem Kriegsschauplatz (ihr Name wurde fälschlicherweise Jeanne d'Arc geschrieben). Sie behauptete, Gott habe sie gesandt, und das genügte, um den Franzosen wieder Mut einzuflößen und die Engländer einzuschüchtern. Die Franzosen durchbrachen die Belagerung, und Jeanne d'Arc führte sie nach Reims, ohne daß die Engländer nennenswerten Widerstand leisteten. Nun konnte Karl VII. gekrönt werden.
Jeanne versuchte daraufhin, Paris einzunehmen. Doch die französischen Heeresführer wollten das Kriegsglück nicht länger herausfordern (und auf die Furcht der Engländer vor einer Hexe setzen). Wie besessen folgte Jeanne ihrer Berufung. Schließlich geriet sie bei einem Gefecht in burgundische Gefangenschaft. Sie wurde als Hexe verurteilt und am 30. Mai 1431 in Rouen verbrannt.

1439

Artillerie

Karl VII., jetzt erst wirklich König, machte sich daran, die Armee zu reformieren, und beauftragte Jean und Gaspard Bureau mit der Modernisierung der Artillerie. Die beiden Brüder verbesserten die Kanonen und die Qualität des Schießpulvers, überwachten die Fertigung von Kanonen in größerer Stückzahl und bildeten Spezialisten für ihre Bedienung aus.
Das Heer Karls VII. setzte die Artillerie erstmals wirkungsvoll und gezielt ein. Das war das Ende der mittelalterlichen Kriegführung. Die Kavallerie, endgültig aus ihrer Sonderstellung von einst verdrängt, hatte fast nur noch eine Hilfsfunktion.
Die Stadtmauern, die im Gegensatz zu den Rüstungen vor den Langbogen Schutz boten, hielten den neuen Kriegsmaschinen nicht stand. Wie seinerzeit die Franzosen nicht begriffen hatten, daß der Langbogen eine überlegene Waffe war, so verstanden nun die Engländer nicht, warum sie auf einmal nicht mehr gewannen. Ihre Niederlage im Hundertjährigen Krieg begann sich abzuzeichnen.

Nachtrag

Im südamerikanischen Inkareich übernahm eine neue Dynastie die Herrschaft und führte es zu großer Blüte. Die Inkas hatten sich dem Leben in den Anden optimal angepaßt, kannten allerdings keine Schrift.

1450

Arkebusen

Die Artillerie brachte auch Probleme mit sich: Die Geschütze waren schwer, und es kostete viel Mühe, sie von Ort zu Ort zu schleppen. So gesehen war eine Kanone, die so klein war, daß ein einzelner sie tragen konnte, natürlich eine enorme Erleichterung.
Um 1450 wurde in Spanien eine solche »Kanone« erfunden: Diese erste Handfeuerwaffe war so klein, daß ein einzelner Menschen sie bedienen konnte. Ihr Name *Arkebuse* stammt möglicherweise von dem niederländischen Wort für »Hakenbüchse«, da die ersten Arkebusen noch so schwer waren, daß mit Haken versehene Piken zum Auflegen benutzt wurden.
Das Pulver hinter der Kugel mußte vor dem Schuß zuerst entzündet werden, und das Nachladen war ähnlich umständlich wie bei der Armbrust, so daß Pikeniere die Arkebusiers beim Laden schützen mußten.
Trotzdem waren die Arkebusen die ersten

Handfeuerwaffen. Mit der Zeit wurden bessere und leichtere Modelle gebaut, die der Schütze freistehend abfeuern konnte. Etwa hundert Jahre lang waren sie im Gebrauch, dann wurden sie ersetzt.

Nachtrag

In allen Kulturen gab es Sklaven, und auch für die Portugiesen war es mehr oder weniger selbstverständlich, daß sie auf ihren Entdeckungsfahrten entlang der afrikanischen Küste die Menschen, die dort lebten, zu Sklaven machten, weil die europäischen Entdecker den Ureinwohnern militärisch überlegen waren
Im Jahre 1441 wurden in der portugiesischen Hauptstadt Lissabon schwarze Sklaven zum Kauf angeboten. Damit begann ein Sklavenhandel, in dessen Verlauf schätzungsweise zwanzig Millionen Schwarzafrikaner gewaltsam verschleppt wurden und der unermeßliches Leid mit sich brachte, nicht nur für Schwarze.

1451

Konkave Linsen

Bisher waren nur konvexe Linsen für Augengläser benutzt worden (vgl. 1249). Konvexe Gläser sind in der Mitte dicker als am Rand und lenken die Lichtstrahlen nach innen ab, so daß die Strahlen früher im Brennpunkt zusammenlaufen. Sie helfen bei zu kurzem Bau des Auges und daraus resultierender Weitsichtigkeit (gewöhnlich bei alten Menschen anzutreffen).
Im Jahre 1451 kam der deutsche Gelehrte und Kardinal Nikolaus von Kues (1401–1464) auf die Idee, konkave Linsen herzustellen, die in der Mitte dünner waren als am Rand. Sie lenkten die Strahlen nach außen ab und verschoben so den Brennpunkt nach hinten. Solche Linsen helfen Menschen, die beispielsweise einen überlangen Augapfel haben und deshalb kurzsichtig sind (besonders bei jungen Menschen anzutreffen). Augengläser waren ein Segen für jung und alt.

Nachtrag

Im Jahre 1451 bestieg ein neuer Sultan den türkischen Thron. Das Osmanische Reich, das durch die Niederlage gegen Timur-Leng schwer erschüttert worden war, hatte sich erholt. Der neue Sultan Mohammed II. (1430–1481) war entschlossen, sein Reich zu vergrößern. Zu diesem Zweck wollte er Konstantinopel ein für allemal in türkische Hand bringen.
Auch in Konstantinopel herrschte seit 1449 ein neuer Kaiser: Konstantin XI. Palaiologos (1404–1453), der erste Führer von Format nach langer Zeit. Doch sein Herrschaftsgebiet war arg geschrumpft. Es umfaßte nur noch die Stadt selbst und einen kleinen Teil Südgriechenlands.

1454

Buchdruck

Die Bedeutung der Schrift (vgl. 3500 v. Chr.) ist gar nicht hoch genug einzuschätzen. Aber ebensowenig läßt sich leugnen, daß Schreiben ein ermüdender Vorgang ist. Nicht von ungefähr wurde immer wieder versucht, ihn abzukürzen. Die Ägypter erfanden Methoden, ihre komplizierten Symbole schneller zu kritzeln, und die Römer dachten sich Kurzschriften aus.
Die alten Sumerer hingegen entwickelten kleine Steinwalzen, in die sie Zeichen einritzten. Wenn man diese Walzen über weichem Ton abrollte, wurden die Zeichen eingedrückt und konnten anschließend durch Brennen haltbar

gemacht werden. Die Walzen ließen sich immer wieder verwenden und dienten dem Eigentümer als Siegel.
Warum nicht nach dem gleichen System ein Blatt Papier bedrucken? Bestreicht man beispielsweise einen Stempel mit Druckfarbe, in den spiegelverkehrt Zeichen geschnitten sind, so läßt sich das Zeichen (nicht seitenverkehrt) auf Papier drucken. Die Chinesen entdeckten diese Methode um 350, gegen 800 schnitzten sie bereits ganze Buchseiten aus Holzklötzen. Diese Seiten konnten beliebig oft gedruckt werden, und ein Druck war wie der andere. Allerdings erforderte es sehr viel Zeit, aus dem Holzklotz ein Flachrelief mit den vielen Zeichen herauszuarbeiten.
Später kamen die Chinesen auf die Idee, für jedes Zeichen einen eigenen Stempel zu verwenden. So konnten sie die Stempel für die gewünschte Druckseite beliebig kombinieren. Um 1450 verwendeten sie noch bewegliche Lettern aus Holz, um 1500 bereits Lettern aus Metall.
Doch um diese Zeit waren die Europäer bereits weiter (obwohl nicht auszuschließen ist, daß die Kunde von den beweglichen Lettern der Chinesen den Europäern erst auf die Sprünge geholfen hatte).
Der deutsche Erfinder Johannes Gutenberg (etwa 1397–1468) hatte seit 1435 an der Entwicklung eines Buchdrucks mit beweglichen Lettern gearbeitet. Er verwendete Papier (das bereits vor längerer Zeit aus China nach Europa gelangt war) und experimentierte mit verschiedenen Tuschearten. Außerdem konstruierte er eine Druckpresse, die das Papier gleichmäßig gegen die kleinen Metallbuchstaben drückte.
Im Jahre 1454 hatte Gutenberg ein tadellos funktionierendes Druckverfahren entwickelt und war bereit für die eigentliche große Aufgabe: die Herausgabe einer Bibel in gotischer Schrift mit zwei Spalten und zweiundvierzig Zeilen pro Spalte. Er druckte dreihundert Exemplare mit jeweils 1282 Seiten – die berühmten *Gutenbergbibeln.* Diese Bibel war das erste gedruckte Buch, und nach Meinung einiger Leute zugleich das schönste, das je gedruckt wurde. Die Kunst des Buchdrucks begann also gleich mit einem Paukenschlag. Die noch heute erhaltenen Gutenbergbibeln sind die teuersten Bücher der Welt.

Nachtrag

Mohammed II. griff im Jahr 1452 Konstantinopel an. Konstantin XI. leistete erbitterte Gegenwehr. Am 30. Mai 1453 fiel Konstantinopel. Die Stadt wurde türkisch und ist es noch heute. Mohammed II. machte sie zur Hauptstadt des Osmanenreichs. Konstantin XI. war der letzte byzantinische Kaiser.
Auch in Westeuropa ging 1453 etwas zu Ende, wenn auch nicht so spektakulär wie am Bosporus. Seit 1337 hatten England und Frankreich Krieg gegeneinander geführt (also 116 Jahre lang, obwohl man vom Hundertjährigen Krieg spricht). Seit dem Erscheinen Jeanne d'Arcs (vgl. 1436) war der Krieg für die Engländer praktisch verloren gewesen. Trotzdem unternahmen sie 1453 einen letzten Versuch und entsandten John Talbot (1388–1453) nach Bordeaux, um die Stadt wieder unter englische Herrschaft zu bringen. Doch Talbot war machtlos gegen die französische Artillerie. Er fiel auf dem Schlachtfeld, und Bordeaux wurde am 19. Oktober 1453 für immer französisch.
Für einige Historiker markiert das Jahr 1453 mit dem Untergang des byzantinischen Reiches und dem Ende des Hundertjährigen Krieges den Übergang vom Mittelalter zur Neuzeit. Für andere beginnt die Neuzeit erst ein rundes halbes Jahrhundert später mit der Entdeckung Amerikas oder mit der Reformation.
Aus militär-, entdeckungs- und religionsgeschichtlicher Sicht mag beides eine gewisse Berechtigung haben. Wer sich jedoch für Wissenschaftsgeschichte interessiert, für den stellt das Jahr 1454, in dem Gutenberg das erste Buch druckte, eine viel einschneidendere Zäsur dar.

1472

Kometenbahn

Kometen hatten unter den Menschen stets einen solchen Schrecken verbreitet, daß kaum einer jemals den Mut gefunden hatte, sie nüchtern und sachlich zu beobachten. Als dann 1472 erneut ein heller Komet am Himmel erschien, überwand der deutsche Astronom Johann Müller (1436–1476) seine Furcht (besser bekannt ist er unter dem selbstgewählten Pseudonym Regiomontanus nach seiner Geburtsstadt Königsberg).
Nacht für Nacht beobachtete Regiomontanus den Kometen und vermaß seine Position am Himmel. Auf diese Weise ermittelte er zum ersten Mal die genaue Bahn eines Kometen. Andere folgten seinem Beispiel. Allmählich setzte sich eine rationalere Haltung gegenüber solchen Himmelskörpern durch.

Nachtrag

Teils aus Enttäuschung über den Verlust Frankreichs, teils weil der König Heinrich VI. bereits erste Anzeichen geistiger Umnachtung zeigte, kämpften die englischen Adligen 1455 um den Thron. Der Bürgerkrieg, später *Rosenkriege* genannt, dauerte insgesamt dreißig Jahre.
Auch Frankreich wurde von einer Art Bürgerkrieg überzogen. Gegner waren hier der neue König Ludwig XI. (1423–1483) und Burgund, das mit seiner unabhängigen Außenpolitik häufig den französischen Interessen zuwiderhandelte.
Spanien war vierhundert Jahre lang geteilt gewesen. Der westliche Teil hieß Kastilien, der östliche Aragonien. Dann aber, im Jahr 1469, heiratete Isabella (1451–1504), die kastilianische Thronerbin, den aragonesischen Thronerben Ferdinand (1452–1516). Isabella bestieg ihren Thron 1474, Ferdinand den seinen 1479. Gemeinsam regierten sie über ein geeintes Spanien.

1487

Kap der Guten Hoffnung

Im Februar 1487 stach der portugiesische Seefahrer Bartholomäus Diaz (1450–1500) in See, um die Südspitze Afrikas zu erkunden. Eigentlich verfehlte er sie, denn ein Sturm trieb ihn an ihr vorbei aufs offene Meer hinaus.
Er segelte zurück nach Norden und gelangte an einen afrikanischen Küstenabschnitt, der von Westen nach Osten verlief. Er folgte der Küste ostwärts, bis sie nach Norden drehte. Dann zwang ihn die meuternde Besatzung zur Umkehr. Er verfolgte seinen Weg zurück, ermittelte den südlichsten Punkt des Kontinents und nannte ihn in seinem Bericht an König Johann II. von Portugal (1455–1495) aus verständlichen Gründen *Kap der Stürme.* Doch König Johann II., der ahnte, daß schon bald die ersten Schiffe nach Fernost segeln würden, taufte es um in *Kap der Guten Hoffnung*, und so heißt es noch heute.

Nachtrag

Iwan III. (1440–1505) in Moskau einte die russischen Fürstentümer Schritt für Schritt unter seiner Herrschaft.
Im Jahre 1477 gelang es dem französischen König Ludwig XI., seinem Land das Herzogtum Burgund einzuverleiben. Doch der Kaiser des Heiligen Römischen Reiches, den mittlerweile regelmäßig das Haus Habsburg stellte, erhielt im Streit um das burgundische Erbe die Niederlande zugesprochen (die heutigen Niederlande und Belgien). Pech für Frankreich: Dreihundert Jahre lang mußte es nun die feindlich gesonnenen Habsburger an seiner Nordostgrenze dulden.

Mit dem Sieg Heinrichs VII. (1457–1509) in der Schlacht von Bosworth endeten 1485 die Rosenkriege in England.
Im Jahre 1487 wurde Tomás de Torquemada (1420–1498) von Papst Innozenz VIII. (1432–1492) zum Großinquisitor von Spanien ernannt. Torquemada sorgte dafür, daß die *spanische Inquisition* zum Inbegriff für Schrecken und Grausamkeit wurde. Bis hinein ins zwanzigste Jahrhundert wurden die Greuel der Inquisition durch nichts übertroffen.

1492

Die Neue Welt

Während die Portugiesen Afrika umsegelten, hielten es andere für möglich, auch auf anderem Weg ans Ziel zu kommen. Da sich inzwischen herumgesprochen hatte, daß die Erde rund ist, war es nur eine Frage der Zeit, bis jemand auf die Idee kam, die Welt einfach zu umsegeln und den Fernen Osten durch eine Fahrt nach Westen zu erreichen.
Der Gedanke war naheliegend, und tatsächlich hatte ihn Roger Bacon (vgl. 1249) schon zweihundert Jahre zuvor ausgesprochen. Was die Menschen davon abhielt, die Idee in die Tat umzusetzen, war die Vorstellung, daß sich zwischen der Westküste Europas und der asiatischen Ostküste ein riesiger Ozean erstreckte. Ihn mit den damaligen Schiffen zu überwinden, schien undenkbar.
Wenn Eratosthenes recht gehabt hatte und der Erdumfang rund 40 000 km betrug (vgl. 240 v. Chr.), dann lagen zwischen Europa und Asien etwa 20 000 km offenes Meer. Doch es gab auch andere Stimmen. So hatten Ptolemäus (vgl. 140) und andere Gelehrte die Erde für kleiner gehalten als Eratosthenes, und Marco Polo hatte angenommen, daß Asien viel weiter nach Osten reiche, als es in Wirklichkeit der Fall ist.
Auch der genuesische Seefahrer Christof Kolumbus (1451–1506) war davon überzeugt, daß die Erde kleiner war und Asien sich weit nach Osten erstreckte. Nach seiner Schätzung trennten die Westküste Europas und die Ostküste Asiens nur 5 000 km. Eine solche Strecke war zu schaffen, und er bat verschiedene westeuropäische Staaten um Geld für eine Expedition.
Natürlich wandte er sich zuerst an Portugal. Doch nach Meinung der portugiesischen Fachleute war die Erde größer, als Kolumbus vermutete (womit sie recht hatten). Außerdem waren sie überzeugt, daß sie schon bald Afrika umsegeln und so ans Ziel gelangen würden.
Kolumbus versuchte sein Glück in anderen Ländern, ohne Erfolg. Er war schon nahe daran, sein Vorhaben aufzugeben, als die Dinge in Spanien eine günstige Wendung für ihn nahmen.
Unter der Führung Ferdinands und Isabellas griff das geeinte Spanien die letzte Bastion moslemischer Herrschaft im Land an: das Königreich Granada tief im Süden. Der Krieg endete mit einem Sieg. Granada fiel am 2. Januar 1492. (Im gleichen Jahr vertrieb Torquemada die Juden aus Spanien. Das war insofern nichts Neues, als die Juden schon früher aus England und Frankreich vertrieben worden waren. Als Zuflucht dienten ihnen Polen, wo Kaufleute gebraucht wurden, und die moslemische Welt, die zu dieser Zeit zivilisierter und toleranter war als das christliche Abendland.)
Im Vertrauen auf ein geeintes und starkes Spanien beschloß das Königspaar, Kolumbus mit einem Minimum an Geldmitteln zu unterstützen. Mit drei Karavellen und einer Besatzung aus Sträflingen, die für diese Fahrt aus dem Gefängnis entlassen wurden, stach Kolumbus am 3. August 1492 in See. Sieben Wochen lang segelte er westwärts, ohne Land zu entdecken, allerdings auch ohne in einen Sturm zu geraten. Am 12. Oktober schließlich sichtete er Land – eine Insel der Bahamagruppe, wie sich später herausstellte.
Kolumbus fuhr weiter nach Süden und stieß

auf die Westindischen Inseln (bis an sein Lebensende war er überzeugt, er habe *Indien* und damit die asiatische Ostküste erreicht; der Name Westindische Inseln und die Gepflogenheit, die amerikanischen Eingeborenen *Indianer* zu nennen, sind Folgen dieses Irrtums).
Natürlich war er nicht in Asien gelandet, sondern in Amerika, in einer *Neuen Welt,* deren Entdeckung auch für die *Alte Welt* tiefgreifende Veränderungen mit sich bringen sollte.
Kolumbus war selbstverständlich nicht der erste Mensch, der den Kontinent betrat. Aus Sibirien waren mindestens schon dreißigtausend Jahre zuvor Menschen eingewandert (vgl. 20 000 v. Chr.). Und er war nicht einmal der erste Europäer, da Leif Eriksson bereits fünfhundert Jahre vor ihm dort gewesen war (vgl. 1000). Doch mit seiner Pioniertat begann die kontinuierliche Besiedlung des neuen Kontinents durch die Europäer. Erst durch ihn betrat Amerika die Bühne der Weltgeschichte. Aus diesem Grund wird gewöhnlich Kolumbus das Verdienst der »Entdeckung« zugeschrieben.
Die Entdeckung unbekannter Erdteile hatte übrigens auch andere Folgen. So schwand etwa der Glaube an die Allwissenheit der antiken Gelehrten. Offenbar hatten sie doch nicht alle Fragen gelöst. Die Europäer lebten in dem berauschenden Gefühl, die Vorbilder des Altertums übertrumpft zu haben. Dies war eine der Voraussetzungen für die wissenschaftliche Revolution, die ein halbes Jahrhundert später einsetzte.

Die magnetische Deklination

Ohne den Magnetkompaß hätte Kolumbus seine Reise gar nicht erst antreten können. Dieser Umstand trug dazu bei, daß dem Phänomen des Magnetismus nun besondere Aufmerksamkeit geschenkt wurde. Niemand wußte, warum die Nadel nach Norden zeigte, aber egal aus welchem Grund: Niemand zweifelte daran, daß sie immer und unabänderlich nach Norden zeigte.
Kolumbus war der erste, der eine Abweichung feststellte. Auf seiner Fahrt nach Westen bemerkte er, daß die Nadel unterwegs leicht die Richtung änderte. Bei Beginn der Reise zeigte sie nicht genau nach Norden, sondern wich etwas nach Westen ab. Während der Fahrt schwenkte sie nach Osten, zeigte irgendwann genau nach Norden und schließlich leicht nach Osten.
Aus wissenschaftlichem Interesse vermerkte Kolumbus diese Beobachtung im Logbuch, verheimlichte sie aber der Mannschaft. Hätten die Männer erfahren, daß auf den Kompaß kein Verlaß war, so wären sie bestimmt in Panik geraten, hätten Kolumbus getötet und in ihrer Verzweiflung kehrtgemacht, um Land anzulaufen, bevor sie endgültig verloren waren. Und das wäre ihnen ohne die starke Hand von Kolumbus vermutlich nicht gelungen. Wären die Schiffe nicht mehr zurückgekehrt, hätte es lange gedauert, bis ein europäischer Monarch wieder Geld für ein solches Unternehmen aufs Spiel gesetzt hätte.

Nachtrag

In Florenz erlebte die Renaissance unter den Medici ihre Blütezeit, inbesondere unter Lorenzo »dem Prächtigen« (1449–1492). Die Medici waren großzügige Förderer von Kunst und Literatur. Nach dem Untergang Konstantinopels 1453 nahmen sie in Florenz geflohene byzantinische Gelehrte auf.

1495

Syphilis

Im Jahre 1495 brach in der italienischen Stadt Neapel während der Belagerung durch französische Truppen eine bis dahin unbekannte Krankheit aus. Von den Soldaten von Ort zu Ort getragen, breitete sich die Krankheit

schnell aus. Fast ein halbes Jahrhundert später schrieb der italienische Astronom Girolamo Fracastoro (etwa 1478–1553) ein Gedicht über einen Hirten, der sich mit dieser neuen Krankheit angesteckt hatte, welche von den Italienern die französische und von den Franzosen die neapolitanische Krankheit genannt wurde. Fracastoro nannte den Hirten Syphilis, und schon bald nannte ganz Europa die Krankheit so, und schließlich die ganze Welt.
Die Syphilis war vermutlich keine ganz unbekannte Krankheit, denn was die Menschen im Altertum und im Mittelalter als Aussatz bezeichnet hatten, dürfte in einigen Fällen eine Art Syphilis gewesen sein. Für die Menschen um 1500 war sie allerdings neu.
Da sie so kurz nach der Entdeckung Amerikas auftrat und die Nachricht umging, daß einige Seeleute des Kolumbus im neapolitanischen Heer dienten, wurden Vermutungen laut, es handle sich um eine amerikanische Krankheit, die nach Europa eingeschleppt worden sei. Später hieß es, Europäer hätten die Krankheit nach Amerika eingeschleppt. Wie es wirklich war, läßt sich nicht mehr nachweisen.

Nachtrag

Auf seiner zweiten Fahrt in die Neue Welt entdeckte Kolumbus die Insel Kleinspanien, auf der heute die Staaten Haiti und Dominikanische Republik liegen.
Karl VIII. (1470–1498), seit 1483 König von Frankreich, fiel in Italien ein, um das Königreich Neapel zu annektieren (zu dieser Zeit brach die Syphilis aus). Damit begann ein Kriegsreigen mit Frankreich auf der einen und Spanien und dem Heiligen Römischen Reich auf der anderen Seite. Italien, damals das kultivierteste Land Europas, wurde verwüstet und versank in eine Art Dauerschlaf, aus dem es erst dreieinhalb Jahrhunderte später wieder erwachen sollte.

1497

Indien

Am 8. Juli 1497 stach der portugiesische Seefahrer Vasco da Gama (1460–1524) mit vier Schiffen von Lissabon aus in See. Er umsegelte am 22. November das Kap der Guten Hoffnung, passierte den entferntesten Punkt, den Diaz (vgl. 1487) noch erreicht hatte, fuhr die afrikanische Ostküste hinauf und erreichte schließlich am 20. Mai 1498 Calicut in Indien.
Es war also geschafft. Was Heinrich der Seefahrer begonnen hatte (vgl. 1418), war fast vier Jahrzehnte nach seinem Tod vollbracht. Die Portugiesen hatten das Osmanenreich und die italienischen Handelsstädte umgangen. In dem Maße, wie die Mittelmeerländer an Macht und Wohlstand einbüßten, stiegen die Staaten am Atlantik zu führenden Handelsmächten auf.
Vasco da Gamas Entdeckungsreise war die erste Fahrt, die so lange dauerte, daß an Bord Skorbut ausbrach. Skorbut ist eine Mangelkrankheit, die zum Tode führen kann. Da Gama verlor durch sie drei Fünftel seiner Mannschaft.

Nachtrag

Mit finanzieller Unterstützung der Engländer stach der italienische Seefahrer Giovanni Caboto (etwa 1450–1498), besser bekannt unter dem englischen Namen John Cabot, 1497 in See und entdeckte Neufundland und Neuschottland. Nach den Wikingern war er der erste Europäer, der das Festland der Neuen Welt betrat (bis dahin war Kolumbus immer nur auf Inseln gelandet).

1502

Amerika

Der italienische Seefahrer Americus Vespucius (1454–1512), besser bekannt als Amerigo Vespucci, nahm seit 1497 an den Erkundungsfahrten entlang der südamerikanischen Küste teil.
Die Reisen selbst waren ohne besondere Bedeutung, aber Vespucci zog aus seinen Erfahrungen eine wichtige Schlußfolgerung. Ihm fiel auf, daß keines der Länder, die er selbst gesehen hatte oder über die ihm andere Entdecker berichteten, auch nur die geringste Ähnlichkeit mit jenem Asien hatte, das Marco Polo beschrieben hatte. Er zog daraus als erster den Schluß, daß es sich bei diesen Ländern gar nicht um Asien handelte. Im Jahre 1502 behauptete er öffentlich, daß diese Länder zu einem neuen Kontinent gehörten und daß Asien weit im Westen hinter einem zweiten Ozean liege.
Wenn Kolumbus der erste war, der in der Neuen Welt gelandet war, so war Vespucci der erste, der erkannte, daß es sich um eine neue Welt handelte. Unter dem Eindruck dieser Neuigkeit nannte der deutsche Kartograph Martin Waldseemüller (etwa 1470–1518) den neuen Kontinent nach Amerigo Vespucci Amerika und zeichnete eine Karte, die das neue Land nicht als Teil Asiens, sondern als eigenen Kontinent auswies.
Der Name fand Anklang. Da wir inzwischen wissen, daß dieses Land aus zwei Kontinenten besteht, die durch einen schmalen Landstreifen verbunden sind, sprechen wir von *Nordamerika* und *Südamerika* und nennen das Verbindungsstück *Mittelamerika.*

Nachtrag

Im Jahre 1498 unternahm Kolumbus eine dritte Fahrt in die Neue Welt. Diesmal landete er an der Mündung des Orinoko, im heutigen Venezuela. Zum ersten Mal erreichte er den eigentlichen Kontinent.
Der portugiesische Entdecker Pedro Alvares Cabral (1467 oder 1468–1520) landete im März 1500 an der Küste des heutigen Brasilien. Er beanspruchte das Land für Portugal – mit dem Ergebnis, daß man in Brasilien heute Portugiesisch spricht und in allen anderen Ländern südlich der Vereinigten Staaten Spanisch.
Im Jahre 1501 brachten spanische Siedler afrikanische Sklaven auf die Westindischen Inseln. Doch das war nur der Anfang. Heute stellen die Schwarzen in Süd- und Nordamerika einen bedeutenden Bevölkerungsanteil.
Bei seiner vierten und letzten Fahrt landete Kolumbus 1502 an der Küste Mittelamerikas.

1504

Taschenuhren

Eine mechanische Uhr mußte senkrecht stehen, wenn sie ihren Antrieb aus Gewichten bezog, die von der Schwerkraft nach unten gezogen wurden. Diese Gewichte mußten recht groß sein, folglich konnten keine kleinen Uhren gebaut werden. Dann aber, um 1470, wurde mit der Zugfeder eine Alternative zu den Gewichten erfunden. Die Zugfeder war ein spiralförmiges Stahlband, das so fest zusammengedreht werden konnte, daß es durch seine selbsttätige Aufrollbewegung die Uhr antrieb.
Der deutsche Mechaniker Peter Henlein (etwa 1485–1542) erkannte, daß eine Zugfeder immer ihren Zweck erfüllte, ob sie nun groß oder klein war, und da die Schwerkraft nun ebenfalls keine Rolle mehr spielte, konnte der Antrieb in jeder Lage wirksam werden. So baute er um 1504 eine kleine Uhr, die man in die Tasche stecken konnte, und setzte eine kleine Zugfeder ein.

Die ersten Taschenuhren hatten nur Stundenzeiger und liefen nicht besonders genau. Aber schon bald gab es bessere.

1513

Südsee

Kolumbus war auf seiner letzten Fahrt an der Küste des heutigen Isthmus von Panama gelandet. Bald danach trafen die ersten spanischen Siedler ein, darunter auch Vasco Núñez de Balboa (1475–1519).
Nicht wenige Spanier wähnten sich damals in Asien und suchten nach dem unermeßlichen Reichtum, von dem Marco Polo berichtet hatte. Besonders begierig waren sie nach Gold. Schließlich waren die Eingeborenen – ob nun Asiaten oder nicht – in jedem Fall Heiden, und deshalb gehörte ihr Gold von Rechts wegen jedem Christen, der sich um ihre Bekehrung bemühte.
Balboa hörte gerüchteweise, daß es im Westen Gold gab, und rüstete zu einer Expedition. Am 1. September 1513 brach sie auf. Doch Panama ist nur eine schmale Landenge, und die Westküste ist schnell erreicht. Und so blickte Balboa am 25. September von einem Hügel aus auf eine endlose Wasserfläche. Offensichtlich ein Ozean. Da die panamesischen Küsten von Ost nach West verlaufen und der Atlantik an der Nordküste liegt, nannte Balboa den neuentdeckten Ozean auf der Südseite *Südsee*. Balboa erkannte vermutlich nicht, daß es sich um den zweiten Ozean handelte, von dem Vespucci gesprochen hatte. Doch er war es: der Ozean zwischen Amerika und Asien.

Florida

Kolumbus hatte *Puerto Rico* (»reicher Hafen«) bereits 1492 bei seiner ersten Fahrt entdeckt. Als er nach Spanien heimkehrte, waren einige Männer aus der Mannschaft dort geblieben. Als er dann auf der zweiten Fahrt erneut nach Puerto Rico kam, waren diese Siedler verschwunden. Doch bald folgten andere. Um 1513 hatten die Spanier in Puerto Rico endgültig Fuß gefaßt.
Unter ihnen lebte ein Sklavenhändler namens Juan Ponce de Léon (1460–1521). Genau zur Osterzeit, am 3. März 1513, segelte de Léon nach Nordwesten und erreichte das amerikanische Festland. Unter dem Eindruck der Frühjahrsblüte nannte er das Land *Florida* (»die Blühende«). Es war der erste von Europäern besiedelte Teil der heutigen Vereinigten Staaten.

Nachtrag

Um 1503 landeten die Portugiesen auf den indonesischen Inseln und kehrten mit ganzen Schiffsladungen von Gewürzen zurück. Damit war das venezianische Monopol endgültig gebrochen. Die Folge war ein rapider Preisverfall.
Im Jahr 1505 starb Iwan III., und sein Sohn Wassili III. (1479–1533) wurde neuer Zar. 1510 verleibte er dem Moskauer Staat Pleskau ein, das letzte unabhängige Gebiet in Rußland. Nun waren alle russischen Fürstentümer vereint. Ihr Gebiet erstreckte sich über das nordwestliche Drittel des heutigen europäischen Rußland.
Im Jahre 1512 landete ein portugiesisches Schiff im chinesischen Hafen Kanton. Dieses Ereignis war die Konsequenz einer unterschiedlichen Politik: Während sich China von der See zurückgezogen hatte, hatte Portugal sie erobert.

1519

Mexiko

Die spanischen Entdecker kreuzten zwar schon ein Vierteljahrhundert in der Karibik, doch den Zivilisationen auf dem amerikanischen Kontinent waren sie immer noch nicht begegnet. Im Jahre 1517 war Francisco Fernández de Córdoba (etwa 1475–1525) von Kuba aus nach Westen gesegelt und hatte die Halbinsel Yucatán entdeckt. Er war der erste, der Spuren der Mayakultur fand. Allerdings war diese Kultur nur ein schwacher Abglanz vergangener Tage.

Im Westen jedoch, jenseits des Golfs von Mexiko, lag das noch blühende Reich der Azteken, das rund 5 Millionen Einwohner zählte und ganz Mittel- und Südmexiko beherrschte. Im Jahr 1519 gingen rund sechshundert Spanier an Land, angeführt von Hernán Cortés (1485–1547) und ausgerüstet mit siebzehn Pferden und zehn Kanonen. Diese kleine Armee genügte, um das Aztekenreich zu vernichten. Das ist nicht so überraschend, wie es vielleicht klingen mag. Und es bedeutet auch keineswegs, daß die Europäer den Azteken von Natur aus überlegen waren. Zum einen hatten die Azteken weder den Pferden noch den Kanonen etwas entgegenzusetzen. Zum anderen waren die von ihnen unterworfenen Völker aufsässig und nur zu gern bereit, an Cortés' Seite zu kämpfen. Und schließlich hingen die Azteken und ihr König Montezuma II. (1466–1520) dem Irrglauben an, die Spanier seien Götter, deren Erscheinen ihnen prophezeit worden war, und setzten sich infolgedessen erst zur Wehr, als es bereits zu spät war.

So kam es, daß die Spanier das Aztekenreich zerstörten und Mexiko besetzten. Sie unternahmen keinerlei Anstrengungen, Teile der Aztekenkultur zu retten oder Kenntnisse zu erhalten. Schließlich handelte es sich ja um eine heidnische Kultur.

1523

Weltumseglung

Der portugiesische Seefahrer Magalhães, zu deutsch Fernando Magellan (etwa 1480–1521), rüstete mit finanzieller Unterstützung Spaniens fünf Schiffe aus und segelte am 20. September 1519 auf der Suche nach dem Fernen Osten nach Westen. Als er Südamerika erreicht hatte, forschte er nach dem südlichen Ende des Kontinents. Er entdeckte es am 21. Oktober. Von Stürmen umtost, folgte er über fünf Wochen lang einer Route, die heute nach ihm *Magellanstraße* heißt. Am 28. November öffnete sich vor ihm ein Ozean, und die Stürme legten sich. Da das Wetter auf der Weiterfahrt ruhig blieb, nannte Magellan den neu entdeckten Ozean *Pazifik* (Stiller Ozean). Doch der Pazifik war viel breiter als erwartet, und nur äußerst selten kam Land in Sicht. Neunzehn Tage lang segelten die Schiffe durch eine endlose Wasserwüste. Die Männer litten unter quälendem Hunger und Durst. Schließlich erreichten sie die Insel Guam und segelten anschließend weiter zu den Philippinen. Dort starb Magellan am 17. April 1521 in einem Scharmützel mit Eingeborenen.

Doch die Expedition fuhr weiter nach Westen. Nur ein einziges Schiff mit achtzehn Mann an Bord landete schließlich am 7. September 1522 unter der Führung von Juan Sebastián de Elcano (etwa 1476–1526) in Spanien. Diese erste Weltumseglung hatte drei Jahre gedauert. Dank der Gewürze, die das Schiff mitbrachte, war das Unternehmen finanziell ein voller Erfolg – sofern man angesichts der vielen Opfer unter den Seeleuten überhaupt von einem Erfolg sprechen kann.

Nun war endlich zweifelsfrei bewiesen, daß der Erdumfang rund 40 000 km betrug, wie Eratosthenes berechnet hatte (vgl. 240 v. Chr.). Und noch eine Erkenntnis hatte die Reise gebracht: Der ganze Globus war von einem Ozean bedeckt, in dem die Kontinente wie riesige Inseln lagen.

Nachtrag

Selim I., genannt der Strenge (1467–1520), wurde 1512 osmanischer Sultan. Er eroberte 1516 Syrien, im Jahr darauf Ägypten und machte das Osmanenreich zum größten und mächtigsten Moslemreich seit der Blütezeit des Abbasidenreichs siebenhundert Jahre zuvor.

Am 31. Oktober 1517 nagelte der deutsche Mönch Martin Luther (1483–1546) im sächsischen Wittenberg ein Papier an die Kirchentür. Darauf standen fünfundneunzig Thesen, in denen Luther Mißstände in der Kirche anprangerte. Sie lösten in der Öffentlichkeit einen gewaltigen Widerhall aus.

Daß Luther Erfolg hatte, während die Reformer vor ihm gescheitert waren, dürfte nicht zuletzt der Druckerpresse zuzuschreiben sein. Die Flugschriften, in denen Luther seinen Standpunkt verfocht, überschwemmten ganz Deutschland und die angrenzenden Länder. Gegen diese Flugschriften war die Kirche machtlos. Luthers Thesenanschlag gilt allgemein als der Beginn der *Reformation*.

1531

Peru

Noch gab es das Inkareich, das sein Zentrum im heutigen Peru hatte und sich entlang der Andenkette erstreckte. Atahualpa (um 1502–1533), seit 1530 an der Spitze des Reiches, herrschte über etwa sieben Millionen Untertanen.

Im Jahre 1531 segelte Francisco Pizarro (um 1475–1541) mit 180 Mann, siebenundzwanzig Kanonen und zwei Pferden nach Peru. Innerhalb von drei Jahren ereilte Peru das gleiche Schicksal wie Mexiko. Die arglosen Inkas wurden mit Gewalt und Verrat bezwungen.

In der Folgezeit besetzten und besiedelten die Spanier den gesamten amerikanischen Kontinent bis hinauf zu den heutigen Südstaaten der USA. Drei Jahrhunderte lang blieben diese Gebiete in spanischer Hand. Nur Brasilien wurde von den Portugiesen besetzt und besiedelt.

Nachtrag

Im Jahre 1520 starb der osmanische Sultan Selim I. Nachfolger wurde sein Sohn Sulaiman I. (1494 oder 1495–1566), der als Sulaiman der Prächtige in die Geschichte einging. Er führte das Osmanenreich auf den Höhepunkt seiner Macht.

Gustav I. Wasa (1496?–1560), der sich 1523 zum König krönen ließ, befreite Schweden von der hundertdreißigjährigen dänischen Fremdherrschaft.

Im Jahre 1524 erforschte der in französischen Diensten stehende italienische Seefahrer Giovanni da Verrazano (1485?–1528) die Ostküste Nordamerikas und segelte als erster in die Bucht des heutigen New York.

In Indien besetzte Babur (1483–1530), der sich als Nachkomme Tamerlans ausgab, im Jahr 1526 Delhi und Agra und gründete das Mogulreich *(Mogul* kommt von *Mongole)*. Dieses Reich blieb über drei Jahrhunderte bestehen.

Im Jahre 1530 entdeckte der spanische Forscher und Gründer von Bogota, Gonzalo Jiménez de Quesada (um 1495–1579), bei der Eroberung des heutigen Kolumbien die Kartoffel. Zusammen mit Mais und Tabak ist die Kartoffel eine der wichtigsten Nutzpflanzen, die aus Amerika nach Europa kamen.

1535

Gleichungen dritten Grades

Den Mathematikern der damaligen Zeit fiel es leicht, Gleichungen ersten Grades *(lineare*

Gleichungen mit x) und zweiten Grades *(quadratische Gleichungen* mit x^2) zu lösen. Vor Gleichungen dritten Grades *(kubische Gleichungen* mit x^3) mußten sie allerdings kapitulieren.
Der italienische Mathematiker Niccolò Tartaglia (1499–1557) fand 1535 eine Methode zur Lösung kubischer Gleichungen. Damals kam es häufig vor, daß Mathematiker ihre Entdeckungen für sich behielten und damit prahlten, Probleme lösen zu können, an denen andere scheiterten. Das erhöhte ihr Prestige und verlieh ihnen ein Gefühl von Macht. Nicht so in diesem Fall: Der italienische Mathematiker Geronimo Cardano (1501–1576) entlockte Tartaglia die Formel für die allgemeine kubische Gleichung und veröffentlichte sie. Aus diesem Grund wird die Entdeckung häufig Cardano zugeschrieben.
Trotz heftiger Proteste Tartaglias hatte die Welt ihren Präzedenzfall. Fortan gehörten wissenschaftliche Entdeckungen nicht mehr dem Entdecker, sondern der Allgemeinheit. Mit Recht: Würden nämlich alle Wissenschaftler ihre Entdeckungen nur um des persönlichen Ruhmes willen geheimhalten, gäbe es keinen Fortschritt. Daher ist es zur Regel geworden, daß das Verdienst einer Entdekkung nicht unbedingt dem eigentlichen Erfinder gebührt, sondern dem, der sie als erster veröffentlicht.
Dies veranlaßte die Wissenschaftler, ihre Entdeckungen zu publizieren und ihre Kollegen so schnell wie möglich zu informieren. Ohne das »Gesetz der Erstveröffentlichung« gäbe es heute keine Wissenschaft, wie wir sie kennen. Cardano verhalf der Wissenschaft mit seiner unehrenhaften Handlung zu dieser Entwicklung, wobei der Schaden für Tartaglia durch den Nutzen für die Welt bei weitem aufgewogen wurde.

Nachtrag

Heinrich VIII. (1491–1547), König von England seit 1509, ließ es 1531 zum Bruch mit dem Papst kommen, als dieser sich weigerte, seine Ehe mit Katharina von Aragonien (1485–1536) für nichtig zu erklären, und heiratete 1533 Anna Boleyn (1507?–1536). Aus diesem Zerwürfnis mit dem Papst entstand 1534 die Anglikanische Kirche, die sich im wesentlichen nur darin von der katholischen Kirche unterscheidet, daß der König und nicht der Papst das Oberhaupt ist.
Im Jahre 1534 stieß der französische Seefahrer Jacques Cartier (1491–1557) auf eine Öffnung in der Küste zwischen Labrador und Neufundland und glaubte, die Nordwestpassage gefunden zu haben – also eine schiffbare Durchfahrt vom Atlantik durch Nordamerika zum Pazifik und nach Asien. Cartier folgte der dahinter liegenden Meeresstraße, die heute den Namen Belle-Isle-Straße trägt, und gelangte in eine Bucht, die er für einen breiten Meeresarm hielt. Da er am 10. August in die Bucht hineinfuhr, dem Tag, der dem heiligen Laurentius gewidmet ist, heißt sie heute Sankt-Lorenz-Golf. Wie sich herausstellte, war er in die Mündung des Sankt-Lorenz-Stroms und nicht in eine Meeresstraße zum Pazifik geraten. Trotzdem leitete Frankreich aus Cartiers Fahrt Ansprüche auf Kanada ab und behielt das Land schließlich zweihundert Jahre lang.

1538

Kometenschweif

Allein in den dreißiger Jahren des 16. Jahrhunderts erschienen sechs Kometen am Himmel. Ermutigt durch Regiomontanus' Beispiel (vgl. 1472) ließen sich die Astronomen bei ihren Beobachtungen nun nicht mehr aus der Ruhe bringen. Unter ihnen war auch der Astronom Girolamo Fracastoro, der den Begriff *Syphilis* geprägt hatte (vgl. 1495). Er veröffentlichte 1538 ein Buch mit seinen Beobachtungen und erwähnte darin, daß der Kometenschweif stets in die der Sonne entgegengesetzte Richtung weise.

Der deutsche Astronom Peter Bennewitz (lateinisch Petrus Apianus, 1495–1552) kam beim Studium der Kometen unabhängig von Fracastoro zu den gleichen Ergebnissen und veröffentlichte sie 1540. Er zeichnete die erste wissenschaftliche Darstellung eines Kometen, bei der die Stellung des Schweifes gegenüber der Sonne angedeutet war.

Nachtrag

Heinrich VIII. hatte mit der katholischen Kirche gebrochen, um Anna Boleyn heiraten zu können. Als sie ihm nur eine Tochter gebar, ließ er sie 1536 wegen angeblichen Ehebruchs enthaupten. Anschließend heiratete er Jane Seymour (1509?–1537). Sie starb nach der Geburt des Thronfolgers, den er sich so sehnsüchtig gewünscht hatte.

1541

Mississippi

Allmählich wurde auch das Innere des amerikanischen Kontinents erforscht. Cortés erkundete den Norden des heutigen Mexiko und entdeckte 1536 die Halbinsel von Niederkalifornien.
Im Jahre 1539 erhielt der spanische Forscher Hernando de Soto (um 1500–1542) von Karl V. den Auftrag, in Florida zu landen und es den spanischen Gebieten einzugliedern. De Soto leistete mehr. Innerhalb von drei Jahren erforschte er den Südteil der heutigen Vereinigten Staaten. Er und seine Männer sahen 1541 als erste Europäer den Mississippi. Er überquerte den Strom, kehrte aber im Frühjahr 1542 wieder um und starb an seinen Ufern.

Nachtrag

Der französische Theologe Johann Calvin (1509–1564) verkündete eine noch radikalere Form des Protestantismus als Luther. Nach Calvins Flucht in die Schweiz entstand der *Calvinismus,* der die Grundlage für den Presbyterianismus bildete.

1542

Amazonas

Einer der Berater Pizarros während der Eroberung Perus, Francisco de Orellana (etwa 1490–etwa 1546), gelangte auf Forschungsreisen ostwärts durch die Anden zum Quellgebiet eines Flusses. Er hielt es für einfacher, dem Fluß zu folgen, als wieder über die mächtige Gebirgsformation zurückzukehren.
Von April 1541 bis August 1542 fuhr er den Fluß hinunter, der sich hinsichtlich Wassermenge und Einzugsgebiet als der mit Abstand größte Fluß der Welt entpuppte. Nach Orellanas Berichten lebten dort Stämme, die von Frauen geführt wurden. In Erinnerung an die Amazonen, die Kriegerinnen der griechischen Sagenwelt, erhielt der Fluß den Namen Amazonas.
Orellana hatte als erster Europäer Südamerika vom Pazifik bis zum Atlantik durchquert.

Nachtrag

Nach kurzer Ehe mit seiner vierten Frau Anna Kleve heiratete Heinrich VIII. alsbald seine fünfte Frau Catherine Howard (1520?–1542). Auch sie ließ er bald wegen Ehebruchs köpfen.

1543

Heliozentrisches System

Die Spekulationen des Aristarchos (vgl. 280 v. Chr.) über ein heliozentrisches System, bei dem die Sonne das Zentrum des Weltalls bildet und die Planeten einschließlich der Erde sich um sie drehen, waren nicht weiter verfolgt worden. Dagegen hatte man das geozentrische System des Hipparch (vgl. 150 v. Chr.) und des Ptolemäus (vgl. 140) ungefragt übernommen.

Doch wie sich dann herausstellte, waren die Planetenbewegungen auf der Grundlage eines geozentrischen Systems nur sehr schwierig zu berechnen. Während Sonne und Mond ihre Bahn relativ zu den Sternen unverändert von West nach Ost zogen, wechselten die anderen Planeten manchmal die Richtung *(retrograde Planetenbewegung)* und wurden dabei gelegentlich deutlich heller oder matter.

Der polnische Astronom Nikolaus Kopernikus (1473–1543) äußerte bereits um 1507 die Auffassung, daß sich die retrograden Planetenbewegungen einfacher erklären ließen, wenn man im Rückgriff auf Aristarchos davon ausging, daß sich alle Planeten einschließlich der Erde um die Sonne drehten. Und ebenso leicht ließe sich dann erklären, warum Venus und Merkur immer in der Nähe der Sonne blieben und manche Planeten einmal heller und dann wieder schwächer leuchteten. Zudem konnten die Planetenbewegungen und der Stand der Planeten einfacher berechnet werden.

Kopernikus gab jedoch nicht alle Theorien der Griechen auf. Zum Beispiel beharrte er darauf, daß die Umlaufbahnen der Planeten vollkommen kreisförmig seien. Die Folge: Sein System blieb unnötig kompliziert.

Der Unterschied zwischen Kopernikus und Aristarchos bestand darin, daß Aristarchos seine Meinung nur als eine logische Theorie über das Planetensystem verstanden hatte. Sobald andere sie für unlogisch hielten, war das ihr Ende. Kopernikus hingegen benutzte die Idee des Aristarchos für die genaue Berechnung der Planetenbewegungen und wies nach, daß sie gar nicht so kompliziert waren. Die Folge: Selbst Leute, die das heliozentrische System ablehnten, waren schlau genug, seine einfacheren Berechnungsmethoden zu übernehmen.

Trotzdem zögerte Kopernikus mit der Veröffentlichung seiner Theorie und der Berechnungen, da er wußte, daß für die Kirche das geozentrische System im Einklang mit der Bibel stand. Das Eintreten für ein heliozentrisches System war gleichbedeutend mit Ketzerei und mußte einen Sturm der Entrüstung auslösen. Deshalb ließ Kopernikus sein Buch nur als Handschrift herumgehen.

Am Ende ließ er sich von Freunden dann doch noch zum Druck des Buches überreden. Es trug den Titel *De revolutionibus orbium coelestium (Über die Kreisbewegungen der Weltkörper).* Erst kurz vor seinem Tod veröffentlichte er das Papst Paul III. (1468–1549) als versöhnliche Geste gewidmete Werk. Wie erzählt wird, hielt Kopernikus das erste Exemplar seines Buches erst auf dem Totenbett in Händen.

Wie Kopernikus vorhergesehen hatte, löste das Buch einen heftigen Sturm der Entrüstung aus. Die katholische Kirche setzte es auf den Index und verbot den Gläubigen die Lektüre. Erst 1835 hob sie den Bann wieder auf. Auch die Lutheraner bekämpften das Buch. Doch vergebens, es ließ sich nicht mehr aus der Welt schaffen. Mit dem Aufkommen der Druckkunst gelangten zu viele Exemplare in die Bibliotheken der Gelehrten.

Das Buch des Kopernikus revolutionierte die gesamte griechische Astronomie, und nicht von ungefähr mußten weitere fünfzig Jahre verstreichen, bis sich die Astronomen generell von Ptolemäus lösen und mit der Tatsache abfinden konnten, daß die riesige Erde in einer einjährigen Reise um die Sonne flog. Das Buch markiert den Beginn der sogenannten *Wissenschaftlichen Revolution.* Es lieferte den letzten Beweis, daß die Gelehrten des Altertums *nicht* alles gewußt hatten und die Ge-

lehrten der Neuzeit nun von sich aus zu neuen Ufern aufbrechen und neue Höhepunkte anstreben konnten – was ihnen mit Sicherheit auch gelang.
Der Buchdruck ebnete wie bereits der Reformation auch der wissenschaftlichen Revolution den Weg.

Neue Anatomie

Wie Kopernikus die astronomischen Kenntnisse der Griechen über den Haufen warf, so revolutionierte der flämische Anatom Andreas Vesalius (1514–1564) die anatomischen Kenntnisse der Griechen. Anders als seine Kollegen vertraute Vesalius auf seine Augen, wenn das, was er sah, mit den Darstellungen der Griechen unvereinbar war.
Die Ergebnisse seiner Forschung trug er in dem Buch *De corporis humani fabrica (Über den menschlichen Körperbau)* zusammen, in dem er über zweihundert Irrtümer Galens (vgl. 180) richtigstellte. Das Buch ist nicht zuletzt deshalb so wichtig, weil es hervorragende Abbildungen der menschlichen Anatomie enthielt – auch das ein Verdienst der neuen Drucktechnik. Sie stammten von dem flämischen Künstler Jan Stephan van Kalkar (etwa 1499–1545), einem Schüler Tizians.
Vesalius' Buch erschien 1543, im gleichen Jahr also, in dem auch Kopernikus sein Werk veröffentlichen ließ. Das gleichzeitige Erscheinen der beiden Bücher unterstreicht den Eindruck, daß mit diesem Jahr die wissenschaftliche Revolution begann.

Nachtrag

Heinrich VIII. heiratete 1543 als sechste und letzte Frau Catherine Parr (1512–1548). Im gleichen Jahr landeten erstmals Europäer in Japan. Sie brachten die Muskete mit, die von den Japanern sofort übernommen wurde.

1545

Negative Zahlen

Bisher waren die Mathematiker davon ausgegangen, daß alle Zahlen, seien es nun ganze Zahlen, Brüche oder irrationale Zahlen, größer sein müßten als Null. Vermutlich waren sie der Meinung, daß man nicht weniger als nichts haben könne.
Andererseits wußten auch Mathematiker, was Schulden sind. Kein Geld zu besitzen und jemandem eine bestimmte Summe zu schulden, bedeutete, weniger als kein Geld zu besitzen. Sie werden wohl gedacht haben, dies spiele nur im Geschäftsleben eine Rolle und habe nichts mit den erdentrückten Zahlen zu tun. Doch wie Cardano (vgl. 1535) 1545 bewies, ließen sich Schulden und ähnliche Fehlbeträge wie Minuszahlen behandeln: Man konnte mit ihnen ganz ähnlich rechnen wie mit gewöhnlichen Zahlen. Es gab negative ganze Zahlen, negative Brüche und negative irrationale Zahlen.
Im gleichen Jahr fand Cardano eine allgemeingültige Lösung für Gleichungen vierten Grades mit x^4.

Chirurgie

Im Altertum und Mittelalter blickten viele Mediziner auf die Chirurgie herab, da sie mit handwerklicher Arbeit verbunden war und eine fatale Ähnlichkeit mit der Arbeit eines Metzgers oder Leichenbeschauers hatte. Die Ärzte überließen daher das Aufschneiden von Menschen denen, die auch das Haar schnitten, so daß der Barbier zugleich als Chirurg arbeitete.
Einer dieser Barbiere und Wundärzte war Ambroise Paré (1510–1590). Er beherrschte das Handwerk so gut, daß ihn Heinrich II. von Frankreich (1519–1559) zu seinem Wundarzt machte. Paré ist bekannt geworden für seine Behandlung von Kriegs-

verletzungen. Die meisten Wundärzte der damaligen Zeit brannten Wunden aus, desinfizierten Schußverletzungen mit siedendem Öl und stillten Blutungen durch Verätzen der Arterien (alles natürlich ohne Betäubung). In einer Folterkammer konnte es nicht schlimmer zugehen.
Paré legte statt dessen großen Wert auf Sauberkeit. Er nahm kühlende Salben statt siedendes Öl, stillte Blutungen durch Abbinden der Arterien statt mit dem Glüheisen und entwickelte noch unzählige andere Behandlungsmethoden, die dem Patienten nur einen Bruchteil der üblichen Schmerzen bereiteten. Deshalb wurde er der »Vater der modernen Chirurgie« genannt.
Im Jahr 1545 schrieb Paré einen Bericht über seine Erkenntnisse auf medizinischem Gebiet. Damals und noch hundertfünfzig Jahre danach wurden Lehrbücher normalerweise in Latein verfaßt. Paré hatte keine klassische Ausbildung genossen und mußte auf französisch schreiben. Dafür wurde er von den gebildeten Ignoranten seiner Zeit geschnitten.

Nachtrag

Im Jahre 1545 berief die katholische Kirche im nordostitalienischen Trient ein Konzil ein. Das *Trienter Konzil* dauerte achtzehn Jahre lang und brachte der Kirche viele längst überfällige Reformen, die beinahe als *Gegenreformation* angesehen werden können. Bisher hatte die offenkundige Korruption im katholischen Klerus eine schnelle Verbreitung des Protestantismus begünstigt. Nach dem Konzil wurde es den Protestanten nicht mehr so einfach gemacht, und die Fronten verhärteten sich. Beide Seiten sahen nur noch in einem Krieg einen Ausweg.

1551

Trigonometrische Tafeln

Der deutsche Mathematiker Georg Joachim Iserin von Lauchen (1514–1576), besser bekannt unter dem Namen Rheticus nach seinem Geburtsland Rhätikon, war ein Schüler des Kopernikus und hatte diesen dazu bewegt, sein Buch zu veröffentlichen (vgl. 1543). Um die Berechnung der Planetenbewegungen zu erleichtern, erarbeitete Rheticus trigonometrische Tafeln, d. h. Angaben, in welchem Verhältnis die Seitenlängen von Dreiecken bei verschiedenen Winkeln zueinander stehen. Solche Tafeln hatte es schon zu Zeiten der Griechen gegeben, aber Rheticus bezog die Funktionen erstmals auf die Winkelgröße (wie es heute allgemein üblich ist) statt auf die Bogenlänge.
Diese trigonometrischen Tafeln in Verbindung mit Kopernikus' heliozentrischem Weltbild brachten die Astronomie bei ihren Berechnungen einen großen Sprung voran.

Planetentafeln

Kopernikus hatte zwar den Weg zu einer genaueren Bestimmung der Planetenbewegungen gewiesen, selbst jedoch keine größeren Anstrengungen unternommen, die notwendigen Tabellen zusammenzustellen.
Diese Arbeit besorgte 1551 der deutsche Mathematiker Erasmus Reinhold (1511–1553) mit Hilfe von Albrecht (1490–1568), dem letzten Hochmeister des deutschen Ordens. (Albrecht, seit 1525 erster Herzog in Preußen, hatte den ursprünglich katholischen Ritterorden 1544 zum Protestantismus übertreten lassen.)
Reinhold überarbeitete die Berechnungen des Kopernikus gründlich, verbesserte sie und schuf die zu Ehren seines Gönners *Tabulae Prutenicae* (Preußische Tafeln) genannten Planetentafeln. Sie waren besser als die dreihun-

dert Jahre älteren Alfonsinischen Tafeln, die noch auf ptolemäischen Berechnungen beruht hatten – allerdings nur geringfügig. Sollten die Planetentafeln entscheidend verbessert werden, so mußte zuerst ein noch besseres Planetensystem als das von Kopernikus entwickelt werden. Und das ließ noch anderthalb Jahrhunderte auf sich warten.

Nachtrag

Im Jahre 1546 zog der Kaiser des Heiligen Römischen Reiches, Karl V. (1500–1558), gegen die lutheranischen Reichsfürsten in den Krieg, um sie zum Gehorsam gegenüber Kaiser und Kirche zu zwingen. Damit begannen die *Religionskriege*, die Westeuropa ein ganzes Jahrhundert lang verwüsten sollten.

1552

Eustachische Röhre

Vesalius' neue Anatomie (vgl. 1543) hatte weitreichende Folgen.
Der italienische Anatom Bartolomeo Eustachi (1520–1574) verfaßte 1552, also neun Jahre nach Vesalius, ein Lehrbuch über Anatomie. In mancherlei Hinsicht war es genauer als sein Vorgänger, nur waren die Abbildungen nicht so schön. Eustachi beschrieb eine enge Verbindungsröhre zwischen dem Innenohr und der Rachenhöhle, die seither als *Eustachische Röhre* bekannt ist, obwohl sie wahrscheinlich bereits zweitausend Jahre zuvor von dem griechischen Arzt Alkmäon (vgl. 500 v. Chr.) entdeckt worden war.
Eustachi war auch der erste, der die Nebennierendrüsen beschrieb.

Nachtrag

In Rußland regierte Iwan IV. Wassiljewitsch (genannt der Schreckliche, 1530–1584) seit 1534 unter Vormundschaft seiner Mutter. 1547 ließ er sich als erster russischer Herrscher zum *Zaren* krönen. Im Jahr 1552 begann er einen erfolgreichen Feldzug gegen die Tartaren, die seit den Mongolenzügen im östlichen Rußland herrschten. Um 1555 regierte Iwan der Schreckliche über zwei Drittel des heutigen Rußlands.
Im Jahre 1552 verbreitete der französische Astrologe Michel de Notredame (1503–1566), bekannter unter dem Namen *Nostradamus*, nichtssagende Verse, aus denen sich angeblich die Zukunft lesen ließ. Leute schlichten Gemüts hatten sich dafür schon immer anfällig gezeigt.

1553

Die Nordostpassage

Die Portugiesen hatten durch die Umseglung der Südspitze Afrikas 1497 den Fernen Osten erreicht (*Südostpassage)*, und die Spanier waren auf dem Weg um Südamerika herum 1521 ans gleiche Ziel gelangt (*Südwestpassage)*. Beide Passagen standen den anderen europäischen Staaten nicht offen, solange sie von den übermächtigen Flotten Portugals und Spaniens kontrolliert wurden.
Erfolglos hatte Frankreich durch Verrazano (vgl. 1531) und Cartier (vgl. 1535) die *Nordwestpassage* suchen lassen – eine mögliche Route nach Asien an den Nordküsten Nordamerikas entlang. Im Jahr 1553 erkundeten die Briten die Möglichkeit einer *Nordostpassage* an den Nordküsten Asiens.
Dieses Vorhaben erwies sich als undurchführbar. Doch einem englischen Schiff unter dem Kommando Richard Chancellors (gest. 1556) gelang wie zuvor Ottar dem Wikinger (vgl.

870) der Vorstoß ins Weiße Meer. Chancellor landete in der russischen Hafenstadt Archangelsk. Von dort brachte man ihn auf dem Landweg zu Iwan IV. Aus dieser Begegnung entwickelte sich zwischen Rußland und England ein schwunghafter Handel.

Nachtrag

Unter Eduard VI. (1537–1553), Nachfolger von Heinrich VIII., gewann der Protestantismus in England an Bedeutung. Nach ihm bestieg seine ältere Schwester Maria I. (1516–1558), Tochter Katharinas von Aragonien, den Thron. Maria war eine fromme Katholikin und betrieb eine strenge Rekatholisierungspolitik.
Das Osmanenreich war zu dieser Zeit eifrig darum bemüht, seinen Machtbereich an der nordafrikanischen Mittelmeerküste auszudehnen.

1555

Homologien

Daß die Lebewesen in Gruppen eingeteilt werden können, leuchtet unmittelbar ein. Hunde beispielsweise ähneln Wölfen mehr als Karnickeln. Katzen, Löwen und Tiger sehen einander ähnlich. Schafe und Ziegen sehen einander ähnlich. Insekten haben Gemeinsamkeiten im Aussehen, die sie von anderen Tieren unterscheiden, und so weiter.
Möglicherweise führte das zu der Vorstellung, daß eine Evolution stattgefunden habe und Hunde und Wölfe beispielsweise aus einem hundeähnlichen Tier hervorgegangen seien. Doch nach der Bibel waren alle Tiere zugleich und unabhängig voneinander erschaffen worden. Das ließ nur einen Schluß zu: Gott hatte aus bestimmten Gründen den Entschluß gefaßt, Tiergruppen zu erschaffen.
Interessant wurde es dann, wenn sich zwischen ansonsten ganz unterschiedlichen Organismen Ähnlichkeiten feststellen ließen, Ähnlichkeiten, die nicht sofort ins Auge fielen. Nach solchen Ähnlichkeiten suchte der französische Naturforscher Pierre Belon (1517–1564).
Zu dieser Zeit führte Franz I. von Frankreich (1494–1547) einen längeren Krieg mit Karl I. von Spanien, als dieser zum deutschen Kaiser Karl V. ernannt worden war. In auswegloser Situation verbündete sich Franz mit dem Osmanenreich. Im Jahr 1546 schickte er Belon als Gesandten zu den Osmanen.
Diese Mission verschaffte Belon die Gelegenheit, die Pflanzen- und Tierwelt im östlichen Mittelmeeraum zu erforschen und mit der Flora und Fauna Frankreichs zu vergleichen. In Abhandlungen, die er 1555 veröffentlichte, beschrieb er die Ähnlichkeiten *(Homologien)* im Grundbauplan der Skelette aller Wirbeltiere, vom Fisch bis zum Menschen. Einige Untersuchungen brachten bemerkenswerte Ergebnisse. So stimmte etwa die Zahl der Knochen in den Gliedmaßen bei allen Tieren, unabhängig von ihrem Aussehen, auffällig überein.
Natürlich hatte der Evolutionsgedanke damit nur einen Anstoß erhalten. Es dauerte noch dreihundert Jahre, bis er zum Durchbruch kam.

Nachtrag

Im Heiligen Römischen Reich wurde der Augsburger Religionsfriede verkündet. Er stellte es den deutschen Reichsständen und Rittern frei, für sich und ihre Untertanen zwischen Lutheranismus und Katholizismus zu wählen. Für den Calvinismus galten diese Bestimmungen nicht. Die religiöse Intoleranz hielt unvermindert an. Fast nirgends gab es wirkliche Religionsfreiheit.

1556

Mineralogie

Seit der Entwicklung der Metallurgie vor rund viertausendfünfhundert Jahren war der Bergbau für die Menschheit wichtig gewesen. Jetzt, da Ärzte Heilmittel aus Mineralien verabreichten, gewann er auch für die Medizin an Bedeutung. Ein Vertreter dieser medizinischen Richtung war der Schweizer Arzt Theophrastus Bombastus von Hohenheim (1493–1541), genannt *Paracelsus.* Paracelsus führte bahnbrechende Experimente mit Opiumtinkturen durch, benutzte aber selbst dann noch Präparate aus Quecksilber und Antimonverbindungen, als deren giftige Wirkung bereits bekannt war.
Ein weiterer Arzt, der sich zunehmend für Bergbau interessierte, war Georg Bauer (1494–1555), besser bekannt unter der latinisierten Form seines Namens Georgius Agricola.
Agricola studierte den Bergbau und schrieb darüber ein Buch mit dem Titel *De re metallica (Über Metalle)*, das nach seinem Tod im Jahr 1556 erschien. Er hatte darin die ganzen praktischen Kenntnisse gesammelt, die er bei sächsichen Bergleuten erworben hatte. Das Buch war verständlich geschrieben und mit hervorragenden Abbildungen der im Bergbau verwendeten Gerätschaften versehen. Es war das erste bedeutende Buch über Mineralogie, das je geschrieben wurde, und gilt als Grundlage der wissenschaftlichen *Mineralogie.*

Tabak

Die amerikanischen Eingeborenen führten die europäischen Neuankömmlinge gern in die Geheimnisse des Tabaks ein. Sie brachten ihnen bei, wie man die Blätter zubereitet, anzündet und den Rauch inhaliert.
Im Jahr 1556 kam der erste Tabaksamen nach Spanien. Von dort brachte sie der französische Gelehrte Jean Nicot (etwa 1530–1600), von 1559 bis 1561 Botschafter in Portugal, nach Frankreich. Nach ihm wurde das *Nikotin* benannt, eines der stärksten Pflanzengifte und zugleich der eigentlich anregende Bestandteil des Tabaks. Nach England gelangte das Kraut 1565 durch den englischen Schiffskapitän John Hawkins (1532–1595).
Mit Sicherheit hatten sich die Indianer Amerikas nicht für Versklavung und Völkermord rächen wollen, aber darauf lief es hinaus. Die Sucht nach dem blauen Dunst ergriff Europa und schließlich die ganze Welt. Niemand kann sagen, wieviel Verdruß der Gestank bereitet hat, welch unermeßlicher Schaden durch Wald- und Gebäudebrände entstanden ist oder wie viele Menschen (Raucher wie Nichtraucher) in diesen Bränden oder durch Lungenkrebs und Herzversagen ums Leben gekommen sind.

Nachtrag

Am 24. Januar 1556 erschütterte ein Erdbeben die chinesische Provinz Shensi. Die Zahl der Toten wurde auf etwa achthunderttausend geschätzt. Wenn das stimmt, so war es das verheerendste Erdbeben, das geschichtlich belegt ist.
Der Kaiser des Heiligen Römischen Reichs, Karl V., dankte 1556 ab. Er überließ die deutschen Gebiete und den Kaisertitel seinem jüngeren Bruder Ferdinand (1503–1564) und Spanien, die Niederlande, zahlreiche italienische Gebiete und alle Überseegebiete seinem Sohn Philipp (1527–1598).

1560

Forschungsgemeinschaften

Die ganze Geschichte hindurch haben Wissenschaftler normalerweise für sich allein

gearbeitet, da die Kommunikation sehr schwierig war. Zuweilen trafen sie sich in speziellen Gelehrtenschulen wie in Athen, Alexandria und Bagdad, aber selbst dann war eine Zusammenarbeit eher die Ausnahme.
Doch dann wurde der Buchdruck eingeführt, und mit einem Mal war es viel leichter, Forschungserfolge zu veröffentlichen und zu verbreiten. Wie die Geschichte mit Tartaglia und Cardano (vgl. 1535) bewies, war die Veröffentlichung wichtig, wenn man Anerkennung finden wollte. Der Austausch von Informationen war nützlich, denn er kam allen Wissenschaftlern in ihrem Streben nach Anerkennung zugute.
Im Jahre 1560 rief der italienische Arzt Giambattista della Porta (1535?–1615) die erste wissenschaftliche Vereinigung ins Leben, die speziell diesem Gedankenaustausch dienen sollte: die *Academia Secretorum Naturae (Akademie der Naturgeheimnisse)*. Sie wurde zwar von der Inquisition verboten, die in jenen Tagen des Religionsstreites überaus argwöhnisch auf alle Gruppierungen reagierte, doch eine so gute Idee ließ sich auf Dauer nicht unterdrücken. Mit der Zeit bildeten sich andere wissenschaftliche Gesellschaften, die bestehenblieben.
Diese Gesellschaften gaben den Anstoß zur Bildung von *Forschungsgemeinschaften*, die einem einzelnen Wissenschaftler ebenso überlegen waren wie die Phalanx oder die Legion einem einzelnen Soldaten.

Nachtrag

Im Jahre 1557 eröffneten die Portugiesen in Macao, unweit der südchinesischen Stadt Kanton, eine Handelsstation. Das war nur der Anfang, viele europäische Niederlassungen in China folgten. Noch heute steht Macao unter portugiesischer Verwaltung.
Im Jahre 1558 starb Maria I. von England. Ihre Nachfolgerin wurde die jüngere Halbschwester und Tochter der unglückseligen Anna Boleyn, Elisabeth (1533–1603). Elisabeth war Anglikanerin, und deshalb wurde ihr der Thron von ihrer katholischen Cousine zweiten Grades Maria (1542–1587; bekannter als Maria Stuart, Königin von Schottland) streitig gemacht.

1565

Muskete

Die Arkebuse war unterdessen zur *Muskete* weiterentwickelt worden. Das Wort Muskete stammt von dem lateinischen Wort für »Fliege« und bezeichnete früher die Bolzen der Armbrust, vielleicht weil der Armbrustbolzen oder die Musketenkugel wie eine Fliege sirrten, wenn sie am Ohr vorbeizischten.
Musketenkugeln durchschlugen Rüstungen, deshalb wurden Rüstungen immer seltener. Wozu überflüssiges Gewicht mit sich herumschleppen, das keinen Schutz bot?
Zweihundert Jahre lang blieb die Muskete die wichtigste Handfeuerwaffe des Soldaten. Doch ihre Handhabung war immer noch umständlich, besonders das Nachladen. Pikeniere mußten die Musketiere schützen.

Nachtrag

In Frankreich kam es 1562 zwischen Katholiken und Protestanten (den sogenannten *Hugenotten)* zum Bürgerkrieg. Mit Unterbrechungen sollte er ein Vierteljahrhundert andauern.
Die Spanier unter Pedro Menéndez de Avilés (1519–1574) gründeten 1565 in St. Augustine an der Nordostküste Floridas eine Kolonie. Es war die erste europäische Dauersiedlung auf dem Gebiet der heutigen Vereinigten Staaten.
Im gleichen Jahr eroberte der Spanier Miguel López de Legazpi (um 1510–1572) die Inselgruppe, auf der Magellan beinahe ein halbes Jahrhundert zuvor ums Leben gekommen war,

und nannte sie Philippinen nach Philipp von Spanien.

1568

Weltkarten

Mit dem Anbruch des Zeitalters der Entdekkungen wurde es wichtig, die Welt kartographisch zu erfassen, damit die Seefahrer leichter an ihr Ziel kommen konnten.
Die Schwierigkeit bestand nur darin, daß sich die kugelförmige Erdoberfläche nicht ohne Verzerrungen auf eine Fläche übertragen läßt. Da es aber ohne Verzerrungen nun einmal nicht ging, mußte man eine Abbildungsmöglichkeit finden, die trotz Verzerrungen noch brauchbar war.
Die Lösung fand der flämische Geograph Gerhard Kremer (1512–1594), besser bekannt unter seinem latinisierten Namen Gerhardus Mercator. Er entwickelte 1568 die *Zylinderprojektion.*
Man stelle sich einen Zylinder aus Papier vor, der über die Erde gestülpt wird und sie überall am Äquator berührt. Ferner stelle man sich im Erdmittelpunkt ein Licht vor, das die Konturen der Erdoberfläche als Schatten auf das Papier projiziert. Wird nun der Papierzylinder entrollt, so ist darauf eine Weltkarte abgebildet, die *Mercatorkarte.*
Auf der Karte verlaufen die Längengrade von unten nach oben in gleichen Abständen. Da die Abstände zwischen den Längengraden auf der Erdkugel in Wirklichkeit aber immer kleiner werden, bis sie an den Polen zusammentreffen, erscheinen die Ost-West-Entfernungen durch die *Mercatorprojektion* vergrößert, je weiter man vom Äquator nach Süden oder Norden kommt. Die Breitengrade verlaufen wie auf dem Globus parallel, dafür aber wird der Abstand zwischen ihnen zu den Polen hin ebenfalls immer größer.
Auf dieser Karte ist Grönland größer als Afrika, obwohl Afrika in Wirklichkeit dreizehnmal größer als Grönland ist.
Dennoch ist die Mercatorprojektion für die Seefahrer eine nützliche Sache, weil eine Schiffsroute, die einer bestimmten Kompaßrichtung folgt, auf der Mercatorkarte als gerade Linie erscheint. Bei einer anderen Projektionsmethode wäre die Route gekrümmt.
Auf dem Einband trugen Mercators gebundene Karten das Bild von Atlas, dem Titan der griechischen Mythologie, der die Welt auf den Schultern trägt. Deshalb erhielt diese Kartensammlung wie alle später herausgegebenen Kartenwerke den Namen *Atlas.*
Mit Mercators Arbeit endete die griechische und begann die neuzeitliche Geographie.

Nachtrag

Als Sulaiman I. starb, begann der Niedergang des Osmanenreichs, das mehrere bemerkenswert fähige Sultane zu höchster Blüte geführt hatten.
Im Jahre 1568 rebellierten die vorwiegend protestantischen Niederlande gegen die katholische Herrschaft von Philipp von Spanien. Der Konflikt sollte acht Jahre dauern.

1572

Supernova

Wie 1054 erstrahlte im November 1572 am nördlichen Himmel im Sternbild Kassiopeia ein neuer Stern. Im Jahre 1054 hatte niemand das Erscheinen der Supernova verfolgt, aber die Zeiten hatten sich geändert.
Der junge dänische Astronom Tycho Brahe (1546–1601), gewöhnlich nur unter seinem Vornamen bekannt, beobachtete den neuen Stern aufmerksam Nacht für Nacht. Als er

ihn das erste Mal erblickte, leuchtete er heller als die Venus, wurde dann aber bis März 1574 immer schwächer, bis er schließlich überhaupt nicht mehr zu sehen war. Tycho hatte ihn 485 Tage beobachtet.
Die Griechen waren der Meinung, daß das Himmelsgewölbe (anders als die Erde) vollkommen und unveränderlich sei. Alles, was sich am Himmel zu ändern oder sich in unregelmäßigen und unvorhersagbaren Bahnen zu bewegen schien, konnte nicht zum Himmel gehören, wie sie meinten, sondern war Teil der unvollkommenen Erde – wie Wolken, Sternschnuppen und Kometen.
Da der neue Stern nur eine vorübergehende Erscheinung war, mußte er eigentlich Teil der Atmosphäre sein. Doch obwohl Tycho versuchte, seine Parallaxe (vgl. 150 v. Chr.) zu bestimmen, gelang ihm das nicht. Also mußte der Stern hinter dem Mond liegen und zum Himmelsgewölbe gehören. Möglicherweise war er sogar sehr weit entfernt. Der Glaube an die himmlische Vollkommenheit und Unvergänglichkeit geriet ins Wanken.
Im Jahre 1573 veröffentlichte Tycho alle seine Beobachtungen des Sterns in einem Buch, dessen Titel meist nur in der Kurzform *De nova stella (Über den neuen Stern)* genannt wird. In Anlehnung an diesen Titel werden Sterne, die plötzlich am Himmel auftauchen, *Novae* genannt.
Mit einem Schlag war Tycho der berühmteste Astronom in Europa.

Nachtrag

Im Jahre 1569 vereinigten sich Polen und Litauen zum größten Staat westlich von Rußland. Allerdings wurden die Staatsgeschäfte schlecht geführt, und der Adel war überaus aufrührerisch und unfügsam.
Im Jahre 1570 erklärte das Osmanenreich Venedig den Krieg und griff Zypern an, das damals zu Venedig gehörte. Papst Pius V. (1504–1572) brachte ein Bündnis gegen die Türken zustande, und im Jahr 1571 trafen bei Lepanto 208 katholische Galeeren auf 273 osmanische Galeeren und lieferten sich mit ihnen eine dreistündige Seeschlacht. Die Katholiken trugen einen überwältigenden Sieg davon und brachten dem Osmanenreich die erste empfindliche Niederlage bei. Der Nimbus der Unbesiegbarkeit der Osmanen war gebrochen, und langsam, aber unaufhaltsam begann ihr Niedergang. Bei Lepanto waren zum letzten Mal Galeeren an einer bedeutenden Schlacht beteiligt. Besseres Takelwerk und bessere Steuerruder machten von nun an die Segelschiffe immer zuverlässiger.
Zu den dunkelsten Kapiteln der Religionskriege gehören die Ereignisse vom 23. August 1572, als Katholiken in Frankreich in der sogenannten *Bartholomäusnacht* über unbewaffnete und wehrlose Hugenotten herfielen und viele tausend von ihnen ermordeten. Dieser Makel der *Pariser Bluthochzeit* sollte den Katholiken noch lange anhaften.

1576

Nordwestpassage

Die Engländer waren auf der Suche nach der Nordostpassage gescheitert (vgl. 1553) und versuchten ihr Glück nun mit der *Nordwestpassage* entlang der nordamerikanischen Nordküste.
Im Jahre 1576 segelte der Engländer Martin Frobisher (etwa 1535–1594) mit drei Schiffen und fünfunddreißig Seeleuten nach Nordamerika. Er fuhr von der Gegend um Labrador aus nach Norden und entdeckte das heutige Baffinland, eine große Insel westlich von Grönland.
Auf einer zweiten Fahrt sichtete Frobisher 1578 Grönland (vgl. 982). Zu dieser Zeit war die Wikingerkolonie längst wieder aufgegeben, und nur noch Inuit (Eskimos) lebten an den Küstenstreifen. Von da an geriet Grönland nicht mehr in Vergessenheit.

Nur entdeckte Frobisher keine schiffbare Nordwestpassage.

Nachtrag

Der niederländische Freiheitskampf war voll entbrannt. Anführer der Niederländer war Wilhelm I. von Nassau-Oranien (1533–1584), bekannter als Wilhelm der Schweiger. Er gilt als der Gründer der Republik der Vereinigten Niederlande. Die spanische Armee zählte damals zu den besten Europas, und die Niederländer waren ihr auf dem Schlachtfeld nicht gewachsen. Doch entschlossen trotzten sie in ihren Städten den Belagerern, öffneten bei Bedarf die Deiche und ließen sich über den Seeweg mit Lebensmitteln versorgen. Die Spanier gewannen wohl Schlachten, aber den Krieg konnten sie nicht für sich entscheiden.

1577

Entfernung der Kometen

Mit Unterstützung des dänischen Königs richtete Tycho Brahe (vgl. 1572) auf der Insel Ven zwischen Dänemark und Schweden das erste wirkliche Observatorium ein. Tycho stattete es mit den besten Instrumenten aus, die er bauen konnte.
Im Jahre 1577 erschien am Himmel ein heller Komet. Tycho beobachtete ihn aufmerksam. War ein Komet nur eine atmosphärische Erscheinung, wie die Griechen meinten, so mußte er eine größere Parallaxe als der Mond haben. Doch Tycho konnte keine Parallaxe feststellen und war deshalb überzeugt, daß der Komet weiter entfernt als der Mond war. Das war ein neuerlicher Schlag gegen die Glaubwürdigkeit der griechischen Astronomie.

1578

Drakestraße

Der englische Seeheld Francis Drake (zw. 1540 und 1543–1596) hatte sich durch Plünderungen spanischer Besitztümer in Amerika während des unerklärten Krieges zwischen England und Spanien einen Namen gemacht. Er hatte davon profitiert, daß die spanischen Kolonien an der amerikanischen Pazifikküste überhaupt nicht befestigt waren, da bis dahin kein Feind Spaniens den Weg in den Pazifik gefunden hatte. Drake war 1572 in Panama gelandet, hatte die Landenge überquert und als erster Engländer den Pazifik erblickt.
Im Jahre 1577 setzte er Segel und brach zu einer Expedition auf. Er hoffte, die Magellanstraße zu finden, durch die bislang nur spanische Schiffe gesegelt waren. Niemand kannte die genauen Ausmaße von Feuerland, dem Land südlich der Durchfahrt. Manche meinten sogar, es sei Teil eines riesigen antarktischen Kontinents.
Drake segelte 1578 durch die Magellanstraße, geriet im Pazifik aber in einen Sturm und wurde so weit nach Süden abgetrieben, daß er ins offene Meer südlich von Feuerland geriet. Feuerland entpuppte sich als Insel von bescheidener Größe. Die Gewässer südlich von dieser Insel heißen seither *Drakestraße*.
Drake segelte die Pazifikküste von Amerika bis zur heutigen Bucht von San Francisco hinauf. Da er keinen Verbindungsweg zum Atlantik entdeckte, entschloß er sich zur Fahrt nach Westen über den Pazifik. Im Jahr 1580 erreichte er England. Sechs Jahrzehnte nach Magellan (vgl. 1523) hatte er als zweiter Mensch den Erdball umsegelt.

1581

Das Pendel

Will man Zeitintervalle messen, die kürzer sind als Tage, so braucht man dazu physikalische Vorgänge, die in einem konstanten Rhythmus ablaufen. Rieselnder Sand, tropfendes Wasser, eine herunterbrennende Kerze oder die Bewegung der Sonne am Himmel, das alles sind ziemlich konstante Bewegungen. Aber gibt es nicht vielleicht einen physikalischen Vorgang, der noch gleichmäßiger abläuft?

Den ersten Hinweis auf einen konstanten Vorgang, den die antiken Gelehrten noch nicht kannten, fand 1581 ein siebzehnjähriger italienischer Junge namens Galileo Galilei (1564–1642) beim Gottesdienst in der Kathedrale von Pisa.

Galileis Aufmerksamkeit wurde von einem Kerzenleuchter angezogen, der vom Luftzug mal in größeren, mal in kleineren Bögen hin- und herbewegt wurde. Aber der wißbegierige Galileo meinte, etwas Ungewöhnliches wahrzunehmen: ganz gleich, wie groß die Schwingungsweite war, immer schien die Schwingungsdauer des Kandelabers gleich zu sein. Er überprüfte das anhand seines Pulsschlags. Zu Hause hängte er zwei gleichlange Pendel auf und versetzte das eine in größere Schwingungen als das andere. Beide Pendel hielten Schritt. Seine Beobachtung war also richtig gewesen.

Dennoch mußte Galileo in seinem späteren Leben bei Experimenten die Zeit weiterhin mit dem Pulsschlag oder tropfendem Wasser messen. Es sollte weitere siebzig Jahren dauern, bis man kleine Zeitintervalle mit Hilfe der regelmäßigen Schwingungen eines Pendels maß.

Sibirien

Rußland umfaßte wohl riesige Gebiete in Osteuropa, doch nach seinem Dämmerschlaf unter den Mongolen war es in technischer Hinsicht weit zurückgeblieben. Im Westen grenzte es an Schweden, Polen und Deutschland, denen es militärisch nicht gewachsen war.

Doch in den weiten Ebenen im Osten gab es zu dieser Zeit keinen ernstzunehmenden Feind. Außerdem war die Gegend dort kalt und deshalb normalerweise nicht besonders verlockend. Nur lebten dort, wie im Norden des europäischen Rußlands Tiere, die sich mit dicken und wertvollen Pelzen gegen die arktische Kälte gewappnet hatten.

Im Jahre 1581 – die Herrschaft von Iwan IV. neigte sich dem Ende zu – heuerte die russische Familie Stroganow, die mit dem Pelzhandel ein Vermögen erworben hatte, einen Kosaken namens Jermak Timofejewitsch (?–1584) an und beauftragte ihn, den Osten zu erkunden und den Pelzhandel der Stroganows auszuweiten. Jermak eroberte ein mongolisches Königreich im Osten des Ural, das Sibir hieß. Der Name (eingedeutscht *Sibirien)* wurde auf das ganze nördliche Asien angewandt. Damit begann eine Entwicklung, in deren Verlauf die Russen schließlich bis zum Pazifik vorstießen und die Plünderungszüge der zentralasiatischen Nomaden gegen die Siedlungsgebiete im Süden und Westen ein für allemal unterbanden.

Nachtrag

Im Jahre 1578 wurde Sebastian (1554–1578), seit 1557 König von Portugal, in Marokko besiegt und erschlagen. Sein Großonkel Heinrich I. (1512–1580) wurde Thronfolger, hinterließ aber nach seinem Tod keinen Thronerben. Philipp von Spanien, der mit Sebastians Tante verheiratet war, schickte 1580 seine Truppen nach Portugal, schlug die Portugiesen und ließ sich zum König von Portugal krönen. Erstmals nach dem Einfall der Moslems vor achteinhalb Jahrhunderten war die iberische Halbinsel wieder geeint. Die portugiesischen Überseegebiete gingen in spanische Hand über. Spanien stand auf dem Gipfel seiner Macht.

1582

Gregorianischer Kalender

Der von Julius Caesar eingeführte Julianische Kalender (vgl. 46 v. Chr.) stimmte nicht ganz mit dem Sonnenjahr überein. Er basierte auf einem Jahr, das 365,25 Tage hatte, während es in Wahrheit eher 365,2422 Tage lang ist.
Wenn das Jahr genau 365 Tage hatte, so konnte der fehlende Vierteltag durch einen zusätzlichen Tag alle vier Jahre ausgeglichen werden. Dann war jedes vierte Jahr 366 Tage lang (Schaltjahr), und in einem Zeitraum von 400 Jahren mußte es 100 Schaltjahre geben.
Ein Jahr mit 365,2422 Tagen hat ungefähr 365 97/400 Tage. Folglich gäbe es nur 97 Schaltjahre in 400 Jahren und nicht 100. Beim Julianischen Kalender gab es nach 400 Jahre 3 Tage zuviel, mit dem Ergebnis, daß die Tagundnachtgleiche im Frühjahr immer früher stattfand. War die Tagundnachtgleiche bei der Einführung des Julianischen Kalenders noch am 21. März, so fiel sie im Jahr 1582 auf den 11. März, erfolgte also zehn Tage zu früh.
Die Kirche beschäftigte sich eingehend mit diesem Problem, denn schließlich richteten sich die Feiertage nach dem Kalender, und sollten sich die Tage immer mehr verschieben, so mußte Ostern irgendwann im Winter und Weihnachten im Herbst stattfinden. Allerdings hatte es bereits Versuche einer Kalenderreform gegeben. Sie waren gescheitert, weil sich die Leute ungern auf solche Neuerungen einstellten.
Doch 1582 war die Situation für die Kirche offenbar unerträglich geworden. Der bayrische Astronom Christoph Clavius (1537–1612) arbeitete ein genaueres Kalendersystem aus, und Papst Gregor XIII. (1502–1585) übernahm es. Am 4. Oktober 1582 fügte man zehn Tage ins Jahr ein und datierte den nächsten Tag auf den 15. Oktober. Außerdem waren alle nicht durch 400 teilbaren Jahrhundertjahre keine Schaltjahr mehr: 1600 war beispielsweise ein Schaltjahr, dagegen waren 1700, 1800 und 1900 keine. Das Jahr 2000 wird allerdings wieder ein Schaltjahr. Somit gibt es in einem Zeitraum von 400 Jahren nur 97 Schaltjahre.
Das katholische Europa richtete sich fast sofort nach dem *Gregorianischen Kalender* (wie er zu Ehren des Papstes genannt wurde). Die neuen protestantischen Staaten zögerten zunächst und nahmen lieber die Abweichungen vom Sonnenjahr in Kauf, als mit dem Papst an einem Strang zu ziehen. Großbritannien weigerte sich zweihundert Jahre lang, den neuen Kalender einzuführen, Rußland dreieinhalb Jahrhunderte.

Nachtrag

Der aus armen Verhältnissen stammende Tojotomi Hidejoschi (1537–1598) stieg 1582 in Japan zum Militärdiktator auf. Er vollendete die Einigung Japans.

1583

Hydrostatik

Der holländische Mathematiker Simon Stevin (1548–1620) wies nach, daß der Bodendruck einer Flüssigkeit von der Höhe der Flüssigkeit über der Bodenfläche und von der Dichte der Flüssigkeit abhängt – und nicht von der Gefäßform, in der sich die Flüssigkeit befindet. Mit dieser Entdeckung begründete er die moderne *Hydrostatik*.

Nachtrag

Im Jahr 1583 gründete der Engländer Humphrey Gilbert (etwa 1539–1583) auf einer Insel in Neufundland, die von John Cabot (vgl. 1497) entdeckt worden war und heute St. John heißt, eine Siedlung. Es war die erste englische Kolonie in Übersee.

1586

Dezimalbrüche

Seit der Zeit der Sumerer hatten sich die Mathematiker mit Brüchen stets schwer getan. Um mit ihnen rechnen zu können, hatten sie sogar besondere Regeln aufstellen müssen. Doch 1586 zeigte Stevin (vgl. 1583), daß Brüche in ein gewöhnliches Stellenwertsystem einbezogen werden konnten. Er setzte rechts von der Einerstelle ein *Komma* und schrieb auf die erste Stelle dahinter die Zehntel, auf die zweite die Hundertstel und so weiter. Auf diese Weise wurde 2 1/4 zu 2,25, 2 1/8 zu 2,125, 2 7/8 zu 2,875 und so weiter.

Der Nachteil bei solchen *Dezimalbrüchen* ist freilich, daß manche unendlich sind. Aus 2 1/3 wird beispielsweise 2,3333333 ... unendlich, aus 2 5/6 wird 2,8333333 ... unendlich (gesprochen zwei Komma acht, Periode drei). Trotzdem ist das Bruchrechnen durch die Dezimalbrüche viel leichter geworden.

Nachtrag

Walter Raleigh (1554–1618) gründete auch in Nordamerika Siedlungen. Die Kolonie an der Ostküste des Kontinents nördlich von Florida nannte er *Virginia,* zu Ehren der englischen Königin Elisabeth, die auch *Virgin Queen* genannt wurde. Seine Bemühungen von 1585, auf der Insel Roanoke, im heutigen North Carolina, englische Kolonisten anzusiedeln, schlugen fehl.

Wilhelm I. von Oranien (Niederlande), genannt der Schweiger, wurde am 10. Juli 1584 auf Betreiben Philipps, der eine hohe Belohnung ausgesetzt hatte, ermordet. Dennoch rebellierten die Niederlande unter Wilhelms Sohn Moritz von Oranien (1567–1625) weiter. Moritz bewies mehr militärisches Geschick als sein Vater.

1589

Fallende Körper

Nach Aristoteles fiel ein Gegenstand umso schneller, je schwerer er war. Das schien vernünftig. Wie sollte es auch anders sein? Der schwerere Körper wird stärker von der Erde angezogen, sonst wäre er ja nicht schwerer. Jeder, der schon einmal eine Feder, ein Blatt und einen Stein hat fallen sehen, weiß, daß der Stein schneller fällt als das Blatt und das Blatt schneller als die Feder.

Das Problem ist nur, daß leichte Gegenstände beim Fallen durch den Luftwiderstand gebremst werden. Will man das ausschließen, darf man nur relativ schwere Gegenstände betrachten. Bei einem 1 kg schweren Stein und einem 10 kg schweren Stein spielt der Luftwiderstand praktisch keine Rolle. Fällt der 10–kg-Stein nun schneller als der 1–kg-Stein?

Simon Stevin (vgl. 1583) soll die Frage 1586 gelöst haben. Angeblich ließ er zwei Steine fallen – einen großen und einen kleinen –, und beide schlugen gleichzeitig auf dem Boden auf. Späteren Berichten zufolge war es Galilei, der diesen Beweis erbrachte: Er ließ angeblich unterschiedliche Gewichte vom Schiefen Turm von Pisa fallen. Beide Versionen sind umstritten.

Sicher ist dagegen, daß Galilei 1589 eine ganze Reihe von Versuchen mit fallenden Körpern durchführte. Dabei stieß er auf ein Problem: Schwere Körper fielen so schnell, daß er ihre genaue Fallgeschwindigkeit nicht messen konnte. Es gab einfach noch keine exakte Methode zur Messung kurzer Zeitspannen.

Galilei fand eine Lösung: Er ließ Kugeln über eine schiefe Ebene rollen. Je flacher die Ebene war, desto langsamer rollten sie unter dem Einfluß der Schwerkraft und desto leichter konnte man mit primitiven Methoden ihre Geschwindigkeit messen – zum Beispiel mit Wasser, das aus einem kleinen Loch tropfte. Auf diese Weise gelang Galilei der Nachweis,

daß verschiedene Kugeln gleich schnell über eine schiefe Ebene rollten, vorausgesetzt sie waren so schwer, daß der Luftwiderstand praktisch keine Rolle spielte.
Aber das war noch nicht alles: Die Kugeln rollten mit konstanter Beschleunigung über die schiefe Ebene – das heißt, sie wurden unter dem konstanten Einfluß der Schwerkraft konstant schneller.
Damit war ein anderer wichtiger Punkt geklärt. Aristoteles hatte nämlich behauptet, man müsse auf einen Körper ständig Kraft ausüben, um ihn in Bewegung zu halten. Auch diese Behauptung schien sich mit den täglichen Beobachtungen zu decken. Schleuderte man einen Gegenstand über den flachen Boden, so kam er nach kurzer Zeit zum Stillstand. Man mußte ihn immer wieder anstoßen, damit er in Bewegung blieb.
Auf dieser Erfahrung beruhte übrigens auch der Glaube, daß die Planeten in ihrer ewigen Bewegung um die Erde ununterbrochen von Engeln angeschoben wurden.
Galileis Beobachtungen zeigten nun, daß ein Gegenstand bei fehlender Reibung nicht ständig angeschoben werden muß, damit er in Bewegung bleibt. Übt beispielsweise die Erdanziehung eine ständige Kraft aus, dann bewegt sich ein Gegenstand mit kontinuierlich *wachsender* Geschwindigkeit. Die Planeten bleiben in Bewegung, auch ohne Engel.
Galilei war zwar nicht der erste, der Experimente durchführte – Peter Peregrinus hatte das schon über dreihundert Jahre zuvor getan (vgl. 1269) –, aber seine Experimente mit sich bewegenden Körpern waren so beeindrukkend, daß er allgemein als der Begründer der *experimentellen Wissenschaft* gilt.

Die Entzifferung von Geheimschriften

Einfache Geheimschriften sind fast so alt wie die Schrift selbst. Durch Umstellen oder Ersetzen von Wörtern oder Buchstaben nach einem verabredeten System kann man eine Nachricht so verändern, daß sie dem uneingeweihten Leser völlig unverständlich bleibt. In solchen Fällen spricht man von einem *Code* oder *Kryptogramm.*
Codes, die sich jemand ausgedacht hat, können von anderen natürlich auch geknackt werden, und so folgten im Lauf der Zeit auf immer raffiniertere Methoden der Verschlüsselung immer raffiniertere Methoden der Entschlüsselung.
Ein früher Fall geht auf das Jahr 1589 zurück, als sich der Bürgerkrieg in Frankreich allmählich dem Ende zuneigte. Heinrich III. (1551–1589) hatte keine direkten Erben, deshalb war nach seinem Tod Heinrich von Navarra, sein Vetter zweiten Grades, rechtmäßiger Nachfolger. Aber Heinrich von Navarra war Hugenotte, und nicht nur die französischen Katholiken bekämpften ihn energisch, sondern auch der spanische König Philipp.
Heinrich hatte den französischen Mathematiker François Viète (lateinisch Franziskus Vieta, 1540–1603) in seinen Diensten. Diesem Viète gelang es 1589, den Code des spanischen Königs zu knacken. Philipp konnte es nicht fassen, daß jemand in der Lage war, seine Nachrichten zu lesen, bezichtigte die Franzosen der Hexerei und verlangte von Papst Sixtus V. (1521–1590) ihre Bestrafung durch die Kirche.

Die Strickmaschine

Es ist möglich, eine Vorrichtung zu konstruieren, die bestimmte Bewegungen der Hände oder Füße nachahmt, vorausgesetzt, diese Bewegungen werden endlos wiederholt und erfordern keine ständige Kontrolle.
William Lee (1550?–1610), ein englischer Geistlicher, erfand 1589 einen Apparat namens Strumpfwirkmaschine, der schneller strickte als Strickerinnen – ein Vorteil, der zugleich auch ein Nachteil war. Denn hätte man die Maschine im großem Umfang eingesetzt, hätte sie viele Strickerinnen um ihre Arbeit gebracht. Aus eben diesem Grund verweigerte die englische Königin Elisabeth dem Erfinder ein Patent.
Lee ging mit seiner Maschine nach Frank-

reich. Dort fand er die gewünschte Unterstützung.
Lees Erfahrungen in England sind ein frühes Beispiel dafür, wie drohende Arbeitslosigkeit den technischen Fortschritt bremsen kann. Der technische Fortschritt schafft auf lange Sicht zwar mehr neue Arbeitsplätze, als er zerstört, doch die Übergangsperiode bringt stets soziale Härten mit sich. Eine humane Regierung muß den Betroffenen helfen – nicht so sehr aus Idealismus (woran allerdings auch nichts verkehrt ist), sondern um die Gesellschaft zu stabilisieren und so dafür zu sorgen, daß der technische Fortschritt schließlich allen zugute kommt.

Nachtrag

Maria Stuart, Königin von Schottland, flüchtete 1568 nach einem Adelsaufstand nach England. Sie selbst war katholisch, der Adel überwiegend protestantisch. Elisabeth von England nahm sie in Haft und hielt sie für den Rest ihres Lebens gefangen. Da Maria ständig in Verschwörungen verwickelt war, die darauf abzielten, sie zur Königin von England zu machen, ließ Elisabeth sie am 8. Februar 1587 enthaupten.
Der spanische König Philipp entsandte daraufhin wutentbrannnt eine Flotte von 132 Schiffen (die unbesiegbare *Armada*). Sie sollte ihm die Seeherrschaft im Ärmelkanal sichern und der in den Niederlanden stationierten spanischen Armee die Invasion in England ermöglichen.
Die englischen Schiffe waren zwar kleiner und weniger an der Zahl, doch dafür waren sie wendiger und wurden von Francis Drake (vgl. 1578) und John Hawkins (1532–1595) geschickter dirigiert. Außerdem zogen heftige Stürme im Kanal auf. Sie richteten unter den schwerfälligen spanischen Schiffen größere Schäden an als unter den englischen, die schützende Häfen anlaufen konnten. Am 8. August 1588 war die Armada geschlagen und die spanische Seeherrschaft gebrochen. Von nun an konnten englische Schiffe nach Belieben die Weltmeere befahren, und in der Tat baute England seine Macht zur See in den folgenden dreieinhalb Jahrhunderten ständig aus.
Im Jahr 1588 wurde Abbas I. (1571–1629) Schah von Persien. Unter ihm erlebte Persien die größte Machtentfaltung seit der Zeit der Sassaniden tausend Jahre zuvor.

1590

Das Mikroskop

Der Mensch muß schon ziemlich früh geahnt haben, daß es Möglichkeiten gab, kleine Gegenstände optisch zu vergrößern. Tautropfen auf einem Grashalm oder Blatt ließen die Fläche, an der sie hafteten, größer wirken. Glaskugeln erzeugten einen ähnlichen Effekt.
Die Menschen, denen das vermutlich am ehesten aufgefallen ist, waren die Brillenmacher. Sie waren sozusagen berufsmäßig damit befaßt, denn auch die konvexen Linsen, mit denen sie Weitsichtigkeit korrigierten, wirkten als Vergrößerungsgläser.
Zu jener Zeit war das Brillengewerbe in den Niederlanden am weitesten entwickelt. Und nicht von ungefähr war es ein holländischer Brillenmacher namens Zacharias Janssen (1580–ca. 1638), der als erster folgende Idee hatte: Wenn *eine* Linse nur schwach vergrößerte, so seine Überlegung, dann müßten zwei Linsen die Wirkung eigentlich verstärken. Also nahm er eine Röhre und montierte an jedes Ende eine konvexe Linse. Und tatsächlich: Die Vergrößerung war besser. Die Leistung war zwar nicht überwältigend, aber dennoch kann Janssens Röhre als das erste Mikroskop angesehen werden. Die Nachfolger dieser Röhre sollten einmal die Biologie revolutionieren.

1591

Algebraische Symbole

Mathematiker hatten Mengen, Verhältnisse und Probleme bisher immer nur mit Worten beschrieben (eine andere Möglichkeit schien es nicht zu geben). Und was sie beschrieben, war oft nur schwer nachzuvollziehen.
Vieta (vgl. 1589, Geheimschriften) begann damit, Konstanten und Unbekannte mit Buchstaben des Alphabets zu symbolisieren, zum Beispiel mit x und y, die uns inzwischen aus der Algebra wohlbekannt sind. Im Jahr 1591 schrieb er ein Buch über Algebra. Es ist das erste dieser Art, und ein Gymnasiast von heute würde es sofort als solches erkennen.
Der Übergang von Worten zu Symbolen war für die Mathematik von ähnlicher Bedeutung wie der Übergang von graphischen Symbolen zu Buchstaben in der Schrift oder von römischen zu arabischen Ziffern in der Arithmetik.

1592

Das Thermometer

Die Begriffe heiß und kalt müssen so alt wie die Menschheit selbst sein. Ob ein Gegenstand heiß oder kalt ist, können wir leicht feststellen: Wir brauchen nur die Hand in seine Nähe zu halten (eine Berührung ist nicht immer notwendig). Ebenso können wir feststellen, ob ein Gegenstand viel wärmer als ein anderer ist. Allerdings helfen uns solche subjektiven Empfindungen bei kleinen Temperaturunterschieden nicht weiter. Sie sind nicht verläßlich. Bei hoher Luftfeuchtigkeit fühlt sich die Luft trotz gleicher Temperatur heißer an als an trockenen Tagen, und bei Wind friert man schneller als bei Windstille.
Was man zur Messung der Temperatur also braucht, ist ein physikalisches Phänomen, das sich regelmäßig und meßbar mit der Temperatur verändert. Der erste Mensch, der nach einem solchen Phänomen suchte, war Galilei (vgl. 1581).
Er erwärmte eine leere Glaskugel, in die ein langes Rohr mündete. Dann führte er das offene Ende des Rohres in einen Behälter mit Wasser ein. Als die warme Luft in der Kugel abkühlte, zog sie sich zusammen, und das Wasser wurde ein Stück weit in das Rohr hinaufgesogen. Mit jedem Temperaturwechsel dehnte sich die Luft in der Kugel aus oder zog sich zusammen, und entsprechend fiel oder stieg das Wasser im Rohr. Der Wasserstand lieferte also einen Hinweis auf die Lufttemperatur.
Die Vorrichtung war freilich sehr ungenau, denn auch der Luftdruck auf den Wasserbehälter beeinflußte den Wasserstand. Trotzdem war es das erste *Thermometer* (das Wort stammt von einem griechischen Ausdruck für »Hitze messen«).

Archäologie

Am 24. August des Jahres 79 n. Chr. brach in Süditalien völlig unerwartet der Vulkan Vesuv aus und begrub die beiden Städte Pompeji und Heculaneum unter Lava und Asche.
Fünfzehnhundert Jahre blieben beide Städte verschüttet. Dann grub der italienische Ingenieur Domenico Fontana (1543–1607) einen Tunnel in einen Hügel, um einen Aquädukt zu bauen. Dabei stieß er auf die Ruinen.
Seine Entdeckung machte den Menschen bewußt, daß ein Teil der Vergangenheit tatsächlich erhalten geblieben war und in der Gegenwart erforscht werden konnte. Ausgrabungen mit diesem Ziel begannen zwar erst hundert Jahre später. Doch der Forschungsgegenstand war nun bekannt. Somit kann Fontanas Entdeckung als die Geburtsstunde der modernen *Archäologie* angesehen werden.

1596

Ostindien

Nach der Niederlage der Armada faßten die Niederländer neuen Mut und bekämpften die Spanier erbitterter denn je, besonders in der nördlichen, protestantischen Hälfte des Landes. Dort entstand später die *Republik der Vereinigten Niederlande.* Der Süden blieb unter spanischer Herrschaft und hieß *Spanische Niederlande.*

Trotz aller Zusammenstöße mit dem spanischen Militär wurden die Niederländer zur See immer stärker und durch ihren Handel mit fernen Ländern immer wohlhabender. Bald suchten sie nach Expansionsmöglichkeiten in Übersee. Ohne Zögern drangen sie in Länder vor, die eigentlich für Spanien und Portugal reserviert waren (beide unter der Herrschaft Philipps II.). Die Niederländer waren gegen den Katholizismus, gegen Spanien und für die Ausweitung der Geldwirtschaft.

Im Jahr 1596 gründeten sie in Palembang auf der Insel Sumatra eine Fabrik, also in der Region der Welt, die man später *Ostindien* nannte. Dies war der Beginn des niederländischen Weltreiches in Übersee.

Pi

Eines der Lieblingsprobleme der alten Griechen war die *Quadratur des Kreises,* die Aufgabe also, zu einem gegebenen Kreis nur mit Hilfe von Lineal und Zirkel ein flächengleiches Quadrat zu konstruieren. Laut Regel mußte die Aufgabe in einer begrenzten Anzahl von Schritten bewältigt werden. Leider fanden die Griechen nie die Lösung.

Doch bei der Beschäftigung mit dem Problem stießen sie auf das Verhältnis von Kreisumfang zu Kreisdurchmesser, ein Verhältnis, das wir heute mit der Zahl *pi* ausdrücken (ein griechischer Buchstabe). Jeder kann den Durchmesser eines Kreises ermitteln, dann mit einer Schnur seinen Umfang abstecken und anschließend messen, wie lang die gespannte Schnur ist. Er wird feststellen, daß der Umfang (bei jedem Kreis) etwas mehr als dreimal so groß ist wie der Durchmesser. Aber wie groß ist das Verhältnis genau?

Es gibt geometrische Methoden, die Zahl exakt zu bestimmen. Archimedes (vgl. 260 v. Chr.) war auf ungefähr 3,142 gekommen. In späteren Jahrhunderten wurden weitere Näherungen erzielt, bis im Jahr 1596 der holländische Mathematiker Ludolph van Ceulen (1540–1610) schließlich einen Wert für pi errechnete, der 20 Dezimalstellen umfaßte (später kam er auf 35 Stellen).

Das war zwar immer noch kein *genauer* Wert, aber eine so gute Annäherung, daß es für jede denkbare Rechenoperation mit der Zahl pi ausreichte. In Deutschland wird pi noch heute manchmal *Ludolphsche Zahl* genannt. Inzwischen wurde pi auf eine weit größere Anzahl von Dezimalstellen genau ermittelt, und doch ist der Wert noch nicht exakt.

Nachtrag

Auf der Suche nach der Nordostpassage stach der Holländer Willem Barentsz (ca. 1550–1597) 1594 von Amsterdam aus in See und erkundete den Teil des Ozeans, der sich nördlich von Skandinavien und Westrußland erstreckt und ihm zu Ehren heute *Barentssee* heißt. Zwei Jahre später sichtete er als erster Europäer die beiden großen Inseln Nowaja-Semlja, die heute zur Sowjetunion gehören. Das Eis zwang ihn, mit seinem Schiff auf Nowaja-Semlja zu überwintern. Dabei starben er und ein Kabinensteward. Doch fünfzehn Besatzungsmitglieder kehrten wohlbehalten zurück. Sie waren die ersten europäischen Entdecker, die einen arktischen Winter überstanden hatten.

1597

Mittelalterliche Alchimie

Die mittelalterlichen Alchimisten verwirklichten nur wenig von dem, was sie sich vorgenommen hatten. Weder gelang es ihnen, aus Blei Gold zu machen, noch fanden sie das Elixier des Lebens. Und doch: Ganz nutzlos waren sie nicht.
Im Jahr 1597 schrieb ein deutscher Alchimist namens Andreas Libau (ca. 1540–1616), besser bekannt unter seinem latinisierten Namen Libavius, ein Buch mit dem Titel *Alchymia,* in dem er die Errungenschaften der mittelalterlichen Alchimie zusammenfaßte. Es war das erste chemische Lehrbuch, das diesen Namen verdiente. Libavius' Stil war relativ klar und weniger mystisch als der seiner Vorgänger. Er beschrieb als erster die Herstellung von Salzsäure und gab klare Anleitungen für die Herstellung anderer starker Säuren wie Schwefelsäure und *aqua regia* (»Königswasser«, eine Mischung aus Salz- und Salpetersäure, die sogar das königliche Metall Gold auflöste).
Libavius legte mit seinem Buch den Grundstein für die richtige Chemie, die etwa siebzig Jahre später entstand.

Nachtrag

In Indien regierte zu dieser Zeit Akbar (1542–1605), der 1556 als dritter Herrscher der Mogulendynastie den Thron bestiegen hatte. Er vereinte fast ganz Indien unter sich.
England hatte bereits vierhundert Jahre zuvor im Osten Irlands Fuß gefaßt, aber nie die ganze Insel erobern können. Im Jahr 1597 brach in Irland zum wiederholten Mal ein Aufstand los, diesmal unter Hugh O'Neill (1540?–1616). Elisabeth beauftragte ihren unfähigen Günstling Robert Devereux (1566–1601), den Earl von Essex, mit der Niederschlagung des Aufstands. Natürlich versagte Devereux.

1600

Erdmagnetismus

Obwohl der Kompaß nunmehr seit fast 500 Jahren bekannt war, wußte niemand, warum er nach Norden zeigte. Der englische Arzt und Naturforscher William Gilbert (1544–1603) untersuchte das Instrument etwas genauer und veröffentlichte 1600 ein Buch mit dem Titel *De Magnete (Über Magneten),* in dem er seine Experimente beschrieb.
Zum Beispiel überprüfte er die landläufige Meinung, daß Knoblauch die magnetische Wirkung zerstöre, während Diamanten sie verstärkten. Er rieb Magneten mit Knoblauch ein, doch sie behielten ihre anziehende Kraft. Vorsichtshalber führte er diesen Versuch vor Zeugen durch.
Ein anderer Versuch war freilich viel wichtiger: Er nahm einen großen Klumpen Magnetit und fertigte daraus eine Kugel. Dann ermittelte er die magnetischen Pole der Kugel und demonstrierte, daß eine Kompaßnadel nach *Norden* zeigte, wenn sie dicht auf die Oberfläche dieses kugelförmigen Magneten gelegt wurde.
Und damit nicht genug: Wenn Gilbert die Kompaßnadel so aufhängte, daß sie sich vertikal drehen konnte, war das Phänomen der sogenannten *magnetischen Inklination* zu beobachten, das heißt, die Nadel zeigte auf den Körper des Objekts. Wenn er die Nadel über den magnetischen Pol hielt, zeigte sie senkrecht nach unten. (Die Inklination der Kompaßnadel wurde erstmals 1576 von dem englischen Seefahrer Robert Norman bemerkt.)
Das Verhalten der Kompaßnadeln ließ für Gilbert nur einen Schluß zu: Die Erdkugel war selbst ein riesiger Magnet.

Nachtrag

Der französische König Heinrich IV., der frühere Heinrich von Navarra, erließ 1598 das *Edikt von Nantes,* das den Hugenotten örtlich beschränkte Religionsfreiheit zugestand.
In Japan starb 1598 Hidejoschi (vgl. 1582). Sein Versuch, am Ende seines Lebens Korea zu erobern, war fehlgeschlagen. Nach ihm errang Ieyasu (1543–1616) die Macht im Reich und etablierte sich als *Schogun* (oberster Militärbefehlshaber). Er stammte aus der Tokugawa-Familie, die das Shogunat über zweieinhalb Jahrhunderte behalten sollte. Ieyasu verlegte seine Hauptstadt von Kioto nach Edo, dem heutigen Tokio.
Der italienische Philosoph Giordano Bruno (1548–1600) schrieb und sprach von der Unendlichkeit des Universums, von der Vielheit der Welten, von Atomen und davon, daß die Erde die Sonne umkreise. In vielem hatte er recht, doch er brachte die Konservativen seiner Zeit durch seinen laut und taktlos vorgetragenen Spott gegen sich auf. Obwohl mit dem Tod bedroht, weigerte er sich zu widerrufen. Er starb am 17. Februar 1600 auf dem Scheiterhaufen. Sein Tod war ein herber Rückschlag für die Wissenschaft, insbesondere in den katholischen Ländern.

1603

Venenklappen

Daß unser Blut durch den Körper fließt, sehen wir daran, daß es herausspritzt, wenn eine Arterie verletzt wird. Genauer gesagt, es quillt in Stößen hervor, die dem Rhythmus des Herzschlags entsprechen. Daran wird deutlich, daß unser Herz das Blut pumpt.
Nach der klassischen Auffassung, die auf Galen (vgl. 180) zurückging, wurde das Blut in der Leber produziert und zum Herzen befördert, dann durch Arterien und Venen gewissermaßen nach außen gepumpt und im Gewebe verbraucht.
In Wahrheit besteht das Herz natürlich aus zwei Pumpen, die eine dicke Muskelwand trennt. Nur konnte sich damals niemand vorstellen, wozu zwei Pumpen gut sein sollten. Galen vermutete in der Wand winzige, unsichtbare Löcher, durch die das Blut strömte. Folglich war das Herz nur eine einzige Pumpe.
Der italienische Arzt Gerolamo Fabrizzi (1537–1619), besser bekannt unter seinem latinisierten Namen Fabricius d'Acquapendente, untersuchte 1603 Beinvenen und machte dabei eine Entdeckung: Die Venen wiesen auf ihrer ganzen Länge in kurzen Abständen kleine Klappen oder Ventile auf.
Es war offensichtlich, daß die Klappen ein Zurückströmen des Blutes verhinderten. Die Muskeln drückten beim Gehen auf die Beinvenen und preßten das Blut nach oben – in eine andere Richtung konnte es nämlich nicht fließen. Damit war klar, daß die Beinvenen das Blut nur zum Herzen *hinführen* konnten. Doch Fabricius wagte es nicht, Galens Doktrin zu widersprechen, und lehnte es ab, Schlußfolgerungen aus seiner Entdeckung zu ziehen.

Nachtrag

Elisabeths Günstling, der Earl von Essex, wurde 1601 nach einem (selbst für ihn) bemerkenswert stümperhaften Versuch, einen Aufstand zu schüren, hingerichtet. Elisabeth selbst starb 1603 nach 45jähriger Regentschaft, die nach Meinung vieler die erfolgreichste der englischen Geschichte war. Ihr Nachfolger wurde der schottische König Jakob VI. (1566–1625), ihr Vetter zweiten Grades und der Sohn Maria Stuarts. Er regierte als Jakob I. und eröffnete in England die königliche Linie der Stuarts.
Im Jahr 1602 erkundete der englische Seefahrer Bartholomew Gosnold (gest. 1607) in Nordamerika die Küste des heutigen Neuengland.

1607

Jamestown

Seit der Niederlage der spanischen Armada (vgl. 1589) hatten die Engländer versucht, in Übersee Kolonien zu gründen. In Neufundland war es ihnen gelungen, nicht aber in Roanoke.
Am 24. Mai 1607 landete schließlich eine Gruppe englischer Siedler im heutigen Virginia. Der bekannteste unter ihnen war John Smith (ca. 1580–1631). Sie fuhren den James River hinauf (benannt nach dem englischen König Jakob I. – englisch James) und gründeten Jamestown.
Dies war die erste englische Dauersiedlung auf dem Gebiet der heutigen Vereinigten Staaten.

Nachtrag

Seit dem Tod Boris Godunows im Jahr 1605 wurde Rußland durch ständige Machtkämpfe erschüttert. Das Land fand keinen Zaren, der unanfechtbare Ansprüche auf den Thron geltend machen konnte. In den folgenden Jahren der Anarchie, der sogenannten *Zeit der Wirren,* drangen Schweden und Polen von Westen her fast bis nach Moskau vor. Rußland drohte auseinanderzubrechen.

1608

Teleskop

Nach der Erfindung des Mikroskops (vgl. 1590) war es eigentlich nur noch eine Frage der Zeit, bis Linsenkombinationen gefunden wurden, die entfernte Gegenstände größer erscheinen ließen oder näher heranholten.

Die Entdeckung von 1608 verdankt sich offenbar einem Zufall. Hans Lippershey (ca. 1570–1619), ein holländischer Brillenmacher, hatte einen Lehrling, und dieser Lehrling spielte in seinen freien Stunden gern mit Linsen herum. Dabei stellte er eines Tages fest, daß er einen entfernten Kirchturm viel näher vor sich sah, wenn er zwei Linsen in einem gewissen Abstand voneinander vor das Auge hielt und durch beide hindurchsah. Und das war nicht alles: Der Kirchturm schien außerdem auf dem Kopf zu stehen.
Erschreckt erzählte er seinem Meister davon. Lippershey erfaßte die Bedeutung der Entdeckung sofort. Er brachte die Linsen im richtigen Abstand voneinander in einem Rohr an und hatte damit das erste primitive Fernrohr oder *Teleskop* (das Wort stammt von einem griechischen Ausdruck für »weit sehen«).
Die Niederlande lagen immer noch im Kampf gegen Spanien, und Lippershey erkannte, daß er eine wichtige Kriegswaffe erfunden hatte: Mit dem Fernrohr entdeckte man feindliche Schiffe oder Truppen, bevor sie mit bloßem Auge zu sehen waren. Er sprach bei Moritz von Oranien vor (vgl. 1586). Der Prinz erkannte die Vorteile des Geräts und versuchte, seine Bauart geheimzuhalten. Allerdings ohne Erfolg. Die Neuigkeit verbreitete sich rasch, und das Gerät war so einfach, daß es sofort nachgebaut werden konnte.

Quebec

Der französische Entdecker Samuel de Champlain (ca. 1567–1635) erforschte im Auftrag seines Königs Heinrichs IV. den nordamerikanischen Küstenabschnitt, den Cartier (vgl. 1535) erreicht hatte. Seit 1603 erkundete er den St.-Lorenz-Strom und die Küste zwischen Neuschottland und Kap Cod.
Im Jahr 1608 gründete er am St.-Lorenz-Strom eine Siedlung und nannte sie Quebec. Es war die erste französische Dauersiedlung in Kanada.
Die Franzosen in Quebec und die Engländer in Jamestown trennten knapp 1 000 Kilome-

ter. Siedlungen neigen aber dazu zu wachsen, und so war der Konflikt zwischen den beiden Mächten vorprogrammiert.

Nachtrag

Über hundert Jahre nach dem Vorstoß der Portugiesen landete 1608 mit der *Hektor* das erste englische Schiff in Indien, das damals von Jahangir (1569–1627) regiert wurde. Jahangir, seit dem Tod seines Vaters Akbar im Jahr 1605 Mogul, gewährte den Engländern Handelskonzessionen. Damit legte er, ohne es zu wollen, den Grundstein für die britische Kolonialherrschaft, die in den folgenden zweieinhalb Jahrhunderten das Schicksal des Landes bestimmen sollte.

1609

Planetenbahnen

Seit fast zweitausend Jahren, nämlich seit Platon (vgl. 387 v. Chr.), hatte man sich die Planetenbahnen als Kreise vorgestellt – vielleicht nur deshalb, weil der Kreis die einfachste und deshalb auch eleganteste und ästhetischste Kurve war. Die Götter hätten sich gewiß nicht mit weniger begnügt.
Doch die Bewegungen der Planeten entsprachen nicht der Vorstellung von einfachen Kreisbahnen, und so mußten die Griechen Kombinationen von Kreisen ersinnen, die immer komplizierter wurden, je präziser die tatsächlichen Bewegungen der Planeten am Himmel beobachtet werden konnten.
Kopernikus setzte zwar die Sonne anstelle der Erde in den Mittelpunkt des Weltalls, doch er behielt die kreisförmigen Umlaufbahnen bei. Folglich waren immer noch komplizierte Kombinationen nötig, wenn sie auch nicht mehr ganz so kompliziert waren wie bei dem griechischen Modell.
Tycho Brahe (vgl. 1572) hatte bis zu seinem Tod 1601 Nacht für Nacht sorgfältig die Himmelsposition des Mars beobachtet und genauere Messungen vorgenommen als irgend ein anderer vor ihm. Der deutsche Astronom Johannes Kepler (1571–1630), in den letzten Jahren sein Assistent, versuchte, aus diesen Daten die Bahn des Mars genauer zu bestimmen.
Kepler ging zunächst einigen falschen Fährten nach. Dann erst zog er die Möglichkeit in Betracht, daß die Umlaufbahnen gar keine Kreise waren. Schließlich fand er die Lösung und veröffentlichte sie 1609 in seinem Buch *Astronomia Nova*. Danach bewegen sich Planeten auf Ellipsen, in deren einem Brennpunkt die Sonne steht (Ellipsen sind abgeflachte Kreise, deren geometrische Eigenschaften der griechische Mathematiker Apollonius im 1. Jahrhundert vor Christus erstmals dargelegt hatte). Unsere heutige Vorstellung vom Sonnensystem (das heißt von der Sonne, ihren Planeten und anderen Himmelskörpern) stimmt noch weitgehend mit dem überein, was Kepler entwickelt hat. Und daran wird sich aller Voraussicht nach auch in Zukunft nichts Entscheidendes ändern.
Planeten bewegen sich auf elliptischen Bahnen – das ist das erste Keplersche Gesetz zur Planetenbewegung. Nach dem zweiten Gesetz, das er in seinem Buch aufstellt, ändert sich die Geschwindigkeit eines Planeten auf seiner Umlaufbahn ständig. Sie ist am größten, wenn er der Sonne am nächsten ist, und am kleinsten, wenn er am weitesten von ihr entfernt ist.

Die Milchstraße

Die Milchstraße ist ein blasses Band aus nebligem Licht, das sich am nächtlichen Himmel hinzieht. Zu allen Zeiten wurde darüber spekuliert, worum es sich dabei handeln könnte. War es ein Milchspritzer aus der Brust einer Göttin? Oder eine Brücke, auf der die Götter zur Erde hinab und wieder hinauf in den Himmel stiegen? Demokrit (vgl. 440 v. Chr.)

hielt die Milchstraße für die Zusammenballung unzähliger Sterne, von denen jeder einzelne zu matt war, als daß er als Einzelobjekt gesehen werden konnte. Doch das war nur Spekulation.
Im Jahr 1609 kam Galilei zu Ohren, daß in den Niederlanden jemand ein Fernrohr konstruiert hatte. Was er hörte, genügte ihm. Er baute sich selbst so ein Gerät und richtete es als erster auf den Himmel.
Als er die Milchstraße betrachtete, stellte er fest, daß sie tatsächlich aus Myriaden von schwach leuchtenden Sternen bestand. Demokrit hatte also richtig vermutet.
Mit Hilfe des Fernrohrs entdeckte Galilei überall, wohin er schaute, neue Sterne, die mit dem bloßen Auge nicht zu erkennen waren. Der Himmel war voll davon.

Der Mond

Galilei betrachtet auch den Mond durch sein Fernrohr: Er sah Krater, Berge und dunkle Flächen, die er für Meere hielt. Noch heute heißen diese dunklen Flächen *Maria* (lat. »Meere«). Damit war klar, daß der Mond keine himmlische Lichtkugel war, sondern ein Himmelskörper, der in gewisser Weise der Erde ähnelte. Die Auffassung des Aristoteles, daß die Himmelskörper eine andere Struktur als die Erde hätten, war damit erschüttert.

Nachtrag

Der englische Seefahrer Henry Hudson (gest. 1611) machte sich unter holländischer Schirmherrschaft mit seinem Schiff *Half Moon* auf die Suche nach der Nordwestpassage. Im Jahr 1609 segelte er in die Bucht von New York, wie vor ihm bereits Verrazano (vgl. 1531), und fuhr dann den Fluß hinauf, der in die Bucht mündete (und heute nach ihm *Hudson River* heißt). Erst als er die Stelle erreichte, wo heute die Stadt Albany liegt, war er endgültig davon überzeugt, daß er keine Passage zum Pazifik gefunden hatte. Mit Hinweis auf Hudsons Entdeckungsfahrt beanspruchte die Republik der Vereinigten Niederlande (die im selben Jahr einen Waffenstillstand mit Spanien abschloß) diese Region später für sich.
Um einem drohenden Religionskonflikt vorzubeugen, vertrieb Spanien 275 000 Morisken (Nachkommen der Moslems, die Spanien lange beherrscht hatten) aus dem Land. Spanien verlor mit ihnen einen wichtigen Teil seiner Bevölkerung und beschleunigte damit den eigenen Niedergang.

1610

Jupiter

Im Unterschied zu Sonne und Mond hatten die Gelehrten des Altertums die schon damals bekannten Planeten für bloße Lichtpunkte gehalten. Als Galilei jedoch sein Fernrohr auf sie richtete, stellte er fest, daß es sich um kleine Himmelskörper handelte. Sie hatten eine bestimmte Größe, waren aber so klein oder so weit entfernt (oder beides), daß dies mit bloßem Auge nicht zu erkennen war (die Sterne blieben Lichtpunkte, trotz Fernrohr).
Jupiter war kein einzelner Himmelskörper. Im Januar 1610 bemerkte Galilei vier schwächer leuchtende Objekte in unmittelbarer Umgebung des Planeten. Er beobachtete sie Nacht für Nacht und machte dabei eine bahnbrechende Entdeckung: Sie umkreisten den Jupiter, wie der Mond die Erde umkreist. Kurz, es waren vier *Jupitermonde*. Kepler (vgl. 1609) nannte sie später *Satelliten* – nach einem lateinischen Wort für Leute, die sich in der Nähe einer reichen oder mächtigen Person bewegen, weil sie hoffen, daß für sie etwas abfällt.
Mit den vier Satelliten des Jupiter wurden erstmals Himmelskörper beobachtet, die etwas anderes umrundeten als die Erde – eine Beobachtung, die im krassen Widerspruch

zum ptolemäischen Geozentrismus stand. So war es also kein Wunder, daß orthodoxe Menschen empört waren. Ja, manche weigerten sich sogar, einen Blick durch das Fernrohr zu werfen, nur um die Satelliten nicht sehen zu müssen. Einer behauptete, die Satelliten könne es gar nicht geben, da Aristoteles sie nicht erwähnt habe.
Galilei wollte die Unterstützung von Cosimo II. (1590–1621), einem Medici und seit 1609 Großherzog von Toscana, und nannte die Satelliten ihm zu Ehren die »Mediceischen Gestirne«. Zum Glück setzte sich diese Bezeichnung nicht durch. Schon bald nach Galilei entdeckte auch der deutsche Astronom Simon Mayr, bekannt unter seinem latinisierten Namen Simon Marius (1570–1624), die Satelliten. Er nannte sie in der Reihenfolge ihres Abstandes vom Planeten Io, Europa, Ganymed und Callisto, nach Figuren, die in der griechischen Mythologie Zeus (Jupiter) nahestanden.
Galilei bemerkte außerdem, daß Jupiter und Saturn nicht vollkommen rund waren wie Sonne und Mond, sondern abgeplattet.

Venus

Galilei begann 1610 mit der Beobachtung der Venus. Nach dem geozentrischen Weltbild befand sich die Venus permanent in zunehmender Phase. Doch nach dem heliozentrischen Weltbild mußte sie den vollen Phasenzyklus durchlaufen, den auch der Mond durchlief. Und das war tatsächlich auch der Fall, wie Galilei nach langwierigen Beobachtungen schließlich mit Befriedigung feststellte. Damit war ihm ein besonders überzeugender Beweis für den Heliozentrismus gelungen.

Sonnenflecken

Außerdem stellt Galilei fest (wie übrigens auch andere um diese Zeit), daß die Sonnenscheibe dunkle Flecken aufwies. Heute spricht man von *Sonnenflecken*.

Diese Entdeckung war insbesondere für konservative Gläubige ein Ärgernis. Sie hatten die Sonne stets als Symbol Gottes aufgefaßt und deshalb der Meinung angehangen, sie müsse makelloser sein als jeder andere Gegenstand.

Nachtrag

Heinrich IV., König von Frankreich, wurde nach 21jähriger Regentschaft von einem katholischen Fanatiker ermordet. Nachfolger wurde sein Sohn, der als Ludwig XIII. regierte (1601–1643).
Henry Hudson, inzwischen in englischen Diensten, setzte seine Suche nach der Nordwestpassage fort. Er befuhr als erster den großen Meerbusen im Norden Nordamerikas, die später nach ihm benannte *Hudson Bai*. Hudson kehrte von dieser Reise nie zurück. Im Jahr 1611 meuterte seine Besatzung und überließ ihn seinem Schicksal.

1612

Andromedanebel

Im Jahr 1612 bemerkte Simon Marius (vgl. 1610) einen verschwommenen Fleck im Sternbild Andromeda. Der Fleck hatte nicht die klaren, punktartigen Konturen eines Sterns, sondern ähnelte einer winzigen leuchtenden Wolke. Deshalb wurde er *Andromedanebel* genannt.
Diese Entdeckung war damals nicht besonders wichtig, aber drei Jahrhunderte später sollte sie eine Diskussion auslösen, die schließlich zu einem vollkommen neuen Verständnis des Weltalls führte.

1614

Logarithmen

Zahlen können in exponentieller Form geschrieben werden. So steht 2^4 für vier miteinander multiplizierte Zweien, also für 16, und 2^5 für fünf miteinander multiplizierte Zweien, also für 32. Neun miteinander multiplizierte Zweien, also 2^9, ergeben 512. 16 x 32 = 512, deshalb kann man sagen: $2^4 \times 2^5 = 2^9$. Statt die Zahlen zu multiplizieren, addieren wir die Exponenten (Hochzahlen). Dies ist eine allgemeine Regel. Genauso können wir, statt Zahlen zu dividieren, Exponenten subtrahieren. Wenn $16 = 2^4$ und $32 = 2^5$, dann muß 22 die Zahl 2 mit einem Exponenten sein, der zwischen 4 und 5 liegt. Hätten wir eine Tabelle mit den Exponenten aller Zahlen, so könnten wir durch Umwandlung aller Multiplikationen in Additionen und aller Divisionen in Subtraktionen viel Zeit und Mühe sparen.
Der schottische Mathematiker John Napier (1550–1617) stellte in jahrelanger Arbeit Formeln zusammen, mit deren Hilfe er die Exponenten für sehr viele Zahlen ermitteln konnte, und nannte sie *Logarithmen* (das Wort stammt von einem griechischen Ausdruck, der »Verhältniszahlen« bedeutet). Im Jahr 1614 veröffentliche Napier seine Logarithmentafeln. Schon bald erwiesen sie sich als ein nützliches Hilfsmittel bei allen erdenklichen komplizierten Berechnungen, die Wissenschaftler anstellen mußten. Dreihundert Jahre lang sollte es für diesen Zweck nichts Besseres geben.

Stoffwechsel

Der italienische Arzt Santorio Santorio (1561–1636), besser bekannt unter seinem latinisierten Namen Sanctorius, berichtete 1614 von Versuchen, die er an sich selbst durchgeführt hatte. Er hatte einen komplizierten Wiegeapparat gebaut, mit dem er ständig sein Körpergewicht kontrollierte, während er aß, trank und ausschied. Dabei machte er eine bemerkenswerte Feststellung: Er verlor mehr Gewicht, als seine Ausscheidungen gerechtfertigt hätten. Er führte das auf »unmerkliche Ausdünstungen« zurück, das heißt auf Ausdünstungen, die so schnell verdunsteten, wie sie entstanden, und deshalb nicht bemerkt wurden.
Sanctorius' Experimente waren die erste Beschäftigung mit dem *Stoffwechsel,* das heißt mit den chemischen Veränderungen in lebendem Gewebe.

Nachtrag

Die Russen hatten mit Polen und Schweden Frieden geschlossen und krönten Michael Romanow (1596–1645) zum Zaren (Michael III.). Die Zeit der Wirren war damit zu Ende, und die Herrschaft der Romanows begann. Sie sollten drei Jahrhunderte lang regieren. Rußland konnte zwar nur mit Mühe seine westlichen Provinzen halten (zum Beispiel verlor es Nowgorod 1614 an die Schweden), aber im Osten hatten Forscher bereits den sibirischen Fluß Jenissei überquert. Als Michael Zar wurde, war man von Moskau aus schon über 3 000 Kilometer nach Osten vorgedrungen.

1616

Baffin Bai

Die Suche nach der Nordwestpassage ging weiter. Der englische Forscher William Baffin (ca. 1584–1622) segelte 1615 mit seinem Schiff die Westküste von Grönland hinauf bis zu dem Gewässer, das heute *Baffin Bai* heißt. Im Jahr darauf erreichte er fast den 78. Breitengrad. Er hatte sich bis auf etwa 1 200 Kilometer dem Nordpol genähert. Zweieinhalb

Jahrhunderte lang stieß niemand weiter nach Norden vor. Baffin zog den richtigen Schluß: Es gab keine schiffbare Nordwestpassage.

Feuerland

Drake hatte südlich von Feuerland offene See gesichtet (vgl. 1578). Im Januar 1616 umschiffte der holländische Seefahrer Jakob de Maire (1585–1616) die Südspitze Feuerlands, erkundete seine Küsten und fand heraus, daß es sich um eine 47 000 Quadratkilometer große Insel handelte. Feuerland ist die südlichste Region, in der Spuren prähistorischer Menschen gefunden wurden. Seine Südspitze heißt Kap Hoorn. Sie wurde nach der holländischen Stadt Hoorn benannt, dem Geburtsort des Kapitäns Willem Corneliszoon Schouten (1580–1625).

Nachtrag

Im Jahr 1616 schlossen sich in der östlichen Mandschurei Stämme zu militärischen Verbänden zusammen und begannen einen Eroberungsfeldzug. Kaum mehr als ein Vierteljahrhundert später beherrschten sie ganz China (Beginn der Ts'ing- oder Mandschu-Dynastie).

1620

Postkutschen

Mit Postkutsche ist hier jede Pferdekutsche gemeint, die nach einem festen Fahrplan zwischen bestimmten Stationen verkehrt und gegen Bezahlung Passagiere befördert. Die Postkutsche war für Leute, die sich kein eigenes Pferd leisten konnten, die einzige Möglichkeit, schnell von einem Ort zum anderen zu gelangen. Natürlich waren damit auch Nachteile verbunden. Zum einen mußte man mit Fremden reisen, zum anderen waren Reisezeit und -ziel durch den Betreiber der Kutsche festgelegt. Trotzdem war es bequemer, mit der Postkutsche zu fahren, als zu Fuß zu gehen oder sich eine Mitfahrgelegenheit auf einem Bauernkarren zu suchen.
Die Postkutsche blieb über zweihundert Jahre lang für die breite Masse das schnellste Verkehrsmittel für Überlandfahrten.

Wissenschaftliche Methode

Der englische Philosoph Francis Bacon (1561–1626) veröffentlichte 1620 das *Novum Organum (Neue Organon)*. Der Titel bezieht sich auf das *Organon*, Aristoteles' Buch über die Logik (vgl. 350 v. Chr., Logik).
Bacon räumte der Deduktion zwar in der Mathematik einen Platz ein, bestritt aber energisch, daß sie für die Wissenschaft geeignet sei. Seiner Meinung nach mußte die Wissenschaft induktiv verfahren, das heißt von einer Vielzahl einzelner Beobachtungen auf das Allgemeine und Gesetzmäßige schließen. Eine experimentelle Wissenschaft dieser Art gab es zwar schon, doch erst Bacon gab ihr durch die Beschreibung der wissenschaftlichen Methode das theoretische Fundament.

Nachtrag

Der Religionskonflikt in Europa erreichte 1618 seinen Höhepunkt. Böhmische Protestanten warfen aus Protest gegen ein Versammlungsverbot zwei katholische Statthalter des Kaisers aus einem Fenster des Hradschin (»Prager Fenstersturz«). Der damit beginnende Böhmische Aufstand weitete sich zum Dreißigjährigen Krieg aus, in dessen Verlauf ganz Deutschland verwüstet wurde.
Im Jahr 1619 trafen die ersten schwarzen Sklaven in Virginia ein. Damit begann ein Rassenproblem, das in den Vereinigten Staaten bis heute noch nicht gelöst ist.
Etwa hundert englische Kongregationalisten

– das waren Protestanten, die sich von der englischen Staatskirche lossagten und teilweise in die Niederlande geflohen waren, um der Verfolgung in England zu entgehen – schifften sich auf der *Mayflower* nach Nordamerika ein. Sie landeten im Dezember 1620 in Massachusetts und gründeten Plymouth, die erste englische Dauersiedlung in Neuengland.

1621

Brechung

Die Wirkung von Linsen war schon seit dem Altertum bekannt. Archimedes (vgl. 260 v. Chr.) soll nach einer recht zweifelhaften Überlieferung mit Hilfe großer Linsen das Sonnenlicht gebündelt und römische Schiffe damit in Brand gesetzt haben, die Syrakus belagerten. Wie auch immer: Lichtstrahlen wurden durch Linsen offensichtlich umgelenkt.

Der holländische Mathematiker Willebrord Snellius (1580–1626) war der erste, der dieses Phänomen mathematisch untersuchte.

Es war bekannt, daß Lichtstrahlen, die von der Luft in ein »optisch dichteres« Medium (zum Beispiel Wasser oder Glas) einfielen und schräg auf dessen Oberfläche trafen, zur Vertikalen hin abgelenkt, das heißt gebrochen wurden. Ptolemäus (vgl. 140) hatte behauptet, der Winkel, den das Licht beim Auftreffen auf die Oberfläche mit dem Einfallslot bilde, stehe in einem festen Verhältnis zu dem Winkel, den es nach Eintritt in das andere Medium mit dem Einfallslot bilde.

Snellius zeigte jedoch, daß nicht die Winkel selbst, sondern die Sinus der Winkel in einem festen Verhältnis stehen. Ptolemäus hatte sich täuschen lassen, weil die Sinus kleiner Winkel fast proportional zu den Winkeln selbst sind.

Nachtrag

Robert Burton (1577–1640) veröffentlichte 1621 *Die Anatomie der Melancholie,* eine medizinische Abhandlung über die Ursachen und Heilungsmöglichkeiten der Melancholie. Das Werk streift auch viele andere Themen.

1622

Rechenschieber

Napiers Entdeckung der Logarithmen (vgl. 1614) wurde schon bald für die Entwicklung mechanischer Rechenhilfsmittel benutzt. So konstruierte der englische Mathematiker William Oughtred (1574–1660) zwei Lineale, auf denen logarithmische Skalen aufgetragen waren. Wenn man die Lineale gegeneinander verschob, konnte man mit Hilfe der Logarithmen bestimmte Rechenoperationen mechanisch durchführen.

Aus diesem Instrument wurde in veränderter und verbesserter Form schließlich der Rechenschieber, der dreieinhalb Jahrhunderte lang zur unverzichtbaren Ausrüstung jedes Wissenschaftlers und Ingenieurs gehörte, bis ihn schließlich der Taschenrechner ablöste.

Nachtrag

In Virginia lebten inzwischen 1 500 Kolonisten, doch Krankheiten und Überfälle der Indianer sorgten für eine hohe Sterblichkeitsrate.

1624

Gas

Für die alten Griechen war die Luft eines der vier *Elemente,* aus denen die Welt bestand. Sie und alle, die nach ihnen kamen, hielten jeden Dampf für eine Art Luft.
Der flämische Arzt Johan Baptista van Helmont (1579–1644) stellte bei Versuchen jedoch fest, daß manche Dämpfe sich durch ihre Eigenschaften ganz erheblich von anderen Dämpfen oder der normalen Luft unterschieden. Keine Frage: Es handelte sich um verschiedene Substanzen. So wie es verschiedene Flüssigkeiten und feste Stoffe gab, so gab es auch verschiedene *Lüfte.*
Im Jahr 1624 faßte er all diese Lüfte unter einem Oberbegriff zusammen. Da Lüfte kein bestimmtes Volumen hatten, sondern jeden Behälter ausfüllten, erschienen sie ihm wie Materie in einem chaotischen Urzustand. Also nannte er sie *Chaos,* wobei er das Wort getreu seiner flämischen Aussprache buchstabierte, nämlich *Gas.* Der Begriff *gasförmig* verbreitete sich nicht sogleich, wurde aber für die Beschreibung der drei Aggregatzustände schließlich ebenso wichtig wie *flüssig* und *fest.*
Helmont untersuchte vor allem das Gas, das bei der Verbrennung von Holz entstand. Er nannte es *Gas Sylvestre* (Holzgas), wir kennen es heute als *Kohlendioxid.*
Helmont war auch der erste seit Sanctorius (vgl. 1614), der zur Lösung biologischer Probleme quantitative Methoden anwandte. Er pflanzte einen Weidenbaum in eine abgemessene Menge Erde und wies nach, daß der Baum in fünf Jahren, in denen er nur Wasser bekam, 74 Kilogramm schwerer wurde, die Erde aber nur 57 Gramm an Gewicht verlor. Sein Schluß: Der Baum mußte das Wasser in eigene Substanz umgewandelt haben. Leider bedachte Helmont nicht, daß der Baum ständig Kontakt mit der Luft hatte. Das Wasser spielte für die Ernährung des Baumes zwar eine wichtige Rolle, aber nicht weniger wichtig war das Kohlendioxid in der Luft – dasselbe Gas, das Helmont erforscht hatte.

Nachtrag

Die Politik der Niederlande in Übersee wurde immer aggressiver. Im Jahr 1623 töteten Niederländer auf Amboina, einer kleinen indonesischen Insel, eine Anzahl von Engländern. Außerdem vertrieben sie Engländer aus Ostindien. Im selben Jahr siedelten sie sich auf der Insel Manhattan in Nordamerika an und zogen die Flüsse Hudson und Connecticut hinauf. Das Gebiet erhielt den Namen *Neu-Niederlande.* Da es zwischen den englischen Siedlungen in Neuengland und Virginia lag, konnte ein Konflikt nicht ausbleiben.

1627

Planetentafeln

Wenn Keplers elliptische Planetenbahnen (vgl. 1609) wirklich ein Fortschritt gegenüber den Kreisbahnen von Ptolemäus und Kopernikus waren, dann mußten sich nun auch bessere Planetentafeln erstellen lassen.
Kepler errechnete auf der Basis seiner elliptischen Umlaufbahnen in jahrelanger Arbeit neue Tafeln. Er benutzte dabei Napiers Logarithmen (vgl. 1614) – die erste wichtige wissenschaftliche Anwendung dieser Neuheit. Im Jahr 1627 wurde sein Tabellenwerk unter dem Namen *Rudolfinische Tafeln* veröffentlicht, im Gedenken an Rudolf II. (1552–1612), der als Kaiser des Heiligen Römischen Reiches Kepler unterstützt hatte.
Die Tafeln enthielten tatsächlich die genauesten Tabellen der Planetenbewegungen, die es bislang gab. Beigefügt waren Logarithmentafeln und eine Sternkarte. Die Karte basierte auf der Arbeit Tycho Brahes und war von

Kepler so erweitert worden, daß sie nun über 1 000 Sterne enthielt.

Auerochse

Die Rinder, die heute zu Hunderten von Millionen die Erde bevölkern und uns mit Fleisch, Milch, Butter, Sahne, Käse und Leder versorgen, stammen, so nimmt man jedenfalls an, von den *Auerochsen* ab – großen, schwarzen Tieren mit einer Schulterhöhe von 1,80 m und langen, nach vorne geschwungenen Hörnern. Während die Hausrinder sich vermehrten, ging der Bestand der Auerochsen auf der Erde immer weiter zurück, bis schließlich nur noch eine einzige Herde in Polen übrig blieb. Doch auch diese Herde schrumpfte unaufhaltsam. Das letzte Tier verendete 1627. Die Auerochsen sind ein Beispiel dafür, wie leicht große und prächtige Tiere von unserer Erde verschwinden können. Der Mensch hat sie nicht mutwillig ausgerottet. Es gab einfach keinen Lebensraum mehr für sie. Der Platz wurde für ihre domestizierten Abkömmlinge gebraucht.

Nachtrag

Im Jahr 1626 kaufte der niederländische Bevollmächtigte Peter Minuit (1580–1638) Indianern die Insel Manhattan ab. Minuit – so die Überlieferung – bezahlte mit Schmuck im Wert von 60 Gulden (was heute aber gewiß mehreren tausend Mark entsprechen würde). Im selben Jahr gründeten die Franzosen auf der Insel Madagaskar vor der Südostküste Afrikas eine Siedlung.
Im Jahr 1627 starb der indische Mogulherrscher Jahangir. Unter seinem Sohn und Nachfolger Shah Dschahan (1592–1666) erreichte die Pracht des Hofes ihren Höhepunkt (wenn auch nicht unbedingt der Wohlstand des Volkes). Shah Dschahan ließ sich den sogenannten Pfauenthron bauen. Der Thron wurde in siebenjähriger Arbeit hergestellt und war reich mit Gold, Perlen und Edelsteinen verziert.

1628

Blutkreislauf

Galens Vorstellung (vgl. 180), das Herz bestehe nur aus einer Pumpe und die dicke Muskelwand zwischen den beiden Kammern habe Poren, fand nicht überall Zustimmung.
Bereits 1242 vertrat der arabische Gelehrte Ibn Nafis (gest. 1288) in einem Buch die Auffassung, daß die linke und die rechte Herzkammer völlig voneinander getrennt seien. Nach Ibn Nafis pumpte die rechte Kammer Blut in die Arterien, die es dann zur Lunge leiteten. Dort, in den Lungenflügeln, verzweigten sich die Arterien zu immer kleineren Gefäßen, in denen das Blut die Luft aus den Lungen aufnahm. Dann vereinigten sich die Gefäße wieder zu immer größeren Gefäßen und führten zurück in die linke Herzkammer. Erst von dort würde das Blut in den restlichen Körper gepumpt.
Das war Ibn Nafis' Erklärung für die zwei Pumpen: Die eine wurde für die Lungen und die dort stattfindende »Lüftung« gebraucht, die andere für den übrigen Körper. Er hatte den *kleinen Blutkreislauf* begriffen. Leider wurde sein Buch im Westen erst 1924 veröffentlicht und blieb ohne Einfluß auf spätere Entwicklungen.
Im Jahr 1553 beschrieb auch der spanische Arzt Miguel Serveto (1511–1553) den kleinen Kreislauf. Ein Großteil seines Buches behandelte freilich die theologische (unitarische) Position des Verfassers. Als sich Serveto nach Genf wagte, in die Stadt seines Todfeindes Johann Calvin (vgl. 1541), wurde er festgenommen und auf dem Scheiterhaufen verbrannt. Anschließend versuchte Calvin, sämtliche Exemplare von Servetos Buch zu vernichten. Erst 1694 fand man einige unversehrte Bände.
Der italienische Anatom Realdo Colombo (1516?–1559) war der dritte, der unabhängig von den anderen den kleinen Blutkreislauf entdeckte. Sein Buch aus dem Jahr 1559 war

nicht nur das erste, das die Ärzteschaft zur Kenntnis nahm, es war auch viel ausführlicher und sorgfältiger geschrieben als die Werke seiner Vorgänger. Nicht zuletzt deshalb wird Colombo das Verdienst der Entdeckung zuerkannt.

Der nächste war der englische Arzt William Harvey (1578–1657). Er machte bei der Untersuchung des menschlichen Herzes folgende Entdeckung: Das Herz hatte auf jeder Seite Klappen, die bewirkten, daß das Blut in beide Kammern hinein-, aber nur durch Arterien wieder hinausfließen konnte.

Harvey wußte auch von den Venenklappen, denn er hatte bei ihrem Entdecker Fabricius (vgl. 1603) studiert. Er experimentierte mit Tieren und band ihnen eine Vene oder eine Arterie ab. Dabei stellte er fest, daß sich das Blut in einer Vene auf der dem Herzen abgewandten Seite staute, in einer Arterie aber auf der dem Herzen zugewandten Seite. Damit war klar, daß das Blut in den Arterien vom Herzen weg- und in den Venen zu ihm zurückströmte.

Im Jahr 1628 hatte er alle notwendigen Beweise zusammen und veröffentlichte in den Niederlanden eine 72 Seiten schmale Schrift mit dem Titel *De motu cordis et sanguinis (Über die Bewegung des Herzens und des Blutes)*. Sie enthält seine Erkenntnisse über den Kreislauf des Blutes: Danach fließt es von der rechten Herzkammer in die Lunge, von dort in die linke Kammer, dann in den restlichen Körper und endlich zurück in die rechte Kammer, wo der Kreislauf von neuem beginnt.

Die Ärzteschaft reagierte zunächst ablehnend auf das Buch, aber Harvey durfte noch erleben, wie es Anerkennung fand. Es markiert den Anfang der modernen Physiologie.

Nachtrag

Armand-Jean du Plessis, Kardinal und Herzog von Richelieu (1585–1642), führte in Frankreich inzwischen ein strenges Regiment. Seit 1624 war Richelieu leitender Minister Ludwigs XIII. Seine Politik zielte darauf ab, Frankreich zu stärken und jene Städte niederzuwerfen, die durch das Edikt von Nantes (vgl. 1600) den Hugenotten zugesprochen worden waren. Im Jahr 1628 ließ er La Rochelle, die letzte Hugenottenstadt, belagern. George Villiers (1592–1628), Herzog von Buckingham und Minister unter dem englischen König Karl, wollte La Rochelle beistehen. Er wurde 1628 ermordet, und die Franzosen nahmen La Rochelle. Die Hugenotten stellten in Frankreich nun keine militärische Macht mehr dar, wurden aber nach wie vor geduldet.

England schickte immer mehr Siedler nach Neuengland. In Massachusetts wurde 1628 Salem gegründet.

1633

Wissenschaft und Religion

Galilei hatte schon längst die kopernikanische Vorstellung eines heliozentrischen Planetensystems übernommen, doch er zögerte, damit an die Öffentlichkeit zu treten. Aus gutem Grund: Das Papsttum war in Italien eine Macht, und der Geozentrismus war nach katholischer Lehre das einzig zulässige Weltbild. Seit 1623 war Urban VIII. (1568–1644) Papst. Galilei hielt ihn für einen Freund und riskierte deshalb 1632 die Veröffentlichung eines Buches mit dem Titel: *Gespräch über die beiden Hauptweltsysteme.* An dem Gespräch nahmen drei Personen teil: ein Anhänger des Ptolemäus, ein Anhänger des Kopernikus und ein neutraler Dritter, der Auskunft verlangt.

Das Buch erregte Aufsehen. Erstens war es auf italienisch und nicht auf lateinisch geschrieben, so daß es alle verstehen konnten, und nicht nur die Gelehrten. Zweitens hatte Galilei einen glänzenden Stil und stellte seine Spottlust ganz in den Dienst des Kopernikaners. Zudem hatten seine Gegner wenig Mü-

he, den Papst davon zu überzeugen, daß mit dem Ptolemäus-Anhänger niemand anderer als er selbst gemeint sei.
Gegen Galilei wurde ein Inquisitionsverfahren eröffnet. Sein Fall war der berühmteste Konflikt zwischen Wissenschaft und Kirche vor der Kontroverse um die Evolution im 20. Jahrhundert.
Am 22. Juni 1633 wurde Galilei durch Androhung (nicht aber durch Anwendung) der Folter gezwungen, seinen Ansichten abzuschwören, soweit sie vom Geozentrismus abwichen. Manchmal wird ihm dieser Rückzieher vorgeworfen, aber er war zu diesem Zeitpunkt schon 70 Jahre alt und wollte nicht so enden wie Bruno, der eine Generation zuvor auf dem Scheiterhaufen verbrannt worden war (vgl. 1600).
Der Sieg der Kirche war nicht von Dauer. Die heliozentrische Theorie setzte sich unaufhaltsam durch, bei den Wissenschaftlern und bei den einfachen Leuten.

Nachtrag

Die protestantischen Hugenotten in Frankreich waren geschlagen worden, und auch der Krieg, der nun schon seit fünfzehn Jahren in Deutschland tobte, schien auf eine Niederlage der Protestanten zuzusteuern. Doch dann, im Jahr 1630, landete Gustav II. Adolf (1594–1632), Lutheraner und seit 1611 schwedischer König, mit einem Heer in Deutschland, und das Blatt wendete sich. Er fiel zwar in seiner dritten siegreichen Schlacht, doch das schwedische Heer kämpfte weiter, und der Dreißigjährige Krieg zog sich, blutiger noch als zuvor, weitere fünfzehn Jahre hin.
Im Jahr 1630 landete eine große Gruppe englischer Puritaner in Neuengland. Die Stadt Boston wurde gegründet, und im heutigen New Hampshire entstanden die ersten Siedlungen.

1635

Magnetische Deklination

Gilberts Deutung, die Erde sei ein Magnet (vgl. 1600), lieferte möglicherweise die Erklärung, warum Kompaßnadeln nicht unbedingt exakt nach Norden zeigten. Wenn der magnetische Nordpol nämlich nicht mit dem geographischen Nordpol zusammenfällt, die Kompaßnadel aber zum magnetischen Nordpol zeigt, dann zeigt sie logischerweise nicht exakt nach Norden. Mehr noch: Wenn sich der magnetische Nordpol auf der Atlantik-Seite des geographischen Nordpols befindet, dann muß die Kompaßnadel bei einer Atlantiküberquerung von Ost nach West zuerst westlich am Nordpol vorbei und gegen Ende der Reise östlich am Nordpol vorbei zeigen. Das hatte Kolumbus schon festgestellt (vgl. 1492, magnetische Deklination).
Doch Gilbert hatte behauptet, die Kompaßnadel zeige immer in dieselbe Richtung.
Der englische Astronom Henry Gellibrand (1597–1636) bewies, daß dies nicht stimmt. Er trug zusammen, was er selbst und andere über die Zeigerichtung der Kompaßnadel in London notiert hatten, und veröffentlichte 1635 seine Ergebnisse: Die Kompaßnadel hatte während der letzten fünfzig Jahre ihre Richtung um ungefähr sieben Grad verändert. Dies deutete darauf hin, daß die magnetischen Pole nicht nur nicht mit den geographischen zusammenfielen, sondern obendrein auch ihre Position veränderten.

Nachtrag

Cecilius Calvert, Lord Baltimore (1605–1675), erhielt vom englischen König Karl die Erlaubnis, nördlich der Siedlungen in Virginia eine Kolonie zu gründen. Sie entstand 1634 und erhielt den Namen *Maryland,* nach Henrietta Maria (1609–1669), Karls Ehefrau. Die Puritaner von Massachusetts gründeten unterdessen Dauersiedlungen im heutigen Connecticut, das 1635 eine eigene Kolonie wurde. In Kanada drangen die Entdecker immer weiter nach Westen vor. Jean Nicolet (1598–1642) war der erste Europäer, der den Michigan-See erreichte.

1637

Analytische Geometrie

Der französische Mathematiker René Descartes (1596–1650) veröffentlichte 1637 seinen *Discours de la Méthode (Abhandlung über die Methode)*. Gegenstand der Abhandlung ist die Erkenntnis wissenschaftlicher Wahrheit durch vernunftgeleitetes Denken.
In einem hundert Seiten umfassenden Anhang des Buches verband Descartes die Algebra mit der Geometrie. Er wies auf folgendes hin: Wenn man zwei rechtwinklig zueinander liegende Geraden zeichnet, den Schnittpunkt mit 0 bezeichnet und auf jeder Geraden Einheiten abträgt (positive Zahlen nach rechts und oben vom Punkt 0 aus, negative Zahlen nach links und unten), dann kann jeder Punkt in der Ebene durch zwei Zahlen bestimmt werden: Die eine gibt den Abstand des Punktes von der waagrechten Achse auf der senkrechten und die andere seinen Abstand von der senkrechten auf der waagrechten Achse an. (Man kann noch eine dritte Achse einführen, die senkrecht zu der Ebene der beiden anderen Achsen durch den Punkt 0 verläuft. Mit drei Zahlen kann man dann jeden Punkt im Universum bestimmen.)
Geraden und Kurven konnten nun durch algebraische Gleichungen ausgedrückt werden, die jeden Punkt der Geraden oder Kurve in bezug auf die beiden Achsen festlegten. Diese Kombination von Algebra und Geometrie, die Descartes *analytische Geometrie* nannte, war für beide Disziplinen ein Fortschritt. Geometrische Probleme konnten algebraisch gelöst werden, und algebraische Gleichungen ließen sich geometrisch darstellen.
Ferner legte sie den Grundstein für die Entwicklung der Infinitesimalrechnung, bei der es grob um die Anwendung der Algebra auf bestimmte sich verändernde Phänomene geht, die durch Kurven verschiedener Art geometrisch darstellbar sind.

Fermats letztes Theorem

Der französische Mathematiker Pierre de Fermat (1601–1665) hatte die schlechte Angewohnheit, seine Erkenntnisse nicht zu veröffentlichen. Er beließ es dabei, Notizen und Randbemerkungen in seine Bücher zu kritzeln oder seine Entdeckungen beiläufig in Briefen zu erwähnen, die er an Freunde schrieb. So kam es, daß er zwar vor Descartes die analytische Geometrie entwickelte, aber keinerlei Anerkennung dafür erntete.
Betrachten wir eines der Probleme, mit denen er sich beschäftigte.
Es ist möglich, daß sich zwei Quadratzahlen zu einer dritten Quadratzahl addieren: $3^2 + 4^2 = 5^2$, oder $9 + 16 = 25$. Es gibt eine unendliche Zahl solcher Fälle. Gibt es aber zwei Kubikzahlen, die sich zu einer dritten Kubikzahl addieren, oder die vierten Potenzen von zwei Zahlen, die sich zur vierten Potenz einer dritten Zahl addieren, und so weiter?
Fermat schrieb an den Rand eines Buches, daß das unmöglich sei und *nur* bei Quadratzahlen funktioniere. Er habe den unwiderlegbaren Beweis für diese Behauptung, nur reiche der Platz nicht aus, um ihn niederzuschreiben.
Nun hatte Fermat des öfteren behauptet, er habe den Beweis für irgendeine Behauptung, und in allen Fällen wurde der entsprechende Beweis später gefunden, auch dann, wenn Fermats eigene Beweise unauffindbar blieben. Mit einer Ausnahme: Die oben erwähnte Fermatsche Behauptung konnte als einzige bisher noch nicht bewiesen werden. Daher der Na-

me *Fermats letztes Theorem* (oder auch der *große Fermatsche Satz*).
Bei jedem anderen würden wir annehmen, er habe sich eben dieses eine Mal geirrt. Nicht so bei Fermat. Fermat war ein so exzellenter Mathematiker, daß es schwerfällt, an einen Irrtum zu glauben. Und doch hat noch kein Mathematiker den fehlenden Beweis erbracht. Fermats letztes Theorem ist das berühmteste ungelöste Problem in der Mathematik.

Nachtrag

Dem englischen Geistlichen Roger Williams (1603?–1683) waren die Siedler in Massachusetts zu intolerant, also reiste er nach Süden weiter, kaufte Land von den Indianern und gründete 1636 die Siedlung Providence. Sie war die Keimzelle des späteren Staates Rhode Island, in dem Williams als erster die völlige Religionsfreiheit einführte.
Im Jahr 1637 sichteten russische Pelzhändler im äußersten Osten Sibiriens erstmals den Pazifischen Ozean.

1640

Koks

Englands Waldbestand schrumpfte. Deshalb verwendeten die Menschen immer häuiger auch Kohle als Brennstoff, obwohl die Dämpfe und der Rauch, die bei der Verbrennung entstanden, weder appetitlich noch gesund waren.
Holz wurde aber immer noch für die Herstellung von Holzkohle (vgl. 1000 v. Chr.) benötigt, die ihrerseits zur Eisenschmelze gebraucht wurde. Mit Kohle ließ sich zwar das Haus heizen, doch sie war kein Ersatz für die Holzkohle in der Industrie.
Wird Kohle aber genauso unvollständig verbrannt wie Holz, dann brennt alles, was nicht Kohlenstoff ist, aus und fast reiner Kohlenstoff bleibt übrig. Dieser Rückstand der Kohle heißt *Koks*. Es ist möglich, daß Koks bereits 1603 hergestellt wurde, mit Sicherheit bekannt war er 1640.
Koks ist der Holzkohle sehr ähnlich, deshalb bestand die begründete Aussicht, ihn eines Tages bei der Eisenschmelze verwenden zu können.

Nachtrag

Christine (1626–1689), seit 1632 Königin von Schweden, schickte eine Expedition an die amerikanischen Küsten. Unter dem niederländischen Seefahrer Peter Minuit (vgl. 1627) gründete eine Gruppe von Schweden die Kolonie *Neuschweden* im heutigen US-Bundesstaat Delaware.
Im Jahr 1638 vermachte ein Geistlicher namens John Harvard (1607–1638) seine Bibliothek und sein halbes Vermögen einem College, das zwei Jahre zuvor im heutigen Cambridge in Massachusetts gegründet worden war. Das College bekam den Namen Harvard. Es ist heute das älteste in den Vereinigten Staaten.
Die religiösen Spannungen zwischen Schottland und England nahmen zu. Der englische König Karl wollte die Schotten mit Gewalt zum Einlenken zwingen. Dafür benötigte er Geld. Deshalb berief er erstmals nach elf Jahren wieder das Parlament ein. Doch es kam anders, als er dachte. Zwischen Parlament und Krone entbrannte ein heftiger und gefährlicher Streit.

1641

Fadenkreuz

Fernrohre gab es inzwischen zwar schon seit einer Generation, aber die Entfernung zwischen den Sternen mußte immer noch mit bloßem Auge geschätzt werden. Mit Hilfe eines Fernrohrs konnte man mehr Sterne sehen, und der Abstand zwischen ihnen wurde größer, aber wie groß dieser Abstand wirklich war, konnte nur sehr grob gemessen werden. Der englische Astronom William Gascoigne (1612?–1644) fand eine einfache Lösung. Er spannte 1641 zwei Haare über Kreuz vor die Bildebene eines Fernrohrs. Nun konnte er einen beliebigen Stern anpeilen und das Fadenkreuz auf ihn einrichten. Peilte er danach einen benachbarten Stern an, so konnte er mit Hilfe einer bestimmten Vorrichtung messen, um welchen Winkel er das Fernrohr gedreht hatte. Damit begann die Wandlung des Fernrohrs vom bloßen Spielzeug zum Präzisionsinstrument. Leider fiel Gascoigne in einer Schlacht, bevor seine Erfindung ausgereift war. So vergingen zwanzig Jahre, bis das Fadenkreuz wiederentdeckt und allgemein in Teleskopen eingesetzt wurde.

Nachtrag

Die Lage von Karl wurde immer schwieriger. Sein oberster Minister Thomas Wentworth, der Earl von Strafford (1593–1641), drängte zum Krieg gegen Schottland und überredete ihn zu verschiedenen despotischen Maßnahmen. Das Volk reagierte empört. Im Jahr 1641 klagten Parlamentarier Wentworth des Hochverrats an und zwangen Karl, der Hinrichtung des Ministers zuzustimmen. William Laud (1573–1645), Erzbischof von Canterbury und gleichfalls Befürworter von Karls autokratischen Regierungsversuchen, wurde im gleichen Jahr in den Tower von London gesperrt und schließlich hingerichtet.

1642

Chinin

Die Inkas hatten die Rinde des Cinchona-Baumes, der deshalb auch Fieberrindenbaum heißt, zur Behandlung von Malaria benutzt. Der Wirkstoff darin wurde schließlich als *Chinin* bekannt. Die erste Kunde vom Chinin drang 1642 nach Europa, und dreihundert Jahre lang blieb es das einzige Mittel gegen diese verbreitete und auszehrende Krankheit. Es ist fraglich, ob sich die Europäer ohne Chinin lange in den Tropen hätten aufhalten können.

Addiermaschine

Im Jahr 1642 erfand der französische Mathematiker Blaise Pascal (1623–1662) eine Rechenmaschine, die addieren und subtrahieren konnte. Sie bestand aus Rädern, die an ihren Außenrändern je zehn – von eins bis zehn numerierte – Kerben hatten. Wenn das Rad ganz rechts, das die Einer darstellte, eine volle Umdrehung beschrieben hatte, löste es beim nächsten Rad, das die Zehner darstellte, eine Drehung um eine Kerbe aus, und so weiter.
Solange die Zahlen korrekt in die Maschine eingegeben wurden, war jeder Fehler ausgeschlossen.
Im Jahr 1649 ließ sich Pascal die endgültige Ausführung seiner Maschine patentieren, doch wegen ihres hohen Preises war sie ein kommerzieller Reinfall. Die Leute rechneten weiter mit den Fingern, einem Abakus oder auf einem Stück Papier.

Der Südpazifik

Die alten Griechen vermuteten in der südlichen Hemisphäre einen riesigen Kontinent, der die Aufgabe hatte, das Gewicht der bekannten Landmassen in der nördlichen He-

misphäre auszugleichen. Das war reine Spekulation, aber die Europäer des Mittelalters und der beginnenden Neuzeit nahmen Spekulationen der alten Griechen durchaus sehr ernst.
Südamerika und Südafrika erstreckten sich zwar weit nach Süden, aber für den erforderlichen Gewichtsausgleich schienen sie nicht groß genug zu sein. Es mußte einen Kontinent geben, der ganz auf der südlichen Halbkugel lag. Platz war genug: Der pazifische Ozean hatte riesige Ausmaße und bedeckte fast die Hälfte der Erdoberfläche. Seit Magellan ihn erstmals befahren hatte (vgl. 1523), war dort zwar keine nennenswerte Landmasse gefunden worden, doch weite Teile waren immer noch unerforscht.
Die indonesischen Inseln, die sich um den Äquator gruppieren, waren ein günstiger Ausgangspunkt. Der spanische Seefahrer Luis Vaez de Torres umsegelte 1606 ganz Neuguinea und bewies damit, daß es nicht Teil einer kontinentalen Landmasse war, sondern eine Insel – die zweitgrößte der Welt, wie wir heute wissen. Die Meerenge südlich von Neuguinea heißt nach ihrem Entdecker Torresstraße.
Als die Holländer zur stärksten Macht auf den indonesischen Inseln wurden, schickte ihr Generalgouverneur Anthony van Diemen (1593–1645) eine Forschungsexpedition los. Die Führung übernahm Abel Janszoon Tasman (1603?–1659).
Tasman stach am 14. August 1641 von der Insel Java in See und segelte zehn Monate lang durch den Pazifik. Er entdeckte eine Insel und nannte sie zu Ehren seines Auftraggebers *Van-Diemens-Land*. Heute heißt sie nach ihrem Entdecker *Tasmanien*. Außerdem entdeckte Tasman die Südinsel des heutigen Neuseeland.
Das Erstaunliche an beiden Reisen war, daß es weder Torres noch Tasman gelang, Australien zu entdecken, eine Landmasse von der Größe der Vereinigten Staaten. Neuguinea liegt nur 160 Kilometer von Nordostaustralien und Tasmanien nur 370 Kilometer von Südostaustralien entfernt, und dennoch gelang es den beiden Entdeckern auf unerfindliche Weise, den fünften Kontinent zu übersehen.
Im Jahr 1644 entdeckte Tasman schließlich ein Stück der australischen Küste und nannte es *Neuholland*, aber er erforschte es nicht näher.

Nachtrag

Im Jahr 1642 artete die Krise in England zu einem regelrechten Bürgerkrieg aus. Karl ging mit Waffengewalt gegen die Parlamentarier vor. Der Norden und Westen des Landes unterstützte den König, der Süden und Osten das Parlament. Die entscheidende Rolle spielte Oliver Cromwell (1599–1658). Er kämpfte für das Parlament und entpuppte sich unerwartet als brillanter militärischer Führer.
In Kanada wurde die Stadt Montreal gegründet. Obwohl die Franzosen ihr Herrschaftsgebiet in Nordamerika rasch erweiterten, blieb der französische Bevölkerungsanteil gering. Dagegen strömten viele Engländer nach Neuengland, das damals schon 16 000 Siedler zählte.

1643

Barometer

Bergbauingenieure und andere ärgerten sich schon lange darüber, daß sie keine Pumpen besaßen, die Wasser höher als zehn Meter über seinen natürlichen Spiegel pumpen konnten. Herkömmliche Pumpen erzeugten ein partielles Vakuum, und in dieses Vakuum strömte das Wasser und füllte es aus, aber dieser Strom hatte offenbar seine Grenzen. Auch Galilei sah das Problem und schlug seinem Assistenten, dem italienischen Physiker Evangelista Torricelli (1608–1647), vor, sich näher damit zu befassen.
Torricelli hatte eine Idee: Möglicherweise

stieg das Wasser nicht deshalb nach oben, weil es vom Vakuum angesaugt wurde, sondern weil es der normale Luftdruck in die Höhe drückte. Denn schließlich herrschte aufgrund des Vakuums in der Pumpe ein niedriger Luftdruck, und die normale Luft außerhalb der Pumpe übte einen stärkeren Druck aus.

Um diese Theorie zu überprüfen, führte Torricelli 1643 einen Versuch mit Quecksilber durch. Da die Dichte von Quecksilber 13,5 mal höher ist als die von Wasser, rechnete er damit, daß es bei normalem Luftdruck nur $^{1}/_{13,5}$ mal so hoch steigen würde wie Wasser, also ungefähr 76 Zentimeter hoch. Torricelli füllte eine 1,80 Meter lange Glasröhre mit Quecksilber und verstöpselte sie. Dann stellte er sie mit dem verstöpselten Ende nach unten in eine Schale mit Quecksilber und öffnete das Ende wieder. Das Quecksilber floß aus der Röhre, aber nicht ganz: Wie erwartet blieben 76 Zentimeter Quecksilber in der Röhre.

Über dem Quecksilber in der umgedrehten Röhre war ein Vakuum entstanden (abgesehen von einer kleinen Menge Quecksilberdampf). Dies war das erste künstlich erzeugte Vakuum – das *Torricellische Vakuum.*

Torricelli fiel auf, daß sich der Stand der Quecksilbersäule von Tag zu Tag leicht veränderte, und kam zu dem korrekten Schluß, daß in der Atmosphäre zu unterschiedlichen Zeiten unterschiedlicher Luftdruck herrscht. Er hatte das erste Barometer erfunden.

Nachtrag

Ludwig XIII. starb 1643. Sein Sohn, bei seinem Tod erst fünf Jahre alt, regierte später als Ludwig XIV. (1638–1715).

1645

Luftpumpe

Torricelli hatte ein Vakuum erzeugt, indem er Quecksilber aus einer Röhre fließen ließ (vgl. 1643). Das brachte einige auf den Gedanken, Vakuen auf direkterem Weg zu erzeugen. Zum Beispiel dadurch, daß man die Luft aus einem Gefäß herauspumpte. Vielleicht konnte man auf diese Weise sogar größere Vakuen erzielen als Torricelli.

Der deutsche Physiker Otto von Guericke (1602–1686) baute 1645 die erste brauchbare Luftpumpe. Sie funktionierte wie eine Wasserpumpe, war aber einigermaßen luftdicht. Sie wurde mit Muskelkraft betrieben und arbeitete langsam, aber sie funktionierte.

Guericke konnte ein Vakuum herstellen, das groß genug für nützliche Experimente war. Er zeigte, daß eine Glocke, die in einem Vakuum läutet, nicht gehört werden kann – und bestätigte damit die Auffassung des Aristoteles, daß sich Schall im luftleeren Raum nicht fortpflanzen könne. Und er bewies, daß in einem Vakuum weder Kerzen brennen noch Tiere leben können.

Außerdem wog er eine hohle Metallkugel, pumpte sie leer und wog sie dann erneut. Der geringe Gewichtsverlust entsprach offensichtlich dem Gewicht der Luft, die sich darin befunden hatte. Mit diesem Wert und dem Rauminhalt der Luft konnte er erstmals die Dichte der Luft berechnen.

Nachtrag

Im Jahr 1644 erlosch in China die Ming-Dynastie, und die Mandschus übernahmen die Macht. Sie errichteten die Ts'ing-Dynastie (Mandschu-Dynastie), die zweieinhalb Jahrhunderte an der Macht bleiben sollte.

Im englischen Bürgerkrieg errang Oliver Cromwell am 2. Juli 1644 bei Marston Moor seinen ersten großen Sieg. Nach seinem zwei-

ten Sieg in der Schlacht von Naseby am 14. Juni 1645 war die Sache des Königs praktisch verloren.
Das Osmanische Reich begann 1645 mit Venedig einen langen Krieg um die Insel Kreta. Beide Mächte waren im Grunde nur noch ein Schatten vergangener Tage, und der Krieg trug zu ihrem weiteren Niedergang bei.

1648

Luftdruck und Höhe

Wenn die Quecksilbersäule in Torricellis Barometer (vgl. 1643) tatsächlich durch den Luftdruck oben gehalten wurde, dann mußte sie in großer Höhe eigentlich sinken, denn dort oben lastete weniger Luft auf ihr und entsprechend geringer mußte der Luftdruck sein.
Um das zu überprüfen, schickte Pascal (vgl. 1642) seinen Schwager mit ein paar Barometern auf einen Berg in der Umgebung. Der Schwager erklomm eine Höhe von rund 1 500 Metern. Und tatsächlich: Die Quecksilbersäulen waren von etwa 76 auf etwa 69 Zentimeter gefallen.
Damit war schlüssig bewiesen, daß die Atmosphäre nur eine begrenzte Höhe haben konnte. Selbst wenn sie überall so dicht war wie auf Meereshöhe, konnte sie nicht höher als 8 000 Meter sein.
Auch als sich herausstellte, daß die Luft mit zunehmender Höhe immer dünner wurde und weit über 8 000 Meter hinausreichte, war klar, daß es irgendwo eine Grenze gab. In hundertfünfzig Kilometer Höhe, zum Beispiel, mußte die Luft so dünn sein, daß man ebensogut von einem Vakuum sprechen konnte, und das galt natürlich auch für die ganze restliche Entfernung zum Mond und zu anderen Himmelskörpern.
Experimente wie die von Torricelli und Pascal führten zur Entdeckung des *Weltraums.*

Druck in Flüssigkeiten

Um 1648 untersuchte Pascal auch den Druck in Flüssigkeiten. Dazu übte er Druck auf Wasser aus und beobachtete, wie sich dieser Druck auf die Wände eines geschlossenen Gefäßes übertrug. Er kam zu dem Schluß, daß Druck, der auf eine eingeschlossene Flüssigkeit ausgeübt wird, durch die Flüssigkeit unvermindert weitergegeben wird und im rechten Winkel auf alle Oberflächen wirkt, die die Flüssigkeit berührt. Dieses sogenannte *Pascalsche Prinzip* liegt der hydraulischen Presse zugrunde.

Nachtrag

Der Dreißigjährige Krieg endete am 24. Oktober 1648. Das Heilige Römische Reich war erheblich geschwächt, Deutschland hatte einen großen Teil seiner Bevölkerung verloren. Die Republik der Vereinigten Niederlande hatte endlich ihre Unabhängigkeit von Spanien erkämpft. Frankreich war nun die stärkste Militärmacht in Europa und sollte es die nächsten zweihundert Jahre bleiben. Momentan wurde es allerdings durch einen Aufstand des Adels geschwächt, der das Knabenalter des neuen Königs und die Unbeliebtheit des leitenden Ministers Giulio Mazarini (1602–1661), besser bekannt unter seinem französischen Namen Jules Mazarin, ausnutzte.
Der englische Bürgerkrieg flammte wieder auf. Cromwells Macht wuchs unaufhaltsam. Er setzte Karl gefangen und säuberte das Parlament von denjenigen, die er nicht an der Macht haben wollte.
Im Jahr 1647 gründete der religiöse Reformer George Fox (1624–1691) die *Gesellschaft der Wahrheitsfreunde*. Ihre Mitglieder wurden einige Jahre später unter dem Namen *Quäker* bekannt.

1650

Doppelsterne

Der italienische Astronom Giambattista Riccioli (1598–1671) beobachtete 1650 durch sein Fernrohr, daß Mizar, der mittlere Schwanzstern im Sternbild des Großen Bären, eigentlich aus zwei Sternen besteht, die freilich so nahe beisammen stehen, daß sie mit bloßem Auge nicht als zwei Objekte zu erkennen sind. Dies war die erste Entdeckung eines *Doppelsterns.*

Das Alter der Erde

Von all den schriftlichen Quellen, die den Europäern dieser Zeit zur Verfügung standen, war die Bibel die einzige, die den Anspruch erhob, über die Geschichte der Erde von ihrer Erschaffung an zu berichten. Damals und noch zweihundert Jahre später sahen die Wissenschaftler in der Heiligen Schrift das maßgebliche Wort Gottes (und viele Menschen tun es noch heute).
Die Bibel liefert keine akzeptable Chronologie der Frühgeschichte. Rechnet man aber von der Zeit König Sauls zurück und berücksichtigt dabei einzelne Hinweise in den frühen historischen Abschnitten, so ist es möglich, das Erschaffungsdatum der Erde aus Sicht der Bibel zu bestimmen.
Der anglikanische Bischof James Ussher (1581–1656) errechnete 1650 auf diese Weise den Zeitpunkt der Schöpfung und kam auf das Jahr 4004 v. Chr. Vier Jahre später präzisierte der englische Theologe John Lightfoot (1602–1675) das Datum: Er ermittelte den 26. Oktober des Jahres 4004 v. Chr., 9 Uhr morgens.
Solche Datierungsversuche entbehren jeder sachlichen Grundlage, und doch haben sie die Volksmeinung bis auf den heutigen Tag nachhaltig beeinflußt.

Nachtrag

Am 30. Januar 1649 wurde Karl von England enthauptet. Oliver Cromwell schlug einen irischen Aufstand nieder und unterwarf die ganze Insel. Nun beherrschte England die gesamten britischen Inseln.
Die Weltbevölkerung war auf rund 500 Millionen Menschen gestiegen. In England lebten ungefähr 5 Millionen, in London 350 000.

1651

Benennung der Mondkrater

Im Jahr 1651 veröffentlichte Riccioli (vgl. 1650, Doppelsterne) sein Werk *Almagestum novum (der neue Almagest)*. Der Bezug zu dem alten Buch des Ptolemäus (vgl. 140) war kein Zufall. Hundert Jahre nach Kopernikus verwarf Riccioli das heliozentrische Weltbild und beharrte auf einer Astronomie, die die Erde in den Mittelpunkt der Welt stellte.
Doch das Buch enthielt eine Mondkarte mit Namen für die verschiedenen Krater. Das Beispiel machte Schule. Seit Riccioli ist es üblich, Oberflächenmerkmale von Himmelskörpern nach großen Astronomen zu benennen. Viele seiner Namen haben sich bis heute gehalten. Den auffälligsten Mondkrater nannte er natürlich *Tycho*, nach seinem größten Vorbild, einen anderen großen Krater *Ptolemäus*. *Kopernikus* ist gleichfalls ein ziemlich großer Krater, und auch *Kepler* ist nicht zu übersehen.

Nachtrag

Karl, (1630–1685) der Sohn Karls, versuchte, die englische Krone zu erringen. Am 3. September 1651 wurde er von Cromwell bei Worcester geschlagen und mußte erneut ins Exil fliehen.

1653

Lymphgefäße

Venen und Arterien waren seit den alten Griechen bekannt, doch 1653 wurde eine dritte Art von Gefäßen entdeckt. Der schwedische Naturforscher Olof Rudbeck (1630–1702) wies ihre Existenz an einem Hund nach. Die neuen Gefäße ähnelten Venen, hatten aber dünnere Wände. Da sie den klaren, wäßrigen Bestandteil des Blutes *(Lymphe)* enthielten, wurden sie *Lymphgefäße* genannt.
Die Lymphe gelangt aus den kleinsten Blutgefäßen in Zellzwischenräume und bildet dort die *interstitielle Flüssigkeit*. Durch die Lymphgefäße wird sie abgeleitet und in das Venensystem des Blutkreislaufs zurückgeführt.

Nachtrag

England und die Vereinigten Niederlande gaben im Überseehandel den Ton an, und da war es nur natürlich, daß sie heftig miteinander konkurrierten. Im Jahr 1652 brach der erste von mehreren englisch-niederländischen Kriegen aus. Unbeirrt setzten die Holländer ihre Kolonialpolitik fort und gründeten 1652 am südlichsten Zipfel von Afrika Kapstadt.
Der planlose Aufstand in Frankreich (die sogenannte *Fronde*) wurde 1653 nach fünfjähriger Dauer niedergeschlagen. Mazarin (vgl. 1648) ging aus den Kämpfen gestärkt hervor. Derweil wurde Cromwell in England zum »Lord-Protektor« ernannt. Nun herrschte er unangefochten.

1654

Wahrscheinlichkeit

Leidenschaftliche Spieler entwickeln gewöhnlich Methoden, die ihnen helfen sollen, die Wahrscheinlichkeit bestimmter Ereignisse abzuschätzen – sozusagen als Entscheidungshilfe, wann sie wieviel Geld setzen sollen. Damit verschaffen sie sich einen Vorteil gegenüber anderen Spielern, die solche Überlegungen nicht anstellen.
Der französische Spieler Chevalier de Mere (1610–1685) stand vor einem Rätsel: Bei einem bestimmten Würfelspiel verlor er ständig, obwohl er eigentlich gewinnen sollte – das dachte er jedenfalls. Er suchte Rat bei Pascal (vgl. 1642), und der wiederum konsultierte Fermat (vgl. 1637). Pascal und Fermat arbeiteten an mathematischen Methoden, mit deren Hilfe die Wahrscheinlichkeit bestimmter Kombinationen beim (ehrlichen) Würfelspiel beurteilt werden konnte. Damit legten sie den Grundstein für eine *Wahrscheinlichkeitstheorie.*
Hauptaufgabe der Wahrscheinlichkeitsrechnung war die Beschäftigung mit einer Vielzahl von Ereignissen, die als einzelne zufällig, als Ganzes jedoch vorhersagbar sind. Mit der Zeit erlangten solche Überlegungen in der wissenschaftlichen Entwicklung eine fast unbegreifliche Bedeutung.

Luftdruck

Guericke (vgl. 1645) hatte die Luftpumpe entwickelt und benutzte sie ab 1654 gerne dazu, die Kraft des Luftdrucks zu demonstrieren.
Zum Beispiel befestigte er ein Seil an einem Zylinderkolben und ließ fünfzig Männer daran ziehen, während er auf der anderen Seite des Kolbens im Zylinder langsam ein Vakuum erzeugte. Der Luftdruck schob den Kolben unerbittlich in den Zylinder, obwohl fünfzig Mann dagegen ankämpften.

Dann baute er zwei metallene Halbkugeln, die genau aufeinanderpaßten (sie wurden *Magdeburger Halbkugeln* genannt, weil Guericke Bürgermeister von Magdeburg war.) Er legte sie aneinander und saugte die Luft aus ihnen ab. Der Luftdruck hielt die Halbkugeln so fest zusammen, daß nicht einmal zwei Pferdegespanne stark genug waren, sie auseinanderzuziehen. Ließ er dagegen Luft in die Kugel, fielen die beiden Hälften von selbst auseinander.
Zeuge dieses Schauversuchs war Ferdinand III. (1608–1657), seit 1637 Kaiser des Heiligen Römischen Reiches. Er war so beeindruckt, daß er Guerickes Arbeit aufzeichnen und veröffentlichen ließ.

1656

Der Saturnring

Galilei hatte 1612 den Saturn durch sein Fernrohr beobachtet und dabei etwas Seltsames festgestellt: Der Planet schien an beiden Seiten Henkel zu haben. Galilei konnte sie nur sehr undeutlich erkennen, und nach einer Weile verschwanden sie wieder. Das ärgerte ihn. Frömmler hatten ihm vorgeworfen, sein Fernrohr rufe optische Täuschungen hervor. Ob sie vielleicht recht gehabt hatten? Wie auch immer, er stellte die Beobachtungen des Saturn ein.
Dann, im Jahr 1655, entwickelte der niederländische Astronom Christiaan Huygens (1629–1695) zusammen mit einem Landsmann, dem Philosphen und Optiker Benedict Spinoza (1632–1677), eine neue und bessere Methode, Linsen zu schleifen. Die verbesserten Linsen baute er in ein sieben Meter langes Fernrohr ein und beobachtete damit 1656 den Saturn.
Er sah, was Galilei so verblüfft hatte: Ein dünner flacher Ring umgab den Planeten Saturn, berührte ihn aber an keiner Stelle. Kein anderer Himmelskörper hatte eine so seltsame Struktur. Ihretwegen gilt der Saturn allgemein als das schönste Gestirn.
Außerdem entdeckte Huygens, daß der Saturn einen Satelliten hatte, und nannte ihn *Titan* (weil Saturn oder Kronos, so sein Name bei den Griechen, eine Gruppe von Göttern anführte, die Titanen hießen).
Im selben Jahr entdeckte er, daß der mittlere Stern im Sternbild Orion gar kein Stern, sondern eine Wolke aus leuchtendem Gas war. Sie ist heute als *Orionnebel* bekannt.

Die Pendeluhr

Die besten Zeitmesser waren immer noch die mechanischen Uhren aus dem Mittelalter, die nur grob die Bruchteile einer Stunde angeben konnten.
Galileis Entdeckung des Pendel-Prinzips half da zunächst nicht weiter. Ein gewöhnliches Pendel schwingt in einem Kreisbogen, wobei die Schwingungsperiode nicht konstant ist. Bei einem großen Kreisbogen ist sie etwas länger als bei einem kleinen.
Schwingt das Pendel allerdings in einer *Zykloide* (das ist eine Kurve, die ein Punkt auf einem Kreis beschreibt, wenn der Kreis auf einem anderen Kreis oder einer Geraden abrollt), so bleibt die Periode konstant. Huygens (vgl. oben) zeigte, wie ein solches Pendel konstruiert werden kann. Er verband es mit Gewichten, deren Fallgeschwindigkeit das Pendel steuerte.
Im Jahr 1656 hatte Huygens so die erste Pendeluhr erfunden, eine Standuhr. Es war der erste Zeitmesser, der die Zeit auf die Minute genau oder noch exakter angab, und damit auch die erste Uhr, die für wissenschaftliche Messungen taugte.

Nachtrag

Die Expansion der Holländer in Übersee ging weiter. Im Jahr 1655 schickte Peter Stuyvesant (ca. 1610–1672), seit 1647 Gouverneur

der Neu-Niederlande, Truppen nach Neuschweden und eroberte die Kolonie, in der sich in den siebzehn Jahren seit ihrer Gründung nur wenige Siedler niedergelassen hatten. Die Neu-Niederlande beherrschten nun die nordamerikanische Ostküste von Connecticut bis Delaware.
Im Indischen Ozean nahmen die Niederländer den Portugiesen die Stadt Colombo auf Ceylon ab.

1657

Fallende Körper

Galilei war überzeugt gewesen, daß alle Körper mit gleicher Geschwindigkeit fielen – vorausgesetzt natürlich, der Luftwiderstand bremste sie nicht. Im Vakuum gab es keinen Luftwiderstand. Wenn man fallende Körper in einem Vakuum beobachtete, konnte man die Frage direkt entscheiden und war nicht länger auf Schlußfolgerungen angewiesen.
Der englische Physiker Robert Hooke (1635–1701) baute eine Luftpumpe, die besser und schneller arbeitete als die von Guericke (vgl. 1645). Dann erzeugte er in einem großen Glasbehälter ein Vakuum und ließ von der Spitze des Behälters gleichzeitig eine Feder und eine Münze fallen. Und siehe da, sie fielen mit gleicher Geschwindigkeit.

Nachtrag

Im Jahr 1657 erlaubte Cromwell den Juden die Rückkehr nach England. Eduard I. hatte sie dreieinhalb Jahrhunderte zuvor vertrieben.

1658

Rote Blutkörperchen

Mikroskopartige Instrumente gab es seit etwa 50 Jahren, aber sie waren nicht sehr gut. Sie vergrößerten nur schwach und ließen sich oft nicht richtig scharf einstellen. Erst in der Mitte des Jahrhunderts verbesserte sich die Qualität der Mikroskope so weit, daß man mit ihrer Hilfe kleinste Teile von Lebewesen untersuchen konnte.
Der niederländische Naturforscher Jan Swammerdam (1637–1680) studierte Insekten unter dem Mikroskop und sammelte an die dreitausend Arten. Nicht umsonst gilt er als der Vater der modernen *Entomologie* (Insektenkunde). Swammerdams berühmteste Entdeckung war jedoch die der roten Blutkörperchen im Jahr 1658. Sie schwimmen zu Milliarden im Blutstrom und enthalten die chemische Substanz, die in den Lungen den Sauerstoff aus der Luft aufnimmt. Dies wurde allerdings erst viel später herausgefunden.

Nachtrag

Oliver Cromwell starb am 3. September 1658.

1659

Syrtis Major

Durch das Fernrohr betrachtet, erschienen die Planeten nicht mehr nur als Lichtpunkte, sondern als kleine Scheiben. So war es möglich, auf einigen Strukturen zu erkennen.
Auf der Oberfläche der Venus, die der Erde zu bestimmten Zeiten näher kommt als jeder andere Planet, waren keine besonderen Merk-

male zu erkennen. Eine dichte Wolkenschicht hüllte sie ein.
Beim Mars, dem zweitnächsten Planeten, war das anders. Im Jahr 1659 erkannte Huygens (vgl. 1656, Saturnring) einen dunklen, dreieckigen Fleck und nannte ihn *Syrtis Major.*

Nachtrag

Nach Cromwells Tod verfiel das Commonwealth (die englische Republik) zusehends. Es war nur eine Frage der Zeit, bis wieder die Monarchie errichtet wurde.
Frankreich und Spanien, am Ende des Dreißigjährigen Krieges noch Feinde, schlossen 1659 Frieden, allerdings ganz zum Vorteil Frankreichs. Spaniens Rolle als Großmacht war damit für immer beendet.

1660

Kapillare

Harveys Entdeckung des Blutkreislaufs (vgl. 1628) hatte einen entscheidenden Mangel: Nach Harvey floß das Blut vom Herz durch die Arterien in den Körper und durch die Venen wieder zurück zum Herzen. Aber wie kam das Blut von den Arterien in die Venen? Es gab keine sichtbare Verbindung, und Harvey sah sich zu der Behauptung gezwungen, die Verbindung bestünde aus Blutgefäßen, die so klein seien, daß man sie nicht sehen könne. Inzwischen hatte sich das Mikroskop jedoch zu einem wichtigen Instrument entwickelt, und Pionier auf diesem Gebiet war der italienische Physiologe Marcello Malpighi (1628–1694). Die dünnen Flügelmembranen der Fledermaus wiesen praktisch ein zweidimensionales Geflecht aus Blutgefäßen auf. Malpighi untersuchte sie 1660 unter dem Mikroskop und machte eine interessante Beobachtung: Die kleinsten Arterien und Venen waren durch winzige Gefäße verbunden, die mit bloßem Auge nicht zu erkennen waren. Malpighi nannte sie *Kapillare,* nach einem lateinischen Ausdruck, der »haarähnlich« bedeutet. Harvey hatte also recht gehabt. Leider erlebte er die Bestätigung seiner Theorie nicht mehr. Er war drei Jahre zuvor gestorben.

Statische Elektrizität

Als Thales (vgl. 585 v. Chr.) die magnetischen Eigenschaften des natürlichen Magneten untersuchte, soll er sich auch mit Bernstein beschäftigt haben, einem Stoff, der leichte Gegenstände anzieht, wenn man ihn reibt. Während Magneten jedoch nur Eisen anziehen, zieht Bernstein viele Dinge an.
William Gilbert, der nachgewiesen hatte, daß die Erde ein Magnet ist (vgl. 1600), fand auch heraus, daß Felskristall und mehrere Edelsteine nach dem Reiben die gleichen Anziehungskräfte entwickeln wie Bernstein. Nach *elektron,* dem griechischen Wort für Bernstein, nannte Gilbert diese Substanzen *elektrische Stoffe* und das Phänomen *Elektrizität.* Da diese Elektrizität in den elektrischen Stoffen zu ruhen schien, wenn man sie nicht störte, sprach man schließlich von *statischer Elektrizität,* nach einem griechischen Wort für »stehen«.
Der erste, der statische Elektrizität in großen Mengen nachwies, war Guericke, der Erfinder der Luftpumpe (vgl. 1645). Da das Phänomen durch Reiben erzeugt wurde, baute Guericke 1660 eine Schwefelkugel, die er auf einer kurbelgetriebenen Achse in Drehung versetzen konnte. Wenn er die Kugel während der Drehung mit der Hand berührte, lud sie sich mit statischer Elektrizität auf. Sie konnte sich unendlich oft entladen und wieder aufladen. Guericke entlockte ihr sogar Funken.

Nachtrag

Am 8. Mai 1660 wurde Karl zum König von England gekrönt. Elf Jahre lang hatte kein

Monarch England regiert – ein einmaliger Fall in der Geschichte des Landes.

1661

Chemische Elemente

Nun war es zweitausend Jahre her, seit Aristoteles die vier Elemente bestimmt hatte, aus denen die Erde bestand (Erde, Wasser, Luft und Feuer), und ein fünftes (Äther), aus dem die Himmelskörper bestanden. Diese Theorie war immer noch gültig, obwohl einige Alchimisten auch Quecksilber, Schwefel und Salz für sehr wichtig erachtet hatten.

Aber die Tage der Alchimie waren gezählt. Der irischstämmige Physiker und Chemiker Robert Boyle (1627–1691) veröffentlichte 1661 ein Buch mit dem Titel *The Sceptical Chymist* (Der skeptische Chemiker). Das Ergebnis war, daß in der Folgzeit nicht mehr von *Alchimisten,* sondern von *Chemikern* gesprochen wurde. Der Wegfall der Vorsilbe *Al-,* des arabischen Artikels, symbolisierte sozusagen die Abkehr vom Mittelalter. Boyle grenzte die Chemie von der Medizin ab und erhob sie in den Rang einer eigenständigen Wissenschaft.

Boyles größte Leistung war, daß er die Chemie ansatzweise zu einer experimentellen Wissenschaft weiterentwickelte. Sein Ziel war, chemische Elemente durch Versuche zu bestimmen anstatt durch Deduktion.

Ein Element war für ihn ein einfacher Bestandteil der Erde, der nicht in etwas noch Einfacheres zerlegt werden konnte. Deshalb was alles, was sich nicht weiter zerlegen ließ, ein Element, alles Zerlegbare nicht. Die einzige Methode, Elemente von Nicht-Elementen zu unterscheiden, war folglich, alles in möglichst einfache Bestandteile zu zerlegen.

Gleichgewicht zwischen Säuren und Laugen

Hippokrates (vgl. 420 v. Chr.) hatte die Behauptung aufgestellt, entscheidend für die Gesundheit sei das richtige Gleichgewicht der vier Körpersäfte (Blut, Schleim, Galle und schwarze Galle). Auch diese Idee hatte sich zweitausend Jahre lang gehalten, wie die Theorie der vier Elemente des Aristoteles.

Der niederländische Arzt Franz Deleboe (1614–1672), besser bekannt unter seinem latinisierten Namen Franziskus Sylvius, zweifelte 1661 die Theorie der vier Körpersäfte an und behauptete statt dessen, die Gesundheit hänge vom Gleichgewicht zwischen Säuren und Laugen im Körper ab. Ohne Frage war dies ein Fortschritt gegenüber der älteren Sichtweise.

Sylvius untersuchte auch Verdauungssäfte wie den Speichel und kam zu der Auffassung, die Verdauung sei eher ein chemischer Prozeß (Gärung) als ein mechanischer (Zermahlen). In diesem Punkt hatte er recht.

Nachtrag

Unter Karl mußten sich alle Geistlichen, akademischen Lehrkräfte und Schullehrer auf das *Book of Common Prayer* verpflichten, das heißt auf die Gebetsliturgie der anglikanischen Kirche. Die Protestanten, die sich weigerten, wurden als *Nonkonformisten* bekannt.

In Frankreich starb Mazarin, und Ludwig XIV., inzwischen 23 Jahre alt, übernahm persönlich die Regierungsgeschäfte.

1662

Das Boyle-Mariottesche Gesetz

Boyle hatte während seiner Experimente mit Vakuen Robert Hooke den Auftrag gegeben, eine verbesserte Luftpumpe zu bauen (vgl. 1657).

Angeregt durch die Luftpumpe, begann sich Boyle mit Gasen zu beschäftigen. Im Jahr 1662 entdeckte er, daß Luft komprimiert werden konnte: Er schloß etwas Luft in dem kurzen, verschlossenen Ende einer J-förmigen, etwa fünf Meter langen Glasröhre ein, indem er etwas Quecksilber hineingoß und die untere Biegung damit abdichtete.

Wenn er nun weiteres Quecksilber in das offene Ende goß, drückte das Gewicht des zusätzlichen Quecksilbers die eingeschlossene Luft in dem verschlossenen Ende dichter zusammen, und ihr Rauminhalt nahm ab. Boyle fand heraus, daß der Rauminhalt des Gases grundsätzlich mit zunehmendem Druck abnahm. Genauer gesagt: Der Rauminhalt der Luft halbierte sich, wenn das Gewicht des Quecksilbers, das auf sie wirkte, verdoppelt wurde; bei Verdreifachung des Quecksilbergewichts sank der Rauminhalt auf ein Drittel, und so weiter. Heute sprechen wir vom *Boyle-Mariotteschen Gesetz.*

Die wichtigste Schlußfolgerung aus diesem Experiment war, daß Luft (wie wahrscheinlich auch andere Gase) aus Atomen bestand, und daß die Atome weit voneinander entfernt waren. Unter Druck wurden die Atome dichter zusammengedrängt, und der Rauminhalt nahm ab.

Flüssigkeiten und feste Körper ließen sich nicht so leicht wie Gase komprimieren, aber das war nicht unbedingt ein Beweis dafür, daß sie nicht aus Atomen bestanden. Es war ja möglich, daß die Atome bei ihnen schon dicht beisammen waren.

Die Idee des Atomismus war seit Demokrit (vgl. 440 v. Chr.) nie ganz in Vergessenheit geraten. Immer wieder hatte es Denker gegeben, die sie wieder aufgegriffen hatten. Aber erst Boyles Experimente lieferten stichhaltige Beweise, und Boyle selbst wurde überzeugter Atomist. Es sollte jedoch noch anderthalb Jahrhunderte dauern, bis sich der Atomismus vollständig durchgesetzt hatte.

Die Royal Society

Seit Mitte des 17. Jahrhunderts veranstalteten Wissenschaftler in London Treffen, bei denen sie Erfahrungen austauschten – eine Gewohnheit, die nach der Wiederherstellung der Monarchie immer mehr zur festen Gepflogenheit wurde.

Wie viele Monarchen seiner Zeit förderte Karl die Wissenschaften, weil er sich von ihnen nationales Prestige und materiellen Nutzen versprach. Aus diesem Grund stattete er 1662 die *Royal Society,* die älteste englische Akademie der Wissenschaften, mit Korporationsrechten aus. Viele Jahre lang war sie die bedeutendste Vereinigung von Wissenschaftlern seit der Blütezeit Alexandrias.

Die *Royal Society* unterhielt ständigen Kontakt zu ihren Mitgliedern im In- und Ausland und veranstaltete Treffen, bei denen sich diese über die Arbeit ihrer Kollegen informieren konnten. Außerdem gab sie eine Zeitschrift mit dem Titel *Philosophical Transactions* (Philosophische Protokolle) heraus, in der wissenschaftliche Untersuchungen und Studien veröffentlicht werden konnten. (Mit *philosophisch* war das gemeint, was wir heute *wissenschaftlich* nennen würden.)

Auch andere Nationen gründeten nach dem Vorbild der *Royal Society* wissenschaftliche Akademien.

Nachtrag

Die Kolonie Connecticut erhielt von Karl einen Freibrief, der ihr praktisch eine unabhängige demokratische Regierung zubilligte. Damit waren spätere Konflikte zwischen den Siedlern und England vorprogrammiert.

1664

Der Große Rote Fleck auf dem Jupiter

Im Jahr 1664 bemerkte Hooke (vgl. 1657) einen großen ovalen Fleck auf dem Jupiter, der später die Bezeichnung *Großer Roter Fleck* erhielt. Der Name paßte, denn genauso sah der Fleck aus: groß und rot. Die gesamte Erde hätte darin Platz gehabt, und sie hätte noch nicht einmal seine Ränder berührt.

Nachtrag

Bisher hatten sich die englischen Siedlungen in Amerika nach Süden nicht ausdehnen können, da Spanien die Gebiete südlich des heutigen Virginia beansprucht hatte. Doch inzwischen war Spanien nicht mehr in der Lage, die Küstenterritorien nördlich von Florida zu kontrollieren. Karl nutzte diese Schwäche und gewährte 1663 acht Höflingen, die ihm auf den Thron geholfen hatten, das Recht, die Küste südlich von Virginia zu besiedeln. So entstanden die Kolonien North Carolina und South Carolina.
Zwischen England und den Vereinigten Niederlanden flammten neue Feindseligkeiten auf. Ein englisches Flottengeschwader zwang die Niederländer zur Abtretung der Neu-Niederlande, die sie über ein halbes Jahrhundert lang beherrscht hatten. Aus den Neu-Niederlanden wurde die Kolonie New York, und aus der Stadt Neuamsterdam die Stadt New York. Jetzt war die gesamte Küste von South Carolina bis hinauf nach Maine und Neufundland in englischem Besitz. Freilich saßen im Norden immer noch die Franzosen und im Süden die Spanier.

1665

Die Zelle

Der Gebrauch des Miskroskops fand rasche Verbreitung, doch einer der führenden Spezialisten auf dem jungen Gebiet der Mikroskopie war der Engländer Hooke (vgl. 1657). Im Jahr 1665 stellte er seine Arbeit in dem Buch *Micrographia* vor. Es enthielt einige der schönsten Zeichnungen von mikroskopischen Beobachtungen, die jemals angefertigt wurden.
Seine wichtigste Entdeckung (was man damals aber zweifellos noch nicht erkannte) betraf den Aufbau von Kork. Unter dem Mikroskop sah er, daß ein dünner Streifen Kork aus einem feinen Muster dicht aneinandergereihter rechteckiger Löcher bestand. Diese Löcher nannte er *Zellen*, nach dem lateinischen Wort für »kleine Kammer«, insbesondere für solche, die in einer Reihe liegen wie Mönchs- oder Gefängniszellen).
Die Zellen, die Hooke untersuchte, waren leer, denn es handelte sich um totes Gewebe. In lebendem Gewebe sind sie mit Flüssigkeit gefüllt, und das spricht strenggenommen gegen die Bezeichnung »Zellen«. Aber die Bezeichnung hielt sich.

Diffraktion des Lichts

Ungefähr um die gleiche Zeit wurde erstmals die Frage nach dem Verhältnis von Wellen zu Teilchen aufgeworfen. Sie sollte noch lange Anlaß für wissenschaftliche Debatten geben. Wasserwellen waren sichtbar, und die Tatsache, daß sie um Hindernisse »einen Bogen machten«, konnte als charakteristisch für alle Wellen gelten. Wenn sich Teilchen dagegen in einer geraden Linie fortbewegten, verhielten sie sich anders: Entweder trafen sie auf das Hindernis und prallten ab (Reflexion), oder sie trafen nicht und bewegten sich geradlinig weiter.

Da auch der Schall Hindernisse passierte, wurde er ebenfalls als ein Wellenphänomen aufgefaßt. Licht dagegen warf scharfe Schatten, und so lag die Vorstellung nahe, es bestehe aus winzigen Teilchen.
Der italienische Physiker Francesco Maria Grimaldi (1618–1663) machte eine Entdekkung, die 1665 posthum veröffentlicht wurde. Er lenkte einen Lichtstrahl durch zwei hintereinander montierte enge Öffnungen auf eine glatte Fläche. Dabei stellte er fest, daß der Lichtfleck auf der Fläche etwas größer als die Öffnungen war. Er vermutete, daß der Lichtstrahl an den Kanten der Öffnungen ein wenig nach außen gebogen worden sei. Dieses Phänomen nannte er *Diffraktion* (Beugung).
Grimaldis Entdeckung deutete darauf hin, daß Licht ein Wellenphänomen war.
Ob und wie eine Welle ein Hindernis passiert, hängt jedoch vom Größenverhältnis von Welle und Hindernis ab. Jede Welle wird von einem Hindernis zurückgeworfen, das deutlich größer als sie selbst ist: Wasserwellen prallen von einem Wellenbrecher zurück, Schallwellen von einer Felswand. Da Lichtwellen von kleinen Gegenständen reflektiert wurden und die Diffraktion nur sehr gering war, folgte daraus, daß Licht, falls überhaupt, aus Wellen bestehen mußte, die sehr klein waren.
Grimaldis Werk wurde aber kaum zur Kenntnis genommen, und die Kontroverse ging anderthalb Jahrhunderte weiter, ohne daß jemand auf ihn Bezug nahm.

Rotation der Planeten

Da auf der Oberfläche einiger Planeten Konturen auszumachen waren, konnte man von Nacht zu Nacht mitverfolgen, wie diese Konturen quer über die Planeten wanderten, verschwanden und dann auf der anderen Seite wieder auftauchten. Wenn man sie lange genug beobachtete und die Gesamtzeit durch die Zahl der Umdrehungen dividierte, so konnte man die genaue Rotationsdauer des Planeten ermitteln.
Auf diese Weise errechnete der französische Astronom italienischer Abstammung Gian Domenico Cassini (1625–1712), daß sich der Mars in 24 Stunden und 40 Minuten einmal um die eigene Achse dreht, während der Jupiter für eine Umdrehung neun Stunden und 56 Minuten braucht.
Da nun klar war, daß sich diese Planeten wie die Erde um Achsen drehten, schienen sie unserem Planeten ähnlicher geworden zu sein. Im Verlauf der weiteren astronomischen Entdeckungen verlor die Erde immer mehr von ihrer Besonderheit – wenn man einmal von der nicht ganz unerheblichen Tatsache absieht, daß sie der Planet ist, auf dem wir leben.

Nachtrag

London wurde von der Pest heimgesucht. Die Folgen waren verheerend. Viele flohen aus der Stadt. Von den restlichen starb die Hälfte. Doch auch Seuchen können den Krieg offenbar nicht stoppen: Noch im selben Jahr brachen zwischen England und den Niederlanden offene Feindseligkeiten aus.
In Spanien starb Philipp (1605–1665). Sein Sohn und Nachfolger Karl (1661–1700) war erst vier Jahre alt und so kränklich, daß man nicht mit seinem Überleben rechnete. Da es keine anderen direkten Erben gab, beschäftigte sich ganz Europa fieberhaft mit der Frage, wer die riesigen spanischen Territorien regieren würde. Wider Erwarten regierte Karl fünfunddreißig Jahre lang, doch war er jeden einzelnen Tag davon krank. Da er zudem keine Erben hatte, blieb die spannende Frage der Erbfolge während dieser ganzen Zeit offen.
In Nordamerika wurde die Kolonie New Jersey gegründet.

1666

Das Lichtspektrum

Der englische Wissenschaftler Isaac Newton (1642–1727) interessierte sich unter anderem auch für das Licht und führte 1665 und 1666 eine Reihe wichtiger Experimente durch. So ließ er ein Bündel weißer Lichtstrahlen durch ein dreikantiges Glasprisma auf eine weiße Wand fallen.
An der Wand zeigte sich ein ununterbrochenes Band von Farben: Der am wenigsten gebrochene Strahlungsanteil des Lichtes war rot, dann folgten, in dieser Reihenfolge, orange, gelb, grün, blau und violett. Jede Farbe ging in die nächste über.
Erzeugte das Glas die Farben? Nein, denn als Newton das Licht, das aus dem Prisma kam, in umgekehrter Richtung durch ein zweites Prisma fallen ließ, erhielt er nur weißes Licht. Die Farben hatten sich wieder zusammengesetzt.
Damit war alles hinfällig, was man bis dahin über das Licht gedacht hatte. So hatte man etwa angenommen, weißes Licht sei »reines« Licht und Farben seien die Folge von Verunreinigungen durch materielle Substanzen.
Durch Newtons Arbeit wurde klar, daß Farben zu den Eigenschaften des Lichts selbst gehören und daß weißes Licht eine Mischung aus verschiedenen Farben ist. Die Materie beeinflußt Farben nur insofern, als sie manche Arten von Licht absorbiert und andere weiterleitet oder reflektiert.
Was jedoch die Ursache dafür war, daß Licht verschiedene Farben annahm, war noch nicht bekannt.

Nachtrag

Kaum war die verheerende Pestepidemie in London überstanden, brach in der Stadt am 2. September 1666 ein großes Feuer aus. Es wütete vier Tage und Nächte lang und vernichtete praktisch alle alten Stadtteile.

1668

Impulserhaltung

Bei der Untersuchung von Bewegung stellte sich heraus, daß Bewegung nicht aus dem Nichts heraus entsteht. Wenn ein sich bewegender Gegenstand einen anderen, ruhenden Gegenstand trifft, kann er durchaus die Bewegung auf ihn übertragen (jeder Billardspieler ist mit diesem Phänomen vertraut). Aber von der Bewegung eines leichten Gegenstandes wird nur wenig auf einen schweren Gegenstand übertragen (diese Erfahrung wird jeder machen, der mit einer Kanonenkugel Fußball spielen will).
Das Produkt aus der Masse eines Körpers und seiner Geschwindigkeit nennt man Bewegungsgröße oder *Impuls*. Der englische Mathematiker John Wallis (1616–1703) kam 1668 als erster auf den Gedanken, daß die Summe der Impulse in einem abgeschlossenen System (das heißt in einem System, in das kein Impuls von außen hineinwirkt und aus dem kein Impuls nach außen entweicht) immer konstant bleibt. Dieses Gesetz heißt *Impulserhaltungssatz.*
Ein Impuls kann von einem Teil eines Systems an einen anderen weitergegeben, jedoch weder erschaffen noch zerstört werden. Er kann in eine von zwei Richtungen wirken – sagen wir, plus oder minus. In einem abgeschlossenen System, in dem es zunächst keinerlei Impulse gibt, kann sich ein Teil des Systems beispielweise in eine Richtung bewegen (die Plus-Richtung), *wenn* sich ein anderer Teil in die entgegengesetzte (Minus-) Richtung bewegt. Wenn die beiden Impulse gleich groß und entgegengesetzt sind, heben sie sich gegenseitig auf, und der Gesamtimpuls bleibt Null. Wenn entsprechend zwei Körper mit

gleichen und entgegengesetzten Impulsen aufeinandertreffen (Gesamtimpuls Null), können sie voneinander abprallen – sie tauschen sozusagen das Plus- und Minuszeichen untereinander aus –, oder sie können aneinander haften bleiben und zum Stillstand kommen (der Gesamtimpuls bleibt immer Null).
Ein solcher Erhaltungssatz erklärt viele Bewegungsphänomene, die sonst verwirrend wären. Der Impulserhaltungssatz war der erste Erhaltungssatz, der aufgestellt wurde, doch im Laufe der Zeit sollten weitere folgen, und alle sind von fundamentaler Bedeutung für unser Verständnis der Struktur und Funktionsweise des Universums.

Urzeugung

Bisher hatte stets die Auffassung geherrscht, daß einige Lebensformen spontan aus toter Materie entstehen könnten. Insbesondere wurde das Lebensformen nachgesagt, die dem Menschen lästig waren wie Unkraut und Ungeziefer. Nützliche Lebensformen erfordern sorgfältigste Pflege, nutzlose oder schädliche Formen hingegen gedeihen trotz aller Versuche der Menschen, sie auszurotten. So lag der Gedanke nahe, diese Plagen entstünden aus dem Nichts. Auch der Augenschein sprach dafür. Maden zum Beispiel entstanden aus verwesendem Fleisch. Das Fleisch war tot, brachte jedoch lebende Maden hervor. Es schien außer Frage, daß es so etwas wie eine *Urzeugung* gab.
Doch im Jahr 1668 beschloß der italienische Arzt Francesco Redi (1626–1697), der Sache experimentell auf den Grund zu gehen.
Er präparierte acht Gefäße, in die er verschiedene Fleischsorten füllte. Vier versiegelte er, die anderen vier ließ er offen. Fliegen konnten sich nur auf das Fleisch in den offenen Gefäßen setzen, und nur hier zeigten sich Maden. Das Fleisch in den versiegelten Gefäßen verweste ebenfalls – aber von Maden keine Spur.
Um zu klären, ob das Fehlen von frischer Luft der Grund war, wiederholte Redi das Experiment. Doch statt Gefäße zu versiegeln, bedeckte er diesmal die Hälfte mit Gaze. Die Gaze sperrte die Fliegen aus, ließ aber Luft durch. Das Ergebnis: Wieder gab es keine Maden. (Das war der erste präzise durchgeführte *Kontroll-* oder *Gegenversuch* in der Biologie.)
Redi zog daraus den Schluß, daß Maden nicht durch Urzeugung entstanden, sondern aus Fliegeneiern schlüpften, die so klein waren, daß man sie nur schwer erkennen konnte. Damit war die Frage der Urzeugung zwar nicht restlos vom Tisch, doch von nun an war es schwer zu glauben, daß mit bloßem Auge sichtbare Lebensformen durch spontane Urzeugung entstünden.

Das Spiegelteleskop

Seit nunmehr sechzig Jahren waren Fernrohre in Gebrauch. Linsen lenkten das Licht durch Brechung (Refraktion) um und bündelten es. So entstand vor dem Auge ein helleres und vergrößertes Bild. Solche Fernrohre hießen *Refraktoren.*
Leider brachen die Linsen verschiedene Farben des Lichtes auf verschiedene Weise und bildeten ein Spektrum, so daß die Bilder, die man durch solche Fernrohre sehen konnte, immer durch rote oder blaue Farbringe verzerrt wurden *(chromatische Aberration)*. Dieser Effekt konnte durch bestimmte Maßnahmen zwar abgemildert werden, doch die entsprechenden Fernrohre waren sehr lang und unhandlich.
Newton gelangte aufgrund seiner Experimente mit Licht (vgl. 1666) zu der Auffassung, daß es unmöglich sei, eine Linse ohne farbliche Entstellungen des Bildes zu benutzen. Deshalb überlegte er sich eine Alternative. Warum sollte man statt geschliffener Linsen nicht gebogene Spiegel benutzen und das Licht statt durch Brechung durch Spiegelung (Reflektion) bündeln? Reflexion erzeugte kein störendes Farbspektrum.
Also baute er im Jahr 1668 das erste *Spiegelteleskop*. Fortan konnten die Astronomen zwei Arten von Fernrohren wählen.

Nachtrag

Dreizehn Jahre lang führten Rußland und Polen gegeneinander Krieg. Am Ende eroberten die Russen Smolensk und Kiew. Polen hatte ein halbes Jahrhundert lang eine Vormachtstellung eingenommen, nun begann der Niedergang des Landes.

1669

Infinitesimalrechnung

Von 1665 bis 1666 wohnte Newton (vgl. 1666) auf dem Bauernhof seiner Mutter, um der in London wütenden Pest zu entgehen. Eines Abends, als der Mond friedlich am Himmel stand, sah er einen Apfel von einem Baum fallen, und er fragte sich, warum eigentlich nicht auch der Mond herunterfiel. Vielleicht, so dachte er, fiel der Mond ja tatsächlich, bewegte sich aber auch waagrecht und fiel immer nur gerade so weit, wie es der Erdkrümmung entsprach. Wenn dem so war, dann fiel der Mond ständig, erreichte aber nie die Erde, sondern bewegte sich in einer Keplerschen Ellipse um sie.

Newton verbrachte viel Zeit mit der Frage, in welcher Weise die Erde den Mond anziehen könnte, so wie sie auch den Apfel anzog, und mit welcher Geschwindigkeit der Mond fiel. Aber er war unzufrieden mit seinen Berechnungen und legte sie wieder beiseite. Warum? Manche meinen, weil die Größe der Erde zu diesem Zeitpunkt noch nicht exakt bestimmt war; andere meinen, er habe nicht gewußt, wie er die Tatsache berücksichtigen sollte, daß jedes Stück Erde den Mond aus einem anderen Winkel und aus anderer Entfernung anzog. Er brauchte ein mathematisches Werkzeug, das ihm bei der Lösung dieses Problems helfen konnte.

Im Jahr 1669 begann er, ein solches Werkzeug zu erarbeiten – eine mathematische Technik, aus der sich später die *Infinitesimalrechnung* entwickeln sollte. Diese Technik war vielseitiger einsetzbar als jede zuvor erfundene. Ohne sie wäre die Wissenschaft heute hilflos. Mit der Infinitesimalrechnung beginnt die *höhere Mathematik*.

Ungefähr zur selben Zeit wie Newton arbeitete der deutsche Mathematiker Gottfried Wilhelm Leibniz (1646–1716) an der Infinitesimalrechnung. Sowohl ihm als auch Newton gelang es, die Technik zu entwickeln. Newton hatte sie vielleicht etwas früher gefunden, aber dafür war die symbolische Darstellung bei Leibniz besser.

Das ist kein Einzelfall. Oft arbeiten zwei Wissenschaftler unabhängig voneinander an einer Sache und finden dieselbe Antwort auf dieselben Fragen. Manchmal wird ihnen dafür gemeinsam die gebührende Ehre zuteil. Manchmal entbrennt jedoch auch ein Streit daüber, welcher der beiden nun wirklich der erste war, und mitunter endet das Ganze sogar in Plagiatsvorwürfen.

So auch in diesem Fall. Der törichte Streit wurde zusätzlich durch nationale Vorurteile zwischen Engländern und Deutschen angefacht und entzweite auf Jahre hinaus die Gemeinschaft der Wissenschaftler, ohne daß er jemals entschieden worden wäre. Heute wird die Erfindung der Infinitesimalrechnung gleichermaßen Newton und Leibniz als Verdienst angerechnet.

Phosphor

Von den Substanzen, die der Chemiker heute als Elemente betrachtet, waren im Altertum neun bekannt, nämlich die sieben Metalle Gold, Silber, Kupfer, Zinn, Eisen, Blei und Quecksilber sowie die beiden Nichtmetalle Kohlenstoff und Schwefel. Vier weitere Elemente waren vermutlich bekannt, denn die Alchimisten des Mittelalters haben sie unverwechselbar beschrieben: Arsen, Antimon, Wismut und Zink. Wer diese Elemente entdeckt hat und wann, wissen wir dagegen nicht.

Die Lage änderte sich, als der deutsche Chemiker Hennig Brand (gest. um 1692) nach einem Grundstoff zur Herstellung von Gold suchte. Aus irgendeinem Grund glaubte er, dies mit Urin versuchen zu müssen. Es gelang ihm zwar nicht, Gold zu machen, doch vermutlich schon um 1669 gewann er eine weiße, wachsartige Substanz, die in der Luft schwach leuchtete und die er deshalb *Phospor* nannte (das Wort stammt aus dem Griechischen und bedeutet »Licht-Träger«). Das schwache Leuchten war auf die Tatsache zurückzuführen, daß Phosphor an der Luft spontan verbrennt.

Seit 1669 wurden rund neunzig Elemente entdeckt, und alle Entdeckungen können datiert und einer bestimmten Person zugeschrieben werden. Brands Entdeckung des Phosphors war die erste.

Fossilien

Das Wort *Fossil* stammt von einem lateinischen Ausdruck, der »graben« bedeutet. Anfangs nannte man grundsätzlich alles ein Fossil, was man aus der Erde ausgegraben hatte. Dann jedoch benutzte man das Wort nur noch für solche Gegenstände, die, obwohl sie aus Stein waren, sehr starke Ähnlichkeit mit Lebewesen aufwiesen – insbesonders mit deren Knochen und Zähnen. Agricola (vgl. 1556) hatte sich schon mehr als ein Jahrhundert zuvor zu diesem Thema geäußert.

Es gab zahlreiche Theorien über diese Fossilien. Für die einen waren es Probestücke Gottes bei der Schöpfung von Lebewesen. Andere vermuteten, es handle sich um mißlungene Versuche des Teufels, Gott nachzuahmen. Wieder andere hielten Fossilien für die Überreste von Tieren, die in der Sintflut ertrunken waren.

Im Jahr 1669 behauptete der dänische Geologe Nicolaus Steno (1636–1686), es handele sich um Überreste von Geschöpfen, die vor langer Zeit gelebt hätten und langsam versteinert seien. Diese Sichtweise setzte sich nach und nach durch, und Fossilien wurden zu den spektakulärsten (wenn auch keineswegs einzigen) Beweisen für die biologische Evolution.

Doppelbrechung

Manchmal ist eine Entdeckung so verwirrend, daß sie einfach beiseite gelegt werden muß, bis die Wissenschaft so weit ist, daß sie eine Erklärung liefern kann.

So erhielt etwa der dänische Arzt Erasmus Bartholin (1625–1698) einen durchsichtigen Kristall von der Sorte, die heute den Namen *Isländischer Doppelspat* trägt. Bartholin stellte fest, daß Gegenstände, die man durch den Kristall betrachtete, doppelt erschienen. Es hatte den Anschein, als werde ein Teil des Lichtes durch den Kristall in *einem* Winkel gebrochen und der Rest in einem etwas anderen Winkel. Deshalb wurde das Phänomen *Doppelbrechung* genannt.

Als Bartholin den Kristall drehte, stellte er fest, daß eines der Bilder unbewegt blieb, während sich das andere mitdrehte.

Weder Bartholin noch sonst jemand konnte sich diese Beobachtung erklären. Erst anderthalb Jahrhunderte später sollte die Wissenschaft das Phänomen Licht so gut verstehen, daß eine Erklärung möglich war.

Die Farbe des Blutes

Es war bekannt, daß das Blut durch die Lungen floß, um Luft aufzunehmen, und man vermutete, daß dabei eine chemische Veränderung mit dem Blut vor sich ging. Die ersten Beweise dafür fand der englische Arzt Richard Lower (1631–1691). Im Jahr 1669 stellte er fest, daß dunkelrotes Blut aus den Venen bei Kontakt mit der Luft hellrot wurde. Warum, konnte freilich erst ein Jahrhundert später geklärt werden.

Nachtrag

Das Osmanische Reich hatte seinen langen Krieg mit Venedig gewonnen und die Insel Kreta besetzt. Venedigs Macht war damit gebrochen, aber auch das Osmanische Reich hatte einen zu hohen Preis bezahlt.
In Indien regierte zu dieser Zeit Alamgir (1618–1707), auch als Aurangzeb bekannt. Seit 1658 war er der sechste Herrscher der Mogulendynastie. Er war der letzte mächtige nichteuropäische Führer Indiens.

1670

Diabetes

Viele übertragbare Krankheiten waren schon beschrieben und bestimmt worden, aber es gibt auch nichtübertragbare Krankheiten. Ursachen sind angeborene Fehlfunktionen des Körpers, die sich von Geburt an oder auch erst später im Leben bemerkbar machen können.
Die wichtigste dieser Krankheiten ist Diabetes. Menschen, die an dieser Störung leiden, sind nicht in der Lage, Zucker normal zu verarbeiten. Bei Diabetikern häuft sich der Zucker im Blut an und findet sich dann auch in höherer Konzentration im Urin.
Manche Ärzte des Altertums mögen schon gewußt haben, daß der Urin von Diabetikern im Unterschied zu normalem Urin süß ist. Vielleicht lieferten Fliegen, die sich um solchen Urin sammelten, den ersten Hinweis.
Der englische Arzt Thomas Willis (1621–1675) wies 1670 darauf hin, daß der Urin von Diabetikern süß ist – als erster in der Neuzeit.
Das Erkennen und Verstehen von Symptomen ist natürlich ein erster Schritt auf dem Weg zur Behandlung einer Krankheit, aber im Fall der Diabetes dauerte es noch anderthalb Jahrhunderte, bis eine Behandlungsmethode entwickelt wurde.

1671

Die Saturnmonde

Inzwischen waren sechs Satelliten (oder Monde) der Planeten bekannt: Vier umkreisten den Jupiter (Io, Europa, Ganymed und Kallisto), einer den Saturn (Titan) und einer natürlich die Erde. Huygens (vgl. 1656) dachte in einer für ihn ganz untypischen Anwandlung von Mystizismus, die sechs Monde entsprächen zahlenmäßig den sechs damals bekannten Planeten (Merkur, Venus, Erde, Mars, Jupiter und Saturn). Er sah darin eine gewisse Harmonie und rechnete nicht mit weiteren Entdeckungen.
Cassini (vgl. 1665) machte diese Vorstellung zunichte, als er im Jahr 1671 einen zweiten Saturnmond entdeckte, den er Iapetus nannte. Im Laufe der nächsten dreizehn Jahre entdeckte er drei weitere: Rhea, Dione und Tethis. Das sind die Namen von Titanen: Iapetus war ein Bruder des Saturn (Kronos), die anderen drei waren seine Schwestern.

Nachtrag

Der Bauernführer Stenka Rasin (gest. 1671) hatte einen allgemeinen Aufstand gegen die russische Aristokratie organisiert und im Jahr 1670 vorübergehend das Gebiet an der Wolga unter seine Kontrolle gebracht. Aleksej I. Michailowitsch (1629–1676), der zweite Romanow-Zar und seit 1645 auf dem Thron, schickte seine in den siegreichen Kriegen gegen Polen und Schweden erprobte Armee gegen die Rebellen. Rasin wurde geschlagen, nach Moskau gebracht und am 16. Juni 1671 hingerichtet.

1672

Entfernung zum Mars

Neunzehn Jahrhunderte zuvor hatte Hipparch die Entfernung zum Mond ermittelt (vgl. 150 v. Chr.). Seitdem war keine weitere Entfernung im Weltraum mehr exakt bestimmt worden. Die Parallaxe aller anderen Himmelskörper war viel zu gering, als daß man sie mit bloßem Auge hätte messen können, und die Fernrohre waren nicht gut genug.

Mit Keplers elliptischen Umlaufbahnen und seinen drei Gesetzen, mit denen er die Bewegung der Planeten beschrieb, war es jedoch möglich geworden, ein Modell des Sonnensystems in den richtigen Proportionen zu konstruieren. Das hieß: Wenn es gelang, die Entfernung zu *einem* Planeten zu bestimmen, dann konnte man auch alle anderen errechnen.

Cassini (vgl. 1665) knackte die Nuß. Er hielt sein Fernrohr für gut genug. Bedingung war allerdings, daß er den Mars von zwei Orten auf der Erde beobachtete, die weit genug voneinander entfernt waren. Also schickte er Jean Richer (1630–1696), einen Landsmann und Kollegen, nach Cayenne in Französisch-Guayana, an der Nordküste Südamerikas.

Im Jahr 1672 bestimmte Cassini von Paris aus die Position des Mars relativ zu den Fixsternen. Dann errechnete er mit den Daten, die er aus Cayenne über die Position des Mars erhalten hatte, die Parallaxe des Planeten. Damit konnte er die Entfernung zwischen Erde und Mars zu diesem Zeitpunkt errechnen, und auf dieser Grundlage auch die anderen Entfernungen im Sonnensystem.

Nach seinen Berechnungen war die Sonne 140 Millionen Kilometer von der Erde entfernt; Aristarch (vgl. 280 v. Chr.) hatte seinerzeit 8 Millionen Kilometer geschätzt. Cassinis Zahl lag um sieben Prozent zu niedrig, doch für einen ersten Versuch war sie erstaunlich genau.

Zum ersten Mal konnte man sich eine einigermaßen korrekte Vorstellung von der Größe des Sonnensystems machen. Selbst wenn man die etwas zu niedrige Zahl Cassinis zugrunde legte, mußte die Entfernung zum Saturn, der von allen damals bekannten Planeten am weitesten entfernt war, über 2 560 000 000 Kilometer betragen.

Die Fixsterne mußten noch weiter entfernt sein. Wie weit, vermochte noch niemand zu sagen, aber Cassini war der erste, der die Menschen mit der schockierenden Erkenntnis konfrontierte, wie klein sie und ihre Welt im Vergleich mit dem Universum waren. Weitere und noch schockierendere Erkenntnisse sollten folgen.

Nachtrag

Ludwig XIV. war entschlossen, Frankreich zur führenden Militärmacht in Europa zu machen. Mit dem größten und besten Heer, das die Welt seit den Römern gesehen hatte (inklusive Artillerie, worüber die Römer nicht verfügt hatten), marschierte er 1672 in den Vereinigten Niederlanden ein. Johan de Witt (1625–1672) hatte die Republik zusammen mit seinem Bruder Cornelius de Witt (1623–1672) seit 1653 geführt. Aus Furcht vor den anrückenden Franzosen brachte der Mob die Brüder de Witt um und setzte Wilhelm von Oranien (1650–1702), den Urenkel Wilhelms des Schweigers, an die Spitze des Heeres.

Das Gebiet am Nordufer des Schwarzen Meeres, die heutige Ukraine, war eine Art Niemandsland. Die Zukunft des Landes war ungewiß: Würden es die Kosaken, die dort lebten, allein regieren können, oder würde es an Polen, Rußland oder das Osmanische Reich fallen? Das Tauziehen nahm kein Ende, und 1672 begannen Polen und das Osmanische Reich einen Krieg um das Gebiet.

1675

Lichtgeschwindigkeit

Niemand wußte zu dieser Zeit, wie schnell sich das Licht fortbewegt. Galilei (vgl. 1581) hatte versucht, es zu messen: Er und ein Freund postierten sich auf zwei gegenüberliegenden Hügeln, jeder mit einer abgedunkelten Laterne. Sobald Galilei seine Laterne aufleuchten ließ, sollte der Freund dasselbe tun. Galilei versuchte, die Zeit zu messen, die zwischen dem Aussenden seines Lichtsignals und dem Eintreffen des Signals seines Freundes verstrich. Dies, so dachte er, sei die Zeitspanne, die das Licht für beide Strecken brauche. Aber die verflossene Zeit war stets dieselbe, egal wie weit die beiden Hügel voneinander entfernt waren, und Galilei merkte schließlich, daß er nur die Reaktionszeit seines Freundes maß, und gab auf. Offenbar war die Lichtgeschwindigkeit so hoch, daß man sie auf diese Weise nicht messen konnte (manche glaubten, sie sei unendlich hoch).

Im Jahr 1675 beobachtete jedoch der dänische Astronom Olaus Rømer (1644–1710) von seinem Pariser Observatorium aus aufmerksam die Bewegungen der Jupitermonde und achtete dabei auch auf die Zeit, wenn sie sich verfinsterten und hinter dem Planeten herumwanderten. Cassini (vgl. 1665) hatte sorgfältig gemessen, wie lange sie für diese Bewegungen brauchten, und Rømer überprüfte die Werte. Zu seinem Erstaunen stellte er fest, daß die Zeitabstände zwischen zwei Verfinsterungen nicht immer gleich waren. Wenn Erde und Jupiter weiter auseinanderstanden, wurden die Zeitabstände größer, kamen die beiden Planeten einander näher, wurden sie kleiner.

Rømer zog daraus den Schluß, daß sich das Licht *nicht* unendlich schnell fortbewegt, sondern für die Strecke Jupiter-Erde unterschiedlich lange braucht, je nachdem, ob die Erde vom Jupiter aus gesehen auf der anderen Seite der Sonne steht oder nicht. Aus den Zeitdifferenzen berechnete Rømer eine Lichtgeschwindigkeit von ungefähr 225 000 Kilometern pro Sekunde. Das sind nur ungefähr drei Viertel der tatsächlichen Lichtgeschwindigkeit, aber für eine erste Schätzung war es nicht schlecht.

Saturnringe

Cassini (vgl. 1665) beobachtete im Jahr 1675 den Ring des Saturn und bemerkte eine dunkle Linie, die den Ring in zwei Teile zu unterteilen schien. Der äußere war schmaler und heller als der innere. Manche Astronomen hielten den Ring für ein einzelnes Objekt mit einer kreisförmigen dunklen Linie, aber die Mehrheit war der Auffassung, es handle sich um zwei getrennte Ringe, die tatsächlich geteilt seien. In diesem Fall hatte die Mehrheit einmal recht. Bis heute heißt die dunkle Linie *Cassinische Teilung,* und man spricht von den Saturnringen in der Mehrzahl.

Nachtrag

Wilhelm von Oranien rettete die Niederlande, indem er 1673 die Schleusentore öffnen und das Land überfluten ließ.

Im Jahr 1674 wurde Jan Sobieski (1629–1696) zum polnischen König Johann III. gewählt. Er war Polens letzter starker König, doch auch er konnte den Niedergang seines Landes nicht aufhalten.

Das unaufhörliche Vordringen der europäischen Siedler trieb die Indianer von Neuengland im Jahr 1675 unter der Führung von Metacomet (1639?–1676) zu einem Verzweiflungsangriff. Der anschließende Krieg verlief wie alle späteren Kriege dieser Art: Zuerst gelangen den Indianern ein paar Überraschungsangriffe, bei denen sie einige Siedler töteten, dann holten die Siedler zum Gegenschlag aus, besiegten die Indianer zuerst und rotteten sie dann systematisch aus, wobei sie auch Alte, Frauen und Kinder nicht verschonten.

1676

Mikroorganismen

Schon seit mehr als zwanzig Jahren waren winzige Ausschnitte normaler lebender Organismen unter dem Mikroskop untersucht worden, aber nun gelang dem niederländischen Forscher Antoni van Leeuwenhoek (1632–1723) ein entscheidender Durchbruch. Während andere Wissenschaftler mit Linsenkombinationen arbeiteten, benutzte Leeuwenhoek kleine, einzelne Linsen, die er aber so perfekt zuschliff, daß sie bis zu 200fach vergrößerten. Im Lauf seines Lebens schliff er nicht weniger als 419 Linsen zu, obwohl er schon über vierzig war, als er damit begann. Im Jahr 1676 untersuchte er Wasser aus einem Teich und machte dabei eine Entdekkung: Die Proben enthielten lebende Organismen, die so klein waren, daß sie mit bloßem Auge nicht zu erkennen waren. Er nannte sie *animalcula,* wir sprechen heute von *Mikroorganismen.* Leeuwenhoek hatte damit vor den erstaunten Augen der Menschheit einen ganzen mikroskopischen Zoo eröffnet (im Jahr darauf entdeckte er die Spermien im Samen).

Nachtrag

In Greenwich, einer Londoner Vorstadt, wurde 1676 ein astronomisches Observatorium errichtet. Der englische Astronom John Flamsteed (1646–1719) wurde als erster Königlicher Hofastronom eingestellt.

1678

Südliche Sterne

Seit den Tagen der Sumerer hatte sich die detaillierte astronomische Beobachtung auf die nördliche Hemisphäre beschränkt. Der nördliche Himmelspol befindet sich, von Europa und dem Nahen Osten aus gesehen, hoch am Himmel, und die Sterne in seiner Umgebung umkreisen ihn täglich, verschwinden aber nie hinter dem Horizont.
Dagegen tauchen der südliche Himmelspol und die Sterne in seiner Umgebung nie über dem europäischen Horizont auf.
Deshalb blieb der südliche Himmel den europäischen Astronomen bis zum Beginn des Zeitalters der Entdeckungen vollkommen unbekannt. Auf Magellans Reise sahen die Seeleute, als sie vor der Küste Südamerikas lagen, zwei dunstige Wolkengebilde am Himmel, die wie abgetrennte Teile der Milchstraße aussahen. Sie heißen bis heute *Magellansche Wolken.* Auch von einem hellen Sternbild, dem *Kreuz des Südens,* wurde berichtet.
Systematische Beobachtungen des südlichen Himmels wurden allerdings erst gemacht, als der englische Astronom Edmond Halley (1656–1742) auf die Insel St. Helena im Südatlantik reiste. Er verbrachte zwei Jahre dort, und obwohl das schlechte Wetter astronomische Beobachtungen stark behinderte, veröffentlichte er 1678 nach seiner Rückkehr einen Katalog mit 341 südlichen Sternen, die den Astronomen bis dahin vollkommen unbekannt gewesen waren.

Lichtwellen

Die Kontroverse »Teilchen kontra Wellen« verschärfte sich.
Newton (vgl. 1666) zum Beispiel glaubte, Licht bestehe aus Teilchen. Zum Teil deshalb, weil zwischen Erde und Sonne ein Vakuum existiert, und er sich einfach nicht vorstellen

konnte, wie eine Welle dieses Nichts überwinden sollte, wenn es nichts gab, was Wellenform annehmen konnte.
Huygens (vgl. 1656) dagegen behauptete, Licht bestehe aus Wellen vom selben Typ wie der Schall (sogenannten *Longitudinalwellen,* deren Massenelemente sich in Richtung der Wellenausbreitung verschieben). Auf die Frage, was sich beim Licht denn nun wellenförmig bewege, antwortete Huygens, im luftleeren Raum des Weltalls gebe es eine sehr feine Flüssigkeit (nach einem Begriff des Aristoteles *Äther* benannt), die auf gewöhnlichem Wege nicht wahrgenommen werden könne.
Weder Newtons Teilchen noch Huygens Longitudinalwellen konnten die von Bartholin neun Jahre zuvor beobachtete Doppelbrechung erklären. Bartholins Entdeckung wurde ignoriert, und die Kontroverse ging weiter.

Nachtrag

Als der Engländer Titus Oates (1649–1705) im Jahr 1678 eine angebliche jesuitische Verschwörung zur Ermordung von Protestanten (»Popish Plot«) aufdeckte, glaubten ihm viele seiner Landsleute. Sein Märchen war der Auftakt zu einer siebenjährigen Katholikenverfolgung, die in bemerkenswerter Weise an die »Hexenjagd« während der McCarthy-Ära in den Vereinigten Staaten erinnert (vgl. 1950 und 1954).

1679

Dampfkochtopf

Sechzehn Jahrhunderte nachdem Heron sein dampfbetriebenes Spielzeug gebaut hatte (vgl. 50), wurde die erste nützliche Verwendung des Dampfes vorgestellt.
Im Jahr 1679 entwickelte der französische Physiker Denis Papin (1647–?1712) den *Dampfkochtopf* – einen Kessel mit dicht schließendem Deckel, in dem Wasser zum Kochen gebracht wurde. Der entstehende Dampf konnte nicht entweichen und erzeugte einen Druck, der den Siedepunkt des Wassers erhöhte. Bei diesen höheren Temperaturen wurde Fleisch schneller gar als bei gewöhnlichem Kochen. Für den Fall, daß der Dampfdruck zu kräftig stieg, war ein Sicherheitsventil angebracht. Papin kochte in diesem Gerät Mahlzeiten für die *Royal Society* (vgl. 1662) und für Karl II.

Nachtrag

In Nordamerika erforschten die Franzosen immer noch das Gebiet um die Großen Seen.

1680

Muskeln und Knochen

Zwischen denjenigen, die das organische Leben für etwas prinzipiell anderes als die leblose Materie halten und meinen, es unterliege anderen Naturgesetzen (diese Auffassung heißt *Vitalismus*), und denjenigen, die glauben, alles unterliege denselben Naturgesetzen, das Leben wie die leblose Materie, hat es seit jeher Streit gegeben. In den letzten drei Jahrhunderten hat sich im allgemeinen die zweite Position durchgesetzt.
Einen Beitrag dazu leistete der italienische Physiologe Giovanni Alfonso Borelli (1608–1679) mit seinem 1680 posthum erschienenen Buch *De Motu Animalium (Über die Bewegung der Tiere).* Borelli erklärt die Muskeltätigkeit auf mechanischer Basis und beschreibt die Bewegungen von Knochen und Muskeln als ein System von Hebelwirkungen. Die Gesetze, denen Hebel aus lebloser Materie unterworfen sind, gelten auch für unseren

Knochen-und-Muskel-Apparat. (Die Tätigkeit von Muskeln und Knochen ist natürlich einer der einfachsten Aspekte des Lebens. Viel schwieriger wurde es, als die Wissenschaftler versuchten, die komplexeren Aspekte in den Griff zu bekommen.)

1681

Die Dronte

Mauritius ist eine Insel im Indischen Ozean und ungefähr doppelt so groß wie die Insel Rügen. Sie liegt 800 Kilometer östlich von Madagaskar. Im Jahr 1598 wurde sie von den Niederländern besiedelt und nach Moritz von Oranien (vgl. 1586) benannt. Mit Unterbrechungen konnten sich die Niederländer dort bis 1710 halten.

Mauritius wies Lebensformen auf, die sich isoliert von der übrigen Welt entwickelt hatten und sich von allen anderen Lebensformen unterschieden. Zum Beispiel gab es dort die *Dronte* (auch Dodo genannt), eine flugunfähige Taube, die größer als ein Truthahn war und einen großen gebogenen Schnabel hatte. Sie war ein harmloses und furchtloses Tier, da sie auf Mauritius keine natürlichen Feinde hatte.

Kaum waren jedoch die ersten Siedler eingetroffen, begannen sie und ihre Haustiere, auf diesen gutartigen Vogel Jagd zu machen. Das ging fast hundert Jahre so. Um 1680 war die letzte Dronte tot. Ähnliche Vögel auf den Nachbarinseln wurden ebenfalls ausgerottet. Heutzutage ist es kaum vorstellbar, daß eine so ungewöhnliche und interessante Lebensform so gedankenlos abgeschlachtet werden konnte, ohne daß jemand den Versuch unternahm, wenigstens ein paar Exemplare zu retten. Aber so etwas geschah immer wieder. Es gehört zu den positiven Seiten der jüngeren Geschichte, daß die Menschen nun verzweifelt versuchen, verschiedene bedrohte Arten zu retten. In Anbetracht der unerbittlich wachsenden Zahl der Menschen und des Lebensraums, den sie benötigen, ist dies allerdings oft ein aussichtsloser Kampf.

Nachtrag

Karl gab William Penn (1644–1718) das Recht, in Nordamerika eine Kolonie zu gründen. Das war der Beginn der Kolonie Pennsylvania. Penn war Quäker und kämpfte für Religionsfreiheit, regelmäßige Wahlen und unabhängige Parlamente, was ihm natürlich den Ruf eintrug, er sei ein gefährlicher Radikaler.

1682

Geschlechtlichkeit der Pflanzen

Vor der Neuzeit galten Pflanzen gewöhnlich nicht in dem Sinne als wirklich lebendig wie Tiere. In der biblischen Schöpfungsgeschichte beginnen die Pflanzen zu wachsen, sobald das trockene Land erschaffen ist. Sie sind wie ein Teil des Landes und scheinen nur der Ernährung zu dienen. Im Gegensatz dazu wird im einzelnen beschrieben, wie Gott am fünften und sechsten Tag die Tiere erschuf und sie anwies, sich zu mehren. (Noch heute gibt es Vegetarier, die ihre Liebe zum Leben als Begründung dafür anführen, daß sie keine tierische Nahrung zu sich nehmen, obwohl es sich bei den Pflanzen, die sie essen, genauso um Lebewesen handelt wie bei Tieren.)

Diese Geringschätzung des pflanzlichen Lebens wurde im Jahr 1682 teilweise erschüttert, als der englische Botaniker Nehemiah Grew (1641–1712) nachwies, daß sich Pflanzen geschlechtlich fortpflanzen, daß sie Geschlechtsorgane haben und daß die einzelnen Pollenkörner den Spermienzellen in der Tierwelt entsprechen.

Nachtrag

Der französische Entdecker René-Robert Cavalier de La Salle (1643–1687) segelte den Mississippi vom Oberlauf bis zur Mündung hinunter. Am 9. April 1682 erreichte er den Golf von Mexiko. Er war der erste Europäer und, soweit bekannt, der erste Mensch überhaupt, dem das gelang. La Salle beanspruchte das gesamte Einzugsgebiet des Mississippi für Frankreich und nannte es nach Ludwig XIV. *Louisiana.*

In Rußland wurde Peter I. zum Zaren gekrönt. Er war erst neun Jahre alt, aber schon bald sollte ihn die Welt nur noch *Peter den Großen* nennen.

1683

Bakterien

Im Jahr 1683 gelang Leeuwenhoek (vgl. 1676) seine bemerkenswerteste Entdeckung. Durch eine seiner kleinen Linsen sah er Lebewesen, die viel kleiner waren als seine *animalcula.* Sie waren so winzig, daß er sie mit seinen Linsen gerade noch erkennen konnte, und es spricht für seine Schleifkunst, daß er sah, was in den nächsten hundert Jahren niemand sonst sah. Heute wissen wir, daß Leeuwenhoek die Bakterien entdeckt hatte.

Nachtrag

In diesem Jahr wurde Europa von einem fast vergessenen Alptraum heimgesucht.

Im Jahr 1676 war im Osmanischen Reich der tatkräftige Großwesir Merzifonlu Kara Mustafa Pascha (1634–1683) an die Macht gekommen. Er diente unter dem schwachen Mohammed IV. (1641–1691), der seit 1648 Sultan war. Im Jahr 1683 führte Kara Mustafa das türkische Heer vor die Stadt Wien und begann am 17. Juli mit ihrer Belagerung. Aber Wien hielt ihm stand, und am 12. September kam von Polen ein Heer unter Johann III. (Sobieski, vgl. 1675) herbeigeeilt und befreite die Stadt. Die Belagerung von Wien war das letzte Aufbäumen des Osmanischen Reiches. Von nun an erlebte es einen Niedergang, der zweieinhalb Jahrhunderte andauern sollte.

Die Türken ließen bei ihrem Abzug übrigens Kaffeebohnen zurück. Seitdem liegt die westliche Welt im Kaffeefieber.

1684

Die Größe der Erde

Eratosthenes hatte vor tausend Jahren den Erdumfang ermittelt (vgl. 240 v. Chr.). Seitdem war seine Zahl nie präzisiert worden.

Im Jahr 1684 jedoch wurden bestimmte Beobachtungen des französischen Astronomen Jean Picard (1620–1682) posthum veröffentlicht. Statt den Abstand der Sonne vom Zenit (dem höchsten Punkt des Himmels) an verschiedenen Stellen auf der Erde durch Messen der Schattenlänge zu bestimmen, wie Eratosthenes es getan hatte, maß Picard von verschiedenen Orten aus den Abstand eines Sterns vom Zenit. Mit Fernrohren war diese Methode genauer. Picard berechnete einen Erdumfang von 40 033 Kilometern und einen Durchmesser von 12 713 Kilometern – Zahlen, die unseren heutigen Werten sehr nahe kommen.

Nachtrag

Im Jahr 1684 bezeichnete der in Boston geborene Prediger Cotton Mathers (1663–1728) die europäischen Siedler in den englischen Kolonien als *Amerikaner.* Es war vielleicht das erste Mal, daß dieses Wort im Druck erschien.

1685

Imaginäre Zahlen

Mathematikern war bekannt, daß die Multiplikation von zwei negativen Zahlen ein positives Produkt ergibt. So gilt zum Beispiel nicht nur +1 × +1 = +1, sondern auch –1 × –1 = +1. Welche Zahl ergibt mit sich selbst multipliziert dann –1? Oder anders gefragt, was ist die Quadratwurzel von –1?
Der Mathematiker erfindet die notwendige Zahl, nennt sie *imaginär* und symbolisiert sie mit einem *i*. Dann kann er schreiben: +i × +i = –1, und sogar –i × –i = –1.
Wallis (vgl. 1668) gelang es 1685, solche imaginären Zahlen auf sinnvolle Weise in die Mathematik einzuführen.
Stellen wir uns eine waagrechte Linie vor. Wir bezeichnen einen Punkt auf dieser Linie als Null und stellen uns die positiven Zahlen nach rechts und die negativen Zahlen nach links abgetragen vor. Alle Brüche und irrationalen Zahlen sind entsprechend zwischen den ganzen Zahlen abgetragen. Das ist die Achse der reellen Zahlen.
Nun ziehen wir eine senkrechte Linie durch den Nullpunkt. Alle i-Zahlen (i, 2i, 3i usw.) tragen wir nach oben, alle –i-Zahlen nach unten ab. Auch alle imaginären Brüche und irrationalen Zahlen werden abgetragen. Dies ist die Achse der imaginären Zahlen.
Jeder Punkt in der Ebene kann dann bestimmt werden, wie es schon Descartes in seiner Analytischen Geometrie tat (vgl. 1637). Jeder Punkt a auf der Achse der reellen Zahlen wird zu a + 0i; jeder Punkt b auf der Achse der imaginären Zahlen wird zu 0 + bi; und jede Zahl, die auf beiden Achsen einen Wert hat (die *komplexen Zahlen*) wird zu a + bi.
Diese Darstellungsform erwies sich für Mathematiker, Wissenschaftler und Ingenieure als äußerst nützlich.

Nachtrag

Am 6. Februar 1685 starb der englische König Karl. Da er keine legitimen Söhne hatte, bestieg sein jüngerer Bruder, ein Katholik, den Thron. Er regierte als Jakob II. (1633–1701). Am 18. Oktober 1685 widerrief Ludwig XIV. das Edikt von Nantes (vgl. 1600), das sein Großvater den Hugenotten gewährt hatte. Viele Hugenotten flohen daraufhin aus dem Land nach England, Preußen oder Amerika. Sie nahmen nicht nur ihr Wissen und ihren Fleiß mit, sondern auch einen unauslöschlichen Haß auf Frankreich. Der Widerruf schadete Ludwig XIV. und Frankreich weit mehr, als es die Hugenotten getan hatten.

1686

Meteorologische Karte

Der Wind scheint oft völlig unregelmäßig und unvorhersehbar zu blasen, doch schon die alten Römer wußten, daß er sechs Monate lang von Afrika nach Indien weht und dann sechs Monate lang in die entgegengesetzte Richtung. Diese jahreszeitlich bedingten Winde nennt man *Monsune,* nach einem arabischen Ausdruck für »Jahreszeit«. Ferner gibt es die regelmäßigen Passatwinde, die nördlich des Äquators in südwestlicher und südlich des Äquators in nordwestlicher Richtung wehen. Der erste Mensch, der den Versuch unternahm, die Winde zu verstehen, war Halley (vgl. 1678). Im Jahr 1686 schrieb er ein Buch darüber. Es enthielt eine Weltkarte, in der die wichtigsten Winde über den tropischen Meeren eingezeichnet waren – die Monsune und Passatwinde. Halley hatte allerdings keine zutreffende Erklärung für die Winde. Er wußte zwar, daß das Aufsteigen der von der Sonne erwärmten Luft etwas damit zu tun hatte, doch die Ursache für die Westströmung der tropischen Luft kannte er nicht.

Klassifikation der Pflanzen

Für Menschen, die sich für Naturgeschichte interessieren, liegt es nahe, Tiere und Pflanzen zu klassifizieren. Aristoteles klassifizierte Tiere (vgl. 350 v. Chr., Klassifikation der Tiere) und Theophrastos Pflanzen (vgl. 320 v. Chr.). Die alten Griechen hatten jedoch nur begrenzten Einblick in die Natur, da ihnen ein Großteil der Welt nicht zugänglich war.
Der englische Naturforscher John Ray (1627–1705) war der erste, der eine moderne Klassifikation versuchte. Er begann 1686 und veröffentlichte schließlich ein sorgfältig ausgearbeitetes Pflanzensystem in drei Bänden, das 18 600 verschiedenen Pflanzenarten erfaßte. Eine solche Arbeit mag auf den ersten Blick als reines Auflisten erscheinen, doch es gehört schon ein ungewöhnlich findiger Kopf dazu, die Kriterien für die Klassifikation festzulegen, und im großen und ganzen fällte Ray dabei sinnvolle Entscheidungen. Seine Klassifikationen stützten die Theorie der biologischen Evolution.

Nachtrag

Der Niedergang des Osmanischen Reiches wurde unübersehbar, als österreichische Truppen nach der Belagerung Wiens zum Gegenangriff übergingen und 1686 in Budapest einmarschierten, das anderthalb Jahrhunderte zum Osmanischen Reich gehört hatte.
Westeuropa war auf Expansionskurs. Frankreich annektierte 1686 Madagaskar, und die englische Ostindische Kompanie baute ihre Macht in Vorderindien aus und gründete auf einer Insel im Ganges-Delta eine Niederlassung, aus der sich die Stadt Kalkutta entwikkeln sollte.

1687

Bewegungsgesetze

Fast achtzig Jahre zuvor hatte Kepler herausgefunden, daß die Planetenbahnen elliptisch seien (vgl. 1609). Seitdem hatte die Wissenschaft immer wieder zu ergründen versucht, was die Planeten auf ihren Umlaufbahnen hielt und warum sie Ellipsen beschrieben. Es lag auf der Hand, daß die Sonne die Planeten irgendwie anzog, aber worin bestand diese Anziehung und wie funktionierte sie?
Einige Wissenschaftler kamen der Wahrheit ziemlich nahe, allen voran Hooke (vgl. 1657), der große Widersacher Newtons. Eines Tages brüstete sich Hooke vor Halley (siehe 1678), einem engen Freund Newtons, er habe die Lösung gefunden. Halley ging daraufhin schnurstracks zu Newton, um die Sache zu überprüfen. Newton meinte, er habe die Lösung schon 1666 gefunden (vgl. 1669, Infinitesimalrechnung), aber nie veröffentlicht. Aufgeregt drängte ihn Halley zur Veröffentlichung.
Newton konnte weitaus zuversichtlicher an eine solche Aufgabe herangehen als noch zwanzig Jahre zuvor. Zum einen verfügte er inzwischen über die Infinitesimalrechnung, die einige Berechnungen wesentlich erleichterte, und zum anderen über Picards Berechnungen der Erdgröße (vgl. 1684). Deren Genauigkeit war eine Voraussetzung für seine eigenen Berechnungen.
Newton brauchte 18 Monate für die Niederschrift seines Buch und veröffentlichte es 1687 unter dem Titel *Philosophiae naturalis principia mathematica (Mathematische Grundlagen der Naturwissenschaft).* Die *Principia,* wie das Werk oft genannt wird, waren auf lateinisch geschrieben und erschienen erst 1729 in englischer Sprache. Sie gelten gemeinhin als das bedeutendste naturwissenschaftliche Werk, das je geschrieben wurde.
Trotz der Bedeutung des Buches hatte Newton Schwierigkeiten, es zu veröffentli-

chen. Hooke war ihm unverändert feindlich gesonnen, und die Royal Society zögerte, sich in den Streit einzumischen. Glücklicherweise hatte Halley 1684 ein Vermögen geerbt (sein Vater war von Unbekannten ermordet worden). Er besorgte die redaktionelle Bearbeitung des Buches und bezahlte den Druck aus der eigenen Tasche.

In seinem Buch faßte Newton Galileis Erkenntnisse über fallende Körper (vgl. 1589) in den *drei Bewegungsgesetzen* (den *Newtonschen Axiomen der Mechanik*) zusammen.

Im ersten Gesetz formulierte er das *Trägheitsprinzip:* Jeder Körper verharrt im Zustand der Ruhe oder der gleichförmigen Bewegung, solange keine Kraft auf ihn einwirkt.

Das zweite Gesetz *(Aktionsprinzip)* definiert Kraft als das Produkt aus Masse und Beschleunigung. Dies war die erste klare Unterscheidung zwischen der Masse eines Körpers (die seinen Widerstand gegen Beschleunigung bestimmt) und seinem Gewicht (das bestimmt, in welchem Ausmaß eine Gravitationskraft auf ihn wirkt).

Das dritte Gesetz *(Reaktionsprinzip)* besagt, daß Kraft und Gegenkraft zwischen zwei Körpern gleich groß und einander entgegengesetzt sind.

Diese Bewegungsgesetze sind in ihrer Bedeutung den Axiomen und Postulaten vergleichbar, auf denen Euklid sein mathematisches Lehrgebäude errichtet hatte. Aus diesen Axiomen und Postulaten können unglaublich viele Theoreme abgeleitet werden, die jeweils aufeinander aufbauen. Und in ähnlicher Weise lassen sich aus Newtons Bewegungsgesetzen zahlreiche mechanische Phänomene ableiten.

Gravitation

Aus den Bewegungsgesetzen konnte Newton ableiten, wie sich die *Gravitation* (Massenanziehungskraft) zwischen Erde und Mond errechnen läßt. Er zeigte, daß sie dem Produkt der Massen beider Körper direkt proportional und dem Quadrat der Entfernung zwischen ihren Mittelpunkten umgekehrt proportional ist. Aus der Proportionalität kann mittels Einführung einer Konstanten eine Gleichheit gemacht werden. Mit anderen Worten:

$$K = f\, m_1\, {}^{m_2}/{}_{r^2}$$

wobei f die Gravitationskonstante, m_1 und m_2 die Massen von Erde und Mond, r die Entfernung zwischen ihren Mittelpunkten und K die Massenanziehungskraft ist, die zwischen ihnen wirkt.

Wichtig war dabei vor allem Newtons Postulat, daß dieses Gravitationsgesetz nicht nur zwischen Erde und Mond gelte, sondern überall im Universum zwischen zwei Körpern. Er sprach nicht einfach nur von Gravitation, sondern von allgemeiner oder universaler Gravitation. Das war ein weiteres Argument dafür, daß überall dieselben Naturgesetze gelten, und der bisher schwerste Schlag gegen die Auffassung, Himmelskörper unterlägen anderen Naturgesetzen als Körper auf der Erde.

Aus diesem recht einfachen Gesetz der allgemeinen Gravitation ließen sich alle Keplerschen Gesetze der Planetenbewegung ableiten. Es erklärte alle Unregelmäßigkeiten der Planetenbewegungen, die zu Newtons Zeit bekannt waren, denn vergessen wir nicht: Die Sonne ist zwar der Himmelskörper mit der stärksten Anziehungskraft, aber die Planeten üben auch untereinander schwächere Anziehungskräfte aus, die zu kleineren Abweichungen *(Perturbationen)* von ihren Umlaufbahnen führen.

Newton hatte also die Mechanik des Weltalls zutreffend beschrieben und gezeigt, daß im Prinzip alles ganz einfach war. Obgleich heute außer der Gravitation noch andere Kräfte bekannt sind und Newtons Beschreibung der Gravitation inzwischen weiterentwickelt wurde, gilt nach wie vor, daß die Gravitation die vorherrschende Kraft ist, der die großen Bewegungen des Weltalls unterliegen. Seine Formel eignet sich bestens, solange die Entfernungen und Geschwindigkeiten nicht zu groß sind.

Die Form der Erde

In seinen *Principia* bezieht sich Newton auf Richers Reise nach Cayenne in Französisch-Guayana, die es Cassini erst ermöglicht hatte, die Parallaxe des Mars zu bestimmen (vgl. 1672). Während seines Aufenthalts hatte Richer festgestellt, daß ein Pendel dort langsamer schlug als in Paris. Eine Pendeluhr, die in Paris korrekt lief, ging in Cayenne zweieinhalb Minuten pro Tag nach.
Für Newton war eine solche Abweichung nur dann möglich, wenn die Gravitationskraft in Cayenne geringfügig schwächer war als in Paris oder anders ausgedrückt: wenn Cayenne weiter vom Erdmittelpunkt entfernt lag als Paris. Da beide Orte auf Meereshöhe lagen, lautete die Schlußfolgerung, daß der Meeresspiegel selbst in Cayenne »höher« sein mußte als in Paris.
Newton zeigte folgendes: Da sich die Erde dreht, wirkt bis zu einem gewissen Grad eine Zentrifugalkraft gegen die Gravitation. Diese Gegenkraft ist an den Polen gleich Null und nimmt in dem Maße zu, wie man sich dem Äquator nähert. Dort erreicht sie ihr Maximum. Die Zentrifugalkraft bewirkt also eine *äquatoriale Ausbuchtung*. Deshalb ist der »waagrechte« Erddurchmesser auf Höhe des Äquators etwas größer als der »senkrechte« von einem Pol zum anderen.
Jupiter und Saturn sind viel größer als die Erde, drehen sich viel schneller und bestehen aus leichterem Material. Ihre äquatorialen Ausbuchtungen sind daher so ausgeprägt, daß ihre Umrisse deutlich wie Ellipsen und nicht wie Kreise aussehen. Auch der Umriß der Erde, von Pol zu Pol gezeichnet, wäre leicht elliptisch, allerdings mit bloßem Auge kaum erkennbar. Im Unterschied zu Sonne und Mond, die nahezu perfekte Sphäroide sind, war die Erde nach Newtons Überlegungen ein *abgeplattetes Rotationsellipsoid* (was natürlich noch durch richtige Messungen bestätigt werden mußte).

Nachtrag

Das Osmanische Reich und Venedig lagen wieder einmal im Krieg miteinander, und den Venezianern gelang es tatsächlich, vorübergehend Südgriechenland und Athen in ihre Hand zu bekommen. Die Türken waren so rücksichtslos, Schießpulver im Parthenon zu lagern, einem Tempel der Athena Parthenos aus der Zeit des Perikles, dem Goldenen Zeitalter des griechischen Altertums. Und die Venezianer waren so rücksichtslos, die Athener Akropolis unter Beschuß zu nehmen. Eine Kanonenkugel traf das Pulvermagazin. Das Pulver ging in die Luft und mit ihm der Parthenon.

1688

Scheibenglas

Jahrhundertelang war klares Glas Luxus gewesen. Nach und nach jedoch wurde die Kunst des Glaspressens oder -gießens entwikkelt, das heißt die Methode, Scheiben anders als durch Blasen herzustellen. Zuerst waren sie recht klein, aber schon 1688 wurden in Frankreich Scheiben hergestellt, die groß genug für Spiegel und Kutschenfenster waren. Glas wurde immer billiger und war fast universell im Gebrauch. Nun war es möglich, das Tageslicht in einen Raum zu lassen, Wind und Regen aber draußen zu halten.

Nachtrag

Am 10. Juni 1688 gebar Maria von Modena (1658–1718), die Frau des englischen Königs Jakob II., einen Sohn. Die Engländer hatten Jakob seit seiner Inthronisation drei Jahre zuvor mehr oder weniger unwillig erduldet und auf seine Ablösung durch seine protestantische Tochter Maria (1662–1694) gewartet. Nun war aber sein katholischer Sohn Erbe, und es war klar, daß sich die Engländer mit einer katholischen Dynastie nicht abfinden würden. Maria rief ihren Ehemann Wilhelm von Oranien zu Hilfe. Er landete am 5. November in England. Jakob II., von allen im Stich gelassen, floh am 23. Dezember nach Frankreich. Da der Putsch ohne nennenswertes Blutvergießen über die Bühne ging, wurde er die »Glorreiche Revolution« genannt – im Gegensatz zu dem Bürgerkrieg, der die Herrschaft von Jakobs Vater, Karl, beendet hatte.

1691

Zoologische Klassifikation

Ray, der schon Tausende von Pflanzenarten klassifiziert hatte (siehe 1686), machte sich nun an die Klassifikation der Tiere. Er unterteilte sie systematisch nach ihren Hufen, Zehen und Zähnen – ein System, das sich in mancherlei Hinsicht bis heute gehalten hat. Seine nüchternen, sachlichen Beschreibungen traten an die Stelle der phantasiereichen Prosa des Römers Plinius.

Nachtrag

Im Jahr 1689 machte sich Wilhelm von Oranien zum englischen König Wilhelm III. und regierte gemeinsam mit seiner Frau, Maria II. Sein höchstes Lebensziel war, Ludwig XIV. zu schlagen, und er hatte keine Skrupel, zu diesem Zweck die englische Nation einzuspannen. Was Ludwig XIV. anging, so unterstützte er Jakob II. und war nur zu gerne bereit, gegen England zu kämpfen. Das Ergebnis war, daß zwischen England und Frankreich 1689 eine Reihe von kriegerischen Auseinandersetzungen begann, die sich rund 125 Jahre lang hinziehen und auch auf Amerika übergreifen sollten. In gewisser Weise war es eine Neuauflage des Hundertjährigen Kriegs.

In Rußland übernahm Peter I. nun selbst die Regierungsgeschäfte. Er hatte sich seit jeher für Schiffbau und Technik interessiert und war entschlossen, Rußland zu modernisieren. Unterdessen erreichten russische Entdecker im Fernen Osten den Fluß Amur, der teilweise die Nordgrenze der Mandschurei markierte, und kamen in Kontakt mit chinesischen Truppen. Im Vertrag von Nertschinsk verpflichtete sich Rußland, den unteren Amur den Chinesen zu überlassen.

In Indien gründete die Ostindische Kompanie 1690 die Stadt Kalkutta.

1693

Rechenmaschinen

Leibniz (vgl. 1669, Infinitesimalrechnung) erfand 1693 eine Rechenmaschine, die der von Pascal (vgl. 1642) überlegen war. Pascals Maschine konnte nur addieren und subtrahieren, aber die Leibnizsche konnte multiplizieren und dividieren, indem sie Additionen bzw. Subtraktionen automatisch wiederholte.

Die neue Maschine zeigte noch viel deutlicher als ihre Vorgängerin, daß arithmetische Verfahren einfachen Regeln und Wiederholungen unterworfen waren und keinesfalls die kreative Phantasie oder die Urteilskraft des menschlichen Gehirns erforderten.

Sterblichkeitstabellen

Der Tod ist unvermeidlich, und die Menschen müssen lernen, sich mit ihm abzufinden. Bis 1693 kam niemand auf den Gedanken, diese allgemeine und düstere Tatsache statistisch auszuwerten. Dann aber fertigte Halley (vgl. 1678) die ersten Sterblichkeitstabellen an und bezog darin Sterblichkeitsrate und Alter aufeinander. Es mag banal klingen, daß die Wahrscheinlichkeit zu sterben mit dem Alter zunimmt, doch es ist immer besser, etwas durch Beobachtung in Erfahrung zu bringen, als lediglich Vermutungen anzustellen (und seien sie noch so vernünftig). Außerdem können detaillierte Sterblichkeitstabellen Todesursachen aufzeigen, die nichts mit dem Alter zu tun haben.

Nachtrag

In Schottland fand im Jahr 1692 das berühmte *Massaker von Glencoe* statt. Der MacDonald-Clan hatte Wilhelm III. die Treue geschworen, aber diese Neuigkeit wurde absichtlich unterdrückt. Daraufhin nahm ein Trupp Soldaten die Gastfreundschaft der MacDonalds in Anspruch, überraschte sie nachts im Schlaf und ermordete sechsunddreißig Angehörige des Clans.

1698

Dampf-Vakuum-Pumpe

Holz war knapp in England. Deshalb verlegte man sich zunehmend auf Kohle. Doch in England herrschte ein feuchtes Klima. Bei Regen füllten sich oft die Kohlegruben mit Wasser und mußten dann unter großem Aufwand an menschlicher und tierischer Arbeitskraft wieder leergepumpt werden.

Der englische Ingenieur Thomas Savery (1650?–1715) kannte die Kraft des Vakuums, die Guericke (vgl. 1645) demonstriert hatte. Er kam auf die Idee, ein Vakuum herzustellen, indem er ein Gefäß mit heißem Dampf füllte und dann abkühlen ließ, so daß der Dampf kondensierte. Dabei entstand Unterdruck. Verband er dieses Gefäß mit einem Rohr, das bis auf den Boden der Kohlegrube reichte, wurde das Wasser durch die Saugwirkung etwa zehn Meter weit nach oben befördert (vgl. 1643). Weiterer Dampf wurde in das Gefäß geleitet und blies das Wasser hinaus – und wenn er abgekühlt war, wurde die nächste Ladung Wasser angesaugt.

Savery baute solche Pumpen im Jahr 1698 und nannte sie *Miner's Friend*. Ein paar kamen sogar zum Einsatz. Sie arbeiteten allerdings mit Hochdruckdampf, und die damalige Technik erlaubte noch keinen sicheren Umgang mit solchem Dampf. Außerdem war für Dampferzeugung viel Brennstoff erforderlich. Ein Großteil der Kohle, die mit Hilfe der Pumpe gewonnen wurde, mußte für deren Betrieb verfeuert werden.

Trotzdem regte Saverys Pumpe andere dazu an, über die Nutzung der Dampfkraft nachzudenken, und das sollte weitreichende Folgen haben.

Wissenschaftliche Reisen

Reisen, die der Erforschung oder Besiedlung neuer Weltgegenden oder einfach nur dem Austausch von Waren dienen, können als Nebeneffekt auch wissenschaftliche Erkenntnisse mit sich bringen. So war es bei der ersten Reise des Kolumbus, als er die magnetische Deklination (vgl. 1495) beobachtete, oder auch bei der Weltumsegelung Magellans, als die Magellanschen Wolken entdeckt wurden. Im Jahr 1698 wurde jedoch zum ersten Mal eine Seereise unternommen, die ausschließlich dem Zweck wissenschaftlicher Forschung diente.

Das Schiff hieß *Paramount Pink* und stand unter dem Befehl Halleys (vgl. 1678). Halley blieb zwei Jahre lang auf See, maß die magnetische Deklination an vielen Stellen der Erde und fertigte die erste Weltkarte an, auf der die kurvenreichen Verbindungslinien zwischen Orten gleicher Deklination, die sogenannten Isogonen, eingezeichnet waren. Ferner versuchte er, die genauen Längen- und Breitengrade der verschiedenen Häfen zu bestimmen, die das Schiff anlief.

Nachtrag

Die Bank von England wurde am 27. Juli 1694 mit königlichen Privilegien ausgestattet. Nun konnte der englische Staat systematisch Geld aufnehmen und Staatsschulden machen, anstatt die Gelder, die er jeweils brauchte, mit Gewalt der Bevölkerung abzupressen. Und das wiederum bedeutete, daß England andere Nationen unterstützen oder Kriege führen konnte, ohne ökonomisch dafür bluten zu müssen. Frankreich dagegen, eine größere und reichere Nation, stand ständig am Rand des Bankrotts.
Im Jahr 1696 schlug Rußland die Türken und drang bis ans Asowsche Meer vor. Im selben Jahr besetzte Rußland im Fernen Osten die Halbinsel Kamtschatka nördlich von Japan.
Im Jahr darauf reiste Zar Peter I. inkognito durch Europa (freilich wußte jeder, wer er war), um aus erster Hand die neueste Technik kennenzulernen.
Im selben Jahr starb der schwedische König Karl XI. (1655–1697). Der Werdegang seines 14jährigen Sohnes und Nachfolgers Karl XII. (1682–1718) sollte später eng mit dem von Peter I. verknüpft sein.
Der französische König Ludwig XIV. mußte nach achtjährigem Krieg Wilhelm III. als englischen König anerkennen.

1699

Gasvolumen und Temperatur

Der französische Physiker Guillaume Amontons (1663–1705) ersann ein neues Luftthermometer. Im Gegensatz zu Galilei (vgl. 1592) benutzte er zur Messung der Temperatur nicht mehr das Volumen, sondern den Luftdruck als Anzeiger. Mit Hilfe seines Thermometers wies Amontons nach, daß eine bestimmte Flüssigkeit wie etwa Wasser stets bei derselben Temperatur siedete. Dadurch war es möglich, den Siedepunkt des Wassers als Standardbezugspunkt zu wählen.
Ferner bestimmte Amontons das Volumen einer bestimmten Gasmenge bei verschiedenen Temperaturen und wies 1699 nach, daß sich das Volumen mit steigender Temperatur gleichmäßig vergrößerte und mit fallender Temperatur gleichmäßig verkleinerte. Und viel wichtiger noch: Er wies nach, daß diese Volumensänderung bei jedem Gas, das er untersuchte, dieselbe war. Er hatte eine Eigenschaft aller Gase entdeckt.

Nachtrag

Der österreichisch-türkische Krieg, der mit der Belagerung Wiens begonnen hatte, endete mit einer totalen Niederlage der Türken. Das Osmanische Reich mußte auf ganz Ungarn verzichten, das nun unter die Herrschaft Österreichs kam. Die Türken sollten Mitteleuropa nie wieder bedrohen.
Jamestown in Virginia wurde durch ein Feuer zerstört, nachdem es 90 Jahre lang bestanden hatte. Es wurde nie wieder aufgebaut. Das sechs Meilen nördlich gelegene Williamsburg wurde Hauptstadt.
Rußland, Polen, Dänemark und Sachsen trafen ein Geheimabkommen über die Aufteilung des schwedischen Territoriums, da das Land nun von einem Knaben regiert wurde. Zu ihrem Unglück ahnten sie nicht, was in dem jungen schwedischen König Karl XII. steckte. Wie sich noch herausstellen sollte, kam er von allen modernen Feldherren Alexander dem Großen am nächsten.

1700

Das Binärsystem

Unser System der Stellenwert-Schreibweise von Zahlen fußt auf der Basiszahl 10 – zweifellos deshalb, weil wir an unseren zwei Händen zehn Finger haben. Die Zahl 10 hat allerdings überhaupt nichts besonderes an sich. Anstatt die Stellenwerte in Zehnerschritten zu schreiben, also Einer, Zehner, Hunderter (10 Zehner), Tausender (10 mal 10 Zehner) usw. könnte man auch Achterschritte benutzen: Einer, Achter, Vierundsechziger (8 Achter), Fünfhundertzwölfer (8 mal 8 Achter) usw. Oder Siebzehnerschritte: Einer, Siebzehner, Zweihundertneunundachtziger (17 Siebzehner), Viertausendneunhundertdreizehner (17 mal 17 Siebzehner) usw. Kurzum, man könnte jede beliebige Zahl nehmen.

Darauf wies Leibniz (vgl. 1669, Infinitesimalrechnung) um 1700 hin. Manche Basiszahlen für Stellenwert-Schreibweisen sind natürlich praktischer zu handhaben als andere. Die Basiszahlen 12 und 8 haben einige Vorteile gegenüber 10. Leibniz wies ferner darauf hin, daß auch das *Binärsystem*, das auf der Basiszahl 2 fußt, sinnvoll sein kann. Seine Stellenwerte sind Einer, Zweier, Vierer, Achter, Sechzehner usw. Die einzigen Symbole, die man dazu benötigt, sind 1 und 0. Das Binärsystem ist besonders bei modernen Computern außerordentlich nützlich.

Nachtrag

Schweden wurde von seinen Nachbarländern angegriffen. Daraus entwickelte sich der *Nordische Krieg,* in dem der 18jährige Karl XII. zeigte, aus welchem Holz er geschnitzt war. Gleich zu Beginn des Krieges überraschte er die Dänen und schaltete sie mit einem Schlag aus. Dann wandte er sich nach Osten und vernichtete eine russische Armee, die achtmal so groß war wie seine eigene. Karl überschätzte jedoch den Wert seines schnellen Sieges über Rußland und vergeudete Jahre damit, in Polen Siege zu erringen. Unterdessen schmiedete der wütende Zar Peter I. seine Russen erbarmungslos zu einer Nation zusammen, die Schweden gewachsen war.

In Spanien starb inzwischen Karl, ohne Erben zu hinterlassen. Der französische König Ludwig XIV. war jedoch mit Maria Theresia (1638–1683), der Halbschwester Karls, verheiratet gewesen. Ihr Enkelsohn, ohne direkte Ansprüche auf den französischen Thron, konnte durchaus als der nächste Verwandte Karls betrachtet werden. Karl war vor seinem Tod dazu überredet worden, das Königreich testamentarisch diesem jungen Mann zu vermachen: Philipp (1683–1746). Ludwig XIV. versprach zwar, daß die beiden Monarchien Frankreich und Spanien niemals unter demselben König vereint sein würden, aber eine Zeitlang sah es so aus, als habe Frankreich schon den Zenit seiner Macht erreicht, wenn man bedenkt, daß es ausgedehnte Besitztümer in Übersee besaß und der spanische König eine Marionette Ludwigs war. Nur finanziell saß Frankreich auf dem trockenen. Weder Österreich noch der englische König Wilhelm III. (der seit dem Tod von Maria II. im Jahr 1694 allein regierte) waren jedenfalls bereit, einen weiteren Machtzuwachs Ludwigs XIV. zuzulassen. Frankreich stand vor dem Krieg.

London hatte die Pest und das große Feuer überstanden und war um 1700 mit ungefähr 550 000 Einwohnern die größte Stadt Europas. In den englischen Kolonien in Nordamerika lebten insgesamt ungefähr 262 000 Menschen. Die größten Städte dort waren Boston und Philadelphia mit jeweils rund 12 000 Einwohnern.

1705

Kometenbahnen

Seit über hundert Jahren hatten die Astronomen versucht, die Bahnen von Kometen zu bestimmen. Alle waren sich darin einig, daß sie mit den Planetenbahnen nichts gemein hatten. Die einen waren überzeugt, daß die Kometen in einer geraden Linie durch das Sonnensystem zogen. Nach der Meinung der

anderen kamen sie aus der Tiefe des Weltalls, beschrieben Parabeln um die Sonne und verschwanden dann wieder, und zwar für immer. Nach der Veröffentlichung von Newtons *Principia* (vgl. 1687) hielten es jedoch viele für wahrscheinlich, daß Kometen wie die Planeten den Gravitationsgesetzen unterworfen waren.
Um das zu beweisen, begann Halley (vgl. 1678), Daten über Kometen zu sammeln. Als er schließlich die Bewegungen von zwei Dutzend Kometen notiert hatte, fiel ihm auf, daß die Bahn des Kometen von 1682 (den er selbst beobachtet hatte) mit den Bahnen der Kometen von 1607, 1531 und 1456 große Ähnlichkeit hatte. Alle vier waren im Abstand von 75 oder 76 Jahren erschienen. Halley überlegte: Ob es sich vielleicht um ein und denselben Kometen handelte, der regelmäßig wiederkehrte?
Wenn das so stimmte, dann mußte der Komet eine elliptische Bahn beschreiben wie die Erde. Nur wäre seine Ellipse extrem langgestreckt. An einem Ende mußte sich der Komet stark der Sonne annähern, am anderen Ende weit hinter den Saturn zurückziehen, den entferntesten Planeten nach damaligem Wissensstand.
Halley sagte in einem 1705 geschriebenen Buch voraus, daß der Komet etwa 1758 wiederkehren und den Himmel auf derselben Bahn durchmessen würde wie 1682. Er sei sich allerdings darüber im klaren, schrieb er, daß die Gravitation der Planeten die Bahn des Kometen und den Zeitpunkt seines Erscheinens ein wenig beeinflussen könne.
Damals wurde Halleys Voraussage nicht ernst genommen, aber sie verstärkte das Interesse an den Kometen.

Die Ernährung der Pflanzen

Der englische Physiologe Stephen Hales (1677–1761) fing im Jahr 1705 an, mit Pflanzen zu experimentieren. Seine wichtigste These war, daß auch Luft zur Ernährung der Pflanzen beitrage. Damit korrigierte er Helmonts Auffassung (vgl. 1624), daß nur Wasser dabei eine Rolle spiele.
Hales war der erste, der Gase sammelte, indem er sie in Blasen durch Wasser aufsteigen ließ und dann in umgekehrten Gefäßen auffing.

Nachtrag

England, die Vereinigten Niederlande und Österreich bildeten eine Allianz und erklärten Frankreich den Krieg, um den französischen Prinzen Philipp zum Verzicht auf den spanischen Thron zu zwingen. Damit begann der *Spanische Erbfolgekrieg*. Wilhelm III. starb am 8. März 1702, doch seine Schwägerin und Nachfolgerin Anne (1665–1714) war ebenfalls Protestantin und führte den Krieg weiter. (Auch auf dem nordamerikanischen Kontinent bedeutete dies Krieg zwischen England und Frankreich.) Der Oberbefehlshaber der alliierten Truppen war John Churchill, der Herzog von Marlborough. Er war ein erstklassiger General und besiegte die bisher ungeschlagenen Franzosen in der Schlacht von Höchstädt a. d. Donau am 13. August 1704.
Karl XII. von Schweden gewann im Nordischen Krieg weiterhin alle Schlachten gegen Polen. Zar Peter I. hatte freilich nicht die Absicht aufzugeben. Mit eiserner Faust ließ er 1702 auf ehemals schwedischem Gebiet die Stadt St. Petersburg erbauen. Sie sollte sein »Fenster zum Westen« werden. Er verließ Moskau und machte die neue Stadt zur Hauptstadt Rußlands. Sie blieb es weit über zweihundert Jahre lang.

1706

Gefederte Kutschen

Alle Transportmittel, von der Sänfte bis zur Kutsche, waren den Unebenheiten der Straßen ausgesetzt. Jeder Buckel, jede Furche rüttelte die Passagiere durch. Erst 1706 wurden in Kutschen Federn eingebaut, die die Erschütterungen teilweise auffingen. Daß die Kutschen nun stärker schaukelten als zuvor, hatte wohl auch seine unangenehmen Seiten, war aber sicher den harten Stößen vorzuziehen, die man in den ungefederten Kutschen hatte aushalten müssen. Dank immer wirkungsvollerer Federn und, nicht minder wichtig, glatterer Straßen hatte der Überlandreisende immer seltener das Gefühl, er sei in eine Art Vorhölle geraten.

Statische Elektrizität

Guericke hatte mit seiner Schwefelkugel (vgl. 1660) nur relativ wenig statische Elektrizität erzeugt. Doch im Jahr 1706 konstruierte der englische Physiker Francis Hauksbee (1666–1713) eine kurbelgetriebene Glaskugel, die sich durch Reibung stärker elektrisch aufladen ließ als Schwefel. Mit dieser Erfindung regte Hauksbee zu vielen weiteren Experimenten mit statischer Elektrizität an.

1707

Pulsmeßuhr

Seit der Entwicklung der Pendeluhr durch Huygens (vgl. 1656) und der Unruhfeder durch Hooke konnten Uhren die Zeit praktisch auf die Minute genau messen. Gegen Ende des 17. Jahrhunderts wurden Minutenzeiger in die Uhren eingebaut, aber Sekundenzeiger gab es noch nicht.

Dann, im Jahr 1707, erfand der englische Arzt John Floyer (1649–1734) eine *Pulsmeßuhr,* die nach dem Aufziehen genau eine Minute lang lief. Mit ihr konnte man die Herzschläge pro Minute messen. Sie war das erste Präzisionsinstrument in der medizinischen Praxis.

Nachtrag

England und Schottland hatten seit hundert Jahren denselben Monarchen, aber theoretisch waren sie immer noch separate Staaten mit separaten Parlamenten. Am 1. Mai 1707 endlich schlossen sich beide zum Vereinigten Königreich von Großbritannien zusammen. Von da an spricht man deshalb von Großbritannien statt von England oder Schottland, von den Briten statt von Engländern und Schotten.

Der Mogulenherrscher Alamgir starb am 3. März 1707. Nach seinem Tod zerfiel Indien in mehrere Teile, die einander befehdeten. Damit war für Großbritannien und andere europäische Mächte der Weg frei, sich das Territorium und den Reichtum Indiens anzueignen.

1709

Koks und Eisen

Seit den Anfängen der Verhüttung, mehr als 3 000 Jahre zuvor (vgl. 1 000 v. Chr.), hatte man für die Gewinnung von Eisen aus Eisenerz stets Holzkohle verbrennen müssen, um die erforderlichen hohen Temperaturen zu erzielen. In England freilich war der Preis für Holzkohle wegen der schrumpfenden Wälder ins Unermeßliche gestiegen. Zwar konnte Koks seit mehr als einem halben Jahrhundert hergestellt werden (vgl. 1640), aber seine Verwendung bei der Eisenverhüttung war noch unbekannt.

Dem britischen Eisenmeister Abraham Darby (1678–1717) gelang es 1709 zum ersten Mal, bei der Eisenverhüttung Koks einzusetzen. Er stellte fest, daß Koks fester als Holzkohle war und eine größere Ladung Eisenerz tragen konnte. Koks ermöglichte eine Beschleunigung der Eisenproduktion. Ein größerer Hochofen bedeutete mehr Zug und ein größe-

res Feuer und damit eine weitere Verbesserung der Eisengewinnung.
Kurzum: In Großbritannien wurde nun das beste und das meiste Eisen der Welt produziert, und da aus Eisen dank seiner Härte und seinem niedrigen Preis Maschinen aller Art hergestellt werden können, war in Großbritannien damit die Voraussetzung für eine Entwicklung geschaffen, die später unter dem Namen *Industrielle Revolution* in die Geschichte einging.

Nachtrag

Der Gewaltmarsch von Karl XII. nach Rußland im Jahr 1708 kam zu spät. Peter I. war schlachterfahren und befehligte ein schlagkräftiges Heer. Am 8. Juli 1709 fügte er den Schweden bei Poltawa eine vernichtende Niederlage zu und wurde von nun an »Peter der Große« genannt. Karl XII. mußte verwundet mit ein paar Mann nach Süden in die Türkei fliehen. Sein Ruf als neuer Alexander war für immer zerstört. Rußland dagegen war zur Großmacht aufgestiegen.
Im Spanischen Erbfolgekrieg setzte Marlborough seine Siegesserie fort. Am 11. Juli 1708 schlug er die Franzosen bei Oudenaarde und am 11. September 1709 bei Malplaquet. Frankreich stand kurz davor, den Krieg zu verlieren, aber die Schlachten waren zunehmend blutiger, und viele Briten verachteten Marlborough als »Schlächter«.

1710

Büchsen (Gewehre mit gezogenem Lauf)

Wenn der Lauf eines Gewehrs gezogen, das heißt mit spiralförmig verlaufenden Rillen versehen ist, wird das Geschoß beim Abschuß in eine Drehbewegung um die eigene Achse versetzt. Ein solches Geschoß fliegt mit größerer Präzision in sein Ziel. Deshalb versuchten Gewehrbauer schon früh, Läufe zu ziehen, aber gezogene Läufe erfordern eine größere Kraft zum Beschleunigen des Geschosses, und das wiederum stellt höhere Anforderungen an die Qualität der Gewehre, ganz zu schweigen davon, daß das Nachladen erschwert wird. Alles in allem schienen die glatten Läufe der Musketen doch mehr Vorteile zu bieten.
Um 1700 wurde jedoch von deutschen Einwanderern in Pennsylvania die *Pennsylvania-Büchse* entwickelt.
Das Nachladen dauerte bei diesem Gewehr zwar doppelt so lange wie bei der Muskete, aber seine Reichweite war zwei- bis dreimal so groß und seine Treffgenauigkeit weitaus höher. Soldaten, die mit Musketen kämpften, mußten eine Schlachtreihe bilden und alle gleichzeitig auf den Feind feuern. Da war eine gewisse Wahrscheinlichkeit gegeben, daß wenigstens ein paar Kugeln ihr Ziel erreichten. Wenn der Gegner allerdings Büchsen hatte, konnte er das Feuer auf die Musketiere eröffnen, bevor er überhaupt in ihre Schußweite kam.

Nachtrag

In Großbritannien wurden die Whigs, die den Spanischen Erbfolgekrieg und Marlborough unterstützt hatten, abgewählt. Gewählt wurden statt dessen die Tories, erklärte Gegner Marlboroughs. Dies war der erste friedliche und geordnete Regierungswechsel in Großbritannien, und seitdem haben die Regierungen in diesem Land einander immer friedlich abgelöst.

1712

Newcomensche Kolbendampfmaschine

Da Koks nun zur Eisenverhüttung verwendet wurde (vgl. 1709), stieg die Nachfrage nach Kohle, aus der Koks gewonnen wurde. Parallel dazu wuchs der Bedarf nach einem Gerät, mit dem man das Wasser aus den Kohlegruben pumpen konnten. Saverys Dampf-Vakuum-Pumpe (Miner's Friend, vgl. 1698) war zu ineffizient und zu gefährlich.
Im Jahr 1712 erfand der englischen Ingenieur Thomas Newcomen (1663–1729) eine neue Art von Dampfmaschine. Sie funktionierte nicht nach dem Prinzip, Wasser durch Unterdruck anzusaugen und es dann mit Hochdruckdampf hinauszublasen. Newcomens Maschine kam mit gewöhnlichem Niederdruckdampf aus. Das hieß, daß die Kolben, die der Dampf antrieb, nicht so genau passen mußten wie bei der Verwendung von Hochdruckdampf. Die Maschine war also weniger gefährlich.
Newcomens Maschinen wurden in großer Zahl eingesetzt, waren aber immer noch furchtbar ineffizient. Sie hatten einen hohen Kohlebedarf. Die erzeugte Hitze wurde dafür benötigt, das Wasser im Kessel zum Verdampfen zu bringen und mit dem Dampf im Zylindergefäß den Kolben hochzudrücken. Da der Zylinder zunächst möglichst heiß sein und dann möglichst schnell wieder abkühlen sollte, das Zylindergefäß also zugleich als Dampfaufnehmer und Kondensator diente, waren die Wärmeverluste natürlich beträchtlich.

Nachtrag

Die britische Tory-Regierung enthob den ungeliebten Marlborough 1711 seines Amtes. Sofort fing das britische Heer an, Schlachten zu verlieren. Ludwig XIV. war gerettet, und der Krieg näherte sich seinem Ende.
Peter der Große, durch seinen Sieg bei Poltawa etwas übermütig geworden, griff die Türken an, ließ sich aber umzingeln und mußte am 21. Juli 1711 einen für ihn ungünstigen Friedensvertrag unterzeichnen.
Im gleichen Jahr wurde der unabhängige Staat Afghanistan gegründet.

1713

Pockenimpfung

Die Pocken waren die Geißel der Zeit. Die Pest, die in der zweiten Hälfte des 14. Jahrhunderts eine so große Gefahr dargestellt hatte (vgl. 1346), forderte zwar immer noch Opfer, flackerte aber nur noch sporadisch und an begrenzten Orten auf. Sie wurde nie mehr zu der universellen Gefahr von einst – vielleicht hatten die Menschen stärkere Abwehrkräfte gegen sie entwickelt. Die Pocken hingegen breiteten sich aus, und der Schrekken, den sie verbreiteten, hatte seinen Grund nicht nur darin, daß sie in vielen Fällen zum Tode führten, sondern auch darin, daß sie die Überlebenden entstellten. Die großen, runzeligen Narben, die sie hinterließen, verwandelten Gesichter in häßliche Fratzen.
Wer die Pocken jedoch überlebte, war gegen eine zweite Ansteckung gefeit. Jeder Mensch konnte sie nur einmal bekommen. Mehr noch: Auch leichte Fälle von Pockenerkrankungen, die nicht tödlich verliefen und nur wenig entstellten, immunisierten den Patienten genauso wirksam gegen eine zweite Erkrankung wie schwere Fälle. Also war eine leichte Pockenerkrankung besser als gar keine.
Die Folge: Manche Menschen, in deren Umgebung es einen leichten Pockenfall gab, gingen absichtlich in die Nähe des Kranken, in der Hoffnung, sich ebenfalls nur mit einer leichten Form anzustecken.
Im Jahr 1713 berichtete die englische Dichte-

rin Lady Mary Wortley Montagu (1689–1762), die Frau des britischen Botschafters in der Türkei, daß man die Menschen in der Türkei regelrecht mit Eiter aus den Pusteln von Patienten mit leichten Pockenerkrankungen impfe. Damit wollte man gewährleisten, daß die Geimpften sich auch tatsächlich ansteckten. Das einzige Problem dabei war, daß man nie sicher sein konnte, daß eine leichte Erkrankung beim einen auch eine leichte Erkrankung beim anderen nach sich zog. Manchmal verlief die Krankheit bei den Geimpften sogar tödlich. Es war wie Russisches Roulett.

Die Furcht vor den Pocken war allerdings so groß, daß sich rund achtzig Jahre lang viele Menschen dieser Impfung unterzogen (sie hieß auch *Variolation,* nach *Variola,* dem medizinischen Ausdruck für Pocken).

Nachtrag

Zu Beginn der Neuzeit war Brandenburg eine Provinz im Nordosten Deutschlands, die nicht sonderlich von sich reden machte. Johann Sigismund (1572–1619), seit 1608 Kurfürst von Brandenburg, übernahm das Herzogtum Preußen, das außerhalb des Heiligen Römischen Reiches lag und zu Polen gehört hatte. Im Jahr 1701 ließ sich Kurfürst Friedrich von Brandenburg als Friedrich I. zum »König in Preußen« krönen. Sein Sohn und Nachfolger Friedrich Wilhelm I. (1688–1740) wurde 1713 preußischer König und unterzog das Land einer durchgreifenden Militarisierung.

Der spanische Erbfolgekrieg endete am 11. April 1713 mit dem Frieden von Utrecht. Philipp blieb auf dem spanischen Thron, aber Frankreich war so angeschlagen, daß niemand befürchtete, es könnte sich mit Spanien vereinigen und Europa bedrohen. Großbritannien ging wirtschaftlich gestärkt aus dem Krieg hervor, Frankreich und Spanien waren geschwächt.

1714

Quecksilberthermometer

Die Thermometer Galileis (vgl. 1592) und Amontons' (vgl. 1699) waren offen und deshalb auf die eine oder andere Weise vom Luftdruck beeinflußt, was ihre Genauigkeit beeinträchtigte. Das erste oben und unten verschlossene Thermometer wurde von Ferdinand de Medici, dem Großherzog der Toskana (1610–1670), im Jahr 1654 erfunden.

Die ersten versiegelten Thermometer enthielten Wasser oder Alkohol oder eine Mischung aus beidem, aber diese Flüssigkeiten entwikkelten Dämpfe, die Druckwirkungen erzeugten. Hinzu kam, daß Wasser sein Volumen nicht so gleichmäßig mit der Temperatur veränderte, wie es für ein Präzisionsinstrument nötig gewesen wäre, und Alkohol einen zu niedrigen Siedepunkt hatte.

Der deutsche Physiker Daniel Gabriel Fahrenheit (1686–1736) arbeitete zuerst mit Alkoholthermometern, aber im Jahr 1714 gelang ihm mit Quecksilber der entscheidende Durchbruch. Quecksilber bleibt zwischen recht niedrigen und recht hohen Temperaturen flüssig, entwickelt sehr wenig Dampf und dehnt sich bei steigender Temperatur so gleichmäßig aus, wie es sich bei fallender wieder zusammenzieht. Es ist die ideale Flüssigkeit für Thermometer und wird zu diesem Zweck gewöhnlich auch heute noch verwendet.

Fahrenheit gelang noch ein Fortschritt: Er notierte die Höhe der Quecksilbersäule in einer Kältemischung aus Eis, Wasser und Salmiak und nannte sie 0 Grad (die niedrigste Temperatur, die er erzeugen konnte). Die Temperatur des Eispunktes legte er auf 32 Grad fest, folglich lag der Dampfpunkt bei 212 Grad. Fertig war die *Fahrenheit-Skala,* die heute noch in den USA zum Messen der Temperatur verwendet wird.

Fahrenheits Thermometer war das erste, das für wissenschaftliche Zwecke präzise genug war.

Nachtrag

Die britische Königin Anne starb am 1. August 1714. Sie war die letzte Monarchin aus dem Hause Stuart. Annes nächster protestantischer Verwandter war Georg (1660–1727), der Kurfürst von Hannover. Er landete am 18. September 1714 in England und trat als Georg I. die Thronfolge an. Mit ihm begann die Personalunion von Großbritannien und Hannover.
Damit war jedoch nicht alle Welt einverstanden. Immer noch lebte ein Sohn von Jakob II. und Maria von Modena. Er hieß Jakob Franz Eduard Stuart (1688–1766). Seit dem Tod seines Vaters 1701 nannte er sich *Jakob III.* In Großbritannien war er allgemein als der Alte Prätendent bekannt. Der Name rührte von seinem Sohn Karl Eduard Stuart (1720–1788), den man den Jungen Prätendenten nannte. Beide Stuarts hatten Anhänger in Großbritannien.
Es war nicht leicht, sich für Georg I. zu begeistern. Er war ein glanzloser Monarch, der sich nur für Hannover interessierte. Er sprach kein Englisch und machte sich auch nicht Mühe, es zu lernen. Statt sich um die Regierungsgeschäfte zu kümmern, überließ er sie dem Leiter des Kabinetts. Dieses Verhalten führte schließlich zu der gegenwärtigen Regierungsform Großbritanniens, in der dem Monarchen nur repräsentative Funktionen zukommen.
Der Friede von Utrecht hatte eine weitere Konsequenz: Spanien erklärte sich bereit, seine Gebiete in Italien und den Niederlanden an Österreich abzutreten. Aus den Spanischen Niederlanden wurden nun, nach anderthalb Jahrhunderten, die Österreichischen Niederlande.

1715

Sonnenfinsternis

Am 22. April 1715 sollte eine totale Sonnenfinsternis mit Kernschatten über Großbritannien und Teilen Europas eintreten. Dreiundzwanzig Jahrhunderte war es nun her, daß Thales (vgl. 585 v. Chr.) eine Sonnenfinsternis vorhergesagt hatte, und die Astronomen waren sich einig, daß es sich um ein natürliches, harmloses und zugleich eindrucksvolles Phänomen handelte. Aber der Aberglaube stirbt nie aus, und um eine Panik zu verhindern, berechnete Halley (vgl. 1678) sorgfältig den Verlauf der Sonnenfinsternis und zeichnete ihn schon lange im voraus in Karten ein, damit jeder genau sehen konnte, wann sich die Sonne an seinem Wohnort verfinstern würde.
Außerdem sorgte Halley dafür, daß Wissenschaftler in ganz Europa die Sonnenfinsternis beobachteten und aufzeichneten. Es war die erste Sonnenfinsternis, die Astronomen sozusagen massenhaft mitverfolgten. Von nun an sollte das immer so sein.

Nachtrag

Am 1. September 1715 starb der französische »Sonnenkönig« Ludwig XIV. nach 72jähriger Herrschaft – der längsten in der gesamten neueren Geschichte. Wie Philipp hatte er die »ruhmreichste« Periode seines Landes erlebt. Da er aber zu viel versucht hatte, hinterließ er es schwächer, als er es übernommen hatte. Neuer König wurde sein fünfjähriger Urenkel, der als Ludwig XV. (1710–1774) den Thron bestieg.
Der Tod Ludwigs XIV. brachte französische Pläne durcheinander, in England eine Rebellion zu unterstützen und Jakob III., den Alten Prätendenten, zum König zu machen. Die Rebellion schlug fehl. (Die Parteigänger Jakobs wurden *Jakobiter* genannt.)

1718

Bewegung der Sterne

Schon die Sumerer hatten die Bewegung von Sonne, Mond und Planeten im Verhältnis zu den Sternen beschrieben. Seitdem hatte es als Haupteigenschaft dieser Sterne gegolten, daß sie sich relativ zueinander nicht bewegten. Sie wurden als *Fixsterne* bezeichnet – womit gemeint war, daß sie am Firmament befestigt (fixiert) seien – , während die verschiedenen Planeten die Erde unterhalb des Firmaments umkreisten.

Im Jahr 1718 jedoch bestimmte Halley (vgl. 1678) die Positionen der hellen Sterne Sirius, Prokyon und Arkturus und stellte fest, daß sie ihre Standorte seit der Antike deutlich verändert hatten. Sogar seit der Zeit Tycho Brahes (vgl. 1572) hatten sie ihre Position merklich verändert.

Es schien undenkbar, daß den Griechen bei ihren Aufzeichungen so grobe Fehler unterlaufen waren, und noch viel unwahrscheinlicher war es, daß Tycho sich so geirrt haben sollte. Deshalb gab es für Halley nur einen Schluß: Die Sterne waren nicht am Firmament befestigt, sondern bewegten sich. Es lag an ihrer riesigen Entfernung, daß ihre »Eigenbewegungen« nur über große Zeiträume hinweg beobachtbar waren.

Für Halley existierte das Firmament also nicht – jenes feste Himmelsgewölbe, dessen Existenz bislang von jedermann akzeptiert worden war und sogar von der Autorität der Bibel bestätigt wurde. Die Sterne waren gleichsam zu einer Art entfernter und weitverstreuter Bienenschwarm geworden, und jede Biene flog mit einer eigenen Geschwindigkeit in eine eigene Richtung.

Nachtrag

Am 11. Dezember 1718 fiel der Schwedenkönig Karl XII. während einer Schlacht in Norwegen durch einen Schuß in den Kopf (möglicherweise von einem seiner eigenen Soldaten abgefeuert). Mit Karls Tod ging der Nordische Krieg zu Ende.

1722

Osterinsel

Zweihundert Jahre nach Magellans Pazifiküberquerung (vgl. 1523) hatten die Europäer noch immer nicht alle Inseln entdeckt, mit denen der riesige Ozean übersät war. Im Jahr 1722 stieß der niederländische Seefahrer Jacob Roggeveen (1659–1729) auf eine kleine Insel. Sie war nur knapp 120 Quadratkilometer groß und eines der entlegensten Fleckchen Erde auf dem Globus. Die Entfernung bis zum nächsten Land, ebenfalls ein winziges Eiland, betrug 2 000 Kilometer. Da die Insel am Ostersonntag gesichtet wurde, gab ihr Roggeveen auf holländisch den Namen Passeisland. Wir kennen sie als Osterinsel.

Die Osterinsel war wahrscheinlich der entfernteste Punkt, den die Polynesier bei ihrer Besiedlung der pazifischen Inseln erreicht hatten. Besonders bekannt ist sie für 600 Steinstatuen, die es in dieser Art sonst nirgendwo gibt. Sie verliehen der Insel einen geheimnisvollen Ruf, den sie wahrscheinlich gar nicht verdient.

Auf derselben Reise entdeckte Roggeveen später auch die Samoa-Inseln.

Nachtrag

Investitionen in vermeintlich lukrative Übersee-Unternehmungen konnten sich als Fehlspekulationen entpuppen und in den Bankrott führen. Im Jahr 1720 platzte in Großbritannien der *Südsee-Schwindel* und in Frankreich der *Mississippi-Schwindel.* In beiden Fällen wurde eine große Zahl habgieriger

Investoren, die über Nacht hatten reich werden wollen, ruiniert.
Im Jahr 1721 schloß Rußland endlich Frieden mit Schweden und übernahm große Teile der Ostseeküste, die es fast zweihundert Jahre lang behalten sollte.
Robert Walpole (1676–1745) wurde 1721 englischer Premierminister und blieb es einundzwanzig Jahre lang. Da Georg I. ihm bereitwillig die Regierungsgeschäfte überließ, war er der erste britische Premierminister im modernen Sinne. Er bewahrte seinem Land den Frieden, förderte den Handel und überließ die amerikanischen Kolonien sich selbst. Die Folge: Die Kolonisten gewöhnten sich daran, ihre Angelegenheiten selbst in die Hand zu nehmen (sehr zum Ärger des Mutterlandes, wie sich ein halbes Jahrhundert später zeigen sollte).

1728

Schiffschronometer

Wenn man die Position eines Schiffes auf See bestimmen will, braucht man seine *Breite* und seine *Länge*. Die Breite (die Entfernung vom Äquator in nördlicher oder südlicher Richtung) ermittelt man wie folgt: Man bestimmt die Position der Sonne an ihrem höchsten Punkt oder die Position des Nordsterns und berechnet dann ihre Entfernung zum Zenit. Dagegen läßt sich die *Länge* (die Entfernung vom Heimathafen in östlicher oder westlicher Richtung) nur dann exakt bestimmen, wenn die genaue Zeit bekannt ist. Und das war damals ein Problem. Eine Pendeluhr konnte aus einleuchtenden Gründen auf dem schaukelnden Deck eines Schiffes nicht funktionieren, und die damaligen Taschenuhren waren nicht genau genug.
Im Jahr 1714 setzte die britische Regierung einen Preis von 20 000 Pfund für eine praktikable Methode aus, den Längengrad eines Schiffes zu bestimmen. Für damalige Verhältnisse war das eine riesige Summe, und doch war sie zweifellos angemessen, wenn man bedenkt, was eine Verbesserung der Navigationsfähigkeit für den Seehandel bedeutete: Kamen die Waren schneller ans Ziel, stiegen die Profite.
Der englische Instrumentenbauer John Harrison (1693–1776) begann 1728, eine Serie von fünf Uhren zu bauen, eine besser als die andere. Jede wurde so montiert, daß die Bewegungen eines Schiffes sich nicht negativ auswirken konnten. Harrison entwickelte ein Pendel aus verschiedenen Metallen, das bei jeder Temperatur die gleiche Länge behielt und denselben Rhythmus vorgab. Ferner baute er einen Mechanismus ein, der dafür sorgte, daß die Uhr beim Aufziehen weiterlief. Alle fünf Chronometer Harrisons erfüllten die Anforderungen des Preisausschreibens. Und mehr noch: Sie gingen auf See genauer als alle bis dahin bekannten Uhren an Land. Eines der Chronometer zeigte nach fünf Monaten auf See eine Abweichung von weniger als einer Minute.
Das britische Parlament legte in dieser Sache allerdings eine außerordentliche Knauserigkeit an den Tag. Jahrelang verzögerte es die Auszahlung des Preises. Erst 1773 erhielt Harrison die volle Summe.

Aberration des Lichts

Seit Kopernikus fast zweihundert Jahre zuvor sein Buch veröffentlicht hatte (vgl. 1543), beschäftigten sich die Astronomen mit der Parallaxe der Sterne (mit ihrer scheinbaren Verschiebung auf dem Hintergrund anderer Sterne). Wenn sich die Erde tatsächlich um die Sonne drehte, dann mußte die parallaktische Verschiebung bei den näheren Sternen weitaus stärker ausfallen als bei den entfernteren Sternen. Beobachtete man also einen nahen Stern zuerst von der einen Seite der Sonne und dann von der anderen Seite – dazwischen liegen rund 300 Millionen Kilometer –, dann mußte eigentlich eine Verschiebung wahrnehmbar sein. Doch das war nicht der Fall.

Die Anhänger von Kopernikus und Kepler hatten dafür folgende Erklärung: Selbst die nächsten Sterne seien zu weit entfernt und ihre Parallaxen infolgedessen so klein, daß sie nicht gemessen werden könnten. Aber die Fernrohre wurden laufend verbessert, und die Astronomen probierten es immer wieder.
Einer von ihnen war der Brite James Bradley (1693–1762). Er versuchte mit Hilfe eines 65 Meter langen Fernrohrs, kleine Positionsverschiebungen der Sterne im Lauf eines Jahres zu messen. Und tatsächlich entdeckte er Verschiebungen. Allerdings waren es keine parallaktischen Verschiebungen, denn aus seinen Messungen ging klar hervor, daß die Bewegung der Erde auf ihrer Umlaufbahn nicht die Ursache sein konnte.
Bradley suchte nach einer anderen Erklärung, und 1728 kam er zu einem Ergebnis: Die Verschiebung resultierte daraus, daß er das Fernrohr zum Ausgleich der Bewegung der Erde ein wenig neigen mußte, um das Licht aufzufangen. Wir nennen das heute Anpassung an die *Aberration des Lichts.* Das Phänomen ist vergleichbar mit der Tatsache, daß man den Regenschirm neigen muß, wenn man schnell durch einen Schauer geht, auch wenn die Tropfen senkrecht fallen. Der Winkel, um den das Fernrohr geneigt werden muß, hängt vom Verhältnis der Erdgeschwindigkeit zur Lichtgeschwindigkeit ab.
Bradley hatte also nicht die jährliche Parallaxe beobachtet, sondern eine neue Methode zur Berechnung der Lichtgeschwindigkeit entdeckt, denn die Erdgeschwindigkeit war bekannt und der Neigungswinkel des Fernrohrs auch. Ihm verdanken wir die erste Berechnung der Lichtgeschwindigkeit seit Rømer (vgl. 1675), und sein Wert war genauer. Er kam auf 283 000 Kilometer pro Sekunde und lag damit nur fünf Prozent unter dem tatsächlichen Wert.
Darüber hinaus war die Aberration des Lichts ein ebenso stichhaltiger Beweis dafür, daß die Erde sich bewegte, wie es die Beobachtung der jährlichen Parallaxe gewesen wäre.

Beringstraße

Als sich die Herrschaft von Peter I. dem Ende zuneigte, hatte Rußland ganz Sibirien in Besitz genommen. Allerdings war nach wie vor ungeklärt, ob es eine Landverbindung zwischen Sibirien und Nordamerika gab, und Peter beauftragte den dänischen Seefahrer Vitus Jonassen Bering, das Rätsel zu lösen.
Im Jahr 1725 durchquerte Bering Sibirien auf dem Landweg und stieß bis zur Halbinsel Kamtschatka vor, die er als erster kartographisch erfaßte. Von dort aus segelte er 1728 nach Norden und erreichte das Packeis des Nordpolarmeers, ohne Land zu sichten. Er war durch eine Meerenge gefahren, die heute als *Beringstraße* bekannt ist. Sie trennt Sibirien von Alaska. Das Meer südlich von ihr heißt Beringmeer.
Nun endlich, 236 Jahre nach Kolumbus (vgl. 1492), war endgültig der Beweis erbracht, daß Nordamerika nicht ein Teil Asiens war.

Zahnmedizin

Das erste Buch, das sich ausschließlich mit Zahnmedizin beschäftigte, erschien im Jahr 1728. Es hieß *Le chirurgien dentiste (Der Zahnchirurg)* und stammte aus der Feder des Franzosen Pierre Fauchard (1678–1761). Fauchard erörterte das Problem künstlicher Gebisse und Kronen und beschrieb, wie man kariöse Zähne von der Fäulnis befreite und mit Zinn, Blei oder Gold füllte. Fauchard gilt als der Vater der Zahnmedizin.

Nachtrag

Zar Peter I. starb am 28. Januar 1725. Seine Frau, eine ehemalige Bauernmagd, trat als Katharina I. (1684–1727) seine Nachfolge an. Der englische König Georg I. starb am 10. Juni 1727. Sein Sohn und Nachfolger regierte als Georg II. (1683–1760). Auch er war Deutscher und hatte kein Interesse an Großbritannien.

1729

Elektrische Leitfähigkeit

Das Interesse an statischer Elektrizität, das Hauksbees Reibungsmaschine (vgl. 1706) geweckt hatte, trug erste Früchte. Der Engländer Stephen Gray (1666–1736) machte folgende Beobachtung: Jedesmal, wenn er eine lange Glasröhre elektrisch auflud, luden sich auch die Korken an ihrem Ende auf, obwohl sie nicht berührt worden waren. Die Elektrizität, was immer das auch war, war offenbar in die Korken gewandert. Deshalb hielt Gray Elektrizität für eine Flüssigkeit.

Er experimentierte weiter und ließ die »elektrische Flüssigkeit« durch Bindfäden wandern, die bis zu 250 Meter lang waren. Mit der Zeit fand er heraus, daß die »Flüssigkeit« durch manche Stoffe leichter floß als durch andere, und teilte die Stoffe in *Leiter* und *Nichtleiter* ein. Nichtleiter konnte man nach dem lateinischen Wort für »Insel« auch *Isolatoren* nennen, denn ein Nichtleiter konnte die »elektrische Flüssigkeit« aufnehmen, speichern und quasi »umschließen«, so wie das Meer eine Insel umschließt.

Nachtrag

Im Jahr 1729 scharte John Wesley (1703–1791), Student in Oxford, einen Kreis gleichgesinnter Kommilitonen um sich und hielt mit ihnen sonntägliche Andachten ab. Daraus ging der Methodismus hervor – der Name rührt vermutlich von der planvollen, »methodischen« Lebensart Wesleys her. Der Methodismus führte zu einer Wiederbelebung der Religiosität in Großbritannien.

1733

Achromatische Linsen

Newton war davon überzeugt gewesen, daß eine Linse im Brennpunkt zwangsläufig Farben erzeugte, die das Bild unscharf machten (vgl. 1666). Dem englischen Mathematiker Chester Moor Hall (1703–1771) allerdings fiel etwas auf, das Newton entgangen war: Verschiedene Arten von Glas erzeugten verschieden breite Spektren. Das bleihaltige Flintglas erzeugte beispielsweise ein breiteres Spektrum als Kronglas (gewöhnliches Fensterglas).

Das brachte Hall auf den Gedanken, aus Kronglas eine konvexe und aus Flintglas eine konkave Linse zu schleifen, und zwar so, daß sie zusammenpaßten und eine einzige bikonvexe Linse bildeten. Das eine Glas sollte das Licht in ein Spektrum zerlegen, und das andere sollte die Farben wieder zusammenfassen, ohne den Vergrößerungseffekt aufzuheben.

Das Resultat war eine *achromatische Linse* (von einem griechischen Ausdruck für »unfarbig«), die ein Objekt vergrößern konnte, ohne unerwünschte Farbeffekte zu produzieren.

Hall versäumte es jedoch, seine Erfindung publik zu machen. Deshalb wird sie oft John Dollond (1706–1761) zugeschrieben, der 1757 eine achromatische Linse herstellte. Die achromatische Linse ermöglichte es jedenfalls, den ganzen Umfang der Linse zu benutzen und kurze Brennweiten zu verwenden, so daß kürzere, praktischere und bessere Fernrohre gebaut werden konnten.

Blutdruck

Hales (vgl. 1705) hatte den Fluß des Pflanzensaftes studiert und wandte sich dann der Blutzirkulation bei Tieren zu. Er ermittelte die Fließgeschwindigkeit an verschiedenen Stellen des Kreislaufs. Wichtiger aber war, daß er als erster den Blutdruck maß, wenn auch sehr ungenau. Er beschrieb seine Arbeit in dem 1733 erschienenen Buch *Haemastatics*.

Zwei elektrische Flüssigkeiten

Der französische Physiker Charles-François de Cisternay Du Fay (1698–1739) experimentierte wie viele Wissenschaftler seiner Zeit mit statischer Elektrizität. Im Jahr 1733 fand er heraus, daß zwei Stückchen Kork, die auf gleiche Weise elektrisch aufgeladen worden waren, einander abstießen.
Dann jedoch stellte er fest, daß zwei Korkkugeln einander anzogen, wenn er die eine mit aufgeladenem Glas und die andere mit aufgeladenem Harz aufgeladen hatte.
Du Fay zog daraus den Schluß, daß es *zwei* elektrische Flüssigkeiten geben müsse, und nannte sie *glaselektrisch* und *harzelektrisch*. Eine Form der Elektrizität zog die andere an, wurde aber von derselben Form abgestoßen. Das erinnerte an die wohlbekannten Eigenschaften magnetischer Pole: Gleiche Pole stoßen sich ab, ungleiche ziehen sich an. Damit begannen erste Bemühungen, Ähnlichkeiten und Zusammenhänge zwischen Elektrizität und Magnetismus aufzuspüren – Bemühungen, die hundert Jahre später sehr wichtig werden sollten.

Schnellschützen-Webstuhl

Beim Weben muß ein Weberschiffchen (oder *Schützen*) mit dem darin aufgespulten Garn (dem *Schuß*) quer durch längs gespannte andere Garnfaden-Reihen (die *Kette*) hin und her geführt werden, damit ein Gewebe entsteht.
Im Jahr 1733 erfand der britische Maschineningenieur John Kay (1704–1764) den *Schnellschützen:* Wenn der Weber an einer Leine zog, bewegte sich dieses Schiffchen selbsttätig quer über den Webstuhl. Wenn er in der anderen Richung an der Leine zog, sauste es wieder zurück. Die längs gespannten Garnfäden, die Kette, wurden automatisch geteilt, so daß das Schiffchen schnell zwischen ihnen »hindurchschießen« konnte.
Der Schnellschützen-Webstuhl war ein frühes Beispiel für einen mechanisierten Arbeitsprozeß in der Fabrik. Er versetzte eine Person in die Lage, in kürzerer Zeit und unter weit geringerer Anstrengung mehr Produkte herzustellen. Die Erfindung war wegweisend für die heraufziehende Industrielle Revolution.

Nachtrag

Die erste Persönlichkeit von Weltformat in den amerikanischen Kolonien war Benjamin Franklin (1706–1790). Ab 1732 gab er den *Poor Richard's Almanach* heraus, der ihn nicht nur berühmt machte, sondern ihm überdies auch ein Vermögen einbrachte.
Das britische Parlament erließ 1733 den *Molasses Act*, ein Gesetz, das Melasse, Zucker und Rum mit Steuern belegte, wenn sie aus anderen Ländern als Großbritannien nach Nordamerika importiert wurden. Das führte dazu, daß Rum, ein außerordentlich beliebtes Getränk in den Kolonien, teurer wurde. Aber die Kolonisten wußten sich zu helfen. Sie schmuggelten Rum in großen Mengen an der Steuer vorbei ins Land. Dieses Verhaltensmuster sollte das nächste halbe Jahrhundert prägen: »Das Parlament denkt, der Kolonist lenkt.«

1735

Form der Erde

Newton hatte auf der Basis seiner Gravitationstheorie behauptet, die Erde müsse ein abgeplattetes Rotationsellipsoid mit äquatorialer Ausbuchtung sein, weil sie sich drehte (vgl. 1687, Gravitation und Form der Erde). Nun ging man daran, diese Behauptung durch tatsächliche Messungen zu überprüfen.

Wenn die Erde an den Polen etwas abgeplattet und am Äquator etwas ausgebuchtet war, dann mußte der Abstand zwischen zwei Breitenkreisen, die jeweils einen Breitenunterschied von 1 Grad aufweisen, bei den Polen etwas größer sein als am Äquator. Um herauszufinden, ob das stimmte, schickten die Franzosen 1735 zwei Expeditionen los. Die eine, unter der Leitung des Geographen Charles-Marie de La Condamine (1701–1774), wurde nach Peru in die Nähe des Äquators geschickt. Die andere, unter der Leitung des Mathematikers Pierre-Louis Moreau de Maupertuis (1698–1759), reiste nach Lappland; näher kamen Europäer damals an den Pol nicht heran. Die Ergebnisse bestätigten Newton auf der ganzen Linie. Der erwähnte Abstand zwischen den Breitenkreisen war in der Nähe der Pole ein Prozent größer als beim Äquator. Die Meereshöhe ist, wie wir heute wissen, am Äquator ungefähr 21 Kilometer weiter vom Erdmittelpunkt entfernt als an den Polen.
Bevor La Condamine nach Europa zurückkehrte, befuhr er übrigens den Amazonas. Das war das erste Mal seit Orellana (vgl. 1542), daß ein Europäer den Fluß genauer erforschte. La Condamine brachte das erste Gummi und das erste Curare nach Europa.

Taxonomie

Carl von Linné (1707–1778), gebürtiger Schwede und Pflanzenfreund, reiste über 7 000 Kilometer durch Nordskandinavien und entdeckte dabei hundert neue Pflanzenarten. Er unternahm auch Reisen durch Großbritannien und Westeuropa.
Im Jahr 1735 veröffentlichte er das Werk *Systema Naturae (Systeme der Natur)*, in dem er zahlreiche Pflanzen klassifizierte. In späteren Ausgaben dehnte er die Klassifikation auch auf Tiere aus.
Von Linné ging in bemerkenswert systematischer Weise an seine Klassifikationen heran. Ähnliche *Arten* faßte er in *Gattungen* zusammen; ähnliche Gattungen in *Ordnungen;* ähnliche Ordnungen in *Klassen*. Er beschrieb jede Art ausführlich und führte die lateinische Doppelbezeichnung ein, die sich aus Gattungsname und Artname zusammensetzt *(binäre Nomenklatur)*. Er war auch der erste, der den Menschen unter der Bezeichnung *Homo sapiens* in die Ordnung der Herrentiere einreihte.
Von Linné war der Vater der modernen *Taxonomie* (das Wort stammt von einem griechischen Ausdruck für »der Reihenfolge nach benennen«). Sein System, das Gruppen in Gruppen zusammenfaßte und diese wiederum in größeren Gruppen usw., erlaubte es zudem, die Einteilung der Lebewesen in Form eines Baumes darzustellen, dessen Äste sich immer weiter verzweigten. Das Bild des Baumes legte den Gedanken an eine biologische Evolution nahe, aber von Linné hing der biblischen Schöpfungsgeschichte an und war noch 1750 der Ansicht, daß die Arten, wie er sie vorfand, seit Beginn der Welt vorhanden seien.

Passatwinde

Ein halbes Jahrhundert zuvor hatte Halley versucht, die Passatwinde und den Monsun zu erklären, hatte aber einen entscheidenden Punkt übersehen (vgl. 1686). Der britische Physiker George Hadley (1685–1768) holte das Versäumte nach und wies darauf hin, daß die Luft am Äquator schneller in west-östlicher Richtung bewegt wird als die Luft, die weiter vom Äquator entfernt ist. Deshalb werden Winde, die vom Äquator wegblasen, eher nach Osten abgelenkt, und Winde, die in Richtung Äquator blasen, eher nach Westen.

1736

Mechanik

Selbst Newton hatte sich an überkommene Konventionen gehalten, wo er konnte. Seine

Principia (vgl. 1687) schrieb er nicht auf englisch, sondern auf lateinisch, und obwohl er unter Verwendung der Infinitesimalrechnung zu seinen Ergebnissen gelangt war, stellte er die Beweise in seinem Buch mit geometrischen Mitteln dar.
Im Jahr 1736 jedoch schrieb der Schweizer Leonhard Euler (1707–1783), einer der produktivsten Mathematiker aller Zeiten, das erste Buch, das sich ganz diesem Thema widmete: *Mechanica.* An Stelle von Newtons Geometrie benutzte er so oft wie möglich Algebra und Infinitesimalrechnung.

Nachtrag

Russen und Türken lagen 1736 schon wieder im Krieg miteinander. Die Russen eroberten die Festung Asow zurück, die sie unter Peter dem Großen verloren hatten.

1737

Kobalt

Zum Erstaunen der Bergleute gab es ein blaues Mineral, das Ähnlichkeit mit Kupfererz hatte, aber bei der Verhüttung kein Kupfer ergab. Die Bergleute hielten es für Kupfererz, das Kobolde verhext hätten – Erdgeister, die von Zeit zu Zeit bösartige Anwandlungen hatten.
Der schwedische Chemiker Georg Brandt (1694–1768) untersuchte das blaue Erz. Es gelang ihm, ein Metall herauszulösen. Allerdings war es kein Kupfer. Er gab ihm den Namen der Erdgeister, buchstabierte es *Kobalt,* und so heißt das Element noch heute.
Kobalt war das erste neuentdeckte Element seit Brands Entdeckung des Phosphors ein Jahrhundert zuvor (vgl. 1669). Da Phosphor kein Metall ist, war Kobalt gleichzeitig auch das erste Metall, das die Alchimisten der Antike und des Mittelalters nicht gekannt hatten.
Brandt war vielleicht der erste wichtige Chemiker, der die Alchimie endgültig hinter sich gelassen hatte. Die Entdeckung neuer Elemente sollte sich bis in unsere Tage hinein fortsetzen.

1738

Kinetische Gastheorie

Boyle hatte angenommen, Gase bestünden aus Atomen, die großen Abstand voneinander hätten, denn so war erklärlich, daß Gase komprimiert werden konnten (vgl. 1662).
Der Schweizer Mathematiker Daniel Bernouilli (1700–1782) verfolgte diesen Gedanken weiter. Nach seiner Ausfassung waren die Atome, aus denen Gase bestanden, ständig in schneller, regelloser Bewegung und stießen dabei gegeneinander und gegen die Wand des Gefäßes, in dem sie sich befanden. (Man spricht von der *kinetischen Gastheorie;* kinetisch stammt von dem griechischen Wort für »Bewegung«.)
Wenn die Temperatur steigt, bewegen sich die Atome schneller, stoßen mit größerer Wucht zusammen und prallen deswegen auch stärker voneinander ab. Aus diesem Grund nimmt (bei gleichbleibendem Druck) das Volumen eines Gases mit steigender Temperatur zu und mit fallender Temperatur ab. Wenn das Volumen konstant gehalten wird, ändert sich der Druck (die Wucht, mit der die Atome an die Wände stoßen) mit der Temperatur.
Bernouillis Beschreibung erwies sich als richtig, aber eine entsprechende mathematische Behandlung des Themas sollte noch eineinviertel Jahrhunderte auf sich warten lassen.

Nachtrag

In Pompeji und Herculaneum (vgl. 1592) begannen nun die Ausgrabungsarbeiten.

1739

Die Rocky Mountains

Die Franzosen setzten die Erforschung Nordamerikas fort. Der Entdecker Pierre Gaultier de Varennes de La Vérendrye (1685–1749) war seit 1731 von den Großen Seen immer weiter nach Westen vorgedrungen und entdeckte gegen Ende des Jahrzehnts den Winnipeg-See und die »Black Hills« in South Dakota.
Die französischen Brüder Pierre und Paul Mallet erreichten 1739 Colorado und bekamen als erste Europäer die Rocky Mountains zu Gesicht.

Nachtrag

Das indische Mogulenreich, das bereits in verfeindete Teile zerfallen war, wurde vollends von den Invasionstruppen Nader Schahs (1688–1747) zerschlagen, der 1736 den persischen Thron an sich gerissen hatte. Im Jahr 1739 besetzte und plünderte er Delhi, raubte den Pfauenthron und den Kohinoor-Diamanten und machte in Mittelasien weitere Eroberungen. Danach war Indien den europäischen Übergriffen noch schutzloser ausgeliefert als zuvor.

1740

Hydra

Der in den Niederlanden arbeitende Schweizer Naturforscher Abraham Trembley (1700–1784) entdeckte 1740 den Süßwasserpolypen *Hydra* – einen kleinen, sehr primitiven Organismus, der ein bißchen wie eine Pflanze aussieht. Trembley wies jedoch nach, daß es sich um ein Tier handelt. Es hatte Fangarme und wirkte wie eine winzige und harmlose Form der furchterregenden Hydra, die Herakles in der griechischen Mythologie besiegt hatte.
Die Ähnlichkeit wurde dadurch noch verstärkt, daß der mythischen Hydra abgeschlagene Köpfe nachwuchsen und die kleine Süßwasser-Hydra abgetrennte Teile regenerieren konnte. Trembley wies sogar nach, daß sich bei einer Hydra, die in zwei Teile zerschnitten wurde, jeder Teil zu einem kompletten Organismus ergänzen konnte und daß man zwei Hydras zu einem Individuum »zusammenpfropfen« konnte. Damit war bewiesen, daß Eigenschaften, die man ausschließlich bei Pflanzen vermutet hatte, auch bei Tieren angetroffen werden konnten, wenn sie primitiv genug waren.

Nachtrag

Der preußische König Friedrich Wilhelm I. starb am 31. Mai 1740. Er hatte zwar den Frieden bewahrt, aber auch eine große und hervorragend ausgebildete Armee aufgebaut, die nun seinem Sohn Friedrich II. (1712–1786) zur Verfügung stand. Als Karl VI., Kaiser des Heiligen Römischen Reiches, am 20. Oktober 1740 starb, fiel Friedrich II. mit dieser Armee in Schlesien ein, das damals zu Österreich gehörte. Damit begann der Österreichische Erbfolgekrieg, in den auch Frankreich, Spanien, Bayern und Sachsen eingreifen sollten.

1742

Celsius-Skala

Fast 30 Jahre lang war die Fahrenheit-Skala (vgl. 1714) allgemein zur Messung von Temperaturen benutzt worden. Sie wies allerdings einige Nachteile auf. Der Gefrierpunkt des Wassers, zum Beispiel, lag bei 32 Grad, einer seltsam unrunden Zahl.

Sowohl in der Wissenschaft als auch im Alltag der Menschen spielt es eine große Rolle, ob Wasser flüssig oder fest ist, ob ein Teich zugefroren ist oder nicht, ob es regnet oder schneit. Deshalb schlug der schwedische Astronom Anders Celsius (1701–1744) vor, den Gefrierpunkt des Wassers mit 0 Grad zu bezeichnen. Positive Werte auf der Skala bedeuteten dann Wasser und negative Werte Eis. Den Siedepunkt des Wassers bezeichnete Celsius mit 100 Grad statt mit 212 Grad.

Seit 1948 heißt diese Skala aufgrund einer internationale Vereinbarung *Celsius-Skala.* Sie gilt auf der ganzen Welt mit einer wichtigen Ausnahme: den USA.

Goldbachsche Vermutung

Wenn ein Mathematiker eine Aussage für wahr hält, sie aber nicht beweisen kann, dann kann er sie als *Vermutung* zur Diskussion stellen. Fermats letztes Theorem (vgl. 1637) ist keine Vermutung; Fermat behauptete einfach, er habe den Beweis erbracht – der allerdings falsch gewesen sein kann, da wir ihn ja nicht kennen.

Die berühmteste echte Vermutung stammt von dem deutschen und in Rußland arbeitenden Mathematiker Christian Goldbach (1690–1764).

Zum besseren Verständnis eine Bemerkung vorweg: Eine *Primzahl* ist jede Zahl, die größer als 1 ist und nur durch sich selbst und 1 geteilt werden kann. Es gibt unendlich viele Primzahlen. Die ersten lauten 2, 3, 5, 7, 11, 13, 17, 19 und 23.

Goldbach nun vermutete, daß sich jede gerade Zahl, die größer als 2 ist, als Summe zweier Primzahlen ausdrücken läßt (manchmal mehrfach). Beispiele: 4 = 2 + 2; 6 = 3 + 3; 8 = 5 + 3; 10 = 5 + 5; 12 = 7 + 5; 14 = 7 + 7; 16 = 11 + 5; 18 = 13 + 5; 20 = 13 + 7; 22 = 11 + 11; 24 = 13 + 11; 26 = 13 + 13; 28 = 23 + 5; 30 = 23 + 7; 32 = 19 + 13; 34 = 17 + 17; 36 = 23 + 13; 38 = 19 + 19; 40 = 23 + 17; 42 = 23 + 19; usw.

Kein Mathematiker hat jemals eine gerade Zahl gefunden, die größer als 2 ist und nicht als die Summe zweier Primzahlen ausgedrückt werden könnte. Alle sind davon überzeugt, daß es eine solche Zahl nicht gibt und daß die Goldbachsche Vermutung stimmt. Doch keiner hat die Vermutung bisher *beweisen* können.

Aber gerade darin besteht die Faszination der Mathematik und der Wissenschaft allgemein. Die Probleme werden uns nie ausgehen, und ein paar davon werden immer ungemein interessant bleiben.

Franklin-Ofen

Ursprünglich wurden Lagerfeuer nur im Freien oder in einer Höhle entzündet. In abgeschlossenen Räumen war der Rauch ein Problem, also mußten Kamine erfunden werden. Offene Feuer und Kamine sind allerdings eine ziemliche Verschwendung. Die heiße Luft zieht vom Feuer direkt in den Kamin und erwärmt den Raum nur wenig. Die aufsteigende heiße Luft produziert sogar einen Sog, der kalte Luft von draußen hereinbringt.

Benjamin Franklin (vgl. 1733) fand die Lösung und baute einen eisernen Ofen, in dem man ein Feuer entzünden konnte, das keinen Sog verursachte, sondern das Metall erwärmte. Das Metall wiederum erwärmte die Luft, und diese blieb im Zimmer und entwich nicht durch den Kamin nach draußen. Der Rauch wurde durch ein Ofenrohr in den Kamin geleitet.

Solche Öfen erfreuten sich schon bald großer Beliebtheit. Selbst eine moderne Heizung im Keller ist ein Abkömmling des Franklin-Ofens.

Nachtrag

Der preußische König Friedrich II. (Friedrich der Große) demonstrierte seine Führungsqualitäten und die Tauglichkeit seiner Armee, als er die Österreicher 1741 schlug und Schlesien annektierte. Österreich wurde von allen Seiten bedroht, aber die junge Königin (und Kaiserin) Maria Theresia (1717–1780) erwies sich als die fähigste Monarchin seit Elisabeth I. von England und leistete den Angreifern heftigen Widerstand.

Im selben Jahr beendete Elisabeth Petrowna (1709–1762), die Tochter Peters des Großen, durch einen Staatsstreich die Regentschaft ihrer Kusine Anna Leopoldowna (1718–1746). Als Zarin von Rußland wurde sie eine erbitterte Gegnerin von Friedrich II.

1744

Transzendente Zahlen

Man sollte meinen, die Mathematiker hätten sich inzwischen mit allen Arten von Zahlen beschäftigt, die es gibt: ganze Zahlen, Brüche, negative, irrationale und imaginäre Zahlen – was für Zahlen sollte es sonst noch geben?

Im Jahr 1744 wies Leonhard Euler (vgl. 1736) darauf hin, daß vielgliedrige algebraische Gleichungen, die aus Potenzen von x bestehen, alle Arten von Lösungen haben können: ganze Zahlen, Brüche, irrationale, negative, imaginäre, komplexe Zahlen usw. All dies sind *algebraische Zahlen*. Euler machte jedoch deutlich, daß es daneben noch andere Zahlen gibt. Und zwar Zahlen, die sich dadurch auszeichnen, daß es keine algebraische Gleichung gibt, deren Lösung sie sein könnten. Sie heißen *transzendente Zahlen* (das Wort stammt von einem lateinischen Ausdruck, der »überschreiten« bedeutet; diese Zahlen überschreiten sozusagen die Möglichkeiten von Gleichungen). Heute wissen wir, daß es unendlich viele transzendente Zahlen gibt.

Nachtrag

Die Briten griffen in den Österreichischen Erbfolgekrieg ein, weil Hannover auf österreichischer Seite kämpfte und Georg II. zugleich Kurfürst von Hannover und König von Großbritannien war. Unter Georgs Führung besiegten die Briten die Franzosen am 27. Juni 1743 bei Dettingen. Dies war das letzte Mal, daß ein britischer Monarch selbst auf dem Schlachtfeld erschien. Auch dieser Krieg griff auf die nordamerikanischen Kolonien über.

1745

Leidener Flasche

Vierzig Jahre zuvor hatte Hauksbee seine Glaskugel (vgl. 1706) zum Speichern von Elektrizität gebaut. Nun wurde sie von einer Erfindung des holländischen Physikers Pieter van Musschenbroek (1692–1761) übertroffen.

Im Jahr 1745 füllte er Wasser in einen Metallbehälter, der an isolierenden Seidenfäden hing, und leitete einen Messingdraht durch ein Stück Kork in das Wasser. Dann erzeugte er im Wasser eine elektrische Ladung, war sich aber nicht darüber im klaren, wie stark sie war. Erst als sein Assistent den Behälter anhob und dabei den Messingdraht außerhalb des Korkstücks berührte, entlud sich die gesamte Elektrizität. Der Assistent erhielt ei-

nen furchtbaren Schlag. Das war der erste nennenswerte, künstlich erzeugte elektrische Schlag, den jemals ein Mensch bekommen hat (Blitzschläge sind natürlich schlimmer, aber eben nicht künstlich erzeugt).
Der deutsche Physiker Ewald Georg von Kleist (1700–1748) baute unabhängig davon im selben Jahr eine ähnliche Vorrichtung. Er entdeckte die Stärke der Ladung, als er sie unabsichtlich durch seinen eigenen Körper leitete. Danach sagte er, er wolle kein zweites Mal einen solchen Schlag bekommen und wenn er die französische Krone dafür bekäme. Er arbeitete nie wieder mit dem Gerät.
Da Musschenbroek seine Entdeckung veröffentlicht hatte und an der Universität im niederländischen Leiden arbeitete, wurde das Gerät zur Speicherung von Elektrizität *Leidener Flasche* genannt. Sie wurde sofort auch von anderen Experimentatoren verwendet.

Blut und Eisen

Die Chemiker wußten noch sehr wenig über die Zusammensetzung lebenden Gewebes. Sie wußten nicht einmal, welche Elemente es enthielt, da über die Elemente grundsätzlich nur wenig bekannt war.
Eisen war natürlich bekannt, und der italienische Arzt Vincenzo Menghini (1704–1759) gab im Jahr 1745 Hunden Eisenpräparate zu fressen, weil er sehen wollte, was mit dem Eisen geschah und ob es sich im Gewebe der Hunde feststellen ließ. Zuvor wollte er sich jedoch vergewissern, daß im Körper von normalen Hunden kein Eisen zu finden war. Aus diesem Grund nahm er Hunden, denen er keine Eisenpräparate gegeben hatte, Blut ab und verbrannte es. Das Ergebnis überraschte ihn: Wider Erwarten fand er Eisen in der Asche. Zudem stellte er fest, daß das Eisen speziell in den roten Blutkörperchen vorhanden war.
Dies war die erste Entdeckung eines Spurenelements in lebendem Gewebe. Allerdings war man sich noch nicht darüber im klaren, daß Eisen lebensnotwendig ist.

Nachtrag

Während die Briten im Österreichischen Erbfolgekrieg kämpften, nutzten die Jakobiter die Gelegenheit zu einer Invasion. Karl Eduard Stuart (Bonnie Prince Charlie), der Junge Prätendent (vgl. 1714), landete am 25. Juli 1745 in Schottland. Die Jakobiter gewannen dort mehrere Schlachten, wandten sich dann nach Süden und erreichten am 4. Dezember die englische Stadt Derby, knapp zweihundert Kilometer nördlich von London. Die Briten mußten ihre Armee vom Festland zurückrufen. Dort hatten die Franzosen am 11. Mai 1745 eine alliierte Armee unter Wilhelm August, dem Herzog von Cumberland (1721–1765), einem Sohn von Georg II., besiegt.

1747

Skorbut

Seit Vasco da Gamas Reise (vgl. 1497) war der Skorbut eine üble Plage. Nichts sonst setzte auf langen Fahrten so viele Seeleute außer Gefecht wie Skorbut. Besonders betroffen von diesem Problem war Großbritannien, denn der Schutz und der Wohlstand des Landes hingen von seiner Marine und Handelsflotte ab.
Der britische Arzt James Lind (1716–1794) hatte in der Marine gedient und wußte, daß die Ernährung an Bord extrem eintönig war: Schiffszwieback, Pökelfleisch und andere Speisen zeichneten sich vor allem dadurch aus, daß sie ohne Kühlung oder Konservierung recht lange aufbewahrt werden konnten. Er wußte ferner, daß der Skorbut auch in Gefängnissen, belagerten Städten und bei Überlandexpeditionen auftrat – alles Situationen mit eingeschränkter und eintöniger Ernährung.
Lind untersuchte deshalb die Wirkung von

verderblichen Nahrungsmitteln (besonders von Obst und Gemüse) auf Skorbut-Patienten und fand 1747 schließlich heraus, daß Zitrusfrüchte eine erstaunlich schnelle Besserung bewirkten. Doch erst ein halbes Jahrhundert später konnte die britische Marine sich dazu aufraffen, Konsequenzen aus dieser Entdekkung zu ziehen und dem Skorbut ein Ende zu bereiten.

Nachtrag

Der Herzog von Cumberland wurde vom Festland zurückgerufen, um das Land gegen die jakobitischen Invasoren zu verteidigen. Er schlug sie am 16. April 1746 bei Culloden Moor im Nordwesten Schottlands. (Dies war die letzte Landschlacht, die je auf britischem Territorium stattfand.) Nach dem Sieg ließ Cumberland, der fortan »der Schlächter« genannt wurde, die verwundeten Jakobiter umbringen und andere grausame Racheakte durchführen. Die jakobitische Macht war für immer gebrochen. Bonnie Prince Charlie konnte zwar fliehen, doch es gelang ihm nie wieder, den Thron des Hauses Hannover zu bedrohen.

1748

Osmose

Es ist eine alltägliche Beobachtung, daß Flüssigkeiten manche Materialien durchdringen und andere nicht. Wenn eine Flüssigkeit ein bestimmtes Material durchdringt, liegt die Annahme nahe, daß sie das in *beiden Richtungen* tut.

Als jedoch der französische Wissenschaftler Jean-Antoine Nollet (1700–1770) ein Gefäß, das eine alkoholische Lösung enthielt, mit einem Stück Schweineblase abdeckte und dann in einen größeren Behälter mit Wasser stellte, begann sich nach einer Weile die Schweineblase zu wölben. Es sah so aus, als ob durch die Schweineblase mehr Flüssigkeit vom größeren in den kleineren Behälter trete als umgekehrt. Schließlich platzte die Blasenhaut.

Auf diese Weise entdeckte Nollet, was wir heute eine *semipermeable Membran* nennen, das heißt eine halbdurchlässige Schicht, die manche Flüssigkeiten durchläßt und andere nicht. Wenn sich auf den beiden Seiten einer solchen Membran verschiedene Flüssigkeiten befinden (wie in unserem Beispiel reines Wasser auf der einen und eine Alkohollösung auf der anderen), kann deshalb die Flüssigkeitsbewegung in der einen Richtung stärker sein als in der anderen. Wir sprechen dann von *Osmose* (nach einem griechischen Wort für »schieben«: Die Flüssigkeit schiebt sich in einer Richtung durch die Membran).

Die Erklärung der Osmose erfolgte allerdings erst ein halbes Jahrhundert später, als die Moleküle und ihre unterschiedliche Größe bekannt waren.

Platin

Gold, Silber und Kupfer sind nicht die einzigen seltenen Metalle, die in nicht gebundener Form gefunden werden. Auch *Platin* gehört dazu. Ein metallenes Kästchen aus dem 7. Jahrhundert v. Chr., das in Ägypten gefunden wurde, soll aus Platin gewesen sein. Doch im allgemeinen blieb dieses Metall unbemerkt und unbekannt. Es ist zwar so selten wie Gold, aber längst nicht so auffallend schön. In unpoliertem Zustand hat es eine bleigraue stumpfe Farbe.

Im Jahr 1748 indessen veröffentlichte der spanische Wissenschaftler Antonio de Ulloa (1716–1795) einen Bericht über seine Reisen durch Südamerika. Darin erwähnte er ein Metall namens *Platina* (abgeleitet vom spanischen »plata« für »Silber«) und beschrieb seine besonderen Eigenschaften. Bei genauer Untersuchung des Platins hatte sich nämlich herausgestellt, daß es dichter als Gold ist, einen höheren Schmelzpunkt besitzt und sogar weniger reaktiv ist. Gerade dieser Eigenschaften wegen erwies es sich schließlich als äußerst nützlich für die Wissenschaft.

Nachtrag

Der Österreichische Erbfolgekrieg endete im Oktober 1748 mit dem Aachener Frieden. Der preußische König Friedrich der Große behielt Schlesien, aber das restliche Gebiet Österreichs blieb intakt und Maria Theresia II. wurde als Herrscherin bestätigt.

1749

Biologische Evolution

Bisher hatten sich Naturforscher zwar eifrig mit der Klassifikation von Lebensformen befaßt, es aus religiöser Überzeugung oder Klugheit aber unterlassen, den logischen Schluß zu ziehen, daß eine biologische Evolution stattgefunden haben mußte.
Der erste bedeutende Wissenschaftler, der offen über die Möglichkeit einer Evolution spekulierte, war der französische Naturforscher Georges-Louis de Buffon (1707–1788). Im Jahr 1749 begann er mit der Veröffentlichung seiner *Naturgeschichte*. Am Ende wurden es vierundvierzig Bände.
Buffon verstand die Evolution als Folge von Degenerationen (Entartungen). Immerhin war es eine alltägliche Beobachtung, daß sich viele Dinge im Lauf der Zeit verschlechtern. Warum sollte nicht auch die Evolution ein Beispiel dafür sein? Buffon behauptete, Affen seien degenerierte Menschen, Esel degenerierte Pferde, Schakale degenerierte Wölfe usw.
Natürlich war diese Auffassung völlig verkehrt, aber immerhin enthielt sie den Gedanken, daß sich die Arten mit der Zeit verändern – ein ganz entscheidender Punkt. Allein deswegen bekam Buffon viel Ärger, den er durch geschickte Widerrufungen abzuwenden versuchte.

Die Entstehung der Erde

Buffon faßte auch den gewagten Gedanken, daß die Erde möglicherweise auf natürliche Weise entstanden sei, ohne daß Gott dabei eine Rolle gespielt habe. So äußerte er im ersten Band seiner *Naturgeschichte* die Vermutung, daß die Erde (und wahrscheinlich auch andere Planeten) aus einer Kollision der Sonne mit einem anderen massiven Himmelskörper (einem Kometen, wie er sagt) hervorgegangen sei.
Buffon versuchte überdies, das Alter der Erde zu bestimmen. Zu diesem Zweck errechnete er, wie lange ein Gegenstand von der Größe der Erde brauchen würde, um von der Temperatur der Sonne auf die Temperatur der heutigen Erde abzukühlen. Er kam auf etwa 75 000 Jahre. Die Erde, so Buffon, habe sich vor ungefähr 40 000 Jahren soweit abgekühlt, daß Leben auf ihr möglich geworden sei, und werde weitere 90 000 Jahre existieren, dann aber so stark abkühlen, daß alles Leben auf ihr erlösche.
Buffons Schätzungen griffen zwar viel zu kurz im Vergleich mit den Zeiträumen, die später ermittelt wurden, aber er war der erste Wissenschaftler von Rang, der das von Ussher (vgl. 1650) mit 6 000 Jahren errechnete Erdalter anzweifelte.

Nachtrag

Zusammenstöße zwischen französischen und britischen Siedlern in Nordamerika waren nur noch eine Frage der Zeit, denn beide Gruppen besiedelten das Gebiet nördlich des Flusses Ohio und machten es sich gegenseitig streitig.

1751

Nickel

Vierzehn Jahre zuvor hatte Brandt Kobalt isoliert (vgl. 1737), aber nach wie vor bestand das Problem, daß ein bestimmtes Kupfererz kein Kupfer lieferte. Manchmal gewann man aus ihm nicht einmal Kobalt, dann nannten es die Bergmänner *Kupfernickel* (»Old Nick« wird in England der Teufel genannt).
Im Jahr 1751 beschäftigte sich der schwedische Mineraloge Axel Fredrick Cronstedt (1722–1765), ein Schüler Brandts, mit Kupfernickel und isolierte aus ihm ein weißes Metall, das weder Kupfer noch Kobalt war. Cronstedt griff die zweite Hälfte der Bezeichnung der Bergleute auf und nannte es *Nickel.* Er entdeckte, daß Nickel (wie Eisen, aber weniger stark) von Magneten angezogen wird. Zum ersten Mal hatte man etwas anderes als Eisen entdeckt, das diese Eigenschaft aufwies. Später fand man dann heraus, daß auch Kobalt von Magneten angezogen wird.
Die Metalle Eisen, Kobalt und Nickel sind einander sehr ähnlich. Dies war der erste Hinweis darauf, daß Elemente möglicherweise in Gruppen eingeteilt werden können und daß zwischen ihnen eine gewisse Ordnung besteht. Bis diese Erkenntnis reifte, dauerte es allerdings noch 100 Jahre.

Enzyklopädien

Angesichts des ständigen Wissenszuwachses und des gestärkten Selbstbewußtseins der Wissenschaftler dieser Epoche (die sich *Aufklärung* nannte) lag der Gedanke nahe, den gesamten Wissensstoff für die breite Öffentlichkeit in Buchform zusammenzufassen, die Einträge alphabetisch zu ordnen und in mehreren Bänden zu veröffentlichen. Ein solches Nachschlagewerk nennt man *Enzyklopädie* (das Wort stammt von einem griechischen Ausdruck, der »Allgemeinbildung« bedeutet). Ein Buchhändler ließ im Beisein des ungemein produktiven französischen Schriftstellers Denis Diderot (1713–1784) eine entsprechende Andeutung fallen. Diderot fing sofort Feuer und machte daraus ein riesiges Projekt. Er ließ viele Mitarbeiter für sich schreiben, erledigte dann aber doch die meiste Arbeit selbst. Der erste Band erschien 1751.
Diderots Werk war die erste moderne Enzyklopädie. Sie war von einer rationalen Weltsicht durchdrungen und stand in deutlichem Gegensatz zum Jargon von Kirche und Obrigkeit der damaligen Zeit. Manche Intellektuellen hielten sie für das wichtigste Werk der Aufklärung.

1752

Blitzableiter

Die Leidener Flasche (vgl. 1745) war für viele Wissenschaftler zum Lieblingsspielzeug geworden. Zu ihnen gehörte auch Benjamin Franklin (vgl. 1733).
Franklin wies im Jahr 1747 Du Fays Vorstellung von den zwei elektrischen Flüssigkeiten zurück (vgl. 1733). Nach seiner Ansicht gab es nur eine einzige elektrische Flüssigkeit, die jeweils in überschüssiger oder unzureichender Menge vorhanden sein kann (über oder unter normal). Überschuß stößt Überschuß ab, und Mangel stößt Mangel ab. Anders jedoch, wenn Überschuß und Mangel zusammentreffen. Dann, so Franklin, ziehe der Überschuß den Mangel an, und die elektrische Flüssigkeit ströme vom Überfluß zum Mangel, so daß am Ende beide neutralisiert und ungeladen seien.
Franklin schlug vor, den Überschuß *positive* und den Mangel *negative Elektrizität* zu nennen. Nun war nicht festzustellen, welche Variante der Elektrizität, die gaselektrische oder die harzelektrische, positiv und welche negativ war. Also verlegte sich Franklin aufs Raten

und tippte prompt falsch. Das schadete aber nicht. Die Bezeichnungen wurden beibehalten, und ihre wörtliche Bedeutung geriet in Vergessenheit.
Franklin stellte fest, daß bei der Entladung der Leidener Flasche ein Funke und ein knisterndes Geräusch entstanden. Franklin kamen diese Phänomene wie ein winziger Blitz und ein entsprechend schwacher Donnerschlag vor. Sofort kehrte er den Gedanken um: Bildeten Erde und Himmel bei einem Gewitter möglicherweise eine riesige Leidener Flasche, und waren Blitz und Donner entsprechend gigantische Entladungen?
Er beschloß, einen Versuch zu machen. Im Jahr 1751 ließ er bei einem Gewitter einen Drachen steigen. Der Drachen hatte eine Spitze aus Metall, an der ein langer seidener Faden hing. Ans Ende des Fadens war ein Metallschlüssel gebunden (Franklin hielt den Seidenfaden mittels eines zweiten Fadens, der trocken blieb). Als sich die Gewitterwolken zusammenzogen und der Seidenfaden Anzeichen einer elektrischen Ladung zeigte (die einzelnen Fasern des Fadens stießen sich gegenseitig ab), hielt Franklin seinen Fingerknöchel an den Schlüssel: Es funkte und knisterte wie bei einer Leidener Flasche. Ja, es gelang ihm sogar, mit Hilfe des Schlüssels eine Leidener Flasche zu laden, wie er es sonst mit der Reibungsmaschine getan hatte. Die mit »himmlischer« Elektrizität geladene Flasche verhielt sich genauso, als sei sie mit »irdischer« Elektrizität geladen worden. Die beiden Arten von Elektrizität waren identisch.
Franklin zog sofort einen praktischen Nutzen aus dieser Entdeckung. Ein Blitz, so folgerte er, schlug in ein Gebäude, wenn dieses Gebäude sich bei einem Gewitter auflud. Aus Erfahrung wußte er, daß sich Leidener Flaschen viel leichter entluden, wenn er eine spitze Nadel an ihnen befestigte. Die Ladung floß sogar so leicht durch die Nadel ab, daß Flaschen mit einer solchen Nadel gar nicht erst aufgeladen werden konnten. Warum also nicht einen spitzen Metallstab auf dem Dach eines Gebäudes anbringen und mit dem Erdboden verbinden, damit jede auftretende Ladung schnell und geräuschlos abfließen konnte, bevor sie eine gefährliche Größe annahm?
Franklin veröffentlichte seine Gedanken 1752 in seinem *Poor Richard's Almanach*, und wenig später tauchten die ersten *Blitzableiter*, wie sie genannt wurden, auf Dächern auf, zuerst in Amerika, dann auch in Europa. Sie erwiesen sich als wirkungsvoll. Zum ersten Mal in der Geschichte versuchte der Mensch, eine drohende Naturkatastrophe nicht durch Gebete oder Zaubersprüche aller Art zu verhüten, was ohnehin noch nie funktioniert hatte, sondern durch das Verständnis der Naturgesetze, denen die Katastrophen gehorchten. Und es funktionierte. Das sichtbarste Zeichen für diesen Sieg der Vernunft über den Aberglauben waren die ersten Blitzableiter auf Kirchturmspitzen – Kirchen bildeten stets die höchsten Erhebungen in der Umgebung und waren bei Gewitter deswegen besonders gefährdet.

Verdauung

War die Verdauung ein physischer Vorgang (mechanische Zertrümmerungsprozesse im Magen) oder ein chemischer Prozeß (Gärung)? Der Streit darüber währte mittlerweile hundert Jahre.
Im Jahr 1752 fütterte der französische Physiker René-Antoine Ferchault de Réaumur (1683–1757) einen Falken mit Fleisch, das durch einen Metallzylinder geschützt war. Die beiden Seiten des Zylinders waren offen und mit Drahtgeflecht abgedeckt.
Normalerweise verschlingt ein Falke seine Nahrung in großen Stücken, verdaut, was er kann, und würgt den unverdaulichen Rest wieder hervor. Réaumur wartete also, bis der Falke den Zylinder wieder ausspie, und stellte fest, daß das Fleisch teilweise zersetzt war. Es war klar, daß es im schützenden Zylinder nicht durch Zermahlen oder andere mechanische Vorgänge in diesen Zustand versetzt worden sein konnte. Also mußten die Magensäfte eine chemische Wirkung auf das Fleisch ausgeübt haben.

Réaumur ging dieser Überlegung weiter nach und ließ den Falken einen kleinen Schwamm verschlucken. Als der Vogel den Schwamm wieder hervorwürgte, war er mit Magensaft getränkt. Réaumur drückte ihn aus und sammelte die Flüssigkeit. Dann legte er Fleisch in diese Magensäfte und stellte fest, daß es sich langsam auflöste. Experimente mit Hunden führten zu den gleichen Ergebnissen. Muskeln und Knochen mochten mechanische Systeme sein, aber der Körper war auch ein chemischer Apparat. In der Folgezeit fanden Wissenschaftler heraus, daß die Chemie in der Biologie sogar noch eine größere Rolle spielt als die Mechanik.

Erde und Wärme

Es gibt viele Hinweise darauf, daß die Oberfläche der Erde im Laufe ihrer Geschichte enormen Veränderungen unterworfen war und daß dabei gewaltige Kräfte am Werke gewesen sein müssen. Bis zu dieser Zeit waren die meisten Europäer davon ausgegangen, daß der ursächliche Faktor dabei das Wasser gewesen sei. Dabei dachte man vor allem an die Sintflut, von der in der Bibel berichtet wird. Diese gottgewollte Katastrophe sei weitaus verheerender gewesen, als jede natürliche Überschwemmung sein könne. Diese Auffassung hieß *Neptunismus.*
Im Jahr 1752 jedoch gelangte der französische Geologe Jean-Étienne Guettard (1715–1786) aufgrund seiner Beobachtungen zu der Überzeugung, daß Gesteine, die er in Mittelfrankreich entdeckt hatte, irgendwann in der Vergangenheit großer Hitze ausgesetzt gewesen sein mußten. Dies war das erste Mal, daß Hitze als ursächlicher Faktor in der Erdgeschichte betrachtet wurde.

Nachtrag

In Großbritannien und seinen Kolonien wurde nun endlich der Gregorianische Kalender eingeführt. Dazu mußte man elf Tage »verschwinden« lassen. Also fiel die Zeit zwischen dem 3. und 13. September 1752 einfach aus. Viele einfache Gemüter ließen sich davon verstören und meinten, sie verlören elf Tage ihres Lebens (manche Wirtsleute verlangten für die elf Tage sogar einen Mietzins).

1754

Kohlendioxid

Kohlendioxid war bereits von Helmont (vgl. 1624) untersucht worden, doch bisher kannte man es nur als ein Gas, das bei Verbrennung oder Gärung entstand.
Dann, 1754, beschrieb der schottische Chemiker Joseph Black (1728–1799) in einer wissenschaftlichen Arbeit im Fach Medizin, die er zwei Jahre später veröffentlichte, daß er durch starkes Erhitzen von Kalkstein (Calciumcarbonat) ein Gas gewonnen hatte und daß dabei gebrannter Kalk (Calciumoxid) übriggeblieben war. Das entstandene Gas verband sich mit Calciumoxid wieder zu Calciumcarbonat. Black nannte es *feste Luft,* weil es mit Calciumoxid wieder einen festen Stoff bilden konnte. Diese feste Luft war nichts anderes als Kohlendioxid.
Nun stand es also fest: Gase konnten aus normalen festen Körpern gewonnen werden und an chemischen Reaktionen teilhaben. Das war ein entscheidender Schritt weg von der Mystifizierung der Gase und hin zum Verständnis ihrer chemischen Eigenschaften.
Calciumoxid ging langsam in Calciumcarbonat über, wenn es der Luft ausgesetzt war. Daraus folgte, daß ein kleiner Teil der Luft aus Kohlendioxid bestehen mußte. Das war der erste Hinweis darauf, daß Luft keine einfache Substanz (ein Element) ist, sondern eine Mischung aus verschiedenen Gasen.
Als Black die Wirkung von Hitze auf Calciumcarbonat untersuchte, maß er übrigens den Gewichtsverlust, der mit der Umwand-

lung in Calciumoxid verbunden war. Ferner ermittelte er, wieviel Calciumcarbonat nötig war, um eine bestimmte Menge Säure zu neutralisieren. Dies war die erste Anwendung der quantitativen Analyse auf chemische Reaktionen. Freilich dauerte es noch ein Vierteljahrhundert, bis die quantitative Chemie zur Reife gelangte.

Nachtrag

Ein militärischer Konflikt zwischen Franzosen und Briten im Ohio-Tal war unvermeidbar geworden. Im Jahr 1754 schickte der Gouverneur von Virginia, Robert Dinwiddie (1693–1770), den jungen Landvermesser George Washington (1732–1799) mit der Forderung zu den Franzosen, sich aus dem Westen des heutigen Pennsylvania zurückzuziehen. Als die Franzosen der Aufforderung nicht Folge leisteten, kam es zum Krieg.

1755

Galaxis

Breiten sich die Sterne am Himmel gleichmäßig und unendlich in alle Richtungen aus, oder ist ihre Ausdehnung auf ein begrenztes Gebiet mit einer bestimmten Form beschränkt? Fürs Auge mag es so scheinen, als sei die erste Möglichkeit zutreffend – mit Ausnahme der Milchstraße. Nachdem Galilei gezeigt hatte, daß die Milchstraße aus sehr vielen, schwach leuchtenden Sternen besteht (vgl. 1609), war klar, daß es in Richtung Milchstraße viel mehr Sterne gibt als in anderen Richtungen. Im Jahr 1750 behauptete der englische Astronom Thomas Wright (1711–1786), die Sterne bildeten ein abgeflachtes, begrenztes System, aber seine Texte waren so geheimnisvoll geschrieben, daß es schwerfiel, ihn ernst zu nehmen.

Im Jahr 1755 freilich stellte der deutsche Philosoph Immanuel Kant (1724–1804) eine ähnliche Behauptung auf. Für ihn war die Sonne ein Stern unter vielen anderen, die eine linsenförmige Ansammlung bildeten, und die Milchstraße das Ergebnis davon, daß man entlang der Längsachse dieser Linse ins Weltall blickte. Diese Ansammlung wurde *Galaxis* genannt, nach einem griechischen Wort für Milchstraße. Kant meinte ferner, gewisse Nebel wie der Andromedanebel seien gleichfalls Milchstraßensysteme, ähnlich dem unsrigen. Kant hatte damit zwar recht, doch es dauerte über ein halbes Jahrhundert, bis die Existenz der Milchstraße, und weitere hundert Jahre, bis die Existenz anderer Galaxien nachgewiesen werden konnten.

Nachtrag

Am 1. November 1755 zerstörte ein gewaltiges Erdbeben die Stadt Lissabon und erschütterte weite Teile Westeuropas und Nordafrikas. Rechnet man die Überschwemmungen und Brände mit, die es verursachte, verloren schätzungsweise 60 000 Menschen ihr Leben. Das Erdbeben erschütterte das Selbstbewußtsein der europäischen Aufklärer.

1756

Landbrücken

In der Genesis, dem ersten Buch Mose, wird berichtet, wie Gott am dritten Schöpfungstag das Land vom Meer trennte. Es ist nicht davon die Rede, daß Gott die Grenzen zwischen Land und Meer ein für allemal festgelegt habe, trotzdem ging man allgemein davon aus. Die Europäer hatten stets angenommen, daß die Gestalt der Kontinente für alle Zeiten festgelegt sei (abgesehen von unbedeutenden Ver-

änderungen, die von Stürmen hervorgerufen wurden).
Im Jahr 1756 jedoch wies der französische Geologe Nicolas Desmarest (1725–1815) auf Ähnlichkeiten zwischen der französischen und der englischen Ärmelkanalküste hin und äußerte die Vermutung, daß es möglicherweise einmal eine Landverbindung zwischen den beiden Ländern gegeben habe – eine Landbrücke, die nun vom Meer bedeckt sei (seine Vermutung erwies sich später als richtig). Dies war der erste Hinweis darauf, daß sich Kontinente verschieben und ihre Gestalt verändern können. Desmarest hielt Erdbeben für eine mögliche Ursache solcher Veränderungen. Die Idee war nicht schlecht, aber trotzdem falsch.

Nachtrag

Seit Ende des Österreichischen Erbfolgekrieges hatte Maria Theresia danach getrachtet, Schlesien zurückzugewinnen. Sie schloß mit Frankreich, Rußland und Schweden ein geheimes Bündnis gegen Preußen, aber Friedrich II. kam ihr zuvor. Im Jahr 1756 schlug er los, noch ehe die feindliche Allianz ganz vorbereitet war. Dies war der Beginn des *Siebenjährigen Krieges.* Da Preußen gegen Frankreich kämpfte, unterstützte Großbritannien Preußen. Dies bedeutete, daß Großbritannien und Frankreich in Nordamerika, Europa und Indien gegeneinander kämpften. Der Siebenjährige Krieg war also der erste, den man einen Weltkrieg nennen könnte.

1758

Halleyscher Komet

Etwas mehr als ein Jahrhundert zuvor hatte Halley vorausgesagt, daß der Komet von 1682 im Jahr 1758 wiederkehren würde (vgl. 1705). Der Hobbyastronom Johann Georg Palitzsch (1723–1788) richtete sein Fernrohr auf den Teil des Himmels, wo der Komet erwartet wurde. Am 25. Dezember 1758 entdeckte er ihn. Die Neuigkeit verbreitete sich wie ein Lauffeuer, und viele gelernte Astronomen nahmen ihn ins Visier. Seitdem heißt der Komet *Halleyscher Komet* oder, nach den heutigen Benennungskonventionen, *Komet Halley*. Durch Berechnungen hat man inzwischen herausgefunden, daß Halley jener Komet war, der zur Zeit der Invasion Englands durch Wilhelm den Eroberer erschienen war. Und er war es auch, den Giotto gemalt hatte (vgl. 1304).
Die Wiederkehr des Halleyschen Kometen machte die Kometen plötzlich zum vorherrschenden Thema in der Astronomie, und ein paar Jahrzehnte lang hatte es den Anschein, als sei die Entdeckung eines Kometen die größte Tat, die ein Astronom vollbringen kann.

Flammentests

Chemikern war es schon immer schwergefallen, Substanzen voneinander zu unterscheiden, wenn sie keine deutlich sichtbaren Unterschiede (Farbe, Härte usw.) aufwiesen. Also mußten sie nach feineren Methoden der Unterscheidung suchen.
Der deutsche Chemiker Andreas Sigismund Marggraf (1709–1782) entwickelte 1758 einen neuen Test, der fürs Auge sichtbare Ergebnisse erbrachte. Er stellte fest, daß Natriumverbindungen eine Flamme gelb verfärbten, während die sonst sehr ähnlichen Kaliumverbindungen sie violett verfärbten. (Die Verbindungen waren zwar bekannt, aber die Elemente Natrium und Kalium selbst wurden erst ein halbes Jahrhundert später isoliert.)
Auf diese Weise wurde der Flammentest in die Chemie eingeführt. Später entwickelte Cronstedt (vgl. 1751) das *Lötrohr,* mit dem ein dünner Luftstrahl in eine Flamme geblasen und dadurch erhitzt wurde. So war es leichter, Mineralien zu erhitzen und feine Farbabstu-

fungen zu erzielen. Viele Jahrzehnte lang mußten Chemiker sich in dieser *Lötrohrprobierkunde* gut auskennen, wenn sie erfolgreich forschen wollten.

Nachtrag

Im Jahr 1758 eroberten die Briten Kalkutta und vertrieben die Franzosen aus Bengalen (ein Gebiet, das fast so groß ist wie Großbritannien). Damit begann die britische Herrschaft in Indien, die fast zwei Jahrhunderte dauern sollte.

In Europa errang der Preußenkönig Friedrich II. im Jahr 1757 zwei große Siege: einen am 5. November bei Roßbach über die Franzosen, den anderen am 5. Dezember bei Leuthen über die Österreicher. Am 25. August 1758 schlug er die Russen bei Zorndorf.

In Europa unterlagen die Franzosen den Preußen und in Indien, an der afrikanischen Küste und in Nordamerika den Briten. Am 26. Juli 1758 nahmen die Briten die französische Festung Louisburg in Neuschottland ein und zerstörten sie. Auch aus Pennsylvania vertrieben sie die Franzosen.

1759

Embryologie

Zu dieser Zeit ging man davon aus, daß Samen und Eier (oder Pollen und Spermien) winzige Organismen enthielten, die einfach wuchsen. Es gab sogar die Vorstellung, ein solcher Organismus in einem Ei könnte wiederum eigene Eier haben, in denen noch winzigere Organismen mit noch kleineren Eiern zu finden seien usw.

Doch im Jahr 1759 wies der deutsche Physiologe Kaspar Friedrich Wolff (1734–1794) nach, daß sich spezifische Organe aus unspezifischem Gewebe entwickeln. Die Spitze eines wachsenden Sprosses, zum Beispiel, besteht aus undifferenziertem Gewebe. In dem Maße aber, wie es weiterwächst, spezialisiert es sich. Manche Gewebeteile werden zu Blüten, während andere, die von ihnen nicht zu unterscheiden waren, jetzt zu Blättern werden.

Dasselbe Prinzip galt auch für Tiere. Damit war die Vorstellung überwunden, daß die Organismen im Ei oder Sperma vorgeformt seien. Wolff gilt deshalb als einer der Begründer der modernen *Embryologie* (Entwicklungslehre des Lebens).

Nachtrag

Friedrich II. hatte zwar wichtige Siege errungen und war eindeutig der fähigste militärische Führer in Europa, aber die zahlenmäßige Übermacht des Feindes begann ihm doch zu schaffen zu machen. Er und sein Heer waren ausgelaugt, und die Franzosen, Österreicher und Russen traten, so oft sie auch geschlagen wurden, immer wieder zum Kampf an.

In Nordamerika näherte sich der Kolonialkrieg zwischen Frankreich und Großbritannien seinem Höhepunkt. Eine britische Streitmacht unter James Wolfe (1727–1759) griff die Stadt Quebec an. Auf französischer Seite führte Louis-Joseph de Montcalm-Gozon (1712–1759) den Befehl. Am Morgen des 13. September 1759 wurden die Franzosen von 5 000 Angreifern überrascht. Die Briten siegten und eroberten Quebec, aber sowohl Wolfe als auch Montcalm fielen.

1760

Erdbeben

Erdbeben hatten den Menschen seit jeher traurige und erschreckende Erfahrungen bereitet. Ihre Ursache allerdings war unbekannt.

Die ersten Theorien schrieben sie der Ruhelosigkeit von Göttern und Dämonen zu, die in der Erde eingesperrt seien. Die alten griechischen Philosophen suchten nach einer rationaleren Erklärung und nahmen an, es handle sich um unterirdisch eingeschlossene Luft, die hin und wieder, wenn sie zu entweichen versuche, die Erde erschüttere.

Das Lissaboner Erdbeben von 1755 war ein Anlaß, wieder ernsthaft über die Frage nachzudenken. Der englische Physiker John Michell (1724–1793) stellte 1760 fest, daß Erdbeben oft in vulkanischen Gebieten auftraten. Er vermutete, die vulkanische Hitze verwandele unterirdisches Wasser in Dampf und verursache dadurch Erdbeben.

Außerdem hielt er Erdbeben für Wellenbewegungen, die mit meßbarer Geschwindigkeit durch die Erde wanderten. Wenn man genau aufzeichnete, zu welcher Zeit die Wellen bestimmte Punkte erreichten, so konnte man den Ausgangspunkt (das *Epizentrum*) des Erdbebens bestimmen. Epizentren konnten nach Michell auch im Gestein unter dem Meer sitzen, und ein solches hatte seiner Meinung nach auch Lissabon zerstört.

Michells Vorstellungen waren insgesamt recht vernünftig. Deshalb gilt er heute als der Begründer der *Seismologie* (Erdbebenkunde).

Wärmekapazität

Bisher hatte man angenommen, daß die Temperatur eines Körpers proportional zu der ihm zugeführten Wärme stiege und daß die Temperaturen gleich schwerer Körper aus verschiedenem Material bei gleicher Wärmezufuhr im selben Umfang stiegen. Warum auch nicht? Wärme galt als sehr feine Flüssigkeit, und es schien vernünftig, davon auszugehen, daß sie alle Stoffe gleichmäßig ausfülle und alle Stoffe eines bestimmten Gewichts dieselbe Kapazität zum Speichern von Wärme hätten.

Im Jahr 1760 jedoch zeigte Black (vgl. 1754), daß diese Vorstellung, so vernünftig sie auch schien, nicht stimmte. Er erhitzte gleich schwere Mengen Quecksilber und Wasser über derselben Flamme, und die Temperatur des Quecksilbers stieg doppelt so schnell wie die des Wassers. Für Black war das der Beweis, daß die Wärmekapazität des Quecksilbers geringer war als die des Wassers und Quecksilber sich folglich schneller mit Wärme füllte als Wasser.

Wenn man also gleiche Mengen Quecksilber und Wasser mischt, wobei das Quecksilber wärmer ist, liegt die Endtemperatur der Mischung nicht genau zwischen den Ausgangstemperaturen, sondern etwas darunter, denn die Wärmemenge, die das Quecksilber an das Wasser abgibt, füllt das Wasser nicht in dem Maße, wie sie das Quecksilber gefüllt hat.

Damit begann die wissenschaftliche Beschäftigung mit der Wärme im Unterschied zur Temperatur.

Pathologie

Der italienische Anatom Giovanni Battista Morgagni (1682–1771) veröffentlichte 1760 ein Buch, in dem er die 640 Autopsien schilderte, die er in seinem langen Leben durchgeführt hatte. Sorgfältig beschrieb er das Leben der Patienten, ihre Symptome, den Verlauf ihrer Krankheit und die Umstände ihres Todes. Dann kommentierte er alles aus anatomischer Sicht. Deshalb gilt er gewöhnlich als Begründer der modernen *Pathologie* (der Lehre von den Krankheiten).

Nachtrag

Der englische König Georg II. starb am 25. Oktober 1760. Nachfolger wurde sein Enkel Georg III. (1738–1820). Während Georg I. und Georg II. nur deutsch gesprochen hatten, war Georg III. durch und durch englisch, und während Georg I. und Georg II. dem Premierminister bereitwillig die Regierungsgeschäfte überlassen hatten, wollte Georg III. (mit Unterstützung seiner Mutter) »ein König sein« im französischen Stil. Dafür

war es allerdings zu spät, und sein Versuch, sich durchzusetzen, endete in einer Katastrophe.
Friedrich II. tat sich immer schwerer, sein Heer wie die Feuerwehr von einem Krisenherd zum anderen zu hetzen. Am 9. Oktober 1760 eroberte eine russische Armee Berlin und brannte es nieder, zog sich dann aber zurück, als Friedrich heranrückte.

1761

Die Atmosphäre der Venus

Im Unterschied zu anderen Planeten waren auf der Oberfläche der Venus keine Konturen zu erkennen. Sie präsentierte sich stets als glattes, weißes Gestirn. Trotzdem weckte sie Interesse, denn ab und zu bewegte sie sich, da sie der Sonne näher ist als die Erde, genau zwischen Sonne und Erde hindurch. Bei solchen Gelegenheiten erschien sie als kleine schwarze Kugel, die sich langsam über die Sonnenscheibe schob. Man nennt das den *Durchgang* der Venus.
Im Jahr 1761, als ein solcher Venusdurchgang bevorstand, organisierten Astronomen Expeditionen nach Neufundland und St. Helena, um das Ereignis von verschiedenen Orten aus zu beobachten, die weit voneinander entfernt lagen. Man wollte vor allem zweierlei ermitteln: den genauen Zeitpunkt, zu dem die Venus den Rand der Sonne berührte, und den genauen Zeitpunkt, zu dem sie die Sonne auf der anderen Seite wieder verließ. Die so gewonnenen Informationen hoffte man dazu verwenden zu können, die Parallaxe der Venus zu berechnen und ihre Entfernung (wie auch die der Sonne) mit höherer Genauigkeit zu bestimmen, als es Cassini bei seiner Bestimmung der Marsparallaxe gelungen war.
Das Unternehmen schlug fehl. Die Anfangs- und Endzeit des Venusdurchgangs konnte zur Enttäuschung aller Beteiligten nicht exakt bestimmt werden.
Einer der Beobachter, der russische Wissenschaftler Michail Wassiljewitsch Lomonossow (1711–1765) führte das aber darauf zurück, daß die Venus eine Atmosphäre hatte. Die Atmosphäre verzerrte nach seiner Meinung ihre Umrisse, so daß der Zeitpunkt ihrer Kontakte mit der Sonne nicht genau bestimmbar war. Und wenn diese Atmosphäre zudem auch noch eine ständige Wolkenhülle besaß, so war damit nicht nur der Glanz der Venus erklärt (denn die Wolken reflektierten das meiste Sonnenlicht), sondern auch die scheinbare Konturlosigkeit ihrer Oberfläche.

Perkussion

In jenen Tagen gab es nicht sehr viele Methoden der medizinischen Diagnose. Aber 1761 veröffentlichte der österreichische Arzt Leopold Auenbrugger (1722–1809) ein Buch mit dem Titel *Inventum novum (Eine neue Erfindung)*, in dem er darlegte, daß man durch Abklopfen des Körpers, insbesondere in der Brustgegend, und durch Beurteilen des dabei erzeugten Schalls Hinweise auf Erkrankungen der inneren Organe bekommen könne. Diese Abklopfmethode heißt *Perkussion.* Zur Überprüfung seiner Theorie verglich er seine mit Hilfe der Perkussion gestellten Diagnosen mit Autopsieresultaten.
Es sollte aber noch 40 Jahre dauern, bis sich diese Diagnosemethode in der Medizin durchsetzte.

1762

Latente Wärme

Black (vgl. 1754) fand 1762 heraus, daß beim Erhitzen einer Mischung aus Eis und Wasser wohl Wärme absorbiert wurde, die Temperatur aber nicht stieg. Die ganze Wärme war erforderlich, um das Eis zu schmelzen. Das Schmelzwasser hatte dieselbe Temperatur wie das Eis, enthielt aber mehr Wärme. Dasselbe geschah, wenn Wasser erhitzt wurde und verdampfte.

Black nannte diese Wärme *latente Wärme*, da sie zwar vorhanden war, sich aber nicht in einem Temperaturanstieg bemerkbar machte. Die latente Wärme geht natürlich nicht verloren, denn wenn Wasserdampf zu Wasser kondensiert oder Wasser zu Eis gefriert, wird sie wieder freigesetzt.

Das Verständnis der latenten Wärme war wichtig für die Verbesserung der Dampfmaschine ein paar Jahre später.

Nachtrag

Am 5. Januar 1762 starb die russische Zarin Elisabeth Petrowna. Ihr Nachfolger wurde Peter III. (1728–1762), der Sohn von Elisabeths Schwester Anna Petrowna. Er war ein glühender Verehrer von Friedrich II., schloß sofort Frieden mit ihm und ließ die bisherigen Verbündeten Rußlands im Stich. Doch die Mißstimmung wuchs rasch. Nach kurzer Zeit wurde Peter III. von seiner Frau gestürzt und starb unter ungeklärten Umständen. Seine Frau, von deutscher Abstammung und weitaus fähiger als er, regierte als Katherina II. (1729–1796).

1763

Bestäubung

Die Vorstellung einer geschlechtlichen Fortpflanzung bei Pflanzen muß sehr fremdartig erschienen sein, denn Pflanzen sind im Prinzip an einen Ort gebunden und können nicht wie Tiere Geschlechtsbeziehungen zu anderen Individuen aufnehmen.

Der deutsche Botaniker Josef Gottlieb Kölreuter (1733–1806) jedoch fand heraus, daß der pflanzliche Blütenstaub (Pollen) vom Wind rein zufallsbestimmt zu weiblichen Organen derselben Art getragen werden kann. Aufgrund dieser Zufälligkeit müssen Pflanzen, die auf Windbestäubung angewiesen sind, in riesigen Mengen Blütenstaub produzieren.

Kölreuter zeigte auch, daß tierische Bestäuber wie Bienen diese Aufgabe weit effektiver erfüllen. Eine Biene kriecht auf der Suche nach Nektar (der Köder, der sie anlockt) in die Blüte. Der Blütenstaub bleibt an den Härchen am Körper der Biene hängen, und wenn sie die nächste Blüte anfliegt, wird er an deren Stempel abgestreift.

Nachtrag

Der Siebenjährige Krieg endete mit dem Frieden von Paris am 10. Februar 1763 und dem Frieden von Hubertusburg am 15. Februar. Frankreich war der große Verlierer. Großbritannien übernahm von Frankreich ganz Kanada und von Spanien Florida und ganz Louisiana östlich des Mississippi. Spanien erhielt dafür die westlich des Mississippi gelegenen Teile Louisianas. Frankreich besaß also in Nordamerika bis auf ein paar Inseln keine Kolonien mehr. In Europa durfte Preußen Schlesien behalten. Preußen war einer totalen Niederlage knapp entronnen, und Friedrich II. war so ernüchtert, daß er in der zweiten Hälfte seiner Herrschaftszeit den Frieden bewahrte.

1764

Dampfmaschine

Ein halbes Jahrhundert lang war Newcomens atmosphärische Dampfmaschine (vgl. 1712) trotz ihrer Ineffektivität beim Bergbau eingesetzt worden. Im Jahr 1764 sollte der schottische Ingenieur James Watt (1736–1819) das Modell einer solchen Maschine reparieren. Die Reparatur war kein Problem, aber Watt wollte die Maschine verbessern. Er hatte von seinem Freund Black von der latenten Wärme erfahren (vgl. 1762) und begriff, wie verschwenderisch es war, denselben Zylinder immer wieder aufzuheizen und abzukühlen. Da kam ihm der Gedanke, zwei Zylinder zu verwenden. Einer sollte immer heiß, der andere immer kalt gehalten werden. Solange der Dampf seine Arbeit verrichtete, war er im heißen Zylinder, anschließend wurde er zur Kondensation durch ein Ventilsystem in den kalten Zylinder geleitet, während im heißen Zylinder schon wieder neuer Dampf gebildet wurde. Das war der erste Schritt zu einer wirklich effektiven Dampfmaschine.

Nachtrag

Der Siebenjährige Krieg hatte ein tiefes Loch in den britischen Staatshaushalt gerissen. Das Land stand vor einem Schuldenberg. Da die Briten von allen europäischen Völkern ohnehin schon die höchsten Steuern zahlten, suchte die britische Regierung nach neuen Einkommensquellen. Und sie fand eine solche Quelle in den nordamerikanischen Kolonien. Schließlich hatten sie am meisten von der Abwendung der französischen Bedrohung profitiert. Aber seitdem waren die Kolonien längst nicht mehr so auf den Schutz des Mutterlandes angewiesen wie zuvor, und die Einwohner der Kolonien sahen einer höheren Besteuerung ohne jede Begeisterung entgegen. Ein neuer Konflikt zeichnete sich ab.

1765

Plutonismus

Der französische Geologe Nicolas Desmarest (vgl. 1756) beschäftigte sich mit den Veränderungen, die auf der Erdoberfläche stattfanden. Er stellte als erster die Behauptung auf, daß Täler von den Flüssen, die sie durchfließen, gebildet worden sind.
Im Jahr 1765 entwickelte er die Theorie Guettards (vgl. 1752) weiter. Wie Guettard sah er in der Wärme die Ursache für Veränderungen. Doch er ging noch einen Schritt weiter und führte diese Wärme auf vulkanische Tätigkeit zurück. Basalt, so Desmarest, sei vulkanischen Ursprungs, und große Teile des in Frankreich anzutreffenden Gesteins bestünden aus uralten Lavaströmen. Desmarest war damit ein Vertreter des *Plutonismus* (so benannt nach dem Gott der Unterwelt). Die meisten Geologen hingen allerdings noch längere Zeit der Auffassung des deutschen Geologen Abraham Gottlob Werner (1750–1817) an, einem Vertreter des *Neptunismus* (vgl. 1752), der darauf beharrte, daß Wasser die alleinige Ursache jedweder Veränderung der Erdoberfläche sei.

Nachtrag

Auf der Suche nach Geldquellen erließ das britische Parlament für die Kolonien eine *Stempelakte.* Für alle Zeitungen, juristischen Urkunden, Flugblätter, Almanache, Spielkarten u.ä. wurde eine Steuermarke eingeführt, für die an den britischen Fiskus Geld zu entrichten war. Es waren die ersten direkten Steuern (im Unterschied zu Zöllen), mit denen das Parlament die Kolonien belegte, und sofort regte sich heftiger Widerstand. Unter dem Namen *Söhne der Freiheit* wurde eine Organisation zum Kampf gegen die britische Einmischung in amerikanische Angelegenheiten gegründet.

1766

Wasserstoff

Blacks Arbeit über Kohlendioxid (vgl. 1754) hatte bei den Chemikern großes Interesse an Gasen hervorgerufen. Im Jahr 1766 entdeckte der britische Chemiker Henry Cavendish (1731–1810), daß manche Metalle bei der Behandlung mit Säure ein leicht entzündbares Gas freisetzten, das er deshalb *brennbare Luft* nannte (heute nennen wir das Gas *Wasserstoff*).
Tatsächlich hatten schon frühere Forscher, allen voran Boyle (vgl. 1661), das Gas isoliert, aber Cavendish war der erste, der es sorgfältig untersuchte und über seine Eigenschaften berichtete. Deshalb wird gewöhnlich ihm die Entdeckung zugeschrieben.
Cavendish führte Messungen mit verschiedenen Gasen durch, um ihre jeweilige Dichte zu bestimmen. Dabei stellte er fest, daß die Dichte seines neuen Gases nur ein Vierzehntel der Dichte von Luft betrug. Seitdem ist kein anderer Stoff gefunden worden, der unter normalen Bedingungen eine geringere Dichte als Wasserstoff aufweist.

Nerven

Seit dem Altertum hatte man die Nerven für hohle Röhren gehalten, die (ähnlich wie Venen und Arterien) irgendeine ganz feine Flüssigkeit transportierten.
Der Schweizer Physiologe Albrecht von Haller (1708–1777) verwarf diese Vorstellung und beschloß, keine Aussagen über die Nerven mehr zu machen, die sich nicht experimentell bestätigen ließen. Durch seine Experimente, deren Ergebnisse er 1766 veröffentlichte, wies er nach, daß Muskeln erregbar waren, das heißt, daß ein leichter Reiz an einem Muskel eine heftige Kontraktion auslöste. Außerdem zeigte er, daß der Reiz an einem Nerv eine heftige Kontraktion in dem Muskel hervorrief, mit dem er verbunden war. Der Nerv war erregbarer und bedurfte eines schwächeren Reizes.
Von Haller schloß daraus, daß Muskelbewegungen durch Nervenreize gesteuert werden. Er zeigte auch, daß im Nervengewebe selbst keine Erregung empfunden wird, sondern daß es den Reiz nur weiterleitet.
Von Haller stellte ferner fest, daß alle Nerven ins Gehirn oder Rückenmark führen, die damit eindeutig als Zentren der Sinneswahrnehmung und der Reaktionen darauf bestimmt waren. Aufgrund all dieser Erkenntnisse gilt er als Begründer der modernen *Neurologie*.

Nachtrag

Das britische Parlament nahm die Stempelakte widerwillig zurück, bestand aber auf seinem Recht der Besteuerung der Kolonien.

1768

Urzeugung

Redi hatte nachgewiesen (vgl. 1668), daß Maden nicht spontan aus toter Materie entstehen, sondern aus Fliegeneiern schlüpfen. Damit war zwar möglicherweise die Urzeugung sichtbarer Organismen widerlegt, aber inzwischen hatten die Wissenschaftler Myriaden von Mikroorganismen entdeckt. Konnten diese vielleicht durch Urzeugung entstehen?
Der britische Naturforscher John Turberville Needham (1713–1781) füllte Hammelbrühe in einen Glasbehälter, tötete alle Mikroorganismen durch Erhitzen ab und versiegelte den Behälter. Ein paar Tage später, so berichtete er, habe die Brühe wieder zahlreiche Mikroorganismen enthalten, die spontan entstanden sein müßten. Dieses Experiment aus dem Jahr 1740 beeindruckte die Fachwelt. Allerdings wurden Zweifel laut, er habe die Brühe

nicht stark genug erhitzt, um alle Mikroorganismen abzutöten.
Im Jahr 1768 beschloß der italienische Biologe Lazzaro Spallanzani (1729–1799), das Experiment zu wiederholen, um Klarheit zu schaffen. Er kochte die Flüssigkeit eine halbe bis eine dreiviertel Stunde lang und versiegelte das Gefäß. Danach fanden sich keine Mikroorganismen mehr. Wenn er die Flüssigkeit allerdings kürzere Zeit kochte, tauchten wieder welche auf.
Das ließ den Schluß zu, daß es selbst bei Mikroorganismen keine Urzeugung gibt.

Australien

Venusdurchgänge erfolgen immer zweimal im Abstand von acht Jahren, danach ist über ein Jahrhundert Pause. Da es 1761 einen Durchgang gegeben hatte, stand der nächste 1769 bevor. Aus diesem Grund reiste der englische Seefahrer James Cook (1728–1779) im Jahr 1768 in den Stillen Ozean. Er sollte den Durchgang von der jüngst entdeckten Insel Tahiti aus beobachten.
Während dieser Reise erforschte er als erster gründlich die Küsten Australiens und bekam eine Vorstellung von der Größe dieses Kontinents. Zwar hatten auch schon frühere Entdecker die Küsten oberflächlich erforscht, doch erst Cooks Berichte waren so ausführlich, daß sie in Europa Interesse an diesem Land weckten. Deshalb wird er gewöhnlich als der Entdecker Australiens genannt. Diese und zwei weitere Reisen in den folgenden Jahren machten Cook zum berühmtesten Seefahrer seit Magellan (vgl. 1523). Cook befuhr den Stillen Ozean kreuz und quer und erbrachte schließlich den Nachweis, daß keine größeren Inseln in ihm zu finden waren. Mit Australien war die letzte große, bewohnbare Landfläche auf der Erde entdeckt worden.
Auf seinen Reisen machte sich Cook Linds Erkenntnisse im Bereich der Ernährung (vgl. 1747) zunutze. Er verlor nur einen Mann durch Skorbut.

Kohlensäurehaltiges Wasser

Der englische Chemiker Joseph Priestley (1733–1804) beschäftigte sich 1768 mit Gasen – teilweise deshalb, weil er neben einer Brauerei wohnte und das Kohlendioxid verwenden durfte, das beim Brauvorgang anfiel. Als er etwas Kohlendioxid in Wasser löste, stellte er fest, daß dieses *kohlensäurehaltige Wasser* ein angenehm prickelndes und erfrischendes Getränk war. Wir nennen es heute Sodawasser, Selters oder Sprudel. Da zur Herstellung von Limonade nur noch die Zugabe von Geschmackstoffen und Zucker fehlte, dürfen wir in Priestley ohne weiteres den Vater der modernen Erfrischungsgetränkeindustrie sehen.

Nachtrag

Unter Führung des Parlamentariers Charles Townshend (1725–1767) und mit begeisterter Unterstützung Georgs III. belegte das britische Parlament eine Reihe von Waren mit Zöllen. Da es sich um indirekte Steuern handelte, nahm man an, daß die Kolonien sich nicht dagegen wehren würden. Ein schwerwiegender Irrtum, wie sich noch zeigen sollte.
Der englische Astronom Charles Mason (1728–1786) und sein Landsmann, der Landvermesser Jeramiah Dixon (gest. 1777), schlossen 1767 die Vermessung der Grenze zwischen Pennsylvania und Maryland ab. Sie erhielt den Namen *Mason-Dixon-Linie* und erlangte später eine gewisse Berühmtheit, weil sie die freien Staaten im Norden von den Sklavenhalter-Staaten im Süden trennte.

1769

Quantitative Chemie

Obwohl Black schon die Nützlichkeit quantitativer Messungen in der Chemie bewiesen hatte (vgl. 1754), war es der französische Chemiker Antoine-Laurent Lavoisier (1743–1794), der sie tatsächlich in der Wissenschaft verankerte. Aus diesem Grund gilt er als der Vater der modernen Chemie.

Zu dieser Zeit gab es immer noch Menschen, die der altgriechischen Theorie von den veränderlichen Elementen anhingen. Wenn man Wasser lange Zeit kochen lasse, so argumentierten sie, bilde sich ein Bodensatz, und das sei doch ein eindeutiger Beweis für die Umwandlung von Wasser in eine Art Erde und stütze die Theorie der Griechen.

Lavoisier beschloß 1769, der Sache auf den Grund zu gehen. Er ließ 101 Tage lang Wasser in einem Behälter kochen, der den Wasserdampf kondensierte und wieder dem Wasser im Behälter zuführte, so daß während der ganzen Zeit kein Wasser verlorenging. Wassermenge und Gefäß wurden vor und nach dem Experiment gewogen.

Tatsächlich bildete sich ein Bodensatz, aber das Wasser verlor kein Gewicht, also konnte der Bodensatz nicht aus dem Wasser stammen. Das Gefäß selbst allerdings hatte etwas Gewicht verloren, und zwar genausoviel, wie der Bodensatz wog. Mit anderen Worten, der Bodensatz stammte aus dem Glas des Behälters, war vom heißen Wasser langsam weggeätzt worden und in fester Form ausgefallen. Dies war ein schlagendes Beispiel dafür, wie nutzlos und irreführend Beobachtungen ohne Messung sein konnten.

Spinnmaschine

Die Textilindustrie wurde für Großbritannien immer wichtiger, und jede mechanische Vorrichtung, die zur Produktionssteigerung beitrug, vergrößerte den Reichtum derer, denen die Fabriken gehörten.

Im Jahr 1769 erfand der Engländer Richard Arkwright (1732–1792) eine Spinnmaschine: einen mechanischen Apparat, mit dem sich Baumwollfäden herstellen ließen, die so hart und fest waren, daß sie in der Textilfabrikation verwendet werden konnten. Die Maschine fertigte Stoffe nicht nur schneller als Handarbeiter, sondern war so einfach aufgebaut, daß Arkwright sie von relativ ungelernten Arbeitern bedienen lassen konnte, die bereit waren, für wenig Lohn zu arbeiten. Arkwright starb als Millionär, aber seine Erfindung forderte ihren Preis. Viele Menschen verloren durch sie ihre Arbeit und mußten hungern. Der Staat fühlte sich damals noch nicht für das materielle Wohl seiner Bürger verantwortlich.

Nachtrag

In einem plötzlichen Anfall von Tatendrang besiedelten die Spanier die kalifornische Küste. Die Städte Los Angeles und San Francisco wurden in dieser Zeit gegründet.

James Cook (vgl. 1768) vermaß 1769 die Küste von Neuseeland. Louis Antoine de Bougainville (1729–1811) umsegelte als erster Franzose die Welt.

1770

Der Nil

Die Küsten der Kontinente waren relativ einfach zu erforschen, aber der Vorstoß ins Landesinnere war in der Regel schwieriger und auch gefährlicher. Dies galt besonders für Afrika. Portugiesen hatten zwar als erste die Küsten des Erdteils erforscht, doch sein Inneres war für die Geographie eines der letzten großen unbekannten Gebiete.

Besonders kraß zeigte sich dieser Gegensatz am Nil. Im Norden, an seiner Mündung, blühte eine der beiden ältesten Zivilisationen der Welt, aber weder die alten Ägypter noch irgendein zivilisiertes Volk nach ihnen hatte seine Quelle entdeckt. Dies ist weniger erstaunlich, wenn man sich vor Augen führt, daß der Nil der längste Fluß der Erde ist. Er fließt in ziemlich gerader Linie von Süden nach Norden und legt dabei von der Quelle bis zur Mündung rund 6 400 Kilometer zurück. Die alten Ägypter waren ungefähr 2 400 Kilometer flußaufwärts vorgedrungen. Nun aber, im Jahr 1770, gelangte der schottische Entdecker James Bruce (1730–1794) bis nach Khartum im heutigen Sudan. Hier vereinigen sich zwei Flüsse: der von Südwesten kommende Weiße und der von Südosten kommende Blaue Nil. Bruce folgte dem Blauen Nil und entdeckte seine Quelle: den Tana-See im Nordwesten des heutigen Äthiopien.
Damit schien die Frage nach dem Ursprung des Nils zunächst einmal gelöst zu sein. Doch der Weiße Nil ist der längere der beiden und damit der Hauptstrom. Bis seine Quelle entdeckt wurde, sollten noch weitere hundert Jahre vergehen.

Der Golfstrom

Im Meer gibt es Strömungen, die für die Seefahrt nicht weniger wichtig sind als die Winde. Nur fallen sie nicht so auf.
Franklin (vgl. 1733) war mehrere Male zwischen Amerika und Europa hin- und hergereist. Dabei war ihm aufgefallen, daß die Reisedauer stark von der Fahrtrichtung abhing. Daraufhin befragte er erfahrene Walfänger und wertete systematisch die Logbücher von Schiffen aus. Mit Erfolg: Er fand heraus, daß es eine warme Meeresströmung gab, die im Golf von Mexiko entsprang und den Nordatlantik in Richtung Europa überquerte *(Golfstrom)*. Schiffe, die mit dieser Strömung in östlicher Richtung nach Europa segelten, waren schneller als diejenigen, die in umgekehrter Richtung gegen diese Strömung segeln mußten. Franklin hielt den Golfstrom kartographisch fest und gab den britischen Seefahrern dadurch Hinweise, wie sie bei ihren Fahrten nach Amerika langsame Routen vermeiden konnten. Damit begann die wissenschaftliche Erforschung der Meeresströmungen.
Solche Strömungen sind aber nicht nur für Seefahrer wichtig. Labrador und Großbritannien, zum Beispiel, liegen beiderseits des Atlantiks auf demselben Breitengrad. Während die britische Küste jedoch vom warmen Wasser des Golfstroms umspült wird, fließt an Labrador eine kalte arktische Strömung vorbei. Aus diesem Grund hat Großbritannien ein mildes Klima und wird von vielen Millionen Menschen bewohnt, während im eisigen Labrador nur einige Zehntausende leben.

Lösliche Gase

Priestley (vgl. 1768) fing als erster Gasblasen in einem umgekehrten, mit Quecksilber gefüllten Gefäß auf, dessen Öffnung in eine Schale mit Quecksilber getaucht war. Auf diese Weise konnte man Gase sammeln, die man nicht in Blasen durch Wasser aufsteigen lassen konnte, weil sie sich im Wasser auflösten. Bis 1770 hatte Priestley die wasserlöslichen Gase, die wir als Ammoniak, Schwefeldioxid und Chlorwasserstoff kennen, gesammelt und untersucht.

Nachtrag

Am 5. März 1770 wurden britische Soldaten in Boston von Kolonisten bedroht und schossen in Selbstverteidigung. Fünf Kolonisten kamen ums Leben. Die Nachricht von diesem *Massaker von Boston* verbreitete sich rasch in allen Kolonien und löste eine Welle der Empörung gegen die Briten aus.
Die Townshend-Zölle (vgl. 1768) wurden zurückgenommen, aber der Zoll auf Tee wurde beibehalten. Er war sehr niedrig und sollte nur demonstrieren, daß das Parlament in

London befugt war, die Kolonien zu besteuern.
Die Bevölkerung in den dreizehn amerikanischen Kolonien belief sich mittlerweile auf 2,2 Millionen Menschen.

1771

Astronomische Nebel

Manche Astronomen steigerten sich so in die Suche nach Kometen hinein, daß sie kaum noch an etwas anderes denken konnten. Einer von ihnen war Charles Messier (1730–1817). Er entdeckte einundzwanzig Kometen, bekam aber Depressionen, wenn ein anderer Astronom einen Kometen entdeckte, der ihm entgangen war, oder wenn er von seinem Teleskop ferngehalten wurde, weil beispielsweise seine Frau auf dem Sterbebett lag.
Oft mußte er verärgert feststellen, daß ein verschwommenes Objekt am Himmel, das er zuerst für einen Kometen gehalten hatte, eine Art Nebel war, der an einer Stelle des Weltalls fixiert schien. Im Jahr 1771 veröffentlichte er eine Liste mit fünfundvierzig solcher Nebel. Später wuchs sie auf über hundert an.
Wie sich herausstellte, war dieser *Messier-Katalog* viel wichtiger als seine Kometen. Messier wäre heute vollkommen vergessen, wenn er nur Kometen entdeckt und sonst nichts geleistet hätte. Dagegen hat ausgerechnet seine Liste der zu vernachlässigenden Objekte seinen Namen unsterblich gemacht, denn sie enthält zahlreiche Sternhaufen und entfernte Galaxien.

Pflanzen und Kohlendioxid

Es war inzwischen bekannt, daß weder Verbrennungsvorgänge noch tierisches Leben in einer Umgebung aus Kohlendioxid möglich waren. Priestley (vgl. 1768) wollte überprüfen, ob Pflanzen genausowenig wie Tiere in Kohlendioxid überleben können.
Im Jahr 1771 stellte er eine brennende Kerze in einen abgeschlossenen Luftraum, bis die Kerze ausging und die Luft voller Kohlendioxid war. Dann stellte er einen Zweig Minze in einem Glas Wasser in den abgeschlossenen Raum.
Die Pflanze starb nicht. Sie lebte dort sogar monatelang und schien zu gedeihen. Ja, am Ende dieser Zeitspanne setzte er sogar eine Maus in den abgeschlossenen Raum, und sie konnte atmen – und auch die Kerze brannte wieder.
Die Luft mußte also einen Stoff enthalten, der erstens Verbrennungsvorgänge und tierisches Leben ermöglichte, zweitens durch brennende Kerzen und atmende Tiere in Kohlendioxid umgewandelt und drittens durch pflanzliches Leben *wiederhergestellt* wurde. Dies war der erste Hinweis darauf, daß Pflanzen und Tiere die Erdatmosphäre in einem chemischen Gleichgewicht halten, so daß die Luft zum Atmen taugt.

Nachtrag

Rußland, seit mehreren Jahren im Krieg mit der Türkei, verzeichnete in der Ukraine große Erfolge. Im Jahr 1771 besetzten die Russen die Halbinsel Krim, die letzte Bastion der Tataren, die Rußland fünf Jahrhunderte zuvor erobert hatten. Österreich und Preußen machten sich wegen des Erstarkens ihres östlichen Nachbarns Sorgen und suchten nach Möglichkeiten, ihr eigenes Territorium zu vergrößern.
Die erste Ausgabe der *Encyclopaedia Britannica* erschien 1771 in drei Bänden.

1772

Verbrennung

Die damalige Vorstellung der Chemiker von der Verbrennung beruhte auf einer Theorie, die der deutsche Chemiker Georg Ernst Stahl (1660–1734) zum ersten Mal vorgelegt hatte. Danach enthielten brennbare Gegenstände einen Stoff, den er *Phlogiston* nannte (das Wort stammt von einem griechischen Ausdruck für »in Brand setzen«).
Nach Stahl verlor der Brennstoff beim Verbrennungsprozeß sein Phlogiston. Was übrig blieb, enthielt kein Phlogiston mehr und konnte deshalb nicht brennen. Stahl erkannte, daß zwischen Rosten und Verbrennen eine gewisse Ähnlichkeit bestand. Er hielt Metalle für reich an Phlogiston und glaubte, daß sie es beim Verrosten nach und nach verlieren würden.
Die Hauptschwäche dieser Theorie: Sie konnte nicht erklären, warum Holz beim Verbrennen viel Gewicht verlor (also Phlogiston, wie man annahm), Eisen aber beim Verrosten an Gewicht zunahm. Zu Stahls Zeiten hielten es viele Chemiker jedoch noch nicht für wichtig, Mengen genau zu messen, und ignorierten diesen Widerspruch einfach.
Lavoisier (vgl. 1769) jedoch hielt viel von genauen Messungen und begann 1772 damit, in einem abgeschlossenen Behälter bestimmte Mengen von Stoffen zu erhitzen und zu wiegen. Zum Beispiel verbrannte er bestimmte Elemente in einem mit Luft gefüllten Behälter und stellte fest, daß das Produkt schwerer war als die Elemente selbst, obwohl sonst nichts in dem Behälter sein Gewicht verändert hatte. Wenn die Elemente beim Verbrennen an Gewicht zunahmen, dann mußte etwas anderes Gewicht verloren haben, und dafür kam nur die mit den Elementen eingeschlossene Luft in Frage. Wenn ein Teil der Luft von den brennenden Elementen aufgenommen worden war, mußte es im Behälter ein partielles Vakuum geben. Lavoisier öffnete den Behälter, und siehe da, Luft wurde angesaugt. Das zusätzliche Gewicht der eingesaugten Luft entsprach genau der Gewichtszunahme der verbrannten Elemente.
Aus solchen Experimenten zog Lavoisier den Schluß, daß beim Verbrennungsprozeß kein Phlogiston freigesetzt wird, sondern die verbrennende oder rostende Substanz sich mit einem Teil der Luft verbindet. Das war das Ende der Phlogistontheorie, wenngleich einige bedeutende Chemiker noch Jahrzehnte an ihr festhielten.

Diamanten

Unter den Stoffen, die Lavoisier verbrannte, war auch ein Diamant. Zusammen mit anderen Chemikern erstand er einen solchen Edelstein, legte ihn in ein abgeschlossenes Gefäß und erhitzte ihn dann mit Hilfe von Sonnenlicht, das er mit einem Vergrößerungsglas bündelte. Als der Diamant genügend erhitzt worden war, verschwand er einfach, und Kohlendioxid füllte das Gefäß. Also bestand der Diamant aus Kohlenstoff und war allem Augenschein zum Trotz chemisch sehr eng mit der Kohle verwandt.

Stickstoff

Inzwischen war bekannt, daß Verbrennungsvorgänge und tierisches Leben in normaler Luft möglich waren, nicht aber in Kohlendioxid. Wenn man nun Kerzen in einem abgeschlossenen Raum brennen ließ, bis keine weitere Verbrennung mehr möglich war, war dann die gesamte Luft zu Kohlendioxid geworden?
Black (vgl. 1754) bat seinen Studenten Daniel Rutherford (1749–1819), der Sache nachzugehen. Im Jahr 1772 ließ Rutherford eine Kerze in einem abgeschlossenen Behälter brennen, bis sie ausging, und band das gesamte Kohlendioxid, das dabei entstanden war, mit bestimmten Chemikalien. Er stellte fest, daß immer noch recht viel Gas übrig blieb. Es war kein Kohlendioxid, und doch brannte in

einem Gefäß mit diesem Gas weder eine Kerze, noch konnte ein Tier atmen. Er hatte ein neues Gas entdeckt, das später den Namen *Stickstoff* erhielt.

Nachtrag

Preußen und Österreich fanden eine Möglichkeit, Rußlands zunehmende Stärke durch eigenen Machtzuwachs auf Kosten Polens zu kompensieren. Polen lag zwischen ihnen und Rußland und war praktisch wehrlos. Preußen nahm sich Westpreußen, das ein Bindeglied zwischen Brandenburg und (Ost-)Preußen darstellte. Österreich nahm sich ein Stück von Südwestpolen. Um Rußland zufriedenzustellen, wurde ihm ein Teil von Ostpolen zugestanden. Diese *Erste Polnische Teilung* war ein Musterbeispiel rücksichtsloser Machtpolitik.

1773

Südlicher Polarkreis

Der Wikinger Ottar hatte den nördlichen Polarkreis als erster zu Wasser überquert (vgl. 870). Zu Land allerdings hatten sich zuvor bestimmt schon Angehörige primitiver Stämme so weit vorgewagt. Der nördliche Polarkreis verläuft durch Nordamerika, Europa und Asien, und nachdem sich die Gletscher zurückgezogen hatten, stand dieses Gebiet abenteuerlustigen Jägern offen.

Der südliche Polarkreis verläuft jedoch weit südlich von allen bevölkerten Gebieten. Am nächsten kommt ihm Feuerland, an der Südspitze Südamerikas. Aber selbst von dort sind es noch über 1 000 Kilometer bis zum Polarkreis. Deshalb läßt sich mit Gewißheit sagen, daß kein menschliches Wesen, ob primitiv oder zivilisiert, den südlichen Polarkreis vor 1773 überquert hat.

In diesem Jahr stieß James Cook während seiner zweiten Pazifikreise auf der Suche nach einer großen Landmasse weit nach Süden vor und überquerte am 17. Januar (mitten im antarktischen Sommer) als erster Mensch den südlichen Polarkreis.

Bazillen

Leeuwenhoek hatte ein knappes Jahrhundert zuvor die Bakterien entdeckt (vgl. 1683). Seitdem waren die Forscher nicht weitergekommen: Sie waren schon froh, wenn sie die Bakterien unter dem Mikroskop erkennen konnten. Dann aber, im Jahr 1773, gelang es dem dänischen Biologen Otto Frederik Müller (1730–1784), sie so deutlich zu sehen, daß er sie in verschiedene Kategorien einteilen konnte. Manche sahen wie Stäbchen aus, deshalb nannte er sie *Bazillen* (von dem lateinischen Wort für »Stäbchen«); andere waren spiralförmig gebogen, und deshalb nannte er sie *Spirillen.*

Müller versuchte als erster, die Mikroorganismen nach dem Vorbild von Linnés (vgl. 1735) in Arten und Gattungen einzuteilen, aber da die Bakterien sich nur als winzige Pünktchen präsentierten, war in dieser Hinsicht nicht allzuviel mit ihnen anzufangen.

Nachtrag

Die Ostindische Kompanie produzierte Tee im Überfluß, also senkte das britische Parlament den auf Tee erhobenen Zoll noch weiter und versuchte, ihn in den Kolonien abzusetzen. Die Kolonisten störte weniger das Geld, das sie zahlen sollten, als die Besteuerung an sich. Es ging ihnen ums Prinzip. Da sie nicht im Parlament vertreten waren, sprachen sie ihm das Recht ab, sie zu besteuern. Deshalb wurde der Tee zurückgewiesen, als er in verschiedenen amerikanischen Häfen ankam. Am 16. Dezember 1773 gingen Radikale unter der Führung von Samuel Adams (1722–1803) und John Hancock (1737–1793) als

Indianer verkleidet an Bord der Teeschiffe und warfen 342 Kisten Tee ins Wasser. Das war die *Boston Tea Party*.

1774

Sauerstoff

Priestley (vgl. 1770) arbeitete bei seiner Untersuchung der verschiedenen Arten von Luft auch mit Quecksilber und verwendete es ganz automatisch auch unmittelbar in seinen Experimenten. Wenn Quecksilber in Luft erhitzt wird, geht es eine backsteinrote Verbindung ein, die wir heute *Quecksilberoxid* nennen. Priestley erhitzte ein wenig von dieser Verbindung in einem Glasröhrchen, indem er Sonnenlicht mit einer Linse bündelte. Dabei zerfiel die Verbindung und setzte Quecksilber frei, das in Form von glänzenden Kügelchen in der oberen Hälfte des Röhrchens erschien. Ferner wurde ein Gas freigesetzt, das überaus ungewöhnliche Eigenschaften besaß. Brennbare Stoffe verbrannten in ihm wesentlich heller und schneller als in normaler Luft. Mäuse, die er in dieses Gas setzte, wurden besonders lebhaft, und Priestley selbst fühlte sich beim Einatmen »leicht und befreit«.

Als Lavoisier von Priestleys und Rutherfords Experimenten hörte (vgl. 1772) und sie mit seinen eigenen verglich, wurde ihm klar, daß Luft eine Mischung aus zwei Gasen sein mußte: Ein Fünftel war Priestleys neues Gas, das Lavoisier *Sauerstoff* nannte (es wurde fälschlicherweise angenommen, daß alle Säuren dieses Element enthielten); vier Fünftel waren Rutherfords Gas, das später als Stickstoff bekannt wurde.

Es stand außer Frage, daß Sauerstoff Verbrennungsprozesse und tierisches Leben ermöglichte und an der Rostbildung beteiligt war. Tiere verbrauchen Sauerstoff und produzieren Kohlendioxid (vgl. 1771); Pflanzen dagegen verbrauchen Kohlendioxid und produzieren Sauerstoff. Diese beiden Lebensformen halten die Zusammensetzung der Atmosphäre stabil.

Chlor

Es war ausgesprochenes Pech für Priestley, daß der schwedische Chemiker Carl Wilhelm Scheele (1742–1786) den Sauerstoff mindestens zwei Jahre vor ihm entdeckt hatte (und auf dieselbe Art und Weise). Doch Scheeles Entdeckung wurde aufgrund der Nachlässigkeit seines Verlegers erst veröffentlicht, als Priestleys Entdeckung schon bekannt war, und so wird die Entdeckung Priestley zugeschrieben.

Scheele allerdings entdeckte viele einfache Verbindungen tierischen und pflanzlichen Ursprungs, ganz zu schweigen von den giftigen Gasen Blausäure, Fluorwasserstoff und Schwefelwasserstoff. Ferner war er an der Entdeckung einer Reihe von Elementen beteiligt, obwohl es ihm nicht gelang, auch nur eine einzige Entdeckung unbestritten für sich zu reklamieren.

So hatte er 1774 einen Großteil der Vorarbeit geleistet, die zur Entdeckung des Elements Mangan führte. Sein Freund, der schwedische Mineraloge Johan Gottlieb Gahn (1745–1818), führte allerdings den entscheidenden letzten Schritt durch. Ihm wird deshalb die Entdeckung zugesprochen.

Im selben Jahr isolierte Scheele das Gas Chlor, das ungewöhnlicherweise nicht farblos war. Chlor ist grünlich-gelb, und sein Name stammt von dem griechischen Wort für »grün«. Leider erkannte Scheele nicht, daß Chlor ein Element ist. Er hielt es für eine Sauerstoffverbindung. Erst ungefähr dreißig Jahre später fand jemand heraus, daß es sich bei diesem Gas um ein Element handelt.

Geist und Krankheit

Seit den Anfängen der Geschichte hatten die Menschen versucht, Krankheiten mit Hilfe

verschiedener mystischer Rituale (Handauflegen, Sprüche, Gebete usw.) zu heilen.
Der deutsche Arzt und Mystiker Franz Anton Mesmer (1734–1815) ging dieses Thema wissenschaftlich an und schwenkte Magneten über den Köpfen seiner Patienten. In einigen Fällen bewirkte er eine Heilung. Später entdeckte er, daß die Magneten überflüssig waren und dieselben Ergebnisse erzielt werden konnten, wenn er mit der Hand über die Patienten hinwegstrich. Er behauptete, daß er mit dem *tierischen Magnetismus* arbeite.
In einigen Fällen bewirkte er natürlich keine Heilung, und so wurde er als Quacksalber aus Wien, wo er praktiziert hatte, vertrieben. Auch in Paris war er zuerst sehr populär und mußte dann die Stadt verlassen. Männer wie Franklin und Lavoisier beschäftigten sich mit seinen Methoden.
Franklin verurteilte zwar Mesmers Mystizismus, erkannte aber an, daß der Geist auf den Körper einen Einfluß ausübe, daß er Störungen hervorrufen und folglich auch zu ihrer Beseitigung beitragen könne.
Womit Mesmer sich beschäftigte, waren psychosomatische Leiden, die oft allein dadurch geheilt werden, daß die Patienten an ihre Heilung glauben (wenngleich Franklin diesen Zusammenhang besser verstand als er). Mesmers Methoden erlangten ein halbes Jahrhundert später, nachdem sie verfeinert und von manchem Hokuspokus befreit worden waren, als Hypnotismus ein gewisses Ansehen. Einiges davon ging später sogar in die Psychoanalyse ein.

Nachtrag

Die Nachricht von der Boston Tea Party (vgl. 1773) erboste Georg III. über die Maßen, und am 31. März 1774 erließ das britische Parlament eine Reihe von Zwangsmaßnahmen. Unter anderem wurde der Hafen von Boston geschlossen, offensichtlich in der Absicht, die Stadt auszuhungern. Aber aus anderen Teilen der Kolonien wurden Nahrungsmittel nach Boston gebracht, und der Zorn gegen das Mutterland nahm zu.
Der französische König Ludwig XV. starb am 10. Mai 1774. Nach ihm bestiegen sein Enkel Ludwig XVI. (1754–1793) und dessen Gemahlin Marie Antoinette (1755–1793) den Thron.

1775

Digitalis

Die ersten Arzneien, mit denen Heilversuche unternommen wurden, stammten von Pflanzen aller Art. Die frühesten Berichte über solche Heilkräuter verdanken wir Dioskurides (vgl. 50). Zu Beginn der Neuzeit rümpften Ärzte über pflanzliche Heilmittel eher die Nase. Das hing vielleicht damit zusammen, daß es ausgerechnet unzivilisierte Völker und – unter den zivilisierten – alte Frauen waren, die sich am besten mit Heilkräutern auskannten. Diese Frauen hatten ihr Wissen von alten Frauen der vorigen Generation übernommen, und die Gebildeten gaben nichts auf »Altweibergeschwätz«.
Aber man konnte doch etwas von diesem »Geschwätz« lernen. Der englische Arzt William Withering (1741–1799) ließ sich 1775 dazu herbei, mit dem Saft des Fingerhuts ein Ödem (Wassersucht) zu behandeln. Ursache der Wassersucht war ein schwaches Herz, das die Körperflüssigkeiten nicht mehr richtig zirkulieren ließ. Withering berichtete über sein Experiment und ergänzte das pharmazeutische Arsenal der Ärzte um das nützliche Herzmittel *Digitalis*.

Nachtrag

Boston stand unter Kriegsrecht, das durchzusetzen Aufgabe des britischen Generals Thomas Gage (1721–1787) war. Als die Briten am 19. April 1775 nach Concord marschierten, um Samuel Adams und John Hancock festzunehmen und die Waffen zu beschlagnahmen, die dort zusammengetragen worden waren, wurden die Kolonisten gewarnt. Die Briten sahen, daß sie ohne Kampf nicht zum Ziel kommen würden. Die Schlachten von Lexington und Concorde, in denen die Briten unterlagen, markierten den Beginn des *Nordamerikanischen Unabhängigkeitskrieges.*

1776

Menschenrassen

In Europa war es seit jeher bekannt, daß sich verschiedene Menschengruppen im Aussehen voneinander unterschieden. Die dunkleren Mittelmehrbewohner wußten, daß die Angehörigen der germanischen Stämme im Norden im allgemeinen größer und blonder waren, und die Europäer insgesamt wußten, daß asiatische Eindringlinge wie die Hunnen oder Mongolen recht kleinwüchsig waren und seltsam geformte Augenlider hatten. Ebenso war schon seit frühester Zeit bekannt, daß in Afrika sehr dunkelhäutige Menschen lebten.

Die erste systematische Klassifizierung dieser Unterschiede nahm der deutsche Anthropologe Johann Friedrich Blumenbach (1752–1840) vor. Er unterteilte die menschliche Art in fünf Rassen: Kaukasier (Europäer), Mongolide (Ostasiaten), Malaien (Südostasiaten und Südseeinsulaner), Äthiopier (Bewohner Afrikas südlich der Sahara) und Amerikaner (amerikanische Ureinwohner). Anschaulicher ist die Einteilung nach den entsprechenden Hautfarben: Weiß, Gelb, Braun, Schwarz und Rot. Die äußerlichen Unterschiede ändern jedoch nichts daran, daß alle Menschen *einer* Art angehören und sich beliebig vermischen können. Es gibt keine Anzeichen dafür, daß es zwischen den Rassen *wichtige* Unterschiede gibt, seien es körperliche, geistige oder seelische.

Blumenbachs Einteilungen waren viel zu allgemein und vereinfachend, denn jede Gruppe kann wieder in Untergruppen eingeteilt werden, und die australischen Ureinwohner waren gar nicht erfaßt. Blumenbachs Betonung oberflächlicher Unterscheidung nach Hautfarbe, Haar und Augenlidern erleichterte es den Rassisten, ihre Einstellung wissenschaftlich zu verbrämen. Sklaverei und rassische Verfolgung konnten so dargestellt werden, als seien sie legitim und biologisch unausweichlich.

Nachtrag

Der am 10. Mai 1775 in Philadelphia zusammengetretene Zweite Kontinentalkongreß verabschiedete eine Unabhängigkeitserklärung, die John Hancock am 4. Juli 1776 unterzeichnete. Dies gilt allgemein als die Geburtsstunde der Vereinigten Staaten von Amerika (USA). Folglich werden wir von nun an die Kolonisten als Amerikaner bezeichnen. Die Amerikaner kämpften mit Büchsen (vgl. 1710) gegen die mit Musketen bewaffneten Briten und fügten ihnen damit schwere Verluste zu, aber die meisten Kämpfer auf amerikanischer Seite waren nur kurzfristig dienende Milizionäre, die sich gegen die gut ausgebildeten britischen Soldaten in der Regel nicht behaupten konnten.

1777

Drehwaage

Seit undenklichen Zeiten hatten die Menschen für das Wiegen von Gegenständen zwei Schalen benutzt, die an einem gemeinsamen Angelpunkt befestigt waren (vgl. 5 000 v. Chr.). In die eine Schale legten sie den Gegenstand, der gewogen werden sollte, in die andere Schale Gewichte, und zwar so lange, bis die beiden

Schalen sich auf gleicher Höhe einpendelten. Ein solches Instrument wurde Waage genannt. Im Jahr 1777 zeigte der französische Physiker Charles-Augustin de Coulomb (1736–1806), daß eine bestimmte Kraft notwendig war, um einen Faden oder einen Draht zu drehen, und wies nach, daß die Stärke der Drehung proportional zur einwirkenden Kraft war. Da das Gewicht jedes Gegenstandes eine Kraft darstellt, konnten mit Hilfe einer *Drehwaage* auch kleine Gewichte mit bemerkenswerter Genauigkeit gemessen werden.

Nachtrag

Die Briten wollten das Tal des Hudson River besetzen und die Vereinigten Staaten auf diese Weise in zwei Teile spalten. Britische Truppen zogen von Kanada aus nach Süden und erreichten, allerdings unter großen Schwierigkeiten, Saratoga. Hier wurden sie am 4. Oktober 1777 von amerikanischen Streitkräften geschlagen und zur Kapitulation gezwungen – ein bislang beispielloses Ereignis in diesem Krieg.
Unterdessen hatten jedoch andere britische Truppen unter William Howe (1729–1814) am 26. September 1777 die damalige amerikanische Hauptstadt Philadelphia eingenommen. Die Kongreßmitglieder flohen nach York und von dort nach Lancaster in Philadelphia. Howe zog weiter und besiegte am 4. Oktober 1777 in einer Schlacht nördlich der Stadt New York Washingtons Armee. Washington mußte den Rückzug antreten und traf am 14. Dezember in Valley Forge ein.

1778

Molybdän

Scheele hatte bereits das Metall Mangan isoliert (vgl. 1774), und unter Anwendung der gleichen Methoden gelang es ihm nun, auch das Metall Molybdän zu isolieren. Doch Scheele war vom Pech verfolgt, und so wird häufig nicht ihm das Verdienst für diese Leistung zuerkannt, sondern seinem Freund, dem schwedischen Mineralogen Peter Jakob Hjelm (1746–1813).

Hawaii-Inseln

Auf seiner letzten Reise erforschte Kapitän Cook die amerikanische Pazifikküste im Norden Kaliforniens. Die Ansprüche, die Großbritannien später auf diese Gebiete erhob, stützten sich auf seine Entdeckungen. Im Januar 1778 stieß Cook auf die Hawaii-Inseln, die er nach John Montagu, dem vierten Earl von Sandwich (1718–1792), *Sandwich-Inseln* nannte.
Der Earl von Sandwich war ein so besessener Spieler, daß er nicht einmal zu den Mahlzeiten vom Spieltisch aufstehen wollte. Also ließ er sich ein Stück Fleisch zwischen zwei Brotscheiben legen. So konnte er mit einer Hand essen und mit den anderen weiterspielen – das *Sandwich* war erfunden.
Der Earl von Sandwich war außerdem einer der erbittertsten Gegner der Vereinigten Staaten innerhalb der britischen Regierung.

Nachtrag

Frankreich erkannte die Unabhängigkeit Amerikas an und schloß am 6. Februar 1778 einen Bündnisvertrag mit den Vereingten Staaten.
Der Winter in Valley Forge war für Washingtons Truppen äußerst hart. Die Soldaten litten unter Kälte und Hunger. Im Frühjahr exerzierte der Preuße Friedrich Wilhelm von Steuben (1730–1794) mit den Truppen und formte aus ihnen eine disziplinierte Armee. Das britische Heer, das Philadelphia eingenommen hatte, zog – inzwischen unter der Führung Henry Clintons (1738–1795) – durch New Jersey nach New York. Washing-

ton stellte es und zwang es am 28. Juni 1778 in der Schlacht von Monmouth zum Rückzug. Nur das verräterische Verhalten seines Generals Charles Lee (1731–1782) brachte ihn um den Sieg.

1779

Befruchtung

In früheren Zeiten waren die Menschen wie selbstverständlich davon ausgegangen, daß der Mann mit seinem Samen das Leben zeuge und die Frau sozusagen nur der Nährboden sei, in dem dieser Samen keime. Wenn Kinder ausblieben, galt die Frau als unfruchtbar – wie der Wüstenboden.

Im Jahr 1779 untersuchte Spallanzani (vgl. 1768) die Entwicklung von Eiern. Die von dem holländischen Anatomen Reinier de Graaf (1641–1673) entdeckten Follikel im Ovarium der Frau – nach ihrem Entdecker *Graafsche Follikel* genannt – waren zu Spallanzanis Zeit als Eier bekannt.

Spallanzani wies nach, daß es zu keiner Befruchtung kommt, wenn die Spermien die Follikel nicht unmittelbar berühren. Dies war ein starkes Indiz dafür, daß die Zeugung keine einseitige Angelegenheit war, sondern daß Mann und Frau gleichermaßen dazu beitrugen. Folglich konnten auch beide Seiten dafür verantwortlich gemacht werden, wenn keine Kinder geboren wurden.

Photosynthese

John Priestley hatte beobachtet, daß Pflanzen die Luft von Kohlendioxid reinigen können (vgl. 1771). Der niederländische Arzt Jan Ingenhousz wiederholte Priestleys Experimente 1779 und bestätigte dessen Ergebnisse. Doch er machte noch eine weitere, äußerst wichtige Entdeckung: Pflanzen verbrauchten Kohlendioxid und produzierten Sauerstoff nur unter Einwirkung von Licht. Im Dunkeln verbrauchten sie Sauerstoff und produzierten Kohlendioxid, so wie Tiere.

Licht war also ein wichtiger Faktor. Da Pflanzen ohne Licht weder wuchsen noch Sauerstoff produzierten, wurde der gesamte Vorgang *Photosynthese* genannt, was im Griechischen soviel wie »durch Licht zusammenfügen« bedeutet.

Nachtrag

Spanien kam den Amerikanern zu Hilfe und erklärte Großbritannien am 21. Juni 1779 den Krieg – mehr aus Feindschaft gegenüber den Briten als aus Sympathie für die Vereinigten Staaten.

Die amerikanische Marine erzielte beachtliche Erfolge. Der Fregattenkapitän John Paul Jones führte sogar Überfälle an den britischen Küsten durch. Mit seinem Schiff *Bonhomme Richard* (zu Ehren Franklins, vgl. 1733) versenkte er am 23. September 1779 das britische Kriegsschiff *Serapis*. Als die *Serapis* ihn schon zu Beginn des Gefechts aufforderte, sich zu ergeben, ließ er antworten: »Ich habe noch gar nicht angefangen zu kämpfen.«

1780

Stimulation durch elektrischen Strom

Im Jahr 1780 beobachtete der italienische Anatom Luigi Galvani, daß präparierte Froschmuskeln zuckten, wenn sie vom elektrischen Funken einer Leidener Flasche getroffen wurden. Im Grunde überraschte das nicht – lebende Muskeln zuckten, wenn sie einen elektrischen Schlag erhielten, warum nicht auch tote?

Franklin hatte nachgewiesen, daß Gewitterwolken elektrisch geladen sind und daß sich

diese Elektrizität in Blitzen entlädt (vgl. 1752). Galvani fragte sich nun, ob Muskeln auch zucken würden, wenn er sie einem Gewitter aussetzte. Er befestigte die Froschmuskeln an Kupferhaken und hängte sie ins Freie, und zwar so, daß sie ein eisernes Gitter berührten. Die Muskeln zuckten tatsächlich während des Gewitters. Doch sie zuckten auch danach. Tatsächlich zuckten sie immer dann, wenn sie gleichzeitig mit zwei verschiedenen Metallen in Kontakt kamen.
Allem Anschein nach war hier Elektrizität mit im Spiel, doch woher kam sie – von den Muskeln oder von den Metallen? Galvani vermutete, von den Muskeln, und sprach von *tierischer Elektrizität*. Das war zwar falsch, doch in einem Punkt behielt er recht: Elektrizität spielt bei der Bewegung von Muskeln tatsächlich eine Rolle.

Nachtrag

Am 7. Oktober 1780 errangen die Amerikaner in der Schlacht von Kings Mountain einen kleinen, aber wichtigen Sieg über die Briten. Langsam begann sich das Blatt im Süden zu wenden.
Am 2. Juli 1780 verabschiedete das britische Parlament Gesetze, mit denen es den Katholiken im Land Religionsfreiheit einräumte. Daraufhin brachen in London Unruhen aus, die sich gegen die Katholiken richteten. Zwar wurden die Unruhen unterdrückt, doch der Kampf für Religionsfreiheit hatte einen herben Rückschlag erlitten.
Maria Theresia, Kaiserin von Österreich, starb am 28. November 1780. Damit war für ihren Sohn Joseph II. (1741–1790) der Weg frei, seine politischen Ideen in die Tat umzusetzen. Als Vertreter des aufgeklärten Absolutismus schaffte er die Leibeigenschaft ab, beschnitt die Macht des Klerus und setzte sich für Religionsfreiheit ein. Er stieß jedoch auf heftigen Widerstand in Adel und Klerus und sah sich schließlich gezwungen, die meisten Reformen zurückzunehmen.

1781

Uranus

Schon seit prähistorischen Zeiten kannte der Mensch die fünf hellen sternenartigen Planeten: Merkur, Venus, Mars, Jupiter und Saturn. Nach dem Aufkommen des kopernikanischen Systems (vgl. 1543) wurde die Erde als sechster Planet, zwischen Mars und Venus, in diese Reihe eingeordnet. Allerdings mochte niemand daran glauben, daß es noch mehr Planeten gab. Hätte es welche gegeben, so hätte man sie ja sehen müssen.
In den siebziger Jahren begann ein in Hannover geborener Brite sich näher mit dem Sternenhimmel zu beschäftigen. Sein Name war Wilhelm Herschel (1738–1822). Von Beruf Musiklehrer, interessierte er sich brennend für die Astronomie. Da es kein Fernrohr zu kaufen gab, das seinen Ansprüchen genügte, schliff er selbst Linsen und Spiegel. Das Fernrohr, das er sich baute, war das beste seiner Zeit.
Herschel durchmusterte systematisch alles, was am Himmel zu sehen war. Am 31. März 1781 entdeckte er ein Objekt, das nicht wie ein Lichtpunkt aussah, eher wie eine Scheibe. Zunächst dachte er an einen Kometen. Doch die Scheibe hatte so scharfe Ränder wie ein Planet und war nicht so verschwommen, wie es ein Komet gewesen wäre. Nach genaueren Beobachtungen errechnete er, daß die Scheibe anders als Kometen eine annähernd kreisförmige Bahn beschrieb – wie die Planeten. Außerdem war deutlich zu erkennen, daß die Bahn des Objektes weit hinter der des Saturns lag. Es war doppelt so weit von der Sonne entfernt wie Saturn. Kein Komet wäre aus dieser Entfernung noch zu sehen gewesen.
Dies alles ließ nur einen Schluß zu: Herschel hatte einen siebten Planeten entdeckt, der die Sonne umkreiste und nur wegen der großen Entfernung nicht so hell leuchtete wie die anderen. Mit dem bloßen Auge war er zwar noch als matter Punkt auszumachen, und

auch schon vor Herschel hatten ihn Menschen beobachtet, doch niemand hatte vermutet, daß es sich um einen Planeten handeln könnte. Flamsteed hatte ihn ein halbes Jahrhundert zuvor unter dem Namen 34 Tauri als erster auf seiner Sternkarte verzeichnet.

Nach einigem Zögern beschlossen die Astronomen, die Planeten weiterhin nach mythologischen Figuren zu benennen. So erhielt der neu entdeckte Planet den Namen Uranus, nach dem Vater des Kronos (Saturn) in der griechischen Mythologie.

Mit der Entdeckung von Uranus hatte sich die Größe unseres Sonnensystems auf einen Schlag verdoppelt. Sie war ein weiterer spektakulärer Beweis dafür, daß die Gelehrten des Altertums nicht alles gewußt hatten, und schenkte den Astronomen die aufregende Erkenntnis, daß es am Himmel mehr zu entdecken gab als nur Kometen.

Doppelsterne

Die Astronomen versuchten immer noch, die Parallaxen von Sternen zu ermitteln. Ein halbes Jahrhundert zuvor war Bradley an dieser Aufgabe gescheitert (vgl. 1728).

Herschel hielt die Bestimmung von Fixsternparallaxen für möglich. Zu diesem Zweck beobachtete er Sternenpaare, die für das Auge sehr nahe beieinanderstanden. Beide Sterne eines Paares lagen zwar auf der gleichen Sichtlinie, doch wenn einer wesentlich heller schien als der andere, so konnte das bedeuten, daß er der Erde viel näher war. In dem Fall mußte der hellere Stern eine jährliche Parallaxe gegenüber dem matteren Stern zeigen.

Herschel begann mit der Beobachtung solcher Sterne 1781. Nach einiger Zeit stellte er fest, daß sich die Position eines Sterns gegenüber dem anderen in zahlreichen Fällen tatsächlich veränderte. In keinem Fall aber veränderte sie sich so, wie es allein aufgrund der Bewegung der Erde zu erwarten gewesen wäre. Im Laufe der Zeit fanden die Astronomen heraus, daß einige Sternenpaare nicht nur optisch, sondern tatsächlich dicht beisammen standen und einen gemeinsamen Schwerpunkt umkreisten. Herschel hatte die *Doppelsterne* entdeckt.

Newton hatte das *allgemeine* Gravitationsgesetz aufgestellt, nach dem sich zwei beliebige Objekte im Universum gegenseitig anziehen. Bislang hatte es nur an Objekten innerhalb unseres Sonnensystems nachgewiesen werden können. Nun ließ es sich erstmals an entfernten Sternen überprüfen. Damit stand seine universelle Gültigkeit fest.

Kristallographie

Das Wort *Kristall* leitet sich ursprünglich von dem griechischen Wort für »Eis« ab. Da Eis häufig durchsichtig ist, wurde das Wort mit der Zeit für jeden Gegenstand verwendet, der transparent war. So benutzte eine Wahrsagerin eine »Kristallkugel«, obwohl die Kugel aus ganz normalem Glas bestand, und die Planeten dachte man sich in »kristallinen Sphären«, da diese Sphären transparent waren.

Bei der Entdeckung von Quarz stellte man fest, daß er die gleichen Eigenschaften besaß wie Gestein, jedoch transparent war. Da die Quarzstücke häufig gerade Kanten, ebene Oberflächen und regelmäßige Winkel aufwiesen, bezeichnete man fortan auch andere feste Körper mit diesen Eigenschaften als Kristalle, auch wenn sie nicht transparent waren.

Im Jahr 1781 ließ der französische Mineraloge René-Juste Haüy (1743–1822) aus Versehen einen Kalzitbrocken in Form eines Rhomboeders (eine Art schiefer Würfel) fallen. Haüy untersuchte die Bruchstücke und stellte fest, daß sie ebenfalls rhomboedrisch waren. Er zerbrach weitere Kalzitstücke. Alle zerfielen in rhomboedrische Stücke, unabhängig von ihrer ursprünglichen Form.

Haüy zog daraus den Schluß, daß jeder Kristall aus der regelmäßigen Anordnung einer, wie wir heute sagen, Elementarzelle bestand, die, sofern störende äußere Einflüsse fehlten, ein einfaches geometrisches Gefüge mit konstanten Winkeln bildete. Seiner Ansicht nach

deuteten Gleichheit oder Unterschiedlichkeit in der kristallinen Form auf Gleichheit oder Unterschiedlichkeit in der chemischen Zusammensetzung hin.
Damit begründete Haüy die moderne Wissenschaft der Kristallographie.

Neigung der Polarachse des Mars

Die Erdachse ist um 23,5 Grad gegen die Senkrechte zu ihrer Umlaufbahn geneigt. Diese Neigung verursacht den Wechsel der Jahreszeiten auf der Erde. Wenn die Erde auf ihrer Bahn den Abschnitt erreicht, in dem sie der Sonne den Nordpol zuwendet, so herrscht auf der Nordhalbkugel Sommer und auf der Südhalbkugel Winter. Wenn sie den Abschnitt erreicht, in dem sie der Sonne den Südpol zuwendet, so herrscht auf der Nordhalbkugel Winter und auf der Südhalbkugel Sommer.
Weisen andere Planeten ähnliche Eigenschaften auf? Herschel (vgl. Doppelsterne, oben) erforschte die Rotation des Mars und beobachtete zu diesem Zweck die Bewegung markanter Bezugspunkte auf seiner Oberfläche – mit Hilfe dieser Punkte hatte Cassini bereits die Länge eines marsianischen Tages ermittelt (vgl. 1665). Herschel ging davon aus, daß die Bezugspunkte sich parallel zum Marsäquator bewegten und daß die Rotationsachse senkrecht zu ihm stand. Indem er die Rotationsachse ermittelte, konnte er auch den Neigungswinkel der Polarachse bestimmen. Der Winkel betrug ziemlich genau 24 Grad, war also dem der Erdachse sehr ähnlich. Ein Punkt mehr, in dem die Erde anderen Planeten glich.

Dampfmaschine

Seit Watt eine Dampfmaschine entwickelt hatte, bei der Zylinder und Kondensator getrennt waren (vgl. 1764), führte er ständig neue Verbesserungen durch. Zum Beispiel leitete er den Dampf abwechselnd von beiden Seiten in den Zylinder, so daß der Kolben mit hoher Geschwindigkeit in beide Richtungen gedrückt wurde, anstatt nur in eine wie bisher.
Im Jahr 1781 konstruierte er eine mechanische Vorrichtung zur Umwandlung der Aufundabbewegung des Kolbens in die kreisförmige Bewegung eines Rades. Nun konnte die Dampfmaschine für vielfältige Zwecke eingesetzt werden.
Die neue Dampfmaschine war die erste moderne Kraftmaschine, das heißt, sie konnte mit Hilfe von Energie, die in der Natur vorkam, Arbeitsmaschinen antreiben. Natürlich hatte der Mensch von jeher Wind und Wasser als Energiequellen genutzt. Doch der Wind weht nicht konstant, und nicht überall gibt es fließendes Wasser. Brennmaterial ist dagegen verläßlich: Es liefert immer Energie. Außerdem kann es überall verwendet werden, und genau in der Menge, die benötigt wird.
Die Dampfmaschine machte in bislang ungekanntem Ausmaß Energie für den Antrieb von Maschinen nutzbar. Sie leitete damit eine Entwicklung ein, die wir heute unter dem Namen *Industrielle Revolution* kennen. In der Folgezeit veränderte sich das Gesicht der Welt tiefgreifender und schneller als in jeder anderen Epoche seit der Erfindung des Ackerbaus beinahe zehntausend Jahre zuvor (vgl. 8 000 v. Chr.).

Nachtrag

Am 19. Oktober 1781 mußten die Engländer unter Charles Cornwallis (1738–1805) im amerikanischen Unabhängigkeitskrieg kapitulieren, und selbst ein so sturer Brite wie König Georg III. sah ein, daß dieser Krieg nicht zu gewinnen war. Trotzdem gingen die Kämpfe noch einige Zeit weiter.
Am 1. März traten die Konföderationsartikel in Kraft, und die Einzelstaaten nahmen ihre Ansprüche auf Gebiete im Westen zurück. Dieser Schritt war unerläßlich für das Überleben der Vereinigten Staaten. Hätten sie ständig um die westlichen Territorien gestritten, wäre die Nation früher oder später auseinan-

dergebrochen. Gegen Ende des Krieges zählte die junge Nation etwa 3,5 Millionen Bürger.

1782

Veränderliche Sterne

Schon früh stellte man fest, daß es Sterne gibt, die keine konstante Lichtmenge aussenden, sondern manchmal heller und manchmal dunkler erscheinen. Solche Sterne nennt man *Veränderliche.*

Der erste veränderliche Stern, der entdeckt wurde, war Omicron Ceti. Der deutsche Astronom David Fabricius (1564–1617) bemerkte im Jahr 1596 seine wechselnde Lichtintensität. Sein Landsmann und Kollege Johannes Hevel, bekannter unter dem Namen Hevelius (1611–1687), nannte den Stern *Mira,* was im Lateinischen soviel wie »wundervoll« bedeutet.

Der italienische Astronom Geminiano Mantanari (1633–1687) entdeckte 1672 einen weiteren Veränderlichen. Mantanari nannte ihn Beta Persei, doch bekannter ist er unter dem Namen Algol (arabisch für »Teufelskopf«, weil er im Sternbild Perseus das Haupt der Medusa markiert.) Algol schwankte in der Helligkeit zwar nicht so stark wie Mira, doch anders als bei Mira traten die Schwankungen ziemlich regelmäßig auf.

Der taubstumme britische Astronom John Goodricke (1764–1786) untersuchte 1782 Algol genauer. Er vermutete, daß für den regelmäßigen Helligkeitsabfall ein unsichtbarer Begleitstern verantwortlich war, der Algol in unserer Sichtlinie umkreiste, sich regelmäßig vor ihn schob und ihn verdunkelte.

Goodricke hatte recht mit seiner Vermutung. Doch nicht alle Veränderlichen sind *Bedekkungsveränderliche.* Bei Mira treten die Helligkeitsschwankungen beispielsweise so unregelmäßig auf, daß Bedeckungen durch einen anderen Stern nicht die Ursache sein können.

Nachtrag

Großbritannien willigte in Friedensverhandlungen mit den Vereinigten Staaten ein. Georg III. hatte den Krieg in Nordamerika verloren und mußte seine Hoffnungen begraben, den Einfluß der Krone zu verstärken. Die britische Regierungsform mit einem Premierminister an der Spitze war gesichert.

Bis zum Ende des Jahres zog die britische Armee aus Savannah, Georgia und Charleston in South Carolina ab. Florida übernahmen die Spanier.

Inzwischen kämpften die Briten in Indien gegen die dortigen Machthaber. Unter Führung des Politikers Warren Hastings (1732–1818) waren sie weit erfolgreicher als in Nordamerika.

1783

Eigenbewegung der Sonne

Im Altertum galt die Erde als das ruhende Zentrum des Weltalls. Für die Menschen der frühen Neuzeit war es die Sonne.

Im Jahr 1783 begann Herschel (vgl. 1781), die Eigenbewegungen einer Vielzahl von Sternen systematisch zu vermessen. Schwach leuchtende und weit entfernte Sterne bewegten sich so geringfügig, daß sie als bewegungslos betrachtet werden konnten. Sie lieferten Bezugspunkte für die Berechnung der wahrnehmbaren Bewegung der nähergelegenen Sterne.

Im Lauf der Jahre machte Herschel eine überraschende Feststellung: In der einen Himmelsrichtung entfernten sich die Sterne voneinander, in der entgegensetzten Richtung näherten sie sich einander sehr langsam. Diese Beobachtung ließ sich seiner Meinung nach am besten wie folgt erklären: Die Sonne selbst bewegte sich auf jenen Punkt zu, von dem sich ein Teil der Sterne zu entfernen schien, und von jenem Punkt fort, dem sich der andere Teil zu nähern schien.

So wie Kopernikus (vgl. 1543) die Auffassung vertreten hatte, die Erde sei ein Planet wie jeder andere, so behauptete Herschel nun, die Sonne sei ein Stern wie jeder andere und bewege sich entsprechend.

Doch wenn weder die Erde noch die Sonne der ruhende Mittelpunkt des Universums waren, was dann? Nun, es gab keinen anderen Himmelskörper, der dafür in Frage kam. Das Problem mußte also noch einige Zeit ungelöst bleiben.

Atmung und Verbrennung

Lavoisier (vgl. 1772) hatte Verbrennung als einen Prozeß bezeichnet, bei dem Brennstoffe mit dem Sauerstoff der Luft Verbindungen eingehen. Nun beschäftigte er sich mit der Atmung. Tiere fraßen Futter, das Kohlenstoff enthielt. Sie atmeten Luft ein, die relativ viel Sauerstoff enthielt, doch die Luft, die sie ausatmeten, enthielt weniger Sauerstoff und mehr Kohlendioxid.

Zusammen mit dem Franzosen Pierre-Simon de Laplace (1749–1827) führte Lavoisier Experimente mit Meerschweinchen durch. Die beiden Forscher wollten messen, wieviel Wärme und Kohlendioxid die Tiere produzierten. Wie sich herausstellte, war die Menge der erzeugten Wärme ungefähr so groß, wie bei der Produktion einer solchen Menge Kohlendioxid erwartet werden konnte. Lavoisier zog daraus den Schluß, daß Atmung eine Form der Verbrennung ist.

Wichtig an dieser Entdeckung war, daß die Gesetze, die für die Verbrennung außerhalb des Körpers galten, offensichtlich auch innerhalb des Körpers gültig waren. Dies war ein weiterer Schlag gegen den Vitalismus, der das organische Leben auf eine besondere Lebenskraft zurückführte.

Ballons

Leichte Objekte werden von der Luft getragen, wie wir am Beispiel kleiner Federn oder von Löwenzahnsamen beobachten können. Wenn sie leicht genug sind, brauchen sie nicht einmal Unterstützung durch Wind oder Thermik (und im Gegensatz zu Vögeln, Fledermäusen und Insekten auch keine Muskelkraft). Sie schweben in der Luft, wie Holz auf dem Wasser treibt.

Wie kennen keine festen Stoffe oder Flüssigkeiten, die leichter sind als Luft, wohl aber einige Gase. Zwei Franzosen, die Brüder Joseph-Michel (1740–1810) und Jaques-Étienne (1745–1799) Montgolfier stellten fest, daß heiße Luft sich ausdehnte und folglich leichter sein mußte als das gleiche Volumen kalter Luft. Füllte man also einen leichten Ballon mit heißer Luft, so mußte sie in der kühleren Luft, die den Ballon umgab, eigentlich schweben. Möglicherweise entwickelte sie sogar soviel Auftrieb, daß der Ballon stieg. Und war der Ballon groß genug, so reichte der Auftrieb vielleicht sogar aus, um einen Menschen zu tragen.

Am 5. Juni 1783 füllten die Brüder auf dem Marktplatz ihrer Heimatstadt einen großen Leinenballon von etwa elf Metern Durchmesser mit heißer Luft. Er stieg rund 450 Meter hoch und schwebte in 10 Minuten zweieinhalb Kilometer weit. Nach diesem Erfolg gingen die Brüder nach Paris. Dort legte ihr Ballon am 19. September eine Strecke von zehn Kilometern zurück. Unter den dreihunderttausend Schaulustigen weilte auch Benjamin Franklin.

Der Ballon stieg nicht allein auf – er trug einen Weidenkorb, in dem sich ein Hahn, eine Ente und ein Schaf befanden. Die Tiere überstanden den Flug unbeschadet. Am 20. November trug ein Heißluftballon schließlich den französischen Physiker Jean François Pilatre de Rozier (1756–1783) und einen Begleiter in die Lüfte. Sie waren die ersten Aeronauten der Geschichte.

Der französische Physiker Jaques-Alexandre-César Charles (1746–1823) hatte von den

Heißluftballons gehört, war aber der Meinung, daß heiße Luft vergleichsweise wenig Auftrieb entwickelte und zu schnell abkühlte – ein Feuer im Korb darunter konnte sie allenfalls eine Zeitlang heiß halten. Das Gas Wasserstoff, das Cavendish untersuchte (vgl. 1766), war viel leichter als heiße Luft und entwickelte dementsprechend mehr Auftrieb. Zudem war dieser Auftrieb konstant. Charles konstruierte den ersten Wasserstoffballon und ließ ihn am 27. August 1783 steigen. Der Ballon erreichte eine Höhe von ungefähr 3 000 Metern.

In den folgenden Jahrzehnten kamen Ballons regelrecht in Mode. Auch für wissenschaftliche Zwecke wurden sie eingesetzt.

Wolfram

Der spanische Mineraloge Don Fausto D'Eluyar (1755–1833) analysierte ein Mineral namens Wolframit, das er aus einer Zinnmine erhalten hatte. Im Jahr 1783 gewann er daraus ein Metall und nannte es *Wolfram*. Für dasselbe Metall wurde früher auch die Bezeichnung *Tungsten* verwendet, was im Schwedischen soviel wie »schwerer Stein« bedeutet. Dieser Name ging auf Scheele (vgl. 1774) zurück. Er hatte Minerale untersucht, die Tungsten oder Wolframit enthielten, das neue Metall aber nicht entdeckt.

Nachtrag

Großbritannien und die Vereinigten Staaten unterzeichneten am 3. September 1783 den Vertrag von Paris. Damit ging der Nordamerikanische Unabhängigkeitskrieg zu Ende. Die Briten erkannten die Unabhängigkeit der Vereinigten Staaten an, die inzwischen aus dreizehn Kolonien und dem Gebiet südlich der Großen Seen und östlich des Mississippi bestanden.

Rußland annektierte die Krim und kontrollierte nun die gesamte Nordküste des Schwarzen Meeres.

1784

Vulkane

Im Jahr 1783 brach der Vulkan Laki auf Island aus. Ein Fünftel der Inselbevölkerung kam dabei ums Leben. Als der darauffolgende Winter ungewöhnlich streng ausfiel, sah Benjamin Franklin einen Zusammenhang zwischen beiden Ereignissen. Seine Vermutung: Die Vulkanasche, die in die Atmosphäre geschleudert worden war, hatte einen abnorm hohen Anteil der Sonnenstrahlen von der Erde ferngehalten. Die Erde, so Franklin, befinde sich sozusagen im Schatten der Vulkanasche. Dies war die erste Spekulation über eine Erscheinung, die zu Beginn der achtziger Jahre unseres Jahrhunderts in den Medien als *nuklearer Winter* diskutiert werden sollte.

Bifokale Linsen

Benjamin Franklin mußte im fortgeschrittenen Alter zwei verschiedene Brillen verwenden – eine zum Sehen in die Ferne und eine Lesebrille. Mit der Zeit wurde es ihm lästig, sie ständig zu wechseln. Deshalb entwickelte er 1784 *bifokale Gläser*, deren Linsen in zwei Hälften eingeteilt waren. Mit der oberen sah er in die Ferne, mit der unteren las er.

Wasser und Wasserstoff

Cavendish, der immer noch mit Wasserstoff arbeitete (vgl. 1766), bemerkte am 15. Januar 1784 an den kühleren Teilen eines Behälters, in dem er Wasserstoff erhitzt hatte, Tropfen einer Flüssigkeit. Er untersuchte die Flüssigkeit näher: Es handelte sich um Wasser. Cavendish zog daraus den Schluß, daß Wasserstoff sich mit Sauerstoff verbindet und dabei Wasser bildet. Als Lavoisier davon hörte, gab er dem Gas den Namen *Hydrogenium,* was im Griechischen so viel wie »Wasserformer« bedeutet.

Polarkappen des Mars

Herschel hatte 1781 den Neigungswinkel der Polarachse des Mars ermittelt und wußte somit, wo die polaren Regionen des Planeten lagen. Im Jahr 1784 bemerkte er Eiskappen in diesen Regionen. Eine weitere Ähnlichkeit zwischen Mars und Erde.

Alaska

Nachdem Bering die Beringstraße entdeckt hatte (vgl. 1728), stießen Russen aus Sibirien ins östlich gelegene Alaska vor. Sie fanden große Populationen von Seeottern vor, deren Pelze sehr gefragt waren. Im Jahr 1784 errichteten sie die erste europäische Siedlung in Alaska. In den folgenden achtzig Jahren dehnten sie ihren Besitz immer weiter aus und verleibten dem Russischen Reich das gesamte Gebiet des heutigen Bundesstaats Alaska ein.

Tellur

Der österreichischer Mineraloge Franz Josef Müller (1740–1825) experimentierte 1782 mit Golderz. Dabei isolierte er einen Stoff, den er für ein unentdeckt gebliebenes Element hielt. Da er sich nicht kompetent genug fühlte, diese Annahme zu untermauern oder zu widerlegen, schickte er die Substanz zur Untersuchung an den deutschen Chemiker Martin Heinrich Klaproth (1743–1817). Klaproth bestätigte 1784, daß es sich um ein neues Element handelte, und nannte es *Tellur* nach dem lateinischen Wort für »Erde«. Er achtete sorgfältig darauf, daß der Ruhm für die Entdekkung allein Müller zukam.

Nachtrag

Im Jahr 1784 wurde William Pitt britischer Premierminister. Dasselbe Amt hatte schon sein Vater, William Pitt der Ältere, innegehabt, der im Siebenjährigen Krieg erbittert den »Erbfeind« Frankreich bekämpft hatte. William der Jüngere war bei seiner Ernennung erst vierundzwanzig Jahre alt. Er behielt das Amt, mit einer dreijährigen Unterbrechung, bis zum Ende seines Lebens. Er gilt allgemein als der bedeutendste britische Premierminister aller Zeiten.

1785

Sternhaufen und Sternnebel

Wilhelm Herschel untersuchte die verschiedenen verschwommenen Himmelsobjekte, die Messier katalogisiert hatte (vgl. 1771), und stellte 1785 fest, daß einige von ihnen keine Nebel oder Nebulae waren, sondern *Sternhaufen*. Die Sterne in diesen Haufen standen sehr dicht beieinander (wenigstens im Vergleich zu den Sternen in ihrer Nachbarschaft). Einige Sternhaufen waren kugelförmig und wurden dementsprechend *Kugelhaufen* genannt. Inzwischen wissen wir, daß sie aus Hunderttausenden von Sternen bestehen können.

Einige Nebel konnte Herschel jedoch nicht »auflösen«: Er konnte nicht erkennen, ob sie aus einzelnen Sternen bestanden. Wie schon Immanuel Kant (vgl. 1755) fragte er sich, ob es sich nicht ebenfalls um Sternhaufen handelte, die sich nur deshalb nicht auflösen ließen, weil sie zu weit entfernt waren.

Herschel entdeckte außerdem dunkle Flecken in der Milchstraße, die keinerlei Sterne aufwiesen, obwohl sie auf allen Seiten von unzähligen Himmelskörpern umringt waren. Er hielt sie für *Löcher*, die zufällig in unsere Richtung weisen, so daß wir durch sie hindurch in einen sternenlosen Zylinder schauen können.

Milchstraße

Im Jahr 1785 berichtete Herschel über einen Versuch, die Gestalt unseres Sternsystems zu bestimmen. Natürlich war es unmöglich, sämtliche Objekte am Himmel zu zählen. Deshalb machte Herschel nur Stichproben. Er wählte 683 weit verstreute Bezirke aus und zählte die Sterne, die er dort sah (dies war der erste Versuch, in der Astronomie statistische Methoden anzuwenden).

Herschel kam zu folgendem Ergebnis: Je näher die Bezirke an der Milchstraße lagen – also an dem mattschimmernden Band, das sich am nächtlichen Firmament deutlich erkennbar über den Himmel zieht –, desto mehr Sterne wiesen sie auf. In der Ebene der Milchstraße war die Zahl der Sterne am größten, in den Bezirken, die im rechten Winkel zu dieser Ebene lagen, am geringsten. Herschel zog aus seinen Beobachtungen den Schluß, daß das Sternsystem linsenförmig sei.

Schon vorher hatten Astronomen an eine linsenförmige Ansammlung von Sternen gedacht, doch erst Herschel hatte genauere Beobachtungen dazu angestellt. Zum ersten Mal nahm unsere Galaxis Gestalt an. Dennoch gab es keine Daten über ihre wirkliche Größe oder die Zahl der in ihr vorkommenden Sterne. Herschel selbst dachte an 100 Millionen Sterne. Damit blieb er weit unter der tatsächlichen Zahl.

Aktualismus

Buffons Versuch, das Alter der Erde zu schätzen (vgl. 1749), war rein spekulativ gewesen. Nun versuchte der britische Geologe James Hutton (1726–1797), das Alter mittels wissenschaftlicher Beobachtungen zu ermitteln. Er untersuchte über Jahre hinweg in ganz Großbritannien sorgfältig verschiedene Gesteine.

Viele Gesteine waren durch Ansammlung und Verfestigung von Ablagerungen entstanden. Andere bestanden aus Lavagestein, das durch Wind und Wasser langsam abgetragen wurde. Aus seinen Beobachtungen zog Hutton den Schluß, daß die Entwicklung der Erdstruktur äußerst langsam verlaufen sein mußte.

Entscheidend war seine Auffassung, daß diese Veränderungen nicht nur in der Gegenwart so langsam vor sich gingen, sondern daß sie auch in der Vergangenheit so lange gedauert hatten. Er stellte Messungen an, wie Gestein sich im Lauf der Jahre veränderte, und schloß aus den Ergebnissen auf die Dauer der Gesamtentwicklung der Erde. Diese Auffassung, nach der das Geschehen in früheren Zeiträumen den gleichen Kräften und Gesetzen unterlag wie in der Gegenwart, nennt man *Aktualismus*. Sie stand in krassem Gegensatz zu dem damaligen Glauben, plötzliche Katastrophen wie die Sintflut hätten die Erde geformt und in relativ kurzer Zeit tiefgreifende Veränderungen ermöglicht *(Katastrophentheorie)*.

Hutton veröffentlichte seine Beobachtungen und Theorien 1785 in dem Buch *Theory of the Earth*. Er unternahm darin keinen Versuch, das Alter der Erde zu schätzen, da er nichts gefunden hatte, was auf ihren Anfang hindeutete. Doch er machte deutlich, daß sie weit älter war als bislang angenommen.

Nachtrag

In Frankreich erregte die *Affäre um das Halsband der Königin* Aufsehen: Ein überaus kostbares Diamanthalsband, das man für Königin Marie Antoinette gekauft hatte, war Gaunern in die Hände gefallen. Viele Franzosen waren der Meinung, die Königin selbst sei in den Schwindel verwickelt. Die Affäre heizte die Empörung gegen die Monarchie weiter an, zumal Frankreich kurz vor dem Bankrott stand. Dafür gab es zwei Gründe: die kostspielige Unterstützung der amerikanischen Rebellen und das korrupte und ineffiziente französische Finanzsystem. Vor allem der faule, frivole und verschwenderische Adel wurde für die wirtschaftliche Misere verantwortlich gemacht – nicht zu Unrecht.

Der amerikanische Physiker John Jeffries (1745–1819), der nach der Revolution nach Großbritannien geflohen war, überquerte als erster den Ärmelkanal in einem Ballon.

1786

Bergsteigen

Berge haben den Menschen seit jeher sehr beeindruckt. Da ihre Gipfel in die Wolken hineinragen und nur unter großen Mühen erreichbar sind, galten sie oft als Wohnsitz der Götter. So vermutete man die griechischen Götter auf dem Olymp und den biblischen Gott im Sinaigebirge.

Der Mensch verehrte die Berge, aber er mied sie. Wer auf die andere Seite eines Gebirges gelangen wollte, suchte stets nach einem vergleichsweise bequemen Weg. Für wissenschaftliche Zwecke wagten sich manche jedoch auch ans Klettern. Der Schweizer Naturforscher Konrad Gesner (1516–1565) hatte beispielsweise verschiedene Gipfel in den Alpen bestiegen, um die alpine Pflanzenwelt zu erforschen.

Ab 1700 stieg das wissenschaftliche Interesse am Gebirge, an seinen Pflanzen und Tieren, an der Zusammensetzung seiner Gesteinsarten und an den Gletschern, die seine Gipfel bedeckten. Die Forscher in Westeuropa interessierten sich besonders für die Alpen und deren höchste Erhebung, den 4 807 Meter hohen Mont Blanc. Der französische Name »Blanc« (auf deutsch »weiß«) bezog sich auf den stets schnee- und eisbeckten Gipfel. Im Jahr 1786 hatte ihn noch niemand bestiegen, und jeder Versuch hätte allgemein als verrückt gegolten.

Dennoch war für die Erstbesteigung des Mont Blanc ein Preis ausgesetzt. Der französische Arzt Michel-Gabriel Paccard (1757–1827) gewann ihn 1786. Er bestieg den Mont Blanc zusammen mit seinem Träger Jaques Balmat.

Kaum hatte er das schier Unmögliche vollbracht, gab es viele Nacheiferer. Paccards Leistung löste eine regelrechte Begeisterungswelle für das Bergsteigen aus – vor allem unter englischen Aristokraten. Manche verfolgten dabei wissenschaftliche Interessen, doch die meisten suchten nur das Abenteuer, wie auch beim Ballonfahren.

Nachtrag

Am 17. August 1786 starb Friedrich der Große. Neuer König von Preußen wurde sein Neffe Friedrich Wilhelm II. (1744–1797).

Die Vereinigten Staaten gerieten nach dem Unabhängigkeitskrieg in eine Wirtschaftskrise. Die Inflationsrate schnellte in die Höhe, und vor allem unter der ärmeren Bevölkerung wuchs die Unzufriedenheit. In Massachusetts kam es sogar zu einem Aufstand, der allerdings sofort niedergeschlagen wurde.

1787

Das Gay-Lussacsche Gesetz

Amontons hatte das Verhältnis von Rauminhalt und Temperatur bei Gasen bestimmt (vgl. 1699). Aus irgendeinem Grund fand diese Entdeckung keine Beachtung. Charles (vgl. 1783) machte 1787 jedoch dieselbe Entdekkung, und weitere fünfzehn Jahre später der französische Chemiker Joseph-Louis Gay-Lussac (1778–1850) ebenfalls. Nach ihm heißt das Verhältnis Gay-Lussacsches Gesetz. Amontons ist in Vergessenheit geraten.

Wenn die Temperatur bei 0 Grad Celsius um 1 Grad fiel, nahm der Rauminhalt eines Gases um $1/273$ ab. Wenn das Gesetz bei allen Temperaturen galt, so mußte ein Gas bei –273° C, dem absoluten Nullpunkt, auf ein Nullvolumen zusammenschrumpfen. Dies konnte aber nur stimmen, wenn Gase mit abnehmender Temperatur Gase blieben, und ob das so war, wußte man nicht.

Chemische Nomenklatur

Oft steht die Sprache dem wissenschaftlichen Fortschritt im Weg. Dies galt besonders für die Chemie, da die Chemiker von den Alchimisten ein verwirrendes Sammelsurium von Bezeichnungen für die verschiedensten Substanzen übernommen hatten. Die Alchimisten hatten sogar versucht, sich durch eine bewußt geheimnisvolle und metaphorische Sprache zu profilieren. Und da jeder seine eigenen Metaphern ersann, gab es kaum noch zwei Chemiker, die problemlos miteinander über ihre Arbeit reden konnten.
Im 18. Jahrhundert gab es immer wieder Versuche, die Begriffe und Namen in der Chemie zu systematisieren. Im Jahr 1787 schließlich veröffentlichte Lavoisier (vgl. 1769) zusammen mit mehreren Mitarbeitern den ersten Band seiner *Methode der chemischen Nomenklatur,* in dem er ein System für die Benennungen der chemischen Stoffe vorschlug. Innerhalb von Jahrzehnten setzte es sich durch, und die Chemiker hatten endlich eine gemeinsame Sprache. Sie hat sich bis heute gehalten.

Das Dampfschiff

Bis zu diesem Zeitpunkt waren Dampfmaschinen ausschließlich dazu benutzt worden, Pumpen oder Maschinen in der Textilindustrie anzutreiben. Doch wenn eine Dampfmaschine ein Schaufelrad drehen konnte, so konnte sie auch als leistungsstarkes Antriebsruder dienen, das ein Schiff gegen Wind und Strömung durch das Wasser trug, und zwar ohne den Einsatz menschlicher Muskelkraft (wenn man einmal davon absieht, daß die Maschine zur Dampferzeugung natürlich mit Brennstoff gefüttert werden mußte).
Den ersten funktionstüchtigen Dampfer dieser Art baute der amerikanische Erfinder John Fitch (1743–1798). Am 22. August 1787 befuhr er damit zum ersten Mal den Delaware River. Eine Zeitlang hielt er zwischen Philadelphia und Trenton einen regelmäßigen Fährdienst aufrecht. Doch die Passagiere blieben rar, und das Schiff fuhr nur Verluste ein. Bald zogen sich die Geldgeber zurück. Im Jahr 1792 erlitt Fitch Schiffbruch in einem Sturm.

Nachtrag

In Nordamerika beriet der Kongreß die Konföderationsartikel und verabschiedete am 13. Juli 1787 die *Nordwest-Verordnung.* Mit dieser Verordnung teilte er den Nordwesten in mehrere Staaten und verbot die Sklaverei in dieser Region.
Am 25. Mai 1787 nahm der amerikanische Verfassungskonvent unter dem Vorsitz von George Washington seine Arbeit auf. Bis zum 17. September hatte er die föderative Verfassung ausgearbeitet, die noch heute in den USA gilt. Sie mußte erst von mindestens neun der dreizehn Staaten akzeptiert werden, bevor sie in Kraft treten konnte.

1788

Algebra und Mechanik

Geometrie schien eine natürliche Methode zur Beschreibung der Mechanik zu sein, aber Descartes (vgl. 1637) hatte gezeigt, daß die Algebra auch geometrische Probleme lösen kann.
Der französische Mathematiker Joseph-Louis Lagrange (1736–1813) beschäftigte sich in ganz und gar ungeometrischer Manier mit der Mechanik. Mit Hilfe der Algebra und der In-

finitesimalrechnung entwickelte er höchst abstrakte Gleichungen, die der Lösung mechanischer Probleme dienten.
Er hielt seine Arbeit in dem Buch *Analytische Mechanik* fest, das 1788 erschien. (Der Verleger war sehr skeptisch, und ein Freund Lagranges mußte sich verpflichten, alle unverkäuflichen Exemplare aufzukaufen.) Das Buch wurde ein Klassiker der Wissenschaft, obwohl es, wie Lagrange voller Stolz betonte, keine einzige geometrische Graphik enthielt. Die Geometrie blieb wichtig, doch Lagrange trug dazu bei, die Wissenschaft von ihrer unnötigen Dominanz zu befreien.

Affinitäten in der Chemie

Bisher hatten die Chemiker chemische Reaktionen einfach nur zur Kenntnis genommen. Substanz A reagierte mit Substanz B, nicht aber mit Substanz C – mehr gab es nicht zu sagen.
Der schwedische Mineraloge Torbern Olof Bergmann (1735–1784) hatte sich bemüht, Mineralien zu klassifizieren und ihre chemischen Reaktionen zu verstehen. Er führte eine Liste über chemische *Affinitäten*, also darüber, in welchem Ausmaß verschiedene Chemikalien miteinander reagierten. Ferner erstellte er Tabellen, mit deren Hilfe er besser vorhersagen konnte, ob bestimmte, bisher noch nicht beobachtete Reaktionen stattfinden würden oder nicht.
Seine Ergebnisse wurden 1788 posthum veröffentlicht. Wenn sie auch nur einen ersten kleinen Schritt zum besseren Verständnis chemischer Reaktionen darstellten, so waren sie doch immerhin ein Anfang.

Nachtrag

Bis zum Ende des Jahres hatten alle amerikanischen Staaten bis auf North Carolina und Rhode Island die neue Verfassung ratifiziert. Der alte Kongreß trat am 21. Oktober 1788 zum letzten Mal zusammen.
Großbritannien hatte Häftlinge bisher nach Nordamerika geschickt, doch nun ging die erste Schiffsladung mit Sträflingen nach Botany Bay in Australien ab. Ganz in der Nähe entstand später die Stadt Sydney. Sie wurde nach Thomas Townshend, Lord Sydney (1733–1800), benannt, der damals als Innenminister für den Strafvollzug zuständig war.

1789

Satelliten

Ende des 17. Jahrhunderts waren zehn Satelliten bekannt: der Mond der Erde, die vier Jupitermonde, die Galilei als erster gesehen hatte (vgl. 1610), und die fünf Saturnmonde, die Huygens (vgl. 1656) und Cassini (vgl. 1665) entdeckt hatten.
Seit Cassini 1684 den Saturnmond Dione entdeckt hatte, war ein Jahrhundert vergangen, ohne daß weitere Satelliten hinzugekommen waren. Dann entdeckte Herschel 1787 zwei Satelliten »seines« Planeten, des Uranus (vgl. 1781). Er nannte sie nach der Feenkönigin und dem Elfenkönig in Shakespeares *Sommernachtstraum* Titania und Oberon. Damit brach er mit der Tradition, nur Namen aus der klassischen Mythologie zu benutzen.
Im Jahr 1789 entdeckte Herschel weitere Saturnmonde, die dem Planeten näher waren als die anderen. Er nannte sie Mimas und Enceladus (nach zwei Riesen, die in der griechischen Mythologie gegen Zeus, also Jupiter, rebellierten). Nunmehr waren 14 Satelliten bekannt: Die Erde hatte einen, Jupiter vier, Saturn sieben und Uranus zwei. Im folgenden halben Jahrhundert kamen keine weiteren hinzu.

Säuren

Lavoisier (vgl. 1774) hatte den aktiven Bestandteil der Atmosphäre »Oxygenium« (Sauerstoff) genannt, weil er wie andere davon ausgegangen war, daß dieses Element in allen Säuren enthalten sei.
Im Jahr 1789 zeigte jedoch der französische Chemiker Claude-Louis Berthollet (1748–1822), daß Blausäure beispielsweise keinen Sauerstoff enthielt. Blausäure war zwar nur eine sehr schwache Säure, aber schließlich stellte sich heraus, daß auch Salzsäure, eine sehr starke Säure, keinen Sauerstoff enthielt.

Die Erhaltung der Masse

Im Jahr 1789 schrieb Lavoisier das beste Chemie-Lehrbuch, das die Welt bis dahin gesehen hatte.
In diesem Buch stellte er das überaus wichtige Gesetz auf, daß in jedem geschlossenen System (aus dem man keine Masse entweichen und in das man keine Masse eindringen läßt) die Gesamtmasse gleichbleibt – unabhängig von den ablaufenden physikalischen oder chemischen Veränderungen. Das ist der *Satz von der Erhaltung der Masse*. Über ein Jahrhundert lang blieb er äußerst wichtig für die Chemie, und als er schließlich modifiziert wurde, bekam er sogar noch fundamentalere Bedeutung.

Uran

Im Jahr 1789 stieß Klaproth (vgl. 1784), der mit einem schweren, schwarzen Erz namens *Pechblende* arbeitete, auf eine gelbe Verbindung, die ein bislang unbekanntes Element enthielt. Er hielt die Verbindung selbst für ein Element und benannte sie nach Art der mittelalterlichen Alchimisten nach einem Planeten. Da der Planet Uranus erst acht Jahre zuvor entdeckt worden war, nannte Klaproth sein neues Element *Uran*. Weder er noch sonst jemand konnte im entferntesten ahnen, welche Bedeutung es später erlangen sollte.
Im selben Jahr gewann Klaproth auch ein neues Oxid aus dem Halbedelstein Zirkon. Das neue Metall, das in dem Oxid enthalten war, nannte er *Zirkonium*.

Nachtrag

Die Lage in Frankreich hatte sich so zugespitzt, daß Ludwig XVI. gezwungen war, die Generalstände (das französische Parlament) für den 5. Mai 1789 zu einer Sitzung einzuberufen. Der Dritte Stand (die Schicht der Bürger, Handwerker und Bauern) war überzeugt, kein Gehör zu finden, und schuf sich deshalb unter der Führung von Honoré-Gabriel Riqueti, Graf von Mirabeau (1749–1791), eine eigene Nationalversammlung. Die Pariser Bevölkerung, aufgebracht durch Gerüchte, der König wolle das Heer gegen den Dritten Stand einsetzen, griff die Bastille an. Die Bastille war ein Gefängnis und galt als Symbol des königlichen Despotismus. Mit dem Sturm auf die Bastille am 14. Juli 1789 begann die *Französische Revolution*. Am 5. und 6. Oktober marschierten die Pariser nach Versailles und brachten die Mitglieder der königlichen Familie nach Paris. Keines sollte Versailles je wiedersehen.
In den USA wurden Präsidentschaftswahlen abgehalten. Es waren keine Direktwahlen, sondern die Parlamente von zehn Staaten bestimmten *Wahlmänner*. Am 4. Februar 1789 wählten diese Wahlmänner George Washington einstimmig zum ersten Präsidenten der Vereinigten Staaten.

1790

Die Industrielle Revolution

Die britische Wirtschaft erlebte dank der neuen Maschinen in der Textilindustrie und der Nutzung der Dampfkraft einen rasanten Auf-

schwung. Bald erkannte die Regierung, daß sie das Land (zumindest wirtschaftlich) zur führenden Weltmacht machen konnte, wenn es ihr gelang, andere Nationen von der Industriellen Revolution auszuschließen.
Aus diesem Grund spannte sie einen, wie wir heute sagen würden, »eisernen Vorhang«. Konstruktionspläne der neuen Maschinen durften nicht außer Landes gebracht werden, und Ingenieure, die auf die neue Technik spezialisiert waren, durften nicht ausreisen.
Die junge nordamerikanische Nation brauchte die neue Technik, um sich wirtschaftlich von Großbritannien zu lösen. Ohne wirtschaftliche Unabhängigkeit wäre die politische Unabhängigkeit nicht viel wert gewesen. Also taten die Amerikaner alles, um das technische Wissen zu stehlen und Techniker anzuwerben. In Samuel Slater (1768–1835) fanden sie ihren Mann.
Slater war Ingenieur und mit der neuen Technik bestens vertraut, wußte aber auch, daß er in der verkrusteten britischen Gesellschaft nur begrenzte Aufstiegschancen hatte. Die Amerikaner boten ihm viel Geld, und er entschloß sich, den Schritt zu wagen. Konstruktionspläne konnte er natürlich nicht mitnehmen, also prägte er sich sorgfältig jedes technische Detail ein. Dann verkleidete er sich als Landarbeiter und verließ heimlich das Land. Im Jahr 1789 landete er in Nordamerika und nahm mit reichen Kaufleuten in Rhode Island Kontakt auf.
Im Jahr 1790 baute Slater in Pawtucket, Rhode Island, aus dem Gedächtnis die erste amerikanische Fabrik mit neuen Maschinen. So kam die Industrielle Revolution nach Amerika, und nachdem sie einmal begonnen hatte, war sie nicht mehr zu stoppen – bis heute nicht.

Das metrische System

Im Lauf der Geschichte hatte jeder Staat, mitunter sogar jede Region innerhalb eines Staates ein eigenes System von Maßeinheiten entwickelt. Solange der Handel gemächlich vonstatten ging und der Austausch begrenzt blieb, war das kaum mehr als ein Ärgernis. In dem Maße aber, wie die wirtschaftliche Abhängigkeit zwischen den europäischen Ländern wuchs, wurde der undurchdringliche Dschungel aus verschiedenen Maßeinheiten zu einer ernsten Behinderung für Fortschritt und Wohlstand. Doch tief verwurzelte Gewohnheiten in jeder Region machten es fast unmöglich, neue Maßeinheiten einzuführen, die sinnvoller und leichter zu handhaben waren.
Die Franzosen jedoch, getragen vom Schwung ihrer Revolution, hielten die Zeit für reif, ein vernünftiges System von Maßeinheiten einzuführen, und setzten eigens zu diesem Zweck eine Kommission ein. Ihr gehörten Männer wie Laplace (vgl. 1783), Lagrange (vgl. 1788) und Lavoisier (vgl. 1769) an.
Die Kommission versuchte, das System auf natürliche Maße zu gründen. So wurde der zehnmillionste Teil der Entfernung zwischen Nordpol und Äquator als Grundeinheit für die Länge festgelegt – der *Meter* (nach einem griechischen Wort für »messen«), Flächen- und Raummaße wurden, wenn möglich, auf den Meter bezogen, und auf größere oder kleinere Längeneinheiten kam man dadurch, daß man den Meter mit 10, 100 usw. multiplizierte oder durch diese Zahlen dividierte.
Das sogenannte *metrische System* war bei weitem das sinnvollste und logischste System von Maßeinheiten, das je erdacht worden war.
Was seiner Verbreitung zunächst im Weg stand, war die Tradition, daneben aber auch die Feindschaft zwischen dem revolutionären Frankreich und dem übrigen Europa. Doch im Laufe der Zeit setzte es sich durch, und heute wird es fast überall benutzt – außer in den USA. Und sogar dort rechnen die Wissenschaftler (und immer häufiger auch andere) im metrischen System.
Das metrische System lieferte ein neues Instrumentarium. Wie die Schrift, das Alphabet, die arabischen Zahlen, der Buchdruck oder die chemische Nomenklatur stellte es selbst vielleicht keinen wissenschaftlichen Fort-

schritt dar, doch es hat diesen Fortschritt erheblich erleichtert.

Nachtrag

Rhode Island ratifizierte am 29. Mai 1790 als letzter der 13 amerikanischen Bundesstaaten die Verfassung. Die Bevölkerung der Vereinigten Staaten betrug nun vier Millionen.
Joseph II., Kaiser des Heiligen Römischen Reiches, starb am 20. Februar 1790. Nachfolger wurde sein Bruder Leopold II. (1747–1792).

1791

Titan

Der englische Geistliche William Gregor (1761–1817) interessierte sich für Mineralogie. Hauptsächlich aus Neugier untersuchte er so viele ausgefallene Mineralien wie möglich. Im Jahr 1791 isolierte er aus einem dieser Mineralien eine Substanz, die er für ein neues Element hielt. Und er hatte recht damit. Vier Jahre später gab Klaproth (vgl. 1784) diesem Element den Namen *Titan.*

Der Columbia-River

Der Seefahrer Robert Gray (1755–1806) war der erste Amerikaner, der zwischen 1787 und 1790 die Welt umsegelte. Er kaufte an der amerikanischen Nordpazifikküste Pelze ein und tauschte sie in China gegen Tee. Im Jahr 1791 kehrte er mit dem Schiff *Columbia* in den amerikanischen Nordwesten zurück. Am 12. Mai entdeckte er einen Fluß und benannte ihn nach seinem Schiff Columbia. Anschließend umsegelte er den Globus ein zweites Mal. Diese Reise diente den USA später als Legitimation für ihren Anspruch auf das Gebiet des heutigen Bundesstaates Oregon.

Nachtrag

Die Aristokraten flohen aus Frankreich und suchten bei anderen Mächten Unterstützung. Ihr Ziel war es, die europäischen Länder zu einer Invasion in Frankreich zu bewegen und den König wiedereinzusetzen. Ludwig XVI. und Marie Antoinette hielten es für ratsam, ihnen in die Emigration zu folgen und die Invasion gegebenenfalls anzuführen. Doch ihre Flucht war stümperhaft organisiert. Ludwig XVI. wurde kurz vor der Grenze erkannt, festgenommen und nach Paris zurückgebracht, wo er mit seiner Familie praktisch wie ein Gefangener gehalten wurde.
Die französischen Revolutionäre erklärten die Freilassung aller schwarzen Sklaven in den französischen Besitztümern auf den Westindischen Inseln. Als sich die Sklavenhalter dieser Anordnung widersetzten, kam es zu blutigen Sklavenaufständen.
Am 4. März 1791 trat Vermont als 14. Bundesstaat den USA bei. Am 15. Dezember wurden die ersten zehn Zusatzartikel zur amerikanischen Verfassung verabschiedet, die sogenannte *Bill of Rights* (nicht zu verwechseln mit der englischen Bill of Rights von 1689, auf die sie sich unter anderem stützt).

1793

Der Baumwollentkerner

Die neuen Textilfabriken in Großbritannien und Neuengland hatten einen großen Bedarf an Baumwolle, die im Süden der Vereinigten Staaten in großem Maßstab angebaut werden konnte. Allerdings gab es da ein Problem: Es war schwierig, die Samenhaare der Baumwollpflanze aus den geernteten Samenkapseln

abzuziehen. Die Folge war, daß nur eine begrenzte Menge produziert werden konnte.
Im April 1793 jedoch erfand der Amerikaner Eli Whitney (1765–1825), der mit der Lösung des Problems betraut worden war, den *Baumwollentkerner*. Das Prinzip der Maschine war simpel: Metalldrähte führten zwischen Latten hindurch ins Innere und verwickelten sich in den Baumwollfasern. Die Drähte waren an einem Rad befestigt, und wenn sich das Rad drehte, wurden die Fasern abgezogen. Ein Entkerner konnte rund 50 Pfund gereinigte Baumwolle pro Tag produzieren.
Die Auswirkungen dieser Erfindung waren katastrophal. Die Südstaaten produzierten künftig Baumwolle in riesigen Mengen, und damit die Entkerner auch genug Nachschub bekamen, brauchte man mehr Sklaven, die die Samenkapseln ernteten.
Die Südstaaten hatten die Sklaverei eigentlich schon aufgegeben, doch nun mußten sie zu ihr zurückkehren und verteidigten ihren Schritt mit allen möglichen Rechtfertigungen. Eine Landwirtschaft entstand, die auf der Sklavenarbeit beruhte. Während der Norden durch Weizenanbau und Industrialisierung immer reicher wurde, blieb der Süden arm. Am Ende dieser Entwicklung stand der amerikanische Bürgerkrieg.

Irrenanstalten

Im Altertum galten Wahnsinnige als Menschen, die unter einer Art göttlichem Einfluß standen, und nicht selten wurden sie sogar mit Ehrfurcht und Respekt behandelt. Anders im christlichen Europa. Dort hielt man sich lieber an Berichte über dämonische Besessenheit im Neuen Testament. Danach waren Wahnsinnige von Teufeln besessen, und manche wurden sogar körperlich gequält, um diese Teufel auszutreiben. Auf der anderen Seite dienten Geisteskranke aber auch der Belustigung. Irrenanstalten galten als Orte, an denen man sich amüsieren konnte. In Wirklichkeit waren sie Stätten der Grauens. Die Insassen wurden wie Vieh gehalten und oft brutal mißhandelt.
Der französische Arzt Philippe Pinel (1745–1826) hielt Wahnsinnige für geistig krank und ebenso wie körperlich Kranke für behandlungsbedürftig. Im Jahr 1791 veröffentlichte er seine Ansichten über die *Geistesverirrungen*. Den französischen Revolutionären war jeder Brauch willkommen, mit dem sie brechen konnten, und so machten sie Pinel 1793 zum Leiter einer Irrenanstalt. Er ließ die Insassen von ihren Ketten befreien und untersuchte systematisch ihren Zustand. Ihm verdanken wir die ersten gut dokumentierten Fallstudien von Geisteskranken.
Freilich dauerte es noch rund fünfzig Jahre, bis sich seine zivilisierten Ansichten über Geisteskrankheit im übrigen Europa und in den USA durchsetzten.

Die Durchquerung Nordamerikas

Der kanadische Entdecker britischer Abstammung Alexander Mackenzie (1764–1820) arbeitete sich ins Innere Kanadas vor und ließ sich in der heutigen Provinz Alberta nieder. Von dort folgte er dem später nach ihm benannten Fluß Mackenzie bis zu seiner Mündung ins Nordpolarmeer (1789). Vier Jahre später durchquerte er im heutigen British Columbia die Rocky Mountains bis zum Stillen Ozean.
Mackenzie war der erste Mensch, der alle drei Küsten des nordamerikanischen Kontinents sah – die atlantische, die pazifische und die arktische.

Vancouver-Insel

Der britische Seemann George Vancouver (1757–1798), der schon mit James Cook (vgl. 1768) gefahren war, beschäftigte sich weiter mit den von Cook erforschten Ländern – Australien, Neuseeland, Tahiti und Hawaii.
Ferner erforschte er die Nordwestküste Nordamerikas und umsegelte 1793 eine mittel-

große Insel vor der Küste der heutigen Provinz British Columbia. Ihm zu Ehren heißt sie Vancouver-Insel.

Nachtrag

Angestiftet von den französischen Emigranten, bildeten Preußen und Österreich eine Allianz und drohten Frankreich offen mit der Invasion. Daraufhin erklärte Frankreich Österreich am 20. April 1792 den Krieg. Doch die ungeübten französischen Heere schlugen sich nicht besonders gut. Die radikalen Revolutionäre warfen den gemäßigten mangelnden Eifer vor und jagten sie aus dem Land. Die Radikalen (die *Jakobiner* hießen, weil sie ihr Hauptquartier in einem Kloster in der Rue St. Jacques hatten) übernahmen die Macht. Unter der Führung von Georges-Jacques Danton (1759–1794) wurden zwischen dem 2. und 7. September 1792 viele Verdächtige von der Menge gelyncht. Dies war der Beginn der sogenannten *Schreckensherrschaft,* die fast zwei Jahre lang dauern sollte. Unmittelbar nach den *Septembermorden* wichen die anrückenden Preußen und Österreicher zurück. Den Sieg vor Augen, setzten die Radikalen Ludwig XVI. ab und riefen am 21. September die Republik aus. Die Preußen und Österreicher zogen sich noch weiter zurück, und im November übernahm Frankreich die Österreichischen Niederlande (das heutige Belgien).

Ludwig XVI. wurde am 21. Januar 1793 hingerichtet. Daraufhin erklärten Großbritannien, die Vereinigten Niederlande und Spanien Frankreich den Krieg. Frankreich blieb unbeeindruckt. Unter der Führung von Maximilien-François de Robespierre (1758–1794) guillotinierten die Revolutionäre am 16. Oktober auch Marie Antoinette.

Frankreich hielt Europa in Atem. Rußland nutzte die Gelegenheit für eine weitere Expansion in Osteuropa. Polen war seit seiner Teilung zwanzig Jahre zuvor schwächer denn je. Warum also keine *Zweite Teilung?* Am 23. Januar 1793 nahm sich Rußland ein großes Stück von Ostpolen und Preußen ein Stück von Westpolen. Übrig blieb nur ein kleines Rumpfpolen.

1794

Meteoriten

Es gehörte seit jeher zu den Erfahrungen der Menschen, daß manchmal Dinge vom Himmel fielen. Dafür gibt es Belege. Die Kaaba, der heilige schwarze Stein der Moslems in Mekka, war wahrscheinlich ein Meteorit, der vom Himmel gefallen war. Auch der Stein, der im Artemistempel von Ephesus verehrt wurde, war vermutlich ein Meteorit. Und regelmäßig berichteten auch Augenzeugen über den Absturz solcher Steine.

Im Zeitalter der Aufklärung wurden solche Berichte von den Männern der Wissenschaft zurückgewiesen.

Doch im Jahr 1794 veröffentlichte der deutsche Physiker Ernst Florens Friedrich Chladni (1756–1827) ein Buch, in dem er behauptete, daß es Meteoriten tatsächlich gebe und daß es sich bei ihnen um Gesteinsbrocken eines Planeten handle, der explodiert sei.

Erstmals wurde hier eine rationale Erklärung der Meteoriten versucht. Es sollte aber noch geraume Zeit dauern, bis sich diese Auffassung durchsetzte.

Seltene Erden

Der Begriff *Erde* wurde damals auf jedes Oxid angewandt, das hitzebeständig und nicht wasserlöslich war. Die Erdkruste bestand hauptsächlich aus solchen Oxiden, daher der Name. Beispiele solcher »Erden« sind Calciumoxid, Magnesiumoxid, Eisenoxid und Silicumdioxid.

Der finnische Chemiker Johan Gadolin (1760–1852) untersuchte ein seltsames Mineral, das in einem Steinbruch in Ytterby bei Stockholm gefunden worden war. Gadolin erkannte, daß es eine neue »Erde« war, die anders war als alle bisher bekannten. Er nannte sie *seltene Erde,* um sie von den anderen zu unterscheiden. Aus dieser seltenen Erde und aus anderen, ähnlichen Funden wurde später eine Reihe metallischer Elemente (die *Seltenerdmetalle*) ermittelt, die alle bemerkenswert ähnliche chemische Eigenschaften hatten.

Nachtrag

In Frankreich ging die Schreckensherrschaft ihrem Ende entgegen. Die Jakobiner bekämpften sich gegenseitig. Danton wurde am 6. April 1794 guillotiniert, Robespierre am 28. Juli. Aber Frankreich blieb eine Republik, und der Krieg ging weiter.
Die Polen wollten die Teilungen nicht länger hinnehmen. Im März 1794 erhoben sie sich unter der Führung von Tadeusz Ko(s)ciuszko (1746–1817), der im amerikanischen Unabhängigkeitskrieg gekämpft hatte.
In Haiti erhoben sich die schwarzen Sklaven unter Toussaint-L'Ouverture (ca. 1743–1803) gegen die Sklavenhalter, die sich den französischen Gesetzen widersetzten und die Sklaven nicht freiließen.

1795

Konserven

Viele Nahrungsmittel sind leider nicht haltbar, sondern verfaulen und verschimmeln schnell oder werden sauer. Damit sie über längere Zeiträume genießbar bleiben und die Menschen im Winter nicht zu hungern brauchen, werden sie getrocknet, gepökelt, geräuchert usw. Eine Ernährung mit Lebensmitteln, die so haltbar gemacht werden, sichert zwar das Überleben, ist aber recht eintönig.

Der aufstrebende französische Offizier Napoleon Bonaparte (1769–1821) wußte, wie wichtig anständige Ernährung für eine Armee war, die ganz Europa gegen sich hatte. Er setzte für ein Verfahren zur dauerhaften Lebensmittelkonservierung einen Preis von 12 000 Francs aus.
Der französische Erfinder Nicolas-François Appert (1750–1841) nahm sich des Problems an. Spallanzani (vgl. 1768) hatte bereits gezeigt, daß Fleisch nicht verdarb, wenn es lange genug gekocht und dann versiegelt wurde. Appert war das bekannt. Also versuchte er, dieses Prinzip in größerem Maßstab anzuwenden. Er erhitzte Fleisch und Gemüse und verschloß beides dann luftdicht in Glas- oder Metallbehältern.
Es dauerte einige Jahre, bis es klappte, aber Appert legte den Grundstein für die spätere Konservenindustrie.

Nachtrag

Nach dem Sturz Robespierres regierte in Frankreich das *Direktorium,* eine Gruppe von fünf gemäßigten Revolutionären unter Führung von Paul-François de Barras (1755–1829). Als der Pariser Mob das Direktorium bedrohte, ernannte Barras Napoleon Bonaparte zum Befehlshaber der Pariser Truppen. Napoleon ließ mit gezieltem Artilleriefeuer die Straßen räumen. Damit beendete er den Aufstand und schuf die Voraussetzung für seinen raschen Aufstieg.
Inzwischen marschierte die französische Armee in den Niederlanden ein, brachte die niederländische Flotte in ihre Gewalt und gründete die *Batavische Republik,* einen Marionettenstaat Frankreichs. Der niederländische Herrscher Wilhelm V. (1748–1806) floh nach Großbritannien.
Der polnische Aufstand scheiterte, und was von Polen noch übrig war, wurde am 24. Oktober 1795 zwischen Rußland, Preußen und Österreich bei der *Dritten Polnischen Teilung* aufgeteilt. Rußland hatte damit in Osteuropa eine Ausdehnung er-

reicht, die es mehr oder weniger bis heute behalten hat.

1796

Schutzimpfung

Schon seit 80 Jahren (vgl. 1713) bekämpfte man die Pocken mit Impfungen, aber es war gefährlich.
Der englischen Arzt Edward Jenner (1749–1823) hörte in seiner Heimat Gloucestershire von Gerüchten, nach denen jeder Mensch, der die Kuhpocken bekam (eine harmlose Krankheit, die häufig Kühe befiel und eine gewisse Ähnlichkeit mit Pocken hatte), anschließend nicht nur gegen Kuhpocken, sondern auch gegen Pocken selbst immun sei. (Da Milchmädchen fast zwangsläufig schon früh Kuhpocken bekamen und deshalb von den Pocken verschont blieben, behielten sie einen gesunden Teint. Vielleicht war das der Grund dafür, daß Milchmädchen damals als besonders hübsch galten.)
Jenner beschloß, der Sache nachzugehen. Am 14. Mai 1796 fand er eine Magd, die an Kuhpocken erkrankt war. Er entnahm einer Pustel an ihrer Hand Flüssigkeit und injizierte sie einem achtjährigen Jungen namens James Phipps, der daraufhin natürlich Kuhpocken bekam. Zwei Monate später impfte er den Jungen mit Pocken, wie es damals als Schutzmaßnahme üblich war. Der Junge bekam *keine* Pocken. Zwei Jahre später fand Jenner eine andere Person mit akuten Kuhpocken und wiederholte den Versuch. Auch diesmal funktionierte es. Nun war sich Jenner seiner Sache so sicher, daß er seine Entdeckung veröffentlichte.
Für die Schutzimpfung, die den Patienten gegen Pocken immunisierte, prägte Jenner den Ausdruck *Vakzination* (nach *vacca,* dem lateinischen Wort für Kuh). Er war der Begründer der *Immunologie.*
Die Pocken waren so gefürchtet, daß sich die neue Schutzmaßnahme rasch in ganz Europa verbreitete. Zum ersten Mal konnte eine gefährliche Krankheit wirkungsvoll bekämpft werden.

Die Nebularhypothese

Kants Idee (vgl. 1755), das Sonnensystem habe sich durch Kondensation eines riesigen Nebels aus Staub und Gas gebildet, war fast unbeachtet geblieben.
Dann, im Jahr 1796, äußerte Laplace (vgl. 1783) im Anhang eines populären Buches über Astronomie einen ähnlichen Gedanken, legte ihn aber viel ausführlicher dar. Die sich verdichtende Wolke, so Laplace, drehe sich immer schneller und sondere dabei einen Gasring nach dem anderen ab. Die Ringe verdichteten sich und bildeten die Planeten, die ihrerseits kleinere Ringe absonderten, aus denen die Satelliten entstünden.
Laplace war davon überzeugt, daß sich gewisse Nebel, die im Weltraum sichtbar waren, zusammenzogen und Planetensysteme darstellten, die im Entstehen begriffen waren. Deshalb wurde seine Theorie *Nebularhypothese* genannt. Eine Zeitlang fand sie unter Astronomen großen Anklang.

Das Heptadekagon

Astronomie, Physik, Chemie, Medizin und Geographie der alten Griechen waren seit Beginn der wissenschaftlichen Revolution allesamt über Bord geworfen worden. Nur ihre Geometrie war bisher unanfechtbar gewesen.
Dann, im Jahr 1796, gelang es dem jungen deutschen Mathematiker Carl Friedrich Gauß (1777–1855), nur mit Zirkel und Lineal ein Heptadekagon zu konstruieren (das ist ein regelmäßiges Vieleck aus 17 gleich langen Seiten). Die alten Griechen hatten diese Konstruktion nicht gekannt, und Gauß' Entdeckung galt als die erste nennenswerte Ergänzung der Geometrie seit dem Altertum.

Aber Gauß fand nicht einfach nur eine Konstruktionsmethode. Er wies nach, daß nur Vielecke mit einer bestimmten Anzahl von Seiten mit Zirkel und Lineal konstruiert werden können. Ein gleichseitiges Heptagon (Siebeneck) etwa läßt sich auf diese Weise nämlich nicht konstruieren. Damit war zum ersten Mal der Beweis gelungen, daß eine geometrische Konstruktion unmöglich war. Von nun an wurden solche Beweise in der Mathematik immer wichtiger.

Nachtrag

Nach zwei Amtszeiten als Präsident der Vereinigten Staaten verzichtete George Washington auf eine erneute Kandidatur. Damit begründete er die Tradition von maximal zwei Amtsperioden, die hundertfünzig Jahre halten sollte. Sein Nachfolger wurde John Adams, Thomas Jefferson (1743–1826) wurde Vizepräsident.
In Frankreich heiratete Napoleon Bonaparte am 9. März 1796 Joséphine de Beauharnais (1763–1814). Einen Monat später übernahm er als Oberbefehlshaber die französische Italienarmee, um die es schlecht bestellt war. Schon bald bewies er seine Flexibilität und seine Fähigkeit zu schnellen, gewagten Entschlüssen, mit denen er sein eigenes Heer begeisterte und die konservativen österreichischen Generäle verwirrte.
Am 10. November 1797 starb Katharina II. von Rußland. Sie war »die Große« genannt worden – eine Ehrung, die nach ihr keinem Monarchen und keiner Monarchin mehr zuteil wurde. Nachfolger wurde ihr krankhaft despotischer Sohn, der als Paul I. (1754–1801) regierte.

1797

Chrom

Der französische Chemiker Louis-Nicolas Vauquelin (1763–1829) hatte Frankreich während der Schreckensherrschaft vorsichtshalber verlassen, war aber nach Robespierres Hinrichtung (vgl. 1794) zurückgekehrt. Im Jahr 1797 arbeitete er mit einem Mineral aus Sibirien und gewann aus ihm ein neues Metall, das er wegen der vielen Farben seiner Verbindungen nach dem griechischen Wort für »Farbe« *Chrom* nannte.

Fallschirm

Das Prinzip des Fallschirms (ein leichtes Objekt, das der Luft eine so große Oberfläche bietet, daß der Luftwiderstand den Fall bremst) war im Grunde ganz einfach. Der französische Ballonfahrer Jean-Pierre-François Blanchard (1753–1809) setzte 1785 einen Hund in einen Korb und ließ ihn an einem Fallschirm von einem Ballon aus sicher zur Erde gleiten. Der erste menschliche Fallschirmabsprung gelang 1797 dem französischen Ballonfahrer André-Jacques Garnerin (1769–1823).

Nachtrag

Napoleon Bonaparte eilte in Italien von Sieg zu Sieg. Am 17. Oktober 1797 erzwang er den Frieden von Campo Formio. Österreich mußte Belgien an Frankreich abtreten und die Gründung des Marionettenstaats *Cisalpinische Republik* im italienischen Nordwesten hinnehmen. Im Gegenzug durfte Österreich die dahinsiechende Republik Venedig annektieren. Napoleon machte sich nicht die Mühe, den Friedensschluß mit seiner Regierung abzustimmen. Er verhandelte mit Österreich, als sei er selbst die Regierung.

Am 16. November 1797 starb der preußische König Friedrich Wilhelm II. Sein Sohn und Nachfolger regierte als Friedrich Wilhelm III. (1770–1840).

1798

Die Masse der Erde

Newtons Gleichung für die Massenanziehungskraft zweier Körper (vgl. 1687, Gravitation) enthält Symbole für die Gravitationskonstante und die Massen der beiden Körper sowie für die Entfernung und Massenanziehungskraft zwischen ihnen (d.h. die Beschleunigung, mit der sie sich aufeinander zubewegen).
Wenn ein Gegenstand auf die Erde fiel, waren die Masse des Gegenstandes, seine Entfernung vom Erdmittelpunkt und seine Beschleunigung bekannt. Damit blieben zwei Unbekannte, nämlich die Masse der Erde und die Gravitationskonstante. Wenn es aber gelang, eine der beiden zu bestimmen, so hatte man über die Gleichung sofort auch die andere.
Die Gravitationskonstante war bei allen Körpern gleich. Das hieß: Wenn es gelang, die Anziehungskraft zwischen zwei Körpern zu messen, deren Massen und Abstand voneinander bekannt waren, so war es auch möglich, die Gravitationskonstante zu errechnen und über sie (mittels der Gleichung) die Masse der Erde. Freilich gab es da einen Haken: Körper mit bekannter Masse waren in jedem Fall so klein, daß die Anziehungskraft zwischen ihnen nur äußerst gering sein konnte.
Cavendish (vgl. 1766) war die Sache trotzdem einen Versuch wert. Im Jahr 1798 hängte er einen Stab in der Mitte an einem Draht auf. An jedem Ende des Stabs war eine kleine Bleikugel befestigt. Der Stab war an dem Draht frei drehbar, und selbst eine schwache Kraft, die in jeweils entgegengesetzter Richtung auf die beiden Kugeln wirkte, verursachte eine meßbare Drehbewegung des Stabs. Cavendish maß die Drehung, die durch verschiedene schwache Kräfte bewirkt wurde.
Dann brachte er in die Nähe der kleinen Kugeln je eine große Kugel. Die Anziehungskraft zwischen der kleinen und der großen Kugel auf beiden Seiten bewirkte eine Drehung des Stabs. Cavendish maß die Drehung und errechnete daraus die Anziehungskraft zwischen den beiden Körpern. Damit hatte er die Gravitationskonstante, und mit ihr konnte er wiederum die Masse der Erde errechnen. Er kam auf 6 600 000 000 000 000 000 000 Tonnen. Da das Volumen der Erde bekannt war, mußte die durchschnittliche Dichte der Erde fünfeinhalb Mal so hoch sein wie die des Wassers.
Cavendishs Experiment war so präzise, daß seine erste Berechnung dem heute gültigen Wert sehr nahe kam.

Vergleichende Anatomie

Der bedeutendste Anatom der damaligen Zeit war der Franzose Georges Cuvier (1769–1832). In einem 1798 veröffentlichten Buch beschrieb er die Anatomie verschiedener Tiere und verglich sie miteinander. Das Buch war so exzellent, daß er seitdem als Begründer der *vergleichenden Anatomie* gilt.
Cuvier führte eine neue übergeordnete Klassifikationskategorie in Carl von Linnés (vgl. 1735) taxonomisches System ein. Linnés oberste Kategorie war die *Klasse* gewesen, aber Cuvier faßte mehrere Klassen in einem *Stamm* zusammen.
Cuviers Detailkenntnis war so groß, daß er fossile Überreste von Tieren selbst dann bestimmen konnte, wenn die betreffende Art schon längst ausgestorben war.
Alle Entdeckungen Cuviers deuteten darauf hin, daß es eine biologische Evolution gegeben hatte, doch er selbst blieb unerschütterlich im Lager der Evolutionsgegner.

Überbevölkerung

Es scheint offensichtlich, daß die Bevölkerung in Zeiten von Frieden, Gesundheit und Wohlstand zunimmt, im Gefolge von Kriegen, Seuchen und Hungersnöten aber abnimmt. Der erste, der sich nüchtern mit diesem Problem auseinandersetzte, war der britische Ökonom Thomas Robert Malthus (1766–1834). Im Jahr 1798 schrieb er eine Abhandlung über das Bevölkerungsprinzip. Darin behauptete er, daß die Bevölkerung tendenziell in geometrischer Progression wachse (2, 4, 8, 16 ...), während die Nahrungsmittelversorgung tendenziell nur in arithmetischer Progression steige (2, 3, 4, 5 ...). Das Bevölkerungswachstum, so seine Schlußfolgerung, übersteige also stets und unabänderlich die Nahrungsmittelversorgung und könne nur durch Hungersnot, Krieg und Krankheit eingedämmt werden.
Katastrophen und Elend waren nach dieser Theorie gewissermaßen unvermeidbar. Als einziger Ausweg bot sich eine Senkung der Geburtenrate an. In der zweiten Auflage seines Buches schlug Malthus deshalb sexuelle Enthaltsamkeit und spätere Heirat vor. Man braucht kein Zyniker zu sein, um einzusehen, daß so etwas nicht lange funktionieren kann, aber jede Andeutung, es gebe andere Möglichkeiten, die Geburtenrate zu senken, auch ohne den Menschen gleich den Spaß am Sex zu verderben, wird von seiten der Puritaner stets mit heftiger Mißbilligung quittiert.
Malthus konnte die Rolle des technischen Fortschritts bei der Katastrophenbekämpfung nicht vorhersehen, wenngleich er zu einer Zeit schrieb, als die Industrielle Revolution bereits im Gange war. Dank dieses Fortschritts ist die Weltbevölkerung heute fünfmal so groß wie damals, und die von Malthus prophezeiten Folgen sind noch nicht eingetreten. Aber der technische Fortschritt zögert die Katastrophe nur hinaus, verhindern kann er sie nicht – und je länger er sie hinauszögert, desto verheerender wird sie am Ende sein. Außer natürlich, wir senken die Geburtenrate.

Salmiakgeist

Wasser, das gelöste Substanzen enthält, gefriert bei einer niedrigeren Temperatur als reines Wasser. Der französische Chemiker Louis-Bernard Guyton de Morveau (1737–1816) fügte einer Mischung aus Eis und Wasser Calciumchlorid bei und löste damit einen Temperatursturz auf –44° C aus. Diese niedrige Temperatur nutzte er, um das Gas Ammoniak zu verflüssigen – Ammoniak wird bei –33° C flüssig.
Zum ersten Mal wurde hier eine Substanz, die bisher nur als Gas bekannt war, so weit abgekühlt, daß sie in flüssige Form überging.

Auswechselbare Teile

Im Jahr 1798 erhielt Eli Whitney, der Erfinder des Baumwollentkerners (vgl. 1793), den Auftrag, für die amerikanische Regierung 10 000 Musketen herzustellen.
Bisher war jede einzelne Muskete (und überhaupt jedes Gerät, das aus mehr als einem Teil bestand) so gebaut worden, daß jedes Teil dem nächsten angepaßt wurde. Ging ein Teil kaputt, mußte von Hand ein Ersatzteil hergestellt werden. Das entsprechende Teil eines ähnlichen Geräts konnte das defekte Teil praktisch nie ersetzen, ohne daß es zuvor angepaßt werden mußte.
Doch Whitney stellte seine Teile maschinell und mit solcher Präzision her, daß ein bestimmtes Teil jedes andere derselben Sorte ersetzen konnte. Es wird erzählt, daß er einmal vor den Augen von Regierungsbeamten mehrere Musketen auseinandernahm und die Teile ungeordnet auf dem Boden ausbreitete. Dann hob er willkürlich ein paar Teile auf und setzte daraus eine ganze Muskete zusammen, die einwandfrei funktionierte.
Die Entwicklung von Verfahren zur Produktion auswechselbarer Teile spielte bei der Industriellen Revolution eine wichtige Rolle.

Beryllium

Vauquelin, der bereits das Chrom entdeckt hatte (vgl. 1797), fand 1798 in den Edelsteinen Beryll und Smaragd ein neues Element und nannte er *Beryllium.*

Nachtrag

Napoleon Bonaparte, dem möglicherweise die Siege in Italien zu Kopf gestiegen waren, beschloß, Ägypten anzugreifen und im Osten ein französisches Reich zu errichten. Er wich der britischen Marine aus und besiegte die Ägypter ohne große Mühe. Doch die britische Flotte unter Horatio Nelson (1758–1805) gab nicht auf. Schließlich stöberte sie die französischen Schiffe auf und zerstörte sie am 1. August 1798 in der Seeschlacht bei Abukir. Napoleon war mit seinem Heer von Frankreich abgeschnitten.

1799

Gesetz der konstanten Proportionen

Der französische Chemiker Joseph-Louis Proust (1754–1826) arbeitete zu dieser Zeit in Spanien, um den Wirren der Französischen Revolution zu entgehen, und beteiligte sich an einer hitzigen Debatte darüber, ob die Zusammensetzung von Substanzen je nach Art ihrer Herstellung variierte.
Nach einer äußerst gewissenhaften Analyse wies Proust 1799 nach, daß sich Kupfercarbonat aus ganz bestimmten Gewichtsanteilen von Kupfer, Kohlenstoff und Sauerstoff zusammensetzte. Diese Anteile blieben immer gleich – unabhängig davon, ob Kupfercarbonat im Labor hergestellt oder aus der Natur gewonnen wurde. Es bestand immer aus fünf Teilen Kupfer, vier Teilen Sauerstoff und einem Teil Kohlenstoff.
Proust untersuchte andere Verbindungen auf ähnliche Weise und formulierte dann ein allgemeines *Gesetz der konstanten Proportionen.*
So konnte er also unterscheiden zwischen einem *Gemisch* (das, wie Luft, verschiedene Elemente in unterschiedlichen Proportionen enthalten kann) und einer *Verbindung* (in der verschiedene Elemente stets in bestimmten Proportionen vertreten sind und nicht anders).

Gesteinsschichten

Vielen Beobachtern war schon aufgefallen, daß Gestein in Lagen oder *Schichten* vorkam. Der englische Geologe William Smith (1769–1839), der im Kanalbau beschäftigt war, hatte auf Baustellen reichlich Gelegenheit, sich die Schichten anzusehen.
Mit der Zeit interessierten ihn diese Schichten mehr als alles andere, und 1799 fing er an, über sie zu schreiben. Smith machte eine neue Entdeckung: Jede Schicht hatte ihre eigenen, charakteristischen Fossilienformen, die sich in keiner anderen Schicht finden. Egal, wie gewellt oder faltig die Schichten waren – manchmal verschwanden sie völlig und tauchten erst viele Kilometer weiter wieder auf – , die Fossilien blieben immer die gleichen. Smith hatte sogar den Eindruck, man könne eine Schicht nach ihren Fossilien identifizieren.
Da man davon ausgehen konnte, daß die höheren Schichten jünger waren als die darunter, bot sich die Möglichkeit, anhand der Fossilien die Entwicklungsgeschichte des Lebens zu erforschen und sogar grobe Anhaltspunkte zu bekommen, wie lange verschiedene Fossilien als Lebensformen existiert hatten.

Perturbationen

Im Jahr 1799 veröffentlichte Laplace (vgl. 1783) den ersten Band eines umfangreichen fünfbändigen Werkes mit dem Titel *Himmels-*

mechanik, in dem er den Einfluß der Gravitation auf die verschiedenen Himmelskörper des Sonnensystems detailliert untersuchte. Die Sonne beherrscht zwar das System, und die Planeten bewegen sich in eindrucksvollen Ellipsen um sie, aber dennoch übt jeder Planet auf den anderen (und jeder Satellit auf den anderen) zusätzliche Kräfte aus.
Diese schwachen zusätzlichen Kräfte bewirken kleinere Störungen der Planetenbahnen, die *Perturbationen* genannt werden, und man nahm an, daß sie mit der Zeit so stark werden könnten, daß sie das Sonnensystem destabilisierten.
Laplace wies nach, daß dies nicht stimmte. Die Perturbationen kehren regelmäßig wieder und wirken von verschiedenen Seiten auf die Schwerkraft ein, die von der Sonne auf die Planeten ausgeübt wird. Das Sonnensystem ist also stabil.

Der Stein von Rosette

Ein französischer Soldat aus Napoleon Bonapartes Armee fand in der Nähe einer ägyptischen Stadt, die die Europäer Rosette nannten, einen schwarzen Stein, der deshalb *Stein von Rosette* genannt wurde.
Der Stein von Rosette trug eine griechische Inschrift aus dem Jahr 197 v. Chr. Sie selbst war nicht sonderlich interessant, aber daneben fanden sich Inschriften in zwei verschiedenen ägyptischen Schriften. Der Gedanke lag nahe, daß es sich um ein und dieselbe Inschrift in drei verschiedenen Sprachen handelte. Wenn das stimmte, verfügte man damit über einen Text in zwei verschiedenen ägyptischen Schriften, die bisher niemand hatte lesen können, und über seine griechische Übersetzung, mit der viele Gelehrte vertraut waren.
In den folgenden Jahrzehnten studierte man den Stein von Rosette und lernte dabei die ägyptischen Schriften. Mit den Kenntnissen, die man dabei erwarb, konnte man auch andere Inschriften aus dem alten Ägypten entziffern und gewann so einen Einblick in die lange Geschichte des Landes.

Nachtrag

Napoleon Bonaparte gewann weitere Schlachten in Syrien und Ägypten, aber er wußte, daß ihm das nicht viel nützen würde, solange Großbritannien das Mittelmeer beherrschte. Deshalb verließ er am 24. August 1799 seine Armee in Ägypten und kehrte nach Frankreich zurück.
Während Napoleon in Ägypten weilte, schloß sich Rußland der Koalition gegen Frankreich an und schickte unter der Führung von General Alexander Wassiljewitsch Suworow (1729–1800) ein Heer nach Italien. Suworow besiegte die Franzosen in drei Schlachten. Am 22. Oktober 1799 zog er sich jedoch zurück, denn es war ihm nicht gelungen, die Österreicher zur Kooperation zu bewegen. Die Österreicher mißgönnten den Russen allzugroße Erfolge. Trotzdem war Italien den Franzosen vorübergehend entrissen.
In den USA starb George Washington am 14. Dezember 1799. Im selben Jahr wurde in der neuen Hauptstadt der USA, die zu Ehren ihres ersten Präsidenten *Washington* genannt wurde, der neue Regierungssitz fertiggestellt.

1800

Elektrische Batterie

Galvani (vgl. 1780) hatte festgestellt, daß tote Muskeln zuckten, wenn sie gleichzeitig mit zwei verschiedenen Metallen berührt wurden, und war der Meinung gewesen, daß hier Elektrizität mit im Spiel sei und daß sie aus den Muskeln stamme. Der italienische Physiker Alessandro Giuseppe Volta (1745–1827) widersprach ihm. Seiner Ansicht nach stammte die Elektrizität aus den Metallen.
Er experimentierte mit verschiedenen Metallen, die er in Kontakt miteinander brachte, und merkte bald, daß er richtig vermutet hatte. Im Jahr 1800 baute er Vorrichtungen, die

ununterbrochen Elektrizität produzierten, wenn diese ununterbrochen abgezogen wurde. Dadurch entstand ein elektrischer Strom, der sich als viel brauchbarer erwies als die nichtfließende elektrische Ladung der statischen Elektrizität.

Zuerst benutzte Volta Schüsseln mit Salzlösung zur Erzeugung des Stroms. Die Schüsseln waren durch einen Metallbogen verbunden, der mit seinen Enden in beide Schüsseln eintauchte. Ein Ende des Bogens war aus Kupfer, das andere aus Zinn oder Zink. Da jede Anordnung gleichartiger Dinge, die als Einheit arbeiten, *Batterie* genannt werden kann, war Voltas Vorrichtung eine *elektrische Batterie* – die erste in der Geschichte.

Dann versuchte Volta, eine kompaktere Vorrichtung mit weniger Flüssigkeit zu bauen. Dazu benutzte er kleine runde Kupfer- und Zinkplatten und in Salzlösung getränkte Scheiben aus Pappe. Er ordnete sie folgendermaßen an: ganz unten eine Kupferplatte, darüber Zink und Pappe, dann wieder Kupfer, Zink, Pappe und so weiter. Wenn diese Batterie oben und unten mit einem Draht verbunden wurde, floß bei geschlossenem Kreislauf ein elektrischer Strom.

Aufspaltung von Wasser

Am 20. März 1800 stellte Volta seine elektrische Batterie der Öffentlichkeit vor. Sieben Wochen später wurde die Erfindung bereits praktisch genutzt. Am 2. Mai baute der englische Chemiker William Nicholson (1753–1815) eine eigene Batterie und leitete den Strom durch leicht säurehältiges Wasser.

Im Wasser stiegen Wasserstoff- und Sauerstoffblasen auf. Das Wasser war *elektrolysiert* und in seine Bestandteile Wasserstoff und Sauerstoff aufgespalten worden.

Volta hatte nachgewiesen, daß die chemische Reaktion, die zwischen Kupfer und Zink in Salzwasser ablief, einen elektrischen Strom erzeugen konnte. Nun zeigte Nicholson, daß auch die Umkehrung stimmte: Elektrischer Strom konnte eine chemische Reaktion auslösen.

Noch im selben Jahr untersuchte der deutsche Physiker Johann Wilhelm Ritter (1776–1810) die Gase, die bei der Elektrolyse von Wasser entstanden, genauer. Er ließ sie an zwei Drähten aufsteigen und fing die Blasen in getrennten Behältern auf. In einem Behälter sammelte sich Wasserstoff, im anderen Sauerstoff. Das Volumen des Wasserstoffs war genau doppelt so groß wie das des Sauerstoffs.

Ritter ließ auch durch eine Kupfersulfatlösung einen Strom fließen. Dabei setzte sich an der negativen Elektrode Kupfer ab. (Die beiden Metallstäbe, die in die Lösung getaucht waren, hießen positive und negative Elektrode.) Das war der Anfang der Elektroplattierung (Galvanisierung).

Infrarotstrahlung

Es schien nur natürlich, daß Licht, eben weil es Licht war, stets sichtbar sein mußte. Unsichtbares Licht erschien als Widerspruch in sich. Und doch gab es unsichtbares Licht.

Herschel (vgl. 1781) hatte im Jahr 1800 ein Sonnenlichtspektrum erzeugt und testete dessen verschiedene Teile mit einem Thermometer, um herauszufinden, ob manche Farben höhere Temperaturen ergaben als andere. Er stellte fest, daß die Temperatur anstieg, je mehr er sich dem roten Ende des Spektrums näherte, und dann schob er das Thermometer über das rote Ende hinaus, um zu sehen, ob die Temperatur wieder fiel.

Aber das tat sie nicht. Im Gegenteil, sie stieg an einer bestimmten Stelle hinter dem roten Ende des Spektrums höher als überall sonst. Dieser Bereich wurde *infrarot* (unterhalb von rot) genannt.

Eine Erklärung für dieses Phänomen gab es zunächst nicht. Nur die Vermutung, daß die Sonne außer den Lichtstrahlen auch *Wärmestrahlen* aussandte und daß sich Wärmestrahlen weniger brachen als Lichtstrahlen. Es dauerte noch ein halbes Jahrhundert, bis sich herausstellte, daß Infrarotstrahlung alle Eigenschaften von Lichtwellen aufweist, mit dem einen Unterschied freilich, daß sie nicht die Netzhaut des Auges reizt und somit keine Lichtempfindung hervorruft.

Gasbeleuchtung

Bei der Herstellung von Holzkohle aus Holz oder von Koks aus Kohle wurde den Stoffen, die erhitzt wurden und verbrannten, wenig Aufmerksamkeit geschenkt. Im Jahr 1792 jedoch fing der britische Erfinder William Murdock (1754–1839) die Gase auf, die beim Verbrennen von Holz, Torf und Kohle entstanden, und stellte fest, daß sie brennbar waren. Als Gase konnten sie leicht in Leitungen von einem Ort zum anderen transportiert, entzündet und wieder gelöscht werden.

Im Jahr 1800 war Murdock soweit, daß er seine erste Gaslampe testen konnte. Er verwendete Kohlegas (Leuchtgas). Es dauerte nicht lange, bis sich die Gasbeleuchtung durchgesetzt hatte, und fast ein Jahrhundert lang wurden die Häuser der Wohlhabenden und die großen Städte in den Industrieländern von flackerndem Gaslicht erhellt. Die bessere Beleuchtung bei Nacht machte das Reisen sicherer, die Verbrechen gingen zurück, und die Abendmahlzeit setzte sich gegenüber dem Mittagessen als das wichtigere häusliche und gesellschaftliche Ereignis durch.

Stickoxidul

Immer neue Gase wurden entdeckt. Der britische Chemiker Humphry Davy (1778–1829) entdeckte im Jahr 1800 das *Stickoxidul.* Davy hatte die recht gefährliche Angewohnheit, an neuen Gasen zu riechen und festzustellen, welche Wirkungen sie auf den menschlichen Körper hatten, wenn man sie einatmete. Beim Einatmen von Stickoxidul geriet er in eine rauschartige und leicht beeinflußbare Stimmung. Er lachte hemmungslos, weinte oder legte andere Gefühlsregungen an den Tag (das Gas heißt heute noch *Lachgas*).

Davy berichtete, daß er unter dem Einfluß von Lachgas keine Schmerzen empfunden habe, und schlug es deshalb als Betäubungsmittel vor. Und tatsächlich wurde es als erstes chemisches Betäubungsmittel in der Zahnmedizin eingesetzt. Außerdem wurde es zu einer Modetorheit: Einige Leute hatten nichts Besseres zu tun, als herumzusitzen, Lachgas einzuatmen und seine Wirkung auszuprobieren.

Gewebe

Der französische Arzt Marie François Xavier Bichat (1771–1802) führte für sein kurzes Berufsleben eine erstaunlich große Zahl von Autopsien durch. Durch sorgfältige Beobachtungen, bei denen er übrigens kein Mikroskop benutzte, fand er heraus, daß die Organe aus einer Mischung verschiedener einfacherer Strukturen bestanden, von denen jede in vielen verschiedenen Organen vorkommen konnte. Weil diese Strukturen gewöhnlich flach und äußerst dünn waren, nannte er sie *Gewebe.*

Im Jahr 1800 veröffentlichte Bichat ein Buch mit dem Titel *Abhandlung über Membrane,* in dem er einundzwanzig verschiedene Gewebearten aufzählte und genauestens beschrieb. Aus diesem Grund gilt er als Begründer der *Histologie* (Gewebelehre).

Verformbares Platin

Wegen seiner Reaktionsträgheit und seines hohen Schmelzpunktes hätte sich Platin bestens als Material für Laborgeräte geeignet, wenn es nur nicht so schwierig zu bearbeiten und zu verformen gewesen wäre. Der britische Chemiker William Hyde Wollaston (1766–1828) entwickelte im Jahr 1800 ein Verfahren, wie man diesem Problem abhelfen konnte. Er behielt es jedoch für sich und verwehrte allen anderen den Zutritt zu seinem Labor. Auf diese Weise verdiente er ein Ver-

mögen. Er sorgte aber dafür, daß das Verfahren nach seinem Tod veröffentlicht wurde.
Bei der Arbeit mit Platin entdeckte er zwei andere Metalle, die ganz ähnliche Eigenschaften aufwiesen: *Palladium* und *Rhodium*.

Nachtrag

Zurück in Frankreich, stürzte Napoleon Bonaparte am 9. November 1799 das Direktorium und riß die Macht an sich. Er errichtete eine aus drei Männern bestehende *Konsulatsregierung*, die die exekutive Gewalt in Frankreich ausüben sollte. Er selbst war allerdings Erster Konsul, die beiden anderen waren nur Statisten. Napoleon hatte sich zum Diktator Frankreichs gemacht. Danach wandte er sich wieder dem Krieg zu. Am 14. Juni 1800 schlug er die Österreicher bei Marengo und brachte Italien wieder in seine Gewalt.

1801

Der Jacquardwebstuhl

Musterweberei, die schwierigste Art des Webens, war bisher nur in sorgfältiger Handarbeit möglich gewesen, und es ist kaum zu glauben, daß diese Art von Arbeit von einer Maschine übernommen werden kann. Eine Maschine hat ja schließlich nicht den Verstand, das auszuführen, was schon Menschen Schwierigkeiten bereitet.
Im Jahr 1801 jedoch erfand der Franzose Joseph-Marie Jacquard (1752–1834) den *Jacquardwebstuhl.* Normalerweise wird in einem Webstuhl die »Kette« (vgl. 1733, Schnellschützen) zum Einschießen des »Schusses« so geteilt, daß ein Teil der Kettfäden gehoben und der andere Teil gesenkt wird. Je nachdem, in welcher regelmäßig wiederkehrenden Abfolge die Kettfäden gehoben bzw. gesenkt (das heißt »regiert«) werden, werden Ketten- und Schußfäden in einer bestimmten Anordnung verkreuzt, entstehen also verschiedene Gewebemuster. Jacquards Idee bestand nun darin, das Regieren der Kettfäden durch Pappkarten zu steuern, in die nach einem bestimmten Muster Löcher gestanzt waren. Die Teilung der Kettfäden erfolgte also automatisch in der erwünschten Anordnung. Verschiedene Karten ergaben verschiedene Muster.
Die Herstellung der Lochkarten erforderte zwar beträchtliche Intelligenz und Kreativität, aber wenn die Karten einmal entworfen und im Einsatz waren, funktionierte die Maschine von allein.
Die Jacquardwebstühle fanden rasch in ganz Frankreich und schließlich auch in Großbritannien Verbreitung. Die Löcher in den Karten stellten einen primitiven Ja-Nein-Mechanismus dar; anderthalb Jahrhunderte später sollte eine weitaus raffiniertere Art von Ja-Nein-Mechanismus als Basis für digitale Rechenmaschinen dienen.

Ceres

Der deutsche Astronom Johann Daniel Tietz (1729–1796) hatte 1766 erklärt, es gebe eine einfache arithmetische Reihe, die das Verhältnis der Abstände der Planeten zur Sonne wiedergebe. Sechs Jahre später stellte der Astronom Johann Elert Bode (1747–1826) eine solche Reihe auf, die als *Bodesches Gesetz* bekannt wurde.
Das Bodesche Gesetz schien wissenschaftlich keine große Bedeutung zu haben. Als jedoch der Uranus entdeckt wurde (vgl. 1781), befand er sich genau dort, wo nach dem Bodeschen Gesetz ein Planet sein mußte. Die Astronomen waren beeindruckt. Nach dem Bodeschen Gesetz mußte zwischen Mars und Jupiter ein weiterer Planet sein, aber ein solcher Planet war nicht bekannt. Vielleicht war es ein kleiner, der bislang noch unbemerkt geblieben war.
Aus diesem Grund organisierte der deutsche Astronom, Heinrich Wilhelm Matthäus Ol-

bers (1758–1840) zusammen mit mehreren Kollegen eine gemeinsame Suchaktion nach einem beweglichen Objekt am Himmel, das dieser Planet sein könnte.

Während noch die Vorbereitungen im Gange waren, entdeckte der Italiener Giuseppe Piazzi (1746–1826), der gar nicht nach einem Planeten suchte, am 1. Januar 1801 bei seiner Arbeit in einem Observatorium auf Sizilien einen Himmelskörper. Das Objekt leuchtete nur schwach, war mit bloßem Auge nicht zu erkennen und wechselte von Nacht zu Nacht seinen Standort.

Piazzi verfolgte seinen Kurs. Da es sich schneller als Jupiter und langsamer als Mars bewegte, mußte seine Bahn zwischen den Bahnen dieser beiden altbekannten Planeten verlaufen. Weil es viel schwächer leuchtete als die beiden Planeten, mußte es auch viel kleiner sein. Heute wissen wir, daß es nur einen Durchmesser von ungefähr 770 Kilometern hat, also sogar viel kleiner ist als Merkur, der kleinste damals bekannte Planet. Deshalb war es nicht früher entdeckt worden.

Aber die Position des Himmelskörpers entsprach genau dem Bodeschen Gesetz, und Piazzi nannte ihn *Ceres,* nach der römischen Göttin, die am engsten mit Sizilien verbunden ist.

Wirbellose

Im vergangenen Dreivierteljahrhundert hatten sich von Linné (vgl. 1735) und andere recht ausführlich mit der Taxonomie der Wirbeltiere beschäftigt (das sind alle Tiere mit Wirbelsäule – Säugetiere, Vögel, Reptilien, Amphibien und Fische).

Die weniger vertrauten und viel zahlreicheren Tierarten ohne Wirbelsäule *(Wirbellose)* waren weniger eingehend erforscht worden. Von Linné hatte sie einfach alle der Klasse *Vermes* (lat. »Würmer«) zugeordnet.

Der französische Naturforscher Jean-Baptiste de Lamarck (1744–1829) veröffentlichte ab 1801 verschiedene Schriften zu diesem Thema. Er unterteilte die Wirbellosen in Gruppen und schuf Unterteilungen wie Krustentiere (Krabben, Krebse und Hummer) und Stachelhäuter (Seesterne und Seeigel). Er unterschied zwischen achtbeinigen Spinnenartigen (Spinnen und Skorpione) und sechsbeinigen Insekten. Lamarck war überhaupt der erste, der die Kategorien *Wirbeltiere* und *Wirbellose* benutzte, und er setzte den Begriff *Biologie* für die Wissenschaft von der belebten Natur durch.

Mit der Begründung der modernen *Zoologie der Wirbellosen* setzte Lamarck einen Erkenntnisprozeß in Gang, in dessen Verlauf die Bedeutung der Wirbellosen immer klarer erkannt wurde. Alle Wirbeltiere gehören einem Stamm an, aber es gibt ungefähr zweiundzwanzig Stämme von Wirbellosen. Die Insekten allein weisen weit mehr Arten auf als alle Wirbeltiere zusammen, ja sogar mehr als alle anderen Tiere zusammengenommen.

Ultraviolett

Herschels Entdeckung der Infrarotstrahlung (vgl. 1800) erregte natürlich einiges Aufsehen in der Welt der Wissenschaft. Ritter (vgl. 1800) untersuchte gleichfalls das Spektrum des Sonnenlichts, richtete sein Augenmerk aber mehr auf die chemischen Veränderungen, die es bewirkte.

Seit fast zweihundert Jahren war bekannt, daß Licht Silbernitrat zersetzt. Die weiße Verbindung wurde dabei dunkler und setzte kleine Stückchen metallischen Silbers frei. Darüber hatte erstmals der italienische Chemiker Angelo Sala (1576–1637) im Jahr 1614 berichtet.

Ritter tränkte Papierstreifen mit Silbernitratlösung, legte sie dann in verschiedene Abschnitte des Spektrums und beobachtete, wie schnell sie dunkler wurden. Er stellte fest, daß der Prozeß am roten Ende des Spektrums am langsamsten vonstatten ging und dann zum violetten Ende hin immer schneller wurde.

Dann legte Ritter, möglicherweise durch Herschels Experiment dazu angeregt, getränkte Papierstreifen hinter das violette Ende, wo kein Licht mehr zu sehen war. Dort wurden die Streifen noch schneller dunkel. Offenbar gab es nicht nur jenseits des roten Endes eine unsichtbare Strahlung, sondern auch jenseits des violetten Endes. Die neue Strahlung wurde *ultraviolett* genannt (die lateinische Vorsilbe *ultra* bedeutet »jenseits«).

Lichtwellen

Die Kontroverse über die Beschaffenheit des Lichts hielt nun schon ein Jahrhundert an: Bestand es aus einem Teilchenstrom oder aus winzigen Wellen?
Im Jahr 1801 führte der englische Physiker Thomas Young (1773–1829) eine Reihe von Versuchen durch, die Klarheit zu bringen schienen. Zum einen zeigte er, daß es die von Grimaldi (vgl. 1665) bemerkte Beugung tatsächlich gab.
Zum anderen ließ er zwei getrennte Lichtstrahlen durch zwei schmale Schlitze fallen und einander überlagern. Das Ergebnis waren *Interferenzen,* das heißt die einander überlagernden Strahlen wiesen abwechselnd helle und dunkle Streifen auf.
Wenn Licht aus Wellen bestand, war es denkbar, daß die Wellen der beiden Lichtstrahlen sich an manchen Stellen gleichförmig auf und ab bewegten und gegenseitig verstärkten, an anderen Stellen aber die eine Welle nach oben und die andere nach unten ging und beide sich gegenseitig abschwächten. Solche Interferenzphänomene sind bei Schall- und Wasserwellen wohlbekannt. Teilchenströme allerdings könnten wohl kaum Interferenzphänomene erzeugen.
Es dauerte eine Weile, bis Youngs Experimente verstanden und akzeptiert wurden, dann aber bestritt niemand mehr, daß Licht ein Wellenphänomen ist. Die verschiedenen Spektralfarben stellen Licht mit verschiedenen Wellenlängen dar. Kurze Wellen werden im Vergleich zu langen Wellen stärker gebrochen, d.h. von ihrer Richtung abgelenkt. Rotes Licht wird am schwächsten gebrochen und hat die längsten Wellen, während Orange, Gelb, Grün, Blau und Violett immer kürzere Wellen haben. Youngs Forschungsergebnisse ließen vermuten, daß Infrarot längere Wellen hat als Rot, Ultraviolett hingegen noch kürzere als Violett.
Licht wirft einen scharfen Schatten; die Beugungseffekte sind minimal. Daraus zog Young den Schluß, daß Lichtwellen sehr kurz sind. Aus seinen Interferenzexperimenten errechnete er, daß eine Lichtwelle weniger als ein Millionstel Meter lang ist.
Es gibt allerdings zwei Wellentypen. *Longitudinalwellen* (Längswellen) schwingen in Richtung der Wellenbewegung vor und zurück. Schallwellen gehören zum Beispiel zu diesem Wellentyp. Bei den *Transversalwellen* (Querwellen) dagegen erfolgen die Schwingungen auf und ab im rechten Winkel zur Wellenrichtung. Wasserwellen gehören zu diesem Typ. Young vermutete, Lichtwellen seien Longitudinalwellen. Hier irrte er.

Niobium

Der englische Chemiker Charles Hatchett (1765–1847) analysierte im British Museum ein ungewöhnliches Mineral, das man schon vor dem nordamerikanischen Unabhängigkeitskrieg aus Connecticut nach England geschickt hatte. Im Jahr 1801 berichtete er von einem neuen Element, das er in dem Mineral gefunden habe, und nannte es wegen seiner amerikanischen Herkunft *Columbium,* nach Columbus, dem Entdecker Amerikas. Allerdings entstand ein längerer Disput darüber, ob es sich tatsächlich um ein neues Element handelte oder nicht. Als Hatchetts Vermutung endgültig bestätigt wurde, hatte sich der Name *Nobium* durchgesetzt. Er hat sich bis heute gehalten.

Nachtrag

Napoleon Bonapartes neuer Krieg mit Österreich endete am 9. Februar 1801 mit dem Frieden von Lunéville. Italien fiel wieder ein-

mal an Frankreich. Zusätzlich annektierte Frankreich alle linksrheinischen Gebiete und versetzte dem Heiligen Römischen Reich damit praktisch den Todesstoß.
Paul I. von Rußland, dessen Geisteskrankheit immer deutlicher zutage trat, wurde bei einer Palastrevolte am 11. März 1801 ermordet. Sein Sohn und Nachfolger Alexander (1777–1825) war möglicherweise an dem Putsch beteiligt.
In den USA lebten nunmehr 5,3 Millionen Menschen, halb so viel wie in Großbritannien. Rußland war mit 33 Millionen die bevölkerungsreichste europäische Macht. In Indien lebten 131 Millionen, in China 295 Millionen Menschen. London war mit 864 000 Einwohnern die größte Stadt Europas, während es im Fernen Osten mehrere Millionenstädte gab. Kanton war mit 1,5 Millionen Einwohnern die größte Stadt der Welt.

1802

Asteroide

Nachdem Piazzi die Ceres entdeckt hatte (vgl. 1801), war der Plan des deutschen Astronomen Olbers und seiner Kollegen, zwischen Mars und Jupiter nach einem Planeten zu suchen, eigentlich hinfällig geworden. Aber die Ceres war so klein, daß sie kaum als Planet gelten konnte. Olbers' Gruppe beschloß, die Suche fortzusetzen.
Im Jahr 1802 entdeckten sie einen anderen Planeten zwischen Mars und Jupiter und nannten ihn *Pallas* (nach einem der Namen der Göttin Athene). Zwei Jahre später entdeckten sie einen weiteren, und 1807 einen vierten. Sie nannten sie *Vesta* und *Juno,* nach den zwei Schwestern des Jupiter (Zeus). Allerdings waren diese drei neuen Planeten sogar noch kleiner als die Ceres.
Herschel (vgl. 1781) schlug vor, sie *Asteroide* (Sternen-Ähnliche) zu nennen, denn im Fernrohr erschienen sie (wegen ihrer geringen Größe) wie die Fixsterne als Lichtpunkte und nicht wie die größeren Planeten als Scheiben. Schließlich stellte sich heraus, daß es eine große Zahl solcher Himmelskörper (vielleicht 100 000) zwischen den Umlaufbahnen von Mars und Jupiter gab. Deshalb wurde dieses Gebiet im Sonnensystem der *Asteroidengürtel* genannt. Ceres war der größte Asteroid (weshalb sie auch als erste entdeckt worden war). Ihre Masse betrug etwa ein Zehntel der Masse aller anderen Asteroiden zusammen.

Tantal

Der schwedische Chemiker Anders Gustav Ekeberg (1767–1813) analysierte im Jahr 1802 verschiedene Mineralien aus Finnland und entdeckte dabei ein neues Metall, das er *Tantal* nannte. Tantalus, eine Gestalt aus der griechischen Mythologie, hatte *Tantalusqualen* erleiden müssen: In einem See stehend, über ihm köstliche Früchte, konnte er Hunger und Durst doch niemals stillen, denn bei jedem Versuch, das Wasser zu trinken oder die Früchte zu pflücken, wichen sie zurück. Wahrscheinlich hatte Ekeberg die Isolierung des neuen Elements als Tantalusqual empfunden.

Nachtrag

Am 27. Mai 1802 ging der Krieg in Europa mit dem Frieden von Amiens zu Ende. Selbst Großbritannien, der hartnäckigste Feind Frankreichs, stellte widerstrebend die Feindseligkeiten ein. Am 2. August, nach der erfolgreichen Beendigung des Krieges, nutzte Napoleon Bonaparte die Gunst der Stunde: Er machte sich zum Ersten Konsul auf Lebenszeit und sicherte sich das Recht, seinen Nachfolger zu bestimmen. Ferner stiftete er die Ehrenlegion und führte auf den Westindischen Inseln die Sklaverei wieder ein.

1803

Atomtheorie

Seit Boyles Experimenten zur Kompressionsfähigkeit von Gasen (vgl. 1662) hatten sich die Hinweise gehäuft, daß Materie aus Atomen besteht.
Im Jahr 1803 faßte der englische Chemiker John Dalton (1766–1844) alle Argumente des atomistischen Denkens zusammen, wobei er sich besonders auf das Proustsche Gesetz der konstanten Proportionen (vgl. 1799) und auf seine eigenen Forschungen über die Eigenschaften von Gasen stützte (er veröffentlichte sie 1808 in dem Buch *Das Neue System der chemischen Philosophie*).
Im Prinzip kehrte Dalton zu der altgriechischen Auffassung des Demokrit zurück (vgl. 440 v. Chr.), nach der sich alle Materie aus winzigen, unsichtbaren Teilchen zusammensetzt. Dalton benutzte sogar Demokrits Wort *Atom* für diese Teilchen. Doch im Unterschied zu Demokrit, dessen Theorie auf Spekulationen beruht hatte, konnte Dalton auf anderthalb Jahrhunderte sorgfältiger chemischer Beobachtungen zurückgreifen.
Die alten Griechen, deren Denken von der Geometrie geprägt war, hatten natürlich angenommen, Atome unterschieden sich in der Form voneinander. Dalton, zu dessen Zeit Messen und Wiegen immer wichtiger wurde, behauptete, sie unterschieden sich im Gewicht voneinander, und führte den Begriff des *Atomgewichts* ein.
Zum Beispiel verbinden sich 8 Gramm Sauerstoff mit 1 Gramm Wasserstoff zu 9 Gramm Wasser. Angenommen, Wasser bestand aus jeweils einem Sauerstoff- und einem Wasserstoffatom (das Resultat wäre ein *Wassermolekül*), dann mußte die Masse eines Sauerstoffatoms achtmal so groß sein wie die eines Wasserstoffatoms. Wenn man das Atomgewicht des Wasserstoffs mit 1 ansetzte, dann mußte Sauerstoff 8 haben.
Nun konnte Wasser natürlich auch aus Molekülen bestehen, die sich aus einer viel größeren Anzahl von Sauerstoff- und Wasserstoffatomen zusammensetzten. Dalton nahm an, die Moleküle bestünden aus je einem Atom, weil ihm das am naheliegendsten erschien. Solange die Wissenschaftler sich über den Aufbau der Moleküle nicht im klaren waren, mußten die Werte, die sie für Atomgewichte errechneten, zweifelhaft bleiben. Daltons Liste von Atomgewichten (die erste, die jemals zusammengestellt wurde) enthielt jedenfalls einige vollkommen falsche Werte.

Meteoriten

Chladni hatte die Wissenschaftler gezwungen, ernsthaft die Möglichkeit von Meteoriten in Betracht zu ziehen (vgl. 1794). Die Berichte über Steine, die vom Himmel fielen, rissen nicht ab. Der französische Physiker Jean-Baptiste Biot (1774–1862) wurde gebeten, solche Berichte über heruntergefallene Steine in einem Gebiet hundert Meilen westlich von Paris zu überprüfen.
Nach einer sorgfältigen Untersuchung erklärte Biot, die Berichte seien korrekt und es gebe tatsächlich Meteoriten, die vom Himmel fielen. Wahrscheinlich hatte die Entdeckung der ersten beiden Asteroiden die Wissenschaftler davon überzeugt, daß kleine Himmelskörper um die Sonne kreisten, von denen gelegentlich einer mit der Erde zusammenstoßen konnte.

Cerium, Osmium und Iridium

In schneller Folge wurden neue Elemente entdeckt. Im Jahr 1803 entdeckte der schwedische Chemiker Jöns Jacob Berzelius (1779–1848) zusammen mit seinem Freund, dem Mineralogen Wilhelm Hisinger (1766–1852), *Cerium,* das sie nach dem jüngst entdeckten Asteroiden Ceres benannten.
Der britische Chemiker Smithson Tennant (1761–1815), der mit Wollaston (vgl. 1800) zusammengearbeitet hatte und sich deshalb für platinähnliche Elemente interessierte, ent-

deckte 1803 zwei solche Elemente. Eines nannte er nach dem griechischen Wort für »riechen« *Osmium*, weil eine seiner Verbindungen einen charakteristischen Geruch hatte, und das andere nach dem griechischen Wort für »Regenbogen« *Iridium*, weil seine Verbindungen verschiedenste Farben hatten.

Nachtrag

Im Jahr 1803 schickte US-Präsident Jefferson einen Gesandten nach Paris mit dem Auftrag, Frankreich für die Stadt New Orleans zwei Millionen Dollar zu bieten, oder zehn Millionen für das gesamte Mündungsgebiet des Mississippi. Wie es der Zufall wollte, hatte Napoleon Bonaparte das Interesse an Louisiana verloren und ließ den Amerikanern durch seinen Außenminister Charles-Maurice de Talleyrand-Périgord (1754–1838) das Angebot unterbreiten, ganz Louisiana für fünfzehn Millionen zu kaufen. Jefferson griff zu, und die Vereinigten Staaten verdoppelten mit einem Schlag ihr Territorium, das nun von den Rocky Mountains im Norden bis nach Texas im Süden reichte.
Die Briten in Indien mußten ständig gegen einheimische Herrscher kämpfen. Sie fanden in Arthur Wellesley (1769–1852), dem späteren Herzog von Wellington, einen fähigen General.
Im Pazifik vereinigte Kamehameha I. (1758?–1819) die Inseln von Hawaii unter seiner Herrschaft.

1804

Wissenschaftliches Ballonfahren

Biot (vgl. 1803) und Gay-Lussac (vgl. 1787) stiegen in einem Ballon fast 7 000 Meter auf, höher als die höchsten Gipfel der Alpen. Es war der erste wichtige Einsatz eines Ballons für wissenschaftliche Zwecke. Die beiden nutzten die Gelegenheit, die Zusammensetzung der Luft in dieser Höhe zu untersuchen und das Magnetfeld der Erde zu erforschen. Sie konnten in beiderlei Hinsicht keinen Unterschied zu ihren auf Meereshöhe vorgenommenen Messungen feststellen.
Damit begann die Erforschung großer Höhen, die anderthalb Jahrhunderte später sogar dazu führen sollte, daß Menschen die Erdatmosphäre verließen.

Dampflokomotive

Wenn Dampfkraft das Schaufelrad eines Schiffes antreiben konnte, dann mußte sie eigentlich an Land auch Räder in Bewegung setzen können. Eine *Lokomotive* (das Wort stammt von einem griechischen Ausdruck für »von einem Ort zum anderen bewegen«) war also denkbar. Ein solches dampfgetriebenes Landfahrzeug verlor aber zuviel Energie, wenn es über unebene Straßen fuhr. Deshalb mußte eine glatte Fahrbahn für die Lokomotive gebaut werden.
Der britische Erfinder Richard Trevithick (1771–1833) kam auf die Idee, eiserne *Schienen* zu verlegen, auf denen die Räder rollen konnten. Er wies nach, daß selbst bei glatten Schienen und glatten Rädern die Bodenhaftung so groß war, daß die Lokomotive darauf fahren und obendrein einen Wagenzug ziehen konnte. Trevithick demonstrierte das bereits 1801 in einer praktischen Vorführung. Im Jahr 1804 zog eine seiner Lokomotiven fünf beladene Wagen mit einer Geschwindigkeit von acht Stundenkilometern fünfzehn Kilometer weit.
Trevithick konnte aus seiner Lokomotive allerdings keinen kommerziellen Nutzen ziehen.

Der Missouri

US-Präsident Jefferson wollte das neue Territorium Louisiana erkunden lassen und beauf-

tragte Meriwether Lewis (1774–1809) damit. Lewis stellte zusammen mit William Clark (1770–1838) eine Gruppe von ungefähr 40 jungen Männern zusammen, die *Lewis-Clark-Expedition.*
Die Gruppe reiste Ende 1803 nach St. Louis und überwinterte dort. Am 14. Mai 1804 brachen die Männer auf und folgten dem Missouri bis zur Quelle. Sie ließen die Grenze der Vereinigten Staaten hinter sich und zogen weiter zum Territorium Oregon, dem einzigen Gebiet auf dem amerikanischen Kontinent, das noch keine europäische Macht beansprucht hatte. Sie folgten dem Fluß Columbia bis zum Stillen Ozean, den sie am 15. November 1805 erreichten, und kehrten dann nach St. Louis zurück. Am 23. September 1806 trafen sie dort ein. Dies war die erste Durchquerung der Vereinigten Staaten in beiden Richtungen. Die Lewis-Clark-Expedition sammelte viele Erkenntnisse über die Indianerstämme Nordamerikas, über seine Tierwelt (z. B. die riesigen Bisonherden), Flora und Geographie.

Nachtrag

Napoleon ließ sich am 18. Mai 1804 als Napoleon I. zum Kaiser der Franzosen krönen. Der *Code Napoléon,* das in seinem Auftrag ausgearbeitete neue französische Gesetzbuch, trat am 21. März 1804 in Kraft. Es war die dauerhafteste und am meisten bewunderte Errungenschaft der napoleonischen Ära und blieb nicht nur die Grundlage der französischen Rechtsprechung, sondern beeinflußte auch das Recht auf dem europäischen Kontinent und in Lateinamerika.
In Haiti wurde 1804 eine Schwarzenrepublik gegründet. Die Herrschaft der Schwarzen auf dieser Insel hält bis heute an.

1805

Morphin

Daß mit bestimmten Pflanzen Schmerzen und Beschwerden gelindert und das allgemeine Wohlbefinden verbessert werden konnten, war alles andere als neu. Schon Homer berichtet in seiner *Odyssee* von den Lotosessern, die alles andere vergaßen und nur noch nach dieser Speise verlangten. Außerdem erwähnt er eine Droge namens *Nepenthes,* die beruhigend gewirkt haben soll. Vielleicht handelte es sich dabei um das bereits von Dioskurides (vgl. 50 v. Chr.) beschriebene Opium – eine Droge, die vom Westen in den Fernen Osten gelangte und nicht umgekehrt. Die alkoholische Lösung von Opium hieß *Laudanum* und war zum ersten Mal von Paracelsus (vgl. 1556, Mineralogie) angewandt worden.
Im Jahr 1805 gewann der deutsche Chemiker Friedrich Wilhelm Adam Ferdinand Serturner (1783–1841) aus Laudanum eine Chemikalie, bei der es sich, wie er feststellte, um den aktiven Wirkstoff des Opiums handelte. Sie war ein viel besseres Schmerz- und Schlafmittel als Opium oder Laudanum. Später bekam sie den Namen *Morphin* oder *Morphium* (nach dem griechischen Wort für »Schlaf«).
Morphin spielt seitdem in der Medizin eine wichtige Rolle, wenngleich man sich zunächst nicht darüber im klaren war, daß es süchtig machen konnte. Seine Entdeckung führte zur Untersuchung der *Alkaloide.* Das sind wichtige stickstoffhaltige Verbindungen pflanzlicher Herkunft, die sogar bei kleiner Dosierung ausgeprägte physiologische Wirkungen auf den Menschen haben.

Nachtrag

Österreich verbündete sich erneut mit Rußland (wobei britisches Geld wieder einmal den Weg ebnete) und forderte das Schicksal heraus, indem es wieder Krieg gegen Napole-

on führte. Napoleon griff die vereinten Heere von Österreich und Rußland bei Austerlitz an und errang am 2. Dezember 1805 in der sogenannten Dreikaiserschlacht den wohl größten Sieg seines Lebens. Österreich gab sich einmal mehr geschlagen und mußte im Frieden von Preßburg (26. Dezember 1805) seine westlichen Gebiete und Venedig abtreten.
Unterdessen hatte jedoch Lord Nelson eine französisch-spanische Flotte bei Gibraltar gestellt und am 21. Oktober 1805 in der Seeschlacht bei Trafalgar gesiegt. Seitdem saß Napoleon gewissermaßen auf dem europäischen Kontinent fest, während Großbritannien ungehindert die Weltmeere befahren konnte.
Ägypten nutzte die verworrene Lage und löste sich unter der Führung Mehemet Alis (1769–1849) aus dem Osmanischen Reich.

1806

Asparagin

Vauquelin (vgl. 1797), der bereits Metalle wie Chrom und Beryllium entdeckt hatte, gewann aus Spargel eine Substanz, die er *Asparagin* nannte. Für sich genommen schien das nicht sonderlich bedeutend, aber wie sich später herausstellte, hatte er die erste *Aminosäure* isoliert. Aminosäuren sind außerordentlich wichtige Verbindungen für alle Lebewesen.

Nachtrag

Napoleon setzte die Neuordnung Deutschlands fort (Preußen und Österreich ausgenommen) und errichtete am 12. Juli 1806 den *Rheinbund,* eine Konföderation deutscher Fürsten unter französischem Protektorat. Als die Rheinbundstaaten ihren Austritt aus dem Heiligen Römischen Reich erklärten, legte Kaiser Franz II. die römische Kaiserwürde nieder und erklärte, das Reich sei erloschen. Fortan nannte er sich Franz I. (1768–1835), Kaiser von Österreich. Preußen verbündete sich daraufhin mit Rußland und zog gegen Napoleon in den Krieg. Napoleon schlug das preußische Heer am 14. Oktober 1806 in der Doppelschlacht von Jena und Auerstedt vernichtend und marschierte am 27. Oktober in Berlin ein.
In Berlin erließ Napoleon das *Berliner Dekret,* das zum Ziel hatte, jeden Handel zwischen Großbritannien und dem Kontinent zu unterbinden. Mit dieser *Kontinentalsperre* wollte er die Briten ökonomisch unter Druck setzen, da er sie angesichts ihrer Überlegenheit zur See nicht angreifen konnte.

1807

Natrium und Kalium

Inzwischen waren achtunddreißig Substanzen bekannt, die heute als Elemente anerkannt sind; die meisten davon waren Metalle. Von einigen Substanzen wußte man, daß es Oxide waren – Verbindungen von Sauerstoff mit einem Metall –, aber es gelang nicht, sie zu zersetzen und das reine Metall zu isolieren. Keines der gebräuchlichen chemischen Verfahren, die sonst zur Isolierung von Metallen benutzt wurden, funktionierte in diesen Fällen.
Es war jedoch bekannt, daß man mit Hilfe von elektrischem Strom Wassermoleküle selbst dann in Wasserstoff und Sauerstoff aufspalten konnte, wenn gebräuchlichere chemische Verfahren versagten (vgl. 1800). Also konnte man mit elektrischem Strom vielleicht auch den widerspenstigen Oxiden zu Leibe rücken.
Davy (vgl. 1800, Stickstoffoxidul) ging dieser Frage nach und baute eine Batterie mit über 250 Metallplatten, die stärkste, die es bis dahin jemals gegeben hatte.

Am 6. Oktober 1807 leitete er elektrischen Strom durch geschmolzene Pottasche (Kaliumcarbonat) und setzte ein Metall frei, das er *Kalium* nannte. Wenn er die kleinen Kügelchen aus glänzendem Metall mit Wasser in Kontakt brachte, rissen sie die Wassermoleküle auseinander, und das Metall verband sich schnell wieder mit dem Sauerstoff. Der freigesetzte Wasserstoff wurde so lange erhitzt, bis er sich entzündete. Eine Woche später gewann Davy durch die Elektrolyse von Soda (Natriumcarbonat) das Element *Natrium*.

Im Jahr darauf isolierte Davy mit ähnlichen Methoden die Elemente *Barium, Strontium, Calcium* und *Magnesium*. Alle waren aktive Elemente, die feste Sauerstoffverbindungen eingingen und mit nichtelektrischen Verfahren nicht so einfach hätten isoliert werden können.

Diese Entdeckungen sorgten in der wissenschaftlichen Welt für nicht geringes Aufsehen und regten weitere Forschungen in der *Elektrochemie* an.

Dampfschiffe

Seit John Fitchs Mißerfolg mit seinem Dampfboot (vgl. 1787) hatte sich keiner mehr an ein solches Projekt gewagt. Dann aber unternahm der amerikanische Erfinder Robert Fulton (1765–1815) einen erneuten Versuch. Im Jahr 1807 baute er die *Clermont*, ein über vierzig Meter langes, leistungsstarkes Schiff. Es fuhr in zweiunddreißig Stunden von New York bis Albany den Hudson River hinauf und erzielte dabei eine Durchschnittsgeschwindigkeit von fast acht Kilometern pro Stunde. Bald unterhielt Fulton eine ganze Flotte von Dampfschiffen, und im Unterschied zu Fitch hatte er auch kommerziellen Erfolg. Aus diesem Grund gilt Fulton allgemein als Erfinder des Dampfbootes.

Nachtrag

Preußen war unterworfen, aber sein Verbündeter Rußland war noch nicht geschlagen. Am 14. Juni 1807 besiegte Napoleon die Russen in der Schlacht bei Friedland in Ostpreußen und besetzte die östlichsten preußischen Gebiete. Vom 7. bis 9. Juli 1807 trafen sich Napoleon und Zar Alexander bei Tilsit an der Memel, dem preußisch-russischen Grenzfluß. Im Frieden von Tilsit mußte Preußen all seine westlichen Gebiete an Frankreich abtreten, und aus den Gebieten, die es sich bei der Zweiten und Dritten Polnischen Teilung einverleibt hatte, wurde das *Großherzogtum Warschau* gebildet. Polen erschien also vorübergehend wieder auf der Landkarte, wenn auch nur als französische Marionette.

1808

Polarisiertes Licht

Bartholin hatte entdeckt, daß Islandspat eine Doppelbrechung hervorrief – er spaltete das Licht in zwei verschiedene Strahlen mit unterschiedlichen Brechungswinkeln auf (vgl. 1669). Doch warum das so war, hatte bislang noch niemand erklärt.

Im Jahr 1808 hantierte der französische Physiker Étienne-Louis Malus (1775–1812) mit einem Kristall aus Islandspat herum und stellte dabei fest, daß das von einem Fenster reflektierte Sonnenlicht, das durch den Kristall fiel, nur einfach gebrochen wurde. Und als er den Kristall drehte, wurde der Lichtstrahl schwächer, und der andere erschien. Wenn er den Kristall in einen rechten Winkel zu seiner ursprünglichen Position brachte, war nur noch der zweite Strahl zu sehen, während der erste verschwunden war.

Malus war der Meinung, Licht habe verschiedene Pole wie Magnete, und die Pole des

einen Lichtstrahls stünden im rechten Winkel zu den Polen des anderen. Deshalb nannte er die Strahlen *polarisiertes Licht.* Obwohl seine Theorie nicht stimmte, hielt sich die Bezeichnung bis heute.
Polarisiertes Licht sollte sich in der Chemie als außerordentlich nützlich erweisen.

Nachtrag

Fest entschlossen, seiner Kontinentalsperre zum Erfolg zu verhelfen, setzte Napoleon im März 1808 den spanischen König Karl IV. (1748–1819) ab und machte seinen Bruder Joseph Bonaparte (1768–1844) zum König. Das war sein erster schwerwiegender Fehler, denn Karl IV. war zwar ein schlechter König gewesen, doch einen Franzosen wollte das spanische Volk nicht an seiner Stelle. Am 2. Mai brach ein Aufstand los. Es war ein *Guerillakrieg* (spanisch für »kleiner Krieg«), und seitdem heißen alle derartigen Kriege so. Der Aufstand kostete Frankreich in den folgenden vier Jahren viele Menschenleben und viel Geld.

1809

Evolutionsmechanismen

Viele Wissenschaftler hielten es für wahrscheinlich, daß eine Evolution stattgefunden hatte, doch keiner hatte bisher eine Theorie vorgelegt, die ihren Ablauf hätte erklären können. Warum sollten sich beispielsweise katzenartige Tiere im Laufe der Generationen allmählich wandeln, manche zu Löwen, andere zu Tigern, wieder andere zu Hauskatzen?
Der erste, der diese Frage zu beantworten versuchte, war Lamarck (vgl. 1801) mit seinem 1809 veröffentlichten Buch *Zoologische Philosophie.* Darin stellte er folgende Theorie auf: Wenn Tiere einen bestimmten Körperteil ständig benutzen, entwickelt er sich langsam weiter, wenn sie ihn aber, im Gegenteil, gar nicht beanspruchen, verkümmert er langsam. Die so weiterentwickelten bzw. verkümmerten Körperteile vererben sich, und die Nachkommen setzen den Prozeß nun ihrerseits durch Gebrauch bzw. Nichtgebrauch fort.
Die Lamarcksche Theorie läßt sich an folgenden Beispielen veranschaulichen. Um an hochhängende Blätter heranzukommen, mußten sich manche Antilopen strecken. Dadurch bildeten sie allmählich einen längeren Hals und längere Beine aus. Ihre Nachkommen erbten diese Eigenschaften und setzten die Entwicklung fort – so entstand die Giraffe. Andere Antilopen bekamen im Laufe der Generationen eine kräftige Beinmuskulatur und wurden sehr flink, da sie ständig auf der Flucht vor Raubtieren waren. Wasservögel, die mit den Füßen durchs Wasser paddelten, bildeten Schwimmhäute aus. Bei Maulwürfen verkümmerten nach und nach die Augen, da sie unter der Erde nicht benötigt wurden.
Diese Theorie geht von einer *Vererbung erworbener Eigenschaften* aus. Spätere Experimente sollten jedoch belegen, daß erworbene Eigenschaften dieser Art nicht weitervererbt werden. Trotzdem trug die Theorie dazu bei, daß sich das Interesse an diesem Forschungsgebiet erhöhte.

Aerodynamik

Der Traum vom Fliegen beschäftigte die menschliche Phantasie schon seit Jahrtausenden. Für gewöhnlich dachten die Menschen dabei nur an die Nachahmung des Vogelflugs. So auch Dädalus, der sagenhafte Erfinder aus der griechischen Mythologie. Er baute einen Rahmen, befestigte mit Wachs Federn daran und bewegte ihn wie ein Vogel mit den Armen.
Der erste, der sich mit den physikalischen Grundlagen des Fliegens beschäftigte, war der britische Erfinder George Cayley (1773–1858). Er ersann Fluggeräte mit Antriebsmechanismen, mit starren Flügeln, die eine

ausreichende Tragfläche boten, und mit Heckteilen, die das Wenden und Bremsen ermöglichen sollten. Er beschrieb diese Apparate in Publikationen, die ab 1809 erschienen, und legte damit den Grundstein für die Wissenschaft der *Aerodynamik*. Natürlich ließ der damalige Stand der Technik den Bau solcher Flugapparate noch nicht zu, doch schon ein Jahrhundert später sollte sich das ändern.

Nachtrag

Österreich und Preußen hatten aus ihren Niederlagen gelernt und begannen damit, Staat und Wirtschaft zu reformieren. In Österreich führte Erzherzog Karl Ludwig (1771–1847) eine Heeresreform durch. Im April 1809 wagte er noch einmal einen Krieg gegen Napoleon. Wiederum schlug Napoleon schnell zurück. Er verließ Spanien, eilte nach Deutschland und nahm am 13. Mai Wien ein. In der Schlacht von Aspern am 21. Mai wurde er jedoch von Erzherzog Karl besiegt. Es war Napoleons erste schwere Niederlage, von der er sich jedoch rasch erholte. In der Schlacht von Wagram, am 5. Juli, besiegte er Erzherzog Karl (allerdings unter hohen Verlusten). Erneut sah sich Österreich zur Kapitulation gezwungen. Im Schönbrunner Vertrag vom 14. Oktober mußte Österreich Gebiete an Rußland, Frankreich und das Großherzogtum Warschau abtreten. Napoleons Stellung in Europa schien gefestigter denn je.
Napoleon, noch immer ohne Sohn, wußte, daß Kaiserin Josephine (nun schon 46 Jahre alt) ihm keinen Thronerben mehr schenken konnte. Er ließ sich am 1. Dezember 1809 von ihr scheiden und bereitete eine prunkvolle zweite Hochzeit vor.
Der walisische Philanthrop Robert Owen (1771–1858) versuchte zu jener Zeit, die katastrophalen Arbeitsbedingungen der britischen Fabrikarbeiter zu verbessern. Er schlug vor, Kinder unter zehn Jahren nicht mehr zu beschäftigen und ihnen statt dessen eine Schulausbildung und Gesundheitsversorgung zukommen zu lassen. Natürlich wurde er nicht ernst genommen.

1810

Das Gehirn

Der deutsche Arzt Franz Joseph Gall (1758–1828) veröffentlichte 1810 den ersten Band eines vierbändigen Werkes über das Nervensystem. Darin stellte er fest, daß die graue Substanz auf der Hirnoberfläche und im Inneren des Rückenmarks der wichtigste und aktivste Teil des Gehirns sei und daß die weiße Substanz, die sich tief im Inneren des Gehirns und auf der Oberfläche des Rückenmarks befindet, als Bindematerial diene. Diese Annahmen erwiesen sich als korrekt.
Er glaubte, daß die Form des Gehirns Rückschlüsse auf geistige Fähigkeiten zulasse und daß bestimmte Bereiche des Gehirns für bestimmte Körperteile zuständig seien. Damit lag er zwar nicht ganz falsch, aber natürlich ging er viel zu weit. Nach seiner Überzeugung konnte man aus der Hirnform Temperament und Charaktereigenschaften ableiten und aus der äußeren Schädelstruktur auf die Hirnform schließen. Diese Annahmen bildeten die Grundlage der Pseudo-Wissenschaft *Phrenologie* (griech. »Lehre des Geistes«), die geistig-seelische Veranlagungen durch Abtasten der Schädelstruktur bestimmen wollte.

Chlor

Davy (vgl. 1800) hatte mit Salzsäure (einer starken Säure) gearbeitet und gezeigt, daß sie keinen Sauerstoff enthielt. Damit war endgültig bewiesen, daß Sauerstoff kein notwendiger Bestandteil von Säuren ist. Salzsäure enthält jedoch Chlor, und Scheele hatte angenommen, daß Chlor eine Sauerstoff enthaltende Verbindung sei. Doch Davy konnte 1810 zeigen, daß dies nicht der Fall war und daß Chlor ein chemisches Element ist. Deshalb wird ihm und nicht Scheele die Entdekkung von Chlor zugeschrieben.

Nachtrag

Am 11. März 1810 heiratete Napoleon Marie-Louise (1791–1847), die Tochter des österreichischen Kaisers Franz. Diese dynastische Verbindung mit den stolzen Habsburgern erfüllte ihn sicherlich mit Genugtuung. Franz hingegen fühlte sich ohne Zweifel erniedrigt.
Napoleon hatte seinen jüngeren Bruder Louis (1778–1846) zum König von Holland ernannt. Louis lehnte die Kontinentalsperre ab, da er fürchtete, Holland zu ruinieren, falls es sich daran beteiligte. Doch Napoleon gab nicht nach. Daraufhin dankte Louis ab und floh am 1. Juli 1811 aus dem Land. Napoleon annektierte Holland und schloß es Frankreich an, ebenso wie große Teile der deutschen Küstenregion. Aber der Schmuggel blühte, und die Kontinentalsperre bekam undichte Stellen.
Unterdessen ließ Napoleon Alexander von Rußland in dem von den Schweden beherrschten Finnland freie Hand, um ihn gefügig zu halten. Alexander nutzte dies und annektierte Finnland am 17. September 1810. Da Karl XIII. von Schweden (1748–1818) keinen Erben hatte, bestimmten die Schweden Bernadotte, einen General Napoleons, zum Thronerben, um sich so vor weiteren Übergriffen aus dem Osten zu schützen. Napoleon war einverstanden, da er das für die beste Möglichkeit hielt, Schweden unter französischer Kontrolle zu halten.
Die Vereinigten Staaten zogen ihren Nutzen aus den Problemen Spaniens und annektierten am 27. Oktober 1810 den Westen Floridas.

1811

Avogadrosche Hypothese

Es war bereits bekannt, daß sich alle Gase bei einer Erhöhung der Temperatur gleich weit ausdehnen, vorausgesetzt, der Druck bleibt konstant. Dann, im Jahr 1811, stellte der italienische Physiker Amadeo Avogadro (1776–1856) die Hypothese auf, daß alle Gase bei gleichem Volumen, Druck und gleicher Temperatur die gleiche Anzahl von Teilchen enthalten. Sie wurde als *Avogadrosche Hypothese* bekannt.
Bei der Zersetzung von Wasser durch elektrischen Strom entstehen Wasserstoff und Sauerstoff im Volumenverhältnis zwei zu eins. Trifft die Avogadrosche Hypothese zu, dann folgt daraus, daß sich zweimal soviel Wasserstoff- wie Sauerstoffteilchen gebildet haben. Dies wiederum zeigt, daß Wasserteilchen nicht aus einem Wasserstoffatom und einem Sauerstoffatom bestehen, wie Dalton behauptet hatte, sondern im einfachsten Fall aus zwei Wasserstoffatomen und einem Sauerstoffatom.
Da der Sauerstoff im Wasser die achtfache Masse des Wasserstoffs besitzt, muß folglich das Sauerstoffatom achtmal schwerer sein als die beiden Wasserstoffatome zusammengenommen, oder sechzehnmal schwerer als ein einzelnes Wasserstoffatom.
Wenn nun alle Gase bei gleicher Temperatur, gleichem Druck und Volumen die gleiche Anzahl von Teilchen enthalten und wenn die Dichte eines Gases zweimal so groß ist wie die eines anderen, dann muß jedes Teilchen des ersten Gases zweimal so schwer sein wie jedes Teilchen des anderen Gases.
Da die Dichte von Wasserdampf neunmal so groß ist wie die von Wasserstoff bei derselben Temperatur und zudem das Sauerstoffatom die 16fache Masse des Wasserstoffatoms besitzt, folgt daraus, daß die Masse eines Wasserteilchens gleich 16 + 1 + 1 oder 18 beträgt. Warum aber ist die Dichte von Wasserdampf

nicht achtzehnmal größer als die von Wasserstoff? Dies liegt daran, daß Wasserstoffteilchen nicht aus einzelnen Wasserstoffatomen bestehen, sondern aus einer Verknüpfung zweier Wasserstoffatome. Auf ähnliche Art und Weise legte Avogadro dar, daß Sauerstoff- und Stickstoffteilchen aus jeweils zwei Atomen bestehen.
Avogadro unterschied zwischen einzelnen Atomen und jenen Verknüpfungen von Atomen, die die Teilchen einer chemischen Verbindung ausmachten. Er nannte diese Verknüpfungen *Moleküle* (nach einem lateinischen Ausdruck für »kleine Massen«). Es gibt also sowohl ein Sauerstoffatom als auch ein Sauerstoffmolekül, das aus zwei Sauerstoffatomen aufgebaut ist. Ein Wassermolekül besteht aus einem Sauerstoffatom und zwei Wasserstoffatomen usw.
Die Avogadrosche Hypothese hätte viele Fragen bezüglich der Atomgewichte und der atomaren Zusammensetzung chemischer Verbindungen klären können. Doch leider blieb sie ein halbes Jahrhundert lang unbeachtet. Den Chemikern hätte während dieser Zeit so mancher Irrtum erspart bleiben können.

Jod

Der französische Chemiker Bernard Courtois (1777–1838) war mit der Herstellung von Kaliumnitrat für Schießpulver betraut. Er gewann das Kaliumnitrat aus Pottasche, und die wiederum gewann er aus Seetang. Um Pottasche (Kaliumcarbonat) zu erhalten, erhitzte er unter anderem Seetang in Säure. Eines Tages, im Jahre 1811, gab er zuviel Säure bei, und beim Erhitzen stieg ein wunderschöner violetter Dampf auf. Als dieser Dampf kondensierte, bildeten sich dunkle, glänzende Kristalle. Courtois nahm an, daß es sich um ein neues chemisches Element handelte, und schickte Proben an andere Chemiker, um sich seine Vermutung bestätigen zu lassen. Es war tatsächlich ein neues chemisches Element, und Davy (vgl. 1800) schlug vor, es *Jod* zu nennen (nach dem griechischen Wort für »violett«).

Nachtrag

Am 21. März 1811 wurde Napoleons erster und einziger ehelicher Sohn, François-Charles-Joseph Bonaparte, der spätere Napoleon II. (1811–1832), geboren.
In Großbritannien hatte die Industrielle Revolution für die niederen Schichten verheerende wirtschaftliche Folgen. Es kam zu Unruhen, die in der Zerstörung von Fabriken und Maschinen gipfelten. In Erinnerung an einen Schwachsinnigen namens Nedd Ludd, der einige Jahre zuvor Maschinen zerstört hatte, wurden die Aufrührer *Ludditen* genannt.
Der Zustand des britischen Königs Georgs III., der schon immer unter Anfällen von Geistesgestörtheit gelitten hatte (nach neuestem Stand der Forschung infolge einer Krankheit, die heute unter dem Namen Porphyrie bekannt ist), verschlechterte sich zusehends. Deshalb wurde 1811 sein Sohn George, Prince of Wales (1762–1830) als Prinzregent eingesetzt.
Die Dampfschiffahrt machte immer größere Fortschritte. Im Jahr 1809 fuhr die *Phoenix* unter dem Kommando von Moses Rogers (1779–1821) als erstes Dampfschiff von New York aus über das Meer zum Delaware-River. Zwei Jahre später fuhr die *New Orleans,* der erste Mississippi-Dampfer, von Pittsburgh nach New Orleans.

1812

Katalyse

Seit Urzeiten war bekannt, daß manche Stoffe eine Veränderung bewirken, ohne daß sie selbst verbraucht werden. Im Gegenteil, manche vermehren sich dabei sogar. Das bekannteste Beispiel ist Hefe: In Brotteig kann sie praktisch unbegrenzt wirken. Dann aber wurde festgestellt, daß Hefe aus lebenden Organismen besteht.

Natürlich ist es viel überraschender, wenn etwas, das nicht lebt und sich nicht vermehrt, eine Veränderung herbeiführt, ohne dabei verbraucht zu werden.
Gottlieb Sigismund Constantin Kirchhoff (1764–1833), ein russischer Chemiker deutscher Abstammung, erhitzte eine Aufschlämmung von Stärke in Wasser, dem er etwas Schwefelsäure zugesetzt hatte. Hätte er die Stärke in Wasser ohne Zusatz von Schwefelsäure erhitzt, wäre nicht viel passiert. So aber wurde die Stärke abgebaut, und es entstand ein Stoff, der in Wasser löslich war und süß schmeckte. Es handelte sich um einen Zucker, der später den Namen *Glucose* erhielt (nach einem griechischen Wort für »süß«).
Hier wurden gleich mehrere Entdeckungen auf einmal gemacht. Erstens wurde Glucose zum ersten Mal untersucht; später erkannte man, daß sie ein grundlegender Inhaltsstoff lebenden Gewebes ist. Zweitens ergab sich der erste Hinweis darauf, daß Stärke aus Glucosebausteinen aufgebaut ist und wieder in Glucose gespalten werden kann. Drittens wurde festgestellt, daß die Schwefelsäure, die den Abbau von Stärke in Glucose ermöglicht, in der Reaktion nicht verbraucht wird.
Später bezeichnete Berzelius (vgl. 1803) das Phänomen, daß ein Stoff an einer Reaktion teilnimmt, ohne verbraucht zu werden, als *Katalyse* (von einem griechischen Ausdruck für »abbauen«). Schwefelsäure ist ein *Katalysator,* der den Abbau von Stärke bewirkt.

Katastrophentheorie

Cuvier (vgl. 1798) fand weiterhin wichtige und interessante Fossilien. Im Jahr 1812 berichtete er von den fossilen Überresten eines Lebewesens, das offensichtlich Flügel besessen hatte und in der Lage gewesen war zu fliegen. Doch aus seinem Skelett ging eindeutig hervor, daß es ein Reptil gewesen war. Da die Haut der Flügel über einen verlängerten Finger gespannt war, wurde es *Pterodaktylus* genannt, was im Griechischen soviel wie »Fingerflügler« bedeutet.
Cuvier stellte fest, daß Fossilien die Überreste ausgestorbener Lebewesen waren und daß sie modernen Organismen um so weniger ähnelten, je älter sie waren und je tiefer die Schicht lag, in der sie gefunden wurden. Trotzdem lehnte er den Evolutionsgedanken ab. Statt dessen vertrat er in seinem 1812 veröffentlichten Buch *Untersuchung der fossilen Versteinerungen der Vierfüßler* eine Theorie, die heute als *Katastrophentheorie* bekannt ist. Danach wurde die Tier- und Pflanzenwelt nach Ablauf einzelner Erdzeitalter durch Katastrophen vernichtet und dann wieder in einer Form neu erschaffen, die dem heutigen Leben immer näher kam. Diese Auffassung wird normalerweise im Widerspruch zu James Huttons Aktualismus gesehen, und lange Zeit war man der Überzeugung, daß sich beide Theorien gegenseitig ausschlossen. Doch ist es sehr wohl möglich, daß es in der Erdgeschichte Phasen gegeben hat, in denen sich das geologische Geschehen ähnlich wie in der Gegenwart vollzog und die dann immer wieder durch Katastrophen unterbrochen wurden (allerdings hat offenbar keine der Katastrophen einen völligen Neubeginn notwendig gemacht).
Cuvier war der erste, der sich mit urgeschichtlichen Organismen und, soweit möglich, mit ihrer Klassifizierung beschäftigte. Er verwendete die gleichen Kriterien wie für heute noch lebende Arten. Deshalb gilt er als Begründer der *Paläontologie,* der Wissenschaft von den Lebewesen vergangener Erdepochen.

Das Universum als Maschine

Im Jahr 1812 stellte Laplace (vgl. 1783) die Theorie auf, daß Vergangenheit und Zukunft des Universums berechnet werden könnten, wenn Masse, Ort und Geschwindigkeit eines jeden Teilchens des Universums bekannt wären.
Er sah im Universum also eine gewaltige Maschine, die, war sie erst einmal in Bewegung, unaufhaltsam weiterlief. Auf der einen Seite konnte das erklären, warum Gott mit seinem

übernatürlichen Wissen Vergangenheit und Zukunft kannte. Auf der anderen Seite aber bestand kein Bedarf mehr an einem Gott, der nur für die Schöpfung und die Ingangsetzung der »Maschine« gebraucht wurde.
Die Vorstellung eines mechanistischen Weltmodells stand über ein Jahrhundert lang im Mittelpunkt des wissenschaftlichen Denkens. Doch bald stellte sich heraus, daß das Universum wesentlich komplexer war als eine Maschine und von Natur aus unberechenbar. Allenfalls statistische Aussagen ließen sich machen, und auch das nur in bestimmten Fällen.

Nachtrag

Napoleon sah keine Möglichkeit, die Kontinentalsperre durchzusetzen, ohne gegen Rußland vorzugehen. Alexander von Rußland ahnte, was ihm bevorstand. Während er eilends Maßnahmen zur Verteidigung traf, stellte Napoleon ein Heer mit schätzungsweise 600 000 Mann auf – wahrscheinlich das größte, das jemals für einen einzigen Feldzug aufgestellt worden war. Am 22. Juni 1812 marschierte er in Rußland ein. Die Russen zogen sich zurück. Ihre Strategie hatte Erfolg. Auch ohne große Schlachten verlor Napoleon Männer und Pferde, die er aufgrund der immer länger werdenden Nachschubwege nicht ersetzen konnte. Die Russen hingegen konnten für ihre Verluste unbegrenzt Ersatz herbeischaffen.
Am 7. September 1812 konnten die Russen einem Kampf nicht länger ausweichen, wenn sie Moskau nicht kampflos preisgeben wollten. Bei Borodino, rund hundert Kilometer westlich von Moskau, kam es zur Schlacht. Es wurde die bisher blutigste Schlacht der Geschichte. Beide Seiten hatten hohe Verluste. Doch im Gegensatz zu Napoleon konnten die Russen ihre Gefallenen ersetzen.
Die Russen setzten ihren Rückzug fort. Am 14. September marschierte Napoleon in Moskau ein und eroberte den Kreml. Als Reaktion auf seinen Einmarsch brannten die Russen Moskau nieder.
Als Napoleon sah, daß der Feind nicht bereit war, sich zu ergeben, und daß seine Armee bereits auf die Hälfte zusammengeschrumpft war, blieb ihm keine andere Wahl, als Moskau zu verlassen. Am 19. Oktober begann er mit dem Rückzug. Die russische Kavallerie folgte ihm auf Schritt und Tritt und zwang ihn, durch das Gebiet zu ziehen, das er beim Vormarsch verwüstet hatte. Seine Armee löste sich auf. Als sie endlich die russische Grenze erreichte, war sie nur noch ein demoralisierter Haufen. Napoleon selbst erreichte am 18. Dezember Paris – ein besiegter General ohne Armee.
In Spanien war er nicht erfolgreicher. Wellington schlug die Franzosen am 22. Juli 1812 bei Salamanca und marschierte einen Monat später in Madrid ein.
Am 18. Juni 1812 erklärten die Vereinigten Staaten, deren Schiffe immer wieder von der britischen Marine bedroht worden waren, Großbritannien den Krieg. Zum Erstaunen der Weltöffentlichkeit gewannen die amerikanischen Kriegsschiffe eine Seeschlacht nach der anderen.

1813

Chemische Symbole

In dem Maße, wie sich die Vorstellung von Atomen durchsetzte, stellte sich natürlich die Frage, wie man sie darstellen sollte. Als einfachste Möglichkeit bot sich die Verwendung von Buchstaben an. Berzelius (vgl. 1803) schlug 1813 ein solches System vor, das sich später auch durchsetzte. Er verwendete die Anfangsbuchstaben: *H* für ein Wasserstoffatom (Hydrogenium), *C* für ein Kohlenstoffatom (Carboneum), *O* für ein Sauerstoffatom (Oxygen) usw. Wenn mehrere Elemente denselben Anfangsbuchstaben hatten, fügte er einen zweiten Buchstaben aus dem Elementnamen hinzu: *Ca* für Calcium, *Cl* für

Chlor. Bei den Elementen, die schon sehr lange bekannt waren und in den verschiedenen Sprachen unterschiedliche Bezeichnungen hatten, wurde der lateinische Name zur Ableitung des Symbols herangezogen. *Au* stand für Gold (*aurum*), *Ag* für Silber (*argentum*) usw.
Einfache Verbindungen wurden durch bloße Aneinanderreihung der Atomsymbole dargestellt. Da Wassermoleküle aus zwei Wasserstoffatomen und einem Sauerstoffatom bestehen, lautet das Symbol für Wasser H_2O. Analog schreibt man für Ammoniak NH_3, für Schwefelsäure H_2SO_4 usw.

Klassifikation von Pflanzen

Im Jahr 1813 begann der französische Botaniker Augustin-Pyrame de Candolle (1778–1841) mit der Arbeit an einer umfangreichen Enzyklopädie über das Leben der Pflanzen. Bis zu seinem Tod erschienen nur sieben der insgesamt 21 Bände. Sein Klassifizierungssystem für Pflanzen war wissenschaftlich fundierter als das von Linné und wird heute noch verwendet. Candolle benutzte 1812 als erster das Wort *Taxonomie* für die Einordnung der Arten in ein biologisches System.

Nachtrag

Napoleons Niederlage in Rußland sollte nicht seine einzige bleiben. In Österreich, Preußen und anderen Gebieten kam es zu Aufständen. Europa hatte plötzlich Mut gefaßt, sich gegen Frankreich zu verbünden.
Russische Truppen marschierten im Frühjahr in Deutschland ein. Preußen und Österreicher schlossen sich ihnen an. Napoleon kämpfte mit gewohnter Entschlossenheit und siegte am 26./27. August 1813 in der Schlacht von Dresden. Doch zwanzig Jahre Krieg hatten Frankreich ausgezehrt. In der berühmten *Völkerschlacht* bei Leipzig vom 16.–19. Oktober 1813 wurde Napoleon vernichtend geschlagen. Er hatte Deutschland verloren und mußte sich hinter die Grenzen Frankreichs zurückziehen. Für die Kämpfe in Deutschland hatte er Truppen aus Spanien abziehen müssen, und zum Zeitpunkt der Völkerschlacht war auch Spanien verloren. Wellingtons Armee stand an der Südwestgrenze Frankreichs. Großbritannien führte weiterhin einen halbherzigen Kampf gegen die Vereinigten Staaten. Der amerikanische Offizier Oliver Hazard Perry (1785–1819) ließ Schiffe bauen, griff die britische Flotte in der Schlacht auf dem Erie-See an und gewann die Kontrolle über die Großen Seen.

1814

Spektrallinien

Seit Newton das Lichtspektrum erforscht hatte (vgl. 1666), hatte es kaum neue Erkenntnisse auf diesem Gebiet gegeben. Wollaston (vgl. 1800) hatte 1802 einige dunkle Linien im Spektrum entdeckt, die er als Grenzlinien zwischen den Farben interpretierte, aber nicht näher erforschte.
Unterdessen war es dem deutschen Physiker Joseph von Fraunhofer (1787–1826) gelungen, die bis dahin besten Linsen und Prismen herzustellen. Im Jahre 1814 überprüfte er ein Prisma, indem er Sonnenlicht durch einen engen Spalt und anschließend durch das Prisma leitete. Er erhielt unzählige Lichtstreifen, die jeweils ein Abbild des Spalts darstellten und einen sehr engen Bereich von Wellenlängen umfaßten. Einige Wellenlängen fehlten jedoch, und die Lichtstreifen waren an den betreffenden Stellen dunkel. Mit anderen Worten: Das Sonnenspektrum war von dunklen Linien durchzogen.
Theoretisch hätten diese dunklen Linien immer – auch für Newton – sichtbar sein müssen. Wenn jedoch das Prisma einen kleinen Fehler aufwies und der Spalt zu breit war, war das Bild so verschwommen, daß sie nicht zu

erkennen waren. Während Newton überhaupt keine und Wollaston nur sieben Linien gefunden hatten, entdeckte Fraunhofer mit Hilfe seines außergewöhnlich genauen Instruments fast sechshundert.
Des weiteren bestimmte Fraunhofer die Lage der Hauptlinien und versah sie mit den Buchstaben A bis K. Wie sich zeigte, traten sie immer im selben Abschnitt des Spektrums auf, egal ob das Licht direkt von der Sonne kam oder vom Mond oder den Planeten reflektiert wurde. Schließlich bestimmte er die Wellenlängen von mehreren hundert dieser *Fraunhofer Linien,* wie sie später genannt wurden. In den nächsten 50 Jahren fanden diese Spektrallinien kaum Anwendung. Später wurden sie jedoch zu einem grundlegenden Hilfsmittel für Chemiker und Astronomen.

Nachtrag

Napoleon, der sich noch immer nicht mit der Niederlage abfinden konnte, lehnte die ihm angebotenen Friedensbedingungen ab und setzte den Krieg auf französischem Boden fort. Am 31. März 1814 marschierten die Verbündeten (Russen und Deutsche) in Paris ein. Als sich seine eigenen Marschälle weigerten weiterzukämpfen, sah sich Napoleon am 11. April zur Abdankung gezwungen. Die Verbündeten verbannten ihn auf die Insel Elba, unweit von Korsika, seiner Heimat. Der jüngere Bruder Ludwigs XVI. bestieg als Ludwig XVIII. (1755–1824) den französischen Thron. Im September versammelten sich die Fürsten und Staatsmänner der Verbündeten auf dem *Wiener Kongreß,* um über die Neuordnung Europas zu entscheiden.
Nun, da Napoleon besiegt war, wollten die Briten auch den Krieg gegen die Vereinigten Staaten beenden. Doch nach mehreren Niederlagen lenkten sie ein und unterzeichneten am 24. Dezember 1814 den Vertrag von Gent. Damit endete der Krieg von 1812, der keiner Seite einen Gewinn gebracht hatte.

1815

Polarisationsebene des Lichts

Berzelius (vgl. 1803) hatte 1807 die chemischen Verbindungen in *organische* und *anorganische* unterteilt. Nach seiner Definition galten diejenigen Verbindungen als organisch, die in (lebenden oder toten) Organismen enthalten oder die mit solchen Verbindungen verwandt waren. Als anorganisch wurden Verbindungen bezeichnet, die in keinerlei Beziehung zu solchen Organismen standen.
Malus hatte entdeckt, daß reflektiertes Licht polarisiert wird (vgl. 1808). Diese Beobachtung erlangte nun durch eine Entdeckung Biots (vgl. 1803) besondere Bedeutung. Normalerweise leuchtet polarisiertes Licht entlang einer bestimmten Ebene, so daß ein polarisierter Lichtstrahl, den man durch zwei parallel angeordnete Islandspat-Kristalle schickt, unvermindert durch beide hindurchtritt.
Wenn aber der Lichtstrahl auf dem Weg zwischen den beiden Kristallen eine bestimmte organische Flüssigkeit durchläuft, muß der zweite Kristall gedreht werden, damit das Licht unvermindert hindurchtreten kann. Das bedeutet, daß sich die Ebene des polarisierten Lichts beim Durchlaufen der organischen Flüssigkeit ändert. Bei manchen Flüssigkeiten erfolgt die Drehung im Uhrzeigersinn, bei anderen gegen den Uhrzeigersinn.
Biot nahm an, daß dieser Effekt durch eine Art Asymmetrie in der Molekülstruktur dieser organischen Substanzen hervorgerufen wurde. Diese Annahme erwies sich als korrekt. Biot konnte aber noch nicht erklären, wie diese Asymmetrie beschaffen war.

Organische Radikale

Gay-Lussac (vgl. 1804, Wissenschaftliches Ballonfahren) führte sorgfältige Experimente mit dem giftigen Blausäuregas (Cyanwasser-

stoff, HCN) durch. Dabei entdeckte er 1815 ein mit ihm verwandtes, ebenfalls giftiges Gas, das *Dicyan* (C_2N_2).
Er wies nach, daß die Kohlenstoff-Stickstoff-Verbindung, die *Cyanogruppe* (CN), sehr stabil ist. Bei chemischen Reaktionen wurden die beiden miteinander verbundenen Atome meistens als eine Einheit umgesetzt. Fest verbundene Einheiten, die bei verschiedenen chemischen Umsetzungen nicht gespalten wurden, nannte er *organische Radikale.*
Dies führte zu einem besseren Verständnis der organischen Chemie, also des Teilbereichs der Chemie, der sich mit Verbindungen und chemischen Umsetzungen beschäftigt, die für Organismen von Bedeutung sind.

Proutsche Hypothese

Seit Daltons Atomtheorie (vgl. 1803) hatten Chemiker daran gearbeitet, die Atomgewichte chemischer Elemente zu bestimmen. Zweierlei war dabei herausgekommen: Zum einen schien das Wasserstoffatom die geringste Masse aller Atome zu besitzen. Zum anderen stellten die übrigen Atomgewichte ganzzahlige Vielfache der Masse des Wasserstoffs dar. Daher nahm der englische Chemiker William Prout an, Wasserstoff sei ein grundlegendes Atom und alle anderen Atome seien aus einer unterschiedlichen Anzahl von Wasserstoffatomen aufgebaut.
Prout ist das klassische Beispiel eines Wissenschaftlers, der seiner Zeit voraus war. Seine Hypothese wurde nicht ernst genommen. In der Folgezeit wurden Atomgewichte bestimmt, die keine genauen ganzzahligen Vielfachen des Atomgewichts von Wasserstoff waren. Das schien Prouts Hypothese zu widerlegen.
Ein Jahrhundert später freilich stellte sich heraus, daß sie der Wahrheit ziemlich nahe kam, wenn auch die ganze Wahrheit – wie so häufig – komplizierter und verzwickter war, als Prout angenommen hatte.

Gepflasterte Straßen

In der ganzen bisherigen Geschichte hatte es fast überall nur unbefestigte Straßen gegeben. Sie bestanden aus nackter Erde, die man von Pflanzen befreit und notdürftig eingeebnet hatte. Bei trockenem Wetter waren sie meist sehr staubig. Bei Regen wurden sie matschig, und die Wagenräder hinterließen tiefe Furchen, so daß sie die Fahrt eigentlich nicht sehr erleichterten. Die Römer hatten gepflasterte Straßen gebaut (wie auch andere Hochkulturen). Wo es solche antiken Straßen gab, wurden sie in Europa noch immer benutzt.
Der britische Ingenieur und Geschäftsmann John Loudon McAdam (1756–1836) beschäftigte sich schon jahrelang mit Straßen und Straßenbau. Er schlug vor, die Straßen höher zu legen als die angrenzenden Felder, damit das Regenwasser abfließen konnte. Als Belag empfahl er eine Schicht aus großen Steinen und darüber eine Lage kleinerer Steine. Das Ganze sollte mit feinem Schotter oder Schlacke befestigt werden.
Im Jahr 1815 erhielt er Gelegenheit, seine Vorstellungen in die Tat umzusetzen. In der Gegend um Bristol entstanden die ersten geschotterten Landstraßen. Sie waren den bisherigen Straßen so deutlich überlegen, daß sie zunächst in Großbritannien und später auch in anderen Ländern rasche Verbreitung fanden. Diese gepflasterten Straßen waren für den Waren- und Personenverkehr über Land eine enorme Erleichterung.

Nachtrag

Napoleon war auch in der Verbannung nicht untätig. Am 1. März 1815 gelang es ihm, nach Südfrankreich überzusetzen. Seine Fahrt nach Paris gestaltete sich zu einem Triumphzug. Am 20. März marschierte er in der Hauptstadt ein, und Ludwig XVIII. mußte fliehen.
Die Verbündeten, die immer noch auf dem Wiener Kongreß tagten, sammelten ihre Armeen. Napoleon fiel in Belgien ein und ge-

wann dort mehrere Schlachten. In der Schlacht von Waterloo am 18. Juni 1815 wurde er von Wellington endgültig besiegt. Am 22. Juni dankte er ab. Er wurde auf die entlegene Insel St. Helena verbannt, wo er die letzten sechs Jahre seines Lebens verbrachte.

Der Wiener Kongreß kam schließlich am 8. Juni 1815, kurz vor der Schlacht von Waterloo, zu einem abschließenden Ergebnis. Österreich erhielt die Gebiete zurück, die es an Napoleon verloren hatte, dazu die norditalienische Provinz Venetien und die Lombardei. An Rußland fielen große Teile des Großherzogtums Warschau. Preußen erhielt die Gebiete westlich des Rheins, der eine natürliche Grenze zu Frankreich bildete. Belgien und Holland wurden zum *Königreich Niederlande* zusammengeschlossen. Dänemark mußte Norwegen an Schweden abtreten, das sich gegen Ende hin auf die Seite der Verbündeten geschlagen hatte. Alle alten königlichen Familien, die Napoleon vertrieben hatte, kehrten zurück, und der *Deutsche Bund* trat unter österreichischer Führung an die Stelle des Heiligen Römischen Reiches.

Ferdinand VII. (1784–1833), nun wieder König von Spanien, war bemüht, die andauernden Unruhen in seinen amerikanischen Kolonien zu unterdrücken. Besonders heftig waren die Aufstände in Venezuela, wo sie von Simon Bolivar (1783–1830) angeführt wurden.

Im Jahr 1815 ereignete sich auf einer ostindischen Insel ein gewaltiger Vulkanausbruch. Dabei wurde so viel Staub in die Atmosphäre geschleudert, daß das Wetter im darauffolgenden Jahr beeinflußt wurde. Dies bestätigte die Annahmen Franklins (vgl. 1784).

1816

Stethoskop

Als die moderne Medizin noch in den Kinderschuhen steckte, gab es nur beschränkte Möglichkeiten, Krankheiten zu diagnostizieren. Ein einfaches Mittel, sich vom Gesundheitszustand eines Patienten ein Bild zu machen, war, ihm das Ohr an den Brustkorb zu legen und den Herzschlag abzuhören. Im Jahr 1816 mußte der französische Arzt René-Théophile-Hyacinthe Laënnec (1781–1826) den Herzschlag einer beleibten, jungen Frau abhören, die an einem Herzleiden erkrankt war. Er sah bald ein, daß es keinen Sinn hatte, das Herz durch die Brust abzuhören. Gleichzeitig aber scheute er sich davor, die Brust anzuheben oder seinen Kopf zwischen die Brüste zu legen.

Einer plötzlichen Eingebung folgend, rollte er seinen Notizblock zu einem Zylinder zusammen und hielt das eine Ende zwischen die Brüste der Frau und das andere Ende an sein Ohr. Erfreut stellte er fest, daß der Herzschlag wirklich besser zu hören war, als wenn er sein Ohr direkt an das Brustbein gehalten hätte. Daraufhin stellte er hölzerne Zylinder zum Abhören des Herzschlags her – das *Stethoskop* war erfunden (von einem griechischen Ausdruck für »den Brustkorb untersuchen«). Das Stethoskop, das im Laufe der Zeit ständig verbessert wurde, stellte ein so wichtiges Hilfsmittel dar, daß es bald zum typischen Erkennungsmerkmal eines Arztes wurde.

Nachtrag

Der deutsche Philosoph Georg Wilhelm Friedrich Hegel (1770–1831) beendete sein dreibändiges Werk *Wissenschaft der Logik*.

Infolge des Vulkanausbruchs auf der ostindischen Insel im Jahr zuvor blieb es das ganze Jahr über sehr kalt. Das Jahr 1816 ging als das »Jahr ohne Sommer« in die Annalen ein.

1817

Chlorophyll

Seit Priestley als erster nachgewiesen hatte, daß Pflanzen verbrauchte Luft in Sauerstoff umwandeln konnten (vgl. 1771), hatten Chemiker nach der Substanz gesucht, die den Pflanzen diese Fähigkeit verlieh.
Die französischen Chemiker Pierre-Joseph Pelletier (1788–1842) und Joseph Bienaimé Caventou (1795–1877) beschäftigten sich besonders intensiv mit der Chemie der Pflanzen. Gemeinsam isolierten sie eine Reihe von Alkaloiden wie Brucin, Cinchonin, Chinin und Strychnin.
Im Jahr 1817 gewannen sie aus Pflanzen eine grüne Verbindung und nannten sie *Chlorophyll* (nach einem griechischen Ausdruck für »grünes Blatt«). Tatsächlich war sie für die grüne Farbe der Pflanzen verantwortlich. Wie sich schließlich herausstellte, konnte diese Verbindung die Energie des Sonnenlichts nutzen und Kohlendioxid und Wasser in Sauerstoff und Pflanzengewebe umwandeln.

Kadmium, Lithium, Selen

Immer neue chemische Elemente wurden entdeckt. Im Jahr 1817 analysierte der deutsche Chemiker Friedrich Strohmeyer (1776–1835) den Inhalt einer Apothekerflasche, die Zinkkarbonat enthielt. Bei sehr starkem Erhitzen nahm die Substanz wider Erwarten eine gelbe Farbe an. Sie mußte also eine Verunreinigung enthalten. Strohmeyer analysierte sie genauer und fand ein neues Element, das er nach dem lateinischen Wort für »Zinkerz« *Kadmium* nannte.
Im gleichen Jahr entdeckte der schwedische Chemiker Johan August Arfwedson (1792–1841) das Element *Lithium* (nach dem griechischen Wort für »Stein«). Der Name spielt darauf an, daß Lithium in Mineralien gefunden wurde, während Natrium und Kalium, die ähnliche Eigenschaften besitzen, in Pflanzen entdeckt wurden. Ebenfalls 1817 entdeckte Berzelius (vgl. 1803) *Selen* (nach dem griechischen Wort für »Mond«).

1818

Transversalwellen

Young hatte gezeigt, daß sich Licht aus kleinen Wellen zusammensetzt. Er war jedoch der Meinung, daß es sich dabei – ähnlich wie beim Schall (vgl. 1801) – um Longitudinalwellen handelt. Im Jahre 1818 veröffentlichte der französische Physiker Augustin-Jean Fresnel (1788–1827) eine Abhandlung, in der er Transversalwellen (Querwellen) mathematisch genau untersuchte. Fresnel zeigte, daß sich mit solchen Wellen Spiegelung, Brechung und Beugung ebenso gut erklären ließen wie mit Longitudinalwellen.
Aber noch wichtiger war, daß er anhand der Transversalwellen erklären konnte, warum Islandspat einen Lichtstrahl in zwei Strahlen spaltete, von denen jeder unterschiedlich stark gebrochen wurde. Zudem lieferte seine Lichtwellentheorie eine Erklärung für die Polarisation des Lichts (vgl. 1808).
Gewöhnliches, unpolarisiertes Licht besteht aus Wellen, die in alle Richtungen im rechten Winkel zur Ausbreitungsrichtung schwingen – von oben nach unten, von einer Seite auf die andere und in jede beliebige Richtung dazwischen. Schickt man unpolarisiertes Licht durch bestimmte Kristalle, dann kann es hinterher nur noch in einer Richtung senkrecht zur Ausbreitungsrichtung schwingen. Man spricht von polarisiertem Licht. Das Phänomen läßt sich am Beispiel eines langen Seils, das man in Schwingung versetzt, veranschaulichen. Die Schwingung, die dabei entsteht, kann sich von oben nach unten, von links nach rechts und in jede beliebige Richtung dazwischen bewegen. Wenn sich das Seil je-

doch zwischen den Latten eines Palisadenzaunes befindet, ist lediglich eine Schwingung von oben nach unten möglich.
Fresnels Ergebnisse beendeten – zumindest vorläufig – die Kontroverse über die Beschaffenheit des Lichts.

Der Enckesche Komet

Seit Halley die Wiederkehr des Halleyschen Kometen (vgl. 1705) vorausgesagt hatte, war weder die Umlaufbahn eines Kometen berechnet, noch die Wiederkehr eines Kometen vorausgesagt worden.
Der deutsche Astronom Johann Franz Encke (1791–1865) berechnete 1818 die Umlaufbahn eines Kometen, den der französische Astronom Jean-Louis Pons (1761–1831) im Jahr zuvor beobachtet hatte. Der Komet wird seither *Enckescher Komet* genannt (der Name geht also nicht auf den Entdecker des Kometen zurück, sondern auf den Wissenschaftler, der seine Umlaufbahn berechnete).
Der Enckesche Komet war der zweite Komet, dessen Bahn berechnet wurde. Er nähert sich alle drei Jahre und vier Monate der Sonne und war der erste bekannte *kurzperiodische Komet* mit kürzerer Umlaufbahn. Die Bahn des Enckeschen Kometen kann in jeder Phase beobachtet werden, und dieser Umstand trug erheblich dazu bei, daß das Geheimnis des Kometen gelüftet werden konnte. Es handelt sich um einen sehr dunklen Kometen, da er durch seine wiederholten Annäherungen an die Sonne das für die Schweifbildung erforderliche Material verloren hat. Heute besitzt er nur noch einen letzten Rest von verschwommener Helligkeit, an der er als Komet zu erkennen ist.

Atomgewichte

Berzelius (vgl. 1803) war einer jener Wissenschaftler, die sich um die Bestimmung von Atomgewichten bemühten. Er arbeitete äußerst sorgfältig und führte nach 1807 2 000 Analysen an verschiedenen Chemikalien durch, deren Ergebnisse die Grundlage für seine Berechnung von Atomgewichten bildeten. Im Jahre 1818 hielt er die Zeit für reif, eine Aufstellung seiner Forschungsergebnisse zu veröffentlichen.
Obwohl er die Avogadrosche Hypothese (vgl. 1811) ignorierte und ihm daher Fehler unterliefen, waren seine Zahlen ziemlich genau. Seine Tabelle mit Atomgewichten war um einiges exakter als die Daltons (vgl. 1803), und sie war die erste, die auch heute noch gültige Werte enthält.
Berzelius bestimmte außerdem die *Molekulargewichte* vieler Verbindungen. Diese können berechnet werden, wenn das Gewicht der einzelnen Atome bekannt ist und man weiß, welche und wie viele Atome in den Molekülen der Verbindung enthalten sind.

Nachtrag

Am 20. Oktober 1818 legten die Vereinigten Staaten und Großbritannien die auch heute noch bestehende Grenze zwischen Kanada und den Vereinigten Staaten fest. Sie verläuft am 49. nördlichen Breitengrad.
Chile erklärte am 12. Februar 1818 seine Unabhängigkeit.

1819

Spezifische Wärme

Jede Substanz benötigt eine bestimmte Wärmemenge, um ihre Temperatur um ein Grad Celsius zu erhöhen. Diese Wärmemenge bezeichnet man als ihre *spezifische Wärme*.
Die beiden französischen Chemiker Pierre-Louis Dulong (1785–1838) und Alexis-Thérèse Petit (1791–1820) zeigten, daß die spezifische Wärme eines chemischen Elements umgekehrt proportional zu dessen Atomge-

wicht ist: je größer das Atomgewicht, desto niedriger die spezifische Wärme. Bestimmte man also die spezifische Wärme eines neu entdeckten Elements, so hatte man damit sofort auch die Möglichkeit, sein Atomgewicht zu schätzen. Da es sehr schwierig war, das Atomgewicht auf andere Art und Weise zu bestimmen, war diese Entdeckung eine große Hilfe für Berzelius, der ständig an der Verbesserung seiner Atomgewichtstabelle (vgl. 1818) arbeitete.

Dampfschiff

Die Dampfboote, die John Fitch (vgl. 1787) und später Robert Fulton (vgl. 1807) entworfen und gebaut hatten, waren für die Binnenschiffahrt bestimmt. Flüsse sind nicht so rauh wie das offene Meer, und falls sich doch einmal ein Unfall ereignet, ist das Ufer nicht fern. Im Jahr 1819 überquerte die *Savannah,* das erste voll seetüchtige Dampfschiff, den Atlantik. Sie benötigte für die Überfahrt von Savannah in Georgia bis Liverpool fünfeinhalb Wochen. Ein reines Dampfschiff war sie freilich nicht, denn sie war noch mit Takelage ausgerüstet. Die Segel verrichteten die Hauptarbeit, während die Dampfmaschine nur ein Zwölftel der Zeit in Betrieb war. Doch es war immerhin ein Anfang.

Nachtrag

Unter der Führung des österreichischen Außenministers Klemens Wenzel von Metternich (1773–1859) übten die europäischen Mächte immer stärkere Repressionen aus, um liberales Gedankengut bereits im Keim zu ersticken.
Bolivar (vgl. 1815) erklärte einen Teil Südamerikas für unabhängig, darunter Venezuela, Kolumbien und Ecuador.
Die Vereinigten Staaten kauften Spanien für fünf Millionen Dollar Florida ab.
In Südostasien erwarben die Briten eine Insel an der Südspitze der malaiischen Halbinsel und gründeten Singapur.
Der amerikanische Geistliche William Ellery Channing (1780–1842) lehnte 1819 die Dreieinigkeit ab und begründete den Unitarismus.

1820

Elektromagnetismus

Zwischen Elektrizität und Magnetismus bestehen Ähnlichkeiten. Beide besitzen Pole – bei Elektrizität spricht man von einem positiven und einem negativen Pol, bei Magnetismus von einem Nord- und einem Südpol. In beiden Fällen ziehen die entgegengesetzten Pole einander an, während die gleichartigen Pole einander abstoßen, und in beiden Fällen nimmt die Anziehungs- bzw. die Abstoßungskraft mit dem Quadrat des Abstands ab.
Aufgrund dieser Gemeinsamkeiten vermuteten viele Wissenschaftler einen Zusammenhang zwischen beiden Phänomenen. Die Ergebnisse eines in diesem Zusammenhang wichtigen Experimentes veröffentlichte 1820 der dänische Physiker Hans Christian Ørsted (1777–1851).
Zu Demonstrationszwecken brachte er eine Kompaßnadel in die Nähe eines Drahtes, durch den er einen elektrischen Strom leitete. Die Kompaßnadel zuckte und zeigte weder in die Stromrichtung noch gegen sie, sondern richtete sich senkrecht zu ihr aus. Bei Umkehrung der Fließrichtung des Stromes zeigte die Kompaßnadel in die entgegengesetzte Richtung und richtete sich wieder senkrecht zum Strom aus.
Ørsted überließ es anderen Wissenschaftlern, seine Entdeckung weiterzuverfolgen. Noch im selben Jahr experimentierte der französische Physiker André-Marie Ampère (1775–1836) mit zwei parallelen Drähten. Wenn die beiden Drähte Strom führten, der in die gleiche Richtung floß, zogen sie einander an, wenn sie Strom führten, der in entgegengesetzte Richtungen floß, stießen sie einander

ab. Wenn einer der Drähte frei kreisen konnte und der Strom in unterschiedliche Richtung floß, dann beschrieb dieser Draht einen Halbkreis und kam in einer Position zum Stillstand, in der der Strom beider Drähte in die gleiche Richtung floß. Es war offensichtlich, daß Drähte, durch die ein elektrischer Strom floß, magnetische Eigenschaften besaßen.
Ampère zeigte außerdem, daß die magnetische Wirkung eines Stroms, der durch einen spiralförmigen Draht (ähnlich einer Sprungfeder) geschickt wurde, mit jeder Windung stärker wurde. Die Spirale besitzt somit ähnliche Eigenschaften wie ein Stabmagnet mit einem Nord- und Südpol.
Im selben Jahr zeigte der französische Physiker François Arago (1786–1853), daß ein Kupferdraht, der Strom führt, eine ebenso große Anziehungskraft auf Eisen ausübt wie ein ganz normaler Stahlmagnet.
Der deutsche Physiker Johann Salomo Christoph Schweigger (1779–1857) fand heraus, daß sich der Ausschlag der Nadel in Ørsteds Experiment dazu benutzen ließ, die Stromstärke zu messen. Auf diese Weise entwickelte er das erste *Galvanometer.*
All diese Entdeckungen führten dazu, daß Ende 1820 das Phänomen des *Elektromagnetismus* einen festen Platz in der Physik fand.

Glycin

Kirchhoff war es 1812 gelungen, Glucose aus Stärke zu isolieren. In der Folgezeit führten andere Chemiker ähnliche Experimente durch, um einfache Substanzen aus komplizierten Verbindungen herauszulösen, meist durch Erhitzen der Substanz in säurehaltigem Wasser. Wie sich schließlich herausstellte, konnten einfach aufgebaute Substanzen, die durch chemische Bindungen miteinander verknüpft waren, in zwei Bruchstücke aufgespalten werden. Ein Wasserstoffatom eines Wassermoleküls wird dabei an das eine Bruchstück angelagert, der Rest desselben Wassermoleküls – die Kombination eines Wasserstoffatoms mit einem Sauerstoffatom – an das andere. Diesen Prozeß nennt man *Hydrolyse* (griech. »mit Hilfe von Wasser befreien«). Mittels Hydrolyse können die einzelnen Bausteine einer komplex aufgebauten Verbindung isoliert werden.
Der französische Naturforscher Henri Braconnot (1781–1855) war einer jener Wissenschaftler, die sich besonders für dieses Verfahren interessierten. Auf die gleiche Weise, wie Kirchhoff Glucose aus Stärke isoliert hatte, gewann sie Braconnot aus Sägespänen, Leinen, Borke und anderen Pflanzenprodukten.
Braconnot hydrolysierte daraufhin Gelatine, eine Substanz, die aus tierischem Bindegewebe gewonnen wird. Er erhielt eine einfache, süß schmeckende Verbindung. Er nannte sie *Glycin,* nach dem gleichen griechischen Wort, von dem auch *Glucose* abgeleitet ist (die Buchstaben *U* und *Y* sind bei der Transliteration griechischer Wörter austauschbar).
Braconnot vermutete wahrscheinlich, er habe es mit einem Zucker zu tun. Doch bei der genaueren Analyse des Glycins erhielt er Ammoniak. Somit wußte er, daß die Glycinmoleküle ein Stickstoffatom besaßen, das in Zucker nicht zu finden ist.
Wie sich herausstellte, war Glycin eine Aminosäure. Vauquelin (vgl. 1806) hatte *Asparagin* entdeckt, und Wollaston (vgl. 1800) hatte aus einem Blasenstein *Cystin* gewonnen (vom griechischen Wort für »Blase«). Auch bei diesen beiden Verbindungen handelt es sich um Aminosäuren. Glycin war die erste Aminosäure, die eindeutig mit Substanzen in Verbindung gebracht werden konnte, die später als *Proteine* bezeichnet wurden.

Antarktis

Nach der Überquerung des südlichen Polarkreises durch Captain Cook blieb die Erforschung der antarktischen Gewässer den Robben- und Walfängern überlassen, die auf ihrer Jagd nach Robbenfellen, Walfischspeck und -tran (der in Amerika und Europa vor

allem als Brennstoff für Lampen benötigt wurde) diese Regionen erkundeten.
Am 16. November 1820 sichtete der amerikanische Robbenfänger Nathaniel Brown Palmer (1790–1877) südlich von Feuerland Land. Im selben Jahr, vielleicht sogar einige Monate früher, machte der britische Fregattenkapitän Edward Bransfield (ca. 1795–1852) in dieser Gegend die gleiche Entdeckung. Damals war noch nichts über die Beschaffenheit dieser Landmasse bekannt. Heute wissen wir, daß sie die langgezogene antarktische Halbinsel entdeckt hatten. Sie ist der einzige Teil der antarktischen Landmasse, der nördlich über den Polarkreis hinausragt.
Ebenfalls 1820 entdeckte der russische Forscher Fabian Gottlieb von Bellingshausen (1778–1852) ungefähr 250 Kilometer südlich des Polarkreises eine kleine Insel und benannte sie nach Peter I. Die Entdeckung der Antarktis wird Palmer, Bransfield und von Bellingshausen zu gleichen Teilen zugeschrieben.

Beugungsgitter

Seit Newtons Experimenten über die Natur des Lichts (vgl. 1666) hatten Wissenschaftler Glasprismen zur Erzeugung von Lichtspektren benutzt. Fraunhofer (vgl. 1814) verwendete hierfür erstmals ein *Beugungsgitter*, das aus eng aneinanderliegenden, dünnen Drähten bestand. Diese Gitter entsprechen Gläsern mit feinen parallelen Rillen. Sie ersetzten schließlich das Prisma bei der Untersuchung von Lichtspektren.

Nachtrag

Der Versuch, die liberalen Kräfte in Europa zu unterdrücken, führte lediglich zu deren Stärkung. Im Jahre 1820 kam es in Spanien, Portugal und Neapel zu Aufständen.
In Großbritannien starb am 19. Januar 1820 König Georg III. Nachfolger wurde sein Sohn, der als Georg IV. den Thron bestieg.
In den USA vertraten die einzelnen Staaten gegensätzliche Ansichten in der Sklavenfrage. Zum ersten Mal wurde dieses Problem aktuell.
Der Union gehörten inzwischen zweiundzwanzig Staaten an. In elf Staaten war die Sklaverei erlaubt (Sklavenstaaten), in den anderen elf war sie verboten (freie Staaten). Als nun Maine um die Aufnahme in die Union bat, wollten die Sklavenstaaten nicht zulassen, daß sich die Zahl der freien Staaten (und damit die Zahl ihrer Senatoren) erhöhte, ohne daß ein Gegengewicht geschaffen wurde.
Am 3. März traten gleichzeitig der Sklavenstaat Missouri und der freie Staat Maine der Union bei. Das Gleichgewicht blieb damit gewahrt. Für eine Weile schien der Streit über die Sklavenfrage beigelegt. Es sollte jedoch nicht lange dauern, bis er von neuem aufflammte.
Die Bevölkerung der Vereinigten Staaten betrug nun 9,6 Millionen Einwohner. Großbritannien hatte 14 Millionen, Frankreich 30 Millionen Einwohner.

1821

Bewegung durch Elektrizität

Die Entdeckung des Elektromagnetismus regte eine Vielzahl neuer Experimente an. Der englische Physiker Michael Faraday (1791–1867) baute einen Stromkreis mit zwei Drähten und zwei Magneten, von denen jeweils ein Magnet bzw. Draht frei beweglich, der andere hingegen fest war. Wenn der Draht unter Strom gesetzt wurde, drehte sich der bewegliche Draht um den festen Magneten, und der bewegliche Magnet drehte sich um den festen Draht.
Auf diese Weise zeigte Faraday zum ersten Mal, daß Elektrizität Bewegung hervorrufen kann.
Aufgrund dieses Experiments betrachtete Fa-

raday Magnetismus als Feld, das mit wachsendem Abstand von seinem Ursprung schwächer wird. Man konnte sich unsichtbare Linien in diesem Feld vorstellen, die sogenannten *Kraftlinien,* die alle Punkte gleicher magnetischer Kraftwirkung miteinander verbanden. Bei einem Draht, durch den ein Strom fließt, sind diese Kraftlinien in Form konzentrischer Kreise um den Draht herum angeordnet. Dies bewirkt die oben geschilderte kreisförmige Bewegung.
Damit war der Grundstein für eine Theorie gelegt, die heute eine zentrale Rolle in der Physik spielt. Sie besagt, daß das Universum aus Feldern besteht, die ihren Ursprung in Teilchen haben. Die Kraftlinien, die von Faraday sichtbar gemacht wurden, sind für die moderne Physik von größter Bedeutung.
Interessant ist, daß Faraday nicht aufgrund mathematischer Überlegungen zu seinen Ergebnissen gelangte, sondern aufgrund seiner Fähigkeit, wesentliche Sachverhalte zu erkennen.

Seebeck Effekt

Thomas Johann Seebeck (1770–1831), ein deutscher Physiker russischer Abstammung, entdeckte als erster das Phänomen der *Thermoelektrizität,* der Umwandlung von Wärme in Elektrizität. Werden etwa zwei unterschiedliche Metalle an zwei Stellen miteinander verbunden und diese Berührungspunkte bei unterschiedlicher Temperatur gehalten, dann fließt ein kontinuierlicher Strom durch den so gebildeten Stromkreis.
Man nennt dies den *Seebeck-Effekt.* Es dauerte jedoch noch ein Jahrhundert, bis man daraus einen Nutzen ziehen konnte.

Gletscher

Menschen, die in Bergregionen wie in der Schweiz lebten, waren mit Gletschern vertraut. Sie wußten, daß sich Gletscher wie Eisströme an den Berghängen talabwärts bewegen. Der untere Teil des Gletschers schmilzt im Sommer und gefriert im Winter wieder. Die Fließbewegung bewirkt ein Abschleifen des anstehenden Felsgesteins, da die am Grunde des Gletschers eingefrorenen Kieselsteine Furchen in den Fels graben.
Geologen entdeckten, daß diese typischen Furchen auch dort anzutreffen waren, wo sich keine Gletscher in der Nähe befanden. Und doch bestand Grund zu der Annahme, daß auch sie von Gletschern stammten. Wie war das möglich?
Für den Schweizer Geologen Ignatz Venetz (1788–1859) gab es dafür nur eine Erklärung: In den heute unvergletscherten Gebieten mußte es irgendwann in der Vergangenheit ebenfalls Gletscher gegeben haben. Im Jahr 1821 veröffenlichte er seine Forschungsergebnisse, doch sie fanden zunächst nur wenig Beachtung.

Nachtrag

Napoleon Bonaparte starb am 5. Mai 1821 auf St. Helena.
Revolutionärer Eifer begann sich auszubreiten. Die Griechen, seit nahezu vierhundert Jahren unter türkischer Herrschaft, lehnten sich auf.
Mexiko mit seinen damaligen Provinzen Kalifornien und Texas rief am 24. Februar 1821 seine Unabhängigkeit aus. Guatemala und Peru erklärten sich ebenfalls für unabhängig. Spaniens Kolonien in Amerika waren damit endgültig verloren.

1822

Wärmeleitung

Im Jahre 1807 stellte der französische Mathematiker Jean-Baptiste-Joseph de Fourier (1768–1830) den heute als *Fourier-Analyse* bekannten Satz auf. Dieser besagt, daß jede periodische Schwingung (d.h. jede Änderung, die sich in identischer Form mehrfach wiederholt) in eine Reihe einfacher, harmonischer Teilschwingungen zerlegt werden kann (dargestellt als Sinus- und Cosinuskurven) und daß die Summe dieser Teilschwingungen der ursprünglichen periodischen Schwingung entspricht.

Fourier verwendete seinen Satz dazu, die Wärmeleitung theoretisch zu beschreiben. Im Jahre 1822 veröffentlichte er ein Buch mit dem Titel *Analytische Theorie der Wärme,* in dem er sich ausführlich mit diesem Zweig der Physik beschäftigte. Er zeigte darin, daß es notwendig war, einen schlüssigen Satz von Einheiten zu verwenden. Bei Gleichungen, in denen physikalische Größen vorkommen, die in den unterschiedlichsten Einheiten ausgedrückt werden, müssen sich diese Einheiten auf beiden Seiten der Gleichung ebenso kompensieren wie die Zahlenwerte. Dies war der Anfang der *Dimensionsanalyse.* Fourier schlug als Basiseinheiten die Einheiten der Masse, der Länge und der Zeit vor. Aus ihnen sollten alle übrigen Einheiten abgeleitet werden.

Computer

Pascal und Leibniz hatten Rechenmaschinen entwickelt (vgl. 1642 und 1693), die allerdings nur ganz einfache Aufgaben lösen konnten.

Der englische Mathematiker Charles Babbage (1792–1871) hatte viel ehrgeizigere Pläne. Ihm schwebte eine Maschine vor, die mit Hilfe von Lochkarten gesteuert wurde, wie sie für die Jacquardwebstuhlmaschine (vgl. 1801) verwendet wurden. Sie sollte einen Teil der Informationen speichern können, so daß diese später für weitere Operationen zur Verfügung standen. Außerdem sollte sie die Ergebnisse ausdrucken.

Der Bau einer solchen Maschine war zwar möglich, aber nicht mit rein mechanischen Mitteln. Durch den damaligen Stand der Technik waren ihrer Verwirklichung Grenzen gesetzt. Babbage verbrachte praktisch den Rest seines Lebens damit, an dieser Maschine zu bauen, und seine Pläne wurden immer phantastischer.

Babbage hatte den modernen Computer konzipiert, aber ihm fehlten die notwendigen elektronischen Schaltungen. Diese wurden erst ein Jahrhundert später entwickelt.

Projektive Geometrie

Der französische Mathematiker Jean-Victor Poncelet (1788–1867) geriet während Napoleons Invasion in Rußland in Gefangenschaft. In den eineinhalb Jahren, die er in Rußland verbrachte, beschäftigte er sich intensiv mit Geometrie. Die Ergebnisse seiner Arbeit veröffentlichte er 1822 in einem Buch über *projektive Geometrie,* in dem er sich im wesentlichen mit dem Schattenwurf geometrischer Gebilde befaßte. Mit seiner neuen Methode ließen sich komplizierte Probleme lösen. Das Buch gilt allgemein als grundsteinlegend für die moderne Geometrie.

Iguanodon

Im Jahre 1822 fand der englische Geologe Gideon Algernon Mantell (1790–1852) die Knochen und Zähne eines riesigen Tieres und schickte einige davon an Cuvier (vgl. 1798). Einmal mehr tippte Cuvier daneben: Seiner Meinung nach stammten die Zähne von einem Säugetier, das dem Rhinozeros ähnlich war.

Ein paar Jahre später sah Mantell zufällig die Zähne eines Leguans, eines Reptils, das in den Wüstengebieten Nordamerikas lebt. Die fossilen Zähne, die er gefunden hatte, waren zwar größer, aber sahen sonst genauso aus. Mantell erkannte, daß er ein urgeschichtliches Reptil gefunden hatte und nannte es *Iguanodon* (vom griechischen Wort für »Leguanzahn«).

Wie sich herausstellte, hatte er als erster die

Überreste eines *Dinosauriers* gefunden (nach dem griechischen Ausdruck für »angsteinflößende Eidechsen«). Von allen Zeugnissen der Vergangenheit erregten die Überreste der Dinosaurier das bei weitem größte Aufsehen. Sie trugen viel dazu bei, den Entwicklungsgedanken auch für Laien verständlich zu machen.

Hieroglyphen

Selbst nach der Entdeckung des Steins von Rosette (vgl. 1799) verging fast ein Vierteljahrhundert, bis bei der Entschlüsselung altägyptischer Hieroglyphen bedeutende Erfolge gelangen. Der erste, der überhaupt einen Fortschritt erzielte, war der Engländer Young (vgl. 1801, »Lichtwellen«).
Doch erst 1822 gelang es dem französischen Sprachwissenschaftler Jean-François Champollion (1790–1832), das Hieroglyphenfeld auf dem Stein von Rosette zu übersetzen. Er fand heraus, daß die Zeichen sowohl für Laute und Silben als auch für ganze Wörter und Begriffe standen. Er gilt als Begründer der modernen Ägyptologie.

Nachtrag

Nach Napoleons endgültiger Niederlage hielten die Siegermächte eine Reihe von Kongressen ab mit dem Ziel, revolutionären Bestrebungen entgegenzuwirken. Die meisten endeten ergebnislos. Auf dem letzten Kongreß im Oktober 1822 in Verona wurde jedoch Einigkeit erzielt. Man beschloß, daß zur Niederschlagung des Aufstands in Spanien ein französisches Heer in dieses Land entsandt werden sollte.
Am 7. September 1822 erklärte Brasilien seine Unabhängigkeit von Portugal.
Der französische Erfinder Joseph Nicéphore Niepce (1765–1833) stellte 1822 die erste Fotografie her. Es sollte aber noch einige Jahre dauern, bis das Fotografieren ohne größeren Aufwand möglich wurde.

1823

Magensäure

Der Vitalismus – die Vorstellung, daß sich die Eigenschaften des organischen Lebens grundsätzlich von denen der unbelebten Materie unterscheiden – konnte sich sehr lange halten. Es mußte doch einfach einen grundlegenden Unterschied geben zwischen den harmlosen Chemikalien, aus denen die Lebewesen bestanden, und den aggressiven Chemikalien in der unbelebten Natur.
Zu den aggressiven Chemikalien gehören beispielsweise starke Säuren. Prout entdeckte 1823 (vgl. 1815), daß der Magensaft eine solche starke Säure enthält: Salzsäure.
Salzsäure kam also sowohl in unbelebter Materie wie auch in Organismen vor. Warum aber zerstört sie die Magenschleimhaut nicht? Nun, zuweilen tut sie es sogar, denn sie kann Magengeschwüre hervorrufen, doch normalerweise richtet sie keinen Schaden an. Noch immer ist nicht mit letzter Sicherheit geklärt, warum das so ist.

Platin als Katalysator

Schon 1816 hatte Davy (vgl. 1800) bemerkt, daß bestimmte brennbare Gase in Gegenwart von Platin leichter entflammen und brennen.
Im Jahre 1823 fand der deutsche Chemiker Johann Wolfgang Döbereiner (1780–1849) heraus, daß sich dieser Effekt noch verstärken ließ, wenn Platin in pulverisierter Form verwendet wurde. Unter Einwirkung von pulverisiertem Platin entzündet sich Wasserstoff an Luft, ohne daß er erhitzt werden muß. Das Platin wird dabei nicht verbraucht. Es wirkt als Katalysator.
Döbereiner entwarf daraufhin ein automatisches Feuerzeug, bei dem ausströmender Wasserstoff über pulverisiertes Platin geleitet wurde und sich sofort entzündete. Damit

konnte man beispielsweise Zigarren anzünden.
Natürlich war diese Erfindung nicht wirtschaftlich, da Platin sehr teuer war. Obgleich es nicht verbraucht wurde, verlor es durch Verunreinigungen im Wasserstoff und in der Luft schnell seine Wirkung und mußte erst wieder gereinigt werden. Später entdeckte man, daß bei vielen Reaktionen mit Wasserstoff auch andere, billigere Metalle als Katalysator verwendet werden können. Diese metallkatalysierten Reaktionen erlangten große Bedeutung in der Industrie.

Isomere

Die Chemiker versuchten immer häufiger herauszufinden, aus welchen Atomen die Moleküle der Substanzen bestanden, mit denen sie experimentierten. Der deutsche Chemiker Justus von Liebig (1803–1873) beschäftigte sich 1823 mit einer Gruppe von Substanzen, die als *Fulminate* bekannt sind. Das Molekül von Silberfulminat besteht beispielweise aus je einem Atom Silber, Kohlenstoff, Stickstoff und Sauerstoff. Zur gleichen Zeit untersuchte Friedrich Wöhler (1800–1882), ein anderer deutscher Chemiker, die *Isozyanate.*
Das Molekül des Silberisozyanats setzt sich ebenfalls aus je einem Atom Silber, Kohlenstoff, Stickstoff und Sauerstoff zusammen. Beide Chemiker reichten ihre Ergebnisse zur Publikation in einer Zeitschrift ein, die von Gay-Lussac (vgl. 1804, Wissenschaftliches Ballonfahren) herausgegeben wurde. Dieser bemerkte, daß die Molekülformeln identisch waren, obgleich die Verbindungen unterschiedliche Eigenschaften besaßen. Er informierte Berzelius (vgl. 1803), der daraufhin die beiden Verbindungen herstellte und zu dem gleichen Ergebnis kam: gleiche Summenformel, aber unterschiedliche Eigenschaften. Berzelius nannte solche chemischen Verbindungen, die trotz der gleichen Anzahl gleichartiger Atome unterschiedliche Eigenschaften besitzen, *Isomere* (nach dem griechischen Ausdruck für »gleiche Teile«).
Das war der erste Hinweis darauf, daß es nicht genügte, die Atome eines Moleküls zu zählen. Auch ihre Anordnung mußte untersucht werden. Je komplizierter ein Molekül aufgebaut war, desto wahrscheinlicher war es, daß es viele Isomere gab. Da die Moleküle in lebendem Gewebe für gewöhnlich sehr viel komplizierter sind als die in unbelebter Materie, wurden Isomere besonders wichtig für die organische Chemie.

Gasverflüssigung

Generell gibt es zwei Möglichkeiten, ein Gas zu verflüssigen. Einmal kann man das Gas abkühlen. Damit wird ihm die Energie entzogen, die Moleküle rücken enger zusammen und haften aneinander. Oder man setzt das Gas unter Druck. Dadurch werden die Moleküle aneinander gepreßt, bis sie aneinander haften. Natürlich ist es noch besser, das Gas gleichzeitig abzukühlen und unter Druck zu setzen.
Michael Faraday (vgl. 1821) unternahm den ersten systematischen Versuch, Gase mit Kälte und Druck zu verflüssigen. Dazu verwendete er eine stabile, bumerangförmig gebogene Glasröhre. In das geschlossene untere Ende füllte er eine Substanz, die beim Erhitzen das zu verflüssigende Gas freisetzten würde. Dann verschloß er auch die obere Öffnung und stellte die Glasröhre mit dem unteren Ende in heißes Wasser. Das Wasser bewirkte, daß immer größere Mengen Gas freigesetzt wurden. Da sich das Gas nur begrenzt ausdehnen konnte, stieg der Druck immer mehr an.
Das andere Ende der Glasröhre hielt Faraday in ein Becherglas, das mit zerstoßenem Eis gefüllt war. An diesem Ende war das Gas sowohl hohem Druck als auch niedriger Temperatur ausgesetzt und verflüssigte sich. Auf diese Weise verflüssigte Faraday 1823 Chlor.

Elektromagneten

Drei Jahre zuvor hatte Ampère (vgl. 1820) nachgewiesen, daß eine Drahtspirale, durch die ein Strom fließt, die Wirkung eines Stabmagneten besitzt.
Der englische Physiker William Sturgeon (1783–1850) führte 1823 ein Experiment durch, bei dem er einen Eisenstab in eine Magnetspule mit 18 Windungen steckte. Er stellte fest, daß das Eisen das Magnetfeld konzentrierte und verstärkte.
Sturgeon lackierte den Eisenstab, um ihn zu isolieren und um zu verhindern, daß die Drahtwindungen kurzgeschlossen wurden. Er verwendete einen hufeisenförmigen Eisenstab. Solange der Strom floß, konnte seine Vorrichtung neun Pfund heben – das Zwanzigfache ihres Eigengewichts. Wurde der Strom abgeschaltet, verschwanden die magnetischen Eigenschaften wieder. Sturgeon hatte den Elektromagneten erfunden.
Der Elektromagnet wurde bald verbessert. Der amerikanische Physiker Joseph Henry (1797–1878) wickelte 1829 isolierten Draht um einen Eisenkern. Das bedeutete, daß der Draht kreuz und quer um den Eisenkern herum gewunden werden konnte, ohne daß dabei ein Kurzschluß entstand. Folglich konnten viel mehr Drahtwindungen gelegt werden. Je mehr Windungen vorhanden waren, desto stärker war das Magnetfeld bei fließendem Strom. Im Jahre 1831 erreichte ein Elektromagnet mit Strom aus einer ganz normalen Batterie eine Tragkraft von einer Tonne Eisen.

Nachtrag

In Übereinstimmung mit der Entscheidung, die der Kongreß von Verona getroffen hatte, schickten die Franzosen ein Heer nach Spanien. Es besiegte die spanischen Streitkräfte am 31. August 1823 und stellte die repressive Herrschaft Ferdinands VII. wieder her.
In den Vereinigten Staaten reagierte man darauf mit Besorgnis. Man fürchtete, daß die reaktionären Mächte, die in Europa den spanischen Despotismus wiederhergestellt hatten, in naher Zukunft ihre Streitkräfte über das Meer schicken könnten, um den spanischen Kolonialbesitz zurückzuerobern. Am 2. Dezember 1823 verkündete Präsident Monroe die sogenannte *Monroedoktrin,* die im wesentlichen zwei Punkte umfaßte: keine weitere Kolonisation der europäischen Mächte in Amerika und Nichteinmischung der USA in die inneren Angelegenheiten Europas.

1824

Portlandzement

Die Römer hatten für den Bau ihrer Gebäude *Beton* verwendet, der sich aus Sand, Kies oder zerstoßenen Steinen zusammensetzte und mit Hilfe von Zement zusammengehalten wurde – einer Mischung von Chemikalien, die unter Zusatz von Wasser hart wurden.
Die erste Verbesserung gegenüber den Römern gelang 1824 dem englischen Steinmetz Joseph Aspdin (1799–1855). Er erfand eine Methode, Lehm und Kalkstein zu zerstoßen und zu brennen. Der auf diese Weise produzierte Zement war billiger und besser als die anderen, die zu der Zeit noch verwendet wurden. Aspdin nannte ihn *Portlandzement,* um seine Ähnlichkeit mit dem in Portland, Dorset, gehauenen Portlandstein zu unterstreichen.

Wirkungsgrad von Dampfmaschinen

Dampfmaschinen, so nützlich sie auch waren, besaßen weiterhin nur ein geringes Leistungsvermögen. Trotz der Verbesserungen, die Watt (vgl. 1764) angebracht hatte, setzten sie lediglich 7 Prozent der Verbrennungsenergie in nutzbare Arbeit um. Die restlichen 93 Prozent (oder mehr) gingen als Abwärme verloren.

Der erste, der die Leistungsfähigkeit von Dampfmaschinen wissenschaftlich untersuchte, war der französische Physiker Nicolas-Léonard-Sadi Carnot (1796–1832). Er veröffentlichte 1824 ein Buch mit dem Titel *Über die Antriebskraft von Feuer,* in dem er nachwies, daß die maximale Energieausnutzung einer Dampfmaschine vom Temperaturunterschied zwischen dem Dampf und dem kalten Wasser abhing. Ausschlaggebend ist dabei die höchste Temperatur des Dampfes und die niedrigste Temperatur des Wassers. Die Zwischentemperaturen sind unerheblich. Für die Energieausnutzung spielt es keine Rolle, ob der Dampf bzw. das Wasser langsam oder schnell, gleichmäßig oder schrittweise abgekühlt bzw. erhitzt werden.
Carnot erforschte als erster eingehend die Umwandlung von Wärme in Arbeit. Aus diesem Grund gilt er als der Begründer der *Thermodynamik* (vom griech. Wort für »Wärmestrom«). Aus seinem Werk ließ sich der *zweite Hauptsatz der Thermodynamik* (wie er ein Vierteljahrhundert später genannt wurde) ableiten.

Entfernung der Sonne

Anderthalb Jahrhunderte zuvor hatte Cassini den Abstand der Sonne zur Erde auf 140 Millionen Kilometer geschätzt. Für seine Berechnung hatte er die Parallaxe des Mars zugrunde gelegt (vgl. 1672).
Encke (vgl. 1818) nahm 1824 eine neue Messung vor. Nach seinen Berechnungen, die auf Beobachtungen von Venusdurchgängen basierten, betrug die Entfernung zur Sonne 153 Millionen Kilometer. Dieser Wert lag nur um 2,6 Prozent zu hoch und war damit genauer als der von Cassini.

Gleichungen fünften Grades

Bereits vor Jahrhunderten hatte man mit Hilfe algebraischer Methoden Lösungsformeln für Gleichungen dritten Grades (kubische Gleichungen) und vierten Grades (biquadratische Gleichungen) gefunden (vgl. 1535 und 1545). Seit jener Zeit suchten die Mathematiker auch nach einem allgemeinen Lösungsverfahren für Gleichungen fünften Grades, also für Gleichungen mit einem x^5.
Bisher war dies nicht gelungen, und 1824 bewies der norwegische Mathematiker Niels Henrik Abel (1802–1829), daß die allgemeine Gleichung fünften Grades prinzipiell nicht durch eine endliche Anzahl algebraischer Rechenschritte lösbar ist. Abel hatte damit die prinzipielle Unlösbarkeit eines mathematischen Problems in die Algebra eingeführt, ähnlich wie es Jahre zuvor Gauß (vgl. 1796) in der Geometrie getan hatte.

Silicium

Wie man heute weiß, ist Silicium nach Sauerstoff das am häufigsten vorkommende Element in der Erdkruste. Es ist in Sand, in Glas und in den meisten Gesteinen enthalten, doch ist es so fest mit anderen Atomen verbunden, daß seine Isolierung Schwierigkeiten bereitet. Berzelius (vgl. 1803) gelang es 1824 als erstem, Silicium in elementarer Form zu erhalten.

Nachtrag

Ludwig XVIII., König von Frankreich, starb am 16. September 1824. Sein jüngerer Bruder bestieg als Karl X. (1757–1836) den französischen Thron.

1825

Dampflokomotiven

Richard Trevithick war es nicht gelungen, aus der Dampflokomotive einen kommerziellen

Erfolg zu machen (vgl. 1804). Doch wenige Jahre später baute der englische Erfinder George Stephenson (1781–1848) zuverlässig arbeitende Dampflokomotiven. Ihm kamen hierbei die verbesserten Dampfmaschinen zugute. Am 17. September 1825 erreichte eine seiner Lokomotiven, an die 38 Wagen angekoppelt waren, eine Geschwindigkeit von 20 bis 25 Kilometer in der Stunde und war damit schneller als ein Pferd im Galopp. Zum ersten Mal in der Geschichte gab es damit die Möglichkeit, einen Transport über Land schneller durchzuführen, als dies mit Pferden möglich war.

Die Eisenbahn ließ die Nationen rasch zusammenwachsen. Mit ihrer Hilfe waren beispielsweise alle Teile der USA relativ einfach zu erreichen; ohne sie wäre das Staatengefüge nur schwer zusammenzuhalten gewesen.

Aluminium

Aluminium kommt in der Natur häufiger vor als Eisen (nur Sauerstoff und Silicium sind noch häufiger). Es ist jedoch schwierig zu isolieren, da es sehr fest mit anderen Atomen verbunden ist.

Ørsted war nicht nur der erste, der den Elektromagnetismus demonstrierte (vgl. 1820), sondern auch der erste, dem es gelang, Aluminium zu isolieren. Für diesen Zweck verwendete er das reaktive Element Kalium, das in der Lage war, die anderen Atome vom Aluminium zu trennen. Im Jahre 1825 gewann er mit dieser Methode kleine Mengen dieses Metalls.

Das Verfahren war jedoch so aufwendig, daß Aluminium noch sechzig Jahre lang ein wertvolles Metall blieb. Erst danach wurde ein billiges Verfahren entwickelt, mit dessen Hilfe größere Mengen an Aluminium gewonnen werden konnten.

Verdauung im Magen

Der neunzehnjährige Kanadier Alexis St. Martin erhielt am 6. Juni 1822 an einer Grenzstation im Norden Michigans aus nächster Nähe versehentlich einen Schuß in die Seite. Bei der Waffe handelte es sich um eine Schrotflinte, und der junge Mann erlitt schwere Verletzungen.

William Beaumont (1785–1853), ein amerikanischer Militärarzt, der sich gerade auf der Station aufhielt, behandelte ihn. Der Verletzte wurde zwar wieder gesund, doch an seiner Seite blieb eine Öffnung (oder Fistel) zurück. Sie war fast zwei Zentimeter breit und führte in den Magen.

Beaumont begann mit seinen experimentellen Untersuchungen im Mai 1825. Durch die Öffnung konnte er die Veränderungen im Magen unter verschiedenen Bedingungen beobachten. Er entnahm Magensaft und schickte Proben davon in die ganze Welt. Seine Experimente lieferten Ergebnisse, die sonst nur durch operative Eingriffe hätten zustande kommen können. Sie bewirkten, daß sich das Interesse an diesem Forschungsgebiet erhöhte.

Kerzen

Kerzen wurden schon seit fast 5 000 Jahren zu Beleuchtungszwecken verwendet. Die billigsten und deshalb am weitesten verbreiteten Kerzen waren aus Talg. Allerdings hatten sie viele Nachteile, beispielsweise rochen sie schlecht.

Der französische Chemiker Michel-Eugène Chevreul (1786–1889) hatte sich mit Fetten und ihren chemischen Eigenschaften beschäftigt. Fette sind Verbindungen des Glyzerins mit Fettsäuren. Jedes Glyzerinmolekül kann drei Fettsäuren binden, und jede Fettsäure besitzt eine lange Kette von gewöhnlich 16 oder 18 Kohlenstoffatomen. Chevreul gelang es als erstem, die am häufigsten vorkommenden Fettsäuren Stearinsäure, Palmitinsäure und Ölsäure zu isolieren.

Chevreul und Gay-Lussac (vgl. 1804, »Wissenschaftliches Ballonfahren«) meldeten 1825 ein Patent auf Kerzen an, die aus diesen Fettsäuren hergestellt wurden. Solche Kerzen waren härter als Talgkerzen, gaben helleres Licht und sahen schöner aus. Außerdem waren sie im Haushalt sicherer und rochen besser. Für die damalige Gesellschaft war das ein großer Fortschritt.

Astigmatismus

Brillen für Weit- und Kurzsichtige gab es schon seit mehreren Jahrhunderten (vgl. 1249 und 1451). Jedoch kann auch eine unregelmäßige Krümmung der Hornhaut die Sehfähigkeit beeinträchtigen. Der Fachausdruck hierfür lautet *Astigmatismus* (von einem griechischen Ausdruck für »kein Punkt«). Die Menschen, die an dieser Krankheit leiden, können Punkte nur unscharf sehen. Astigmatismus kann zusammen mit Kurz- oder Weitsichtigkeit auftreten.
Der britische Astronom George Biddell Airy (1801–1892) litt an Astigmatismus und entwickelte 1825 Brillengläser, die diesen Sehfehler korrigierten.

Nachtrag

Alexander von Rußland starb am 13. Dezember 1825. Sein reaktionärer jüngerer Bruder folgte ihm als Nikolaus I. (1796–1855) auf den Zarenthron.

1826

Nichteuklidische Geometrie

Euklid hatte vor mehr als zweitausend Jahren seine Geometrie im wesentlichen auf zehn Axiome und Sätze gegründet, die so grundlegend und unmittelbar einleuchtend waren, daß man sie nicht beweisen mußte. Schließlich mußte man von bestimmten Grundannahmen ausgehen.

Die einfachste Definition eines dieser Axiome lautet folgendermaßen: »Durch einen gegebenen Punkt, der nicht auf einer gegebenen Geraden liegt, kann nur eine einzige Gerade parallel zu der gegebenen Geraden gezogen werden.«
Dieses Axiom war weniger selbstverständlich als die übrigen Axiome Euklids, da der Begriff des Parallelismus die Existenz unendlich langer Geraden impliziert – und das wurde nicht so ohne weiteres akzeptiert.
Seit der Aufstellung dieses Axioms hatten Mathematiker deshalb immer wieder versucht, es aus den anderen herzuleiten, jedoch ohne Erfolg.
Fast ein Jahrhundert zuvor war der italienische Mathematiker Girolamo Saccheri (1667–1733) von der Annahme ausgegangen, daß das Axiom falsch sei. Er hatte die Absicht, auf dieser Grundlage eine Geometrie aufzubauen, und hoffte, früher oder später auf einen Widerspruch zu stoßen, der die Schlußfolgerung zuließ, daß das Axiom wahr sei. Mit einem solchen Beweis wäre die Notwendigkeit entfallen, es als Axiom zu bezeichnen.
Es fand sich kein Widerspruch. Saccheri konnte sich jedoch mit diesem Ergebnis nicht abfinden und gab vor, einen Widerspruch gefunden zu haben. Im Jahre 1733 veröffentlichte er ein Buch mit dem Titel *Euklid, von jedem Makel befreit.* Darin behauptete er, er habe das Axiom bewiesen, was freilich nicht stimmte.
Der russische Mathematiker Nikolaj Iwanowitsch Lobatschewsky (1792–1856) ging 1826 von einer ähnlichen Grundannahme wie Saccheri aus, aber einen Schritt weiter. Er erklärte, daß das Axiom kein Axiom sei, da es nicht benötigt werde, und daß die Geometrie auch ohne es in sich stimmig sei. Er zeigte, daß durch Änderung des Axioms unter Beibehaltung der übrigen euklidischen Axiome eine nichteuklidische Geometrie entworfen werden könne. Das Axiom lautete nun wie folgt: »Durch einen gegebenen Punkt, der nicht auf einer gegebenen Geraden liegt, kann eine beliebige Anzahl von Geraden gezogen werden

die parallel zu der gegebenen Gerade verlaufen.« Diese »neue« Geometrie unterschied sich von der bis dahin bekannten, war aber in sich stimmig.
Lobatschewsky publizierte seine Ergebnisse 1829 und war damit der erste auf diesem Gebiet. Der ungarische Mathematiker János Bolyai (1802–1860) hatte zwar schon 1823 die gleiche nichteuklidische Geometrie entworfen, veröffentlichte seine Ergebnisse jedoch erst 1832. Deshalb gilt Lobatschewky als der Begründer der nichteuklidischen Geometrie.
Bereits 1816 hatte Gauß (vgl. 1797) eine nichteuklidische Geometrie entwickelt. Ihm hatte jedoch der Mut gefehlt, seine Ergebnisse zu veröffentlichen.

Brom

Fünfzehn Jahre zuvor hatte Courtois in Seetang das Element Jod entdeckt (vgl. 1811). Der französische Chemiker Antoine-Jérôme Balard (1802–1876) arbeitete ebenfalls mit Meeresalgen und fand zuweilen in der Flüssigkeit, mit der er die Algenasche auflöste, eine braune Substanz. Im Jahre 1826 gelang es ihm, diese braune Substanz aus der Flüssigkeit zu isolieren. Sie besaß ganz offensichtlich Eigenschaften, die genau zwischen denen von Chlor und Jod lagen. Deshalb vermutete Balard zunächst, er habe eine Verbindung dieser beiden Elemente gefunden. Genauere Analysen ergaben jedoch, daß es sich dabei um ein neues Element handelte. Balard nannte es aufgrund seines starken Geruchs *Brom*, vom griechischen Wort für »Gestank«.

1827

Ohmsches Gesetz

Fourier hatte 1822 ein mathematisches System entwickelt, mit dem er die Wärmeleitung beschreiben konnte. Man nahm an, daß sich mit dem gleichen System auch der Elektrizitätsfluß beschreiben ließ. Wie sich herausgestellt hatte, hing der Wärmefluß zwischen zwei Punkten von den Temperaturen der beiden Punkte und der Wärmeleitfähigkeit des dazwischen liegenden Materials ab. Es schien deshalb möglich, daß analog dazu der Elektrizitätsfluß zwischen zwei Punkten vom elektrischen Potential und der elektrischen Leitfähigkeit des dazwischen liegenden Materials abhing.
Der deutsche Physiker Georg Simon Ohm (1789–1854) führte Experimente mit Drähten unterschiedlicher Länge und Dicke durch. Er fand heraus, daß die Stromstärke umgekehrt proportional zur Länge und direkt proportional zum Querschnitt des Drahtes war. Ohm konnte so den elektrischen Widerstand definieren. Im Jahre 1827 formulierte er das *Ohmsche Gesetz:* »Die elektrische Stromstärke ist direkt proportional zur Potentialdifferenz und umgekehrt proportional zum Widerstand.«

Turbinen

Wasserräder waren schon lange Zeit bekannt. Die Drehbewegung kommt dadurch zustande, daß Wasser auf die Flügelblätter prallt. Der französische Ingenieur Benoît Fourneyron (1802–1867) hörte seinen Lehrer über eine neue Art von Wasserrad sprechen, das er als *Turbine* bezeichnete (vom lateinischen Wort für »wirbeln«). Bei der Turbine trifft das Wasser über ein stehendes inneres Rad mit gekrümmten Schaufeln auf ein äußeres Laufrad und gibt dabei seine Fließenergie nur langsam ab. Je schneller sich das Rad dabei

dreht, desto schneller wird das Wasser gegen die Schaufeln gedrückt. Das Rad kann sich somit sehr viel schneller drehen und weit mehr leisten als ein einfaches Wasserrad.
Eine solche Turbine gab es bisher nur in der Theorie. Doch im Jahr 1827 baute Fourneyron eine, die sechs PS leistete. Wenige Jahre später baute er welche mit 50 PS. Er dachte auch an eine mit Dampf betriebene Turbine, aber es fehlten ihm dazu die Materialien, die so hohe Temperaturen aushielten. Dampfturbinen wurden erst ein halbes Jahrhundert später gebaut.

Schiffsschrauben

Dampfschiffe wurden seit ihrer Erfindung ein Vierteljahrhundert zuvor mittels großer, seitlich angebrachter Schaufelräder angetrieben. Normalerweise funktionierte das recht gut. Bei rauhem Seegang bestand jedoch die Gefahr, daß das Schiff sich zur Seite neigte und die Schaufelräder über die Wasseroberfläche traten, was das Steuern erschwerte. Außerdem waren sie ein leichtes Ziel für feindliche Geschütze. Deshalb hielt man es für äußerst unklug, Kriegsschiffe mit Dampf anzutreiben.
Der britische Ingenieur Robert Wilson (1803–1882) entwickelte 1827 eine Schiffsschraube, die am Heck des Schiffes angebracht wurde. Da sie genau in der Mitte saß, hatte das Schlingern des Schiffes keine nachteiligen Folgen mehr. Sie befand sich ein gutes Stück unter Wasser und war somit weniger verletzlich als der übrige Teil des Schiffes. Schiffsschrauben waren leistungsfähiger als Schaufelräder, und bald dachte man daran, mit Dampf betriebene Kriegsschiffe zu bauen.

Eizellen von Säugetieren

De Graaf hatte in Säugetieren Eizellenfollikel entdeckt (vgl. 1779), von denen man annahm, daß sie den Eiern bei Vögeln, Fischen und Reptilien entsprachen. Der russische Embryologe Karl Ernst von Baer (1792–1876) öffnete 1827 das Eizellenfollikel eines Hundes und untersuchte die darin befindliche gelbe Struktur. Diese winzige, nur unter dem Mikroskop erkennbare Struktur war die Eizelle, das *Ovum* des Säugetiers. Damit war klar, daß sich die Entwicklung der Säugetiere, und damit auch des Menschen, nicht grundlegend anders vollzogen hatte als die anderer Tiere.

Einteilung der Nährstoffe

Bisher hatte man angenommen, Nahrungsmittel unterschieden sich nur in Aussehen, Geschmack und Geruch. Alles, was den Hunger stillen konnte, galt als gleichwertig.
Die neuen Erkenntnisse in der Chemie machten jedoch deutlich, daß sich Lebensmittel in ihrer chemischen Zusammensetzung unterschieden und deshalb eine unterschiedliche Wirkung auf den Körper ausüben konnten. Prout (vgl. 1815) war der erste, der eine grobe Einteilung von Nahrungsmitteln nach chemischen Gesichtspunkten vornahm. Im Jahr 1827 untergliederte er die Nährstoffe in drei Gruppen, die wir heute als Kohlenhydrate, Fette und Proteine kennen. Natürlich reichte diese Untergliederung noch nicht aus. Es gibt wichtige Substanzen, die keiner dieser Gruppen zugeordnet werden können und selbst in kleinen Mengen lebensnotwendig sind.
Prouts Klassifikation war jedoch der Grundstein für eine moderne Ernährungslehre.

Brownsche Molekularbewegung

Der britische Botaniker Robert Brown (1773–1858) beobachtete 1827 eine wässrige Suspension von Pollenstaub unter dem Mikroskop. Ihm fiel die ungleichmäßige Bewegung der Pollenkörnchen auf. Strömungen im Wasser konnten dafür nicht der Grund sein, denn das Wasser war völlig bewegungslos. Zudem strebten die Körnchen nicht in die gleiche Richtung. Einige bewegten sich nach vorn, einige nach hinten und wieder andere kreuz und quer.

Brown war zunächst nicht sehr erstaunt. Pollenkörner bargen Leben in sich, und die Bewegung konnte Ausdruck dieses Lebens sein. Um jedoch ganz sicherzugehen, führte er das gleiche Experiment mit Farbstoffpartikeln durch, von denen jedes ungefähr die Größe eines Pollenkorns hatte und ohne Zweifel aus toter Materie bestand. Um so überraschter war Brown, als diese Partikel die gleichen Bewegungen wie die Pollenkörnchen zeigten.
Brown berichtete von seiner Entdeckung. Das Phänomen, das zunächst unbedeutend schien, wird seitdem *Brownsche Bewegung* genannt. Zu jener Zeit konnte man sie nicht erklären, aber achtzig Jahre später war sie der letzte Beweis für die Existenz von Atomen.

Nachtrag

Die Türken hatten den griechischen Aufstand schon fast niedergeworfen, als sich die Briten zum Eingreifen entschlossen. Sie verbündeten sich am 6. Juli 1827 mit den Franzosen und Russen und forderten die Türken auf, eine Feuerpause einzulegen. Die Türkei, die von Ägypten unterstützt wurde, weigerte sich und schickte weitere Truppen an die griechische Südwestküste. Daraufhin griffen die Seestreitkräfte der Verbündeten an und zerstörten am 20. Oktober 1827 in der Schlacht bei Navarino die türkische und ägyptische Flotte. Damit war die griechische Unabhängigkeit gesichert, wenn auch ein Teil des Landes unter türkischer Herrschaft blieb.

1828

Synthetischer Harnstoff

Die Anhänger des Vitalismus, die strikt zwischen organischen und anorganischen Substanzen unterschieden, waren der Überzeugung, daß nur lebendes Gewebe organische Moleküle hervorbringen konnte.
Wöhler (vgl. 1825) bewies 1828 das Gegenteil. Es gelang ihm – mehr oder weniger zufällig –, aus einer anorganischen Substanz eine organische Verbindung herzustellen. Beim Erhitzen von anorganischem Ammoniumcyanat bildeten sich Kristalle, die denen des Harnstoffs glichen. Harnstoff ist ein Endprodukt des Eiweißstoffwechsels und findet sich im Urin der Säugetiere, also auch des Menschen. Wöhler analysierte die Kristalle und fand heraus, daß es sich tatsächlich um Harnstoff handelte.
Sowohl Ammoniumcyanat als auch Harnstoff waren aus den gleichen Atomen aufgebaut (zwei Stickstoff-, vier Wasserstoff-, ein Kohlenstoff- und ein Sauerstoffatom), besaßen aber unterschiedliche Strukturen, waren also Isomere (vgl. 1823). Doch Ammoniumcyanat galt als anorganische Substanz, die in lebendem Gewebe nicht vorkam und künstlich hergestellt werden konnte – wie nun auch Harnstoff.
Am 22. Februar 1828 unterrichtete Wöhler Berzelius (vgl. 1803) von seiner Entdeckung. Dieser mußte ihm recht geben. Bald darauf gelang es auch anderen Chemikern, organische Verbindungen zu synthetisieren. Damit wurde eine weitere Grundannahme des Vitalismus widerlegt.

Die Rückensaite

Im Jahre 1828 brachte Baer (vgl. 1827) ein zweibändiges Lehrbuch über Embryologie heraus, in dem er darlegte, daß die Embryonen ganz unterschiedlicher Wirbeltiere in den frühen Entwicklungsstadien große Ähnlichkeiten aufwiesen.
So konnte sich zum Beispiel eine kleine Ausbuchtung bei den verschiedenen Embryonen ganz unterschiedlich entwickeln – zu einem Flügel, einem Arm, einer Pfote oder einer Flosse. Baer war der Überzeugung, daß man die Verwandtschaftsbeziehungen der Tiere untereinander besser erforschen könne, wenn

man statt der ausgewachsenen Tiere die Embryonen miteinander verglich. Er gilt damit als Begründer der *vergleichenden Embryologie.*
Baer wies nach, daß alle Wirbeltierembryonen in einem sehr frühen Entwicklungsstadium für kurze Zeit eine Rückensaite (oder Chorda dorsalis) besaßen. Diese Rückensaite ist ein Strang, der am Rücken den Körper durchzieht. Einige sehr primitive fischartige Lebewesen behalten sie ihr ganzes Leben lang. Bei den Wirbeltieren wird sie jedoch bald durch das Rückenmark ersetzt. Die Existenz dieser Rückensaite in der Embryonalphase deutet auf eine Verwandtschaft der Wirbeltiere mit primitiven Lebewesen hin.

Thorium

Berzelius (vgl. 1803) fand 1828 ein neues Element und nannte es nach Thor, dem nordischen Donnergott, *Thorium.*

Nachtrag

Am 4. Juli 1828 begannen die USA mit dem Bau ihrer ersten kommerziellen Eisenbahnlinie zwischen Baltimore und Ohio.
Bei den Zulus in Südafrika hatte Shaka (etwa 1787–1828) die Macht ergriffen und regierte mit großer Grausamkeit. Er führte den Stoßspeer und eine neue Schlachtordnung ein und unterwarf mit seinem schlagkräftigen Heer zahlreiche Nachbarstämme. Er wurde 1828 ermordet, und danach brachten die Europäer Schritt um Schritt praktisch ganz Afrika unter ihre Herrschaft.

1829

Nicolsches Prisma

Biot hatte festgestellt, daß sich die Polarisationsebene des Lichtes dreht, wenn es durch bestimmte organische Flüssigkeiten fällt (vgl. 1815). Doch ohne ein Gerät, das den genauen Drehwinkel messen konnte, waren Biots Erkenntnisse von geringem Nutzen.
Der schottische Physiker William Nicol (1768–1851) erfand 1829 einen Polarisator, bestehend aus zwei Islandspatkristallen, die mit Kanadabalsam verkittet wurden. Ein Lichtstrahl, der in den ersten Kristall einfällt, wird aufgrund der optischen Eigenschaften des Islandspats in zwei unterschiedlich polarisierte Lichtstrahlen aufgespalten. Der eine wird an der Kittfläche zur Seite hin reflektiert und somit ausgeblendet. Der andere polarisierte Lichtstrahl trifft unter einem etwas anderen Winkel auf die Kittfläche und geht durch sie hindurch.
Der polarisierte Lichtstrahl, der den Polarisator verläßt, kann dann durch ein zweites Nicolsches Prisma hindurchgehen, ohne abgeschwächt zu werden, wenn dieses Prisma parallel zum ersten angeordnet ist. Wenn das polarisierte Licht durch einen mit einer organischen Flüssigkeit oder Lösung gefüllten Behälter fällt, der sich zwischen den beiden Prismen befindet, und die Polarisationsebene sich infolgedessen ändert, muß das zweite Prisma gedreht werden, um den Strahl mit maximaler Helligkeit durchzulassen. Der Drehwinkel läßt sich leicht messen. Die *Polarimetrie* wurde bald zu einer gebräuchlichen Meßmethode.

Nachtrag

Am 30. November 1829 erlangte der südliche Teil Griechenlands seine Unabhängigkeit von der Türkei. Auch in den anderen besetzten Gebieten auf dem Balkan, wie etwa in Serbien

und Rumänien, herrschte Aufruhr. Die Völker nahmen ihre Angelegenheiten immer häufiger selbst in die Hand.
Am 15. September 1830 schaffte Mexiko die Sklaverei ab. Dieses Verbot konnte jedoch nicht auf Texas ausgedehnt werden, da in die Provinz viele Amerikaner aus den Sklavenstaaten einwanderten.

1830

Achromatische Mikroskope

Chromatische Aberrationen hatten schon die Benutzer von Fernrohren behindert. Ein Jahrhundert nach der Erfindung des Fernrohrs waren Refraktoren (vgl. 1668) und achromatische Linsen (vgl. 1733) eingeführt worden, die dieses Problem behoben hatten. Die Benutzer von Mikroskopen hingegen standen immer noch vor dem Problem, daß Farbfehler die feinen Details überdeckten.
Der britische Optiker Joseph Jackson Lister (1786–1869) erfand 1830 das achromatische Mikroskop. Mit seiner Hilfe konnte er zum ersten Mal die roten Blutkörperchen genauer betrachten. Dabei stellte er fest, daß sie wie bikonkave Scheiben geformt waren.
Achromatische Mikroskope ermöglichten nun auch die Beobachtung von Bakterien.

Gruppentheorie

In der Mathematik kann man auch in sehr jungen Jahren etwas leisten. Ein Beispiel: der französische Mathematiker Évariste Galois (1811–1832). Obwohl er vor Vollendung seines 21. Lebensjahres bei einem Duell getötet wurde, gelang es ihm, Abels Werk fortzusetzen. Abel hatte gezeigt, daß Gleichungen fünften Grades mit algebraischen Methoden nicht gelöst werden können (vgl. 1824).
Galois wies nach, daß dies allgemein für jede Gleichung n-ten Grades mit n größer als 4 gilt. Er führte die Gruppentheorie ein, eine mathematische Methode, die sich ein Jahrhundert später für die Quantenmechanik als nützlich erweisen sollte. Die Quantenmechanik wurde im 20. Jahrhundert zu einer der bestimmenden physikalischen Theorien, mit deren Hilfe das Universum beschrieben werden kann.

Aktualismus

Huttons Aktualismus (vgl. 1785) war nun schon fast ein halbes Jahrhundert alt. Doch noch immer war diese Theorie kaum verbreitet. Dies lag nicht zuletzt daran, daß der Schreibstil Huttons den Leser weit weniger in den Bann zog als der seines Widersachers Cuvier, der die Katastrophentheorie (vgl. 1812) vertrat.
Im Jahre 1830 erschien der erste Band der *Grundzüge der Geologie* aus der Feder des britischen Geologen Charles Lyell (1797–1875). Weitere zwei Bände foltgten später. Alle drei waren sehr klar und anschaulich geschrieben und stellten die Theorie des Aktualismus so gut dar, daß sie schließlich eine gewisse Popularität erlangte. Die Katastrophentheorie Cuviers und seiner Anhänger geriet in den Hintergrund. Man schloß zwar weiterhin nicht aus, daß sich in der Erdgeschichte immer wieder Katastrophen ereignet hatten, doch von nun an erklärte man die Erdgeschichte hauptsächlich – wenn auch nicht ausschließlich – mit Hilfe des Aktualismus.

Nachtrag

Am 26. Juni 1830 starb der britische König Georg IV. Sein Bruder bestieg als Wilhelm IV. (1765–1837) den Thron.
In Frankreich verlor Karl X. durch seine reaktionäre Politik die letzten Sympathien seines Volkes. Am 2. Juli 1830 wurde er während eines Aufstands in Paris entthront. Der Versuch, wieder eine Republik zu errich-

ten, mißlang. Ein Vetter Karls bestieg als Louis Philippe I. (1773–1850) den Thron.
Die Juli-Revolution in Frankreich veranlaßte die katholischen Belgier, sich gegen die protestantischen Niederländer zu erheben, die seit dem Sturz Napoleons über Belgien geherrscht hatten. Am 20. Dezember 1830 erkannten die europäischen Mächte Belgien als unabhängigen Staat an. Leopold I. (1790–1865) regierte ab 1831 das Land.
Zur gleichen Zeit rebellierten die Polen gegen die russische Herrschaft.
Joseph Smith aus New York (1805–1844) veröffentlichte 1830 das *Buch Mormon*, und am 6. April desselben Jahres gründete er die Kirche »Jesu Christi der Heiligen der letzten Tage«. Die Anhänger dieser Religionsgemeinschaft heißen im Volksmund Mormonen.
Die ersten Vogelgemälde des amerikanischen Künstlers John James Audubon (1785–1851) kamen 1830 auf den Markt.
Die USA hatten 1830 12,9 Millionen Einwohner, ungefähr soviel wie Großbritannien. Die Weltbevölkerung erreichte eine Milliarde.

1831

Elektrische Generatoren

Ørsted hatte gezeigt, daß ein elektrischer Strom eine magnetische Wirkung erzeugen kann (vgl. 1820). Faraday (vgl. 1821) nahm nun an, daß umgekehrt auch ein Magnet in der Lage sei, einen elektrischen Strom zu induzieren.
Um dies zu belegen, verwendete Faraday einen Eisenring. Er wickelte Draht um einen Teil dieses Eisenrings und schloß ihn an eine Batterie an. Der Stromkreis konnte mit Hilfe eines Schlüssels unterbrochen oder geschlossen werden. Beim Schließen des Stromkreises floß ein Strom und baute ein Magnetfeld auf, das sich über den Eisenkern ausbreitete.
Ein zweiter Draht wurde um einen anderen Teil des Eisenkerns gewickelt und mit einem Galvanometer verbunden, das den Stromfluß nachweisen sollte. Das Magnetfeld im Eisenkern sollte in diesem zweiten Draht Strom erzeugen.
Das Experiment war erfolgreich. Faraday hatte den ersten *elektrischen Transformator* gebaut und die *elektromagnetische Induktion* entdeckt. Allerdings funktionierte sie nicht genau so, wie er es sich vorgestellt hatte. Im Gegensatz zum Magnetfeld, das permanent vorhanden ist, wird der Strom stoßweise induziert. Beim Öffnen und Schließen des Stromkreises fließt jeweils kurzzeitig ein Strom. Dieser Stromfluß wird dadurch nachgewiesen, daß die Galvanometernadel in die entgegengesetzte Richtung ausschlägt.
Faraday erklärte dies mit Hilfe der von ihm eingeführten Kraftlinien. Wird der Stromkreis geschlossen, dann fließt durch den ersten Draht ein Strom. Er bewirkt, daß sich die von ihm ausgehenden magnetischen Kraftlinien bis zu den Windungen des zweiten Drahtes ausbreiten und diese dabei gewissermaßen durchschneiden. Dadurch wird im zweiten Draht ein Strom induziert. Wird der Stromkreis unterbrochen, ziehen sich die Kraftlinien wieder zurück und durchschneiden abermals die Windungen des zweiten Drahtes. Dadurch wird ebenfalls ein Strom induziert, diesmal jedoch in entgegengesetzter Richtung. Behalten die Kraftlinien ihre Lage gegenüber dem zweiten Draht bei, weil ununterbrochen Strom fließt, so wird der zweite Draht aus keiner Richtung von den Kraftlinien durchschnitten und folglich auch kein Strom induziert.
Faraday überlegte sich nun eine Anordnung, bei der ein Metalldraht fortwährend die Kraftlinien eines Magnetfelds durchschnitt. Er drehte ein Kupferrad so, daß sein Rand zwischen den Polen eines Hufeisenmagneten verlief. Solange sich das Rad drehte, durchschnitt sein Rand unaufhörlich magnetische Kraftlinien, und ein permanenter Strom floß im Rad. Dieser Strom konnte abgeleitet und zur Verrichtung von Arbeit verwendet werden. Faraday hatte den ersten *elektrischen Generator* entwickelt.

Bis dahin war elektrischer Strom ausschließlich mit Batterien erzeugt worden. Elektrizität wurde dabei durch Auflösen von Metallen wie Zink produziert, war folglich teuer und nur in begrenzten Mengen verfügbar.
Um das Kupferrad so zu drehen, daß es die magnetischen Kraftlinien durchschnitt, waren beträchtliche Mengen an mechanischer Energie erforderlich. Diese Energie war es, die in Elektrizität (elektrische Energie) umgewandelt wurde. Wurde das Rad mit Muskelkraft angetrieben, ließ sich nur wenig Elektrizität gewinnen. Deshalb ging man dazu über, das Rad mit Dampf anzutreiben. Das bedeutete, daß die Elektrizität durch die Verbrennung von Brennstoffen erzeugt wurde. Doch auch andere Energiequellen wie Wind- und Wasserkraft, die reichlich zur Verfügung standen, ließen sich dafür verwenden.
Als der elektrische Generator schließlich genügend verbessert worden war, konnte Elektrizität billig und in jeder gewünschten Menge erzeugt werden.

Der Elektromotor

Henry (vgl. 1823) hatte die elektrische Induktion unabhängig von Faraday entdeckt. Allerdings hatte Faraday seine Ergebnisse einige Monate früher veröffentlicht, so daß ihm die Entdeckung zugeschrieben wird. Henry führte seine Experimente in dieser Richtung fort. Die kreisförmige Bewegung eines Kupferrads, das die magnetischen Kraftlinien durchschnitt, konnte einen elektrischen Strom induzieren. Warum sollte also nicht umgekehrt ein elektrischer Strom eine kreisförmige Bewegung erzeugen können?
Faraday hatte dies bereits in stark vereinfachter Form gezeigt (vgl. 1821). Im Jahr 1831 baute Henry eine sehr viel funktionstüchtigere Maschine, in der sich ein Rad drehte, wenn sie mit Strom gespeist wurde. Der erste Elektromotor (von einem lateinischen Wort für »bewegen«) war erfunden.
Die Bedeutung von Motoren kann nicht hoch genug eingeschätzt werden. Ein Motor kann, je nach Bedarf, in jeder gewünschten Größe gebaut werden. Außerdem läßt er sich mit Elektrizität betreiben, die über eine Entfernung von vielen Kilometern zugeführt wird. Und schließlich kann er – im Gegensatz zu einer Dampfmaschine – innerhalb kürzester Zeit ein- bzw. ausgeschaltet werden.
Die Erzeugung billiger Elektrizität in beliebigen Mengen war durch Faradays Entdeckung und Verbesserung des Generators möglich geworden. Aber erst Henrys Elektromotor ermöglichte eine sinnvolle Umwandlung von Elektrizität in nutzbare Arbeit. Somit gelten Faraday und Henry gemeinsam als die Begründer des Elektrizitätszeitalters.

Zündhölzer

Seit Jahrtausenden hatte man mit Hilfe von Reibung Feuer erzeugt. Dieses Verfahren war mit erheblichen Anstrengungen verbunden.
Phosphor hatte man 1669 entdeckt. In der Folgezeit wurden weitere Substanzen entdeckt, die sehr reaktiv waren und schnell Feuer fingen. Warum also überzog man nicht einfach das Ende eines Holzsplitters mit einer geeigneten Substanz, mit deren Hilfe man das Holz jederzeit entzünden konnte? Man hätte dann ein kleines Feuer, das lange genug brannte, um ein größeres und dauerhaftes Feuer zu entfachen.
Die ersten Zündhölzer kamen Anfang des 19. Jahrhunderts auf den Markt. Sie waren jedoch entweder zu schwer oder zu leicht entflammbar (und somit gefährlich) oder erzeugten bei der Verbrennung zuviel Schmutz.
Der französische Chemiker Charles Sauria stellte 1831 die ersten gut funktionierenden Reibzündhölzer her. Sie enthielten Phosphor, dem noch andere Materialien beigemengt wurden, so daß sie sich erst entzündeten, wenn man sie an einer rauhen Fläche rieb. Die geringe Wärme, die bei der Reibung entstand, reichte aus, um sie zu entzünden. Mit Hilfe solcher Streichhölzer konnte schnell und nahezu geräuschlos eine Flamme erzeugt werden. Und sie blieben auch bei längerer

Lagerung funktionstüchtig. Zündhölzer fanden rasche Verbreitung.
Allerdings hatten sie einen Nachteil. Der Phosphor, den sie enthielten, war giftig und bewirkte beim Menschen eine Degeneration der Knochen. Die Folge war, daß viele Menschen, die mit der Herstellung der Zündhölzer beschäftigt waren, eines langsamen und qualvollen Todes starben. Es sollte 70 Jahre dauern, bis hier Abhilfe geschaffen wurde.

Magnetischer Nordpol

Seit Gilberts Zeiten (vgl. 1600) wußte man, daß die Erde einen magnetischen Nord- und einen magnetischen Südpol besitzen mußte. Man ging allgemein davon aus, daß sich diese Pole in der Nähe der geographischen Pole (den Drehpunkten der Erdachse) befanden bzw. exakt mit ihnen zusammenfielen. Die Erforschung von Arktis und Antarktis gestaltete sich jedoch aufgrund der widrigen klimatischen Bedingungen, die dort herrschen, und ihrer Abgelegenheit als sehr schwierig.
Erst am 1. Juni 1831 gelang es dem schottischen Forscher James Clark Ross (1800–1862), den magnetischen Nordpol zu erreichen. Sein Kompaß zeigte an der Westküste der Boothia-Halbinsel bei 70,85 Grad nördlicher Breite und 96,77 Grad westlicher Länge genau nach unten. Die Entdeckung war nur deshalb geglückt, weil der magnetische Pol 3 300 Kilometer vom geographischen Pol entfernt und deshalb verhältnismäßig leicht zugänglich war. Tatsächlich liegt er nur ein paar hundert Kilometer nördlich des arktischen Polarkreises.

Der Zellkern

Brown, der die Brownsche Bewegung entdeckt hatte (vgl. 1827), stellte fest, daß Pflanzenzellen einen kleinen Kern besitzen. Zwar hatten das andere Wissenschaftler schon vor ihm bemerkt, doch hatten sie dieser Tatsache keine große Aufmerksamkeit geschenkt. Brown erkannte als erster, daß jede Zelle einen solchen Kern aufwies, und nannte ihn *Zellkern* oder *Nukleus* (von einem lateinischen Ausdruck für »kleine Nuß«).

Diffusion

Es ist allgemein bekannt, daß Gase sich ausbreiten. Wenn man in einer Zimmerecke Parfüm verschüttet, riecht man es kurze Zeit später auch in der anderen Ecke.
Der britische Physikochemiker Thomas Graham (1805–1869) versuchte, die Geschwindigkeit des Diffusionsvorgangs zu bestimmen. Er wollte die Zeit messen, die die Gase benötigen, um durch einen Gipsstöpsel, durch feine Röhrchen und durch ein winziges Loch in einer Platinplatte zu diffundieren.
Im Jahre 1831 faßte er die Ergebnisse seiner Messungen zusammen. Die Diffusionsgeschwindigkeit eines Gases ist danach umgekehrt proportional zur Quadratwurzel seines Molekulargewichts. Da Sauerstoffmoleküle 16mal schwerer sind als Wasserstoffmoleküle und die Quadratwurzel von 16 vier beträgt, folgt daraus, daß die leichteren Wasserstoffmoleküle viermal schneller diffundieren als Sauerstoff. Dieses Gesetz heißt auch heute noch *Grahamsches Gesetz*. Graham gilt aufgrund seiner Entdeckung als einer der Begründer der *physikalischen Chemie*.

Chloroform

Der amerikanische Chemiker Samuel Guthrie (1782–1848) entdeckte 1831 das Chloroform ($CHCl_3$). Es sollte im folgenden Jahrzehnt in der Anästhesie große Bedeutung erlangen.

Zyklonen

Der amerikanische Meteorologe William C. Redfield (1789–1857) unternahm eine Reisedurch Connecticut. Kurze Zeit zuvor, am 3. September 1821, war durch Neu-Eng-

land ein Orkan gefegt, der viele Bäume entwurzelt hatte. Aus der Fallrichtung der Bäume zog Redfield den Schluß, daß sich der Wind wirbelförmig in nordöstlicher Richtung bewegt haben mußte.
Während der nächsten zehn Jahre beschäftigte er sich intensiv mit Stürmen, und 1831 veröffentlichte er seine Ergebnisse. Sie zeigten, daß Sturmwinde gegen den Uhrzeigersinn um ein Zentrum wirbeln, das sich in vorherrschender Windrichtung fortbewegt. Später fand man heraus, daß dies nur für die Nordhalbkugel gilt. In der südlichen Hemisphäre wirbeln die Sturmwinde im Uhrzeigersinn.

Nachtrag

Am 5. Juli 1830 war ein französisches Expeditionskorps in Algerien einmarschiert. Ein Jahr später war klar, daß es dort bleiben sollte. Zu diesem Zweck wurde die französische *Fremdenlegion* gegründet. Die europäischen Nationen, allen voran Frankreich, sollten in den nächsten Jahren die osmanische Herrschaft in Nordafrika immer weiter zurückdrängen.
Am 26. Mai 1831 gelang es den Russen schließlich, die polnische Rebellion niederzuschlagen. Die Österreicher hatten indessen keine große Mühe, die Aufstände, die in verschiedenen Teilen Norditaliens ausgebrochen waren, niederzuschlagen.
Kaiser Pedro I. von Brasilien (1798–1834) dankte am 7. April 1831 ab. Sein Sohn trat als Pedro II. (1825–1891) die Nachfolge an.
In den USA führte der Sklave Nat Turner (1800–1831) am 21. August 1831 einen Aufstand an. Innerhalb von nur zwei Tagen wurden 60 Weiße getötet. Der Aufstand wurde zwar schnell niedergeworfen, aber die Sklavenstaaten lebten nun in ständiger Furcht vor weiteren Aufständen. Sie sahen sich in ihrer Ansicht bestätigt, daß die Abolitionisten solche Aufstände anzettelten und für die von Sklaven begangenen Morde verantwortlich waren.

1832

Faradaysche Gesetze

Faraday (vgl. 1821) hatte in seiner Jugend als Gehilfe Davys gearbeitet (vgl. 1800) und führte später dessen Arbeiten auf dem Gebiet der Elektrochemie fort. Davy hatte eine Methode zur Freisetzung einiger neuer Metalle entwickelt. Dabei leitete er einen elektrischen Strom durch eine Schmelze aus Verbindungen dieser Metalle. Diese Methode nannte Faraday *Elektrolyse* (nach einem griechischen Ausdruck für »mittels Elektrizität befreien«). Faraday bezeichnete eine Flüssigkeit oder eine Lösung, die elektrische Leitfähigkeit besaß, als *Elektrolyten*. Die Metallstäbe, die in die Flüssigkeit oder Lösung eingetaucht wurden, bezeichnete er als *Elektroden* (nach dem griechischen Wort für »die Straße der Elektrizität«). Die positiv geladene Elektrode nannte er *Anode* (»hohe Straße«), die negativ geladene Elektrode *Kathode* (»niedere Straße«). Faraday verglich den Elektrizitätsfluß mit Wasser, das von oben (bei Elektrizität also von der Anode) nach unten (zur Kathode) fließt. Er folgte damit dem Beispiel Franklins, der einen Elektrizitätsfluß von positiv nach negativ angenommen hatte – ein Irrtum, wie sich später herausstellte, denn tatsächlich fließt Elektrizität von der negativen zur positiven Elektrode.
Im Jahre 1832 stellte Faraday die Grundgesetze der Elektrolyse, heute bekannt als *Faradaysche Gesetze*, auf:
1. Die Stoffmenge, die an einer Elektrode während der Elektrolyse abgeschieden wird, ist proportional zur Strommenge, die durch den Elektrolyten geschickt wird.
2. Die durch eine bestimmte Elektrizitätsmenge abgeschiedene Masse eines Elements ist proportional zum Atomgewicht des abgeschiedenen Elements und umgekehrt proportional zu seiner Wertigkeit, d.h. zur Anzahl von Atomen, die sich mit diesem Element verbinden können.

Nachtrag

In Italien gründete Giuseppe Mazzini (1805–1872) 1832 eine Organisation mit dem Namen *Junges Italien.* Dieser Geheimbund strebte die nationale Einigung Italiens in Form einer demokratischen Republik an.
Im amerikanischen Baltimore wurde 1832 der erste *Klipper* gebaut, ein besonders schnelles Segelschiff. Es ließ im folgenden Vierteljahrhundert das Dampfschiff, das nur langsam verbessert wurde, hinter sich.

1833

Diastase

Der französische Chemiker Anselme Payen (1795–1871) leitete eine Fabrik, in der aus Zuckerrüben Zucker raffiniert wurde. Das lenkte seine Aufmerksamkeit auf die Chemie der Pflanzen.
Im Jahre 1833 berichtete er von der Gewinnung einer Substanz aus Malzextrakt, die die Eigenschaft besaß, Stärke in Glucose umzuwandeln. Payen nannte die Substanz *Diastase* (vom griechischen Wort für »trennen«). Sie trennt gewissermaßen die Bausteine der Stärke voneinander und erzeugt einzelne Glucoseeinheiten.
Diastase ist ein organischer Katalysator wie Hefe, ein seit Urzeiten bekannter organischer Katalysator. Allerdings ist Hefe ein lebender Organismus. Diastase hingegen ist der erste organische Katalysator, der zwar aus lebender Materie isoliert wird, selbst jedoch kein lebender Organismus ist.
Organische Stoffe mit katalytischer Wirkung wurden später *Enzyme* genannt. Diastase war das erste Enzym, das in konzentrierter Form präpariert wurde. Enzyme werden meist mit der dem Wort Diastase entnommenen Endsilbe -ase versehen.

Nachtrag

Eine Gesetzesvorlage, die am 23. August 1833 vom britischen Parlament verabschiedet wurde, sah die Abschaffung der Sklaverei in allen britischen Kolonien vor.
In Frankreich lebte die Dichterin Amandine-Aurore-Lucile Dudevant (1804–1876). Unter dem Pseudonym George Sand schrieb sie Romane; sie setzte sich für die Gleichberechtigung der Frau ein.

1834

Mähmaschine

Die Landwirtschaft war schon immer sehr arbeitsintensiv, besonders zur Erntezeit. Oft fanden sich nicht genug Arbeiter, die beim Mähen und Einbringen des Getreides halfen. Deshalb wurden Versuche unternommen, eine mechanische Mähmaschine zu konstruieren. Das erste geeignete Gerät entwickelte 1831 der Amerikaner Cyrus Hall McCormick (1809–1884). McCormick ließ sich seine Erfindung 1834 patentieren.
Zunächst war ihr kein Erfolg beschieden. Erst als McCormick eifrig die Werbetrommel rührte, setzte sich seine Maschine langsam durch, vor allem auf den riesigen Getreidefeldern des amerikanischen Mittelwestens.
Sie war die erste ihrer Art. In der Folgezeit erfand man eine ganze Reihe solcher und ähnlicher Maschinen. Die Folge war, daß immer weniger Arbeiter in der Landwirtschaft beschäftigt werden mußten. Heute reichen in einem Industrieland wie den USA vier Prozent aller Beschäftigten, um genügend Nahrung für die restlichen 96 Prozent und sich selbst zu erzeugen. Und ein Teil geht sogar in den Export.

Zellulose

Nach der Entdeckung der Diastase (vgl. 1833) beschäftigte sich Payen mit der chemischen Zusammensetzung von Holz. Er erhielt aus Holz eine Substanz, bei der es sich mit Sicherheit nicht um Stärke handelte, die aber genau wie Stärke in Glucoseeinheiten aufgespalten werden konnte. Er nannte die Substanz *Zellulose,* da er sie aus Zellwänden gewonnen hatte.

Zucker wie Glucose und Substanzen, die in Zucker aufgespalten werden können, bestehen aus Kohlenstoff-, Wasserstoff- und Sauerstoffatomen, wobei die Wasserstoff- und Sauerstoffatome in einem Verhältnis von 2:1 vorliegen, wie in Wasser. Deshalb war man der Meinung, daß diese Moleküle aus Kohlenstoffatomen bestünden, an die Wasser angelagert worden sei. Aus diesem Grund erhielten sie den Namen *Kohlenhydrate.* Wie sich später herausstellte, war die wirkliche Struktur der Kohlenhydrate sehr viel komplexer.

Vor Payens Entdeckung der Zellulose hatte man den Kohlenhydraten ganz normale Namen wie Rohrzucker, Traubenzucker oder Stärke gegeben. Nun wurden sie mit der in der Bezeichnung Zellulose enthaltenen Nachsilbe *-ose* versehen. Rohrzucker wurde in *Saccharose,* Traubenzucker in *Glucose* und Stärke in *Amylose* umbenannt. Zumindest unter Chemikern sind diese neuen Bezeichnungen gebräuchlich.

Nachtrag

Die spanische Inquisition, unter Napoleon einst abgeschafft, war nach dessen Fall wieder ins Leben gerufen worden. Während der liberalen Revolution von 1820 wurde sie erneut für kurze Zeit abgeschafft, nach dem Scheitern des Liberalismus aber gleich wieder eingesetzt. Nun endlich, nachdem sie sechs Jahrhunderte lang gewütet hatte, konnte man sie endgültig abschaffen.

Der französische Blindenlehrer Louis Braille (1809–1852), selbst seit seinem dritten Lebensjahr blind, erfand ein System aus erhabenen Punktsymbolen, mit dem es möglich war, durch Ertasten zu lesen. Es wurde nach ihm *Brailleschrift* genannt und ist heute noch gebräuchlich.

1835

Trockeneis

Black hatte siebzig Jahre zuvor gezeigt, daß Energie benötigt wird, um eine Flüssigkeit in Dampf zu überführen (vgl. 1762). Das bedeutet, daß bei der Verdunstung einer Flüssigkeit die Energie aus der Flüssigkeit selbst kommen muß, wenn sie nicht von außen zugeführt wird. Bei der Verdunstung sinkt deshalb die Temperatur der Flüssigkeit. (Auf demselben Prinzip beruht das Schwitzen. Wenn der Schweiß verdunstet, sinkt die Temperatur auf der Haut, und der Mensch fühlt sich auch an heißeren Tagen wohl. Erhöhte Luftfeuchtigkeit empfinden wir deshalb als unangenehm, weil sie den Verdunstungsvorgang erschwert.)

Der französische Chemiker C. S. A. Thilorier zeigte 1835, daß Verdampfung dazu verwendet werden kann, eine Flüssigkeit bis zu ihrem Erstarrungspunkt abzukühlen. Ausgangspunkt war die Methode, die Faraday zur Gasverflüssigung verwendet hatte (vgl. 1823). Thilorier benutzte jedoch Metall- statt Glaszylinder, da sie stabiler waren und einen höheren Druck aushielten.

Er stellte eine größere Menge flüssigen Kohlendioxids her und ließ es durch eine enge Düse aus dem Röhrchen entweichen. Beim Austritt verdampfte es, und die Temperatur der im Zylinder befindlichen Flüssigkeit sank bis zum Gefrierpunkt. Zum ersten Mal war festes Kohlendioxid erzeugt worden.

Festes Kohlendioxid, das normalem Druck ausgesetzt ist, sublimiert langsam, d. h. es verdampft, ohne vorher zu schmelzen. Der Sublimationspunkt liegt bei –78,5°C.

Festes Kohlendioxid sieht aus wie Eis, da es sich aber nicht verflüssigt, nennt man es gemeinhin *Trockeneis*. Trockeneis ist offensichtlich ein besseres Kühlmittel als normales Eis. Thilorier vermengte Trockeneis mit Diäthyläther (dabei handelt es sich um jenen bekannten Äther, der bald darauf in der Anästhesie eingesetzt wurde; er bleibt auch bei sehr niedrigen Temperaturen noch flüssig). Thilorier ließ das Gemisch verdampfen und erzielte eine Temperatur von immerhin –110°C. Zum ersten Mal war im Labor eine Temperatur erzeugt worden, die niedriger war als jede natürlich vorkommende Temperatur auf der Erdoberfläche. Selbst im tiefsten antarktischen Winter wird es nicht so kalt.

Corioliskraft

Redfield hatte vier Jahre zuvor die Existenz von Wirbelstürmen belegt. Wie sie entstanden, blieb nicht mehr lange ein Geheimnis.
Der französische Physiker Gaspard-Gustave de Coriolis (1792–1843) beschäftigte sich 1835 mit Bewegungen auf kreisenden Oberflächen und untermauerte seine experimentellen Ergebnisse mit mathematischen Berechnungen. Bei der Erdumdrehung legt ein Punkt am Äquator in 24 Stunden 40 000 Kilometer zurück, erreicht also eine Geschwindigkeit von mehr als 1 600 Kilometern pro Stunde. Je weiter man sich vom Äquator entfernt, egal ob nach Süden oder Norden, desto kleiner ist der Kreis, den ein Punkt im Verlauf eines Tages zurücklegt, und desto langsamer wird er. An den Polen ist gar keine Bewegung vorhanden.
Wenn sich also die Luft oder das Wasser in Äquatornähe von Westen nach Osten bewegen, so muß das mit einer Geschwindigkeit von über 1 600 Kilometern in der Stunde erfolgen. Wenn sich diese Luft und dieses Wasser in Richtung Süden oder Norden vom Äquator entfernen, behalten sie ihre Geschwindigkeit bei, doch der feste Untergrund bewegt sich langsamer. Sie sind also schneller als der Untergrund und werden nach Osten abgelenkt. Umgekehrt ist es, wenn sich Luft oder Wasser in Richtung Äquator bewegen. Dann ist der feste Untergrund schneller, und Wasser und Luft werden nach Westen abgelenkt.
Dieses Phänomen nennt man *Corioliskraft*. Sie ist für die rotierende Bewegung der Luft- und Wasserströme nördlich und südlich des Äquators in jeweils entgegengesetzte Richtung verantwortlich.
Die Erde ist so groß, daß wir uns unter normalen Bedingungen nicht so schnell nach Norden oder Süden bewegen, daß der Corioliseffekt spürbar würde. Bei Artilleriefeuer und beim Abschuß von Satelliten muß man ihn allerdings berücksichtigen.

Revolver

Die verschiedenen Handfeuerwaffen, die seit fast vier Jahrhunderten in Gebrauch waren, konnten nur einmal abgefeuert werden. Dann mußte nachgeladen werden, und natürlich war das für den Schützen ein sehr gefährlicher Augenblick. Es mußte also von großem Vorteil sein, wenn man mehrmals hintereinander feuern konnte, ohne nachzuladen.
Die erste funktionstüchtige Handfeuerwaffe dieser Art besaß eine drehbare Trommel, die sechs Kugeln faßte. Nach jedem Schuß bewegte sich diese Trommel automatisch weiter, so daß die nächste Kugel hinter den Lauf gebracht wurde. Man nannte diese Waffe Drehpistole oder *Revolver*.
Der amerikanische Erfinder Samuel Colt (1814–1862) meldete 1835 ein Patent auf diese Waffe an. Der Revolver gehörte bald zur Standardausrüstung der amerikanischen Pioniergesellschaft. Kein Wildwestroman oder -film, in dem von dieser Waffe nicht ausgiebig Gebrauch gemacht wird.

Nachtrag

In Südafrika waren die Buren, Farmer niederländischer Herkunft, über die britische

Sklavenpolitik verärgert und zogen sich nach Norden hinter den Oranje und Vaal zurück. Außerhalb britischen Territoriums gründeten sie die *Burenrepublik Transvaal* und den *Oranjefreistaat*. Dort konnten sie die Schwarzen niederwerfen und versklaven.
In der Zwischenzeit wanderten immer mehr Briten nach Australien aus. Im Jahr 1835 wurde Melbourne gegründet.
Kaiser Franz von Österreich (der letzte Kaiser des Heiligen Römischen Reichs Deutscher Nation) starb am 2. März 1835. Sein Sohn bestieg als Ferdinand (1793–1875) den Thron. Ferdinand ließ zu, daß die Nation weiterhin von Metternich regiert wurde.

1836

Pepsin

Prout hatte herausgefunden, daß Magensaft Salzsäure enthielt (vgl. 1823). Man nahm an, daß die Säure im Magen die Aufgabe hatte, die Nahrung zu zersetzen und zu verdauen.
Daß dies nicht der Fall war, zeigte der deutsche Physiologe Theodor Ambrose Hubert Schwann (1810–1882). Er hatte 1834 ein Extrakt aus der Magenschleimhaut entnommen und mit Säure vermischt. Dieses Gemisch konnte sehr viel schneller als die Säure allein ein Stückchen Fleisch auflösen. Im Jahre 1836 gelang ihm die Extraktion einer Substanz aus der Magenschleimhaut, die besonders reaktiv bei der Zersetzung und Verdauung von Fleisch war. Er nannte sie *Pepsin* (von einem griechischen Wort für »verdauen«).
Pepsin ist wie Diastase (vgl. 1833), die aus Pflanzen gewonnen wird, ein Enzym. Pepsin war das erste Enzym, das man im menschlichen und tierischen Organismus fand.

Daniellelement

Die seit Voltas Zeiten (vgl. 1800) verwendeten Batterien waren unzuverlässig, wenn sie überhaupt funktionierten. Die Strommenge, die sie erzeugten, schwankte und nahm rasch ab. Was man brauchte, waren zuverlässige Batterien, die über längere Zeit hinweg konstant die gleiche Strommenge lieferten.
Der britische Chemiker John Frederic Daniell (1790–1845) baute 1836 eine Batterie, das *Daniellelement,* für die er Kupfer- und Zinkelektroden verwendete. Diese Batterie wurde allen Anforderungen gerecht. Die Zukunft der Stromerzeugung gehörte zwar Generatoren des Typs, den Faraday zuerst gebaut hatte (vgl. 1831). Doch es wird immer Geräte geben, die so klein oder beweglich sind, daß sie aus praktischen Gründen mit eigenen Batterien betrieben werden.

Nachtrag

In Texas rebellierten die amerikanischen Siedler gegen die mexikanische Regierung. Der mexikanische Präsident Antonio López de Santa Anna (1794–1876) ging mit einer Armee von 4 000 Mann gegen 188 Texaner vor, die sich in einem Franziskanerkloster verbarrikadiert hatten. Nach elftägiger Belagerung wurde es am 6. März 1836 eingenommen. Die Texaner sammelten sich unter Samuel Houston (1793–1863) und besiegten Santa Anna am 21. April in der Schlacht von San Jacinto. Die Texaner erklärten ihre Unabhängigkeit, gründeten die Republik Texas und wählten Houston zu ihrem Präsidenten.

1837

Eiszeit

Seit Jahren schon hatten Schweizer Geologen, namentlich Venetz, immer wieder darauf hingewiesen, daß Alpengletscher in der Vergangenheit eine viel größere Ausdehnung gehabt hatten (vgl. 1821). Der Schweizer Naturforscher Louis Agassiz (1807–1873) gehörte zu jenen, die diese Theorie zunächst ablehnten – bis er sich selbst mit diesem Thema beschäftigte.
Im Jahr 1837 trat er mit einer Theorie an die Öffentlichkeit, die sogar noch weiterging als die seiner Vorgänger. Agassiz behauptete, daß nicht nur die Gebirgsregionen, sondern auch weite Teile der Tiefebenen in den nördlichen Regionen der Kontinente von Eismassen bedeckt gewesen waren. Er fand Beweise für diese Vergletscherung in Großbritannien. Nachdem er sich nach einer Vortragsreise entschlossen hatte, in den USA zu bleiben, fand er auch dort Belege für seine Theorie.
Schließlich gelang es ihm, das überzeugende Bild einer Eiszeit zu entwerfen, einer Periode in der Erdgeschichte, in der in Nordamerika, Skandinavien und Sibirien Millionen von Quadratkilometern von einer dicken Eisschicht bedeckt gewesen waren. Dies war der erste Hinweis darauf, daß die Erdgeschichte nicht so gleichmäßig verlief, wie im Aktualismus (vgl. 1830) angenommen wurde, sondern daß auch überraschende Ereignisse auftreten konnten. Das Kommen und Gehen der Eismassen muß als eine Art Katastrophe angesehen werden, die freilich nicht alles Leben ausgelöscht hat.

Chlorophyll und Zellen

Einige Jahre zuvor war es gelungen, Chlorophyll zu isolieren (vgl. 1817). Aufgrund seines häufigen Vorkommens in Pflanzen nahm man an, daß es eine wichtige Funktion erfüllte. Dem französischen Chemiker René-Joachim-Henri Dutrochet (1776–1847) gelang 1837 endgültig der Nachweis, daß die Photosynthese (vgl. 1779) nur in den Pflanzenzellen stattfand, die Chlorophyll enthielten. Damit war ein für allemal geklärt, wie wichtig Chlorophyll für alle mehrzelligen Lebewesen (Tiere und Pflanzen) ist.
Dutrochet war übrigens ein entschiedener Gegner des Vitalismus. Er war der Überzeugung, daß alle Vorgänge in der belebten wie in der unbelebten Natur den gleichen physikalischen und chemischen Gesetzen gehorchten.

Dreiteilung des Winkels

Die Griechen hatten den Grundsatz aufgestellt, daß geometrische Gebilde nur mit Hilfe von Lineal und Zirkel konstruiert werden durften (so daß man lediglich Geraden und Kreisbögen zeichnen konnte). Zudem war nur eine endliche Anzahl von Schritten erlaubt. Dafür gab es eigentlich keinen anderen Grund als vielleicht den, den Geometern ein Minimum an Hilfsmitteln an die Hand zu geben und ihrer Aufgabe dadurch eine »sportliche« Note zu verleihen.
Es gab allerdings drei Konstruktionen, die die Griechen allein mit Lineal und Zirkel nicht lösen konnten. Die erste war die *Quadratur des Kreises,* d.h. die Konstruktion eines Quadrats, das die gleiche Fläche besitzt wie ein gegebener Kreis. Die zweite war die *Verdopplung des Würfels,* d.h. die Konstruktion eines Würfels mit dem zweifachen Volumen eines gegebenen Würfels. Die dritte schließlich war die *Dreiteilung des Winkels,* d.h. die Aufteilung eines gegebenen Winkels in drei gleiche Teile.
Lange nach den Griechen hatten sich auch Mathematiker mit diesen Problemen auseinandergesetzt, ebenfalls ohne Erfolg. Die Arbeiten von Gauß (vgl. 1796) und Abel (vgl. 1824) hatten jedoch gezeigt, wie wichtig es in der Mathematik war, die Unlösbarkeit einer Aufgabe zu beweisen. Der französische Ma-

thematiker Pierre Wantzel (1814–1848) wies nach, daß die Verdopplung des Würfels und die Dreiteilung eines Winkels bei Befolgung der griechischen Regeln unmöglich ist. Schließlich gelang auch der Beweis, daß die Quadratur des Kreises nicht möglich ist.
Die Tatsache, daß solche Beweise eifrige Amateure nicht überzeugen können, läßt Rückschlüsse auf die menschliche Natur zu. Noch 150 Jahre nachdem Wantzel die prinzipielle Unlösbarkeit gezeigt hat, warten »Kreisquadrierer« und andere, die die prinzipielle Unlösbarkeit nicht anerkennen wollen, mit Lösungen auf. Unnötig zu erwähnen, daß diese »Lösungen« an irgendeiner Stelle einen Fehlschluß enthalten, ja enthalten müssen.

Nachtrag

Wilhelm IV. von Großbritannien starb am 20. Juni 1837. Seine Nichte bestieg als Viktoria I. (1819–1901) den Thron. In Hannover konnte sie seine Nachfolge jedoch nicht antreten, da Frauen dort von der Thronfolge ausgeschlossen waren. Ein jüngerer Bruder Wilhelms IV. wurde König von Hannover. Die seit 1714 bestehende Verbindung zwischen diesen beiden Ländern war damit beendet.
Die USA, die nach dem Beitritt Michigans inzwischen aus 13 freien und 13 sklavenhaltenden Staaten bestanden, erkannten am 3. März 1837 die Unabhängigkeit Texas' an.

1838

Entfernung der Sterne

Da sich die Erde um die Sonne dreht, nahm man an, daß die nahen Sterne im Vergleich zu den weiter entfernten eine parallaktische Verschiebung aufweisen müßten. Bradley, der versucht hatte, die Sternparallaxe zu messen, hatte dabei die jährliche Aberration gefunden (vgl. 1728). Henschel, der dies ebenfalls versuchte, hatte statt dessen die Doppelsterne entdeckt (vgl. 1781).
Die Schwierigkeit bestand in der geringen Größe der Sternparallaxe. Bis in die dreißiger Jahre des 19. Jahrhunderts waren die Teleskope noch so ungenau, daß die Sternparallaxe mit ihrer Hilfe nicht zu bestimmen war. Dann aber gelang es dem britischen Astronomen Thomas Henderson (1798–1844), die Parallaxe von Alpha Centauri zu ermitteln. Er führte die Beobachtungen in seinem Observatorium in Kapstadt, Südafrika, durch (Alpha Centauri stand so weit südlich, daß er von Europa aus nicht beobachtet werden konnte). Der deutsche Astronom Friedrich Georg Wilhelm von Struve (1793–1864) bestimmte die Parallaxe der Wega, als er gerade in Rußland arbeitete.
Alpha Centauri war der dritthellste Stern am Himmel, die Wega der vierthellste. Es war also möglich, daß sie vergleichbare Entfernungen besaßen. Der deutsche Astronom Friedrich Wilhelm Bessel (1784–1846) wählte den Doppelstern 61 Cygni aus, der zwar nicht sehr hell war, aber die größte bis dahin bekannte Eigenbewegung (die scheinbare Bewegung der Sterne auf der Sphäre) besaß. Deshalb war es wahrscheinlich, daß auch er recht nahe stand.
Henderson war der erste, der die Parallaxe eines Sterns bestimmte. Bessel veröffentlichte seine Ergebnisse jedoch schon 1838, so daß ihm dieses Verdienst zugeschrieben wird. Wie sich herausstellte, war sein Stern 61 Cygni ungefähr 106 Billionen Kilometer entfernt. Diese Distanz ist so groß, daß selbst Licht elf Jahre benötigt, um von diesem Stern zu uns zu gelangen. Er ist also elf *Lichtjahre* entfernt. Alpha Centauri ist nur 4,3 Lichtjahre entfernt. Er ist der Stern, der uns am nächsten ist. Die Wega ist 26,5 Lichtjahre von der Erde entfernt. Diese Entfernungen bewiesen, daß das Universum sehr viel größer war, als Astronomen bis dahin angenommen hatten. Im Vergleich zu den Entfernungen der Sterne – auch der nächsten – war das gesamte Sonnensystem nur ein winziger Punkt im Weltall.

Zelltheorie

Hooke hatte als erster die Überreste von Zellen in Korkrinde entdeckt (vgl. 1665). Seit damals hatten Biologen häufig Zellen in lebendem Gewebe gefunden. Bei Zellen handelt es sich um kleinste Formbestandteile. Tierzellen werden von *Zellmembranen* abgegrenzt und eingeschlossen, während Pflanzenzellen *Zellwände* besitzen, die zumeist aus Zellulose bestehen. Brown hatte einige Jahre zuvor den Zellkern entdeckt (vgl. 1831).
Der deutsche Botaniker Matthias Jakob Schleiden (1804–1881) erkannte als erster, daß Pflanzengewebe aus Zellen aufgebaut ist. Im darauffolgenden Jahr stellte Schwann (vgl. 1836) fest, daß auch tierisches Gewebe aus Zellen besteht. Sowohl Schleiden als auch Schwann vermuteten, daß der Zellkern im Zusammenhang mit der Zellteilung eine wichtige Rolle spielt, doch genauere Einzelheiten errieten sie noch nicht. Die ließen noch vierzig Jahre auf sich warten.
Die *Zelltheorie* von Schleiden und Schwann trug viel zum Verständnis der Lebensvorgänge bei.

Hefezellen

Nachdem man organische Katalysatoren wie Diastase (vgl. 1833) und Pepsin (vgl. 1836) entdeckt hatte, befaßten sich die Chemiker nun mit der Hefe. Einige hielten Hefe wie Diastase und Pepsin für tote Materie, doch es war unbestreitbar, daß sie an Quantität zunahm, wenn sie verwendet wurde. Dies ließ auf einen lebenden Organismus schließen.
Schließlich setzte der französische Ingenieur Charles Cagniard de la Tour (1777–1859) dieser Diskussion ein Ende. Er untersuchte Hefe unter dem Mikroskop und entdeckte, daß sich neue Hefekügelchen aus den alten herausbildeten. Er erkannte, daß es sich dabei um Hefezellen handelte, und damit stand fest, daß Hefe ein Lebewesen war.

Proteine

Manchmal kommt es vor, daß sich ein Wissenschaftler hauptsächlich durch die Einführung eines neuen Fachbegriffs verdient macht. So auch der holländische Chemiker Gerardus Johannes Mulder (1802–1880). Mulder beschäftigte sich mit der Zusammensetzung albuminöser Substanzen, die, wie es schien, komplexere Moleküle als Kohlenhydrate oder Fette besaßen. Mulder kam zu dem Schluß, daß diese Substanzen hauptsächlich aus Kohlenstoff, Wasserstoff, Sauerstoff und Stickstoff bestanden. Dazu kamen eine unterschiedliche Zahl von Schwefel- und Phosphoratomen.
Im Jahr 1838 gab Mulder diesen einfachen Eiweißen den Namen *Proteine* (vom griechischen Wort für »zuerst«). Proteine sind die Grundbausteine lebender Substanzen. Schließlich wurde diese Bezeichnung für alle Eiweiße gebräuchlich. Bis heute gelten Proteine als die Substanzklasse, die neben den Kohlenhydraten von größter Wichtigkeit für lebendes Gewebe ist.

Morsealphabet

Einige Wissenschaftler hatten sich schon mit der Möglichkeit der Telegraphie auseinandergesetzt, so auch Henry (vgl. 1823) und der britische Erfinder Charles Wheatstone (1802–1875). Eigentlich brauchte man nur einen langen Draht zu verlegen und dann mit Hilfe eines Schalters impulsweise elektrischen Strom hindurchzuschicken. Die Kombination langer und kurzer Stromimpulse konnte als Buchstaben oder Wörter interpretiert werden. Dazu brauchte man weniger einen Wissenschaftler, der dieses Gerät entwickelte, als vielmehr einen Geldgeber, der das ganze Vorhaben finanzierte. Immerhin mußte man eine ausreichend lange Drahtleitung verlegen und Relais anbringen, die verhinderten, daß das Signal über die großen Entfernungen hinweg zu schwach wurde. Der amerikanische Künstler Samuel Finley Breese Morse (1791–1872)

war ein solcher Geldgeber. Er hatte sich seit 1832 mit der Telegraphie beschäftigt.
Er entwickelte ein System aus kurzen und langen elektrischen Impulsen (Punkten und Strichen) für die verschiedenen Buchstaben des Alphabets, das *Morsealphabet*, wie es heute genannt wird. Die einfache Kombination »··· – – – ···« steht für das internationale Notsignal SOS.

Nachtrag

Am 23. April 1838 liefen zwei britische Dampfschiffe in New York ein, die erstmals nur mit Dampfantrieb den Atlantik überquert hatten.
Am 16. Dezember 1838 besiegten die Buren die Zulus in Südafrika und siedelten sie um.
In den USA formierte sich die Organisation *Underground Railway*, deren Mitglieder Sklaven zur Flucht nach Kanada verhalfen.
Über 14 000 Cherokee wurden aus ihrem angestammten Gebiet in Georgia vertrieben und nach Westen ins Indianerterritorium (das heutige Oklahoma) deportiert. 4 000 von ihnen starben auf dem Weg, den die Indianer später »Weg der Tränen« nannten.

1839

Fotografie

Der französische Künstler Louis-Jacques-Mandé Daguerre (1789–1851) hatte jahrelang nach einem Verfahren gesucht, Bildeindrücke chemisch festzuhalten, und arbeitete schließlich mit Silber- oder versilberten Kupferplatten, auf denen er eine lichtempfindliche Schicht aus Silbersalzen erzeugte. Fiel Licht auf die Schicht, rief das eine selektive Schwärzung hervor. Die Helligkeitswerte irgendeiner Szene wurden festgehalten, und ein wirklichkeitsgetreues Abbild entstand. Dies nennt man *Fotografie* (nach dem griechischen Ausdruck für »Lichtschreiben«).
Die Schwierigkeit bestand nun darin, die Belichtungsdauer möglichst kurz zu halten. Außerdem mußte man aufpassen, daß die Silbersalze nicht weiter nachdunkelten und so das Foto zerstörten.
Daguerre löste die nichtbelichteten Silbersalze mit Natriumthiosulfat-Lösung heraus. Somit konnte das Foto nicht mehr nachdunkeln. Allerdings war immer noch eine Belichtungszeit von mindestens zwanzig Minuten nötig. Kein Wunder, daß die meisten Fotografien unscharf waren.
Trotzdem: Die Fotografie war geboren. Andere Wissenschaftler wandten sich begeistert der neuen Technik zu, so daß Verbesserungen nicht lange auf sich warten ließen.

Fotografien vom Mond

Nachdem es gelungen war, die Belichtungszeit drastisch zu senken, konnte die Fotografie auch für wissenschaftliche Zwecke verwendet werden. John William Draper (1811–1882), ein amerikanischer Chemiker britischer Herkunft, erhöhte die Empfindlichkeit des photographischen Abbildungsvorgangs und konnte so 1839 den Mond fotografieren. Dies war die erste astronomische Fotografie. Draper fotografierte auch als erster das Sonnenspektrum. Von nun an war es den Astronomen möglich, eine bestimmte Ansicht festzuhalten und sie in aller Ruhe zu betrachten.

Gummi

Die Europäer waren auf Gummi aufmerksam geworden, nachdem Forscher über seine Verwendung bei den Eingeborenen Amerikas berichtet hatten. Gummi wurde aus dem Saft eines Baumes gewonnen, der ursprünglich in den tropischen Regionen Amerikas beheimatet war, später aber auch in Südostasien und anderswo angepflanzt wurde.

Gummi war ein nützliches wasserfestes Material. Es war wasserundurchlässig und konnte durch Wasser auch nicht angegriffen werden. Das Problem war nur, daß es in kaltem Zustand hart und spröde war und beim Erhitzen weich und klebrig wurde. Versuche, seine Temperaturempfindlichkeit herabzusetzen, hatten zunächst nur wenig Erfolg.
Der amerikanische Erfinder Charles Goodyear (1800–1860) machte durch einen glücklichen Zufall eine Entdeckung. Er war gerade dabei, dem Gummi Schwefel zuzusetzen, als die Mischung zufällig in die Nähe eines heißen Ofens geriet. Zu Goodyears Verwunderung waren die Teile, die nicht verbrannt waren, trocken und biegsam. Diese Elastizität blieb auch nach dem Abkühlen erhalten. Und beim Erwärmen blieb das Gummi trocken. Goodyear begann nun, das Gummi-Schwefelgemisch stärker zu erhitzen, als andere es bisher getan hatten; es entstand vulkanisierter Gummi (nach dem altrömischen Feuergott Vulcanus). Erst nach dieser Entdeckung konnte man wirklich etwas mit Gummi anfangen. Und wie sich zeigen sollte, war Gummi noch viel nützlicher, als man zu Goodyears Zeiten ahnen konnte.

Brennstoffzelle

Normale Batterien, selbst das Daniellelement (vgl. 1836), erhalten ihre Energie durch das Auflösen von Metall. Die von Batterien erzeugte Elektrizität wäre jedoch viel billiger, wenn statt Metall ganz normaler Brennstoff verwendet werden könnte.
Der britische Physiker William Robert Grove (1811–1896) entwickelte eine elektrische Zelle, die durch die Verbindung von Wasserstoff und Sauerstoff Elektrizität erzeugt. Wasserstoff war jedoch recht teuer, deshalb versuchte man, ihn durch Methan oder Kohlenstaub zu ersetzen. In der Folgezeit konnte die Brennstoffzelle nicht so entscheidend verbessert werden, daß sie praktische Bedeutung erlangte. Sie kam nie über das Stadium eines Laborversuchs hinaus.

Die Antarktis

Der amerikanische Forscher Charles Wilkes (1798–1877) leitete in den Jahren 1838–1840 eine Forschungsexpedition in den antarktischen Gewässern. Er fuhr am Eis entlang bis in den südlichen Indischen Ozean. Wegen des Eises konnte er nirgends anlegen, doch von weitem sah er Land. Im Jahr 1839 kam er zu dem Ergebnis, daß sich im antarktischen Polarkreis ein Kontinent befand. Die Informationen, die er gesammelt hatte, belegten dies ganz eindeutig. Der Teil der Antarktis, der am Indischen Ozean liegt, heißt ihm zu Ehren noch heute *Wilkesland.* Wilkes gilt als Entdecker der Antarktis.

Ross-Schelfeis

Ross, der den magnetischen Nordpol gefunden hatte (vgl. 1831), machte sich 1839 daran, die antarktischen Gewässer zu erkunden. Während dieser Forschungsreise entdeckte er einen langen Meeresarm, der in die Antarktis hineinreicht. Er wird heute nach ihm *Rossmeer* genannt. Den südlichen Teil dieses Meeres bedeckt ein riesiger Eisüberhang aus den dahinterliegenden kontinentalen Regionen. Heute wird dieser Teil *Ross-Schelfeis* genannt. Zudem entdeckte Ross den Erebus, den südlichsten noch aktiven Vulkan.

Das Fahrrad

Das erste Fahrrad, dsa auch heute noch als solches zu erkennen ist, baute 1839 der britische Schmied Kirkpatrick Macmillan. Es besaß zwei Räder. Das Hinterrad war ein wenig größer als das Vorderrad, und der Sitz war zwischen den Rädern angebracht. Es hatte Pedale, mit denen das Hinterrad angetrieben wurde. Kirkpatricks Gerät war sperrig und schwer, und es bedurfte einiger grundlegender Veränderungen, bevor sich daraus das Fahrrad von heute entwickelte. Doch es funktionierte. Zum ersten Mal konnten sich

Menschen mit eigener Muskelkraft schneller fortbewegen als zu Fuß.

Lanthan

Die Seltenen Erden, die Gadolin (vgl. 1794) entdeckt hatte, besaßen komplexere chemische Eigenschaften, als er vermutet hatte. Der schwedische Chemiker Carl Gustaf Mosander (1797–1858) machte sich daran, ihre Zusammensetzung zu entschlüsseln. Er begann 1839 mit seinen Untersuchungen an einer Verbindung des Elements Cer, das bereits aus einem Seltenerdmineral isoliert worden war. Dabei fand er ein neues Element, das er nach einem griechischen Wort für »versteckt« *Lanthan* nannte, da es erst jetzt in diesen Mineralien gefunden wurde.
In den nächsten Jahren isolierte er vier weitere Elemente aus Seltenerdmineralien: Yttrium, Erbium, Terbium und Didym. Die ersten drei Namen wurden aus den Silben des schwedischen Ortes Ytterby gebildet, der ersten Fundstätte dieser Seltenerdmineralien. Der vierte Name leitet sich vom griechischen Wort für »Zwilling« ab, denn Didym hatte ganz ähnliche Eigenschaften wie Lanthan. Tatsächlich besitzen alle Elemente der Seltenen Erden ganz ähnliche Eigenschaften.

Nachtrag

Als Ergebnis des kurzen Aufstands im französischen Teil Kanadas wurde 1838 John George Lambton, Earl of Durham (1792–1840), kanadischer Generalgouverneur. Im Jahr darauf empfahl dieser fortschrittliche Politiker öffentlich, Kanada zu vereinigen und dem Land ein gewisses Maß an Eigenständigkeit zuzuerkennen. Seine Empfehlungen wurden beherzigt, und so bewahrte Kanada seine Bindungen zu Großbritannien.
Der europäische Handel mit China nahm eine böse Wendung. Besonders die Briten förderten den Opiumhandel, da von einer drogenabhängigen Bevölkerung keine Unruhen zu erwarten waren. Die Chinesen protestierten und vernichteten illegales Opium im Wert von mehreren Millionen Dollar. Großbritannien faßte dies als feindliche Handlung auf. Es kam zum *Opiumkrieg*. Damit begann eine ganze Kette von Ereignissen, bei denen China auf verschiedenste Weise erniedrigt und ausgebeutet wurde, zunächst durch Großbritannien, später auch durch andere Mächte. China wurde hart dafür bestraft, daß es vier Jahrhunderte zuvor bei der Erforschung der Überseegebiete so wenig Wagemut gezeigt hatte.

Thermochemie

Die Erforschung der Verbrennungsvorgänge und der bei chemischen Reaktionen freigesetzten Wärme war auf dem Stand Lavoisiers (vgl. 1769) stehengeblieben.
Erst der russische Chemiker Germain Henri Heß (1802–1850) führte Lavoisiers Arbeiten fort. Er maß die Wärmemenge, die bei einer Reihe von chemischen Reaktionen freigesetzt wurde. Im Jahr 1840 stellte er ein Gesetz auf, das besagt, daß die beim Übergang einer Substanz A in eine Substanz B abgegebene oder aufgenommene Wärmemenge unabhängig vom Wege der Umsetzung ist. Dieses Gesetz bezeichnet man als *Heßschen Satz*.
Bereits im Zusammenhang mit Wärmekraftmaschinen wie der Dampfmaschine war man zu der Erkenntnis gelangt, daß der Wärmeumsatz nur vom Anfangs- und Endpunkt abhing und nicht vom dazwischen liegenden Weg. Der Heßsche Satz ließ vermuten, daß die aus der Erforschung der Wärmekraftmaschinen abgeleiteten Gesetze der Thermodynamik auch für chemische Reaktionen gelten. Die Gesetze der Thermodynamik wären somit allgemeingültig.
Mit der Formulierung des Heßschen Gesetzes wurde die Wissenschaft der *Thermochemie* begründet. Sie ist das Teilgebiet der Thermodynamik, das sich mit dem Wärmeumsatz chemischer Prozesse und mit dem Einfluß von Wärme auf chemische Prozesse befaßt.

Ozon

Bei der Arbeit in einem schlecht belüfteten Laboratorium fiel dem deutschen Chemiker Christian Friedrich Schönbein (1799–1868) ein eigenartiger Geruch in der Nähe elektrischer Geräte auf. Er ging der Sache nach und spürte ein Gas auf, dem er den Namen *Ozon* (vom griech. Wort für »Geruch«) gab. Später fand der irische Physikochemiker Thomas Andrews (1813–1885) heraus, daß es sich bei dieser Substanz um eine Form des Sauerstoffs handelte.

Nachtrag

Friedrich Wilhelm III. von Preußen starb am 7. Juni 1840. Nachfolger wurde sein Sohn Friedrich Wilhelm IV. (1795–1861).
Mehmet Ali, Pascha über Ägypten (1769–1849), kämpfte mit dem Osmanischen Reich um die Vorherrschaft in Syrien und Arabien. Ganz Europa beteiligte sich an diesem Krieg. Frankreich kämpfte auf der Seite Ägyptens, die anderen Staaten unterstützten die Osmanen. Es gab weder Sieger noch Verlierer, doch von da an griffen andere Mächte immer wieder ein, wenn es im Nahen Osten zu Unruhen kam. Oft war dies unnötig und vergeblich.
Die USA hatten nun mit ihren 17 Millionen ungefähr soviel Einwohner wie Großbritannien. New York hatte 313 000 Einwohner und damit sogar mehr als Berlin. Doch das war nichts im Vergleich zu Paris (fast eine Million Einwohner) und London (zweieinviertel Millionen Einwohner). London war die erste Stadt, deren Bevölkerung die Zwei-Millionen-Grenze überstieg.

1841

Hypnotismus

Dem Mesmerismus war zwar der Nimbus genommen worden (vgl. 1774), doch es gab immer noch Leute, die ihn auf Veranstaltungen vorführten. Der britische Arzt James Braid (1795–1860) wohnte 1841 einer solchen Vorführung bei. Anschließend untersuchte er das Phänomen und kam zu dem Ergebnis, daß es keine Scharlatanerie war.
Eine Person konnte tatsächlich in einen schlafähnlichen Trancezustand versetzt werden, indem man ihr Bewußtsein durch wiederholte Reize ausschaltete. Während dieses schlafähnlichen Zustands war die Person ausgesprochen zugänglich für Suggestionen und relativ schmerzunempfindlich. Braid vermied die alte Bezeichnung Mesmerismus und nannte das Phänomen *Hypnotismus* (vom griechischen Wort für »Schlaf«). Es stellte sich heraus, daß Hypnose für medizinische Zwekke benutzt werden konnte.

Das Negativ

In den Anfängen der Fotografie glich das Foto dem fotografierten Gegenstand. Es handelte sich um ein *Positiv.* Jede Fotografie war einmalig, denn sie ließ sich nicht vervielfältigen.
Doch im Jahr 1841 ließ der englische Erfinder William Henry Fox Talbot (1800–1877) ein Gerät patentieren, mit dem auf Glas ein Negativ erzeugt werden konnte. Das Negativ zeigt alle Helligkeitswerte des Originals umgekehrt. Wird es auf lichtempfindliches Papier gelegt und belichtet, so entsteht ein Negativ des Negativs, bei dem die hellen Stellen des fotografierten Motivs wieder hell und die dunklen Stellen wieder dunkel erscheinen. Der Vorteil bei diesem aus zwei Schritten bestehenden Vorgang liegt darin, daß von dem Negativ eine beliebige Menge positiver Abzü-

ge gemacht werden können. Das erste mit Fotografien illustrierte Buch erschien 1844.

Zündnadelgewehr

Alle Handfeuerwaffen, ob nun Arkebusen, Musketen oder Büchsen, waren bisher Vorderlader gewesen. Beim Nachladen mußte die neue Kugel die volle Länge des Laufs hinuntergeschoben werden. Seit 1836 arbeitete der deutsche Erfinder Johann Nikolaus von Dreyse (1787–1867) an einem Hinterlader, bei dem von hinten eine Patrone in den Lauf geschoben wurde, was das Nachladen natürlich erheblich beschleunigte. Im Jahr 1841 war die Waffe fertig. Sie wurde *Zündnadelgewehr* genannt, da sie einen nadelähnlichen Schlagbolzen besaß. Preußen rüstete seine Armee mit dieser neuen Waffe aus. Die preußischen Soldaten konnten nun sehr viel schneller schießen als der Feind, der nur Vorderlader besaß. Mehr als Politiker und Generäle trug in den folgenden Jahrzehnten das Zündnadelgewehr dazu bei, die preußische Vorherrschaft in Europa zu sichern.

Schraubengewinde

Die industrielle Produktion konnte durch Standardisierung gesteigert werden. Der britische Erfinder Joseph Whitworth (1803–1887) entwickelte beispielsweise Techniken zur Herstellung von Geräten, die einander bis ins kleinste Detail glichen.
Freilich waren solche verbesserten Techniken nutzlos, wenn verschiedene Hersteller Artikel unterschiedlicher Größe produzierten. So besaßen die in verschiedenen Fabriken gefertigten Schrauben oftmals eine unterschiedliche Gewindesteigung, für die jeweils andere Mutterschrauben benötigt wurden. Whitworth schlug vor, die Gewindesteigung von Schrauben zu standardisieren. Sein Vorschlag fand schließlich Gehör.
In dem Maße, wie sich der Handel innerhalb eines Landes ausweitet und dann die nationalen Grenzen überschreitet, wird eine solche Standardisierung immer wichtiger. Weltweiter Handel wäre ohne sie undenkbar.

Nachtrag

Neuseeland wurde 1841 britische Kolonie. Freilich war Großbritannien nicht überall so erfolgreich. Beispielsweise war es in einen Krieg mit Afghanistan verwickelt, der sich jahrelang hinzog und immer wieder aufflakkerte. Afghanistan hielt hartnäckig an seiner Unabhängigkeit fest.
Im Opiumkrieg nahm Großbritannien verschiedene Küstenstützpunkte ein, darunter auch die Insel Hongkong bei Kanton. Noch heute ist Hongkong britische Kronkolonie.

1842

Kunstdünger

Pflanzen benötigen für ihr Wachstum Mineralien aus dem Boden. Intensive Landwirtschaft entzieht dem Boden diese Mineralien, und wenn sie nicht wieder zugesetzt werden, geht der Ertrag zurück. Eine althergebrachte Methode, dem Boden die Nährstoffe wieder zuzuführen, war die natürliche Düngung. Hierbei kam den Haustieren eine wichtige Funktion zu. Sie lieferten die Exkremente, die auf einem Misthaufen gesammelt und auf dem Feld verteilt wurden.
Doch die Misthaufen rochen nicht nur etwas streng, obendrein waren sie auch ein möglicher Krankheitsherd, wie man später herausfand.
Chemiker kamen deshalb auf die Idee, Nährstoffe in Form von Chemikalien zuzuführen, die geruchsneutral und frei von Krankheitserregern waren.
Im Jahre 1842 ließ sich der englische Agrarwissenschaftler John Bennet Lawes (1814–

1900) ein Verfahren zur Herstellung von *Superphosphat,* dem ersten Kunstdünger, patentieren. Im Jahr darauf errichtete er eine Fabrik, die ihn herstellte. Superphosphat roch besser als die natürlichen Düngemittel, ermöglichte eine Steigerung der Erträge und sorgte dafür, daß die durch natürliche Düngung begünstigten Krankheiten zurückgingen.
Heute greift man jedoch wieder auf die althergebrachte Methode der natürlichen Düngung zurück. Nahrungsmittel aus kontrolliert biologischem Anbau werden nicht künstlich gedüngt.

Dopplereffekt

Seit es Lokomotiven gab, konnte ein bestimmtes Phänomen viel besser wahrgenommen werden als jemals zuvor. Entscheidend dabei war die Kombination von Geschwindigkeit und Pfeifsignal. Die Menschen bemerkten, daß der Pfeifton einer Lokomotive plötzlich tiefer wurde, wenn sie vorüberfuhr und sich entfernte, daß er aber höher wurde, wenn die Lokomotive auf sie zuraste.
Der österreichische Physiker Christian Johann Doppler (1803–1853) fand eine korrekte Erklärung für diese Erscheinung. Er wies darauf hin, daß die Schallwellen durch die Bewegung der Schallquelle beeinflußt werden. Nähert sich die Schallquelle dem Beobachter, so treffen mehr Wellen pro Zeiteinheit auf sein Ohr; er nimmt einen höheren Ton wahr. Bewegt sich die Schallquelle von ihm weg, treffen weniger Wellen pro Zeiteinheit auf sein Ohr, folglich hört er einen tieferen Ton.
Einige Jahre später überprüfte Doppler diese Erklärung in einem Experiment. Er ließ zwei Tage lang eine Lokomotive mit unterschiedlicher Geschwindigkeit eine Strecke hin- und zurückfahren. Die Lokomotive zog einen flachen Wagen, auf dem sich Trompeter befanden. Musiker mit einem absoluten Gehör standen neben der Strecke und notierten sich die Töne, die sie hörten. Auf diese Weise konnte Doppler die Richtigkeit seiner Erklärung nachweisen.
Der Dopplereffekt sollte einige Jahre später in der Astronomie eine enorme Bedeutung bekommen.

Längen-Breiten-Index

Blumenbach hatte die Menschheit in Rassen eingeteilt und sich dabei hauptsächlich auf das Kriterium Hautfarbe gestützt (vgl. 1776). Der schwedische Anatom Anders Adolf Retzius (1796–1860) wollte nun eine Feinunterteilung vornehmen, die auf einem weniger offensichtlichen Charakteristikum beruhte.
Er schlug vor, die Schädelgröße zugrunde zu legen. Das Verhältnis von Schädelbreite zu Schädellänge, multipliziert mit 100, nannte er *Längen-Breiten-Index.* Einen Index von weniger als 80 bezeichnete er als *dolichozephal* (griechisch für »langköpfig«), einen Schädelindex von mehr als 80 als *brachyzephal* (»kurzköpfig«).
So ließen sich die Europäer in Nordeuropäer (groß und dolichozephal), Südeuropäer (klein und dolichozephal) und Alpenbewohner (klein und brachyzephal) unterteilen.
Allerdings war dies kein sehr gutes System zur Unterteilung der Spezies Mensch in kleinere Untergruppen. Es gibt bis heute kein wirklich zufriedenstellendes System, und jeder Versuch, eines zu entwickeln, hat bisher nur zu Rassismus geführt. Es ist sicherer – und besser –, wenn wir den *Homo sapiens* als eine einzige Spezies betrachten.

Nachtrag

Im Vertrag von Nanking (29. August 1842) wurde den Briten Hongkong überlassen sowie das Handelsrecht und besondere Privilegien in verschiedenen Küstenstädten eingeräumt. Die Briten und später auch andere Ausländer unterstanden nicht der chinesischen Gerichtsbarkeit *(Exterritorialität).* China mußte hohe Entschädigungszahlungen leisten und untätig

zusehen, wie der Opiumhandel blühte. Dies war die erste Erniedrigung, die das Land hinnehmen mußte.
Am 6. Januar 1842 mußte sich eine 3 000 Mann starke britische Truppe aus der afghanischen Stadt Kabul zurückziehen. Sie wurde fast bis auf den letzten Mann ausgelöscht.
In Nordamerika besiegelte der am 9. August 1842 unterzeichnete Webster-Ashburton-Vertrag die noch heute bestehende Grenze zwischen Kanada und Amerika. Sie verläuft vom Atlantik zu den Rocky Mountains.

1843

Mechanisches Wärmeäquivalent

Einige Erhaltungssätze waren zu jener Zeit schon bekannt. Lavoisier hatte den Massenerhaltungssatz formuliert (vgl. 1789), und der Impulserhaltungssatz war seit 1668 bekannt. Man nahm an, daß Energie ebenfalls erhalten blieb, denn schließlich war auch Bewegung eine Form von Energie, und Newton hatte in seinem Trägheitsgesetz formuliert, daß ein sich bewegender Körper so lange in der Bewegung verharrt, bis eine äußere Kraft auf ihn einwirkt. Die Energie bleibt demnach erhalten.
Tatsächlich bewirken Luftwiderstand und Reibung, daß die Bewegung nach einer gewissen Zeit zum Stillstand kommt. Was also geschieht mit der Energie? Möglicherweise wird sie in Wärme umgewandelt. Wenn das der Fall ist, dann muß eine bestimmte Menge mechanischer Energie einer definierten Wärmemenge entsprechen. Wenn nicht, bleibt Energie nicht erhalten.
Der britische Physiker James Prescott Joule (1818–1889) prüfte diese Hypothese experimentell nach. Er arbeitete mit den unterschiedlichsten Energieformen und maß die erzeugten Wärmemengen. Seine Experimente belegten, daß eine bestimmte Menge mechanischer Arbeit in eine bestimmte Wärmemenge umgesetzt wird. Er veröffentlichte seine Ergebnisse 1843. Danach erzeugen 41 800 000 Erg Arbeit eine Wärmemenge von einer Kalorie. Dies ist das sogenannte *mechanische Wärmeäquivalent.* 10 000 000 Erg werden heute Joule zu Ehren ein *Joule* genannt; 4,18 Joule entsprechen somit einer Kalorie.
Wenn Wärme als eine Energieform angesehen werden konnte, schien es wahrscheinlich, daß es einen Energieerhaltungssatz gab. Der deutsche Physiker Julius Robert von Mayer (1814–1878) hatte bereits 1842 einen Zahlenwert für das mechanische Wärmeäquivalent vorgelegt (der aber längst nicht so exakt war) und aus ihm geschlossen, daß es einen Energieerhaltungssatz gab. Seine Arbeit hatte jedoch keine Beachtung gefunden.

Berechnung der Sonnenfleckenperiode

Seit Galilei die Sonnenflecken entdeckt hatte, waren sie nur sporadisch beobachtet worden. Nichts an ihnen schien interessant, außer eben der Tatsache, daß es sie gab.
Der deutsche Hobbyastronom Samuel Heinrich Schwabe (1789–1875) war von Beruf Apotheker und konnte deshalb nachts nicht aufbleiben, um den Himmel zu beobachten. Zu seiner Zerstreuung an ruhigeren Tagen begann er, die nähere Umgebung der Sonne zu beobachten. Er wollte herausfinden, ob es einen Planeten gab, der ihr noch näher war als Merkur. Bald jedoch beschäftigte sich Schwabe nur noch mit der Sonne selbst. Siebzehn Jahre lang studierte er die Scheibe täglich, sofern sie zu sehen war.
Im Jahr 1843 gab er bekannt, daß die Anzahl der Sonnenflecken in einer zehnjährigen Fleckenperiode ab- und zunahm (späteren Beobachtungen zufolge ist es im Durchschnitt eine elfjährige Fleckenperiode). Mit dieser Entdeckung wurde die moderne Wissenschaft der *Sonnenphysik* und allgemein der *Astrophysik* begründet.

Quaternionen

Die Entdeckung der nichteuklidischen Geometrie lehrte die Mathematiker, daß es keine absoluten Wahrheiten gab. Viele alternative mathematische Systeme konnten nebeneinander bestehen, je nachdem, welche Axiome gewählt wurden, und mehr als ein Axiomensystem konnte schlüssige und nützliche Folgerungen zulassen. Die Geometrie war ein Beispiel dafür. Der irische Mathematiker William Rowan Hamilton (1805–1865) zeigte, das dies auch für die Algebra zutraf. Gauß hatte gezeigt, daß komplexe Zahlen so behandelt werden konnten, als seien sie Punkte auf einer Ebene. Jede dieser Zahlen ließ sich durch zwei Zahlen wiedergeben. Hamilton beschäftigte sich mit *hyperkomplexen Zahlen,* die als Punkt drei- bzw. mehrdimensional dargestellt werden konnten. Er versuchte, ein System für die Behandlung dieser Punkte zu entwickeln. Es gelang ihm nicht. Dann, 1843, kam er darauf, daß dies doch möglich war, wenn er das Kommutativgesetz der Multiplikation außer acht ließ. Man hatte immer als selbstverständlich hingenommen, daß $A \times B = B \times A$ gilt. Hamilton fand nun heraus, daß er, wenn er dieses Gesetz aufgab, eine in sich schlüssige Algebra der hyperkomplexen Zahlen entwickeln konnte. Er selbst nannte sie *Quaternionen* (vom lateinischen Wort für »vier«).

Höhere analytische Geometrie

Descartes hatte eine zweidimensionale analytische Geometrie ausgearbeitet, die Kurven durch algebraische Gleichungen ausdrückte. Der britische Mathematiker Arthur Cayley (1821–1895) wollte sie auf höhere Dimensionen ausweiten, so wie es Hamilton mit den ebenfalls zweidimensionalen imaginären Zahlen getan hatte. Im Jahr 1843 gelang es Cayley, eine analytische Geometrie mit drei oder mehr Dimensionen zu entwickeln. Sie wurde *n-dimensionale analytische Geometrie* genannt.

Wheatstone-Brücke

Wheatstone (vgl. 1838) verwendete und verbreitete 1843 ein Gerät, das später den Namen *Wheatstone-Brücke* erhielt. Er hatte es zwar nicht erfunden, was er auch offen zugab, doch sorgte er dafür, daß dieses Gerät gebräuchlich wurde, und schon allein dadurch machte er sich um die Wissenschaft verdient. Die Wheatstone-Brücke ist eine Brückenschaltung zur exakten Messung elektrischer Widerstände in Stromkreisen.

Überseedampfer

Das erste Schiff, das heute noch als Überseedampfer zu erkennen wäre, war die S. S. Great Britain, die am 19. Juli 1843 vom Stapel lief. Sie hatte eine Länge von 98 Metern und eine Besatzung von 130 Mann. Der Speisesaal bot 360 Passagieren Platz. Das von dem britischen Schiffsbauer Isambard Kingdom Brunel (1806–1856) entworfene Schiff besaß einen Rumpf aus Eisen und eine Schiffsschraube und wurde ausschließlich mit Dampf betrieben.

Nachtrag

Die britische Herrschaft breitete sich unaufhaltsam über Indien aus. Die britischen Streitkräfte unter Charles James Napier (1782–1853) provozierten 1842 einen Krieg gegen die Provinz Sindh im Nordwesten Indiens. Die Provinz hatte sich geweigert, die Herrschaft der britischen Ostindischen Kompanie anzuerkennen. Napier schlug ihre Armee in der Schlacht von Hyderabad am 17. Februar 1843.

In Neuseeland entfesselten die einheimischen Maori einen Krieg gegen die britischen Siedler, aus dem die Briten als Sieger hervorgingen.

1844

Der Telegraph

Morse (vgl. 1838) machte seinen Telegraphen funktionstüchtig. Damit das Signal auf langen Strecken nicht schwächer wurde, verwendete er das von Henry erfundene elektrische Relais (vgl. 1823), das folgendermaßen funktioniert: Fließt Elektrizität durch einen langen Draht, wird das Signal allmählich schwächer. Doch es ist noch immer stark genug, um einen Elektromagneten in Gang zu setzen, dem ein beweglicher Anker gegenübersteht. Wird dieser Anker durch das erregte Magnetfeld angezogen, schließt er einen zweiten Stromkreis, der seinen Strom aus einer Batterie erhält. Wenn sich das Signal auch in diesem Stromkreis abschwächt, kann ein zweites Relais dazwischen geschaltet werden, das wiederum einen dritten Stromkreis in Gang setzt. Ausreichend starke elektrische Signale, mit denen Nachrichten übermittelt werden, können also jede Distanz überwinden, wenn genügend Relais vorhanden sind.
Morse ließ sich seine Erfindung 1840 patentieren. Im Jahr 1843 stellte ihm der amerikanische Kongreß Geld zur Verfügung, und ein Jahr darauf ließ er zwischen Baltimore und Washington eine Telegraphenleitung bauen. Er sandte sogleich eine Botschaft in Morseschrift.
Der Telegraph fand rasche Verbreitung. Schon bald waren die Länder von engmaschigen Netzen aus Telegraphenleitungen überzogen, die es möglich machten, im Nu eine Nachricht von Grenze zu Grenze zu schicken.

Siriusbegleiter

Seit Halley die Eigenbewegung der Sterne entdeckt hatte (vgl. 1718), hatten die Astronomen solche Bewegungen unter den näheren Sternen festgestellt. Im allgemeinen folgten diese Bewegungen einer geraden Linie (unter Berücksichtigung der Parallaxe und anderer Effekte, die nicht durch die Sternbewegung selbst hervorgerufen wurden).
Bessel (vgl. 1838) fiel jedoch auf, daß die Sterne Sirius und Prokyon unter Berücksichtigung sämtlicher anderer Phänomene eine wellenförmige Bewegung vollzogen. Im Jahr 1844 kam er zu dem Ergebnis, daß diese Bewegung nur durch Masseanziehung eines anderen Sterns zustande kommen konnte. Er nahm deshalb an, daß es sich sowohl bei Sirius als auch bei Prokyon um Doppelsterne handelte. Da ihre jeweiligen Begleiter nicht sichtbar waren, nahm Bessel an, daß es sich hierbei um alte, erlöschende Sterne handelte, deren Helligkeit langsam, aber stetig abnahm und die zu dunkel waren, um noch gesehen werden zu können. Solche Sterne nennt man *unsichtbare Begleiter.* In gewisser Weise hatte Bessel mit seiner Vermutung recht gehabt, doch als man achtzig Jahre später die Wahrheit herausfand, zeigte sich, daß diese Begleiter noch eigenartiger waren, als Bessel jemals vermutet hätte.

1845

Asträa

Seit der Entdeckung der vier Planetoiden Ceres, Pallas, Juno und Vesta (vgl. 1801 und 1802) waren keine weiteren gefunden worden. Man nahm deshalb an, daß es nur diese vier gebe.
Der deutsche Hobbyastronom Karl Ludwig Hencke (1793–1866) suchte seit 1830 systematisch nach weiteren Planetoiden. Nach fünfzehn erfolglosen Jahren fand er 1845 endlich einen fünften Planetoiden und nannte ihn *Asträa* nach der griechischen Göttin der Gerechtigkeit. Zwei Jahre später entdeckte er sogar einen sechsten. Ihn nannte er nach der griechischen Göttin der Jugend *Hebe.*
Henckes Entdeckungen weckten das Interesse

anderer Astronomen, die nun ebenso eifrig nach Planetoiden suchten wie ihre Kollegen ein Jahrhundert zuvor nach Kometen.

Spiralnebel

Die Nebel, die bis dahin am Himmel zu erkennen gewesen waren, schienen bloß kleine wolkenartige Flecken zu sein. Die Teleskope waren noch nicht gut genug, um ihre Struktur zu erkennen. Ja, man war sich nicht einmal sicher, ob sie überhaupt eine Struktur besaßen. Im Jahr 1827 hatte der irische Astronom William Parsons, Graf von Rosse (1800–1867), mit dem Bau des bis dahin größten Teleskops begonnen, und 1845 war es endlich fertig. Es besaß einen Spiegel mit einem Durchmesser von 183 Zentimetern. Doch es war sehr unpraktisch. Selbst wenn der Himmel klar war – was selten genug vorkam –, konnte man keinen großen Ausschnitt des Himmels sehen.

Trotzdem war dieses Teleskop für bestimmte Dinge geeignet. Im Jahr 1845 bemerkte Ross am Himmel einen Nebel, der eine spiralförmige Struktur besaß. In den folgenden Jahren entdeckte er vierzehn weitere Nebel mit spiralförmiger Struktur. Man nannte sie *Spiralnebel.* Sie sollten achtzig Jahre später große Bedeutung erlangen.

Permanente Gase

Faraday beschäftigte sich 1845 erneut mit der Gasverflüssigung. Diesmal arbeitete er mit höherem Druck als bei früheren Experimenten und benutzte eine Mischung aus festem Kohlendioxid und Äther als Kühlmittel.

Auf diese Weise gelang es Faraday, viele Gase zu verflüssigen. Tatsächlich waren 1845 nur sechs Gase bekannt, die Faraday trotz wiederholter Versuche nicht verflüssigen konnte: Wasserstoff, Sauerstoff, Stickstoff, Kohlenmonoxid, Stickstoffoxid und Methan.

Diese Gase, die sich nicht verflüssigen ließen, wurden *permanente Gase* genannt. Sie stellten die Chemiker vor eine Aufgabe, die sie geradezu verbissen in Angriff nahmen.

Nachtrag

In Nordamerika schwelten zwei Konflikte. Sowohl Großbritannien als auch die USA erhoben Anspruch auf das Oregon-Territorium, das vom spanischen Teil Kaliforniens bis an die Grenze Alaskas reichte. Zusätzlich kam es zu einem Grenzkonflikt zwischen den USA und Mexiko. Die USA beanspruchten das Gebiet bis zum Rio Grande. Daß Großbritannien einen Krieg um Oregon beginnen würde, war unwahrscheinlich, doch Mexiko schien zum Krieg bereit.

Die Kartoffelernte in Europa fiel 1845 miserabel aus. Eine Hungersnot breitete sich aus. Besonders schlimm war sie in Irland, wo die Kartoffeln anfällig waren und die Bauern sich praktisch von nichts anderem ernährten. Eineinhalb Millionen Iren – ein Fünftel der Gesamtbevölkerung – starben oder wanderten aus, vor allem in die USA.

1846

Anästhesie

Schmerzen sind ein Warnsignal des Körpers, das verhindert, daß der Organismus sich selbst schwer schädigt. Bei Operationen sind sie jedoch eine sinnlose Quälerei.

Versuche, Schmerz zu unterdrücken, hatte es immer gegeben. Die Verwendung von Alkohol und Hypnose sind alte Formen der Schmerzbekämpfung. Im Orient war die Akupunktur in Gebrauch. In neuerer Zeit hatte die Chemie das Lachgas entwickelt, das, wenn es inhaliert wird, das Schmerzempfinden unterdrückt.

Mit der Zeit wurden Substanzen wie Diethyläther (besser bekannt unter der Bezeich-

nung *Äther*) und Chloroform zur Schmerzbekämpfung eingesetzt. Sie versetzen den Patienten in einen Zustand der Bewußtlosigkeit, in dem er keinen Schmerz empfindet. Der erste Arzt, der Äther als Narkotikum bei Operationen verwendete, war der Amerikaner Crawford Williamson Long. Er benutzte es 1842 bei der Entfernung eines Tumors. Allerdings ging er mit den Erfahrungen, die er dabei machte, nicht an die Öffentlichkeit.
Im September 1846 verabreichte der amerikanische Zahnarzt William Thomas Green Morton (1819–1868) einem Patienten, dem ein Zahn gezogen werden mußte, Äther. Der Patient selbst berichtete einer Zeitung davon, und Morton wurde bedrängt, die Verwendung von Äther bei einer Operation im Massachusetts General Hospital zu demonstrieren.
Diese Vorführung verhalf der Methode in der Medizin endgültig zum Durchbruch, und Morton gilt allgemein als ihr Entdecker. Der amerikanische Arzt Oliver Wendell Holmes (1809–1894) führte schließlich den Begriff *Anästhesie* ein, der sich aus den giechischen Wörtern für»keine Empfindung« ableitet.

Neptun

Seit Herschel den Uranus entdeckt hatte (vgl. 1781), wurde dieser Planet von Astronomen häufig und eingehend beobachtet. Im Jahr 1821 hatte der französische Astronom Alexis Bouvard (1767–1843) durch Berechungen nachgewiesen, daß die Position des Uranus am Himmel nicht mit der Postion übereinstimmte, die unter Berücksichtigung der Anziehungskraft der Sonne und verschiedener anderer Planeten eigentlich zu erwarten gewesen wäre. Es war also möglich, daß sich in der Nachbarschaft des Uranus noch ein weiterer bis dahin unbekannter Planet befand, der seine Bahn störte.
Der britische Astronom John Couch Adams (1819–1892) versuchte zu ermitteln, wo sich ein solcher entfernter Planet befinden könnte, und legte seinen Berechnungen die Störungen der Uranusbahn zugrunde. Er ging von einigen vernünftigen Vermutungen bezüglich der Masse des Uranus und seiner Entfernung zur Sonne aus, und im Oktober 1843 hatte er eine mögliche Position berechnet. Doch leider gelang es ihm nicht, den königlichen Astronomen Airy (vgl. 1825) für seine Arbeit zu interessieren.
In der Zwischenzeit beschäftigte sich der französische Astronom Urbain-Jean-Joseph Leverrier (1811–1877) unabhängig von Adams mit dem gleichen Problem. Er kam zu einem ähnlichen Ergebnis wie Adams. Leverrier schrieb daraufhin dem deutschen Astronomen Johann Gottfried Galle (1812–1910) einen Brief und bat ihn, diesen Bereich des Himmels abzusuchen.
Zufällig besaß Galle eine neue astronomische Karte über diesen Bereich des Himmels, und als er am 23. September 1846 nach dem Planeten Ausschau hielt, wurde er sogleich fündig. Der Planet war einigermaßen hell (beim Betrachten durch das Teleskop) und noch nicht auf der Karte eingezeichnet.
Aufgrund seiner grünlichen Farbe wurde der neue Planet *Neptun* genannt, nach dem römischen Gott des Meeres. Obgleich Galle den Planeten als erster gesehen hat, gelten Adams und Leverrier als seine eigentlichen Entdekker. Mit Hilfe des Newtonschen Gravitationsgesetzes war es somit gelungen, aufgrund einer geringfügigen Bahnstörung einen riesigen Planeten zu entdecken.
Der britische Astronom William Lassell (1799–1880) entdeckte 1846 den ersten Neptunmond und nannte ihn *Triton*, nach einem Sohn des Neptun (griech. Poseidon) in der griechischen Mythologie. Es handelt sich um einen großen Mond, größer noch als unser Mond. Es war der letzte große Mond, der entdeckt wurde.

Vulcanus

Der Planet Merkur besitzt eine leicht elliptische Umlaufbahn. An dem Punkt auf seiner Bahn, wo er der Sonne am nächsten kommt,

also an seinem *Perihel*, wird er sehr langsam. Schuld daran ist die Anziehungskraft, die andere Planeten auf ihn ausüben.
Leverrier (vgl. Neptun, oben) machte 1845 eine weitere Entdeckung: Selbst wenn der Einfluß sämtlicher Planeten berücksichtigt wurde, war die Geschwindigkeit des Merkur am Perihel ein bißchen schneller, als sie eigentlich sein sollte.
Er vermutete, daß es einen kleineren Planeten gab, der der Sonne noch näher war als Merkur und dessen Anziehungskraft nicht mit einbezogen worden war. Er nannte ihn *Vulcanus,* nach dem römischen Gott des Feuers. Die Suche nach diesem Planeten begann.
Doch alle Versuche, Vulcanus zu finden, schlugen fehl. Erst siebzig Jahre später fand man die Erklärung, warum die Bahn des Merkur von den Berechnungen abwich.

Asymmetrische Kristalle

Biot hatte gezeigt, daß einige Substanzen die Ebene des polarisierten Lichts drehen konnten (vgl. 1815). Er nahm an, daß diese Drehung durch eine Asymmetrie verursacht wurde. Dies schien um so wahrscheinlicher, als man herausfand, daß verschiedene Proben ein und derselben Substanz das Licht entweder im oder gegen den Uhrzeigersinn drehten.
Im Jahr 1846 begann der französische Chemiker Louis Pasteur (1822–1895), nach dieser Asymmetrie zu suchen. Er verwendete für seine Experimente kleine Kristalle der Salze der Weinsäure *(Tartrate).* Er betrachtete sie unter dem Mikroskop und stellte dabei fest, daß sie leicht asymmetrisch waren, mit einer Rautenfläche an der einen, nicht aber an der anderen Seite. Und mehr noch: Einige Kristalle hatten diese Rautenfläche an der rechten, andere an der linken Seite. Die beiden Formen des Kristalls waren also zueinander spiegelbildlich.
Die Kristalle hatte Pasteur aus einer Lösung gewonnen, die polarisiertes Licht nicht drehen konnte. Die beiden Kristallformen neutralisierten sich also, wenn sie gemeinsam auftraten, und konnten so polarisiertes Licht nicht beeinflussen. Er nahm nun an, daß der Unterschied in der Gestalt der Kristalle für die Drehung nach rechts bzw. links verantwortlich war. Er prüfte dies nach, indem er die Kristalle in mühevoller Kleinarbeit mit Hilfe einer Pinzette sortierte. Er löste die Kristalle getrennt voneinander auf. Wie er vermutet hatte, drehte die eine Lösung das polarisierte Licht im Uhrzeigersinn, während die andere Lösung das Licht gegen den Uhrzeigersinn drehte.
Kristallasymmetrie konnte ein Grund für *optische Aktivität* sein, allerdings nicht der einzige. Schließlich drehte die Lösung polarisiertes Licht selbst dann, wenn die Kristalle aufgelöst waren und sich nicht mehr in der Lösung befanden. Es mußte also eine tiefer verborgene Asymmetrie geben. Doch es sollte noch ein Vierteljahrhundert dauern, bis sie entdeckt wurde.

Protoplasma

Der deutsche Botaniker Hugo von Mohl (1805–1872) beschäftigte sich mit der Erforschung der Pflanzenzelle. Er fand heraus, daß sich in der Mitte einer typischen Pflanzenzelle ein mit einem wässrigen Saft gefüllter Hohlraum befand, der umgeben war von einer körnigen, gallertartigen Schicht. Diese Schicht besaß im Gegensatz zum Zellsaft Anzeichen von Leben. Mohl nannte die gallertartige Substanz *Protoplasma.*
Diese Bezeichnung war schon früher in einem anderen Zusammenhang benutzt worden. Der tschechische Physiologe Jan Evangelista Purkinje (1787–1869) hatte das Wort für das embryonale Material im Ei verwendet, das vom Eigelb umschlossen und von ihm zunächst mit Nahrung versorgt wird. Die Bezeichnung *Protoplasma* stammt von den griechischen Wörtern für »zuerst herausgebildet«. Es bezeichnete also den lebenden Bestandteil des Eis, der als erster Teil des Organismus entsteht. In der Fachterminologie wurde das Wort jedoch in der von Mohl eingeführten allgemeineren Bedeutung gebräuchlich.

Keilschrift

In der persischen Stadt Bisitun befindet sich hoch oben auf einem Felsen eine Inschrift, die Dareios der Große hatte anbringen lassen. Dareios war mit Hilfe zweifelhafter Methoden an die Macht gelangt: Man vermutet, daß er seinen Vorgänger ermorden ließ. Deshalb war es für ihn wichtig, seinen Untertanen glaubhaft zu machen, daß er ihr legitimer Herrscher war. Die Inschrift beschreibt seine Version der Geschehnisse. Sie befand sich deshalb in so großer Höhe, damit sie von möglichst vielen Menschen gesehen werden konnte (Politiker von heute würden sich mit einer Fernsehrede an die Öffentlichkeit wenden). Und damit die Untertanen seine Botschaft auch tatsächlich verstanden, ließ sie Dareios in persischer, assyrischer und elamischer Sprache anbringen.
Dem britischen Archäologen Henry Creswicke Rawlinson (1810–1895) gelang es 1845, alle bürokratischen Hürden zu nehmen und den persischen Behörden die Erlaubnis abzuringen, die Inschrift zu untersuchen. Rawlinson erklomm den steilen Felsen, seilte sich an der Steilwand ab und fertigte eine Kopie der Inschrift an.
Die Inschrift war gewissermaßen ein Stein von Rosette für die altpersische Keilschrift, wie sie im Tal zwischen Euphrat und Tigris verwendet wurde. Mit Hilfe des modernen Persisch entschlüsselte sie Rawlinson. Von da an war es möglich, auch die Inschriften anderer alter Kulturen des Tales zu entziffern.

Die Nähmaschine

Die Erfindung der Nähmaschine lag nahe. Schließlich gab es schon seit geraumer Zeit Maschinen, mit denen man gemusterte Stoffe weben konnte. Das Problem war nur, daß die Maschine für den Hausgebrauch klein und handlich sein mußte, und deshalb gelang die Erfindung des Geräts nicht sofort. Die erste wirklich brauchbare Nähmaschine baute der Amerikaner Elias Howe (1819–1867). Sie war der Prototyp jener Maschinen, die schon bald in Gebrauch kamen.
Im Jahr 1845 erhielt Howe das Patent auf sein Gerät. Es arbeitete nach dem Zweifadensystem. Das Nadelöhr befand sich ganz in der Nähe der Nadelspitze, und die Stiche wurden mit Hilfe eines Schiffchens gemacht. Wie nützlich die Nähmaschine war, bewies Howe bei einem Wettnähen gegen fünf Frauen, die noch von Hand nähten. Er gewann mühelos. Zum ersten Mal hatte die Industrielle Revolution ein Produkt hervorgebracht, das die Hausarbeit der Frau erleichterte.

Nachtrag

Am 13. Mai 1846 erklärten die Vereinigten Staaten Mexiko den Krieg. Im folgenden Krieg kamen erstmals Telegraph, Eisenbahn und Revolver zum Einsatz, und zum ersten Mal wurde bei der Behandlung von Verwundeten die Anästhesie angewandt.
Im Norden legten die Vereinigten Staaten und Kanada ihre Grenzstreitigkeiten bei. Die Grenze am 49. Breitengrad wurde bis zum Pazifik verlängert, das Territorium Oregon geteilt. Diese Grenze von 1846 besteht unverändert noch heute.
In Irland fiel die Kartoffelernte wie im Vorjahr katastrophal aus.

1847

Erhaltung von Energie

Mayer hatte den Energiesatz formuliert, und Joule hatte die Messungen durchgeführt, die dieses Gesetz bestätigten (vgl. 1843). Beiden Physikern fehlte jedoch das nötige Ansehen in Fachkreisen, um mit ihrer Theorie wirklich überzeugen zu können.
Im Jahr 1847 führte der angesehene deutsche Physiker Hermann Ludwig Ferdinand von

Helmholtz (1821–1894) die notwendigen Messungen durch. Er bestätigte, daß der Energiesatz Gültigkeit besitzt, oder anders ausgedrückt, daß die gesamte Energie des Universums sich nicht verändert. Energie kann weder erzeugt noch vernichtet werden. In jedem geschlossenen System – also in jedem beliebigen Teil des Universums, aus dem keine Energie entweichen und in das keine Energie eindringen kann – bleibt die Gesamtenergie konstant (wobei natürlich kein Teil des Universums so geschlossen sein kann, daß kein Energieaustausch stattfindet).

Obgleich also die Gesamtenergie eines Systems nicht verändert werden kann, kann eine Energieform in eine andere umgewandelt werden. Elektrizität, Anziehungskraft, chemische Energie, kinetische Energie, Licht, Schall und Wärme sind Energieformen, die ineinander konvertierbar sind.

Der Energieerhaltungssatz wird auch als der *erste Hauptsatz der Thermodynamik* bezeichnet. Er gilt als das grundlegendste Naturgesetz.

Kindbettfieber

Seit langem war bekannt, daß einige Krankheiten ansteckend waren. Allerdings wußte niemand genau, was die Ursache für eine Ansteckung war.

Beim *Puerperalfieber*, besser bekannt unter dem Namen *Kindbettfieber*, gab es einige Hinweise darauf, wie die Krankheit übertragen wurde. Eine Frau, die von einem Arzt behandelt wurde, erkrankte mit größerer Wahrscheinlichkeit als eine Frau, die ihr Kind mit Hilfe einer Hebamme entbunden hatte. Die Hebamme betreute oft nur eine einzige Frau, der Arzt in der Regel auch noch andere. Der Verdacht kam auf, daß die Ärzte für die Übertragung der Krankheit verantwortlich waren. Die Patientinnen waren geschwächt und bluteten oft noch, deshalb waren sie weitaus anfälliger als die Ärzte, die im allgemeinen einer Infektion entgingen. In den Vereinigten Staaten vertrat Holmes (vgl. 1846) diese Auffassung, doch er fand wenig Beachtung.

Der ungarische Arzt Ignaz Phillipp Semmelweiss (1818–1865) war derselben Meinung wie Holmes und wies die Ärzte in der gynäkologischen Abteilung seines Wiener Krankenhauses deshalb an, sich die Hände mit einer Kalziumchlorid-Lösung zu waschen, bevor sie die Patientinnen berührten. Seine Kollegen waren davon wenig begeistert, am wenigsten die älteren, die stolz auf den »Krankenhausgeruch« an ihren Händen waren.

Semmelweiss' Maßnahme hatte Erfolg: Das Kindbettfieber im Krankenhaus ging drastisch zurück. Doch die uneinsichtigen Ärzte zeigten sich unbeeindruckt. Als Ungarn 1849 gegen Österreich rebellierte, benutzten sie Semmelweiss' ungarische Abstammung als Vorwand, um ihn abschieben zu lassen. Sie hörten auf, sich die Hände zu waschen, und die Zahl der Krankheitsfälle nahm wieder zu – was sie freilich wenig störte.

Erst als man zwanzig Jahre später die Ursache der Infektion herausfand, erkannten die Ärzte die Notwendigkeit dieser Maßnahme.

Schmerzlose Geburt

Der britische Geburtshelfer James Young Simpson (1811–1870) machte sich die Erfahrungen, die die Amerikaner bei der Anästhesie gewonnen hatten, zunutze. Da er jedoch keinen Äther verwenden wollte, benutzte er (das sehr viel gefährlichere) Chloroform. Ab 1847 verabreichte er gebärenden Frauen dieses Narkotikum.

Einige Geistliche erhoben dagegen Protest, denn nach der Vertreibung aus dem Paradies hatte Gott zu Eva gesprochen: »Unter Mühen sollst du deine Kinder gebären.« Die Geistlichen (natürlich alles Männer) waren offenbar der Ansicht, daß die Schmerzen bei der Geburt gottgewollt seien und von den Frauen hingenommen werden müßten. Trotzdem verabreichte Simpson der englischen Königin Viktoria 1853 bei der Geburt ihres siebten

Kindes Chloroform. Die Geistlichen, gezwungen, zwischen Gottes Wort und den Interessen der Königin zu wählen, entschieden sich zugunsten der Königin. Von da an verstummte jede Kritik.

Nitroglyzerin

Fünf Jahrhunderte lang war Schießpulver der Sprengstoff schlechthin gewesen. Doch nun entwickelten die Chemiker Sprengstoffe mit sehr viel größerer Sprengkraft.

Der deutsche Chemiker Christian Friedrich Schönbein (1799–1868) machte 1845 durch Zufall eine Entdeckung. Er verschüttete versehentlich eine Mischung aus Salpetersäure und Schwefelsäure auf dem Küchentisch. Mit der Schürze seiner Frau wischte er die Flüssigkeit auf und hängte die nasse Schürze zum Trocknen über den Ofen. Als sie genügend getrocknet war, gab es einen Knall, und sie war verschwunden. Schönbein war erstaunt und führte weitere Experimente durch. Wie sich herausstellte, hatte er *Nitrozellulose* oder *Schießbaumwolle,* wie sie später genannt wurde, erfunden.

Im Jahr 1847 fügte der italienische Chemiker Ascanio Sobrero (1812–1888) dieser Mischung aus Salpetersäure und Schwefelsäure Glyzerin zu. Was dabei herauskam, war *Nitroglyzerin.* Als Sobrero einen einzigen Tropfen davon in einem Reagenzglas erhitzte, gab es eine so heftige Explosion, daß er erschreckt die Arbeit mit dieser Substanz einstellte.

Nitrozellulose und Nitroglyzerin waren so explosiv, daß man zunächst nicht gefahrlos mit ihnen arbeiten konnte. Doch bald hatte man auch diese ersten modernen Sprengstoffe im Griff. Sie wurden sowohl für friedliche Zwecke (z.B. für den Gebäudeabriß) als auch für kriegerische Zwecke verwendet.

Formale Logik

Die Wissenschaft des Aristoteles war in den drei Jahrhunderten seit Kopernikus in vielen Punkten als überholt ersetzt worden, aber seine Analyse der Logik war nach wie vor beherrschend. Doch dann wurden auch auf diesem Gebiet Fortschritte erzielt.

Der englische Mathematiker George Boole (1815–1864) versuchte, wie vor ihm schon Leibniz (vgl. 1669), logische Gesetze in eine mathematische Form zu bringen. Zu diesem Zweck führte er eine Reihe von Symbolen für logische Operationen ein, wobei er sowohl Symbole als auch Operationen auswählte, die jenen aus der Algebra glichen. Er bewies, daß man bei Anwendung der Gesetze der Algebra mit Hilfe von Symbolen logische Ergebnisse erzielen kann. Er veröffentlichte 1847 sein Buch *The Mathematical Analysis of Logic* und begründete damit die *Boolesche Algebra* oder *formale Logik.* Diese war später hilfreich beim Studium der Grundlagen der Mathematik und schließlich beim Programmieren von Computern.

Amalgamfüllungen

Der amerikanische Zahnarzt Thomas Wiltberger Evans (1823–1897), der 1847 nach Frankreich auswanderte, führte Silberamalgam in die Zahnmedizin ein. Mit diesem Material ersetzte er die kariösen Teile eines Zahnes, die er beim Bohren entfernt hatte.

Nachtrag

Amerikanische Truppen nahmen am 14. September 1847 Mexiko-Stadt ein, und gleichzeitig eroberte die Marine die kalifornischen Küstenstädte. Mexiko mußte klein beigeben und um Frieden ersuchen.

Am 26. Juli 1847 wurde Liberia an der Westküste Afrikas unabhängige Republik. Selbst als die übrigen afrikanischen Länder europäische Kolonien wurden, bewahrte das Land seine Unabhängigkeit.

Die Hungersnot in Irland ging ins dritte Jahr.

1848

Absoluter Nullpunkt

Amontons (vgl. 1699) hatte sich mit der stetigen Abnahme des Gasvolumens bei sinkender Temperatur befaßt. Seine Ergebnisse führten zu der Vermutung, daß es möglicherweise einen absoluten Nullpunkt der Temperatur gab, bei dem das Gasvolumen gleich null war. Denkbar war aber auch, daß die Abnahme des Volumens ihre Gültigkeit verlor, sobald alle Gase in flüssigem Zustand vorlagen. Vielleicht ließ sich die Temperatur dann unbegrenzt senken.

Der britische Physiker William Thomson, der spätere Lord Kelvin (1824–1907), fand heraus, daß nicht die Abnahme des Volumens entscheidend war, sondern der Energieverlust; dieser Energieverlust betraf sowohl Gase als auch feste Stoffe und Flüssigkeiten. Die Höhe des Energieverlustes deutete darauf hin, daß der absolute Nullpunkt bei –273°C lag. Heute weiß man, daß er genau bei –273,15°C liegt. Kelvin schlug vor, eine neue *absolute* Temperaturskala einzuführen, die am absoluten Nullpunkt beginnt und keine Minustemperaturen enthält. Jedes Grad auf dieser Skala entspräche einem Grad Celsius. Der Gefrierpunkt von Wasser läge somit bei 273,15°A (das *A* stand für »absolut«). Später machte man daraus °K, also *Grad Kelvin.*

Das Konzept der absoluten Temperatur sollte sich für die Thermodynamik als wichtig erweisen.

Crabnebel

Lord Rosse (vgl. 1845), der mit seinem riesigen Teleskop die Spiralnebel entdeckt hatte, beobachtete nun auch die erste Nebelhülle (M1), die in der von Messier zusammengestellten Liste aufgeführt war. Diese Nebelhülle bestand aus einem eigenartig geformten, unregelmäßigen Nebelfleck, der die Stelle markierte, an der 1054 ein neuer, heller Stern erschienen war – ein Ereignis, das in Europa unbeachtet geblieben war.

Rosse nannte diesen Nebel *Crabnebel* oder *Krebsnebel,* da ihn die unregelmäßige Form an einen Krebs mit gekrümmten Beinen erinnerte. Dieser Name ist heute noch gebräuchlich. Im Laufe der Zeit wurde dieser Crabnebel immer interessanter für die Astronomen. Schließlich verstieg man sich sogar zu der Behauptung, die gesamte Astronomie zerfalle in zwei Teile: der eine befasse sich mit dem Crabnebel, der andere mit allen übrigen Erscheinungen.

Verschiebung der Spektrallinien

Sechs Jahre zuvor hatte Doppler den akustischen *Doppler-Effekt* erklärt (vgl. 1842). Nun behauptete der französische Physiker Armand-Hippolyte-Louis Fizeau (1819–1896), der gleiche Effekt trete bei jeder Art von Wellen auf, insbesondere bei Lichtwellen.

Würde Licht nicht in seine Spektralfarben zerlegt werden, wäre dieser Effekt nicht sichtbar. Bewegt sich nämlich eine Lichtquelle vom Beobachter weg, so verschiebt sich normales, sichtbares Licht hinter das rote Ende des Spektrums und wird unsichtbar, während sich unsichtbares, ultraviolettes Licht vor das violette Ende des Spektrums verschiebt und sichtbar wird. Genau das Gegenteil trifft zu, wenn sich eine Lichtquelle dem Betrachter nähert. Doch in keinem der beiden Fälle gibt es eine sichtbare Veränderung.

Im Spektrum befinden sich jedoch auch dunkle Linien, die aufgrund des Doppler-Effekts ihre Position verändern. Und das kann der Betrachter sehen. Die Linien verschieben sich zum roten Ende des Spektrums, wenn sich die Lichtquelle vom Betrachter entfernt. Wenn sie sich dem Betrachter nähert, verschieben sich die Linien zum violetten Ende. Diesen Sachverhalt nennt man den *optischen Doppler-Effekt.*

Besonders die *Rotverschiebung* sollte in der Astronomie noch sehr wichtig werden.

Nachtrag

Europa wurde von Revolutionen erschüttert. Im Jahr zuvor hatten die deutschen Sozialisten Karl Marx (1818–1883) und Friedrich Engels (1820–1895) das *Kommunistische Manifest* veröffentlicht. Ihre Schrift, die große Beachtung fand, forderte eine grundlegende Neugestaltung der Weltwirtschaft. Arbeiter, nicht Fabrikbesitzer, sollten die Produktionsmittel besitzen.

Louis Philippe I. von Frankreich mußte am 24. Februar 1848 abdanken, nachdem er sich die Sympathien seiner Untertanen endgültig verscherzt hatte. Nach neun Jahrhunderten Monarchie wurde der letzte französische König ins Exil geschickt.

Die *Zweite Republik* wurde ausgerufen. Louis Napoléon Bonaparte (1808–1873), der Neffe Kaiser Napoleons I., erlangte große Popularität. Er galt als der starke Mann unter den Konservativen. Am 10. Dezember 1848 kam es zu Wahlen. Louis Napoléon siegte mit großer Mehrheit. Am 20. Dezember wurde er französischer Präsident.

Auch in Österreich und Italien brachen Revolutionen aus. Österreichs reaktionärer Staatskanzler Metternich wurde zum Rücktritt gezwungen und floh am 17. März aus dem Land. Kaiser Ferdinand von Österreich dankte am selben Tag ab. Sein Sohn bestieg als Franz Josef I. (1830–1916) den Thron.

In den Vereinigten Staaten hielten Frauenrechtlerinnen in Seneca Falls, New York, ihre erste Tagung ab. Sie wurde von Elizabeth Cady Stanton (1815–1902) und Lucretia Coffin Mott (1793–1880) geleitet. Damit nahm die amerikanische Frauenbewegung ihren Anfang.

Der Amerikanisch-Mexikanische Krieg endete am 2. Februar 1848 mit dem Vertrag von Guadelupe-Hidalgo. Die Vereinigten Staaten erhielten ganz Texas bis zum Rio Grande in Kalifornien, dazu das Gebiet, das heute als der amerikanische Südwesten bekannt ist.

1849

Lichtgeschwindigkeit

Roemer und Bradley hatten die Lichtgeschwindigkeit mit Hilfe astronomischer Methoden bestimmt (vgl. 1675 und 1728). Bis zum Jahr 1849 hatte jedoch noch niemand die Lichtgeschwindigkeit mittels eines erdgebundenen Experimentes gemessen. Fizeau führte die ersten terrestrischen Bestimmungen der Lichtgeschwindigkeit durch. Er brachte ein schnell rotierendes Zahnrad auf der Spitze eines Berges an. Auf einer acht Kilometer entfernten Erhöhung befand sich ein Spiegel. Licht passierte die Lücken des Zahnrads, traf auf den Spiegel und wurde reflektiert. Der nächste Zahn des Zahnrads hatte inzwischen die Lücke geschlossen, so daß die Reflexion nicht sichtbar war. Wenn das Zahnrad schnell genug rotierte, konnte das reflektierte Licht die nächste Lücke passieren und war somit sichtbar. Aus dieser Umdrehungsgeschwindigkeit konnte die Zeit errechnet werden, die ein Lichtstrahl braucht, um eine Distanz von sechzehn Kilometern zurückzulegen.

Fizeaus Assistent, der französische Physiker Jean-Bernard-Léon Foucault (1819–1868), verbesserte dieses Meßverfahren im darauffolgenden Jahr. Anstelle eines Zahnrades verwendete Foucault zwei Spiegel. Licht wurde von einem feststehenden Spiegel zu einem rasch umlaufenden Spiegel geschickt. In der Zeit, die der Lichtstrahl benötigte, um zu dem rotierenden Spiegel zu gelangen, hatte sich dieser leicht gedreht. Das Licht wurde folglich leicht abgelenkt. Aus dieser seitlichen Abweichung konnte die Lichtgeschwindigkeit berechnet werden. Foucault kam auf eine Geschwindigkeit von 298 000 Kilometern in der Sekunde. Dieser Wert weicht nur um etwa 0,7 Prozent von dem heute gültigen Wert ab. Foucaults Methode war so genau, daß eine Distanz von nur zwanzig Metern für die Messung ausreichte. Dies ermöglichte ihm, das gleiche Experiment auch unter Wasser durchzuführen. Er fand heraus, daß sich Licht unter Wasser lediglich mit dreiviertel seiner in der Luft erreichten Geschwindigkeit fortbewegt. Es stellte sich heraus, daß die Lichtgeschwindigkeit in einem lichtundurchlässigen Medium gleich der Lichtgeschwindigkeit im Vakuum geteilt durch den Brechungsindex des Mediums ist (der Brechungsindex eines Mediums ist ein Maß dafür, wie stark ein Lichtstrahl durch das Medium gebrochen wird).

Rochesche Grenze

Die Saturnringe kannte man bereits seit zwei Jahrhunderten. Jedoch gab es die unterschiedlichsten Ansichten über ihren Aufbau und ihre Entstehung.
In diesem Zusammenhang errechnete der französische Astronom Edouard Albert Roche (1820–1883), welchen Einfluß ein Körper auf einen anderen ausübt, wenn beide relativ wenig voneinander entfernt sind. Seine Ergebnisse sind für die Astronomie vor allem im Hinblick auf sehr dicht beieinander stehenden Doppelsterne interessant.
Roche zeigte, daß, wenn sich ein kleinerer Körper um einen größeren Körper dreht, die Gezeitenwirkung den kleineren Körper zerreißt, wenn dessen Umlaufbahn den zweieinhalbfachen Radius des größeren Körpers unterschreitet. Dabei wird vorausgesetzt, daß der kleinere Körper nur durch Anziehungskräfte zusammengehalten wird; chemische Bindungen werden dabei ignoriert. Wenn sich andererseits eine Wolke von Partikeln innerhalb dieses Bereichs befindet, kann diese Wolke durch Gravitationskräfte nicht zu einem Körper zusammengefügt werden.
Keiner der damals bekannten Satelliten im Sonnensystem lag innerhalb des zweieinhalbfachen Radius des Planeten, den sie umkreisen. Die Saturnringe befanden sich jedoch vollständig innerhalb dieses Bereichs. Daraus folgerte man, daß die Gezeitenwirkung des Saturn sie davon abhielt, einen Mond zu bilden.

Nervenfasern

Die Zelltheorie, die von Schleiden und Schwann entwickelt worden war (vgl. 1838), setzte sich allmählich durch. Der deutsche Anatom Rudolf Albert von Kölliker (1817–1905) hatte dargelegt, daß Eier und Spermien Zellen sind. Er zeigte 1849, daß Nervenfasern die verlängerten Fortsetzungen von Zellen sind.

Nachtrag

Im vorangegangenen Jahr war in Kalifornien Gold gefunden worden. Seitdem strömten unablässig Menschen ins Land, die sich einen Teil des sagenhaften Reichtums sichern wollten. Wirklich reich wurden zwar nur sehr wenige, doch der Goldrausch trieb die Erschließung des amerikanischen Westens voran.
In Europa ebbte die Welle von Revolutionen ab. Ungarn hatte sich gegen Österreich erhoben. Die Österreicher, unterstützt von den Russen, marschierten mit einem Heer in das Land ein und unterwarfen die Ungarn.
Im Kirchenstaat kam es unter Führung von Mazzini und Giuseppe Garibaldi (1807–1882) zu einem Aufstand gegen den seit 1846 amtierenden Papst Pius IX. (1792–1878). Österreichische Truppen spielten bei seiner Niederwerfung eine wesentliche Rolle.
Sardinien wollte die Unabhängigkeit der Lombardei und Venetiens erkämpfen, die noch immer unter österreichischer Oberherrschaft standen, und begann einen Krieg gegen Österreich. Doch die Österreicher schlugen die Sarden in zwei Schlachten. Der sardische König Karl Albert (1798–1849) dankte zugunsten seines Sohnes Viktor Emanuel II. (1820–1878) ab.
Die deutschen Einzelstaaten versuchten, sich zu einer Nation zusammenzuschließen. Am 27. März 1849 trat in der Frankfurter Paulskirche eine Nationalversammlung zusammen und arbeitete eine Verfassung aus. Doch der preußische König Friedrich Wilhelm IV. lehn-

te die ihm angebotene Kaiserkrone ab. Er hatte nicht den Mut, Österreich die Stirn zu bieten.
Österreich blieb somit die dominierende Macht in Mitteleuropa und ging aus den Ereignissen des Jahres 1849 eher noch gestärkt hervor.
Der amerikanische Erfinder Walter Hunt (1796–1859) erfand 1849 die Sicherheitsnadel. Im gleichen Jahr entwickelte der französische Erfinder Joseph Monier (1823–1906) den Stahlbeton. Dabei wird durch Stahleinlagen im Beton eine höhere Festigkeit erreicht.

1850

Zweiter Hauptsatz der Thermodynamik

Der erste Hauptsatz der Thermodynamik besagt, daß Energie in jedem Fall erhalten bleibt (vgl. 1847). Daher könnte man annehmen, daß vorhandene Energie immer wieder verwendet werden kann.
Doch nicht jede Energie kann nutzbar gemacht werden. So hatte Carnot (vgl. 1824) gezeigt, daß bei der Dampfmaschine ein Teil der Energie als Wärme verlorengeht und nicht vollständig in Arbeit umgesetzt werden kann. Der deutsche Physiker Julius Emanuel Clausius (1822–1888) fand nun heraus, daß dies auch für andere Formen der Energieumwandlung zutrifft. Ein Teil der Energie geht immer als Wärme verloren. Wärme kann jedoch nicht vollständig in eine andere Energieform umgesetzt werden, und folglich nimmt der Energievorrat des Universums stetig ab, da nutzbare Energie in Wärme umgesetzt wird.
Clausius formulierte diesen Sachverhalt wie folgt: Wenn man das Verhältnis aus der in einem geschlossenen System enthaltenen Wärmemenge und seiner absoluten Temperatur bildet, nimmt dieses Verhältnis in jedem Fall zu. Unter idealen Bedingungen bleibt es gleich, doch nimmt es nie ab. Jahre später nannte Clausius dieses Verhältnis *Entropie.*
Clausius hatte somit den *zweiten Hauptsatz der Thermodynamik* aufgestellt, der besagt, daß die Entropie im Universum zunimmt und eines Tages ein Maximum erreicht, wenn keine nutzbare Energie mehr vorhanden ist. Da es jedoch Billionen von Jahren dauert, bis alle Energie verbraucht ist, ist dieses Problem im Moment nicht aktuell.

Infrarotlicht

Die Erforschung des Lichts bereitet keine Schwierigkeiten. Es ist sichtbar, erregt also die Netzhaut. Man kann sein Spektrum, seine Spektrallinien und seine Brechungseffekte sehen. Infrarote Strahlung hingegen kann man nicht sehen, und deshalb gestaltet sich die Erforschung des Infrarotlichts um einiges schwieriger.
Der italienische Physiker Macedonio Melloni (1798–1854) hatte nun aber eine *Thermosäule* erfunden, bestehend aus einer Reihe von Streifen aus zwei unterschiedlichen Metallen, die elektrischen Strom erzeugten, wenn ein Ende erhitzt wurde. Mit der Thermosäule ließen sich sehr schwache elektrische Ströme und folglich auch geringfügige Erwärmungseffekte feststellen.
Melloni setzte seine Thermosäule ein, um die von Herschel (vgl. 1800) entdeckte infrarote Strahlung nachzuweisen. Anhand des Erwärmungseffekts konnte er das Infrarotlicht genauso deutlich erkennen, wie das Auge normales Licht wahrnimmt. Melloni wies nach, daß infrarote Strahlung die gleichen Eigenschaften wie normales Licht besitzt, Polarisation und Interferenz eingeschlossen. Es war also keine Frage, daß Infrarotlicht genau wie normales Licht aus Wellen besteht. Nur sind sie beim Infrarotlicht sehr viel länger – zu lang, um auf der Netzhaut einen Reiz auszulösen.

Nachtrag

Im Süden Chinas kam es zu einem erbitterten Bauernaufstand gegen die herrschenden Mandschu. Der *Taiping-Aufstand*, wie er genannt wurde, dauerte vierzehn Jahre und war vermutlich der blutigste Bürgerkrieg in der Geschichte. Er kostete ebenso viele Menschenleben wie der Erste Weltkrieg.
Die Vereinigten Staaten hatten nun 23 Millionen Einwohner, 2 Millionen mehr als Großbritannien, aber immer noch erheblich weniger als Frankreich (36 Millionen). London war mit 2,4 Millionen Einwohnern die größte Stadt der Welt und hatte mehr als dreimal soviel Einwohner wie New York (700 000).

1851

Erdrotation

Seit Kopernikus (vgl. 1543) galt es als erwiesen, daß sich die Erde um ihre eigene Achse dreht. Doch veranschaulicht hatte diese Tatsache noch niemand. Die Erde schien sich nicht zu bewegen, und bisher hatte man noch nichts beobachtet, was die Erdrotation belegte (wenn man von der scheinbaren Rotation des Himmels absah).
Im Jahr 1851 jedoch befestigte Foucault (vgl. 1849) an einem über 60 Meter langen Stahldraht ein Pendel und ließ es im Innern einer großen Kirche von der Kuppel herabhängen. Das Pendel war 28 Kilogramm schwer und hatte einen Durchmesser von 60 Zentimetern. Es besaß ein spitzes Ende, das gerade bis zum Boden reichte und in dem dort ausgestreuten Sand eine Markierung hinterlassen konnte.
Das Pendel wurde an die Wand gezogen und dort mit einem Seil festgebunden. Um Vibrationen zu vermeiden, die beim Durchschneiden entstanden wären, zündete man das Seil an. Das Pendel schwang immer in der gleichen Ebene, nur die Erde bewegte sich und veränderte ihre Lage bezüglich dieser Ebene. Hätte sich das Pendel beispielsweise am Nordpol befunden, so hätte es 24 Stunden gedauert, bis die Schwingungsebene des Pendels scheinbar eine volle Umdrehung vollführt hätte. In Paris, das auf einem südlicheren Breitengrad liegt, dauerte diese Umdrehung 31 Stunden und 47 Minuten. Auf diese Weise konnten die Zuschauer beobachten, wie die Erde unter dem Pendel rotierte.

Ariel und Umbriel

Den letzten großen Satelliten hatte Lassell fünf Jahre zuvor entdeckt (vgl. 1846). Freilich gab es auch noch kleinere Satelliten zu entdecken. So hatte Lassell 1848 als erster den achten Saturnmond beobachtet und nach einem Titan (einem Bruder des Saturn oder Kronos) in der griechischen Mythologie *Hyperion* genannt. Der amerikanische Astronom George Phillips Bond (1825–1865) hatte den Satelliten fast zur gleichen Zeit entdeckt.
Dann, im Jahr 1851, entdeckte Lassell den vierten und fünften Uranusmond. In der Tradition Herschels (vgl. 1789) gab er ihnen die Namen von Geistern aus der englischen Literatur. Den einen nannte er *Ariel* nach einem Geist aus Shakespeares *Der Sturm,* den anderen *Umbriel* nach einem Geist aus Popes *Der Lockenraub.*

Nachtrag

Am 1. Mai 1851 wurde in London die erste moderne *Weltausstellung* eröffnet, dazu bestimmt, die Errungenschaften der britischen Industrie und den Wohlstand auf der Insel zu feiern. Die Ausstellung lieferte den sichtbaren Beweis dafür, wie die Industrielle Revolution nach knapp einem Dreivierteljahrhundert die Welt verändert hatte.
Am 2. Dezember 1851 ließ Louis Napoleon überraschend Truppen in Paris einmarschieren, Abgeordnete verhaften und auf unbe-

waffnete Menschen schießen, die sich zu widersetzen wagten. Durch diesen gelungenen Staatsstreich machte er sich zum alleinigen Herrscher Frankreichs.
Im Ärmelkanal wurde zwischen Dover und Calais ein Telegraphenkabel verlegt, das von nun an Großbritannien mit dem Kontinent verband.

1852

Joule-Thomson-Effekt

Joule (vgl. 1843) und Thomson (vgl. 1848) konnten 1852 zeigen, daß Gase bei ihrer Ausdehnung Energie verbrauchten. Diese Energie ist notwendig, da die Moleküle, entgegen ihrer eigentlichen Neigung, einen größeren Abstand zueinander einnehmen müssen. Wenn dem Gas keine Energie von außen zugeführt wird, muß die für die Ausdehnung benötigte Energie vom Gas selbst kommen. Die Temperatur des Gases sinkt.
Man nannte diesen Sachverhalt den *Joule-Thomson-Effekt,* der später für die Verflüssigung einiger *permanenter Gase* benutzt wurde.

Valenz

Chemikern war bekannt, daß die Atome verschiedener Elemente sich mit einer unterschiedlichen Anzahl von Atomen eines anderen Elements verbinden können. So verbindet sich ein Sauerstoffatom mit zwei Wasserstoffatomen zu Wasser, ein Stickstoffatom mit drei Wasserstoffatomen zu Ammoniak und ein Kohlenstoffatom mit vier Wasserstoffatomen zu Methan.
Bisher war dies noch nicht genau und systematisch untersucht worden. Erst der englische Chemiker Edward Frankland (1825–1899) widmete sich diesem Problem bei der Untersuchung von Organometallverbindungen.
Er stellte fest, wie Metallatome mit organischen Verbindungen reagierten. Dabei fiel ihm auf, daß sich ein bestimmtes Metall praktisch immer mit der gleichen Anzahl von organischen Atomgruppen (Radikalen) verband. Die Anzahl konnte bei verschiedenen Metallen unterschiedlich groß sein. Im Jahr 1852 trat Frankland mit einer Theorie an die Öffentlichkeit, die später *Valenztheorie* genannt wurde. Nach dieser Theorie besitzt jedes Atom eine bestimmte Anzahl von Möglichkeiten, sich mit anderen Atomen zu verbinden.
Aus dem Valenzbegriff ergab sich ein neues Ordnungsprinzip für die chemischen Elemente, da sich die Valenz periodisch mit dem Atomgewicht änderte. In den folgenden zehn Jahren führte das zu bedeutenden Fortschritten in der Chemie.

Das Gyroskop

Das Pendel besitzt die Fähigkeit, in einer unveränderlichen Ebene zu schwingen. Ebenso tendiert eine massive Kugel dazu, die Ausrichtung ihrer Drehachse beizubehalten – so auch die Erde. Foucault, der mit Hilfe eines Pendels bereits die Erdrotation demonstriert hatte (vgl. 1851), führte ein Experiment durch, das diese Eigenschaft belegte. Dazu verwendete er ein *Gyroskop*, ein Meßgerät mit einem nach allen Seiten drehbaren Kreisel. Diesen Kreisel versetzte er in eine sehr schnelle Rotation. Es stellte sich heraus, daß der Kreisel seine Drehachse beibehielt. Wenn er angestoßen wurde, setzte er seine Bewegung aufgrund der Schwerkraft im rechten Winkel fort, was der Präzession der Tagundnachtgleichen entspricht (vgl. 134 v. Chr.).
Das bedeutete, daß ein seine Drehachse beibehaltendes Gyroskop immer in Richtung Norden zeigt und somit den magnetischen Kompaß, den es schon seit sechs Jahrhunderten gab, ersetzen konnte.

Einfluß der Sonnenflecken auf die Erde

Der britische Physiker Edward Sabine (1788–1883) wies nach, daß die Häufigkeit von Störungen im Magnetfeld der Erde mit dem Auftreten und Verschwinden von Sonnenflecken zusammenhing. Damit wurde erstmals gezeigt, daß die Sonne nicht nur durch ihre Licht- und Wärmestrahlung und ihre Anziehungskraft Einfluß auf die Erde ausübt. Und es war der erste Hinweis darauf, daß Sonnenflecken magnetische Eigenschaften besitzen.

Aufzüge

Wenn immer mehr Menschen in die Stadt ziehen, muß neuer Wohnraum geschaffen werden. Dies kann auf verschiedene Weise erfolgen: Man kann die Städte vergrößern, den bereits vorhandenen Wohnraum in immer kleinere Einheiten unterteilen oder immer höhere Häuser bauen.
Anfangs wurden Hochhäuser aus Stein gebaut, dem stärksten verfügbaren Material. Doch je höher die Gebäude in den Himmel wuchsen, desto dicker mußten die unteren Steine sein, und desto mehr Platz beanspruchten sie. Die Erfindung des Stahlbetons (vgl. 1849) ermöglichte die Errichtung immer höherer Gebäude. Stahlträger erwiesen sich später als noch günstiger.
Doch die besten Materialien und Konstruktionen nutzten nichts, wenn es keine andere Möglichkeit gab, als über eine Treppe bis zu den oberen Stockwerken zu gelangen.
Der amerikanische Erfinder Elisha Graves Otis (1811–1861) konstruierte 1852 den ersten mechanischen Aufzug. Dieser Aufzug besaß eine Sicherheitsvorrichtung, die verhinderte, daß er nach unten stürzte, wenn das Drahtseil riß. Otis selbst demonstrierte die Funtionstüchtigkeit der Vorrichtung. Er stieg in den Aufzug und ließ in großer Höhe das Seil durchtrennen. Er kam heil unten an.
Der Aufzug hat das heutige Aussehen unserer Städte entscheidend mitgeprägt.

Nachtrag

Louis Napoleon ließ ein Plebiszit durchführen, das er mit Hilfe von Wahlmanipulationen haushoch gewann. Am 2. Dezember, dem Jahrestag seines Staatsstreichs, rief er das *Zweite Kaiserreich* aus, das er als Napoleon regierte.

1853

Das Alter der Sonne

Seit Jahrtausenden hatte man angenommen, die Sonne sei unveränderlich und würde ewig weiterexistieren – bis es Gott gefiel, sie auszublasen. Die Entdeckung der Sonnenflecken (vgl. 1610) hatte diesen Glauben zwar erschüttert, nicht aber zerstören können.
Der Energieerhaltungssatz, der sich mittlerweile durchgesetzt hatte (vgl. 1847), stellte diesen Glauben nun in Frage. Licht und Wärme waren Energie, und diese Energie mußte in irgendeiner Weise erzeugt werden. Woher also bezog die Sonne ihre Energie, die sie so hell scheinen ließ und mit der sie die Erde seit vielen Jahrtausenden über eine Distanz von mehr als 100 Millionen Kilometern erwärmte? Um ganz normale Verbrennungsvorgänge konnte es sich nicht handeln, sonst wäre die gesamte Masse der Sonne in nur 1 500 Jahren aufgebraucht worden.
Helmholtz, der den Energieerhaltungssatz aufgestellt hatte, ging der Sache nach. Er kam zu dem Ergebnis, daß nur die Massenanziehung der Sonne selbst Energie in ausreichender Menge liefern könne.
Nach seiner Theorie zog sich die riesige Masse der Sonne aufgrund der Gravitationskräfte langsam zusammen und setzte dabei Energie

frei, die in Licht und Wärme umgewandelt wurde. Helmholtz sah darin die Fortsetzung eines Prozesses, der mit der Entstehung der Sonne aus einer sich verdichtenden gigantischen Staub- und Gaswolke begonnen hatte (vgl. 1796).
Um Sonnenlicht und Sonnenwärme in der heute vorhandenen Intensität abzustrahlen, so Helmholtz, mußte die Sonne von einer Größe, die die Erdumlaufbahn ausfüllte, innerhalb von ungefähr 25 Millionen Jahren auf ihre heutige Größe zusammengeschrumpft sein. Folglich konnte die Erde nicht älter als 25 Millionen Jahre sein. Außerdem mußte die Sonne in zehn Millionen Jahren so klein und so kalt sein, daß auf der Erde kein Leben mehr möglich war.
Diese Berechnung schockierte die Geologen, denn ihrer Meinung nach war die Erde viel älter. Erst ein halbes Jahrhundert später konnte der Streit zugunsten der Geologen beigelegt werden.

Gleitflugzeuge

Ballone gab es schon seit siebzig Jahren. Es war also möglich, daß etwas, das dichter als Luft war, fliegen konnte – vorausgesetzt natürlich, Windverhältnisse und Auftrieb stimmten.
Der englische Ingenieur George Cayley (vgl. 1809) hatte als erster wissenschaftlich untersucht, warum ein Gegenstand, der schwerer war als Luft, fliegen konnte. Er gilt als Begründer der *Aerodynamik.* Cayley fand heraus, daß ein Flugapparat starre Flügel brauchte, deren Form ungefähr den Hautlappen der Flughörnchen entsprach und nicht etwa den beweglichen Flügeln von Vögeln.
Schließlich erarbeitete er eine Flugzeugform, die im wesentlichen noch heute üblich ist – Flügel, Heck, stromlinienförmiger Rumpf, Ruder. Cayley erkannte, daß ein Motor und ein Propeller nötig waren, um gegen den Wind fliegen zu können. Freilich wußte er auch, daß es einen so leichten und dabei leistungsstarken Motor noch nicht gab.
Im Jahr 1853 baute er den ersten Apparat, der so aerodynamisch war, daß er auf dem Wind gleiten und mit den Aufwinden aufsteigen konnte – ein sogenanntes *Gleitflugzeug.* Cayley, der zu alt war, um das Gerät selbst zu erproben, befahl seinem Kutscher, den ersten Flug zu unternehmen. Der Kutscher wehrte sich zwar heftig, flog aber 150 Meter weit – und überlebte. In der zweiten Hälfte des 19. Jahrhunderts wurden Gleitflüge zu einem ebenso populären Sport, wie es Ballonfahrten in der ersten Jahrhunderthälfte gewesen waren.

Kerosin

Der britische Arzt Abraham Gesner (1797–1864) entwickelte 1853 ein Verfahren, mit dem er aus Asphalt eine leicht entzündbare Flüssigkeit gewinnen konnte. Da er sie aus einer wachsartigen Mischung fester Kohlenwasserstoffe gewann, nannte er sie *Kerosin,* vom griechischen Wort für »Wachs«.
Kerosin war der ideale Brennstoff für Lampen. Allerdings konnte selbst mit Gesners Verfahren nicht genügend Kerosin gewonnen werden, um die große Nachfrage in Europa und Amerika zu decken.

Nachtrag

Japan hatte sich zweihundert Jahre lang gegen ausländische Einflüsse abgeschottet, obwohl die westlichen Nationen Handelsbeziehungen wünschten. Dann, 1853, segelten amerikanische Schiffe unter Matthew Calbraith Perry (1794–1858) in die Tokiobucht. Perry überbrachte den japanischen Herrschern schriftliche Botschaften und gab zu verstehen, daß die Amerikaner bei ihrer Rückkehr erwarteten, daß Japan seine Häfen für den Handel öffnen würde.
Rußland erklärte sich zum natürlichen Beschützer der im Osmanischen Reich lebenden Christen, insbesondere der Christen im Heiligen Land – sehr zum Mißfallen der Türken.

Als deutlich wurde, daß auch Großbritannien und Frankreich gegen eine Machtausdehnung der Russen im Mittelmeerraum waren, erklärte die Türkei am 4. Oktober 1853 Rußland den Krieg.

1854

Die Cholera

Im frühen 19. Jahrhundert kam es in Europa wiederholt zu Choleraepidemien. Die Krankheit wurde aus Indien eingeschleppt, wo sie sehr verbreitet war. Die Vermutung verdichtete sich, daß die Ansteckung über verseuchtes Wasser erfolgte. Der englische Arzt John Snow (1813–1858) war mit dieser Ansicht bereits 1849 an die Öffentlichkeit getreten.
Als London 1854 von einer Choleraepidemie heimgesucht wurde, untersuchte Snow den Zusammenhang zwischen dem geographischen Auftreten der Cholera und der Wasserversorgung. Er entdeckte 500 Fälle von Cholera in nächster Nähe einer öffentlichen Wasserpumpe. Das Wasser wurde aus einem Brunnen heraufgepumpt, der nur wenige Meter von einem Abwasserrohr entfernt war. Snow ließ den Brunnen schließen, und sofort ging die Zahl der Erkrankungen zurück.
Krankheitsvorbeugung durch eine Verbesserung der hygienischen Bedingungen gewann immer mehr an Bedeutung.

Telegraphenplateau

Bereits in den vierziger Jahren des 19. Jahrhunderts waren durch den Hudson und Mississippi Telegraphenkabel verlegt worden, und in den fünfziger Jahren auch durch den Ärmelkanal und die Irische See (vgl. 1851). Nun dachte man daran, auch Europa und Amerika zu verbinden und ein Kabel durch den Atlantik zu verlegen.
Da ein solches Unternehmen ohne genaue Kenntnisse der Beschaffenheit des Meeresgrunds im Atlantischen Ozean nicht durchführbar war, wurde der amerikanische Ozeanograph Matthew Fontaine Maury (1806–1873) mit seiner Erforschung betraut. In den frühen fünfziger Jahren fertigte er eine Karte an, die Aufschluß über die Meerestiefe gab. Er stellte fest, daß der Atlantik in der Mitte flacher war als an den Rändern, und schloß daraus, daß es ein Zentralplateau gab. Er nannte es *Telegraphenplateau.*
Damit gelang zum ersten Mal eine wichtige naturwissenschaftliche Entdeckung, die den Meeresgrund betraf. Und in den nächsten hundert Jahren sollten kaum nennenswerte Entdeckungen hinzukommen.

Nichteuklidische Geometrie

Die von Lobatschewsky und Bolyai (vgl. 1826) entwickelte nichteuklidische Geometrie ging von der Grundannahme aus, daß mehr als eine Gerade oder sogar eine unendliche Anzahl von Geraden durch einen Punkt gehen, die alle parallel zu einer gegebenen Geraden sind, welche nicht durch diesen Punkt geht. Genau wie in der euklidischen Geometrie durften die Geraden unendlich lang sein. Der deutsche Mathematiker Georg Friedrich Bernhard Riemann (1826–1866) entwickelte 1854 eine andere Art von nichteuklidischer Geometrie. Danach sind zwei Geraden niemals parallel zueinander. Alle Geraden schneiden sich und sind endlich lang. In der euklidischen Geometrie ist die Winkelsumme eines Dreiecks 360 Grad. In der Geometrie Lobatschewskys ist sie kleiner als 360 Grad, in der Geometrie Riemanns größer als 360 Grad.
Riemanns Geometrie ist in sich logisch und geschlossen. Sie gleicht der Geometrie auf der Oberfläche einer Kugel, bei der alle Großkreise – Kreise, die die Oberfläche in zwei gleich große Hälften teilen – sich schneiden und endlich lang sind.
Riemann verallgemeinerte die Geometrie und

betrachtete sie in einer beliebigen Anzahl von Dimensionen. In einem Riemannschen Raum ändern sich die Maßverhältnisse von Ort zu Ort. Die Kurven kürzester Entfernung sind im allgemeinen gekrümmt und kennzeichnen die Krümmung des Raumes.
Zu jener Zeit war das bloße Theorie. Doch wie die allgemeine Relativitätstheorie ein halbes Jahrhundert später zeigte, hatte die Geometrie Riemanns ein genaueres Bild des Universums entworfen als die euklidische Geometrie.

Nachtrag

Die Russen setzten die Kampfhandlungen gegen die Türkei fort. Daraufhin erklärten Großbritannien und Frankreich, die seit dem dritten Kreuzzug nicht mehr auf der gleichen Seite gekämpft hatten, am 28. März 1854 Rußland den Krieg. Damit begann der *Krimkrieg,* so benannt nach der Halbinsel Krim an der Nordküste des Schwarzen Meeres, auf der die britischen und französischen Truppen landeten.
Im Fernen Osten kehrte Perry nach Japan zurück. Am 31. März 1854 unterzeichnete Japan den Vertrag von Kanagawa, öffnete zwei Häfen für den Handel mit Amerika und versprach, schiffbrüchige Amerikaner humanitär zu behandeln. Fast sofort erkannte Japan, daß es angesichts der Stärke des Westens nicht schwach bleiben konnte, und nahm Pläne in Angriff, die darauf abzielten, militärisch mit dem Westen gleichzuziehen.

1855

Kraftlinien

Faraday hatte den Begriff Kraftlinien eingeführt (vgl. 1821). Da er jedoch wenig von Mathematik verstand, konnte er sie nur bildhaft darstellen.
Der britische Mathematiker James Clerk Maxwell (1831–1879) brachte Faradays Vorstellungen in eine mathematische Form. Er zeigte, daß das intuitive Verständnis Faradays für dieses Phänomen korrekt gewesen war.

Geißlersche Röhren

Die von Guericke und Hooke entwickelten Luftpumpen konnten nur ein unzureichendes Vakuum erzeugen (vgl. 1645 und 1657). Torricelli stellte mit einer Quecksilbersäule, bei der er Quecksilber in einem oben verschlossenen Glasrohr nach unten sinken ließ, ein sehr viel besseres Vakuum her (vgl. 1643).
Im Jahr 1855 griff der deutsche Erfinder Johann Heinrich Wilhelm Geißler (1815–1879) auf Torricellis Entdeckung zurück und entwickelte eine Luftpumpe ohne bewegliche mechanische Teile. Geißler bewegte eine Quecksilbersäule von oben nach unten, wobei das Vakuum über der Säule Luft aus einer Röhre saugte. Auf diese Weise stellte er die bis dahin besten Vakuumröhren her – die sogenannten *Geißlerschen Röhren.* Ihre Verwendung führte Jahrzehnte später zu erstaunlichen Fortschritten bei der Erforschung des Atombaus.

Seismograph

Ein größeres Erdbeben kann nicht mit etwas anderem verwechselt werden. Doch es gibt auch eine Reihe von kleineren Erdbeben, die unbemerkt bleiben können.
Der italienische Physiker Luigi Palmieri (1807–1896) entwickelte 1855 ein Gerät, mit dem selbst kleine Beben registriert werden konnten. Das Gerät bestand aus waagrechten Röhren, die an den Enden nach oben gebogen und teilweise mit Quecksilber gefüllt waren. Selbst kleine Beben bewirkten, daß sich das Quecksilber hin und her bewegte. An den Röhren waren kleine, eiserne Schwimmer angebracht, deren Bewegungen auf einer Skala

abgelesen werden konnten. Damit konnte die Intensität des Bebens bestimmt werden.
Bei dem Gerät handelte es sich um den ersten einfachen Seismographen. Er war noch wenig funktionstüchtig. So konnten die Vibrationen, die vom Straßenverkehr verursacht wurden, kaum von kleineren Beben unterschieden werden. Doch ein Anfang war gemacht.

Pyroxylin

Der britische Chemiker Alexander Parkes (1813–1890) führte 1855 Experimente mit Schießbaumwolle (auch Pyroxylin genannt) durch. Wenn diese chemisch hochnitrierte Zellulose in Alkohol und Äther (in welchem sich gelöster Campher befand) aufgelöst wurde, bildete sich bei der Verdampfung eine harte Masse. Diese Masse wurde beim Erhitzen wieder weich und formbar. Parkes konnte seine Entdeckung zwar nicht kommerziell verwerten, gleichwohl hatte er den ersten Kunststoff hergestellt.

Nachtrag

Nikolaus von Rußland starb am 2. März 1855, nachdem er dreißig Jahre regiert hatte. Sein Sohn bestieg als Alexander II. (1818–1881) den Thron. Die Russen mußten im Krimkrieg herbe Niederlagen einstecken. Am 11. September sahen sie sich gezwungen, Sewastopol zu räumen. Doch trotz dieser Niederlage begann Rußland mit der Eroberung Zentralasiens, der Gebiete nördlich von Persien und Afghanistan.
Das italienische Königreich Sardininien verbündete sich 1855 mit Großbritannien und Frankreich, um sich durch eine Teilnahme am Krimkrieg die Unterstützung von Briten und Franzosen bei der Verwirklichung der eigenen Zukunftspläne zu sichern.
Japan und Siam schlossen Verträge mit den westlichen Staaten. Ihre Modernisierungspläne machten weitere Fortschritte.

1856

Glykogen

Bisher hatte man angenommen, daß Pflanzen Energie in Form von Stärke speichern. Tiere – wie auch einige Pflanzen – lagern Energie dagegen eher in Form von Fett (das einen sehr viel höheren Energiegehalt besitzt) ein.
Der französische Physiologe Claude Bernard (1813–1878) entdeckte 1856 eine Form der Stärke in der Leber eines Säugetiers. Diese Stärke kann leicht in Glucose aufgespalten werden, die der sofortigen Energiegewinnung dient. Er nannte sie *Glykogen* (griechisch für »Glucoseerzeuger«).
Bernard zeigte, daß sich Glykogen aus Glucose (Blutzucker) zusammensetzt. Glucose wird als Glykogen gespeichert, das bei Bedarf wieder in Glucose umgewandelt werden kann. Der Ab- und Aufbau von Glykogen hängt vom Zustand des Körpers ab, vom Energiebedarf des Gewebes, von der Nahrungsversorgung u.s.w. Das Glykogen-Glucose-Gleichgewicht wird so gesteuert, daß der Blutzuckerspiegel immer konstant bleibt.
Bisher hatte man angenommen, daß Pflanzen komplexe Moleküle aufbauen *(Anabolismus)*, während Tiere sie abbauen *(Katabolismus.)* Die Ergebnisse Bernards belegten jedoch, daß Tiere sehr wohl komplexe Moleküle aufbauen können. Mit der Zeit stellte sich heraus, daß sowohl Pflanzen als auch Tiere Substanzen nach Bedarf auf- und abbauen können. Der einzige Unterschied besteht darin, daß die Pflanzen für den Aufbau Sonnenlicht benötigen, während die Tiere die für den Aufbau benötigte chemische Energie aus der Nahrung ziehen. Diese Nahrung kommt – wenn auch nicht immer direkt – von den Pflanzen.

Stahl

Seit über 3 000 Jahren wußte man, daß Stahl das härteste Metall war. Doch die Herstellung von Stahl war schwierig. Wenn Eisen aus dem Schmelzofen kam, enthielt es eine große Menge Kohlenstoff (vom Koks oder von der Holzkohle, die für den Schmelzvorgang benötigt wurden). Dieses Eisen, das sogenannte *Gußeisen*, war zwar hart, aber spröde. Der Kohlenstoff konnte entfernt werden, und reines Eisen, *Schmiedeeisen*, blieb zurück. Da dieses Eisen aber nicht hart genug war, mußte ihm noch die richtige Menge Kohlenstoff zugefügt werden. Nun erst hatte man den erwünschten Stahl. Diese vielen Arbeitsschritte machten die Stahlerzeugung sehr kostspielig.
Der britische Metallurg Henry Bessemer (1813–1898) suchte nach einer billigeren Möglichkeit, Kohlenstoff aus dem Gußeisen zu entfernen. Bisher hatte man den Kohlenstoff mit Hilfe von Sauerstoff aus überschüssigem Eisenerz bei gleichzeitigem starkem Erhitzen der Mischung abgebrannt. Bessemer überlegte nun, ob es nicht einfacher war, einen Luftstrom durch das geschmolzene Eisen zu schicken. Die Frage war nur, ob der Luftstrom das Eisen abkühlte und damit alles verdarb. Doch dann stellte sich heraus, daß der Sauerstoff aus der Luft in Verbindung mit dem Kohlenstoff im Eisen die Mischung sogar noch weiter erhitzte. Der Vorgang wurde abgebrochen, wenn der richtige Kohlenstoffgehalt erreicht war. Auf diese Weise wurden weniger Arbeitsschritte benötigt.
Im Jahr 1856 trat Bessemer mit seiner Erfindung an die Öffentlichkeit, und noch im gleichen Jahr wurden die ersten *Gebläseöfen* (oder Hochöfen) gebaut. Es dauerte noch einige Zeit, bis sein Verfahren vollends ausgereift war, denn man brauchte Eisenerz, in dem sich kein Rest von Phosphor befand. Das bereitete den Stahlherstellern zunächst Kopfzerbrechen. Doch schließlich wurde auch dieses Hindernis beseitigt, und Stahl konnte fortan sehr viel billiger hergestellt werden. Wie der Aufzug prägte auch der Stahl das zukünftige Stadtbild.

Künstliche Farbstoffe

Der Mensch hatte schon immer eine Vorliebe für bunte Kleidung. Naturfasern wie Baumwolle, Leinen oder Wolle sind jedoch für gewöhnlich weiß oder beige. Die meisten Naturfarbstoffe, die schon in der Antike bekannt waren, bleichten in der Sonne aus und wurden ausgewaschen. Natürlich gab es auch einige beständige Naturfarbstoffe wie etwa den Tyrischen Purpur, der aus dem Drüsensaft der Purpurschnecke gewonnen wurde. Dieser Farbstoff war so kostbar, daß er in spätrömischer Zeit Kaisern und Königen vorbehalten war. Des weiteren gab es *Kochenille* (ein aus einem Insekt gewonnener tierischer Farbstoff) sowie *Indigo* und *Alizarin* (beides pflanzliche Farbstoffe).
Der junge britische Chemiestudent William Henry Perkin versuchte 1856, das Malariamittel Chinin zu synthetisieren. Dies gelang ihm nicht, da die Molekülstruktur von Chinin viel zu komplex für die damaligen Syntheseverfahren war.
Ein Stoff entstand, der einen violettroten Schimmer besaß. Perkin fügte Alkohol hinzu und löste damit eine Substanz heraus, die die Lösung wunderschön *mauve* (wie diese Farbe später genannt wurde) färbte. Perkin wollte nun wissen, ob sie als Farbstoff verwendet werden konnte. Er führte Versuche durch und kam zu dem Schluß, daß es möglich war. Daraufhin investierte er das gesamte Familienvermögen in eine Fabrik, die diesen Farbstoff herstellen sollte. Das Unternehmen wurde ein voller Erfolg.
Andere Chemiker beschäftigten sich nun ebenfalls mit der Herstellung synthetischer Farbstoffe und bereicherten die Welt der Mode schon bald mit einer ganzen Palette neuer synthetischer Farben.

Der Neandertaler

Im Neandertal bei Düsseldorf fanden Arbeiter bei der Räumung einer Kalksteinhöhle einige Knochen. Das war an sich nichts Ungewöhnliches, und normalerweise wurden solche Knochen einfach weggeworfen. Nicht so in diesem Fall. Ein Lehrer, der an einer nahe gelegenen Schule unterrichtete, erfuhr von dem Fund. Es gelang ihm, vierzehn Knochen, darunter einen Schädel, zu retten.

Die Geologen waren sich inzwischen sicher, daß die Erde sehr alt war, und die Biologen wußten, daß der Mensch älter war als in der Bibel belegt. Doch sie waren sich nicht sicher, ob es den Menschen in seiner heutigen Form schon immer gegeben hatte oder ob er sich aus primitiveren Formen entwickelt hatte.

Die Knochen aus der Höhle stammten mit Sicherheit von einem Menschen. Der Schädel unterschied sich jedoch deutlich vom Schädel des heutigen Menschen. Auffällig waren die Überaugenbögen, die fliehende Stirn, das zurücktretende Kinn und die ungewöhnlich weit vorstehenden Zähne.

Dieser erste bekanntgewordene fossile Mensch wurde *Neandertaler* genannt. Allerdings war man sich noch nicht sicher, ob es sich bei den Skeletteilen wirklich um die Knochen eines primitiven Menschentypus handelte oder ob hier lediglich Knochenanomalien vorgelegen hatten. Der Hauptverfechter der These, daß es sich bei dem Knochenfund um eine Vorform des heutigen Menschen gehandelt hatte, war der französische Anthropologe Pierre-Paul Broca (1824–1880). Er sollte schließlich recht behalten.

Heute nimmt man an, daß der Neandertaler eine Untergruppe des *Homo sapiens* ist. Der Fund von 1856 war ein erster Schritt, mit Hilfe fossiler Überreste die Evolution des Menschen zu belegen.

Pasteurisation

Die französischen Winzer standen vor dem Problem, daß der Wein beim Altern häufig sauer wurde. Das brachte sie um Einnahmen in Millionenhöhe. Pasteur (vgl. 1846) nahm sich des Problems an.

Er untersuchte Weinproben unter dem Mikroskop. Dabei fand er heraus, daß bei ordnungsgemäßer Gärung die Hefezellen kugelförmig waren. Bei Wein, der sauer wurde, hatten sie dagegen eine langgezogene Form. Pasteur kam zu dem Ergebnis, daß es zwei Arten von Hefezellen gab und daß eine davon Milchsäure erzeugte.

Für Pasteur gab es nur eine Lösung des Problems: Sowohl die kugelförmigen als auch die langgezogenen Hefezellen mußten abgetötet werden. Dies mußte gleich nach der Gärung geschehen, bevor die Säure gebildet werden konnte. Um die Hefe zu zerstören, wurde der Wein langsam auf etwa 50°C erhitzt und dann verschlossen. So konnte er ohne den Einfluß von Hefe altern.

Die Winzer waren zunächst entsetzt über Pasteurs Vorschlag. Sie waren aber so verzweifelt, daß sie das Verfahren zumindest ausprobierten. Und tatsächlich: Es funktionierte. Die Haltbarmachung von Lebensmitteln durch schonendes Erhitzen wird *Pasteurisation* genannt. Sie wird heute zum Beispiel bei der Milch angewandt, um Krankheitskeime abzutöten, die durch Verunreinigungen in die Milch gelangen.

Angeregt durch dieses Problem, wandte sich Pasteur dem Studium der Mikroorganismen zu und erzielte hierbei beachtenswerte Ergebnisse.

Nachtrag

Österreich drohte damit, in den Krieg gegen Rußland einzutreten. Das brachte die Wende. Der Krimkrieg endete am 1. Februar 1856 mit dem Frieden von Paris. Türkisches Gebiet blieb unangetastet. Allerdings verpflichtete sich die Türkei, die Rechte der christlichen Bevölkerung künftig zu respektieren. Rußland bekam natürlich nichts.

1857

Saturnringe

Man nahm an, daß die Saturnringe aus unzähligen kleinen Partikeln bestanden. Da sie sich innerhalb der Rocheschen Grenze befanden (vgl. 1849), war anzunehmen, daß feste Partikel durch die Gezeitenwirkung aufgespalten wurden und sich nicht wieder vereinigen konnten. Maxwell (vgl. 1855) wies dies 1857 anhand rein theoretischer Überlegungen nach, die bis heute nicht widerlegt worden sind.

Nachtrag

In Indien kam es am 10. Mai 1857 zu einer Rebellion unter den indischen Soldaten (Sepoy), die im anglo-indischen Heer dienten. Der *Sepoy-Aufstand* brachte die britische Herrschaft ins Wanken. Indische Truppen aus Pandschab, die auf seiten der Briten kämpften, nahmen am 20. September 1857 Delhi ein. Das war der Wendepunkt.

1858

Evolution durch natürliche Auslese

Der britische Biologe Charles Robert Darwin (1809–1882) glaubte wie viele andere Biologen an die Evolution. Er nahm an, daß sich bestimmte Arten mit der Zeit zu verwandten Arten weiterentwickelten, während andere Arten ganz ausstarben. Darwin erforschte den Mechanismus, der die Evolution vorantrieb.

Einige Jahre zuvor hatte er Malthus gelesen (vgl. 1798) und erkannt, daß sich alle Arten – und nicht nur der Mensch – so stark vermehrten, daß nicht genug Nahrung für alle vorhanden war. Deshalb fand in jeder Generation ein Überlebenskampf statt. Überleben konnten nur solche Tiere, die sich genügend Nahrung sicherten oder ihren natürlichen Feinden am besten entkamen. Mit anderen Worten: Die Natur selbst wählt aus der Masse der vielen die wenigen Überlebenden aus; die Eigenschaften, die das Überleben erleichtern, werden an die Nachkommen weitervererbt, und unter diesen findet erneut eine natürliche Auslese statt. Darwin nahm an, daß unter den Nachkommen immer wieder Variationen auftreten, die, so zufällig und geringfügig sie auch sind, von der Natur gewissermaßen als Mittel der Selektion benutzt werden. Die besseren Eigenschaften setzen sich zwar nicht immer sofort durch, da stets auch der Zufall eine gewisse Rolle spielt, doch auf lange Sicht erweisen sie sich als vorteilhaft.

Darwin ging in seiner Theorie von einer *Evolution durch natürliche Auslese* aus. Er wußte, daß er damit auf großen Widerstand stoßen würde. Da er ein scheuer Mensch war und keineswegs darauf erpicht, im Mittelpunkt einer öffentlichen Kontroverse zu stehen, brachte er zwanzig Jahre damit zu, Beweise für seine Theorie zu sammeln. Sein Material sollte so überzeugend sein, daß es jeden öffentlichen Disput im Keim erstickte. In diesem Punkt war Darwin naiv. Er hatte nicht damit gerechnet, wie hartnäckig manche Menschen Tatsachen ignorieren und an überkommenen Vorstellungen festhalten.

Der britische Biologe Alfred Russel Wallace (1823–1913) hielt sich 1858 in Ostindien auf. Er hatte – wie Darwin – Malthus gelesen und kam ebenfalls zu dem Ergebnis, daß Evolution auf natürlicher Auslese beruht. Da er sich im Gegensatz zu Darwin nicht vor einer öffentlichen Auseinandersetzung scheute, schrieb er seine Theorie innerhalb von drei Tagen nieder. Um die Meinung eines Experten einzuholen, schickte er eine elf Seiten umfassende Zusammenfassung an Darwin. Dieser wollte seinen Augen kaum trauen, als er seine eigene Theorie darin wiederfand.

Darwin hatte keine Wahl: Er schlug vor, mit

den Ergebnissen gemeinsam an die Öffentlichkeit zu treten. Im Jahr darauf veröffentlichte er widerstrebend ein Buch, das unter dem Kurztitel *Die Entstehung der Arten* bekannt wurde und in dem er seine Theorie ausführlich darlegte (freilich nicht so ausführlich, wie er es gerne getan hätte, denn ursprünglich hatte er ein Buch mit dem fünffachen Umfang geplant). Darwins Buch war das wichtigste wissenschaftliche Werk seit Newton (vgl. 1687). Es bildete die Grundlage einer neuen Biologie, wie Newtons Werk die Grundlage einer neuen Physik gewesen war. Es veränderte die Denkweise der Menschen grundlegend.

Die Struktur organischer Moleküle

Bisher hatte man organische Moleküle durch die Anzahl der Atome jedes Elements bestimmt, die in diesen Molekülen enthalten waren. Selbst als man wußte, daß in Isomeren die gleichen Atome unterschiedlich angeordnet sein mußten, war noch unklar, wie man sich diese unterschiedliche Anordnung vorzustellen hatte.
Der Valenzbegriff, den Frankland eingeführt hatte (vgl. 1852), erwies sich als ein wichtiges Hilfsmittel für die Lösung dieses Problems. Nach Frankland besaß Wasserstoff eine Valenz, Sauerstoff zwei Valenzen, Stickstoff drei Valenzen und Kohlenstoff vier Valenzen. Der deutsche Chemiker Friedrich August Kekulé von Stradonitz (1829–1896) folgerte daraus, daß Wasserstoff eine, Sauerstoff zwei, Stickstoff drei und Kohlenstoff vier Bindungen mit anderen Atomen eingehen können.
Kekulé wies außerdem darauf hin, daß sich Kohlenstoffatome beliebig miteinander verbinden und Moleküle bilden können, die aus Kohlenstoffketten bestehen, wobei sich an die übrigen freien Valenzen, die nicht durch die Kettenbildung abgesättigt werden, andere Atome anlagern können.
Mit diesem System ließ sich die Struktur vieler organischer Moleküle veranschaulichen, und in vielen Fällen konnte die unterschiedliche Struktur von Isomeren erklärt werden. Viele offene Fragen der organischen Chemie wurden damit beantwortet.

Zellularpathologie

Die Zelltheorie (vgl. 1838) machte weitere Fortschritte. Der deutsche Pathologe Rudolf Virchow (1821–1902) veröffentlichte 1858 die Ergebnisse seiner Arbeit an krankem Gewebe. In seinem Buch *Die Cellularpathologie* wies er nach, daß abnorme Zellen aus gesunden Zellen entstehen. Dieser Übergang von einer gesunden zu einer kranken Zelle erfolgt nicht abrupt, sondern allmählich. Virchow gilt als Begründer der Wissenschaft der *Zellularpathologie*.
Virchow lehnte die Theorie der Urzeugung ab. Er betonte, daß alle Zellen aus Zellen entstünden. Da die Zelle bereits eine komplexe Struktur besitze, die sich aus einfacheren Teilen zusammensetze, sei es unwahrscheinlich, daß sie aus toter Materie entstehen könne.

Kühlschränke

Verderbliche Lebensmittel halten sich gekühlt sehr viel länger, und früher verwendete man natürlich vorkommendes Eis für ihre Lagerung. Selbst im Sommer konnte man in bestimmten Gegenden Eis oder Schnee aus nahe gelegenen Bergregionen holen. Eis, das man im Winter aus Teichen holte, konnte man mit Stroh isolieren und den ganzen Sommer hindurch in Eiskellern lagern.
Zu Beginn des 19. Jahrhunderts wurde wiederholt versucht, mechanische Kühlschränke zu entwickeln. Wissenschaftliche Versuche mit Gasen hatten folgendes gezeigt: Wenn ein Gas verflüssigt wurde und anschließend verdampfte, dann sank seine Temperatur und folglich auch die seiner Umgebung. Wenn man also den Dampf durch Druck kondensierte und wieder verdampfen ließ und diesen Vorgang oft wiederholte, so wurde die Wärme aus dem Kühlschrank in die Umgebung gepumpt.

Der französische Erfinder Ferdinand Carré (1824–1900) baute das erste Gerät, das ähnlich wie ein moderner Kühlschrank funktionierte. Es war ein kommerzieller Erfolg. Sein erstes Gerät von 1858 arbeitete noch mit Wasser. Schon 1859 verwendete er das für diesen Zweck sehr viel besser geeignete Ammoniak.
Die ersten Kühlschränke waren sperrig und unhandlich, und Ammoniak war eine aggressive und giftige Substanz. Man verwendete sie deshalb zunächst nur in der Industrie, um Eis herzustellen, oder in Fleischfabriken, um das Fleisch frisch zu halten. Erst ungefähr 75 Jahre später wurden Kühlschränke in nahezu allen Haushalten gebräuchlich.

Elektrizität im Vakuum

Wissenschaftler hatten wiederholt versucht, elektrischen Strom durch ein Vakuum zu schicken, in der Hoffnung, ihn dabei direkt beobachten zu können. Man nahm an, Strom würde sichtbar werden, wenn er nicht mehr an feste Materie gebunden war. Auch Faraday (vgl. 1821) hatte es versucht und dabei bemerkt, daß das Glasgefäß, im dem er das Vakuum erzeugt hatte, grünlich leuchtete. Dieses Leuchten nannte der britische Physiker George Gabriel Stokes (1819–1903) *Fluoreszenz* (heute versteht man darunter die Eigenschaft bestimmter Stoffe, bei Bestrahlung zu leuchten).
Doch bis zur Erfindung der Geißlerschen Röhren (vgl. 1855) konnte man in den Gefäßen kein ausreichendes Vakuum erzeugen, so daß der elektrische Strom nicht beobachtet werden konnte.
Dann, 1858, schickte der deutsche Physiker Julius Plücker (1801–1868) elektrischen Strom durch eine Geißlersche Röhre. Er beobachtete die Fluoreszenz und beschrieb sie. Er stellte fest, daß sich die Lage der Fluoreszenzerscheinung unter dem Einfluß eines elektromagnetischen Feldes verschob. Dies zeigte, daß an den Vorgängen in der Röhre elektrische Ladungen beteiligt sein mußten. Plückers Versuch liefert den ersten Hinweis darauf, daß Atome mehr als nur kleine Kugeln sind.

Nachtrag

Der Sepoy-Aufstand wurde endgültig niedergeschlagen. Am 2. August 1858 wurde die Ostindische Kompanie aufgelöst und Indien direkt der Krone unterstellt. Der letzte Großmogul Bahadur Schah II. (1775–1862) ging in die Verbannung. Nach über 200 Jahren war damit die Herrschaft der Moguln in Indien beendet. Indien wurde fortan von einem britischen Vizekönig regiert.
Österreich war auf dem Höhepunkt seiner Macht. Wie es schien, hatte es sich von den Wirren der Jahre 1848/49 vollkommen erholt.
Friedrich Wilhelm IV. von Preußen wurde 1858 für unzurechnungsfähig erklärt. Sein jüngerer Bruder, der spätere Wilhelm I. (1797–1888), wurde zum Regenten ernannt.
In den Vereinigten Staaten spitzte sich der Konflikt um die Sklavenfrage immer mehr zu. Unter den 32 Staaten, die der Union mittlerweile angehörten, waren 15 Sklavenstaaten. Sie glaubten immer weniger an eine friedliche Lösung der Krise, die es ihnen erlaubte, ihre Sklaven zu behalten.

1859

Ölbohrlöcher

Erdöl besteht aus einem komplexen Gemisch verschiedener Kohlenwasserstoffe. Man vermutet, daß es sich innerhalb von Jahrmillionen aus dem Fettanteil unzähliger Mikroorganismen gebildet hat.
In den reichen Ölgebieten des Mittleren Ostens wurde Öl sogar schon an der Erdoberfläche gefunden. Die kleineren Moleküle ver-

dampften, und zurück blieb eine teerartige Substanz, die *Bitumen, Asphalt* oder *Erdpech* genannt wird. Diese Substanz wurde zum Abdichten verwendet. Aus Erdpech konnte zuweilen eine leicht entzündbare Flüssigkeit extrahiert werden, das sogenannte Leuchtöl oder Kerosin, das als Brennstoff für Lampen verwendet wurde.
Freilich war nur sehr wenig Erdöl an der Oberfläche zu finden. Man konnte aber auch nach Öl bohren. Schon vor zweitausend Jahren hatten die Chinesen nach Sole für die Gewinnung von Kochsalz gebohrt und dabei zufällig Erdöl gefunden.
Der amerikanische Zugführer Edwin Laurentine Drake (1819–1880) hatte Geld in eine Firma investiert, die Öl für medizinische Zwecke benötigte. Dieses Öl sickerte in der Nähe von Titusville in Pennsylvania aus dem Boden. Drake, der von Solebohrungen gehört hatte, kam auf die Idee, nach der gleichen Methode auch nach Öl zu bohren.
Er befaßte sich mit den verschiedenen Bohrtechniken und probierte sie 1859 in Titusville aus. Dabei stieß er am 28. August in 21 Metern Tiefe auf Öl. Aus diesem ersten Ölbohrloch wurden jeden Tag ungefähr 1 500 Liter Öl gefördert.
In der Folgezeit wurden weitere Bohrungen durchgeführt und zahlreiche Ölquellen entdeckt. Aus dem geförderten Erdöl ließen sich große Mengen Kerosin herstellen, mit dem Ergebnis, daß die Petroleumlampe in den USA und anderswo große Verbreitung fand. Das Kerosin ersetzte den Waltran, und so war man nicht mehr darauf angewiesen, Jagd auf diese friedlichen Tiere zu machen.
Doch vieles andere lag noch in der Zukunft.

Die Speicherbatterie

Die Batterien, die Volta (vgl. 1800) sechzig Jahre zuvor entwickelt hatte, konnten nur einmal verwendet werden. Wenn die chemische Reaktion, die den elektrischen Strom erzeugte, einen bestimmten Punkt erreicht hatte, konnte der Stromfluß nicht mehr aufrechterhalten werden. Da sich die chemische Reaktion nicht rückgängig machen ließ, war die Batterie unbrauchbar geworden.
Es gibt jedoch chemische Reaktionen, die sich sehr leicht umkehren lassen. Im Jahr 1859 nahm der französische Physiker Gaston Planté (1834–1889) zwei dünne Bleiplatten mit einer isolierenden Gummischicht dazwischen, rollte sie spiralförmig auf und tauchte sie hochkant in verdünnte Schwefelsäure. Er stellte fest, daß eine chemische Reaktion einsetzte, bei der elektrischer Strom erzeugt wurde. War die Batterie leer, so konnte er in entgegengesetzter Richtung einen Strom durch sie hindurchschicken und die chemische Reaktion umkehren. Danach erzeugte die Speicherbatterie wieder Strom.
Nach dem zweiten Hauptsatz der Thermodynamik (vgl. 1850) geht bei der Erzeugung von nutzbarer Energie immer ein Teil der Energie als Abwärme verloren. Die elektrische Energie, die man benötigt, um eine Speicherbatterie wieder aufzuladen, muß also immer größer sein als die Energie, die diese Batterie zur Verfügung stellen kann. Infolgedessen wäre es unsinnig, eine leere Batterie mit Hilfe einer vollen aufzuladen. Um eine Speicherbatterie aufzuladen, verwendet man deshalb einen Generator, der seine Energie aus Brennstoff oder aus einer anderen, nicht elektrischen Energiequelle bezieht.

Spektrallinien und Elemente

Die Spektrallinien, die Fraunhofer (vgl. 1814) vor fast einem halben Jahrhundert entdeckt hatte, hatten in der Chemie bisher keine Beachtung gefunden.
Doch dann untersuchte der deutsche Physiker Gustav Robert Kirchhoff (1824–1887) die Lichtspektren verschiedener Elemente, die er bis zum Glühen erhitzt hatte. Er fand heraus, daß jedes Element nur Licht bestimmter Wellenlängen abstrahlte, so daß das Spektrum zuweilen nur aus einigen Linien bestand, die zudem manchmal scharf voneinander getrennt waren.

Kirchhoff erklärte 1859, daß jedes Element anhand seiner Spektrallinien identifiziert werden kann. Wenn der Dampf eines Elements kühler ist als die Lichtquelle, absorbiert das Element Licht der gleichen Wellenlänge, das es beim Glühen aussendet. Die Anordnung der Linien ist bei jedem Element verschieden. Keine zwei Elemente besitzen Spektrallinien in exakt gleicher Position. Jedes Element besitzt also einen »spektralen Fingerabdruck«. Wenn also im Lichtspektrum einer Erzprobe nur eine einzige Spektrallinie auftauchte, die bei bisher bekannten Elementen nicht vorkam, so mußte es sich um ein neues Element handeln.

Kirchhoff entdeckte 1860 mit dieser Methode das *Cäsium.* Es ist das erste Element, das mit Hilfe der Spektroskopie gefunden wurde. Sein Name bedeutet »himmelblau« und bezieht sich auf die Farbe der Spektrallinie, die zu seiner Entdeckung geführt hatte. Im Jahr darauf entdeckte Kirchhoff das verwandte Element *Rubidium,* dessen Name vom lateinischen Wort für »rot« abgeleitet ist.

Kirchhoff wies nach, daß die dunklen Linien im Sonnenspektrum von Gasen in der relativ kühlen Sonnenatmosphäre herrühren, die einen Teil des Sonnenlichts absorbieren. Diese Linien belegten eindeutig, daß in der Sonnenatmosphäre Natrium vorhanden ist. Auf die gleiche Weise konnte ein halbes Dutzend weiterer Elemente auf der Sonne nachgewiesen werden.

Zum ersten Mal gab es Belege, daß die gleichen chemischen Elemente, die es auf der Erde gibt, auch auf anderen Himmelskörpern zu finden sind – vielleicht sogar im ganzen Universum.

Sonneneruptionen

Der britischc Astronom Richard Christopher Carrington (1826–1875) unternahm den Versuch, anhand der Bewegung der Sonnenflekken die Rotation der Sonne zu messen. Die gleiche Messung hatte Galilei zwar schon zweieinhalb Jahrhunderte zuvor durchgeführt, doch Carrington standen viel präzisere Meßinstrumente zur Verfügung. Er fand heraus, daß sich die Sonne nicht als geschlossene Einheit um ihre Achse dreht. Das deutete darauf hin, daß zumindest ihre äußeren Regionen gasförmig sind (was angesichts der Temperaturen, die auf der Sonnenoberfläche herrschen, nicht weiter erstaunlich ist). Direkt am Äquator dauerte die Sonnenrotation 25 Tage, während ein Punkt auf dem 45. Breitengrad 27,5 Tage für eine Umdrehung benötigte, und das, obwohl er eine viel kürzere Entfernung zurücklegen mußte.

Am 1. September 1859 bemerkte Carrington beim Beobachten der Sonnenflecken einen sternförmigen Lichtpunkt, der aus der Sonnenoberfläche hervorbrach. Die Erscheinung dauerte fünf Minuten und verschwand dann wieder. Zunächst nahm er an, ein großer Meteorit sei auf die Sonne gestürzt. Später stellte sich heraus, daß Carrington als erster eine *Sonneneruption* beobachtet hatte. Bei einer Sonneneruption handelt es sich um eine kurze, aber heftige Explosion, die für gewöhnlich mit dem Auftreten von Sonnenflecken verbunden ist. Man begann zu verstehen, daß eine große Zahl von Sonnenflecken auf eine »aktive Sonne« hindeutet, während eine geringe Zahl eine »ruhige Sonne« anzeigt.

Kinetische Gastheorie

Maxwell, der sich mit den kleinen Partikeln der Saturnringe beschäftigt hatte (vgl. 1857), wandte sich 1859 noch kleineren Teilchen zu – den Molekülen in einem Gas. Maxwell benutzte einen statistischen Ansatz. Er nahm an, daß die Moleküle völlig regellos und mit willkürlicher Geschwindigkeit im Raum umherfliegen und elastisch zurückprallen, wenn sie gegen die Wände des Behälters oder gegeneinander stoßen.

Schließlich arbeitete Maxwell die statistische Geschwindigkeitsverteilung der Gasmoleküle bei einer bestimmten Temperatur aus. Einige wenige Moleküle bewegten sich sehr schnell, andere wiederum sehr langsam, die meisten jedoch bewegten sich mit einer mittleren Geschwindigkeit. Die Geschwindigkeiten häuften sich also um einen Mittelwert. Wenn die Temperatur erhöht wurde, erhöhte sich die Durchschnittsgeschwindigkeit. Wurde sie gesenkt, sank auch die Geschwindigkeit der Moleküle. Temperatur bzw. Wärme konnten also als Molekularbewegung verstanden werden. Dies nennt man *kinetische Gastheorie* (das Adjektiv »kinetisch« leitet sich vom griechischen Wort für »Bewegung« ab).

Aus der willkürlichen Molekularbewegung lassen sich die verschiedenen Gesetze ableiten, die Gase betreffen (Boylesches Gesetz – vgl. 1662; Charlessches Gesetz – vgl. 1787). Die Gasmoleküle gehorchen diesen Gesetzen aber nur in statistischer Hinsicht. Es gibt zufällige Abweichungen, und nicht immer verhalten sich alle Moleküle erwartungsgemäß. Jedoch ist immer eine so große Anzahl von Molekülen vorhanden, daß Abweichungen vom statistischen Mittelwert, die mehr als einen verschwindend kleinen Prozentsatz betreffen, äußerst unwahrscheinlich sind.

Maxwell zeigte auch, daß der zweite Hauptsatz der Thermodynamik seine Gültigkeit verlieren kann, wenn sich alle Moleküle zufällig in die gleiche Richtung bewegen oder wenn die schnellen Moleküle durch den Zusammenstoß mit langsameren noch schneller werden. Freilich ist die Wahrscheinlichkeit, daß so etwas geschieht, so verschwindend gering, daß es wahrscheinlich noch nie vorgekommen ist.

Nachtrag

Österreich war fest davon überzeugt, daß Sardinien die Einigung Italiens erzwingen wollte. Deshalb verlangte es am 23. April 1859 von Sardinien die Demobilmachung. Als Sardinien sich weigerte, marschierten am 29. April österreichische Truppen in das kleine Land ein – ein Fehler, wie sich herausstellen sollte, denn Österreich stand nun als Aggressor da und lieferte Frankreich den Vorwand, Sardinien beizustehen. Am 12. Mai erklärte Frankreich Österreich den Krieg. Doch im Gegensatz zu Napoleon I. liebte Napoleon III. den Krieg nicht. Die Verluste deprimierten ihn, und zudem begriff er mit einem Mal, daß ein vereintes Italien ein unbequemer Nachbar sein könnte. Deshalb traf er sich am 11. Juli mit dem österreichischen Kaiser Franz Joseph I. Die beiden wurden sich schnell einig. Sardinien sollte die Lombardei bekommen und Österreich dafür Venetien behalten. Natürlich sah Sardinien darin einen Verrat. Frankreich hatte sich neben Österreich einen zusätzlichen Feind geschaffen. In den kommenden fünfzig Jahren sollte aber auch Österreich große Probleme bekommen.

1860

Urzeugung

Pasteur (vgl. 1846) beschäftigte sich nun mit dem Problem der Urzeugung. Es war bekannt, daß auf einer Nährlösung, die so stark erhitzt wurde, daß alle Mikroorganismen abgetötet wurden, keine neuen Mikroorganismen entstehen konnten, wenn sie unter Luftausschluß aufbewahrt wurde. Anhänger des Vitalismus behaupteten freilich, durch das Erhitzen werde irgendeine Vitalkraft in der Luft zerstört.

Pasteur hatte nachgewiesen, daß Staub, der sich in der Luft befindet, Mikroorganismen enthält. Er füllte abgekochten Fleischextrakt in einen Glaskolben, in den Luft gelangen konnte. Dieser Glaskolben besaß einen langen, schmalen und gebogenen Hals, den die Luft erst passieren mußte. Die Staubkörnchen setzten sich am gebogenen Teil des Kolbens ab, gelangten also nicht bis zu der Substanz, die sich darin befand. Der Fleischextrakt zersetzte sich nicht, und keine Organismen entstanden. Damit war nachgewiesen, daß keine Vitalkraft zerstört worden war. Als Pasteur

den Hals des Kolbens entfernte, bildeten sich sofort Mikroorganismen.
Damit war die Vorstellung einer Urzeugung – zumindest unter heutigen Bedingungen – endgültig zerstört.
Doch was die Vergangenheit anging, hatte Darwins Evolutionstheorie die Frage offen gelassen. Wenn sich die Arten weiterentwikkelt hatten, konnte es da nicht auch eine Zeit gegeben haben, in der das Leben selbst aus unbelebter Materie entstanden war? Denjenigen, die immer geglaubt hatten, Gott habe das Leben geschaffen, war nicht recht wohl bei diesem Gedanken. Darwin hatte diese Möglichkeit jedoch aufgezeigt, und mit ihr mußte sich die Wissenschaft in der Folgezeit auseinandersetzen.

Organische Synthese

Wöhler war es 1828 gelungen, Harnstoff zu synthetisieren, und man war sich zunächst nicht sicher gewesen, ob es sich dabei nicht um einen Ausnahmefall gehandelt hatte. Doch in dem Maße, wie die organische Chemie Fortschritte machte, konnten bald auch andere organische Moleküle aus chemischen Elementen synthetisiert werden.
Der französische Chemiker Pierre-Eugène-Marcelin Berthelot (1827–1907) tat sich hier besonders hervor. Bis zum Jahr 1860 hatte er bereits die Moleküle von so wichtigen organischen Verbindungen wie Methylalkohol, Äthylalkohol, Methan, Benzol und Azetylen künstlich hergestellt. Ja, ihm gelang sogar die Synthese von Molekülen, die in ihrer Struktur und ihren Eigenschaften organischen Molekülen genau entsprachen, doch in der Natur gar nicht vorkamen. Damit war ein für allemal die Vorstellung zerstört, nur lebendes Gewebe könne organische Moleküle hervorbringen.
Kekulé von Stradonitz (vgl. 1858) brachte 1861 ein Lehrbuch der organischen Chemie heraus. Darin definierte er die organische Chemie als die Chemie der Kohlenstoffverbindungen, die nicht notwendigerweise an irgendwelche Lebensvorgänge gebunden sein muß. In der Folgezeit bezeichnete man jenen Bereich der Chemie, der sich mit Verbindungen beschäftigt, die in lebendem Gewebe vorkommen, als *Biochemie*.

Die Verbrennungskraftmaschine

Seit über 150 Jahren hatten Dampfmaschinen ihre Wärme außerhalb des Systems erzeugt, das sie mit Energie versorgten. Der Dampf, der durch die Wärme erzeugt wurde, strömte in einen Zylinder und bewegte einen Kolben. Was aber passierte, wenn ein explosives Gas-Luft-Gemisch innerhalb eines Zylinders gezündet wurde? Die Kraft der Explosion könnte den Kolben direkt bewegen. Als Kraftstoffe kamen Gase oder Flüssigkeiten in Frage, die schnell verdunsteten.
Eine solche *Verbrennungskraftmaschine* wäre kleiner als eine Dampfmaschine und könnte sehr viel schneller in Bewegung gesetzt werden. Außerdem ist das Gas-Luft-Gemisch hoch reaktiv, während bei der Dampfmaschine zunächst Wasser über einem Feuer bis zum Siedepunkt erhitzt werden muß, was natürlich sehr viel länger dauert.
Jean-Joseph-Étienne Lenoir (1822–1900), ein französischer Erfinder belgischer Abstammung, baute die erste funktionstüchtige Verbrennungskraftmaschine. Einen solchen Motor montierte er an ein kleines Gefährt – fertig war die »pferdelose Kutsche«. Es hatte vorher zwar schon dampfgetriebene Straßenfahrzeuge gegeben, aber Lenoirs Erfindung war sehr viel kompakter und leichter beherrschbar.
Trotzdem wies seine Verbrennungskraftmaschine noch erhebliche Mängel auf. Erst im folgenden Jahrzehnt konnte ein Motor gebaut werden, der so ausgereift war, daß er allgemeine Verbreitung fand.

Sonnenprotuberanzen

Die Fotografie wurde als Hilfsmittel in der Astronomie immer gebräuchlicher. Der englische Astronom Warren De la Rue (1815–1889) entwickelte sogar eigens ein Teleskop zum Fotografieren der Sonne. Als es fertig war, fotografierte er fast täglich die Sonne.
Im Jahr 1860 reiste De La Rue nach Spanien, um dort eine totale Sonnenfinsternis zu beobachten. Die Fotografie, die er während dieser Sonnenfinsternis machte, zeigte leuchtende Flammen am Sonnenrand – sogenannte *Sonnenprotuberanzen*. Wie die Sonneneruptionen (vgl. 1859) sind sie ein Beweis für hohe Sonnenaktivität. Zum ersten Mal war mit Hilfe der Fotografie eine astronomische Entdeckung gelungen.

Avogadrosche Hypothese

Kekulé von Stradonitz hatte ein System eingeführt, mit dem die Struktur organischer Moleküle dargestellt werden konnte (vgl. 1858). Doch immer noch waren die Strukturen vieler Moleküle unbekannt.
Kekulé organisierte deshalb den Ersten Internationalen Chemischen Kongreß, an dem Chemiker aus aller Herren Länder teilnahmen. Dieser Kongreß – übrigens das erste internationale Treffen von Wissenschaftlern überhaupt – fand 1860 in Karlsruhe statt.
An diesem Kongreß nahm auch der italienische Chemiker Stanislao Cannizzaro (1826–1910) teil, der zwei Jahre zuvor zufällig auf die vor einem halben Jahrhundert aufgestellte Avogadrosche Hypothese (vgl. 1811) gestoßen war. Cannizzaro erkannte, daß mit Hilfe dieser Theorie das Molekulargewicht verschiedener Gase zuverlässig bestimmt werden konnte und daß sich damit auch Unklarheiten bezüglich der Struktur vieler Moleküle beseitigen ließen.
Er hielt einen überzeugenden Vortrag, in dem er die Hypothese vorstellte und erklärte, wie sie angewendet wurde. Einige Wissenschaftler überzeugte er sofort, andere erst später. Am Ende setzte sich die Avogadrosche Hypothese durch. Allmählich wurde ein allgemeines Einverständnis darüber erzielt, wie die Struktur von Molekülen beschrieben werden konnte.

Schwarze Körper

Kirchhoff hatte gezeigt, daß bestimmte Substanzen, die in heißglühendem Zustand Licht bestimmter Wellenlängen abstrahlen, Licht derselben Wellenlängen absorbieren, wenn sie abgekühlt werden.
Im Jahr 1860 zog er daraus den Schluß, daß ein Körper, der alles Licht absorbiert und keines reflektiert (und somit ein *Schwarzer Körper* ist), nach dem Erhitzen Licht aller Wellenlängen abstrahlt.
Zur damaligen Zeit waren diese Erkenntnisse noch von geringer Bedeutung. Es war noch nicht bekannt, wie Licht einer bestimmten Wellenlänge abgestrahlt wurde, wie sich die Wellenlängen auf das gesamte Spektrum verteilten und wie sie sich änderten, wenn die Temperatur stieg oder sank. Innerhalb von vier Jahrzehnten führten diese Fragen zu einer Revolution in der Physik.

Nachtrag

Der republikanische Abgeordnete Abraham Lincoln (1809–1865), erklärter Gegner der Sklaverei, wurde zum 16. Präsidenten der Vereinigten Staaten gewählt. South Carolina, seit jeher der extremste unter den Sklavenstaaten, nahm seine Wahl zum Anlaß, die Union am 20. Dezember 1860 zu verlassen.
Während die USA auseinanderzufallen drohten, kam es in Italien zur Einigung. Die kleineren norditalienischen Staaten sowie Neapel schlossen sich Sardinien und der Lombardei an.
Als Reaktion auf die Inhaftierung eines britischen Diplomaten besetzten am 12. Oktober 1860 britische und französische Truppen Peking. Wie schon zuvor wurde jeglicher Versuch Chinas, seine Rechte innerhalb der

eigenen Grenzen wahrzunehmen, mit einem überwältigenden Militäraufgebot der westlichen Staaten beantwortet. China mußte Schadensersatz leisten und weitere wirtschaftliche Zugeständnisse machen. Diese Politik wurde auch in den nächsten Jahrzehnten beibehalten.
Die USA hatten nun 31 Millionen Einwohner, also weit mehr als Großbritannien und fast ebensoviel wie Frankreich. New York, das zu diesem Zeitpunkt nur aus dem heutigen Manhattan bestand, hatte 800 000 Einwohner. Zusammen mit Brooklyn (heute ein Stadtteil) kam es auf 1,25 Millionen Einwohner.

1861

Archäopteryx

Die riesigen Dinosaurier, deren fossile Überreste man in den letzten vierzig Jahren entdeckt hatte, waren die eindrucksvollsten Zeugnisse urzeitlichen Lebens. Noch aufschlußreicher aber war der Fund eines kleinen eidechsenartigen Tieres, von dem man annimmt, daß es etwa 140 Milllionen Jahre alt ist.
Das Fossil, das 1861 entdeckt wurde, zeigte typische Merkmale eines Reptils: Bezahnung des Kiefers, langer Hals, lange Schwanzwirbelsäule, flaches Brustbein. Doch da war noch ein weiteres, viel wichtigeres Merkmal: Die »Eidechse« hatte Federn! Der Abdruck, den diese Federn im Stein hinterlassen hatten, war deutlich zu erkennen. Sie bildeten eine Doppelreihe bis hinunter zum Schwanz, und auch die Vorderglieder waren befiedert.
Heute hat jeder bekannte Vogel Federn. Alle anderen Lebewesen haben keine. Deshalb muß man davon ausgehen, daß es sich bei diesem Fossil um die primitive Form eines Vogels handelt. Er erhielt den Namen *Archäopteryx* (nach einem griechischen Ausdruck für »Urvogel«).
Der Archäopteryx ist das beste Beispiel für eine urzeitliche Lebensform, die genau zwischen zwei heutigen Lebensformen steht. Halb Reptil, halb Vogel, stellt er den evolutiven Zusammenhang zwischen Vogel und Reptil her. Kein anderes Fossil, das bis heute entdeckt wurde, belegt so eindeutig den Evolutionsgedanken.

Brocasche Windung

Gall hatte die Ansicht vertreten, daß bestimmte Bereiche des Gehirns für bestimmte Körperteile und -funktionen zuständig seien (vgl. 1810). Seine Schlußfolgerungen waren jedoch reine Spekulation. Erst Broca (vgl. 1856) konnte den Nachweis für die These erbringen, daß jeder Bereich des Gehirns für eine bestimmte Körperfunktion zuständig ist.
Broca hatte einen Patienten, der sein Sprechvermögen verloren hatte. Als der Mann 1861 im Alter von 51 Jahren starb, wurde bei der Autopsie festgestellt, daß die dritte Windung des linken Stirnlappens des Gehirns beschädigt war. Heute nennt man diese Windung *Brocasche Windung.* Galls Schlußfolgerungen, die ihn zu viel zu gewagten Thesen verleitet und schließlich zur Phrenologie geführt hatten, wurden richtiggestellt.

Thallium

Kirchhoff (vgl. 1859) war nicht der einzige, der neue chemische Elemente mit Hilfe der Spektroskopie entdeckte. Der britische Physiker William Crookes (1832–1919) führte Experimente mit Selenerz durch. Als er eine Probe dieses Erzes erhitzte, zeigte sich eine hellgrüne Linie, die sonst bei keinem anderen chemischen Element zu finden war. Er analysierte das Erz, fand dabei ein neues Element und nannte es *Thallium.* Der Name bedeutete »grüner Zweig« und bezog sich auf die Farbe der Spektrallinie.

Nachtrag

Lincoln, im November 1860 zum Präsidenten gewählt, trat am 4. Mai 1861 sein Amt an. In der Zwischenzeit hatten zehn weitere sklavenhaltende Staaten die Union verlassen. Am 4. Februar 1861 trafen sich diese Staaten in Montgomery, Alabama, und schlossen sich zu den Konföderierten Staaten von Amerika zusammen.
Die Konföderierten Staaten übernahmen die militärischen Einrichtungen, die sich auf ihrem Gebiet befanden. Das Bundesfort Sumter im Hafen von Charleston in South Carolina widersetzte sich. Am 12. April 1861 beschossen die Konföderierten das Fort, und die kleine Garnison sah sich zur Übergabe gezwungen. Mit der Beschießung des Forts begann der Amerikanische Bürgerkrieg.
Am 17. März 1861 wurde offiziell das Königreich Italien proklamiert. Es umfaßte ganz Italien bis auf Venetien, das noch immer zu Österreich gehörte, und den Restkirchenstaat, der unter französischer Besatzung selbständig blieb.
Friedrich Wilhelm IV. von Preußen starb am 2. Januar 1861. Wilhelm wurde König.
In Rußland ordnete Alexander II. die Befreiung der Leibeigenen an.

1862

Die Keimtheorie der Krankheit

Immer mehr Biologen äußerten die Vermutung, daß ansteckende Krankheiten durch Mikroorganismen verursacht werden.
Pasteur (vgl. 1846) griff diese Vermutung auf und veröffentlichte 1862 eine Schrift, in der er alle Beweise zusammengetragen hatte. Sein Ansehen war so groß, daß die *Keimtheorie der Krankheit* von nun an ernst genommen werden mußte. Dies war zweifelsohne einer der bedeutendsten Fortschritte in der Geschichte der Medizin.
Ausgehend von dieser Theorie, spürten Pasteur und andere Wissenschaftler Mikroorganismen auf, die bestimmte Krankheiten verursachten, und konnten so vernünftige Methoden der Vorbeugung oder, wenn es bereits zu einer Ansteckung gekommen war, der Therapie enwickeln.
Dies war der Beginn der modernen Medizin. Der Fortschritt in der Medizin führte zu einem Rückgang der Sterberaten, zu einer Verdopplung der Lebenserwartung und zu einem sprunghaften Anstieg der Bevölkerungszahlen. Seit Pasteurs Zeiten hat sich die Weltbevölkerung mehr als verdreifacht – ein Umstand, der die Menschheit heute vor ungeheure Probleme stellt.

Sirius-Begleiter

Bessel hatte vermutet, daß der Stern Sirius einen dunklen Begleiter hat. Zwar konnte er ihn nicht sehen, doch die Gravitationskräfte, die von ihm ausgingen, waren ein deutliches Indiz dafür, daß er tatsächlich existiert (vgl. 1844).
Am 31. Januar 1862 probierte der amerikanische Astronom Alvan Graham Clark eine neue Teleskoplinse mit einem Durchmesser von 45 Zentimetern aus. Dabei entdeckte er einen kleinen Lichtfleck in der Nähe des Sirius. Zuerst vermutete Clark, die Linse habe einen Fehler. Als der Effekt jedoch bei anderen hellen Sternen ausblieb, schloß er daraus, daß er den Begleiter des Sirius entdeckt hatte. Er war also nicht völlig dunkel.
Clark konnte nicht wissen, daß es sich bei dem Begleiter des Sirius um mehr als nur einen Stern mit schwacher Leuchtkraft handelt. Erst sechzig Jahre später wurden die Besonderheiten des Sirius-Begleiters erkannt.

Wasserstoff in der Sonnenatmosphäre

Kirchhoff hatte gezeigt, daß man anhand der Spektrallinien die Zusammensetzung der Sonnenatmosphäre bestimmen konnte (vgl. 1859). Die Astronomen begannen daraufhin, die dunklen Linien des Sonnenspektrums mit den Linien der chemischen Elemente zu vergleichen.
Im Jahr 1862 erklärte der schwedische Physiker Anders Jonas Ångström (1814–1874), daß in der Sonnenatmosphäre Wasserstoff vorkommt. Einige Jahre später veröffentlichte er eine Karte des Sonnenspektrums, in die er ungefähr tausend Linien eingezeichnet hatte. Als Einheit für seine Messungen benutzte er die später nach ihm benannte *Ångström-Einheit*, die einer Länge von 10^{-10} Metern entspricht. Seit 1958 ist die Ångström-Einheit nicht mehr als Maßeinheit zulässig.

Chloroplasten

Da Pflanzen gleichmäßig grün zu sein scheinen, liegt die Vermutung nahe, daß das Chlorophyll gleichmäßig auf die Zellen verteilt ist. Der deutsche Botaniker Julius von Sachs (1832–1897) widersprach dieser Vermutung. Er fand 1862 heraus, daß Chlorophyll in kleinen Organellen vorkommt, die sich innerhalb der Pflanzenzelle befinden. Diese Organellen nannte man später *Chloroplasten*. Sachs stellte fest, daß sich in den Chloroplasten Stärke befindet, und konnte so zeigen, daß Stärke ein Produkt der Photosynthese ist.

Die Quelle des Weißen Nils

Bruce hatte die Quelle des Blauen Nils im Nordwesten Äthiopiens entdeckt (vgl. 1770). Doch den Hauptstrom bildete der Weiße Nil, und wo er entsprang, war noch nicht geklärt. Die beiden britischen Entdecker Richard Francis Burton (1821–1890) und John Hanning Speke (1827–1864) machten sich auf die Suche nach den großen Seen, von denen arabische Händler berichtet hatten. Ausgangspunkt ihrer Expedition war die Insel Sansibar vor der ostafrikanischen Küste. Von dort stießen sie nach Westen vor. Im Februar 1858 erreichten sie den Tanganjika-See, ein langgezogenes, schmales Gewässer, rund 1 000 Kilometer von der Küste entfernt.
Da Burton die Reise nicht fortsetzen wollte, zog Speke auf eigene Faust weiter nach Norden und erreichte am 30. Juli den Victoriasee. Nach dem Oberen See in Nordamerika ist der Victoriasee flächenmäßig der zweitgrößte Süßwassersee der Erde.
Speke bestätigte, daß es sich bei dem Strom, der im Norden des Victoriasees entsprang, um den Nil handelte. Der längste Fluß, der im Westen in den Victoriasee mündet, ist der Kagera mit einer Länge von 1 150 Kilometern. Die Quelle dieses Flusses ist die eigentliche Quelle des Nils. Sie befindet sich im heutigen Staat Burundi, ungefähr 50 Kilometer östlich des Tanganjika-Sees.

Panzerschiffe

Die Konföderierten hoben 1862 in der Nähe von Norfolk, Virginia, ein versenktes Schiff der Union (die *Merrimack*) und rüsteten es um. Sie verkleideten es mit Eisenplatten, brachten unter der Wasserlinie einen gußeisernen Rammbock an und bestückten es mit zehn Kanonen. Schließlich tauften sie das Schiff auf den Namen *Virginia*.
Am 8. März griff das Panzerschiff die Holzschiffe der Union an, die den Hafen blockierten, und versenkte sie. Die Geschütze der Union konnten ihm nichts anhaben. Eine Zeitlang sah es so aus, als könnte dieses Schiff allein die gesamte Marine der Union zerstören und die Blockade brechen.
John Ericsson (1803–1889), ein amerikanischer Ingenieur schwedischer Abstammung, hatte jedoch bereits das Panzerschiff *Monitor* für die Union gebaut. Die *Monitor* war ein kleines Schiff mit geringem Tiefgang und mit zwei Kanonen bestückt. Gleich nach dem Angriff der *Merrimack* segelte sie gen Süden. Am

9. März, nur einen Tag nach der gelungenen Aktion der Konföderierten, traf die *Monitor* am Ort des Geschehens ein. Ein fünfstündiges Gefecht folgte, bei dem zunächst kein Schiff dem anderen einen Schaden zufügen konnte. Dann bekam die *Merrimack* ein Leck, mußte auf das Trockendock und konnte nie wieder eingesetzt werden. Die Union war gerettet.
Die bis dahin gebräuchlichen hölzernen Kriegsschiffe waren nun überholt. Alle Länder, die eine Marine besaßen – allen voran Großbritannien –, begannen nun mit der Umrüstung auf Panzerschiffe.

Maschinengewehre

Mit der Erfindung des Revolvers zwei Jahrzehnte zuvor war natürlich noch nicht das letzte Wort gesprochen. Bereits seit 1860 waren nun auch Mehrfachlader bzw. Repetiergewehre auf dem Markt. Doch auch deren Feuergeschwindigkeit genügte offensichtlich noch nicht.
Der amerikanische Erfinder Richard Jordan Gatling (1818–1903) arbeitete an einem Gewehr, mit dem man so lange ununterbrochen schießen konnte, bis der Munitionsvorrat im Patronengurt erschöpft war. Im November 1862 hatte er eine Schnellfeuerwaffe entwikkelt, mit der man sechs Schüsse pro Sekunde abgeben konnte. Sie war noch handbetrieben. Diese Waffe war das erste *Maschinengewehr*. Die Unionstruppen setzten es gegen Ende des amerikanischen Bürgerkriegs ein.

Hämoglobin

Eines der am häufigsten vorkommenden Proteine ist in den roten Blutkörperchen enthalten. Es sorgt für den Sauerstofftransport von der Lunge ins Gewebe. Das Protein nimmt in der Lunge den Sauerstoff auf und gibt ihn im Gewebe des Organismus wieder frei. Der deutsche Biochemiker Felix Hoppe-Seyler (1825–1895) führte eine genaue Analyse dieses Proteins durch. Im Jahr 1862 kristallisierte er es und gab ihm den Namen *Hämoglobin* (»Hämo« leitet sich vom griechischen Wort für »Blut« ab, »globin« ist eine Kurzform von »Globulin« und markiert die Proteinklasse). Wenn es sich mit Sauerstoff verbindet, wird es zu *Oxyhämoglobin.*

Nachtrag

In Nordamerika nahm der Bürgerkrieg seinen Fortgang. Am 22. September 1862 erklärte Lincoln die Sklaven in den abgefallenen Staaten vom 1. Januar 1863 an für frei. Damit bezog er eindeutig Stellung in der Sklavenfrage und erhob deren Lösung zum Kriegsziel.
Mexiko war seinen Zahlungsverpflichtungen gegenüber Großbritannien, Frankreich und Spanien nicht nachgekommen. Alle drei schickten daraufhin Truppen ins Land, um die Schulden einzutreiben, doch Großbritannien und Spanien besannen sich eines Besseren und zogen ihre Truppen wieder ab. Nur die Franzosen blieben. Sie verfolgten die Absicht, ein von Frankreich beherrschtes Reich zu errichten. Die Gelegenheit war günstig: Die Vereinigten Staaten waren in einen Bürgerkrieg verstrickt und außerstande, die Einhaltung der Monroedoktrin zu erzwingen. Es blieb denn auch bei verbalen Protesten von seiten der USA.
In Preußen wurde Otto Eduard Leopold von Bismarck (1815–1898) Ministerpräsident. Preußen hatte nun erstmals seit Friedrich II. wieder einen starken Mann an der Spitze.

1863

Treibhauseffekt

Der irische Physiker John Tyndall (1820–1893) machte 1863 darauf aufmerksam, daß Gase wie Kohlendioxid und Wasserdampf für das sichtbare Licht, das von der Sonne auf die

Erde strahlt, durchlässig sind, aber nahezu undurchlässig für die Infrarotstrahlung, die die Erde nachts beim Abkühlen an den Weltraum abgibt.
Wenn also der Kohlendioxid- und Wasserdampfanteil in der Luft steigt, erhöht sich auch die Temperatur an der Erdoberfläche. Ganz ähnlich ist es in einem Treibhaus. Die Wärme, die dort entsteht, wenn Licht durch das Glas dringt und die Luft im Innern aufwärmt, kann nur schwer entweichen. Aus diesem Grund nennt man das oben beschriebene Phänomen *Treibhauseffekt*.
Seit sich der Kohlendioxidanteil in der Luft konstant erhöht, stellt der Treibhauseffekt eine ernste Gefahr dar.

Oktavensystem der Elemente

Über sechzig chemische Elemente waren mittlerweile schon bekannt. Allerdings wiesen sie so unterschiedliche Eigenschaften auf, daß sie nur schwer in eine Systematik gebracht werden konnten. Trotzdem bemühten sich die Chemiker, sie in Gruppen zu gliedern. Mehrere Versuche waren bereits unternommen worden, als der englische Chemiker John Alexander Reina Newlands (1837–1898) einen etwas anderen Ansatz wählte.
Newlands ordnete die Elemente nach ihrem Atomgewicht. Dabei stellte er fest, daß sich nach jeweils sieben Elementen die Eigenschaften wiederholten. Aus dieser Entdekkung entwickelte er eine frühe Form des Periodensystems und nannte sie *Oktavensystem der Elemente* (in Anlehnung an die Musik, in der sich die ersten sieben Noten auch immer wiederholen und die erste und die achte Stufe, die Oktav, einander entsprechen).
Newlands wurde nicht ernst genommen, weil seine Liste der Elemente das Gesetz der Achtergruppen nur sehr unzureichend erfüllte. Allerdings trug er dazu bei, daß die Erstellung von Listen geradezu in Mode kam und in den folgenden zehn Jahren weit genauere Tabellen angefertigt wurden.

Aufbau der Sterne

Einiges deutete darauf hin, daß auf der Sonne die gleichen Elemente vorkommen wie auf der Erde (vgl. 1859). Konnte man also davon ausgehen, daß das Sonnensystem aus ganz bestimmten Elementen besteht, andere Sterne sich aber aus anderen, unbekannten Elementen zusammensetzen?
Der englische Astronom William Huggins (1824–1910) untersuchte die Spektren einiger heller Sterne und verkündete 1863, daß ihre Spektrallinien die gleichen seien wie bei den bekannten Elementen. Demnach ist es also möglich, daß das gesamte Universum aus den gleichen Elementen aufgebaut ist.

Barbiturate

Der deutsche Chemiker Adolf von Baeyer (1835–1917) entdeckte 1863 die *Barbitursäure* (angeblich benannte er sie nach seiner damaligen Freundin Barbara). Barbitursäure ist der Grundbaustein einer wichtigen Gruppe von Schlafmitteln, die unter dem Namen *Barbiturate* bekannt sind.

Indium

Der deutsche Mineraloge Ferdinand Reich (1799–1882) hatte aus Zinkerz ein gelbes Präzipitat gewonnen und hielt es für ein neues Element. Da Reich farbenblind war, bat er seinen Assistenten Theodor Richter (1824–1898), das Spektrum dieser Substanz zu untersuchen. Richter entdeckte eine indigoblaue Spektrallinie, die sich bei keinem bisher bekannten Element fand. Ihretwegen nannte man das Element *Indium*.

Nachtrag

Der amerikanische Bürgerkrieg gelangte an einen Wendepunkt. In der Schlacht von Gettysburg, Pennsylvania, brachte das Unions-

heer den vorrückenden Truppen der Konföderierten große Verluste bei und zwang sie zum Rückzug. Fast zur gleichen Zeit nahmen Unionstruppen die Stadt Vicksburg in Mississippi ein. Ganz Mississippi war nun in der Hand der Union.
In Mexiko besetzten am 7. Juni 1863 französische Truppen Mexiko-Stadt, und Napoleon hielt nach einem Mann Ausschau, den er für sich als Kaiser einsetzen konnte.
Am 10. Januar 1863 wurde in London die erste Untergrundbahn der Welt in Betrieb genommen.

1864

Orionnebel

Wie sich herausgestellt hatte, bestehen einige Nebelflecke – darunter auch die Milchstraße (vgl. 1609) – aus einer Anhäufung schwach leuchtender Sterne. Und verschiedene Objekten, die Messier katalogisiert hatte (vgl. 1771), hatten sich als kugelförmige Sternhaufen entpuppt (vgl. 1785). War denn kein Nebel, was er zu sein schien, nämlich einfach nur eine Gaswolke?
Huggins (vgl. 1863) fand 1864 heraus, daß das Spektrum des Orionnebels typisch für ein leuchtendes Gas ist. Tatsächlich besteht der Orionnebel aus einer großen Gaswolke. Heute weiß man, daß sich in dieser Wolke Sterne befinden und das Gas so stark aufheizen, daß es leuchtet.

Nachtrag

Der Bürgerkrieg in Nordamerika wurde mit unverminderter Härte fortgesetzt. Beide Seiten erlitten hohe Verluste, ganze Landstriche wurden verwüstet. Unionstruppen rückten weiter vor und marschierten in Virginia und Georgia ein.
Die Konföderierten setzten ihre ganze Hoffnung auf die anstehenden Wahlen, denn viele Nordstaatler waren inzwischen kriegsmüde geworden. Doch sie wurden enttäuscht: Lincoln wurde erneut zum Präsidenten gewählt.
Das Jahr 1864 war generell ein schlechtes Jahr für Aufstände. Die Russen unterdrückten eine Rebellion in Polen, und der Taiping-Aufstand der chinesischen Bauern fand sein Ende, als die Mandschu-Truppen mit Unterstützung der Briten Nanking einnahmen.
Napoleon überredete Erherzog Ferdinand Maximilian (1832–1867), den jüngeren Bruder des österreichischen Kaisers Franz Josef I., die mexikanische Kaiserkrone anzunehmen. Am 10. April wurde er als Kaiser Maximilian in sein Amt eingesetzt.

1865

Genetik

Darwins Evolutionstheorie, die auf dem Prinzip der Selektion beruhte (vgl. 1858), enthielt eine theoretische Lücke. Darwin ging zwar davon aus, daß in jeder Generation einer bestimmten Art zufällige Variationen auftraten, zog jedoch nicht in Betracht, daß es, zumindest bis zu einem gewissen Grad, auch zu zufälligen Paarungen kommen mußte. Deshalb war es wahrscheinlich, daß die Variationen in den nächsten Generationen gar nicht mehr auftauchten. Denn schließlich war nicht damit zu rechnen, daß sich ausgerechnet Individuen mit den gleichen extremen Merkmalen paarten.
Diese theoretische Lücke schloß der Botaniker und Augustinerprior Gregor Johann Mendel (1822–1884). Mendel führte im Brünner Klostergarten umfangreiche Versuche mit Gartenerbsen durch.
Mendel schützte die Pflanzen vor der Bestäubung durch Insekten, so daß nur eine künstliche Befruchtung erfolgen konnte. Die Samen

dieser Pflanzen sammelte er, säte sie aus und studierte die Merkmale der folgenden Generation.
Dabei stellte er fest, daß niederwüchsige Gartenerbsen in den nächsten Generationen wiederum nur niederwüchsige Pflanzen hervorbrachten. Diese Pflanzen waren also »reinerbig«.
Die Weiterzucht hochwüchsiger Erbsen führte zu komplizierteren Ergebnissen. Einige Pflanzen waren reinerbig, andere nicht. Aus den Samen der nicht reinerbigen entstanden nur in drei Vierteln aller Fälle hochwüchsige Pflanzen, der Rest war niederwüchsig.
Mendel kreuzte als nächstes niederwüchsige mit reinrassigen hochwüchsigen Erbsenpflanzen. Die Nachkommen, die daraus hervorgingen, waren ausschließlich hochwüchsig, das Merkmal der Niederwüchsigkeit schien verschwunden zu sein. Erst in der darauffolgenden, durch Selbstbestäubung erhaltenen Generation tauchten wieder hoch- und niederwüchsige Erbsenpflanzen auf, und zwar in einem Verhältns von drei zu eins. Das Merkmal war also nur bei einer Generation verschwunden und tauchte bei der nächsten wieder auf.
Hochwüchsigkeit war also ein *dominantes* und Niederwüchsigkeit ein *rezessives* Merkmal. Die dominanten Merkmale unterdrückten die rezessiven Merkmale – aber nur vorübergehend.
Andere Merkmale vererbten sich in ähnlicher Weise. Eine Vermischung extremer Eigenschaften fand nicht statt.
Mendel fand außerdem heraus, daß männliche und weibliche Organismen gleichermaßen zur Vererbung beitrugen. Jeder Organismus schien zwei Anlagen für ein bestimmtes Merkmal zu besitzen und jeweils eine davon an die Nachkommen weiterzuvererben. Wurden unterschiedliche Merkmale weitervererbt und war ein dominantes darunter, so wurde das rezessive Merkmal unterdrückt, aber es war immer noch vorhanden. Es konnte in einer späteren Generation wieder auftreten. Wenn beide Eltern ein rezessives Merkmal weitervererbten, so daß die Nachkommen nur rezessive und keine dominanten Merkmale erhielten, dann zeigte sich wieder das rezessive Merkmal.
Aus diesen Versuchen leitete Mendel die später nach ihm benannten *Mendelschen Gesetze* ab. Sie bildeten die Grundlage für die Wissenschaft der *Genetik*. Mendel veröffentlichte seine Ergebnisse 1865 und 1869, doch die Wissenschaft erkannte ihre Bedeutung erst über dreißig Jahre später.
Die Mendelschen Gesetze belegen, daß extreme Merkmale nicht einfach wieder verschwinden, sondern immer wieder auftreten. Sie liefern gewissermaßen den Mechanismus, durch den die natürliche Selektion die Arten nach und nach verändern kann. Mendel schloß die Lücke in Darwins Evolutionstheorie. Allerdings waren beide bereits tot, als die wissenschaftliche Welt endlich begriff, was geschehen war.

Der Benzolring

Kekulés Methode, chemische Formeln zu schreiben (vgl. 1858), löste nicht alle Probleme. Die wichtige Verbindung Benzol, deren Struktur beispielsweise in den neuen künstlichen Farbstoffen (vgl. 1850) enthalten war, konnte mit seinem System nicht dargestellt werden.
Das Benzolmolekül enthält sechs Kohlenstoff- und sechs Wasserstoffatome. Fügt man jedoch an eine Kette von sechs Kohlenstoffatomen sechs Wasserstoffatome an, so entsteht eine sehr instabile Verbindung. Benzol ist jedoch recht stabil.
Kekulé fand 1865 eine Antwort auf dieses Problem. Seinen eigenen Angaben zufolge fuhr er gerade in einem von Pferden gezogenen Bus und stellte sich im Halbschlaf Kohlenstoffketten vor, als die Enden dieser Ketten sich plötzlich miteinander verbanden und einen Ring bildeten. Er begriff sofort: Wenn die sechs Kohlenstoffatome einen sechseckigen Ring bildeten und sich je ein Wasserstoffatom an jedes Kohlenstoffatom anlagerte, so entstand ein stabiles Molekül. Die Theorie, daß

organische Moleküle Ringe und Ketten bilden konnten, führte zur Lösung vieler Strukturprobleme.

Avogadrosche Zahl

Das Wasserstoffmolekül enthält zwei Wasserstoffatome. Das Wasserstoffatom hat ein Atomgewicht von ungefähr eins, folglich hat ein Wasserstoffmolekül ein Molekulargewicht von zwei. Wasserstoffgas besteht aus Wasserstoffmolekülen. Bei einer Temperatur von 0°C und normalem Atmosphärendruck auf Meereshöhe wiegen 22,4 Liter Wasserstoffgas zwei Gramm. Das ist sein Molekulargewicht in Gramm und entspricht der Stoffmenge von einem *Mol.*
Da die Volumina idealer Gase – nach der Avogadroschen Hypothese (vgl. 1811) – die gleiche Anzahl von Molekülen enthalten und da das Sauerstoffmolekül ein Molekulargewicht von 32 hat, wiegen 22,4 Liter Sauerstoff 32 Gramm und entsprechen einem Mol.
Tatsächlich entsprechen 22,4 Liter eines jeden Gases einem Mol.
Blieb also noch zu klären, wie viele Moleküle sich in 22,4 Litern eines Gases befanden. Der österreichische Physiker Johann Joseph Loschmidt (1821–1895) nahm sich dieser Frage an und errechnete die Zahl mit Hilfe der kinetischen Gastheorie Maxwells (vgl. 1859): Er kam auf rund 600 000 000 000 000 000 000 000 oder sechshundert Milliarden Billionen oder 6×10^{23}. Da dies alles auf der Avogadroschen Hypothese basierte, nannte man diese Zahl die *Avogadrosche Zahl.*
Mit Hilfe dieser Zahl läßt sich die tatsächliche Masse eines einzelnen Wasserstoffmoleküls berechnen. Man erhält sie, wenn man zwei Gramm durch 6×10^{23} dividiert. Ein Wasserstoffatom besitzt demzufolge eine Masse, die halb so groß ist. Natürlich kann genauso auch die Masse anderer Atome und Moleküle ermittelt werden.
Zum ersten Mal hatten Wissenschaftler eine Vorstellung von der Masse der winzigen Atome und Moleküle, aus denen die Materie besteht.

Antisepsis

Narkotika waren schon seit mehr als zwanzig Jahren gebräuchlich (vgl. 1846). Sie schalteten die Schmerzen zwar aus, doch die Sterberate nach Operationen blieb hoch. Auch nach einer erfolgreich verlaufenen Operation konnte der Patient eine Entzündung bekommen und sterben.
Der britische Chirurg Joseph Lister (1827–1912) hatte von Pasteurs Keimtheorie der Krankheit (vgl. 1862) gehört und kam auf die Idee, daß eventuell von außen zugeführte Keime die Ursache für die Entzündungen waren, für die das angegriffene Gewebe besonders anfällig war. Möglicherweise wurden die Keime sogar durch die Ärzte oder ihre Instrumente übertragen.
Lister ordnete deshalb an, daß die Ärzte ihre Hände und Instrumente vor jeder Operation mit Phenol reinigten. Die Sterberate sank sofort. Semmelweiss hatte dasselbe schon vor siebzehn Jahren versucht (vgl. 1847), nur hatte er sich nicht auf Pasteur berufen können und war deshalb bei den Ärzten auf taube Ohren gestoßen. Daraus ersieht man, wie wichtig auch in praktischen Fragen eine theoretische Grundlage sein kann.
Schließlich wurden Chemikalien verwendet, die weniger Nebenwirkungen zeigten und insgesamt wirksamer waren als Phenol. Die Antisepsis (nach einem griechischen Ausdruck für »der Verwesung entgegenwirkend«) wurde nun bei allen Operationen angewandt.

Maxwellsche Gleichungen

Maxwell (vgl. 1855) begann 1865 mit der Zusammenfassung seiner in den *Maxwellschen Gleichungen* gipfelnden Theorie. Diese Grundgleichungen, einfach in der Form, drücken sämtliche Erscheinungen der Elektrizität und des Magnetismus aus und

verknüpfen sie untrennbar miteinander. Ähnliches hatte Newton auf dem Gebiet der Gravitation vollbracht.
Maxwell zeigte, daß Elektrizität und Magnetismus nicht getrennt voneinander existieren, sondern unauflöslich miteinander verbunden sind. Es gibt nur eine einzige elektromagnetische Kraft.
Des weiteren zeigte Maxwell, daß die Oszillation einer elektrischen Ladung ein elektromagnetisches Feld erzeugte, das von seiner Quelle aus mit gleichbleibender Geschwindigkeit elektromagnetische Wellen aussandte. Diese Geschwindigkeit konnte mit Hilfe der Gleichungen berechnet werden. Es stellte sich heraus, daß sie genau der Lichtgeschwindigkeit entsprach. Maxwell hielt deshalb an seiner Vermutung fest, daß Licht eine Art elektromagnetischer Strahlung ist und daß die Wellenlängen dieser Strahlung von der Oszillationsgeschwindigkeit der Ladung abhängen und alles mögliche sein können – beispielweise sehr viel kürzer als ultraviolettes Licht oder auch sehr viel länger als Infrarotlicht. Zwei Jahrzehnte später sollte sich diese Vermutung bestätigen.
Maxwell hat die physikalischen Beobachtungen seiner Zeit auf beeindruckende Weise in einem mathematischen Gleichungssystem zusammengefaßt und dabei so unterschiedliche Phänomene wie Elektrizität, Magnetismus und Licht unter einen Hut gebracht. Ähnlich eindrucksvolle Zusammenfassungen waren späteren Physikern nur unter höchsten Anstrengungen möglich.

Möbiussches Band

Der deutsche Mathematiker August Ferdinand Möbius (1790–1868) stellte 1865 das später nach ihm benannte *Möbiussche Band* vor. Es besteht aus einem langen, flachen Papierstreifen (oder einem anderen verformbaren Material), der nach einer Halbdrehung an den Enden zusammengefügt wird, so daß eine kreisförmige Figur entsteht. Dieses Gebilde besitzt nur eine Seite und nur eine Kante.
Deshalb gilt Möbius als einer der Begründer der *Topologie*, jenes Teilbereichs der Mathematik, der sich mit denjenigen Eigenschaften von Figuren beschäftigt, die bei stetigen Veränderungen erhalten bleiben.

Zylinderschloß

Das menschliche Verhalten hat dafür gesorgt, daß stets ein Bedarf an Schlössern bestand. Dabei sind besonders solche Schlösser von Vorteil, die klein und schwer aufzubrechen sind. Und auch der Schlüssel sollte klein und schwer nachzumachen sein. Natürlich bietet kein Schloß absolute Sicherheit, aber nicht alle Schlösser sind gleich gut.
Der amerikanische Schlossermeister Linus Yale (1821–1868) erhielt 1865 das Patent auf ein Zylinderschloß. Dieses Schloß war mit Zuhaltungen versehen, die zuerst in eine bestimmte Position gebracht werden mußten, bevor sich das Schloß öffnen ließ. Der Schlüssel hatte einen gezackten Bart, der die Zuhaltungen in die gewünschte Position brachte. Dabei war eine so große Anzahl von Kombinationen möglich, daß selbst bei Millionen von Schlüsseln keiner wie der andere war. Dieses System ist noch heute bei Haus- und Wohnungsschlüsseln gebräuchlich.

Nachtrag

Der amerikanische Bürgerkrieg ging zu Ende. Das letzte Heer der Konföderation ergab sich am 26. Mai 1865 bei Shreveport in Louisiana. Der Krieg hatte die beteiligten Staaten über eine Million Tote gekostet.
Unterdessen ereignete sich eine weitere Tragödie. Am Abend des 14. April 1865 verübte der Schauspieler John Wilkes Booth (1838–1865) ein Attentat auf Präsident Lincoln, als dieser in seiner Theaterloge saß. Lincoln starb einen Tag später an den Folgen der Schußverletzung. Er war der erste amerikanische Präsident, der einem Attentat zum Opfer fiel.

Mit dem 13. Verfassungszusatz wurde 1865 die Sklaverei verboten.
In Europa bereitete der preußische Kanzler Bismarck von langer Hand die Vereinigung der deutschen Teilstaaten vor. Er achtete sorgsam darauf, daß er immer nur einen einzigen Feind bekämpfte, und vermied es geflissentlich, dem nächsten schon Angst einzujagen.

1866

Dynamit

Zwanzig Jahre zuvor hatte Sobrero das Nitroglycerin entdeckt (vgl. 1847). Es wurde dazu verwendet, Straßen durch Berge zu sprengen, Kanäle zu bauen und Fundamente zu legen. Für diese Zwecke eignete es sich hervorragend, nur leider war es so stoßempfindlich, daß es zuweilen schon vorher explodierte. Dabei wurden Fabriken zerstört und Menschen getötet.
Der schwedische Erfinder Alfred Bernhard Nobel (1833–1896) hatte einen Bruder bei einer Explosion in der väterlichen Sprengstofffabrik verloren. Deshalb suchte er nach einer Möglichkeit, Nitroglyzerin ungefährlicher zu machen.
Im Jahr 1866 gelang ihm durch Zufall eine Entdeckung. Nitroglyzerin war aus einem undichten Faß ausgelaufen und vom Verpackungsmaterial, das aus Diatomeenerde oder *Kieselgur* bestand, aufgesaugt worden (Kieselgur setzt sich aus den Kieselsäurepanzern unzähliger mikroskopisch kleiner Stabalgen zusammen).
Die getränkte Kieselgur blieb trocken. Nobel führte mit diesem Stoff verschiedene Experimente durch. Er fand heraus, daß Nitroglyzerin, das mit Kieselgur vermischt worden war, nur mit Hilfe eines Zünders zur Explosion gebracht werden konnte. Ohne Zünder war das Gemisch ungefährlich. Und dennoch behielt das Nitroglyzerin im Kieselgur die gleiche Sprengkraft wie zuvor.
Nobel nannte den Sprengstoff *Dynamit* (vom griechischen Wort für »Kraft«). Es ersetzte freies Nitroglyzerin und ermöglichte nun den ungefährlichen Umgang mit Sprengstoffen im Bauwesen. Nobel hinterließ nach seinem Tod ein Vermögen von zehn Millionen Dollar für die Gründung der Nobelstiftung, die jährlich die Nobelpreise vergibt.

Fieberthermometer

Die Körpertemperatur eines Patienten spielte eine wichtige Rolle bei der ärztlichen Diagnose. Die bis zum Jahr 1866 verwendeten Thermometer waren lang und unhandlich, und eine Messung dauerte bis zu zwanzig Minuten. Der britische Arzt Thomas Clifford Allbutt (1836–1925) erfand ein kleines, nur 15 Zentimeter langes Thermometer, mit dem die Körpertemperatur in nur fünf Minuten gemessen werden konnte. Das Fiebermessen mit diesem *Fieberthermometer* gehörte bald zur Routine.

Kommensurabilitätslücken

Man hatte bisher fast neunzig Asteroiden entdeckt und ihre Umlaufbahnen berechnet. Dabei hatte sich herausgestellt, daß sie nicht gleichmäßig angeordnet waren. Der amerikanische Astronom Daniel Kirkwood (1814–1895) zeigte 1866, daß ihre Anordnung Lücken aufweist, die heute *Kommensurabilitätslücken* genannt werden.
Er vertrat die Theorie, daß ein Asteroid, der in einer dieser Lücken liegt, eine Umlaufzeit besitzt, die zur Umlaufbahn des Jupiter in einem einfachen ganzzahligen Verhältnis steht. Das bedeutet, daß sich ein solcher Asteroid bei jedem zweiten oder dritten Umlauf in der gleichen Position zu Jupiter befindet. Die Massenanziehung des Jupiter muß in diesem Fall zu Bahnstörungen führen. Dadurch nähert sich der Asteroid der Sonne oder entfernt sich von ihr, so daß eine Lücke zurückbleibt.

Kirkwood war der Ansicht, daß sich die Lücken in den Saturnringen ebenso erklären lassen. Wenn sich also beispielsweise Bestandteile eines Rings in der Cassinischen Teilung befinden, besitzen diese genau die Hälfte der Umlaufzeit des Saturnsatelliten Mimas. Durch dessen Massenanziehung werden die Ringpartikel wieder aus der Cassinischen Teilung entfernt.

Der Eisenkern der Erde

Nachdem Cavendish die Erdmasse bestimmt hatte (vgl. 1798), wußte man, daß die durchschnittliche Dichte der Erde ungefähr zweimal so groß ist wie die ihrer steinernen Kruste. Das Material im Erdmittelpunkt muß also eine größere Dichte als Stein haben. Die Vermutung lag somit nahe, daß die Erde einen Kern aus Metall besitzt.
Dem französischen Geologen Gabriel-Auguste Daubrée (1814–1896) war bekannt, daß einige wenige Meteroiten aus einer Nickel-Eisen-Legierung bestanden, viele Meteroiten hingegen aus Stein. Wenn man davon ausging, daß Meteroiten die Überreste explodierter Planeten darstellten, stammten die aus Stein vom äußeren Teil des Planeten und die aus Eisen und Nickel aus dessen Kern. Er schloß daraus, daß auch die Erde einen Kern aus Eisen und Nickel besitzt. Auch heute noch nehmen Geologen an, daß diese These zutrifft.

Aufbau einer Nova

Seit Keplers und Tycho Brahes Entdeckung der außerordentlich hellen Novae vor fast drei Jahrhunderten waren weitere derartige Novae gesichtet worden. Es gibt aber auch weniger helle Novae, die die Aufmerksamkeit der Astronomen auf sich zogen, weil sie plötzlich heller wurden.
Huggins (vgl. 1863) wertete 1866 das Spektrum einer Nova aus. Die Spektrallinien belegten, daß der Stern von einer Wasserstoffwolke umgeben ist. Damit war der erste Beweis erbracht, daß Wasserstoff ein Grundbestandteil des Universums ist.

Nachtrag

Bismarcks Plan, Deutschland unter preußischer Vorherrschaft zu vereinigen, brachte erste Erfolge. Er verbündete sich mit Italien und provozierte eine Auseinandersetzung mit Österreich. Im Juni 1866 begann der *Deutsche Krieg von 1866*, in dem Preußen und Italien gegen Österreich kämpften. Die Italiener unterlagen nach kurzer Zeit, doch die Preußen waren nicht so leicht zu besiegen. Sie folgten dem Beispiel Amerikas und setzten den Telegraphen ein. Zudem war ihre Armee im Gegensatz zu den Österreichern mit Zündnadelgewehren (vgl. 1841) ausgerüstet. Die Preußen errangen am 3. Juli 1866 bei Königgrätz den entscheidenden Sieg. Am 23. August 1866 wurde der Friede von Prag geschlossen. Österreich mußte Venetien an Italien abtreten. Preußen annektierte Schleswig-Holstein und andere Gebiete in Norddeutschland, einschließlich Hannover.
Der große Verlierer war Frankreich. Es hatte auf einen langwierigen Krieg gehofft, der die beteiligten Länder schwächen würde. Statt dessen baute Preußen seine Vormachtstellung in Deutschland aus. Bismarcks nächstes Ziel war Frankreich. Deshalb schonte er das besiegte Österreich. Er wollte verhindern, daß es sich gegen ihn stellte und mit Frankreich verbündete, um Vergeltung für seine Niederlage zu üben.
Das Telegraphenkabel, das Europa mit Amerika verbinden sollte, wurde endlich verlegt (acht Jahre zuvor war schon einmal ein Kabel im Atlantik verlegt worden, doch hatte es nur kurze Zeit funktioniert). Diese Aufgabe übernahm der erste wirklich große Liniendampfer *Great Eastern*. Brunel (vgl. 1843) hatte das über 210 Meter lange Schiff gebaut, das 1858 vom Stapel gelaufen war. Der Dampfer war zwar zu groß, um ein kommerzieller Erfolg zu werden, doch für die Verlegung des Kabel war er ideal. Das Unternehmen wurde von

dem amerikanischen Geschäftsmann Cyrus West Field (1819–1892) finanziert.

1867

Trockenzelle

Die bislang gebräuchlichen Batterien, den Bleiakkumulator eingeschlossen, bestanden aus einem mit Flüssigkeit gefüllten Behälter. Das war notwendig, weil die chemischen Reaktionen, die für die Erzeugung des elektrischen Stroms erforderlich waren, in Lösung abliefen. Die mit Flüssigkeit gefüllten Batterien mußten vorsichtig behandelt werden. Selbst wenn man sie nur leicht anstieß, liefen sie aus. Die Flüssigkeit war meist ätzend.
Der französische Ingenieur Georges Leclanché (1839–1882) experimentierte zwanzig Jahre lang und entwickelte schließlich eine Zelle, deren Flüssigkeit er durch Zugabe von Mehl und Gips zu einer zähen Paste eindickte. Diese Zelle war zwar nicht völlig trocken, aber immerhin nicht so naß, daß sie auslaufen konnte. Man konnte sie, ohne daß sie Schaden nahm, hin und her werfen, auf die Seite legen und umdrehen. Später nannte man diese Batterie *Trockenzelle*. Sie wurde in unzähligen kleinen Geräten, von der Taschenlampe bis hin zu Kinderspielzeug, verwendet.

Schreibmaschinen

Vor vier Jahrhunderten war der Buchdruck eingeführt worden. Aber Briefe oder Geschichten mußten immer noch von Hand geschrieben werden. (Der Text eines unveröffentlichten Schriftstücks wird auch heute noch Manuskript genannt; dieses Wort leitet sich von einem lateinischen Ausdruck für »handgeschrieben« ab.) Zwar hatte man bereits Maschinen entwickelt, die auf Hebeldruck Buchstaben druckten, doch sie waren äußerst unpraktisch. Es war immer noch schneller, ein Schriftstück von Hand niederzuschreiben.
Die erste einigermaßen handliche Schreibmaschine, auf der man mit etwas Übung so schnell schreiben konnte wie von Hand, entwickelte der amerikanische Erfinder Christopher Latham Sholes (1819–1890). Die erste Maschine baute er 1867, im Jahr darauf ließ er sich seine Erfindung patentieren. Innerhalb weniger Jahre wurde die Bezeichnung *Schreibmaschine* gebräuchlich.

Massenwirkungsgesetz

Chemiker wußten, daß eine Reaktion entweder in die eine oder die andere Richtung ablaufen konnte. Indem man beispielsweise die Menge eines Ausgangsstoffes erhöht, kann man dafür sorgen, daß die Reaktion in diejenige Richtung abläuft, bei der dieser Ausgangsstoff verbraucht wird.
Die norwegischen Chemiker Cato Maximilian Guldberg (1836–1902) und sein Schwager Peter Waage (1833–1900) zeigten, daß dies nicht die Masse allein bewirkt, sondern die Konzentration, also die Masse in einem gegebenen Volumen. Dieses Gesetz, das später die Bezeichnung *Massenwirkungsgesetz* erhielt, wurde 1867 aufgestellt. Es ebnete den Weg für die Anwendung der Thermodynamik bei chemischen Reaktionen.

Nachtrag

Nach dem Ende des Bürgerkriegs drängten die Amerikaner darauf, daß Napoleon seine Truppen aus Mexiko abzog. Am 12. März zogen die Franzosen ab. Maximilian blieb zurück. Mexikanische Truppen nahmen ihn am 14. Mai 1867 gefangen. Am 19. Juni wurde er hingerichtet.
Alaska war eine Belastung für Rußland. Es war so weit weg, daß es nicht vernünftig regiert werden konnte. Alexander II. war deshalb froh, daß er einen Käufer dafür fand.

Am 30. März 1867 ging Alaska für 7,2 Millionen Dollar an die USA.
Der Deutsche Krieg von 1866 hatte Österreich so geschwächt, daß es seine Herrschaft über Ungarn nicht einmal mehr mit Gewalt behaupten konnte. Im Oktober 1867 wurde schließlich ein Kompromiß erzielt. Ungarn und Österreich erhielten jeweils eine eigene Regierung. Kriegs-, Außen- und Wirtschaftsministerium blieben jedoch für beide Länder zuständig. Franz Josef I. herrschte fortan als Kaiser von Österreich und König von Ungarn über *Österreich-Ungarn.*
Mutsuhito (1852–1912) wurde im Februar 1867 Kaiser von Japan. Das Schogunat wurde abgeschafft und die Modernisierung des Landes vorangetrieben.

1868

Luftdruckbremse

Fortschritte in der Technik brachten unweigerlich neue Gefahren mit sich. So besitzt eine Lokomotive, an die einige Wagen angehängt sind, eine sehr große Masse. Wenn sie bei hoher Geschwindigkeit abgebremst und zum Stillstand gebracht werden muß, ist dazu eine enorme Kraft nötig. Gelingt dies nicht, sind Kollisionen mit tödlichem Ausgang unvermeidlich.
Der amerikanische Ingenieur George Westinghouse (1846–1914) erfand die Luftdruckbremse, bei der komprimierte Luft die menschliche Muskelkraft ersetzte. Eine solche Luftdruckbremse kann an jedem Rad des Zuges ansetzen. Der amerikanische Eisenbahnkönig Cornelius Vanderbilt (1794–1877) spöttelte über diese Erfindung, da er nicht glauben konnte, daß man mit Hilfe von Luft einen Zug zum Halten bringen konnte. Doch nach einigen Verbesserungen setzte sich die Luftdruckbremse rasch durch und machte das Zugfahren sicherer.

Helium

Die Verbesserungen im Verkehrswesen eröffneten den Astronomen die Möglichkeit, notfalls an jeden Ort der Welt zu reisen. Das spektakulärste astronomische Ereignis, das jeweils nur in einer bestimmten Region beobachtet werden kann, ist eine totale Sonnenfinsternis. Als man in einigen Gebieten Indiens eine Sonnenfinsternis erwartete, machten sich europäische Wissenschaftler sofort auf die Reise dorthin.
Der französische Astronom Pierre-Jules-César Janssen (1824–1907) wertete die Spektren der Sonneneruptionen (vgl. 1859) aus. In der Zwischenzeit zeigte der britische Astronom Joseph Norman Lockyer (1836–1920), daß man Spektren von Sonneneruptionen auch ohne Sonnenfinsternis erhielt, wenn man Licht vom Rand der Sonne durch ein Prisma schickte.
Janssen fand eine Spektrallinie, die keiner bisher gefundenen Spektrallinie entsprach, und schickte einen Bericht darüber an Lockyer. Für Lockyer war die Linie ein Beleg für die Existenz eines bisher unbekannten Elementes. Das Element erhielt den Namen *Helium* (vom griechischen Wort für »Sonne«). In der Folgezeit wurden in astronomischen Lichtquellen noch verschiedene andere unbekannte Spektrallinien entdeckt und andere neue Elemente postuliert. Doch Helium blieb das einzige, das wirklich nachgewiesen werden konnte – wenn auch erst ein Vierteljahrhundert später.

Cro-Magnon-Mensch

Der französische Paläontologe Édouard-Armand-Isidore-Hippolyte Lartet (1801–1871) entdeckte in einer Höhle mit dem Namen Cro-Magnon fünf menschliche Skelette, die später als die Überreste des *Cro-Magnon-Menschen* angesehen wurden. Sie waren über 35 000 Jahre alt und wiesen in jeder Hinsicht menschliche Merkmale auf. Sie belegten, daß der Mensch deutlich älter war, als eine wörtliche Auslegung der Bibel vermuten ließ.

Tiefseefauna

Die Vermutung lag nahe, daß das Leben im Meer auf den Bereich nahe der Wasseroberfläche beschränkt ist. Schließlich dringt Licht nur bis in eine Tiefe von etwa 75 Metern vor, und ohne Licht ist kein Pflanzenwachstum möglich. Da sich viele Tiere von Pflanzen ernähren, war anzunehmen, daß sie in größerer Tiefe nicht überleben können. Als man im Mittelmeer und im Atlantik jedoch Kabel verlegte, entdeckte man Lebewesen in sehr großer Tiefe. Die Wissenschaftler konnten es zunächst nicht glauben. Der britische Zoologe Charles Wyville Thomson (1830–1882) begann 1868 mit einer Reihe von Untersuchungen, die ihn in den folgenden acht Jahren über 100 000 Kilometer weit kreuz und quer über die verschiedenen Ozeane führten. Er führte 372 Tiefseesondierungen durch, die eindeutig belegten, daß in jeder Meerestiefe Leben vorhanden war.

Die nahe an der Wasseroberfläche wachsenden Pflanzen sinken beim Absterben nach unten und gelangen oft bis in große Tiefen. Dort dienen sie Tieren als Nahrung, die selbst irgendwann sterben und zum Nahrungsaufkommen beitragen. Das Leben in der Tiefsee ist zwar nicht mit der verschwenderischen Artenvielfalt an der Oberfläche zu vergleichen, aber es existiert.

Nachtrag

Russische Truppen besetzten Samarkand, die Hauptstadt Usbekistans in Zentralasien.

Die japanische Hauptstadt wurde von Kioto nach Tokio verlegt. Mutsohito hatte seine Amtsgeschäfte aufgenommen.

1869

Periodensystem

Newlands hatte versucht, verwandte Elemente unter Berücksichtigung ihrer natürlichen Eigenschaften in Gruppen einzuteilen (vgl. 1863). Der russische Chemiker Dimitrij Iwanowitsch Mendelejew (1834–1907) widmete sich nun ebenfalls dieser Aufgabe.

Wie Newlands listete er die Elemente in der Reihenfolge ihrer Atommassen auf. Doch er hütete sich vor Vereinfachungen und ordnete die Elemente nicht in ein starres System von sieben Elementen pro Reihe ein. Statt dessen ging er von der Valenz eines jeden Elements aus und ließ zu, daß eine Periode (Reihe) beliebig lang sein konnte. Wasserstoff blieb allein in der ersten Periode stehen. Dann folgten zwei Perioden mit je sieben Elementen und zwei Perioden mit je siebzehn Elementen. Auf diese Weise entwickelte Mendelejew ein *periodisches System der Elemente.*

Er veröffentlichte sein Periodensystem am 6. März 1869 und kam damit anderen Wissenschaftlern zuvor, die sich die gleiche Aufgabe gestellt hatten (so etwa dem deutschen Chemiker Julius Lothar Meyer 1830–1895).

Im Jahr 1871 ging Mendelejew noch einen Schritt weiter. Damit sich die Valenzen und chemischen Eigenschaften bei denjenigen Elementen ähnelten, die in den verschiedenen Perioden jeweils untereinander standen, mußte er Stellen in seinem System frei lassen. Er ging sogar soweit zu behaupten, daß diese Leerstellen keine Unzulänglichkeiten seines Systems darstellten, sondern Elemente repräsentierten, die noch nicht entdeckt worden waren.

Drei Leerstellen fanden sich unter den Elementen Bor, Silicium und Aluminium. Deshalb nannte Mendelejew sie *Eka-Bor, Eka-Silicium* und *Eka-Aluminium.* (*Eka* kommt aus dem Sanskrit und bedeutet »eins«, womit zum Ausdruck gebracht werden soll, daß die unbekannten Elemente je-

weils eine Stelle unter dem jeweils genannten Element stehen.)
Mendelejew ordnete den unbekannten Elementen eine Reihe von Eigenschaften zu, die er aus ihrer Stellung im Periodensystem ableitete. Niemand nahm seine Voraussagen ernst, doch später erwiesen sie sich als richtig.

Nukleinsäure

Die Untergliederung der Nährstoffe in Kohlenhydrate, Fette und Proteine (vgl. 1827) schien den Wissenschaftlern immer noch zu genügen.
Dann, im Jahr 1869, isolierte der Schweizer Biochemiker Johann Friedrich Miescher (1844–1895) aus den Überresten von Eiterzellen eine Substanz, die zu keiner der drei Klassen gehörte. Sie enthielt Stickstoff und Phosphor.
Miescher wandte sich mit seiner Entdeckung an Hoppe-Seyler (vgl. 1862), der nun ebenfalls in diese Richtung forschte. Als er eine ähnliche Substanz in Hefe fand, traten die beiden Wissenschaftler mit ihren Ergebnissen an die Öffentlichkeit. Da die Substanz offenbar aus dem Zellkern stammte, nannte man sie zunächst *Nuklein*, später dann *Nukleinsäure* (da sie die Eigenschaften einer Säure besaß).
Erst 75 Jahre später sollte sich die immense Wichtigkeit der Nukleinsäuren herausstellen.

Kritische Temperatur

Der irische Physikochemiker Thomas Andrews (1813–1885) beschäftigte sich mit der Verflüssigung von Gasen, insbesondere von Kohlendioxid, einem Gas, das sich bei Zimmertemperatur unter Druck verflüssigen läßt. Andrews erhöhte langsam die Temperatur des Gases und machte dabei eine Entdeckung: Je höher die Temperatur stieg, desto mehr Druck wurde benötigt. Bei 31°C konnte das Kohlendioxid auch bei noch so hohem Druck nicht mehr verflüssigt werden. Das Gas erreichte zwar fast die Dichte einer Flüssigkeit, aber es behielt die typischen Eigenschaften eines Gases.
Andrews nahm deshalb an, daß jedes Gas eine *kritische Temperatur* besitzt und oberhalb dieser Grenze durch keinen noch so hohen Druck verflüssigt werden kann. Dies war eine wichtige Entdeckung für die Chemiker, die noch immer mit der Verflüssigung permanenter Gase beschäftigt waren. Nun stand fest, daß sie die Temperatur eines Gases zunächst unter die kritische Temperatur drücken mußten, bevor sie es unter Druck verflüssigen konnten.

Biogeographie

Wallace (vgl. 1858) stellte fest, daß sich die australischen Tierarten von den in Asien vorkommenden Tierarten unterschieden. Im Jahr 1869 teilte er die Erde deshalb in zwei tiergeographische Zonen ein. Eine liegt westlich, die andere östlich der sogenannten *Wallaceschen Linie*, die entlang des Tiefseegrabens zwischen den großen Inseln Borneo und Bali im Westen und Celébes und Lombok im Osten verläuft.
Die Tiere in Australien und Asien waren lange voneinander getrennt gewesen, und entsprechend unterschiedlich war ihre Evolution verlaufen. Deshalb trennte Wallace die Tierarten in große Faunenbereiche, die wieder in Regionen und Provinzen unterteilt wurden. Damit begründete er die Wissenschaft der *Biogeographie*.

Langerhans-Inseln

Schon während seiner Studienzeit interessierte sich der deutsche Arzt Paul Langerhans (1847–1888) für die Struktur der Bauchspeicheldrüse und untersuchte diese zweitgrößte Verdauungsdrüse nach der Leber unter dem Mikroskop. In seiner Dissertation beschrieb er rundliche Zellhaufen im Innern der Bauchspeicheldrüse, die sich von den Drüsenzellen deutlich unterschieden. Diese Zellhaufen erhielten die Bezeichnung *Langerhans-Inseln*.

Damals maß man diesen »Inseln«, die Langerhans zur Erlangung des Doktorgrads verhalfen, keine große Bedeutung bei. Ein Irrtum, wie sich bald herausstellen sollte.

Zelluloid

Etwas ist *plastisch,* wenn es relativ leicht gebogen und verformt werden kann. In diesem Sinn sind also auch Lehm, Gips, Holz und Gummi plastisch, das heißt formbar. Das Substantiv *Plastik* wird heute für eine Reihe von künstlich hergestellten, organisch-chemischen Stoffen verwendet, die plastische Eigenschaften besitzen. Der erste Kunststoff war Pyroxylin. Parkes hatte es vor siebzehn Jahren entdeckt (vgl. 1855).

Pyroxylin wurde damals noch nicht kommerziell verwendet. Schließlich wurde ein Preis von 10 000 Dollar für denjenigen ausgesetzt, dem es gelang, ein billigeres, aber ebenso gutes Material wie Elfenbein für die Herstellung von Billardkugeln zu entwickeln.

Der amerikanische Erfinder John Wesley Hyatt (1837–1920) wollte sich dieses Geld verdienen. Er hatte von Pyroxylin gehört und machte sich nun daran, die Herstellung dieses Materials zu verbessern. Im Jahr 1869 ließ er sein Verfahren zur Herstellung von Billardkugeln patentieren und nannte das dafür verwendete Material *Zelluloid.*

Er gewann den Preis zwar nicht, aber Zelluloid wurde bald für die Herstellung von Rasseln, Hemdkragen, fotografischen Filmen und ähnliches mehr verwendet. Es war leicht, formbar, wasserfest und leicht zu reinigen, hatte aber den Nachteil, daß es leicht entflammbar war. Zelluloid war der erste kommerziell erfolgreiche Kunststoff.

Börsentelegraph

Der amerikanische Telegraphist Thomas Alva Edison (1847–1931) kam 1869 nach New York und suchte Arbeit. Er sprach gerade im Büro eines Börsenmaklers vor, als ein Telegraph, der zur Übermittlung des Goldpreises benutzt wurde, kaputtging. Edison war der einzige im Raum, der ihn reparieren konnte. Er machte sich nun daran, ein besseres Gerät zu entwickeln und erfand einen Börsentelegraphen, der noch Jahrzehnte später verwendet werden sollte. Edison bot das Gerät einer Firma in der Wall Street an. Eigentlich hatte er vorgehabt, 5 000 Dollar dafür zu verlangen, aber dann verließ ihn der Mut. Er bat den Chef der Firma, ihm ein Angebot zu machen. Der Firmenchef bot ihm 40 000 für das Gerät.

Das war der Beginn einer steilen Karriere. Edison gilt als der vielleicht größte Erfinder aller Zeiten.

Nachtrag

Die beiden amerikanischen Eisenbahnlinien, die *Union Pacific* und die *Central Pacific,* wurden am 10. Mai 1869 in der Nähe von Ogden in Utah mit einem goldenen Nagel symbolisch miteinander verbunden. Von nun an konnte man mit dem Zug in nur acht Tagen quer durch die Vereinigten Staaten vom Atlantik bis zum Pazifik reisen.

Am 17. November 1869 wurde in Nordafrika der Suezkanal für die Schiffahrt freigegeben. Der Kanal verbindet das Mittelmeer mit dem Roten Meer. Die bisherige Route, die um die Südspitze Afrikas herumführte und von portugiesischen Entdeckern zum ersten Mal befahren worden war, wurde um mehr als 8 000 Kilometer verkürzt.

Der deutsche Biologe Ernst Heinrich Phillipp August Häckel (1834–1919) verwendete 1869 zum ersten Mal den Begriff *Ökologie.* Er bezeichnete damit die Wechselbeziehungen zwischen den Lebewesen und ihrer Umwelt.

1870

Troja

Von den antiken Stätten, die nicht in der Bibel vorkommen, war Troja wohl diejenige, die in Europa das größte Interesse weckte. Sie liegt im Nordwesten der Türkei und war der Schauplatz des legendären Trojanischen Krieges, der um 1200 v. Chr. ausgefochten wurde. Viele, die Homers *Ilias* in den letzten 2 500 Jahren gelesen hatten, vermuteten, daß dieses Werk auf geschichtlichen Tatsachen beruhte. Der deutsche Kaufmann Heinrich Schliemann (1822–1890) stammte aus einfachen Verhältnissen. Er hatte sich emporgearbeitet und ein Vermögen angehäuft, das er dazu verwenden wollte, die Ruinen des sagenhaften Troja wiederzufinden.

Er reiste 1870 in die Türkei und bestimmte die Lage des alten Troja-Ilion anhand der Beschreibungen in der *Ilias*. Schliemann entdeckte eine Reihe antiker, übereinandergebauter Städte. Ihm verdankt man die Ausgrabung vieler faszinierender Kunstgegenstände aus Gold.

Schliemann war zwar nicht der erste Archäologe und ging auch nicht besonders wissenschaftlich zu Werke – so zerstörte er bei seinen Ausgrabungen mehr, als er freilegte –, doch sein Fund war so sensationell, daß er damit Weltruhm erlangte. Seine Arbeit war ein Anreiz für spätere archäologische Arbeiten.

Nachtrag

Nun war Frankreich an der Reihe. Bismarck verwandelte mit unglaublicher Geschicklichkeit einen an sich harmlosen Streit über die spanische Thronfolge in eine tödliche Konfrontation. Durch Kürzung und Umformulierung eines Telegramms, der sogenannten *Emser Depesche,* gelang es ihm, Frankreich so zu provozieren, daß ihm keine andere Wahl blieb: Am 19. Juli 1870 erklärte es Deutschland den Krieg und stand so als Aggressor dar. Zuvor hatte sich Bismarck versichert, daß Österreich-Ungarn und Rußland neutral bleiben würden. Der *Deutsch-Französische Krieg* war bald entschieden. Preußen war Frankreich in jeder Hinsicht überlegen.

Der Krieg dauerte nicht länger als der Deutsche Krieg von 1866 gegen Österreich, und Preußen revanchierte sich für die 1806 erlittene Niederlage. Der triumphale Aufstieg Preußens verdankt sich nicht allein Bismarcks diplomatischem Geschick, sondern auch der Reorganisation und Führung des Heeres durch Helmuth Graf von Moltke (1800–1891), einen der größten Strategen aller Zeiten.

Um diesen Krieg überhaupt führen zu können, hatten die Franzosen ihre Truppen aus dem päpstlichen Kirchenstaat in Italien abziehen müssen. Kaum waren sie fort, marschierten italienische Truppen ein, annektierten das Gebiet und machten Rom zur Hauptstadt Italiens. Pius IX. (1792–1878) blieb im Vatikanpalast. Er bezeichnete sich als »Gefangener des Vatikans«, wie auch die Päpste, die ihm in den nächsten fünfzig Jahren folgten. Die Vereinigung Italiens war nun praktisch abgeschlossen.

Die USA hatten 39 Millionen Einwohner, weit mehr als Frankreich und Großbritannien und beinahe ebensoviel wie Deutschland, das auf dem Weg zur Einigung war.

1871

Die Evolution des Menschen

Darwin (vgl. 1858) hatte einer öffentlichen Auseinandersetzung aus dem Weg gehen wollen und deshalb in seinem Buch über die Evolution die Evolution des Menschen bewußt ausgeklammert. Da aber alle Lebewesen eine Evolution durchschritten haben mußten, war

es völlig undenkbar, daß der Mensch eine Ausnahme bilden sollte. Bald war klar, daß es keinen Sinn hatte, den interessantesten Aspekt der Evolution, den Menschen, auszuklammern.
Im Jahr 1871 veröffentlichte Darwin sein Buch *Die Abstammung des Menschen,* in dem er besonders auf die Evolution des Menschen einging. Nach Darwin belegten die rudimentären Reste einiger Körperteile, daß der Mensch vom Tier abstammte: die kleinen Höcker auf der Ohrmuschel, die heute überflüssigen Muskeln am Ohr, die vier kleinen Knochen am Ende der Wirbelsäule, die wohl einmal Schwanzknochen waren, und vieles andere mehr. Bisher hatte man aber noch keine fossilen Überreste gefunden, die Auskunft darüber geben konnten, wie die Vorfahren des Menschen ausgesehen hatten. Selbst der Neandertaler ist dem heutigen Menschen noch zu ähnlich, als daß er hier weiterhelfen könnte.

Trockenplatten

Bisher hatte man in der Fotografie Lösungen verwendet, die man auf Platten oder Filme aufgetragen hatte. Diese Lösungen waren aber sehr empfindlich, und deshalb mußte man schon ein Experte sein, um gute Fotografien zu erhalten.
Der englische Chemiker Joseph Wilson Swan (1828–1914) fand heraus, daß Wärme die Empfindlichkeit der Lösungen erhöhte und daß sie selbst in getrocknetem Zustand bessere Resultate lieferten. Zum ersten Mal konnten *Trockenplatten* verwendet werden, die beim Fotografieren relativ einfach zu handhaben waren.
Wie sich herausstellte, konnte man die Belichtungszeit auf einige Sekunden bzw. Bruchteile einer Sekunde reduzieren, wenn man die hochempfindliche Silberschicht mit Gelatine statt mit Kollodium mischte.

Neue Pflanzensorten

Der amerikanische Naturforscher Luther Burbank (1849–1926) begann 1871 mit der Zucht neuer Pflanzensorten – eine Aufgabe, die ihn sein ganzes weiteres Leben beschäftigen sollte. Sein Hauptaugenmerk galt der Zucht neuer Fruchtsorten. So entwickelte er beispielsweise sechzig verschiedene Pflaumensorten. Er züchtete aber auch verschiedene neue Blumensorten. Seine Arbeit wurde von der Öffentlichkeit mit Aufmerksamkeit verfolgt. Sie belegte, welche Variationsmöglichkeiten die Natur bereithält, und untermauerte Darwins Evolutionstheorie.

Nachtrag

Am 18. Januar 1871 wurde Wilhelm von Preußen im Spiegelsaal zu Versailles zum Deutschen Kaiser proklamiert, dort also, wo noch vor zwei Jahrhunderten Ludwig XIV. regiert hatte. Die Symbolhaftigkeit dieses Aktes war unmißverständlich. Das Deutsche Reich mit Bismarck als Kanzler war nun die beherrschende Macht in Europa und weit mächtiger, als das vor über sechzig Jahren aufgelöste Heilige Römische Reich jemals gewesen war.
Das belagerte Paris ergab sich am 28. Januar 1871 den deutschen Truppen. Frankreich nahm die von Deutschland diktierten Friedensbedingungen an und trat die Provinzen Elsaß und einen Teil Lothringens an Deutschland ab.
Am 1. März 1871 wurde Napoleon abgesetzt und ging nach Großbritannien ins Exil. Er war der letzte französische Monarch. Die *Dritte Republik* wurde errichtet, mit Louis-Adolphe Thiers (1797–1877) als erstem Präsidenten.

1872

Gilgamesch

Der letzte große König der Sumerer war Assurbanipal gewesen. Im 6. Jahrhundert v. Chr. hatte er Kunst und Literatur gefördert und in seiner Hauptstadt Ninive – der vielleicht größten Stadt vor Griechenlands Aufstieg – eine große Bibliothek errichtet.
In den sechziger Jahren des 19. Jahrhunderts legten britische Archäologen die Ruinen von Ninive frei, das vierzehn Jahre nach Assurbanipals Tod zerstört worden war. Aus den Überresten der Bibliothek bargen sie Keilschrifttafeln, die der englische Archäologe und Assyriologe George Smith (1840–1876) entzifferte. Smith gelang aufgrund der Arbeit Rawlinsons (vgl. 1846) die Entzifferung der Tafeln. Er fand zu seinem Erstaunen unter den Keilschrifttafeln die biblische Sintflutgeschichte wieder.
Smith trat mit seinem Fund 1872 an die Öffentlichkeit. Er hatte das Epos von Gilgamesch entdeckt, das älteste literarische Zeugnis der Menschheit. Es enthält auch eine Sintflutsage, die Verfasser der Bibel vermutlich als Quelle verwendet haben. Dieser sensationelle Fund so kurze Zeit nach der Freilegung Trojas steigerte das öffentliche Interesse an der Archäologie.

Bakteriologie

Bakterien kannte man schon seit zwei Jahrhunderten. Allerdings waren sie so klein, daß man sie bisher noch nicht genauer untersucht hatte. Erst seit Pasteurs Krankheitstheorie der Keime (vgl. 1862) beschäftigte man sich verstärkt mit ihnen. Es stellte sich heraus, daß eine Reihe von Bakterien pathogen waren, das heißt sie waren die Erreger und Überträger bestimmter Krankheiten.
Der deutsche Botaniker Ferdinand Julius Cohn (1828–1898) war der erste, der, angeregt durch Pasteurs Arbeit, die Bakterienkunde als eigenständige Disziplin verstand.
Im Jahr 1872 veröffentlichte er eine dreibändige Abhandlung über Bakterien und begründete damit die Wissenschaft der *Bakteriologie.* Cohn unternahm als erster den Versuch, Bakterien in Arten und Gattungen einzuteilen, und lieferte die erste Beschreibung von Bakteriensporen, die das Überleben der Bakterien ermöglichen. Unter ungünstigen Lebensbedingungen können Bakterien mehrere Generationen überdauern, indem sie eine feste Membran ausbilden. Die Dauersporen von Bakterien sind so widerstandsfähig, daß sie selbst ein Erhitzen auf 100°C überleben können.

Spektrum eines Sterns

Der offenkundige Vorteil einer Fotografie besteht darin, daß sie das, was im Moment der Aufnahme zu sehen ist, für immer festhält. Im Fall von Spektren verschiedener Lichtquellen ist das besonders nützlich. Die Aufnahmen können später genau und ohne Zeitdruck ausgewertet werden.
Der amerikanische Astronom Henry Draper (1837–1882) fotografierte als erster das Spektrum eines Sterns (der Wega). Dabei erleichterte ihm die Verwendung von Trockenplatten (vgl. 1871) die Arbeit erheblich. Draper fotografierte die Spektren von insgesamt über hundert Sternen.

Experimentelle Psychologie

Viele halten die Psychologie für eine Wissenschaft, die uns eigentlich unmittelbar zugänglich sein müßte. Wir kennen unsere Gedanken, unsere Gefühle und Motive und meinen, daraus Rückschlüsse ziehen zu können, wie andere Menschen denken und fühlen. Die genaue Beobachtung und Beschreibung kann das freilich nicht ersetzen.
Der deutsche Psychologe Wilhelm Wundt (1832–1920) war der Ansicht, daß es eine

Vielzahl menschlicher Verhaltensweisen gibt, die gemessen werden können, so etwa die Verarbeitung von Sinneseindrücken. Er gilt als Begründer der *experimentellen Psychologie.* Im Jahr 1872 veröffentlichte er ein Buch, in dem er deren Grundzüge umriß. Später richtete er das erste psychologische Laboratorium ein, in dem er seine Experimente durchführte. Außerdem gründete er die erste Zeitschrift, in der Forschungsergebnisse zu diesem Gegenstand veröffentlicht wurden.

Nachtrag

Japan begann 1872 mit dem Bau von Eisenbahnlinien.
In den Ruinen der ägyptischen Stadt Theben wurde der Papyrus Ebers (vgl. 1550 v. Chr.) entdeckt.

1873

Gasgesetze

Seit Aufstellung des Boyleschen Gesetzes (vgl. 1662) war bekannt, daß Gase gewissen Regeln gehorchen, die Volumen, Druck und Temperatur zueinander in Beziehung setzen.
Der niederländische Physiker Johannes Diderik van der Waals (1837–1923) zeigte, daß diese einfachen Regeln nur dann galten, wenn das Eigenvolumen der Moleküle gleich null war und keine Anziehungskräfte zwischen ihnen wirkten. Beides trifft aber nicht zu. Diese Faktoren kommen nicht zum Tragen, wenn der Druck des Gases niedrig und die Temperatur hoch gehalten wird. Erhöht man aber den Druck und senkt die Temperatur, werden sie immens wichtig.
Van der Waals führte 1873 eine Version der Gasgesetze ein, die dem tatsächlichen Verhalten von Gasen näherkommt als die einfacheren und undifferenzierten Gesetze von Boyle und Charles. Nur ideale Gase, also Gase, deren Moleküle ein Volumen von null besitzen und keine Anziehungskräfte aufeinander ausüben, folgen diesen idealisierten Gesetzen. Diese idealen Gase gibt es nur in der Theorie.
Van der Waals' Arbeit belegt, daß der Joule-Thomson-Effekt, also der Effekt, daß ein Gas bei seiner Ausdehnung kühler wird, nur dann eintritt, wenn die Gastemperatur unterhalb eines bestimmten Wertes liegt. Für viele Gase ist das bedeutungslos, da dieser Effekt auch noch bei sehr hoher Temperatur eintritt. Bei Wasserstoff ist diese Temperatur aber sehr niedrig, so daß Versuche, Wasserstoff mit Hilfe des Joule-Thomson-Effekts zu verflüssigen, fehlschlugen – zumindest wenn das Gas vorher nicht genügend abgekühlt wurde.
Van der Waals erhielt für seine Arbeit auf diesem Gebiet 1910 den Nobelpreis für Physik.

Lepra

Lepra ist eine meist tödlich verlaufende chronische Erkrankung, die den Betroffenen schwer entstellt. Schon in der Antike war diese Krankheit bekannt und gefürchtet. Der norwegische Arzt Gerhard Henrik Armauer Hansen (1841–1912) leitete eine Lepraklinik in Norwegen. Er entdeckte 1873 den Lepraerreger (ein Bakterium). Deshalb nennt man Lepra heute noch *Hansensche Krankheit.*
Zum ersten Mal hatte man einen Mikroorganismus entdeckt, der zweifelsfrei der Erreger einer ganz bestimmten Krankheit war. In den nächsten Jahren sollten noch viele weitere entdeckt werden.

Transzendente Zahlen

Eine algebraische Zahl ist die Lösung eines Polynoms mit rationalen Koeffizienten, das sich aus der Variablen x und deren Potenzen zusammensetzt. Als Lösungen solcher Gleichungen kommen alle ganzen Zahlen und Brüche in Frage, aber auch bestimmte irrationale Zahlen.

Diejenigen irrationalen Zahlen, die keine Lösung einer solchen Gleichung sein können, nennt man *transzendente Zahlen* (der Begriff leitet sich vom lateinischen Wort für »überklettern« ab, da diese Zahlen die algebraischen Zahlen übertreffen). Der Nachweis, daß eine Zahl transzendent ist, ist meist sehr schwierig zu führen. Dazu muß der Beweis erbracht werden, daß sie nicht die Lösung irgendeiner polynomen Gleichung sein kann.
Der französische Mathematiker Charles Hermite (1822–1901) zeigte 1873, daß *e* (eine für die Mathematik sehr wichtige Zahl; e steht für 2,71828 ...) eine transzendente Zahl ist. Damit hatte er die erste transzendente Zahl gefunden.

Blutplättchen

Swammerdam hatte vor über zwei Jahrhunderten die roten Blutkörperchen entdeckt (vgl. 1658). Die weißen Blutkörperchen oder *Leukozyten* (von einem griechischen Ausdruck für »weiße Zelle«) sind zwar größer, es sind aber sehr viel weniger von ihnen im Blut vorhanden. Drei Jahrzehnte zuvor hatte sie der britische Arzt Thomas Addison (1798–1866) genau untersucht.
Bereits 1842 hatte man einen dritten Bestandteil im Blut festgestellt. Diese Teilchen waren noch kleiner als die roten Blutkörperchen und nicht so zahlreich (aber immer noch zahlreicher als die weißen Blutkörperchen). Der kanadische Arzt William Osler (1849–1919) war der erste, der sie genauer untersuchte. Im Jahr 1873 faßte er seine Ergebnisse zusammen. Aufgrund ihrer Form wurden die Teilchen *Blutplättchen* genannt. Schließlich fand man heraus, daß sie an der Blutgerinnung beteiligt sind. Deshalb heißen sie auch Thrombozyten (griechisch für »Gerinnungszellen«).

Nachtrag

Napoleon starb am 9. Januar 1873 im englischen Exil. Frankreich zahlte die von Deutschland geforderten Reparationen, und die deutschen Truppen zogen ab. Der letzte deutsche Soldat verließ Frankreich am 16. September 1873. Die Franzosen wählten Marie-Edme-Patrice-Maurice de MacMahon (1808–1893) zum Präsidenten. MacMahon war Monarchist, und wieder einmal bereitete sich Frankreich darauf vor, die Republik zugunsten einer Monarchie abzuschaffen.
Die Thronfolge teilten sich Henri Dieudonné d'Artois (1820–1883), Graf von Chambord (1820–1883) und Enkel Karls X., und Louis-Philippe-Albert (1838–1894), Graf von Paris und Enkel Philipps I. Da Chambord keine Erben besaß, kam man überein, daß er zuerst regieren sollte und nach ihm der Graf von Paris. Doch Chambord weigerte sich, die Trikolore anzunehmen, und bestand auf der Wiedereinsetzung des monarchistischen Lilienbanners. Das Volk widersetzte sich.
In San Francisco wurde 1873 die erste Straßenbahn in Betrieb genommen.

1874

Gallium

Mendelejew hatte das Periodensystem der Elemente in die Chemie eingeführt (vgl. 1869), und in der Folgezeit wurden weitere neue chemische Elemente entdeckt. Der französische Chemiker Paul-Émile Lecoq de Boisbaudran (1838–1912) entdeckte 1874 spektroskopisch ein neues Element in einer Zinkblende. Er extrahierte das Element und nannte es *Gallium,* nach dem alten lateinischen Namen für Frankreich, als es noch eine Provinz des Römischen Reiches war.
Sofort nach Bekanntwerden der Entdeckung wies Mendelejew darauf hin, daß es sich bei

dem neuen Element um sein Eka-Aluminium handele. Und er hatte recht. Gallium hatte genau die Eigenschaften und Charakteristiken, die er für sein Eka-Aluminium vorausgesagt hatte. Die Gültigkeit des Periodensystems konnte nun nicht mehr bestritten werden.

Tetraedrisches Kohlenstoffatom

Kekulés System, mit dem die Formeln organischer Moleküle wiedergegeben werden konnten, war im wesentlichen zweidimensional ausgerichtet. Die vier Valenzbindungen des Kohlenstoffatoms zeigten auf die Ecken eines Quadrates. Dies war für einige Zwecke ungeeignet. So drehten einige organische Moleküle in Lösung die Ebene des polarisierten Lichtes. Das bedeutete, daß die Moleküle asymmetrisch sein mußten. Diese Asymmetrie konnte durch Kekulés Formeln nicht wiedergegeben werden.
Der dänische Physikochemiker Jacobus Hendricus van't Hoff (1852–1911) schlug eine dreidimensionale Darstellung organischer Moleküle vor. In seinem System zeigen die vier Bindungen des Kohlenstoffatoms auf die vier Scheitelpunkte eines Tetraeders. Das Atom scheint auf drei seiner Bindungen wie auf einem dreibeinigen Stuhl zu ruhen. Die vierte Bindung zeigt steil nach oben. Alle vier Bindungen befinden sich im gleichen Abstand zueinander.
Dieses *tetraedrische Kohlenstoffatom* zeigt die benötigte Asymmetrie. Lagern sich vier verschiedene Gruppen an die vier Valenzbindungen eines bestimmten Kohlenstoffatoms an, so können zwei nicht deckungsgleiche, zueinander spiegelbildliche Moleküle entstehen. Dreht nun eine dieser Verbindungen die Polarisationsebene im Uhrzeigersinn, so dreht die andere Verbindung diese gegen den Uhrzeigersinn. Tatsächlich zeigte sich, daß jede Verbindung, bei der das tetraedrische Kohlenstoffatom eine Asymmetrie aufwies, optisch aktiv war und die Ebene des polarisierten Lichtes in die eine oder andere Richtung drehte. Konnte diese Asymmetrie nicht nachgewiesen werden, war die Verbindung optisch nicht aktiv.
Das asymmetrische Kohlenstoffatom kann also optische Aktivität erklären. Diese neue Methode fand sehr schnell Verwendung in der Chemie. Van't Hoff gilt deshalb zusammen mit dem französischen Chemiker Joseph-Achille Le Bel (1847–1930), der unabhängig von van't Hoff das asymmetrische Kohlenstoffatom vorgeschlagen hatte, als Begründer der *Stereochemie* (die Bezeichnung leitet sich aus dem griechischen Ausdruck für »Chemie der Körper« ab, da sie sich mit der räumlichen Gestalt der Moleküle beschäftigt).

Transfinite Zahlen

Der Begriff *Unendlichkeit* bereitet immer Probleme. Die Zahlenfolge 1, 2, 3, 4 ... ist unendlich, wie auch die Serie 2, 4, 6, 8 ... Man kann jede gerade Zahl in eine halb so große ganze Zahl umwandeln, so daß die Gesamtzahl aller geraden Zahlen genau so groß ist wie die Gesamtzahl aller ganzen Zahlen. Das hatte bereits Galilei vor zweieinhalb Jahrhunderten erkannt.
Der deutsche Mathematiker Georg Ferdinand Ludwig Philipp Cantor (1845–1918) benutzte diese Eins-zu-eins-Beziehung, um zu zeigen, daß die Gesamtheit aller Brüche mittels ganzer Zahlen gezählt werden kann.
Alle reellen Zahlen, also rationale wie auch irrationale, können nicht mittels ganzer Zahlen gezählt werden. Jedes System wird immer eine unendliche Anzahl reeller Zahlen übriglassen. Die reellen Zahlen besitzen gewissermaßen eine höhere Unendlichkeit und werden deshalb *transfinite Zahlen* genannt. Darüber hinaus entsprechen die reellen Zahlen den Punkten auf einer Geraden. Somit sind auch diese Punkte unzählbar.
Cantor zeigte, daß es eine unendliche Anzahl transfiniter Zahlen gibt, die größer ist als die gewöhnliche Unendlichkeit der ganzen Zahlen.

Strom und Kristalle

Es kommt immer wieder vor, daß einem Wissenschaftler etwas Interessantes auffällt, mit dem er zunächst nichts anzufangen weiß.
So bemerkte der deutsche Physiker Karl Ferdinand Braun (1850–1918), daß durch bestimmte Kristalle ein elektrischer Strom nur in eine Richtung fließen konnte. Er konnte sich dieses Phänomen damals weder erklären, noch konnte er praktisch etwas damit anfangen. Wie sich herausstellte, handelte es sich um eine sehr wichtige Entdeckung, die später weitreichende Folgen haben sollte.

Nachtrag

In Deutschland herrschte nun Ruhe. Bismarck besaß eine für Machtpolitiker seltene Gabe: Er wußte, wann er aufhören mußte. Er hatte sein Ziel erreicht: Deutschland war vereint und die dominierende Macht in Europa. Nun galt es, diesen Zustand zu wahren.
Die Japaner hatten sich bedauerlicherweise sehr schnell europäischen Gepflogenheiten angepaßt. Im April 1874 nahmen sie unter fadenscheinigen Gründen die von China beherrschte Insel Taiwan ein. Sie zogen bald darauf ab, jedoch nicht ohne nach europäischer Manier von China vorher eine Entschädigung einzufordern.

1875

Befruchtung

Man wußte, daß durch Verschmelzen von Ei- und Spermazelle neues Leben gezeugt wurde. Allerdings war dieser Vorgang bisher noch nicht beobachtet worden. Der deutsche Embryologe Oskar Wilhelm August Hertwig (1849–1922) war der erste, der zusah, wie ein Spermium in die Eizelle eines Seeigels eindrang. Dabei fiel ihm auf, daß nur ein einziges Spermium in die Eizelle eindrang, obgleich Spermazellen in großer Menge vorhanden waren. Das reichte für eine Befruchtung.

Radiometer

Crookes (vgl. 1861) erfand 1875 das *Radiometer*. Dieses Gerät besteht aus einer Reihe drehbar aufgehängter Flügel in einem Vakuum. Eine Seite der Flügel ist geschwärzt und absorbiert Wärme, die andere Seite hingegen ist hell und reflektiert sie. Bei Sonneneinwirkung drehen sich die Flügel unablässig. Dieser Effekt wird nicht durch die Sonneneinstrahlung bewirkt, denn bei Erzeugung eines Vakuums setzt die Bewegung aus, sondern durch die Gasmoleküle in der Luft. Die geschwärzte Seite erwärmt sich stärker als die helle Seite und stößt die Gasmoleküle mit größerer Geschwindigkeit zurück. Der Flügel beginnt sich zu drehen. Damit es auch wirklich funktioniert, benötigt man ein partielles Vakuum, da der Luftwiderstand die Bewegung behindern würde. Die *Crookessche Lichtmühle* war zunächst nur ein Spielzeug, doch sie bestätigte eindrücklich die kinetische Gastheorie.

Nachtrag

Der ägyptische Vizekönig Ismail (1830–1895) war hochverschuldet und verkaufte deshalb den Briten den ägyptischen Aktienanteil am Suezkanal. Der britische Premierminister Benjamin Disraeli (1804–1881) führte die Transaktion durch.

1876

Telefon

Den Telegraphen gab es mittlerweile seit über dreißig Jahren, doch er diente zunächst lediglich der Übermittlung vereinbarter Zeichen. Alexander Graham Bell (1847–1922), ein amerikanischer Erfinder britischer Abstammung, arbeitete an einer Weiterentwicklung des Geräts, das über Draht nun auch Sprechsignale übermitteln sollte. Zu diesem Zweck müssen die Schallwellen in elektrische Spannungsschwankungen umgewandelt werden. Dabei entstehen Kombinationen von Stromstößen, die ebenso ansteigen und abklingen, wie die Luft durch Schallwellen zusammengepreßt und wieder ausgedehnt wird. Anschließend können die elektrischen Stromimpulse wieder in Sprechsignale umgewandelt werden.
Bell gelang schließlich die Erfindung eines solchen Gerätes. Als er es zum ersten Mal benutzte, geschah das eher zufällig – er hatte nämlich Batteriesäure auf seiner Hose verschüttet. Automatisch rief er nach seinem Assistenten Thomas Augustus Watson (1854–1934), der sich gerade einen Stock höher am anderen Ende der Leitung befand. Watson hörte die Stimme aus dem Apparat und kam sofort heruntergerannt.
Am 7. März 1876 erhielt Bell das Patent auf das Telefon. Kurze Zeit später verbesserte Edison das Gerät, indem er eine Sprechmuschel entwickelte, die Kohlenstoffpulver enthielt. Wenn das Kohlenstoffpulver verdichtet wird, leitet es den Strom besser als im nicht komprimierten Zustand. Üben die Schallwellen unterschiedlichen Druck auf das Kohlenstoffpulver aus, so werden Stromstöße unterschiedlicher Stärke ausgesandt.
Das Telefon revolutionierte die menschliche Kommunikation.

Viertaktmotor

Lenoir hatte sechzehn Jahre zuvor die Verbrennungskraftmaschine erfunden (vgl. 1860). Doch sie arbeitete noch sehr unwirtschaftlich.
Der deutsche Ingenieur Nikolaus August Otto (1832–1891) konstruierte eine Maschine, die in einem Vierertakt arbeitet. Beim ersten Kolbenhub bewegt sich der Kolben nach außen, ein leichtentzündliches Kraftstoff-Luft-Gemisch wird angesaugt. Beim zweiten Hub wird das Gemisch verdichtet. Am Punkt der maximalen Kompression wird das Gemisch durch einen Funken zur Explosion gebracht. Diese Explosion bewirkt, daß der Kolben zurückgestoßen wird (dieser dritte Hub liefert die erwünschte Energie). Beim vierten Hub bewegt sich der Kolben nach innen, die verbrannten Gase werden ausgestoßen. Dieser Ablauf wird immer wieder wiederholt.
Einen solchen Viertaktmotor baute Otto im Jahr 1876. Der *Ottomotor,* wie er genannt wurde, war ein großer Fortschritt und setzte sich innerhalb kurzer Zeit durch. Die heutigen Verbrennungskraftmaschinen funktionieren immer noch nach diesem Prinzip.

Chemische Thermodynamik

Die Thermodynamik, die sich zunächst nur mit dem Phänomen Wärme beschäftigt hatte (vgl. 1850), wurde bald auf alle Energieformen ausgeweitet. Der amerikanische Physiker Josiah Willard Gibbs (1839–1903) wandte die Thermodynamik auf chemische Reaktionen an.
Er schrieb etlighe Arbeiten über dieses Thema, die insgesamt 400 Seiten umfaßten und in einem Zeitraum von zwei Jahren in *The Transactions of the Connecticut Academy of Sciences* erschienen. Gibbs entwickelte in seinen Artikeln die moderne Vorstellung von der *freien Energie* und vom *chemischen Potential* als Triebkraft chemischer Reaktionen.
Er befaßte sich außerdem mit Gleichgewichten zwischen unterschiedlichen Phasen (flüs-

sig, fest und gasförmig), die aus einer oder mehreren Komponenten bestehen können. Das Gleichgewicht definiert sich als der Punkt, an dem ein System zur Ruhe kommt und keine Veränderungen mehr feststellbar sind. Die Anzahl der Möglichkeiten, den Druck, die Temperatur oder die Konzentration der Komponenten im Gleichgewicht zu verändern (die *Zahl der Freiheitsgrade*), wird durch eine einfache Gleichung bestimmt, die Gibbs *Phasenregel* nannte. Gibbs hatte mit seinen Arbeiten den Bereich der *chemischen Thermodynamik* nahezu vollständig beschrieben.

Züchtung von Bakterien

Der Arzt Robert Koch (1843–1910) begann mit seiner bahnbrechenden Arbeit in Schlesien. Als dort eine Milzbrandseuche ausbrach, suchte er nach dem Bakterium, das für diese Krankheit verantwortlich war. Im Jahr 1876 hatte er das Bakterium entdeckt, das in der Milz des infizierten Viehs Anthrax (Milzbrand) auslöst. Koch übertrug es auf Mäuse und stellte fest, daß sie ihre gesunden Artgenossen ansteckten. Die Krankheit übertrug sich von Maus zu Maus, und am Ende fand Koch bei den infizierten Tieren wieder den gleichen Bazillus. Aber was noch wichtiger war: Es gelang ihm unter Verwendung von Blutserum, Bakterien außerhalb eines lebenden Organismus zu züchten. Das Serum mußte dabei Körpertemperatur haben.

Schließlich konnte er Bakterien auf einem festen Medium züchten, zum Beispiel auf Gelatine oder auf dem komplexen Kohlenhydrat Agar, das aus Algen gewonnen wird. In einem festen Medium können sich die Bakterien nicht frei bewegen. Werden sie an einer Stelle des Mediums isoliert, so entstehen durch wiederholte Teilung reine, von anderen Keimen freie Bakterienkulturen. Mit diesen Bakterien kann man Tiere infizieren oder neue Kulturen züchten und dabei sicher sein, daß man nur mit ganz bestimmten Bakterienstämmen arbeitet. Koch hatte Pasteurs Keimtheorie praktisch umgesetzt. Es war ihm gelungen, die Erreger einer Infektionskrankheit zu isolieren und dann wieder auf gesunde Tiere zu übertragen. Und mehr noch: Die Bakterien, die man einem infizierten Tier entnahm, konnte man dazu benutzen, nach einem Mittel zur Vorbeugung oder Heilung zu suchen.

Kathodenstrahlen

Die Physiker beschäftigten sich immer intensiver mit der Frage, wie sich elektrischer Strom beim Durchgang durch ein Vakuum verhielt. Der deutsche Physiker Eugen Goldstein (1850–1930) wiederholte die Versuche, die Plücker zwei Jahrzehnte zuvor durchgeführt hatte (vgl. 1858). Die Fluoreszenz, die auf der Wand einer Vakuumröhre sichtbar war, entstand durch das Auftreffen eines Strahlenbündels, das von der Kathode, also von der negativen Elektrode, ausging. Goldstein nannte dieses Phänomen deshalb *Kathodenstrahlen.*

Es zeigte sich nun, daß Franklins Annahme, Elektrizität fließe vom positiven zum negativen Pol, wahrscheinlich nicht stimmte (vgl. 1752). In einer Vakuumröhre floß elektrischer Strom ganz offensichtlich vom negativen zum positiven Pol.

Nachtrag

Seit Ende des amerikanischen Bürgerkriegs hatte die Armee die Indianerstämme im amerikanischen Westen brutal niedergeworfen. Doch hin und wieder errangen auch die Indianer einen Sieg. Die denkwürdigste Schlacht fand am 25. Juni 1876 am Little Big Horn statt. In dieser Schlacht stand der amerikanische General George Armstrong Custer (1839–1876) mit 264 Soldaten einer zahlenmäßig hoch überlegenen Indianerstreitmacht unter dem Sioux-Häuptling Sitting Bull (ca. 1831–1890) gegenüber. Custer wurde mit allen seinen Soldaten niedergemetzelt.

Im April 1876 wurde Königin Viktoria zur Kaiserin von Indien ausgerufen, ein Titel, den britische Monarchen siebzig Jahre lang innehaben sollten.
In Mexiko kam Porfirio Díaz (1830–1915) an die Macht. Seine diktatorische Regierung, mit der er Ruhe im Land herstellte, währte 35 Jahre. Er lockte zwar ausländische Investoren ins Land, tat aber wenig für die breite Masse der Bevölkerung.
Der amerikanische Bibliothekar Melvil Dewey (1851–1931) entwarf die *Dezimalklassifikation,* ein System zur Klassifikation und Einordnung von Büchern in einer Bibliothek.

1877

Molekulargewicht von Proteinen

Den Durchgang einiger Substanzen durch eine teilweise durchlässige Scheidewand – die sogenannte Osmose – kannte man bereits seit zwei Jahrzehnten. Der deutsche Botaniker Wilhelm Philipp Pfeffer (1845–1920) fand 1877 eine Erklärung für dieses Phänomen. Er zeigte, daß kleine Moleküle – im Gegensatz zu großen Molekülen – durch eine Trennwand treten können. Befinden sich alle großen Moleküle auf der einen Seite der Wand, dann wechseln die kleinen Moleküle auf die andere Seite, um den Konzentrationsunterschied auszugleichen. Das bedeutet, daß viel mehr kleine Moleküle von der Seite der Wand herüberdiffundieren können, wo sich keine großen Moleküle befinden, als umgekehrt. Die Seite mit den großen Molekülen nimmt an Volumen zu, und es baut sich ein *osmotischer Druck* auf. Pfeffer zeigte, daß man den osmotischen Druck messen kann, und setzte ihn mit der Größe der Moleküle, die nicht durch die Membran paßten, in Beziehung. Befand sich ein ganz bestimmtes Protein auf einer Seite der Membran, dann konnte Pfeffer anhand des dort entstehenden osmotischen Drucks das Molekulargewicht des Proteins feststellen. Pfeffer bestimmte auf diese Weise als erster das *Molekulargewicht von Proteinen.* Er fand heraus, daß es sich bei den Proteinen um *Makromoleküle* handelt, die sich aus Hunderten oder sogar Tausenden von Atomen zusammensetzen.

Flüssiger Sauerstoff

Andrew (vgl. 1869) und van der Waal (vgl. 1873) hatten gezeigt, daß die Temperatur von Gasen, die sich schwer verflüssigen ließen, zunächst stark herabgesetzt werden mußte. Erst dann war es sinnvoll, Druck einzusetzen oder durch Expansion des Gases die Temperatur zu senken (Joule-Thomson-Effekt).
Der französische Physiker Louis-Paul Cailletet (1832–1913) setzte die Temperatur von Sauerstoff zuerst sehr stark herab, dann ließ er ihn expandieren. Er erhielt einen Nebel aus flüssigen Sauerstofftröpfchen. Das gleiche Verfahren wandte er an, um kleine Mengen an flüssigem Stickstoff und Kohlenmonoxid zu gewinnen.
Im gleichen Jahr entwickelte der Schweizer Chemiker Raoul-Pierre Pictet (1846–1929) unabhängig von Cailletet das gleiche Verfahren. Seine Methode war allerdings sehr viel ausgefeilter, so daß er größere Mengen der flüssigen Gase herstellen konnte.
Wie sich herausstellte, verflüssigt sich Sauerstoff bei einer Temperatur von –183°C (90 Kelvin), Kohlenmonoxid bei –191°C (82 Kelvin) und Stickstoff bei –196°C (77 Kelvin). Wasserstoff war das einzige Gas, das sich bei der Temperatur, die für die Verflüssigung von Stickstoff benötigt wurde, nicht verflüssigen ließ (zwei weitere, damals noch unbekannte Gase lassen sich bei dieser Temperatur ebenfalls nicht verflüssigen).

Phonograph

Edison gründete 1876 bei Menlo Park in New Jersey das erste industrielle Forschungslabor.

Im Jahr 1877, also im selben Jahr, in dem er die Sprechmuschel des Telefons entscheidend verbesserte, entstand der *Phonograph* (von einem griechischen Ausdruck für »Tonschreiben«), die »Lieblingserfindung« Edisons.
Er bespannte eine bewegliche Walze mit Stanniol und brachte darüber eine freischwebende Nadel an, die auf das Stanniol einwirkte. Diese Nadel wurde mit einer Membran verbunden. Wurde gegen die Membran gesprochen, so geriet sie in Schwingungen. Diese Schwingungen wurden durch die Nadel auf dem Stanniol fixiert, so daß sie später wieder abgespielt werden konnten. Die Wiedergabe war zwar noch verzerrt, aber dennoch waren die Töne erkennbar.
Der Phonograph und seine stark verbesserten Nachfolgemodelle haben Musik in jedes Haus gebracht.

Marskanäle

Ungefähr alle dreißig Jahre ereichen Mars und Erde gleichzeitig den Punkt, wo sich ihre Bahnen am nächsten sind. Der Mars ist dann nur 56 000 000 Kilometer von der Erde entfernt, und die Astronomen nutzen diese Gelegenheit zu einer genaueren Beobachtung des Mars. Eine dieser Annäherungen oder *Konjunktionen* fand im Jahr 1877 statt, und einer der interessierten Beobachter war der italienische Astronom Giovanni Virginio Schiaparelli (1835–1910).
Zum einen versuchte Schiaparelli, eine Karte vom Mars zu zeichnen. 56 000 000 Kilometer sind immer noch eine riesige Entfernung, und aufgrund der Atmosphäre des Mars (von unserer ganz zu schweigen) sind Einzelheiten nur undeutlich zu erkennen. Frühere Versuche, die Marsoberfläche zu kartographieren, waren deshalb stets fehlgeschlagen. Jeder Astronom hatte etwas anderes gesehen. Doch Schiaparelli besaß nicht nur ein ausgezeichnetes Teleskop, sondern auch ein gutes Auge für Details, so daß zum ersten Mal eine Karte entstand, die auch andere Astronomen zufriedenstellte. Schiaparelli gab den Oberflächenmerkmalen des Mars klassische Namen, die auch heute noch benutzt werden.
Doch das war nicht alles. Bei dieser und auch bei späteren, weniger günstigen Konjunktionen entdeckte Schiaparelli dunkle, schmale Linien auf der Marsoberfläche. Er war der Ansicht, daß diese Ausbuchtungen Wasser enthielten, und nannte sie *canali*. Nun kann man unter *canali* sowohl künstliche als auch natürliche Kanäle verstehen. Als Schiaparelli das Wort benutzte, dachte er an letzteres, und es war gewiß nicht seine Schuld, daß *canali* mit »Kanäle« übersetzt wurde und daß ein Kanal in anderen Sprachen ein künstlicher Wasserweg ist.
Wie auch immer, jedenfalls gaben diese Kanäle Anlaß zu Spekulationen, denn wo es Kanäle gab, mußten auch intelligente Wesen leben. Die Vorstellung kam auf, daß der Mars eine im Untergang begriffene Welt sei, deren Wasser langsam in den Raum entweiche, und daß seine hochintelligenten Bewohner die Kanäle dazu benutzten, Wasser von den Polkappen in die landwirtschaftlich genutzten Zonen zu leiten. Es dauerte fast hundert Jahre, bis diese Vorstellung ein für allemal widerlegt wurde.

Marsmonde

Zu diesem Zeitpunkt wußte man, daß Jupiter vier, Saturn sieben, Uranus vier und Neptun einen Mond besaßen. Und von den inneren Planeten hatte die Erde einen Mond. Ob es auch Satelliten von Merkur, Venus und Mars gab, war nicht bekannt.
Bei der Konjunktion von Erde und Mars im Jahr 1877 nutzte der amerikanische Astronom Asaph Hall (1829–1907) die Gelegenheit, um sicherzustellen, daß der Mars keine Monde hatte. Wenn er welche hatte, dann mußten sie klein und dunkel sein und in so geringer Entfernung um ihn kreisen, daß sein Licht sie fast unsichtbar machte. Andernfalls hätte man sie schon längst entdecken müssen. Hall suchte deshalb in der näheren Umgebung des Mars nach kleinen Flecken, die um den Planeten kreisten. Er ging dabei so vor,

daß er in immer kürzerem Abstand zum Mars nach Monden Ausschau hielt. Am 11. August war er dem Planeten bereits so nahe, daß sein greller Schein es unmöglich machte, irgend etwas zu erkennen. Hall gab auf, überzeugt, daß es keine Monde gebe. Doch seine Frau Angelina überredete ihn, noch eine weitere Nacht Ausschau zu halten.
In der darauffolgenden Nacht entdeckte Hall tatsächlich einen kleinen Mond. In den folgenden fünf Nächten war der Himmel bedeckt. Erst am 17. August konnte er einen zweiten Mond ausmachen. Die Monde waren tatsächlich sehr klein, kleiner als alle anderen, die man bisher kannte. Hall nannte sie *Phobos* (»Angst«) und *Deimos* (»Schrecken«), nach den beiden Söhnen des Kriegsgottes Ares, der griechischen Entsprechung des Mars.

Nachtrag

Wieder einmal erklärte Rußland der Türkei den Krieg, und wieder versuchte Großbritannien zu verhindern, daß Rußland daraus großen Gewinn zog.
In Japan lehnten sich die feudalen Samurai gegen die Modernisierungsbestrebungen ihres Kaisers auf. Sie wurden von einem Heer geschlagen aus ganz gewöhnlichen Japanern, die allerdings mit modernen Waffen ausgerüstet waren. Nun war die Modernisierung nicht mehr aufzuhalten.

1878

Enzyme

Bisher hatte man biologische Katalysatoren *Fermente* genannt, egal ob sie in intakten Zellen vorkamen oder als leblose Substanzen isoliert werden konnten. Der deutsche Physiologe Wilhelm Friedrich (Willy) Kuhne (1837–1900) hielt an vitalistischen Ansichten fest und war deshalb der Meinung, daß Fermente lediglich in lebenden Organismen vorhanden seien.
Im Jahr 1878 schlug er deshalb vor, Katalysatoren, die aus lebendem Gewebe isoliert wurden, Enzyme zu nennen (nach dem griechischen Ausdruck für »in der Hefe«, da sich Enzyme wie Substanzen aus lebenden Hefezellen verhalten).
Doch nach kaum zwei Jahrzehnten wurde nicht mehr zwischen Katalysatoren innerhalb und außerhalb von Zellen unterschieden. Das Wort *Enzym*, das zunächst einen Katalysator minderer Qualität bezeichnete, wurde für alle Arten von biologischen Katalysatoren gebräuchlich.

Warvenforschung

Vor vierzig Jahren hatte Agassiz gezeigt, daß es in der Vergangenheit eine Eiszeit gegeben hatte (vgl. 1837). Sorgfältige Untersuchungen, die inzwischen durchgeführt worden waren, hatten aufgedeckt, daß es sogar verschiedene Eiszeiten gegeben hatte, die jeweils von wärmeren Zwischeneiszeiten unterbrochen worden waren. Die zeitliche Bestimmung der Halte- und Rückzugsphasen von Gletschern war schwierig. Auch wußte man noch nichts über die Dauer dieser Eiszeiten und Zwischeneiszeiten.
Der schwedische Geologe Gerard Jakob de Geer (1858–1943) analysierte die Sedimente einiger Seen, die von Gletschern gespeist wurden. Dabei fand er heraus, daß sich Schichten aus feinem und gröberem Treibsand abwechselten, je nachdem, ob diese Schichten im Sommer oder im Winter entstanden waren.
De Geer konnte anhand dieser Warven (vom schwedischen Wort für »Schichten«), die jeweils aus einer Schicht feinem und grobem Treibsand bestanden, den Zeitraum bestimmen, in dem Vergletscherungen aufgetreten sind. Er ermittelte um einen Zeitraum von 12 000 Jahren. Das bedeutete, daß sich

vor 12 000 Jahren die Gletscher der letzten Eiszeit zurückgezogen haben, also zu einem Zeitpunkt, als im Zweistromland die Landwirtschaft eingeführt wurde (vgl. 8000 v. Chr.).
Anhand der unterschiedlichen Dicke der Warven können Klimaschwankungen ermittelt werden.
Mit der *Warvenforschung* stand zum ersten Mal eine Methode zur Verfügung, die es ermöglichte, Tausende von Jahren einigermaßen genau zu zählen. Später wurden auch andere solche Methoden entwickelt.

Ytterbium

Man hatte bisher sechs verschiedene Seltenerdmetalle isoliert. Die Liste war aber noch nicht vollständig. Der Schweizer Chemiker Jean-Charles-Gallissard de Marignac (1817–1894) entdeckte 1878 das Seltenerdmetall *Ytterbium,* das er nach dem Steinbruch bei Ytterby benannte, wo Gadolin 1794 das erste Seltenerdmetall entdeckt hatte (vgl. 1794). Ytterbium war das vierte Element, das nach diesem Ort benannt wurde. Die anderen drei sind Yttrium, Erbium und Terbium.

Nachtrag

Die Russen schlugen die Türken am 3. März 1878 und zwangen ihnen den Frieden von San Stefano auf, der den Russisch-Türkischen Krieg beendete. Die Türken mußten ihre Gebiete auf dem Balkan abtreten, und Rußland erlangte die Oberherrschaft über die Halbinsel. Die Briten protestierten, und ein Teil der britischen Öffentlichkeit sprach sich sogar für eine militärische Intervention aus.
Doch dazu kam es nicht. Statt militärisch zu intervenieren, setzten die Briten durch, daß in Berlin ein Kongreß mit führenden europäischen Staatsmännern abgehalten wurde, bei dem Bismarck als Gastgeber und »ehrlicher Makler« fungierte. Am 13. Juni 1878 trat der Kongreß zusammen und kam innerhalb eines Monats zu einem Ergebnis. Serbien, Rumänien und Montenegro erhielten nach sechs Jahrhunderten ihre Unabhängigkeit. Die Türkei behielt ein kleines Gebiet auf dem Balkan, das sich nördlich von Griechenland vom Schwarzen Meer bis zur Adria erstreckte.
Viktor Emanuel II. von Italien, in dessen Regierungszeit die Nation geeint worden war, starb am 9. Januar 1878. Sein Sohn Humbert I. (1844–1900) folgte ihm auf dem Thron.

1879

Elektrisches Licht

Eine Energieform wie Elektrizität eröffnete die Möglichkeit, Licht ohne eine Flamme zu erzeugen. Davy hatte eine Lampe konstruiert, bei der Strom über eine kurze Distanz durch Luft geleitet wird. Dabei wird ein heller Funke erzeugt. Diese Bogenlampen wurden vor fast einem Dreivierteljahrhundert eingeführt (vgl. 1800). Doch das Licht, das dabei entstand, war grell, und es bestand immer die Gefahr, daß ein Feuer ausbrach. Edison ging dieses Problem an und suchte nach einer alternativen Form elektrischen Lichts.
Wenn Elektrizität durch einen Draht fließt, heizt sie ihn auf. Dies liegt am Widerstand des Drahtes. Ist der Draht sehr dünn, herrscht ein so großer Widerstand, daß der Draht zu glühen beginnt. Doch dann schmilzt oder verbrennt er.
Um dies zu verhindern, mußte der Glühfaden in einem gläsernen Vakuumkolben angebracht werden. Das hatte zudem den Vorteil, daß der Kolben das grelle Licht dämpfte. Die Gefahr, daß ein Feuer ausbrach, war bei dieser Art von Lichterzeugung verschwindend gering.
Nun mußte noch ein geeigneter, schwer schmelzbarer Leitungsdraht gefunden werden. Edison experimentierte zunächst mit Pla-

tindraht. Doch Platin war zu teuer, und obendrein erwies es sich für diesen Zweck als ungeeignet.
Nach unzähligen Experimenten fand Edison schließlich, was er suchte. Er verwendete einen verkohlten Baumwollfaden, der einem Draht aus Kohlenstoff entsprach. Am 21. Oktober 1879 schickte er einen Strom durch solch eine Kohlenstoffaser, die sich in einem gläsernen Vakuumkolben befand. Sie glühte vierzig Stunden ohne Unterbrechung. Sofort ließ sich Edison diese Erfindung patentieren. An Silvester des gleichen Jahres stellte er seine Erfindung der Öffentlichkeit vor. Vor 3 000 staunenden Zuschauern beleuchtete er die Hauptstraße von Menlo Park mit seinen elektrischen Glühbirnen.
Um die Glühbirne sinnvoll einsetzen zu können, mußte Edison noch einen Generator entwickeln, der die erforderliche Elektrizität bereitstellen konnte.
Das Zeitalter des elektrischen Lichts begann. Die Nacht wurde zum Tag gemacht.

Entstehung des Mondes

Newton war der Ansicht gewesen, daß die Anziehungskraft des Mondes für die Gezeiten verantwortlich sei. Der britische Astronom George Howard Darwin (1845–1912), der zweitälteste Sohn Charles Darwins, widmete sich diesem Problem mit besonderer Sorgfalt. Er erkannte, daß das Wasser bei der Erdumdrehung über seichte Meeresarme und über geneigte Uferlinien gespült wird. Durch die dabei entstehende Reibung wird ein Teil der Rotationsenergie der Erde in Wärme umgewandelt. Das bedeutet, daß sich die Erdrotation verlangsamt und daß der Zeitraum, den die Erde für eine Drehung um die eigene Achse braucht, langsam größer wird (und ein Tag folglich länger). Das wiederum hat zur Folge, daß ein Teil des Drehmomentes verlorengeht. Ganz verschwinden kann es jedoch nicht, denn das widerspräche dem Gesetz von der Erhaltung des Drehmomentes. Wenn also die Erde einen Teil ihres Drehmomentes verliert, so ist es wahrscheinlich, daß der Mond genau diese Menge hinzugewinnt, und zwar am einfachsten dadurch, daß er sich langsam von der Erde wegbewegt.
Läßt man dieses Szenario rückwärts ablaufen, so rückt der Mond der Erde immer näher, und die Tage auf der Erde werden immer kürzer.
George Darwin vertrat die Theorie, daß der Mond aus Material entstanden sei, das aus der Erdkruste geschleudert wurde, als die Erde noch sehr schnell rotierte.
Heute wird diese dramatische Theorie zwar abgelehnt. Doch zu der Zeit, als sie aufgestellt wurde, stieß sie auf großes Interesse.

Saccharin

Einige Entdeckungen sind dem Zufall zu verdanken. Im Jahr 1879 gelang dem amerikanischen Chemiker Ira Remsen (1846–1927) und dem Studenten Constantine Fahlberg die Synthese einer Verbindung, die den Namen Ortho-Sulfobenzoesäureimid erhielt. Das war an sich nichts Besonderes, da jedes Jahr unzählige neue organische Verbindungen hergestellt wurden. Doch zufällig steckte Fahlberg einen Finger in den Mund, an dem sich einige Körner dieser neuen Verbindung befanden. Er war erstaunt über den süßen Geschmack.
Die Verbindung erhielt später den Namen *Saccharin* (von einem lateinischen Wort für »süß«). Zum ersten Mal hatte man einen Zuckerersatzstoff gefunden, der kommerzielle Verwendung fand. Auch heute noch gehört Saccharin zu den am häufigsten verwendeten Süßstoffen.

Scandium

Gadolin hatte die Seltenerdmetalle entdeckt (vgl. 1794). Seither hatte man etwa ein Dutzend Elemente extrahiert, die alle ähnliche Eigenschaften besaßen. Dann, 1879, fand der schwedische Chemiker Lars Fredrik Nilson (1840–1899) ein Element, das nicht zu dieser Reihe der Seltenerdemetalle gehörte, aber de-

ren Eigenschaften besaß. Nilson nannte das Element *Scandium* (abgeleitet von »Skandinavien«).
Der schwedische Chemiker Per Teodor Cleve (1840–1905) erkannte, daß Scandium die Eigenschaften des Eka-Bors besaß, eines Elements, das Mendelejew in seinem Periodensystem erwähnt hatte (vgl. 1869). Das neu entdeckte Element paßte genau an diese Stelle des Periodensystems. Wieder war ein Element entdeckt worden, dessen Existenz Mendelejew vorausgesagt hatte.

Thulium, Holmium und Samarium

Scandium war zwar kein Seltenerdmetall, doch bald sollten weitere Elemente dieser Reihe gefunden werden. Cleve, der herausgefunden hatte, daß Scandium dem Eka-Bor entsprach (siehe oben), isolierte 1879 zwei Seltenerdmetalle. Er benannte diese beiden Metalle nach Orten in Skandinavien. Das eine erhielt den Namen *Thulium,* nach Thule, das in der Antike als die nördlichste Insel der Erde galt und von den Europäern später mit dem mittelnorwegischen Küstengebiet gleichgesetzt wurde. Das andere Element erhielt den Namen *Holmium,* nach Stockholm.
Noch im gleichen Jahr entdeckte Lecoq de Boisbaudran, der auch Gallium gefunden hatte, ein neues Seltenerdmetall und gab ihm den Namen *Samarium,* da er es aus dem Mineral *Samarskit* gewonnen hatte. Dieses Mineral hatte seinen Namen von einem ansonsten unbekannten russischen Bergbauingenieur namens Samarski.

Wärme und Strahlung

Der österreichische Physiker Josef Stefan (1835–1893) interessierte sich besonders für die Abkühlung heißer Körper und folglich auch für die Strahlungsmenge, die sie abgaben. Er beobachtete das Verhalten unterschiedlich heißer Körper. Im Jahr 1879 konnte er zeigen, daß die gesamte Strahlungsleistung proportional zur 4. Potenz der absoluten Temperatur war (*Stefan-Boltzmann-Gesetz*).
Wenn sich beispielsweise die Temperatur eines Körpers von 1 000 Kelvin auf 3 000 Kelvin erhöht, sich also verdreifacht, erhöht sich der Strahlenausstoß $3 \times 3 \times 3 \times 3$ oder 81mal. Die Strahlung steigt also bei Erhöhung der Temperatur sehr schnell an. Wie sich herausstellte, war dieser Sachverhalt für ein besseres Verständnis der Entstehung der Sterne von großem Nutzen. Kurz darauf konnte man mit Hilfe der von der Sonne abgegebenen Strahlungsmenge die Temperatur der Sonnenoberfläche errechnen. Nach dem Stefan-Boltzmann-Gesetz beträgt diese 5 700 Kelvin.

Nachtrag

In Südafrika wurden die Zulus, die sich tapfer gegen die Briten und Buren gewehrt hatten, schließlich besiegt. Die Briten besetzten ihr Land.
Bismarck war nun eifrig dabei, ein ganzes Bündnissystem aufzubauen, das den Frieden in Europa erhalten und die Revanchegelüste der Franzosen im Keim ersticken sollte. Am 7. Oktober 1879 schlossen Deutschland und Österreich-Ungarn den sogenannten Zweibund, ein Defensivbündnis, das fast vierzig Jahre halten sollte.

1880

Malaria

Malaria ist die vielleicht am weitesten verbreitete Krankheit. Sie führt zu einer Schwächung des menschlichen Organismus. Erst die Entdeckung des Chinins vor fast zweieinhalb Jahrhunderten machte es den Europäern möglich, sich in den Tropen zu behaupten.

Dem französischen Arzt Charles-Louis-Alphonse Laveran (1845–1922) gelang 1880 die Isolierung des Malariaerregers. Erstaunlicherweise handelt es sich bei diesem Erreger nicht um eine Bakterie, sondern um ein Protozoon, ein einzelliges Tier. Zum ersten Mal hatte man einen pathogenen Organismus gefunden, der keine Bakterie war.
Für seine Entdeckung erhielt Laveran 1907 den Nobelpreis für Physiologie und Medizin. Andere Wissenschaftler wurden ebenfalls fündig. Der deutsche Bakteriologe Karl Joseph Eberth (1835–1925) fand 1880 den Bazillus, der Typhus hervorruft.

Fotografie kosmischer Nebel

Die Fotografie wurde dank ihrer technischen Fortschritte als Hilfsmittel für die Astronomie immer wichtiger. Draper (vgl. 1872), der die von Huggins (vgl. 1863) eingeführten Trokkenplatten verwendete, fotografierte den Orionnebel und wertete sein Spektrum aus. Zum ersten Mal hatte man einen kosmischen Nebel fotografiert.
Aus dem Spektrum des Orionnebels ging hervor, daß er aus einer Staub- und Gaswolke besteht, die von den Sternen, die sich in ihr befinden, beleuchtet wird. Dies legte die Vermutung nahe, daß alle anderen kosmischen Nebel die gleiche Zusammensetzung besaßen. Später stellte sich jedoch heraus, daß es wichtige Ausnahmen gibt.

Seismograph

Palmieri hatte das erste Gerät entwickelt, mit dem man die Stärke von Erdbeben messen konnte (vgl. 1855). Dann, im Jahr 1880, gelang dem britischen Geologen John Milne (1850–1913) die Erfindung des ersten modernen *Seismographen* (von einem griechischen Ausdruck für »Erdbeben aufzeichnen«). Dieses Gerät bestand im wesentlichen aus einem waagrechten Pendel, das mit einem Ende im Gestein steckte. Brach ein Erdbeben aus, so wurde die Bewegung des Gesteins mit einem Stift (später mit einem Lichtstrahl) auf eine sich drehende Rolle aufgezeichnet. Milne installierte eine Reihe von Seismographen in Japan und in anderen Ländern. Die *Seismologie* nahm ihren Anfang.

Gadolinium

Marignac, der schon Ytterbium entdeckt hatte (vgl. 1878), entdeckte 1880 ein weiteres Seltenerdmetall. Zu Ehren Gadolins (vgl. 1794), der die ersten Seltenerdmetalle entdeckt hatte, wurde es *Gadolinium* genannt.

Unterbewußtsein

Der österreichische Arzt Josef Breuer (1842–1925) wurde 1880 von einer Frau aufgesucht, die er in seinen Veröffentlichungen »Anna O.« nannte. Sie litt an verschiedenen psychischen Störungen, die zuweilen von Lähmungserscheinungen begleitet waren.
Breuer fand heraus, daß ihre Symptome schwächer wurden, wenn er sie, teilweise mit Hilfe der Hypnose, dazu brachte, über ihre Phantasien zu sprechen. Breuer kam zu dem Schluß, daß wichtige Ursachen für solche psychischen Leiden im Unterbewußten zu suchen sind und daß Aussicht auf Heilung besteht, wenn es gelingt, den Patienten zum Sprechen zu bringen.

Elektromechanischer Rechner

Die in Amerika durchgeführten Volkszählungen wurden immer aufwendiger. Es gab immer mehr Menschen, und immer mehr Fragen wurden ihnen gestellt. Die Daten, die dabei anfielen, waren so umfangreich, daß ihre Auswertung Jahre dauerte.
Der amerikanische Erfinder Herman Hollerith (1860–1929), der in der technischen Abteilung der Volkszählungsbehörde arbeitete, war der Ansicht, man müsse einen schnelleren

und besseren Weg für die Auswertung der Daten finden. Im Jahr 1880 machte er sich an die Entwicklung einer für diesen Zweck geeigneten Maschine.
Hollerith verwendete die von Jacquard (vgl. 1801) und Babbage (vgl. 1822) eingeführten Lochkarten. Die gesammelten Daten wurden in Form von Löchern auf diesen Karten gespeichert. Die Position der Löcher auf der Karte gab beispielsweise an, welches Geschlecht der Befragte hatte, wie alt er war, welchen Beruf er ausübte und dergleichen mehr.
Für die statistische Auswertung der Daten wurden die Lochkarten in die Maschine eingezogen. Eine Platte, die mit vielen kleinen Stiften versehen war, tastete die Karten ab. Überall dort, wo sich ein Loch befand, drangen die Stifte durch die Karte und tauchten in ein Gefäß mit Quecksilber ein, das sich unter der Karte befand. Dadurch wurden elektrische Kontakte geschlossen, die den Zeiger einer Skala steuerten. Die Lochkarten wurden in schneller Abfolge durch die Maschine geschickt, und die Angestellten brauchten nur noch die Zahlen zu notieren, die auf der Skala angezeigt wurden.
Die von Hollerith entwickelte Maschine verwendete im Gegensatz zur mechanischen Rechenmaschine Babbages Elektrizität. Hollerith hatte den ersten *elektromechanischen Rechner* entwickelt.
Schließlich gründete Hollerith eine Firma, die alle Arten von informationsverarbeitenden Maschinen herstellte. Aus dieser Firma entwickelte sich die *International Business Machines Corporation*, besser bekannt unter der Abkürzung *IBM*.

Elektronenstrahlen

Noch immer war nichts Näheres über die von Goldstein entdeckten Kathodenstrahlen bekannt (vgl. 1876). Die meisten bekanntgewordenen Beobachtungen deuteten darauf hin, daß Kathodenstrahlen entweder eine Art elektromagnetischer Strahlung waren, genau wie Licht, oder aber ein Strom von Partikeln. Crookes (vgl. 1861) untersuchte dieses Problem. Im Jahr 1875 entwickelte er eine Vakuumröhre, die noch besser war als die Geißlerschen Röhren (vgl. 1855).
Mit Hilfe dieser *Crookesschen Röhre* zeigte er, daß sich die Kathodenstrahlen in geraden Linien ausbreiteten und deutliche Schatten warfen. Ja, sie waren sogar in der Lage, ein kleines Rad zu drehen, auf das sie seitlich trafen. Diese Beobachtungen schafften aber immer noch keine Klarheit über die Beschaffenheit dieser Strahlen.
Crookes konnte bald den Nachweis erbringen, daß Kathodenstrahlen durch einen Magneten abgelenkt werden. Die Art der Ablenkung ließ darauf schließen, daß sie negativ geladen waren. Da elektromagnetische Wellen aber in keinem Fall eine negative Ladung besitzen können, kam Crookes zu dem Schluß, daß Kathodenstrahlen aus elektrisch geladenen Teilchen bestanden.
Diese Annahme hat sich bestätigt.

Hochdruck

Schon Boyle (vgl. 1662) hatte unter Anwendung von Druck die Gasverdichtung erforscht, und Faraday hatte Druck für die Gasverflüssigung benutzt.
Doch der französische Physiker Emile Hilaire Amagat (1841–1915) war der erste, der versuchte, wirklich hohe Drücke zu erzeugen und das Verhalten von Substanzen unter diesen Bedingungen zu untersuchen. Er begann mit seinen Experimenten 1880. Bald konnte er einen Druck von 3 000 Atmosphären erzeugen – ein Rekord zu dieser Zeit. Die Arbeit Amagats bildete die Grundlage auf dem Gebiet der Hochdruckforschung. In den darauffolgenden Jahrzehnten sollten noch sehr viel extremere Drücke erzeugt werden.

Piezoelektrizität

Der französische Chemiker Pierre Curie (1859–1906) bemerkte, daß ein Quarzkristall

unter Druckeinwirkung eine elektrische Ladung erzeugte. Wenn nun umgekehrt der Kristall einer elektrischen Ladung ausgesetzt wurde, so verdichtete er sich wie unter der Einwirkung von Druck. Änderte sich die elektrische Ladung sehr schnell, so erfolgten Verdichtung und Ausdehnung zeitgleich mit der Veränderung. Durch die Vibration des Kristalls wurden Schallwellen erzeugt, die so schnell oszillierten, daß der Mensch sie nicht mehr hören kann. Curie hatte somit eine Methode gefunden, mit der *Ultraschallvibrationen* erzeugt werden konnten.
Dieses Zusammenspiel von Druck und elektrischer Ladung wird *Druck-* oder *Piezoelektrizität* genannt (der erste Wortteil »piezo« leitet sich vom griechischen Wort für »Druck« ab). Kristalle, die piezoelektrische Eigenschaften besitzen, wurden später wichtig für die Klangelektronik. Sie werden in Mikrophonen und Schallplattenspielern verwendet.

Nachtrag

Die europäischen Großmächte fuhren fort, Afrika unter sich aufzuteilen. Die Franzosen nahmen den westlichen Teil Zentralafrikas in Besitz und nannten ihn Französisch-Äquatorialafrika. Die westliche Sahara und der Nordwesten Afrikas fielen ebenfalls an Frankreich. Am 3. Juli 1880 wurde bei einem Treffen der europäischen Kolonialmächte beschlossen, daß Marokko vorerst unabhängig bleiben sollte.
Die Buren bekräftigten die Unabhängigkeit ihrer Republiken nördlich des britischen Herrschaftsgebiets in Südafrika. Großbritannien war damit – zumindest vorläufig – einverstanden.
In Manhattan waren zu diesem Zeitpunkt bereits drei Hochbahnen in Betrieb, London hatte ein Telefonbuch, und in den Zeitungen erschienen die ersten Fotografien.
Mit 400 Millionen Menschen war China das bevölkerungsreichste Land der Erde. An zweiter Stelle rangierte Indien mit 240 Millionen, gefolgt von Rußland mit 100 Millionen. Die Vereinigten Staaten standen mit 53 Millionen an vierter Stelle. An dieser Reihenfolge hat sich bis heute nichts geändert.

1881

Interferometer

Mit der finanziellen Hilfe Bells, der fünf Jahre zuvor das Telefon entwickelt hatte (vgl. 1876), gelang dem deutsch-amerikanischen Physiker Albert Abraham Michelson (1852–1931) die Erfindung des *Interferometers.*
Das Gerät spaltet einen Lichtstrahl und schickt die beiden Strahlen in unterschiedliche Richtungen. Anschließend werden sie wieder vereinigt. Diese Methode der Lichtuntersuchung hatte Maxwell sechs Jahre zuvor vorgeschlagen (vgl. 1855). Damals hatte man noch kein geeignetes Instrument für dieses Verfahren besessen. Nun stand es endlich zur Verfügung.
Die beiden Lichtstrahlen sind genau dann phasengleich, wenn sie die gleiche Entfernung mit derselben Geschwindigkeit zurücklegen; das Licht ist dann nach der Vereinigung der beiden Strahlen unverändert. Wenn sich die Geschwindigkeit oder die zurückgelegte Distanz der beiden Strahlen nur geringfügig voneinander unterscheiden, dann sind die Strahlen bei ihrer Wiedervereinigung phasenverschoben. Es entstehen Interferenzstreifen, wie sie Young (vgl. 1801) zum Nachweis des Wellencharakters des Lichts benutzt hatte.
Zu dieser Zeit wußte man bereits, daß Licht aus Wellen besteht, und man nahm an, daß diese Wellen in irgendeiner Form an Materie gebunden waren. Deshalb wurde postuliert, daß jeder Raum mit einem sogenannten *Lichtäther* gefüllt sei. Das Wort *Äther* geht zurück auf den aristotelischen Äther (vgl. 350 v. Chr.). Michelson nahm an, daß dieser Äther in einem Zustand absoluter Ruhe verharrt, während sich die Erde mit einer bestimmten Geschwin-

digkeit relativ dazu bewegt. Diese Bewegung nannte man absolute Erdbewegung, und Michelson verwendete sein Interferometer dazu, diese Bewegung der Erde zu messen. Dazu wurden die zwei Hälften eines Lichtstrahls im rechten Winkel zueinander ausgesandt, nach einer bestimmten Entfernung an einem Spiegel reflektiert und wieder vereinigt. Traf die oben angeführte Theorie zu, so mußte der Lichtstrahl, der sich in Richtung der Erdbewegung ausbreitete, seinen Weg in einer etwas kürzeren Zeit zurücklegen als der dazu senkrechte Strahl. Die beiden Lichtstrahlen sollten also bei ihrer Vereinigung etwas außer Phase geraten sein und Interferenzstreifen hervorrufen. Wenn das der Fall war, so konnte aus deren Abstand die Geschwindigkeit der Erde relativ zum Äther und damit die *Absolutbewegung* sämtlicher Körper berechnet werden.
Das Experiment schlug fehl, da keine Interferenzstreifen sichtbar waren. Michelson nahm an, daß sein Versuchsaufbau Mängel aufwies, und machte sich daran, ihn zu verbessern. Erst nach Jahren fand er sich damit ab, daß es tatsächlich keine Interferenzstreifen gab. Diese Beobachtung war später für die Relativitätstheorie von großer Bedeutung.

Schutzimpfung gegen Milzbrand

Fast ein Jahrhundert war vergangen, seit Jenner die Pockenschutzimpfung eingeführt hatte. Er hatte die Menschen mit Kuhpocken infiziert, einer verhältnismäßig harmlosen Krankheit, die Immunität gegen die oft tödlich verlaufenden Pocken verlieh (vgl. 1796). Diese Methode ließ sich bei anderen gefährlichen Krankheiten nicht wiederholen, da diese offenbar keine verwandten Erreger besaßen, die weniger gefährlich waren. Pasteur hielt es allerdings für möglich, solche Erreger künstlich zu züchten.
Pasteur beschäftigte sich deshalb mit Milzbrand, einer Krankheit, die ganze Viehherden dahinraffte. Koch (vgl. 1876) hatte die Bakterien entdeckt, die diese Krankheit verursachten. Pasteur bestätigte die Ergebnisse Kochs. Außerdem fand er heraus, daß diese Keime dank ihrer wärmebeständigen Sporen lange Zeit im Boden überleben konnten. Deshalb mußte man alle infizierten Tiere töten und tief in der Erde vergraben.
Überlebte ein Tier den Milzbrand, so war es für alle Zeit immun. Pasteur präparierte deshalb einige Kulturen dieses Erregers und erhitzte sie. Auf diese Weise zerstörte er die aktive Ansteckungsfähigkeit dieser Erreger. In diesem geschwächten Zustand konnten sie keine Krankheit verursachen, wohl aber Immunität bewirken.
Im Jahr 1881 führte Pasteur mit den abgeschwächten Erregern ein aufsehenerregendes Experiment durch. Einige Schafe wurden geimpft, andere nicht. Zunächst passierte nichts: alle Schafe schienen gesund zu sein. Als man ihnen aber Lebenderreger injizierte, starben nur die Tiere, die nicht geimpft worden waren. Die anderen blieben am Leben.
Pasteur bezeichnete diese Schutzimpfung Jenner zu Ehren als *Vakzinierung*, obwohl sie nichts mit dem Vaccinia-Virus zu tun hat, das bei der Pockenimpfung verwendet wird.

Pneumokokkus

Der amerikanische Arzt George Miller Sternberg (1838–1915) leistete Pionierarbeit auf dem Gebiet der Bakteriologie. Im Jahre 1881 isolierte er die Bakterie, die Lungenentzündung verursacht. Dabei handelt es sich um eine kleine kugelförmige Bakterie, die *Kokkus* (von einem griechischen Wort für »Samen«) genannt wird. Sie erhielt die Bezeichnung *Pneumokokkus*.

Venn-Diagramm

Der britische Mathematiker John Venn (1834–1923) knüpfte an Booles Arbeit auf dem Gebiet der Formalen Logik (vgl. 1847) an und führte das sogenannte *Venn-Diagramm* ein, bei dem sich überschneidende Kreise dazu benutzt werden, die Vereinigung oder den Durchschnitt von Mengen darzustellen und logische Folgen aufzuzeigen. Wenn Booles Werk eine Art algebraischer Logik war, so war Venns System eine Art geometrischer Logik.

Nachtrag

Am 13. März fiel der russische Zar Alexander II. einem Attentat zum Opfer. Sein Sohn trat als Alexander III. (1845–1894) die Nachfolge an, führte aber die Reformpolitik Alexanders II. nicht fort. Alexander III. kehrte zu der repressiven Politik von Nikolaus zurück und befürwortete die Judenpogrome.
Frankreich annektierte das nordafrikanische Land Tunesien und gliederte es seinem wachsenden Kolonialreich in Afrika ein.
London hatte 3,3 Millionen Einwohner, Paris mehr als zwei Millionen. Auch Berlin und Wien gehörten nun zum Kreis der Millionenstädte.

1882

Chromatin

Bisher waren die Einzelheiten der Zellstruktur noch nicht genau erforscht. Die Arbeit wurde dadurch behindert, daß die Zelle durchsichtig und farblos ist. Unter dem Mikroskop sind deshalb die Details nur unscharf zu erkennen. Perkin hatte ein Vierteljahrhundert zuvor den ersten künstlichen Farbstoff hergestellt (vgl. 1856), und in der Folgezeit waren viele weitere synthetische Farbstoffe entwickelt worden. Mit solchen Farbstoffen war es möglich, einen bestimmten Teil der interzellularen Struktur einzufärben, so daß er sich gut von seiner farblosen Umgebung abhob.
Dem deutschen Botaniker Eduard Adolf Strasburger (1844–1912) gelang mit Hilfe dieses Verfahrens, Vorgänge während der Zellteilung bei Pflanzen zu beobachten. Strasburger unterschied zwei Regionen im Protoplasma. Diejenige, die sich innerhalb des Zellkerns befindet, nannte er *Kernplasma*. Den Teil der Zelle, der sich außerhalb des Zellkerns befindet, nannte er *Zytoplasma* (das Präfix »-zyto« leitet sich vom griechischen Wort für »Zelle« ab). Diese Bezeichnungen, insbesondere *Zytoplasma*, sind sehr gebräuchlich unter Biologen.
Der deutsche Anatom Walther Flemming (1843–1905) führte noch genauere Studien durch. Er verwendete einen künstlichen Farbstoff, der sich mit dem Material im Innern des Zellkerns verband, und nannte ihn *Chromatin* (vom griechischen Wort für »Farbe«).
Als Flemming im Wachstum befindliches Gewebe einfärbte, fand er Zellen, die sich in unterschiedlichen Zellteilungsstadien befanden. Das Färbemittel hatte die Zellen abgetötet, so daß weitere Zellteilungen nicht mehr möglich waren. Was Flemming sah, waren also »Momentaufnahmen«, die verschiedene Phasen der Zellteilung wiedergaben, allerdings noch ungeordnet waren. Nachdem er ihre Reihenfolge festgelegt hatte, konnte er nachvollziehen, wie die Zellteilung vonstatten ging.
Bei Beginn der Zellkernteilung verdichtet sich das Chromatin zu zwei feinen Fäden, die man später *Chromosomen* nannte (von den griechischen Wörtern für »farbige Körper«). Diese fadenähnlichen Chromosomen sind so charakteristisch für die Zellteilung, daß Flemming den ganzen Vorgang *Mitose* nannte, nach einem griechischen Wort für »Faden«.
Zunächst findet die Verdopplung und Teilung der Chromosomen statt. Die Chromosomen, die sich in den feinen Fäden einer Struktur befinden, die Flemming als *Spindelfasern* bezeichnete, werden auseinandergezogen und auf die beiden Zellpole verteilt. Nun teilt sich die Zelle, und beide Tochterzellen besitzen die gleiche Menge Chromatin. Da sich die Chromosomen vor der Zellteilung verdoppelt haben, besitzt jede Tochterzelle genausoviel Chromatin wie die Zelle vor ihrer Teilung.
Flemming faßte seine Ergebnisse in dem 1882

veröffentlichten Buch *Zellsubstanz, Zellkern und Zellteilung* zusammen.
Flemmings Arbeit war von größter Bedeutung. Leider versäumten es die Wissenschaftler, die richtigen Schlüsse aus ihr zu ziehen, da sie die Arbeit Mendels auf dem Gebiet der Vererbungslehre (vgl. 1865) noch nicht kannten.

Lichtgeschwindigkeit

Bisher war es noch niemandem gelungen, den von Foucault ermittelten Wert für die Lichtgeschwindigkeit genauer zu bestimmen (vgl. 1849).
Michelson, der 1881 das Interferometer erfunden hatte, führte 1882 eine Messung der Lichtgeschwindigkeit durch. Er erhielt einen Wert von 299 789 Kilometer pro Sekunde. Dieser Wert ist um über 1 000 Kilometer pro Sekunde höher als Foucaults Wert. Michelsons Ergebnis war um einiges genauer. Es lag nur um 64 Kilometer pro Sekunde unter dem heute angenommenen Wert.

Beugungsgitter

Fraunhofer hatte als erster Beugungsgitter für die Erzeugung von Lichtspektren verwendet (vgl. 1820). Diese Beugungsgitter erzeugen um so bessere Spektren, je feiner und dichter die parallelen Einritzungen auf dem Glas oder Metall sind. Die Spektrallinien sind sehr viel deutlicher zu erkennen als bei Prismen.
Der amerikanische Physiker Henry Augustus Rowland (1848–1901) entwickelte eine Methode, mit der man außergewöhnlich präzise Beugungsgitter herstellen konnte. Im Jahr 1882 fertigte er ein Beugungsgitter mit mehr als 6 000 Linien pro Zentimeter an. Mit Hilfe dieses Präzisionsgeräts erstellte er eine Karte des Sonnenspektrums, in der die exakten Wellenlängen von etwa 14 000 Spektrallinien angegeben waren.

Tuberkulose

Die Tuberkulose war im 19. Jahrhundert weit verbreitet. Sie verunstaltete den Kranken zwar nicht wie die Pocken, doch die Sterberate war sehr hoch, besonders unter jungen Menschen. Auch wenn die Krankheit nicht sofort zum Tod führte, so nahm sie doch meist einen tödlichen Ausgang.
Koch (vgl.1876) gelang 1882 die Isolierung des *Tuberkelbakteriums.* Dieses Bakterium gilt als Erreger der Tuberkulose. Koch machte sich nun daran, ein Heilmittel für diese Krankheit zu suchen, und meinte auch bald, es gefunden zu haben – ein Irrtum, wie sich nachher herausstellte. Kochs Mittel war unwirksam. Doch die Furcht vor dieser Krankheit war so groß, daß allein schon die Identifizierung des Bakteriums als große Leistung angesehen wurde. Koch erhielt 1905 den Nobelpreis für Medizin und Physiologie.

Die transzendente Zahl Pi

Der deutsche Mathematiker Ferdinand von Lindemann (1852–1939) untersuchte 1882 die Zahl Pi, die das Verhältnis von Kreisumfang zu Kreisdurchmesser angibt. Der Näherungswert von Pi ist 3,14159 ... Die Zahl Pi besitzt unendlich viele Stellen hinter dem Komma, die sich nicht wiederholen. Sie ist also eine irrationale Zahl.
Lindemann gelang der Nachweis, daß Pi nicht nur eine irrationale Zahl ist, sondern auch eine transzendente Zahl wie *e* (vgl. 1873). Deshalb kann Pi nie die Lösung für eine Gleichung mit ganzzahligen Koeffizienten sein. Die *Quadratur des Kreises* mit Hilfe von Lineal und Zirkel in einer endlichen Anzahl von Schritten (vgl. 1837) ist deshalb unmöglich.

Nachtrag

Die europäischen Großmächte teilten die übrige Welt unter sich auf. Großbritannien sah sich gezwungen, den Suezkanal vor ägyp-

tischen Nationalisten zu schützen. Am 11. Juli beschossen die Briten Alexandria, und am 15. September besetzten britische Truppen Kairo. Ägypten wurde dem immer größer werdenden Britischen Empire einverleibt.
In der Zwischenzeit weitete das kleine Land Belgien unter Leopold II. (1835–1909, seit 1865 König) sein Kolonialgebiet in Zentralafrika aus (das spätere Belgisch Kongo). Frankreich verstärkte seinen Einfluß in Madagaskar und Indochina (das heutige Vietnam eingeschlossen). Italien sicherte sich einen Hafen an der afrikanischen Küste des Roten Meeres. Daraus wurde später das Zentrum der italienischen Kolonie Eritrea.
Bismarck verzichtete auf Eroberungen in Übersee und festigte statt dessen die Position Deutschlands in Europa durch die Fortsetzung seiner Bündnispolitik. Am 20. März 1882 schlossen Italien, Deutschland und Österreich-Ungarn ein geheimes Verteidigungsbündnis, den sogenannten *Dreibund.*

1883

Stahllegierungen

Seit mehr als 3 000 Jahren verwendete man Stahl (kohlenstoffhaltiges Eisen). Aufgrund seiner Festigkeit und Beständigkeit eignete er sich bestens für die Herstellung von Waffen und Werkzeugen sowie für den Häuserbau. Das hieß freilich nicht, daß Stahl nicht noch weiter verbessert werden konnte.
Um die Qualität des Stahls zu verbessern, wurden ihm andere Metalle zugefügt, darunter auch Mangan, aber dieses Metall schien den Stahl noch spröder zu machen. Dann jedoch fügte der britische Metallurg Robert Abbott Hadfield (1858–1940) eine größere Menge Mangan zu, als man bisher für ratsam gehalten hatte. Und der Erfolg gab ihm recht: Bei einem Manganteil von zwölf Prozent war der Stahl nicht mehr spröde. Und wenn man ihn auf eine Temperatur von 1 000°C erhitzte und dann abschreckte, wurde er sogar außerordentlich hart. Früher hatte man Eisenbahnschienen aus herkömmlichem Stahl schon nach neun Monaten auswechseln müssen. Eisenbahnschienen aus Manganstahl hielten dagegen 22 Jahre.
Hadfield ließ sich den Manganstahl 1883 patentieren, und in der Folgezeit wurden viele weitere *Stahllegierungen* entwickelt. Auf der Suche nach neuen Werkstoffen mit nützlichen Eigenschaften wurde Eisen mit den unterschiedlichsten metallischen und nichtmetallischen Elementen legiert: Chrom, Wolfram, Molybdän, Vanadium, Niob, usw.

Wechselstrom

Der elektrische Strom, der seit der ersten Hälfte des 19. Jahrhunderts genutzt wurde, floß von einem Punkt zum anderen und behielt dabei seine Richtung bei. Diese Art von Strom wird von Batterien geliefert und als *Gleichstrom* bezeichnet. Es erleichtert jedoch die Arbeit mit elektrischen Generatoren, wenn der Strom seine Richtung in sehr schneller Abfolge immer wieder umkehrt. Die Stromstärke steigt und fällt wie eine sinusförmige Welle. Diese Art von Strom nennt man *Wechselstrom.*
Zunächst schien Wechselstrom nicht so nützlich wie Gleichstrom zu sein. Der kroatische Elektroingenieur Nikola Tesla (1856–1943) konstruierte 1883 einen Induktionsmotor, der mit Wechselstrom betrieben wurde.
Edison hatte sich für die Verwendung des Gleichstroms eingesetzt und lehnte den Wechselstrom ab – zu Unrecht, wie sich noch zeigen sollte.

Edison-Effekt

Nachdem Edison das elektrische Licht erfunden hatte (vgl. 1879), war es nur natürlich, daß er sich um eine ständige Verbesserung seiner Erfindung bemühte. Vor allem wollte er

die Lebensdauer des Glühfadens verlängern. Im Jahr 1883 brachte er in einer Glühbirne nahe dem heißen Glühfaden einen Draht an. Edison war wohl der Ansicht, der Draht würde die in der Birne verbliebene Luft absorbieren, die die Lebensdauer des Glühfadens verkürzte.
Zu Edisons Erstaunen floß Elektrizität vom heißen Glühfaden über die Lücke zum kalten Draht. Dieses Phänomen nennt man *Edison-Effekt*.
Edison schrieb diesen Sachverhalt genauestens nieder. Er wußte zwar nicht recht, welchen praktischen Nutzen er aus seiner Entdeckung ziehen konnte, dennoch ließ er sie patentieren. Dies war seine einzige rein wissenschaftliche Entdeckung, und Edison ging ihr nicht weiter nach. Der Edison-Effekt bildet die Grundlage der später begründeten Elektronik.

Reyon

Der französische Chemiker Louis-Marie-Hilaire Bernigaud de Chardonnet (1839–1924) hatte fünf Jahre zuvor damit begonnen, Faserstoffe herzustellen, indem er eine Nitrozelluloselösung durch kleine Öffnungen preßte. Das Lösungsmittel verdampfte bei diesem Vorgang. Er verbesserte das Verfahren und erhielt schließlich eine Faser, die ebenso dünn und glänzend war wie Seide. Er nannte sie *Rayon* (französisch für »Lichtstrahl«). Für ihre Herstellung verwendete Chardonnet nur teilweise nitrierte Zellulose, so daß Rayon zwar nicht explosiv, aber immer noch leicht entflammbar war.
Rayon war die erste Kunstfaser. Bald schon sollten weitere Chemiefasern folgen.

Meiose

Nachdem Flemming den Mechanismus der Zellteilung entdeckt hatte, begannen auch viele andere Biologen, sich mit diesem Thema zu beschäftigen.
Der belgische Zytologe Edouard Joseph Louis-Marie van Beneden (1846–1910) stellte fest, daß die Chromosomenzahl in den Zellen einer bestimmten Spezies immer gleich war, sich aber von Spezies zu Spezies unterschied. Heute ist bekannt, daß jede menschliche Zelle 46 Chromosomen enthält.
Weiterhin entdeckte van Beneden, daß die Keimzellen, also Eizelle und Spermium, durch eine Zellteilung entstehen, der keine Verdopplung der Chromosomen vorausgeht. Jede Ei- und Spermazelle besitzt somit nur den halben Chromosomensatz. Diese Reduktionsteilung wird auch *Meiose* genannt (nach einem griechischen Ausdruck für »verkleinern«). Gelangt bei der Befruchtung ein Spermium in eine Eizelle, entsteht wieder der für die jeweilige Art spezifische volle Chromosomensatz. Die eine Hälfte der Chromosomen stammt also von der Mutter, die andere vom Vater.
Die Meiose bestätigte Mendels Erkenntnisse auf dem Gebiet der Vererbungslehre (vgl. 1865), die zu diesem Zeitpunkt allerdings noch immer ignoriert wurden.

Phagozyten

Élie Metchnikoff (1845–1916), ein französischer Bakteriologe russischer Abstammung, fand heraus, daß niederentwickelte Tierarten nahezu frei bewegliche Zellen besaßen, die in der Lage waren, kleinere Partikel zu verdauen. In die Tiere eingedrungene Fremdkörper werden mit Hilfe dieser Zellen sofort unschädlich gemacht.
Metchnikoff untersuchte 1883 dieses Phänomen auch bei höherentwickelten Tieren. Er konnte zeigen, daß die frei im Blut enthaltenen weißen Blutkörperchen ebenfalls in der Lage sind, Bakterien unschädlich zu machen, indem sie sie auffressen. Sie strömen zum jeweiligen Ort der Infektion und bekämpfen die Eindringlinge. Metchnikoff nannte diese Zellen *Phagozyten* (nach dem griechischen Wort für »fressen«). Wenn sie den Bakterien unterliegen, bildet sich Eiter. Eiter besteht aus abgestorbenen weißen Blutkörperchen.

Metchnikoff vertrat die These, daß die weißen Blutkörperchen eine wichtige Rolle bei der Abwehr und Bekämpfung von Krankheiten spielen. Für seine Arbeit erhielt er 1908 den Nobelpreis für Medizin und Physiologie.

Diphtherie

Der deutsche Pathologe Edwin Klebs (1834–1913) entdeckte 1883 das Bakterium, das für die schwere Kinderkrankheit Diphtherie verantwortlich ist.

Maxim-Maschinengewehr

An der von Gatling entwickelten Waffe (vgl. 1862) mußten noch Änderungen angebracht werden. Hiram Stevens Maxim (1840–1916), ein britischer Erfinder amerikanischer Abstammung, konstruierte das erste vollautomatische Maschinengewehr. Es nutzte die Rückstoßenergie eines Geschosses zum Auswurf der leeren Patronenhülse und zum Laden der nächsten Patrone.
Das Maxim-Maschinengewehr wurde im Kampf gegen die Eingeborenen in Afrika und Asien eingesetzt. Wieder waren die europäischen Armeen dank ihrer überlegenen Waffentechnik im Vorteil. Doch der Tag war nicht mehr fern, an dem auch nichteuropäische Armeen mit modernem Kriegsgerät kämpften.

Eugenik

Seit frühester Zeit hatte der Mensch Tiere gezüchtet und dabei stets das Ziel verfolgt, ihre Eigenschaften und Merkmale zu verbessern. So züchtete er größere und schnellere Pferde, Schafe, die mehr Wolle lieferten, Kühe, die mehr Milch gaben, und Hennen, die mehr Eier legten. Nun kam der Gedanke auf, daß durch ähnliche Methoden auch die Spezies Mensch verbessert werden könne.
Der britische Anthropologe Francis Galton (1822–1911), ein Vetter ersten Grades von Charles Darwin, prägte 1883 den Begriff *Eugenik* (vom griechischen Ausdruck für »gute Zucht«) und meinte damit jenen Wissenschaftszweig, dessen Ziel es ist, erbschädigende Einflüsse auszuschalten.
Die von dieser Wissenschaft entwickelten Theorien sind schwer in die Praxis umsetzbar. Zum einen ist die Fortpflanzung des Menschen nicht so leicht zu steuern wie die der Tiere. Zum anderen bleibt immer die Frage, welche Eigenschaften des Menschen gefördert werden sollen. Bei Tieren war dieses Problem leichter zu lösen. Außerdem hatte Mendel gezeigt, daß bestimmte Eigenschaften rezessiv sind (vgl. 1865). Es ist schwer, Eigenschaften, die wenig wünschenswert erscheinen, ganz zum Verschwinden zu bringen, da sie in rezessiver Form immer vorhanden sein können. Und schließlich sind die fanatischsten Anhänger der Eugenik nicht selten unangenehme Zeitgenossen, die ihre Wissenschaft in den Dienst von Vorurteil und Rassismus stellten.

Nachtrag

Am 24. Mai wurde die Brooklyn-Brücke für die Öffentlichkeit freigegeben. Mit 486 Metern Länge war sie die erste große, moderne Hängebrücke. Ihr Konstrukteur, der deutsch-amerikanische Ingenieur John Augustus Roebling (1806–1869), hatte erstmals Stahlseile verwendet. Roebling war kurz nach Beginn der Bauarbeiten tödlich verunglückt, so daß sein behinderter Sohn Washington Augustus Roebling (1837–1926) die Arbeit zu Ende führen mußte.
Nicht nur Europa brachte Eroberer hervor, auch Afrika. Einer von ihnen war der muslimische Sudanese Muhammad Ahmad (1844–1885). Ahmad, der sich selbst *Mahdi* nannte (arabisch für »der von Gott Geleitete«), schlug bis zum Ende des Jahres 1883 drei ägyptische Armeen und brachte den gesamten Sudan, vordem eine ägyptische Kolonie, unter seine Kontrolle.
Auf der Insel Krakatoa, zwischen Sumatra und Java, ereignete sich eine verheerende Na-

turkatastrophe, als am 27. August 1883 ein erloschen geglaubter Vulkan ausbrach. Über 36 000 Menschen kamen in der anschließenden Flutwelle ums Leben. Die Explosion war noch in einer Entfernung von 5 000 Kilometern zu hören. Der Staub, der bis in die obere Atmosphäre geschleudert wurde, sorgte noch lange Zeit für herrliche Sonnenuntergänge. Dies war der schlimmste Vulkanausbruch seit über dreitausend Jahren.

1884

Wärme und Temperatur

Stefan hatte die Wärmestrahlung mit der 4. Potenz der absoluten Temperatur in Verbindung gesetzt (vgl. 1879). Im Jahr 1884 griff der österreichische Physiker Ludwig Eduard Boltzmann (1844–1906), ein ehemaliger Laborassistent Stefans, diese Sache erneut auf. Boltzmann hatte sich bereits für eine strengere mathematische Behandlung der Thermodynamik eingesetzt. Er machte deutlich, daß der zweite Hauptsatz der Thermodynamik statistisch interpretiert werden konnte. Er gilt damit als Begründer der *Statistischen Mechanik*.
Boltzmann begründete das von Stefan gefundene Strahlungsgesetz mit Hilfe der Thermodynamik. Deshalb nennt man dieses Gesetz *Stefan-Boltzmann-Gesetz*.

Elektrolytische Dissoziation

Eine in Wasser gelöste Substanz bewirkt eine Senkung des Gefrierpunkts von Wasser. Je mehr Substanz in Lösung vorliegt, desto tiefer sinkt der Gefrierpunkt.
Vergleicht man unterschiedliche Substanzen miteinander, so ist die Anzahl der in Lösung vorhandenen Moleküle ausschlaggebend. Besteht eine Substanz A aus Molekülen, die eine halb so große Molekülmasse haben wie die Moleküle einer Substanz B, und werden jeweils gleiche Mengen (in Gramm) in Wasser gelöst, dann befinden sich doppelt so viele A-Moleküle wie B-Moleküle in Lösung. Substanz A kann also den Gefrierpunkt von Wasser bei gleicher Einwaage zweimal so stark senken wie Substanz B.
Diese Regel gilt für Substanzen, die in Lösung den elektrischen Strom nicht leiten (*Nichtelektrolyte*). Anders ist es bei Substanzen, die in Lösung den elektrischen Strom leiten können (*Elektrolyte*). Wird beispielsweise Natriumchlorid in Wasser aufgelöst, so kann man errechnen, wie viele Moleküle sich in Lösung befinden und wie weit infolgedessen der Gefrierpunkt absinken muß. Man wird aber feststellen, daß der Gefrierpunkt doppelt so tief sinkt wie errechnet. Das gleiche gilt für Kaliumbromid und Natriumnitrat. Substanzen wie Bariumchlorid und Natriumsulfat senken den Gefrierpunkt um das Dreifache des berechneten Wertes.
Der schwedische Chemiestudent Svante August Arrhenius (1859–1927) konnte sich dieses Phänomen nur so erklären, daß die Natriumchloridmoleküle in zwei Teile aufgespalten werden, die eine unterschiedliche elektrische Ladung besitzen. Diese Teilchen werden *Ionen* genannt (eine Bezeichnung, die Faraday zum ersten Mal gebraucht hatte – vgl. 1821). Ionen sind für den Transport des elektrischen Stroms in Lösungen verantwortlich. Aufgrund der Aufspaltung der Moleküle in Ionen befinden sich in Lösung zweimal so viele Teilchen wie dies der Fall wäre, wenn die Moleküle in Lösung noch als Ganzes vorlägen. Dies führt zur Verdoppelung der Gefrierpunkterniedrigung bei Natriumchlorid. Entsprechend müssen Bariumchloridmoleküle beim Auflösen in drei Ionen zerfallen usw.
Arrhenius veröffentlichte seine Theorie über die *elektrolytische Dissoziation* in seiner Doktorarbeit, die er 1884 fertigstellte. Sie stieß auf wenig Begeisterung, denn seit einem Jahrhundert hatten die Chemiker angenommen, daß Atome strukturlos, unzerstörbar und unveränderlich seien. Der Gedanke, daß

Atome eine elektrische Ladung trugen und folglich auch bestimmte Eigenschaften und eine Struktur haben mußten, war nicht so einfach zu akzeptieren. Arrhenius' Theorie war in sich schlüssig, und deshalb kam er gerade noch durch die Prüfung. Im Jahr 1903, als man man schon sehr viel mehr über den Aufbau der Atome wußte, erhielt Arrhenius für dieselbe Arbeit den Nobelpreis.

Die Struktur von Zucker

Seit Beginn des 19. Jahrhunderts hatte man die verschiedenen Zucker genau untersucht, und ihre atomare Zusammensetzung war mehr oder weniger bekannt. Doch man wußte noch nicht, wie die Atome dreidimensional angeordnet waren. Van't Hoff hatte zehn Jahre zuvor gezeigt, daß die Atome eines Moleküls dreidimensional angeordnet sein können. Diese räumliche Anordnung kann bewirken, daß eine Substanz optisch aktiv ist (vgl. 1874).

Der deutsche Chemiker Emil Hermann Fischer (1852–1919) isolierte in einer Reihe von Experimenten, mit denen er 1884 begann, reine Zucker und untersuchte deren Struktur. Er zeigte, daß die bekanntesten Zucker sechs Kohlenstoffatome besitzen und in 16 Varianten vorkommen können, je nachdem, wie man die Bindungen zwischen den Atomen räumlich anordnet. Jede unterschiedliche Anordnung ist dadurch charakterisiert, wie die Moleküle die Ebene des polarisierten Lichts drehen.

Fischer zeigte, daß es zwei Reihen von je acht Zuckern gibt, die jeweils zueinander spiegelbildlich sind. Er nannte sie *D-Reihe* und *L-Reihe*. Nun mußte er nur noch festlegen, welche Strukturformel zu welchem Spiegelbild gehörte. Dies konnte zunächst nur willkürlich erfolgen. Immerhin bestand eine Chance von 50 Prozent, die richtige Zuordnung zu treffen, und wie es der Zufall wollte, lag Fischer mit seiner Vermutung richtig (im Gegensatz zu Franklin, der die Fließrichtung der elektrischen Ladung falsch festgelegt hatte – vgl. 1752). Die natürlich vorkommenden Zucker gehören alle zur D-Reihe.

Während dieser Zeit untersuchte Fischer auch eine Gruppe von Substanzen, die *Purine* genannt werden und deren Moleküle aus fünf Kohlenstoff- und vier Stickstoffatomen bestehen, die in Form zweier miteinander verbundener Ringe angeordnet sind. Purine sind Bestandteil einiger wichtiger biochemischer Substanzen.

Für seine Arbeit über die Struktur der Zucker und über Purine erhielt Fischer 1902 den Nobelpreis für Chemie.

Kokain

Kokain ist ein Alkaloid, das aus den Blättern der Kokapflanze gewonnen wird, einer Pflanze, die ursprünglich aus Peru und Bolivien stammt. Die Inkas kauten diese Blätter bei Schmerz und Müdigkeit. Das half ihnen, ihr hartes Leben besser zu ertragen.

Als die Europäer schließlich das Kokain entdeckten, erkannten sie zunächst nicht, daß es eine gefährliche Droge ist, von der man schnell abhängig wird. Der österreichische Arzt Sigmund Freud (1856–1939) war einer der ersten, die seine Wirkung untersuchten. Freud führte seine Untersuchungen nicht zu Ende und gab die bis dahin gewonnenen Ergebnisse an seinen österreichischen Kollegen Carl Koller (1857–1944) weiter. Freud hatte Kokain als mögliches Schmerzmittel in Erwägung gezogen, doch Koller ging einen Schritt weiter und untersuchte, ob es sich als Lokalanästhetikum verwenden ließ (mit einem solchen Mittel können Schmerzen in einem bestimmten Körperbereich ausgeschaltet werden, ohne den Patienten zu betäuben).

Koller erprobte das Mittel im Tierversuch und setzte es dann bei einer Augenoperation ein. Es war das erste lokale Narkotikum. Die Operation verlief erfolgreich. Später wurden wirksamere und ungefährlichere Lokalanästhetika entwickelt.

Gramfärbung

Flemming hatte gezeigt, daß Zellen eingefärbt werden können (vgl. 1882). Doch auch Bakterien lassen sich mit künstlichen Farbstoffen einfärben.
Genau das tat der dänische Bakteriologe Hans Christian Joachim Gram (1853–1938) im Jahr 1884. Dabei fand er folgendes heraus: Wenn er bestimmte Bakterien mit Jod behandelte, ließ sich die Farbe nachher mit Alkohol nicht mehr entfernen.
Bakterien, die die Färbung behalten, nennt man *grampositiv*, die anderen, die sie nicht behalten, *gramnegativ*. Als man später antibakterielle Mittel entwickelte, zeigte sich, daß sie entweder nur grampositive oder nur gramnegative Bakterien angriffen.

Dampfturbinen

Turbinen gab es zwar schon lange (vgl. 1827), doch für die extrem hohen Temperaturen, denen sie ausgesetzt gewesen wären, wenn man sie mit einem Dampfstrahl angetrieben hätte, waren sie nicht geeignet. Außerdem waren sie nicht in der Lage, gleichzeitig schnell zu drehen und ein frühzeitiges Austreten des Dampfes zu verhindern.
Der britische Ingenieur Charles Algernon Parsons (1854–1931) baute 1884 die erste funktionstüchtige Dampfturbine. Schiffe, die mit einer solchen Dampfturbine angetrieben wurden, erreichten sehr hohe Geschwindigkeiten. Ein weiterer Anwendungsbereich war der Antrieb von elektrischen Generatoren.

Linotype-Setzmaschine

Seit der Erfindung des Buchdrucks (vgl. 1454) hatte man unentwegt versucht, das Druckverfahren zu beschleunigen, denn je schneller das Verfahren, desto mehr konnte produziert werden, und da überall auf der Welt immer mehr Menschen lesen konnten, stieg auch die Nachfrage nach Druckerzeugnissen.
Besonders aufwendig war das Setzen. Jeder Buchstabe mußte einzeln gesetzt werden, und dabei ging viel Zeit verloren.
Ottmar Mergenthaler (1854–1899), ein amerikanischer Erfinder deutscher Abstammung, erhielt 1884 das Patent auf eine Maschine, die über eine Klaviatur bedient wurde und eine ganze Zeile auf einmal erzeugte. Diese *Lynotype-Setzmaschine* erwies sich in den folgenden 75 Jahren als außerordentlich nützlich bei der Herstellung von Druckerzeugnissen, insbesondere von Zeitungen, die immer häufiger und in immer größeren Auflagen erschienen.

Füllfederhalter

Schon seit langem wurde in der westlichen Welt mit Tinte und Feder geschrieben. Der alte Gänsekiel hatte zwar ausgedient, doch auch die moderneren Federn aus Stahl mußten regelmäßig in ein Tintenfäßchen getaucht werden. Das war umständlich und führte fast zwangsläufig zu Tintenklecksen auf den Schriftstücken. Gar nicht davon zu reden, daß man sich häufig Hände, Gesicht und Kleidung besudelte.
Der amerikanische Erfinder Lewis Edson Waterman (1837–1901) erhielt 1884 das Patent auf einen neuen Federhalter. Das Besondere an diesem Federhalter war, daß er einen Tank besaß, der mit Tinte gefüllt wurde. Endlich konnte man schreiben, ohne ständig die Feder ins Tintenfaß tauchen zu müssen. War der Tank leer, mußte er wieder nachgefüllt werden. Bald hatte der Füllfederhalter die herkömmlichen Federn verdrängt. Auch die Schreibmaschine (vgl. 1867) konnte handschriftliche Dokumente nicht vollständig ersetzen.

Nachtrag

Großbritannien und Frankreich hatten sich Teile der somalischen Küste im Osten Äthiopiens gesichert. Rußland nahm die Stadt

Merw in Zentralasien ein und rückte zur Nordgrenze Afghanistans vor. Selbst Bismarck sah sich unter dem Druck der öffentlichen Meinung genötigt, dem Beispiel der anderen zu folgen und Kolonien zu erwerben. Viel war freilich nicht übriggeblieben. Deutschland mußte sich mit den Gebieten begnügen, die die anderen Mächte entweder übersehen hatten oder für deren Eroberung sie keine Zeit mehr fanden. Es sicherte sich Togo, Kamerun und Südwestafrika.
In Chicago wurde der erste *Wolkenkratzer* errichtet, dessen zehn Stockwerke von Eisenträgern gestützt wurden. Dicke Wände und massive Fundamente waren jetzt nicht mehr erforderlich.

1885

Tollwut

Die Tollwut oder Hydrophobie ist eine Infektionskrankheit des zentralen Nervensystems, die ausschließlich Warmblütler befällt. Die Mikroorganismen, die sie auslösen, befinden sich in den Speicheldrüsen der betroffenen Tiere und können durch einen Biß weitergegeben werden. Dem Menschen droht die größte Gefahr von infizierten Hunden, die bei Ausbruch der Krankheit schnell unruhig und bösartig werden und – häufig ohne besonderen Anlaß – zubeißen.
Wird ein Mensch infiziert, kann es geraume Zeit dauern, bis sich die ersten Symptome zeigen, denn die Mikroorganismen müssen erst von der Bißstelle ins Rückenmark und Gehirn wandern, um sich dort zu vermehren. Dann aber geht alles ziemlich schnell, und der Kranke stirbt meist unter großen Schmerzen.
Pasteur bediente sich der gleichen Methode, die er schon bei Milzbrand (vgl.1881) erfolgreich angewandt hatte: In zahlreichen Versuchen gewann er einen abgeschwächten Erreger, der Immunität verlieh, ohne die Krankheit hervorzurufen. Zur Impfstoffgewinnung wurde die Krankheit mehrmals auf andere Tierarten übertragen, bis der Erreger seine Virulenz verlor. Versuche, den Erreger zu isolieren, scheiterten allerdings.
Pasteur testete seinen Impfstoff 1885 zum ersten Mal an einem Menschen. Er injizierte ihn einem kleinen Jungen namens Joseph Meister (1878–1940), der von einem tollwütigen Hund gebissen worden war. Die Behandlung schlug an, und der Junge konnte gerettet werden.

Purine und Pyrimidine

Miescher hatte einige Jahre zuvor die Nukleinsäuren entdeckt (vgl. 1869). Doch ihre molekulare Struktur war bislang noch nicht erforscht worden.
Der deutsche Biochemiker Albert Kossel (1853–1927) widmete sich diesem Problem. Er entfernte die Proteine, die an den Nukleinsäuren hingen, und arbeitete mit der eigentlich interessierenden Substanz weiter. Dabei erhielt er doppelringförmige Purine, die schon Emil Fischer einige Jahre zuvor untersucht hatte (vgl. 1884), und sogenannte *Pyrimidine,* deren Moleküle aus einem einzigen Atomring aufgebaut waren, der vier Kohlenstoff- und zwei Stickstoffatome enthielt.
Kossel isolierte zwei verschiedene Purine, das *Adenin* und das *Guanin,* sowie drei verschiedene Pyrimidine (*Uracil, Cytosin* und *Thymin*). Außerdem stellte er fest, daß die Nukleinsäuren ein Zuckermolekül enthielten. Welches, konnte er allerdings nicht herausfinden.
Es blieb noch viel zu tun, aber ein vielversprechender Anfang war gemacht. Die Ergebnisse Kossels waren wichtiger, als man zunächst annahm. Kossel erhielt 1910 – unter anderem für diese Arbeit – den Nobelpreis für Medizin und Physiologie.

Praseodym und Neodym

Vor mehr als vierzig Jahren hatte Mosander Didym entdeckt, ein Element der Seltenerdmetalle. Sein Name leitete sich vom griechischen Wort für »Zwilling« ab, da es große Ähnlichkeiten mit anderen Seltenerdmetallen besaß. Bald stellte sich heraus, daß dieser Name weit besser paßte, als man geahnt hatte, denn in Wahrheit handelte es sich nicht um ein Element, sondern um zwei Elemente, die einander nur sehr ähnlich waren.
Der österreichische Chemiker Carl Auer Freiherr von Welsbach (1858–1929) konnte nach sorgfältig durchgeführten Experimenten die beiden Elemente voneinander trennen. Das eine nannte er *Praseodym* (»grüner Zwilling«), nach der hervorstechendsten Spektrallinie des Elements, das andere *Neodym* (»neuer Zwilling«).

Auerglühstrumpf

Von Welsbach (vgl. oben) war der erste, der eine wichtige Verwendungsmöglichkeit für die Seltenerdmetalle fand.
Er hatte die Idee, daß man mit einer Gasflamme eventuell mehr Licht erzeugen konnte, wenn man mit der Hitze, die sie produzierte, einen bestimmten Stoff zum Glühen brachte. Er erhitzte verschiedene Substanzen, die bei großer Hitze zu glühen begannen, ohne zu schmelzen. Schließlich machte er eine Entdeckung: Wenn er ein zylindrisches Baumwollgewebe mit Thoriumnitrat tränkte, dem er zuvor etwas Cernitrat (eine Verbindung eines Seltenerdmetalls) beigemengt hatte, so erhielt er eine helle, weißleuchtende Flamme.
In einer Kerosinlampe spendete dieser Glühstrumpf ein so helles Licht, daß Kerosinlampen noch rund dreißig Jahre lang mit dem elektrischen Licht konkurrieren konnten.

Transformator

Es stellte sich bald heraus, daß Wechselstrom (vgl. 1883) viel nützlicher ist als Gleichstrom. Der Grund: Er läßt sich in einen elektrischen Strom mit höherer Spannung und entsprechend geringerer Stromstärke transformieren. In diesem Zustand kann er über große Entfernungen geleitet werden, ohne daß dabei übermäßig viel Energie verlorengeht. Hat er seinen Bestimmungsort erreicht, kann er wieder in Schwachstrom mit hoher Stromstärke umgewandelt werden.
Nun brauchte man nur noch ein Gerät zur Umwandlung elektrischer Spannungen. Ein solches Gerät entwickelte im Jahr 1885 der amerikanische Elektroingenieur William Stanley (1858–1916), der für die Firma Westinghouse (vgl. 1868) arbeitete. Sein *Transformator* konnte die Spannung und die Stromstärke von Wechselstrom variieren, nicht aber von Gleichstrom.

Automobil

Seit Erfindung der Dampfmaschine (vgl. 1712) hatte man davon geträumt, ein Gefährt zu entwickeln, das sich ohne Pferdekraft fortbewegen kann. Und ein Traum war es bislang auch geblieben. Zwar waren schon um 1770 die ersten dampfbetriebenen und nicht schienengebundenen Straßenwagen gebaut worden, doch sie waren langsam, sperrig und hatten einen zu geringen Aktionsradius. Und auch ihre verbesserten Nachfolgemodelle waren äußerst unpraktisch. Bevor man sie in Betrieb setzen konnte, mußte erst das Wasser bis zum Siedepunkt erhitzt werden.
Die Erfindung der Verbrennungskraftmaschine, insbesondere des von Otto entwickelten Viertaktmotors (vgl. 1876), eröffnete eine ganz neue Perspektive. Ein geeigneter Kraftstoff war bald gefunden: *Benzin,* ein Kohlenwasserstoffgemisch, das rasch verdunstete und sehr leicht entzündlich war.
Der deutsche Maschinenbauingenieur Carl Friedrich Benz (1844–1929) baute das erste

Automobil mit Viertakt-Benzinmotor. Es besaß drei Räder (ein kleineres vorne und zwei größere hinten), die denen eines Fahrrades glichen, und erreichte eine Spitzengeschwindigkeit von 15 Kilometern pro Stunde. Es war der Vorläufer aller späteren Automobile.

Fingerabdrücke

Galton (vgl. 1883) wies 1885 darauf hin, daß der Fingerabdruck eines jeden Menschen einzigartig ist. Mit Ausnahme eineiiger Zwillinge besitzen keine zwei Menschen die gleichen Fingerabdrücke. Galton erarbeitete ein genaues System, mit dem Fingerabdrücke klassifiziert und identifiziert werden konnten.
Bei Berührung glatter Oberflächen hinterlassen die Finger einen Schweiß- und Fettabdruck. Auch wenn er mit bloßem Auge nicht erkennbar ist, so kann er doch mit Hilfe eines Pulvers sichtbar gemacht werden und als Beweis dafür dienen, daß sich eine Person an einem bestimmten Ort befunden hat bzw. einen bestimmten Gegenstand berührt hat. Diese Entdeckung eröffnete der *forensischen Medizin*, die sich mit der Aufklärung von Verbrechen durch chemische Spurenanalysen beschäftigt, ganz neue Möglichkeiten.

Nachtrag

Deutschland annektierte das heutige Tansania und gründete die Kolonie Deutsch-Ostafrika. Alfons XII. von Spanien (1857–1885) starb am 24. November 1885. Seine Frau gebar bald darauf einen Sohn, der später als Alfons XIII. (1886–1941) regierte.

1886

Aluminium

Aluminium ist das häufigste metallische Element in der Erdkruste. Ørsted (vgl. 1825) hatte es als erster isoliert. Das dabei angewandte Verfahren war sehr aufwendig, deshalb blieb Aluminium ein wertvolles Metall. Napoleon hatte sich Besteck und eine Rassel für den Prinzen aus Aluminium anfertigen lassen.
Der amerikanische Chemiestudent Charles Martin Hall (1863–1914) hörte in einer Vorlesung, daß demjenigen Reichtum und Ruhm winkten, der ein billiges Verfahren zur Aluminiumgewinnung fand. In seinem Labor zu Hause entwickelte Hall eine Methode, wie er mit Hilfe von elektrischem Strom (aus selbstgebastelten Batterien) Aluminium aufbereiten konnte. Diese Methode hatte bereits Davy vor fast achtzig Jahren bei Natrium und Kalium angewandt (vgl. 1807). Hall verwendete Aluminiumoxid, das er in geschmolzenem Kryolith, einem Mineral, auflöste. Der Strom wurde über Kohlenstoffelektroden durch die Schmelze geschickt.
Zufällig entwickelte im gleichen Jahr der französische Metallurg Paul-Louis-Toussaint Héroult (1863–1914) unabhängig von Hall das gleiche Verfahren zur Aluminiumgewinnung. Deshalb spricht man vom *Hall-Héroult-Verfahren*.
Das Aluminium konnte nun billiger hergestellt werden und gehört heute nach Eisen zu den wichtigsten Gebrauchsmetallen. Aufgrund seiner Leichtigkeit und Stabilität ist es beispielsweise ideal für den Flugzeugbau.

Germanium

Der deutsche Chemiker Clemens Alexander Winkler (1838–1904) entdeckte bei der Analyse eines Silbererzes zu seinem Erstaunen, daß die gefundenen Elemente nur 97 Prozent der ganzen Probe ausmachten. Er suchte nach

den verbliebenen sieben Prozent und fand ein bisher unbekanntes Element, das er *Germanium* nannte (nach der lateinischen Bezeichnung für »Deutschland«).
Wie sich herausstellte, handelte es sich bei diesem Element um das Eka-Silicium. Damit war die letzte Lücke in Mendelejews Periodensystem geschlossen (vgl. 1869). Und wieder stimmten die tatsächlichen Eigenschaften mit denen überein, die Mendelejew vorausgesagt hatte. Drei Vorhersagen, drei Treffer. Eine Meisterleistung.

Fluor

Seit mehr als 75 Jahren waren sich die Chemiker über die Existenz eines Elements einig, das bisher noch nicht entdeckt worden war. Und sie hatten ihm bereits einen Namen gegeben: *Fluor*. Da es jedoch außerordentlich reaktiv war – reaktiver noch als Sauerstoff und Chlor –, ließ es sich nur schwer aus seinen Verbindungen mit anderen Elementen isolieren.
Eine Reihe von Chemikern hatte bereits Versuche unternommen, es zu isolieren. Das war nicht nur schwierig, sondern auch gefährlich, da die Stoffe, mit denen sie es zu tun hatten, ausgesprochen giftig waren.
Schließlich versuchte es auch der französische Chemiker Henri Moissan (1852–1907). Er verwendete ausschließlich Instrumente aus Platin, da dieses Metall eine der wenigen Substanzen ist, die von Fluor nicht sofort angegriffen werden und mit ihm eine Verbindung eingehen. Wenn es ihm gelang, Fluor in Platingefäßen zu isolieren, blieb das Fluor als Element erhalten.
Moissan füllte eine Lösung von Kaliumfluorid in Fluorwasserstoff in einen Platinbehälter, kühlte sie auf –50°C ab (um die Reaktivität des Fluors herabzusetzen) und leitete einen elektrischen Strom durch die Lösung. Dieses Experiment führte er am 26. Juni 1886 durch. Moissan erhielt ein hellgelbes Gas. Es war das langgesuchte Fluor.
Für seine Entdeckung erhielt Moissan 1906 den Nobelpreis für Chemie. Er bekam eine Stimme mehr als Mendelejew – eigentlich eine Ungerechtigkeit, da Mendelejew die Auszeichnung eher zugestanden hätte.

Dysprosium

Lecoq de Boisbaudran, der einige Jahre zuvor Gallium (vgl. 1874) und Samarium (vgl. 1879) isoliert hatte, experimentierte mit einem Seltenerderz, das Holmium enthielt. Dabei entdeckte er eine kleine Menge eines anderen Seltenerdmetalls, dem er die Bezeichnung *Dysprosium* gab (nach einem griechischen Ausdruck für »schwer heranzukommen«).

Kanalstrahlen

Goldstein, der den Kathodenstrahlen ihren Namen gegeben hatte (vgl. 1876), führte weitere Experimente mit diesen Strahlen durch. Im Jahr 1886 verwendete er eine perforierte Kathode, also eine Kathode mit kleinen Öffnungen oder Kanälen. Dabei stellt er fest, daß ein Teil der Kathodenstrahlen wie gewöhnlich zur Kathode floß, der andere Teil jedoch durch die Kanäle drang und sich in entgegengesetzter Richtung fortpflanzte.
Goldstein nannte diese Art von Strahlung *Kanalstrahlen*.

Raoultsches Gesetz

Der französische Physikochemiker François-Marie Raoult (1830–1901) fand 1886 das nach ihm benannte Gesetz, wonach die relative Dampfdruckerniedrigung eines Lösungsmittels proportional zum Molenbruch des gelösten Stoffes ist (das ist das Verhältnis aus der Zahl der Moleküle des gelösten Stoffs zur Gesamtzahl aller Moleküle in der Lösung).
Für Laien ist dieses Gesetz schwer verständlich, doch Chemiker konnten nun mit Hilfe dieses Gesetzes das Molekulargewicht gelö-

ster Substanzen bestimmen. Es zeigte außerdem, daß sich die Gefrierpunkterniedrigung und die Siedepunkterhöhung proportional zur Anzahl der Teilchen in einer bestimmten Lösungsmittelmenge verhalten. Arrhenius hatte dies bereits vermutet, als er zwei Jahre zuvor seine Theorie der elektrolytischen Dissoziation ausgearbeitet hatte (vgl. 1884).

Stickstoff-Fixierung

Pflanzen benötigen für den Aufbau ihres Gewebes Stickstoffatome, die sie aus den im Boden befindlichen Stickstoffverbindungen erhalten. Es gibt zwar eine enorme Menge Stickstoff in der Luft, doch Stickstoff an sich ist nicht reaktiv und geht deshalb nur schwer Verbindungen mit anderen Elementen ein.
Der deutsche Chemiker Hermann Hellriegel (1831–1895) entdeckte 1886, daß in den Wurzelknollen einiger Gemüsepflanzen (Erbsen, Bohnen und verwandte Hülsenfrüchte) Bakterien enthalten sind, die den Stickstoff in eine gebundene Form überführen können. Die Bakterien verbinden den Stickstoff mit anderen Elementen, bis schließlich Substanzen entstehen, die die Pflanzen als Stickstoffquelle nutzen können. Die Pflanzen entziehen dem Boden allmählich seine Stickstoffverbindungen, die Fruchtbarkeit des Bodens wird eingeschränkt. Baut man zwischendurch Gemüsepflanzen an, die dem Boden den notwendigen Stickstoff wieder zuführen, kann sich der Boden regenerieren.

Nachtrag

Die Indianerkriege in den Vereinigten Staaten fanden nach zweieinhalb Jahrhunderten endlich ein Ende, als im August 1886 der letzte ernstzunehmende Gegner, der Apachenhäuptling Geronimo (1829–1909), gefangengenommen wurde.

1887

Michelson-Morley-Experiment

Michelson, der gehofft hatte, die Bewegung der Erde relativ zum ruhenden Äther bestimmen zu können (vgl. 1881), verbesserte nun die Genauigkeit seiner Meßanordnung und seiner Geräte und wiederholte den Versuch. Im Jahr 1887 schließlich führte er zusammen mit Edward Williams Morley (1838–1923) das entscheidende Experiment durch. Wieder zeigten sich keine Interferenzmuster.
Dafür mußte es eine Erklärung geben. Entweder bewegte sich die Erde in bezug auf den Äther nicht, oder die Erde bewegte sich zusammen mit dem Äther. Aber vielleicht gab es auch noch andere Erklärungen. Doch welche? Ein Vierteljahrhundert lang rätselte die Fachwelt über das Experiment. Das *Michelson-Morley-Experiment* ist das vielleicht wichtigste Experiment in der Geschichte der Wissenschaft, das ohne konkretes Ergebnis blieb.

Photoelektrischer Effekt

Der deutsche Physiker Heinrich Rudolph Hertz (1857–1894) beschäftigte sich mit den Maxwellschen Gleichungen (vgl. 1865). Im Rahmen seiner Arbeit über elektromagnetische Effekte, die er in Hinblick auf diese Gleichungen untersuchte, baute er einen oszillierenden elektrischen Stromkreis. Der Strom floß abwechselnd in zwei durch eine Lücke getrennte Metallkugeln. Jedes Mal, wenn die Spannung in der einen oder anderen Richtung ihr Maximum erreichte, sprang ein Funken über die Lücke.
Im Verlauf seiner Experimente machte Hertz folgende Beobachtung: Wenn ultraviolettes Licht auf den negativen Pol der Lücke schien, sprang der Funke noch schneller über. Da dieses Phänomen mit seinen eigentlichen Experimenten nichts zu tun hatte, bemühte er sich nicht, eine Erklärung dafür zu finden.

Hertz hatte damit als erster den Einfluß von Licht auf elektrische Phänomene beobachtet. Der *Photoelektrische Effekt* sollte sich später als extrem wichtig erweisen.

Machsche Zahl

In dem Maße, wie die Technik Fortschritte machte, reiste der Mensch immer schneller – daran wird sich wohl auch in der Zukunft nichts ändern. Je schneller die Fortbewegungsmittel wurden, desto wichtiger wurde der Luftwiderstand. Der österreichische Physiker Ernst Mach (1838–1916) untersuchte das Verhalten von Festkörpern, die sich mit hoher Geschwindigkeit durch den Raum bewegen.
Die natürliche Geschwindigkeit, mit der sich Luftmoleküle durch den Raum bewegen können, entspricht der Schallgeschwindigkeit. Bewegt sich nun ein Körper mit noch höherer Geschwindigkeit durch den Raum, können die Luftmoleküle nicht mehr ohne Widerstand beiseite geschoben werden. Sie müssen – quasi gegen ihren Willen – weggedrückt werden. Mit diesem neuen Sachverhalt beschäftigte sich Mach.
Ein Objekt, das mit Überschallgeschwindigkeit fliegt, drückt die Luft zusammen und verursacht eine Verdichtung der Schallwellen, die bei ihrer Ausdehnung einen lauten Knall erzeugen. Der Donner ist das beste Beispiel für einen solchen *Überschallknall.* Er entsteht, wenn sich die Luft im Blitzkanal stark erhitzt und explosionsartig ausdehnt (mit Überschallgeschwindigkeit). Auch der Knall einer Peitsche veranschaulicht diesen Sachverhalt.
Eine Geschwindigkeit, die genau der des Schalls entspricht, nennt man heute Mach zu Ehren *Mach 1,* eine doppelt so große Geschwindigkeit *Mach 2* usw.

Gummireifen

Seit Erfindung der ersten fahrbaren Untersätze vor fünftausend Jahren besaßen die Räder Holz- oder Metallfelgen. Diese machten Lärm, und da die Karren und Wagen keine Federung besaßen, war das Reisen eine holprige Angelegenheit.
Im Jahr 1887 versah der britische Erfinder John Boyd Dunlop (1840–1921) die Räder am Dreirad seines Sohnes mit Gummireifen. Ein Jahr später ließ er sich die Idee patentieren. Obgleich Gummi ein sehr weiches Material ist, ist es strapazierfähiger als Holz oder Eisen. Außerdem entwickelte Dunlop einen mit Luft gefüllten Reifen. Das Prinzip war einfach: Ein mit Luft gefüllter Schlauch wurde über die Felgen gezogen und von einem Gummireifen mit Profil umschlossen.
Der Reifen federte Stöße ab und dämpfte den Lärm beträchtlich. Bald verwendete man ihn für Automobile und andere Fahrzeuge.

Nachtrag

Am 18. Juni 1887 schloß Bismarck mit Rußland einen Geheimvertrag. Damit hatte er Frankreich völlig isoliert.
Am 23. Mai 1887 wurde eine transkontinentale Eisenbahnverbindung fertiggestellt, die quer durch Kanada verlief.
Der polnische Philologe Ludwik Lejzer Zamenhof (1859–1917) entwickelte eine künstliche Sprache, die er *Esperanto* (»Hoffnung«) nannte. Was ihm vorschwebte, war eine Weltsprache, die die Verständigung der Völker verbessern und den Frieden fördern sollte. Leider konnte sich seine Sprache – wie auch andere künstliche Sprachen – nicht durchsetzen.
Emile Berliner (1851–1929), ein amerikanischer Erfinder deutscher Abstammung, verbesserte den von Edison entwickelten Phonographen. Anstelle des Zylinders, an dem sich eine Nadel auf und ab bewegt, führte Berliner flache Platten ein, bei denen sich die Nadel horizontal bewegt und einer spiralförmigen Rille folgt. Die Platte ersetzte sehr bald den Zylinder.
Der Hwangho (Gelber Fluß) in China trat über seine Ufer. Bei dieser verheerendsten

Überschwemmungskatastrophe aller Zeiten kamen 900 000 Menschen ums Leben.

1888

Radiowellen

Hertz hatte mit seinen Experimenten, die zur Entdeckung des Photoeffekts führten (vgl. 1887), ursprünglich beabsichtigt, über den oszillierenden Stromkreis eine elektromagnetische Welle zu erzeugen. Jede Oszillation sollte eine Welle erzeugen, und zwar eine sehr lange. Da die Lichtgeschwindigkeit fast 300 000 Kilometer pro Sekunde beträgt, mußte eine Oszillation, die nur eine hunderttausendstel Sekunde dauert, eine Wellenlänge von über 3 Kilometern erzeugen. Im Jahr 1888 beobachtete Hertz solche Wellen.
Das von Hertz entwickelte Gerät, mit dem er diese langwellige Strahlung nachzuweisen versuchte, bestand aus einer einfachen Drahtspirale, die an einer Stelle einen kleinen Luftspalt hatte. Wenn der oszillierende Strom in der ersten Drahtspirale Strahlen aussandte, war zu erwarten, daß diese Strahlen in der zweiten Windung einen Strom erzeugten. Und wirklich konnte Hertz beobachten, wie kleine Funken über den Spalt in seiner Detektorspule sprangen.
Diese Detektorspule wurde an verschiedenen Stellen eines Raumes aufgestellt. So konnte Hertz die Form der ausgesandten Wellen aus der Intensität der Funkenbildung ablesen. Er errechnete eine Wellenlänge von 67 Zentimetern. Das ist etwa eine Million Mal größer als die Wellenlänge von gewöhnlichem Licht. Schließlich gelang Hertz der Nachweis, daß diese Wellen elektromagnetischer Natur sind. Sie erhielten zunächst die Bezeichnung *Hertzsche Wellen,* später wurden sie in *Radiowellen* umbenannt
Auf diese Weise bestätigte Hertz die Nützlichkeit der Maxwellschen Gleichungen. Er zeigte, daß Licht nur einen kleinen Bereich im elektromagnetischen Spektrum darstellt.

Le-Châtelier-Prinzip

Der französische Chemiker Henri-Louis Le Châtelier stellte 1888 ein Gesetz auf, das später *Le-Châtelier-Prinzip* genannt wurde. Es besagt, daß bei Änderung der Parameter (Druck, Temperatur und Zusammensetzung) eines im Gleichgewicht befindlichen Systems sich das Gleichgewicht stets in diejenige Richtung verschiebt, die diese Änderung wieder kompensiert (Prinzip des kleinsten Zwangs). Wenn auf ein solches System beispielsweise Druck ausgeübt wird, verschiebt sich das Gleichgewicht in die Richtung, in der es weniger Raum beansprucht, so daß der vermehrte Druck möglichst wenig zum Tragen kommt. Führt man dagegen Wärme zu, so ändert sich das System dahingehend, daß es einen Teil der zusätzlichen Wärme absorbieren kann. Die Temperaturerhöhung wird somit möglichst geringgehalten.
Das Le-Châtelier-Prinzip schließt auch das von Guldberg und Waage formulierte Massenwirkungsgesetz (vgl. 1867) ein und gehorcht den Gesetzen von Gibbs chemischer Thermodynamik (vgl. 1876). Es leistet den Wissenschaftlern Hilfestellung bei der Frage, mit welcher Methode eine gewünschte Änderung eines Systems am besten herbeigeführt werden kann.

Chromosomen

Sechs Jahre zuvor hatte Flemming sein Buch veröffentlicht, in dem er das Chromatin und seine Umverteilung während der verschiedenen Phasen der Zellteilung beschrieben hatte (vgl. 1882).
Der deutsche Anatom Heinrich Wilhelm Gottfried von Waldeyer-Hartz (1836–1921) schlug 1888 vor, die faden- oder stäbchenförmigen Chromatingebilde, die während der Zellteilung auftraten, *Chromosomen* zu nen-

nen. Dieser Begriff aus der Naturwissenschaft ist heute selbst Laien geläufig.

Die Eisdecke Grönlands

Die Küste Grönlands hatte man schon vor neun Jahrhunderten gesichtet, doch bisher war dieses Land (die letzte der großen arktischen Landmassen) noch nicht erforscht.
Der norwegische Forscher Fridtjof Nansen (1861–1930) ging an der Ostküste Grönlands zusammen mit fünf anderen Männern an Land. Es gelang ihnen, innerhalb von sechs Wochen zur bewohnten Westküste vorzustoßen. Das war die erste Grönlanddurchquerung.
Nansen fand heraus, daß das Landesinnere mit einer riesigen Eisschicht – ein letzter Überrest der Eiszeit – bedeckt war. Heute ist bekannt, daß die Eisdecke Grönlands acht Prozent der gesamten Eismasse der Erde ausmacht.

Amateurfotografie

Die Fotografie, mittlerweile bereits ein halbes Jahrhundert alt, blieb immer noch Experten und Spezialisten vorbehalten, denn das Fotografieren selbst und das Entwickeln der Bilder erforderten beträchtliches Wissen und Können.
Dem amerikanischen Erfinder George Eastman (1854–1932) gelang die Vereinfachung diesen Verfahrens. Er ersetzte die große und starre Glasplatte, auf der die lichtempfindliche Schicht verteilt und getrocknet wurde, durch einen elastischen Film. Der Film ließ sich aufrollen, war also um einiges kompakter als die Platte. Folglich konnten auch sehr viel kleinere Fotoapparate gebaut werden.
Eastman entwickelte 1888 eine Kamera, die nur ein Kilogramm wog. Er nannte sie *Kodak*. Diese Bezeichnung, die an sich keine Bedeutung hat, war – so meinte Eastman – eingängig und leicht im Gedächtnis zu behalten. In der Kamera war ein aufgerollter Film, so daß der Benutzer lediglich die Kamera auf das Objekt richten, auf ein Knöpfchen drükken und die Kamera zum Entwickeln des Films einschicken mußte. Anschließend wurden die Fotografie und die mit einem neuen Film versehene Kamera wieder zurückgeschickt. Der Kodak-Werbespruch lautete: »Sie drücken auf den Knopf, wir machen den Rest.«
Zwar waren noch viele Verbesserungen nötig, aber mit der Kodak stand nun eine Kamera zur Verfügung, mit der jeder Laie fotografieren konnte. Heute ist die Kamera aus unserem Leben nicht mehr wegzudenken.

Nachtrag

Der deutsche Kaiser Wilhelm starb am 9. März 1888 kurz vor seinem 91. Geburtstag. Sein Sohn trat als Friedrich II. (1831–1888) die Nachfolge an, starb aber bald darauf am 15. Juni 1888. Nachfolger wurde sein ältester Sohn, der als Wilhelm II. (1859–1941) regierte.
In Amerika wurde der elektrische Stuhl eingeführt. Im Staat New York wurden Schwerverbrecher zum Tod durch den elektrischen Stuhl verurteilt.
Der irische Erfinder John Robert Gregg (1867–1948) entwickelte 1888 eine Kurzschrift (ein Schreibsystem mit kurzen Zeichen), die es ermöglichte, Wörter so schnell niederzuschreiben, wie sie gesprochen werden. Diese Kurzschrift (*Stenographie*) verdrängte die bis dahin gebräuchlichen Systeme. In den folgenden 75 Jahren wurde sie zu einem unverzichtbaren Hilfsmittel für Sekretärinnen.

1889

Neuronentheorie

Nervenzellen sind die komplexesten Zellen im Körper, und das Gehirn und das Nervensystem sind die komplexesten Organe bzw. Organsysteme. Sie sind die interessantesten Teile des menschlichen Körpers, da sich der Mensch letzendlich durch sie vom Tier unterscheidet.
Waldeyer-Hartz (vgl. 1888) stellte als erster die These auf, daß das Nervensystem aus einzelnen Zellen und deren feinen Nervenfortsätzen besteht. Diese Verästelungen liegen zwar nahe beieinander, aber sie berühren sich nicht und treten auch nicht miteinander in Verbindung. Einzelne Nervenzellen gehen nicht direkt ineinander über. Waldeyer-Hartz nannte die Nervenzellen *Neuronen.* Seine These, daß das Nervensystem aus getrennten Zellen aufgebaut ist, nennt man *Neuronentheorie.*
Der italienische Histologe Camillo Golgi (1843 oder 1844–1926) hatte fünfzehn Jahre zuvor eine Färbemethode mit Silberverbindungen entwickelt. Mit Hilfe dieser Methode konnte Golgi die Struktur der Neuronen bis ins kleinste Detail erkennen. Er bestätigte damit die Theorie Waldeyer-Hartz'. Golgi wies nach, daß die Neuronen für die Reizleitung verantwortlich sind. Die Reize werden dabei nicht direkt, sondern über Kontaktverbindungen, die sogenannten *Synapsen,* übertragen. Diese Bezeichnung leitet sich von einem griechischen Wort für »Einheit« ab, da man bei flüchtigem Hinsehen meinen könnte, die Synapsen stellten eine Einheit zwischen den Neuronen her. Dies ist aber nicht der Fall.
Der spanische Histologe Santiago Ramón y Cajal (1852–1934) verbesserte die von Golgi entwickelte Färbemethode. Es gelang ihm, die Zellstruktur des Gehirns und des Rückenmarks genau zu entschlüsseln. Die Neuronentheorie wurde nun allgemein anerkannt.
Golgi und Ramón y Cajal erhielten 1906 für ihre Arbeit über Neuronen den Nobelpreis für Medizin und Physiologie.

Tetanus

Die Modernisierung Japans bewirkte, daß sich japanische Gelehrte nun auch den westlichen Wissenschaften zuwandten. Der japanische Bakteriologe Shibasaburo Kitasato (1856–1931) kam nach Deutschland und wurde ein Schüler Kochs (vgl. 1876). Im Jahr 1889 gelang es ihm, den Tetanuserreger zu isolieren. Nach seiner Rückkehr nach Japan isolierte er die Mikroorganismen, die Beulenpest und Ruhr verursachen.

Axiomatik

Die Arbeit Lobatschewskys (vgl. 1826) hatte gezeigt, wie wichtig es ist, unterschiedliche Axiomensysteme für unterschiedliche Geometrien zu entwickeln. Und die Arbeit Booles auf dem Gebiet der Formalen Logik (vgl. 1847) schien ein geeignetes Instrument zur Überprüfung der notwendigen Axiome in der Mathematik zu sein.
Der italienische Mathematiker Guiseppe Peano (1858–1932) veröffentlichte 1889 sein Buch *Die Grundzüge der Mathematik, logisch erklärt,* in dem er die Formale Logik auf grundlegende mathematische Erkenntnisse anwandte. Er erstellte ein System, das von undefinierten Begriffen wie *Null, Zahl* und *nachfolgende Zahl* ausging und leitete daraus mittels logischer Symbole die Arithmetik her, auf die sich die gesamte Mathematik stützt.

Aktivierungsenergie

Schon in der Frühzeit machte der Mensch die Erfahrung, daß ein Feuer zwar sehr schwer zu entfachen war, daß es aber – zumindest solange genügend Brennstoff vorhanden war – von alleine weiterbrannte.
Dies gilt auch für viele chemische Reaktionen.

Gleichwohl muß man einer Reaktion, bei der Energie frei wird, zunächst einmal Energie zuführen, um sie in Gang zu setzen. Man aktiviert sie, indem man beispielsweise Moleküle aufspaltet, so daß die einzelnen Atome oder Molekülfragmente besser miteinander reagieren können. Diese Energie nennt man *Aktivierungsenergie.*

Ist die Reaktion erst einmal in Gang, setzt sie Energie frei, die dazu verwendet werden kann, benachbarte Moleküle der Ausgangssubstanzen zu aktivieren. So wird beim Erhitzen eines Wasserstoff-Sauerstoff-Gemischs zunächst ein kleiner Teil des Gemisches zur Reaktion gebracht. Die Energie, die dabei freigesetzt wird, überträgt sich so schnell auf die restliche Menge des Gemischs, daß es explosionsartig abreagiert. Dies nennt man eine *Kettenreaktion,* da jeder Schritt den nächsten auslöst und jedes Glied in der Kette zum nächsten führt.

Arrhenius (vgl. 1884) führte 1889 eine systematische Analyse dieses Phänomens durch. Sie verhalf zu einem besseren Verständnis von Kettenreaktionen, Explosionen und chemischen Reaktionen im allgemeinen.

Spektroskopische Doppelsterne

Herschel hatte vor fast einem Jahrhundert die Doppelsterne entdeckt (vgl. 1781). Doch selbst mit einem größeren Fernrohr waren sie nur dann als getrennte Objekte zu erkennen, wenn sie weit genug voneinander entfernt waren. Was aber, wenn sie so nah beieinander standen oder so weit voneinander entfernt waren (oder beides), daß sie nicht mehr voneinander zu unterscheiden sind?

Der amerikanische Astronom Edward Charles Pickering (1846–1919) stellte 1889 fest, daß Mizar, der mittlere Stern in der Deichsel des großen Wagens, dunkle Linien aufwies, die sich immer wieder trennten. Die Hälften bewegten sich voneinander weg, trafen wieder zusammen und entfernten sich in die entgegengesetzte Richtung. Er nahm an, daß es sich bei diesem Phänomen um ein Doppelsternsystem handelte, dessen Einzelsterne so nah beieinander standen, daß sie nicht mehr als getrennte Körper zu erkennen waren.

Da die Sterne einander in unserer Sichtlinie umkreisten, bewegte sich der eine Stern auf den Beobachter zu, während der andere Stern von ihm wegrückte. Aufgrund des Dopplereffekts wies der erste Stern eine Verschiebung seiner Spektrallinien nach Violett auf, während die Linien des zweiten Sterns nach Rot verschoben waren. Eine halbe Umlaufperiode später rückte der zweite Stern vor, während der erste Stern zurücktrat.

Pickerings Assistentin Antonia Caetana Maury (1866–1952) errechnete die Umlaufperiode dieses *spektroskopischen Doppelsterns.* Sie betrug 104 Tage. Im Sternbild Fuhrmann entdeckte sie noch einen weiteren Doppelstern, den Beta Aurigae, mit einer Periode von vier Tagen.

Im darauffolgenden Jahr entdeckte der deutsche Astronom Hermann Karl Vogel (1842–1907) weitere spektroskopische Doppelsterne.

Merkurrotation

Schiaparelli, der die dunklen Linien auf dem Mars entdeckt hatte, die später als Kanäle gedeutet worden waren (vgl. 1877), machte sich nun daran, die Oberflächenmerkmale des Merkur zu untersuchen. Der Planet Merkur ist sehr viel kleiner und noch weiter von der Erde entfernt als der Mars. Außerdem ist er der Sonne so nahe, daß deren Helligkeit die Sicht beeinträchtigt. Selbst unter günstigsten Bedingungen sind seine Oberflächenmerkmale nur undeutlich zu erkennen. Dennoch gelang es Schiaparelli, eine Merkurkarte zu zeichnen. Wenn sich Merkur in einer bestimmten Position befand, sah Schiaparelli immer die gleichen Einzelheiten. Er schloß daraus, daß Merkur der Sonne stets dieselbe Seite zuwendet.

Da Merkur der Sonne so nahe ist, daß die Gezeitenwirkung einen solchen Effekt hervorrufen kann, wurde Schiaparellis Annahme in den folgenden 75 Jahren nie ernsthaft angezweifelt.

Kordit

Seit vier Jahrhunderten spielte Schießpulver im Krieg eine wichtige Rolle. Doch es erzeugte Rauch und Gestank. Dichte Rauchschwaden hüllten die Schlachtfelder ein, und die Generäle hatten Mühe, die Übersicht zu behalten.
Der englische Chemiker Frederick Augustus Abel (1827–1902) beschäftigte sich mit der Herstellung von Sprengstoffen, die keinen Rauch erzeugten. Im Jahr 1889 entwickelte er zusammen mit dem britischen Chemiker James Dewar (1842–1923) das *Kordit.*
Kordit besteht aus einer Mischung aus Nitroglyzerin (vgl. 1847) und Nitrocellulose (vgl. 1834), der man Vaselin beigibt. Aus der dabei entstehenden gelierenden Masse werden Schnüre gegossen und anschließend sorgfältig getrocknet.
Die Verwendung von Kordit (sowie anderer raucharmer Schießstoffe) verbannte den Rauch von den Schlachtfeldern, und das blutige Gemetzel war nun deutlich zu sehen. So wenig erstrebenswert das auch klingen mag, aus militärischer Sicht war es ein Fortschritt, denn die Generäle waren nun in der Lage, den Schlachtverlauf genauestens zu verfolgen. Außerdem konnten Verluste vermieden werden, die dann entstanden, wenn Soldaten orientierungslos durchs Gelände irrten.

Film

Nach Einführung der Fotografie war es ein naheliegender Gedanke, mit ihrer Hilfe auch Bewegung zu simulieren. Fotografiert man ein sich bewegendes Objekt in rascher Abfolge und läßt die Bilder dann schnell hintereinander ablaufen, so behält das Auge von jedem für kurze Zeit ein Nachbild zurück, und die Bilder verschmelzen für den Betrachter zu einem bewegten Bild.
Geräte dieser Art gab es bereits, doch sie zeigten nur sehr kurze Bewegungsabläufe, die sich immer wieder wiederholten. Sie waren an sich recht primitiv, hatten aber einen gewissen Unterhaltungswert.
Edison arbeitete daran, die Illusion der bewegten Bilder zu perfektionieren und zu verlängern. Er verwendete ein Zelluloidfilmband der Art, wie sie Eastman produzierte (vgl. 1888), und machte in rascher Abfolge Aufnahmen eines sich bewegenden Objektes, die er der Länge nach auf dem Filmstreifen anordnete. Der Film wurde dann mittels Perforationen, die sich an den Seiten befanden, über ein Kettenrad vor einer sehr hellen Lichtquelle abgespielt. Dabei war wichtig, daß die Ablaufgeschwindigkeit sorgfältig eingestellt wird.
Edison hatte also den Film erfunden, eine Technik, die sich dank ständiger Verbesserungen zu einer gigantischen Filmindustrie entwickelt hat, die aus dem modernen Leben genausowenig wegzudenken ist wie das Auto.

Nachtrag

In Österreich wurde Erzherzog Rudolf (1858–1889), einziger Sohn Kaiser Franz Josephs I. und Thronerbe, am 30. Januar 1889 zusammen mit seiner Geliebten tot in seinem Jagdschlößchen aufgefunden. Der Neffe Franz Josephs, Franz Ferdinand (1863–1914) trat die Nachfolge an.
In Brasilien wurde Kaiser Pedro II. (1825–1891), der seit 49 Jahren regierte, abgesetzt. Brasilien, das seit 67 Jahren die einzige Monarchie Lateinamerikas war, wurde Republik.
Der Eiffelturm, der vom französischen Ingenieur Alexandre-Gustave Eiffel (1832–1923) konstruiert worden war, wurde am 6. Mai 1889 in Paris fertiggestellt. Er war fast ein halbes Jahrhundert lang das größte Gebäude der Welt und wurde das Wahrzeichen von Paris. Am 27. September 1889 wurde in New York der erste Wolkenkratzer fertiggestellt. Er war dreizehn Stockwerke hoch.

1890

Antitoxin

Oft ist es nicht der Mikroorganismus selbst, der eine bestimmte Krankheit auslöst, sondern eine Substanz, die er produziert (ein *Toxin*, vom griechischen Wort für »Gift«). Wird ein Organismus mit dieser Krankheit infiziert, so ist er in der Lage, eine Substanz zu produzieren (ein *Gegengift* oder *Antitoxin*), die das Gift neutralisiert. Wenn sich der Organismus von der Krankheit wieder erholt hat, macht ihn das Gegengift im Blut gegen die Krankheit immun.

Der deutsche Bakteriologe Emil Adolf von Behring (1854–1917) hielt es für möglich, ein Tier gegen Tetanus zu immunisieren, indem man ihm Blutserum eines an Tetanus erkrankten anderen Tieres injizierte. Dabei kam es vor allem darauf an, daß die Injektionsmenge genau dosiert wurde. Denn schließlich sollte das Tier ja nur zur Produktion des Antitoxins angeregt, aber nicht krank werden.

Behring fand heraus, daß ein Tier, das er auf diese Weise immunisierte, ein Gegengift produzierte, das für eine begrenzte Zeit einem anderen Tier oder einem Menschen Immunität verlieh.

Behring wandte das gleiche Verfahren auch bei Diphtherie an, einer in der damaligen Zeit sehr verbreiteten und oft auch tödlich verlaufenden Kinderkrankheit. Das Diphtherie-Antitoxin machte nicht nur immun, es half auch, wenn die Krankheit bereits zum Ausbruch gekommen war.

Für seine Arbeit erhielt Behring 1901 den Nobelpreis für Medizin und Physiologie (dies war das erste Jahr, in dem der Nobelpreis vergeben wurde).

Javamensch

Vierunddreißig Jahre zuvor hatte man die Knochenüberreste des Neandertalers gefunden (vgl. 1856). Der Neandertaler wies zwar einige primitive Merkmale auf, doch er hatte ein genauso großes Gehirn wie der heutige Mensch. Einen wirklich primitiven Vorläufer des Menschen hatte man bisher noch nicht gefunden.

Zu diesem Zeitpunkt wußte man bereits viel über die Menschenaffen. Der holländische Paläontologe Marie Eugène François Thomas Dubois vermutete, daß man Frühformen des Menschen dort finden würde, wo die Menschenaffen heute heimisch sind, also in Teilen Afrikas und Südostasien. Dubois konnte nicht so einfach nach Afrika reisen, aber die indonesischen Inseln gehörten zu Holland. Dubois, der in der Armee diente, ließ sich nach Java versetzen.

Er hatte ungewöhnliches Glück, denn schon kurze Zeit nach seiner Ankunft auf Java entdeckte er ein menschliches Schädeldach, einen Oberschenkelknochen und zwei Zähne. Bei diesem Fund handelt es sich um den primitivsten bis dahin bekannten Hominiden. Sein Gehirn war nur drei Fünftel so groß wie das Gehirn eines Jetztmenschen.

Dubois nannte diese Frühform *Pithecanthropus erectus* (»aufrecht gehender Affenmensch«). Der Oberschenkelknochen war eindeutig menschlich. Er belegt, daß der Hominid bereits aufrecht ging wie der heutige Mensch. Der Javafund war ein gewichtiges Argument für Evolution.

Spektroheliograph

Seit einem Dreivierteljahrhundert hatte man immer genauere Auswertungen des Sonnenspektrums vorgenommen. Bisher hatte man die Sonne aber immer nur mit dem Licht ihres gesamten Spektrums aufgenommen.

Der amerikanische Astronom George Ellery Hale (1868–1938) entwickelte den *Spektroheliographen*, ein Gerät, das es ihm ermöglichte, die Sonne im Licht einer einzelnen Spektrallinie zu fotografieren. Mit Hilfe dieses Gerätes machte Hale Aufnahmen, die belegten, daß Calcium in der Sonnenatmosphäre vorkommt. Es war nun möglich, die Zusammensetzung der äußersten Schicht der Sonne ziemlich genau zu untersuchen.

Operationshandschuhe

In dem Maße, wie die Gefahr von Infektionen immer klarer erkannt wurde, bemühten sich die Chirurgen natürlich, etwas dagegen zu tun. In einigen Fällen erwiesen sich ganz simple Vorkehrungen als äußerst nützlich.
Der amerikanische Chirurg William Stewart Halsted (1852–1922) schlug zunächst vor, daß Krankenschwestern Gummihandschuhe tragen sollten, um Kontaktinfektionen zu vermeiden. Später fiel ihm auf, daß Gummihandschuhe leichter zu sterilisieren waren als Hände und daß sie, sofern sie dünn genug waren, das Berührungsempfinden der Hände nicht beeinträchtigten.
Im Jahr 1890 trug Halsted als erster bedeutender Chirurg bei einer Operation Gummihandschuhe. Die Neuerung setzte sich sehr schnell durch, und die *antiseptische Wundbehandlung,* bei der die vorhandenen Krankheitserreger abgetötet werden, wurde durch die *keimfreie Wundbehandlung,* bei der erst gar keine Keime in die Wunde gelangen sollen, abgelöst.
Ebenfalls 1890 verbesserte Halsted die Methode der Brustamputation bei Brustkrebs, indem er die Brust und die Muskeln unter der Brust entfernte. Damit sollte verhindert werden, daß der Brustkrebs auf andere, noch wichtigere Körperteile übergeht und zum Tod der Patientin führt.

Nachtrag

Am 18. März 1890 zwang der deutsche Kaiser Wilhelm II. Bismarck, der ein Vierteljahrhundert lang die deutsche Politik bestimmt hatte, zum Rücktritt. Bismarck war zu diesem Zeitpunkt 75 Jahre alt und hätte sowieso nicht mehr lange an der Macht bleiben können. Wilhelm II. wollte nun selbst das Heft in die Hand nehmen. Die Folgen für sein Land waren katastrophal.
Die Regierung der Vereinigten Staaten übernahm das angestammte Land der Sioux in Süd-Dakota. Als die Sioux sich widersetzten, kam es am 29. Dezember 1890 zur Schlacht am Wounded Knee, bei der über 200 Indianer, vor allem Frauen und Kinder, massakriert wurden. Das war das endgültige Ende der Indianerkriege.

1891

Fotografie eines Asteroiden

Fast ein Jahrhundert zuvor hatte Piazzi (vgl. 1802) den ersten Asteroiden beobachtet. Seit damals hatte man erstaunlich viele dieser Kleinplaneten entdeckt. Ihm Jahr 1891 kannte man bereits 322 Asteroiden, und ihre Bahnen hatte man auch schon berechnet.
Jeder einzelne von ihnen war mit dem bloßen Auge entdeckt worden. Ein Körper, der wie ein dunkler Stern aussah, seine Position am Sternenhimmel aber mit einer bestimmten Geschwindigkeit änderte, war mit ziemlich großer Wahrscheinlichkeit ein Asteroid.
Der deutsche Astronom Maximilian Franz Joseph Cornelius Wolf (1863–1932) kam 1891 auf den Gedanken, mit Hilfe der Fotografie weitere Asteroiden aufzuspüren. Wird ein Teleskop so aufgestellt, daß es die Drehung des Himmelsgewölbes (verursacht durch die Erdrotation) mitmacht, dann erscheinen die Sterne als klare Punkte auf dem Film. Im Gegensatz dazu verändert ein Asteroid seine Position relativ zu den Sternen und erscheint deshalb als kleiner Strich. Der Körper, der den Strich verursacht, kann unter Beobachtung genommen werden, und schließlich läßt sich auch seine Bahn berechnen.
Auf diese Weise entdeckte Wolf den 323. Asteroiden, den er Brucia nannte. Im

Verlauf seines Lebens entdeckte er insgesamt 500 Asteroiden. Heute kennt man die Bahn von fast 2 000 Asteroiden. Man schätzt, daß es an die 100 000 Asteroiden gibt, die einen Durchmesser von mindestens zwei Kilometern besitzen.

Träge Masse und schwere Masse

Newton hatte die Masse eines Körpers über die Beschleunigung definiert, die er durch eine definierte Krafteinwirkung erfährt. Dies nennt man die *träge Masse* eines Körpers. Je größer die Masse eines Körpers ist, desto geringer ist die Beschleunigung, die eine bestimmte Kraft dem Körper geben kann, und desto größer ist seine Trägheit, das heißt der Widerstand des Körpers gegen Beschleunigung.
Außerdem fand Newton heraus, daß die Intensität des Gravitationsfeldes eines Körpers bei einer gegebenen Entfernung von seiner Masse abhängt. Dies nennt man die *schwere Masse* eines Körpers.
Masse tritt also in zweierlei Bedeutungen auf, die sich aus zwei unterschiedlichen Beobachtungen herleiten. Zunächst schien es so, als bestehe zwischen den beiden Massedefinitionen kein Zusammenhang. Gleichwohl war die Masse, die durch Trägheitseffekte bestimmt wurde, ebenso groß wie die Masse, die sich aus der Gravitation ergab.
Der ungarische Physiker Roland Eötvös (1848–1919) erkannte, daß ein Körper im Vakuum ganz unabhängig von seiner Masse unter dem Einfluß eines definierten Gravitationsfeldes immer mit gleicher Geschwindigkeit fallen mußte, wenn das Gesetz von der Gleichheit der trägen und schweren Masse gelten sollte. Eötvös führte 1891 ungewöhnlich genaue Messungen durch. Dabei stellte er fest, daß Körper unterschiedlicher Masse mit einer Abweichung von weniger als einem fünfmillionstel Prozent mit der gleichen Geschwindigkeit fielen. Wenn es also einen Unterschied zwischen den beiden Massen gab, so war er verschwindend gering.
Diese Messung erwies sich später als wichtig, als man die Gravitation unter neuen und adäquateren Gesichtspunkten betrachtete.

Elektrische Elementarladung

Aus Arrhenius' Theorie der elektrolytischen Dissoziation (vgl. 1884) folgte, daß Atome oder Atomgruppen möglicherweise elektrisch geladen sind. Ja, es schien sogar wahrscheinlich, daß Atome oder Atomgruppen Ladungen unterschiedlicher Größe tragen, die immer im Verhältnis ganzer Zahlen zueinander stehen.
Der irische Physiker George Johnstone Stoney (1826–1911) vermutete, daß Elektrizität – wie die Materie auch – aus Elementarteilchen besteht und daß jedes dieser Teilchen die gleiche elektrische Ladung trägt. Ein bestimmtes Atom oder eine Atomgruppe, so Stoney, besitze eines oder mehrere dieser Teilchen, und das sei der Grund dafür, daß sie im Verhältnis ganzer Zahlen zueinander stünden.
Im Jahr 1891 schlug Stoney vor, dieses Elementarteilchen *Elektron* zu nennen. Zunächst war davon niemand beeindruckt. Wirkliche Beachtung fand sein Vorschlag erst vier Jahre später.

Carborundum

Schon in frühester Zeit hat der Mensch Schleifmittel benutzt. Das sind harte Materialien, mit denen man weichere Materialien abschleifen und Unebenheiten auf ihrer Oberfläche beseitigen kann. Auch Diamanten gehören dazu. Diamanten bestehen aus Kohlenstoffatomen, die symmetrisch in tetraedrischer Form angeordnet sind. Da die Atome sehr klein sind, liegen sie dicht beieinander. Sie sind fester aneinander gebunden als die Atome anderer Substanzen. Deshalb ist der Diamant auch das härteste Mineral. Reine Diamanten sind so kostbar, daß sie nur für Schmuck und dergleichen in Frage kommen, aber weniger wertvolle Exemplare und Dia-

mantenstaub können als Schleifmittel verwendet werden. Aber auch weniger reine Diamanten sind rar.
Graphit besteht wie Diamant aus Kohlenstoffatomen, allerdings sind sie bei ihm anders angeordnet und schwächer aneinander gebunden. Graphit ist deshalb als Schleifmittel völlig ungeeignet und wird, im Gegenteil, sogar als Schmiermittel verwendet. Gemäß dem Le-Chatelier-Prinzip (vgl. 1888) müßte es aber möglich sein, die Graphitatome unter hohem Druck dichter zusammenrücken zu lassen, so daß ein Diamant entsteht (nichts anderes geschieht tief unter der Erde).
Bisher war es den Wissenschaftlern, die sich mit der Synthese von Diamanten befaßten, nicht gelungen, den dafür notwendigen Druck zu erzeugen. Schließlich unternahm der amerikanische Erfinder Edward Goodrich Acheson (1856–1931) einen weiteren Versuch.
Auch ihm gelang es nicht, Diamanten künstlich herzustellen. Doch bei seinen Versuchen fand er heraus, daß bei starkem Erhitzen einer Mischung aus Kohlenstoff und Lehm eine Silizium-Kohlenstoff-Verbindung entstand: das *Siliziumkarbid.* Silizium besitzt ähnliche Eigenschaften wie Kohlenstoff, so daß die Atome des Siliziumkarbids genauso angeordnet sind wie die des Diamanten, mit dem Unterschied freilich, daß jedes zweite Kohlenstoffatom durch ein Siliziumatom ersetzt wird. Silizium besteht aus größeren Atomen, die nicht ganz so fest zusammenhalten wie die Kohlenstoffatome im Diamant. Deshalb ist Siliziumkarbid nicht ganz so hart wie Diamant. Doch es war immer noch härter als alles andere, was man bis dahin kannte, und sehr viel billiger als Diamant.
Acheson nannte die neue Verbindung *Karborundum.* Es fand in der Industrie als Schleifmittel Verwendung.

Gleitflugzeuge

Vier Jahrzehnte waren inzwischen vergangen, seit Cayley das erste bemannte Gleitflugzeug entwickelt hatte (vgl. 1853). Der deutsche Luftfahrtingenieur Otto Lilienthal (1848–1896) entwickelte daraus elegante, funktionstüchtige Fluggeräte. Bereits 1877 hatte er den Vorteil gewölbter Flügel gegenüber flachen Flügeln beim Gleiten erkannt. Im Jahr 1891 startete er zu seinem ersten Gleitflug. Einige Jahre später starb er bei einer Bruchlandung. Lilienthal machte das Fliegen populär, und es war gar kein so großer Schritt von seinem Gleiter zum ersten Motorflugzeug.

1892

Amalthea

Galilei hatte die vier großen Jupitermonde entdeckt (vgl. 1610). Seitdem hatte man keinen weiteren Jupitermond gesichtet, obgleich bereits acht Monde des kleineren und noch weiter entfernten Planeten Saturn bekannt waren.
Der amerikanische Astronom Edward Emerson Barnard (1857–1923) stellte die Überlegung an, daß der fünfte Mond – wenn es ihn denn überhaupt gab – klein und dem Jupiter sehr nahe sein mußte (Hall hatte ähnliche Überlegungen angestellt, als er nach den Monden des Mars Ausschau hielt – vgl. 1877). Barnard suchte die nächste Umgebung des Jupiter ab und fand 1892 einen Mond, der nur 181 000 Kilometer vom Mittelpunkt des Jupiters und nur 109 000 Kilometer von seiner wolkigen Oberfläche entfernt ist. Heute weiß man, daß er einen Durchmesser von nur 160 Kilometern besitzt.
Man nannte den Mond *Jupiter V,* da es der fünfte bis dahin entdeckte Jupitermond war. Der französische Astronom Camille Flammarion (1842–1925) schlug vor, ihn *Amalthea* zu nennen, nach der Ziege (oder Nymphe), die Jupiter (Zeus) in seiner Kindheit säugte. Amalthea war der 21. Mond, den man bisher entdeckt hatte. Es sollte der letzte sein, den man ohne fotografische Hilfsmittel fand.

Strahlungsdruck

Aus den Maxwellschen Gleichungen (vgl. 1865) läßt sich ableiten, daß Licht einen gewissen Druck ausübt. Dieser Druck muß ausgesprochen klein sein. Der russische Physiker Petr Nikolajewitsch Lebedew (1866–1912) prüfte dies mit Hilfe sehr leichter Spiegel in einem Vakuum nach. Im Jahr 1892 konnte er den von Licht ausgeübten Druck nachweisen und messen.

Längenkontraktion

Seit fünf Jahren rätselten Physiker über den negativen Ausgang des Michelson-Morley-Experiments. Der Ire George Francis Fitzgerald (1851–1901) bot 1892 als erster eine Erklärung an.
Er stellte die Theorie auf, daß sich Entfernungen durch den Einfluß von Geschwindigkeit verkürzen. Bewegt sich eine Lichtquelle mit einer bestimmten Geschwindigkeit auf einen Punkt A zu, so muß das Licht, das in die Richtung der Geschwindigkeit ausgestrahlt wird, eine kürzere Distanz zurücklegen als Licht, das in die anderen Richtungen ausgestrahlt wird. Je schneller sich die Lichtquelle bewegt, desto kleiner ist die Entfernung, die das Licht bis zu einem bestimmten Punkt zurücklegen muß, während die Entfernung für einen nicht in Bewegung befindlichen Beobachter unverändert zu sein scheint. Die Entfernungsänderung bewirkt, daß das Licht, das in unterschiedliche Richtungen ausgestrahlt wird, in Phase bleibt. Somit entstehen bei seiner Wiedervereinigung keine Interferenzstreifen. Bewegt sich die Lichtquelle mit Lichtgeschwindigkeit, so ist die Entfernung von der Lichtquelle zu irgendeinem anderen Punkt gleich null, da es keine größere Geschwindigkeit als Lichtgeschwindigkeit gibt.
Mit einer einfachen Gleichung versuchte Fitzgerald zu belegen, daß die Lichtgeschwindigkeit die Entfernungen in die Bewegungsrichtung um genausoviel verringert, daß das Michelson-Morley-Experiment negativ ausfallen mußte. Diese Ad-hoc-Theorie, die die Bezeichnung *Fitzgerald-Kontraktion* erhielt, stellte Fitzgerald anscheinend nur auf, um ein bis dahin rätselhaftes Phänomen erklären zu können. Es dauerte dreizehn weitere Jahre, bis man eine fundiertere Lösung fand.

Dewargefäß

Wärme kann auf dreierlei Weise von einem Ort zum anderen transportiert werden: durch Wärmeleitung (durch Materie), Wärmekonvektion (Wärmetransport durch Bewegung der Materie, z. B. in Luft oder Wasser) und Strahlung.
Von diesen drei Möglichkeiten kommt nur Strahlung für den Wärmetransport im Vakuum in Betracht. Dewar (vgl. 1889), der dies erkannt hatte, erfand 1892 ein doppelwandiges Gefäß, dessen Zwischenraum evakuiert war. Dieses Gefäß eignete sich hervorragend für Experimente mit Substanzen, die eine sehr niedrige Temperatur besitzen. Wenn sehr kalte Flüssigkeiten wie flüssiger Stickstoff darin aufbewahrt wurden, so nahmen sie nur sehr langsam Wärme von außen auf. Zur weiteren Verminderung des Wärmeaustauschs durch Strahlung beschichtete Dewar die Innenseite der Wandungen mit einem glänzenden Material, so daß Strahlen reflektiert und nicht absorbiert wurden.
Das *Dewargefäß* erwies sich als nützlich beim Arbeiten mit niedrigen Temperaturen. Als *Thermosflaschen*, in denen Flüssigkeiten warm (oder auch kalt) gehalten werden können, hielten sie Einzug in fast jeden Haushalt.

Nachtrag

In Frankreich wurde das erste Automobil mit luftgefüllten Gummireifen gebaut.

1893

Psychoanalyse

Breuer hatte damit begonnen, die Hypnose bei der Behandlung psychischer Krankheiten wie Hysterie einzusetzen. Freud griff die Methode später auf (vgl. 1884). Schließlich gab er die Hypnose zugunsten der freien Assoziation auf, bei der der Patient weitgehend seinen Einfällen und Assoziationen überlassen wird. Der Arzt greift dabei so wenig wie möglich ein. Der Patient legt langsam sein Mißtrauen ab und erzählt von Erlebnissen, die unter normalen Umständen nicht in sein Bewußtsein vorgedrungen wären.

Der Vorteil dieser Methode bestand darin, daß der Patient immer wußte, was geschah, während bei der Hypnose dem Patienten hinterher berichtet werden mußte, was er gesagt hatte.

Zusammen mit Breuer veröffentlichte Freud später die Schrift *Studien über Hysterie,* mit der die beiden Wissenschaftler die *Psychoanalyse,* eine Behandlungsmethode zur Heilung von Neurosen, begründeten.

Texasfieber

Der amerikanische Pathologe Theobald Smith (1859–1934) entdeckte 1893, daß das Texasfieber (Rindermalaria), ähnlich wie Malaria (vgl. 1880), durch einzellige Parasiten verursacht wird.

Smith zeigte außerdem, daß der Parasit durch blutsaugende Zecken übertragen wird. Damit war erstmals ein Gliederfüßler als Krankheitsüberträger erkannt. Zecken sind Milben und gehören somit zu den Spinnentieren. Bald stellte sich heraus, daß auch blutsaugende Insekten Krankheiten verbreiten können.

Wiensches Verschiebungsgesetz

Bei jeder Temperatur über dem absoluten Nullpunkt geben Körper elektromagnetische Strahlung ab. Lange Wellenlängen kommen normalerweise selten vor, genau wie ganz kurze Wellenlängen. Irgendwo in der Mitte existiert eine maximale Wellenlänge, die in einem größeren Maße ausgesendet wird als alle übrigen Wellenlängen. Der deutsche Physiker Wilhelm Wien (1826–1928) wies das durch Messungen der Wellenlängen nach. So zeigte er 1893, daß sich die maximale Wellenlänge umgekehrt proportional zur absoluten Temperatur verhält. Steigt die Temperatur, so steigt auch die Gesamtmenge der abgegebenen Strahlung gemäß den Ergebnissen Stefans (vgl. 1879). Die maximale Wellenlänge hingegen nimmt ab.

Deshalb senden heiße Körper vor allem infrarote Strahlung aus, die nur in Form von Wärme erkennbar ist. Steigt die Temperatur noch weiter an, verschiebt sich die maximale Wellenlänge in den sichtbaren roten Bereich, so daß der Körper tiefrot zu glühen beginnt; Metall ist dann »rotglühend«. Steigt die Temperatur noch höher, so hellt sich das Rot auf, wird orange, dann gelb und schließlich weiß. Die maximale Wellenlänge liegt im gelben Bereich des Spektrums, in dem alle Wellenlängen des Lichts vertreten sind, wie etwa auch im Sonnenlicht.

Einige Sterne sind so heiß, daß ihre maximale Wellenlänge im ultravioletten Bereich liegt. Diese Sterne geben ein intensives, blau-weißes Licht ab.

Wien erhielt 1911 für seine Arbeit auf dem Gebiet der Strahlung den Nobelpreis für Physik.

Wechselstrom

Tesla hatte den Wechselstrom-Induktionsmotor erfunden (vgl. 1883), und im Jahr 1893 gelang es Charles Proteus Steinmetz (1865–1923), einem amerikanischen Elektroingenieur deutscher Abstammung, den

Wechselstromkreis zu berechnen. Für seine bis in alle Einzelheiten gehende mathematische Darstellung der Wechselstromvorgänge verwendete er komplexe Zahlen.
Steinmetz' Arbeit ermöglichte es, immer bessere Wechselstromgeräte herzustellen. Seine Berechnungen fanden in Fachkreisen große Beachtung, und der Wechselstrom löste endgültig den Gleichstrom ab (der Strom, der aus unserer Steckdose kommt, ist immer Wechselstrom).

Nordpolarmeer

Nansen, der einige Jahre zuvor Grönland durchquert hatte, plante nun die Erforschung des Nordpolarmeeres.
Er konstruierte eigens zu diesem Zweck ein Schiff, das sich, anstatt auseinanderzubrechen, anhob, wenn es vom Eis eingeschlossen wurde. Er taufte es auf den Namen *Fram* (»vorwärts«). Mit dreizehn Mann Besatzung stach er 1893 in See. Sein Plan war, sich mit dem Eis langsam durchs Nordpolarmeer treiben zu lassen und so vielleicht den Nordpol zu erreichen.
Die Driftfahrt dauerte eineinhalb Jahre. Nansen gelangte zwar nicht bis zum Nordpol, aber bis 86, 23° nördlicher Breite. So nahe war dem Nordpol noch niemand gekommen.

Nachtrag

Wilhelm II. regierte Deutschland nun ohne Bismarck und ließ es zu, daß das Bündnis mit Rußland zerbrach. Frankreich packte die Gelegenheit beim Schopf, nahm Verhandlungen auf und schloß Ende 1893 ein Militärbündnis mit Rußland, das sich eindeutig gegen Deutschland richtete.

1894

Argon

Nachdem Prout die Theorie vorgebracht hatte, daß sich alle Atome aus Wasserstoffatomen zusammensetzen (vgl. 1815), ermittelten verschiedene Chemiker mit immer größerer Genauigkeit die Atomgewichte einzelner Elemente. Die Proutsche Hypothese schien dadurch widerlegt, daß viele Atomgewichte nicht ganzzahlige Vielfache des Atomgewichts von Wasserstoff waren.
Zwölf Jahre zuvor hatte der britische Physiker John William Strutt, Lord Rayleigh (1842–1919), gezeigt, daß das Atomgewicht von Sauerstoff nicht, wie ursprünglich angenommen, 16mal so groß war wie das Atomgewicht von Wasserstoff, sondern genau 15,882mal so groß.
Rayleigh bestimmte nun das Atomgewicht von Stickstoff und kam zu einem erstaunlichen Ergebnis. Im Gegensatz zu Sauerstoff, der immer das gleiche Atomgewicht hatte, egal wie er dargestellt wurde, kam Raleigh bei Stickstoff zu unterschiedlichen Ergebnissen. Stickstoff aus der Luft besaß ein etwas größeres Atomgewicht als Stickstoff, den man aus verschiedenen stickstoffhaltigen Verbindungen isoliert hatte.
Da Rayleigh dafür keine schlüssige Erklärung fand, schrieb er einen Brief an die Zeitschrift *Nature*. Er hoffte auf Vorschläge aus der Fachwelt. Der britische Chemiker William Ramsay (1852–1916) griff das Problem auf. Er erinnerte sich an den Versuch Cavendishs (vgl. 1766), aus Luftstickstoff und Sauerstoff eine Verbindung herzustellen. Dabei hatte Cavendish herausgefunden, daß eine kleine Gasmenge zurückblieb, die keine Verbindung mit dem Sauerstoff einging. Er hatte vermutet, daß sich in der Luft eine kleine Menge eines Gases befand, das dichter und reaktionsträger als Stickstoff war, war der Sache aber nicht weiter nachgegangen.
Ramsey wiederholte das Experiment. Auch

bei ihm blieben kleine Gasbläschen zurück. Doch im Gegensatz zu Cavendish konnte er sich spektroskopischer Methoden bedienen. Ramsey erhitzte das Gas und untersuchte seine Spektrallinien. Er entdeckte Wellenlängen, die man bisher bei keinem Element beobachtet hatte.
Damit stand fest, daß es sich um ein bis dahin unbekanntes gasförmiges Element handeln mußte, das mit einem Anteil von einem Prozent in der Atmosphäre vorhanden war. Es war völlig reaktionsträge, reagierte mit keiner anderen Substanz und hatte eine größere Dichte als Stickstoff. Da dieses neue Gas als Verunreinigung in dem Stickstoff vorkam, der aus der Luft gewonnen wurde, hatte dieser Stickstoff ein abnorm hohes Atomgewicht. Im Gegensatz dazu hat Stickstoff, der aus Verbindungen gewonnen wird, die keine derartigen Verunreinigungen aufweisen, das richtige Atomgewicht.
Diese Entdeckung wurde am 13. August 1894 bekanntgegeben. Man nannte das neue Gas *Argon,* nach einem griechischen Wort für »träge«. Für diese Arbeit erhielt Rayleigh den Nobelpreis für Physik. Ramsey erhielt 1904 den Nobelpreis für Chemie.

Nachtrag

Zwischen Japan und China brach ein Konflikt aus. Der Grund war das zwischen beiden Ländern liegende Korea. Korea war zwar nominell unabhängig, hatte aber während seiner gesamten Geschichte stark unter dem Einfluß chinesischer Kultur und Politik gestanden. Die aggressive Haltung Japans führte am 27. Juli 1894 zum Krieg mit Korea, am 1. August zum Krieg mit China. Noch vor Ende des Jahres hatte die moderne japanische Armee China in zwei Schlachten geschlagen. Damit war klar, wer den Krieg gewinnen würde.
In Frankreich wurde der jüdische Offizier Alfred Dreyfus (1859–1935) beschuldigt, Militärgeheimnisse an die Deutschen verkauft zu haben. Am 22. Dezember 1894 verurteilte ihn ein Gericht zu lebenslänglicher Verbannung und schickte ihn auf die Teufelsinsel bei Französisch-Guayana. Die Dreyfusaffäre löste in Frankreich eine antisemitische Welle aus.
Der ungarische Jude Theodor Herzl (1860–1904) plädierte für die Neugründung eines jüdischen Staates in Palästina, der ehemaligen Heimat des jüdischen Volkes. Er begründete damit die zionistische Bewegung.
Alexander III. von Rußland starb am 1. November 1894. Sein Sohn trat als Nikolaus II. (1868–1918) die Thronfolge an.

1895

Röntgenstrahlen

Goldstein (vgl. 1876) und Crookes (vgl. 1861) hatten die Kathodenstrahlen erforscht und eine ganze Reihe von Physikern dazu angeregt, sich ebenfalls mit diesem Phänomen zu beschäftigen. Der deutsche Physiker Wilhelm Conrad Röntgen (1845–1923) interessierte sich insbesondere für die Eigenschaft der Kathodenstrahlen, Materialien zum Fluoreszieren zu bringen.
Er füllte leicht fluoreszierende Substanzen in eine Kathodenstrahlröhre, umhüllte diese mit dunklem Papier und verdunkelte den Raum, so daß er die blasse Fluoreszenz, die dabei entstand, beobachten konnte.
Am 5. November 1895, als er wieder einmal Experimente mit seiner Kathodenstrahlröhre durchführte, erregte ein Lichtblitz, der nicht aus der Röhre kam, seine Aufmerksamkeit. Ein Blatt Papier, das mit Bariumtetracyanoplatinat (einer Verbindung, die er eigentlich später verwenden wollte) beschichtet war, fing an zu leuchten. Das Leuchten hörte auf, als die Kathodenstrahlröhre abgestellt wurde. Sobald sie wieder eingeschaltet war, leuchtete das Papier sogar im Zimmer nebenan.
Es bestand kein Zweifel, daß die Strahlen aus

der Röhre kamen, in der die Kathodenstrahlen flossen. Offensichtlich waren sie in der Lage, bis zu einem gewissen Grad Materie zu durchdringen. Röntgen konnte sich die Strahlen zunächst nicht erklären. Er bezeichnete sie deshalb als *X-Strahlen* (in der Mathematik steht *x* für eine unbekannte Größe). Am 18. Dezember 1895 veröffentlichte Röntgen seine Ergebnisse.
Seine Entdeckung erregte in der Fachwelt ebenso großes Aufsehen wie seinerzeit die Entdeckung des Elektromagnetismus durch Ørsted (vgl. 1820). Andere Forscher warfen sich auf dieses Gebiet und erzielten aufsehenserregende Ergebnisse, die in den meisten Fällen direkt auf Röntgens Arbeit zurückgehen. Röntgen erhielt 1901 den ersten Nobelpreis für Physik.

Kathodenstrahlen als Teilchen

Noch immer gab es Wissenschaftler, die behaupteten, daß es sich bei Kathodenstrahlen um Wellen handelte, und die Crookes' Beobachtung anzweifelten, daß Kathodenstrahlen elektrisch geladen. sind
Hertz, der die Radiowellen entdeckt hatte (vgl. 1888), hatte bemerkt, daß Kathodenstrahlen eine dünne Metallscheibe durchdringen können. Dieser Sachverhalt stützte die Theorie, daß es sich um Wellen handelte. Der deutsche Physiker Philipp Eduard Anton Lenard (1862–1947), ein Assistent von Hertz, baute 1892 eine Kathodenstrahlröhre mit einem dünnen »Fenster« aus Aluminium, durch das die Kathodenstrahlen austreten konnten. Lenard beobachtete die ausgetretenen Kathodenstrahlen und kam ebenfalls zu dem Ergebnis, daß sie Wellen seien. Im Jahr 1905 erhielt er den Nobelpreis für Physik.
Der französische Physiker Jean-Baptiste Perrin (1870–1942) machte der Diskussion ein für allemal ein Ende. Er zeigte, daß ein Zylinder, auf den Kathodenstrahlen treffen, sich langsam negativ auflädt. Kathodenstrahlen bestehen also aus negativ geladenen Teilchen. Dieses Ergebnis fand allgemein Anerkennung.

Geschwindigkeit und Masse

Der negative Ausgang des Michelson-Morley-Experiments (vgl. 1887) beschäftigte die Physiker nach wie vor. Der Holländer Hendrik Antoon Lorentz (1853–1928) kam wie Fitzgerald zu dem Ergebnis, daß sich Abstände mit der Geschwindigkeit verringern (vgl. 1892), ging aber noch einen Schritt weiter. Lorentz kam der Gedanke, daß die Masse eines Körpers mit wachsender Geschwindigkeit allmählich immer mehr zunahm: Bei einer Geschwindigkeit von 257 440 Kilometern pro Sekunde mußte sie sich nach Lorentz bereits verdoppelt haben, bei Lichtgeschwindigkeit (also bei einer Geschwindigkeit von fast 300 000 Kilometern pro Sekunde) mußte sie unendlich groß sein.
Das hieß, daß es keine höhere Geschwindigkeit geben konnte als die Lichtgeschwindigkeit. Physiker bezeichnen die Ergebnisse der beiden Physiker Lorentz und Fitzgerald als *Lorentz-Fitzgerald-Kontraktion.*

Helium auf der Erde

Inzwischen war es nicht mehr möglich, ein neuentdecktes Element so zu behandeln, als bestehe kein Zusammenhang zu anderen Elementen. Mendelejew hatte mit seinem Periodensystem gezeigt, daß Elemente nach Gruppen geordnet sind (vgl. 1869).
Rayleigh und Ramsay hatten ein Jahr zuvor Argon entdeckt (vgl. 1894). Dieses Element paßte in keine der vorhandenen Gruppen. Aufgrund seines Atomgewichts schien es zwischen Chlor und Kalium zu gehören. Da die Systematik des Periodensystems vor allem auf den Valenzen beruht (vgl. 1852), war es sinnvoll, Argon zwischen Chlor und Kalium einzuordnen. Beide Elemente besitzen eine Valenz von eins. Da Argon mit keinem anderen Element eine Verbindung eingeht, besitzt es eine Valenz von null. Die Valenzanordnung 1, 0, 1 war sinnvoll. Argon war somit das erste Element einer neuen Gruppe, deren Elemente eine Valenz von null besitzen.

Wo aber waren die anderen Elemente dieser Gruppe? Ramsey machte es sich zur Aufgabe, nach ihnen zu suchen. Er hörte davon, daß man in Amerika aus Uran ein Gas gewonnen hatte, das man für Stickstoff hielt. Das klang vielversprechend, da die nullwertigen Gase leicht mit dem reaktionsträgen Stickstoff verwechselt werden konnten. Andere Verwechslungen waren unwahrscheinlich.

Ramsey experimentierte nun ebenfalls mit Uran. Dabei erhielt er ein Gas, das genauso reaktionsträge war wie Stickstoff. Er untersuchte es spektroskopisch und fand heraus, daß es nicht die Spektrallinien des Stickstoffs aufwies. Statt dessen erzeugte es die Spektrallinien, die Janssen im Sonnenlicht entdeckt hatte (vgl. 1868).

Janssens »Sonnenelement« war *Helium* genannt worden, und nun hatte es Ramsay auch auf der Erde entdeckt. Was es allerdings im Uran zu suchen hatte, wußte man zu diesem Zeitpunkt noch nicht. Die Antwort sollte aber nicht mehr lange auf sich warten lassen.

Magnetismus und Wärme

Es war bekannt, daß ein Magnet seine magnetischen Eigenschaften verlor, wenn man ihn so lange erhitzte, bis er rotglühend wurde. Curie (vgl. 1880) zeigte, daß dies nicht allmählich geschah, sondern daß Eisen seine magnetischen Eigenschaften bei einer ganz bestimmten Temperatur verlor (heute als *Curie-Temperatur* bekannt). Sie liegt bei ungefähr 770°C.

Andere Metalle mit ähnlichen magnetischen Eigenschaften wie Eisen, die sogenannten *ferromagnetischen Stoffe* (*ferro* kommt vom lateinischen Wort für »Eisen«), haben ebenfalls eine Curie-Temperatur. Für Nickel liegt sie bei 358°C und für Kobalt bei 1131°C.

Radioantennen

Nach der Entdeckung der Radiowellen durch Hertz (vgl. 1888) sahen viele Leute die Möglichkeit, Signale über weite Entfernungen hinweg zu übermitteln. Wenn es gelang, Radiowellen für diesen Zweck zu nutzen, konnte man bald auf Telegraphendrähte und -kabel verzichten. Daher der Name *drahtlose Telegraphie.*

Für eine drahtlose Übermittlung benötigte man allerdings einen sehr viel besseren Detektor als die einfache Drahtschleife, die Hertz verwendet hatte. Der französische Physiker Édouard-Eugène Branly (1844–1940) erfand einen Detektor, der aus einem Behälter mit lose zusammengefügten Metallspänen bestand. Normalerweise leitete er den Strom nur geringfügig. Erst wenn Radiowellen auf ihn trafen, nahm die Leitfähigkeit deutlich zu. Mit Hilfe dieses Detektors konnte Branly Radiowellen noch in 137 Metern Entfernung vom Sender empfangen.

Der britische Physiker Oliver Joseph Lodge (1851–1940) nahm 1894 Verbesserungen an diesem Gerät vor und nannte es *Kohärer.* Mit dem Kohärer konnte er Radiowellen noch in einer Entfernung von 800 Metern empfangen. Außerdem sendete er Radiowellen in Form von Punkten und Strichen, so daß es möglich war, Botschaften im Morsecode zu übermitteln.

Im Jahr 1895 gelang eine wichtige Entdeckung. Der russische Physiker Aleksandr Stepanowitsch Popow (1859–1905) und der italienische Elektroingenieur Guglielmo Marconi (1874–1937) stellten fest, daß lange, senkrechte Drähte, die sie am Sender und am Empfänger anbrachten, die Signale verstärkten und den Empfang verbesserten. Die langen Drähte nannte man *Antennen,* da sie an die langen Fühler von Insekten erinnerten.

Erst die Antennen ermöglichten eine drahtlose Telegraphie, die diesen Namen auch tatsächlich verdient.

Nachtrag

Der Chinesisch-Japanische Krieg endete am 17. April 1895 mit dem Frieden von Schimonoseki, der den Beginn einer erfolgreichen japanischen Expansionspolitik markierte, die

fünfzig Jahre lang fortdauern sollte. Die Chinesen traten Taiwan an die Japaner ab. Korea sollte »unabhängig« bleiben. Im Klartext hieß das, daß es faktisch unter japanische Oberherrschaft fiel.
Kuba, ein Überbleibsel des riesigen spanischen Kolonialreichs in Lateinamerika, rebellierte. Den Spaniern gelang es zwar, den Aufstand niederzuschlagen, doch die Unzufriedenheit wuchs.
Die unabhängigen Burenrepubliken im Norden der britischen Besitzungen in Südafrika waren einigen Briten ein Dorn im Auge. Cecil John Rodes (1853–1902), seit 1890 Premierminister der Kapkolonie, schmiedete einen Plan, um die Buren zu stürzen. In seinem Auftrag fiel der mit ihm befreundete Leander Starr Jameson (1853–1917) am 29. Dezember 1895 mit 800 Mann in Transvaal ein. Jameson scheiterte, und Rhodes mußte zurücktreten. Doch der Vorfall sollte Folgen haben.
Im russischen Petersburg arbeitete ein gewisser Wladimir Iljitsch Uljanow (1870–1924) auf den Sturz des Zaren hin. Er plante die Errichtung eines sozialistischen Systems. Später nahm Uljanow das Pseudonym *Lenin* an.

1896

Uranstrahlung

Der französische Physiker Antoine-Henri Becquerel (1852–1908) interessierte sich für die kurz zuvor entdeckten Röntgenstrahlen (vgl. 1895). Bisher hatte er sich (wie auch sein Vater) mit fluoreszierenden Substanzen beschäftigt. Becquerel wollte wissen, ob in der Strahlung fluoreszierender Substanzen Röntgenstrahlen enthalten sind.
Sowohl er als auch sein Vater hatten mit der fluoreszierenden Substanz Kaliumuranylsulfat experimentiert. Im Februar 1896 umwickelte Becquerel eine fotografische Platte mit schwarzem Papier und legte sie zusammen mit einem Kaliumuranylsulfatkristall in die Sonne. Er nahm an, daß der Kristall unter Einwirkung des Sonnenlichts zu fluoreszieren beginnen würde und daß die Röntgenstrahlen, die dabei erzeugt wurden, im Gegensatz zu normalem Licht das schwarze Papier durchdringen und die fotografische Platte schwärzen würden.
Die Platte wies tatsächlich einen dunklen Fleck auf, und Becquerel schloß daraus, daß Fluor Röntgenstrahlen erzeugte. Dann folgten einige bewölkte Tage, an denen Becquerel mit seinen Experimenten nicht fortfahren konnte. Er hatte aber bereits eine Platte vorbereitet und einen Kristall daraufgelegt. Beides lag in einer Schublade, so daß kein Sonnenlicht darauffallen konnte. Da Becquerel das Nichtstun lästig wurde, entschloß er sich, den Film dennoch zu entwickeln. Er wollte sicherstellen, daß ohne Einwirkung von Sonnenlicht keine Reaktion eingesetzt hatte.
Zu seinem Erstaunen wies der Film einen starken Grauschleier auf. Die Strahlung, die durch das Papier gedrungen war, hatte also nichts mit Fluoreszenz oder Sonnenlicht zu tun.
Für diese Entdeckung erhielt Becquerel 1903 den Nobelpreis für Physik. Sie sollte weitreichende Folgen haben.

Mangelkrankheiten

Viele Menschen in Ostindien litten an *Beriberi,* einer Krankheit, die zu allgemeinem Kräfteverfall und häufig auch zum Tod führt. Zunächst nahm man an, daß die Krankheit durch Keime ausgelöst wurde. Ausgehend von dieser Annahme hatten Pasteur (vgl. 1862) und andere verschiedene Krankheiten erfolgreich bekämpft. Doch bisher war es nicht gelungen, den Beriberi-Erreger zu finden.
Der niederländische Arzt Christiaan Eijkman (1858–1930) reiste nach Ostindien, um die Krankheit zu studieren. Zunächst war ihm wenig Erfolg beschieden. Doch dann brach

unter den Hühnern, die er in seinem Laboratorium zu bakteriologischen Forschungszwecken hielt, eine Krankheit aus. Die *Polyneuritis* bei Hühnern, so ihr Name, zeigte ähnliche Symptome wie Beriberi. Eijkman führte genaue Untersuchungen an den kranken Tieren durch und prüfte, ob die Krankheit ansteckend war. Doch mit einem Mal verschwanden die Symptome, und alle Hühner wurden wieder gesund.

Eijkman ging der Sache nach und fand heraus, daß die Hühner mit Reis gefüttert worden waren, der eigentlich für Patienten bestimmt war. Erst als ein neuer Koch sie wieder mit dem üblichen Hühnerfutter fütterte, war die Krankheit verschwunden. Eijkman stellte fest, daß er die Krankheit nach Belieben auslösen konnte. Er brauchte die Hühner nur mit geschältem Reis zu füttern. Gab er ihnen ungeschälten Reis, verschwanden die Symptome wieder.

Zum ersten Mal seit der Behandlung von Skorbut mit Zitrusfrüchten (vgl. 1747) war eine Krankheit durch richtige Ernährung heilbar. Obwohl Eijkman die Zusammenhänge zunächst nicht erkannte, wurde bald klar, daß Beriberi eine Mangelkrankheit ist, die durch das Fehlen eines Stoffes (Vitamin B-1) ausgelöst wird. Diese Substanz findet sich in den Silberhäutchen und Keimen von ungeschältem Reis und wird natürlich entfernt, wenn der Reis geschält wird. Häufig reichen kleine Mengen davon aus, um der Krankheit vorzubeugen.

Für diese Entdeckung erhielt Eijkman 1929 den Nobelpreis für Medizin und Physiologie.

Licht und Magnetismus

Maxwell hatte die Theorie vertreten, daß eine oszillierende elektrische Ladung Strahlung erzeugt (vgl. 1865), und Hertz hatte diese Theorie mit seiner Entdeckung der Radiowellen bestätigt (vgl. 1888). Eine weitere Theorie Maxwells besagte, daß es sich bei Licht um elektromagnetische Strahlung handle. Wenn das der Fall war, woraus bestand die oszillierende elektrische Ladung, die diese Strahlung erzeugte?

Arrhenius hatte behauptet, daß Atome oder Atomgruppen eine elektrische Ladung tragen können (vgl. 1884). Lorentz (vgl. 1895) hatte die Vermutung geäußert, daß die elektrischen Ladungen in den Atomen möglicherweise für die Oszillation verantwortlich waren. Wenn das stimmte, dann mußte es die oszillierende Ladungen beeinflussen und die Spektrallinien verändern, wenn man eine Lichtquelle einem starken magnetischen Feld aussetzte.

Der holländische Physiker Pieter Zeeman (1865–1943), der bei Lorentz studierte, führte das Experiment durch. Und wirklich – das magnetische Feld teilte die Spektrallinien in drei Komponenten auf. Der *Zeeman-Effekt* konnte dazu benutzt werden, Feinheiten der Atomstruktur und den Aufbau der Sterne zu untersuchen. Lorentz und Zeeman erhielten 1902 den Nobelpreis für Physik.

Fermente und Enzyme

Kuhne hatte vorgeschlagen, mit dem Begriff *Ferment* Katalysatoren in den Zellen lebender Organismen zu bezeichnen. Katalytisch wirksame Moleküle, die in isolierter, nicht lebendiger Form vorlagen, hatte er *Enzyme* genannt (vgl. 1878).

Der deutsche Chemiker Eduard Buchner (1860–1917) prüfte nach, ob die Hefeenzyme ihre Funktion noch verrichten können, wenn man sie aus der lebenden Zelle extrahiert.

Zunächst zermahlte er die Hefezellen mit Sand, bis alle Zellen zerstört waren, dann filtrierte er sie und erhielt eine klare Flüssigkeit, in der sich keine Zellen mehr befanden. Er fügte Zucker zu, der die Substanz vor Bakterienbefall schützen sollte. Sehr bald bildeten sich große Mengen an Kohlendioxid. Der klare und flüssige Hefeextrakt konnte also genau wie die intakten Zellen Zucker fermentieren. Buchner hatte somit das Gegenteil von dem bewiesen, was er ursprünglich hatte zeigen wollen.

Von diesem Zeitpunkt an verwendete man den Begriff *Enzym* für alle biochemischen Katalysatoren innerhalb und außerhalb einer Zelle. Erneut war eine Annahme des Vitalismus widerlegt.
Buchner erhielt 1907 den Nobelpreis für Chemie.

Akustik

Der amerikanische Physiker Wallace Clement Ware Sabine (1868–1919) schloß im Jahr 1896 eine Studie ab, in der er sich mit der Akustik eines erst kürzlich gebauten Hörsaals der Harvard Universität beschäftigte. Der Hörsaal wies einen gravierenden Mangel auf: Der Redner konnte wegen zu starken Nachhalls nicht gehört werden. Sabine untersuchte sorgfältig alle Aspekte des Problems. Er fotografierte sogar die Schallwellen, die er mit Hilfe der von ihnen verursachten Änderung der Lichtbrechung sichtbar machte.
Sabine gilt als einer der Begründer der modernen Raumakustik. Er zeigte, wie ein Saal konstruiert sein muß, damit Stimmen und Musik klar zu hören sind. Er verwendete mathematische Gleichungen, mit denen er die schallschluckenden Eigenschaften verschiedener Materialien und das Raumvolumen mit der Stärke und Dauer des Nachhalls in Zusammenhang brachte.

Nachtrag

Die Mahdisten hatten immer noch die Kontrolle über den Sudan. Die Briten sandten deshalb unter Führung Horatio Herbert Kitcheners (1850–1916) eine Strafexpedition in das Gebiet im Süden Ägyptens.
Italienische Truppen waren vom Roten Meer aus nach Südwesten vormarschiert und in Äthiopien eingefallen. Über 25 000 Mann stark, trafen sie am 1. März 1896 im nordöstlichen Äthiopien auf eine starke äthiopische Übermacht und wurden vernichtend geschlagen. Damit war der italienische Vormarsch für die kommenden vierzig Jahre gestoppt.
In Klondike, einer Region im Nordwesten Kanadas nahe der Grenze zu Alaska, wurde Gold gefunden. Wieder setzte ein Goldrausch ein, wie schon ein halbes Jahrhundert zuvor in Kalifornien.

1897

Das Elektron als subatomares Teilchen

Perrin hatte behauptet, daß Kathodenstrahlen aus negativ geladenen Teilchen bestehen (vgl. 1895), und war damit allgemein auf Zustimmung gestoßen. Dem britischen Physiker Joseph John Thomson (1856–1940) gelang 1897 der endgültige Beweis für Perrins Theorie. Er zeigte, daß Kathodenstrahlen nicht nur durch ein Magnetfeld abgelenkt werden können, sondern auch durch ein elektrisches Feld. Aus dem Grad der Ablenkung konnte Thomson das Verhältnis der elektrischen Ladung der Kathodenstrahlpartikel zu ihrer Masse errechnen. Das Verhältnis erwies sich als recht hoch, also mußte entweder die Ladung hoch oder die Masse gering sein oder beides. Thomson nahm an, daß die Ladung der Einheitsladung entsprach, die sich aus Faradays Gesetz der Elektrolyse ergab (vgl. 1832). Wenn dies der Fall war, so mußte die Masse der Kathodenstrahlpartikel minimal sein im Vergleich zur Masse des Wasserstoffatoms, also des kleinsten bisher bekannten Atoms. Heute ist bekannt, daß sie nur $^1/_{1837}$ der Masse eines Wasserstoffatoms hat.
Thomson nannte diese Teilchen *Elektronen.* Stoney hatte diese Bezeichnung für die Grundeinheit der elektrischen Ladung vorgeschlagen (vgl. 1891), und Thomson vermutete, daß dieses Teilchen genau diese Ladung trug. Tatsächlich ist bisher keine kleinere elektrische Ladung gefunden worden.
Das Elektron war das erste subatomare Teil-

chen (ein Teilchen, das kleiner ist als ein Atom).

Uranstrahlung

Als die Entdeckung der Strahlung von Kaliumuranylsulfat durch Becquerel bekannt wurde, griff Marie Curie, geb. Sklodowska (1867–1934), eine in Frankreich arbeitende Chemikerin polnischer Herkunft, diese Sache sofort auf. Sie war die Frau von Pierre Curie (vgl. 1880).
Sie benutzte die von ihrem Mann entdeckte Piezoelektrizität, um die Strahlungsintensität verschiedener Uranverbindungen zu messen. Sie konnte zeigen, daß die Intensität von der Uranmenge abhing, die jeweils in der Verbindung vorhanden war.
Damit war bewiesen, daß die Strahlung nicht von der gesamten Verbindung ausging, sondern lediglich vom Uranatom. Sie war kein molekulares Phänomen, sondern eindeutig atomaren Ursprungs.

Alpha-Strahlen und Beta-Strahlen

Uran gab nicht nur eine Art von Strahlung ab. Ein Teil der Strahlen wurde nur leicht in die Richtung abgelenkt, die sich als positiv geladen auswies. Ein anderer Teil wurde sehr viel stärker in die entgegengesetzte Richtung abgelenkt. Diese Strahlen trugen also eine negative Ladung. Beide Arten von Strahlung bestanden aus einem Teilchenstrom. Die Teilchen der positiv geladenen Strahlen besaßen eindeutig eine größere Masse.
Der britische Physiker Ernest Rutherford (1871–1937) stellte 1897 diesen Sachverhalt fest. Er nannte die schwereren, positiv geladenen Strahlen *Alpha-Strahlen* und die leichteren, negativen Strahlen *Beta-Strahlen* (nach den ersten beiden Buchstaben des griechischen Alphabets). Diese Bezeichnungen sind heute noch gebräuchlich.

Nickel als Katalysator

Das Metall Nickel verbindet sich mit Kohlenmonoxid zu einer Verbindung, die bei Raumtemperatur flüssig ist und bei einer Temperatur von 43°C zu sieden beginnt. Der französische Chemiker Paul Sabatier (1854–1941) versuchte, mit anderen Gasen weitere leicht flüchtige Nickelverbindungen herzustellen. Er experimentierte mit Äthylen, da es wie Kohlenmonoxid eine Doppelbindung aufweist.
Dieser Versuch mißlang zwar, aber es stellte sich heraus, daß sich in Gegenwart von Nickel ein Teil des Äthylens zu Äthan umbildete. An die Doppelbindung des Äthylens hatten sich somit zwei Wasserstoffatome angelagert. Diese Reaktion läuft normalerweise dann ab, wenn ein Metall wie Platin in pulverisierter Form als Katalysator verwendet wird. Sabatier hatte den Nachweis erbracht, daß diese Reaktion auch mit dem sehr viel billigeren pulverisierten Nickel katalysiert werden kann.
Nachdem Sabatier diese Technik verfeinert hatte, konnte man mit Hilfe von Nickelkatalysatoren aus ungenießbaren Pflanzenölen eßbare Fette wie etwa Margarine oder Backfette wie Baumwollsamenöl gewinnen.
Sabatier erhielt 1912 den Nobelpreis für Chemie.

Moskitos und Malaria

Smith hatte herausgefunden, daß Zecken mögliche Krankheitsüberträger sind (vgl. 1893). Seitdem hatten die Pathologen ihre Aufmerksamkeit auf stechende Insekten als mögliche Krankheitsüberträger gerichtet.
Der britische Arzt Ronald Ross (1857–1932) sammelte, züchtete und sezierte Moskitos, bis er 1897 den Malariaparasiten in der Anopheles-Fliege fand, den Laveran (vgl. 1880) identifiziert hatte. Das bedeutete, daß man Malaria dadurch bekämpfen konnte, daß man die Brutstätten der Moskitos zerstörte und Moskitonetze verwendete. Auch andere Maßnahmen waren denkbar.

Ross erhielt 1902 den Nobelpreis für Physiologie und Medizin.

Oszilloskop

Der deutsche Physiker Karl Ferdinand Braun (1850–1918) entwickelte die Kathodenstrahlröhre weiter. Er erreichte damit, daß der grüne Fluoreszenzfleck, der durch den auftreffenden Teilchenstrom hervorgerufen wurde, seine Position synchron mit dem elektromagnetischen Feld, das von einem variablen Strom erzeugt wurde, änderte.
Dieses Gerät nannte man *Oszilloskop*. Der Fluoreszenzfleck folgte den Oszillationen des Feldes und machte sie sichtbar. Dieses Gerät war der Vorläufer des Fernsehbildschirms.

Refraktoren

Das erste Teleskop, das Galilei verwendete, war ein Refraktor gewesen, in dem nur Linsen verwendet worden waren. In den annähernd dreihundert Jahren, die seither vergangen waren, waren diese Teleskope immer größer und leistungsfähiger geworden.
Clark, der den dunklen Begleiter des Sirius entdeckt hatte (vgl. 1844), leitete den Bau eines Teleskops, dessen Linse einen Durchmesser von einem Meter besaß. Es war der größte und beste bis dahin hergestellte Refraktor. Die Grenze des Machbaren war damit erreicht. Bis heute hat man keinen größeren Refraktor gebaut, und es ist unwahrscheinlich, daß jemals ein noch größerer gebaut wird. Alle größeren Teleskope sind Reflektoren der Art, wie sie Newton erfunden hat (vgl. 1668).

Dieselmotor

Der von Otto entwickelte Viertaktmotor (vgl. 1876) lief mit Benzin als Brennstoff und zündete das Kraftstoff-Luft-Gemisch mit einem elektrischen Funken.
Der deutsche Erfinder Rudolf Diesel (1858–1913) versuchte den komplizierten Ablauf zu vereinfachen, der aus der Verbindung eines elektrischen Systems mit einer Maschine resultierte. Im Jahr 1897 hatte er den *Dieselmotor* entwickelt, bei dem sich der Kraftstoff von selbst an der durch Kompression erhitzten Verbrennungsluft entzündet. Dieser Motor erlaubte die Verwendung von hochsiedendem Kraftstoff, der sowohl billiger als auch schwerer entzündlich (und deshalb auch sicherer) war als Benzin.
Die Kompression mußte hoch sein, deshalb war ein Dieselmotor um einiges größer und schwerer als ein Ottomotor. Während man den Ottomotor hauptsächlich für Autos verwendete, baute man den Dieselmotor bevorzugt in schwere Transportfahrzeuge wie Lastwagen, Busse, Lokomotiven und Schiffe ein.

Nachtrag

Auf der immer noch von den Türken beherrschten Insel Kreta waren immer wieder Revolten ausgebrochen, und Interessengegensätze auf dem Balkan drohten nun auch Großbritannien und Rußland in den Konflikt hineinzuziehen.
Auf Kuba dauerte die Rebellion gegen Spanien an. Die Vereinigten Staaten ergriffen immer offener Partei für die Kubaner.
In der chinesischen Provinz Schantung wurden zwei Missionare getötet. Deutschland nahm diese Vorfälle zum Anlaß, den Hafen von Tsingtao zu besetzen, und löste dadurch unter den anderen europäischen Mächten einen erneute Auseinandersetzung um wirtschaftliche Konzessionen aus.

1898

Polonium und Radium

Marie und Pierre Curie setzten ihre Experimente mit Uranstrahlen (vgl. 1897) fort. Marie Curie gelang 1898 der Nachweis, daß Thorium, ein anderes Schwermetall, ebenfalls strahlte, und prägte den Begriff *Radioaktivität* für dieses Phänomen. Sowohl Uran als auch Thorium sind radioaktiv.
Marie Curie fand heraus, daß die Strahlungsintensität reiner Uranverbindungen immer von der darin enthaltenen Uranmenge abhängt. Demgegenüber erzeugten einige Uranerze unverhältnismäßig hohe Strahlung, die nicht allein auf den Urananteil zurückgehen konnte. Das Erz mußte noch kleinere Mengen anderer, bisher nicht entdeckter Elemente enthalten, die noch radioaktiver als Uran waren. Im Juli 1898 fanden die Curies ein Element, dem sie den Namen *Polonium* gaben, nach Marie Curies Geburtsland. Im Dezember 1898 entdeckten sie ein Element, dem sie aufgrund seiner starken Strahlung den Namen *Radium* gaben.
Das Ehepaar Curie erhielt 1903 für seine Arbeiten auf dem Gebiet der Radioaktivität zusammen mit Becquerel (vgl. 1898) den Nobelpreis für Physik. Für die Entdeckung des Poloniums und Radiums erhielt Marie Curie im Jahre 1911 – Pierre Curie war zu diesem Zeitpunkt bereits tot – den Nobelpreis für Chemie.

Neon, Krypton und Xenon

Polonium und Radium sollten nicht die einzigen Elemente bleiben, die in diesem Jahr entdeckt wurden. In den vorangegangenen vier Jahren hatte Ramsay Argon (vgl. 1894) und Helium (vgl. 1895) entdeckt. Es mußte aber noch einige andere nullwertige Elemente geben, und zusammen mit dem britischen Chemiker Morris William Travers (1872–1961) machte er sich auf die Suche nach ihnen.
Der britische Erfinder William Hampson (1854–1926) hatte eine Methode entwickelt, mit der er größere Mengen flüssiger Luft erzeugen konnte. Er stellte Ramsay und Travers etwas davon zur Verfügung. Die beiden Wissenschaftler destillierten sie sorgfältig und entdeckten im Argon die Elemente *Neon* (vom griechischen Wort für »neu«), *Krypton* (»versteckt«) und *Xenon* (»der Fremde«). Die neuen Elemente waren alle nullwertige Gase. Die fünf Elemente (einschließlich Helium und Argon) bilden die Gruppe der *Inertgase*. Später erhielten sie die Bezeichnung *Edelgase*.

Flüssiger Wasserstoff

Die Verflüssigung von Stickstoff und anderen Gasen war bereits zwanzig Jahre zuvor gelungen, doch Wasserstoff ließ sich immer noch nicht verflüssigen. Der deutsche Chemiker Carl Paul Gottfried von Linde (1842–1934) hatte 1895 ein besonderes Verfahren zur Abkühlung von Gasen entwickelt. Dabei wird das Gas in einem Kompressor verdichtet, gekühlt und anschließend wieder auf Atmosphärendruck gebracht. Das entspannte und abgekühlte Gas wird wieder in den Kompressor zurückgeleitet, kühlt das von dort kommende komprimierte Gas und durchläuft den Kreislauf von neuem, bis schließlich bei der Entspannung eine Verflüssigung einsetzt. Auf diese Weise konnte Linde flüssige Luft in handelsüblichen Mengen herstellen.
Dewar (vgl. 1889) griff das von Linde entwickelte Verfahren auf, verbesserte es und probierte es schließlich an Wasserstoff aus. Im Jahr 1898 gelang ihm die Verflüssigung von Wasserstoff bei einer Temperatur von 20 Kelvin.
Blieb also noch die neue Gruppe der Edelgase. Edelgase mit einem etwas höheren Atomgewicht ließen sich ohne Probleme verflüssigen und sogar Neon, obwohl es das zweitniedrigste Atomgewicht dieser Gruppe besitzt, konnte verflüssigt werden (bei 27 Kelvin).

Helium, dagegen, das Gas mit dem niedrigsten Atomgewicht in dieser Gruppe, konnte nicht verflüsssigt werden, nicht einmal bei der Temperatur von flüssigem Wasserstoff.

Phoebe

Der amerikanische Astronom William Henry Pickering (1858–1938) entdeckte den neunten Saturnmond und nannte ihn nach einer Schwester des griechischen Gottes Saturn (Kronos) *Phoebe*. Der neue Mond war weiter vom Saturn entfernt als alle bis dahin entdeckten Satelliten. Er umkreist den Planeten rückläufig (von hoch über dem Nordpol des Saturn aus gesehen also im und nicht gegen den Uhrzeigersinn). Man vermutet deshalb, daß Phoebe ein eingefangener Asteroid ist.

Eros

Seit Kepler hatte man angenommen, daß es keinen Körper von nennenswerter Größe gibt, der unserer Erde näher kommt als die Venus, deren unterste Konjunktion nur 40 Millionen Kilometer beträgt. Die Asteroiden schienen sich alle zwischen den Bahnen von Mars und Jupiter zu bewegen, und man ging davon aus, daß sich keiner mehr als 56 Millionen Kilometer der Erde annäherte.

Am 13. August 1898 fand der deutsche Astronom Gustav Witt den Asteroiden Nr. 433. Die Berechnung seiner Bahn förderte eine große Überraschung zutage. An seinem Aphel (Punkt der größten Entfernung von der Sonne) befindet sich dieser Asteroid innerhalb des Asteroidengürtels, doch an seinem Perihel ist er nur 169 Millionen Kilometer von der Sonne entfernt. Er kreuzt also die Umlaufbahn des Mars. Der Kleinplanet nähert sich der Erde auf 22 Millionen Kilometer.

Da er der Erde näher kommt als Mars oder Venus, nannte ihn Witt nach dem Kind der griechischen Götter Mars und Venus *Eros*. Es bürgerte sich ein, denjenigen Asteroiden maskuline Namen zu geben, deren Bahnen sich über den Asteroidengürtel hinaus ausdehnen.

Seitdem wurden weitere Asteroiden entdeckt, die die Umlaufbahn des Mars durchlaufen. Diejenigen, die der Erde näher kommen als die Venus, werden als *erdnahe Asteroiden* bezeichnet. Eros war der erste von ihnen, der entdeckt wurde, und mit einem Durchmesser von mindestens 24 Kilometern gleichzeitig der größte.

Viren

Pasteur war es nicht gelungen, den Tollwuterreger zu finden (vgl. 1885). Dennoch nahm er an, daß die von ihm entwickelte Keimtheorie der Krankheit zutraf. Er war überzeugt, daß der Erreger existierte, aber so klein war, daß man ihn unter dem Mikroskop nicht sehen konnte.

Eine andere Krankheit, deren Erreger man noch nicht kannte, war die Mosaikkrankheit der Tabakpflanze. Sie hatte ihren Namen von den mosaikartig angeordneten Flecken auf den Blättern der von ihr befallenen Tabakpflanzen. Es war einfacher, mit einer Pflanzenkrankheit zu arbeiten als mit einer so gefährlichen Krankheit wie Tollwut. Der russische Botaniker Dmitri Iossifowitsch Iwanowski (1864–1920) zerkleinerte einige befallene Tabakblätter und ließ die dabei gewonnene Flüssigkeit durch einen feinen Filter laufen. Der Filter sollte alle Bakterien zurückhalten.

Mit der filtrierten Flüssigkeit konnten immer noch Tabakpflanzen infiziert werden. Iwanowski mochte nicht glauben, daß es noch kleinere Kranheitserreger als Bakterien gab. Deshalb nahm er an, daß seine Filter schadhafte Stellen aufwiesen.

Der holländische Botaniker Martinus Willem Beijerinck (1851–1931) führte ein ähnliches Experiment durch. Anders als Iwanowski zog er jedoch den Schluß, daß es noch kleinere Erreger als Bakterien geben mußte. Da er sie nicht genau bestimmen konnte, nannte er sie

einfach *Viren* (von einem lateinischen Ausdruck für »giftiger Saft«).
Es stellte sich heraus, daß viele Krankheiten, wie zum Beispiel Schnupfen, Grippe, Windpocken, Mumps und Kinderlähmung, durch Viren verursacht werden. Diese Krankheiten sind schwerer in den Griff zu bekommen als Krankheiten, die von größeren Organismen wie Bakterien und Einzellern ausgelöst werden.

Mitochondrien

In dem Maße, wie die Mikroskope immer besser wurden, erkannte man, daß die Zelle nicht mit einer homogenen Flüssigkeit gefüllt ist, sondern auch außerhalb des Zellkerns eine komplexe Struktur aufweist. Der deutsche Histologe Carl Benda (1857–1933) entdeckte 1898 kleine Körper im Zytoplasma. Er nannte sie *Mitochondrien,* vom griechischen Ausdruck für »Knorpelstränge«. Was es mit ihnen auf sich hatte, stellte sich erst später heraus.

Adrenalin

Das Adrenalin (von einem lateinischen Ausdruck für »bei der Niere«) wird in der Marksubstanz der Nebennieren produziert. Man hatte 1855 zum ersten Mal von dieser Drüse gehört, als der britische Arzt Thomas Addison (1793–1860) zeigte, daß eine Erkrankung der Nebennierenrinde zu schweren Symptomen führt (bis zum heutigen Tag unter dem Namen *Addison-Krankheit* bekannt).
Der britische Physiologe Edward Albert Sharpey-Schafer (1850–1935) wies nach, daß ein in der Nebennierenrinde gebildetes Sekret den Blutdruck erhöht, wenn man es einem Tier injiziert.
Der amerikanische Pharmakologe John Jacob Abel (1857–1938) untersuchte diese Substanz 1898 und prägte dafür den Begriff *Epinephrin* (von einem griechischen Ausdruck für »über der Niere«). Drei Jahre später isolierte der japanische Chemiker Jokichi Takamine (1854–1922), der in den USA forschte, das Sekret in kristalliner Form. Er nannte es *Adrenalin.* Beide Bezeichnungen sind heute noch gebräuchlich.
Adrenalin war das erste Hormon, das isoliert wurde. Aber noch wußte man nichts über die Wirkungsweise der Hormone.

Unterseeboote

Die Vorstellung, mit Schiffen auch unter Wasser zu fahren, hatte den Menschen immer schon fasziniert. Der erste, der ein solches Schiff baute, war der holländische Erfinder Cornelis Jacobszoon Drebbel (1572–1633). Zwischen 1620 und 1624 fuhr er damit in der Themse. Später konstruierte der amerikanische Erfinder David Bushnell (1742–1824) einfache Unterseeboote, die im Unabhängigkeitskrieg und im Krieg von 1812 gegen britische Schiffe eingesetzt wurden, freilich ohne großen Erfolg.
Erst 1898 gelang dem amerikanischen Maschinenbauingenieur Simon Lake (1866–1945) die Erfindung des ersten wirklich seetüchtigen Unterseeboots. Noch im gleichen Jahr fuhr er mit ihm von Norfolk in Virginia nach New York. Die *Argonaut I.,* so der Name des Bootes, war das erste moderne U-Boot.

Nachtrag

Am 15. Februar 1898 kam es an Bord eines amerikanischen Kriegschiffs, das im Hafen von Havanna vor Anker lag, zu einer schweren Explosion. Die USA nahmen das zum Anlaß, Spanien den Krieg zu erklären.
Der *Spanisch-Amerikanische Krieg* war nicht von langer Dauer. Die moderne amerikanische Marine zerstörte die spanische Flotte, und auch alle Landgefechte entschieden die Amerikaner für sich. Der Krieg endete am 10. Dezember 1898 mit dem Pariser Frieden. Die USA annektierten die spanischen Kolo-

nien Puerto Rico, die Philippinen (für die Spanien 20 Millionen Dollar erhielt) und Guam. Kuba wurde unabhängig.

In Afrika besiegte Kitchener die Mahdisten am 2. September 1898 in der Schlacht von Omdurman und nahm Khartum ein. Inzwischen hatte aber ein französisches Expeditionskorps den Nil erreicht und das 640 Kilometer südlich von Khartum gelegene Faschoda besetzt. Kitchener traf dort am 19. September ein, und eine Weile sah es so aus, als sollten die Erzfeinde Großbritannien und Frankreich wieder einen Krieg gegeneinander führen – den ersten seit Waterloo. Großbritannien fühlte sich aber so sehr von Deutschland bedroht, daß es sich nicht mit Frankreich anlegen wollte. Frankreich wiederum wollte Deutschland nicht den Gefallen tun, gegen Großbritannien zu kämpfen, und ordnete deshalb am 3. November den Abzug aus Faschoda an.

In Frankreich kam ans Licht, daß Dreifus einem Justizirrtum zum Opfer gefallen war und daß die ganze Affäre auf ein Komplott korrupter Offiziere zurückging. Durch ein Pamphlet mit dem Titel *J'accuse* (*Ich klage an*) erzwang der Schriftsteller Émile Zola (1840–1902) die Wiederaufnahme des Verfahrens.

1899

Aktinium

Das Ehepaar Curie hatte die Elemente Polonium und Radium im Uranerz entdeckt (vgl. 1898). Doch es waren noch weitere Elemente darin enthalten. Der französische Chemiker André-Louis Debierne (1874–1949), ein enger Freund der Curies, isolierte ein weiteres Element aus dem Erz und nannte es *Aktinium,* vom griechischen Wort für »Strahl«. Der Name war das griechische Äquivalent zum lateinischen *Radium.*

Logik und Geometrie

Im Jahr 1899 veröffentlichte der deutsche Mathematiker David Hilbert (1862–1943) sein Buch *Grundlagen der Geometrie.* Darin stellte er eine Reihe von Axiomen für die Geometrie auf, die schlüssiger waren als alle bisher bekannten. Er begann mit den unbestimmten Begriffen Punkt, Gerade und Ebene. Es war nicht notwendig, diese Begriffe näher zu definieren, man mußte nur gewisse Eigenschaften beschreiben, die sie besitzen. Hilbert verwendete bestimmte Relationen wie *zwischenparallel,* die er ebenfalls nicht näher definierte. Vorausgesetzt, die Schlußfolgerungen, die sich aus der Verwendung dieser Begriffe ergaben, waren genau festgelegt, so war es egal, was sie wirklich bedeuteten. Hilberts System war in sich schlüssig, und das war entscheidend.

Fester Wasserstoff

Dewar, dem es im Jahr zuvor gelungen war, Wasserstoff zu verflüssigen, machte einen weiteren Schritt in Richtung des absoluten Nullpunkts. Im Jahr 1899 stellte er festen Wasserstoff her und erzeugte dabei die bis dahin niedrigste Temperatur von 14 Kelvin. Bei dieser Temperatur lagen alle bekannten Substanzen in fester Form vor. Mit einer Ausnahme: Helium.

Nachtrag

Die Burenrepubliken in Südafrika waren überzeugt, daß Großbritannien die Machtübernahme plante – ein Verdacht, der sich schon bald bestätigte. Am 12. Oktober 1899 brach der *Burenkrieg* aus. Die britischen Truppen, die sich vor Ort befanden, waren dem Gegner zahlenmäßig unterlegen. Hinzu kam, daß die Buren mit deutschen Waffen ausgerüstet waren. So kam es, daß die Briten zunächst schmachvolle Niederlagen einstekken mußten.

Die Filipinos, die an der Seite der Vereinigen Staaten gegen Spanien gekämpft hatten, erwarteten, wie Kuba die Unabhängigkeit zu erhalten. Als sie feststellten, daß sie nun statt von den Spaniern von den Amerikanern regiert werden sollten, lehnten sie sich gegen die neuen Herren auf. Anführer des Aufstands war Emilio Aguinaldo (1869–1964).

1900

Quanten

Kirchhoff hatte die Theorie vertreten, daß ein Schwarzer Körper (ein Körper, der die gesamte elektromagnetische Strahlung, die ihn trifft, absorbiert) bei Erwärmung Licht sämtlicher Wellenlängen ausstrahlt (vgl. 1860). Ein hohler, mit einem Loch versehener Körper muß demzufolge alle Strahlen, die durch das Loch fallen, absorbieren, da praktisch keine Strahlen reflektiert werden und aus dem Körper wieder austreten können. Erhitzt man einen solchen Körper, tritt aus dem Loch Licht sämtlicher Wellenlängen aus, wobei der Anteil extremer Wellenlängen sehr gering ist; der überwiegende Teil hat eine mittlere Wellenlänge. Je höher die Temperatur ist, desto kürzer ist die Wellenlänge des Intensitätsmaximums. Eine Reihe von Physikern versuchte, mathematische Gleichungen für die Verteilung der Wellenlängen der *Schwarzkörperstrahlung* aufzustellen, unter ihnen auch Rayleigh und Wien (vgl. 1894). Rayleighs Gleichung taugte aber nur für große Wellenlängen, Wiens Gleichung nur für kurze Wellenlängen. Mit keiner von beiden ließ sich die Verteilung über den ganzen Wellenlängenbereich berechnen.
Dann stellte der deutsche Physiker Max Karl Ernst Ludwig Planck (1858–1947) eine Gleichung auf, die für den gesamten Wellenlängenbereich gültig war. Er ging von der Grundannahme aus, daß die Energie nicht auf einmal abgegeben wird, sondern in kleinen Portionen. Die Größe einer solchen Energieportion war umgekehrt proportional zur Wellenlänge. Da violettes Licht eine halb so große Wellenlänge wie rotes Licht besitzt, mußte es in Portionen ausgestrahlt werden, die zweimal so groß sind, und folglich auch die doppelte Energiemenge besitzen wie rotes Licht.
Planck nannte diese Energieportionen *Quanten* (vom lateinischen *quantum,* was soviel bedeutet wie »wieviel?«). Er entwickelte eine Gleichung, die den Zusammenhang zwischen Energie und Wellenlänge herstellte (oder zwischen Energie und Frequenz, da die Frequenz umgekehrt proportional zur Wellenlänge ist). Zu diesem Zweck führte er das *Plancksche Wirkungsquantum* ein, das die Abstufung der Energie in kleine Portionen ermöglicht. Da der Zahlenwert des Planckschen Wirkungsquantums sehr klein ist, besitzt die Energie eine ausgesprochen feine Abstufung. Diese Abstufung bleibt in den meisten Fällen unbemerkt, so daß die Gesetze der Thermodynamik unter der Annahme aufgestellt werden konnten, daß die Energieabgabe kontinuierlich erfolgt. Die Schwarzkörperstrahlung war das erste physikalische Problem, bei dem die Quantisierung der Energie berücksichtigt werden mußte.
Zunächst gab es keine Belege für die Existenz von Quanten, bis auf die Tatsache, daß mit ihrer Hilfe die Schwarzkörperstrahlung berechnet werden konnte. Selbst Planck äußerte die Vermutung, daß die Quanten lediglich ein mathematisches Hilfsmittel darstellen und ohne physikalische Bedeutung sind.
Die *Quantentheorie* (wie sie heute genannt wird) erwies sich aber als so grundlegend, daß die Physik vor 1900 als *klassische Physik* bezeichnet wird und die Physik nach 1900 als *moderne Physik*.
Planck erhielt 1918 den Nobelpreis für Physik.

Massenzuwachs

Lorentz hatte die Theorie vertreten, daß die Masse mit der Geschwindigkeit zunimmt (vgl.

1895). Doch zunächst glaubte niemand daran, daß diese Theorie jemals überprüft werden könne, da die Geschwindigkeiten, die nötig waren, um den Massenzuwachs meßbar zu machen, so groß waren, daß sie in einem Laboratorium nicht erzeugt werden konnten. Als die Physiker jedoch begannen, sich mit beschleunigten Elektronen in Kathodenstrahlen und anderen Phänomenen zu befassen, stellten sie fest, daß sich deren Geschwindigkeit – teilweise bis auf 90 Prozent – der Lichtgeschwindigkeit annäherte. Das bedeutete, daß der Massenzuwachs nun meßbar war; wenn die schnellen Elektronen tatsächlich eine größere Masse besaßen als die langsamen Elektronen, dann mußten sie durch ein elektromagnetisches Feld weniger stark abgelenkt werden. Und das war auch der Fall. Im Jahr 1900 wurde der Massenzuwachs zum ersten Mal gemessen. Der Wert stimmte ziemlich genau mit den theoretischen Berechnungen Lorentz' überein.
Die Lorentz-Fitzgerald-Kontraktion hatte sich bestätigt. Die Physiker mußten sich noch weitere fünf Jahre gedulden, bis eine umfassende physikalische Theorie aufgestellt wurde, die eine Erklärung für dieses Phänomen lieferte.

Betateilchen

Becquerel, der die Uranstrahlung entdeckt hatte (vgl. 1896), widmete sich weiterhin diesem Phänomen. Die Betastrahlen bestanden eindeutig aus negativ geladenen Betateilchen. Diese Teilchen verhalten sich in einem Magnetfeld einer bestimmten Stärke genau wie Elektronen. Nachdem Becquerel die Eigenschaften der Betateilchen genau untersucht hatte, verkündete er 1900, daß es sich bei ihnen tatsächlich um Elektronen handelt.
Bis zu diesem Zeitpunkt hatte man die Elektronen lediglich mit elektrischem Strom in Verbindung gebracht. Zum ersten Mal erkannte man, daß sie Bestandteil von Atomen sein konnten – zumindest von radioaktiven Atomen.

Gammastrahlen

Der französische Physiker Paul Ulrich Villard (1860–1934) untersuchte die Strahlen, die Becquerel entdeckt hatte. Dabei stellte er fest, daß es neben den Alpha- und Betastrahlen noch weitere Strahlen geben mußte, auf die Magneten keinerlei Einfluß ausübten.
Diese Strahlen waren elektromagnetischer Natur. Sie hatten Ähnlichkeit mit den Röntgenstrahlen, waren aber noch durchdringender und mußten folglich eine kürzere Wellenlänge haben. Man nannte sie nach dem dritten Buchstaben im griechischen Alphabet *Gammastrahlen.*

Radon

Der deutsche Physiker Friedrich Ernst Dorn (1848–1916) untersuchte das von den Curies (vgl. 1898) entdeckte Element Radium. Dabei stellte er fest, daß es nicht nur Strahlung abgab, sondern auch ein radioaktives Gas freisetzte. Dieses Gas nannte man zunächst *Radium-Emanation.* Bei genauerer Untersuchung erkannte man, daß es sich um ein Edelgas (vgl. 1898) handelte. Es war das sechste in dieser Gruppe und erhielt den Namen *Radon.*

Atomumwandlung

Crookes (vgl. 1861) fand heraus, daß es möglich war, die Lösung einer Uranverbindung so zu behandeln, daß ein Teil davon als unlösbarer Bestandteil entfernt werden konnte. Der entfernte Teil war eine Verunreinigung, die Uranverbindung selbst blieb in Lösung.
Crookes stellte fest, daß sich fast die gesamte Radioaktivität in der nicht löslichen Verunreinigung befand. Dic Uranverbindung war dagegen nur noch schwach radioaktiv. Er nahm deshalb an, daß Uran überhaupt nicht radioaktiv ist.
Becquerel gelang bald darauf der Nachweis, daß die Radioaktivität der reinen Uranverbin-

dung sehr schnell zunimmt, wenn man sie einfach stehen läßt. Deshalb wurde vermutet, daß Uran zumindest schwach radioaktiv ist und daß sich seine Atome, während es Strahlen abgibt, in andere Atome umwandeln, die radioaktiver sind als Uran.
Dies war der erste Hinweis darauf, daß Radioaktivität möglicherweise auf die spontane Umwandlung von Atomen in andere Atome zurückzuführen ist. Wenn das stimmte, dann mußte man davon ausgehen, daß Atome eine Struktur besitzen und daß während des radioaktiven Zerfalls eine Umstrukturierung der noch kleineren Teilchen, aus denen ein Atom besteht, stattfindet.

Elektronenemission

Edison hatte den Edison-Effekt entdeckt, bei dem ein elektrischer Strom von der glühenden Faser einer Glühbirne auf einen kalten Metalldraht überspringt (vgl. 1883).
Der britische Physiker Owen Williams Richardson (1879–1959) begann 1900 mit der Untersuchung dieses Phänomens. Er erkannte, daß erhitztes Metall dazu neigt, beschleunigte Elektronen zu emittieren. Diese Beobachtung ermöglichte die Anwendung des Edison-Effekts in der aufkommenden Elektrotechnik.
Richardson erhielt 1928 den Nobelpreis für Physik.

Mutationen

In den achtziger Jahren des 19. Jahrhunderts war eine amerikanische Unterart der Schlüsselblume in die Niederlande eingeführt worden. Der holländische Botaniker Hugo Marie De Vries (1848–1935) entdeckte solche Schlüsselblumen ganz zufällig auf einer Wiese, wo sie in einer dichten Gruppe beieinander standen. Ihm fiel auf, daß sie sich stark voneinander unterschieden, obwohl sie höchstwahrscheinlich alle aus der gleichen Samenart entsprossen waren.
De Vries grub die Blumen aus, pflanzte sie in seinen Garten und züchtete sie sowohl getrennt voneinander als auch zusammen. Im Jahr 1900 konnte er die von Mendel (vgl. 1865) aufgestellten Vererbungsgesetze bestätigen.
Unabhängig von De Vries machten zwei weitere Botaniker (wieder unabhängig voneinander) die gleiche Entdeckung. Der eine war der Deutsche Karl Erich Correns (1864–1933), der andere der Österreicher Erich Tschermak von Seysenegg (1871–1962).
Alle drei beschlossen unabhängig voneinander, ihre Entdeckung zu veröffentlichen, und durchforsteten deshalb die wissenschaftliche Literatur. Dabei stellten sie fest, daß Mendel ihnen zuvorgekommen war. Mit bemerkenswerter Uneigennützigkeit nannten alle drei Mendel als Entdecker. Ihre eigene Arbeit präsentierten sie lediglich als Bestätigung seiner Theorie.
De Vries ging aber noch weiter als Mendel. Er hatte beobachtet, daß die Schlüsselblumen neue Merkmale aufwiesen, die bei den vorangegangenen Generationen gefehlt hatten. Er zog daraus den Schluß, daß die Evolution nicht immer nur in kleinen, kaum wahrnehmbaren Schritten voranschreitet, sondern durchaus auch Änderungen eintreten können, die förmlich ins Auge springen. Er nannte diese sichtbaren Änderungen im Erbgut *Mutationen* (nach einem lateinischen Wort für »Änderung«). Die Mutationstheorie ist heute fester Bestandteil des Evolutionsgedankens.

Blutgruppen

Im 18. Jahrhundert war es üblich, kranke Patienten zur Ader zu lassen. Doch vereinzelt gab es auch Ärzte, die Blutübertragungen vornahmen. Sie entnahmen das Blut entweder einem gesunden Menschen oder einem Tier. Zuweilen trat eine Besserung ein, zuweilen beschleunigte die Maßnahme aber auch den Tod. Gegen Ende des 19. Jahrhunderts waren deshalb in den meisten europäischen Ländern *Bluttransfusionen* verboten.
Im Jahr 1900 wies der österreichische Arzt

Karl Landsteiner (1868–1943) bestimmte Eigenschaften des menschlichen Blutes nach. Das Blutplasma (der flüssige Teil des Bluts) eines bestimmten Spenders führte bei einer Person A zur Verklumpung der roten Blutkörperchen, nicht aber bei einer Person B. Das Blutserum eines anderen Spenders hatte genau die umgekehrte Wirkung. Und das Blutplasma eines dritten Spenders schließlich führte zu einer Verklumpung bei beiden Empfängern – oder bei keinem.
Verklumpte rote Blutkörperchen können die Blutgefäße blockieren und damit den Tod des Patienten hervorrufen. Deshalb mußte man vor einer Bluttransfusion wissen, ob sich das Spenderblut mit den roten Blutkörperchen des Empfängers vertrug. Landsteiner zeigte, daß es vier verschiedene Blutgruppen gibt, und nannte sie 0, A, B und AB. Wenn die Blutgruppe von Spender und Empfänger übereinstimmt, so ist eine Bluttransfusion mit keinerlei Risiken verbunden. Blutgruppe 0 verträgt sich mit jeder anderen Blutgruppe und kann deshalb im Notfall immer eingesetzt werden. Blutgruppe A wird nicht agglutiniert vom Serum der Gruppen A und AB, Blutgruppe B nicht von B und AB. Menschen mit der Blutgruppe AB können nur Spenderblut der Gruppe AB erhalten.
Dank Landsteiners Arbeit wurden Bluttransfusionen viel einfacher und sicherer. Wieder hatte die Medizin einen bedeutenden Schritt nach vorn gemacht. Landsteiner erhielt 1930 den Nobelpreis für Medizin und Physiologie.

Gelbfieber

Das Gelbfieber grassierte vor allem in Küstenstädten und forderte den Tod vieler Menschen. New York und Philadelphia waren beispielsweise regelmäßig betroffen.
Die Erfahrungen im Spanisch-Amerikanischen Krieg führten den Amerikanern besonders deutlich vor Augen, welche Gefahr von Krankheiten ausging. Der Grund: Im Krieg starben weit mehr amerikanische Soldaten an Krankheiten und verdorbenem Fleisch als durch die Kugeln der Feinde.
Der amerikanische Militärarzt Walter Reed (1851–1902) wurde nach Kuba geschickt, um etwas gegen das Gelbfieber zu unternehmen. Bereits 1897 hatte er nachgewiesen, daß diese Krankheit nicht durch ein Bakterium verursacht wird, wie man ursprünglich angenommen hatte.
Seine in Kuba durchgeführten Untersuchungen zeigten, daß das Gelbfieber weder durch Körperkontakt noch durch Kleidung oder Bettzeug übertragen wurde. Also nahm er an, daß Stechmücken die Überträger waren. Ross hatte einige Jahre zuvor nachgewiesen, daß Malaria von Moskitos übertragen wird (vgl. 1897). Dieser Nachweis gelang auch beim Gelbfieber, als die Ärzte sich von Mücken stechen ließen, die zuvor Gelbfieber-Patienten gestochen hatten. Der Arzt Jesse William Lazear (1866–1900) starb an den Folgen dieses Experiments.
Durch Bekämpfung der Stechmücken und Vernichtung ihrer Brutstätten gelang es, das Gelbfieber unter Kontrolle zu bringen. Die letzte Epidemie in den Vereinigten Staaten grassierte 1905 in New Orleans.

Träume

Träume hatten den Menschen schon immer fasziniert. Die Erfahrung, daß Verstorbene im Traum noch einmal lebendig wurden, führte zum Glauben an eine übersinnliche Welt. Erotische Träume bestärkten den Glauben an Inkuben und Sukkuben. Träume öffneten die Tür zu einer anderen Welt. Sie waren Botschaften der Götter, Enthüllungen über Ereignisse, die an einem anderen Ort, in einer anderen Zeit stattfanden.
Dies alles wurde von rationalen Menschen als bloßer Aberglaube abgetan. Freud (vgl. 1884) gab den Träumen eine neue Bedeutung.
In seiner 1900 veröffentlichten Schrift *Die Traumdeutung* vertrat Freud die Theorie, daß Träume die Wahrheit über den Menschen enthüllen, eine Wahrheit, die er in seinen wachen Stunden nicht akzeptieren will. Nach Freud ließ sich die Psychoanalyse schneller

und insgesamt effizienter durchführen, wenn der Analytiker die eigentliche und symbolische Bedeutung der Träume entschlüsselte.

Tryptophan

Bis zu diesem Zeitpunkt hatte man dreizehn verschiedene Aminosäuren isoliert, und jede dieser Aminosäuren war ein Baustein der Proteinmoleküle. Dann, 1900, isolierte der britische Biochemiker Frederick Gowland Hopkins (1861–1947) eine weitere Aminosäure. Er nannte sie *Tryptophan* (von einem griechischen Ausdruck für »mittels Trypsin gewonnen«), da er sie aus Proteinmolekülen gewonnen hatte, die er mit dem Verdauungsenzym Trypsin aufgespalten hatte.

Der französische Physiologe François Magendie (1783–1855) hatte 1815 gezeigt, daß Tiere, die ausschließlich mit dem Protein Gelatine gefüttert wurden, nicht überlebten. Hopkins fand heraus, daß Tryptophan nicht in Gelatine enthalten war und stellte deshalb die Theorie auf, daß Tryptophan nicht aus anderen Substanzen vom Körper gebildet werden kann, sondern in der Nahrung enthalten sein muß.

Alle Aminosäuren, die in Proteinen vorkommen, sind lebensnotwendig. Aber nur einige davon müssen direkt über die Nahrung zugeführt werden. Sie werden als *essentielle Aminosäuren* bezeichnet. Hopkins war der erste, der das herausfand. Seine Entdeckung war für die Ernährungswissenschaft und die Lebensmittelchemie von großer Bedeutung.

Freie Radikale

Die Chemiker haben ein großes Interesse daran, Verbindungen mit ungewöhnlichen Strukturen zu synthetisieren. Moses Gomberg (1866–1947), ein amerikanischer Chemiker russischer Abstammung, versuchte, ein Kohlenstoffatom mit vier Benzolringen zu verknüpfen. Ein einzelnes Kohlenstoffatom bietet dafür kaum Platz, so daß eine Reihe von Chemikern, die dasselbe vor ihm versucht hatten, gescheitert waren. Doch Gomberg gelang es, eine kleine Menge dieser Verbindung herzustellen, und nannte sie *Tetraphenylmethan.*

Als nächstes versuchte er, sechs Benzolringe an zwei miteinander verbundenen Kohlenstoffatome anzulagern, um *Hexaphenyläthan* zu erhalten. Das gelang ihm nicht. Statt dessen erhielt er eine farbige Verbindung, die völlig andere Eigenschaften besaß, als von Hexaphenyläthan zu erwarten war.

Gomberg führte eine sorgfältige Untersuchung der farbigen Verbindung durch und kam im Jahr 1900 zu dem Ergebnis, daß er ein »unvollständiges« Molekül synthetisiert hatte. Das Hexaphenyläthan bricht in zwei Teile auseinander. Jeder Teil enthält ein Kohlenstoffatom und drei Benzolringe. Dies bezeichnet man als *Triphenylmethyl-Rest.*

Normalerweise ist ein Kohlenstoffatom mit vier Resten verbunden. In diesem Fall befanden sich nur drei Reste am Kohlenstoffatom, und die vierte Bindung blieb unbesetzt. Wenn sich im Verlauf einer chemischen Reaktion neue Verbindungen bilden, kommt es vor, daß ein Kohlenstoffatom einen seiner vier Bindungspartner verliert. Dieser wird aber innerhalb so kurzer Zeit von einem anderen Rest ersetzt, daß man es kaum bemerkt.

Solche Reste mit einer freien Bindungsstelle werden *Radikale* genannt. Ein Rest wie der Triphenylmethyl-Rest, der so stabil ist, daß man ihn beobachten kann, wird als *freies Radikal* bezeichnet. Eine Erklärung für das Auftreten von freien Radikalen wurde erst dreißig Jahre später gefunden.

Lenkbare Luftschiffe

Ballons gab es schon seit mehr als einem Jahrhundert. Der Gedanke lag nahe, an die Gondel eines Ballons eine Dampfmaschine mit Propeller anzubringen, die es erlaubte, in jede gewünschte Richtung zu fliegen – sogar gegen die Windrichtung. Doch Dampfmaschinen waren viel zu schwer. Ein Ballon konnte sie nicht tragen.

Die von Otto entwickelte Verbrennungskraftmaschine (vgl. 1876) war sehr viel leichter, doch auch mit ihr war es schwer, den Ballon gegen den Luftwiderstand durch die Luft zu bewegen.
Der deutsche Erfinder Ferdinand Adolf August Heinrich von Zeppelin (1838–1917) erfand einen stromlinienförmigen Ballon und umgab ihn mit einer zigarrenförmigen Metallhülle, die einen geringeren Luftwiderstand bot. Aluminium war seit Erfindung des Hall-Héroult-Verfahrens erheblich billiger geworden (vgl. 1886) und hatte den Vorteil, daß es nicht nur leicht war, sondern auch stabil. Dies war genau die richtige Mischung für den Bau eines solchen stromlinienförmigen Ballons.
Am 2. Juli 1900 stieg eine von Zeppelins Zigarren in den Himmel. An ihrer Unterseite hing eine Gondel mit einer Verbrennungskraftmaschine und einem Propeller. Sie war das erste Fluggerät, das nicht den Launen des Windes ausgeliefert war, sondern gesteuert werden konnte, daher der Name *Lenkbares Luftschiff*. Später wurde das Luftschiff nach seinem Erfinder *Zeppelin* genannt.

Knossos

In der klassischen Antike befand sich Kreta am Rande des Weltgeschehens und wurde wenig beachtet. Doch in Homers Schilderung des Trojanischen Krieges spielte die Insel eine wichtige Rolle, und in der griechischen Mythologie herrschte König Minos von Kreta sogar über ganz Griechenland.
Der britische Archäologe Arthur John Evans (1851–1941) vermutete, daß den alten Mythen eine historische Wahrheit zugrunde liegt, und begann 1894 mit Ausgrabungen in Griechenland. Im Jahr 1900 hatte er den historischen Ort Knossos gefunden, Kretas sagenumwobene Hauptstadt zu Minos' Zeiten (Evans nannte dieses Zeitalter nach dem König *Minoische Kultur*). Er wies nach, daß dort schon zweitausend Jahre vor dem Trojanischen Krieg eine hochentwickelte Kultur existiert hatte und daß sie lange Zeit über die Ägäischen Inseln und das griechische Festland geherrscht hatte.

Nachtrag

Die Chinesen waren empört über die europäischen Großmächte, die ihr Land schamlos ausbeuteten, und gründeten den Geheimbund der k'üan-fei, der »Faust-Rebellen«. Die Europäer nannten sie aufgrund eines Übersetzungsfehlers geringschätzig *Boxer*, und so ging denn auch ihre Rebellion, die im Jahr 1900 begann, als *Boxeraufstand* in die Geschichte ein. Am 20. Juni besetzten die Boxer verschiedene Gesandtschaften und töteten dabei einen deutschen Minister. Daraufhin wurde unter Führung der Deutschen eine internationale Truppe aufgestellt. Der Aufstand wurde niedergeschlagen. Der chinesische Hof mußte am 15. August 1900 aus Peking fliehen.
In Südafrika siegten die Briten über die Buren. Sie befreiten die besetzten Städte, annektierten die Burenrepubliken und schickten Kruger ins Exil nach Europa. Die Buren führten den Krieg in Form eines Guerillakriegs weiter, der die Briten noch einige Zeit in Atem hielt. Mit dem Burenkrieg begann der Niedergang Großbritanniens.
Humbert I. von Italien starb am 29. Juli 1900 an den Folgen eines Attentats. Sein Sohn trat als Viktor Emanuel III. (1869–1947) die Nachfolge an.
London war mit 6,6 Millionen Einwohnern die größte Stadt der Welt, gefolgt von New York mit 3,6 Millionen Einwohnern.

1901

Radioaktive Energie

Im Jahr 1901 maß Pierre Curie die Wärmeenergie, die von Radium in Form von Strahlung abgegeben wird. Er stellte fest, daß ein

Gramm Radium pro Stunde eine Wärmemenge von 140 Kalorien abgab.
Diese Tatsache war um so eindrucksvoller, als man entdeckte, daß Radium Stunde um Stunde jahre- und jahrhundertelang Energie abgibt. Sie nimmt zwar mit der Zeit ab, aber sehr langsam, und selbst nach 1 600 Jahren gibt Radium noch immer halb soviel Energie ab wie zu Beginn.
Die von Radium (und von allen anderen radioaktiven Substanzen) abgegebene Gesamtenergie lag weit höher, als alles, was die Menschheit bisher von normalen chemischen Vorgängen her kannte, also etwa von Verbrennungsprozessen oder Explosionen.
Curies Entdeckung war der erste Hinweis darauf, daß irgendwo im Inneren der Atome eine bisher unbekannte, aber gewaltige Energiequelle existierte. Bis jedoch die Details der inneren Struktur des Atoms entdeckt wurden und der Charakter der Prozesse erforscht war, bei denen die Radioaktivität entstand, hatten die Wissenschaftler für diese neue Energiequelle keine andere Bezeichnung als *Atomenergie*.

Radiogerät

Die Übertragung von Signalen durch Radiowellen erreichte am 12. Dezember 1901 einen Höhepunkt. Marconi (vgl. 1895) installierte an der Südostspitze Englands einen Sender, wobei er eine Antenne benutzte, die er von Ballons in eine möglichst große Höhe tragen ließ. Die Radiowellen wurden sogar noch in Neufundland empfangen. Dieses Datum gilt gewöhnlich als der Tag, an dem das Radio erfunden wurde. Marconi gilt als sein Erfinder.

Europium

Inzwischen waren elf Seltenerdmetalle bekannt, aber die Liste war noch nicht vollständig. Der französische Chemiker Eugène-Anatole Demarçay entdeckte ein zwölftes und nannte es zu Ehren Europas *Europium*.

Grignard-Reagenzien

Der französische Chemiker Victor Grignard (1871–1935) suchte nach Verfahren, um kohlenstoffhaltige Gruppen an organische Moleküle zu binden. Dafür brauchte er einen Katalysator. Zink- und Magnesiumspäne hatten eine gewisse Wirkung gezeigt, aber keine sehr große. Frankland (vgl. 1852) hatte über zinkorganische Verbindungen berichtet und Diäthyläther als Lösungsmittel benutzt. Grignard versuchte es im Jahr 1901 statt mit Zink mit Magnesium. Und es klappte. Er hatte den benötigten Katalysator gefunden.
In Diäthyläther gelöste magnesiumorganische Verbindungen werden als *Grignard-Reagenzien* bezeichnet und erwiesen sich beim Aufbau relativ komplizierter Verbindungen als außerordentlich nützlich. Für seine Arbeit erhielt Grignard 1912 zusammen mit Sabatier (vgl. 1897) den Nobelpreis für Chemie.

Nachtrag

Am 22. Januar 1901 starb Königin Viktoria von England. Sie hatte beinahe 64 Jahre geherrscht. Ihr Sohn bestieg als Edward VII. (1841–1910) den Thron.
Am 1. Januar 1901 wurde der Australische Bund gegründet. Er war Teil des Britischen Empires.
Am 7. September 1901 endete der Boxeraufstand. China mußte gewaltige Reparationen leisten und den europäischen Mächten weitere politische und wirtschaftliche Konzessionen machen.
Am 6. September 1901 wurde auf den amerikanischen Präsidenten McKinley ein Attentat verübt, dem er am 14. September erlag. Sein Vizepräsident Theodore Roosevelt wurde der 26. Präsident der USA.
Zum ersten Mal wurden Nobelpreise verliehen. Bis heute stellen sie die höchsten wissenschaftlichen Auszeichnungen dar.

1902

Chromosomen und Vererbung

Als Mendel die Vererbungsgesetze aufstellte, (vgl. 1865), hatte er angenommen, daß für jedes Merkmal ein Paar von Faktoren verantwortlich sei. Mutter und Vater gaben jeweils einen Teil dieses Paares an ihre Nachkommen weiter, die auf diese Weise Merkmale beider Elternteile erbten.

Als Mendels Werk von De Vries und anderen wiederentdeckt worden war (vgl. 1900), hatte Flemming bereits die Rolle der Chromosomen bei der Zellteilung entdeckt (vgl. 1882) und Beneden deren Rolle bei der Bildung von Geschlechtszellen erforscht (vgl. 1883).

Im Jahr 1902 äußerte dann der amerikanische Genetiker Walter Stanborough Sutton (1877–1916) eine Vermutung, die rückblickend äußerst naheliegend erscheint. Er behauptete, daß die Chromosomen die genetischen Faktoren seien (oder enthielten), von denen Mendel gesprochen hatte. Und wie sich herausstellte, hatte er damit recht.

Sekretin

Die Bauchspeicheldrüse beginnt ihren Verdauungssaft abzusondern, sobald der saure Inhalt des Magens in den Dünndarm eintritt. Aber woher »weiß« die Bauchspeicheldrüse, daß Nahrung eingetroffen ist, die verdaut werden muß? Nun, eine Möglichkeit wäre, daß die Nahrung beim Eintreten in den Dünndarm einen Nerv reizt, der die Bauchspeicheldrüse aktiviert. Diese Vermutung wurde von dem russischen Physiologen Iwan Petrowitsch Pawlow (1849–1936) geäußert.

Die beiden britischen Physiologen Ernest Henry Starling (1866–1927) und sein Schwager William Madock Bayliss (1860–1924) untersuchten das Problem: Sie durchtrennten alle Nervenbahnen, die zur Bauchspeicheldrüse führten – aber die Drüse verrichtete weiter ihren Dienst.

Dann entdeckten sie, daß die Schleimhäute des Dickdarms unter der Einwirkung von Magensäure eine Substanz abgeben, die sie *Sekretin* nannten. Dieses Sekretin steuerte die Funktion der Bauchspeicheldrüse. Starling und Bayliss hatten entdeckt, daß nicht nur die Nerven, sondern auch chemische Substanzen im Körper Informationen übermitteln.

Schließlich wurden auch noch andere »chemische Boten« entdeckt, und Starling schlug vor, sie *Hormone* zu nennen, nach dem griechischen Wort für »in Bewegung setzen, antreiben«. Sekretin war das erste Hormon, das als solches erkannt wurde. Später stellte sich jedoch heraus, daß auch das von Abel isolierte Epinephrin (vgl. 1898) ein Hormon war.

Vererbung bei Tieren

Mendels Werk erregte nach seiner Wiederentdeckung gewaltiges Aufsehen. Der britische Biologe William Bateson (1861–1926) war ein leidenschaftlicher Anhänger Mendels und übersetzte dessen Aufsätze ins Englische.

Mendel und die Wiederentdecker der Vererbungsgesetze hatten mit Pflanzen gearbeitet, denn bei Pflanzen war die Fortpflanzung leichter zu kontrollieren und zu beobachten als bei Tieren. Bateson zeigte nun, daß die für Pflanzen geltenden Vererbungsgesetze auch für Tiere gelten.

Anaphylaktischer Schock

Der französische Physiologe Charles Robert Richet (1850–1935) arbeitete an der Entwicklung von immunisierenden Seren, wie sie Behring erfolgreich gegen Diphtherie eingesetzt hatte (vgl. 1883). Dabei machte er eine überraschende Entdeckung: Wenn er ein Tier zur Produktion eines Serums gegen ein bestimmtes fremdes Protein (eines *Antigens*) anregte und anschließend das Antigen injizierte, starb das betreffende Tier. Richet nannte die-

ses Phänomen 1902 Anaphylaxie, nach dem griechischen Wort für »übermäßigen Schutz«. Die Ärzte waren durch Richets Entdeckung gewarnt: Sie mußten die Serumtherapie in einer Form durchführen, die die Möglichkeit einer Sensibilisierung ausschloß, die beim Patienten die Serumkrankheit auslösen würde. Mit der Zeit erkannte man, daß Menschen für fremde Eiweiße in ihrer Umwelt – in den Pollen von Pflanzen, im Staub, in der Nahrung – sensibilisiert werden und unangenehme Reaktionen entwickeln können. Diese Reaktionen wurden später als *Allergien* bezeichnet (nach dem griechischen Wort für »andere Arbeit«, weil die Abwehrmechanismen des Körpers dabei eine andere Arbeit leisten, als sie eigentlich sollten).
Richet erhielt 1913 für seine Arbeit über die Anaphylaxie und seinen Beitrag zum besseren Verständnis der Allergien den Nobelpreis für Medizin und Physiologie.

Gefäßnähte

Der französische Chirurg Alexis Charell (1873–1944) war besonders geschickt im Reparieren von Blutgefäßen. Er entwickelte eine Technik, mit deren Hilfe zwei Blutgefäße durch eine feine Naht miteinander verbunden werden konnten. Im Jahr 1902 wandte er sie zum ersten Mal erfolgreich an. Er brauchte ganze drei Stiche.
Da solche Techniken für die Chirurgie von großem Nutzen waren, erhielt Carrel 1912 den Nobelpreis für Medizin und Physiologie.

Radioaktive Zerfallsreihen

Crookes' Entdeckung, daß ein Großteil der Radioaktivität des Urans künstlich geweckt werden konnte und das Element danach spontan weiterstrahlte (vgl. 1900), regte Rutherford und einen seiner Assistenten, den englischen Chemiker Frederick Soddy (1877–1956), zu weitergehenden Forschungen an. Indem sie Uran und Thorium diversen chemischen Manipulationen unterwarfen und dabei die Radioaktivität beobachteten, konnten sie zeigen, daß die beiden Elemente während des radioaktiven Zerfalls eine Reihe von Tochtersubstanzen bildeten.
Man konnte also von einer *radioaktiven Zerfallsreihe* sprechen.

Photoelektrischer Effekt und Elektronen

Hertz hatte als erster den photoelektrischen Effekt beschrieben (vgl. 1887) – damit ist gemeint, daß elektrische Funken kleine Lücken leichter überspringen, wenn die Lükken mit UV-Licht bestrahlt werden. Inzwischen wußte man, daß es Elektronen gibt, und konnte den photoelektrischen Effekt folglich besser untersuchen.
Lenard (vgl. 1895) zeigte 1902, daß die elektrischen Effekte, die entstehen, wenn Licht auf bestimmte Metalle fällt, daher rühren, daß die Oberfläche des Metalls Elektronen emittiert. Außerdem zeigte er, daß nur Licht bis zu einer bestimmten maximalen Wellenlänge ein bestimmtes Metall zur Emission von Elektronen anregen kann und daß die Obergrenze der Wellenlänge für verschiedene Metalle verschieden ist.
Eine erhöhte Intensität des Lichts einer gegebenen Wellenlänge führt dazu, daß eine größere Menge von Elektronen abgegeben wird, aber die Energie der einzelnen Elektronen bleibt die gleiche. Wird die Wellenlänge verringert, haben die emittierten Elektronen eine höhere Energie, wird sie vergrößert, nimmt ihre Energie ab. In der Physik des 19. Jahrhunderts gab es keine Erklärung für dieses Phänomen.
Trotzdem legte der photoelektrische Effekt die Vermutung nahe, daß in der Materie auch dann Elektronen existieren, wenn keine elektrischen Ströme fließen. Die Tatsache, daß von verschiedenen Metallen identische Elektronen emittiert wurden, schien darauf hinzudeuten, daß Elektronen ein Bestandteil ausnahmslos aller Atome sind.

Kennelly-Heaviside-Schicht

Daß die von Marconi in Südwestengland gesendeten Radiowellen in Neufundland empfangen worden waren (vgl. 1901), stellte die Wissenschaft vor ein Rätsel. Radiowellen sind elektromagnetische Strahlen und bewegen sich auf einer geraden Linie von einem Punkt zum anderen. Das bedeutet: Auch wenn sich Marconis Radiowellen anfangs parallel zum Boden bewegten, so hätten sie aufgrund der Krümmung der Erdoberfläche eigentlich bald in den Weltraum hinausstrahlen müssen (denn die Erde ist bekanntlich eine Kugel). Statt dessen aber waren sie anscheinend dicht über der Erdoberfläche geblieben und ihrer Krümmung über den Atlantischen Ozean gefolgt.
Der in Großbritannien geborene amerikanischer Elektroingenieur Arthur Edwin Kennelly (1861–1939) vermutete, daß es eine elektrisch geladene Schicht in der oberen Atmosphäre gibt, die die Radiowellen reflektiert. In dem Fall wären sie nämlich zwischen dem Erdboden und den Wolken hin und her gewandert, was erklärt hätte, warum sie der Erdkrümmung gefolgt waren.
Der britische Elektroingenieur Oliver Heaviside (1850–1925) entwickelte unabhängig von Kennelly die gleiche Idee. Deshalb erhielt die von ihnen postulierte Schicht aus elektrisch geladenen Partikeln den Namen Kennelly-Heaviside-Schicht. Es dauerte über zwanzig Jahre, bis ihre Vermutung bestätigt werden konnte.

Stratosphäre

Seit seiner Erfindung war der Ballon (vgl. 1783) von Wissenschaftlern zur Erkundung großer Höhen benutzt worden, in die sie sonst nur gelangen konnten, wenn sie die höchsten Berge bestiegen. Sobald ein Ballon jedoch eine Höhe von etwa neun Kilometern erreicht hatte, konnten Sauerstoffmangel und Kälte für die Besatzung fatale Folgen haben. Der französische Metereologe Léon-Philippe Teisserenc de Bort (1855–1913) ließ deshalb nur noch unbemannte Ballons aufsteigen. Sie führten Instrumente mit, die nach der Landung abgelesen werden konnten.
Auf diese Weise fand er heraus, daß die Temperatur der Atmosphäre bis in elf Kilometer Höhe kontinuierlich sank. In größeren Höhen blieb sie jedoch konstant.
Im Jahr 1902 schlug er deshalb vor, die Atmosphäre in zwei Teile zu gliedern. Der Teil unterhalb der Elf-Kilometer-Grenze wies Temperaturschwankungen auf. Deshalb gab es dort Winde, Wolken und all die Wetterveränderungen, die uns vertraut sind. De Bort nannte diesen Teil *Troposphäre* (nach dem griechischen Ausdruck für »Sphäre der Veränderung«). Darüber lag die *Stratosphäre* (das bedeutet soviel wie »Sphäre der Schichten«, weil de Bort annahm, daß die Gase in diesem Teil der Atmosphäre dank der konstanten Temperatur in unbeweglichen Schichten übereinanderlagen). Beide Namen werden bis heute verwendet.

Formale Logik und Mathematik

Der deutsche Mathematiker Gottlob Frege (1848–1925) verbesserte und erweiterte Booles System der formalen Logik (vgl. 1847). Ja, er arbeitete fast zwanzig Jahre daran, ein System zu entwickeln, das der gesamten Mathematik als Grundlage dienen sollte, und trimmte es auf äußerste Exaktheit, indem er die Axiome minimierte und jeden einzelnen Schritt bewies.
Im Jahr 1902, als der zweite Band seines Werks im Druck war, erhielt Frege einen Brief von dem britischen Mathematiker Bertrand Arthur William Russell (1872–1970). Der Brief enthielt eine Frage zu einem offensichtlichen Widerspruch in Freges System, verbunden mit der Bitte, den Widerspruch auszuräumen. Frege bemerkte nach langem Nachdenken, daß er den Widerspruch nicht ausräumen konnte, und mußte unmittelbar vor dem Ziel erkennen, daß sein Projekt gescheitert war.

Dieser Fehlschlag sollte weitreichende Folgen für die Mathematik haben.

Ultramikroskop

Wenn Substanzen wie Zucker und Salz in Wasser gelöst werden, spalten sie sich in einzelne Moleküle oder Ionen auf, die derselben Größenordnung angehören wie die Wassermoleküle, zwischen denen sie verteilt sind. Andere Substanzen bestehen aus Makromolekülen, wie etwa die Proteine, oder verteilen sich in vergleichsweise großen Haufen aus gewöhnlichen kleinen Molekülen.

Im Jahr 1861 hatte der schottische Physikochemiker Thomas Graham entdeckt, daß kleine Moleküle in Lösung eine Membran mit feinen Löchern, zum Beispiel ein Stück Pergament, durchdringen konnten. Große Moleküle oder Molekülgruppen konnten die Membran dagegen nicht passieren. Erstere nannte Graham *Kristalloide,* weil kristalline Feststoffe sich in gelöster Form normalerweise in kleine Moleküle aufspalten. Letztere nannte er *Kolloide,* nach dem griechischen Wort für »Leim«, weil im Leim große Moleküle enthalten waren (in der Regel Proteine), die das Pergament nicht passierten.

Der irische Physiker John Tyndall (1820–1893) wies darauf hin, daß Licht, wenn es durch eine kristalloide Lösung fällt, von den Wassermolekülen und dem gelösten Stoff nicht abgelenkt wird. Solche Lösungen sind *optisch klar.* Dagegen streuen die größeren Moleküle oder Molekülgruppen in kolloidalen Lösungen das Licht, und zwar umso stärker, je kürzer seine Wellenlänge ist. Dieses Phänomen wird als *Tyndall-Effekt* bezeichnet.

Tyndall wies darauf hin, daß Staubpartikel in der Luft kurzwelliges Licht besonders stark streuen. Deshalb sieht der Himmel blau aus, die untergehende Sonne (wenn ihr Licht eine große Menge staubiger Luft passiert) hingegen rot, da lange Wellen weniger stark gestreut werden.

Der in Österreich geborene deutsche Chemiker Richard Adolf Zsigmondy (1865–1929) machte sich 1902 die Streuung des Lichts durch kolloidale Partikel zunutze. Er schickte einen Lichtstrahl durch eine kolloidale Lösung und beobachtete das von den Teilchen senkrecht zur Einstrahlungsrichtung gestreute Licht durch ein Mikroskop. Mit diesem *Ultramikroskop,* wie Zsigmondy es nannte, konnten kolloidale Teilchen beobachtet werden, die in einem normalen Mikroskop unsichtbar sind.

Für seine Untersuchung kolloidaler Lösungen mit seinem Ultramikroskop erhielt Zsigmondy 1925 den Nobelpreis für Chemie.

Nachtrag

Großbritannien hatte die Gefahr einer Isolation angesichts des immer mehr erstarkenden Deutschland erkannt und suchte nach Verbündeten. Am 20. Januar 1902 schloß es ein Bündnis mit Japan.

1903

Flugzeug

Seit Lilienthal seine Gleiter gebaut hatte (vgl. 1853) lag der Gedanke nahe, einen solchen Gleiter mit einem Verbrennungsmotor auszustatten, wie es Zeppelin mit Ballons getan hatte (vgl. 1900). Der amerikanische Astronom Samuel Pierpont Langley (1834–1906) unternahm diesen Versuch zwischen 1897 und 1903 bei drei verschiedenen Gelegenheiten und scheiterte jeweils nur knapp.

Danach widmeten sich die beiden Brüder Orville (1871–1948) und Wilbur (1867–1912) Wright dieser Aufgabe. Sie nahmen entscheidende Veränderungen an der Konstruktion vor und erfanden die sogenannten »Ailerons«, bewegliche Flügelspitzen, mit denen der Pilot das Fluggerät steuern konnte. Au-

ßerdem bauten sie einen primitiven Windkanal, in dem sie ihre Modelle testen konnten, und entwickelten neue Motoren, die gemessen an ihrem geringen Gewicht eine nie dagewesene Leistung brachten.
Am 13. Dezember 1903 unternahmen die Gebrüder Wright bei Kitty Hawk in North Carolina den ersten Flugversuch mit einem Flugapparat, der schwerer als Luft war. Sie blieben fast eine Minute lang in der Luft und legten eine Strecke von 260 Metern zurück. Flugapparate wie ihrer wurden bald *Flugzeuge* genannt.

Raumflug

Seltsamerweise wurde im gleichen Jahr, als der erste Motorflug glückte, auch dem Raumflug erstmals wissenschaftliche Aufmerksamkeit geschenkt.
Im Jahr 1903 begann der russische Physiker Konstantin Ziolkowski (1857–1935) für ein Luftfahrtmagazin eine Artikelserie zu schreiben, in der er sich eingehend mit Raketentechnik auseinandersetzte. Er beschrieb Raumanzüge, Satelliten und die Kolonisierung des Sonnensystems. Und er war der erste Mensch, der den Bau einer Raumstation vorschlug.

Elektrokardiogramm

Daß in Muskeln kleine elektrische Spannungen entstehen, war schon seit Galvanis Zeiten bekannt (vgl. 1780). Deshalb lag der Gedanke nahe, daß auch im rhythmisch schlagenden Herz rhythmische elektrische Spannungen entstehen könnten. Aus der Abweichung vom natürlichen Rhythmus konnte vielleicht auf pathologische Veränderungen geschlossen werden, bevor diese auf andere Art entdeckt werden konnten. Das Problem bestand darin, die geringen Spannungen mit ausreichender Genauigkeit zu registrieren.
Im Jahr 1903 entwickelte der niederländische Physiologe Willem Einthoven (1860–1927) das erste *Saitengalvanometer*. Es bestand aus einer dünnen Saite, die durch ein Magnetfeld gespannt war. Wenn Strom durch die Saite floß, wich sie senkrecht zu den Feldlinien des Magnetfelds ab. Das Gerät war empfindlich genug, um die verschiedenen elektrischen Spannungen im Herzen zu registrieren.
Das Ergebnis war das erste *Elektrokardiogramm*, abgekürzt EKG. Für die Entwicklung der Elektrokardiographie erhielt Einthoven 1924 den Nobelpreis für Medizin und Physiologie.

Nachtrag

Die USA wollten einen Kanal durch den Isthmus von Panama bauen und boten Kolumbien einen Vertrag an. Doch der kolumbianische Kongreß lehnte ab. Daraufhin erklärte die kolumbianische Provinz Panama unter amerikanischem Druck ihre Unabhängigkeit und unterzeichnete statt Kolumbien den Vertrag.
Nach dem Boxeraufstand besetzte Rußland die Mandschurei. Japan, das ebenfalls ein Auge auf die Mandschurei geworfen hatte, schickte Protestnoten an die Russen, doch die Russen ignorierten sie. Die Beziehungen zwischen den beiden Ländern verschlechterten sich rapide.

1904

Gleichrichter

Der britische Elektroingenieur John Ambrose Fleming (1849–1945) untersuchte den glühelektrischen Effekt an einem heißen Glühfaden und einer kalten Metallplatte in einem luftleeren Glasgefäß. Faden und Platte waren durch eine Lücke getrennt. Fleming beobachtete, daß der elektrische Strom die Lücke nur übersprang, wenn der heiße Faden die negative Elektrode (die Kathode) und die Platte die positive Elektrode (die Anode) bildete; in diesem Fall strömten die Elektronen in den heißen Faden und wurden durch die Hitze abgestoßen. Wenn dagegen bei umgekehrter Spannung die Elektronen in die kalte Platte flossen, war nicht genügend Energie für ihre Abstoßung vorhanden.

Wenn man an das Gerät einen Wechselstrom anlegte, wechselten Anode und Kathode viele Male in der Sekunde. Wenn der Faden die Kathode bildete, flossen Elektronen, wenn er die Anode bildete, keine. Der Strom floß als Wechselstrom in das Gerät hinein und kam, wenn auch in kleinen Stößen, als Gleichstrom wieder heraus.

Die Vorrichtung mit dem Faden und der Platte funktionierte also als elektronischer *Gleichrichter,* weil sie Strom nur in einer Richtung durchließ. Fleming bezeichnete sie als *Ventil,* ein Ausdruck, der ihre Funktionsweise veranschaulicht. In den Vereinigten Staaten wurde sie dagegen aus unerfindlichen Gründen *Vakuumröhre* genannt, eine Bezeichnung, die über ihre Funktionsweise nichts aussagt. Da sie zwei Elektroden enthält, wird sie auch als *Diode* bezeichnet.

Flemings Gleichrichter war gewissermaßen der Prototyp einer Vielzahl von *Radioröhren,* ohne die viele elektronische Geräte nicht funktionierten.

Atommodelle

Nachdem man das Elektron entdeckt und festgestellt hatte, daß es im Rahmen des Photoeffekts von vielen verschiedenen Metallen emittiert wurde, machte es keinen Sinn mehr, das Atom weiterhin als ein eigenschaftsloses, unteilbares Teilchen zu betrachten. Es mußte eine Struktur haben, zu deren Bestandteilen die Elektronen gehören. Der erste Wissenschaftler, der über diese Struktur Spekulationen anstellte, war Joseph John Thomson, der Entdecker des Elektrons (vgl. 1897).

Thomson postulierte 1904, daß das Atom eine kleine, positiv geladene Kugel sei, in die (wie die Rosinen in einem Kuchen) negativ geladene Elektronen eingebettet seien, und zwar exakt so viele, daß sie die positive Ladung neutralisierten. Unter Belastungen, wie sie etwa durch elektrischen Strom oder Licht hervorgerufen werden, sei es natürlich möglich, daß die Elektronen vom Atom losgerissen werden.

Thomsons Modell war interessant, erwies sich jedoch bald als inadäquat. Dennoch regte es andere Leute dazu an, sich ernsthafte Gedanken über die Struktur der Atome zu machen.

Koenzyme

Seit Buchner gezeigt hatte, daß das Enzym der Hefe extrahiert werden kann und trotzdem aktiv bleibt (vgl. 1896), wurde ausgiebig mit dieser Substanz experimentiert.

So steckte der britische Biochemiker Arthur Harden (1865–1940) 1904 Hefeextrakt in eine Hülle, die als halbdurchlässige Membran (vgl. 1748) wirkte, um den Extrakt zu dialysieren und die kleinen Moleküle zu entfernen, die er vielleicht enthielt.

Harden entdeckte zu seiner Überraschung, daß der in der Hülle zurückgebliebene Stoff durch die Dialyse seine Wirksamkeit verloren hatte – er konnte keinen Zucker mehr fermentieren. Waren die Moleküle des Enzyms so klein, daß sie die halbdurchlässige Membran passiert hatten? Nein, denn der Stoff außerhalb der Hülle erwies sich ebenfalls als unwirksam. Wenn man jedoch beide Stoffe zusammenbrachte, war die Mischung wieder wirksam.

Harden schloß daraus, daß ein Enzym möglicherweise aus zwei Teilen besteht, einem großen, der die halbdurchlässige Membran nicht passiert, und einem kleineren, der sie passiert und so schwach an den anderen Teil gebunden ist, daß er sich leicht von ihm trennen kann.

Der in der Hülle verbliebene Stoff wurde nicht wieder aktiv, wenn er gekocht und mit dem anderen anschließend wieder vermischt

wurde. Kochte man dagegen den Stoff, der die Membran passiert hatte, und vermischte ihn mit dem ungekochten anderen Stoff, so war wieder eine Aktivität zu verzeichnen. Dies legte die Vermutung nahe, daß es sich bei dem großen Molekül um ein Protein handelte, da Proteinmoleküle durch Kochen in aller Regel zerstört werden. Das andere Molekül war kein Protein.
Harden nannte das kleine Molekül *Koenzym*. Mit diesem Namen wurden später Moleküle bezeichnet, die keine Proteine sind, die das Eiweiß aber braucht, um als Enzym zu wirken.

Organische Tracer

Der Körper ist eine sogenannte »Black box«. Wir wissen, daß er Luft und Nahrung aufnimmt und daß er Abfallprodukte wieder ausscheidet. Was aber geschieht dazwischen? Die Gesamtheit aller biochemischen Vorgänge im Organismus wird als *Stoffwechsel* bezeichnet. Da sie zwischen Stoffaufnahme und Stoffabgabe erfolgen, werden sie auch als *Intermediärstoffwechsel* bezeichnet.
Im Jahr 1904 wandte der deutsche Biochemiker Franz Knoop (1875–1946) einen genialen Trick an, um Hinweise darauf zu erhalten, was im Inneren des Körpers vor sich geht. Er band Benzolringe an die langen Kohlenstoffketten der Fettsäuren, aus denen die Fette bestehen. Benzolringe werden im Körper nur schwer zerstört, und so erwartete Knoop, daß sie im Urin wieder zum Vorschein kommen würden.
Er fand heraus, daß das Abfallprodukt von Fettsäuren mit einer geraden Anzahl von Kohlenstoffatomen aus einem Benzolring bestand, an die eine C_2-Einheit gebunden war. Bei Fettsäuren mit einer ungeraden Zahl von Kohlenstoffatomen war an den Benzolring nur eine C_1-Einheit gebunden.
Knoop schloß daraus, daß die Fettsäuren im Körper dadurch abgebaut werden, daß Schritt um Schritt jeweils eine C_2-Einheit abgetrennt wird. Vermutlich wurden sie auch auf dieselbe Weise aufgebaut, so daß in Lebewesen nur Fettsäuren mit einer geradzahligen Anzahl von Kohlenstoffatomen natürlich vorkommen konnten. (Die von Knoop verwendeten Fettsäuren mit ungerader Kohlenstoffzahl waren im Labor synthetisiert worden.)
Der Benzolring funktioniert wie ein Etikett, das auf einem Molekül klebt und es erlaubt, das letzte Fragment des Moleküls zu identifizieren. Er gilt als *Tracer*, weil er dem Wissenschaftler die Möglichkeit gibt, eine bestimmte Verbindung auf ihrem Weg durch den Intermediärstoffwechsel zu verfolgen.
Natürlich ist der Benzolring kein natürlicher Bestandteil der Fettsäuren, und so war die Möglichkeit nicht auszuschließen, daß seine Präsenz die Funktion des Intermediärmetabolismus eventuell störte. Im Idealfall sollte ein Tracer völlig natürlich und gleichzeitg eindeutig identifizierbar sein. Damals schien das viel verlangt, aber inzwischen wurden auch solche Tracer entwickelt.

Novocain

Alkaloide wie Kokain und Morphin sind als Schmerzmittel sehr nützlich, haben aber starke Nebenwirkungen und machen süchtig. Schließlich produzieren die Pflanzen sie nicht, damit sie von Tieren gefressen werden, sondern zu ihrem eigenen Schutz.
Chemiker versuchten die Molekularstruktur der Alkaloide zu verändern, in der Hoffnung, ihre negativen Wirkungen weitgehend auszuschalten und ihre positiven weitgehend zu erhalten. So wurde 1904 beispielsweise das *Novocain* oder *Procain* entwickelt, dessen Struktur einem Teil des Kokainmoleküls gleicht. Es wirkte wie Kokain als Lokalanästhetikum, war jedoch in der Anwendung viel sicherer und wurde deshalb in der Zahnmedizin ein wichtiges Medikament.
Doch nicht immer hatten die Wissenschaftler soviel Glück. Im Jahr 1898 stellten Chemiker fest, daß ein modifiziertes Morphinmolekül als Schmerzmittel noch wirksamer war als das Original. Doch ein paar Jahre später erkannte

man, daß es sogar noch gefährlicher und suchterregender war. Der neue Stoff hieß *Heroin.*

Sternströme

Seit Halley (vgl. 1718) entdeckt hatte, daß die Sterne sich bewegen, hatten die Astronomen versucht, die Bewegungen möglichst vieler Sterne zu bestimmen. In den meisten Fällen waren sie zu dem Schluß gekommen, daß die Bewegungen der Sterne zufällig seien.

Der niederländische Astronom Jacobus Cornelis Kapteyn (1851–1922) kam jedoch zu einem anderen Ergebnis. Nachdem er zahlreiche Sterne beobachtet hatte, stellte er 1904 fest, daß es zwei riesige Sternströme gab, die sich in entgegengesetzte Richtungen bewegten: Drei Fünftel der Sterne strömten in die eine, zwei Fünftel in die andere Richtung. Es gab zwar keine plausible Erklärung für das Phänomen, doch zeigte es immerhin, daß die Bewegung der vielen Millionen Sterne innerhalb der Milchstraße einer gewissen Ordnung unterworfen war. Wie diese Ordnung aussah, wurde erst ein Vierteljahrhundert später deutlich.

Äußere Jupitermonde

Die großen Jupitermonde waren inzwischen allesamt bekannt, aber ein paar kleinere warteten immer noch auf ihre Entdeckung. Im Jahr 1904 entdeckte der amerikanische Astronom Charles Dillon Perrine (1867–1951) den sechsten Jupitermond; sein Durchmesser betrug nur 177 Kilometer. Im Jahr darauf entdeckte Perrine einen siebten, noch kleineren Mond mit einem Durchmesser von 80 Kilometern. Beide umkreisten den Jupiter in einer Entfernung von etwa elf Millionen Kilometern und waren somit viel weiter von ihm entfernt als die anderen Monde. Vermutlich handelt es sich um eingefangene Asteroiden.

Die neuen Monde erhielten lange keine richtigen Namen, sondern wurden als *Jupiter VI* und *Jupiter VII* bezeichnet. Heute heißen sie *Himalia* und *Elara,* nach Nymphen aus der griechischen Mythologie.

Nachtrag

Japan wollte die Besetzung der Mandschurei durch Rußland nicht länger hiunehmen. Am 8. Februar 1904 nahm die erst kürzlich modernisierte japanische Kriegsmarine ohne Vorwarnung Port Arthur, den russischen Hafen in der Mandschurei, unter Beschuß. Die offizielle Kriegserklärung folgte erst am 10. Februar 1904. Der *Russisch-Japanische Krieg* hatte begonnen.

Die russischen Truppen im Fernen Osten waren zahlenmäßig weit unterlegen und wurden von unfähigen Offizieren befehligt. Hinzu kam, daß Nachschub und Verstärkung über eine soeben erst fertiggestellte Eisenbahnlinie von über 9 000 Kilometern Länge herbeigeschafft werden mußten. So war eigentlich nicht verwunderlich, daß die Japaner Sieg um Sieg errangen und die Russen bis zum Jahresende aus Korea und der südlichen Mandschurei vertrieben hatten. Doch die Welt staunte.

Großbritannien suchte immer noch Freunde und schloß eine *entente cordiale* mit Frankreich. In dem Vertrag wurden alle bisherigen Meinungsverschiedenheiten ausgeräumt. Frankreich ließ den Briten Ägypten, Großbritannien den Franzosen Marokko.

1905

Spezielle Relativitätstheorie

Das Michelson-Morley-Experiment (vgl. 1887) bereitete den Physikern noch immer viel Kopfzerbrechen. Die Arbeiten von Fitzgerald (vgl. 1887) und Lorentz (vgl. 1895) hatten das Problem in gewisser Weise gelöst, aber der Gedanke, daß Körper, wenn sie sich be-

wegen, sich unmerklich zusammenziehen und an Masse gewinnen, schien in der Luft zu hängen ohne eine physikalische Gesamttheorie, die ihn abgesichert hätte.
Diese Theorie wurde 1905 von dem in Deutschland geborenen Physiker Albert Einstein (1879–1955) geliefert. Er ging von der Annahme aus, daß die Lichtgeschwindigkeit in einem Vakuum unabhängig von der Bewegung der Lichtquelle relativ zum Beobachter immer gleich ist. Dies entsprach den Beobachtungen von Michelson und Morley, aber Einstein behauptete, er habe die Ergebnisse des Michelson-Morley-Experiments nicht gekannt, als er seine Theorie entwickelte.
Aus seiner Grundannahme ließ sich ableiten, daß sich Körper mit wachsender Geschwindigkeit zusammenziehen und an Masse zunehmen. Auch ließ sie den Schluß zu, daß die Lichtgeschwindigkeit in einem Vakuum eine absolute Höchstgeschwindigkeit ist und daß sich der Ablauf der Zeit mit zunehmender Geschwindigkeit verlangsamt.
Das ist Einsteins *spezielle Relativitätstheorie.* Sie ist eine Theorie der *Relativität,* weil der Begriff Geschwindigkeit nur in bezug auf einen Beobachter eine Bedeutung hat und es keine »absolute Bewegungslosigkeit« gibt, im Vergleich zu der eine »absolute Bewegung« gemessen werden könnte. Es gibt in Einsteins Theorie auch keinen »absoluten Raum« und keine »absolute Zeit«, da beide Faktoren von der Geschwindigkeit abhängig sind und deshalb nur relativ zum Beobachter eine Bedeutung haben. Doch obwohl Absoluta fehlten, galten die physikalischen Gesetze nach wie vor unter sämtlichen »Rahmenbedingungen«. Insbesondere Maxwells Gleichungen waren noch immer gültig (vgl. 1865), während die viel älteren und viel höhergeschätzten Newtonschen Bewegungsgesetze modifiziert werden mußten.
Die Theorie ist *speziell,* weil sie ausschließlich für Objekte gilt, die sich mit konstanter Geschwindigkeit bewegen. Die Theorie läßt also die Wirkung der Schwerkraft außer acht, die überall gegenwärtig ist und beschleunigend wirkt.
Einsteins Sicht des Universums scheint dem gesunden Menschenverstand zu widersprechen, aber dies ist nur deshalb der Fall, weil der normale Mensch es mit einem Universum der kleinen Entfernungen und Geschwindigkeiten zu tun hat. Unter solchen Bedingungen stimmen Newtons Theorien fast völlig mit der Beobachtung überein. Bei großen Entfernungen und hohen Geschwindigkeiten sind jedoch nur noch Einsteins Gleichungen haltbar.
In den acht Jahrzehnten, die seit der Formulierung der speziellen Relativitätstheorie vergangen sind, wurden zahllose Versuche und Beobachtungen durchgeführt, die sie ausnahmslos bestätigt haben. Es wurden keinerlei Divergenzen zwischen der Realität und der Einsteinschen Sicht der Dinge festgestellt.

Massen-Energie-Satz

Eine weitere Konsequenz aus Einsteins Theorie der speziellen Relativität (vgl. oben) besteht darin, daß Masse als eine hochkonzentrierte Form von Energie betrachtet werden muß. Einsteins berühmte Gleichung $e = mc^2$ steht für diesen Sachverhalt: e steht für Energie, m für Masse und c für die Lichtgeschwindigkeit. Die Lichtgeschwindigkeit ist so groß, daß man, wenn man sie quadriert und auch nur mit einer geringen Masse multipliziert, eine riesige Energiemenge erhält (ein Gramm Masse entspricht einer Energiemenge von 900 Milliarden Milliarden erg).
Wann immer bei einem Prozeß Energie frei wird, geht ein bißchen Masse verloren; wird Energie absorbiert, nimmt die Masse ein wenig zu. Die unter normalen Bedingungen gewonnene oder verlorene Masse ist so winzig, daß sie zuvor nie entdeckt worden war. Lavoisier konnte deshalb sein Gesetz von der Erhaltung der Materie unabhängig von der Energie aufstellen (vgl. 1769) und Helmholtz seinen Satz von der Erhaltung der Energie unabhängig von der Masse (vgl. 1847).
Bei der Radioaktivität waren, wie Pierre Curie beobachtet hatte (vgl. 1901), viel größere Energieveränderungen pro Masseeinheit im

Spiel. Die Masse-Energie-Äquivalenz konnte nun gemessen werden, und sie entsprach genau den Anforderungen von Einsteins Theorie. Das Gesetz von der Erhaltung der Energie wurde also erweitert und präzisiert, indem die Masse als eine weitere Energieform einbezogen wurde. Das Gesetz von der Erhaltung der Masse war obsolet geworden oder besser, es war in dem manchmal so bezeichneten Massen-Energie-Satz aufgegangen.

Photoelektrischer Effekt und Quanten

Im Jahr 1905 wurde der photoelektrische Effekt, wie er von Lenard beobachtet worden war (vgl. 1902), durch Einstein in die Quantentheorie (vgl. 1900) integriert.

Er bewies, daß die Atome in einer metallischen Oberfläche nur ganze Quanten absorbieren konnten, wenn galt, daß die Energiemenge eines Quants proportional zur Frequenz der Welle war (d. h. umgekehrt proportional zur Wellenlänge). Außerdem waren die Quanten langer Wellen, unabhängig von der Intensität des Lichts, niemals energiereich genug, um ein Elektron aus dem Metall herauszulösen. Je kürzer die Wellen jedoch wurden, um so energiereicher waren die Quanten, und an einem gewissen Punkt war die Energie exakt hoch genug, um ein Elektron aus dem Metall zu lösen. Bei noch kürzeren Wellen war das herausgelöste Elektron entsprechend energiereicher und schneller. Da einige Metalle ihre Elektronen stärker banden als andere, variierte die kritische Wellenlänge.

Einsteins Analyse hatte eine Reihe von Konsequenzen:

1. Sie bot eine vollständige Erklärung für den photoelektrischen Effekt, die seither nicht mehr erweitert oder ergänzt werden mußte.
2. Sie erklärte mittels der Quantentheorie ein Phänomen, das anders nicht erklärbar war und an das Planck nicht gedacht hatte, als er die Theorie entwickelte. Wenn es sich bei der Quantentheorie lediglich um einen mathematischen Kunstgriff gehandelt hätte, um die Emission elektromagnetischer Wellen durch Schwarzkörperstrahlung zu erklären, dann wäre sie wahrscheinlich nicht ohne Modifikation auf ein völlig anderes Phänomen anwendbar gewesen. Einsteins Arbeit befreite daher die Quantentheorie vom Ruch eines bloßen mathematischen Tricks und hob sie in den Rang einer echten Theorie.
3. Sie bewies, daß das Licht in mancher Hinsicht Teilchencharakter hat. Newtons Teilchen und Huygens' Wellen (vgl. 1648) waren zu einem Ganzen kombiniert, das viel komplexer und nützlicher war, als man es sich mit dem Wissen des 17. Jahrhunderts hätte vorstellen können. Im Zusammenhang mit dem Teilchenaspekt des Lichts und der elektromagnetischen Strahlung im allgemeinen spricht man heute von *Photonen.*

Für diese Arbeit über den photoelektrischen Effekt (und nicht etwa für seine noch bedeutenderen Entdeckungen im Zusammenhang mit der Relativitätstheorie) erhielt Einstein 1921 den Nobelpreis für Physik.

Brownsche Molekularbewegung und Atomgröße

Die Brownsche Molekularbewegung war seit ihrer Entdeckung durch Brown eine Art Rätsel geblieben (vgl. 1827). Im Jahr 1902 hatte der schwedische Chemiker Theodor Svedberg (1884–1971) die Hypothese aufgestellt, daß die unregelmäßigen Bewegungen kleiner Partikel dadurch verursacht werden, daß sie von allen Seiten einem unregelmäßigen Bombardement durch Moleküle ausgesetzt sind.

Einstein unterzog diese Hypothese 1905 einer gründlichen Analyse. Er stellte die Überlegung an, daß jedes größere Objekt im Wasser (oder in jeder anderen Flüssigkeit) von allen Seiten bombardiert wird, und natürlich mit wechselnder Intensität, mal mehr von der einen, mal mehr von der anderen Seite. Da jedoch an diesem Prozeß Billionen von Molekülen beteiligt sind, müssen die Richtungsänderungen eines größeren Objekts so klein sein, daß sie nicht feststellbar sind.

Je kleiner das Objekt jedoch ist, um so kleiner ist auch die Zahl der Moleküle, die in einem gegebenen Moment mit ihm zusammenstoßen, und die kleinen Richtungsänderungen fallen immer stärker ins Gewicht. Wenn sich das Objekt mikroskopischer Größe nähert, dann genügt nach Einstein der Stoß eines zusätzlichen Moleküls von der einen oder anderen Seite, um eine merkliche Richtungsänderung zu verursachen.
Einstein entwickelte nun eine Gleichung zur Beschreibung der Brownschen Molekularbewegung, die es ermöglicht, die Größe der Moleküle und Atome, aus denen sie bestehen, zu berechnen, vorausgesetzt, man fand einen Weg, bestimmte Variablen zu messen, die in der Gleichung vorkommen.
Es dauerte nicht lange, bis Einsteins Gleichung mit Erfolg angewandt wurde.

Farbe und Helligkeit der Sterne

Bekanntlich sind manche Sterne heller als andere; die Maßeinheit der Astronomen für diese Helligkeit ist die *Größe*. Ein Stern kann aus zwei Gründen hell erscheinen: Entweder er strahlt tatsächlich viel Licht ab (er hat eine hohe *Leuchtkraft*), oder er ist so nahe, daß er hell erscheint, obwohl er in Wirklichkeit nur eine geringe Leuchtkraft hat.
Der dänische Astronom Ejnar Hertzsprung (1873–1967) machte den Vorschlag, die Größe von Sternen für eine bestimmte Standardentfernung zu berechnen. Die gewählte Entfernung betrug zehn Parsec oder 32,6 Lichtjahre. Die Helligkeit eines Sterns in dieser Entfernung ist seine *absolute Größe*. Aus einer Entfernung von 10 Parsec gesehen, hätte beispielsweise unsere Sonne eine Größe von 4,86 (was einem relativ schwach leuchtenden Stern entspricht). Sie hat also eine absolute Größe von 4,86.
Indem Hertzsprung die absolute Größe verschiedener Sterne bestimmte, konnte er deren Leuchtkraft vergleichen. Im Jahr 1905 stellte er fest, daß es zwei Arten von roten Sternen gibt: rote Sterne mit sehr hoher Leuchtkraft (heute als *Rote Riesen* bezeichnet) und rote Sterne mit sehr geringer Leuchtkraft (heute *Rote Zwerge).*
Der interessanteste Aspekt an Hertzsprungs Entdeckungen war, daß es keine roten Sterne mittlerer Leuchtkraft gibt. Sein Bericht erregte zunächst nicht viel Aufmerksamkeit (er erschien in einer Fotozeitschrift), aber er war ein erster Schritt zum Verständnis der Sternentwicklung.

Planetesimal-Hypothese

Die Nebular-Hypothese von Laplace über die Entstehung des Sonnensystems (vgl. 1796) hatte die Astronomie ein Jahrhundert lang beherrscht, obwohl sie den Astronomen mit der Zeit immer zweifelhafter erschien.
Wie sich herausstellte, war der größte Teil des Drehimpulses im Sonnensystem auf die Planeten konzentriert (auf Jupiter allein entfallen wegen seiner schnellen Rotation und der seiner wichtigsten Monde sechzig Prozent der im gesamten Sonnensystem vorhandenen Drehimpulsenergie). Es schien keine Möglichkeit zu geben, wie das Sonnensystem durch die langsame Verdichtung einer riesigen Wolke hätte entstehen sollen, wenn sich nicht praktisch der gesamte Drehimpuls im Zentrum befunden hatte – dort, wo später die Sonne entstand.
Trotz dieser Bedenken wurde keine alternative Hypothese formuliert, bis der amerikanische Geologe Thomas Chrowder Chamberlin (1843–1928) und der amerikanische Astronom Forest Ray Moulton (1872–1952) eine entwickelten. Chamberlin hatte bereits seit 1900 an dem Problem gearbeitet, und 1905 legten er und Moulton die neue Hypothese vor. Danach ist das Sonnensystem entstanden, als die bereits existierende Sonne in geringer Entfernung einen anderen Stern passierte. Infolge von Gezeitenwirkungen wurden aus beiden Sternen Materieschweife herausgerissen. Diese Materieschweife erhielten, als der Stern sich wieder von der Sonne entfernte, einen Seitwärtsruck, so daß aus ih-

nen Planeten mit einem hohen Drehimpuls entstehen konnten.
Im Verlauf der Planetenbildung hatte sich die solare Materie zu kleinen soliden Körpern verdichtet, die man als *Planetesimale* bezeichnet, und diese hatten sich gegenseitig angezogen und die Planeten gebildet. Diese *Planetesimal-Hypothese* genoß fast ein halbes Jahrhundert lang eine gewisse Popularität.
Wäre sie richtig, könnte es allerdings nur sehr wenige Planetensysteme im Universum geben, da eine dichte Annäherung zweier Sterne ein ausgesprochen seltenes Phänomen ist.

Intermediärprodukte des Stoffwechsels

Harden, der im Jahr zuvor die Existenz von Koenzymen nachgewiesen hatte (vgl. 1904) erforschte weiter das Verhalten der Hefeenzyme bei der Fermentierung von Glukose. Das Enzym baut die Glukose zunächst schnell ab und produziert dabei Kohlendioxid, aber mit der Zeit nimmt seine Aktivität ab. Dies legte die Vermutung nahe, daß sich auch das Enzym mit der Zeit abbaut.
Im Jahr 1905 bewies Harden jedoch, daß diese Vermutung nicht stimmen konnte. Wenn er der Lösung anorganisches Phosphat zusetzte, war die Wirksamkeit des Enzyms wieder so gut wie am Anfang. Das war merkwürdig, denn weder der Zucker, der fermentiert wurde, noch der Alhohol und das Kohlendioxid, die dabei entstanden, noch das Enzym selbst enthielten Phosphor.
Da das anorganische Phosphat verschwand, suchte Harden nach organischem Phosphat, das sich aus ihm gebildet hatte, und er fand ein Zuckermolekül, an das zwei Phosphatgruppen gebunden waren. Dieses Molekül bildete sich im Lauf der Fermentierung, und nachdem andere Reaktionen abgelaufen waren, wurden die Phosphatgruppen wieder abgetrennt. Das Zuckermolekül mit den Phosphatgruppen war ein *Intermediärprodukt des Stoffwechsels.* Harden war der erste, der ein solches Intermediärprodukt isolierte, aber andere Biochemiker sollten bald in seine Fußstapfen treten.
Harden wies auch als erster auf die wichtige Rolle hin, die Phosphatgruppen im Stoffwechsel spielen. Für diese Arbeit erhielt er 1929 anteilig den Nobelpreis für Chemie.

Hormone

Starling, der an der Entdeckung des Sekretins beteiligt gewesen war (vgl. 1902) schlug 1905 die Bezeichnung *Hormone* vor. Er äußerte außerdem die Vermutung, daß es auch noch andere Hormone gibt, und daß diese von kleinen Drüsen im Körper produziert werden. Beide Vermutungen erwiesen sich als korrekt.

Koppelung genetischer Merkmale

Mendel hatte bei seiner Arbeit mit Erbsenpflanzen (vgl. 1865) sieben Merkmale verfolgt und herausgefunden, daß sie alle unabhängig voneinander vererbt wurden. Es war daher nur natürlich anzunehmen, daß jedes Merkmal einen eigenen Erbfaktor darstellte, der unabhängig von den anderen in die befruchtete Eizelle eingebracht wurde.
Als Sutton darauf hinwies, daß es sich bei den Mendelschen Erbfaktoren um die Chromosomen handele, gab es jedoch ein Problem: Die Zahl der vererbten Merkmale war höher als die Zahl der verschiedenen Chromosomen.
Bateson, der die Vererbungsgesetze als erster auf Tiere angewandt hatte (vgl. 1902), wies darauf hin, daß in Wirklichkeit nicht alle Merkmale unabhängig voneinander vererbt wurden – einige wurden zusammen vererbt. Man konnte also annehmen, daß ein einziges Chromosom mehr als nur einen Erbfaktor trug, vielleicht sogar viel mehr. Möglicherweise hatte Mendel aus purem Zufall sieben Faktoren gewählt, die sich auf verschiedenen Chromosomen befanden.
Der Gedanke, daß ein Chromosom nicht nur einen Erbfaktor, sondern viele Erbfaktoren enthalten kann, war für die Weiterentwick-

lung der Genetik von zentraler Bedeutung (übrigens war es Bateson, der den Begriff *Genetik* geprägt hat).

Hochdruck

Der Mensch lernte es schon ziemlich früh, hohe Temperaturen zu erzeugen. Die Produktion hoher Drücke erwies sich als schwieriger.

Der amerikanische Physiker Percy Williams Bridgman (1882–1961) wollte im Rahmen seiner Doktorarbeit mit hohen Drücken arbeiten, stellte jedoch fest, daß seine Ausrüstung ungenügend war. Er machte sich deshalb 1905 daran, einen besseren Apparat zur Erzeugung hoher Drücke zu konstruieren. Er entwickelte Dichtungen, die sich bei zunehmendem Druck stärker zusammenpreßten, so daß kein Leck entstand, und erzielte auf diese Weise bald Drücke von 20 000 Atmosphären (was einem Druck von beinahe zwanzig Tonnen pro Quadratzentimeter entspricht).

Jetzt war es möglich, das Verhalten von Stoffen unter solchen Bedingungen zu erforschen.

Intelligenzquotient

Während sich Ärzte und Wissenschaftler schon lange für abnorme psychologische Phänomene interessierten, galt das Interesse des französischen Psychologen Alfred Binet (1857–1911) der normalen Arbeitsweise des menschlichen Geistes.

Er versuchte, Tests zu entwickeln, mit denen sich die Denk- und Urteilsfähigkeit des menschlichen Verstandes unabhängig von Bildung und Wissen in spezifischen Bereichen messen ließ.

Zu diesem Zweck bat er Kinder, Objekte zu benennen, Befehle auszuführen, ungeordnete Gegenstände wieder zu ordnen, Zeichnungen zu kopieren usw. Im Jahr 1905 publizierte er mit seinen Mitarbeitern die ersten Serien von Intelligenztests.

Es wurden empirische Maßstäbe gesetzt: Wenn etwa siebzig Prozent der neunjährigen Schüler an Pariser Schulen einen bestimmten Test bestanden, dann entsprach er dem Intelligenzniveau eines neunjährigen Kindes.

Der Begriff *Intelligenzquotient* (häufig IQ abgekürzt) ist populär geworden. Er steht für das Verhältnis des Intelligenzalters zum Lebensalter, wobei der Wert 100 als durchschnittlich definiert ist. Ein Sechsjähriger, der den Test eines Zehnjährigen besteht, hat also einen IQ von $^{10}/_{6} \times 100$ oder 167.

Im Gefolge Binets wurden unzählige andere Tests entwickelt, mit deren Hilfe Charaktereigenschaften, Begabung, Leistungsfähigkeit usw. ermittelt werden sollten. Der Wert solcher Tests wird mit ziemlicher Sicherheit überschätzt.

Nachtrag

Der Russisch-Japanische Krieg nahm für die Russen einen katastrophalen Verlauf. Am 5. September 1905 hatten sie genug und unterzeichneten einen Friedensvertrag, in dem sie Korea, die Mandschurei, die südliche Hälfte der Insel Sachalin (im Norden Japans) und Port Arthur an Japan abtraten. Sie weigerten sich jedoch, Reparationen zu zahlen, und die Japaner fühlten sich betrogen.

Ein wichtige Ursache für die russische Niederlage waren die Unruhen im eigenen Land. Am 22. Januar 1905 hatten in St. Petersburg Soldaten auf friedliche Demonstranten das Feuer eröffnet. Siebzig Menschen starben, zweihundertvierzig wurden verletzt. Als Reaktion darauf kam es in ganz Rußland zu Streiks und Demonstrationen, und die Forderungen nach einer Beendigung der Alleinherrschaft, einer Verfassung und einer parlamentarischen Regierung wurden immer lauter. Der russische Hof sah sich zum Nachgeben gezwungen und versprach Reformen.

Norwegen, das von Schweden regiert wurde, strebte seine Unabhängigkeit an. Ein Plebiszit wurde durchgeführt, und Schweden entließ Norwegen friedlich in die Unabhängigkeit. Die Trennung wurde am 26. Oktober 1905

vertraglich besiegelt, und ein dänischer Prinz wurde als Håkon VII. (1872–1957) zum König von Norwegen gewählt.
Deutschland reagierte auf die im Jahr zuvor geschlossene *Entente cordiale,* indem es die Abtretung Marokkos an Frankreich unmißverständlich mißbilligte. Am 31. März 1905 sprach sich Wilhelm II. für die Unabhängigkeit Marokkos aus. Von diesem Zeitpunkt an war Europa in zwei feindliche Lager gespalten: Deutschland und seine Verbündeten auf der einen, Frankreich und seine Verbündeten auf der anderen Seite.

1906

Radiowellen und die Übertragung von Sprache

Die Kommunikation mittels Radiowellen funktionierte zunächst nur wie ein drahtloser Telegraph, wobei die Punkte und Striche des Morsealphabets durch entsprechende Stöße von Radiowellen übermittelt wurden.
Erst der in Kanada geborene amerikanische Physiker Reginald Aubrey Fessenden kam auf die Idee (1866–1932), ein kontinuierliches Signal zu senden, bei dem die Niederfrequenzschwingung von Sprache die Umhüllung der Hochfrequenzschwingung der Radiowellen bildet. Dieses Verfahren wurde als *Amplitudenmodulation* (AM) der Radiowellen bezeichnet.
Beim Empfang wurde die Modulation wieder in Schallwellen umgewandelt. Dank der modulierten Radiowellen konnte man das Radio jetzt zum Senden und Empfangen von Sprache benutzen, so wie man dank modulierter elektrischer Ströme durch das Telefon sprechen konnte.
Am 24. Dezember 1906 wurde die erste solche Botschaft an der Küste von Massachusetts gesendet, und aus den drahtlosen Empfängern erklang Musik.

Triode

Die von Fleming als Gleichrichter entwickelte Diode (vgl. 1904) war zwar nützlich, jedoch nur begrenzt verwendbar. Sie wurde 1906 von dem amerikanischen Erfinder Lee De Forest (1873–1961) verbessert. Er baute ein drittes Element namens *Gitter* ein, wodurch aus der Diode eine *Triode* (mit drei Elektroden) wurde.
Das Gitter ist eine Elektrode mit Löchern, und durch diese Löcher des Gitters strömen die Elektronen vom Glühfaden zur Platte. Selbst eine schwache Spannung kann, wenn sie ans Gitter angelegt wird, eine gewaltige Wirkung auf den Elektronenstrom haben. Sie kann die Intensität des Stroms verstärken, wenn das Gitter leicht positiv geladen ist und die Elektronen des Glühfadens anzieht; und sie kann die Intensität vermindern, wenn das Gitter leicht negativ geladen ist und die Elektronen abstößt.
Wenn man an das Gitter eine schwache, wechselnde Spannung anlegt, vergrößert das die Bandbreite des Elektronenflusses wesentlich.
Eine Triode wirkt daher als *Verstärker* und kann auf eine Vielzahl von Aufgaben zugeschnitten werden. Im Zusammenhang mit Fessendens Amplitudenmodulation (vgl. oben) trug die Triode so wesentlich dazu bei, die Übertragung von Musik durch Radiowellen zu verbessern.

Trojanische Asteroiden

Bis 1906 hatte man (dank Wolfs fotografischer Technik – vgl. 1891) nicht weniger als 587 Asteroiden entdeckt und ihre Bahnen berechnet.
Im Jahr 1906 entdeckte Wolf einen Asteroiden, der sich ungewöhnlich langsam bewegte und daher ungewöhnlich weit entfernt sein mußte. Er befand sich in der Umlaufbahn des Jupiter an der äußersten Peripherie des Asteroidengürtels und hielt in einer Entfernung von sechzig Grad mit dem Jupiter Schritt.
Das bedeutete, daß die Sonne, der Jupiter und

der neue Asteroid an den Scheitelpunkten eines riesigen gleichschenkligen Dreiecks lagen. Lagrange (vgl. 1788) hatte bereits 1772 bewiesen, daß eine solche Anordnung nach den Gesetzen der Schwerkraft stabil sei, aber erst jetzt hatte man ein solches Dreieck tatsächlich im Raum gefunden.

Wolf nannte den Asteroiden *Achilles,* nach dem Helden aus Homers *Ilias,* der Geschichte des Trojanischen Krieges. Indem Wolf einem Asteroiden mit einer ungewöhnlichen Bahn einen männlichen Namen gab, folgte er dem Beispiel Witts (vgl. 1898).

Mit der Zeit wurden noch andere Asteroiden gefunden, die *Achilles* auf seiner Bahn im Scheitelpunkt des Dreiecks begleiteten, und noch weitere an einem Punkt, der in der anderen Richtung sechzig Grad vom Jupiter entfernt war; das ergab also zwei nebeneinanderliegende gleichschenklige Dreiecke. Alle Planetoiden erhielten Namen von Helden des Trojanischen Krieges, so daß sie als *Trojanische Asteroiden* zusammengefaßt werden können. Die Position am dritten Scheitelpunkt eines Dreiecks, dessen andere Scheitelpunkte von größeren Himmelskörpern eingenommen werden, wird heute als *Trojanische Position* bezeichnet.

Alphateilchen

Inzwischen wußte man, daß es sich bei Betastrahlen um Ströme von schnellen Elektronen (oder Betateilchen) handelt und daß Alphastrahlen elektromagnetische Strahlen sind, die eine noch kürzere Wellenlänge aufweisen als Röntgenstrahlen. Aus welcher Art von Teilchen die Alphastrahlen bestehen, mußte noch bestimmt werden.

Im Jahr 1906 gelang es Rutherford (vgl. 1897) zusammen mit seinem deutschen Assistenten Johannes Wilhelm Geiger (1882–1945), das Ladung-Masse-Verhältnis bei Alphapartikeln zu bestimmen. Wie sich herausstellte, war das Verhältnis das gleiche wie bei einem Heliumatom, aus dem zwei Elektronen entfernt worden sind. Später beschoß Rutherford mit Alphateilchen zwei Wände aus Glas, zwischen denen sich ein Vakuum befand. Die Teilchen waren energiereich genug, um die erste Wand zu durchdringen, verloren jedoch dabei so viel Energie, daß sie die zweite Wand nicht mehr durchdringen konnten. Sie blieben deshalb im Vakuum zwischen den beiden Wänden hängen, und nachdem sich genügend Teilchen angesammelt hatten, stellte Rutherford fest, daß das Gas, das in dem Vakuum erschienen war, tatsächlich das Spektrum von Helium hatte.

Alphapartikel und Helium waren also verwandt, aber nicht identisch. Schließlich hätten Ströme von Helium keine Glaswand durchdrungen.

Charakteristische Röntgenstrahlen

Die Röntgenstrahlen erregten elf Jahre nach ihrer Entdeckung bei den Physikern immer noch lebhaftes Interesse. Der britische Physiker Charles Glover Barkla (1877–1944) untersuchte, wie Röntgenstrahlen von Gasen gestreut wurden, und stellte dabei fest, daß die Streuung mit dem Molekulargewicht der Gase zunahm. Im Jahr 1904 zog er daraus folgenden Schluß: Je mehr Masse die Moleküle und Atome hatten, desto mehr geladene Teilchen enthielten sie, denn es waren die geladenen Teilchen, von denen die Streuung abhing. Dies war der erste Hinweis darauf, daß zwischen der Anzahl der geladenen Partikel eines Atoms und seiner Position im Periodensystem ein Zusammenhang besteht.

Durch seine Versuche bewies Barkla außerdem, daß Röntgenstrahlen transversale Wellen sind wie das Licht, und nicht longitudinale wie der Schall. Damit war endgültig bewiesen, daß Röntgenstrahlen elektromagnetische Strahlen sind.

Im Jahr 1906 wandte sich Barkla einem noch wichtigeren Problem zu: Er bewies, daß Röntgenstrahlen, je nachdem von welchen Elementen sie gestreut werden, eine unterschiedliche Durchdringungsfähigkeit entwickeln. Je höher das Atomgewicht eines

Elements ist, desto durchdringungsfähiger sind die von ihm durch Streuung produzierten *charakteristischen Röntgenstrahlen.* Barkla beschrieb zwei Typen solcher Röntgenstrahlen: Die durchdringungsfähigeren nannte er *K-Strahlung* und die weniger durchdringungsfähigen *L-Strahlung.*

Für seine Arbeit über Röntgenstrahlen erhielt Barkla 1917 den Nobelpreis für Physik.

Dritter Hauptsatz der Thermodynamik

Inzwischen waren mit Hilfe von Dewars festem Wasserstoff (vgl. 1898) Temperaturen von nur 14 Grad über dem absoluten Nullpunkt erreicht worden, und es schien, als ob der Wettlauf zum absoluten Nullpunkt bald beendet sein würde.

Im Jahr 1906 zeigte jedoch der deutsche Physikochemiker Walther Hermann Nernst (1864–1941), daß der absolute Nullpunkt nach den Gesetzen der Thermodynamik durch kein Verfahren jemals erreicht werden kann. Nernst betrachtete den absoluten Nullpunkt wie die Lichtgeschwindigkeit als eine Größe, der man sich zwar immer weiter annähern, die man jedoch niemals erreichen könne. Diese Aussage wird manchmal als der *Dritte Hauptsatz der Wärmelehre* bezeichnet.

Für seine Untersuchungen zur Thermodynamik erhielt Nernst 1920 den Nobelpreis für Chemie.

Vitamine

Seit Eijkman entdeckt hatte, daß man Beriberi durch richtige Ernährung heilen konnte (vgl. 1898), hatten die Biochemiker weitere *Mangelkrankheiten* entdeckt.

Hopkins (vgl. 1900) war überzeugt, daß in der Nahrung verschiedene Komponenten enthalten sein müssen, die zwar nur in kleinen Mengen gebraucht werden, aber lebensnotwendig sind. Im Jahr 1906 äußerte er in einer Vorlesung zu diesem Thema die Vermutung, daß Skorbut und Rachitis durch einen Mangel an solchen Substanzen verursacht werden.

Als sich für diese Substanzen einige Jahre später der Begriff *Vitamine* durchsetzte, erhielt Hopkins 1929 zusammmen mit Eijkmann den Nobelpreis für Medizin und Physiologie.

Magnesium und Chlorophyll

Seit Pelletier das Chlorophyll entdeckt hatte (vgl. 1817), war klar, daß es sich um eine Substanz von größter Bedeutung handelte. Schließlich spielte sie eine zentrale Rolle bei der Produktion von Nahrung und Sauerstoff, auf denen das gesamte tierische und menschliche Leben basiert. Die Biochemiker interessierten sich daher brennend für die chemische Struktur des Chlorophylls, aber seine Erforschung war noch nicht weit gediehen.

Im Jahr 1906 gelang jedoch dem deutschen Chemiker Richard Willstätter (1872–1942) ein ganz entscheidender Vorstoß. Er bewies, daß jedes Chlorophyllmolekül ein Magnesiumatom enthält, das auf ganz ähnliche Weise an das Molekül gebunden ist wie das Eisenatom an das Hämoglobin.

Für diese Entdeckung und andere Arbeiten über Pflanzenpigmente erhielt Willstätter 1915 den Nobelpreis für Chemie.

Chromatographie

Der russische Botaniker Michail Semjonowitsch Zwett (1872–1919) arbeitete mit Pflanzenpigmenten, die aus einer Vielzahl ziemlich ähnlicher organischer Verbindungen bestanden. Da die einzelnen Verbindungen nur schwer voneinander zu trennen waren, konnte man sie nicht einzeln untersuchen (ein Problem, das in der Biochemie häufig auftritt).

Im Jahr 1906 entdeckte Zwett ein einfaches Mittel zur Trennung der Substanzen: Er ließ eine Lösung der Pigmentmischung durch eine mit pulverisiertem Aluminiumoxid gefüllte

Röhre sickern. Die verschiedenen Substanzen der Pigmentmischung blieben alle an der Oberfläche der Staubteilchen haften, aber eben unterschiedlich stark. Während die Mischung durch die Röhre sickerte, wurden die Substanzen voneinander getrennt, wobei diejenigen mit der schwächeren Haftung weiter nach unten sickerten.

Wenn die Röhre mit dem Aluminiumoxid lang genug war, so waren die Substanzen der Mischung am Ende der Röhre völlig separiert und konnten einzeln wieder ausgewaschen werden. Da die einzelnen Pigmente durch verschiedene Farbschattierungen des Pulvers erkannt werden konnten, wurde das Verfahren nach dem griechischen Ausdruck für »in Farbe schreiben« *Chromatographie* genannt. Der Name wurde auch für die Trennung farbloser Substanzen beibehalten.

Die Chromatographie wurde, vielfach modifiziert, eines der wichtigsten Verfahren zur Untersuchung komplexer Mischungen.

Radioaktivität in der Erdkruste

Im Jahr 1906 stellte der amerikanische Geologe Clarence Edward Dutton (1841–1912) die Hypothese auf, daß radioaktive Nester in der Erdkruste mit der Zeit so viel Hitze abgeben, daß sie vulkanische Aktivitäten auslösen. Seine Hypothese stand am Anfang der Erkenntnis, daß durch Radioaktivität beträchtliche Wärme in der Erdkruste entsteht, nämlich genug, um die abgestrahlte Wärme zu ersetzen, so daß jeder Versuch, das Alter der Erde aus dem Zeitraum abzuleiten, den sie zum »Abkühlen« gebraucht haben könnte, von vornherein zum Scheitern verurteilt ist. Die Erde könnte Milliarden Jahre alt sein und immer noch ein heißes Inneres haben.

Dutton entwickelte außerdem Methoden, um die Tiefe von Erdbebenherden und die Geschwindigkeit zu ermitteln, mit der sich Erdbebenwellen in der Erde ausbreiten. Er bereitete damit den Weg für eine Technik, die schließlich beweiskräftige Daten über die physikalische und chemische Beschaffenheit der tieferen Schichten im Erdinneren liefern konnte.

Nachtrag

Großbritannien ließ die *Dreadnaught,* das größte Schlachtschiff der Welt, vom Stapel laufen und verschärfte dadurch die deutsch-britische Flottenrivalität.

In Frankreich wurde der Fall Dreyfus abgeschlossen. Zwölf Jahre nach seiner Verurteilung wurde Dreyfus in allen Punkten freigesprochen und wieder in seinen alten militärischen Rang eingesetzt.

Deutschland war jetzt mit 62 Millionen Einwohnern das bevölkerungsreichste Land Westeuropas. Die USA hatten 85 Millionen Einwohner, Rußland 120 Millionen.

1907

Altersbestimmung mittels Radioaktivität

Seit bekannt war, daß beim Zerfall von radioaktivem Uran oder Thorium ein anderes radioaktives Element entstand, das dann wiederum in ein anderes zerfiel usw. (vgl. 1900, Atomumwandlung, und 1902, Radioaktive Zerfallsreihe), drängte sich die Frage auf, wo das alles enden sollte.

Der amerikanische Chemiker Bertram Borden Boltwood (1870–1927) war überzeugt, daß Blei das Endprodukt der radioaktiven Zerfallsreihe sein müsse, die mit Uran und Thorium begann. Er hatte schon 1905 bemerkt, daß in Uran- und Thoriumerzen immer Blei vorhanden war. Und 1907 wies er auf die Möglichkeit hin, aus der in Uranerzen vorhandenen Bleimenge und aus der bekannten Zerfallsrate von Uran mit hinreichender Genauigkeit zu bestimmen, wie lange ein Stück

Erdkruste bereits fest war und praktisch unberührt existiert hatte.

Seit Huttons Bemerkung, er könne keine Hinweise auf den Beginn der Erdgeschichte finden (vgl. 1785), waren eineinviertel Jahrhunderte vergangen, aber jetzt sah es so aus, als könnte die Altersbestimmung mittels Radioaktivität solche Hinweise liefern. Boltwoods Vorschlag hat sich bis heute als sehr fruchtbar erwiesen.

Lutetium

In letzter Zeit waren nicht mehr viele neue Elemente entdeckt worden – es sei denn, sie gehörten zur radioaktiven Zerfallsreihe. Bislang waren aus den Seltenen Erden dreizehn Elemente isoliert worden, aber es gab noch ein weiteres. Im Jahr 1907 entdeckte der französische Chemiker Georges Urbain (1872–1938) ein vierzehntes Element und nannte es *Lutetium,* nach Lutetia, dem lateinischen Namen für Paris.

Synthese von Peptiden

Es war allgemein bekannt, daß Proteinmoleküle aus Aminosäuren aufgebaut sind, aber es war nicht bekannt, wie die Aminosäuren miteinander verknüpft sind. Man vermutete, daß sich die Aminogruppe einer Aminosäure mit der Säuregruppe der anderen verbindet, aber man war sich nicht sicher.

Im Jahr 1907 entwickelte jedoch Fischer, der bereits die Struktur von Zuckermolekülen erforscht hatte (vgl. 1884), ein chemisches Verfahren, bei dem gewährleistet war, daß sich die Aminogruppe einer Aminosäure mit der Säuregruppe einer anderen verband. Er machte so lange weiter, bis er eine Kette aus achtzehn Aminosäuren hatte.

Er verglich eine solche Kette mit anderen Ketten, die beim Abbau von Proteinmolekülen durch Verdauungsenzyme entstehen. So entstandene Teile von Proteinmolekülen nennt man *Peptide,* nach dem griechischen Wort für »verdauen«. Fischer stellte fest, daß seine *synthetischen Peptide* alle wichtigen Eigenschaften aufwiesen, die auch die aus Protein gewonnenen natürlichen Peptide hatten. Und tatsächlich konnten auch die synthetischen Peptide von Verdauungsenzymen abgebaut werden.

Die Struktur des Proteinmoleküls war nun im Prinzip bekannt. Jetzt mußte nur noch die genaue Anordnung der Aminosäuren in bestimmten Proteinmolekülen ermittelt werden, aber das geschah erst ein halbes Jahrhundert später.

Chemotherapie

Schon die Alchimisten des Mittelalters hatten versucht, Krankheiten durch verschiedene Chemikalien zu heilen. Doch wirklich erfolgreich waren sie damit nicht (wenn man einmal von gelegentlichen Zufallstreffern absieht), denn sie kannten die Krankheitsursachen nicht und hatten kein Verfahren, mit dem sie bestimmte Chemikalien vor der Anwendung auf rationale Weise hätten testen können. Ihre Heilpraktiken wurden deshalb größtenteils aufgegeben.

Der deutsche Bakteriologe Paul Ehrlich (1854–1915) griff die Idee chemischer Heilverfahren wieder auf (er prägte in diesem Zusammenhang den Begriff *Chemotherapie).* Aber natürlich konnte er aus einem ganz anderen Wissensvorrat schöpfen. So wußte man beispielsweise dank Flemmings Arbeit (vgl. 1882), daß synthetische Farbstoffe sich nur mit manchen Zellteilen verbinden und mit anderen nicht und daß sie manche Zellen stärker schädigen als andere. Ehrlich kam nun auf die Idee, nach einem Farbstoff zu suchen, der sich zwar mit einem pathogenen Organismus verband, nicht aber mit menschlichen Zellen. Dieser Farbstoff sollte wie eine »magische Kugel« wirken und den Krankheitserreger abtöten, ohne dem Patienten ernsthaften Schaden zuzufügen.

1907 hatte Ehrlich einen Farbstoff namens *Trypanrot* gefunden, der sich mit Trypanoso-

men verband und sie abtötete; Trypanosomen sind eine Protozoenart, die die Schlafkrankheit verursacht. Trypanrot war also ein potentielles Heilmittel gegen diese Krankheit.
Für seine Entwicklung der Chemotherapie erhielt Ehrlich 1908 anteilig den Nobelpreis für Medizin und Physiologie.

Fruchtfliegen

Mendel hatte die Vererbungsgesetze an Erbsenpflanzen erforscht (vgl. 1865), und Bateson hatte festgestellt, daß diese Gesetze auch für Tiere gelten (vgl. 1902). Im großen und ganzen ist es aber viel schwieriger, mit Tieren zu arbeiten als mit Pflanzen.
Im Jahr 1907 beschäftigte sich der amerikanische Genetiker Thomas Hunt Morgan (1866–1954) jedoch mit einem kleinen Insekt namens *Drosophila* oder *Fruchtfliege.* Diese Insekten haben nur vier Chromosomenpaare pro Zelle, sind leicht zu füttern und pflanzen sich schnell und in kurzen Zeitabständen fort. Bei seinen Forschungen entdeckte Morgan, daß bestimmte Merkmale miteinander gekoppelt waren und zusammen vererbt wurden, daß die Koppelung jedoch nicht immer erfolgte. Es kam immer wieder vor, daß zwei Merkmale, die bis dahin stets gemeinsam vererbt worden waren, plötzlich getrennt vererbt wurden. Morgan konnte nachweisen, daß dieses Phänomen damit zusammenhing, daß Chromosomen manchmal Teile miteinander austauschten, so daß zwei Merkmale, die sich früher auf einem Chromosom befunden hatten, jetzt durch verschiedene Chromosomen vererbt wurden.
Die Arbeit mit Fruchtfliegen beschleunigte die Erforschung genetischer Mechanismen beträchtlich. Morgan erhielt deshalb 1933 den Nobelpreis für Medizin und Physiologie.

Tierische Gewebekulturen

Es war zwar schwierig, am lebenden Tier zu forschen, aber vielleicht war es möglich, kleine Gewebeproben isoliert am Leben zu halten und wachsen zu lassen, und auf diese Art das Wachstum, die Entwicklung und die Funktionen von Zellen zu studieren sowie Veränderungen in ihrem Aufbau zu beobachten. Vielleicht eröffnete diese Methode sogar die Möglichkeit, Mikroorganismen zu kultivieren und zu erforschen, die auf anderen Nährböden nicht gediehen.
Der erste Wissenschaftler, der Gewebe erfolgreich im Reagenzglas (in vitro) kultivierte, war der amerikanische Zoologe Ross Granville Harrison (1870–1959). Er kultivierte Kaulquappengewebe und entdeckte, daß es Nervenfasern bildete. Es studierte die protoplasmischen Bewegungen in den Fasern und legte damit den Grundstein für spätere Forschungen auf dem Gebiet der Neurophysiologie.

Konditionierter Reflex

Die Produktion von Speichel beim Anblick von Nahrung ist ein *unkonditionierter Reflex.* Er beruht auf dem Aufbau des Nervensystems, mit dem ein Organismus geboren wird. Im Jahr 1907 ging Pawlow (vgl. 1902) der Frage nach, ob man ein solches angeborenes Reaktionsmuster mit einem neuen überlagern kann:
Ein hungriger Hund produziert Speichel, wenn man ihm Futter zeigt. Wenn man nun jedesmal, wenn man ihm Futter zeigt, eine Glocke läutet, produziert er schließlich auch dann Speichel, wenn nur die Glocke ertönt und kein Futter verabreicht wird. Der Hund hat den Glockenton mit dem Anblick von Futter verbunden und reagiert auf ihn ebenso wie auf Futter. Ein solches Verhalten wird als *konditionierter Reflex* bezeichnet.
Untersuchungen über den konditionierten Reflex haben zu der Ansicht geführt, daß ein Gutteil des Lernens und der Entwicklung von Verhaltensmustern auf verschiedensten konditionierten Reflexen beruht, die im Lauf des Lebens erworben werden.

Raumzeit

Einsteins Theorie der speziellen Relativität (vgl. 1905) zwang viele Physiker, ihre Vorstellung vom Universum neu zu überdenken. Denn Einsteins Arbeit hatte deutlich gemacht, daß die Vorstellung von einem gewöhnlichen dreidimensionalen Universum nicht mehr haltbar war.
Der in Rußland geborene deutsche Mathematiker Hermann Minkowski (1864–1909) veröffentlichte 1907 *Raum und Zeit*. In diesem Werk bewies er, daß die Zeit im Rahmen der Relativitätstheorie als eine Art vierte Dimension betrachtet werden muß (die mathematisch allerdings etwas anders behandelt wird als die drei räumlichen Dimensionen). Weder Zeit noch Raum existieren laut Minkowski getrennt voneinander, so daß das Universum eine kombinierte *Raumzeit* besitzt.
Einstein übernahm diesen Gedanken bei der Weiterentwicklung seiner Theorien, als er versuchte, sie auf die beschleunigte Bewegung auszudehnen, um auch die Wechselwirkungen der Schwerkraft zu erfassen.

Nachtrag

Großbritannien, das mit zunehmender Besorgnis beobachtete, wie Deutschland zu Land und zur See immer stärker wurde, suchte nach weiteren Verbündeten. Am 31. August 1907 vereinbarte es mit Rußland ein *rapprochement* (französisch für »Versöhnung«).
Europa war jetzt militärisch in zwei ungefähr gleich starke Lager gespalten. Der *Triple Entente* (Großbritannien, Frankreich und Rußland) auf der einen Seite stand der *Dreibund* (Deutschland, Österreich-Ungarn und Italien) auf der anderen gegenüber. Das Pulverfaß war da, es fehlte nur noch der Funke.
Nach dem Tod von Oskar II. von Schweden (1829–1907), der seit 1872 geherrscht hatte, bestieg dessen Sohn als Gustav V. (1858–1950) den Thron.

1908

Atomgröße

Einstein hatte eine Gleichung entwickelt, mit der man aus der Brownschen Molekularbewegung (vgl. 1905) die Größe von Atomen und Molekülen berechnen konnte. Perrin hatte nachgewiesen, daß Kathodenstrahlen aus negativ geladenen Teilchen bestehen (vgl. 1895), und ging 1908 daran, die Gleichung Einsteins anzuwenden.
Er zählte durch ein Mikroskop die Anzahl kleiner Kunstharzteilchen, die in unterschiedlicher Höhe in Wasser schwebten. Daß sie überhaupt schwebten, war das Ergebnis der Zusammenstöße mit Wassermolekülen – mit anderen Worten, das Ergebnis der Brownschen Molekularbewegung. Gestützt auf seine Beobachtungen, konnte Perrin mittels Einsteins Gleichung seine Berechnungen anstellen.
Zum ersten Mal leitete er die ungefähre Größe von Atomen aus realen Beobachtungen ab. Die Atome hatten, wie sich herausstellte, einen Durchmesser von etwa einem hundertmillionstel Zentimeter. Oder anders ausgedrückt: 100 000 000 Atome hätten nebeneinandergelegt eine Länge von einem Zentimeter ergeben.
Dies war der endgültige Beweis, daß Atome tatsächlich exististieren und *nicht* nur eine bequeme Hypothese zur Vereinfachung chemischer Berechnungen waren.

Heliumverflüssigung

Es war nun zehn Jahre her, daß Dewar Wasserstoff verflüssigt hatte (vgl. 1898). Das einzige Gas, das man immer noch nicht verflüssigt hatte, war Helium.
Im Jahr 1908 wandte sich der niederländische Physiker Heike Kamerlingh Onnes (1853–1926) dieser Aufgabe zu. Er baute ein kompliziertes Gerät, in dem Helium durch die

Verdampfung von flüssigem Wasserstoff gekühlt wurde. Wenn das Helium unter hohem Druck eine sehr niedrige Temperatur erreicht hatte, wurde der Druck vermindert, und es kühlte durch die Ausdehnung noch mehr ab. Auf diese Weise sammelte sich schließlich flüssiges Helium in einer Flasche, die sich in einer weiteren Flasche mit flüssigem Wasserstoff befand, die wiederum von einer Flasche mit flüssiger Luft umgeben war – damit das Helium nur sehr langsam Wärme aufnehmen und verdampfen konnte.

Wie sich herausstellte, wurde Helium erst bei einer Temperatur von nur vier Grad über dem absoluten Nullpunkt flüssig. Kamerling Onnes ließ ein wenig Helium verdampfen und erreichte dadurch eine Temperatur von 0,8 Grad über dem absoluten Nullpunkt, aber selbst bei dieser Temperatur wurde das Helium nicht fest.

Für die Verflüssigung von Helium erhielt Kamerlingh Onnes 1913 den Nobelpreis für Physik.

Geigerzähler

Rutherford, der erst kürzlich auf den Zusammenhang zwischen Heliumatomen und Alphapartikeln hingewiesen (vgl. 1906) hatte, beschäftigte sich intensiv mit den energiereichen Teilchen, die von radioaktiven Stoffen emittiert wurden. Die Arbeit wurde ihm durch die Erfindung eines Geräts erleichtert, mit dem man solche Partikel nachweisen und schließlich auch zählen konnte.

Der Erfinder war Rutherfords Assistent Geiger (vgl. 1906). Er stellte 1908 die erste, noch ziemlich primitive Version eines solchen Geräts her. Im Prinzip besteht das Gerät aus einem gasgefüllten Zylinder, an den eine relativ hohe Spannung angelegt wird, die jedoch nicht ganz ausreicht, um den Widerstand des Gases zu überwinden und sich durch einen Funken zu entladen.

Wenn nun ein hochenergetisches subatomares Teilchen in den Zylinder eindringt, bricht es aus einem Gasmolekül Elektronen heraus, und aus dem Molekül wird ein positiv geladenes Ion, das von der negativ geladenen Kathode stark angezogen wird. Dabei produziert das Ion durch Kollisionen weitere Ionen und diese wiederum andere. Kurz gesagt, ein einziges subatomares Teilchen löst bei seinem Eintritt eine starke Ionisierung aus, die zu einer momentanen elektrischen Entladung führt und als klickendes Geräusch hörbar gemacht werden kann. Das Klicken eines solchen *Geigerzählers* liefert uns Informationen, die uns unsere Sinne nicht geben können.

Magnetfeld der Sonnenflecken

Schon seit etwa drei Jahrhunderten hatten Astronomen Sonnenflecken beobachtet, sie gezählt und festgestellt, daß ihre Zahl zyklisch zu- und abnahm. Doch sie hatten nicht mehr über sie gewußt, als sie sehen konnten. Hale, der den Spektroheliographen (vgl. 1890) erfunden und den Bau des 1–Meter-Refraktors geleitet hatte (vgl. 1897), gelang es, diesen Zustand zu ändern.

Im Jahr 1908 bewies er, daß das Spektrum der Sonnenflecken einen Zeeman-Effekt (vgl. 1896) zeigte, was vermuten ließ, daß sie einem starken elektromagnetischen Feld ausgesetzt waren. Es war das erste Mal, daß ein solches Feld bei einem Himmelskörper entdeckt wurde.

Rickettsia

Der amerikanische Pathologe Howard Taylor Ricketts (1871–1910) untersuchte die schwere Krankheit Rocky-Mountain-Fleckfieber. Er hatte bereits 1906 nachgewiesen, daß sie von Schildzecken übertragen wird.

Im Jahr 1908 identifizierte er schließlich den Erreger: Er glich einem kleinen, einzelligen Bakterium. Doch es handelte sich nicht um eine vollständige Zelle, die selbständig hätte überleben und wachsen können. Offensichtlich fehlten dem Erreger einige wichtige Merkmale lebender Zellen. Wie ein Virus

konnte er nur innerhalb einer Zelle wachsen, wo er sich der zellulären Mechanismen bediente, um seine eigenen Mängel auszugleichen.
Erreger dieser Art wurden zu Ehren ihres Entdeckers *Rickettsia* genannt. Sie stellen ein Zwischenglied zwischen Viren und Bakterien dar.

Fließbandproduktion

In den ersten zwanzig Jahren seiner Existenz war das Automobil stark verbessert und in immer größeren Stückzahlen hergestellt worden. Es war jedoch im großen und ganzen ein Spielzeug der Reichen geblieben, ähnlich wie es heute Jachten sind.
Der Mann, der das änderte, war der amerikanische Industrielle Henry Ford (1863–1947). Er hatte 1893 sein erstes Auto gebaut und 1899 eine Automobilfabrik gegründet. Er wollte Autos in *Massenproduktion* herstellen und sie auch für Amerikaner aus dem Mittelstand erschwinglich machen.
Im Jahr 1908 hatte er die entscheidende Idee: Er zerlegte den Fertigungsprozeß in kleine Schritte, die jeweils von einem Arbeiter ausgeführt werden konnten. Ein Fließband beförderte das künftige Auto nacheinander zu verschiedenen Arbeitern, die alle notwendigen Werkzeuge und Autoteile in Reichweite hatten und immer nur den ihnen zugeteilten Arbeitsschritt ausführten. Was vorn auf das Band gesetzt wurde, war das bloße Skelett eines Autos, was hinten vom Band rollte, war ein komplettes, betriebsbereites Automobil, das sogar bereits aufgetankt war, damit man es wegfahren konnte.
Ford produzierte eine Serie von Modellen, die er mit Buchstaben aus dem Alphabet kennzeichnete, und wählte schließlich das *Model T* für die Massenproduktion aus. Schon zu Anfang kostete es nur 950 Dollar, und der Preis fiel in den folgenden Jahren noch, bis er einen Tiefstand von 290 Dollar erreicht hatte. Zum ersten Mal konnte sich nun auch der Durchschnittsbürger ein Auto leisten. Das Automobilzeitalter war angebrochen.

Haber-Bosch-Verfahren

Stickstoff ist sowohl für das Leben als auch für die Herstellung von Sprengstoffen unverzichtbar. Hellriegel hatte entdeckt, daß Leguminosen atmosphärischen Stickstoff binden und den Boden fruchtbar halten konnten (vgl. 1896), aber dies war ein langsamer Prozeß, der nicht soviel Stickstoff lieferte, wie eine Kriegswirtschaft für die Herstellung von Sprengstoffen brauchte.
Stickstoff in seiner verwertbarsten Form kommt als *Nitrat* im Boden vor. Nitrate sind begehrte Rohstoffe zur Herstellung von Kunstdünger und Sprengstoffen. Sie sind jedoch alle wasserlöslich und werden vom Regen ausgewaschen. Große Nitratvorkommen finden sich deshalb vor allem in Wüstengebieten wie etwa in Nordchile.
In Deutschland ahnte man, daß es mit Großbritannien Krieg geben würde, und es war klar, daß die Briten, die die Weltmeere kontrollierten, im Kriegsfall den Import chilenischer Nitrate verhindern würden. Dies hätte Deutschlands Fähigkeit, einen langwierigen Krieg zu führen, erheblich beeinträchtigt. Deshalb wurden die deutschen Chemiker angehalten, alternative Nitratquellen zu erschließen.
Der deutsche Chemiker Fritz Haber (1868–1934) suchte nach einem Weg, atmosphärischen Stickstoff im Labor zu binden. Er entdeckte, daß er Ammoniak herstellen konnte, wenn er eine Mischung von Stickstoff und Wasserstoff mit Eisen als Katalysator unter hohen Druck setzte. Aus Ammoniak ließ sich leicht Nitrat gewinnen. Bis 1908 hatte Haber sein Verfahren perfektioniert und seiner Regierung gewissermaßen eine hausgemachte Nitratquelle erschlossen, die den begehrten Rohstoff zu erschwinglichen Preisen lieferte.
Der von Haber entwickelte und später von Bosch zur Produktionsreife gebrachte Prozeß ermöglichte es Deutschland – leider, muß man sagen –, langwierige Kriege zu führen.

Nachtrag

Der Niedergang des Osmanischen Reichs setzte sich fort: Bulgarien erklärte 1908 seine Unabhängigkeit. Kreta schloß sich Griechenland an. Österreich-Ungarn annektierte Bosnien und die Herzegowina im Nordwesten des Balkans. Der Türkei war von ihrem europäischen Territorium nur noch ein schmaler Streifen geblieben, der sich von Konstantinopel nach Westen bis an die Adria erstreckte. Empört über diese Demütigung der Türkei, zwang die revolutionäre Gruppe der *Jungtürken* den türkischen Sultan Abd Al Hamid II. (1842–1918), eine Verfassung auszuarbeiten und ein Parlament einzurichten.
In Zentralsibirien wurde am 30. Juni beim verheerendsten Meteoriteneinschlag seit Menschengedenken eine Rentierherde getötet. Sämtliche Bäume im Umkreis von mehreren Kilometern wurden entwurzelt. Es war reiner Zufall, daß bei dem Einschlag kein einziger Mensch ums Leben kam und daß der Meteor nicht ins Meer stürzte und eine katastrophale Flutwelle auslöste. Da nie ein Krater gefunden wurde, dürfte es sich um einen kleinen Kometen gehandelt haben, dessen gefrorene Substanzen explodiert waren, bevor er den Boden ganz erreicht hatte.
Die Einwohnerzahl von New York stieg auf 4,4 Millionen.

1909

Syphilis

Ehrlich hatte den Nobelpreis für die Entdekkung einer chemischen Substanz erhalten, die Trypanosomen abtötete und vielleicht als Medikament gegen die Schlafkrankheit eingesetzt werden konnte (vgl. 1907). Das Therapeutikum enthielt Stickstoff, und Ehrlich kam auf den Gedanken, den Stickstoff durch das ähnliche, aber viel giftigere Element Arsen zu ersetzen, um seine chemotherapeutischen Wirkung zu verstärken.
Er probierte sämtliche Arsenverbindungen aus, die er bekommen oder synthetisieren konnte. Die 606. Verbindung nannte er *Salvarsan.* Ihre Wirkung auf Trypanosomen war wenig vielversprechend, aber 1909 entdeckte ein Assistent Ehrlichs, daß sie gegen Spirochäten wirksam war, die Erreger der Syphilis. Syphilis war seit Jahrhunderten eine gefürchtete Krankheit, nicht zuletzt deshalb, weil sie durch Geschlechtsverkehr übertragen wurde. Sie galt als Schande, und ihre bloße Erwähnung verstieß gegen die Regeln des Anstands – eine Tatsache, die ihrer Verbreitung eher förderlich war.
Mit Hilfe von Salvarsan konnte die Syphilisrate in England und den Vereinigten Staaten innerhalb von fünf Jahren um die Hälfte gesenkt werden. Freilich fehlte es nicht an Moralaposteln, die das neue Medikament als Teufelswerk verwarfen, weil es die Angst vor den gesundheitlichen Folgen eines »unmoralischen« Lebenswandels verminderte.

Typhus

Typhus war eine ansteckende Krankheit mit hoher Sterblichkeitsrate, die periodisch als Epidemie in Erscheinung trat.
In Tunis fiel dem französischen Arzt Charles Jean Henri Nicolle (1866–1936) auf, daß Typhus außerhalb der Krankenhäuser sehr ansteckend war, in den Krankenhäusern selbst aber sehr selten Ansteckungen vorkamen. Irgend etwas mußte mit den Patienten bei der Ankunft im Krankenhaus passieren, und Nicolle überlegte, ob es nicht vielleicht der Umstand war, daß sie nach der Aufnahme gewaschen und in saubere Krankenhauskleidung gesteckt wurden.
Nicolle kam zu dem Schluß, daß des Rätsels Lösung in den alten Kleidern zu finden sein mußte, und verdächtigte die Menschenlaus, die Krankheit zu übertragen. Die Menschenlaus tritt überall dort auf, wo Menschen keine

Möglichkeit haben, sich und ihre Kleidung regelmäßig zu waschen.
Im Jahre 1909 hatte sich sein Verdacht bestätigt. Die Laus übertrug die Krankheit, indem sie zunächst Typhuskranke und anschließend gesunde Personen biß. Um die Krankheit einzudämmen, mußte man also eine praktikable Möglichkeit finden, die Läuse dort zu bekämpfen, wo es aus verschiedenen Gründen nicht möglich war, sich häufig zu waschen. Ein solches Mittel wurde jedoch erst etwa dreißig Jahre später gefunden.

Ribose

Kossel hatte die stickstoffhaltigen Basen der Nukleinsäure isoliert (vgl. 1885), war aber nicht weitergekommen. Es war jedoch klar, daß die Basen nicht der einzige Baustein des Moleküls waren.
Im Jahr 1909 extrahierte der in Rußland geborene amerikanische Chemiker Phoebus Aaron Theodore Levene (1869–1940) einen Zucker aus einer Nukleinsäure und identifizierte ihn als *Ribose.* Es handelte sich um ein Molekül mit fünf Kohlenstoffatomen. Nicht alle Nukleinsäuremoleküle enthalten einen Ribose-Baustein, aber diejenigen, die einen haben, erhielten den Namen *Ribonukleinsäuren,* der meist mit *RNA* abgekürzt wird.
Der Zucker-Baustein in den Nukleinsäuren, der keine Ribose war, wurde erst zwanzig Jahre später identifiziert.

Gene

Morgan hatte bei seiner Arbeit mit Fruchtfliegen festgestellt, daß Chromosomen Ketten von Erbeinheiten trugen (vgl. 1907). Da es nur von Vorteil sein konnte, wenn man diesen Einheiten einen präzisen Namen gab, schlug der dänische Botaniker Wilhelm Ludvig Johannsen (1857–1927) im Jahr 1909 vor, sie *Gene* zu nennen. Der Vorschlag wurde angenommen.

Wolfram-Glühdraht

Edison hatte für seine Glühlampe (vgl. 1879) Glühfäden aus Kohle benutzt. Diese waren spröde, schwer zu verarbeiten und hatten nur eine kurze Lebensdauer. Ein Glühdraht aus Metall wäre natürlich besser gewesen. Das Problem war nur, daß ein solcher Draht Temperaturen bis 3 000°C aushalten mußte. Das bedeutete, daß man ein Metall mit einem hohen Schmelzpunkt brauchte, aber solche Metalle waren meist teuer oder schwer zu Drähten zu ziehen oder beides.
Das Metall mit dem höchsten Schmelzpunkt ist Wolfram. Es liegt bei etwa 3 410°C. Wolfram ist nicht sonderlich teuer, aber sehr spröde. Doch im Jahr 1909 gelang es dem amerikanischen Physiker William David Coolidge (1873–1975), ein Verfahren zu entwikkeln, mit dem man feine Drähte aus Wolfram ziehen konnte.
In der Folgezeit wurden alle Glühlampen, Radioröhren und ähnliche Dinge mit Glühdrähten aus Wolfram ausgestattet. Glühlampen hatten nun eine wesentlich längere Lebensdauer, auch wenn sie noch einiger Verbesserungen bedurften.

Bakelit

Hyatt hatte mit dem Zelluloid den ersten wichtigen Kunststoff entwickelt (vgl. 1869), doch in den vierzig Jahren seit seiner Einführung hatten keine weiteren Kunststoffe den Markt überschwemmt, wie mancher vielleicht erwarten würde.
Das eigentliche Kunstoffzeitalter läutete der in Belgien geborene amerikanische Chemiker Leo Hendrik Baekeland (1863–1944) ein.
In der organischen Chemie kam es oft vor, daß chemische Geräte durch harte, teerige Rückstände, die sich nicht mehr entfernen ließen, unbrauchbar wurden. Baekeland suchte nach einem Lösungsmittel, um sie zu entfernen. Zu diesem Zweck ließ er absichtlich Phenol mit Formaldehyd reagieren und suchte

dann nach einem Lösungsmittel. Er fand keines.
Da kam ihm der Gedanke, daß ein Stoff, der gegen Lösungsmittel derartig resistent war, vielleicht selbst einer nützlichen Verwendung zugeführt werden konnte, reaktionsträge, widerstandsfähig und billig, wie er war. Also konzentrierte sich Baekeland darauf, die harzartige Masse zu verbessern und noch härter zu machen. Als er die richtige Temperatur und den richtigen Druck gefunden hatte, erhielt er eine Flüssigkeit, die sich verfestigte und die Form des Gefäßes annahm, in dem sie sich befand. In festem Zustand war der Stoff hart, nicht wasserlöslich, resistent gegen Lösungsmittel und ein elektrischer Isolator. Doch er ließ sich problemlos schneiden und maschinell verarbeiten.
Im Jahr 1909 brachte Baekeland seinen Stoff (den er nach sich selbst *Bakelit* genannt hatte) auf den Markt. Bakelit war der erste *warmhärtende Kunststoff*, das heißt, es wurde nicht mehr weich, nachdem es einmal fest geworden war. Bis heute hat es viele nützliche Anwendungen gefunden. Seine Erfindung war der Auslöser für die Entwicklung der modernen Kunststoffe.

Mohorovicic-Diskontinuität

Als 1909 der Balkan von einem Erdbeben heimgesucht wurde, untersuchte der kroatische Geologe Andrija Mohorovicic (1857–1936) die Wellen, die sich dabei durch die Erdkruste bewegten. Er fand heraus, daß Wellen, die sich tiefer unter der Erde bewegten, früher ankamen, als solche, die der Erdoberfläche folgten.
Mohorovicic folgerte daraus, daß sich unter der äußersten Erdkruste eine härtere Schicht befinden mußte, in der sich die Erdbebenwellen schneller bewegten. Außerdem schienen die beiden Schichten nicht allmählich ineinander überzugehen, sondern scharf voneinander getrennt zu sein. Dieses Phänomen wurde die *Mohorovicic-Diskontinuität* genannt.
Das war der erste Hinweis darauf, daß die Erde aus mehr als einer Schicht besteht und daß diese Schichten sehr verschiedene Eigenschaften aufweisen.

Nordpol

Seit dreihundert Jahre zuvor die Suche nach der Nordwestpassage eingesetzt hatte, war der Nordpol ein Ziel der Entdecker geblieben, aber bis zum Beginn des 20. Jahrhunderts war es niemandem gelungen, die Eismassen zu überwinden.
Erst der amerikanische Entdecker Robert Edwin Peary (1856–1920) hatte Erfolg. Er begann 1886 mit einer genauen Erkundung Grönlands und erforschte 1891 dessen Nordküste (sie ist relativ eisfrei und erhielt zu seinen Ehren den Namen *Peary Land*). Er wies nach, daß Grönland eine Insel ist und sich nicht bis zum Nordpol erstreckt, obwohl der Norden Grönlands näher am Nordpol liegt als irgendeine andere Landmasse.
Im Jahr 1909 organisierte Peary eine aufwendige Expedition. Alle Mitglieder der Expedition kehrten in vorher festgelegten Abständen um, so daß am Ende nur Peary und sein schwarzer Begleiter Matthew Alexander Henson (1866–1955) übrigblieben. Am 6. April 1909 erreichten sie nach einer letzten Anstrengung den Nordpol.
Bis heute ist umstritten, ob Peary den Pol tatsächlich als erster erreicht hat. Frederick Albert Cook (1865–1940), ein früherer Mitarbeiter Pearys, behauptete nämlich, er habe den Pol bereits 1908 erreicht. Die Kontroverse ist nie geklärt worden und wird vermutlich auch nie endgültig geklärt werden können. Jedenfalls geht man allgemein davon aus, daß Peary der erste war.

Nachtrag

Am 26. April 1909 wurde der türkische Sultan Abd Al Hamid II. zur Abdankung gezwungen. Nachfolger wurde sein Bruder Muhammad V. (1844–1918).

1910

Neonlicht

Anfang 1910 gelang es dem französischen Chemiker Georges Claude (1870–1960) erstmals, durch elektrische Entladungen in Edelgasen Licht zu erzeugen. Am spektakulärsten war das rote Licht, das auf diese Weise in Neon entstand. Deshalb setzte sich für Licht, das mit Hilfe von Edelgasen erzeugt wird, allgemein der Name *Neonlicht* durch.
Die Tatsache, daß mit Edelgasen gefüllte Röhren in jede beliebige Form gebracht werden konnten – so daß sie beispielweise Buchstaben und Wörter bildeten –, führte automatisch dazu, daß sie in der Lichtreklame die normalen Glühbirnen ersetzten.

Geschlechtsgebundene Merkmale

Im Jahr 1910 entdeckte Morgan, der noch immer mit Fruchtfliegen arbeitete (vgl. 1907), ein weißäugiges männliches Exemplar unter einer Masse gewöhnlicher rotäugiger Fliegen. Es handelte sich um eine Mutation, wie sie De Vries bereits bei Pflanzen beobachtet hatte (vgl. 1900).
Morgan kreuzte das weißäugige Männchen mit einem rotäugigen Weibchen: Die gesamte Nachkommenschaft war rotäugig (rot war dominant). In der nächsten Generation gab es jedoch sowohl weiß- als auch rotäugige Fliegen, und alle weißäugigen Exemplare waren Männchen.
Damit waren zum ersten Mal *geschlechtsgebundene Merkmale* festgestellt worden. Das bedeutete, daß die Chromosomen der Männchen und der Weibchen Unterschiede aufwiesen, die dadurch zustande kommen, daß nicht alle Chromosomen aus perfekten Paaren bestehen. In diesem Fall hatte nur die weibliche Fruchtfliege ein echtes Paar (zwei X-Chromosomen), während das Männchen nur ein echtes X-Chromosom und einen Stummel (ein Y-Chromosom) hatte. Das Gen »weißäugig« auf einem weiblichen X-Chromosom konnte durch das Gen »rotäugig« auf dem anderen X-Chromosom unterdrückt werden, während das Gen »weißäugig« auf dem männlichen X-Chromosom kein dominantes Gegenstück auf dem stummelartigen Y-Chromosom hatte.
Die menschlichen Chromosomenpaare bei Mann und Frau zeigen eine ähnliche Differenzierung.

Mathematik und Logik

Russell (vgl. 1902) und der britische Mathematiker Alfred North Whitehead (1861–1947) arbeiteten gemeinsam an einem monumentalen dreibändigen Werk mit dem Titel *Principia Mathematica,* dessen erster Band 1910 erschien. Es stellte einen weiteren Versuch dar, die Mathematik als einen Zweig der Logik zu etablieren, in dem alle mathematischen Begriffe logisch definiert und alle mathematischen Sätze rein logisch begründet wurden. Das Werk war der erfolgreichste Versuch, der je in dieser Richtung gemacht wurde.

Nachtrag

In Großbritannien starb König Edward VII. (1841–1910). Sein Sohn bestieg als George V. (1865–1936) den Thron. Im Süden des Britischen Empires wurde am 31. Mai 1910 die Südafrikanische Union gegründet, die Briten und Buren in einem faktisch unabhängigen Dominion vereinte. Der erste Premierminister war Louis Botha (1862–1919). Er hatte im Burenkrieg auf der burischen Seite gekämpft. Auf dem Balkan verlor die Türkei an Einfluß, als sich die kleine Nation Montenegro im Norden Albaniens am 28. August 1910 für unabhängig erklärte. Eine Revolte in Albanien wurde dagegen von der türkischen Regierung niedergeschlagen.
In Portugal setzte eine Revolution der fast acht Jahrhunderte alten Monarchie ein Ende. In Asien setzte Japan seine Expansionspolitik

fort und annektierte am 22. August 1910 Korea.
Der Halleysche Komet näherte sich wieder der Erde, nachdem er die Sonne umrundet hatte (es war seine dritte Wiederkehr seit Halleys Voraussage – vgl. 1705). Sein Schweif hüllte die Erde ein, was vorher große Befürchtungen ausgelöst hatte, aber der Schweif ist so dünn, daß es keinerlei Auswirkungen gab.

1911

Atomstruktur

Rutherford hatte bereits vor einigen Jahren Folien mit Alphateilchen beschossen (vgl. 1906), in der Annahme, daß die Teilchen, wenn sie die Schirme passierten, durch deren Atome abgelenkt und zerstreut werden würden. Aus der Art der Ablenkung erhoffte Rutherford Aufschlüsse über die Atomstruktur.
Im Jahr 1908 beschoß er eine nur 0,00005 Zentimeter dicke Goldfolie mit Alphateilchen. Die meisten Teilchen passierten die Folie, ohne irgendwie beeinflußt oder abgelenkt zu werden, und hinterließen auf der hinter der Folie angebrachten fotografischen Platte ihre Spur. Da die Goldbarriere immerhin zweitausend Atome dick war und dennoch von fast allen Alphateilchen durchdrungen wurde, ohne daß diese ihre Richtung änderten, lag die Vermutung nahe, daß Atome größtenteils aus leerem Raum bestehen. Einige Alphateilchen *wurden* jedoch abgelenkt und markierten die fotografische Platte in einer gewissen Entfernung von dem zentralen Punkt, an dem der Hauptstrom der Teilchen auftraf. Bei einigen war der Ablenkungswinkel sogar ziemlich groß.
Das bedeutete, daß ein Teil des Atoms über eine beträchtliche Masse verfügen muß. Und aus der Tatsache, daß nur so wenige Alphateilchen abgelenkt worden waren, konnte geschlossen werden, daß dieser Teil einen sehr kleinen Teil des Gesamtatoms ausmachte.
Bis 1911 hatte Rutherford genügend Beweise gesammelt, um seine Theorie des Atomkerns vorzulegen. Wie es schien, war praktisch die gesamte Masse des Atoms in einem kleinen, positiv geladenen *Atomkern* konzentriert (dessen Durchmesser, wie wir heute wissen, nur 1/100 000 des Gesamtdurchmessers beträgt). Die äußeren Bereiche des Atoms enthalten genügend Elektronen mit je einer negativen Ladung, um die positive Ladung des Kerns zu neutralisieren, deshalb ist das Atom als ganzes elektrisch neutral.
Rutherfords Theorie setzte sich schnell durch, denn sie beantwortete wichtige Fragen. Beispielsweise konnte nun der Zusammenhang zwischen Alphateilchen und Helium erklärt werden. Die Alphateilchen waren keine Heliumatome, sondern Helium*kerne*. Aus diesem Grund waren sie elektrisch geladen und hatten dank ihrer subatomaren Größe eine Durchdringungsfähigkeit.

Nebelkammer

Seit Becquerel die Radioaktivität entdeckt hatte (vgl. 1896), wurden immer mehr Experimente mit schnellen subatomaren Teilchen durchgeführt. Deshalb brauchte man Geräte, die Informationen über diese Teilchen liefern konnten. Der Geigerzähler (vgl. 1908) konnte zwar ihr Vorhandensein registrieren, das allein genügte aber nicht.
Der schottische Physiker Charles Thomson Rees Wilson (1869–1959) hatte sich der Erforschung der Wolken gewidmet und arbeitete nun daran, im Labor kleine künstliche Wolken zu erzeugen.
Im Jahr 1896 hatte er feuchte Luft in einem Behälter dazu gebracht, sich auszudehnen. Durch die Expansion kühlte die Luft ab. Ein Teil der Feuchtigkeit kondensierte und bildete eine kleine Wolke aus Wassertröpfchen. Wilson stellte bei diesen Versuchen fest, daß die Bildung von Wassertröpfchen, also von Wolken, durch die Anwesenheit von Staub oder Ionen gefördert wurde.
Schließlich fiel Wilson ein, daß energiereiche

Strahlung Ionen produzierte, wenn ihre Teilchen durch die Atmosphäre schossen. Er stellte staubfreie Luft her, die exakt so feucht war, daß sie im expandierten Behälter nur deshalb nicht kondensierte, weil den Wassertröpfchen die Kondensationskerne fehlten.
Wenn nun ein energiereiches Teilchen den Behälter passierte, bildeten sich Wassertröpfchen um die Ionen, die das Teilchen auf seinem Weg durch die Kammer produzierte. Es war also nicht nur möglich, das Teilchen als solches zu registrieren, sondern auch seine Bahn zu verfolgen. Wenn man die *Nebelkammer* dem Einfluß eines Magnetfelds aussetzte, dann ließen sich aus der Krümmung der Teilchenbahn auch Rückschlüsse auf die elektrische Ladung und die Masse des Teilchens ziehen. Außerdem konnte man in der Kammer auch Kollisionen zwischen Teilchen und Molekülen oder zwischen Teilchen untereinander beobachten. Und man konnte feststellen, was vor und nach der Kollision passierte.
Bis 1911 hatte Wilson seine Nebelkammer so perfektioniert, daß sie binnen kurzer Zeit zu einem wichtigen Hilfsmittel der Nuklearforschung wurde. Im Jahr 1927 erhielt Wilson für seine Arbeit den Nobelpreis für Physik.

Elektrische Elementarladung

Thomson hatte das Ladung-Masse-Verhältnis bei Elektronen berechnet und mit dem bei gewöhnlichen Ionen verglichen (vgl. 1897). Die absolute Größe der elektrischen Ladung war jedoch noch nicht bekannt.
Der amerikanische Physiker Robert Andrews Millikan (1868–1953) nahm das Problem in Angriff: Er hatte seit 1906 Versuche mit elektrisch geladenen Wassertröpfchen angestellt, die im Spannungsfeld zwischen der Anziehungskraft eines Plattenkondensators und der Schwerkraft durch die Luft fielen. Da die Verdampfung des Wassers seine Ergebnisse verfälschte, begann er 1911, mit kleinen Öltröpfchen zu arbeiten.
Millikan erzeugte Ionen, indem er die Luft in der Kammer mit Röntgenstrahlen bestrahlte. Dabei kam es immer wieder vor, daß sich ein Ion an ein Öltröpfchen heftete. Dann wirkte die Anziehungskraft des Plattenkondensators plötzlich stärker, und das Tröpfchen fiel langsamer oder begann sogar zu steigen. Millikan ging davon aus, daß die minimalste Bewegungsänderung auf der Addition der Ladung eines einzigen Elektrons beruhte, und indem er die Wirkung der nach oben ziehenden elektromagnetischen Kraft und der nach unten wirkenden Schwerkraft sowohl vor als auch nach der Addition genau ausbalancierte, gelang es ihm, die Ladung eines einzigen Elektrons zu berechnen. Der heute gültige Wert dieser *elektrischen Elementarladung* beträgt ein sechzehntrillionstel Coulomb.
Millikan erhielt für diese Arbeit 1923 den Nobelpreis für Physik.

Kosmische Strahlen

Das Vorhandensein radioaktiver Strahlung kann unter anderem mit einem Blättchenelektrometer festgestellt werden. Das Gerät besteht aus zwei Goldblättchen, die am oberen Ende miteinander verbunden und in einem versiegelten Gefäß aufgehängt sind. Sie können von außen elektrisch aufgeladen werden, und da beide Blättchen dieselbe Ladung aufnehmen, stoßen sie einander ab und bilden ein umgekehrtes V. Jede Form energiereicher Strahlung, die in das Gefäß gelangt, wirkt ionisierend. Die Folge: Die Blättchen werden entladen und nähern sich einander langsam wieder an.
Doch es schien unmöglich zu sein, die Blättchen permanent auseinanderzuhalten, selbst wenn keine Strahlenquelle in der Nähe war. Offensichtlich existierte eine unbekannte Strahlenquelle, die immer etwas Strahlung abgab.
Der österreichische Physiker Viktor Franz Hess (1883–1964) vermutete, daß sich die Strahlenquelle irgendwo im Erdboden befand, und nahm deshalb im Jahr 1911 Elektroskope auf Ballonflüge mit, um sie außer

Reichweite der bodennahen Strahlung zu bringen.
Er unternahm zehn Flüge und stellte zu seiner Überraschung fest, daß die Goldblättchen in relativ großen Höhen bis zu achtmal schneller zusammenfielen als am Boden. Die Strahlen schienen von oben zu kommen – aus dem Weltraum oder ganz allgemein aus dem Kosmos. Millikan (vgl. oben) schlug deshalb vor, sie *kosmische Strahlen* zu nennen. Der Name setzte sich durch.
Für seine Entdeckung bekam Hess 1936 den Nobelpreis für Physik.

Supraleitfähigkeit

Nachdem es Kamerlingh Onnes gelungen war, Helium zu verflüssigen und Temperaturen von vier Grad über dem absoluten Nullpunkt und darunter zu erreichen (vgl. 1908), brannte er darauf, die Eigenschaften von Materie bei derart niedrigen Temperaturen zu erforschen.
So war es beispielsweise ein bekanntes Phänomen, daß der elektrische Widerstand vieler Metalle mit sinkender Temperatur abnimmt. Und Kamerlingh Onnes vermutete, daß sich diese Abnahme kontinuierlich fortsetzte und der Widerstand am absoluten Nullpunkt schließlich ganz verschwand.
Er überprüfte seine Hypothese an Quecksilber. Der Widerstand sank im großen und ganzen wie erwartet, bis eine Temperatur von 4,2 K erreicht war. An diesem Punkt fiel der Widerstand zu Kamerlinghs Überraschung plötzlich auf Null.
Dieses Phänomen – die absolute Leitfähigkeit bei Temperaturen nahe dem absoluten Nullpunkt – wurde *Supraleitfähigkeit* genannt. Man fand bald heraus, daß auch bei anderen Metallen (aber nicht bei allen) der Widerstand bei einer für das jeweilige Metall charakteristischen, sehr niedrigen Temperatur auf Null sank.

Chromosomenkarten

Morgan hatte gezeigt, daß Gene zwischen zwei Chromosomen ausgetauscht werden können, weshalb Gene, die vorher zu einer Koppelungsgruppe gehört hatten, plötzlich getrennt vererbt werden konnten. Je weiter nun zwei Gene auf einem Chromosom voneinander entfernt lagen, um so größer war offensichtlich die Wahrscheinlichkeit, daß sie durch einen Austausch mit einem anderen Chromosom voneinander getrennt werden konnten.
Morgan und sein Assistent, der amerikanische Genetiker Alfred Henry Sturtevant (1891–1970), untersuchten nun, wie oft bestimmte Gene einer Koppelungsgruppe durch einen Genaustausch getrennt wurden, und gewannen dadurch Informationen über die Anordnung der Gene in einem bestimmten Chromosom. Die erste so entstandene *Chromosomenkarte* wurde 1911 vorgelegt.

Krebsviren

Krebs, eine der gefürchtetsten Krankheiten, gilt gemeinhin nicht als ansteckend. Bei Krebs hat man es jedoch nicht nur mit einer einzigen, sondern mit einer ganzen Reihe von Krankheiten zu tun, die zwar alle durch ungehemmtes Wachstum gekennzeichnet sind, ansonsten aber verschiedene Merkmale haben können.
Der amerikanische Arzt Francis Peyton Rous (1879–1970) hatte die Gelegenheit, ein Huhn mit einem bösartigen Tumor zu untersuchen. Als es starb, untersuchte Rous unter anderem, ob es einen Virus enthielt. Er war zwar überzeugt, daß er keinen finden würde, doch sicherheitshalber führte er ein Experiment durch.
Er drehte den Tumor durch einen Fleischwolf und legte die Masse auf einen feinen Filter, der alles zurückhielt, was größer war als ein Virus. Zu seiner Überraschung stellte er fest, daß das Filtrat infektiös war und bei gesunden Hühnern Krebsgeschwüre auslöste. Er

publizierte seinen Bericht 1911, und die Krankheit erhielt den Namen *Rous-Sarkom*. Später wurden noch weitere krebsauslösende Viren gefunden.
Für diese Arbeit erhielt Rous 1966, also 55 Jahre nach der Veröffentlichung seines Berichts, anteilig den Nobelpreis für Medizin und Physiologie.

Erdbeben und tektonische Brüche

Es war bereits bekannt, daß es in der Erdkruste *tektonische Brüche* gab, Regionen in denen zwei verschiedene Gesteinsschichten zusammentrafen. Es war, als ob sich dort einmal eine einzige Gesteinsschicht befunden hätte, die auseinandergebrochen war, wobei sich die Bruchstellen so gegeneinander verschoben hatten, daß sie nicht mehr zusammenpaßten. Die meisten Fachleute waren der Ansicht, daß solche Brüche durch Erdbeben verursacht worden waren.
Der amerikanische Geologe Harry Fielding Reid (1859–1944) untersuchte das Erdbeben von San Francisco und kam 1911 zu dem Schluß, daß sich die Sache genau umgekehrt verhielt. Die Brüche waren zuerst dagewesen, und zu Erdbeben kam es dann, wenn sie sich unter Druck noch weiter gegeneinander verschoben.
Diese Ansicht wird noch heute als richtig angesehen.

Wasserflugzeuge

Der amerikanische Erfinder Glenn Hammond Curtiss (1878–1930) war einer der ersten Flugpioniere. Im Jahr 1908 hatte er als erster Amerikaner mit dem Flugzeug eine Meile zurückgelegt, und zwei Jahre später war er von Albany nach New Nork geflogen.
Im Jahr 1911 baute er ein funktionstüchtiges *Wasserflugzeug*. Es hatte Schwimmer statt Rädern und konnte auf dem Wasser starten und landen.

Südpol

Nachdem Peary den Nordpol erreicht hatte (vgl. 1909), verschärfte sich der Wettlauf zum Südpol. Doch dieses Ziel war ungleich schwerer zu erreichen. Zum einen war der Südpol weiter von größeren Bevölkerungszentren entfernt, zum anderen lag er inmitten einer Landmasse, so daß es dort erheblich kälter war als am Nordpol.
Der norwegische Entdecker Roald Amundsen (1872–1928) war 1903 auf dem Seeweg um die Nordküste Amerikas herumgefahren (und hatte damit endlich die Nordwestpassage gefunden). Jetzt bereitete er sich auf den Wettlauf zum Südpol vor.
Im Oktober 1911 brach er auf. Er erreichte den Pol am 14. Dezember und kehrte wohlbehalten zurück.
Der britische Entdecker Robert Falcon Scott (1868–1912) versuchte ebenfalls, den Pol zu erreichen. Doch er hatte seine Expedition nicht gut genug vorbereitet. Sie endete in einer Tragödie. Scott erreichte den Pol zwar einen Monat nach Amundsen, doch auf dem Rückweg kam er mit seiner Mannschaft ums Leben.

Elektrischer Anlasser

Automobile wurden noch immer von Hand gestartet: Man nahm eine Kurbel und setzte damit den Rotor des Motors in Bewegung, bis dieser »ansprang«. Das Verfahren erforderte Kraft und hatte seine Tücken. Manchmal, wenn der Motor ansprang, begann sich die Kurbel so schnell zu drehen, daß sie dem Fahrer aus der Hand gerissen wurde und ihm den Arm brach.
Der amerikanische Erfinder Charles Franklin Kettering (1876–1958) erfand 1911 einen elektrischen Anlasser, bei dem man nur noch einen Schlüssel zu drehen brauchte. Er wurde in den Cadillac von 1912 eingebaut und erfreute sich bald großer Beliebtheit. Da die Kurbel nun überflüssig war, konnten Autos von viel mehr Leuten gestartet und gefahren werden.

Nachtrag

Im Jahr 1911 führte eine Revolution unter Führung von Sun Yat-sen (1866–1925) zum Sturz des letzten Kaisers von China und zur Gründung der Republik China.
Auch in Mexiko brach eine Revolution aus, und in Rußland dauerten die Unruhen an.
Unterdessen verfolgten die europäischen Mächte weiter ihre imperialistische Politik. Das einzige Gebiet in Nordafrika, das noch zum Osmanischen Reich gehörte, war Libyen. Am 19. September 1911 erklärte Italien den Türken den Krieg, und am 5. Oktober eroberte es Tripolis, die libysche Hauptstadt. Die Türken waren nicht in der Lage, Widerstand zu leisten, und wurden nach vierhundert Jahren endgültig aus Afrika vertrieben.
Eine viel schlimmere Krise fand weiter im Westen statt. Obwohl Marokkos Unabhängigkeit garantiert worden war, besetzte Frankreich die Stadt Fez im Norden des Landes, offensichtlich in der Absicht, das ganze Land zu annektieren. Die deutsche Regierung war empört. Sie entsandte das Kanonenboot *Panther* in die marokkanische Hafenstadt Agadir. Eine Zeitlang sah es nach Krieg aus. Doch am 4. November 1911 erklärte sich Deutschland bereit, die französische Herrschaft in Marokko anzuerkennen. Als Gegenleistung erhielt es einen Teil von Französisch-Äquatorialafrika.

1912

Cepheiden-Veränderliche

Es gibt eine Reihe von veränderlichen Sternen, deren Helligkeit nach einem bestimmten Muster zu- und abnimmt, wobei die Perioden – der Zeitraum zwischen Zu- und Abnahme der Helligkeit – von Stern zu Stern verschieden sind. Solche Sterne werden *Cepheiden-Veränderliche* genannt, weil der erste Stern dieser Art im Sternbild Cepheus entdeckt wurde.
Die amerikanische Astronomin Henrietta Swan Leavitt (1868–1921) interessierte sich für Cepheiden-Veränderliche und studierte eine Reihe von ihnen in den Magellanschen Wolken, zwei großen Sternsystemen, die außerhalb der Milchstraße liegen (vgl. 1628).
Im Verlauf ihrer 1904 begonnenen Beobachtungen stellte sie fest, daß die Perioden der Cepheiden um so länger waren, je heller die Sterne waren. Diese Tatsache war bei den näher gelegenen Cepheiden nicht deutlich geworden, weil manche von ihnen nur deshalb relativ leuchtschwach zu sein schienen, weil sie weit entfernt waren, und andere nur deshalb hell, weil sie relativ nahe waren. In den Magellanschen Wolken sind dagegen alle Cepheiden ungefähr gleich weit von uns entfernt, so daß sich aus ihrer scheinbaren Helligkeit zuverlässig auf ihre *absolute Helligkeit* oder *Leuchtkraft* schließen läßt.
Bis 1912 hatte Leavitt eine Methode entwikkelt, mit der sie die Leuchtkraft eines Cepheiden-Veränderlichen aus seiner Periode ableiten konnte. War die Leuchtkraft bekannt, konnte sie aufgrund seiner scheinbaren Helligkeit seine Entfernung berechnen. Die Methode war jedoch nur anwendbar, wenn man mittels einer anderen Methode die absolute Entfernung mindestens eines Cepheiden zuverlässig geschätzt hatte. Dies war ein schwieriges Problem, denn selbst der nächstgelegene Cepheide war zu weit weg, als daß man seine absolute Entfernung leicht hätte ermitteln können.
Als dieses Problem jedoch gelöst war, konnte man die Cepheiden-Veränderlichen als zuverlässigen Maßstab benutzen und viel größere Entfernungen bestimmen als mit Hilfe der Parallaxe (vgl. 150 v. Chr.).

Geschwindigkeitsbestimmung bei Galaxien

Der Andromedanebel, der genau drei Jahrhunderte zuvor erstmals durch ein Teleskop beobachtet worden war, stellte für die Astronomen immer noch ein Rätsel dar. Er sah aus wie eine Wolke aus Gas und Staub, aber sein Licht hatte ähnliche Merkmale wie das Sternenlicht, auch wenn in ihm keine Sterne zu erkennen waren.
Man konnte jedoch sein Spektrum untersuchen und aus der Position der dunklen Linien ableiten, ob sich der Nebel dem Sonnensystem näherte oder sich von ihm entfernte. Der amerikanische Astronom Vesto Melvin Slipher (1875–1969) nahm 1912 diese Untersuchung vor und berichtete, daß sich der Andromedanebel der Erde mit einer Geschwindigkeit von 200 Kilometern pro Sekunde annähert.
Damals hielt man diese Entdeckung nicht für besonders wichtig, aber Slipher bestimmte auch noch die Radialgeschwindigkeiten anderer Nebel, und die Ergebnisse solcher Untersuchungen revolutionierten im darauffolgenden Jahrzehnt unsere Vorstellungen von der Struktur des Universums.

Kontinentalverschiebung

Als dreieinhalb Jahrhunderte zuvor die Küste Südamerikas kartographiert worden war, hatte man sofort bemerkt, daß Südamerika und Afrika genau zusammenpassen würden, wenn man sie zusammenschöbe.
Im Jahr 1912 stellte der deutsche Geologe Alfred Lothar Wegener die Theorie auf, daß sie tatsächlich einmal eine einzige Landmasse gebildet hatten. Irgendwann war die Landmasse auseinandergebrochen, und die beiden Teile hatten sich in einer Art *Kontinentalverschiebung* voneinander entfernt.
Wegener vertrat sogar die Ansicht, daß die Kontinente ursprünglich eine einzige Landmasse gebildet hatten und von einem einzigen Ozean umgeben waren. Die Landmasse nannte er *Pangäa* (griechisch für »All-Erde«), den Ozean *Panthalassa* (griechisch für »All-Ozean«). Diese riesige, granitene Landmasse war nach Wegener in einzelne Platten zerbrochen, die langsam auf dem Basaltgrund des Ozeans dahingedriftet waren und nach Hunderten von Millionen Jahren die heutigen Kontinente bildeten.
Unglücklicherweise schien der Gedanke, daß Granit auf Basaltgestein dahindriftet, keine haltbare Hypothese zu sein, und Wegeners Theorie wurde damals nur von sehr wenigen Leuten ernst genommen.

Beugung von Röntgenstrahlen

Nachdem Barkla nachgewiesen hatte, daß es sich bei Röntgenstrahlen um elektromagnetische Strahlung handelt (vgl. 1906), tauchte die Frage auf, welche Wellenlänge sie hatten. Die Wellenlänge elektromagnetischer Strahlen wurde normalerweise gemessen, indem man die Strahlen durch ein feines Gitter schickte. Um sehr kurze Wellenlängen zu messen, brauchte man jedoch sehr feine Gitter, und ein Gitter, das fein genug gewesen wäre, um so kurze Wellen wie Röntgenstrahlen zu messen, konnte nicht hergestellt werden.
Da kam dem deutschen Physiker Max Theodor Felix von Laue (1879–1960) der Gedanke, daß man ein solches Gitter gar nicht herzustellen brauchte, da die Natur dem Menschen diese Arbeit bereits abgenommen hatte. Ein Kristall besteht aus Schichten von Atomen, die genauso regelmäßige, aber viel kleinere Zwischenräume aufweisen, wie sie die geraden Linien eines Gitters bildet. Ein Röntgenstrahl, der auf einen Kristall gerichtet wurde, mußte also gebeugt werden wie normales Licht von einem normalen Gitter. Natürlich mußten die Ergebnisse komplizierter ausfallen, denn Kristalle bestehen im Gegensatz zu normalen Gittern nicht aus einfachen, parallelen Linien, sondern aus Schichten von Atomen, die sich in verschiedene Richtungen erstrecken. Trotzdem hatte Laue Erfolg.
Im Jahr 1912 schickte er einen Röntgenstrahl

durch einen Kristall aus Zinksulfid und nahm das Beugungsmuster auf einer fotografischen Platte auf. Es funktionierte perfekt. Damit war klar, daß sich aus einem solchen Beugungsmuster die Wellenlänge von Röntgenstrahlen berechnen ließen, und waren die Wellenlängen erst einmal bekannt, so konnte man nach der gleichen Methode auch die Feinstruktur von Kristallen untersuchen.
Für seine Arbeit über die Beugung von Röntgenstrahlen erhielt Laue 1914 den Nobelpreis für Physik.

Verschiedene Neonarten

Thomson erforschte die Kanalstrahlen, die Goldberg ein Vierteljahrhundert zuvor entdeckt hatte (vgl. 1886). Im Jahr 1912 war klar, daß sie aus positiv geladenen Teilchen bestanden, und Thomson nannte sie *positive Strahlen*. Nach Rutherfords Atomtheorie (vgl. 1911) mußte es sich dabei um Atomkerne handeln.
Im Jahr 1912 untersuchte Thomson, wie positive Stahlen durch magnetische und elektrische Felder abgelenkt wurden. Er balancierte diese Felder so aus, daß Teilchen mit unterschiedlichen Ladung-Masse-Verhältnissen verschiedene Bahnen beschrieben und an verschiedenen Stellen auf eine fotografische Platte auftrafen.
Als er Ströme von Neonkernen ablenkte, entdeckte er zu seiner Überraschung, daß es zwei Arten von Neon gab, die sich in Ladung oder Masse oder in beidem unterschieden. Beobachtungen wie diese sollten schon bald das Konzept der Atomstruktur revolutionieren.

Dipolmoment

Wenn Elektronen, wie man jetzt wußte, ein Bestandteil der Atome waren, dann mußten sie sich bei der Verbindung von Atomen zu Molekülen über die verschiedenen Atome des Moleküls verteilen.
Diese Verteilung kann symmetrisch sein, dann hat das Molekül keine elektrische Ladung, oder sie ist unsymmetrisch, dann hat ein Teil des Moleküls einen Elektronenüberschuß und deshalb eine leicht negative Ladung, der andere Teil hingegen ein Elektronendefizit und eine leicht positive Ladung. Solche Moleküle haben einen positiven und einen negativen *Pol*. Sie sind also *polare* Moleküle oder *Dipole*.
Natürlich reagieren polare und unpolare Moleküle verschieden auf elektrische Felder. Außerdem ziehen sich polare Moleküle gegenseitig an, und zwar der positive den negativen Pol. Deshalb haben sie höhere Schmelz- und Siedepunkte als unpolare Moleküle vergleichbarer Größe.
Im Jahr 1912 stellte der niederländische Physikochemiker Peter Joseph William Debye (1884–1966) eine Reihe von Gleichungen auf, mit denen sich das Verhalten solcher polarer Moleküle darstellen ließ. Er prägte den Begriff des *Dipolmoments*, der für die Chemie einen großen Fortschritt darstellte.
Debye erhielt für seine Arbeit 1936 den Nobelpreis für Physik.

Vitamine

Der in Polen geborene Biochemiker Casimir Funk (1884–1967) war ein leidenschaftlicher Anhänger der sechs Jahre zuvor von Hopkins vorgetragenen Idee, daß Krankheiten wie Beriberi, Skorbut, Pellagra und Rachitis durch das Fehlen lebensnotwendiger Substanzen in der Nahrung verursacht werden.
Funk nahm (irrtümlicherweise) an, daß solche Substanzen Aminogruppen enthalten (bestehend aus einem Stickstoff- und zwei Wasserstoffatomen) und nannte sie deshalb *Vitamine* (lateinisch für »Lebens-Amine«).

Kohlehydrierung

Habers Verfahren, bei dem durch Hydrierung von Stickstoff Ammoniak gewonnen wurde, löste eine Welle hektischer Aktivitäten aus.

Der deutsche Chemiker Carl Bosch (1874–1940) verbesserte Habers Verfahren (daher der Name Haber-Bosch-Verfahren) und überwachte den Bau großer Fabriken, in denen es industriell genutzt werden sollte. Im Jahr 1912 machte sich ein anderer deutscher Chemiker namens Friedrich Bergius (1884–1949) die Prinzipien des Haber-Bosch-Verfahrens zunutze, um durch die Hydrierung von Kohle und Schweröl Benzin zu gewinnen.
Bosch und Bergius erhielten 1931 für ihre Arbeit mit Hochdruckverfahren den Nobelpreis für Chemie.

Nachtrag

Am 18. Oktober 1912 brach auf dem Balkan ein Krieg aus. Serbien, Bulgarien und Griechenland kämpften gemeinsam gegen die Türkei. Die Balkanmächte errangen Sieg um Sieg, aber Österreich-Ungarn hatte nicht die Absicht, Serbien zu stark werden zu lassen (im Südosten der Doppelmonarchie lebten zu viele Serben und mit den Serben verbündete Völkerschaften).
Im Süden Großbritanniens wurde der *Piltdownmensch* entdeckt. Er hatte einen menschenähnlichen Schädel und einen affenartigen Kiefer. Leider handelte sich dabei um eine Fälschung, vielleicht sogar um die berühmteste der gesamten Wissenschaftsgeschichte. Die britischen Anthropologen erlagen dem Betrug, weil sie damals noch sehr wenig über hominide Fossilien wußten (wie auch ihre Kollegen in anderen Ländern) und weil sie sich von nationalistischer Begeisterung blenden ließen (bis dahin hatte man lediglich in Deutschland und Frankreich guterhaltene frühmenschliche Fossilien gefunden).

1913

Isotope

In siebzehn Jahren intensiver Erforschung radioaktiver Phänomene war über etwa vierzig bis fünfzig neue Elemente berichtet worden (die nach ihren radioaktiven Eigenschaften unterschieden wurden, also nach Art, Intensität und Energiereichtum der von ihnen abgestrahlten Teilchen). Doch im Periodensystem gab es nur noch zwölf freie Plätze. Entweder das Periodensystem galt nicht für radioaktive Elemente, oder man hatte bei den neuen Elementen irgendeine Feinheit übersehen.
Der britische Chemiker Frederick Soddy (1877–1956) arbeitete an dem Problem. Er formulierte die *Verschiebungssätze der Radioaktivität* (der polnische Chemiker Kasimir Fajans [1887–1975] entwickelte unabhängig von ihm etwa zur gleichen Zeit eine ähnliche Theorie). Ein Alphapartikel ist zweifach positiv geladen und hat die Massenzahl 4. Wenn es von einem Atom abgegeben wird, verwandelt sich dieses in ein anderes Atom mit einer um 2 kleineren Kernladungszahl und einer um 4 kleineren Massenzahl.
Wird dagegen ein einfach negativ geladenes Betateilchen abgegeben, nimmt die Kernladungszahl des Atoms um 1 zu. Da ein Elektron nur eine sehr kleine Masse hat, bleibt die Masse eines Atoms bei der Emission eines Betapartikels praktisch unverändert.
Da ein Gammastrahl weder eine Ladung noch eine Masse aufweist, findet bei seiner Emission keine Veränderung der Atomstruktur statt. Es sinkt lediglich der Energiegehalt des Atoms.
Nachdem Soddy diese Verschiebungen analysiert hatte, schlug er vor, eine gegebene Stelle im Periodensystem mit zwei oder mehr verschiedenen Substanzen zu besetzen, die sich durch ihre radioaktiven Eigenschaften voneinander unterschieden. Die Substanzen hätten die gleiche Kernladung, aber unterschiedliche Massen. Soddy nannte sie

Isotope, nach dem griechischen Ausdruck für »gleicher Platz« . Für die Einführung des Begriffs »Isotop« erhielt Soddy 1921 den Nobelpreis für Chemie.

Bleiisotope

Soddy hatte seinen Isotop-Begriff im Zusammenhang mit radioaktiven Elementen entwickelt (siehe oben), aber diese Elemente waren nur in so kleinen Mengen verfügbar, daß ihre Atomgewichte nicht bestimmt werden konnten. Auf diese Weise ließ sich also nicht nachprüfen, ob die Isotope wirklich existierten. Nach den Verschiebungssätzen der Radioaktivität mußten jedoch Uran und Thorium jeweils in ein anderes Bleisotop zerfallen, und diese Voraussage konnte man überprüfen.

Der amerikanische Chemiker Theodore William Richards (1868–1928) hatte Methoden entwickelt, mit denen das Atomgewicht außerordentlich genau bestimmt werden konnte, und er benutzte sie dazu, das Atomgewicht von Blei aus uran- und thoriumhaltigen Erzen mit dem von Blei aus uran- und thoriumfreien Erzen zu vergleichen.

Im Jahr 1913 stellte Richards fest, daß es tatsächlich Unterschiede im Atomgewicht von Blei gab, und untermauerte damit das Konzept der Isotope. Für seine Arbeit über Atomgewichte erhielt Richards 1914 den Nobelpreis für Chemie.

Quantentheorie und Atom

Seit Rutherford seine Theorie des Atomkerns formuliert hatte (vgl. 1911), konnte man das Wasserstoffatom als einen einfach positiv geladenen Kern betrachten, der von einem einfach negativ geladenen Elektron umkreist wurde.

Das Kreisen des Elektrons konnte auch als Oszillation interpretiert werden. Eine solche Oszillation hätte jedoch nach den Maxwellschen Gleichungen elekromagnetische Strahlung erzeugen müssen. Aber wenn dies zutraf, mußte das kreisende Elektron Energie verlieren, eine spiralförmige Bahn beschreiben und letztlich in den Kern stürzen.

Der dänische Physiker Niels Hendrik David Bohr (1885–1962) versuchte, dieses Problem zu lösen, indem er die Quantentheorie auf das Atom anwandte. Er vertrat die Ansicht, daß das Elektron Energie nur in Quanten abgeben kann, die im atomaren Maßstab eine große Energiemenge darstellen. Aus diesem Grund verliert das Elektron, wenn es Energie abstrahlt, mit einem Schlag eine große Energiemenge und schwenkt deshalb nicht in eine spiralförmige Bahn ein, sondern fällt sehr schnell in eine tiefere, näher am Kern gelegene Bahn. Dies geschieht jedesmal, wenn es ein Quant abstrahlt. Schließlich hat es die tiefste mögliche Umlaufbahn erreicht und gibt keine Energie mehr ab.

Umgekehrt springt das Elektron, wenn das Atom Energie absorbiert, plötzlich in eine höhere Umlaufbahn, und zwar jedesmal, wenn Energie absorbiert wird, solange, bis das Elektron das Atom ganz verläßt. In diesem Fall wird aus dem Atom ein *Ion,* das eine positive Ladung aufweist, die der Zahl der abgegangenen Elektronen entspricht.

Wenn die Elektronen in höhere oder tiefere Umlaufbahnen springen, strahlen sie ihre Energie nur in bestimmten Wellenlängen ab bzw. absorbieren nur bestimmte Wellenlängen, ein Phänomen, das mit dem von Kirchhoff formulierten Strahlungsgesetz (vgl. 1859) übereinstimmt.

Bei einem Atom mit vielen steigenden und fallenden Elektronen war eine Analyse sehr kompliziert, aber beim Wasserstoff, der nur ein einziges Elektron aufweist, war sie leichter durchzuführen. Wasserstoff hat tatsächlich ein einfaches Spektrum. Er gibt Strahlung in einer Reihe von Wellenlängen ab, die durch eine relativ einfache Gleichung miteinander in Beziehung gesetzt werden können. Diese Gleichung war bereits 1855 von einem Schweizer Physiker namens Johann Jakob Balmer (1825–1898) formuliert worden. Sie war damals nicht besonders beachtet worden, aber

mit ihrer Hilfe konnte Bohr nun für das Wasserstoffelektron Bahnen wählen, die genau den Wellenlängen des Wasserstoffspektrums entsprachen.
Bohrs Theorie war nicht perfekt: Es gab gewisse Details im Wasserstoffspektrum, die er nicht erklären konnte. Ebensowenig hatte er eine Erklärung dafür, warum das Elektron keine Energie verliert, wenn es in einer bestimmten Umlaufbahn oszilliert. Warum hört es nicht auf zu oszillieren, wenn es kein ganzes Quant mehr abgeben kann?
Trotzdem hatte Bohr in seiner Theorie zum ersten Mal die Quantentheorie auf das Atom angewandt, und allein das war schon bahnbrechend. Die Schwächen der Theorie wurden in den folgenden Jahren nach und nach behoben, und Bohr erhielt für seine Arbeit 1922 den Nobelpreis für Physik.

Coolidge-Röhre

Coolidge hatte erstmals Glühdrähte aus Wolfram verwendet (vgl. 1909) und leistete nun einen weiteren Beitrag zum technischen Fortschritt, indem er in die Kathodenstrahlröhre, mit der Röntgenstrahlen erzeugt werden, eine Glühkathode aus Wolfram einsetzte. Mit der *Wolframglühkathode* ließen sich die Strahlen leichter und effizienter erzeugen. Hatte man bisher fast ausschließlich in Labors mit Röntgenstrahlen gearbeitet, konnten sie dank der *Coolidge-Röhre* nun auch in der Industrie, in der Medizin und Zahnmedizin eingesetzt werden.

Stickstoffgefüllte Glühbirne

Auch mit Coolidges Wolframglühdrähten (vgl. oben) hielten Glühbirnen nicht ewig. Wolfram hat zwar einen hohen Schmelzpunkt, doch bei den Temperaturen, die zur Lichterzeugung notwendig sind, unterliegt es einem langsamen Verdampfungsprozeß. Der Draht wird immer dünner und bricht schließlich.
Der amerikanische Chemiker Irving Langmuir (1881–1957) erkannte, daß der Verdampfungsprozeß durch das Vakuum in der Glühbirne gefördert wurde, durch ein unter Druck stehendes Gas jedoch gebremst werden konnte. Natürlich kam Luft als Füllung nicht in Frage – das Wolfram wäre verbrannt. Aber warum sollte man es nicht mit Stickstoff versuchen? Stickstoff verlangsamte tatsächlich den Verdampfungsprozeß, und stickstoffgefüllte Birnen hatten eine längere Lebensdauer. Außerdem erhöhten sie die Sicherheit. Die Explosion einer unter Gasdruck stehenden Birne ist nämlich weniger gefährlich als die Implosion einer Vakuumbirne.
Später wurde dann Argon statt Stickstoff benutzt. Heißes Wolfram reagiert sogar mit Stickstoff ein wenig, aber überhaupt nicht mit dem äußerst reaktionsträgen Argon.

Stark-Effekt

Im Jahr 1913 konnte der deutsche Physiker Johannes Stark zeigen, daß sich in einem starken elektrischen Feld die Spektrallinien multiplizierten. Der *Stark-Effekt* war dem Zeemann-Effekt analog, der bei Magnetfeldern auftritt (vgl. 1896). Stark erhielt 1919 den Nobelpreis für Physik.

Entfernung der Magellanschen Wolken

Im Jahr 1913 gelang es Hertzsprung, der bereits den Unterschied zwischen Roten Riesen und Roten Zwergen entdeckt hatte (vgl. 1905), die Entfernung einiger Cepheiden zu berechnen. Nachdem ihm dies gelungen war, konnte er die im Vorjahr von Leavitt formulierte *Perioden-Helligkeits-Beziehung* (vgl. 1912) dazu verwenden, die Entfernung der Cepheiden in den Magellanschen Wolken zu bestimmen und daraus die Entfernung der Wolken selbst abzuleiten. Wie sich herausstellte, sind sie etwas über 150 000 Lichtjahre entfernt.
Damit war zum ersten Mal die Entfernung

eines außerhalb der Milchstraße gelegenen Objekts ermittelt worden.

Ozonschicht

Obwohl der Sauerstoff eine wichtige Komponente der Erdatmosphäre ist, tritt das dreiatomige Molekül Ozon (vgl. 1840) in der uns umgebenden Luft nur in Spuren auf. Das ist natürlich ein Glück, denn es ist giftig.
Im Jahr 1913 gelang jedoch dem französischen Physiker Charles Fabry der Nachweis, daß in der oberen Atmosphäre, in Höhen zwischen 9,5 und 48 Kilometern, signifikante Mengen von Ozon vorhanden sind. Diese Region wurde deshalb *Ozonosphäre* genannt, heute als *Ozonschicht* bekannt. In dieser Höhe ist das Ozon extrem nützlich, denn es absorbiert den relativ energiereichen UV-Anteil der Sonnenstrahlung, der für das Leben gefährlich ist, und verhindert, daß er die Erde erreicht.

Vitamine A und B

Auch die Vitaminforschung machte Fortschritte, und bald war klar, daß es nicht nur ein Vitamin gab. Der amerikanische Biochemiker Elmer Verner McCollum (1879–1967) entdeckte 1913, daß einige Fette einen lebensnotwendigen Faktor enthielten. Er mußte fettlöslich sein, und das allein unterschied ihn schon von der wasserlöslichen Substanz, die Beriberi heilte.
Da McCollum keinerlei Informationen über die Molekularstruktur der beiden Verbindungen hatte, nannte er sie *fettlösliches A* und *wasserlösliches B*. Später wurden die Stoffe als *Vitamin A* und *Vitamin B* bezeichnet.
Die Verwendung von Buchstaben ist seither in der Regel beibehalten worden. So erhielt beispielsweise der Faktor, mit dem Lind (vgl. 1747) unwissentlich gearbeitet hatte, als er Skorbut heilte, den Namen *Vitamin C*, und der Stoff, der Rachitis verhütete, erhielt die Bezeichnung *Vitamin D*.

Michaelis-Menten-Gleichung

Obwohl man (die prähistorische Verwendung von Fermenten nicht mitgerechnet) schon seit über einem Jahrhundert Katalysatoren kannte, wußte man noch immer nicht, wie sie funktionierten. Sie hatten beinahe etwas Magisches. Wie konnte ein Stoff eine chemische Reaktion beschleunigen, ohne sich selbst zu verändern? Und wie konnten Enzyme, die nur in so kleinen Mengen vorhanden waren, daß kein Chemiker eine Ahnung von ihrer Molekularstruktur hatte, eine chemische Reaktion so stark beschleunigen?
Der deutsche Chemiker Leonor Michaelis (1875–1949) und seine Assistentin Maud Leonora Menten enwickelten eine Gleichung, die die Geschwindigkeit beschreibt, mit der enzym-katalysierte Reaktionen ablaufen. Zu diesem Zweck nahmen sie an, daß sich das Enzym mit der Substanz verbindet, deren Reaktion es katalysiert, und sich anschließend wieder von ihr trennt.
Diese Annahme erlaubte es, die *Michaelis-Menten-Gleichung* aufzustellen. Sie zeigte, wie sich die Reaktionsgeschwindigkeit durch die Konzentration der reagierenden Substanz veränderte. Allem Anschein nach waren Enzyme und Katalysatoren in der Regel an der Reaktion *beteiligt*. Das Enzym (oder häufiger der Katalysator) wies eine Oberfläche auf, an die sich das Reagenz in einer Form binden konnte, die seine Reaktionsfähigkeit stark erhöhte.
Bildlich gesprochen spielt der Katalysator die Rolle einer harten, glatten Schreibunterlage. Es ist schwierig, in der Luft auf ein Stück Papier zu schreiben, aber wenn man das Papier auf den Schreibtisch legt, fällt das Schreiben leicht. Der Tisch ist an dem Vorgang unbeteiligt, aber er bietet eine geeignete Oberfläche. Die Katalysatoren hatten ihre geheimnisvolle Aura verloren.

Glykolyse

Der britische Physiologe Archibald Vivian Hill (1886–1977) interessierte sich besonders für den Zusammenhang zwischen Muskelkontraktionen und Wärmeentwicklung. Um die kleinen und flüchtigen Wärmeeffekte zu messen, verwendete er Thermoelemente, die Temperaturveränderungen in Form von kleinen elektrischen Strömen schnell und genau registrierten. Er verfeinerte seine Methode so, daß er einen Temperaturanstieg von einem Dreitausendstelgrad registrieren konnte, der nur einige Hundertstelsekunden dauerte.
Im Jahr 1913 entdeckte er, daß bei Muskelkontraktionen selbst keine Wärme entwickelt wurde, sondern erst nach der Kontraktion, wenn der Muskel in Ruhe war.
Der deutsche Biochemiker Otto Meyerhof (1884–1951) stellte diesen Sachverhalt unabhängig von Hill in chemischen Begriffen dar. Während der Muskel kontrahiert, wird Glykogen abgebaut, und es entsteht Milchsäure. Mit anderen Worten, es werden Moleküle mit sechs Kohlenstoffen in Moleküle mit drei Kohlenstoffen aufgespalten, ohne daß Sauerstoff verbraucht wird oder Wärme entsteht. Nach einiger Zeit werden weitere Kontraktionen des Muskels durch die Akkumulation von Milchsäure verhindert (man fühlt sich dann erschöpft). Nach der Kontraktion oxidiert die Milchsäure (wobei Sauerstoff verbraucht wird und Wärme entsteht). Auf diese Weise wird die *Sauerstoffschuld* abgetragen, die sich während der vorhergehenden Reaktion (einer *anaeroben Glykolyse,* nach dem griechischen Ausdruck für »Zuckerspaltung ohne Luft«) aufgebaut hat.
Für ihre Arbeit auf diesem Gebiet erhielten Hill und Meyerhof 1922 den Nobelpreis für Medizin und Physiologie.

Nachtrag

In Mexiko wurde der demokratisch gewählte Präsident Francisco Indelecio Madero (1873–1913) im Februar 1913 von Viktoriano Huerta (1854–1916) gestürzt und ermordet. Huerta wurde Präsident. Georg I. von Griechenland (1845–1913) wurde am 18. März nach fünfjähriger Regierungszeit ermordet, und sein Sohn Konstantin I. (1868–1923) bestieg den Thron. Der Mord fand kaum zwei Wochen vor dem Ende des Balkankrieges statt. Am 30. Mai 1913 gab die Türkei im Vertrag von London ihr gesamtes europäisches Territorium auf, mit Ausnahme des unmittelbar westlich von Istanbul gelegenen Gebiets.
Zwischen den Balkanvölkern entbrannte ein Streit um die Beute. Es kam zum *Zweiten Balkankrieg.* Er dauerte einen Monat und endete mit einer raschen Niederlage Bulgariens. Am 10. August wurde durch einen zweiten Vertrag der Frieden wiederhergestellt. Serbien, Montenegro, Griechenland und Bulgarien teilten fast die ganzen restlichen Gebiete der Türkei unter sich auf. Und Albanien wurde ein unabhängiger Staat, hauptsächlich deshalb, weil Österreich-Ungarn und Italien verhindern wollten, daß Serbien Zugang zur Adria bekam.

1914

Ordnungszahl

Laue hatte gezeigt, daß Kristalle in der Lage sind, Röntgenstrahlen zu beugen (vgl. 1912). Barkla hatte nachgewiesen, daß Elemente dazu gebracht werden können, charakteristische Röntgenstrahlen zu emittieren (vgl. 1906). Damit war es nun möglich, die Wellenlängen der charakteristischen Röntgenstrahlen anhand der Beugung durch Kristalle präzise zu ermitteln.
Der britische Physiker Henry Gwyn Jeffreys Moseley (1887–1915) widmete sich dieser Aufgabe und schloß sie im Jahr 1914 ab. Er zeigte, daß die Wellenlänge der charakteristischen Röntgenstrahlen mit zunehmendem

Gewicht abnahm, die Frequenz hingegen zunahm. Moseley schrieb dieses Phänomen der Tatsache zu, daß mit zunehmendem Gewicht der Elemente auch die positive elektrische Ladung des Atomkerns anstieg.
Diese Entdeckung führte zu einer wichtigen Verbesserung des Mendelejewschen Periodensystems (vgl. 1869). Mendelejew hatte die Elemente nach ihrem zunehmenden Atomgewicht angeordnet, war aber bei einigen Elementen von diesem Prinzip abgewichen, um sie innerhalb ihrer Gruppe belassen zu können. Moseley konnte nun zeigen, daß bei einer Einteilung der Elemente nach ihrer Kernladungszahl keine Abweichungen mehr vorkamen.
Die Größe der positiven Ladung eines Atomkerns wurde als *Ordnungszahl* bezeichnet. Wasserstoff hatte das kleinste Atom und die Ordnungszahl 1, Uranium, das bis dahin komplexeste bekannte Element, die Ordnungszahl 92. Zum ersten Mal konnten die Chemiker mit Sicherheit sagen, welches Element noch zu entdecken war und welchen Platz es im Periodensystem einnehmen würde. Zu der Zeit, in der Moseley dieses System vorstellte, waren nur noch sieben Plätze zwischen den Ordnungszahlen 1 und 92 unbesetzt – die Zahlen 43, 61, 72, 75, 85, 87 und 91.
Für seine Leistung wäre Moseley sicherlich mit dem Nobelpreis für Physik ausgezeichnet worden, doch ein Jahr später fiel er im Ersten Weltkrieg.

Wellenlänge von Röntgenstrahlen

Laues Entdeckung der Röntgenstrahlbeugung durch Kristalle (vgl. 1912) führte schon kurze Zeit später zu Versuchen, mit Hilfe dieser Methode die Wellenlänge von Röntgenstrahlen zu ermitteln.
Die beiden britischen Physiker William Henry Bragg (1862–1942) und sein Sohn William Lawrence Bragg (1890–1971) hatten als erste damit Erfolg. Sie erarbeiteten die mathematischen Details der Beugung und zeigten, wie sich Wellenlängen aus ihr berechnen lassen.
In Anerkennung ihrer Arbeit erhielten die beiden Braggs im Jahr 1915 den Nobelpreis für Physik.

Ione und Kristalle

Vor dreißig Jahren hatte Arrhenius dargelegt, daß sich Elektrolyte in Lösung in Ionen aufspalten (vgl. 1884). Das hieß, daß eine Substanz wie Natriumchlorid (NaCl) in festem Zustand in Molekülform existiert, sich in einer Lösung aber in ein positiv geladenes Natriumion (Na^+) und ein negativ geladenes Chloridion (Cl^-) aufspaltet.
Die beiden Braggs untersuchten die Beugung von Röntgenstrahlen durch Kristalle (vgl. oben). Dabei fanden sie auch heraus, daß diese Aufspaltung in Ionen am besten damit erklärt werden kann, daß ein fester Natriumchloridkristall nicht aus vollständigen Molekülen besteht, sondern aus Natriumionen und Chloridionen, die mit geometrischer Regelmäßigkeit angeordnet sind.
Natriumchloride und viele andere Verbindungen existieren nach dieser Theorie also nicht als Moleküle im herkömmlichen Sinn, sondern als Ansammlungen von Ionen, die durch elektromagnetische Wechselwirkung zusammengehalten werden.

Energien von Betateilchen

Wenn ein radioaktiver Atomkern ein Alpha- oder Betateilchen abstrahlt, müßte er damit eine ganz bestimmte Energiemenge abgeben, die nun im Besitz des abgestrahlten Teilchens ist.
Schon im Jahr 1904 hatte W. H. Bragg (vgl. oben) bei der Beschäftigung mit Radium gezeigt, daß abgestrahlte Alphateilchen verschiedene, scharf abgegrenzte Reichweiten besitzen. Vermutlich finden im Kern des Radiums verschiedene Prozesse statt, die zur Abgabe von Alphateilchen mit unterschiedlichen Energien führen.
Im Jahr 1914 wies der englische Physiker James Chadwick (1891–1974) nach, daß

dies für Betateilchen nicht gilt. Ihre Energien sind kontinuierlich verteilt, wobei das Maximum scharf abgegrenzt ist, das Minimum bei Null liegt. Dieses Rätsel von Energien konnte erst einige Jahre später geklärt werden.

Proton

Thomson war der Meinung, daß positive Strahlen (auch Kanalstrahlen genannt) aus Strömen von Atomkernen bestehen, die sich mit hoher Geschwindigkeit fortbewegen (vgl. 1912). Rutherford untersuchte die Teilchen. Im Jahr 1914 kam er zu dem Schluß, daß es keine kleineren positiv geladenen Teilchen als Wasserstoffkerne gab. Aus diesem Grund nannte er den Wasserstoffkern *Proton* (griechisch für »das erste«).

Das Proton ist jedoch nicht das positive Gegenstück zum Elektron. Obwohl die Ladungen der beiden Teilchen die gleiche Größe besitzen, weist das Proton eine wesentlich größere Masse auf (inzwischen ist bekannt, daß seine Masse 1 836,11 mal größer ist als die des Elektrons).

Nach Rutherfords Theorie hatte es den Anschein, als ob der massive Kern eines Atoms aus Protonen bestünde (und das hätte bedeutet, daß Prouts Hypothese, nach der alle Elemente aus Wasserstoff bestehen – vgl. 1815 –, in einem gewissen Sinn sogar richtig war).

Natürlich konnte ein Atomkern nicht ausschließlich aus Protonen bestehen. Da sie alle eine positive Ladung besitzen, würden sie sich gegenseitig abstoßen. Daher lag die Vermutung nahe, daß sich auch Elektronen im Atomkern befinden und durch ihre negative Ladung als eine Art Bindemittel fungieren. Dies war insofern schlüssig, als radioaktive Atome während des Zerfalls in Form von Betastrahlung Elektronen abgaben und diese Elektronen aus dem Kern zu kommen schienen.

Darüber hinaus waren nur beim Wasserstoffkern Atommasse und Kernladungszahl gleich. Somit besaß ein Alphateilchen (ein Heliumkern) eine viermal größere Masse als ein Proton, während seine positive Ladung nur doppelt so groß war wie die eines Protons. Es schien logisch, dies damit zu erklären, daß ein Alphateilchen aus vier Protonen und zwei Elektronen bestand. Die Elektronen neutralisierten die Ladung zweier Protonen, ohne die Atommasse stark zu beeinflussen. Die beiden anderen positiven Ladungen des Kerns wurden durch zwei Elektronen, die ihn wie einen Planeten umkreisten, neutralisiert.

Es hatte also den Anschein, daß alle Atome aus einer gleichen Anzahl von Protonen und Elektronen bestanden, wobei sich einige Elektronen im Kern befanden, andere um den Kern kreisten.

Dieses Atommodell *wirkte* einfach und schlüssig, doch wie sich später herausstellte, wies es einige Fehler auf, die allerdings erst sechzehn Jahre später aufgeklärt wurden.

Hauptreihe

Hertzsprung hatte bemerkt, daß die Roten Sterne entweder als Riesen oder als Zwerge (vgl. 1905) auftreten. Dazwischen schien es nichts zu geben. Dieses Phänomen war im Jahr 1914 auch dem amerikanischen Astronomen Henry Norris Russell (1877–1957) aufgefallen.

Russell beschäftigte sich genauer mit dieser Erscheinung. Er fertigte ein Diagramm an, in dem die Leuchtkraft der Sterne gegen ihre Temperatur gesetzt wurde. Dabei erhielt er eine diagonale Linie, die zeigte, daß die Sterne mit abnehmender Temperatur auch eine geringere Leuchtkraft aufweisen. Auf dieser Linie, die von den heißen, stark leuchtenden zu den kalten, dunklen Sternen führt, sind ungefähr 95 Prozent der Sterne versammelt. Aus diesem Grund wird sie *Hauptreihe* genannt. Auf der Hauptreihe liegen auch die Roten Zwerge, nicht aber die Roten Riesen – die trotz ihrer vergleichsweise niedrigen Temperatur (der Grund für ihre rote Färbung) eine sehr große Leuchtkraft besitzen, die aus ihrer enormen Größe resultiert.

Zunächst wurde angenommen, daß die Hauptreihe die Entwicklungsstadien der Sterne darstellt. Danach würden sie ihren Lebenslauf als riesige, kühle Gaskonglomerate (Rote Riesen) beginnen, dann zusammenschrumpfen und gleichzeitig immer heißer werden, bis sie schließlich als die heißesten Sterne die Spitze der Hauptreihe erreichen. Nun müßten sie wieder langsam abkühlen und an Leuchtkraft verlieren, bis sie zu Roten Zwergen werden. Am Ende müßte ihre Temperatur so niedrig sein, daß sie überhaupt keine Leuchtkraft mehr besitzen.

Dieses Entwicklungsmodell der Sterne erwies sich als falsch. Dagegen ist das von Russell entwickelte Diagramm, das auf konkreten Beobachtungen beruht, richtig, wenn man es korrekt interpretiert. Da Hertzsprung durch seine Arbeit dazu beigetragen hatte, daß es überhaupt zustande kam, wird es als *Hertzsprung-Russel-Diagramm* oder kurz *H-R-Diagramm* bezeichnet.

Weiße Zwerge

Ein Stern, der nicht in die Hauptreihe paßte (vgl. oben), war der dunkle Begleiter des Sirius. Seine Existenz war zuerst von Bessel postuliert worden (vgl. 1844), und vor etwas mehr als fünfzig Jahren war es Clark gelungen, ihn zu beobachten (vgl. 1862).

Aus der Stärke der Anziehung, die Sirius auf den Begleiter ausübte, wurde klar, daß dieser ungefähr die Masse unserer Sonne haben mußte. In Anbetracht der Entfernung zu Sirius mußte ein Stern mit einer so großen Masse eigentlich sehr kalt sein und folglich auch eine rote Färbung aufweisen. Der Begleiter von Sirius war aber nicht rot, sondern weiß.

Dem amerikanischen Astronomen Walter Sydney Adams (1876–1956) gelang es im Jahr 1914, das Spektrum des Begleiters trotz der Helligkeit des nahegelegenen Sirius zu ermitteln. Es stellte sich heraus, daß der Begleiter ein sehr heißer Stern war, heißer noch als Sirius oder unsere Sonne. Demnach hätte er eine enorm hohe Leuchtkraft besitzen müssen, doch das war nicht der Fall. Im Gegenteil, er war so dunkel, daß er ohne Teleskop überhaupt nicht zu sehen war. Deshalb gab es nur noch eine Erklärung: Er mußte extrem *klein* sein, etwa so wie die Erde – auch wenn er die Masse der Sonne besaß.

Wäre diese Entdeckung ein paar Jahre früher gemacht worden, hätte man sie als absurd abgetan. Doch in der Zwischenzeit hatten die Wissenschaftler Rutherfords Theorie des Atoms (vgl. 1911) akzeptiert. Es schien im Bereich des Möglichen zu liegen, daß Atome unter bestimmten Bedingungen zusammenfielen. In diesem Fall mußten die Atomkerne wesentlich näher beieinanderliegen als in gewöhnlicher Materie. Und die Dichte einer solchen entarteten Materie konnte die Dichte gewöhnlicher Materie ohne weiteres um das Millionenfache übertreffen.

Der Siriusbegleiter (inzwischen bekannt als *Sirius B,* während Sirius manchmal als *Sirius A* bezeichnet wird) wurde aufgrund seiner geringen Größe und seiner hohen Temperatur als *Weißer Zwerg* bezeichnet. Er war der erste dieser Klasse, der entdeckt wurde, doch mit der Zeit fand man heraus, daß Weiße Zwerge recht häufig vorkommen. Aufgrund ihrer schwachen Leuchtkraft können allerdings nur die gesehen werden, die der Erde relativ nahe sind.

Jupiter IX

Die Geschichte der Jupitermonde war mit der Entdeckung von Jupiter VI und Jupiter VII (vgl. 1904) noch nicht zu Ende.

Im Jahr 1908 hatte der französische Astronom Philibert Jacques Melotte Jupiter VIII entdeckt, der noch weiter von Jupiter entfernt ist als VI oder VII. Der Trabant umkreist Jupiter in einer durchschnittlichen Entfernung von ungefähr 23 400 000 Kilometern.

Im Jahr 1914 entdeckte der amerikanische Astronom Seth Barnes Nicholson (1891–1963) Jupiter IX. Seine durchschnittliche Entfernung vom Planeten beträgt ungefähr 23 500 000 Kilometer. Für eine Jupiterum-

kreisung benötigt er zwei Jahre und einen Monat. Kein anderer bekannter Mond im Sonnensystem ist so weit von seinem Planeten entfernt oder braucht für eine Umkreisung so lange.
Sowohl Jupiter VIII als auch Jupiter IX haben einen Durchmesser von ungefähr 40 Kilometern. Jupiter VIII trägt den Namen *Pasiphae,* Jupiter IX wird *Sinope* genannt.

Acetylcholin

Der Mutterkornpilz produziert eine Anzahl von Alkaloiden, die eine starke Wirkung auf lebendes Gewebe zeigen. Der Verzehr von Getreidemehl, das Beimengungen von Mutterkornpilz enthält, verursacht eine Krankheit, die *Ergotismus* genannt wird und sich in Schwindelgefühlen, Erbrechen, Durchfällen und Krämpfen äußert.
Einer der Forscher, die sich mit dem Mutterkornpilz beschäftigten, war Henry Hallett Dale (1875–1968). Im Jahr 1914 gelang es ihm, aus dem Mutterkorn eine Substanz zu isolieren, die als *Acetylcholin* bezeichnet wurde. Diese Substanz schien auf Organe eine ähnliche Wirkung auszuüben wie bestimmte Nerven. Die Bedeutung dieser Entdeckung wurde allerdings erst einige Jahre später erkannt.

Erdmantel und Erdkern

Erdbebenwellen scheinen nicht alle Teile der Erdoberfläche zu erreichen, auch wenn sie eine Stärke haben, die theoretisch eigentlich überall zu messen sein müßte. Es gibt eine *Schattenzone,* in der diese Wellen nicht nachweisbar sind.
Der deutsch-amerikanische Geologe Beno Gutenberg (1889–1960) untersuchte dieses Phänomen. Im Jahr 1914 stellte er die Theorie vor, nach der im Zentrum der Erde ein Kern liegt, der einen Durchmesser von ungefähr 3 400 Kilometern besitzt. Die Substanz dieses Kerns unterscheidet sich in Dichte und chemischer Zusammensetzung deutlich von den umliegenden Substanzen. Die Erdbebenwellen, die auf diesen Kern treffen, werden gebeugt, so daß sie eine andere Richtung einschlagen. Dadurch entstehen die Schattenzonen. Die Transversalwellen – also Wellen, die senkrecht zur Ausbreitungsrichtung laufen – dringen überhaupt nicht in den Kern ein. Daraus zog Gutenberg den Schluß, daß der Kern flüssig sein muß.
Die Erde besteht also aus zwei verschiedenen Teilen, einem inneren *Kern* und einem äußeren Mantel. Der Kern besteht wahrscheinlich aus einer flüssigen Nickel-Eisen-Verbindung im Verhältnis 1 zu 9. Dies läßt sich zum einen aus seiner hohen Dichte schließen, zum anderen aus der Tatsache, daß Eisenmeteoriten – aus deren Aufbau schon früher Vermutungen über die Beschaffenheit des Erdinneren angestellt wurden – recht häufig vorkommen. Der Erdmantel besteht aus Gestein. Kern und Mantel haben ein Größenverhältnis, das mit einem Eigelb und einem Eiweiß verglichen werden könnte. Die Erdkruste wäre demnach die Eischale.
Die scharfe Trennungslinie zwischen Erdmantel und Erdkern wird als *Gutenberg-Diskontinuität* bezeichnet.

Behaviorismus

Im Jahr 1914 war die Freudsche Psychologie (vgl. 1893 und 1900, Träume) bereits überaus populär, doch auch an anderen Theorien herrschte kein Mangel. Im Jahr 1914 stellte der amerikanische Psychologe John Broadus Watson (1878–1958) die These auf, daß menschliches Verhalten durch konditionierte Reaktionen erklärbar sei. Einige Jahre zuvor hatte Pawlow das Konditionierungsverhalten von Tieren gezeigt (vgl. 1907). Nach Watsons Ansicht spielte bei menschlichem Verhalten selbst Vererbung eine untergeordnete Rolle.
Watson betrachtete Tiere, wobei hier auch Menschen miteingeschlossen sind, als extrem komplizierte Maschinen, deren Nervensysteme auf Reize reagieren. Die Reaktion der Nervensysteme kann durch Erfahrung verän-

dert, also konditioniert werden. Watsons Theorie wurde als *Behaviorismus* bezeichnet.

Nachtrag

Am 28. Juni 1914 wurde der östereichische Thronfolger Erzherzog Franz Ferdinand von Österreich-Ungarn (1863–1914) von einem serbischen Terroristen ermordet. Österreich-Ungarn, entschlossen, das politisch unbequeme Serbien in die Knie zu zwingen, stellte Serbien ein Ultimatum. Rußland unterstützte Serbien, Deutschland stellte sich hinter Österreich.

Am 28. Juli erklärte Österreich-Ungarn Serbien den Krieg. Rußland begann mit der Mobilmachung, Deutschland zog nach. Am 1. August 1914 erklärte Deutschland Rußland den Krieg und am 3. August Frankreich, Rußlands Verbündetem. Deutschland strebte einen schnellen Sieg an und rückte in westlicher Richtung vor, wobei es die Neutralität Belgiens verletzte. Daraufhin erklärte Großbritannien am 4. August Deutschland den Krieg. Der Erste Weltkrieg hatte begonnen.

Im Osten leitete Rußland sofort eine Offensive ein, die von den Deutschen jedoch gestoppt wurde. In den Schlachten bei Tannenberg und an den Masurischen Seen erlitt die russische Armee schwere Niederlagen. Anschließend marschierte die deutsche Armee in Polen ein. Bis zum Ende des Krieges drohte im Osten keine ernste Gefahr mehr.

Die Türkei, die von einer Niederlage Rußlands zu profitieren hoffte, trat am 29. Oktober an der Seite Deutschlands in den Krieg ein. Japan hingegen hatte ein Auge auf deutsche Besitzungen im Pazifik geworfen. Am 23. August schloß es sich Großbritannien an.

An der Westfront – dem eigentlich entscheidenden Kriegsschauplatz – stießen die deutschen Truppen bis an die Marne vor. Weniger als 30 Kilometer vor Paris wurden sie von der französischen Armee in der Marneschlacht zum Stehen gebracht. Damit begann ein langwieriger Stellungskrieg.

Die Vereinigten Staaten blieben neutral.

In Mexiko hatte der Bürgerkrieg begonnen, der vor allem zwischen den anti-amerikanischen Führern Venustiano Carrenza (1859–1948) und Francisco (Pancho) Villa (1877–1923) geführt wurde.

Mohandas Karamchand (Mahatma) Gandhi (1869–1948) hatte 21 Jahre in Südafrika verbracht, wo er sich für die Rechte von Nichtweißen eingesetzt hatte. Im Jahr 1914 kehrte er nach Indien zurück, entschlossen, die britische Vorherrschaft in seiner Heimat mit der friedlichen Waffe des zivilen Ungehorsams zu bekämpfen.

Am 3. August 1914 wurde der Panamakanal eröffnet, gerade zu dem Zeitpunkt, zu dem der Erste Weltkrieg begann.

Die amerikanische Sozialreformerin Margaret Louise Sanger (1879–1966) prägte den Begriff der *Geburtenkontrolle*.

Der amerikanische Erfinder Clarence Birdseye (1886–1956) entwickelte ein Verfahren zum Einfrieren von Lebensmitteln.

1915

Pellagra

In den Südstaaten der USA war nach dem Bürgerkrieg die Krankheit Pellagra in bestimmten Gebieten sehr häufig aufgetreten. Sie schien nicht ansteckend zu sein. Der Biochemiker Funk hatte vermutet, daß es sich um eine Vitaminmangelkrankheit handeln könnte (vgl. 1896).

Dem österreichisch-amerikanischen Arzt Joseph Goldberger (1874–1929) fiel auf, daß Pellagra vor allem dort auftrat, wo sich die Menschen einseitig ernährten und nur wenig Milch, Fleisch oder Eier zu sich nahmen.

Im Jahr 1915 führte Goldberger ein gewagtes Experiment mit den Insassen eines Gefängnisses in Mississippi durch. Freiwillige (denen man als Gegenleistung eine Begnadigung in Aussicht stellte) wurden auf eine Diät gesetzt,

die weder Milch noch Fleisch enthielt. Nach sechs Monaten zeigten sich bei ihnen die ersten Pellagrasymptome. Die Symptome verschwanden, als wieder Milch und Fleisch auf den Speiseplan gesetzt wurden.
Während des Experiments gaben sich Goldberger und seine Mitarbeiter alle Mühe, sich durch engen Kontakt zu den Patienten anstecken zu lassen. Jedoch ohne Erfolg. Pellagra war somit definitiv keine ansteckende Krankheit. Goldberger sprach von einem *P-P-Faktor* (einem *Pellagra-Präventiv-Faktor)* in der Nahrung. Dessen chemische Beschaffenheit war jedoch noch unbekannt.

Thyroxin

Ungefähr ein Vierteljahrhundert zuvor war gezeigt worden, daß die Schilddrüse das Stoffwechselniveau reguliert. Ist sie extrem aktiv, läuft der Organismus auf Hochtouren, bei Unterfunktion ist der Stoffwechsel stark herabgesetzt.
Nachdem Starling die Existenz von Hormonen nachgewiesen hatte (vgl. 1902 und 1905), war klar, daß auch die Schilddrüse mittels Hormonausschüttung funktionieren mußte. Es war bekannt, daß sie ein charakteristisches Protein enthält, das *Thyreoglobulin.* Ein Bestandteil dieses Proteins ist Jod, das sonst in Proteinen nicht vorkommt. Zu dieser Zeit war noch nicht bekannt, daß es sich bei Jod um ein lebensnotwendiges Element handelt.
Der amerikanische Biochemiker Edward Calvin Kendall (1886–1972) erforschte das Thyreoglobulin. Er suchte nach einem einfachen Bestandteil, der die Tätigkeit der Schilddrüse verrichtete, nur in winzigen Mengen im Körper vorkam und deshalb das betreffende Hormon sein mußte. Im Jahr 1915 gelang es ihm, eine solche Substanz zu isolieren. Er nannte sie *Thyroxin.* Im Lauf der folgenden Jahre stellte sich heraus, daß es eine jodhaltige Aminosäure ist. Sie ist mit dem in Proteinen enthaltenen Tyrosin verwandt. Das Thyroxin war das gesuchte Schilddrüsenhormon.

Bakteriophagen

Jede Zelle ist für die subzellulären Parasiten, die Viren, anfällig. Selbst die kleinsten Zellen, die der Bakterien, können von Viren angegriffen werden. Der britische Bakteriologe Frederick William Twort (1877–1950) entdeckte im Jahr 1915 einen Virustyp, der Bakterien infiziert und vernichtet. Die gleiche Entdekkung machte unabhängig von Twort einige Zeit später der in Kanada geborene Bakteriologe Felix d'Hérelle (1873–1949). D'Hérelle nannte diese Viren *Bakteriophagen,* nach einem griechischen Ausdruck für »Bakterienfresser«.

Elliptische Elektronenbahn

Bohrs Atommodell erklärte nicht alle Details der Feinstruktur der Spektrallinien. Einige dunkle Linien, die auf den ersten Blick einfach wirkten, entpuppten sich bei näherem Hinsehen als Gruppen schmaler, eng beieinanderliegender Linien.
Der deutsche Physiker Arnold Johannes Wilhelm Sommerfeld (1868–1951) führte das auf die Tatsache zurück, daß die Elektronenbahnen komplizierter seien, als Bohr postuliert habe. Bohr war von kreisförmigen Bahnen ausgegangen, doch die Bahnen konnten ebensogut auch elliptisch sein (wie bei den Planeten). Sommerfeld machte sich Einsteins Relativitätstheorie zunutze, um die elliptischen Umlaufbahnen zu berechnen. Mit Hilfe der Quantentheorie zeigte er, daß nur ganz bestimmte elliptische Bahnen möglich waren. Die Verbindung von kreisförmigen und elliptischen Bahnen gab Aufschluß über einige Details der Spektrallinien, die mit Bohrs Atommodell nicht erklärt werden konnten. Das verbesserte Atommodell wird gelegentlich als *Bohr-Sommerfeld-Atommodell* bezeichnet. Es beruht auf der Anwendung zweier großer physikalischer Theorien des 20. Jahrhunderts, der Relativitäts- und der Quantentheorie.

Wasserstoffumwandlung in Helium

Pierre Curie hatte nachgewiesen, daß Radioaktivität das Vorhandensein enormer Energien im Atom voraussetzt (vgl. 1901). Bislang waren die Einzelheiten dieser Theorie noch nicht vollständig ausgearbeitet worden. Im Jahr 1915 bemerkte jedoch der amerikanische Chemiker William Draper Harkins (1875–1951), daß die Masse des Heliumkerns die des Wasserstoffkerns nicht ganz um das Vierfache übersteigt. Wenn es also irgendwie gelinge, so Harkins, vier Wasserstoffkerne in einen Heliumkern umzuwandeln, so müßte dabei ein enormer Überschuß an Energie frei werden. Harkins Annahme war vollkommen richtig. Es dauerte allerdings noch vierzig Jahre, bis die Wissenschaftler in der Lage waren, diese Umwandlung durchzuführen.

Nachtrag

Der Erste Weltkrieg war in vollem Gange. Im Nordosten Frankreichs (an der Westfront) fanden riesige Schlachten statt, die ebenso verlustreich wie nutzlos waren. Die Fronten verschoben sich kaum. Am 22. April 1915 begannen die Deutschen, Giftgas einzusetzen. Die alliierten Truppen zogen sich fluchtartig zurück. Doch die Deutschen waren zu überrascht, um den Vorteil zu nutzen.
An der *Ostfront* erlitten die Russen schwere Verluste, doch sie kämpften weiter und gaben nicht auf. Am 7. August 1915 nahmen die Deutschen Warschau ein. Ende des Jahres war fast das ganz Polen in ihrer Hand.
Unterdessen hatte der Unterseebootkrieg begonnen. Deutsche U-Boote versuchten, britische Schiffe zu zerstören und die britischen Inseln von der Versorgung abzuschneiden. Am 7. Mai 1915 versenkte ein U-Boot das britische Passagierschiff *Lusitania.* 1 189 Menschen kamen ums Leben, darunter 139 Amerikaner. Die Torpedierung der *Lusitania* führte in Amerika zu einem deutlichen Meinungsumschwung zugunsten der Alliierten.
Italien trat auf seiten der Alliierten in den Krieg ein, Bulgarien auf seiten der Deutschen. Am 25. April 1915 landeten die Briten auf Gallipoli, einer südlich von Konstantinopel gelegenen Halbinsel. Ihr Ziel war es, die Türkei zum Kriegsaustritt zu zwingen und eine Versorgungsbrücke zu errichten, über die die belagerten Russen mit Waffen und Lebensmitteln versorgt werden konnten. Geistiger Vater dieser Operation war der britische Staatsmann Winston Leonard Spencer Churchill (1874–1965). Das Gallipoli-Unternehmen endete jedoch in einem Fiasko, und Churchill trat von seinem Posten als Lord der Admiralität zurück.
In der griechischen Stadt Saloniki landeten alliierte Truppen und rückten nach Mesopotamien vor, das unter türkischer Kontrolle stand. Die Bombardierung Londons durch deutsche Luftschiffe erwies sich als nicht effizient. Allmählich wurden auch die ersten Flugzeuge eingesetzt, zunächst für Erkundungsflüge, dann, mit Maschinengewehren bestückt, auch für Kampfeinsätze.
In Afrika verlor Deutschland in rascher Folge alle Kolonien bis auf Deutsch-Ostafrika. Die deutschen Kolonien im Pazifik fielen alle an Japan.

1916

Allgemeine Relativität

Elf Jahre zuvor hatte Einstein seine spezielle Relativitätstheorie vorgestellt. Sie besagt, daß die Gesetze der Physik in Systemen unverändert bleiben, die sich mit einer konstanten Geschwindigkeit zueinander bewegen (vgl. 1905). Im Jahr 1916 weitete er sie auf Systeme aus, die sich mit unterschiedlichen Geschwindigkeiten bewegen, wobei sich die Geschwindigkeiten auch beliebig ändern können. Diese Theorie wurde als *allgemeine Relativitätstheorie* bezeichnet.

Einstein stellte die These auf, daß die träge Masse (die aus der Messung der Beschleunigung abgeleitet wird) und die schwere Masse (die aus der Messung der Anziehungskraft abgeleitet wird) identisch sind. Desgleichen ging er davon aus, daß die Gegenwart von Masse dazu führt, daß der Raum sich krümmt. Gravitation ist nach Einstein keine Kraft, sondern das Resultat der Bewegung von Objekten, die den kürzesten Weg im gekrümmten Raum nehmen.
Einstein entwickelte eine Reihe von Gleichungen, die es erlaubten, sehr weitgehende Schlußfolgerungen über das Universum als Ganzes zu ziehen, und leistete damit einen bedeutenden Beitrag zur Wissenschaft der *Kosmologie.* Er zeigte, daß die Resultate der Newtonschen Gravitationsgesetze denen der allgemeinen Relativitätstheorie recht nahe kamen, daß sie sich jedoch in dreierlei Hinsicht unterschieden. Anhand von praktischen Messungen konnte nach Einstein festgestellt werden, welche Resultate der Realität näherkamen.
1. Nach Einsteins Theorie verschob sich der Perihel eines Planeten, also der sonnennächste Punkt auf seiner Bahn, etwas weiter, als es nach den Newtonschen Gesetzen möglich war. Eine Unregelmäßigkeit in der Periheldrehung war vor siebzig Jahren von Leverrier beim Planeten Merkur entdeckt worden (vgl. 1846, Vulkan). Lange Zeit hatte man versucht, dieses Phänomen mit der Existenz eines bislang unentdeckten Planeten zu begründen, der die Bahn von Merkur beeinflußt. Dieser Planet sollte sich auf einer sonnennäheren Umlaufbahn als Merkur befinden. Er wurde jedoch niemals gefunden. Mit Hilfe der allgemeinen Relativitätstheorie konnte die unregelmäßige Periheldrehung des Merkur auch ohne einen solchen zusätzlichen Planeten erklärt werden. Die Tatsache, daß der Effekt bereits längere Zeit bekannt war, verringerte allerdings seine Bedeutung.
2. Einstein behauptete, daß sich die Spektrallinien des Lichts in einem starken Gravitationsfeld zum roten Ende des Spektrums hin verschieben. Damit sprach er ein Phänomen an, das bislang noch nicht bekannt gewesen war. Eine Überprüfung seiner These war zur damaligen Zeit jedoch noch nicht möglich, da nicht einmal das Gravitationsfeld der Sonne so stark war, daß man entsprechende Messungen durchführen konnte. Eine Bestätigung (oder Widerlegung) dieser Prognose Einsteins mußte also noch warten.
3. Die spektakulärste Prognose Einsteins: Er behauptete, daß Licht durch ein Gravitationsfeld viel stärker abgelenkt werde, als nach den Newtonschen Gesetzen zu erwarten sei, und daß man diesen Unterschied messen könne. Dazu sei es aber notwendig, während einer totalen Sonnenfinsternis Sterne in der Umgebung der Sonne zu beobachten. Das Licht dieser Sterne müsse zunächst die Sonne passieren, um zur Erde zu gelangen, und werde dabei durch das Gravitationsfeld leicht abgelenkt. Dadurch entstehe der Eindruck, der Stern sei etwas weiter von der Sonne entfernt als es tatsächlich der Fall war. Um das zu zeigen, brauche man nur die gleiche Himmelsregion zu fotografieren, wenn sich die Sonne in einem anderen Teil des Himmels befinde.
Als Einstein diese Prognosen machte, war der Erste Weltkrieg allerdings in vollem Gange. Es gab keine Möglichkeit, Wissenschaftler loszuschicken, um eine Sonnenfinsternis zu beobachten, ohne sie einer Gefahr auszusetzen. Es war schon schwierig genug, Einsteins Theorien außerhalb Deutschlands bekannt zu machen. Die Welt mußte sich also noch in Geduld fassen.

Schwarze Löcher

Nachdem Einsteins Gleichungen der allgemeinen Relativitätstheorie veröffentlicht worden waren, ging der deutsche Astronom Karl Schwarzschild (1873–1916) als einer der ersten daran, Berechnungen mit ihnen anzustellen. Er berechnete auch die Gravitationsphänomene in der Nähe eines Sterns, dessen gesamte Masse auf einen Punkt konzentriert war.

Damit sich ein Objekt infolge eines einzigen Initialimpulses unendlich weit von einem anderen Körper entfernen kann, muß seine Geschwindigkeit so groß sein, daß sie nicht im gleichen Maß abnimmt wie die Anziehungskraft (die Anziehungskraft schwindet mit wachsender Entfernung). In dem Fall kann die Gravitationskraft niemals so groß sein, daß sie das Objekt völlig zum Stillstand bringt. Die Entweichgeschwindigkeit für die Erde beträgt ungefähr 11,2 Kilometer pro Sekunde, für den Mond 2,4 Kilometer pro Sekunde.

Im allgemeinen nimmt die Entweichgeschwindigkeit mit der Masse und Dichte des anziehenden Objekts zu. Über ein Jahrhundert zuvor hatte Laplace (vgl. 1783) gezeigt, daß bei Objekten mit extrem großer Masse und Dichte selbst Licht keine ausreichende Fluchtgeschwindigkeit hat, um zu entweichen.

Schwarzschild untersuchte dieses Phänomen am Beispiel eines Sterns, dessen Masse sich mehr und mehr zusammenzog, bis das Volumen schließlich bei Null angelangt war, und dessen Anziehungskraft deshalb immer größer wurde. Er berechnete die Zone, innerhalb derer ein Lichtstrahl kaum noch die nötige Geschwindigkeit hat, um aus verdichteter Masse zu entweichen. Diese Zone wird *Schwarzschild-Radius* genannt. Wenn irgendein Objekt in den Bereich des Schwarzschild-Radius kommt, kann es niemals wieder entweichen. Nicht einmal Licht ist dazu in der Lage.

Ein Stern, der alles, selbst Licht, so stark anzieht, daß nichts mehr aus seinem Bereich fliehen kann, ließe sich mit einem bodenlosen Loch im Weltall vergleichen. Ein halbes Jahrhundert nach Schwarzschilds Berechnungen wurde diesem Phänomen der Name *Schwarzes Loch* gegeben.

Elektronen und chemische Bindungen

Nachdem Moseley den Begriff der Ordnungszahl eingeführt hatte (vgl. 1914), war bekannt, daß die Ordnungszahl eines neutralen Atoms der Anzahl der Elektronen entspricht, die seinen Kern umkreisen. Ein Wasserstoffatom weist somit 1 kreisendes Elektron auf, ein Uranatom 92. Die Anzahl der Elektronen der anderen Elemente liegt dazwischen.

Die Untersuchungen der charakteristischen Röntgenstrahlen von Elementen, die Barkla angeregt hatte (vgl. 1906), führten zu Ergebnissen, die vermuten ließen, daß die Elektronen in Schalen um den Atomkern angeordnet sind. Die Elektronen in der äußersten Schale sind natürlich am stärksten exponiert. Sie können am leichtesten aus der Schale gelöst werden oder zu einem anderen Atom wandern. Der deutsche Chemiker Wilhelm Heinrich Abegg (1869–1910) hatte bereits 1904 – also bevor Einzelheiten über die Elektronenschalen bekannt waren – die These aufgestellt, daß chemische Reaktionen das Ergebnis eines Elektronenaustauschs zwischen Atomen seien.

Der amerikanische Physikochemiker Gilbert Newton Lewis (1875–1946) untersuchte diese These genauer. Im Jahr 1916 zeigte er, daß die Anordnung der Elektronen besonders stabil zu sein scheint, wenn die Außenschale acht Elektronen enthält (oder, im speziellen Fall des Heliums, zwei). Ein Atom mit acht Elektronen in der Außenschale und einem einzelnen außerhalb der Schale (wie bei Natrium oder Kalium) verliert das überflüssige Elektron so leicht, daß es als sehr reaktionsfähig bezeichnet werden kann. Ein Atom mit sieben Elektronen in seiner äußersten Schale (wie Chlor oder Brom) nimmt ein zusätzliches Elektron so leicht auf, daß es ebenfalls als reaktionsfähig gilt. Die Atome, die in ihrer äußersten Schale acht Elektronen haben (wie die Edelgase) oder zwei (wie Helium), neigen nur wenig oder überhaupt nicht dazu, ein Elektron abzugeben oder aufzunehmen. Sie sind äußerst reaktionsträge.

Zwei Chloratome können je ein Elektron zu einem gemeinsamen Elektronenpaar beisteuern, so daß jedes Atom acht Elektronen in der Außenschale hat – sieben eigene und das Elektron des benachbarten Chloratoms. Damit die Elektronenpaarbindung möglich wird, müssen die beiden Atome natürlich na-

he zusammenbleiben. Deshalb liegt Chlor als zweiatomiges Molekül vor. Es erfordert viel Energie, diese Atome auseinanderzureißen.
Auf diese Weise lassen sich auch Bindungen erklären, die sehr häufig bei organischen Molekülen zwischen Kohlenstoff-, Sauerstoff-, Wasserstoff- und Stickstoffatomen anzutreffen sind. Lewis zeigte unter Berücksichtigung der Elektronenanordnung, warum etliche Elemente genau die Wertigkeiten (vgl. 1852) haben, die sie haben, und warum sich die Wertigkeiten innerhalb des Periodensystems gleichmäßig ändern.
Langmuir (vgl. 1913) arbeitete unabhängig von Lewis ein ähnliches System chemischer Verbindungen aus. Der englische Chemiker Nevil Vincent Sidgwick (1873–1952) legte kurze Zeit später dar, daß das Lewis-Langmuir-Modell auch auf die komplexen anorganischen Moleküle angewandt werden kann.

Überlagerungsempfänger

Bis dahin war die Bedienung von Rundfunkempfängern eine recht komplizierte Angelegenheit gewesen, die man besser einem Fachmann überließ. Im Jahr 1916 jedoch entwickelte der amerikanische Elektroingenieur Edwin Howard Armstrong (1890–1954) ein Gerät, mit dem die Empfangsfrequenz in Niederfrequenz umgewandelt und anschließend auf die im Lautsprecher erforderliche Leistung verstärkt werden konnte. Anschließend wurden die Wellen verstärkt. Armstrong nannte seine Erfindung *Superheterodyn-Empfänger,* bekannt ist sie unter dem Namen *Überlagerungsempfänger*.
Dieser Empfänger machte die Bedienung von Rundfunkempfängern viel einfacher. Nun brauchte man nur noch an einem Regler zu drehen oder eine andere Wellenlänge zu wählen, um einen guten Empfang zu sichern. Erst nach der Einführung solcher Empfänger, die jeder bedienen konnte, fanden Radios weite Verbreitung. Heute sind sie ein wichtiges Mittel der Massenunterhaltung und Information.

Nachtrag

An der Westfront verging ein weiteres Jahr des Grabenkrieges, der enorme Opfer forderte. Die Deutschen unternahmen einen Vorstoß bei Verdun, die Briten an der Somme. Beide Schlachten führten zu nichts, und die Verluste waren hoch.
Die Briten setzten am 15. September 1916 an der Somme erstmals Panzer ein. Mit ihrer Hilfe hätte der Stellungskrieg möglicherweise beendet werden können, doch sie wurden nur selten und gegen den Willen der Generalität eingesetzt, deren Einfallslosigkeit den gesamten Kriegsverlauf prägte.
An der Ostfront unternahmen die Russen eine erfolgreiche Offensive gegen Österreich-Ungarn. In Rußland selbst flackerten allerdings erste Unruhen auf, die sich auf das Geschehen an der Front nachteilig auswirkten.
Die Kämpfe in Italien und auf dem Balkan waren ebenfalls von Unentschlossenheit geprägt. Am 27. August 1916 trat Rumänien auf seiten der Alliierten in den Krieg ein, wurde aber rasch besiegt. Am 6. Dezember nahmen die Deutschen Bukarest ein.
Die britische und die deutsche Flotte trafen am 31. Mai in der Schlacht vor dem Skagerrak aufeinander. Die Deutschen schlugen sich überraschend gut. Die britischen Verluste an Schiffen und Mannschaften waren etwa doppelt so hoch wie die der Deutschen. Doch das änderte nichts an ihrer zahlenmäßigen Überlegenheit. Die deutsche Kriegsflotte mußte sich in die Häfen zurückziehen.
Der Krieg bot unterdrückten Völkern aber auch die Möglichkeit, das Joch der Fremdherrschaft abzuschütteln. So lehnten sich die Araber mit Unterstützung der Briten gegen ihre türkischen Herren auf. Und auch in Irland kam es zu einem Aufstand, der von den Briten allerdings niedergeschlagen wurde.
Die Vereinigten Staaten wahrten weiter Neutralität, obwohl die öffentliche Meinung sich immer stärker gegen Deutschland richtete.
Der österreichische Kaiser Franz Joseph I.

starb am 21. November 1916, nachdem er 68 Jahre regiert hatte. Nachfolger wurde sein Großneffe, der als Karl I. regierte (1887–1922).

1917

Ausdehnung des Universums

Die alten Griechen hatten immer angenommen, daß das Universum unveränderlich sei. Und auch die Astronomen der Neuzeit waren dieser Meinung. Obwohl sie die Veränderungen und Bewegungen der Sterne beobachten konnten, obwohl neue Sterne entstanden und andere erloschen, glaubten sie, daß die Veränderungen sich gegenseitig aufhoben und das Universum als Ganzes unverändert blieb.
Als Einstein seine allgemeine Relativitätstheorie entwickelte, wurde ihm klar, daß er seine Gleichungen ergänzen mußte, wenn er ein statisches Universum erhalten wollte. Er fügte eine Konstante ein, damit die Gleichungen stimmten. Später bezeichnete er diese kosmologische Konstante als den größten wissenschaftlichen Fehler seines Lebens.
Der niederländische Astronom Willem de Sitter (1872–1934) allerdings hielt sich an die Einsteinschen Gleichungen, ganz gleich, was dabei herauskam. Im Jahr 1917 kam er mit ihrer Hilfe zu dem Ergebnis, daß das Universum sich ausdehnte. Die Vorstellung eines solchen *expandierenden Universums* schien grotesk, da zu dieser Zeit noch keinerlei Belege dafür gefunden worden waren. In den folgenden Jahren sollte de Sitters These jedoch große Bedeutung erlangen.

Mikrokristalline Röntgenstrahlbeugung

Die beiden Braggs hatten gezeigt, wie die kristalline Struktur durch die Beugung von Röntgenstrahlen ermittelt werden kann (vgl. 1914). Intakte und einigermaßen große Kristalle kommen jedoch nicht allzu häufig vor, und so war es ein großer Fortschritt, als der niederländisch-amerikanische Physiker Peter Joseph William Debye (1884–1966) im Jahr 1917 nachweisen konnte, daß auch mit pulverisierten Kristallen – das Pulver besteht aus winzigen Kristallen, die in alle möglichen Richtungen weisen – nützliche Ergebnisse erzielt werden können.
Der amerikanische Physiker Albert Wallace Hull (1880–1966) machte ungefähr zur gleichen Zeit unabhängig von Debye die gleiche Entdeckung.

2,5-Meter-Teleskop

In keiner anderen Wissenschaft ist die Weiterentwicklung von Instrumenten von so großer Bedeutung wie in der Astronomie. Im Jahr 1917 wurde auf dem Mount Wilson bei Pasadena in Kalifornien ein neuer Refraktor aufgestellt. Sein Spiegel hatte einen Durchmesser von 2,5 Metern. Damit war er das größte Teleskop der Welt und sollte es auch dreißig Jahre lang bleiben.

Protactinium

Nur wenige der neuen Substanzen, die beim radioaktiven Zerfall von Uran oder Thorium entstanden, waren wirklich neue Elemente. Nachdem Soddy sein Isotopenmodell veröffentlicht hatte (vgl. 1913), wurden die meisten der neuen Substanzen als Isotope bereits bekannter Elemente erkannt.
Im Jahr 1917 entdeckten der deutsche Chemiker Otto Hahn (1879–1968) und die österreichische Physikerin Lise Meitner (1878–1968) eine Substanz, die wirklich ein neues Element darstellte und in Actinium zerfiel (vgl. 1899). Aus diesem Grund nannten sie es *Proactinium* (was »vor dem Actinium« bedeutet).
Wie sich herausstellte, war Proactinium das Element mit der Ordnungszahl 91. Es gehörte

zu den sieben Elementen, die gefehlt hatten, als Moseley sein Konzept der Ordnungszahlen vorgestellt hatte (vgl. 1914). Somit fehlten nur noch sechs Elemente.

Sonar

Pierre Curie hatte bei der Entdeckung der Piezoelektrizität (vgl. 1880) auch gezeigt, wie Ultraschallwellen erzeugt werden konnten. Der französische Physiker Paul Langevin (1872–1946) versuchte, diese Wellen praktisch zu nutzen.
Je kürzer Wellenlängen sind, desto leichter werden sie reflektiert. Normale Schallwellen sind lang genug, um Hindernisse zu umgehen. Das verhindert eine effiziente Reflexion. Die weit kürzeren Ultraschallwellen können dagegen auch von kleinen Objekten leicht reflektiert werden. Die Richtung, aus der das Echo empfangen wird, zeigt die Position des Objektes an. Da die Schallgeschwindigkeit bekannt ist, kann aus der Zeitspanne vom Aussenden einer Ultraschallwelle bis zum Eintreffen des Echos die Entfernung des Objekts ermittelt werden.
Lichtwellen sind nicht in der Lage, in große Wassertiefen vorzudringen, Ultraschallwellen aber sehr wohl. Deshalb können sie zur Lokalisierung von Unterwasserobjekten wie U-Booten benutzt werden. Seit Ausbruch des Ersten Weltkrieges stellten die deutschen U-Boote eine ernste Gefahr für die Schiffe der Alliierten dar. So wundert es nicht, daß Langevin hier Abhilfe schaffen wollte.
Langevins Erfindung wurde *Sonar* genannt, eine Kombination aus den Anfangsbuchstaben der englischen Bezeichnung *sound navigation and ranging* (»Navigation und Entfernungspeilung durch Schall«). Da Langevin sein Verfahren erst 1917 entwickelte, konnte es vor Ende des Krieges nicht mehr effektiv eingesetzt werden.
Sonar wird inzwischen nicht nur zur Lokalisierung von Unterwasserobjekten wie U-Booten oder Fischschwärmen eingesetzt, sondern auch zur Untersuchung des Meeresbodens. Es eröffnete der Ozeanographie ganz neue Möglichkeiten.

Nachtrag

An der Westfront ging der blutige Grabenkrieg weiter.
An der Ostfront rückten die deutschen Truppen schnell vor, als in Rußland die *Russische Revolution* ausbrach. Am 10. März 1917 meuterten die russischen Truppen. Am 15. März dankte Nikolaus II. ab. Die neue demokratische Regierung unter Alexandr Fjodorowitsch Kerenski (1881–1970) versuchte, den Krieg fortzusetzen, doch das russische Volk sehnte sich nach Frieden.
Am 6. November 1917 (nach dem russischen Kalender, der um dreizehn Tage hinter dem Gregorianischen Kalender herhinkt, war es der 24. Oktober) brach die *Oktoberrevolution* aus. Die provisorische Regierung wurde gestürzt, und die radikaleren Bolschewiki (heute als Kommunisten bezeichnet) übernahmen die Macht. Unter Lenins Führung bemühte sich die neue Regierung um einen Waffenstillstand.
Im Nordosten Italiens brachten deutsche Truppen den Italienern am 24. Oktober 1917 bei Caporetto eine vernichtende Niederlage bei. Ganz Venetien fiel an die Deutschen.
Im Mittleren Osten nahmen die Briten am 9. Dezember 1917 Jerusalem ein. Zum ersten Mal seit sechseinhalb Jahrhunderten war Palästina wieder in christlicher Hand.
Um die britische Blockade zu brechen, nahm Deutschland den uneingeschränkten U-Boot-Krieg wieder auf. Am 6. April 1917 erklärten die Vereinigten Staaten Deutschland den Krieg. Unter dem Kommando von John Joseph (Black Jack) Pershing (1860–1948) landeten amerikanische Truppen in Frankreich. Am 27. Oktober griffen sie zum ersten Mal in das Kriegsgeschehen ein.

1918

Zentrum der Milchstraße

Herschel hatte als erster einigermaßen korrekt die Gestalt der Milchstraße beschrieben (vgl. 1782). Seither waren die Astronomen davon ausgegangen, daß die Sonne in der Nähe ihres Mittelpunkts liegt, da sich die Milchstraße in einem großen Bogen fast gleichmäßig über den irdischen Himmel spannt.

Es gab jedoch eine wichtige Asymmetrie – die Sternhaufen waren nicht gleichmäßig verteilt. Sternhaufen bestehen aus Hunderttausenden von Sternen, die dicht beieinanderliegen und kugelförmige Gruppen bilden. Herschel hatte sie als erster entdeckt.

Diese Kugelhaufen sind fast ausschließlich auf einer der beiden Himmelshälften zu finden – ein Phänomen, auf das Herschels Sohn John Frederick William Herschel (1792–1871) aufmerksam gemacht hatte. In der Tat liegt ungefähr ein Drittel der gesamten Sternhaufen im Sternbild des Schützen. Dort ist die Milchstraße heller und dichter mit Sternen besetzt als an anderen Stellen.

Nachdem Leavitt und Hertzsprung (vgl. 1905) die *Cepheiden-Periode* erarbeitet hatten, war es möglich, die Cepheiden in den Sternhaufen auszumachen und sowohl ihre als auch die Entfernung der Sternhaufen zur Erde zu ermitteln.

Dieser Aufgabe widmete sich der amerikanische Astronom Harlow Shapely (1885–1972). Er benutzte dazu das neue 2,5-Meter-Teleskop (vgl. 1917). Im Jahr 1918 war er soweit, daß er ein dreidimensionales Modell der Sternhaufen anfertigen konnte. Er konnte sehen, daß die Haufen in weiter Entfernung vom Sonnensystem eine locker zusammengesetzte Kugel um einen Punkt im Schützen bilden.

Shapley kam zu dem Schluß, daß die Sternhaufen um das Zentrum der Galaxis angeordnet waren – eine Annahme, die sich später als richtig erweisen sollte. Shapley schätzte den Abstand zu diesem Mittelpunkt. Sein Wert lag ein wenig zu hoch und wurde später korrigiert. Inzwischen wissen wir, daß der Mittelpunkt der Milchstraße 30 000 Lichtjahre von uns entfernt ist und daß sie einen Durchmesser von ungefähr 100 000 Lichtjahren hat. Unser Sonnensystem, weit davon entfernt, der Mittelpunkt der Milchstraße zu sein, hat eine »Breite« von 20 000 Lichtjahren und eine »Länge« von 80 000 Lichtjahren. Shapley widerlegte damit ein für allemal die Vorstellung, die Sonne sei der Mittelpunkt des Universums.

Wir können das Zentrum der Milchstraße nicht sehen (geschweige denn die Hälfte, die weiter von uns entfernt ist), da dunkle Staub- und Nebelwolken in der Milchstraße die Sicht trüben. Wir befinden uns im Mittelpunkt dessen, was wir sehen können – was nicht weiter überraschend ist.

Dank Shapleys Arbeit konnten sich die Astronomen ein mehr oder weniger korrektes Bild von der Größe der Milchstraße und unserer Position in ihr machen. Sie ist weit größer, als irgend jemand vermutet hätte – sie umfaßt mindestens 100 Milliarden Sterne, vielleicht sogar doppelt soviel. Insofern überrascht es nicht, daß die Astronomen lange glaubten, unsere Galaxis bilde zusammen mit den beiden nächstgelegenen, viel kleineren Galaxien, den Magellanschen Wolken, das gesamte Universum.

Ein solches Universum schien zum damaligen Zeitpunkt groß genug. Erst allmählich begriffen die Astronomen, wie groß das Universum wirklich ist.

Spektralklassen

Nicht alle Sternspektren sind gleich. Einige ähneln dem Spektrum der Sonne, doch die Spektren der meisten anderen Sterne sind völlig anders. Der erste, der darauf hingewiesen hatte, war der italienische Astronom Pietro Angelo Secchi (1818–1878), der im Jahr 1867 die Spektren der Sterne in vier Klassen unterteilte.

Es verging jedoch einige Zeit, bis die zeitraubende Arbeit, die *Spektralklassen* von Tausenden von Sternen zu untersuchen und zu klassifizieren, in Angriff genommen wurde. Erst 1918 widmete sich die amerikanische Astronomin Annie Jump Cannon (1863–1941) dieser Aufgabe.

Cannon entwickelte ein Klassifikationssystem, das heute gängig ist. Sie ordnete den einzelnen Klassen Buchstaben zu, hatte aber die Absicht, gleitende Übergänge von A zu B und von B zu C usw. zu ermöglichen. Als die Sterne jedoch in der Reihenfolge ihrer Oberflächentemperatur eingeteilt wurden, konnte die Buchstabenfolge nicht mehr eingehalten werden. Einige fielen sogar aus dem System heraus.

Die Spektralklassen der Hauptfolge wurden mit den Buchstaben O, B, A, F, G, K, und M gekennzeichnet, wobei die Sterne der folgenden Spektralklasse jeweils eine geringere effektive Oberflächentemperatur haben als die vorausgehenden.

Jede Spektralklasse ist in zehn Unterklassen unterteilt, die von 0 bis 9 durchnumeriert werden. Unsere Sonne zum Beispiel ist ein Stern der Klasse G2, Sirius gehört der Klasse A1 an, Rigel der Klasse B5, Arcturus der Klasse K2, Beteigeuze der Klasse M2 und Proxima Centauri der Klasse M5. Besonders im Hinblick auf die Entwicklung der Sterne erwies sich dieses System als hilfreich.

Radioaktive Tracer

Vierzehn Jahre zuvor hatte Knoop Benzolringe als »Markierung« oder Tracer eingesetzt, um Aufschlüsse über den Fettstoffwechsel zu erhalten (vgl. 1904). Der aus Ungarn stammende Chemiker Georg Karl von Hevesy (1885–1966) hatte die Idee, daß man auch radioaktive Atome als Tracer einsetzen könnte. Der Vorteil dieser Methode bestand seiner Meinung nach darin, daß man die Konzentration dieses Tracers exakt bestimmen konnte, da auch die kleinste Menge Strahlung abgegeben wird.

Im Jahr 1918 beschloß Hevesy, radioaktive Bleiisotope zu verwenden, die beim Zerfall von Uran entstehen. Da dieses *Uranblei* die gleichen chemischen Eigenschaften wie gewöhnliches Blei aufwies, konnte er dem normalen Blei eine geringe Menge Uranblei zugeben und die Mischung zur Herstellung bestimmter Bleiverbindungen verwenden.

Bleiverbindungen sind nur ganz schwach wasserlöslich, so daß man die Konzentration des gelöstes Bleis nicht mit Genauigkeit messen kann, nicht einmal annähernd genau. Enthält die Bleiverbindung aber Uranblei, wird mit dem anderen Blei auch ein Teil des radioaktiven Bleis gelöst, wobei der Anteil des gelösten Uranbleis im Verhältnis zu dem anderen Blei in der Lösung genauso groß ist wie in der ungelösten Bleiverbindung. Dann kann die Menge des gelösten Uranbleis genau bestimmt werden. Da das Mengenverhältnis zwischen normalem Blei und Uranblei bekannt ist, kann nun auch die Gesamtmenge des gelösten Bleis errechnet werden.

In späteren Jahren untersuchte Hevesy, wie Pflanzen Wasser aufnehmen und verteilen, indem er dem Wasser eine winzige Menge Uranblei zugab. Dank des Tracers konnte er den Weg des Wassers genau verfolgen.

Solange der Einsatz von radioaktiven Tracern nur auf Uranblei beschränkt blieb, spielte diese Methode nur eine untergeordnete Rolle. Gleichwohl hat Hevesy gezeigt, welche Möglichkeiten sie bietet. In späteren Jahren wurde sie zu einem wichtigen Instrument für Biochemiker und andere Wissenschaftler.

Für diese und andere Leistungen wurde Hevesy im Jahr 1943 mit dem Nobelpreis ausgezeichnet.

Organisationseffekt

Der deutsche Zoologe Hans Spemann (1869–1941) beschäftigte sich mit der Entwicklung von Embryonen.

Dreißig Jahre zuvor war mit der befruchteten Eizelle eines Versuchstieres folgender Versuch durchgeführt worden: Man wartetet die erste

Teilung der Zelle ab. Dann tötete man eine der beiden Zellen mit einer heißen Nadel ab, beließ sie aber bei der noch lebenden Zelle. Aus dieser entwickelte sich ein längsgeteilter halber Embryo. Die Teilung der Eizelle bildete also die Basis für den symmetrischen Aufbau zweier Embryohälften.

Wurden die beiden Zellen einer befruchteten Eizelle nach der Teilung jedoch voneinander getrennt, entwickelte sich aus jeder ein vollständiger (wenn auch kleinerer) Embryo (auf diese Weise entstehen zum Beispiel auch eineiige Zwillinge).

Nach diesen Versuchen war klar, daß die Entwicklung einer Zelle, die nach der Teilung der Eizelle abgetrennt wird, und einer Zelle, die bei der abgetöteten Zelle belassen wird, unterschiedlich verläuft. Spemann zog daraus den Schluß, daß die einzelnen Zellen eines Embryo sich gegenseitig beeinflussen.

In einer Reihe von Versuchen zeigte Spemann, daß ein Embryo auch nach Herausbildung erster Differenzierungen noch geteilt werden konnte und daß aus den Hälften immer noch vollständige Embryonen entstanden. Somit war klar, daß die Fähigkeit der Zellen zur Bildung eines Embryos ziemlich lange erhalten blieb.

Spemann konnte außerdem nachweisen, daß sich ein Augapfel ursprünglich aus Gehirnsubstanz entwickelt, die Linsen aus der angrenzenden Haut. Wird der Augapfel nun an eine andere Stelle der Haut verpflanzt, wo sich normalerweise keine Linse bildet, so entsteht trotzdem eine Linse.

Es gab also offensichtlich einen *Organisationseffekt* bei der Embryoentwicklung, der für die Steuerung zuständig war. Für seine Arbeit wurde Spemann 1935 mit dem Nobelpreis für Medizin und Physiologie ausgezeichnet.

Nachtrag

Der Sieg schien für Deutschland nun in greifbarer Nähe. Die Situation an der Ostfront war unter Kontrolle. Am 3. März 1918 wurde Rußland gezwungen, den Vertrag von Brest-Litowsk zu unterzeichnen und jeden Anspruch auf seine Grenzgebiete aufzugeben: Polen, Finnland, die Baltischen Staaten, die Ukraine und Transkaukasien. Am 7. Mai schloß auch Rumänien Frieden.

Am 21. März begannen die deutschen Truppen mit einer Großoffensive. Die englischen und französischen Truppen sollten destabilisiert werden, bevor die Unterstützung der Amerikaner zum Tragen kam. Dieser Plan schlug jedoch fehl. Ab Juli rückten immer mehr amerikanische Soldaten an die Front vor. Die Deutschen mußten zurückweichen. Ende August standen die deutschen Truppen wieder dort, wo sie ihre Offensive begonnen hatten.

Am 30. September schloß Bulgarien einen Waffenstillstand mit den Alliierten, am 30. Oktober folgte die Türkei, am 3. November Österreich-Ungarn.

Deutschland konnte die Westfront nicht mehr halten. Nachdem seine Verbündeten aufgegeben hatten, war die Niederlage unausweichlich. Am 9. November dankte Wilhelm II. ab, und am 11. November unterzeichnete Deutschland einen Waffenstillstand. Der Erste Weltkrieg war zu Ende. Die Bilanz war schrecklich: 8,5 Millionen Tote und 21 Millionen Verwundete. Die Kosten beliefen sich auf ungefähr 956 Milliarden Goldmark.

Und als sei das nicht schon mehr als genug, fielen weltweit über 20 Millionen Menschen einer Grippeepidemie, die als *Spanische Seuche* bezeichnet wurde, zum Opfer. Innerhalb eines Jahres forderte sie doppelt so viele Menschenleben wie der Krieg in vier Jahren.

In Rußland herrschte Chaos. In einem Bürgerkrieg kämpften die Kommunisten *(Rote)* gegen die Konterrevolutionäre *(Weiße)*, deren Ziel es war, die alten Verhältnisse wiederherzustellen, soweit das möglich war.

Auf der europäischen Karte tauchten neue Staaten auf – Polen und Finnland erklärten ihre Unabhängigkeit. Serbien und Montenegro vereinigten sich, verleibten sich die südöstlichen Provinzen von Österreich-Ungarn ein und gründeten den Staat Jugoslawien. Aus den nordöstlichen Provinzen Österreich-Un-

garns wurde der unabhängige Staat Tschechoslowakei.
Der österreichische Kaiser Karl I. zog die Konsequenz aus der Auflösung seines Reiches und dankte am 11. November 1918 ab. Österreich und Ungarn wurden zu eigenständigen, unabhängigen Republiken.

1919

Massenspektrograph

Thomson hatte gezeigt, daß Neonatome in zwei unterschiedlichen Varietäten vorkommen (vgl. 1912). Kurz darauf hatte Soddy seine Isotopentheorie veröffentlicht (vgl. 1913), doch zunächst hatte es so ausgesehen, als sei sie nur auf radioaktive Elemente und ihre Zerfallsprodukte anwendbar. Nun stellte sich die Frage, ob möglicherweise auch absolut stabile Elemente in Form verschiedener Isotope vorkamen. Lag darin die Bedeutung von Thomsons Entdeckung der verschiedenen Neonatome?
Der britische Chemiker Francis William Aston (1877–1945) arbeitete an der Verbesserung von Thomsons Apparat. Im Jahr 1919 entwickelte er den *Massenspektographen*. Mit ihm können Ionen so präzise getrennt werden, daß alle Ionen unterschiedlicher Masse in einer dünnen Linie auf eine Photoplatte fokussiert werden. Aston untersuchte Neonionen mit diesem Gerät und konnte nachweisen, daß sie zwei unterschiedliche Linien bildeten. Eine Linie deutete auf eine Massenzahl 20 hin, die andere auf eine Massenzahl 22. Aus der unterschiedlichen Dunkelheit der Linien schloß Aston, daß die Ionen mit der Masse 20 zehnmal häufiger waren als die mit der Massenzahl 22. Wurden alle Ionen zusammengeworfen, ergab das eine Durchschnittsmasse von 20,2. Dieser Wert entspricht dem Atomgewicht von Neon. (Später wurde eine dritte Gruppe von Neonionen entdeckt, die die Massenzahl 21 aufweisen. Sie kommen allerdings nur in äußerst geringen Konzentrationen vor.)
Auch bei Experimenten mit Chloratomen entdeckte Aston zwei unterschiedliche Varietäten mit den Massenzahlen 35 und 37. Sie kamen in einem Verhältnis von 3 zu 1 vor. Das Durchschnittsmassengewicht betrug somit 35,5. Wieder entsprach der Wert dem Atomgewicht des Elements.
Mit Hilfe des Massenspektrographen konnte schließlich ermittelt werden, daß die meisten der stabilen Elemente (jedoch nicht alle) aus zwei oder mehr stabilen Isotopen bestehen. Die Atomkerne der Isotope besitzen alle die gleiche positive Ladung, die *Massenzahlen jedoch sind unterschiedlich*.
Für seine Arbeit wurde Aston im Jahr 1922 mit dem Nobelpreis für Chemie ausgezeichnet.

Kernreaktion

Rutherford hatte Versuche durchgeführt, bei denen er Gase mit Alphateilchen beschoß (vgl. 1906). Als er Wasserstoff diesem Beschuß aussetzte, konnte er auf einem Zinksulfidschirm helle Szintillationen beobachten (der Zinksulfidschirm gab Lichtblitze ab, wenn er von einem energiereichen subatomaren Teilchen getroffen wurde). Die Alphateilchen szintillierten selbst, doch die Szintillationen, die auftraten, wenn Wasserstoff vorhanden war, waren besonders hell.
Rutherford nahm an, daß die Alphateilchen gelegentlich auf einen Wasserstoffkern trafen (der aus einem einzigen Proton besteht) und es wegschleuderten (eine korrekte Annahme). Die hellen Szintillationen mußten durch diese beschleunigten Protonen hervorgerufen werden.
Im Jahr 1919 arbeitete Rutherford mit Stickstoff. Der Beschuß mit Alphateilchen verursachte auch hier wieder helle Szintillationen, wie schon beim Beschuß von Wasserstoff. Der Stickstoff besitzt eine Ladung von +7, also muß er mindestens 7 Protonen besitzen. Ru-

therford ging davon aus, daß die Alphateilchen von Zeit zu Zeit eines dieser Protonen aus dem Stickstoffkern herausschlugen.

Die Zahl der Alphateilchenszintillationen, die unter diesen Bedingungen erzeugt wurden, nahm langsam ab. Rutherford nahm an, daß einige Teilchen von dem Stickstoffkern absorbiert worden waren. Wenn ein Stickstoffkern ein Alphateilchen mit einer Ladung von +2 absorbiert und gleichzeitig ein Proton mit der Ladung von +1 verliert, müßte er am Ende eine Gesamtladung von +8 besitzen. Das ist die charakteristische Ladungszahl eines Sauerstoffkerns.

Rutherford hatte in seinem Versuch also einen Heliumkern (ein Alphateilchen) und einen Stickstoffkern in einen Wasserstoffkern (ein Proton) und einen Sauerstoffkern umgewandelt. Er hatte ein Atom durch Beschuß mit subatomaren Teilchen in ein anderes Atom verwandelt.

Bei normalen chemischen Reaktionen wurden Elektronen ausgetauscht oder für eine Paarbindung benutzt, wie Lewis gezeigt hatte (vgl. 1916). Nun hatte Rutherford Reaktionen ausgelöst, die den Austausch von Teilchen innerhalb des Kerns beinhalteten. Mit anderen Worten, ihm war die erste künstlich herbeigeführte *Kernreaktion* gelungen.

Lichtstrahlen in Gravitationsfeldern

Einstein hatte bei der Veröffentlichung seiner allgemeinen Relativitätstheorie unter anderem prognostiziert, daß Lichtstrahlen in einem Gravitationsfeld leicht abgelenkt werden. Ihre Linie mußte demnach eine leichte Beugung aufweisen. Eine Möglichkeit, Einsteins Prognose zu überprüfen, war die Beobachtung von Sternen in unmittelbarer Nachbarschaft der Sonne während einer totalen Sonnenfinsternis. Die Astronomen mußten allerdings erst das Ende des Ersten Weltkriegs abwarten, bevor sie zu diesem Zwecke eine Expedition durchführen konnten.

Für den 29. Mai 1919 wurde eine totale Sonnenfinsternis erwartet, und das war insofern besonders günstig, als sich zu diesem Zeitpunkt mehr helle Sterne in der Nachbarschaft der Sonne befanden als zu irgendeiner anderen Jahreszeit.

Die *Royal Astronomical Society of London* rüstete unter der Leitung von Arthur Stanley Eddington (1882–1944) – einem glühenden Anhänger Einsteins – zwei Expeditionen aus. Eine sollte nach Nord-Brasilien reisen, die andere auf die Insel Príncipe im Golf von Guinea vor der westafrikanischen Küste. Während der Sonnenfinsternis wurden die Positionen der hellen Sterne in der Nähe der Sonne in Relation zueinander gemessen. Wenn ihre Lichtstrahlen tatsächlich gebeugt wurden, während sie die Sonne passierten, dann mußte der Eindruck entstehen, daß sie sich von der Sonne fortbewegten und etwas weiter voneinander entfernt waren als sechs Monate zuvor oder sechs Monate später, wenn sie hoch am mitternächtlichen Himmel standen.

Die Positionen der Sterne stimmten mit Einsteins Prognose überein. Dieses Ergebnis wurde als eine eindrucksvolle Bestätigung seiner allgemeinen Relativitätstheorie angesehen.

Dennoch stellten die Messungen einen Grenzfall dar und waren ein wenig ungenau. Keines der Experimente, die in den nächsten vierzig Jahren zur Bestätigung oder Widerlegung der allgemeinen Relativitätstheorie durchgeführt wurden, ließ einen endgültigen Schluß zu, und andere Wissenschaftler brachten andere kosmologische Theorien vor, die mit Einsteins Theorien konkurrierten. (Auf der anderen Seite wurde die spezielle Relativitätstheorie immer wieder bestätigt. Seit ihrer Formulierung hat es keinen ernsthaften Zweifel an ihrer Richtigkeit gegeben.)

Kommunikation von Bienen

Anhand der konditionierten Reflexe, die Pawlow untersucht hatte (vgl. 1907), konnten man herausfinden, was Tiere wahrnehmen.

Der in Österreich geborene deutsche Zoologe Karl von Frisch (1886–1982), zum Beispiel, konditionierte Bienen so, daß sie nur noch bestimmte, mit Farbe gekennzeichnete Stellen aufsuchten, um Nektar zu sammeln. Später suchten die Bienen auch andere Stellen mit dieser Farbmarkierung auf, da sie so konditioniert waren, daß sie auf die Farbe genauso reagierten wie auf eine Nahrungsquelle.
Anschließend veränderte Frisch die Farbmarkierung. Wenn er Schwarz durch Rot ersetzte, flogen die Biene diese Stelle auch weiterhin an. Das ließ darauf schließen, daß sie Rot nicht erkennen konnten – Rot war für sie Schwarz. Wenn er allerdings Schwarz durch Ultraviolett ersetzte (für das menschliche Auge immer noch Schwarz), flogen die Bienen die Stelle nicht mehr an. Ultraviolett konnten sie also wahrnehmen.
Im Jahr 1919 hatte Frisch auch herausgefunden, wie eine Biene den anderen Arbeiterinnen mitteilt, wo Nahrungsquellen zu finden sind. Hat sie irgendwo Honig entdeckt, kehrt sie zurück und führt einen »Tanz« auf, bei dem sie sich von einer Seite zur anderen bewegt oder im Kreis dreht. Anzahl und Geschwindigkeit der Drehungen liefern den anderen Bienen die notwendigen Informationen über die Lage der neuen Futterquelle.
Frisch konnte auch zeigen, daß Bienen sich im Flug anhand der Polarisation des Himmelslichts orientieren können.
Für seine Arbeit wurde Frisch im Jahr 1973 anteilig mit dem Nobelpreis für Medizin und Physiologie ausgezeichnet.

Nachtrag

Im französischen Versailles wurde am 18. Januar 1919 eine Friedenskonferenz eröffnet. Die Sieger des Ersten Weltkriegs wollten einen Friedensvertrag ausarbeiten, der die Gefahr künftiger Kriege bannte.
Eine der ersten Maßnahmen der Konferenz war die Gründung des *Völkerbundes*, in dem Streitigkeiten zwischen den Staaten ausdiskutiert und ohne Krieg beigelegt werden sollten.
Der Versailler Vertrag wurde am 28. Juni unterzeichnet. Deutschland wurde gezwungen, Elsaß-Lothringen an Frankreich abzutreten, Westpreußen an Polen, und sämtliche Kolonien an Großbritannien, Frankreich und Japan. Außerdem mußte es sich zur Zahlung hoher Reparationen verpflichten.
Deutschlands Verbündete unterzeichneten zu einem späteren Zeitpunkt ebenfalls Friedensverträgen. Österreich-Ungarn wurde in die Staaten Österreich, Ungarn und Tschechoslowakei aufgeteilt. Die äußeren Provinzen fielen an Italien. Die Türkei verlor sämtliche Gebiete außerhalb Klein-Asiens. Syrien fiel an Frankreich, Palästina und der Irak an Großbritannien.
Die Vereinigten Staaten ratifizierten weder den Versailler Vertrag, noch traten sie dem Völkerbund bei. Der Völkerbund war damit zu einer gewissen Machtlosigkeit verurteilt.
Führende deutsche Politiker kamen am 31. Juli 1919 in Weimar zusammen und gründeten die *Weimarer Republik*.
In Rußland herrschte weiterhin Bürgerkrieg. In verschiedenen Teilen Europas kam es ebenfalls zu kommunistischen Aufständen, die jedoch bald niedergeschlagen wurden.

1920

Durchmesser von Sternen

Lange Zeit hindurch hatten Sterne nur als Lichtpunkte untersucht werden können. Das ganze Wissen über sie hatte sich auf Informationen beschränkt, die aus diesen Punkten ermittelt werden konnten.
Michelson hatte als erster den Interferometer benutzt, um die Geschwindigkeit von Lichtstrahlen, die in unterschiedliche Richtungen weisen, zu vergleichen (vgl. 1881). Nun wollte er das Gerät zu einem anderen Zweck verwenden. Er baute ein Interferometer mit einem Durchmesser von 6 Metern und ver-

band es mit dem neuen 2,5–Meter-Teleskop (vgl. 1917). Mit dieser Vorrichtung war er in der Lage, das Licht, das von dem Stern Beteigeuze emittiert wurde, auf beiden Seiten zu messen. (Beteigeuze ist ein relativ nahegelegener Roter Riese. Sein Durchmesser mußte somit einfacher zu ermitteln sein als der eines kleineren oder weiter entfernten Sterns.)
Der Winkel, den die beiden Lichtstrahlen von beiden Seiten des Sterns bildeten, war sehr klein, doch aus den Interferenzbändern, die sie erzeugten, konnte Michelson den Winkel ermitteln. Aus dem Winkel und der bekannten Entfernung des Sterns zur Erde ließ sich der Durchmesser von Beteigeuze errechnen. Er beträgt ungefähr 416,5 Millionen Kilometer, mit anderen Worten, er ist 300mal größer als der Durchmesser der Erde.
Diese Neuigkeit füllte sogar die erste Seite der *New York Times*.

Novae im Andromeda-Nebel

In den ersten Jahrzehnten des 20. Jahrhunderts war der Andromeda-Nebel Gegenstand einer lebhaften Diskussion unter den Astronomen. Einige hielten ihn für eine Staub- und Gaswolke, die zu unserer Galaxis gehöre (wie auch alle anderen vergleichbaren Nebulae). Andere wiesen darauf hin, daß das Spektrum von Andromeda dem Spektrum von Sternen gleiche und nicht dem des Orion-Nebels, der ganz eindeutig eine Staub- und Gaswolke ist. Der Andromeda-Nebel und andere Nebulae konnten somit riesige Sternenansammlungen sein, eigenständige Galaxien, die so weit von der Erde entfernt waren, daß kaum eine Chance bestand, einen einzelnen Stern zu erkennen.
Der führende Vertreter der Theorie, Andromeda sei eine Staub- und Gaswolke, war Shapley. Er hatte die Form und die Größe unserer Galaxis ermittelt und die Position unseres Sonnensystems bestimmt (vgl. 1918). Wortführer der anderen Theorie war der amerikanische Astronom Heber Doust Curtis (1872–1942).
Curtis gab zu bedenken, daß bei der riesigen Entfernung des Andromeda-Nebels zwar keine normalen Sterne erkannt werden könnten, dafür aber ungewöhnlich helle Sterne wie Novae. Er beobachtete den Nebel sorgfältig und sah zahlreiche blasse Sterne auftauchen und wieder verschwinden, die ungewöhnlich blasse Novae sein konnten. In dem Lichtfleck, den Andromeda darstellt, bemerkte er wesentlich mehr solcher Novae als in irgendeinem anderen Lichtfleck vergleichbarer Größe. Curtis zog daraus den Schluß, daß der Andromeda-Nebel aus einer riesigen Anzahl extrem schwachleuchtender Sterne bestehe und eine eigenständige Galaxie sei (wie Kant bereits angenommen hatte – vgl. 1755).
Im Jahr 1920 kamen Curtis und Shapley vor der amerikanischen *National Academy of Sciences* zusammen, um über ihre Theorien zu diskutieren. Die Mehrheit der Astronomen stand hinter Shapley, doch Curtis konnte seine Ansicht unerwartet überzeugend darlegen. Er war zumindest der moralische Sieger. Durch Diskussionen allein konnte die Angelegenheit freilich nicht geklärt werden. Man mußte die notwendigen Beobachtungsergebnisse abwarten.

Hidalgo

Es wurden weiterhin Asteroiden mit atypischen Umlaufbahnen entdeckt. Im Jahr 1920 beobachtete der deutsche Astronom Walter Baade (1893–1960) einen solchen Asteroiden und nannte ihn *Hidalgo*. An seinem Perihel, dem sonnennächsten Punkt seiner Umlaufbahn, befindet er sich innerhalb des Asteroidengürtels. Seine Bahn verläuft jedoch ballonförmig, so daß er an seinem sonnenfernsten Punkt (Aphel) genausoweit von der Sonne entfernt ist wie Saturn.
Von allen Asteroiden, die sich zumindest eine Zeitlang im Asteroidengürtel aufhalten, entfernt sich Hidalgo am weitesten.

Dendrochronologie

Im trockenen Klima von Arizona bleiben auch uralte Baumstämme gut erhalten. Der amerikanische Astronom Andrew Elliott Douglass (1867–1962) interessierte sich für diese Stämme.
Der hölzerne Stumpf eines Baumes weist Ringe auf, die sein jährliches Wachstum markieren. In guten Jahren sind diese Ringe groß, in schlechten eher klein. Da alle Bäume einer Region unter gleichen Bedingungen wachsen, haben alle das gleiche Ringmuster. Diese Muster sind unverwechselbar und wiederholen sich im Lauf der Zeit nie. Zur Altersbestimmung kann man den äußersten Ring eines alten Baumstumpfes mit den Ringen eines gerade geschlagenen Baumes vergleichen. Der Ring auf dem jüngeren Stumpf, der dem äußersten Ring des alten Stumpfes gleicht, markiert das Jahr, in dem der ältere geschlagen wurde. Zählt man nun die Ringe auf dem jüngeren Stumpf zurück bis zum aktuellen Jahr, kann man das Alter des älteren Stumpfs exakt ermitteln. Verwendet man noch ältere Stümpfe, kann man mit diesem Verfahren auch ihr Alter bis weit in die Vergangenheit bestimmen.
Im Jahr 1920, als Douglass davon überzeugt war, daß diese *Dendrochronologie* (griechisch für »Zeitrechnung durch Jahresringe«) eine geeignete Methode für die Altersbestimmung von Bäumen war, legte er einen Jahresringkalender an, der ungefähr 5 000 Jahre in die Vergangenheit zurückreichte. Das Verfahren erwies sich vor allem bei der Datierung prähistorischer Objekte als nützlich.

Klimazyklen

Wetterverhältnisse sind so unberechenbar, daß es auch mit modernsten Geräten schwierig ist, Prognosen für größere Zeiträume zu erstellen. Dennoch könnte es übergeordnete Wetterzyklen geben, die das periodische Auftreten der Eiszeiten in der Erdgeschichte erklären.
Im Jahr 1920 äußerte der jugoslawische Physiker Milutin Milankovic (1879–1958) die Vermutung, daß astronomische Faktoren in diesen Zyklen eine Rolle spielen könnten. Periodisch auftretende, leichte Verschiebungen in der Sonnenumlaufbahn der Erde, periodische Lageveränderungen der Erdachse und leichte Schwankungen in der Neigung der Erdachse schienen auf einen 40 000jährigen Zyklus hinzudeuten. Dieser Zyklus könnte in einen »großen Frühling«, einen »großen Sommer«, einen »großen Herbst« und einen »großen Winter« unterteilt werden, wobei jede Phase etwa 10 000 Jahre umfaßt.
Milankovics Theorie fand zunächst keine Beachtung. Erst ein halbes Jahrhundert später begann man, sie ernst zu nehmen.

Anämie

Mit Anämie, oder Blutarmut, werden verschiedene Formen einer Krankheit bezeichnet, bei der das Blut nicht mehr in gewohnter Weise seine Aufgaben erfüllt.
Eine häufige Ursache für Anämie ist die unzureichende Versorgung mit Eisen über die Nahrung. Die Folge: Der Hämoglobingehalt im Blut sinkt. Der Sauerstoff in der Lunge kann von den roten Blutkörperchen nicht mehr so gut aufgenommen werden. Anämische Menschen sind blaß und ermüden schnell.
Der amerikanische Pathologe George Hoyt Whipple (1878–1976) führte Versuche mit Hunden durch. Zunächst nahm er ihnen größere Mengen Blut ab, dann verfolgte er, wie sich neue rote Blutkörperchen bildeten. Er gab den Hunden unterschiedliche Nahrung, so daß er beobachten konnte, welche Wirkung das auf die Bildung der roten Blutkörperchen hatte. Am Ende stellte er fest, daß Leber das beste Nahrungsmittel gegen Anämie ist. Seine Erkenntnisse führten dazu, daß auch für gefährlichere Anämieformen, die nicht auf Eisenmangel zurückzuführen waren, Heilverfahren entwickelt werden konnten.

Für seine Leistung erhielt Whipple 1934 anteilig den Nobelpreis für Medizin und Physiologie.

Luftmassen

Die Meteorologen Vilhelm Friman Koren Bjerknes (1862–1951) und sein Sohn Jakob Aall Bonnevie Bjerknes (1897–1975) hatten während des Ersten Weltkriegs in ganz Norwegen Wetterbeobachtungsstationen eingerichtet.
Im Jahr 1920 konnten sie nachweisen, daß die Erdatmosphäre aus großen Luftmassen besteht und daß zwischen den warmen tropischen Luftmassen und den kalten polaren Luftmassen große Temperaturunterschiede klaffen. Die Grenzlinien dazwischen nannten sie *Fronten.*
Dank ihrer Erkenntnisse konnten die Methoden der Wettervorhersage vereinfacht werden.

Nachtrag

Im russischen Bürgerkrieg gewannen die Bolschewiki die Oberhand.
Die baltischen Staaten Estland, Lettland und Litauen erklärten ihre Unabhängigkeit.
Zwischen der Türkei und Griechenland herrschte immer noch Krieg. Griechenland beanspruchte den Bezirk Smyrna an der türkischen Ägäisküste und ließ seine Truppen in die Türkei einrücken.
Die Bevölkerung der Vereinigten Staaten war auf 105,7 Millionen angewachsen. Die Sowjetunion hatte trotz der hohen Verluste während des Krieges 137 Millionen Einwohner. Die Weltbevölkerung erreichte 1,8 Milliarden.

1921

Insulin

Es war inzwischen bekannt, daß die Zuckerkrankheit Diabetes mellitus etwas mit der Bauchspeicheldrüse zu tun hatte. Wurde diese Drüse bei Versuchstieren entfernt, entwickelten sie unweigerlich diabetesähnliche Symptome.
Nach der Veröffentlichung von Starlings Hormontheorien (vgl. 1902 und 1905) lag der Gedanke nahe, daß die Bauchspeicheldrüse Hormone produzierte, die den Kohlehydratstoffwechsel steuerten. Fehlten diese Hormone, geriet der Kohlehydratstoffwechsel außer Kontrolle. Der Blutzuckerspiegel stieg, und ein großer Teil des Zuckers wurde mit dem Urin ausgeschieden. Beim Patienten zeigten sich eine Reihe unangenehmer Symptome, und am Ende stand der Tod.
Man wußte, daß die Hauptfunktion der Bauchspeicheldrüse in der Produktion von Enzymen besteht, die während des Verdauungsvorgangs Proteine spalten. Teile der Drüse schienen sich jedoch vom Rest zu unterscheiden. Sie waren in das Gewebe der Bauchspeicheldrüse eingelagert und werden auch heute noch als Langerhans Inseln (vgl. 1869) bezeichnet. Einige Wissenschaftler vermuteten, daß diese Inseln das gesuchte Hormon produzierten. So kam man überein, es *Insulin* (von dem lateinischen Wort für »Insel«) zu nennen.
Bislang war es niemandem gelungen, Insulin aus dem Gewebe der Bauchspeicheldrüse zu isolieren. Dies war nicht weiter überraschend – die Verdauungsenzyme spalteten und zerstörten das Hormon, bevor es isoliert werden konnte.
Der kanadische Arzt Frederick Grant Banting (1891–1941) hatte gelesen, daß die Bauchspeicheldrüse eines Versuchstieres verkümmerte, wenn ihr Sekretionsschlauch abgeschnürt wurde, daß die Langerhans Inseln aber unversehrt blieben und ihre Hormo-

ne dann direkt in den Blutkreislauf abgaben. Warum also nicht versuchen, das Insulin aus einer verkümmerten Bauchspeicheldrüse, in der es nicht mehr von den Enzymen gespalten wurde, zu isolieren?

Im Jahr 1921 gelang es Banting, an der University of Toronto einen Laborraum zu finden und den amerikanisch-kanadischen Physiologen Charles Herbert Best (1899–1978) als Mitarbeiter zu gewinnen. Die beiden Wissenschaftler banden bei einer Reihe von Hunden den Sekretionsschlauch der Bauchspeicheldrüse ab. Sieben Wochen später gelang es ihnen, eine Lösung zu extrahieren, die binnen kürzester Zeit alle Diabetessymptome beseitigte. Sie hatten das Insulin isoliert.

Für seine Arbeit wurde Banting im Jahr 1923 anteilig mit dem Nobelpreis für Medizin und Physiologie ausgezeichnet.

Vagusstoff

Es war bekannt, daß Nervenimpulse auf elektrischen Spannungsänderungen basieren. Der deutsch-amerikanische Pharmakologe Otto Loewi (1873–1961) war der Meinung, daß auch chemische Substanzen an diesem Prozeß beteiligt sein müßten. Wie sonst sollten die Impulse die winzigen Lücken zwischen zwei Nervenzellen, die Synapsen, überspringen?

Im Jahr 1921 experimentierte Loewi mit Nerven, die er mit einem Froschherz verbunden hatte. Sein besonderes Interesse galt dem *Vagusnerv*, dem Eingeweidenerv. Er konnte nachweisen, daß bei einer Stimulation des Nervs tatsächlich chemische Substanzen freigesetzt wurden.

Eines Nachts, gegen 3 Uhr in der Frühe, hatte Loewi eine Idee: Vielleicht war es möglich, diese chemische Substanz zu extrahieren und damit ein anderes Herz zu stimulieren, und zwar direkt, ohne den Umweg über die Nervenbahnen. Loewi machte sich Notizen und ging dann wieder zu Bett. Am nächsten Morgen erinnerte er sich nur noch verschwommen an die plötzliche Eingebung, und seine Notizen waren nicht zu entziffern. Als er in der darauffolgenden Nacht den gleichen Geistesblitz hatte, ging er kein Risiko mehr ein. Er begab sich in sein Labor und machte sich an die Arbeit. Um 5 Uhr morgens hatte er den Beweis.

Loewi nannte die extrahierte Substanz *Vagusstoff*. Dale, der einige Jahre zuvor das Acetylcholin entdeckt hatte (vgl. 1914), fiel auf, daß dessen Wirkung die gleiche war wie die des Vagusstoffes. Er vermutete, daß Acetylcholin und der Vagusstoff ein und dieselbe Substanz sind – womit er recht hatte. Im Jahr 1936 teilten sich Dale und Loewi den Nobelpreis für Medizin und Physiologie.

Rachitis

Die fettlösliche Substanz A hatte inzwischen den Namen Vitamin A erhalten, die wasserlösliche Substanz B hieß Vitamin B (vgl. 1913). Vitamin C, der Anti-Skorbut-Faktor, war wasserlöslich wie Vitamin B. Da er jedoch kein Anti-Beriberi-Faktor wie das Vitamin B war, erhielt er eine eigene Bezeichnung.

Die Krankheit Rachitis wurde für eine Vitamin-Mangelkrankheit gehalten. Die drei schon bekannten Vitamine zeigten allerdings keine heilende Wirkung. Der britische Biochemiker Edward Mellanby (1884–1955) versuchte, ein weiteres Vitamin zu finden, das die Rachitis beheben könnte.

Im Jahr 1921 hatte er ein solches rachitishemmendes Vitamin gefunden. Es kam in tierischen Fetten wie Kabeljau-Lebertran, Butter oder Nierenfett vor. Es war fettlöslich, doch seine Distribution verlief anders als die des Vitamins A. Außerdem rief sein Fehlen nicht die Symptome hervor, die bei einem Mangel an Vitamin A auftraten. Es mußte sich also um ein eigenes fettlösliches Vitamin handeln. Man nannte es Vitamin D.

Ebenfalls 1921 fanden andere Forscher heraus, daß auch Sonnenstrahlen eine rachitishemmende Wirkung haben. Da die Strahlen selbst kein Vitamin enthalten können, vermutete man, daß sie körpereigene Substanzen in der Haut in Vitamine umwandeln. Wie sich herausstellen sollte, ist dies tatsächlich der Fall.

Glutathion

Im Jahr 1921 gelang es Hopkins (vgl. 1900, Tryptophan), *Glutathion* aus dem Gewebe zu isolieren. Es besteht aus drei Aminosäuren, ist also ein *Tripeptid*. Glutathion ist ein Redoxsystem, das sehr leicht zur Oxidation gebracht werden kann. Mit anderen Worten, es gibt genauso leicht ein Paar Wasserstoffatome ab, wie es eines aufnimmt.
Hopkins demonstrierte diese Eigenschaft am Beispiel des Glutathions und unterstrich ihre Bedeutung für die chemischen Vorgänge im Gewebe. Zum einen können solche Verbindungen als »Beschützer« für empfindlichere Verbindungen fungieren – da sie ihre Wasserstoffatome so leicht abgeben, ist es für die empfindlicheren Verbindungen nicht notwendig, dasselbe zu tun. Dadurch wird ein Schaden vermieden, der nicht so leicht zu reparieren wäre wie beim Glutathion. Zum anderen kann das Glutathion sehr leicht zwischen dem Zustand der Reduktion und der Oxidation hin- und herspringen und ermöglicht dadurch einen schnelleren Wechsel von Atomgruppen von einer Substanz zur anderen.

Magnetron

Zu dieser Zeit wurde eine Vielzahl von Elektronenröhren entwickelt. Im Jahr 1921 baute der amerikanische Physiker Albert Wallace Hull (1880–1966) eine Elektronenröhre, die kurze Radiowellen, sogenannte *Mikrowellen*, von hoher Intensität erzeugen konnte. Er nannte das Gerät *Magnetron*, da durch einen außen angebrachten Magneten ein Magnetfeld im Inneren erzeugt wird, das die Elektronen beeinflußt.
Im folgenden Jahrzehnt spielten solche Röhren eine Schlüsselrolle bei der Entwicklung des Radars.

Bleitetraethyl

Bei der Entwicklung von Verbrennungsmotoren stellte sich das Problem, eine gleichmäßige Treibstoffverbrennung zu erreichen. Verbrennt der Treibstoff zu schnell, entsteht im Zylinder ein ungleichmäßiger Gasdruck, der zu Verpuffungen und schließlich zum »Klopfen« des Motors führt. Dieses Klopfen schadet dem Motor, sorgt für einen höheren Treibstoffverbrauch und ist unangenehm fürs Ohr.
Im Jahr 1921 entdeckte der amerikanische Chemiker Thomas Midgley (1889–1944), daß das »Klopfen« unterdrückt werden kann, wenn man dem Benzin die Bleiverbindung *Tetraethylblei* beimengt. Dieses Antiklopfmittel verlangsamt die Verbrennung, so daß im Zylinder ein gleichmäßiger Gasdruck erzeugt wird. Das mit dieser Substanz versetzte Benzin wird als *verbleites Benzin* bezeichnet.
Um die Ansammlung von Bleioxiden im Zylinder zu verhindern, wird dem Benzin auch eine Bromidverbindung beigegeben. Dadurch entsteht die relativ flüchtige Verbindung Bleibromid, die mit den Auspuffgasen ausgestoßen wird. Sie trägt zusätzlich zur Luftverschmutzung durch das Auto bei.

Introversion und Extroversion

Freud, der Begründer der Psychoanalyse (vgl. 1893 und 1900, Träume), schaffte es immer wieder, mit Kollegen in Streit zu geraten. Mit der Zeit entwickelten diese Kollegen eigene Richtungen und erweiterten die psychoanalytische Lehre durch neue Theorien. So prägte der österreichische Psychiater und Psychologe Alfred Adler (1870–1937) im Jahr 1911 den Begriff *Minderwertigkeitskomplex*.
Im Jahr 1921 prägte der schweizerische Psychiater Carl Gustav Jung (1875–1961) die Begriffe *introvertiert* und *extrovertiert*. Nach Jung sind die Gedanken und Interessen eines introvertierten Menschen nach innen gerichtet, die eines extrovertierten Menschen kon-

zentrieren sich auf seine Umwelt und andere Menschen.

Rorschachtest

Wesentlicher Bestandteil der Psychoanalyse ist im allgemeinen das Gespräch zwischen Patient und Psychiater, wobei der Patient das meiste dazu beitragen sollte. Im Jahr 1921 erfand der schweizerische Psychiater Hermann Rorschach (1884–1922) eine Methode zur psychopathologischen Diagnose, die kein Gespräch erfordert.
Er legte seinen Patienten zehn symmetrische Tintenklecksabbildungen vor und bat sie, die Kleckse zu interpretieren. Sie sollten erzählen, was sie in den abstrakten Abbildungen sahen. Der *Rorschachtest* wurde in der Öffentlichkeit sehr bekannt. Eine objektive Beurteilung seines Nutzens ist allerdings schwierig – ein generelles Problem bei psychoanalytischen Methoden.

Nachtrag

Im Nahen und Mittleren Osten kehrte nach den Wirren des Ersten Weltkrieges eine gewisse Ruhe ein. Persien (ein griechischer Name, der bald durch den Namen Iran ersetzt werden sollte) wies alle russischen Offiziere aus und erlangte wieder seine vollständige Souveränität.
Im Irak wurde nach einem Volksentscheid Faisal I. (1885–1933) als König eingesetzt.
Die Türkei schloß Frieden mit Rußland und festigte ihre Grenzen.
In Rußland endete der Bürgerkrieg. Bis auf einige Gebiete im Westen, darunter auch Estland, Lettland und Litauen, blieb das Staatsgebiet erhalten. Außerdem fiel die südwestliche Provinz Bessarabien an Rumänien.
Im Jahr 1921 wurde in den Vereinigten Staaten die Luftpost eingeführt. Post konnte nun per Flugzeug in etwas mehr als 33 Stunden von der Ost- zur Westküste befördert werden.

1922

Sumer

Aus den griechischen Sagen und aus Berichten in der Bibel wußten moderne Historiker einiges über die Geschichte Babyloniens und Assyriens. Wollte man allerdings noch weiter in die Vergangenheit zurückgehen, war man auf archäologische Funde angewiesen.
Im Jahr 1922 begann der englische Archäologe Leonard Woolley (1880–1960) mit Ausgrabungen am unteren Euphrat. Er konzentrierte sich vor allem auf die Stätte, an der vermutlich die alte Stadt Ur, die auch in der Bibel (1. Buch Moses, 11) erwähnt wird, gelegen hatte. Durch seine Ausgrabungen erfuhr die moderne Welt erstmals von der frühen Kultur der Sumerer. Sumer, im Südosten des heutigen Irak, war vermutlich die erste Zivilisation der Erde. Es waren die Sumerer, die das Schreiben erfunden haben.
Woolleys aufsehenerregendste Entdeckung war der geologische Nachweis, daß um 2000 v. Chr. eine verheerende Flutkatastrophe in Sumer große Verwüstungen angerichtet haben muß. Diese Katastrophe ist als Flutsage in das Gilgamesch-Epos (vgl. 2 500 v.Chr.) eingegangen und kehrt in der Bibel als Sintflut wieder.
Woolleys Entdeckungen waren ein großer Anreiz für weitere Forschungen über frühe Zivilisationen.

Tutenchamun

Die ägyptischen Pharaonen wurden prunkvoll bestattet und nahmen viele Kostbarkeiten aus Gold und anderen wertvollen Materialien mit ins Grab. Um die Plünderung der Gräber zu verhindern, griffen die Ägypter zu verschiedensten Mitteln. Sie gingen sogar soweit, die Grabstätten ins Zentrum steinerner Pyramiden zu verlegen.
Doch alle Mühe war vergebens. Alle Pharao-

nengräber wurden geplündert – was allerdings auch seine gute Seiten hat. Denn wäre all das Gold in den Grabkammern geblieben, wäre die Wirtschaft des Altertums bald ruiniert gewesen. Die Grabräuber haben der Zivilisation einen großen Dienst erwiesen, indem sie die Kostbarkeiten der Pharaonen wieder in Umlauf brachten.
Um 1000 v.Chr. war die große Zeit der Pharaonen vorbei und jedes einzelne Grab geplündert – bis auf eines. Von 1361 bis 1352 v. Chr. hatte der Pharao Tutenchamun über Ägypten geherrscht. Obwohl er vermutlich erst 21 Jahre alt war, als er starb, erhielt er das übliche glanzvolle Begräbnis. Kurz darauf wurde sein Grab ausgeraubt, doch die Plünderer konnten gefaßt und zur Rückgabe der Beute gezwungen werden. Die Nachricht von der Plünderung sickerte wahrscheinlich durch, doch daß die Schätze zurückgegeben worden waren, blieb vermutlich geheim. Jedenfalls gab es in den folgenden zwei Jahrhunderten keine Plünderungsversuche mehr. Als dann das Grab eines anderen Pharao errichtet wurde, verdeckte der dabei anfallende Bauschutt den Eingang zu Tutenchamuns Grab so wirkungsvoll, daß er bis ins 20. Jahrhundert unentdeckt blieb.
Britische Archäologen unter der Leitung von George Edward Stanhope Molyneux Herbert, Earl of Carnarvon (1866–1923), und Howard Carter (1873–1939) fanden am 4. November 1922 erste Hinweise auf den Eingang zur Tutenchamuns Grab. Drei Tage später erreichten sie die versiegelte Grabkammer, die unermeßliche Kunstschätze aus dem alten Ägypten enthielt. Diese Entdeckung verlieh der Ägyptologie einen enormen Aufschwung. Lord Carnarvon starb fünf Monate später an einer Infektion, zu der erschwerend eine Lungenentzündung hinzukam. Dies führte zu Gerüchten über einen »Fluch der Pharaonen«. Kein vernünftiger Mensch konnte jedoch annehmen, daß Tutenchamun etwas mit Lord Carnarvons Tod zu tun hatte. Carter lebte noch 17 Jahre nach der Öffnung des Grabes.

Vitamin E

Ernährungswissenschaftler setzten Ratten, Meerschweinchen und andere Tiere auf eingeschränkte Diät und beobachteten sie sorgfältig. Sie wollten herausfinden, welche gesundheitlichen Störungen durch das Hinzufügen bestimmter Nahrungsmittel behoben werden konnten. Zeigten sich nach dem Verschwinden der bekannten Mangelsymptome noch immer Symptome, konnte man davon ausgehen, daß das Fehlen eines noch unentdeckten Vitamins die Ursache war.
Der amerikanische Anatom Herbert McLean Evans (1882–1971), der vier Jahre zuvor erklärt hatte, daß menschliche Zellen 24 Chromosomenpaare besitzen (eigentlich sind es nur 23, doch das wurde erst später entdeckt), widmete sich nun der Suche nach unentdeckten Vitaminen. Im Jahr 1922 fand er eine eingeschränkte Diät, die Ratten unfruchtbar machte. Die Sterilität konnte durch frischen Salat, Weizenkeime oder getrocknetes Alfalfa beseitigt werden, nicht jedoch durch die bereits bekannten Vitamine. Es hatte den Anschein, als gebe es tatsächlich noch ein unentdecktes Vitamin. Es mußte ebenso wie die Vitamine A und D fettlöslich sein. Später wurde es als Vitamin E bekannt.

Wachstumshormon

Evans, der Entdecker des Vitamins E (siehe oben), konnte ebenfalls 1922 nachweisen, daß ein Extrakt aus der Hirnanhangdrüse zu *Gigantismus* bei Ratten führte, d.h. die Tiere wurden wesentlich größer als normal. Das deutete auf ein Wachstumshormon in der Hirnanhangdrüse hin.

Lysozym

Im Jahr 1922 isolierte der schottische Bakteriologe Alexander Fleming (1881–1955) aus Tränen und Schleimabsonderungen das Enzym *Lysozym*. Er stellte fest, daß es in der

Lage war, Bakterien abzutöten. Es war das erste Mal, daß ein menschliches Enzym mit dieser Eigenschaft gefunden wurde. Doch Flemings Entdeckung war nur der Anfang. Später sollten noch wesentlich komplexere Substanzen dieser Art gefunden werden.

Ursprung des Lebens

Darwin, der vor sechzig Jahren seine Evolutionstheorie dargelegt hatte (vgl. 1858), war auf die Frage nach der Entstehung des Lebens nicht eingegangen. Man wußte noch zu wenig, und das Thema war ein heißes Eisen.
Pasteur hatte gezeigt, daß die spontane Entstehung von Leben aus unbelebter Materie (Urzeugung) nicht möglich war (vgl. 1860) – allerdings nur unter den heutigen Bedingungen. Zu dem Zeitpunkt, als das Leben entstand, herrschten auf der Erde Bedingungen, die mit den heutigen nicht zu vergleichen sind (zum Beispiel gab es in der Atmosphähre keinen Sauerstoff). Und es gab auch keine Lebensformen, die den ersten entstehenden Mikroorganismen als Nahrung hätten dienen können.
Unter den Wissenschaftlern herrschte allgemein eine gewisse Abneigung, nach dem natürlichen Ursprung des Lebens zu fragen, einem Ursprung, der den Eingriff eines Schöpfers überflüssig machte. Der erste, der sich mit diesem Thema näher befaßte, war der russische Biochemiker Alexander Iwanowitsch Oparin (1894–1980) – unter einer Regierung, die offiziell für den Atheismus predigte, hatte er deswegen nichts zu befürchten. Im Jahr 1922 begann Oparin mit seinen Forschungen. Seiner Ansicht nach entwickelten sich die ersten Lebensformen langsam aus einfachen organischen Verbindungen, die im Urozean und in der Atmosphäre vorhanden waren.

Nervenfasern

Die elektrischen Impulse in den Nerven sind so klein, daß es äußerst schwierig ist, sie genauer zu studieren. Die amerikanischen Physiologen Joseph Erlanger (1874–1965) und Herbert Spencer Gasser (1888–1963) entwickelten für ihre Experimente präzise Meßtechniken, wobei sie sich auch der Braunschen Röhre bedienten.
Im Jahr 1922 begannen Erlanger und Gasser, die Geschwindigkeit zu bestimmen, mit der Nervenfasern ihre Impulse weiterleiten. Sie stellten fest, daß die Geschwindigkeit unmittelbar vom Durchmesser der Nervenfaser abhängt. Für diese Leistung erhielten die beiden Wissenschaftler im Jahr 1944 den Nobelpreis für Medizin und Physiologie.

Ausdehnung des Universums

Fünf Jahre zuvor hatte de Sitter dargelegt, daß sich nach Einsteins allgemeiner Relativitätstheorie das Universum ausdehnen muß (vgl. 1916). Bei seinen Berechnungen war de Sitter jedoch von einem Universum ausgegangen, das keine Masse enthält.
Im Jahr 1922 ging der russische Mathematiker Alexander Alexandrowitsch Friedmann (1888–1925) einen Schritt weiter. Er ging bei seinen Berechnungen von einem Universum aus, das Masse enthält. Das Ergebnis führte wiederum zu einem expandierenden Universum.

Nachtrag

Am 30. Dezember 1922 gab sich die Sowjetunion die Form eines Bundesstaates, in dem die verschiedenen Republiken in einer Union zusammengefaßt sind. Der offizielle Name lautete *Union der Sozialistischen Sowjetrepubliken*, abgekürzt UdSSR
Das britische Protektorat über Ägypten wurde aufgehoben. Ägypten wurde eine unabhängige parlamentarische Monarchie, doch der dominierende Einfluß der Briten ließ das Land nicht zur Ruhe kommen.
In der Türkei wurde nach sechs Jahrhunderten das Sultanat abgeschafft. Unter Kemal

Atatürk (1881–1938) wurde eine türkische Republik geschaffen.
In Italien gewann die rechtsgerichtete *Partito Nazionale Fascista, (PNF)* unter Benito Amilcare Andrea Mussolini (1883–1945) zunehmend an Einfluß. Am 28. Oktober 1922 übernahm sie schließlich die Regierungsmacht.
Deutschland durchlebte eine Wirtschaftskrise, die sich unter anderem in einer hohen Inflationsrate zeigte.

1923

Compton-Effekt

Einstein hatte postuliert, daß elektromagnetische Strahlung Teilchencharakter besitzt. Das Postulat mußte allerdings noch durch Beobachtungen bestätigt werden. Je kürzer die Wellenlänge der elektromagnetischen Strahlung ist, desto größer ist der Energiegehalt des Quants und desto deutlicher tritt der Teilchencharakter hervor. Aus diesem Grund bot es sich an, mit Röntgenstrahlen zu arbeiten.
Im Jahr 1923 wies der amerikanische Physiker Arthur Holly Compton (1892–1962) nach, daß die Wellenlänge von Röntgenstrahlen zunahm, wenn sie durch Materie gestreut wurden. Dieses Phänomen wurde als *Compton-Effekt* bezeichnet.
Compton erklärte das Phänomen damit, daß beim Zusammenstoß eines Elektrons mit einem Lichtquant der Röntgenstrahlen das Elektron zurückgeschleudert wird. Dabei wird dem Lichtquant ein Teil seiner Energie entzogen. Durch den Energieverlust nimmt die Wellenlänge des Röntgenstrahls zu. Dies bewies eindeutig den Teilchencharakter energiereicher Wellen. Compton bezeichnete solche Wellen wegen ihres Teilchencharakters als *Photonen*.
Für seine Leistung erhielt Compton im Jahr 1927 den Nobelpreis für Physik.

Wellencharakter von Teilchen

Compton hatte den Teilchencharakter von Wellen nachgewiesen (vgl. oben). Zur gleichen Zeit behauptete der französische Physiker Louis-Victor-Pierre-Raymond de Broglie (1892–1987), daß aufgrund theoretischer Überlegungen jedes Teilchen auch eine *Materiewelle* besitzen und folglich auch Welleneigenschaften aufweisen muß.
Die Wellenlänge solcher Materiewellen mußte im umgekehrten Verhältnis zum Impuls des Teilchens (also seiner Masse mal seiner Geschwindigkeit) stehen. Ein massereiches Teilchen wie zum Beispiel ein Baseball oder sogar ein Proton mußten so ausgesprochen kurze Wellenlängen haben, daß sie, wenn überhaupt, nur schwer nachzuweisen waren. Elektronen hingegen hatten wahrscheinlich Materiewellen, die denen von Röntgenstrahlen ähnelten.
In der Physik setzte sich nach den Arbeiten von de Broglie und Compton immer mehr die Ansicht durch, daß alle Objekte sowohl einen Teilchen- als auch einen Wellencharakter besitzen. Ist das Energieniveau niedrig (und Masse ist eine Form von Energie), müßte der Wellencharakter dominieren. Bei hohem Energieniveau dürfte der Teilchencharakter im Vordergrund stehen.
De Broglies Arbeit war rein theoretischer Art. Ein wirklicher Nachweis der Materiewellen gelang erst einige Jahre später. Danach, im Jahr 1929, erhielt de Broglie den Nobelpreis für Physik.

Debye-Hückelsche Theorie

Nachdem Arrhenius seine Theorie der elektrolytischen Dissoziation vorgestellt hatte (vgl. 1884), schien kein Zweifel mehr daran zu bestehen, daß einige Verbindungen in einer Lösung nur zum Teil dissoziieren. Nachdem die Kristallstruktur durch die Beugung von Röntgenstrahlen ermittelt worden war (vgl. 1912), fand man jedoch heraus, daß in den Kristallen viele Verbindungen in völlig disso-

ziierter Form vorkommen. Warum dissoziierten sie dann nicht auch vollständig in Lösung?
Debye, der den Begriff des Dipolmoments geprägt hatte (vgl. 1923), beschäftigte sich mit dem Phänomen der Dissoziation von Verbindungen. Er stellte die These auf, daß gelöste Elektrolyte in einer Lösung tatsächlich vollständig dissoziieren, daß dann aber jedes positive Ion von einer Wolke negativer Ionen und jedes negative Ion von einer Wolke positiver Ionen umringt wird. Die beiden Ionenarten schirmen sich also bis zu einem bestimmten Grad gegenseitig ab. Dadurch entsteht der Eindruck, sie würden nicht vollständig dissoziieren. Debye und sein Assistent, der deutsche Chemiker Erich Hückel (1896–1980), entwickelten Gleichungen, mit denen sich dieses Phänomen ausdrücken ließ. Die *Debye-Hückelsche Theorie* ist der Schlüssel zum Verständnis der Eigenschaften von Lösungen.

Säure-Base-Paare

Nachdem Arrhenius seine Theorie über Ionenbildung durch Dissoziation dargelegt hatte, galten folgende Definitionen: Eine Säure ist eine Substanz, die Wasserstoffionen (H+) abgibt, eine Base ist eine Substanz, die Hydroxylionen (OH-) abgibt. Die beiden Substanzen neutralisieren sich gegenseitig, da sich die Wasserstoffionen und die Hydroxylionen zu neutralen Wassermolekülen verbinden.
Der dänische Chemiker Johannes Nicolaus Brønsted (1879–1947) formulierte im Jahr 1923 eine allgemeinere Definition. Danach geben Säuren nicht einfach Wasserstoffionen ab, da diese in abgespaltenem Zustand nicht in einer Lösung existieren können. Nach ihrer Abspaltung von den Säuremolekülen müssen sich die Wasserstoffionen – nun als Protonen bezeichnet – sofort an ein Basemolekül anhängen. Aus diesem Grund prägte er den Begriff *Säure-Base-Paar.* Wann immer ein Proton von einem Molekül zu einem anderen wandert, muß die abgebende Substanz eine Säure sein, die aufnehmende Substanz eine Base. Brønsteds Theorie erweiterte das Modell von Arrhenius und machte es vielseitiger anwendbar.

Strukur des Koenzyms

Harden hatte gezeigt, daß das Hefeenzym, das Zucker fermentiert, einen Bestandteil aufweist, der kein Protein ist. Er nannte ihn Koenzym (vgl. 1904). Die chemische Struktur des Koenzyms war jedoch noch unbekannt.
Im Jahr 1923 gelang es dem deutschen Chemiker Hans Karl August Simon von Euler-Chelpin (1873–1964), die Strukur von Hardens Koenzym zu entschlüsseln. Sie ähnelt der Struktur der Nukleotiden, aus denen die Nukleinsäuremoleküle aufgebaut sind. Dementsprechend wurde das Koenzym *Diphosphopyridin-Nukleotid* genannt.
Das Interessanteste an dem Molekül war, daß sich eines seiner Bestandteile nach der Abspaltung als die wohlbekannte Verbindung *Nicotinamid* entpuppte. Nicotinamid läßt sich sehr einfach in Nicotinsäure umwandeln. Beide besitzen einen Ring aus sechs Atomen, bestehend aus fünf Kohlenstoff- und einem Stickstoffatom. Ein solcher Atomring kommt normalerweise nicht in lebendem Gewebe vor. Das Koenzym und einige ähnliche Verbindungen sind in dieser Beziehung eine Ausnahme.
Für seine Arbeit wurde Euler-Chelpin (und mit ihm Harden) im Jahr 1929 anteilig mit dem Nobelpreis für Chemie ausgezeichnet.

Cepheiden im Andromeda-Nebel

Drei Jahre zuvor hatten Curtis und Shapley darüber diskutiert, ob der Andromeda-Nebel eine entfernte Galaxie sei oder nicht (vgl. 1920).
Das 2,5–Meter-Teleskop bot die Möglichkeit, die strittige Frage zu lösen. Der amerikanische Astronom Edwin Powell Hubble (1889–1953) benutzte es im Jahr 1923 zur

näheren Erforschung des Andromeda-Nebels. Es gelang ihm, einige außergewöhnliche Sterne zu entdecken (die jedoch keine Novae waren). Ein paar dieser Sterne waren Cepheiden. Durch sie konnte Hubble – mit Hilfe der von Leavitt ausgearbeiteten Methode (vgl. 1912) – die Entfernung des Andromeda-Nebels ermitteln.
Nach Hubbles Berechnungen war der Andromeda-Nebel 750 000 Lichtjahre von uns entfernt. Später sollte sich jedoch herausstellen, daß dieser Wert weit unter dem tatsächlichen lag. Doch auch so war klar, daß der Andromeda-Nebel *kein* Teil unserer Galaxis ist, sondern eine eigenständige Galaxie. Nach dieser Entdeckung wurde er auch Andromeda-Galaxie genannt. Man begann zu begreifen, daß das Universum aus zahlreichen Galaxien besteht, deren Zahl vielleicht sogar in die Hundert Milliarden geht.
Zum ersten Mal hatte man nun eine Vorstellung vom Aufbau des Universums und von seiner ungeheuren Größe.

Hafnium

Hevesy, der die radioaktiven Tracer eingeführt hatte (vgl. 1918), gelang es, die ohnehin kleine Zahl der noch unentdeckten Elemente weiter zu verringern. In Zusammenarbeit mit dem niederländischen Physiker Dirk Coster (1889–1950) wandte Hevesy die Methode der Röntgenstrahlanalyse an, die Costner entwickelt hatte. Dabei stieß er auf ein neues Element. Nach dem lateinischen Namen für die Stadt Kopenhagen wurde es *Hafnium* genannt. Hafnium ist kein besonders seltenes Element. Es hat starke Ähnlichkeit mit dem Element Zirkonium, das im Periodensystem genau über dem Hafnium steht. Hafnium kommt ausschließlich in Verbindung mit Zirkonium vor, das 50mal häufiger ist. Dementsprechend schwierig ist das Hafnium herauszufiltern.
Hafnium hat die Ordnungszahl 72. Seine Entdeckung verringerte die Zahl der noch unentdeckten Elemente zwischen 1 und 92 auf fünf.

Ultrazentrifuge

Feststoffteilchen bilden in Wasser normalerweise eine Suspension. Durch den Zentrifugaleffekt können sie jedoch ausgefällt werden. Die *Zentrifugen* drücken die Feststoffteilchen durch Schleudern der Suspension vom Rotationszentrum weg an den Rand der Trommel. Auf diese Weise können rote Blutkörperchen von Blut getrennt werden, ebenso wie Sahne von Milch. (Da Sahne eine geringere Dichte hat als die schwerere Magermilch, sammelt sie sich im inneren Teil der Trommel.)
Die Wirkung von normalen Zentrifugen reicht jedoch nicht aus, um kolloidale Teilchen, die kleiner sind als rote Blutkörperchen oder Sahnetröpfchen, auszufällen. Der schwedische Chemiker Theodor Svedberg (1884–1971) entwickelte im Jahr 1923 deshalb eine *Ultrazentrifuge*. Die Kräfte, die sie beim Rotieren erzeugt, sind einige hunderttausendmal größer als die normale Gravitationskraft.
Dank der hohen Umdrehungszahlen kann die Ultrazentrifuge auch normale Proteinmoleküle ausfällen. Mischungen aus verschiedenen Proteinarten werden bei unterschiedlichen Umdrehungszahlen ausgefällt (je größer das Molekulargewicht, desto höher muß die Umdrehungszahl sein). Das ermöglicht es, die verschiedenen Proteine nacheinander auszufällen und somit zu trennen. Die Höhe der Umdrehungszahl ermöglicht eine Bestimmung des Molekulargewichts der Proteine.
Für seine Leistung erhielt Svedberg 1926 den Nobelpreis für Chemie.

Nachtrag

Die Inflation in Deutschland galoppierte, nicht zuletzt wegen der hohen Reparationen. Zeitweise entsprach 1 Dollar 4,2 Billionen Papiermark. Die Ersparnisse des Mittelstands waren mit einem Schlag wertlos geworden, viele verarmten. Die demütigende Niederlage, dazu die Empörung über die Behandlung

durch die Siegermächte, ließ viele Deutsche an eine gewaltsame Lösung ihrer Probleme denken. Und man suchte nach Sündenböcken im eigenen Land.
Der in Österreich geborene Adolf Hitler (1889–1945) machte sich die explosive Stimmung zunutze. Er rückte die Nationalsozialistische Deutsche Arbeiterpartei (NSDAP) ins Blickfeld des Mittelstands, indem er seinen Protest gegen die herrschenden Verhältnisse unterstützte. Und der von ihm propagierte Antisemitismus schuf ein Ventil für die angestauten Aggressionen.

1924

Australopithecus

Bis zu diesem Zeitpunkt war der von Dubois entdeckte *Pithecanthropus erectus* (vgl. 1890) der primitivste bekannte Hominid gewesen. Auch wenn er ein Gehirn gehabt hatte, das nur halb so groß war wie das eines modernen Menschen, mußte er doch relativ weit entwickelt gewesen sein. Man konnte also davon ausgehen, daß es noch frühere und primitivere Hominiden gegeben hatte.
Im Jahr 1924 wurde in einem Kalksteinbruch in Südafrika ein kleiner Schädel entdeckt. Abgesehen von seiner Größe wies er typisch menschliche Merkmale auf. Der australisch-südafrikanische Anthropologe Raymond Arthur Dart (1893–1988) untersuchte ihn und stellte fest, daß es sich um den Schädel eines primitiven Hominiden handelte. Er nannte diesen Hominiden *Australopithecus,* was im Griechischen »südlicher Affe« bedeutet.
Australopithecus ist jedoch kein Affe. Weitere Entdeckungen verschiedener Arten dieses Hominiden zeigten, daß er bereits in der Lage war, aufrecht zu gehen. Er steht dem modernen Menschen näher als allen früheren oder heutigen Affen. Bis heute ist er der früheste bekannte Hominid.

Bose-Einstein-Statistik

Im Jahr 1924 führte der indische Physiker Satyendra Nath Bose (1894–1974) eine neue Statistik für Lichtquanten ein. Einstein war von ihr so begeistert, daß er sie im Jahr darauf verallgemeinerte.
Die so entstandene *Bose-Einstein-Statistik* läßt sich auf jedes subatomare Teilchen anwenden, das der Gruppe der *Bosonen* angehört. Dieser Name wurde zu Ehren Boses eingeführt. Das bekannteste Boson ist das Photon.

Ionosphäre

Heaviside und Kennelly hatten die Existenz einer Schicht in der oberen Atmosphäre vorausgesagt, die geladene Ionen enthält und deshalb Radiowellen reflektiert (vgl. 1902).
Nähere Erkenntnisse über diese Schicht gewann der englische Physiker Edward Victor Appleton (1893–1965). Seit einiger Zeit war immer wieder beobachtet worden, daß Funksignale schwächer wurden. Appleton fiel auf, daß dieses Phänomen vor allem nachts auftrat. Er vermutete, daß Signalreflexionen der geladenen Schichten in der oberen Atmosphäre die Ursache waren. Diese Schichten wiesen nachts eine größere Wirkung auf als tagsüber. Die Reflexionen verursachten möglicherweise Interferenzen, denn der Funkstrahl erreichte den Empfänger auf zwei verschiedenen Wegen, einmal direkt und dann auf dem Umweg über die geladenen Schichten, die ihn zurückwarfen.
Appleton führte ein Experiment durch, für das er einen Sender und einen Empfänger benutzte, die ungefähr 110 Kilometer voneinander entfernt waren. Er variierte die Wellenlänge des Funksignals und konnte beobachten, daß das Signal stärker wurde, wenn der direkte und der reflektierte Radiostrahl übereinstimmten. Kamen die beiden Strahlen jedoch zeitlich versetzt beim Empfänger an, wurde das Signal schwächer. Aus seinen Beobachtungen konnte er die Mindest-

höhe der Reflexion ermitteln. Im Jahr 1924 konnte er schließlich nachweisen, daß die Kennelly-Heaviside-Schicht in einer Höhe von ungefähr 100 Kilometern liegt.
Bei Sonnenaufgang läßt die Reflexionswirkung der Kennelly-Heaviside-Schicht nach, und die Funksignale werden nur unmerklich schwächer. Die Wellen werden nun allerdings von noch höher gelegenen geladenen Schichten reflektiert, den sogenannten *Appleton-Schichten.* Diese liegen in einer Höhe von ungefähr 220 Kilometern.
Die reflektierenden Schichten oberhalb der Stratosphäre wurden wegen der in ihnen enthaltenen Ione unter dem Namen *Ionosphäre* zusammengefaßt.
Für seine Entdeckungen erhielt Appleton 1947 den Nobelpreis für Physik.

Zytochrome

Schon seit langem war bekannt, daß Sauerstoff in den Lungen vom Hämoglobin in den roten Blutkörperchen absorbiert und dann zu den Zellen transportiert wird. Unklar war jedoch, was dort mit dem Sauerstoff geschieht.
Im Jahr 1924 untersuchte der russisch-britische Biochemiker David Keilin (1887–1963) das Absorptionsspektrum der Muskelzellen der Pferdebremse. Er stellte vier Absorptionsprofile fest. Diese verschwanden, wenn man die Zellsuspension an der Luft schüttelte, erschienen aber anschließend wieder.
Keilin vermutete deshalb, daß die Zellen eine Substanz enthielten, die Sauerstoff absorbierte. Diese Substanz zeigte die Absorptionsprofile, wenn sie den Sauerstoff noch nicht aufgenommen hatte, nicht aber, wenn sie den Sauerstoff bereits aufgenommen hatte.
Er nannte die Substanz *Zytochrom* (griechisch für »Zellfarbe«). Schließlich konnte er nachweisen, daß das Zytochrom aus einer Kette von Enzymen besteht, die Wasserstoffatome von einem Enzym zum nächsten transportiert, bis das letzte Enzym sie schließlich mit Sauerstoff verbindet.

Bestrahlung

Vitamin D (vgl. 1921) als solches kommt in der Nahrung vergleichsweise selten vor. Es war jedoch bekannt, daß Sonnenstrahlen ein in der Haut vorhandenes inaktives Provitamin in Vitamin D umwandeln. Das ließ vermuten, daß ähnliche Provitamine auch in Lebensmitteln vorkamen und durch die Bestrahlung mit Sonnenlicht umgewandelt wurden.
Der amerikanische Biochemiker Harry Steenbock (1886–1967) wies 1924 nach, daß dies tatsächlich der Fall ist. Es wurde üblich, Lebensmittel zu bestrahlen.

Nachtrag

Am 21. Januar 1924 starb in der Sowjetunion Lenin. Unter seinen potentiellen Nachfolgern brach ein Machtkampf aus. Die aussichtsreichsten Kandidaten waren Leon Trotzki (1879–1940) und Joseph Stalin (1879–1953). Mussolini baute seine Macht in Italien aus.

1925

Bindungsenergie

Sechs Jahre zuvor hatte Aston seinen Massenspektrographen zur Bestimmung der Masse und relativen Häufigkeit der Isotope verschiedener stabiler Elemente verwendet (siehe 1919). Von 212 der 257 stabilen Isotope, die wir heute kennen, bestimmte er die Massenzahlen.
Bis 1925 gelang es Aston, seinen Massenspektrographen so zu perfektionieren, daß er zeigen konnte, daß die Massenzahlen der einzelnen Isotope nur ganz leicht von ganzen Zahlen abweichen. Manchmal liegen sie ein wenig darüber, manchmal darunter. Diese geringfügigen Abweichungen treten auf, weil

bei der Bildung der Atomkerne aus den einzelnen subatomaren Teilchen, aus denen sie bestehen, Energie absorbiert oder produziert wird. Diese Energie ist das Äquivalent winziger Masseanteile, die entsprechend Einsteins Masse-Energie-Gleichung (siehe 1905, Masse-Energie) verlorengehen oder dazugewonnen werden. Die Energie, die durch das Zusammenpacken der subatomaren Teilchen in einem Atomkern entsteht und die Teilchen miteinander verbindet, wurde *Bindungsenergie* genannt.
Das bedeutete, daß bei der Umwandlung eines bestimmten Atomkerns in einen anderen (dichteren) Masse verlorengeht und pro Teilchen in einem viel größeren Umfang Energie produziert wird als bei gewöhnlichen chemischen Reaktionen, an denen die äußeren Elektronen eines Atoms beteiligt sind.
Das ergab einen Sinn, wenn man Harkins Behauptung, die Umwandlung von Wasserstoff in Helium würde sehr viel Energie produzieren (siehe 1915), auf Kernreaktionen insgesamt ausdehnte.
Ferner war damit die Energie von Alphateilchen erklärt. Wenn ein Atom radioaktiv in ein anderes Atom zerfiel, wurde die Gesamtmasse durch die Differenz in der Bindungsenergie in einem bestimmten Umfang reduziert. Damit war eine gewisse Menge kinetischer Energie für die auftretenden Alphateilchen verfügbar. Die Alphateilchen wiesen ausnahmslos Energie in Höhe des erwarteten Massenverlusts auf.
Betateilchen gaben jedoch weiterhin Rätsel auf. Die maximalen Energiemengen, die sie aufwiesen, entsprachen zwar immer dem erwarteten Massenverlust, aber es gab Betateilchen, die stets mit niedrigerer Energiemenge auftraten – bis hinab zur Energiemenge null. Und dafür wollte den Physikern noch keine Erklärung einfallen.

Das Ausschließungsprinzip

Bohr und Sommerfeld hatten die Energieniveaus der Elektronen eines Atoms bestimmt (siehe 1913). Sie konnten als *Quantenzahlen* ausgedrückt werden, die bestimmten einfachen Regeln folgten. Drei Quantenzahlen waren bekannt.
Der aus Österreich stammende amerikanische Physiker Wolfgang Pauli (1900–1958) nahm sich der Sache an und meinte, eine vierte Quantenzahl sei notwendig. War diese nach bestimmten Regeln erst einmal zugelassen, dann war seiner Meinung nach auch der Nachweis möglich, daß keine zwei Elektronen eines Elektronensystems in sämtlichen Quantenzahlen übereinstimmen konnten. Mit anderen Worten: Wenn ein Elektron eines Atoms eine der vier Quantenzahlen hatte, dann konnten alle anderen Elektronen diese Zahl *nicht* haben. Pauli selbst nannte sein Gesetz *Ausschließungsprinzip*. Mit seiner Hilfe war es möglich, die Anordnung der Elektronen in jedem Atom zu bestimmen. Damit war auch erklärt, wie Mendelejews Periodentafel (siehe 1869) zustande gekommen war.
Für das Ausschließungsprinzip erhielt Pauli 1945 den Nobelpreis für Physik.

Der Spin

Kaum hatte Pauli das Ausschließungsprinzip formuliert (siehe oben), wiesen die niederländischen Physiker George Eugene Uhlenbeck (1900–1988) und Samuel Abraham Goudsmit (1902–1978) darauf hin, daß die vierte Quantenzahl, die Pauli für erforderlich gehalten hatte, als *Spin* (Drehimpuls der Teilchen) interpretiert werden konnte. Jedes Teilchen, wie z. B. ein Elektron, drehe sich entweder im oder gegen den Uhrzeigersinn, und zwar mit einer Geschwindigkeit, die als $+1/2$ oder $-1/2$ ausgedrückt werden könne.
Später stellte sich heraus, daß fast alle anderen Teilchen einen solchen Spin aufwiesen. Die Geschwindigkeit betrug immer $1/2$ oder ein Vielfaches davon.

Matrizenmechanik

Spektrallinien stellen Energie dar, die bei der Zustandsänderung von Elektronen abgegeben oder aufgenommen wird. Angefangen mit Bohr (siehe 1913) hatten die Physiker versucht, diese Linien mit Modellen zu erklären, die sich an Planeten orientierten, die um einen Stern kreisen. Von kreisförmigen, elliptischen und gekippten Umlaufbahnen war da die Rede, von Drehung um eine Achse (Spin) usw.
Der deutsche Physiker Werner Karl Heisenberg (1901–1976) verwarf solche Modelle als unnütz und irreführend. Er hielt sich lieber an die Zahlen, die das Energieniveau ausdrückten, und operierte mit ihnen ohne Rücksicht auf das Modell. Im Jahr 1925 entwickelte er eine Methode ihrer Handhabung, die er *Matrizenmechanik* nannte.

Magnetismus und absoluter Nullpunkt

Dem holländischen Physiker Willem Hendrik Keesom (1876–1956) war es gelungen, eine Temperatur von 0,5 Grad über dem absoluten Nullpunkt (d.h. 0,5 Kelvin) zu erreichen. Doch die Hoffnung, mittels Gasexpansion und anderer Methoden, die bislang erfolgreich gewesen waren, noch niedrigere Temperaturen zu erzielen, schien unrealistisch.
Im Jahr 1925 schlug Debye (siehe 1912) jedoch etwas Neues vor. Er wies darauf hin, daß man eine paramagnetische Substanz (eine Substanz, die magnetische Kraftlinien konzentriert) fast in Kontakt mit flüssigem Helium bringen kann, so daß sie nur durch Heliumgas von ihm getrennt ist, und daß sich die Temperatur des ganzen Systems auf ungefähr 1 Kelvin senken läßt. Plaziert man dieses System in ein Magnetfeld, richten sich die Moleküle der paramagnetischen Substanz parallel zu den Kraftlinien des Feldes aus und geben dabei Wärme ab. Wenn diese Wärme durch weitere leichte Verdunstung des umgebenden Heliums abgeführt und dann das magnetische Feld entfernt wird, dann fallen die paramagnetischen Moleküle sofort in eine zufällige Ausrichtung zurück und absorbieren dabei Wärme. Da die einzige Wärmequelle das flüssige Helium ist, muß dessen Temperatur infolgedessen unter 0,5 Kelvin sinken.
Denselben Vorschlag machte unabhängig von Debye bald darauf der amerikanische Chemiker William Francis Giauque (1895–1982), aber erst ein Jahrzehnt später konnte die Idee verwirklicht werden.

Gravitationsrotverschiebung

Einstein hatte vorhergesagt, daß Licht, das durch ein Gravitationsfeld läuft, Energie verliere, so daß sein Spektrum eine leichte Rotfärbung aufweisen müsse (siehe 1916). Das Gravitationsfeld der Sonne war zwar stark, aber nicht stark genug, um eine meßbare Wirkung zu zeigen.
Zehn Jahre zuvor jedoch hatte W. S. Adams gezeigt, daß Sirius B, der Begleitstern des Sirius, sehr klein und gleichzeitig außerordentlich dicht ist. Da er eine große Masse besitzt, aber nur von geringem Durchmesser ist, ist sein Gravitationsfeld zehntausendfach stärker als das der Sonne. Bei ihm mußte sich eine *Gravitationsrotverschiebung* nachweisen lassen, wenn es sie denn überhaupt gab.
Adams gelang es 1925, das Spektrum des winzigen Sterns zu beobachten, und tatsächlich bemerkte er eine Rotverschiebung, die der von Einstein vorhergesagten so sehr entsprach, daß sie als Beweis für die Gültigkeit der allgemeinen Relativitätstheorie angesehen wurde. Wie im Fall des abgelenkten Sternenlichts (siehe 1919) war diese Beobachtung jedoch ein Grenzfall.

Rhenium

Die zwei deutschen Chemiker Walter Karl Friedrich Noddack (1893–1960) und Ida Eva Tacke (geb. 1896) entdeckten 1925 ein neues Element mit der Atomzahl 75. Sie nannten es nach dem lateinischen Namen des Rheins *Rhenium*.

Ohne es zu wissen, hatten Noddack und Tacke (die im Jahr darauf heirateten) das 81. und letzte Element entdeckt, das stabile Isotope aufweist. Nun mußten zwischen den Elementen 1 und 92 noch vier Elemente mit den Atomzahlen 43, 61, 85 und 87 entdeckt werden. Die Elemente 85 und 87 waren vermutlich radioaktiv, aber es bestand kein Grund zu der Annahme, daß dies auch für die Elemente 43 und 61 galt. Noddack und Tacke gaben denn auch gleichzeitig mit der Entdeckung von Rhenium die Entdeckung von Element 43 bekannt. Sie nannten es *Masurium* (nach Masuren, einer Landschaft in Ostpreußen). Bei diesem Element täuschten sie sich allerdings in ihren Beobachtungen.

Morphinsynthese

Die organische Chemie entwickelte immer raffiniertere Methoden, Atome in der gewünschten Weise anzuordnen und so komplizierte Moleküle aufzubauen. Die im Pflanzengewebe vorkommenden Alkaloide (siehe 1805) waren besonders schwierig herzustellende Verbindungen, da sie nicht nur aus Ketten von einfachen und sich wiederholenden Einheiten bestanden.
Der englische Chemiker Robert Robinson (1886–1975) war besonders geschickt im Synthetisieren komplexer Moleküle. Im Jahr 1925 gelang ihm die Synthese von Morphin. Aus dem Syntheseverfahren leitete er Atom für Atom die Struktur des Morphins ab.
Für seine Arbeit auf diesem Gebiet erhielt Robinson 1947 den Nobelpreis für Chemie.

Parathormon

Es war bekannt, daß die Schilddrüse ein Hormon produziert, das den Stoffwechsel reguliert (siehe 1915). An ihr befinden sich vier kleine Drüsen, die *Nebenschilddrüsen,* die den Calciumstoffwechsel steuern. Aus diesen Nebenschilddrüsen gewann der kanadische Biochemiker James Bertram Collip (1892–1965) im Jahr 1925 einen Extrakt, der das dort produzierte Hormon enthielt. Es wurde *Parathormon* genannt.

Eisen und Zytochrom

Keilin hatte bereits Zytochrome in der Zelle nachgewiesen – das sind Enzyme, die Sauerstoffatome mit Paaren von Wasserstoffatomen verbinden (siehe 1924).
Der deutsche Biochemiker Otto Heinrich Warburg (1883–1970) untersuchte die Zytochrome und bemerkte, daß sich Kohlenmonoxid auf dieselbe Weise mit ihnen verband, wie sie sich mit Hämoglobin verbanden. Warburg wies 1925 nach, daß Zytochrome die gleiche eisenhaltige Hämgruppe besitzen wie das Hämoglobin.

Nachtrag

Am 1. Dezember 1925 unterzeichneten Belgien, Frankreich, Großbritannien, Italien und die Tschechoslowakei auf der einen und Deutschland auf der anderen Seite in Locarno (Schweiz) eine Reihe von Verträgen. Diese *Locarnoverträge* garantierten die deutsche Westgrenze und sahen ein Schiedsgerichtsverfahren für internationale Konflikte vor. Nun, da die Wunden des Krieges zu verheilen schienen und die Gefahr einer Wiederholung gebannt schien, kehrte in Europa wieder ein Gefühl der Sicherheit ein. Trotzdem begann Frankreich an seiner Grenze zu Deutschland mit dem Bau der schwerbefestigten *Maginot-Linie,* so benannt nach dem französischen Kriegsminister André Maginot (1877–1932).
Trotz des »Geistes von Locarno« kam Deutschland nicht zur Ruhe. Hitler veröffentlichte den ersten Teil von »Mein Kampf« – ein Sammelsurium haßerfüllter Tiraden.
In den USA setzten christliche Fundamentalisten, die besonders im ländlichen Süden stark vertreten waren, das Verbot durch, an öffentlichen Schulen die Evolutionstheorie zu leh-

ren. Der Biologielehrer John Thomas Scopes (1900–1970) hatte die Evolutionstheorie unterrichtet. An ihm sollte ein Exempel statuiert werden. Der Prozeß gegen ihn begann 1925 und erregte internationales Aufsehen. Der Spott der gesamten zivilisierten Welt richtete sich gegen die USA, doch obwohl die Fundamentalisten vor Gericht eine Niederlage erlitten, gaben sie nicht auf und haben bis heute nicht aufgegeben.

1926

Wellenmechanik

Drei Jahre zuvor hatte de Broglie vermutet, Teilchen wie z. B. Elektronen könnten Wellencharakter haben (siehe 1923).
Dann, im Jahr 1926, kam auch der österreichische Physiker Erwin Schrödinger (1887–1961) zu dem Schluß, daß Bohrs Elektronenbahnen (siehe 1913 und 1915) mehr Sinn ergaben, wenn man das Elektron als Welle und nicht als Teilchen betrachtete. Schrödinger stellte sich ein Atom vor, bei dem sich das Elektron in jeder Umlaufbahn befinden konnte, vorausgesetzt seine Materiewellen erstreckten sich in ganzzahligen Wellenlängen um diese Umlaufbahn. Das Resultat wäre eine *stehende Welle;* deshalb gäbe es bei der Oszillation keine elektrische Ladung. Solange das Elektron in einer solchen Umlaufbahn blieb, brauchte es kein Licht abzustrahlen und verletzte nicht die Bedingungen der Maxwellschen Gleichungen (siehe 1865).
Darüber hinaus umfaßten alle von Bohr und anderen ausgearbeiteten zulässigen Umlaufbahnen ganze Wellenlängen, wobei die unterste nur aus einer einzigen Wellenlänge bestand. So betrachtet erschienen Bohrs Überlegungen äußerst sinnvoll.
Diese Sichtweise Schrödingers wurde *Wellenmechanik* genannt. Wie sich bald herausstellte, war sie mathematisch mit Heisenbergs Matrizenmechanik aus dem Jahr 1925 (siehe dort) identisch. Schrödingers Wellenidee schien aber attraktiver zu sein, denn sie bot der Phantasie ein Bild des Atoms.
Schrödinger erarbeitete den mathematischen Unterbau der Wellenmechanik; die wichtigste Beziehung, die er darstellte, ist die *Schrödinger-Gleichung.*
Für seine Arbeit über Wellenmechanik erhielt Schrödinger zusammen mit Dirac (siehe 1930) 1933 den Nobelpreis für Physik.

Quantenmechanik

Der deutsche Physiker Max Born (1882–1970) versuchte wie Schrödinger (siehe oben), den Implikationen der Betrachtung des Elektrons als Welle auf die Spur zu kommen. Er interpretierte Elektronenwellen probabilistisch: Das Steigen und Fallen der Elektronenwellen konnte so betrachtet werden, daß es die Zu- oder Abnahme der Wahrscheinlichkeit anzeigte, mit der sich das Elektron so verhielt, als sei es ein Teilchen, das an diesen Stellen im *Wellenpaket* existierte.
Born beschäftigte sich auch mit der mathematischen Grundlage einer solchen Sichtweise. Er, Schrödinger und Heisenberg (siehe 1925) gelten als die Begründer der *Quantenmechanik,* mit deren Hilfe Chemie und subatomare Physik überaus erfolgreich interpretiert wurden. Die Quantenmechanik und Einsteins Relativitätstheorie (siehe 1905 und 1916) sind die beiden großen theoretischen Grundlegungen der Physik des 20. Jahrhunderts.
Für seine Arbeit über Quantenmechanik erhielt Born 1954 einen Teil des Nobelpreises für Physik.

Fermi-Dirac-Statistik

Bose und Einstein hatten ein Jahr zuvor die Bose-Einstein-Statistik ausgearbeitet, aber nun zeigte sich, daß sie nur für solche Teilchen (wie das Photon) galt, deren Spin einen

ganzzahligen Wert hat: 0, 1, 2 usw. Protonen und Elektronen dagegen haben einen *halbwertigen* Spin: 1/2, 1 1/2 usw.
Nachdem Pauli das Ausschließungsprinzip für Teilchen mit halbwertigem Spin formuliert hatte (siehe 1925), war klar, daß die Bose-Einstein-Statistik für Teilchen mit einem solchen Spin nicht galt. Eine neue Statistik war erforderlich.
Der italienische Physiker Enrico Fermi (1901–1954) übernahm 1926 die Führungsrolle bei dieser Aufgabe. Doch auch Dirac (siehe 1930) steuerte einiges bei. Deshalb nannte man das Ergebnis die *Fermi-Dirac-Statistik*. Alle Teilchen, für die diese Statistik gilt, wie etwa das Proton und das Elektron, heißen zu Ehren Fermis *Fermionen*.

Galaktische Rotation

Zwanzig Jahre zuvor hatte Kapteyn beobachtet, daß es zwei Sternenströme gab, die sich in entgegengesetzten Richtungen bewegten (siehe 1904). Im Jahr 1926 analysierte der schwedische Astronom Bertil Lindblad (1895–1965) diese Bewegungen sorgfältig und zeigte, daß sie sich mit einer Rotation der Galaxis um ihren Mittelpunkt erklären ließen.
Kurz darauf zog der holländische Astronom Jan Hendrik Oort (geb. 1900) dieselbe Schlußfolgerung.

Flüssigtreibstoff-Raketen

Die Chinesen hatten schon im Mittelalter Raketen gekannt, und Isaac Newton hatte mit seinem Prinzip »Aktion gleich Reaktion« (siehe 1687, Bewegungsgesetze) gezeigt, daß Raketen die einzige Möglichkeit waren, im Weltraum zu beschleunigen und zu steuern. Doch bis ins 20. Jahrhundert hinein waren Raketen mit Schießpulver betrieben worden und deshalb vom Sauerstoff der Atmosphäre abhängig gewesen.
Erst der amerikanische Physiker Robert Hutchings Goddard (1882–1945) führte eine entscheidende Neuerung ein. Raketen, so sein Gedanke, wären viel antriebsstärker und ließen sich besser steuern, wenn sie mit einem flüssigen Treibstoff wie Benzin betrieben würden und ein eigenes Oxidationsmittel in Form von flüssigem Sauerstoff mit sich führten.
Am 16. März 1926 schoß Goddard seine erste Flüssigtreibstoff-Rakete ab. Sie war etwa 1,20 Meter lang, hatte einen Durchmesser von 15 Zentimetern und wurde von einem Rahmen gehalten, der einem Klettergerüst für Kinder ähnelte. Sie stieg 60 Meter in die Höhe. Das klingt vielleicht nicht sehr beeindruckend, aber diese kleine Rakete markierte den ersten Schritt der Menschheit auf dem Weg in den Weltraum.

Enzymkristallisation

Payen hatte zwar schon fast ein Jahrhundert zuvor ein Enzym isoliert (siehe 1833), aber die Wissenschaft verstand den chemischen Charakter der Enzyme immer noch nicht.
Die Tatsache, daß die Enzymwirkung schon durch schwaches Erhitzen zerstört werden konnte, ließ vermuten, daß Enzyme Proteine waren. Aber Willstätter (siehe 1906) hatte Enzymlösungen so weit wie möglich gereinigt und trotzdem noch Enzymwirkungen feststellen können. Daraufhin hatte er die Lösung auf ihren Eiweißgehalt hin untersucht – ein solcher war nicht nachweisbar. Daraus schloß er, daß Enzyme nicht aus Eiweiß bestünden. Sein Versuch war jedoch nicht beweiskräftig. Enzyme können so aktiv sein, daß sie nur in kleinen Spuren vorhanden zu sein brauchen, um ihre Wirkung zu entfalten, und diese winzigen Mengen sind bei Willstätters Versuch möglicherweise nicht erfaßt worden.
Ein möglicher Ausweg bestand darin, konzentriertere Enzymlösungen herzustellen und dann zu testen. Diesen Weg ging der amerikanische Biochemiker James Batcheller Sumner (1887–1955). Er extrahierte 1926 aus Bohnen ein Enzym, das bei der Spaltung von Harnstoff (Urea) in Ammoniak und Kohlen-

stoffdioxid katalytisch wirkte. Deshalb wurde das Enzym *Urease* genannt.
Bei dieser Extraktion stellte Sumner fest, daß sich in einer der Fraktionen eine Anzahl winziger Kristalle niederschlug. Er isolierte die Kristalle und löste sie auf. Sie waren so aktiv wie Urease, und Sumner konnte die Aktivität nicht von den Kristallen trennen. Daraus schloß er, daß die Kristalle selbst die Enzyme waren. Wenn das stimmte, dann war es erstmals gelungen, ein Enzym in kristalliner und somit relativ reiner Form zu gewinnen.
Als Sumner die Kristalle testete, ergab sich zweifelsfrei, daß sie aus Eiweiß bestanden. Für diese Leistung bekam er 1946 einen Teil des Nobelpreises für Chemie.

Perniziöse Anämie (Blutarmut)

Eine Form der Blutarmut ist lebensgefährlich und heißt deshalb *perniziöse Anämie* (bösartige Blutarmut). Diese Krankheit erforschte der amerikanische Arzt George Richards Minot (1885–1950). Whipple hatte bereits gezeigt, daß Leber bei der Behandlung von gewöhnlicher Anämie hilfreich war (siehe 1920), und weil Minot glaubte, perniziöse Anämie werde durch den Mangel eines wichtigen Vitamins verursacht, fragte er sich, ob dieses Vitamin in der Leber zu finden sei. Zusammen mit seinem Assistenten William Parry Murphy (1892–1987) verordnete er Patienten, die an perniziöser Anämie litten, eine Leberdiät. Im Jahr 1926 konnte er erste Erfolge vorweisen. Es war zwar nicht angenehm, auf unabsehbare Zeit hin große Mengen von Leber essen zu müssen, aber die Schonkost verlängerte das Leben.
Minot und Murphy bekamen zusammen mit Whipple 1934 den Nobelpreis für Physiologie und Medizin.

Nachtrag

In der Sowjetunion hatte sich Stalin als Erbe Lenins durchgesetzt und regierte das Land von nun an mit eiserner Hand.
In China übernahm Chiang Kai-shek (1887–1975) die Herrschaft, soweit in diesem chaotischen Land überhaupt von Herrschaft die Rede sein konnte.
In Japan starb Kaiser Yoshihito. Nachfolger wurde sein Sohn Hirohito (1901–1989).

1927

Unschärferelation

Die Wissenschaft hatte bislang stets angenommen, daß mit der nötigen Geduld, Genauigkeit und den richtigen Instrumenten im Prinzip jede denkbare Eigenschaft jedes beobachtbaren Phänomens präzise gemessen werden könnte. Das galt geradezu als Axiom.
Im Jahr 1927 jedoch bewies Heisenberg (siehe 1925), daß eine sorgfältige Betrachtung der Quantenmechanik diese Annahme widerlegte. So konnte man zwar den Impuls eines subatomaren Teilchens beliebig genau bestimmen und ebenso seine Position, aber es war unmöglich, beide Größen *gleichzeitig* genau zu bestimmen. Je präziser man den Impuls eines Teilchens bestimmte, desto weniger Sicherheit hatte man über seine Position, und umgekehrt. (Dasselbe galt, wenn man versuchte, gleichzeitig den Energiegehalt eines Teilchens und den Zeitpunkt dieser Bestimmung festzustellen.) Die Ungewißheit über den Impuls multipliziert mit der Ungewißheit über die Position war gleich der Planckschen Konstante (siehe 1900).
Die Plancksche Konstante stellte sozusagen die »Körnigkeit« des Universums dar. Es hatte den Anschein, als stoße man bei der genauen Untersuchung des Universums auf ein

winziges Samenkorn als kleinste Einheit und käme dann keinen Schritt weiter.
Es war etwa so, als vergrößere man ein Foto, das sich aus kleinen dunklen und hellen Punkten zusammensetzt. Unter normalen Bedingungen ist das Bild klar und deutlich. Bei entsprechender Vergrößerung dehnen sich die Punkte jedoch so aus, daß die Gesamtheit des Bildes zu einem bedeutungslosen Chaos aus hellen und dunklen Flecken verschwimmt. Die Grenzen der Vergrößerung im Sinne weiterer Informationsgewinnung sind überschritten.
Heisenberg hatte die *Unschärferelation* entdeckt. Auf den ersten Blick schien es, als zerstöre sie die Hoffnung der Wissenschaft, die »Wahrheit« bis ins letzte Detail zu ergründen. Aber anders betrachtet *ist* die Unschärferelation die Art und Weise, wie das Universum funktioniert, und ihr Vorhandensein als Beschränkung erklärt viele Aspekte des Universums, die ohne diese Beschränkung sinnlos erscheinen müßten. Will man beispielsweise erklären, warum Helium bei gewöhnlichem Druck nicht gefriert (nicht einmal beim absoluten Nullpunkt), so ist dazu eine Argumentationskette erforderlich, in der die Unschärferelation eine wichtige Rolle spielt.
Für die Entwicklung seiner Idee erhielt Heisenberg 1932 den Nobelpreis für Physik.

Diffraktion von Elektronen

De Broglie hatte vermutet, daß Elektronen und darüber hinaus alle Teilchen Wellencharakter hätten (siehe 1923). Doch niemand war seitdem auf ein Teilchen gestoßen, das sich wie eine Welle verhalten hätte.
Der amerikanische Physiker Clinton Joseph Davisson (1881–1958) untersuchte indessen die Reflexion von Elektronen an einem metallenen Nickel-Target in einer Vakuumröhre. Die Röhre ging aus Versehen zu Bruch, und auf dem erhitzten Nickel bildete sich sofort eine Oxidschicht, die es als Target unbrauchbar machte. Um die Schicht zu entfernen, erhitzte Davisson das Nickel längere Zeit. Nachdem dies geschehen war, bemerkte er, daß sich die reflektierenden Eigenschaften des Nickels verändert hatten.
Hatte das Target vor dem Erhitzen viele winzige Kristalloberflächen besessen, so wies es jetzt nur noch wenige große Kristalloberflächen auf. Davisson trieb die Sache weiter und verwendete 1927 nur noch ein einziges Nikkelkristall als Target.
Dabei stellte er fest, daß ein Elektronenstrahl nicht nur reflektiert, sondern auch gebeugt wurde, wie es auch mit Röntgenstrahlen geschehen würde. Beugung (Diffraktion) war eine charakteristische Eigenschaft von Wellen. Davisson hatte den Wellencharakter der Elektronen entdeckt.
Im selben Jahr schickte der britische Physiker George Paget Thomson (1892–1975), der Sohn von J. J. Thomson, dem Entdecker des Elektrons (siehe 1897), einen Strahl schneller Elektronen durch eine dünne Goldfolie und wies dabei ebenfalls die Diffraktion von Elektronen nach.
De Broglies Theorie hatte sich also weitgehend bestätigt. Davisson und Thomson erhielten dafür 1937 den Nobelpreis für Physik.

Lichtgeschwindigkeit

Michelson, der das wissenschaftlich so folgenreiche Michelson-Morley-Experiment durchgeführt hatte (siehe 1887), widmete sich am Ende seines Lebens der genaueren Bestimmung der Lichtgeschwindigkeit. In den Bergen Kaliforniens vermaß er die Entfernung zwischen zwei Gipfeln auf ungefähr zwei Zentimeter genau. Er benutzte einen speziellen, achtseitigen drehbaren Spiegel, der das Licht auf die gleiche Weise reflektierte wie seinerzeit der Spiegel Fizeaus (siehe 1849).
Im Jahr 1927 ermittelte er für die Lichtgeschwindigkeit einen Wert von 299 798 Kilometern pro Sekunde. Das waren nur etwa sechs Sekundenkilometer mehr, als heutzutage mit viel präziseren Instrumenten gemessen wird.

Das kosmische Ei

Friedmann hatte den theoretischen Begriff eines expandierenden Universums (siehe 1917) entwickelt, und 1927 zog der belgische Astrophysiker Georges Lemaître (1894–1966) die natürliche Schlußfolgerung daraus: Wenn sich das Universum mit dem Ablauf der Zeit ausdehnt, muß es sich bei umgekehrter Betrachtungsweise, bei rückwärts ablaufender Zeit, zusammenziehen (man stelle sich vor: Jemand hat die Expansion des Universums gefilmt und führt den Film nun rückwärts vor).

Vorwärts betrachtet ist es durchaus denkbar, daß sich das Universum immer weiter ausdehnt, aber rückwärts betrachtet muß die Kontraktion irgendwann einmal an ein Ende kommen. Zu einem Zeitpunkt, der weit genug zurücklag, müßte alle Materie in einem relativ kleinen Körper komprimiert gewesen sein. Diesen Körper nannte Lemaître das *kosmische Ei*.

Dieses kosmische Ei explodierte offenbar im (später so bezeichneten) *Urknall*. Damit begann die Expansion unseres heutigen Universums. Lemaître konnte natürlich keine wissenschaftliche Erklärung dafür liefern, woher das kosmische Ei gekommen war und wie seine Explosion zu unserem heutigen Universum geführt hatte. Mit diesen Fragen mühen sich die Physiker bis heute ab.

Chemische Bindung und Quantenmechanik

Lewis hatte die chemische Bindung durch übergewechselte oder gemeinsame Elektronen erklärt (siehe 1916). Unmittelbar nachdem nun Schrödinger und Born die mathematische Grundlage der Quantenmechanik ausgearbeitet hatten (siehe 1926), versuchten die beiden deutschen Physiker Fritz Wolfgang London (1900–1954) und Walter Heitler (geb. 1904), die Quantenmechanik auf chemische Bindungen anzuwenden. Im Jahr 1927 nahmen sie sich das einfachste Beispiel vor: das Wasserstoffmolekül. Es besteht aus zwei Wasserstoffatomen, die jeweils ein Elektron zu einem Elektronenpaar beisteuern.

Wie sich herausstellte, konnte man mit der Quantenmechanik die Eigenschaften und das Verhalten des Wasserstoffmoleküls problemlos erklären. Dies war nur der Anfang. Später wurde die Quantenmechanik praktisch auf jeden Teilbereich der Chemie angewandt, mit großem Erfolg. Bis zu einem gewissen Grad machte sie die Chemie zu einer Teildisziplin der Physik.

Der Pekingmensch

Der kanadische Anthropologe Davidson Black (1884–1934) war davon überzeugt, daß die Wiege der Menschheit in Asien gestanden hat. Im Jahr 1920 nahm er an einem medizinischen Institut in Peking eine Stelle an, damit er in der Umgebung nach Überresten von Hominiden suchen konnte.

Sieben Jahre später fand er in einer Höhle in Cho-K'ou-tien, 40 Kilometer westlich von Peking, einen menschlichen Backenzahn. Allein aus diesem Zahn leitete er die Existenz eines Hominiden mit kleinem Gehirn ab, den er *Sinanthropus pekinensis* nannte und der als *Pekingmensch* bekannt wurde.

Spätere Entdeckungen zeigten, daß der Pekingmensch dem Javamenschen sehr ähnelte, den Dubois entdeckt hatte (siehe 1890). Heute rechnet man beide dem *Homo erectus* zu, einer Formengruppe, die dem *Homo sapiens* (das sind wir und der Neandertaler) vorausging. Vorgänger des Homo erectus waren wiederum die Australopithecinen, die Dart (siehe 1924) entdeckt hatte.

Natürlich war die Abstammungslinie noch nicht komplett. Weitere Entdeckungen mußten folgen.

Röntgenstrahlen und Mutationen

Morgan (siehe 1907) arbeitete seit zwei Jahrzehnten mit Taufliegen. Einer seiner Studen-

ten war der amerikanische Biologe Hermann Joseph Muller (1890–1967).
Wenn die Versuche mit den Taufliegen nicht umsonst gewesen sein sollten, mußten Mutationen auftreten. Tatsächlich traten auch Mutationen auf, aber nur zufällig und nicht so häufig, wie Muller gehofft hatte. Im Jahr 1919 stellte er fest, daß die Mutationsrate stieg, wenn er die Fliegen bei höheren Temperaturen hielt. Dies führte er darauf zurück, daß die Moleküle in den Genen bei höheren Temperaturen stärker vibrierten und deshalb mit höherer Wahrscheinlichkeit einer spontanen, zufälligen Änderung unterworfen waren. Wenn das stimmte und wenn Mutationen das Ergebnis einer molekularen Veränderung waren – gab es dann eine Möglichkeit, Mutationen noch schneller auszulösen als durch Temperaturerhöhung?
Er versuchte es mit Röntgenstrahlen. Sie waren energiereicher als Wärme, und wenn sie auf ein Gen trafen, mußten sie seiner Meinung nach eine Atomgruppe affizieren. Im Jahr 1927 stand zweifelsfrei fest, daß Röntgenstrahlen etwas bewirkten: Die Mutationsrate war deutlich gestiegen.
Aus der Sicht der Genetiker war das beileibe nicht nur positiv zu werten. Wie sich nämlich herausstellte, waren die meisten durch Röntgenstrahlen hervorgerufenen Mutationen (und überhaupt alle irgendwie künstlich erzeugten Mutationen) schädlich. Das bedeutete, daß Röntgenstrahlen und radioaktive Strahlen für Menschen, die achtlos mit ihnen arbeiteten, eine Gefahr darstellten. Muller veröffentlichte diese Erkenntnis und kämpfte für einen vorsichtigen Umgang mit Strahlung.

Die Blutgruppen M, N und MN

Landsteiner hatte das AB0–System der Blutgruppen entdeckt und ihre Bedeutung bei Bluttransfusionen nachgewiesen (siehe 1900). Er hielt noch weitere Blutgruppen für möglich, die zwar bei Transfusionen nicht wichtig waren, jedoch für das Studium der Vererbung interessant sein konnten. Auch für Vaterschaftsnachweise und für die Unterscheidung zwischen geographisch getrennten Menschengruppen erhoffte er sich brauchbare Erkenntnisse.
Im Jahr 1927 entdeckte Landsteiner mit seinen Mitarbeitern neue Blutgruppen, denen sie die Bezeichnungen M, N, und MN gaben.

Der Tonfilm

Seit einem Vierteljahrhundert erfreute sich das Kino wachsender Beliebtheit, doch all die Jahre waren nur Stummfilme gelaufen, begleitet vom vertrauten Geklimper eines Klaviers. Abgesehen von wenigen Schrifteinblendungen waren Filme ein sprachloses Vergnügen. Gelegentlich hatte es bereits Versuche gegeben, den Film mit Ton zu beleben, doch der Durchbruch gelang erst am 6. Oktober 1927: An diesem Tag hatte *The Jazz Singer* mit Al Jolson in der Hauptrolle Premiere. Die neue Erfindung verbreitete sich mit erstaunlicher Schnelligkeit. Zwei, drei Jahre später war der Stummfilm tot.

Nachtrag

Am 20. und 21. Mai 1927 flog der amerikanische Pilot Charles Augustus Lindbergh (1902–1974) von New York nach Paris. Es war zwar nicht die erste Atlantiküberquerung im Flugzeug, aber Lindbergh flog nonstop und alleine in einer kleinen, einmotorigen Maschine namens *Spirit of St. Louis.* Während des Fluges mußte er 33 1/2 Stunden lang wach bleiben. Mit dieser Leistung machte die Luftfahrt einen Riesensprung nach vorn.
In der Sowjetunion festigte Stalin weiter seine Macht. Im November 1927 wurde Trotzki aus der Kommunistischen Partei ausgeschlossen.
Auch Chiang Kai-shek in China festigte seine Macht. Gleichzeitig vollzog er eine scharfe Rechtswendung und trennte sich von allen linken Verbündeten, die er von Sun Yat-sen übernommen hatte.

Trotz weltweiter Proteste wurden Sacco und Vanzetti am 23. August 1927 für ein Verbrechen hingerichtet, das sie nach Meinung vieler nicht begangen hatten.
Am 14. Oktober 1927 wurde im nördlichen Irak Öl gefunden. Damit begann die Entwicklung des Nahen Ostens zum größten Öllieferanten der Welt.

1928

Penicillin

Manche Dinge werden zufällig entdeckt. Im Jahr 1928 ließ Fleming, der Entdecker des Lysozyms (siehe 1922), eine Kultur von Staphylokokkenkeimen einige Tage lang unbedeckt stehen. Er war eigentlich fertig damit und wollte die Schale mit der Kultur schon wegwerfen, da entdeckte er, daß die Kultur an einigen Stellen von Schimmelpilz befallen war. Um jeden Schimmelfleck herum war die Bakterienkolonie verschwunden. An diesen Stellen waren die Bakterien abgestorben, ohne daß andere sie ersetzt hätten.
Fleming isolierte den Schimmelpilz und identifizierte ihn schließlich als *Penicillium notatum,* sehr ähnlich dem gewöhnlichen Brotschimmel. Er kam zu dem Schluß, daß der Schimmelpilz eine Verbindung freisetzte, die zumindest das Wachstum von Bakterien verhinderte. Er nannte die Substanz *Penicillin.* Fleming testete den Schimmel an verschiedenen Bakterien und stellte fest, daß manche auf ihn reagierten und andere nicht. Menschliche Zellen reagierten nicht. Weiter kam er nicht, und es sollte über zehn Jahre dauern, bevor sich die Wissenschaft dieser Frage wieder zuwandte. Trotzdem bekam Fleming 1945 für diese Entdeckung einen Teil des Nobelpreises für Physiologie und Medizin.

Diels-Alder-Reaktion

Auf organische Synthese spezialisierte Chemiker freuen sich, wenn sie auf eine chemische Reaktion stoßen, bei der sich auf irgendeine Weise Atome miteinander verbinden und die unter unterschiedlichen Bedingungen funktioniert.
Im Jahr 1928 entdeckten die deutschen Chemiker Otto Paul Hermann Diels (1876–1954) und Kurt Alder (1902–1958) ein Verfahren, bei dem zwei Verbindungen so miteinander reagierten, daß ein Atomring entstand. Genaugenommen handelte es sich dabei um eine *Diensynthese,* doch wurde sie unter dem Namen *Diels-Alder-Reaktion* bekannt. Da sich mit Hilfe dieses Verfahrens viele interessante Verbindungen wie synthetischer Gummi und Kunststoffe herstellen ließen, erhielten die beiden Chemiker 1950 den Nobelpreis für Chemie.

Der Raman-Effekt

Nachdem Compton den Compton-Effekt entdeckt hatte – die Tendenz von Röntgenstrahlen, ihre Wellen zu verlängern, wenn sie gebeugt werden (siehe 1923) –, behauptete Heisenberg 1925 (siehe dort, Matrizenmechanik), daß dies für jede elektromagnetische Strahlung gelten müsse, auch für das sichtbare Licht. Der indische Physiker Chandrasekhara Venkata Raman (1888–1970) wies 1928 in einem praktischen Versuch nach, daß Heisenberg recht hatte.
Er zeigte, daß gestreutes Licht schwache Komponenten mit veränderten Wellenlängen hat, und wies damit nach, daß Photonen des sichtbaren Lichts Teilchencharakter haben. Außerdem hängt es von der Beschaffenheit der Moleküle ab, die die Streuung verursachten, welche genauen Wellenlängen von der Streuung produziert werden. Deshalb konnte der *Raman-Effekt* bei der Bestimmung einiger Details der Molekülstruktur verwendet werden.
Für diese Entdeckung bekam Raman 1930

den Nobelpreis für Physik. Er war der erste Asiate, der einen Nobelpreis erhielt.

Spieltheorie

Der ungarisch-amerikanische Mathematiker John von Neumann (1903–1957) eröffnete 1928 einen neuen Zweig der Mathematik. Von Neumann begann mit der Entwicklung einer Theorie, die später den Namen *Spieltheorie* erhielt, weil sie sich mit den erfolgversprechendsten Strategien in einfachen Spielen mit festen Regeln beschäftigte (wie z. B. Münzenwerfen).
Die Prinzipien, die er dabei entwickelte, ließen sich auch auf viel kompliziertere »Spiele« wie den ökonomischen Wettbewerb oder den Krieg übertragen. Ziel war es, gegenüber einem Feind oder Konkurrenten die optimale Strategie zu finden. Selbst wissenschaftliche Forschung kann als ein Spiel betrachtet werden, bei dem sich der wissenschaftliche Geist mit dem unpersönlichen Universum mißt.

Hexuronsäure

Der ungarisch-amerikanische Biochemiker Albert von Nagyrapolt Szent-Györgyi (1893–1986) arbeitete 1928 unter Hopkins (siehe 1900, Tryptophan) an der Universität Cambridge in England und isolierte aus Nebennierendrüsen eine Substanz, die sich leicht mit einem Paar Wasserstoffatome verband und auch wieder von ihm trennte und deshalb wie Glutathion (siehe 1921) ein *Wasserstoffträger* war.
Da die Substanz die Eigenschaften von Zukker aufwies und ihre Moleküle sechs Kohlenstoffatome hatten, nannte Szent-Györgyi sie *Hexuronsäure*.
Szent-Györgyi gewann die Substanz auch aus Kohl und Apfelsinen, die beide reich an Vitamin C sind, aber er brauchte noch einige Zeit, bis er herausgefunden hatte, daß die Säure selbst Vitamin C war.

Nachtrag

Die Friedensbemühungen nach dem schrecklichen Blutbad des Ersten Weltkrieges fanden am 27. August 1928 ihren Höhepunkt, als in Paris der sogenannte *Briand-Kellogg-Pakt* unterzeichnet wurde, dem insgesamt 63 Staaten beitraten. Der Pakt ächtete den Krieg als Werkzeug nationaler Politik, sah jedoch keine Sanktionen gegen einen möglichen Aggressor vor. Deshalb war er nicht dazu geeignet, kriegsvorbereitende Maßnahmen eines Staates zu verhindern oder wenigstens zu erschweren.

1929

Die Flucht der Galaxien

Slipher hatte die Radialgeschwindigkeit des Andromedanebels gemessen, noch bevor sich herausgestellt hatte, daß dieser eine eigenständige Galaxie ist (siehe 1923). Anschließend bestimmte er die Radialgeschwindigkeit anderer Galaxien und stellte fest, daß sich alle (mit zwei Ausnahmen) von uns entfernen.
Der amerikanische Astronom Milton La Salle Humason (1891–1972) setzte in Zusammenarbeit mit Hubble, der den galaktischen Charakter des Andromedanebels nachgewiesen hatte, diese Forschungen fort. Humason bestimmte die Radialgeschwindigkeit vieler anderer Galaxien, und auch er stellte fest, daß sich alle von uns entfernen – manche mit ungewöhnlich hoher Geschwindigkeit.
Hubble vertiefte sich in die bisherigen Forschungen auf diesem Gebiet und ermittelte mit Hilfe verschiedener Methoden die Entfernungen der verschiedenen Galaxien. Im Jahr 1929 trat er mit seinen Schlußfolgerungen an die Öffentlichkeit. Die Fluchtgeschwindigkeit von Galaxien, behauptete er, wächst proportional mit ihrer Entfernung von uns (Hubblesches Gesetz). Mit anderen Worten: Je weiter

eine Galaxie von uns entfernt ist, desto schneller fliegt sie von uns weg.
Was ist das Besondere an unserer Galaxis, daß sich alle anderen (außer den zwei nächsten) von ihr entfernen? Und warum sollten sich die entfernteren schneller von uns wegbewegen als die näheren? Es gab nur eine logische Erklärung: Das Universum dehnt sich in Übereinstimmung mit dem Modell Friedmanns (siehe 1917) aus, so daß die Galaxien (oder Zusammenballungen von Galaxien) sich alle voneinander entfernen und nicht nur von uns. Ein Beobachter in jeder beliebigen Galaxie würde die anderen Galaxien mit einer Geschwindigkeit zurückweichen sehen, die proportional zu ihrer Entfernung wäre.
Die Expansion des Universums war bisher nur Theorie gewesen. Hubble machte sie zu einer beobachteten Tatsache.

Die Zusammensetzung der Sonne

Ångström hatte knapp 70 Jahre zuvor nachgewiesen, daß es auf der Sonne Wasserstoff gibt (siehe 1862). Erst 1929 jedoch wurde das Spektrum der Sonne dazu benutzt, überhaupt eine einigermaßen detaillierte Vorstellung von ihrer Zusammensetzung zu gewinnen.
H. N. Russell, der die Hauptreihe, einen bestimmten Streifen im Hertzsprung-Russell-Diagram mitentwickelt hatte (siehe 1914), zeigte, daß die Sonne fast ganz aus Wasserstoff und Helium besteht, und zwar in einem Masseverhältnis von 3 zu 1. Die wichtigsten übrigen Bestandteile sind Sauerstoff, Stickstoff, Neon und Kohlenstoff. (Später stellte sich heraus, daß das Universum als Ganzes eine ähnliche Zusammensetzung hat, soweit sie von den Astronomen bestimmt werden kann.)

Sonnenenergie

Ein Dreivierteljahrhundert zuvor hatte Helmholtz die Vermutung geäußert, daß die Sonne ihre Energie aus einer gravitationsbedingten Schrumpfung beziehe (siehe 1853). Dies hätte ein viel zu geringes Erdalter bedeutet, aber eine andere denkbare Energiequelle konnte nicht benannt werden, bis Pierre Curie der Nachweis der Kernenergie gelang (siehe 1901). Von da an schien es sehr wahrscheinlich, daß in der Sonne eine Art von Kernreaktion stattfand.
Im Jahr 1929 äußerte der russisch-amerikanische Physiker George Gamow (1904–1968) die Vermutung, die Sonne beziehe ihre Energie aus der Umwandlung von Wasserstoffkernen in Heliumkerne, da sie, wie seit Russell bekannt war, fast vollständig aus diesen beiden Elementen bestehe (siehe oben). Da sich vier Wasserstoffkerne zusammenschließen mußten, um einen Heliumkern zu bilden, wurde dieser Prozeß *Kernfusion* oder genauer *Wasserstoff-Fusion* genannt.
Über die Kernfusion war allerdings noch so wenig bekannt, daß Gamow seine Vermutung im einzelnen nicht untermauern konnte.

Koinzidenzmethode

Im Jahr 1929 erfand der deutsche Physiker Walter Wilhelm Georg Franz Bothe (1891–1957) eine neue Methode zur Untersuchung kosmischer Strahlen. Er ordnete zwei Geigerzähler (siehe 1908) übereinander an und stellte eine Schaltung her, die einen Treffer nur meldete, wenn er von beiden Zählrohren praktisch simultan registriert wurde.
Dies war nur möglich, wenn ein kosmisches Strahlenteilchen senkrecht von oben durch beide Zählrohre schoß. Teilchen, die aus einer anderen Richtung kamen, passierten nur einen der beiden Zähler. Und Teilchen, die keine kosmischen Strahlen waren, hatten, auch wenn sie aus der richtigen Richtung kamen, nicht genügend Energie, um beide Zähler zu passieren.
Diese *Koinzidenzmethode* erwies sich als sehr nützlich bei der Bestimmung der kurzen Intervalle, die Teilchen brauchten, um von einem Zählrohr zum anderen zu gelangen. Diese ul-

trakurzen Intervalle waren immer noch so lang, daß auf subatomarer Ebene Ereignisse stattfinden konnten. Bothe bewies mit Hilfe seiner Methode, daß die Sätze von der Erhaltung der Energie und des Impulses für Atome nicht weniger Geltung besitzen als für Billardkugeln.
Für seine Koinzidenzmethode bekam Bothe 1954 den Nobelpreis für Physik.

Teilchenbeschleuniger

Seit der Entdeckung der Radioaktivität vor fünfundzwanzig Jahren waren die Alphateilchen die energiereichsten Teilchen, auf die der Atomphysiker leichten Zugriff hatte. Je kürzer die Halbwertszeit eines bestimmten radioaktiven Isotops war, desto energiereichere Alphateilchen produzierten sie. Rutherford bombardierte Atome mit Alphateilchen, um Kernreaktionen auszulösen (siehe 1906), aber selbst die energiereichsten Alphateilchen stießen an ihre Grenzen. Kosmische Strahlenteilchen waren natürlich viel energiereicher, aber sie entzogen sich dem Zugriff der Wissenschaftler.
Also mußte eine Möglichkeit gefunden werden, gewöhnliche Kernteilchen, zum Beispiel Protonen, die durch Ionisierung von Wasserstoffatomen gewonnen wurden, zu beschleunigen. Vielleicht stellte ein elektromagnetisches Feld eine solche Möglichkeit dar.
Dem britischen Physiker John Douglas Cockcroft (1897–1967) und seinem irischen Kollegen Ernest Thomas Sinton Walton (geb. 1903) gelang das zum ersten Mal. Sie entwickelten 1929 einen *Spannungsverstärker*, der sehr hohe elektrische Spannungen aufbaute. Mit diesem Apparat konnten sie Protonen so beschleunigen, daß sie mehr Energie enthielten als natürlich vorkommende Alphateilchen.
Dies war der erste *Teilchenbeschleuniger* (oft auch als *Atomzertrümmerer* bezeichnet). Für ihre Arbeit erhielten Cockcroft und Walton 1951 den Nobelpreis für Physik.

Sauerstoffisotope und Atomgewicht

Aston (siehe 1925) hatte nicht alle Isotope stabiler Elemente erfaßt. Giauque (siehe 1925) stellte 1929 fest, daß von jeweils 10 000 Sauerstoffatomen 9 976 tatsächlich eine Masse von 16 hatten, also das Atomgewicht des Sauerstoffs. Dieses sehr häufige Isotop wurde deshalb Sauerstoff–16 genannt. Von den übrigen 24 Atomen hatten 4 eine Masse von 17 und 20 eine Masse von 18. Deshalb hießen sie Sauerstoff–17 und Sauerstoff–18.
Das war eine unangenehme Entdeckung, denn seit hundert Jahren hatte man Sauerstoffatome als Standard für die Bestimmung von Atomgewichten benutzt. Wenn Sauerstoff eine Mischung aus verschiedenen Isotopen war und diese Mischung (vielleicht) auch noch nach Ort oder Zeit variierte, war er als Standard untauglich. Es gab Vorschläge, Sauerstoff–16 als Standard einzuführen, obwohl man dann alle Atomgewichte geringfügig hätte korrigieren müssen. Schließlich einigte man sich auf das häufigste Kohlenstoff-Isotop, Kohlenstoff–12, als Standard. Dies zog insgesamt weniger Änderungen in den Werten der Atomgewichte nach sich.

Desoxyribose

Levene hatte den Zucker in einigen Molekülen der Nukleinsäure als Ribose identifiziert (siehe 1909). Es gab noch andere Nukleinsäuren, aus denen ein Zucker gewonnen werden konnte, der nicht mit Ribose identisch war. Doch erst 1929 konnte Levene diesen anderen Zucker identifizieren. Es handelte sich um *Desoxyribose*, deren Molekül sich vom Molekül der Ribose nur durch ein fehlendes Sauerstoffatom unterschied.
Es gab also zwei Sorten von Nukleinsäuren: Ribonukleinsäure und Desoxyribonukleinsäure, gewöhnlich als RNA bzw. DNA abgekürzt. Die DNA wurde in den Chromosomen gefunden.

Häm

Zehn Jahre lang hatte der deutsche Chemiker Hans Fischer (1881–1945) die Struktur von *Häm* erforscht, einer Komplexverbindung, die sich mit Eiweiß zu Hämoglobin verbindet. Häm gibt dem Blut seine Farbe, enthält das Eisenatom und ist für die Aufnahme von Sauerstoff in den Lungen und für seine Abgabe in den Körperzellen zuständig.

Im Gegensatz zu Eiweiß besteht Häm nicht aus Aminosäuren und besitzt einen *Porphyrinring.* Das sind vier kleinere Atomringe, die sich zu einem größeren verbunden haben. An diesem *Ring aus Ringen* hängen acht *Seitenketten:* vier von einer Sorte, zwei von einer anderen und noch einmal zwei von einer dritten Sorte.

Als Fischer die allgemeine Struktur herausgefunden hatte, erkannte er, daß die Seitenketten auf 15 verschiedene Weisen angeordnet sein konnten. Er teilte seine Studenten in Gruppen ein und ließ jede Gruppe eine andere Anordnung synthetisieren. Dann überprüfte er, welche die Eigenschaften der natürlichen Substanz aufwies.

Im Jahr 1929 hatte er die Struktur von Häm bis zum letzten der 75 Atome analysiert. Im Jahr darauf erhielt er den Nobelpreis für Chemie.

Östron

Männliche und weibliche Vertreter derselben Art entwickeln sich unterschiedlich. So entstehen die menschlichen Geschlechtsorgane zwar aus ähnlichen Strukturen, doch obwohl Penis und Klitoris homolog sind, unterscheiden sie sich deutlich in Aussehen und Funktion. Der Mann hat einen größeren Kehlkopf, die Frau größere Brüste, die subkutane Fettverteilung und die Behaarung der Geschlechter unterscheiden sich, und so weiter.

Der Gedanke lag nahe, daß Hormone dabei eine Rolle spielen und daß sie wie die Organe, deren Entwicklung sie steuern, bei beiden Geschlechtern verschieden sind.

Der amerikanische Biochemiker Edward Adelbert Doisy (1893–1986) und der deutsche Chemiker Adolf Friedrich Butenandt (geb. 1903) isolierten 1929 unabhängig voneinander ein weibliches Geschlechtshormon, das den Namen *Östron* bekam (von dem griechischen Wort für »sexuelle Leidenschaft«).

Intrinsic-Faktor

Minot und Murphy hatten herausgefunden, daß irgendein Vitamin in der Leber bei perniziöser Anämie lindernd wirkt (siehe 1926). Der amerikanische Physiologe William Bosworth Castle (geb. 1897) stellte fest, daß eine Diät zwar eine gute Vorbeugung gegen perniziöse Anämie war, jedoch den wenigen Patienten, die tatsächlich erkrankten, keine Heilung brachte. Wenn ein Vitamin mit im Spiel war, so folgerte er, dann hatten die an perniziöser Anämie erkrankten Menschen offenbar Schwierigkeiten, es aufzunehmen, selbst wenn es in ihrer Diät enthalten war.

Da Patienten mit perniziöser Anämie an einem charakteristischen Mangel an Salzsäure im Magensaft litten, äußerte Castle 1929 die Vermutung, daß ein Bestandteil des normalen Magensaftes für die Aufnahme des Vitamins verantwortlich sei, das gegen perniziöse Anämie wirkt. Diesen Bestandteil nannte er *Intrinsic-Faktor.*

Elektroenzephalographie

Einthoven hatte Methoden zur Messung der Schwankungen von elektrischen Potentialen entwickelt, die am Herzschlag beteiligt sind, und das Elektrokardiogramm erfunden (siehe 1903).

Der deutsche Psychiater Hans Berger (1873–1941) ging der Frage nach, ob man am Gehirn nicht ähnliche Messungen vornehmen könnte. In den zwanziger Jahren entwickelte er ein System von Elektroden, die, am Schädel angebracht und an einen Oszillographen angeschlossen, eine Aufzeichnung der rhythmi-

schen Veränderungen des elektrischen Potentials lieferten, die normalerweise *Gehirnwellen* genannt werden.
Im Jahr 1929 veröffentlichte er seine Ergebnisse mit der Beschreibung von *Alphawellen* und *Betawellen.* So entstand die *Elektroenzephalographie* (griechisch für »Aufschreiben der Gehirnelektrizität«). Mit ihrer Hilfe ließen sich ernste Gehirnstörungen wie Tumore oder Epilepsie diagnostizieren.

Herzkatheter

Der deutsche Arzt Werner Theodor Otto Forßmann (1904–1979) entwickelte als erster ein praktikables System zur Katheterisierung des Herzens. Er führte einen Katheter (ein langes, dünnes, biegsames Röhrchen, das von Röntgenstrahlen nicht erfaßt wird) in eine Vene in seinem Ellbogen ein und schob ihn durch die Vene bis zum Herz. Damit war es möglich, ohne operativen Eingriff die Struktur und Funktion eines kranken Herzes zu untersuchen und eine genaue Diagnose zu stellen.
Über zehn Jahre lang wurde die Technik klinisch gar nicht eingesetzt. Trotzdem erhielt Forßmann 1956 einen Teil des Nobelpreises für Physiologie oder Medizin.

Entwicklung des Kindes

Im Jahr 1929 hatte der Schweizer Psychologe Jean Piaget (1896–1980) seine Beobachtungen zur Entwicklung des Kindes ausgearbeitet. Durch Beobachten und Fragenstellen hatte er viel gelernt. Unter anderem entwickelte er Versuche wie folgenden: Er nahm an einfachen Gegenständen Veränderungen vor und untersuchte dann, ob Kinder feststellen konnten, was sich *nicht* verändert hatte. Wenn man zum Beispiel Wasser aus einem breiten, flachen Gefäß in ein schlankes, hohes Gefäß umgießt, erhöht sich der Wasserstand. Kleine Kinder mögen daraus schließen, daß nun mehr Wasser vorhanden sei, aber ab einem gewissen Entwicklungsstadium erkennen sie, daß sich die Wassermenge nicht verändert hat.
Piaget beschrieb vier Phasen der geistigen Entwicklung parallel zum körperlichen Wachstum und stellte die These auf, daß alle Kinder dieselben Phasen in derselben Reihenfolge durchlaufen.

Nachtrag

Am 24. Oktober 1929 kam es zu einem katastrophalen Kurssturz an der amerikanischen Aktienbörse. Gewinne in Milliardenhöhe, die nur auf dem Papier existiert hatten, waren vernichtet. Dies war der Auslöser der späteren Weltwirtschaftskrise.
In der Sowjetunion wurde Trotzki gezwungen, ins Exil zu gehen. Stalin herrschte nun unangefochten.
Das Papsttum hatte sich nie mit der Auflösung des Kirchenstaates abgefunden. Seit der italienischen Einigung in den sechziger Jahren des 19. Jahrhunderts hatte sich der Papst stets als Gefangener im Vatikan (dem päpstlichen Palast in Rom) betrachtet. Am 7. Juni 1929 jedoch traf Pius XI. (1857–1939) ein Abkommen mit der italienischen Regierung Mussolini. Ein rund 44 Hektar umfassendes Gebiet wurde dem Papst als unabhängiges Territorium unterstellt; damit war seine weltliche Herrschaft wiederhergestellt. Die italienische Regierung zahlte dem Vatikan eine große Entschädigung, und der Papst betrachtete sich fortan nicht mehr als Gefangener.

1930

Pluto

Neptun war von Adams und Leverrier entdeckt worden (siehe 1846), weil sich Uranus auf seiner Umlaufbahn nicht ganz genau bewegte, wie er sollte, und deshalb die Vermutung aufkam, das Schwerefeld eines entfernteren Planeten könnte dafür verantwortlich sein. Neptun erklärte die Störungen der Bahn des Uranus aber nicht ganz, und manche Astronomen waren der Auffassung, hinter dem Neptun könnte sich ein weiterer und recht großer Planet befinden.

Lowell, der so begeistert von den Marskanälen gewesen war (siehe 1877), begeisterte sich nicht weniger für diesen »Planeten X« und verbrachte viel Zeit mit der Berechnung seiner möglichen Umlaufbahn und mit der Suche nach ihm selbst. Er starb, bevor er ihn gefunden hatte, aber im Lowell-Observatorium, das er gegründet hatte, ging die Suche weiter. Der amerikanische Astronom Clyde William Tombaugh (geb. 1906) setzte die Suche systematisch fort. Er fotografierte jeweils denselben kleinen Himmelsabschnitt an zwei verschiedenen Tagen. Auf diesen Bildern waren jeweils zwischen 50 000 und 400 000 Sterne zu sehen. Alle diese Sternpünktchen müßten auf beiden Bildern identisch sein, wenn sie wirklich nur Sterne wären. Wenn die zwei Bilder rasch alternierend auf eine Leinwand projiziert wurden, würde sich keiner der Punkte bewegen. Wenn aber einer der »Sterne« tatsächlich ein Planet war, hätte sich dieser Lichtpunkt im Verhältnis zu den anderen im Zeitraum zwischen den beiden Aufnahmen bewegt. Bei der alternierenden Projektion müßte dann dieser eine Lichtpunkt hin- und herspringen.

Am 18. Februar 1930 stieß Tombaugh im Sternbild Gemini auf ein solches Flackern. Da der Abstand zwischen den Lichtpunkten auf den beiden Aufnahmen sehr gering war und sich das Objekt also sehr langsam bewegte, mußte es jenseits des Neptun liegen. Am 13. Februar 1930, dem 75. Geburtstag Lowells, wurde die Entdeckung bekanntgegeben. Der neue Planet wurde Pluto genannt – erstens, weil dieser Gott der finstren Unterwelt gut zu einem Planeten paßte, der sich am weitesten vom Sonnenlicht entfernte, und zweitens weil seine ersten beiden Buchstaben die Initialen von Percival Lowell waren.

Mit der Zeit stellte sich jedoch heraus, daß Pluto ein kleiner Planet war, der die Umlaufbahn des Uranus nicht meßbar beeinflussen kann. Deshalb wird auch heute noch die Existenz eines anderen, größeren Planeten jenseits des Neptun nicht völlig ausgeschlossen.

Oberflächentemperatur des Mondes

Nicholson, ein Erforscher des Jupiter IX (siehe 1914), entwickelte auch einen empfindlichen Wärmemesser, der die Oberflächentemperatur von Himmelskörpern wie dem Mond aufgrund der Wärmemenge, die sie an das Instrument abgaben, messen konnte. Nicholson zeigte damit, daß die Oberflächentemperatur des Mondes während seiner Verfinsterung durch den Erdschatten um fast 117 Grad Celsius fiel. Auf dem Mond gab es keinen Ozean und keine Atmosphäre, in denen Wärme hätte gespeichert werden oder zirkulieren können, und seine feste Landmasse war ein so schlechter Wärmeleiter, daß die Oberfläche bei der Verfinsterung viel Wärme verlor, bevor zum Ausgleich aus den tieferen Schichten Wärme nach oben gelangen konnte.

Im Jahr 1930 gelang Nicholson und Edison Pettit die erste einigermaßen genaue Messung der Temperatur auf der Mondoberfläche. Die inzwischen präzisierten Werte zeigen, daß die sonnenbeschienene Seite des Mondes eine maximale Temperatur von 117 Grad C erreicht, also deutlich über dem Siedepunkt des Wassers. Auf der Schattenseite des Mondes sinkt die Temperatur nach zwei sonnenlosen Wochen kurz vor der Dämmerung bis auf 169 Grad unter Null ab – das ist viel kälter als die niedrigsten in der Antarktis gemessenen Temperaturen.

Da sich der Mond in derselben Durchschnittsentfernung zur Sonne befindet wie die Erde, können wir uns glücklich schätzen, daß sich die Erde schneller dreht, also einen häufigeren Nacht-Tag-Wechsel hat, und daß es Ozeane zur Speicherung und eine Atmosphäre zur Verteilung von Wärme gibt.

Koronograph

Seit zwei Jahrhunderten hatten Astronomen die Welt bereist, um seltene astronomische Ereignisse zu beobachten, die nur zu bestimmten Zeiten und von bestimmten Orten aus sichtbar waren. Beispiele sind die Sterne über der südlichen Hemisphäre, die totale Sonnenfinsternis und die Durchgänge von Venus und Merkur.

Ein außergewöhnliches Schauspiel vom Standpunkt der Ästhetik und der wissenschaftlichen Neugier war der als »Perlschnur« aufblitzende äußere Rand der Sonne und ihre Atmosphäre, die *Korona*, in der das Helium zuerst entdeckt worden war (siehe 1868). Die »Perlschnur« wird bei der totalen Sonnenfinsternis sichtbar, wenn die Sonne noch durch einige Mondtäler scheint, vergleichbar einer Lampe, die fast vollständig von einem Zahnrad verdeckt wird.

Im Jahr 1930 entwickelte der französische Astronom Bernard-Ferdinand Lyot (1897–1952) den *Koronographen*. Dabei handelt es sich um ein Fernrohr, mit dem das Sonnenlicht auf einem verspiegelten Kegel gebündelt wird, der als Blende wirkt und gemeinsam mit einer nachgeschalteten Irisblende jedes Streulicht aus der Atmosphäre und von der Linse selbst abfängt. Lyot stellte ein solches Teleskop in der reinen Luft der Pyrenäen auf und konnte zumindest die innere Korona der unverfinsterten Sonne beobachten. Nun mußten die Astronomen nicht mehr auf eine totale Sonnenfinsternis warten, um die Korona und ihr Spektrum zu beobachten.

Schmidt-Kamera

Eine der Schwierigkeiten mit den großen Teleskopen des 20. Jahrhunderts war, daß man sie nur auf einen sehr kleinen Ausschnitt des Himmels einstellen konnte. Es war, als beobachtete man das Weltall durch ein Schlüsselloch. Jeder Versuch, das Blickfeld zu vergrößern, scheiterte wegen der damit einhergehenden unzumutbaren Verzerrung.

Im Jahr 1930 ersann der estnisch-deutsche Optiker Bernhard Voldemar Schmidt (1879–1935) eine spezielle Korrektionsplatte (die *Schmidt-Platte*), einen kleinen, kompliziert geformten Glasgegenstand, der in die Nähe des Brennpunktes eines sphärischen Spiegels eingebaut werden konnte. Die Schmidt-Platte lenkte die Lichtwellen so, daß die Verzerrung stark reduziert wurde und sogar weitwinklige Vergrößerungen möglich waren.

Ein Instrument, das mit einem solchen Spiegel mit Schmidt-Platte ausgerüstet ist, heißt *Schmidt-Spiegelteleskop* oder, da es stets mit einer Fotoplatte verbunden ist, die sich statt des Auges in der Bildfläche befindet, *Schmidt-Kamera*. In Verbindung mit einem konventionellen Teleskop kann die Schmidt-Kamera die interessanten Stellen am Himmel ausfindig machen, auf die dann das Guckloch des Teleskops gerichtet wird.

Interstellare Materie

Drei Jahrhunderte zuvor hatte man herausgefunden, daß sich zwischen den Himmelskörpern luftleerer Raum befindet. Da lag die Annahme nahe, daß dieses Vakuum perfekt sei, das heißt, daß es außerhalb der Atmosphären, die unter Umständen die Himmelskörper einhüllten, wirklich nichts mehr gab.

Aber im Jahr 1930 fiel dem schweizerisch-amerikanischen Astronomen Robert Julius Trumpler (1886–1956) auf, daß die entfernteren kugelförmigen Sternhaufen nicht so hell leuchteten, wie man es aufgrund ihrer Größe hätte erwarten sollen. Je entfernter ein Sternhaufen war, desto stärker blieb seine Helligkeit hinter der Erwartung zurück, und desto intensiver leuchtete er rot.

Die einfachste Erklärung für dieses Phänomen war die Annahme, der Weltraum sei selbst in weiter Entfernung von Himmelskörpern nennenswerter Größe *kein* perfektes Vakuum. (Ein perfektes Vakuum gibt es im Universum tatsächlich nicht, und wahrscheinlich kann es auch gar nicht existieren.) Es gibt überall im interstellaren Raum dünne Gas- und Staubfetzen, und über weite Strecken gibt es so viele davon – besonders Staub –, daß das Licht gedämpft und rötlich gefärbt wird. Als man den Dämpfungsaspekt dieser *interstellaren Materie* berücksichtigte, stellte sich heraus, daß die Milchstraße kleiner war, als Shapley geschätzt hatte (siehe 1918).

Antimaterie

Der britische Physiker Paul Adrien Maurice Dirac (1902–1984) ließ sich von Davissons und Thomsons Entdeckung, daß es Elektronenwellen tatsächlich gab (siehe 1927), zur Entwicklung einer Mathematik der Elektronenwellen inspirieren.

Aus den Gleichungen, die er ableitete, ergab sich für ihn, daß Elektronen und Protonen (die einzigen damals bekannten subatomaren Teilchen) in zwei verschiedenen Energiezuständen existieren müßten, einem positiven und einem negativen. Zuerst nahm Dirac an, das Elektron und das Proton selbst stellten die zwei Energiezustände dar und seien im Prinzip dieselbe Art von Teilchen.

Das hätte eine wesentliche Vereinfachung der subatomaren Physik bedeutet, aber die Annahme ließ sich nicht halten. Elektronen und Protonen unterschieden sich in zu vielen Aspekten, vor allem aber in der Masse.

Im Jahr 1930 vermutete Dirac, sowohl Elektronen als auch Protonen, so wie sie bekannt seien, befänden sich im positiven Zustand, könnten beide aber auch in einem negativen Zustand existieren. Das heißt, es könnte ein Teilchen genau wie das negativ geladene Elektron geben, nur daß es positiv geladen wäre, und es könnte ein Teilchen genau wie das positiv geladene Proton geben, nur daß es negativ geladen wäre.

Solche Teilchen mit umgekehrter Ladung wurden schließlich *Antiteilchen* genannt – *Antielektronen* und *Antiprotonen* – und es war leicht vorstellbar, daß so, wie die Materie aus Protonen und Elektronen bestand, die Antiprotonen und Antielektronen, falls es sie wirklich geben sollte, die *Antimaterie* ausmachten.

Dirac hatte recht, es gab sie wirklich, und 1933 durfte er sich mit Schrödinger (siehe 1926) den Nobelpreis für Physik teilen.

Zyklotron

Der Teilchenbeschleuniger, der von Cockcroft und Walton (siehe 1929) entwickelt worden war, zwang die Teilchen, sich auf einem magnetischen Feld in einer geraden Linie immer schneller zu bewegen und sich dabei immer mehr mit Energie aufzuladen. Die Schwierigkeit war jedoch, daß die Beschleunigungsstrecke eine beachtliche Länge haben mußte, um eine ausreichende Energiemenge zu liefern.

Dem amerikanischen Physiker Ernest Orlando Lawrence (1901–1958) kam der praktische Gedanke, die Teilchen nicht geradeaus, sondern im Kreis zu beschleunigen und ihnen bei jeder Runde mit Hilfe des magnetischen Feldes einen Stoß zu geben.

Im Jahr 1930 baute er deshalb einen kleinen Apparat, in dem die Protonen zwischen den Polen eines großen Magneten beschleunigt wurden, der ihre Bahn in einen Kreis lenkte. Bei jeder Runde erhielten die Teilchen durch die elektrische Spannung einen neuen Stoß. Dadurch kreisten sie immer schneller in einer Bahn, deren Krümmung unter der Kraft des Magneten immer kleiner wurde. Die Bahn war also eine Art Spirale, die die Teilchen immer näher an den Rand des Apparats führte. Wenn sie dann tatsächlich ganz aus dem Apparat hinausschossen, waren sie außerordentlich stark mit Energie aufgeladen.

Lawrence nannte seinen Apparat *Zyklotron,* weil sich die Teilchen kreisförmig bewegten. Sein erstes Exemplar war noch recht klein, aber es lieferte energiereichere Teilchen, als es ein sehr langer Spannungsverstärker vermocht hätte.

Lawrence bekam dafür 1939 den Nobelpreis für Physik.

Computer

Babbage hatte versucht, eine Maschine zu bauen, die auf rein mechanische Weise komplizierte mathematische Probleme lösen könnte (siehe 1822). Er mußte sich angesichts der Tatsache geschlagen geben, daß die Mechanik seiner Zeit einer solchen Aufgabe nicht gewachsen war.

In den zwanziger Jahren des 20. Jahrhunderts standen den Ingenieuren elektrische Ströme und Radioröhren zur Steuerung dieser Ströme zur Verfügung. Damit konnte die Anzahl beweglicher Teile reduziert werden, und die Teile dessen, was später ein *Computer* genannt wurde, konnten viel präziser gesteuert werden.

Im Jahr 1930 produzierte der amerikanische Elektroingenieur Vannevar Bush (1890–1974) die erste Maschine, die Differentialgleichungen lösen konnte und die von Babbage als Verwirklichung seiner Vision anerkannt worden wäre. Bushs Computer funktionierte allerdings nur teilweise auf elektronischer Basis.

Kristallisierte Enzyme

Sumner hatte Urease kristallisiert und gezeigt, daß wenigstens ein Enzym ein Eiweiß war (siehe 1926). Aber auf diesem Gebiet hatte er sich noch keinen Namen gemacht, und die Biochemie eignete sich seine Resultate nur sehr zögernd an, da viel bekanntere Wissenschaftler wie Willstätter (siehe 1906) gegenteilige Ansichten vertraten.

Aber 1930 gelang es dem amerikanischen Biochemiker John Howard Northrop (1891–1987), nicht ein ausgefallenes Enzym wie Urease zu kristallisieren, sondern das wohlbekannte Verdauungsenzym Pepsin. Es bestand ebenfalls aus Eiweiß, und nachdem Northrop dann noch andere bekannte Enzyme kristallisieren konnte, war die Streitfrage endgültig geklärt.

Neben Sumner bekam Northrop 1946 einen Teil des Nobelpreises für Chemie.

Struktur von Vitamin A

Seit über 30 Jahren waren Vitamine bekannt; man arbeitete mit ihnen, verwendete sie in der Ernährung und Medizin, aber sie waren nach wie vor geheimnisvoll, denn ihre Molekülstruktur war unbekannt.

Doch 1930 bewies der Schweizer Chemiker Paul Karrer (1889–1971), daß das Vitamin A den Karotinoiden verwandt ist, deren bekanntestes das *Karotin* ist – der Farbstoff der Mohrrübe. Andere Karotinoide finden sich in süßen Kartoffeln, Eigelb, Tomaten, in der Schale des Hummers und in der menschlichen Haut.

Das Vitamin A sieht ähnlich aus wie ein halbes Karotin-Molekül. Den Beweis dafür erbrachte Karrer bei der Synthetisierung des Stoffs. In der Folge wurden rasch nacheinander die Molekülstrukturen anderer Vitamine bestimmt, und ihr Geheimnis war zumindest in dieser Hinsicht gelüftet.

Freon

Inzwischen gab es Kühlschränke und Klimaanlagen. Flüssigkeiten, die verdampft werden konnten und so ihrer Umgebung Wärme entzogen und die Temperatur senkten (zum Beispiel zur Verflüssigung von Gasen), waren allgemein in Gebrauch.

Das Hauptproblem war, daß die Gase, die größtenteils zu diesem Zweck gebraucht wurden (Ammoniak und Schwefeldioxid), einen höchst unangenehmen Geruch verströmten und giftig waren. Undichte Stellen im System konnten also störend und gefährlich sein.

Ideal wäre es, wenn eine geruchlose, leicht verdampfbare, ungiftige und stabile Flüssigkeit gefunden werden könnte.

Just eine solche Flüssigkeit entdeckte der amerikanische Chemiker Thomas Midgley jr. (siehe 1921). 1930 stellte er das Difluordichlormethan her. Die Moleküle bestehen aus einem Karotinatom, das mit zwei Chlor- und zwei Fluoratomen verknüpft ist. Es hatte alle Eigenschaften, die zur Kälteerzeugung notwendig waren.

Es gehörte zur Klasse der *FCKW* (Fluor-Chlor-Kohlenwasserstoffe), und auch andere Moleküle dieser Klasse fanden eine Anwendung. Solche Flüssigkeiten konnten zum Beispiel in Spraydosen eingesetzt werden, um andere Flüssigkeiten in einem feinen Nebel zu versprühen.
Unter Handelsnamen wie Freon wurde das Treibmittel rasch verbreitet. Es sorgte für den Durchbruch der Klimaanlagen, die heute in entwickelten Gesellschaften fast zum Standard gehören. Später jedoch zeigte sich, daß von den FCKW Gefahren ausgehen, die zur Zeit ihrer Entdeckung nicht erkannt worden waren, und deshalb bemüht man sich heute zunehmend, auf sie zu verzichten.

Nachtrag

Die amerikanischen Aktienkurse konnten ihre Verluste vom Börsenkrach des vergangenen Oktobers weitgehend wettmachen, aber im Mai brachen sie erneut ein, und an der Börse begann eine lange dauernde Talfahrt. Die Ausbreitung der Wirtschaftskrise über den ganzen Globus war die Folge. Viele Banken machten Pleite, die Ersparnisse von Millionen lösten sich in Nichts auf, und die Arbeitslosigkeit stieg rapide.
Der äthiopische Prinz Ras Tafari (1892–1975) wurde als Haile Selassie Kaiser von Äthiopien.
In Deutschland gewannen Hitler und seine Nationalsozialisten im Zuge der sich vertiefenden Wirtschaftskrise rasch an Einfluß.
Zum ersten Mal in der Geschichte der USA verließen mehr Menschen das Land als einwanderten. Die Weltbevölkerung stieg auf zwei Milliarden Menschen.

1931

Gödelscher Vollständigkeitssatz

Frege hatte 30 Jahre zuvor den Versuch unternommen, die gesamte Mathematik in aller Strenge auf eine formale logische Basis zu stellen. Das war ihm mißlungen (siehe 1902). In der Folge wurden andere, umfassendere Versuche mit demselben Ziel unternommen.
Der österreichische Mathematiker Kurt Gödel (1906–1978) machte all diesen Bemühungen im Jahr 1931 ein Ende, indem er den (heute so genannten) Gödelschen Vollständigkeitssatz vorlegte. Gödel übersetzte die Symbole der Logik systematisch in Zahlen und bewies, daß es immer möglich ist, eine Zahl zu konstruieren, zu der man von den anderen Zahlen des Systems nicht gelangen kann.
Sein Beweis lief darauf hinaus, daß es innerhalb jeder mathematischen Theorie, die auf einer Reihe von bestimmten Axiomen fußt, immer Behauptungen gibt, deren Richtigkeit oder Falschheit aufgrund eben dieser Axiome nicht bewiesen werden kann. Wenn die Axiome so verändert werden, daß die jeweilige Behauptung entweder verifiziert oder falsifiziert werden *kann,* wird immer zugleich eine andere Behauptung möglich, die auch in der veränderten Theorie weder verifiziert noch falsifiziert werden kann, und so weiter.
Gödel hatte also die Suche nach der Gewißheit in der Mathematik dadurch beendet, daß er ihre Unmöglichkeit nachwies, so wie Heisenberg es in der Physik getan hatte (siehe 1927).
Der Gödelsche Vollständigkeitssatz tangiert die »tägliche Kleinarbeit« der gewöhnlichen Mathematik allerdings nicht. Zwei plus zwei ergibt trotzdem noch vier.

Neutrino

Über zehn Jahre lang hatten sich die Physiker mit dem Problem der Betastrahlung herumgeschlagen. Betateilchen können zwar mit all der Energie aus einem Atomkern herausgeschleudert werden, die man von dem anfallenden Masseverlust erwarten kann, wenn ein Kern in einen anderen zerfällt. Allgemein jedoch entwickeln sie dabei in unvorhersehbarem Ausmaß *weniger* Energie. Manchmal treten sie sogar mit sehr wenig Energie aus, und manche Physiker konnten sich voller Verzweiflung des Eindrucks nicht erwehren, daß der Energieerhaltungssatz im Zusammenhang mit der Betastrahlung wohl keine Geltung habe.

Im Jahr 1931 jedoch schlug Pauli, der das Ausschließungsprinzip gefunden hatte (siehe 1925), eine Erklärung vor, die nicht im Widerspruch zur Energieerhaltung stand. Er führte ein weiteres Teilchen ein, das neben dem Elektron emittiert werde. Die Energie teilte sich nach dem Zufallsprinzip zwischen dem Elektron und dem anderen Teilchen auf. Da das Elektron die gesamte verfügbare elektrische Ladung aufwies, mußte das andere Teilchen elektrisch ungeladen oder *neutral* sein. Da alle kinetische Energie eines Elektrons in eine nur sehr kleine Masse verwandelt werden konnte, hätte das andere Teilchen wenig oder keine Masse.

Im nächsten Jahr nannte Fermi, der eine mathematische Erfassung der Elektronenverteilung entwickelt hatte (siehe 1926), das andere Teilchen *Neutrino* (italienisch für »kleines Neutrales«).

Da es weder Masse noch elektrische Ladung hatte, war das Neutrino auf jeden Fall sehr schwer nachzuweisen (falls man überhaupt davon ausging, daß es existierte). Ein Vierteljahrhundert lang führte es deshalb quasi ein Geisterdasein, das sich nur auf theoretische Gründe, aber auf keinerlei Beobachtungen stützte.

Deuterium

Als sich immer mehr stabile Elemente als Mischungen aus Isotopen erwiesen, machte sich die Auffassung breit, selbst das leichteste und einfachste aller Elemente, der Wasserstoff, könnte aus verschiedenen Isotopen bestehen. Wasserstoff hat ein Atomgewicht sehr nahe an 1; wenn er also aus verschiedenen Isotopen bestünde, müßte Wasserstoff-1 das weitaus häufigste sein. Trotzdem könnte es auch sehr kleine Mengen von Wasserstoff-2 geben.

Der amerikanische Chemiker Harold Clayton Urey (1893–1981) beschäftigte sich 1931 mit dem Problem. Er überlegte, daß Wasserstoff-2 als das schwerere Atom weniger leicht zu verdampfen sein müsse als Wasserstoff-1. Wenn er also eine große Menge flüssigen Wasserstoffs langsam verdampfte, müßte der letzte Rest Flüssigkeit einen höheren Anteil an Wasserstoff-2 haben als die Gesamtmenge, mit der er angefangen hätte.

Wenn nun Wasserstoff-2 vorhanden wäre, müßten seine Spektrallinien etwas andere Wellenlängen aufweisen als diejenigen von Wasserstoff-1, und das gewöhnliche Wasserstoffspektrum müßte neben jeder Spektrallinie eine zweite Spektrallinie haben, die zu schwach wäre, um sie mit Sicherheit erkennen zu können.

Wenn jedoch der meiste flüssige Wasserstoff verdampft und eine ungewöhnlich hohe Konzentration von Wasserstoff-2 übriggeblieben wäre, müßten die Linien von Wasserstoff-2 deutlicher und schließlich unübersehbar werden.

Genau so war es auch, und ohne zu zögern veröffentlichte Urey seine Entdeckung. Wasserstoff-2 wurde *schwerer Wasserstoff* oder *Deuterium* genannt (nach dem griechischen Wort für »zwei«). Für seine Entdeckung bekam Urey 1934 den Nobelpreis für Physik.

Mesomerie

Vier Jahre zuvor hatte Fritz London die Quantenmechanik auf die beiden Wasserstoffatome angewandt, die jeweils ein Elektron zu einem Wasserstoffmolekül beisteuerten (siehe 1927). Der amerikanische Chemiker Linus Carl Pauling (geb. 1901) wandte 1931 diesen Gedanken auf die Elektronen in organischen Verbindungen an.

Das Benzolmolekül zum Beispiel besteht aus sechs Kohlenstoffatomen in einem sechseckigen Ring. An jedem Kohlenstoffatom hängt ein Wasserstoffatom. Ein solcher Ring muß abwechselnd einfache und Doppelbindungen aufweisen. In gewöhnlichen organischen Verbindungen können an Doppelbindungen leicht zwei Wasserstoffatome angefügt werden. Aber bei Benzol sind die Doppelbindungen stabil und keine Stellen, wo leicht andere Atome angefügt werden können. Die große Stabilität des Benzolrings war ein Rätsel. Man nahm an, daß sich die Einzel- und Doppelbindungen ständig abwechselten, so daß jedes Paar nebeneinanderliegender Atome schnell alternierende Einzel- und Doppelbindungen eingehe.

Im Jahr 1931 zeigte Pauling jedoch, daß sich die Elektronenwellen gleichmäßig über die Kohlenstoffatome verteilen, wenn sich alle Atome eines Moleküls in einer Ebene befinden (wie beim Benzol) und symmetrisch angeordnet sind (auch das ist beim Benzol der Fall). Damit wären die Kohlenstoffatome weder durch eine gewöhnliche Einzelbindung noch durch eine gewöhnliche Doppelbindung miteinander verknüpft, sondern durch ein Mittelding zwischen beiden. Diese gleichmäßige Verteilung der Elektronen *(Mesomerie)* stellte eine sehr stabile Anordnung dar, und die Stabilität jedes Moleküls, bei dem Mesomerie auftrat, erhöhte sich.

Der Begriff der Mesomerie trug viel zur Erklärung von chemischen Reaktionen bei und erhöhte ihre Prognostizierbarkeit. Pauling bekam 1954 den Nobelpreis für Chemie für diese Entdeckung und für seine Arbeit über chemische Strukturen, die den Begriff der Mesomerie ermöglicht hatte.

Androsteron

Butenandt hatte das Östron isoliert, ein weibliches Geschlechtshormon (siehe 1929). Es lag nahe, daß es nicht nur weibliche, sondern auch männliche Geschlechtshormone gab.

Im Jahr 1931 gelang es Butenandt, eine kleine Menge eines Hormons zu gewinnen, das *Androsteron* genannt wurde (nach dem griechischen Wort für »Mann«). Es wird von Zellen in den Hoden produziert und steuert mit die Entwicklung einer befruchteten Eizelle zu einem erwachsenen Mann. Butenandt isolierte nur 15 Milligramm des Hormons, aber mit sorgfältigen mikroanalytischen Methoden gelang es ihm, zwei Analysen der Substanz durchzuführen.

Für seine Arbeit über Geschlechtshormone bekam Butenandt 1939 einen Teil des Nobelpreises für Chemie.

Neopren

Gummi war im Automobilzeitalter ein wichtiger Rohstoff geworden. Er war bei Autoreifen unersetzlich, hatte aber auch unzählige andere Einsatzmöglichkeiten. Der größte Gummiproduzent war ursprünglich Brasilien, aber auch in Malaya wurde viel Gummi gezapft. Die Gefahr, von einem in so weiter Ferne produzierten und so wichtigen Rohstoff durch Kriege oder politische Veränderungen abgeschnitten zu werden, veranlaßte die Industrienationen Europas und Amerikas, nach einem Verfahren zur synthetischen Herstellung von Gummi zu suchen.

An dieser Suche war auch der belgisch-amerikanische Chemiker Julius Arthur Nieuwland (1878–1936) beteiligt. Seine Forschungen ergaben, daß Acetylen, eine Verbindung, deren Molekül aus zwei Kohlenstoff- und zwei Wasserstoffatomen besteht, *polymerisieren* (d. h. sich selbst um andere Atome ergänzen) kann, so daß eine lange Atomkette entsteht. In einem bestimmten Stadium weist diese Kette einige der Eigenschaften von Gummi auf.

Nieuwland stellte fest, daß die Kette, wenn ihr (im Stadium von vier Kohlenstoffatomen) Chlor angefügt wurde, dem Gummi noch viel ähnlicher war. Er hatte 1931 den Stoff entwickelt, der heute als *Neopren* bekannt ist. Zu einem späteren Zeitpunkt, als die Importe von Gummi tatsächlich unterbrochen waren, sollte die Polymerisation der amerikanischen Wirtschaft entscheidende Dienste leisten.

Nylon

Eines der wichtigsten natürlichen Polymere ist Seide, eine Eiweißfaser, die aus einer langen Kette relativ einfacher Aminosäuren besteht. Die Herstellung von Seide aus der Puppe der Seidenraupe ist allerdings ein sehr aufwendiges Verfahren.
Der amerikanische Chemiker Wallace Hume Carothers (1896–1937) kam auf die Idee, ein künstliches Polymer mit den Eigenschaften von Seide herzustellen. Er kannte sich durch die Zusammenarbeit mit Nieuwland mit Polymeren aus und hatte bei der Synthetisierung von Neopren (siehe oben) mitgeholfen.
Carothers arbeitete mit Verbindungen, die *Diamine* und *Dicarbonsäuren* hießen. Diese Stoffe können dieselben Arten von Verbindungen wie Aminosäuren bilden. Carothers fand 1931 eine polymere Faser, die, wenn sie gedehnt wurde, sogar noch fester war als Seide. Sie wurde *Nylon* genannt und ersetzte später die Seide in großem Umfang.

Virusteilchen

Seit Beijerinck zum ersten Mal Viren nachgewiesen hatte (siehe 1898), waren etwa 40 Krankheiten entdeckt worden, die von Viren verursacht werden (Masern, Mumps, Windpocken, Grippe, Pocken, Kinderlähmung, Tollwut, die gewöhnliche Erkältung u. a.). Die Beschaffenheit der Viren allerdings war immer noch ein Rätsel.
Im Jahr 1931 gelang es dem englischen Bakteriologen William Joseph Elford (1900–1952), einige Viren in Filtern aufzufangen. Mit einer Folge immer feiner abgestimmter Kollodium-Membrane filterte er immer kleinere Teilchen heraus. Aus der Feinheit der Membran, mit der er den Wirkstoff herausfiltern konnte, der die jeweilige Krankheit verursachen konnte, schloß Elford auf die Größe des betreffenden Virus.
Er stellte fest, daß Viren kleiner als selbst die kleinsten Bakterien sind, daß aber selbst die kleinsten Viren größer als die meisten Moleküle sind. Die Größe der Viren war also zwischen großen Eiweißmolekülen und winzigen Bakterien einzuordnen.

Viruskulturen

Bakteriell verursachte Krankheiten konnten einigermaßen erfolgreich erforscht werden, weil es möglich war, reine Bakterienstämme in Gläsern zu züchten und zu untersuchen. Viruskrankheiten stellten ein schwierigeres Problem dar, weil sich Viren nur in lebenden Zellen vermehren konnten.
Aber 1931 ersann der amerikanische Pathologe Ernest William Goodpasture (1886–1960) eine Technik zur Züchtung von Viren in Eiern, die ja schließlich auch aus lebenden Zellen bestehen. Mit dieser Technik war es schließlich möglich, gegen eine Reihe von Viruskrankheiten (insbesondere Kinderlähmung) Impfstoffe zu entwickeln.

Stratosphärenballons

Fast 10 000 Meter hoch waren Menschen in Ballons aufgestiegen. Das Risiko dabei war allerdings sehr hoch, denn in solchen Höhen ist die Luft eigentlich zu dünn zum Atmen (siehe 1902). Unbemannte Ballons wurden in größere Höhen hinaufgelassen.
Das war dem Schweizer Physiker Auguste Piccard (1884–1962) jedoch nicht genug. Er wollte die Ionosphäre und kosmische Strahlen genauer studieren, als es mit den Instrumenten seiner Zeit möglich war, und entwarf eine dichte Aluminiumgondel, in der ein normaler Luftdruck aufrechterhalten werden konnte, egal wie hoch man sie steigen ließ.
Im Jahr 1931 erreichte Piccard in einer solchen Gondel fast 16 000 Meter Höhe – rund die Hälfte höher als der bisherige Rekord.

Das war der Durchbruch zu immer höheren Expeditionen in die Stratosphäre, die Piccard und andere unternahmen. Schließlich wurden Höhen von mehr als 30 000 Metern erreicht.

Nachtrag

Die Weltwirtschaftskrise verschlimmerte sich. Am 11. Mai 1931 ging die Kredit-Anstalt in Wien bankrott, und das Finanzchaos breitete sich über ganz Europa aus.
Auch im Fernen Osten wurde die Situation immer bedenklicher. Die Japaner eroberten die Mandschurei.
Der Chinese Chiang Kai-shek war gegen den Aggressor machtlos. Er war nun der Todfeind Mao Tse-tungs (1893–1976), der Kommunist geblieben war, nachdem Chiang seine Rechtswendung vollführt hatte. Für Jahre blieb Chiang der Kampf gegen Mao wichtiger als der Kampf gegen die Japaner.
Alfons XIII. von Spanien (1886–1941) wurde am 14. April 1931 gestürzt. Die republikanischen Parteien hatten einen großen Wahlsieg errungen, und Spanien wurde eine Republik.
Unter der Führung von Joseph Franklin Rutherford (1869–1942) wurde in den USA die Sekte der Zeugen Jehovas gegründet.

1932

Neutron

Seit zwanzig Jahren wurde angenommen, das Atom bestehe aus Protonen und Elektronen. Es waren die beiden einzigen bekannten subatomaren Teilchen. Das Stickstoffatom hatte zum Beispiel eine Masse von 14, mußte also 14 Protonen enthalten. Andererseits hatte der Stickstoffkern eine elektrische Ladung von + 7, während 14 Protonen eine elektrische Ladung von + 14 hätten. Der Atomkern mußte also sieben Elektronen mit einer Ladung von jeweils – 1 haben, um die Ladung von sieben dieser Protonen ausgleichen zu können. Das Stickstoffatom sollte also aus insgesamt 21 Teilchen bestehen, 14 Protonen und 7 Elektronen.
Aber schon 1925, nachdem Uhlenbeck und Goudsmit den Begriff des Spin erarbeitet hatten (siehe 1925), war klar geworden, daß die Annahme, der Atomkern bestehe aus Protonen und Elektronen, nicht richtig sein konnte. Protonen und Elektronen hatten einen Spin von jeweils + 1/2 oder – 1/2. Wenn sich 21 solche Spins addierten (oder jede ungerade Zahl solcher Spins, unabhängig von der Verteilung der Vorzeichen), dann müßte der Gesamt-Spin zwischen zwei ganzen Zahlen liegen: 1/2, 1 1/2 oder 2 1/2 usw. Die tatsächliche Messung des Spins des Stickstoffkerns ergab jedoch eine ganze Zahl. Der Atomkern konnte also keine ungerade Anzahl von Teilchen haben. Es mußte eine gerade Zahl sein. Es gab noch andere Kerne, die dieses anomale Merkmal aufwiesen.
Wenn eine Proton-Elektron-Kombination allerdings als einzelnes Teilchen gezählt werden könnte, hätte der Stickstoffkern sieben Protonen und sieben Proton-Elektron-Kombinationen, also insgesamt 14 Teilchen – eine gerade Zahl.
Eine Proton-Elektron-Kombination hätte die Masse eines Protons, aber keine elektrische Ladung. Wenn es ein solches neutrales Teilchen gäbe, wäre es nur schwer nachzuweisen, denn die verschiedenen Methoden zur Entdeckung subatomarer Teilchen basierten alle auf der elektrischen Ladung dieser Teilchen.
Bothe, der die Koinzidenzmethode ersonnen hatte (siehe 1929), fielen seltsame Strahlungen auf, die von Beryllium ausgingen, das mit Alphateilchen beschossen worden war. Er konnte aber nicht bestimmen, woraus die Strahlung bestand.
Der englische Physiker James Chadwick (1891–1974) jedoch wiederholte die Experimente und behauptete, die beste Erklärung dieser Beobachtungen sei die Annahme, die Alphateilchen schlügen neutrale Teilchen aus dem Berylliumkern hinaus. Diese Teilchen

konnten nicht direkt entdeckt werden, da sie keine elektrische Ladung hatten, aber sie konnten Protonen aus Paraffin-Atomkernen schlagen, und diese Protonen konnten entdeckt werden. Eine Strahlung, die Protonen freischlagen konnte, mußte aus Teilchen bestehen, die eine ähnliche Masse wie Protonen hatte, und ein Teilchen mit der Masse eines Protons, aber ohne Ladung war genau das, was einem Proton-Elektron-Paar entsprach und doch nur *ein* Teilchen war und nicht zwei. Das neue Teilchen wurde *Neutron* genannt, und es sollte sich als das hilfreichste Teilchen zum Auslösen von Kernreaktionen erweisen.

Für seine Entdeckung des Neutrons bekam Chadwick 1935 den Nobelpreis für Physik.

Protonen-Neutronen-Kern

Sobald das Neutron von Chadwick entdeckt war (siehe oben), wies Heisenberg (siehe 1925) darauf hin, daß sich der Atomkern aus Protonen und Neutronen statt aus Protonen und Elektronen zusammensetzen müsse.

Der Stickstoffkern mit einer Ladung von + 7 mußte zum Beispiel sieben Protonen enthalten. Da er eine Masse von 14 hatte, mußte er auch sieben Neutronen enthalten. Das bedeutete insgesamt 14 Teilchen, und 14 Teilchen mit einem Spin von je + $1/2$ oder – $1/2$ würden sich zu einem Gesamt-Spin addieren, der unabhängig von der Verteilung der Vorzeichen eine ganze Zahl war. Unter der Annahme eines Protonen-Neutronen-Kerns entsprachen alle Spins den Erwartungen, und alle Spin-Anomalien verschwanden.

Darüber hinaus erklärte das Modell des Protonen-Neutronen-Kerns eindeutig die Existenz von Isotopen. Die Kerne aller Sauerstoffatome zum Beispiel müssen acht Protonen enthalten, aber der gewöhnliche Sauerstoff-16-Kern muß acht Protonen und acht Neutronen enthalten; der Sauerstoff-17-Kern acht Protonen und neun Neutronen; der Sauerstoff-18-Kern acht Protonen und zehn Neutronen. Beim Wasserstoff kann der Wasserstoff-1-Kern nur ein Proton enthalten, während der Wasserstoff-2-Kern ein Proton und ein Neutron enthält.

Diese neue Sicht des Atomkerns löste das Spin-Problem, brachte aber ein neues Problem mit sich. Wenn der winzige Kern voller Protonen war, die alle positiv geladen waren, mußten sie sich sehr stark abstoßen. Die ungeladenen Neutronen würden nichts zur Verminderung der Abstoßung beitragen. Wie war dann zu erklären, daß der Kern so fest zusammenhält? (Solange noch von Elektronen im Atomkern ausgegangen wurde, konnte man sie als eine Art Zement betrachten, aber diese Erklärung war nun hinfällig.)

Heisenberg regte an, es könne *Austauschkräfte* im Atomkern geben. Mit anderen Worten, das Proton und das Neutron könnten auf eine Weise Teilchen untereinander austauschen, daß eine starke Anziehung zwischen ihnen entstünde, denn die Teilchen könnten nur ausgetauscht werden, wenn das Proton und das Neutron ganz nahe beisammen blieben. Es brauchte jedoch einige Jahre, bis dieser Gedanke ausgereift war.

Positron

Dirac hatte aufgrund theoretischer Überlegungen vorausgesagt, es müsse ein Teilchen wie das Elektron geben, das aber statt negativer eine positive Ladung hätte (siehe 1930). Ein solches *Antielektron* war aber noch nie beobachtet worden.

Der amerikanische Physiker Carl David Anderson (geb. 1905) arbeitete mit Millikan (siehe 1911) über kosmische Strahlen. Um seine Studien durchzuführen, hatte er eine Nebelkammer (siehe 1911) mit einer Unterteilung aus Blei entworfen. Ein kosmisches Strahlenteilchen, das in eine gewöhnliche Nebelkammer eintritt, ist so energiereich, daß ein magnetisches Feld es kaum ablenken kann, und aus der praktisch schnurgeraden Spur, die es hinterläßt, war nicht viel Information zu entnehmen. Wenn aber eine Bleiunterteilung in die Kammer eingebaut wurde, hatte

das kosmische Strahlenteilchen genug Energie, sie zu durchbrechen, verlor dabei aber so viel Energie, daß es auf der anderen Seite der Unterteilung leicht abgelenkt werden konnte.
Bei Experimenten mit Nebelkammern dieses Typs bemerkte Anderson im Jahr 1932 Spuren, die aus dem Blei kamen und eindeutig Elektronenspuren waren. (Erfahrene Forscher konnten die Tröpfchenspuren in der Nebelkammer auf einen Blick identifizieren.) Das einzig Auffällige war, daß sich die Elektronenspuren in die falsche Richtung bogen. Anderson hatte das positiv geladene Teilchen gefunden, dessen Existenz Dirac prognostiziert hatte – das Antielektron. Anderson betrachtete es allerdings als *positives Elektron* und gab ihm den Kurznamen *Positron,* den es bis heute trägt.
Für seine Entdeckung bekam Anderson 1936 (zusammen mit Hess, der die kosmischen Strahlen entdeckt hatte, siehe 1911) den Nobelpreis für Physik.

Teilchenbeschleuniger und Kernreaktion

Die erste vom Menschen ausgelöste Kernreaktion war von Rutherford (siehe 1919) durchgeführt worden. Dabei hatte er Alphateilchen benutzt, die aus natürlichen radioaktiven Quellen stammten. Bei anderen Kernreaktionen, die seitdem ausgelöst worden waren, waren ebenfalls Alphateilchen eingesetzt worden.
Im Gegensatz dazu verwendeten Cockcroft und Walton, die den ersten Teilchenbeschleuniger konstruiert hatten (siehe 1929), im Jahr 1932 Protonen aus einem solchen Beschleuniger und beschossen damit Lithiumkerne. Dadurch wurden Alphateilchen aus den Lithiumkernen herausgeschleudert.
Ein Lithiumkern besteht aus drei Protonen und vier Neutronen. Wenn ein solcher Kern mit beschleunigten Protonen beschossen wird, dringt ab und zu ein Proton in den Kern ein, der dann je vier Protonen und Neutronen hat. Diese Anordnung bricht sofort in zwei Alphateilchen auseinander, die zwei Protonen plus zwei Neutronen enthalten: Wasserstoff plus Lithium ergibt also Helium plus Helium.
Dies war die erste Kernreaktion, die von Menschen als Ergebnis eines Beschusses mit *künstlich beschleunigten* Teilchen ausgelöst wurde. Viele weitere sollten folgen.

Radiowellen aus dem All

Je mehr sich das Radio zu Kommunikations- und Unterhaltungszwecken durchsetzte, desto dringender rief das Problem der atmosphärischen Störungen nach einer Lösung. Das unangenehme Knistern konnte die Kommunikation unterbinden und den Musikgenuß unmöglich machen. Atmosphärische Störungen haben verschiedene Ursachen, u. a. Gewitter, elektrische Geräte und vorbeifliegende Flugzeuge.
Die Bell-Telefongesellschaft war unter anderem wegen Bord-Land-Gesprächen auf das Radio angewiesen und setzte ihren Angestellten Karl Guthe Jansky (1905–1950) auf das Problem an.
Jansky entdeckte eine neue Sorte schwacher atmosphärischer Störungen, die von einer Quelle stammten, die er zuerst nicht identifizieren konnte. Sie kamen von oben und bewegten sich stetig. Zuerst meinte Jansky, die Sonne sei die Ursache. Aber die Quelle war vier Minuten pro Tag schneller als die Sonne. Das ist genau derselbe Geschwindigkeitsunterschied, den der Sternenhimmel gegenüber der Sonne hat. Die Störungsquelle mußte also außerhalb des Sonnensystems liegen.
Im Frühjahr 1932 fand Jansky heraus, daß sich die Quelle im Sternbild Sagittarius befand – dieselbe Richtung, in der Shapley das Zentrum unserer Galaxis geortet hatte (siehe 1918).
Mit dieser Entdeckung war die *Radioastronomie* geboren. Sie beschäftigt sich mit dem Empfang und der Erklärung von Radiowellen im Unterschied zu Lichtwellen.
Lichtwellen werden natürlich problemlos von

der Netzhaut des Auges und von lichtempfindlichen Filmen empfangen. 1932 jedoch war der Empfang von Radiowellen mit ausreichender Präzision sehr schwierig, denn die Instrumente dazu fehlten. Die Weiterentwicklung der Radioastronomie ließ deshalb noch ungefähr zwanzig Jahre auf sich warten.

Elektronenmikroskop

Davisson hatte bewiesen, daß Elektronen tatsächlich Wellencharakter haben (siehe 1927). Deshalb könnten sie ähnlich manipuliert werden wie Lichtwellen. Vielleicht könnte man sie zum Beispiel bündeln, wie Lichtwellen in einem Mikroskop.

Die Schärfe, mit der winzige Gegenstände gesehen werden können, verändert sich gegenläufig zur Wellenlänge der Strahlung, mit der sie betrachtet werden. Je kürzer die Wellenlänge, desto kleinere Gegenstände können erkannt werden. Da Elektronenwellen die gleiche Wellenlänge wie Röntgenstrahlen haben (aber viel leichter als diese gebündelt werden können), könnte ein *Elektronenmikroskop* viel stärker als ein gewöhnliches optisches Mikroskop sein.

Elektronenwellen können natürlich nicht abgelenkt werden, indem man sie durch Linsen schickt, sehr wohl aber durch die passenden magnetischen Felder. Der deutsche Elektroingenieur Ernst August Friedrich Ruska (1906–1988) baute 1932 das erste solcher Geräte. Es war nicht gerade ein Präzisionsinstrument, aber es konnte immerhin 400fach vergrößern. Es wurde schnell verbessert und entwickelte sich zu einem wichtigen Bestandteil des Instrumentariums der Wissenschaft.

Mit viel Verspätung bekam Ruska im Jahr 1986 für seine Arbeit einen Teil des Nobelpreises für Physik.

Prontosil

Ein Vierteljahrhundert war es nun schon her, seit Ehrlich Substanzen gefunden hatte, die pathogene Mikroorganismen angriffen, ohne höher entwickelte Tiere zu schädigen (siehe 1907), doch seitdem war hier nicht weiter geforscht worden.

Es war bereits bekannt, daß manche Farbstoffe sich mit Zellen verbanden, aber nicht mit anderen Substanzen, also gab es gewiß auch Farbstoffe, die sich mit Krankheitserregern verbanden und sie dabei abtöteten, ohne menschliche Zellen zu beeinträchtigen.

Der deutsche Biochemiker Gerhard Domagk (1895–1964) führte systematisch Versuche mit neuen Farbstoffen durch, die seit Ehrlichs Zeiten synthetisiert worden waren. Dabei stieß er auf eine vor kurzem synthetisierte orangerote Verbindung mit dem Handelsnamen *Prontosil.* 1932 stellte Domagk fest, daß Injektionen mit diesem Farbstoff eine stark heilende Wirkung auf Streptokokkeninfektionen bei Mäusen hatten.

Domagks kleine Tochter Hildegard war durch einen Nadelstich zufällig mit Streptokokken infiziert worden. Als keine andere Behandlung anschlug, injizierte Domagk ihr größere Mengen Prontosil. Sie genas, und die Medizin hatte ein Chemotherapeutikum mehr. Prontosil war der Vorläufer vieler Medikamente, die einer großen Zahl von Infektionskrankheiten ihren Schrecken nehmen sollten.

Für diese Entdeckung bekam Domagk 1939 den Nobelpreis für Physiologie oder Medizin. Hitler verbot deutschen Wissenschaftlern allerdings, Nobelpreise anzunehmen, weil Carl von Ossietzky (1889–1938), einem inhaftierten deutschen Pazifisten, der Friedensnobelpreis zugesprochen worden war. Domagk konnte seinen Preis deshalb erst 1947 entgegennehmen.

Ascorbinsäure

Der amerikanische Biochemiker Charles Glen King (1896–1988) schloß 1932 seine Untersuchungen des Vitamin C ab. Er hatte es isoliert und seine Struktur bestimmt. Die Substanz hatte ein Molekül mit sechs Kohlenstoffatomen, das den Zuckermolekülen sehr ähnlich war, und wurde *Ascorbinsäure* genannt (griechisch für »kein Skorbut«). Linds Arbeit (siehe 1747) war damit erfolgreich abgeschlossen.

Zwei Wochen später berichtete Szent-Györgyi, bei der von ihm entdeckten Säure (siehe 1928) handle es sich um Vitamin C, und er hatte recht. Ein heftiger und erbitterter Streit entbrannte, wem bei der Entdeckung der Vorrang gebühre. Dieser Streit hielt an, solange die beiden lebten – und beide wurden über 90 Jahre alt.

Harnstoffzyklus

Je mehr die Biochemie über den Stoffwechsel herausfand, desto deutlicher wurde, daß gewisse Reaktionen kettenartig ablaufen. Oft kam die Kettenreaktion nach einigen Schritten zu ihrem Ausgangspunkt zurück, bildete also einen *Zyklus* und erzielte bei jedem Durchlaufen dieses Zyklus ein Ergebnis.

Der deutsch-britische Biochemiker Hans Adolf Krebs (1900–1981) konnte zeigen, daß die Aminosäure Arginin, wenn sie zerfiel und wieder zusammengesetzt wurde, ein Harnstoffmolekül produzierte. Die Reaktion wurde deshalb *Harnstoffzyklus* genannt. Harnstoff ist die wichtigste stickstoffhaltige Ausscheidungssubstanz von Säugetieren.

Polaroid

Nicol hatte mittels Isländischem Doppelspat ein Instrument gebaut, das bei der Untersuchung von polarisiertem Licht verwendet werden konnte (siehe 1829). Ein billigerer und leichter zu verarbeitender Ersatz für den Isländischen Doppelspat war nicht bekannt.

Es gab zwar gewisse organische Kristalle, die sich wie Isländischer Doppelspat verhielten, aber sie produzierten nicht problemlos Kristalle der richtigen Größe, und die Kristalle waren auch für den experimentellen Einsatz zu zerbrechlich.

Der amerikanische Erfinder Edwin Herbert Land (geb. 1909) kam auf den Gedanken, daß ein einzelner Kristall gar nicht notwendig sei. Eine Myriade winziger Kristalle würde auch ausreichen, wenn alle in derselben Richtung angeordnet wären.

Im Jahr 1932 ersann er Methoden zur Anordnung der Kristalle und zu ihrer anschließenden Fixierung in durchsichtigem Kunststoff. Damit wurde verhindert, daß sie wieder durcheinanderkamen, und auch ihre Zerbrechlichkeit war kein Problem mehr. Das Resultat bekam den Handelsnamen *Polaroid* und verdrängte den Isländischen Doppelspat schnell in wissenschaftlichen Instrumenten. Auch in Windschutzscheiben bei Automobilen und in Brillengläsern wurde der Stoff eingesetzt.

Chinacrin

Malaria, eine weitverbreitete Tropenkrankheit war seit drei Jahrhunderten mit Chinin behandelt worden (siehe 1642). Chinin wurde aus der Rinde eines tropischen Baumes gewonnen, und in Kriegszeiten konnten die Industrienationen leicht von der Chinin-Zufuhr abgeschnitten werden.

Chinacrin oder *Atebrin*, der erste zufriedenstellende Ersatz, wurde in Deutschland entwickelt und 1932 als erfolgreiches Mittel gegen Malaria eingeführt. Als wenige Jahre später der Krieg tatsächlich den Chinin-Nachschub abschnitt, erlaubte das Chinacrin den Einsatz von Truppen in tropischen Gebieten.

Nachtrag

Franklin Delano Roosevelt (1882–1945) wurde zum 32. Präsidenten der USA gewählt. In der Wall Street erreichten die Wertpapierkurse am 28. Juli 1932 den tiefsten Stand aller Zeiten. Die Arbeitslosenziffer in den USA betrug rund 16 Millionen. Die Arbeitslosen stellten mit ihren Angehörigen fast ein Viertel der Nation.
Der Faschismus gewann in Europa immer mehr an Boden. In Italien herrschte Mussolini als Diktator, und in Deutschland wuchs Hitlers Einfluß. In Portugal kam der faschistische Diktator Antonio de Oliveira Salazar (1889–1970) an die Macht. Sogar in den Ländern, deren demokratische Institutionen funktionstüchtig blieben, wurden faschistische Parteien gegründet und hatten Zulauf.
Japanische Truppen landeten am 28. Januar 1932 in Shanghai (China) und stießen auf wenig Widerstand.
In Indien führte Mahatma Gandhi (siehe 1914) seine Kampagne des passiven Widerstands (Civil Disobedience) gegen die britische Herrschaft.

1933

Synthetisches Vitamin C

King und Szent-Györgyi war es gelungen, die Molekularstruktur des Vitamin C zu bestimmen (siehe 1932).
Der polnisch-schweizerische Chemiker Tadeus Reichstein (geb. 1897) schaffte es 1933, das Vitamin zu synthetisieren. Nach und nach wurden andere Vitamine analysiert und dann synthetisiert. Nun bestand keine Notwendigkeit mehr, kleine Mengen Vitamine aus großen Mengen Nahrungsmitteln zu gewinnen. Statt dessen konnten sie im Labor tonnenweise synthetisiert werden, und diese synthetischen Vitamine unterschieden sich in keiner Weise von den natürlichen.
Die Möglichkeit, Vitamine zu synthetisieren, führte zur Entwicklung von Vitamintabletten, die sich großer Beliebtheit erfreuten, und als sie zu moderaten Preisen angeboten wurden, reduzierte sich das Problem des ernährungsbedingten Vitaminmangels beträchtlich, wenn es nicht sogar ganz verschwand.
Der englische Chemiker Walter Norman Haworth (1883–1950) synthetisierte das Vitamin C unabhängig von Reichstein nur wenig später, und Haworth nannte es auch Ascorbinsäure. Für Haworths Arbeit über Zucker allgemein bekam er 1937 einen Teil des Nobelpreises für Chemie.

Molekularstrahlen

Wenn man Gase aus einem Behälter durch ein winziges Loch in ein Vakuum entweichen läßt, treffen die entweichenden Moleküle praktisch auf keine anderen Moleküle, mit denen sie zusammenstoßen könnten. Daher bilden sie einen dichten Strahl in Bewegung befindlicher Teilchen. Diese *Molekularstrahlen* bestehen aus neutralen Teilchen, die aber selbst wieder aus geladenen Teilchen bestehen: aus Atomkernen und Elektronen.
Deshalb müßten sie sich in Übereinstimmung mit den Maxwellschen Gleichungen (siehe 1865) wie winzige Magnete verhalten.
Der deutsch-amerikanische Physiker Otto Stern (1888–1969) studierte diese Molekularstrahlen jahrelang und bewies 1933, daß sie tatsächlich magnetisch sind und Eigenschaften zeigen, die für die Theorie der Quantenmechanik sprachen. Außerdem zeigte Stern, daß die Molekularstrahlen Wellencharakter haben.
Für seine Arbeit über die Molekularstrahlen bekam Stern 1943 den Nobelpreis für Physik.

Annäherung an den absoluten Nullpunkt

Debye und Giauque hatten eine Methode zur Annäherung an den absoluten Nullpunkt vorgeschlagen, die sich auf magnetische Techniken stützte (siehe 1925).
Im Jahr 1933 gelang es Giauque, die Theorie in die Praxis umzusetzen. Er brachte Gadoliniumsulfat in ein magnetisches Feld; dann überließ er es nach Abschalten des Feldes wieder der Unordnung. Der Rückfall in den ungeordneten Zustand erforderte Wärme, die dem umgebenden Helium entzogen wurde. So wurde die Temperatur auf 0,25 Grad über dem absoluten Nullpunkt gesenkt. Bis Ende des Jahres konnten andere Wissenschaftler mit dieser Methode eine Temperatur von 0,0185 K oder – 173 Grad Celsius erzielen.
Dafür und für seine spätere Arbeit über ultrakalte Temperaturen bekam Giauque 1949 den Nobelpreis für Chemie.

Nachtrag

Roosevelt verkündete für die USA die Politik des »New Deal« und setzte auf die Steuerung der Wirtschaft durch die Regierung. Die Wirtschaftskrise wurde dadurch nicht beendet, aber das Vertrauen der Öffentlichkeit in den Staat wurde wiederhergestellt, und die Leiden der Menschen wurden gemildert.
Am 30. Januar 1933 wurde Hitler deutscher Reichskanzler. Unverzüglich machte er sich daran, die Oppositionsparteien auszuschalten, die Judenverfolgung einzuleiten und die gesamte Wirtschaftskraft Deutschlands für den Aufbau einer neuen Militärmaschinerie einzuspannen. Am 14. Oktober trat Deutschland aus dem Völkerbund aus.
Japan hatte schon am 27. Mai 1933 seinen Austritt aus dem Völkerbund erklärt.
Der österreichische Bundeskanzler Engelbert Dollfuß (1892–1934) okkupierte autoritär-diktatorische Vollmachten.
Stalin führte in der Sowjetunion die erste Säuberung der Kommunistischen Partei durch und ließ alle liquidieren, an deren Loyalität er zweifelte.

1934

Neutronenbeschuß

Sobald Chadwick das Neutron entdeckt hatte (siehe 1932), stellte sich heraus, daß es ein sehr nützliches Mittel zum Beschuß von Atomkernen war. Die positiv geladenen Protonen und Alphateilchen werden von den ebenfalls positiv geladenen Kernen abgestoßen, und ein Großteil ihrer Energie muß zur Überwindung dieser Abstoßung aufgewendet werden. Die ungeladenen Neutronen hingegen können sogar mit niedrigem Energiegehalt in einen Atomkern eindringen.
Wenn ein Neutron vom Kern eines bestimmten Atoms aufgenommen wird, ist der neue Kern möglicherweise instabil und gibt ein Betateilchen ab. Die dadurch abgezogene negative Ladung verwandelt ein Neutron im Kern in ein Proton. Als Ergebnis hat dann der Kern ein Proton mehr als zu Beginn, wodurch er zu einem Element mit einer um den Wert 1 höheren Kernladungszahl wird.
Im Jahr 1934 beschoß Fermi (siehe 1926 und 1931) Uranatome mit Neutronen. Er wollte herausfinden, ob man Atome mit der Kernladungszahl 93 bilden könnte, die in der Natur nicht vorkommen.
Die Ergebnisse des Beschusses waren verwirrend und blieben fünf Jahre lang unerklärt. Dann allerdings war die Wirkung ungeheuerlich. Für seine Arbeit über Neutronenbeschuß allgemein erhielt Fermi 1938 den Nobelpreis für Physik.

Schwache Wechselwirkung

Pauli hatte die Hypothese vorgelegt, daß bei der Emission eines Betateilchens von einem

Atomkern immer auch ein Neutrino (ohne Ladung und Masse) emittiert werde (siehe 1931).

Im Jahr 1934 arbeitete Fermi die theoretische Basis der Bildung der beiden Teilchen aus. Er zeigte, daß es im Zusammenhang mit Neutrinos eine Wechselwirkung gab; ähnlich der elektromagnetischen Wechselwirkung, nur viel schwächer. Sie wurde die *schwache Wechselwirkung* genannt. (Sie war allerdings stärker als die Gravitations-Wechselwirkung.) Die Intensität der elektromagnetischen und der Gravitations-Wechselwirkung nahm mit dem Quadrat der Entfernung ab. Dies war eine recht langsame Abnahme, so daß beide Wechselwirkungen noch über große Entfernungen spürbar waren. (Das galt besonders für die Gravitations-Wechselwirkung, eine reine Anziehungskraft. Die elektromagnetische Wechselwirkung dagegen hatte anziehende und abstoßende Komponenten, die sich gegenseitig aufheben konnten.)

Die schwache Wechselwirkung jedoch ließ mit der Entfernung in so starkem Ausmaß nach, daß ihr Vorhandensein ganz auf Entfernungen von der Ausdehnung eines Atomkerns oder noch weniger beschränkt blieb. Man hätte sie deshalb auch *nukleare Wechselwirkung* nennen können, wenn nicht bald darauf eine weitere Wechselwirkung, die sich auf kürzeste Entfernungen beschränkte, entdeckt worden wäre.

Künstliche Radioaktivität

Seit Rutherford Kernreaktionen durch Beschuß mit subatomaren Teilchen ausgelöst hatte (siehe 1919), hatten die Physiker immer mehr derartige Reaktionen zustande gebracht.

Im Jahr 1934 beschossen die französischen Physiker Frédéric Joliot-Curie (1900–1958) und seine Frau Irène Joliot-Curie (1897–1956 – sie war die Tochter von Pierre und Marie Curie, siehe 1897) Aluminiumatome mit Alphateilchen.

Dabei sollte der Kern des Aluminiumatoms ein Alphateilchen aufnehmen und ein Proton abgeben. Der Aluminiumkern enthält 13 Protonen und 14 Neutronen, es handelt sich also um Aluminium-27. Bei Aufnahme eines Alphateilchens (zwei Protonen und zwei Neutronen) und Abgabe eines Protons kämen 14 Protonen und 16 Neutronen heraus, also *Silizium-30,* das in der Natur vorkommt.

Nach Ende des Beschusses allerdings, als keine weiteren Alphateilchen aufgenommen und keine weiteren Protonen abgegeben wurden, setzte sich eine andere Art der Strahlung fort. Die Curies kamen zu dem Schluß, in manchen Fällen gebe der Aluminiumkern nach der Aufnahme des Alphateilchens ein Neutron ab. Der Nettozuwachs betrüge also zwei Protonen und ein Neutron, die Summe damit je 15 Protonen und Neutronen, und das wäre *Phosphor-30.* Phosphor-30 kommt allerdings nicht in der Natur vor und ist radioaktiv. Er zerfällt mit einer Halbwertzeit von weniger als drei Minuten (das ist der Grund, warum er nicht in der Natur vorkommt!). Dabei gibt er Positronen ab (Teilchen, die Anderson entdeckt hatte – siehe 1932). Jedes entweichende Positron wandelt ein Proton in ein Neutron um, so daß aus Phosphor-30 das stabile Silizium-30 wird.

Die Curies waren folglich die ersten, die radioaktive Zerfallsprozesse beobachteten und ein radioaktives Isotop eines gewöhnlichen, stabilen Elements produzierten. Dies wird *künstliche Radioaktivität* genannt, da sie als Ergebnis des im Labor durchgeführten Beschusses von Atomkernen auftritt. Später zeigte es sich, daß jedes Element, das einen oder mehrere stabile Typen von Atomkernen besaß, auch radioaktive Kerne besitzen konnte *(Radioisotope).* Für die Entdeckung der künstlichen Radioaktivität bekam das Ehepaar Joliot-Curie 1935 den Nobelpreis für Chemie.

Tscherenkow-Strahlung

Die Geschwindigkeit des Lichtes beträgt 299 792,5 Kilometer pro Sekunde, und nach der speziellen Relativität (siehe 1905) kann sich nichts schneller fortbewegen. Wenn sich das Licht allerdings durch Materie bewegt, verlangsamt es sich, und die Geschwindigkeitsabnahme ist stärker, wenn der Brechungsindex des lichtdurchlässigen Mediums zunimmt. Durch Wasser bewegt sich das Licht mit 224 900 Kilometern pro Sekunde, und durch Diamanten nur mit 124 000 Kilometern pro Sekunde. Selbst in der Luft liegt die Lichtgeschwindigkeit ein wenig unter dem Maximum.

Ein sich schnell bewegendes Teilchen kann nie schneller sein als das Licht im Vakuum, aber es kann schneller als Licht beispielsweise in Wasser sein. Und wenn sich das Teilchen fast mit der Geschwindigkeit des Lichts im Vakuum fortbewegt, ist es in der Luft möglicherweise schneller als das Licht. Wenn Teilchen sich in irgendeinem Medium, das kein Vakuum ist, schneller als das Licht fortbewegen, ziehen sie einen »Lichtkegel« hinter sich her.

Der sowjetische Physiker Pawel Alexejewitsch Tscherenkow (geb. 1904) beobachtete diesen Strahlungs-Kegel als erster. Nach ihm wurde er *Tscherenkow-Strahlung* genannt. Erklärt wurde der Lichtkegel von den russischen Physikern Igor Jewgenjewitsch Tamm (1895–1971) und Ilja Michailowitsch Frank (geb. 1908).

Aus dem Winkel, in dem die Tscherenkow-Strahlung emittiert wird, kann auf die Geschwindigkeit der ultraschnellen Teilchen geschlossen werden. Für diese Erkenntnis erhielten Tscherenkow, Tamm und Frank 1958 den Nobelpreis für Physik.

Die Supernova

Tycho Brahe hatte eine sehr helle Nova beobachtet (siehe 1572), und ebenso Kepler im Jahr 1604. Seit damals waren dreieinviertel Jahrhunderte vergangen, ohne daß noch einmal eine so helle Nova gesehen worden wäre. Von Zeit zu Zeit waren zwar neue Sterne ausgemacht worden, die ziemlich hell waren und als Novae gelten konnten, aber keiner davon war heller als Jupiter oder selbst Venus gewesen, wie es Tycho Brahe und Kepler beobachtet hatten.

Im Jahr 1885 war eine Nova im Andromedanebel erschienen, die eine Helligkeit der Größe 7 erreichte und damit fast mit bloßem Auge sichtbar war, aber das hatte seinerzeit nicht viel Aufsehen erregt. Als jedoch Hubble darauf hinwies, daß der Andromedanebel in Wahrheit eine weit entfernte Galaxie war (siehe 1923), mußte die Helligkeit der Nova von 1885 neu beurteilt werden. Um aus der enormen Entfernung der Andromeda-Galaxie fast mit bloßem Auge sichtbar zu sein, mußte sie weitaus heller gewesen sein als die Durchschnittsnovae, die seit Keplers Zeiten gesichtet worden waren.

Der Schweizer Astronom Fritz Zwicky (1898–1974) erklärte im Jahr 1934 diesen Zusammenhang und schlug vor, Novae wie die von Tycho Brahe und Kepler entdeckten und diejenige in der Andromeda-Galaxie als *Supernova* zu bezeichnen. Seit Kepler war zwar in unserer eigenen Galaxis keine mehr gesichtet worden, aber Zwicky entdeckte beim Beobachten anderer Galaxien eine ganze Reihe von ihnen. Da eine Supernova auf dem Höhepunkt ihrer Strahlung etwa so hell leuchtet wie eine ganze Durchschnittsgalaxie, ist sie auch ebensoweit sichtbar.

Neutronensterne

Der Gedanke lag nahe, daß ein Stern in seiner Mitte abkühlt, wenn er seinen Kernbrennstoff aufgebraucht hat. Ohne gewaltige innere Hitze, die seinen riesigen Körper aufbläht, würde er unter dem Druck seiner eigenen enormen Schwerkraft zu einem weißen Zwerg (siehe 1914) zusammenstürzen.

Zwicky (siehe oben) schlug vor, daß dieser Zusammensturz im Falle von Supernovae ganz extrem sein könnte. Nach Verausgabung ihrer Energie würde eine Supernova unter dem Druck ihrer eigenen Schwerkraft zusammenstürzen, bis ihre subatomaren Teilchen (Protonen und Elektronen) bis zur Bildung

von Neutronen zusammengequetscht wären und die Neutronen zum Kontakt miteinander gezwungen würden.
Ein solcher *Neutronenstern* könnte die gesamte Masse eines Sterns normaler Größe besitzen und doch nur einen Durchmesser von 13 Kilometern haben. Die Entdeckung eines Neutronenstern gelang erst 35 Jahre später.

Geschlechtshormone

Butenandt hatte das männliche Geschlechtshormon Androsteron isoliert und seine Struktur entschlüsselt (siehe 1931). 1934 synthetisierte der kroatisch-schweizerische Chemiker Leopold Stephan Ruzicka (1887–1976) Androsteron und bewies, daß Butenandts Analyse richtig war. Dafür durfte er sich 1939 mit Butenandt den Nobelpreis für Chemie teilen.
Gleichfalls 1934 isolierte Butenandt das *Progesteron,* ein weibliches Geschlechtshormon, das von entscheidender Bedeutung für die chemischen Vorgänge bei der Schwangerschaft ist. Wie Domagk (siehe 1932, Prontosil) konnte auch Butenandt wegen Hitlers Verbot den Nobelpreis erst nach dem zweiten Weltkrieg (1949) entgegennehmen.

Tiefsee-Taucherkugel

Seit den frühesten Zeiten waren die Menschen unter die Wasseroberfläche der Meere getaucht; entweder zum Vergnügen, oder um Dinge wie Schwämme oder Perlmuscheln heraufzuholen. Natürlich konnten sie nicht besonders tief tauchen und auch nicht lange unten bleiben.
Später war es möglich, für längere Zeit in Caissons (Senkkästen) oder Taucheranzügen unter Wasser zu bleiben, aber nur zu dem Preis, daß die Atemluft auf den Druck des umgebenden Wassers komprimiert werden mußte. Das beschränkte die Tiefe und die Zeit, die Menschen unten bleiben konnten.
Bei hohem Druck löst sich Stickstoff im Blut und wird bei zu schnellem Druckabfall in Form von Bläschen freigesetzt, wodurch die *Druckluftkrankheit* (Taucherkrankheit) verursacht wird. Starke Schmerzen und manchmal Lähmungen und der Tod sind die Folgen. Um dies zu verhindern, muß der Druck sehr langsam gesenkt werden. Der erste, der dies 1878 vorschlug, war der französische Physiologe Paul Bert (1833–1886).
Um wirklich tief über lange Zeit tauchen zu können, war es offenbar notwendig, eine drucksichere Gondel zu bauen, in deren Innerem ein normaler Luftdruck herrscht – so wie Piccard es mit den Ballons gemacht hatte, mit denen man in große Höhen aufsteigen konnte (siehe 1931). Die Aufgabe war im Meer allerdings noch schwieriger, denn in der Höhe betrug der Druckunterschied zwischen außen und innen weniger als eine Atmosphäre, während in der Meerestiefe das Wasser einen Druck von vielen Atmosphären ausübt.
Der amerikanische Naturforscher Charles William Beebe (1877–1962) entwarf ein Stahlgefäß, das diesen Anforderungen entsprach. Es hatte dicke Quarzfenster und war (auf Anregung von Präsident Roosevelt) wegen der größeren Stabilität kugel- statt zylinderförmig gebaut.
Im Jahr 1934 erreichte Beebe in einer solchen *Tiefsee-Taucherkugel* eine Rekordtiefe von 923 Metern. Es war ein großes Risiko, denn er mußte von einem Schiff hinabgelassen werden, und wenn die Trossen gerissen wären, hätte es keine Rettung für ihn gegeben. Es gab während seiner Expeditionen in die Tiefe jedoch keinerlei tragische Zwischenfälle.

Nachtrag

Der deutsche Reichspräsident Hindenburg starb am 2. August 1934. Hitler übernahm die Befugnisse des Präsidentenamtes und ließ sich von seinen nationalsozialistischen Anhängern zum *Führer* stilisieren.
Die Nationen, die sich Deutschland hätten widersetzen können (Frankreich, Belgien, Ju-

goslawien u. a.) wurden immer schwächer, je mehr Deutschland erstarkte.
Die Sowjetunion erkannte, daß Deutschland im Westen und Japan im Osten Krieg wollten. Sie verließ deshalb die Isolation und trat am 18. September 1934 dem Völkerbund bei, der allerdings in der Weltpolitik nur eine marginale Rolle spielte.
Die chinesischen Kommunisten unter Mao Tse-tung machten sich auf den *langen Marsch* ins Innere Chinas, wo sie sich festsetzten und auf ihren, wie sie glaubten, endgültigen Siegeszug vorbereiteten.

1935

Uran-235

Soddy hatte den Begriff des Isotops eingeführt (siehe 1913). Dank der Arbeit Astons und seines Massenspektrographen (siehe 1919 und 1925) waren fast alle stabilen Isotope entdeckt worden.
Trotzdem fand man erst 1935 heraus, daß Uran in seinem Naturzustand aus zwei Isotopen besteht. Die gewöhnliche Form hat einen Atomkern aus 92 Protonen und 146 Neutronen; es handelte sich also um Uran-238. 1935 zeigte der kanadisch-amerikanische Physiker Arthur Jeffrey Dempster (1886–1950), daß es noch ein weiteres Isotop gibt (zu denen allerdings von 140 Uranatomen nur eines gehört), das einen Kern mit 92 Protonen und 143 Neutronen hat: das Uran-235.
Niemand ahnte damals, wie enorm wichtig die Entdeckung von Uran-235 war.

Isotopenindikatoren

Hevesy hatte als erster radioaktive Atome als »Tracer« bei der biochemischen Arbeit verwendet (siehe 1918). Er hatte allerdings radioaktives Blei verwendet, und Blei ist kein natürlicher Bestandteil lebenden Gewebes, so daß sein Vorhandensein den natürlichen Ablauf der chemischen Reaktionen gestört haben konnte.
Seitdem war aber herausgefunden worden, daß nicht-radioaktive Elemente auch aus verschiedenen Isotopen bestanden. Besonders die vier häufigsten und wichtigsten Elemente in lebendem Gewebe existierten alle auch als Isotope, die relativ selten, ziemlich stabil und vom jeweils gewöhnlichen Isotop unterscheidbar waren. So gab es Kohlenstoff-13, der 8,5 Prozent mehr Masse hatte als der gewöhnliche Kohlenstoff-12; Stickstoff-15 hatte 7,1 Prozent mehr Masse als der gewöhnliche Stickstoff-14; Sauerstoff-18 hatte 12,5 Prozent mehr Masse als der gewöhnliche Sauerstoff-16; und Wasserstoff-2 hatte 100 Prozent mehr Masse als der gewöhnliche Wasserstoff-1.
Je größer der prozentuale Unterschied in der Masse war, desto leichter konnte das ungewöhnlichere Isotop analysiert werden; deshalb versprach man sich besonders viel von dem von Urey entdeckten Wasserstoff-2 (siehe 1931, Deuterium).
Der deutsche Biochemiker Rudolf Schoenheimer (1898–1941) erhielt von Urey eine Probe Wasserstoff-2 und setzte sie zur Bildung von Fettmolekülen ein, die einen beträchtlich höheren Prozentsatz an Wasserstoff-2 enthielten als natürliches Fett.
Dieses *isotopen-angereicherte* Fett wurde an Ratten verfüttert. Schoenheimer nahm an, das Körpergewebe der Ratten werde keinen Unterschied zwischen den beiden Wasserstoffsorten machen, sondern Wasserstoff-2 genau wie Wasserstoff-1 behandeln. Nach einer gewissen Zeit wurden die Ratten getötet und ihr Körperfett auf Wasserstoff-2 untersucht, das damit als *Isotopenindikator* fungierte, da es die Reaktionen anzeigte, denen die Fettmoleküle unterworfen waren. 1935 konnte Schoenheimer erstaunliche Ergebnisse vorlegen.
Bisher war angenommen worden, die Fettvorräte eines Körpers würden nur bei Nahrungs-

mangel angegriffen. Unter gewöhnlichen Bedingungen, dachte man, würde der Körper das Fett verbrauchen, das er der aktuell aufgenommenen Nahrung entnehmen konnte.
Nun zeigte sich aber, daß sich das an Ratten verfütterte, isotopen-angereicherte Fett zur Hälfte in den Fettvorräten der Tiere wiederfand. Mit anderen Worten, das neu aufgenommene Fett wurde gespeichert, und gespeichertes Fett wurde verbraucht. Es herrschte ein rascher Umsatz, und es gab keine statischen Bestandteile des Körpers, sondern sie veränderten sich ständig und dynamisch.
Später benutzte Schoenheimer das Stickstoff-15-Isotop zur Kennzeichnung von Aminosäuremolekülen. Er bewies, daß es auch hier ständige Aktivität gab – die Moleküle änderten und verschoben sich schnell, wenn auch die Bewegung im Großen unbedeutend erschien.

Kristallisierte Viren

Sumner hatte das erste Enzym kristallisiert (siehe 1926), und andere Enzyme waren seitdem von Northrop und anderen kristallisiert worden (siehe 1930). Das Geheimnis der chemischen Natur von Enzymen war also gelüftet.
Der amerikanische Biochemiker Wendell Meredith Stanley (1904–1971) glaubte, mit ähnlichen Techniken dem Rätsel der Struktur der Viren auf die Spur kommen zu können. Er stellte eine gewisse Menge des Tabakmosaikvirus her (das erste, das von Beijerinck als Virus erkannt worden war, siehe 1898), indem er Tabakpflanzen infizierte. Er zerdrückte die infizierten Blätter und extrahierte und kristallisierte Eiweiß aus der Masse, weil er glaubte, Viren bestünden aus Proteinen.
Im Jahr 1935 gewann er feine, nadelartige Kristalle, die er isolierte und die in hoher Konzentration alle infizierenden Eigenschaften des Virus besaßen.
Das verursachte einiges Kopfzerbrechen, denn bisher war immer angenommen worden, Kristalle seien eine für tote Atome und Moleküle charakteristische Form der Materie, und da sich Viren vermehren konnten, hatte man sie für lebendig gehalten. Schnell fand man aber die Antwort, daß die Kristallisation doch kein Unterscheidungskriterium zwischen lebender und toter Materie sei und daß Viren eine so einfache Form des Lebens waren, daß sie kristallisieren konnten.
Für seine Arbeit bekam Stanley zusammen mit Sumner und Northrop 1946 den Nobelpreis für Chemie.

Starke Wechselwirkung

Heisenberg hatte versucht, mit Austauschkräften zu erklären, warum der Atomkern trotz der Abstoßung zwischen den Protonen zusammenhielt (siehe 1932, Protonen-Neutronen-Kern). Fermi hatte diesen Begriff dann bei der Ausarbeitung seiner Theorie der schwachen Wechselwirkung verwendet (siehe 1934).
Der japanische Physiker Hideki Yukawa (1907–1981) benutzte die Ideen Heisenbergs und Fermis für eine Theorie zur Erklärung des Atomkerns. Es mußte eine auf kurze Distanz, nur innerhalb des Kerns wirkende Kraft ähnlich der schwachen Wechselwirkung geben. Sie mußte viel stärker als die schwache Wechselwirkung und sehr viel stärker als die elektromagnetische Wechselwirkung sein, um die Protonenabstoßung zu überwinden. Aus diesem Grund wurde sie *starke Wechselwirkung* genannt.
Yukawa arbeitete seine mathematische Behandlung des Themas im Jahr 1935 aus. Er zeigte, daß die Protonen und Neutronen ein Teilchen austauschen mußten, damit der Atomkern zusammenhielt. Je kürzer die Distanz war, auf die die Anziehungskraft wirkte, desto mehr Masse mußte das Teilchen besitzen. Yukawa berechnete, daß das ausgetauschte Teilchen ungefähr die 200fache Masse eines Elektrons oder ein Neuntel der Masse eines Protons haben mußte. Solche mittelgroßen Teilchen waren bisher unbe-

kannt, wurden aber schließlich entdeckt. Yukawa bekam 1949 den Nobelpreis für Physik. Er war der erste Japaner, der einen Nobelpreis erhielt.

Sulfanilamid

Domagk hatte festgestellt, daß der Farbstoff Prontosil gewisse antibakterielle Eigenschaften besaß (siehe 1932). Prontosil hatte jedoch ein recht kompliziertes Molekül, und es gab die begründete Hoffnung, daß ein kleinerer Teil dieses Moleküls dieselben wünschenswerten Eigenschaften haben könnte, aber leichter zu synthetisieren und damit in größeren Mengen herstellbar wäre.
Domagk gelang es 1935, das Prontosil-Molekül in mehrere Bruchstücke aufzuspalten, von denen eines das *Sulfanilamid* war, eine in der organischen Chemie schon wohlbekannte Verbindung. Sulfanilamid hatte eine sehr starke antibakterielle Wirkung.
Dies war der Anfang der Synthese einer ganzen Familie ähnlicher Verbindungen: der *Sulfonamide.* Sie dienen zur Bekämpfung der unterschiedlichsten Infektionskrankheiten.

Riboflavin

Seit Eijkman über Beriberi gearbeitet hatte (siehe 1896), war es der Biochemie gelungen, eine ganze Reihe von Vitaminen zu entdecken, die wie das Vitamin B wasserlöslich waren und Ringe aus Kohlenstoff- und Stickstoffmolekülen besaßen. Sie wurden Vitamin B-1 (das Heilmittel von Beriberi), Vitamin B-2 und so weiter genannt. Zusammen bildeten sie die *Vitamine der B-Gruppe.* Diese Buchstaben-Zahlen-Kombinationen erwiesen sich aber als ungenügend, da einige Vitamine, deren Entdeckung gemeldet wurde, dann doch gar keine waren und andere Vitamine solche Kombinationsnamen erst gar nicht bekamen. Die Vitamine der B-Gruppe wurden deshalb unter ihren chemischen Namen bekannt. Vitamin B-1 hieß *Thiamin,* Vitamin B-2 *Riboflavin* und so weiter.
Karrer, der die Struktur von Vitamin A bestimmt hatte (siehe 1930), synthetisierte 1935 das Riboflavin und legte den endgültigen Beweis für seine Struktur vor. Dafür bekam er 1937 einen Teil des Nobelpreises für Chemie.

Cortison

Das erste Hormon, das isoliert wurde, war das Adrenalin. Takamine (siehe 1898) hatte es aus Nebennieren von Tieren gewonnen. Die Nebennieren bestehen aus zwei Teilen. Im inneren Teil, der *Medulla* (lateinisch für »Mark«) wird das Adrenalin produziert. Der äußere Teil, der die Medulla umgibt, heißt *Kortex* (nach dem lateinischen Wort für »Rinde«). Auch hier werden Hormone gebildet.
Der amerikanische Biochemiker Edward Calvin Kendall (1886–1972) isolierte 28 verschiedene kortikale Hormone oder *Corticoide,* von denen vier bei Tierversuchen eine Wirkung zeigten. Er bezeichnete die Corticoide mit Buchstaben, und die vier wirksamen Stoffe waren A, B, E und F.
Von diesen erwies sich die Verbindung E, die Kendall 1935 isolierte, als die nützlichste. Sie wurde später *Cortison* genannt und wird häufig als entzündungshemmendes Medikament eingesetzt.
Für seine Arbeit über Corticoide erhielt Kendall 1950 einen Teil des Nobelpreises für Medizin.

Prostaglandine

Im Jahr 1935 isolierte der schwedische Physiologe Ulf Svante Von Euler (1905–1983) aus Samen eine hormonähnliche Substanz, die er für ein Produkt der als Drüse fungierenden Prostata hielt. Deshalb nannte er sie *Prostaglandin.* Prostaglandin und verwandte Verbindungen, die gemeinsam *Prostaglandine* genannt werden, wurden später auch in anderem Gewebe gefunden und haben zahlreiche physiologische Wirkungen auf den Körper.

Radar

Fizeau (siehe 1849) hatte als erster die Zeit gemessen, die ein Lichtstrahl von seiner Quelle zu einem Reflektor und zurück benötigt, und so die Lichtgeschwindigkeit bestimmt. Jetzt konnte man mit ihrer Hilfe sowohl die Richtung als auch die Entfernung eines Reflektors bestimmen, wenn man einen Lichtstrahl auf ihn richtete und die Zeit maß, die er für den Hin- und Rückweg brauchte. Eine solche Versuchsanordnung hatte Langevin mit Ultraschall beim Konstruieren des Sonars benutzt (siehe 1917).

Licht ist für ein solches Experiment wenig geeignet, denn es wird zu leicht von Hindernissen aufgehalten oder von Nebel, Staub und Dunst absorbiert und gestreut. Radiowellen sind leichter zu handhaben, aber die gewöhnlich in der Kommunikationstechnik benutzten Radiowellen sind so lang, daß sie sich eher um Hindernisse »herumschlängeln«, als von ihnen reflektiert zu werden. Die kürzesten Radiowellen (Mikrowellen) jedoch werden von allen nicht allzu kleinen Gegenständen reflektiert und durchdringen mühelos Wolken und Nebel.

Der schottische Physiker Robert Alexander Watson-Watt (1892–1973) arbeitete mit Geräten zur Emission von Mikrowellen und zum Auffangen der reflektierten Strahlen. 1935 war er so weit, daß er mit seinem Gerät ein Flugzeug mittels der Mikrowellenreflexionen, die es zurücksandte, verfolgen konnte.

Das System wurde *radio detection and ranging,* abgekürzt *Radar,* genannt. Es sollte in wenigen Jahren außerordentliche Bedeutung erlangen.

Prägung

Der österreichisch-deutsche Zoologe Konrad Lorenz (1903–1989) studierte das Verhalten von Vögeln und beschrieb das Phänomen der *Prägung.* Er zeigte, daß Vögel zu einem bestimmten, kritischen Zeitpunkt kurz nach dem Schlüpfen lernen, einem sich bewegenden Gegenstand zu folgen. Das war normalerweise die Mutter, denn sie war meistens in der Nähe. Wenn das aus irgendeinem Grund nicht der Fall war, folgten die Jungvögel einem anderen erwachsenen Vogel, einem Menschen oder sogar einem toten Gegenstand, der hin und her gezogen wurde.

Sobald die Prägung einmal erfolgt war, legte sie in gewissem Maß das Verhalten der einzelnen Tiere für ihr ganzes Leben fest.

Lorenz begründete damit die *Verhaltensforschung,* die sich mit dem Sozialverhalten der Tiere in ihrer natürlichen Umgebung beschäftigt. Angeregt wurden dadurch Untersuchungen, wie sich »frühkindliche« Prägungen auf späteres Verhalten auswirken können. Für seine Arbeiten bekam Lorenz 1973 einen Teil des Nobelpreises für Physiologie oder Medizin.

Richter-Skala

Erdbeben treten bekanntlich mit unterschiedlicher Intensität auf. Manche können nur von feinen Instrumenten wahrgenommen werden; andere können ganze Städte dem Erdboden gleichmachen.

Im Jahr 1935 führte der amerikanische Geophysiker Charles Francis Richter die *Richter-Skala* zur Messung der Intensität von Erdbeben ein.

Diese Skala gibt das Ausmaß der Erdbewegung mit einer Zahl an. Mit jeder ganzen Zahl steigt die Stärke eines Erdbebens um das Zehnfache. Ein Erdbeben der Stärke 5 ist also zehnmal stärker als eines der Stärke 4. Der durch die Beben angerichtete Schaden kann allerdings noch schneller steigen als die Maßzahlen. Die stärksten bisher gemessenen Erdbeben erreichten einen Wert von 8,9 auf der Richter-Skala.

Nachtrag

Am 3. Oktober 1935 marschierten italienische Truppen in Äthiopien ein.
Hitlers Pläne gingen auf. Am 13. Januar 1935 entschied sich das wegen seines Kohlebergbaus wichtige Saargebiet in einer Volksabstimmung für den Anschluß an Deutschland. Seit 1920 war es der Verwaltung des Völkerbundes unterstellt gewesen. Das war Hitlers erster territorialer Gewinn. Unter Mißachtung des Versailler Vertrages begann er am 16. März 1935 offen mit der Wiederaufrüstung Deutschlands. Er setzte die berüchtigten *Nürnberger Gesetze* durch, die den Juden alle Rechte nahmen.
Seit 21. März 1935 führt Persien den Staatsnamen *Iran*.

1936

Neutronenabsorption

Nachdem Chadwick das Neutron entdeckt hatte (siehe 1932), war der Neutronenbeschuß zur Auslösung von Kernreaktionen besonders bei der Arbeit von Fermi (siehe 1934) sehr wichtig geworden.
Im Jahr 1936 arbeitete der ungarisch-amerikanische Physiker Eugene Paul Wigner (geb. 1902) die mathematische Grundlage der Neutronenabsorption durch Atomkerne aus. Damit zeigte er, daß die Wahrscheinlichkeit der Neutronenabsorption vom Energiegehalt des Neutrons abhing. Er führte auch den Begriff des *nuklearen Wirkungsquerschnitts* ein: Je größer der Querschnitt eines bestimmten Atomkerns, desto größer die Wahrscheinlichkeit, daß er ein Neutron absorbiert.
Für diese und andere Arbeiten bekam Wigner 1963 einen Teil des Nobelpreises für Physik.

Thiamin

Thiamin (auch als Vitamin B-1 bekannt) wurde das Vitamin genannt, das Beriberi verhindert. Seine Existenz hatte man bereits nach den Arbeiten Eijkmans (siehe 1896) vermutet. Der amerikanische Chemiker Robert Runnels Williams (1886–1965) baute Eijkmans Ergebnisse weiter aus. Er hatte etwa 9 Gramm des Vitamins aus einer Tonne Reiskleie gewonnen, und das reichte ihm zur Bestimmung der Molekularstruktur. 1936 synthetisierte er Thiamin und erbrachte den endgültigen Beweis, daß seine Analyse stimmte.

Perfusionspumpe

In den dreißiger Jahren erregte Carrel (siehe 1902) viel Aufsehen mit seinen praktischen Demonstrationen, daß es möglich war, Organe oder Gewebe mittels der *Perfusion* am Leben zu erhalten. Dabei läßt man ständig Blut oder einen Blutersatz durch die gewebeeigenen Blutgefäße strömen. Es gelang ihm, ein Stück eines embryonalen Hühnerherzens über 34 Jahre lang am Leben zu erhalten und wachsen zu lassen (es mußte ab und zu zurückgeschnitten werden). Irgendwann wurde das Experiment abgebrochen.
Um den Vorgang zu effektivieren, setzte Carrel 1936 eine Perfusionspumpe ein, bei deren Konstruktion ihm Lindbergh (siehe 1927) geholfen hatte. Sie bewegte den Blutstrom und war bakteriensicher. Sie wurde zwar *künstliches Herz* genannt, war aber kein künstliches Herz von der Art, daß es das natürliche Herz in der menschlichen Brust hätte ersetzen können.

Nachtrag

Am 5. Mai 1936 besetzten italienische Truppen die äthiopische Hauptstadt Addis Abeba. Italien annektierte Äthiopien am 9. Mai, und der italienische König Viktor Emanuel III. erhielt den Titel »Kaiser von Äthiopien«.

Hitler ließ den entmilitarisierten Teil des Rheinlands besetzen.
Am 25. Oktober 1936 schloß Deutschland ein Bündnis mit Italien. Mussolini bezeichnete die beiden Nationen großspurig als »Achse«, um die sich andere Nationen gruppieren und mit ihnen zusammenarbeiten könnten. Der Begriff der *Achsenmächte* wurde gebräuchlich. Am 25. November 1936 unterzeichnete Deutschland auch ein Abkommen mit Japan.
In Spanien fand eine Revolte von Generälen gegen die liberale, antifaschistische Volksfrontregierung statt. Unter der Führung Francisco Francos (1892–1975) eroberten sie rasch große Teile Spaniens.
Roosevelt wurde in den USA mit triumphaler Mehrheit wiedergewählt.
Der ägyptische König Fuad I. (1868–1936) starb am 28. April 1936. Sein Sohn bestieg als Faruk I. (1920–1965) den Thron.
Der britische Ökonom John Maynard Keynes (1883–1946) trat in einem Buch für Roosevelts Politik des New Deal ein, mit der Wirtschaftskrisen verhindert werden sollten.
Durch die Wirtschaftskrise hatte sich das Wachstum der amerikanischen Bevölkerung verlangsamt; sie betrug nun 127 Millionen.

1937

Technetium

Inzwischen wies das Periodensystem der Elemente zwischen den Ordnungszahlen 1 (Wasserstoff) und 92 (Uran) nur noch vier Lücken auf, und das waren die Zahlen 43, 61, 85 und 87. Noddack und seine Mitarbeiter, die das Rhenium entdeckt hatten (siehe 1925), dachten, sie hätten auch das Element mit der Ordnungszahl 43 entdeckt, aber das war ein Irrtum gewesen.
Der italienische Physiker Emilio Gino Segrè (1905–1989) ging das Problem auf andere Weise an. Da er die Wahrscheinlichkeit für gering hielt, das Element in der Erdkruste zu finden, versuchte er es selbst herzustellen. Fermi hatte bereits Elemente mit Neutronen beschossen, um Elemente mit einer höheren Atomzahl zu produzieren (siehe 1934). Wenn Segrè das Molybdän (Element 42) beschießen würde, erhielte er vielleicht das Element 43 in nachweisbarer Menge.
Im Jahr 1937 beschoß Segrè Molybdän mit *Deuteronen*, den Atomkernen von Wasserstoff-2, den Urey entdeckt hatte (siehe 1931, Deuterium). Ein Deuteron besteht aus einem Proton und einem Neutron in recht loser Verbindung. Wenn sich ein solches Teilchen einem Atomkern näherte, würde die positive Ladung des Kerns das positiv geladene Proton abstoßen, es von dem Neutron abspalten und ablenken. Das ungeladene Neutron würde nicht abgestoßen werden und also den Atomkern treffen.
Der amerikanische Physiker Robert Oppenheimer (1904–1967) hatte gezeigt, daß der Deuteronenbeschuß gleichwertig mit dem Neutronenbeschuß war. Warum dann nicht gleich Neutronen nehmen? Weil das Deuteron, das eine elektrische Ladung besaß, in einem Zyklotron beschleunigt und sehr energiereich gemacht werden konnte. Das ging mit einem Neutron nicht.
Segrè analysierte das beschossene Molybdän und isolierte tatsächlich sehr kleine Mengen eines Elementes, das aufgrund seiner chemischen Eigenschaften als das Element 43 betrachtet werden konnte. Es war das erste Element, das zweifelsfrei im Labor hergestellt und nicht in der Natur entdeckt worden war. Deshalb wurde es *Technetium* genannt (nach dem griechischen Wort für »künstlich«).
Wie sich herausstellte, ist kein Technetium-Isotop stabil; alle sind radioaktiv. Technetium ist das einfachste Element, das keine stabilen Isotope hat. Das am ehesten stabile Isotop, Technetium-97, hat eine Halbwertzeit von 2 600 000 Jahren. Diese Halbwertzeit ist nicht lange genug, als daß Technetium-97-

Isotope seit Entstehung der Erde im Boden hätten überdauern können. Aus diesem Grund konnte es dort natürlich auch nicht gefunden werden, und das war Noddacks Irrtum gewesen.

Myon

Anderson, der den Beschuß von Atomen mit kosmischen Strahlen innerhalb der Erdatmosphäre untersucht und als Resultat das Positron entdeckt hatte (siehe 1932), beschäftigte sich immer noch mit dieser Art von Beschuß. Dabei entdeckte er die Spur eines Teilchens, das nach seiner gekrümmten Bahn im magnetischen Feld mehr Masse als ein Elektron, aber weniger als ein Proton zu besitzen schien.

Im Jahr 1937 gab es keinen Zweifel mehr darüber, denn auch anderen Forschern war dieses Phänomen aufgefallen. Es schien sich um das Teilchen zu handeln, das Yukawa postuliert hatte (siehe 1935, starke Wechselwirkung), als er herauszubekommen versuchte, was Protonen und Neutronen im Atomkern zusammenhält.

Das neue Teilchen wurde *Mesotron* genannt (nach dem griechischen Wort für »dazwischen«), was bald zu *Meson* abgekürzt wurde. Nachdem sich zeigte, daß es verschiedene dieser »Zwischen-Teilchen« gab, mußten sie irgendwie identifiziert und unterschieden werden. Andersons Meson wurde deshalb *My-Meson* genannt.

Es stellte sich jedoch heraus, daß das My-Meson nicht das Teilchen war, das Yukawa postuliert hatte. Es zeigte keine Neigung, mit Atomkernen in Wechselwirkung zu treten, was Yukawas Teilchen hätte tun müssen. Deshalb wurde sein Name noch weiter zusammengezogen, nämlich zu *Myon,* denn es war kein Meson in dem Sinne wie andere mittelgroße Teilchen.

Elektrophorese

Manche großen Moleküle der Proteine weisen eine positive oder negative elektrische Ladung auf. Wenn eine Proteinlösung einem elektrischen Feld ausgesetzt wird, bewegen sich die Moleküle, deren positive Ladung stärker ist als ihre negative, auf die Kathode zu, während diejenigen, deren negative Ladung stärker ist als ihre positive, sich auf die Anode zubewegen. Die Geschwindigkeit, mit der ein Proteinmolekül sich in der einen oder anderen Richtung bewegt, hängt davon ab, wie stark die Ladung insgesamt ist, und in gewissem Umfang auch davon, wie sich das Muster der Ladungen über die Oberfläche der Moleküle verteilt. Dabei gibt es so viele Variationsmöglichkeiten, daß sich jedes Proteinmolekül mit einer anderen Geschwindigkeit bewegt. Eine Technik, die dies zur Trennung und Isolierung von Proteinbestandteilen ausnützt, heißt *Elektrophorese.*

Der schwedische Biochemiker Arne Wilhelm Kaurin Tiselius (1902–1971) entwickelte diese Technik 1937. Er konstruierte eine spezielle Röhre in der Form eines rechteckigen U, in der sich die Proteine bewegen und voneinander trennen konnten. Die Tiselius-Röhre bestand aus Abschnitten mit speziell konstruierten Verbindungsstücken. Die einzelnen Abschnitte konnten getrennt und dadurch bestimmte Proteine in einer einzelnen Kammer isoliert werden.

Zusätzlich war es mit zylindrischen Linsen möglich, den Trennungsprozeß durch Beobachtung der Veränderungen bei der Brechung des Lichts zu verfolgen. Diese Veränderungen konnten fotografiert werden, und mit dem resultierenden wellenartigen Muster konnte der mengenmäßige Anteil jedes Proteins in der Lösung ausgerechnet werden. Wenn es nicht gelang, eine Mischung mittels Elektrophorese in Komponenten aufzuspalten, war das ein sicheres Zeichen für die Reinheit eines Proteinpräparats, besonders dann, wenn auch bei Veränderung des Säuregehalts der Lösung keine Trennung auftrat.

Für seine Arbeit über Elektrophorese bekam Tiselius 1948 den Nobelpreis für Chemie.

Elektronenmikroskop

Das erste Elektronenmikroskop war von Ruska (siehe 1932) konstruiert worden. Aber erst 1937 wurde ein Elektronenmikroskop gebaut, das eindeutig besser als die besten optischen Mikroskope war. Dies gelang dem kanadischen Physiker James Hillier (geb. 1915). Sein Mikroskop konnte 7000fach vergrößern, während die besten optischen Mikroskope nur eine 2000fache Vergrößerung schafften.
Schließlich entwickelten Hillier und andere noch leistungsfähigere Elektronenmikroskope, mit denen zweimillionenfache Vergrößerungen möglich waren.

Feldemissionsmikroskop

Ein Vergrößerungsgerät, das noch mehr leistet als das Elektronenmikroskop, allerdings nur beschränkt eingesetzt werden kann, ist das Feldemissionsmikroskop. Konstruiert hat es im Jahr 1937 der deutsch-amerikanische Physiker Ernst Wilhelm Müller (1911–1977). Eine sehr feine Nadelspitze wird in ein Vakuum gebracht. Die Spitze wird erhitzt und emittiert Elektronen, die in auseinanderlaufenden, geraden Linien nach außen schießen und auf eine fluoreszierende Scheibe treffen. Was dann auf der Scheibe erscheint, ist ein enorm vergrößertes Bild der Nadelspitze.
Mit diesem Gerät konnten sogar einzelne Atome erkannt werden.

Radioteleskop

Jansky hatte die Radiowellen aus dem All entdeckt (siehe 1932), aber es gab noch keine geeigneten Instrumente zum Aufspüren und Analysieren der Strahlung.
Im Jahr 1937 jedoch baute der amerikanische Radioingenieur Grote Reber (geb. 1911) in seinem Hinterhof das erste Radioteleskop. Es war ein Parabolspiegel mit einem Durchmesser von über neun Metern, und die Radiowellen, die Reber damit empfing, konnten in einem Brennpunkt gebündelt und ihre Intensität gemessen werden.
Auf diese Weise konnte er Punkte am Himmel entdecken, die stärkere Radiowellen aussandten als der allgemeine Hintergrund, und er war der erste, der eine *Radiokarte des Himmels* anfertigte. Rebers Arbeit war natürlich primitiv im Vergleich zu dem, was sich auf diesem Gebiet in den nächsten Jahrzehnten tun sollte, aber er war mehrere Jahre lang der einzige Radioastronom der Welt.

Virus-Nukleinsäure

Stanley war es gelungen, das Tabakmosaikvirus zu kristallisieren und den Nachweis zu erbringen, daß es aus Protein bestand (siehe 1935). Die Frage war nun, ob das Virus *ganz* aus Protein bestand. Viren sind zweifelsohne lebendig, und wenn sie nur aus Protein bestünden, müßten Proteinmoleküle (sofern sie komplex wären) die Grundsubstanz des Lebens sein. Alle anderen Stoffe, sogar einfachere Proteine, wären dann nur Hilfsmaterial.
Im Jahr 1937 konnte der britische Pflanzenpathologe Frederick Charles Bawden (geb. 1908) jedoch zeigen, daß das Tabakmosaikvirus außer dem Protein auch eine kleine Menge Ribonukleinsäure (RNA) enthält. Es zeigte sich später, daß Viren allgemein entweder RNA oder DNA enthalten, was bedeutet, daß sie aus Nukleoprotein und nicht einfach aus Protein bestehen.
Weil Chromosomen auch Nukleoproteine sind (und DNA enthalten), scheint es, daß Viren »freilaufende« Chromosomen sind und Nukleoprotein die Grundsubstanz des Lebens ausmacht.

Niacin

Goldberger hatte gezeigt, daß Pellagra eine Vitaminmangelkrankheit ist (siehe 1915). Im Jahr 1937 beschäftigte sich der amerikanische Biochemiker Conrad Arnold Elvehjem (1901–1962) damit. Euler-Chelpin hatte gezeigt, daß in Hardens Koenzym Nikotinamid enthalten ist (siehe 1923). Das Enzym wirkte ohne das Koenzym nicht, und das Koenzym wirkte nicht ohne den Anteil an Nikotinamid. Menschen, Hunde und andere Tiere können alle Teile des Koenzyms aus einfacheren Substanzen herstellen, mit Ausnahme des Nikotinamids. Dieses muß in der Nahrung enthalten sein. Wie Enzyme sind auch Koenzyme und in diesem Fall das Nikotinamid nur in winzigen Mengen erforderlich. Menschen und Tiere können damit leben, daß sie bei ihrer Ernährung auf einen Stoff angewiesen sind, den sie nur in winzigen Mengen benötigen. Pflanzen können Nikotinamid aus einfacheren Substanzen herstellen.

Aber angenommen, der Nahrung fehlt selbst diese winzige notwendige Menge an Nikotinamid? In diesem Fall wirken die Enzyme nicht, der Kohlenhydrat-Stoffwechsel kommt nur stockend oder gar nicht voran, und ernsthafte Krankheitssymptome werden auftreten.

Nikotinsäure ist einfacher herzustellen als Nikotinamid und kann im Gewebe von Säugetieren leicht in Nikotinamid umgewandelt werden. Elvehjem gab dem Futter eines an Mangelerscheinungen leidenden Hundes etwas Nikotinsäure bei, und der Zustand des Tieres verbesserte sich deutlich und schnell. Kein Zweifel, Nikotinsäure und Nikotinamid waren die Vitamine, die Pellagra verhindern oder heilen konnten.

Weil die Ärzte nicht wollten, daß in der Öffentlichkeit Nikotinsäure mit Nikotin (einem giftigen Alkaloid) verwechselt würde und der Eindruck entstünde, in Zigaretten seien Vitamine enthalten, führten sie die Namen *Niacin* und *Niacinamid* für Nikotinsäure und Nikotinamid ein.

Es stellte sich heraus, daß auch andere Vitamine nur wirkten, weil sie wichtige Bestandteile von Koenzymen waren, die nicht im Körper hergestellt werden konnten, nur in winzigen Mengen erforderlich und in der Nahrung enthalten sind.

Gelbfieberimpfstoff

Jenner hatte als erster einen Impfstoff eingeführt, der gegen eine schwere Krankheit immunisierte: Pocken (siehe 1796). Pasteur hatte Impfstoffe gegen Cholera, Milzbrand und Tollwut gefunden (siehe 1881).

Der südafrikanisch-amerikanische Mikrobiologe Max Theiler (1899–1972) entwickelte einen Impfstoff gegen Gelbfieber. 1937 war er so ausgereift, daß er sicher und wirkungsvoll angewandt werden konnte und dieser schrecklichen Krankheit viel von ihrem Schrecken nahm.

Theiler bekam dafür 1951 den Nobelpreis für Physiologie oder Medizin.

Evolution und Mutation

Ein Jahrhundert zuvor hatte Darwin die Theorie der Evolution durch natürliche Auslese gebildet (siehe 1858). Er nahm an, die Auslese könne stattfinden, weil es in der Nachkommenschaft jeder Generation einer bestimmten Art kleine Unterschiede gebe. Wie diese Variationen entstanden, wußte er nicht.

Bald nach Darwin hatte Mendel die Gesetze der Genetik entwickelt (siehe 1865), und einige Jahrzehnte später hatte De Vries bewiesen, daß es Mutationen gab (siehe 1900). Es schien denkbar, daß die Mutationen für die Variationen sorgten, aufgrund derer die natürliche Auslese als Ursache für evolutionäre Veränderungen wirken konnte. Genau wurden diese Zusammenhänge allerdings noch nicht durchschaut.

Im Jahr 1937 veröffentlichte der russisch-amerikanische Genetiker Theodosius Dobschanski (1900–1975), der wie Morgan (siehe 1927) mit Taufliegen gearbeitet hatte, ein

Buch mit dem Titel *Genetik und die Entstehung der Arten,* worin er Mutation und Evolution in einen engen Zusammenhang brachte. Neben die Erklärung der Evolution bei den Organismen war nun eine Erklärung bei den Molekülen getreten.

Nachtrag

Bis Ende Juli hatten die Japaner Peking und Tientsin erobert, und bis Ende des Jahres hatten sie ganz Nordostchina in ihre Gewalt gebracht.
Am 8. August 1937 griffen die Japaner Schanghai nochmals an. Am 8. November eroberten sie die Stadt. Dann drangen sie am Jangtsekiang entlang zur chinesischen Hauptstadt Nanking vor, die sie am 13. Dezember 1937 einnahmen und mit unglaublicher Grausamkeit plünderten. Die chinesische Regierung mußte sich weit den Fluß hinauf nach Tschungking zurückziehen.
Der spanische Bürgerkrieg wurde blutig fortgesetzt. Die Falangisten machten dank der tatkräftigen Unterstützung durch die Achsenmächte langsame Fortschritte. Am 18. März 1937 allerdings fügte die spanische Volksfront italienischen Truppen, die den Aufständischen halfen, eine schwere Niederlage zu.
Stalin machte mit seinen »Säuberungen« die sowjetische Armee nahezu kampfunfähig.
Am 6. Mai 1937 explodierte das größte je gebaute Luftschiff, die »Hindenburg«, in Lakehurst (USA) und verbrannte. Die von Graf Zeppelin 37 Jahre zuvor erfundenen Luftschiffe wurden aus dem Verkehr gezogen.

1938

Die Quelle der Sonnenenergie

Gamow hatte vermutet, Wasserstoff-Fusionen seien die Quelle der Sonnenenergie (siehe 1929), konnte aber keine Einzelheiten erklären.
Bis zum Jahr 1938 hatte man dann aber durch Laborexperimente einiges über Kernreaktionen herausgefunden – zum Beispiel über die Energie, die sie freisetzten, und die Geschwindigkeit, mit der sie abliefen. Zusammen mit vernünftigen Schätzungen über den Druck und die Temperaturen, die tief im Inneren der Sonne herrschen, erlaubte dies dem deutsch-amerikanischen Physiker Hans Albrecht Bethe (geb. 1906), im einzelnen darzulegen, wie die Wasserstoff-Fusion im Kern der Sonne abläuft.
Der deutsche Physiker Carl Friedrich von Weizsäcker (geb. 1912) entwickelte gleichzeitig und unabhängig ähnliche Vorstellungen. Zum ersten Mal war damit auf Helmholtz' Frage nach der Quelle der Sonnenenergie (siehe 1853) eine adäquate Antwort gegeben worden.
Dafür und für andere Arbeiten auf dem Gebiet der Kernphysik bekam Bethe 1967 den Nobelpreis für Physik.

Magnetische Resonanz

Der österreichisch-amerikanische Physiker Isidor Isaac Rabi (1898–1988) setzte Sterns Arbeit über Molekularstrahlen (siehe 1933) fort. Er entwickelte 1938 die Technik der *magnetischen Resonanz,* mit der die von Teilchen des Strahls absorbierten und abgegebenen Energiemengen äußerst genau gemessen werden konnten. Dafür erhielt er 1944 den Nobelpreis für Physik.

Synthese von Vitamin E

Die Struktur von Vitaminen wurde immer schneller bis in alle Einzelheiten entschlüsselt. Karrer, der schon Vitamin A (siehe 1930) und Riboflavin (siehe 1935) synthetisiert hatte, synthetisierte nun im Jahr 1938 auch das Vitamin E und bestimmte seine Struktur.

Phasenkontrastmikroskop

Der niederländische Physiker Frits Zernike (1888–1966) konstruierte ein Mikroskop, das auf einem von ihm seit Jahren untersuchten Phänomen beruhte. Wenn Licht gebeugt wird, ändert es ein wenig seine Phase, so daß verschiedene Objekte in einer Gewebezelle Farbe anzunehmen scheinen, obwohl sie normalerweise farblos sind. Durch Ausnutzung einer solchen Beugung können Objekte in der Zelle klar und deutlich erkannt werden, ohne die Zelle durch Zusatz eines Farbstoffs abzutöten. Für dieses *Phasenkontrastmikroskop* bekam Zernike 1953 den Nobelpreis für Physik.

Ikonoskop

Die Kathodenstrahlröhre (siehe 1876) hatte neue Möglichkeiten eröffnet. Wenn ein Elektronenstrahl als Ergebnis eines variierenden magnetischen Feldes über jeden Punkt eines Bildschirms geführt wurde und der Bildschirm stark fluoreszierte, konnte der Elektronenstrahl sozusagen ein Bild malen. Damit war die Vorstufe zum heutigen Fernsehbildschirm erfunden.
Die erste einsetzbare Fernsehkamera wurde 1938 von dem russisch-amerikanischen Ingenieur Wladimir Kosma Zworykin (1889–1982) konstruiert. Er nannte sie *Ikonoskop*. Die Rückseite des Ikonoskops war mit vielen winzigen Cäsium-Silber-Tröpfchen verkleidet. Jedes davon emittierte im Verhältnis zur Helligkeit eines Lichtstrahls, mit dem es abgetastet wurde, Elektronen. Die Elektronen in der Fernsehröhre wurden von den Elektronen im Ikonoskop kontrolliert, so daß der Bildschirm dasselbe Bild zeigte, das das Ikonoskop aufnahm.

Xerographie

Dem amerikanischen Physiker und Anwalt Chester Floyd Carlson (1906–1968) war der große Bedarf an Kopien von Patentschriften lästig, und er überlegte sich eine neue Art, sie herzustellen. Er experimentierte damit, schwarzen, pulvrigen Farbstoff mittels lokal begrenzter, elektrostatischer Kräfte an Papier zu binden.
Diese Technik nannte er *Xerographie* (nach dem griechischen Ausdruck für »trocken schreiben«, da keine Tinte verwendet wurde). Der erste erfolgreiche Versuch gelang ihm am 22. Oktober 1938.
Es dauerte Jahre, sich ein Patent zu sichern und eine Firma für die Produktion zu interessieren. Schließlich aber führte diese Technik zum modernen Fotokopierer, der den Vervielfältigungsapparat praktisch verdrängt und den Bedarf an Kohlepapier stark reduziert hat.

Kugelschreiber

Zwei Ungarn, die Brüder Ladislao und Georg Biró, erfanden den Kugelschreiber: Ein Tintenbehälter wird an seiner Spitze von einer kleinen Kugel verschlossen, die über Papier gerollt Tinte überträgt.
Als die Erfindung ausgereift und eine entsprechend zähflüssige Tinte entwickelt war, die nicht kleckste und fast sofort trocknete, begann der Kugelschreiber seinen Siegeszug. Federhalter und Tintenfässer wurden fast überflüssig, und sogar Bleistifte und Radiergummis verloren an Bedeutung.

Quastenflosser

Am 25. Dezember 1938 brachte ein Fischerboot, das vor der südafrikanischen Küste unterwegs war, einen seltsamen, ungefähr anderthalb Meter langen Fisch nach oben. Das seltsamste an ihm war, daß seine Flossen an fleischigen Lappen angewachsen waren und nicht direkt am Rumpf.
Der südafrikanische Zoologe J. L. B. Smith, der den Fisch untersuchen konnte, identifizierte ihn als *Quastenflosser,* das heißt als einen primitiven Fisch. Die Zoologen meinten, er sei seit 70 Millionen Jahren ausgestorben. Man hatte geglaubt, er sei noch vor den Dinosauriern von der Erde verschwunden.
Schließlich stieß man auf weitere Exemplare des Fisches. Das Interessanteste daran ist, daß der Quastenflosser ein naher Verwandter der Fische ist, die im Laufe der Evolution an Land krochen, amphibisch wurden und damit zu unseren Vorfahren zählen.

Nachtrag

Am 12. März 1938 marschierte Hitlers Armee in Österreich ein; Österreich wurde ein Teil von »Großdeutschland«. Dann begann Hitler einen Propaganda- und Terrorfeldzug gegen die Tschechoslowakei. Der britische Premierminister Neville Chamberlain (1869–1940) und der französische Ministerpräsident Édouard Daladier (1884–1970) entschieden sich schnell für die Politik des *Appeasement* (»Beschwichtigung«): Hitler sollte bekommen, was er wollte, in der Hoffnung, daß er sich beschwichtigen lassen würde. Am 29. September einigten sich Deutschland, Großbritannien, Italien und Frankreich im *Münchner Abkommen* darauf, daß die tschechischen Randgebiete (Sudetengau) an Deutschland abgetreten wurden. Der Restbestand der Tschechoslowakei wurde allerdings garantiert. Hitler besetzte die Sudetengebiete am 1. Oktober.
Als Reaktion auf die Ermordung eines Angehörigen der deutschen Botschaft in Frankreich durch einen Juden schlug der Antisemitismus in Deutschland hohe Wellen. In der Nacht des 9. November 1938 wurden jüdische Synagogen, Läden und Wohnungen zerstört (»Kristallnacht«). Mit der Deportation Zehntausender von Juden in Konzentrationslager begann der Holocaust.
Japan setzte seinen Vormarsch in China fort und eroberte im Mai und Juni die Küstenstädte. Aber im Juli und August stießen japanische und sowjetische Truppen an einer Stelle aufeinander, wo sich die Grenzen der Sowjetunion, der Mandschurei und Koreas trafen. Die japanischen Truppen wurden von den Sowjets geschlagen, und Japan verlagerte seine Expansion von nun an mehr nach Süden.

1939

Kernspaltung

Fermi hatte Uran mit langsamen Neutronen beschossen, weil er hoffte, so das Element mit der Ordnungszahl 93 zu erhalten, aber die Ergebnisse waren verwirrend gewesen (siehe 1934).
Hahn und Meitner, die das Protactinium entdeckt hatten (siehe 1917), forschten gleichfalls in diesem Bereich. Unter anderem lösten sie das beschossene Uran auf und gaben eine Bariumverbindung bei. Als sie das Barium ausfällten, stellten sie fest, daß ein Teil der Radioaktivität mit ausfiel.
Darauf hatten sie gehofft. Barium ist dem Radium chemisch sehr ähnlich; woraus man Barium ausfällen konnte, daraus mußte man auch Radium ausfällen können. Der Beschuß von Uran (Element 92) mit Neutronen könnte sogar zur Folge haben, daß das Uran *zwei* Alphateilchen emittierte, was die Atomzahl um vier reduzieren und somit ein Radium-Isotop (Element 88) hervorbringen würde. Weil Barium dem Radium ähnlich, aber nicht identisch mit ihm ist, könnten dann die beiden

getrennt werden, und die Hypothese der doppelten Alphateilchen-Emission wäre bewiesen. (Das war der Hauptgrund, warum das Barium beigegeben wurde.)

Obwohl jedoch das Barium tatsächlich Radioaktivität ausfällen ließ, konnte diese einfach nicht von ihm getrennt werden. Das Problem war deshalb rätselhafter denn je.

Die Jüdin Lise Meitner mußte 1938 aus Österreich nach Schweden fliehen, weil durch den Anschluß an Deutschland nun auch hier die antisemitischen deutschen Gesetze galten. Hahn, der nun mit dem deutschen Chemiker Fritz Straßmann (1902–1980) zusammenarbeitete, kam schließlich auf den Gedanken, daß die Radioaktivität aus einem radioaktiven Isotop des Bariums selbst bestehen und deshalb nicht von ihm trennbar sein könnte. Aber wie konnte sich ein radioaktives Barium-Isotop durch den Neutronenbeschuß von Uran gebildet haben? Die Atomzahl von Barium ist 56. Wenn aus Uran Barium werden sollte, müßte der Urankern in zwei Teile zerfallen (ein Vorgang, der später *Kernspaltung* genannt wurde).

Die Vorstellung der Kernspaltung war etwas Unerhörtes, und Hahn zögerte, einen solchen Gedanken zu äußern. Im Januar 1939 veröffentlichte er seine Erkenntnisse, erwähnte die Kernspaltung aber nicht.

Mittlerweile dachte auch Lise Meitner in Schweden über das Phänomen nach und kam gleichfalls zu dem Schluß, daß die gespaltenen Urankerne die radioaktiven Barium-Isotope hervorgebracht hatten. Sie entschloß sich, die Hypothese zu veröffentlichen. Mit Hilfe ihres Neffen, des Physikers Otto Robert Frisch (1904–1979), verfaßte sie einen vom 26. Januar 1939 datierten Artikel und schickte ihn an die britische wissenschaftliche Zeitschrift *Nature*. Frisch arbeitete für Bohr (siehe 1913) und teilte ihm den Inhalt des Artikels vor dem Erscheinen mit. Bohr besuchte am 26. Januar 1939 eine Physikerkonferenz in Washington D. C. und verbreitete auch dort sogleich diese Neuigkeiten.

In den USA bestätigte sich rasch die These, Kernspaltung sei das Ergebnis des Neutronenbeschusses von Uran. Bohrs Gedanke war gewesen, bei dem gespaltenen Uran handele es sich um das seltene Uran–235-Isotop, und auch das bestätigte sich.

Für seine Entdeckung der Kernspaltung erhielt Hahn 1944 den Nobelpreis für Chemie, aber er konnte ihn erst 1946 entgegennehmen.

Nukleare Kettenreaktion

In der Chemie sind Kettenreaktionen etwas Vertrautes. Eine Reaktion kann Wärme produzieren, wodurch weitere Reaktionen ausgelöst werden, was wiederum mehr Wärme produziert, usw. Die Art und Weise, wie ein Blitzschlag oder ein einzelnes Streichholz einen ganzen Wald zum Abbrennen bringen kann, ist ein Beispiel einer chemischen Kettenreaktion. Eine chemische Reaktion kann auch ein molekulares Produkt hervorbringen, was zu weiteren Reaktionen führt, die wiederum ein molekulares Produkt hervorbringen usw. Die Bildung von Polymeren ist manchmal das Ergebnis einer solchen Kettenreaktion.

Schon 1932 war dem in Ungarn geborenen Physiker Leo Szilard (1898–1964) die Idee gekommen, es könne auch nukleare Kettenreaktionen geben. Damals wurden Atomkerne mit Neutronen beschossen, und in manchen Fällen hatte der Eintritt eines Neutrons in einen Kern die Emission von zwei Neutronen zur Folge. Szilard stellte sich den Fall vor, daß ein Neutron einen Atomkern zertrümmerte und zwei Neutronen produzierte, die wiederum zwei Kerne zertrümmerten und dabei vier Neutronen produzierten, die wiederum vier Kerne zertrümmerten usw. Jede Zertrümmerung würde nur eine kleine Menge Energie freisetzen, aber jedem Glied in einer solchen nuklearen Kettenreaktion würde so schnell das nächste folgen, daß sich die insgesamt freigesetzte Energie im Bruchteil einer Sekunde zu gewaltigen Dimensionen aufschaukeln würde. Das Ergebnis wäre eine *Atombombe*, die eine unvergleichlich viel größere Spreng-

kraft hätte als gewöhnliche, auf chemischen Reaktionen beruhende Bomben.
Szilard gehörte zu den vielen Wissenschaftlern, die wegen des deutschen Antisemitismus aus Mitteleuropa flohen. Die geistigen Kapazitäten, die Deutschland dadurch verlor und die statt dessen den Alliierten zugute kamen, waren für letztere schließlich eine unschätzbare Hilfe. Szilard ließ sich die Vorstellung einer nuklearen Kettenreaktion patentieren und bot sie Großbritannien an.
Die Kernreaktionen, die 1932 und in den Jahren danach bekannt waren, eigneten sich jedoch nicht für nukleare Kettenreaktionen. Zur Emission von zwei Neutronen bedurfte es schneller, energiereicher Neutronen, aber diese dann emittierten Neutronen waren zu langsam und besaßen zu wenig Energie zum Fortsetzen der Kette.
Als Szilard jedoch 1939 von der Kernspaltung hörte, die durch *langsame* Neutronen ausgelöst wurde, wurde ihm klar, daß nukleare Kettenreaktionen und damit die Atombombe möglich waren. Sofort versuchte er, die amerikanischen Wissenschaftler davon zu überzeugen, ihre diesbezüglichen Forschungsergebnisse geheimzuhalten, was ihm weitgehend gelang.

Francium

Nun waren nur noch drei unentdeckte Elemente übrig: die mit den Ordnungszahlen 61, 85 und 87. Die französische Physikerin Marguerite Perey (1909–1975) entdeckte bei der Arbeit mit dem radioaktiven Element Actinium eine Sorte von Beta-Aktivität, die sich von der Beta-Aktivität jedes bekannten Isotops unterschied. Sie fand heraus, daß die Aktivität aus dem Zerfall eines Isotops des Elements 87 herrührte. Nach ihrem Herkunftsland nannte sie es *Francium.*
Es zeigte sich, daß Francium-223 das am ehesten stabile Isotop des Elements ist. Es hat eine Halbwertzeit von nur 22 Minuten. Von allen Elementen mit Ordnungszahlen zwischen 1 und 92 ist Francium das einzige, das kein Isotop mit einer Halbwertzeit von wenigstens einer halben Stunde hat.

Neutronensterne

Zwicky hatte die Möglichkeit der Existenz von Neutronensternen postuliert (siehe 1934). 1939 analysierte Oppenheimer (siehe 1937) diese Möglichkeit mathematisch, wobei er die inzwischen erarbeiteten Erkenntnisse über Kernreaktionen einbezog. Trotzdem blieb die Sache rein theoretisch, denn bislang war noch kein solcher Himmelskörper tatsächlich beobachtet worden, und so sollte es auch noch dreißig Jahre lang bleiben.

Magnetisches Moment

Stern (siehe 1933) und Rabi (siehe 1938) hatten mit ihren Arbeiten über Molekularstrahlen die magnetischen Eigenschaften von Atomen und Molekülen bestimmt.
Der schweizerisch-amerikanische Physiker Felix Bloch (1905–1983) erarbeitete Methoden zur Bestimmung der magnetischen Eigenschaften von Molekülen in Flüssigkeiten und festen Körpern. Damit errechnete er das magnetische Moment des Neutrons. Das war wichtig, weil das Neutron kein elektrisch geladenes Teilchen ist und deshalb eigentlich kein magnetisches Feld haben dürfte. Aber Bloch bewies, daß es doch ein magnetisches Feld hatte.
Dies war der erste Hinweis darauf, daß das Neutron ein aus grundlegenderen elektrisch geladenen Teilchen zusammengesetztes Teilchen sein könnte.
Die Existenz eines magnetischen Moments des Neutrons zeigte übrigens, daß es so etwas wie ein *Antineutron* geben könnte, dessen magnetisches Feld in die entgegengesetzte Richtung zeigen würde wie das des Neutrons.
Das magnetische Moment des Neutrons wurde ungefähr zur selben Zeit auf andere Weise von dem amerikanischen Physiker Edward Mills Purcell (geb. 1912) bestimmt. Bloch

und Purcell teilten sich 1952 den Nobelpreis für Physik.

Vitamin K

Der dänische Biochemiker Carl Peter Henrik Dam (1895–1976) verfütterte synthetische Nahrung an Hühner und stellte fest, daß bei den Tieren bei bestimmten Zusammensetzungen dieser Nahrung kleinere Blutungen unter der Haut und in den Muskeln auftraten. Vitamin C, das einige Symptome dieser Art heilen kann, half in diesem Fall nicht.
Er nahm an, es handele sich um einen Mangel an einem fettlöslichen, noch unbekannten Vitamin, das für die normale Blutgerinnung erforderlich sei. Er nannte es Vitamin K (nach »Koagulation«, d. h. Gerinnung).
Dies geschah schon 1934, aber erst 1939 entschlüsselte der amerikanische Biochemiker Edward Adelbert Doisy (1893–1986) die Struktur des Vitamins und synthetisierte es. Dafür bekamen Dam und Doisy 1943 den Nobelpreis für Physiologie oder Medizin.

Rhesusfaktor

Nachdem Landsteiner das AB0–System der Blutgruppen entdeckt hatte (siehe 1900), wurden andere Blutfaktoren entdeckt, die bei Transfusionen keine Probleme machten und nichts mit der Gesundheit zu tun hatten (siehe 1927).
Der russisch-amerikanische Immunologe Philip Levine (geb. 1900) erforschte die fetale Erythroblastose, eine Krankheit, die Föten und Neugeborene befällt und die roten Blutkörperchen zerstört.
Levine stellte fest, daß dem Blut der Mütter der *Rhesusfaktor* genannte Bestandteil fehlte. (Er war zuerst im Blut von Rhesusaffen entdeckt worden.) Die Mütter waren *Rh-negativ,* die Väter hingegen *Rh-positiv,* was das genetisch dominante Merkmal war. Die Nachkommen waren also auch Rh-positiv. Das Blut der Föten verursachte jedoch offenbar im Blut der Mütter die Produktion von Antikörpern gegen den positiven Rhesusfaktor. Diese Antikörper gelangten wieder ins Blut der Föten und zerstörten dort die roten Blutkörperchen.
Durch diese Entdeckung war es möglich, den Rhesusfaktor routinemäßig zu überprüfen. Gegebenenfalls wurde das Blut des Kindes durch neues Blut ersetzt. Die Zahl der Todesfälle sank merklich.

Penicillin

Fleming hatte das Penicillin entdeckt (siehe 1928), aber bis 1939 entwickelte sich wenig aus dieser Entdeckung. Dann machte sich der australisch-britische Pathologe Howard Walter Florey (1898–1968) zusammen mit dem deutsch-britischen Pathologen Ernst Boris Chain (1906–1979) daran, den eigentlichen antibakteriellen Wirkstoff aus dem Schimmelpilz zu isolieren.
Sie kamen schnell ans Ziel, und damit waren die Grundlagen für den Einsatz des Penicillins in den folgenden schlimmen Kriegszeiten geschaffen. Florey, Chain und Fleming bekamen 1945 den Nobelpreis für Physiologie oder Medizin.

Tyrothricin

Die meisten krankheitserregenden Bakterien überleben im Boden nicht besonders gut. Deshalb trägt es normalerweise nicht zur Ausbreitung einer Krankheit bei, wenn Tote begraben werden. Das könnte daran liegen, daß die antibakteriellen Substanzen von Bakterien produziert werden, die normalerweise im Boden leben und nicht krankheitserregend sind. (Diese Bakterien könnten in evolutionärer Hinsicht von Nutzen sein, indem sie die Invasion anderer Bakterien-Arten verhindern.)
Der französisch-amerikanische Mikrobiologe René Jules Dubos (1901–1982) beschäftigte sich mit dieser Frage und isolierte 1939 eine

antibakterielle Substanz aus einem Bakterium namens *Bacillus brevis*. Er nannte sie *Tyrothricin*. Es stellte sich heraus, daß es eine Mischung aus mehreren Polypeptiden war (das sind kleinere Aminosäureketten, als sie sonst in Proteinen auftreten).
Tyrothricin war kein besonders wirksamer antibakterieller Wirkstoff, aber Tyrothricin und Penicillin markierten den Beginn einer neuen Ära im Kampf der Medizin gegen Infektionen.

Essentielle Spurenelemente

Keilin, der die Zellfarbstoffe nachgewiesen hatte (siehe 1924), fand heraus, daß ein Enzym eine kleine Menge Zink enthielt, von der seine Wirkung abhing. Da das Enzym lebenswichtig war, galt das also auch für Zink.
Seither hat sich gezeigt, daß viele Elemente, die man normalerweise eher mit toter Materie assoziiert als mit Leben, wegen ihrer Verbindung mit Enzymen lebenswichtig sind – wenn auch nur in winzigen Mengen. Dazu gehören Mangan, Molybdän und Kupfer. Sie werden als *essentielle Mineralien* oder *essentielle Spurenelemente* bezeichnet.

DDT

Die gefährlichsten Feinde der Menschheit sind neben krankheitserregenden Mikroorganismen die Insekten. Sie verbreiten nicht nur Krankheiten wie Gelbfieber, Malaria, Typhus und Gehirnentzündung, sondern sie fressen auch ganze Ernten auf. Von alters her wurden sie gefürchtet und bekämpft, und seit man sich in der Chemie besser auskannte, wurde diese auch zum Töten von Insekten eingesetzt. Leider waren anorganische Gifte wie »Pariser Grün« auch für Säugetiere giftig, den Menschen nicht ausgeschlossen.
Der Schweizer Chemiker Paul Hermann Müller (1899–1965) suchte nach organischen Substanzen, die für Insekten, aber nicht für andere Lebensformen giftig wären. Ferner sollten sie billig, chemisch stabil und ohne unangenehmen Geruch sein.
Im September 1939 machte er einen Versuch mit *Dichlordiphenyltrichloräthan* (abgekürzt *DDT*), das den Chemikern seit 1873 bekannt war und das alle Bedingungen zu erfüllen schien. DDT war in den folgenden Jahren besonders bei der Bekämpfung des Typhus, der von Läusen verbreitet wurde, von unschätzbarem Wert. Müller bekam deshalb 1948 den Nobelpreis für Physiologie oder Medizin.
Allerdings stellte sich mit der Zeit heraus, daß DDT auch seine negativen Seiten hat, und es wurde weniger eingesetzt. Trotzdem war es der Vorläufer einer Vielzahl von *Pestiziden*, die der Menschheit viel geholfen haben.

Hubschrauber

Flugzeuge müssen schnell fliegen, damit unter ihren Flügeln genügend aerodynamischer Auftrieb entsteht. Wenn sie zu langsam werden, stürzen sie ab. Sie brauchen also außer den Tragflächen Propeller für die Vorwärtsbewegung. Eine Vorrichtung, die eine Kraft direkt nach oben ausüben würde und nicht nur (wie Propeller) nach vorne, könnte diesen geschwindigkeitsabhängigen Auftrieb überflüssig machen.
Die naheliegende Lösung war ein großer Propeller oben auf dem Flugzeug. Ein solcher Drehflügel ist einerseits Tragfläche, andererseits im Verhältnis zum Rumpf beweglich und kann deshalb (durch Rotation) einen Hub unabhängig von der Geschwindigkeit des Flugzeugs erzeugen. Das Flugzeug »schraubt« sich mit diesem Auftrieb selbst in die Luft hinauf und heißt *Hubschrauber*. Der russisch-amerikanische Luftfahrtingenieur Igor Ivan Sikorsky (1889–1972) hatte seit 30 Jahren an der Entwicklung eines Hubschraubers gearbeitet und konnte 1939 schließlich ein zufriedenstellendes Modell präsentieren. Am 14. September flog Sikorsky selbst seinen ersten Hubschrauber. Der Hubschrauber sollte in den Kriegen in Vietnam und Afghanistan zu einer wichtigen Waffe werden und auch viele

zivile Einsatzmöglichkeiten bekommen, von der Regelung des Straßenverkehrs über den Katastropheneinsatz bis zum innerstädtischen Transport.

Frequenzmodulation

Atmosphärische Störungen bei Radiosendungen stellten ein Problem dar, dem einfach nicht beizukommen war. In den ersten 40 Jahren nach Marconis Entdeckung (siehe 1901) wurden bei Radioübertragungen die Amplitude (Schwingungsweite der Welle) der Trägerschwingungen systematisch den veränderten Amplituden der übertragenen Schallwellen angepaßt. Dies war die *Amplitudenmodulation*. Leider überlagern auch Gewitter und elektrische Vorrichtungen auf unvorhersehbare Weise die Amplitude und erzeugen so die ärgerlichen atmosphärischen Störgeräusche.
Im Jahr 1939 jedoch entwickelte Armstrong (siehe 1916) eine Methode zur Übertragung eines Signals durch systematische Änderung der Frequenz (Wellenlänge) der Trägerschwingungen. Dies war die *Frequenzmodulation*. Gewitter und elektrische Vorrichtungen haben keinen Einfluß auf die Frequenz; frequenzmodulierte Übertragungen sind also weitgehend störungsfrei. Leider funktioniert die Frequenzmodulation nur bei hochfrequenten Trägerschwingungen (Ultrakurzwellen), und diese können nicht sehr weit über den Horizont hinaus gesendet werden.

Nachtrag

Hitler brach das Münchner Abkommen, marschierte in der Tschechoslowakei ein und annektierte Böhmen und Mähren. Auch der slowakische Teil kam ganz unter deutschen Einfluß. Am 21. März zwang Hitler Litauen, das deutschsprachige Memelgebiet an der litauischen Westgrenze herauszugeben. Dann verlangte er drohend von Polen die Übergabe des deutschsprachigen Danzig.
Um seine militärische Stärke zu demonstrieren, marschierte Italien am 7. April 1939 in Albanien ein, das es ohne Widerstand besetzen konnte.
Im spanischen Bürgerkrieg siegten die faschistischen Aufständischen über die Volksfront. Am 28. März nahmen sie Madrid ein. Frankreich war nun von drei faschistischen Mächten umringt: Deutschland, Italien und Spanien.
Stalin wollte sich durch ein Arrangement mit Hitler schützen. Am 23. August wurde ein deutsch-sowjetischer Nichtangriffspakt unterzeichnet.
Am 1. September marschierten Hitlers Truppen in Polen ein. Großbritannien und Frankreich erklärten Deutschland am 3. September den Krieg. Der zweite Weltkrieg hatte begonnen.
Der japanische Vormarsch in China war praktisch zum Stillstand gekommen. Die Japaner hatten sich so viel von China einverleibt, wie sie gerade noch verdauen konnten, und der in Europa beginnende Weltkrieg lenkte ihre Aufmerksamkeit auf die europäischen Besitzungen in Südostasien.
Die öffentliche Meinung in den USA war auf Seiten Großbritanniens und Frankreichs, aber die Phase des Isolationismus war noch nicht vorbei.
Szilard und seine Mitflüchtlinge aus Ungarn, Eugene Paul Wigner und Edward Teller (geb. 1908), überredeten Albert Einstein, einen Brief an Präsident Roosevelt zu schicken und ihn zu drängen, die Entwicklung einer Atombombe voranzutreiben, weil sie fürchteten, deutsche Wissenschaftler könnten diese Waffe für Hitler bauen.

1940

Neptunium und Plutonium

Fermi hatte versucht, durch Neutronenbeschuß von Uran das Element 93 zu erhalten (siehe 1934). Hahn und Meitner hatten dann gezeigt, daß das Ergebnis dieses Beschusses eine Kernspaltung war (siehe 1939). Die beiden Vorgänge schlossen sich aber nicht notwendigerweise aus. Vielleicht wurden einige Urankerne gespalten, während andere so verändert wurden, daß das Element 93 entstand. Die amerikanischen Physiker Edwin Mattison McMillan (geb. 1907) und Philip Hauge Abelson (geb. 1913) entdeckten bei der Untersuchung von Uran, das mit Neutronen beschossen worden war, ein Betateilchen mit einer Halbwertszeit von 2,3 Tagen. Sie gingen seiner Herkunft nach und gaben am 8. Juni 1940 bekannt, Spuren des Elements 93 gefunden zu haben.

Da das Uran nach dem Planet Uranus (siehe 1789) benannt worden war, bekam das neue Element, das im Periodensystem der Elemente hinter dem Uran liegt, den Namen *Neptunium*, denn der Planet Neptun liegt hinter dem Uranus.

Da das gefundene Neptunium-Isotop Betateilchen emittiert hatte, mußte es eine um eins höhere Kernladungszahl bekommen und somit zu Element 94 werden, das nach dem Planeten Pluto *Plutonium* genannt wurde. Bei der Erforschung dieser Zusammenhänge war der amerikanische Physiker Glenn Theodore Seaborg (geb. 1912) maßgeblich beteiligt.

Neptunium und Plutonium waren die ersten *Transurane*, die entdeckt wurden. Andere sollten folgen.

Seaborg erkannte, daß die Transurane eine Serie bildeten, die zu den Seltenen Erden analog war. Diese bestanden aus 15 Elementen, vom Lanthan (Nummer 57) bis zum Lutetium (Nummer 71; das Element 61 war immer noch nicht entdeckt) und wurden nach ihrem ersten Element nun *Lanthaniden* genannt. Die zweite, analoge Gruppe umfaßte dann die 15 Elemente vom Actinium (Nummer 89) bis zum Element 103. Sie wurden *Actiniden* genannt. Sechs Actiniden waren nun bekannt; neun mußten noch entdeckt werden.

Für ihre Arbeit über Transurane bekamen McMillan und Seaborg 1951 den Nobelpreis für Chemie.

Uranhexafluorid

Eines der Probleme beim Bau einer Atombombe war, daß nur im Uran–235 beim Beschuß mit langsamen Neutronen eine nukleare Kettenreaktion möglich war. Uran bestand jedoch immer im Verhältnis von 140 zu 1 aus Uran-238- und Uran-235-Atomen. Die Uran-238-Atomkerne absorbierten die Neutronen und zeigten andere Reaktionen als Kernspaltungen. Dadurch wurde die Kettenreaktion gedämpft, wenn nicht verhindert.

Es war nötig, *angereichertes Uran* mit einem größeren Anteil an Uran-235-Atomen herzustellen. Die Trennung zweier Isotope ist allerdings schwierig. Wenn Uran ein Gas wäre, das man durch lange, enge Röhren oder kleine Löcher leiten könnte, würde sich das Uran-235, da es um 1,26 Prozent leichter ist, ein wenig schneller fortbewegen, so daß der erste »Schub«, der am anderen Ende ankäme, geringfügig mehr Uran-235 enthielt als das natürliche Element, also angereichert wäre. Wenn dieser Vorgang häufig wiederholt würde (Gasdiffusionsverfahren), erhielte man im ausreichenden Maß angereichertes Uran. Aber Uran ist kein Gas.

Abelson, der bei der Isolierung von Neptunium mitarbeitete (siehe oben), schlug 1940 vor, Uranhexafluorid zu verwenden. Die Moleküle dieser Verbindung bestehen aus einem Uran- und sechs Fluoratomen. Die Flüssigkeit sollte verdampft und durch Röhren oder Siebe geleitet werden.

Uranhexafluorid, das ein Uran-235-Atom enthält, hat ein Molekulargewicht von 349. Uranhexafluorid mit einem Uran-238-Atom, das ein Molekulargewicht von 352 hatte, ist folglich schwerer. Der Unterschied macht fast ein Prozent aus, und das genügte. Es gelang, mittels des Gasdiffusionsverfahrens angereichertes Uran herzustellen.

Astat

Segrè, der das Technetium isoliert hatte (siehe 1937), beschoß 1940 Wismut (Element 83) mit Alphateilchen. Wenn dabei ein Neutron emittiert würde, hätte das Wismut zwei Protonen gewonnen, und das bisher unentdeckte Element 85 wäre entstanden. Dies gelang erstmals 1940, aber die Ergebnisse konnten erst nach Kriegsende bestätigt werden.
Das neue Element war sehr instabil. Sein langlebigstes Isotop hatte eine Halbwertszeit von nur 8,3 Stunden. Daher wurde es *Astat* genannt, nach dem griechischen Ausdruck für »instabil«. Es gehörte zur selben Gruppe wie Fluor, Chlor, Brom und Jod.
Nach der Entdeckung des Astats klaffte in der Periodentafel der Elemente zwischen dem Element 1 (Wasserstoff) und dem Element 94 (Plutonium) nur noch eine Lücke: die Nummer 61.

Betatron

Mit Zyklotronen wurden Protonen beschleunigt. Protonen haben eine bestimmte Masse und Energie, weswegen man mit ihnen Resultate erzielen kann, auch wenn sie sich nicht mit sehr hohen Geschwindigkeiten bewegen (siehe 1930).
Es könnte nützlich sein, auch Elektronen zu beschleunigen, aber sie sind so leicht, daß man sie fast bis auf Lichtgeschwindigkeit beschleunigen müßte, um ihnen die nötige Energie zu geben. Nach der speziellen Relativitätstheorie (siehe 1905) hätte dies einen Massenzuwachs zur Folge; der beschleunigende Impuls würde asynchron werden und den erreichten Geschwindigkeiten eine zu niedrige Grenze setzen.
Im Jahr 1940 indessen entwarf der amerikanische Physiker Donald William Kerst (geb. 1911) einen Beschleuniger, der die Elektronen in Kreisen statt in Spiralen beschleunigte. Diese Elektronenschleuder wurde *Betatron* genannt (weil sie Betateilchen beschleunigte). Sie ermöglichte den Elektronenbeschuß.

Streptomyzin

Selman Abraham Waksman (1888–1973) war ein russisch-amerikanischer Mikrobiologe und früherer Lehrer von Dubos. Die Entdeckung des Tyrothricins durch Dubos (siehe 1939) stachelte seinen Ehrgeiz an.
Mit Dubos' Methoden suchte Waksman nach antibakteriellen Verbindungen in mikroskopisch kleinen Pilzen. 1940 entdeckte er eine solche Verbindung, die er *Actinomycin* nannte, denn er hatte sie in Strahlenpilzen der Gattung *Actinomyces* gefunden. Bald darauf fand er eine solche Verbindung in Strahlenpilzen der Gattung *Streptomyces* und nannte sie *Streptomyzin.* Streptomyzin ist sehr wirkungsvoll im Kampf gegen Bakterien, denen Penicillin nichts anhaben kann, wirkt aber andererseits auf Menschen viel giftiger als Penicillin und muß daher sehr vorsichtig angewandt werden.
Waksman prägte den Begriff *Antibiotika.* 1952 bekam er für seine Arbeit den Nobelpreis für Physiologie oder Medizin.

Farbfernsehen

Das Fernsehen existierte zwar bislang nur als Laborexperiment und drang erst nach dem Zweiten Weltkrieg in die Wohnstuben der Industrieländer vor, aber trotzdem wurden schon Methoden zur Übermittlung von farbigen Fernsehbildern entwickelt.
Der ungarisch-amerikanische Ingenieur Peter Carl Goldmark (1906–1977) entwickelte 1940 mit Hilfe einer rotierenden, dreifarbigen Scheibe als erster ein solches System. Es kam allerdings nicht zum Einsatz. Erst ungefähr 14 Jahre später konnten sich dann effektivere Methoden kommerziell durchsetzen.

Nachtrag

Das Jahr begann nur in Finnland mit aktiven Kämpfen. Die Finnen verteidigten sich zäh, wurden aber von der Sowjetunion zermürbt und unterschrieben am 12. März 1940 einen Friedensvertrag, der den Sowjets Territorien und verschiedene Privilegien einräumte.

Am 9. April schlug Deutschland in nördlicher Richtung zu. Dänemark fiel an einem Tag, und deutsche Truppen landeten in Norwegen. Bis Ende April war praktisch ganz Norwegen von den Deutschen besetzt.

In dieser Situation mußte Chamberlain als britischer Premierminister zurücktreten. Winston Churchill übernahm das Amt am 7. Mai.

Die Niederlande kapitulierten am 14. Mai, und am 28. Mai auch Belgien. Nordostfrankreich wurde überrannt, und Ende Mai wurde das gesamte britische Expeditionskorps zusammen mit etlichen französischen und belgischen Truppen, die noch kämpften, an der Küste des Ärmelkanals bei Dünkirchen eingekesselt.

Aus unbekannten Gründen stoppte Hitler jedoch seine Armeen. Die britische Armee wurde über den Kanal nach England gerettet. Das war Hitlers erster schwerer militärischer Fehler.

Mussolini hielt einen Sieg der Achsenmächte nun für gewährleistet und erklärte Frankreich und Großbritannien am 10. Juni 1940 den Krieg.

Paris wurde zur offenen Stadt erklärt und den Deutschen am 14. Juni überlassen. Der französische Ministerpräsident Paul Reynaud (1878–1966) trat am 16. Juni zurück und wurde durch Marschall Philippe Pétain (1856–1951) ersetzt. Pétain kapitulierte sofort und unterzeichnete am 22. Juni einen Waffenstillstand mit Deutschland. Die Deutschen setzten sich im nördlichen und westlichen Frankreich fest, während Pétains Marionettenregime die Stadt Vichy in Zentralfrankreich zu seiner Hauptstadt wählte. Pierre Laval (1883–1945), der ebenso den deutschen Sieg für eine ausgemachte Sache hielt, war der wahre Führer dieser »Vichy-Regierung«. Dem General Charles-André-Marie-Joseph de Gaulle (1890–1970) allerdings gelang es, nach London zu kommen. Dort setzte er sich als Führer einer Gegenregierung der *Freien Franzosen* durch.

Jetzt stand Großbritannien allein gegen Deutschland. Die Briten weigerten sich, zu kapitulieren, und die Deutschen bombardierten London und die Industriezentren. Diese Kämpfe gingen als *Luftschlacht um England* in die Geschichte ein.

Die deutsche Luftwaffe unter Hermann Göring (1893–1946) war dieser Aufgabe nicht gewachsen. Am Ende des Jahres hatte Deutschland die Luftschlacht um England eindeutig verloren.

Die Sowjetunion hatte sich inzwischen Estland, Lettland und Litauen als Sowjetrepubliken einverleibt und die rumänische Provinz Bessarabien annektiert. In beiden Fällen holte sie sich Territorien zurück, die Rußland 1918 verloren hatte.

Japan marschierte in Französisch-Indochina ein und schloß mit Deutschland und Italien das *Dreimächteabkommen.* Bis Ende des Jahres schlossen sich auch Ungarn und Rumänien dem Abkommen an.

Roosevelt beschloß wegen der schwierigen internationalen Lage, als erster Präsident der USA für eine dritte Amtszeit zu kandidieren. Er wurde wiedergewählt.

Die Bevölkerung der USA war auf 132 Millionen gewachsen; die der Sowjetunion auf 180 Millionen. In dem nun von Deutschland beherrschten Gebiet lebten 110 Millionen Menschen. Die Weltbevölkerung betrug 2,3 Milliarden.

1941

Polarographie

Der tschechoslowakische Physikochemiker Jaroslav Heyrovsky (1890–1967) hatte jahrelang an der Entwicklung eines Apparats gearbeitet, der eine Quecksilberelektrode enthielt, die so angeordnet war, daß eine Folge kleiner Quecksilbertropfen durch eine unbekannte chemische Lösung in ein darunter befindli-

ches Quecksilberreservoir fiel. Ein elektrischer Strom durchfloß die Lösung, und mit steigender Spannung erreichte der Strom ein zeitweise stabiles Niveau, dessen Höhe von der Konzentration bestimmter Ionen in der Lösung abhing. So konnte man eine Lösung von unbekannter Zusammensetzung analysieren.
Im Jahr 1941 gelang Heyrovsky die Perfektionierung dieser Technik, die er *Polarographie* nannte. 1959 bekam er dafür den Nobelpreis für Chemie.

Herzkatheterisierung

Forßmann hatte das Prinzip der Herzkatheterisierung erfunden (ein Katheter wird durch eine Vene bis zum Herzen geschoben, siehe 1929). 1941 führten der französisch-amerikanische Physiologe André Frédéric Cournand (1895–1988) und der amerikanische Arzt Dickinson Woodruff Richards (1895–1973) dieses Verfahren in die klinische Praxis ein. Dafür bekamen die beiden zusammen mit Forßmann 1956 den Nobelpreis für Physiologie oder Medizin.

Entfernung zur Sonne

Die erste brauchbare Berechnung der Distanz zwischen Erde und Sonne hatte sich auf Cassinis Messung der parallaktischen Verschiebung des Mars (siehe 1672) gestützt. Die Messung der parallaktischen Verschiebung hatte sich natürlich im Lauf der Zeit verbessert, aber der Mars war im Fernrohr als kleine Kugel sichtbar, was eine gewisse Mehrdeutigkeit bei der Messung seiner genauen Position mit sich brachte.
Knapp ein Jahrhundert zuvor hatte der deutsche Astronom Johann Gottfried Galle (1812–1910) vorgeschlagen, die parallaktische Verschiebung eines Asteroiden zur Vermessung des Sonnensystems und der Entfernung zur Sonne zu verwenden. Seine Größe und Ähnlichkeit mit Fixsternen sollte die Bestimmung seiner Position erleichtern. Asteroiden waren aber weiter entfernt als der Mars, und ihre parallaktische Verschiebung fiel entsprechend geringer aus und war schwerer meßbar.
Aber dann hatte Witt den Asteroiden Eros entdeckt (siehe 1898), und Eros kam der Erde manchmal näher als jeder Planet.
Im Jahr 1931 näherte sich Eros der Erde auf 25,7 Millionen Kilometer, und schon im voraus wurde ein umfangreiches und detailliertes Programm ausgearbeitet. Vierzehn Observatorien in neun Ländern nahmen unter der Leitung des englischen Astronomen Harold Spencer Jones (1890–1960) an den Beobachtungen teil. Sieben Monate lang dauerte das Projekt; fast 3 000 Fotos wurden gemacht und für jede Aufnahme die Position von Eros bestimmt.
Dann wurde zehn Jahre lang gerechnet, und 1941 konnte Jones bekanntgeben, daß die Entfernung zur Sonne 149,6 Millionen Kilometer betrug. Bis zur Entwicklung von genaueren Methoden mußte von diesem Wert ausgegangen werden.

Düsenflugzeuge

In der 40jährigen Geschichte der Luftfahrt waren Flugzeuge mittels Propellern angetrieben worden. Es war jedoch bekannt, daß ein Flugzeug auch (und vielleicht sogar schneller und effektiver) durch das Raketenprinzip angetrieben werden konnte – nämlich durch Verbrennung von Treibstoff und den schnellen Ausstoß eines Abgas-Strahls durch Düsen. (Deshalb heißen die Motoren von Düsenflugzeugen *Luftstrahltriebwerke. Jets* heißen solche Flugzeuge nach dem englischen Wort *jet* für »Strahl«.)
Der Vorteil, den Düsenflugzeuge gegenüber den von Goddard (siehe 1926) entwickelten Raketen hatten, bestand darin, daß sie innerhalb der Atmosphäre flogen, deshalb nur Treibstoff mit sich zu führen brauchten und den Sauerstoff aus der umgebenden Luft zur Verbrennung verwenden konnten.

Entwürfe für Düsenflugzeuge gehen bis ins Jahr 1921 zurück, aber das erste Patent für ein Luftstrahltriebwerk, wie es heute eingesetzt wird, erhielt 1930 der britische Luftfahrtingenieur Frank Whittle (geb. 1907). Das erste Düsenflugzeug mit Whittles Triebwerk flog im Mai 1941. Für den entscheidenden Einsatz im zweiten Weltkrieg kam die Entwicklung der Düsenflugzeuge jedoch zu spät.

Neurospora

Der amerikanische Genetiker George Wells Beadle (1903–1989) und der amerikanische Biochemiker Edward Lawrie Tatum (1909–1975) arbeiteten ab 1941 mit einem Schimmelpilz namens *Neurospora crassa*. Im Naturzustand wächst dieser Schimmel auf einem Nährboden, dessen wichtigste organische Verbindung Zucker ist. Um sich mit den notwendigen Elementen zu versorgen, die nicht im Zucker enthalten sind (z. B. Stickstoff, Phosphor und Schwefel), können Neurospora auf anorganische Verbindungen zurückgreifen.

Wenn Neurospora jedoch mit der von Muller eingeführten Technik (siehe 1927) mit Röntgenstrahlen beschossen werden, finden Mutationen statt. Manche der mutierten Neurospora verlieren die Fähigkeit, eine bestimmte organische Verbindung zu bilden, die sie für ihr Wachstum brauchen, so daß sie dem Nährboden beigefügt werden muß.

Beadle stellte fest, daß es nicht immer notwendig war, die fehlende Verbindung selbst dem Nährboden beizufügen – auch eine andere, aber ähnliche Verbindung reichte aus. Dies ließ den Schluß zu, daß die ähnliche Verbindung in die eigentlich erforderliche umgewandelt wurde. Beadle erprobte eine Vielzahl ähnlicher Verbindungen und hielt fest, welche das Wachstum förderten und welche nicht. Auf diese Weise konnte er die Abfolge der chemischen Reaktionen ableiten und den entscheidenden Schritt bestimmen, den der mutierte Schimmelpilz nicht bewältigen konnte.

Aus seinen Arbeitsergebnissen folgerte Beadle, es sei die charakteristische Funktion des Gens, die Bildung eines bestimmten Enzyms zu steuern (ein Gen pro Enzym). Eine Mutation bestand darin, daß ein Gen so verändert wurde, daß es kein normales Enzym mehr steuern konnte.

Für diese Arbeit erhielten Beadle und Tatum 1958 einen Teil des Nobelpreises für Physiologie oder Medizin.

Nachtrag

Die Deutschen wandten sich nun nach Osten, wo sie Bulgarien und Jugoslawien zwangen, sich den Achsenmächten anzuschließen. Dann stürmten sie nach Griechenland. Am 27. April hatten sie die gesamte Balkan-Halbinsel erobert.

In Nordafrika rückten die Briten durch den östlichen Teil Libyens gegen die Italiener vor. Hitler schickte General Erwin Johannes Eugen Rommel (1891–1944) mit einigen deutschen Panzerverbänden, die im Wüstenkampf ausgebildet waren, nach Libyen. Bis Ende des Jahres nahmen sie den Briten ihre libyschen Eroberungen wieder ab.

Am anderen Weltende befestigte Japan seine Position in Indochina und unterzeichnete am 13. April 1941 einen Nichtangriffspakt mit der Sowjetunion.

Hitler marschierte am 22. Juni ohne Kriegserklärung in die Sowjetunion ein. Am 22. November eroberten die Deutschen Rostow an der Mündung des Don, aber am 29. November vertrieben die Sowjets sie wieder aus der Stadt. Das war das erste Mal seit zwei Jahren, daß die Deutschen zur Aufgabe von eroberten Territorien gezwungen wurden. Außerdem wurden die deutschen Armeen 30 Kilometer westlich von Moskau gestoppt.

Der amerikanische Präsident Roosevelt ordnete am 6. Dezember 1941 die Durchführung des *Manhattan-Projekts* zur Entwicklung einer Atombombe an.

Am 7. Dezember griff Japan die amerikanische Pazifik-Flotte in Pearl Harbor (Hawaii) an. Die USA erklärten Japan den Krieg. Hitler stand zu seinem Bündnis mit Japan und erklärte den USA den Krieg.

1942

Kernreaktor

Szilards Vorstellung einer nuklearen Kettenreaktion (siehe 1939) ließ sich nicht verwirklichen. Nachdem das Manhattan-Projekt (siehe 1941) angelaufen war, wurde Fermi die Verantwortung für die Entwicklung einer solchen Kettenreaktion übergeben. Uran und Uranoxid wurde mit Graphitblöcken zu einem *Atommeiler* aufgeschichtet. Neutronen, die mit den Kohlenstoffatomen des Graphits kollidierten, hatten keine Wirkung auf die Kohlenstoffkerne, sondern prallten davon ab, gaben dabei ihre Energie ab und verlangsamten sich. Damit erhöhte sich die Wahrscheinlichkeit, daß sie mit Uran-235 reagieren würden.
Durch einen möglichst großen Meiler wurde die Wahrscheinlichkeit erhöht, daß Neutronen das Uran-235 träfen, bevor sie aus dem Meiler hinaus ins Freie flogen. Die erforderliche Größe des Meilers hieß *kritische Masse.* Je mehr Uran-235 in dem Meiler war, desto geringer war natürlich die kritische Masse.
In den Meiler wurden Cadmiumstäbe eingeführt. Das Cadmium sollte Neutronen einfangen und verhindern, daß der Meiler zu früh aktiv wurde. Als der Meiler groß genug war, wurden die Cadmiumstäbe langsam herausgezogen und dadurch die Anzahl der Neutronen langsam erhöht. An einem bestimmten Punkt würden mehr Neutronen produziert werden, als das Cadmium einfangen konnte. An diesem Punkt müßte die nukleare Kettenreaktion beginnen, und der Meiler würde in Sekundenbruchteilen außer Kontrolle geraten.
Dies wurde dadurch verhindert, daß einige Neutronen die beschossenen Kerne nicht sofort verließen. Nach Erreichen des kritischen Zustandes gab es also eine kleine Pause, bevor die *verzögerten Neutronen* emittiert wurden und die Bombe explodierte. In dieser Zeit konnten die Cadmiumstäbe wieder hineingeschoben werden.
Am 2. Dezember 1942 um 15 Uhr 45 kam an der Universität von Chicago die erste kontrollierte Kettenreaktion in Gang und wurde unterbrochen. Fermi hatte aus Geheimhaltungsgründen den Reaktor unter der Tribüne des Football-Stadions aufgebaut. Das *Atomzeitalter* hatte begonnen. Der Atommeiler war der erste *Kernreaktor.*

Biotin

Ein neues Vitamin konnte nur entdeckt werden, indem man feststellte, daß gewisse Nahrungsmittel oder Nahrungsmittelextrakte Krankheitssymptome zum Verschwinden bringen konnten, bei denen bekannte Vitamine nicht wirkten. Eines dieser neu entdeckten Vitamine wurde *Vitamin H* genannt. Der amerikanische Biochemiker Vincent du Vigneaud (1901–1978) isolierte winzige Mengen Vitamin H in nahezu reiner Form (beurteilt nach der starken Wirkung, die es auf bestimmte Symptome hatte), und 1942 hatte er auch die komplizierte Doppelring-Struktur entschlüsselt. Der Stoff wurde *Biotin* genannt. Es wurde synthetisiert und damit seine Struktur bewiesen.

Struktur von Bakteriophagen

Das Elektronenmikroskop (siehe 1932) war inzwischen erheblich verbessert worden; Virenstrukturen konnte man damit so gut erkennen wie Zellstrukturen mit normalen Lichtmikroskopen.
Im Jahr 1942 gelang es dem italienisch-amerikanischen Mikrobiologen Salvador Edward Luria (geb. 1912), gute Fotografien von Bak-

teriophagen zu machen. Das waren zwar ungewöhnlich große Viren, aber doch deutlich kleiner als Bakterienzellen. Luria zeigte, daß Bakteriophagen aus einem runden Kopf und einem dünnen Schwanz bestanden, ähnlich einer extrem kleinen Samenzelle.

Nachtrag

Bis Juni hatte Japan den ganzen westlichen Pazifik unter seine Kontrolle gebracht. In Europa begannen die Deutschen ihre zweite große Offensive, die sich diesmal nach Süden orientierte, und im August näherten sie sich Stalingrad. In Nordafrika drängte Rommel nach Osten. Dann trat an all diesen drei entscheidenden Fronten eine Wende ein.
In der grausamen, dreitägigen See- und Luftschlacht bei den pazifischen Midway-Inseln brachten die USA der japanischen Flotte eine Niederlage bei. Die japanische Pazifik-Offensive war gestoppt. Am 7. August 1942 landeten amerikanische Truppen auf Guadalcanal (Salomoninseln), und die lange US-Gegenoffensive begann. (In den USA wurden 110 000 Bürger japanischer Herkunft in Konzentrationslagern interniert.)
Die britischen Truppen in Nordafrika standen nun unter der Leitung von Bernard Law Montgomery (1887–1976). Am 23. Oktober 1942 schlug Montgomery die Deutschen in der Schlacht bei El Alamein. Das war der Beginn des langen Rückzugs der Deutschen aus Nordafrika.
In der Sowjetunion tobte drei Monate lang die fürchterliche Schlacht um Stalingrad. Am 19. November startete die Rote Armee eine große Gegenoffensive. Die Deutschen traten den Rückzug an.
Am 24. Dezember 1942 startete der deutsche Raketeningenieur Wernher von Braun (1912–1977) erstmals eine Rakete, die man als Lenkwaffe bezeichnen konnte.
Der sowjetische Biologe Trofim Denissowitsch Lysenko (1898–1976) war auf dem Höhepunkt seiner Macht. Der Günstling Stalins vertrat die Theorie, daß erworbene Merkmale vererbt werden könnten, und versuchte das Erbgut von Nutzpflanzen durch Veränderung von Umweltbedingungen zu beeinflussen. Die Versuche scheiterten, und die sowjetische Genetik wurde um Jahre zurückgeworfen.

1943

Adrenokortikotropes Hormon

Es war bekannt, daß die Hypophyse (Hirnanhangdrüse) eine besonders wichtige Quelle von Eiweißhormonen war. Einige dieser Hormone aktivierten und steuerten andere Drüsen, zum Beispiel die Schilddrüse und die Geschlechtsdrüsen.
Im Jahr 1943 isolierte der chinesisch-amerikanische Biochemiker Choh Hao Li (geb. 1913) aus der Hypophyse ein Hormon, das die Nebennierenrinde stimuliert, und verwendete es zum Herstellen und Freisetzen der kortikalen Hormone (siehe 1935, Cortison). Dieses Hypophysenhormon wurde *adrenokortikotropes Hormon* genannt (normalerweise *ACTH* abgekürzt). Es wirkt sehr ähnlich auf den Körper wie das Cortison, allerdings weniger direkt.

LSD

Der Schweizer Chemiker Albert Hoffman (geb. 1906) arbeitete im Jahr 1913 mit Lysergsäure, die aus Mutterkorn gewonnen wird, einem Schimmelpilz, der beim Menschen eine ernste und manchmal tödliche Krankheit hervorrufen kann. Hoffman modifizierte den Stoff, um das Diäthylamid der Verbindung herzustellen. Dabei nahm er offenbar geringe Mengen der Substanz in seinen Körper auf. Er hatte seltsame Sinneswahrnehmungen, lebhafte Phantasien und starke Farbempfindungen. Er schluckte ein wenig

mehr von der Substanz, und die Wirkung verstärkte sich.
Der Halluzinationen wegen wurde *Lysergsäurediäthylamid* (abgekürzt *LSD*) als *Halluzinogen* oder *psychedelische Droge* bezeichnet. Andere Halluzinogene kommen in der Natur in Pilzen und Kakteen vor. Sogar Alkohol kann halluzinogen wirken.
LSD war ein besonders wirkungsvolles Halluzinogen. Später wurde sein Konsum zu einer Modeerscheinung bei jungen Leuten. Es trug wesentlich zur Ausbreitung der Drogenkultur in den Industrienationen bei.

Seyfert-Galaxien

Mehr als 20 Jahre waren vergangen, seit sich herausgestellt hatte, daß es tief im Weltraum unzählige Galaxien gibt. Kaum jemand erwartete jedoch, etwas Bedeutsames über die innere Struktur dieser Galaxien zu erfahren, die Milliarden von Lichtjahren von der Erde entfernt waren.
Im Jahr 1943 jedoch entdeckte der amerikanische Astronom Carl K. Seyfert (1911–1960) eine seltsame Galaxie mit einem sehr hellen Fleck in der Mitte. Seitdem wurden andere Galaxien dieser Art beobachtet. Die ganze Gruppe hat den Namen *Seyfert-Galaxien* bekommen. Insgesamt sind ungefähr ein Prozent aller Galaxien Seyfert-Galaxien.
Dies war der erste bekanntgewordene Fall von (später so genannten) *aktiven Galaxien*. Ihr Zentrum erscheint aktiver als in anderen Galaxien. Erst als es möglich wurde, Beobachtungen auch im Bereich des nicht sichtbaren Lichts zu machen, fand man mehr über die Galaxien heraus.

Preßlufttauchgerät

Wer bisher eine gewisse Zeit unter Wasser verbringen und dabei trotzdem so beweglich sein wollte, daß Forschungsarbeiten möglich waren, der brauchte einen Helmtaucheranzug. Dieser Anzug war schwer und mußte immer durch einen Luftschlauch mit der Wasseroberfläche verbunden sein.
Der französische Meeresforscher Jacques-Ives Cousteau (geb. 1910) erfand 1943 das *Preßlufttauchgerät*. Dieses Gerät versorgte den Taucher mit Preßluft. Es war von keiner äußeren Versorgung abhängig und unter Wasser nicht schwer zu tragen. So ausgerüstet und mit Schwimmflossen an den Füßen konnten die Taucher also frei beweglich die obersten Schichten der Ozeane erkunden und Korallenriffe und andere Lebensformen beobachten.

Nachtrag

Die Sowjets beendeten am 3. Januar 1943 die lange Belagerung von Leningrad und zwangen die Deutschen bei Stalingrad am 2. Februar zur Kapitulation. Am 5. Juli begannen die Deutschen ihre dritte Sommeroffensive in der Sowjetunion, die sich diesmal auf die Frontausbuchtung bei der Stadt Kursk beschränkte. In der größten Panzerschlacht der Geschichte gelang es den Sowjets, die Deutschen aufzuhalten.
Roosevelt und Churchill trafen sich am 17. Januar 1943 in der nordafrikanischen Stadt Casablanca und einigten sich darauf, gegenüber Deutschland und Japan auf der *bedingungslosen Kapitulation* zu bestehen. Am 12. Mai vertrieben die Alliierten die Achsenmächte aus Afrika.
Die Bombardierung deutscher Städte wurde intensiviert. Am 18. April 1943 erhoben sich die Juden des Warschauer Ghettos mit dem Mut der Verzweiflung. Der Aufstand wurde niedergeschlagen. Es gab nur wenige Überlebende.
Am 10. Juli 1943 landeten die Briten und Amerikaner in Sizilien und eroberten die Insel. Am 2. September setzten sie nach Süditalien über und arbeiteten sich gegen hartnäckigen deutschen Widerstand nach Norden vor.
Am 28. November 1943 kamen Roosevelt, Churchill und Stalin in Teheran zusammen,

um die Invasion in der Normandie und die Neuaufteilung Europas nach dem Krieg zu planen.

1944

DNA als Träger der Erbinformation

Inzwischen war seit mehr als 40 Jahren bekannt, daß die Chromosomen die Träger der Erbinformation waren. Ferner wußte man, daß die Chromosomen aus Nukleoprotein bestanden und sowohl Protein- als auch DNA-Moleküle enthielten.
Man nahm an, der entscheidende Teil des genetischen Materials in den Chromosomen sei das Protein. Die Proteine bestehen aus riesigen, sehr komplexen Molekülen; auch die Enzyme, die die chemischen Vorgänge im Körper steuern, waren Proteine. Man dachte, die Nukleinsäure bestünde aus relativ kleinen Molekülen, die als Anhängsel fungierten. Die Funktion dieser vermuteten Nukleinsäure-Anhängsel war allerdings unbekannt.
Dann entdeckten die Biochemiker, daß Nukleinsäure doch nicht aus kleinen Molekülen bestand. Bisher hatten sie die DNA auf so grobe Art und Weise isoliert, daß die Moleküle dabei in Bruchstücke zerfielen. Durch behutsamere Isolationsmethoden gewannen sie nun größere Moleküle. Man fand heraus, daß in Samenzellen, in denen die Chromosomen auf Minimalgröße verkleinert auftraten, der Proteinanteil ungewöhnlich einfach ausfiel, während die DNA in gewohnter Menge und Struktur vorhanden zu sein schien. Trotzdem blieb der Glaube an die Proteine als Informationsträger unerschüttert.
Zu dieser Zeit arbeitete der kanadisch-amerikanische Bakteriologe Oswald Theodore Avery (1877–1955) mit Pneumokokken (Bakterien, die Lungenentzündung hervorrufen). Zwei verschiedene Typen wurden im Labor gezüchtet: einer mit einer glatten Oberfläche, die aus einem komplizierten Kohlenhydrat-Molekül bestand, und einer mit einer rauhen Oberfläche. Die Typen wurden S und R genannt (nach den englischen Wörtern *smooth* und *rough*).
Dem R-Typus fehlte ein Gen zur Bildung der Kohlenhydrat-Oberfläche. Es war möglich, aus dem S-Typus einen Extrakt zu gewinnen, der keine Zellen enthielt, eindeutig nicht lebte und, wenn er dem R-Typus beigegeben wurde, diesen in den S-Typus umwandelte. Der Extrakt mußte also den »Informationsträger« enthalten, der bei der Produktion des Kohlenhydrats als Katalysator wirkte. Aber worin bestand er in chemischer Hinsicht?
Im Jahr 1944 entdeckten Avery und seine Mitarbeiter, daß der »Informationsträger« ausschließlich aus DNA bestand und überhaupt keinen Eiweiß-Bestandteil aufwies. Dies war der erste Hinweis darauf, daß das Erbmaterial in den Zellen aus DNA und nicht aus Protein besteht. Die Entdeckung revolutionierte die Genetik, die nun rasche Fortschritte machte.

Teflon

Weil für die Entwicklung der Atombombe Uranhexafluorid benötigt wurde (siehe 1940), setzte eine intensive Erforschung der Fluorverbindungen ein, und besonders der *Fluorkohlenstoffe*. Das waren Moleküle, bei denen alle freien Wertigkeiten eines Kohlenstoffrings oder einer Kohlenstoffkette mit Fluoreatomen besetzt waren.
Es war möglich, lange Ketten von Kohlenstoffatomen zu entwickeln, an denen Fluoratome hingen, die dann Polymere ähnlich dem Polyäthylen bildeten (beim Polyäthylen sind alle Kohlenstoffwertigkeiten mit Wasserstoffatomen besetzt). Fluoratome waren allerdings viel fester mit der Kohlenstoffkette verbunden als Wasserstoffatome. Aus diesem Grund widersetzte sich das *Polytetrafluoräthylen* (oder kurz *Teflon*) jeder Veränderung. Es brannte nicht, löste sich nicht auf und hing nirgendwo fest. Im Jahr 1944 wurde Teflon

zum ersten Mal zur Beschichtung von Bratpfannen produziert.

Chinin-Synthese

Inzwischen waren die Verfahren und Methoden der organischen Synthese so weit fortgeschritten, daß jedes organische Molekül unabhängig von seiner Komplexität synthetisiert werden konnte.
Perkin hatte den Versuch unternommen, Chinin zu synthetisieren (siehe 1856), was ihm aber mißlingen mußte, da das Chininmolekül für die damals bekannten Methoden zu komplex war.
Im Jahr 1944 jedoch synthetisierten die amerikanischen Chemiker Robert Burns Woodward (1917–1979) und William von Eggers Doering (geb. 1917) zuerst einfache Verbindungen, die leicht aus ihren konstituierenden Elementen herstellbar waren. Dann synthetisierten sie aus diesen das Chinin.
Woodward synthetisierte später noch andere komplizierte Moleküle. Er bekam 1965 den Nobelpreis für Chemie.

2,4–Dichlorphenoxyessigsäure

Die Chemikalie mit dem Namen *2,4–Dichlorphenoxyessigsäure* wurde 1944 eingeführt und war das erste wirksame chemische *Herbizid* (nach dem lateinischen Ausdruck für »Pflanzentöter«). Es ist natürlich nicht wünschenswert, pflanzliches Leben wahllos abzutöten, aber 2,4–Dichlorphenoxyessigsäure ist in der Wirkung selektiv. Sie wirkt nur minimal auf Gräser und alle Getreidearten, verhindert aber das Wachstum breitblättriger Pflanzen, die gewöhnlich als *Unkraut* betrachtet werden.

Neue Nebelhypothese

Seit fast zwei Jahrhunderten versuchten die Astronomen eine Erklärung für die Entstehung des Sonnensystems zu finden. Die *Nebelhypothese* von Laplace (siehe 1796) war nicht zu halten gewesen, weil sich 98 Prozent des Drehimpulses des Sonnensystems in den Planeten konzentrierte, die aber nur 0,1 Prozent der Gesamtmasse des Systems ausmachten.
Chamberlin hatte die *Planetesimalhypothese* aufgestellt (siehe 1856), die von einer Beinahe-Kollision ausging. Er nahm an, der Sonne sei durch Schwerkraft Materie entzogen worden, aus der dann die Planeten entstanden wären. Aber Eddington (siehe 1919) zeigte, daß das Innere der Fixsterne so unglaublich heiß ist, daß sich Materie, die aus der Sonne herausgezogen würde, einfach auflösen würde und keine Planeten bilden könnte.
Von Weizsäcker (siehe 1938) stellte 1944 eine überarbeitete Version der Nebelhypothese vor. Er führte den Begriff der *Turbulenz* in den äußeren Schichten der kondensierenden Nebel ein und zeigte, wie sich Planeten als Resultat einer solchen Turbulenz mehr oder weniger in ihrer tatsächlich beobachteten Umlaufbahn bilden konnten.
Ungefähr gleichzeitig entwickelte der schwedische Astronom Hannes Olof Gösta Alfvén (geb. 1908) die *Magnetohydrodynamik* und zeigte damit, wie sich Gase mit geringer Dichte bewegen, wenn sie in magnetische Felder eingebunden sind, und wie sie Energie und Drehimpuls nach außen transportieren können. Damit war die Frage beantwortet, warum sich so viel Drehimpuls in den Planeten konzentrierte.
Die Weizsäckersche Hypothese wird heute mit kleinen Modifikationen als eine wahrscheinliche Erklärung der Entstehung des Sonnensystems betrachtet.

Radiowellen und Wasserstoff

Im von Deutschland besetzten Teil Europas kam die wissenschaftliche Forschung nur mit extremen Schwierigkeiten voran. Der holländische Astronom Hendrik Christoffel van de Hulst (geb. 1918) mußte sich auf theoretische

Arbeiten beschränken, die außer Papier und Bleistift kein weiteres Instumentarium erforderten.
Er beschäftigte sich mit dem Verhalten kalter Wasserstoffatome und fand heraus, wie die magnetischen Felder des Protons und des Elektrons im Wasserstoffatom im Verhältnis zueinander ausgerichtet waren. Sie konnten sich in derselben Richtung oder in divergierenden Richtungen ausrichten. Ab und zu sprangen die Teilchen eines bestimmten Atoms von einer Anordnung zur anderen und emittierten dabei eine Radiowelle von 21 Zentimetern Länge.
Bei jedem einzelnen Wasserstoffatom kam dies durchschnittlich nur einmal alle elf Millionen Jahre vor, aber im Weltall gab es so viele solcher Atome, daß vermutlich ein kontinuierlicher und meßbarer Sprühregen von 21 Zentimeter langen Radiowellen emittiert wurde.
Janskys Entdeckung hatte gezeigt, daß Radiowellen von Himmelskörpern emittiert werden (siehe 1932), aber außer Rebers einfachem Radioteleskop (siehe 1937) gab es nichts, womit solche Radiowellen hätten nachgewiesen werden können. Van de Hulsts Berechnungen mußten auf ihre empirische Bestätigung noch warten.

Americium und Curium

Seaborg und McMillan hatten Plutonium isoliert (siehe 1940). Es stand also fest, daß es andere Elemente mit einer höheren Ordnungszahl als Plutonium geben könnte. Seaborg widmete sich der Aufgabe, solche Elemente durch Beschießen der schon bekannten stabilen Atome durch Elementarteilchen herzustellen.
Im Jahr 1944 gelang es Seaborg und seinen Mitarbeitern, durch Beschießen von Plutonium mit Neutronen und Alphateilchen das *Americium* (Ordnungszahl 95) und das *Curium* (Ordnungszahl 96) herzustellen. Ersteres wurde nach Amerika benannt, letzeres nach dem Ehepaar Curie (siehe 1897).

V 2

Goddard hatte 1926 die erste Flüssigtreibstoff-Rakete abgefeuert. 1930 hatte eine aus 870 Enthusiasten bestehende Gruppe, zu der auch Wernher von Braun (siehe 1942) gehörte, mit Raketen zu experimentieren begonnen.
Hitler war von militärisch verwertbarer Wissenschaft sehr angetan. 1936 wurde von Braun zum Leiter eines Forschungsprojekts zur Entwicklung militärischer Raketen gemacht. 1942 wurde der erste richtige Flugkörper abgefeuert, der seinen eigenen Treibstoff und seinen eigenen Sauerstoff transportierte. Er erreichte eine Höhe von knapp hundert Metern.
Am 7. September 1944 trafen diese Raketen, die *V 2* (V stand für »Vergeltung«), zum ersten Mal London. (Die V 1 war ein unbemanntes, mit Sprengstoff beladenes Flugzeug, das nicht annähernd so viel Schaden anrichten konnte wie die V 2.)
Insgesamt wurden 4 300 V 2 gestartet; 1 230 schlugen in London ein. Sie forderten 2 511 Todesopfer und 5 869 Schwerverletzte. Diese Raketen waren jedoch nur mit chemischem Sprengstoff bestückt und konnten die militärische Niederlage Deutschlands nicht mehr verhindern.

Nachtrag

Das Kriegsglück hatte die Achsenmächte verlassen. Die sowjetischen Streitkräfte rückten immer weiter nach Westen vor und hatten bis Mitte 1944 die Deutschen von russischem Territorium vertrieben. Rumänien kapitulierte vor den Sowjets am 24. August 1944; Bulgarien am 16. September. Am 20. Oktober nahmen die Sowjets Belgrad ein.
Die britischen und amerikanischen Truppen in Italien eroberten am 4. Juni Rom und am 12. August Florenz.
Im Norden begann die Invasion in der Normandie: Briten und Amerikaner landeten am 6. Juni 1944 (»D-day«). Bis Ende August war

fast ganz Frankreich befreit. Paris wurde am 25. August und Brüssel am 2. September eingenommen.
Die Deutschen starteten am 16. Dezember in Belgien eine letzte Offensive (Ardennen), die aber noch vor Jahresende zusammenbrach.
Die USA vernichteten am 21. Oktober bei den Philippinen im pazifischen Ozean die Reste der japanischen Marine.
Roosevelt wurde zum vierten Mal zum Präsidenten der USA gewählt.

1945

Atombombe

Für eine nukleare Kettenreaktion (siehe 1939) mußte eine bestimmte Menge spaltbares Material (Uran-235 oder ein geeignetes Plutoniumisotop, das aus Uran-238 gewonnen wurde) zur Verfügung stehen. Die kritische Masse war erst dann erreicht, wenn genügend produzierte Neutronen andere Atomkerne trafen, bevor sie ins Freie geschleudert wurden.
Der Grundgedanke der Atombombe war sehr einfach: Wenn zwei Massen von spaltbarem Material, die beide kleiner als die kritische Masse wären und deshalb nicht explodieren könnten, zusammengebracht würden, so daß ein einziges Stück entstünde, das größer als die kritische Masse wäre, dann würde jedes freie Neutron die Kettenreaktion und die Explosion auslösen.
Im Sommer 1945 hatten die USA genug spaltbares Material, um einen Test durchzuführen. Am 16. Juli 1945 vor Sonnenaufgang wurde auf einem Gelände 100 Kilometer nordwestlich der Stadt Alamogordo im US-Bundesstaat New Mexico eine Kernspaltungsbombe (gewöhnlich *Atombombe* genannt) auf Plutonium-Basis zur Explosion gebracht. Die verantwortlichen Wissenschaftler hatten die Sprengkraft von 5 000 Tonnen TNT prognostiziert. Tatsächlich hatte die Bombe von Alamogordo eine Sprengkraft, die 20 000 Tonnen TNT entsprach.

Synchrozyklotron

Seit der Erfindung des Zyklotrons durch Lawrence (siehe 1930), waren diese Apparaturen immer größer geworden und hatten immer energiereichere Teilchen produziert. Als die Teilchen sich Energiemengen von 20 Millionen Elektronenvolt (20 MeV) näherten, hatten sie aber auch (in Übereinstimmung mit der speziellen Relativität, siehe 1905) so viel Masse gewonnen, daß sich ihre Bahnen weniger scharf krümmten und nicht mehr phasengleich mit den periodischen Änderungen des magnetischen Feldes waren. Sie kamen aus dem Rhythmus und konnten keine weitere Energie aufnehmen.
Im Jahr 1945 hatte McMillan (siehe 1940) die Idee, das magnetische Feld so zu synchronisieren, daß dessen Änderungen weniger häufig und im selben Rhythmus auftraten wie die Massenzunahme der Teilchen. Mit einem solchen *Synchrozyklotron* konnten Teilchenenergien erreicht werden, die weit über 20 MeV hinausgingen. Es war absehbar, daß Teilchenbeschleuniger Teilchen mit so viel Energie aufladen würden, wie sie die Teilchen der kosmischen Strahlung hatten.
Unabhängig von McMillan und etwa gleichzeitg erfand der sowjetische Physiker Wladimir Josifowitsch Wexler (1907–1966) das Synchrozyklotron.

Promethium

Inzwischen waren im Periodensystem vier Elemente oberhalb des Urans entdeckt worden, aber unterhalb des Urans, beim Element 61, klaffte immer noch eine Lücke. Ein Element der Lanthaniden (siehe 1940, Neptunium und Plutonium) war noch nicht nachgewiesen.
Im Jahr 1945 entdeckte eine Gruppe von Wissenschaftlern unter der Leitung des amerika-

nischen Chemikers Charles DuBois Coryell (geb. 1912) unter den Spaltprodukten des Urans das Element 61. Sein stabilstes Isotop hatte eine Halbwertszeit von 17,7 Jahren.
Es wurde später *Promethium* genannt, denn so wie Prometheus, der Titan aus der griechischen Mythologie, das Feuer aus dem nuklearen Brennofen »Sonne« gestohlen hatte, so war das Promethium aus dem nuklearen Brennofen der gespaltenen Uranatome gestohlen worden.
Mit der Entdeckung des Promethiums waren aller Lücken der Periodentafel geschlossen. Jetzt mußten nur noch die Elemente oberhalb des inzwischen bekannten Curiums (Element 96) entdeckt bzw. erzeugt werden.

Virenmutationen

Es war bekannt, daß bei Pflanzen und Tieren Mutationen auftraten. Seit mehr als einem halben Jahrhundert hatte sich die Wissenschaft mit ihnen beschäftigt.
Im Jahr 1945 zeigten unabhängig voneinander Luria (siehe 1942) und der amerikanische Mikrobiologe Alfred Day Hershey (geb. 1908), daß auch bei Bakteriophagen Mutationen auftraten. Aus diesem Grund ist es so schwierig, Immunität gegen Virenkrankheiten wie Grippe oder Erkältung zu entwickeln. Antikörper können gegen einen bestimmten Virenstamm entwickelt werden, aber durch Mutation kann ein neuer Stamm entstehen, der gegen die alten Antikörper immun ist.
Für ihre Arbeit erhielten Luria und Hershey 1969 den Nobelpreis für Physiologie oder Medizin.

Strahlströme (Jetstreams)

Im Zweiten Weltkrieg fielen sowohl japanischen als auch amerikanischen Piloten in großer Höhe Winde auf, die aus westlicher Richtung wehten. Die Japaner, die schon 1942 diese Entdeckung machten, nutzten diese Winde aus, um Ballonbomben über den Pazifik in die USA treiben zu lassen. Die Amerikaner bemerkten diese Luftströmungen 1944 bei ihren Luftangriffen auf Japan.
Im Jahr 1945 zeigte sich, daß diese hohen Luftströmungen ständig an der Grenze zwischen Troposphäre und Stratosphäre anzutreffen waren. Die Ströme waren Hunderte von Kilometern breit und mehrere Kilometer tief. Es wurden Windgeschwindigkeiten bis zu 600 Stundenkilometern gemessen.
Die Winde wurden *Strahlströme* genannt (auch die englische Bezeichnung Jetstreams ist üblich). Bei ihrer Erforschung erwarb sich besonders der schwedisch-amerikanische Meteorologe Carl-Gustav Arvid Rossby (1898–1957) Verdienste. Die Strahlströme haben starke Auswirkungen auf das Wetter auf der Erde.

Künstliche Nieren

Die Ära der modernen künstlichen Organe wurde 1945 von dem niederländisch-amerikanischen Erfinder Willem J. Kolff eingeleitet. Er konstruierte eine künstliche Niere. Menschen, die an Nierenversagen litten, konnten nun weiterleben, wenn ihnen in periodischen Abständen der Harnstoff aus dem Blut gefiltert wurde.

Nachtrag

Der Zusammenbruch Deutschlands beschleunigte sich. Am 20. Februar 1945 standen die Sowjets 50 Kilometer vor Berlin. Ende Februar marschierten die Amerikaner von Westen her in Deutschland ein und überquerten am 7. März den Rhein.
Roosevelt, Churchill und Stalin trafen sich vom 7. bis 12. Februar zur Konferenz von Jalta auf der Halbinsel Krim, um die Nachkriegsordnung zu erörtern.
Am 11. April trafen sich amerikanische und sowjetische Truppen an der Elbe, und am 20. April erreichten die Sowjets Berlin. Am 30. April beging Hitler Selbstmord. Mussoli-

ni wurde in Italien von antifaschistischen Partisanen festgenommen und am 28. April erschossen.
Am 8. Mai kapitulierte Deutschland bedingungslos; in Europa war der Krieg zu Ende. Roosevelt erlebte diesen Tag allerdings nicht mehr. Er war am 12. April an einer Gehirnblutung gestorben. Vizepräsident Harry S. Truman (1884–1972) wurde der 33. Präsident der USA.
Am 6. August 1945 warfen die USA auf die japanische Stadt Hiroshima eine Atombombe ab, und am 9. August eine zweite auf Nagasaki. Die Japaner kapitulierten offiziell am 2. September.
Der zweite Weltkrieg war vorüber. Er hatte sechs Jahre und einen Tag gedauert. 55 Millionen Menschen hatten ihr Leben verloren, 10 Millionen waren vertrieben worden oder obdachlos. Ein Drittel der jüdischen Weltbevölkerung war von den Deutschen ermordet worden.
Zwischen dem 17. Juli und dem 2. August trafen sich Truman, Churchill und Stalin in Deutschland zur Potsdamer Konferenz und berieten über das Schicksal der besiegten deutschen Nation. Vor Beendigung der Konferenz wurde Churchill als Premierminister von Clement Richard Attlee (1883–1967) abgelöst. Von den sechs wichtigsten politischen Führern zu Beginn des zweiten Weltkriegs (Roosevelt, Churchill, Stalin, Hitler, Mussolini und dem japanischen General Tojo) war bei Kriegsende nur noch Stalin an der Macht.
Bei einer Konferenz in San Francisco vom 25. April bis 26. Juni 1945 wurden als Nachfolgeorganisation des Völkerbunds die *Vereinten Nationen (UNO)* gegründet.

1946

ENIAC

Bush hatte einen Computer entworfen, der neben mechanischen Teilen auch Radioröhren als elektronische Schalter enthielt (siehe 1930). Es war naheliegend, einen vollelektronischen Rechner zu bauen, der keine beweglichen mechanischen Teile mehr enthielt. Den amerikanischen Ingenieuren John William Mauchly (1907–1980) und John Presper Ekkert (geb. 1919) gelang es 1946, den ersten elektronischen, digitalen Rechner zu bauen. Er hieß *ENIAC (electronic numerical integrator and computer)*. Es war ein riesiger, stromfressender Kasten, der fast 30 Tonnen wog und 140 Quadratmeter Standfläche benötigte. Obwohl er 1946 als Wunder galt, wurde ENIAC neun Jahre später außer Betrieb genommen. Er war bereits hoffnungslos veraltet, denn seine Nachfahren wurden immer kleiner, billiger, leistungsfähiger und schneller.

Mikrowellenecho vom Mond

Mit dem Radar konnte man Mikrowellenreflexionen von Flugzeugen auffangen und daraus die Entfernung und Flugrichtung der Flugzeuge bestimmen. Im Prinzip gab es keinen Grund, warum das nicht auch bei Himmelskörpern möglich sein sollte.
Im Jahr 1946 schickte der ungarische Wissenschaftler Zoltan Lajos Bay einen Strahl Mikrowellen zum Mond und fing ihre Refleixon auf. Die Zeit, die die Strahlen für den Hin- und Rückweg benötigten, erlaubte es, den Abstand des Mondes von der Erde zum Zeitpunkt der Reflexion viel genauer zu bestimmen, als es bisher möglich gewesen war.

Kernspinresonanzen (NMR)

Chemische Substanzen können gewisse Frequenzen von Mikrowellenstrahlen absorbieren, wenn sich diese Substanzen in einem starken, beständigen und homogenen magnetischen Feld befinden. Die absorbierten Frequenzen hängen von den magnetischen Eigenschaften der beteiligten Atome ab.
Atomkerne fungieren als winzige Magnete mit Spin, und diese können zu einem magnetischen Feld ausgerichtet werden, um die Mikrowellenabsorption zu verstärken. Bloch und Purcell (siehe 1939, Magnetisches Moment) entwickelten 1946 unabhängig voneinander diese Technik und bekamen dafür 1952 den Nobelpreis für Physik.
Die Technik der *Kernspinresonanz* (abgekürzt *NMR*, für englisch *Nuclear Magnetic Resonance*) gestattete einen Blick ins Innere von lebenden Organismen ohne mechanischen Eingriff. Da Mikrowellen viel weniger Energie haben als Röntgenstrahlen, schaden sie dem Gewebe auch weniger. Sie eignen sich zum Darstellen schwerer Atome, von denen es im Körper nur wenige gibt. Mit Hilfe der NMR kann man die leichten Atome (besonders Wasserstoff) darstellen, die im Körper in großer Zahl vorhanden sind.
NMR ist seither zu einer Standardmethode der Chemie geworden, und auch die Computertomographie und die Kernspintomographie in der Medizin beruhen auf diesem Prinzip.

Noradrenalin

Es war bekannt, daß das Acetylcholin zur Übertragung eines Nervenimpulses von einem Neuron zum anderen diente (siehe 1921, Vagusstoffe).
Von Euler (siehe 1935, Prostaglandine) zeigte 1946, daß in den *Sympathikusnerven* das *Noradrenalin* (exakter Norepinephrin) der Überträgerstoff war. Es war dem Hormon Adrenalin strukturell sehr ähnlich, hatte aber ein Kohlenstoffatom weniger.
Für diese Entdeckung erhielt Von Euler 1979 einen Teil des Nobelpreises für Physiologie oder Medizin.

Genetik der Bakterien

Organismen wie Menschen vermehren sich durch Geschlechtsverkehr und das Vermischen des Erbmaterials von Mann und Frau. Ein einzelliger Organismus kann sich nur teilen, wobei nur sein eigenes Erbmaterial wirksam ist. Aufgrund der Vermischung von Erbmaterial müßte also die Evolution bei Vielzellern rascher voranschreiten als bei Einzellern. Wegen der ständig neu kombinierten Erbinformation müßte eigentlich die geschlechtliche Fortpflanzung der ungeschlechtlichen biologisch klar überlegen sein.
Im Jahr 1946 jedoch zeigte der amerikanische Genetiker Joshua Lederberg (geb. 1925), der mit Tatum (siehe 1941) zusammenarbeitete, daß die Fortpflanzung der Bakterien nicht rein ungeschlechtlich war. Verschiedene Bakterienstämme konnten so gekreuzt werden, daß sich das Erbmaterial vermischte. Dadurch waren selbst bei so einfachen Organismen wie Bakterien analoge Prozesse zur geschlechtlichen Fortpflanzung möglich.

Genetik der Viren

Lederberg hatte die unerwartete Komplexität der Fortpflanzung der Bakterien entdeckt (siehe oben). Der deutsch-amerikanische Mikrobiologe Max Delbrück (1906–1981) und Hershey (siehe 1945) wiesen unabhängig voneinander diese Prozesse auch bei den noch einfacheren Viren nach.
Beide zeigten, daß das Erbmaterial verschiedener Virenstämme zur Bildung neuer Stämme kombiniert werden kann. Auch dies ist eine Form der geschlechtlichen Fortpflanzung. Delbrück und Hershey bekamen 1969 den Nobelpreis für Physiologie oder Medizin.

Künstlicher Schneefall

Der amerikanische Physiker Vincent Joseph Schaefer (geb. 1906) hatte sich zusammen mit Langmuir (siehe 1913) mit dem Phänomen der Vereisung beschäftigt. Von wirtschaftlicher und militärischer Bedeutung war das Problem, weil sich bei Flugzeugen, die in großer Höhe flogen, Eis auf den Tragflächen bildete, was zum Absturz führen konnte.
Schaefer und Langmuir wollten die Entstehung von Eiskristallen mit Hilfe einer gekühlten Kiste studieren, die etliche Grade unter dem Gefrierpunkt von Wasser gehalten wurde. Sie hofften, daß in der Kiste Wasserdampf um Staubteilchen kondensieren und Eiskristalle bilden würde. Es war jedoch entscheidend, genau die richtige Sorte von Staubteilchen zu finden, die als »Keime« bei der Eisbildung wirken konnten. Die Experimente zogen sich deshalb über einen längeren Zeitraum hin.
Im Juli 1946, während einer Hitzeperiode, ließ Schaefer etwas festes Kohlendioxid in die Kiste fallen, um sie noch wirkungsvoller zu kühlen. Sofort bildeten sich Eiskristalle. Festes Kohlendioxid konnte also zum Auslösen von künstlichem Schneefall dienen.
Am 13. November 1946 ließ Schaefer aus einem Flugzeug sechs Pfund gefrorenes Kohlendioxid (Kohlensäureschnee oder Trockeneis) in eine Wolkenschicht über dem US-Bundesstaat Massachusetts fallen. Ein Schneegestöber war die Folge.

Nachtrag

Nach Ende des Zweiten Weltkriegs wurden die Führer der Achsenmächte zur Rechenschaft gezogen. Vidkun Quisling (1887–1945) war in Norwegen und Pierre Laval in Frankreich hingerichtet worden.
Im Jahr 1946 fanden die *Nürnberger Prozesse* statt. Zwölf Nazigrößen wurden zum Tode verurteilt, darunter Hermann Göring und Joachim von Ribbentrop (1893–1946), Hitlers Außenminister. Göring beging vor der Exekution Selbstmord.
In Europa entstanden neue politische Konfrontationen. Die Sowjetunion festigte ihre Vormacht in Osteuropa; am 5. März sprach Churchill von einem »eisernen Vorhang«, der den sowjetisch beherrschten Osten vom demokratischen Westen trenne. Dies war der Anfang des »Kalten Krieges« zwischen West und Ost.
Die Vereinten Nationen traten am 10. Januar 1946 zu ihrer ersten Versammlung zusammen. Der Völkerbund löste sich am 18. April auf.
Auch nach der japanischen Besatzung ging der chinesische Bürgerkrieg zwischen den Kommunisten Mao Tse-tungs und den Nationalisten Chiang Kai-sheks weiter. In Indochina begann der lange Kampf der Vietnamesen an der Ostküste gegen die französischen Kolonialherren *(Indochinakrieg)*. Am 4. Juli 1946 entließen die USA die Philippinen in die Unabhängigkeit.

1947

Pion

Yukawa hatte die Existenz eines Teilchens postuliert, dessen Masse zwischen derjenigen eines Elektrons und derjenigen eines Protons liegen müsse. Es würde als Austauschteilchen fungieren und die Protonen und Neutronen im Atomkern trotz der elektromagnetischen Abstoßung der Protonen beisammenhalten (siehe 1935, Starke Wechselwirkung). Anderson entdeckte ein Teilchen mittlerer Masse, das Myon (siehe 1937), aber die notwendigen Eigenschaften für die Rolle, die Yukawa »seinem« Teilchen zugedacht hatte, fehlten dem Myon.
Inzwischen hatte der englische Physiker Cecil Frank Powell (1903–1969) eine neue Methode zur Entdeckung von Teilchen entwickelt.

Anstatt die Teilchen durch eine Nebelkammer zu schicken und dabei zu fotographieren, ließ er sie auf eine fotographische Emulsion auftreffen, um die Ergebnisse direkt aufzuzeichnen.

Im Jahr 1947 belichtete er in den bolivianischen Anden Photoplatten und erbrachte dabei den Nachweis eines Teilchens mittlerer Masse, das *nicht* das von Anderson entdeckte Teilchen war. Powell nannte es *Pi-Meson,* was später zu *Pion* abgekürzt wurde.

Während Andersons Myon (abgesehen von seiner größeren Masse) alle Eigenschaften eines Elektrons aufwies und deshalb ein *Lepton* war, hatte das Pion gewisse Eigenschaften mit den massereicheren Teilchen gemeinsam und fiel mit ihnen in die Kategorie der *Hadronen.* Das Pion reagierte bereitwillig mit Protonen und Neutronen (was beim Myon nicht der Fall war) und hatte alle Eigenschaften des von Yukawa postulierten Teilchens.

Für diese Leistung bekam Powell 1950 den Nobelpreis für Physik.

Radiocarbonmethode

Sieben Jahre zuvor hatte Martin David Kamen (geb. 1913) Kohlenstoff C-14 entdeckt und festgestellt, daß dieses Isotop die erstaunlich lange Halbwertszeit von ca. 5 700 Jahren hat. Der amerikanische Chemiker Willard Frank Libby (1908–1980) fand eine Möglichkeit, dieses Wissen zu nutzen.

Ein Teil des Stickstoff-14 in der Atmosphäre wird in C-14 verwandelt, wenn es mit kosmischen Strahlen beschossen wird. Im selben Maß, wie altes C-14 zerfiel, entstand neues, so daß ein Gleichgewicht herrschte. Eine bestimmte, sehr kleine Menge davon blieb immer in der Erdatmosphäre.

Libby bildete folgende Hypothese: Pflanzen nehmen im Rahmen der Photosynthese Kohlendioxid auf. Also müssen Kohlenstoffatome des Gases ihren Weg in die Moleküle des Pflanzengewebes finden. Dazu muß auch eine sehr kleine Menge C-14 gehören, da es im Kohlendioxid der Atmosphäre immer enthalten ist. Obwohl es sich dabei nur um äußerst winzige Mengen handelt, muß es möglich sein, seine Konzentration zu bestimmen, denn die Betateilchen, die es freisetzt, können mit größerer Genauigkeit nachgewiesen werden.

Eine tote Pflanze nahm jedoch kein C-14 mehr auf. Das vorher aufgenommene C-14 mußte also langsam zerfallen, ohne ersetzt zu werden. Durch Bestimmung der Konzentration von C-14 in den Überresten einer Pflanze konnte man also die Zeit errechnen, die seit dem Tod des Organismus vergangen ist.

Mit der C-14-Methode konnte das Alter von Holz, Pergament, Textilien und so weiter bestimmt werden, selbst wenn sie 45 000 Jahre alt sind.

Libby hatte damit den Weg zur Datierung von sehr alten Objekten gewiesen: Ägyptische Mumien, hölzerne Bestandteile prähistorischer Gerätschaften, die Schriftrollen vom Toten Meer oder das Turiner Grabtuch.

Dafür erhielt Libby 1960 den Nobelpreis für Chemie.

Crabnebel als Radioquelle

Sechzehn Jahre zuvor hatte Jansky Radiowellen aus dem All entdeckt (siehe 1932), aber erst seit dem Zweiten Weltkrieg waren Techniken entwickelt worden, die den Umgang mit der beim Radar eingesetzten Mikrowellenstrahlung erlaubten. Diese Techniken konnten nun in der Astronomie angewandt werden.

Im Jahr 1947 konnte der australische Astronom John Bolton mit seinem Radioteleskop eine Radioquelle so genau lokalisieren, daß sie einem optisch wahrnehmbaren Objekt zugeordnet werden konnte. So fand er heraus, daß die drittgrößte Radioquelle am Himmel eindeutig der Crabnebel (Krebsnebel) war, der Überrest einer großen Supernova-Explosion (siehe 1054).

Der Crabnebel war das erste sichtbare Objekt, das als Radioquelle identifiziert wurde. Nun gab es den ersten Hinweis darauf, daß mittels der Radioastronomie Dinge entdeckt werden könnten, die dem menschlichen Auge auch mit Hilfe von Teleskopen verborgen bleiben.

Atmosphäre des Mars

Seit Schiaparelli zum ersten Mal die »Kanäle« des Mars gesehen hatte (siehe 1877), hatte sich unter Laien und selbst bei einigen Astronomen die Auffassung verbreitet, es könnte auf dem Mars Leben geben.

Im Jahr 1947 jedoch analysierte der niederländisch-amerikanische Astronom Gerard Peter Kuiper (1905–1973) das vom Mars reflektierte Infrarotlicht. Er wies nach, daß die Marsatmosphäre fast ausschließlich aus Kohlendioxid besteht. Es gab keine Anzeichen von Stickstoff, Sauerstoff oder Wasserdampf. Damit hatte sich die Vorstellung einer entwickelten Zivilisation ja sogar jeden Lebens auf dem Mars erübrigt, außer extrem einfachen Formen.

Chloromycetin

Während des zweiten Weltkriegs waren Penicillin (siehe 1939) und Streptomyzin (siehe 1940) isoliert worden. Das Zeitalter der Antibiotika hatte begonnen. 1947 wurde aus derselben Gruppe von Schimmelpilzen, aus denen das Streptomyzin gewonnen worden war, das *Chloromycetin* isoliert.

Chloromycetin wirkte gegen viele verschiedene Mikroorganismen und war damit das erste *Breitband-Antibiotikum*, das der Medizin zur Verfügung stand. Allerdings wirkte es auch stark giftig und mußte sehr vorsichtig dosiert werden.

Holographie

Die Fotographie gab es nun schon seit über einem Jahrhundert (siehe 1839). Beim Fotographieren fiel ein von einem Gegenstand reflektierter Lichtstrahl auf einen fotographischen Film. Der Film nahm ein zweidimensionales Abbild des Lichtstrahls auf, aber der so festgehaltenen Information fehlte die dritte Dimension.

Angenommen, ein Lichtstrahl wäre statt dessen in zwei Teile gespalten. Ein Teil würde einen Gegenstand treffen und von den Unregelmäßigkeiten des Gegenstandes reflektiert werden. Der zweite Teil würde ohne jede Unregelmäßigkeiten von einem Spiegel reflektiert werden. Beide Teile würden auf dem fotographischen Film aufeinandertreffen und ein Interferenzmuster erzeugen, das die vollständige Information über den reflektierten Gegenstand enthält. Der entwickelte Film würde leer erscheinen, aber wenn Licht durch den Film fiele, würde er die interferenzmäßigen Charakteristika wiedergeben und ein dreidimensionales Bild erscheinen lassen, das weit mehr Informationen enthielte als ein gewöhnliches Foto. Ein solches dreidimensionales Bild wäre ein *Hologramm* (die aus dem Griechischen stammende Vorsilbe bedeutet »ganz« – hier also alle drei Dimensionen).

Der ungarisch-britische Physiker Dennis Gábor (1900–1979) entwickelte 1947 diese Idee, aber sie konnte vorerst wegen unzulänglicher optischer Geräte nicht in die Praxis umgesetzt werden. 1971 bekam Gábor den Nobelpreis für Physik.

Land-Kamera

Im Jahr 1947 stellte Land (siehe 1932) die *Land-Kamera* her, bei der das Zwischenstadium des Negativs ausgelassen war und die Kamera unmittelbar nach der Aufnahme einen positiven Bildabzug produzierte.

Die Kamera enthielt eine doppelte Filmrolle, die aus einem gewöhnlichen Negativfilm und Abzugspapier bestand. Dazwischen waren versiegelte Behälter mit Chemikalien angebracht. Die Chemikalien wurden im richtigen Augenblick freigesetzt und entwickelten das Bild automatisch.

Überschall-Flugzeug

Seit der Erfindung des Flugzeugs (siehe 1903) waren die Flugzeuge immer schneller geworden, aber der Rotationsgeschwindigkeit von Propellern sind Grenzen gesetzt, und es schien, als würden Flugzeuge niemals die Schallgeschwindigkeit (ungefähr 1200 Kilometer pro Stunde) erreichen.
Die Schwierigkeit besteht darin, daß sich die Moleküle der Luft höchstens mit Schallgeschwindigkeit bewegen. Solange Flugzeuge langsamer fliegen, können die Moleküle der Luft problemlos »ausweichen«. Bei höherer Geschwindigkeit können die Moleküle der Luft nicht »ausweichen« und sich »überholen« lassen. Sie stauen sich vor dem Flugzeug, das also in komprimierte Luft hineinfliegt.
Dies wurde dramatisierend mit dem Ausdruck *Schallmauer* bezeichnet. Tatsächlich gibt es so etwas jedoch nicht. Geschosse und Granaten können schneller als der Schall fliegen, ja sogar die Spitze einer Peitschenschnur. Die Luft staut sich, wird dann doch zur Seite gedrängt und kann sich wieder ausdehnen. Dabei entsteht der *Überschall-Knall.* Auch ein Peitschenknallen ist ein kleiner Überschall-Knall.
Die komprimierte Luft setzt das Flugzeug allerdings hohen Belastungen aus. Um die Schallgeschwindigkeit zu erreichen oder zu überschreiten, bedarf ein Flugzeug einer besonderen Konstruktion.
Am 14. Oktober 1947 flog der amerikanische Testpilot Charles Elwood Yeager (geb. 1923) mit dem Raketenflugzeug X–1 als erster Mensch schneller als der Schall. Er hatte *die Schallmauer* durchbrochen.

Fernsehen für die Öffentlichkeit

Schon seit zwanzig Jahren gab es Fernsehen im Labor, aber die Bilder waren noch viel zu grob und die Geräte viel zu teuer.
Ab 1947 wurden in den USA Fernsehapparate für private Haushalte produziert. Die Bildschirme waren zuerst klein, die Bilder unscharf, und es gab nur wenige Programme. Aber Verbesserungen und Weiterentwicklungen ließen nicht lange auf sich warten, und nach ein paar Jahren hatte das Fernsehen die Freizeitgestaltung am Feierabend, die Werbung, das Showgeschäft und sogar die Politik verändert.

Nachtrag

Am 12. März 1947 formulierte Präsident Truman die *Truman-Doktrin,* mit der sich die USA verpflichteten, vom Kommunismus bedrohte Länder zu unterstützen. Von einem weniger kriegerischen Geist getragen war der Marshall-Plan, benannt nach dem Außenminister George Catlett Marshall (1880–1959): Den vom Krieg heimgesuchten Nationen wurde wirtschaftliche Hilfe angeboten. Dieses Programm trug viel zum raschen Aufschwung in Westeuropa bei.
Das britische Weltreich zerfiel rasch. Nach zwei Jahrhunderten wurde Indien am 15. August 1947 von Großbritannien in die Unabhängigkeit entlassen. Sofort stürzten sich Hindus und Moslems in einen blutigen Bürgerkrieg.

1948

Transistor

Als das Radio noch in seinen Kinderschuhen steckte, wurden Kristalle als Gleichrichter verwendet, die einen elektrischen Strom nur in eine Richtung leiten. Sie waren allerdings unzuverlässig, und solche *Kristallempfänger* wurden schnell durch Apparate mit Röhren (siehe 1904) ersetzt, die nun seit über 40 Jahren in verschiedenen elektronischen Instrumenten einschließlich der neuen Computer im Einsatz waren.
Radioröhren müssen allerdings so groß sein,

daß sie ein Vakuum enthalten können. Sie sind zerbrechlich, können undicht werden und müssen häufig ausgetauscht werden. Außerdem verbrauchen sie viel Strom und man muß warten, bis die Glühfäden erhitzt sind, bevor das Gerät betriebsbereit ist.

Im Jahr 1948 entdeckten die drei amerikanischen Physiker William Bradford Shockley (geb. 1910 in Großbritannien), Walter Houser Brattain (1902–1987) und John Bardeen (geb. 1908) eine neue Art von Kristall. Er bestand hauptsächlich aus Germanium, das Strom schlechter leitete als Metalle, aber besser als Isolatoren wie Glas oder Gummi. Germanium – und Silizium, das ein paar Jahre später Germanium ersetzte, weil Silizium billiger und besser geeignet war – wurden als *Halbleiter* bezeichnet.

Wenn Spuren bestimmter Verunreinigungen dem Halbleiter beigegeben wurden, konnte der Kristall als Gleichrichter oder als Verstärker dienen. Mit anderen Worten, er konnte jede Funktion der Röhren übernehmen.

Diese Halbleiter arbeiteten ohne Vakuum, und konnten deshalb recht klein gebaut werden. Sie waren robust, mußten nur sehr selten ausgetauscht werden, brauchten wenig Strom, mußten nicht aufgeheizt werden und funktionierten sofort nach dem Einschalten des Geräts. Ein Mitarbeiter, der amerikanische Elektroingenieur John Robinson Pierce (geb. 1910), schlug vor, das Gerät *Transistor* (Durchgangswiderstand) zu nennen.

Mit der Zeit wurden die Röhren von den Transistoren verdrängt. Die Transistoren und die Verbesserungen, die später noch entwikkelt wurden, könnten sich als der wichtigste technische Fortschritt des 20. Jahrhunderts erweisen.

Langspielplatten

Bisher drehten sich Schallplatten mit einer Geschwindigkeit von 78 Umdrehungen pro Minute. Im Jahr 1948 entwickelte der ungarisch-amerikanische Physiker Peter Carl Goldmark (1906–1977) eine Platte, die sich nur 33 mal pro Minute drehte. Nachdem auch noch die Rillen schmaler gemacht wurden, war es möglich, sechsmal mehr Musik auf eine einzige Platte aufzunehmen als vorher. Nun war eine ganze Sinfonie auf einer Schallplatte erhältlich.

Kybernetik

Der amerikanische Mathematiker Norbert Wiener (1894–1964) arbeitete während des Zweiten Weltkriegs an Luftabwehrsystemen. Um ein angreifendes Flugzeug abzuschießen, muß man seine Geschwindigkeit und Flugrichtung, die Stärke und Richtung des Windes, die Geschwindigkeit des eigenen Geschosses und andere Faktoren kennen. Wenn alle diese Faktoren einbezogen werden sollten, brauchte man dazu Computer von einer Qualität, wie es sie damals noch nicht gab.

Wiener entwickelte Interesse an der Ausarbeitung der mathematischen Basis der Informationsvermittlung und der Steuerung eines Systems solcher Vermittlungsvorgänge. 1948 stellte er eine Zusammenfassung seiner Gedanken in einem Buch mit dem Titel *Kybernetik* vor. (Das Wort stammt von einem griechischen Ausdruck, der »Steuermannskunst« bedeutet.) Es war das erste wichtige Buch, das sich mit der Steuerung von Computern auseinandersetzte.

Schalenmodell des Atomkerns

Die chemischen Eigenschaften der Atome hängen von der Anordnung ihrer Elektronen in den *Schalen* ab. Dies ist die Grundlage des Periodensystems der Elemente (siehe 1916).

Analog dazu mußten die nuklearen Eigenschaften der Atome von der Anordnung der Protonen und Neutronen in den Atomkernen abhängen. Auch sie waren möglicherweise in Schalen angeordnet, aber falls das so war, wäre das schwieriger zu bestimmen als im Fall der äußeren Elektronen.

Die deutsch-amerikanische Physikerin Maria Goeppert-Mayer (1906–1972) versuchte, die Beschaffenheit der nuklearen Schalen aus den nuklearen Eigenschaften verschiedener Atome, die beobachtet worden waren, herzuleiten. Sie zeigte, daß Atomkerne, die 2, 8, 20, 28, 50, 82 oder 126 Protonen oder Neutronen enthielten, stabiler waren als ihre Nachbarn im Periodensystem. Diese Zahlen wurden *magische Zahlen* genannt.
Goeppert-Mayer stellte ihre These 1948 ungefähr gleichzeitig mit dem deutschen Physiker Johannes Hans Daniel Jensen (1907–1973) auf, der unabhängig von ihr zu denselben Ergebnissen gekommen war. Beide bekamen deshalb 1963 einen Teil des Nobelpreises für Physik.

Quantenelektrodynamik

Mit Hilfe der Quantentheorie stellte der amerikanische Physiker Richard Phillips Feynman (1918–1988) im Jahr 1948 Gleichungen auf, die das Verhalten von Elektronen und elektromagnetischen Wechselwirkungen allgemein erklärten. Die Gleichungen erlaubten es, über solche Phänomene Voraussagen mit viel größerer Genauigkeit als zuvor zu treffen.
Die Theorie wurde *Quantenelektrodynamik* genannt. Sie erwies sich als so erfolgreich, daß sie als Modell für Versuche genommen wurde, weitere Gleichungen aufzustellen. Damit sollte das Verhalten der Teilchen erklärt werden, die der schwachen und der starken Wechselwirkung unterworfen sind.
Für diese Arbeit erhielt Feynman 1965 einen Teil des Nobelpreises für Physik.

Urknall

LeMaître hatte die Idee entwickelt, der Ursprung des Weltalls sei ein verdichtetes *kosmisches Ei* gewesen, das explodiert sei und seine Explosion in Bewegung umgesetzt habe (siehe 1927).
Im Jahr 1948 überdachte Gamow (siehe 1929) die Konsequenzen dieser Explosion (die er den *Urknall* nannte) sehr viel genauer. Er überlegte sich, wie die chemischen Elemente im Anschluß an den Urknall entstanden sein könnten.
Gamow stellte die Hypothese auf, der Urknall habe eine gewaltige Energiewelle bewirkt und das Universum habe sich bei seiner Ausdehnung abgekühlt, bis es heute durchschnittlich eine Temperatur von nur noch ein paar Graden über dem absoluten Nullpunkt erreicht habe. Deshalb müßte es einen gleichmäßigen Hintergrund aus Mikrowellenstrahlung aus allen Himmelsrichtungen geben. Die Wellenlänge dieser Hintergrundstrahlung müßte einer so niedrigen Temperatur entsprechen.

Miranda

Seit fast einem Jahrhundert waren vier Monde des Uranus bekannt. Im Jahr 1948 entdeckte Kuiper, der die Mars-Atmosphäre beschrieben hatte (siehe 1947), einen fünften Uranusmond. Er ist kleiner als die anderen vier und dem Uranus näher. Da drei der Monde nach Geistern aus Shakespeares Stücken benannt worden waren – Oberon und Titania aus dem *Sommernachtstraum* und Ariel aus dem *Sturm* – nannte Kuiper den neuen Mond *Miranda* – nach der Heldin aus dem *Sturm*.

Basengleichgewicht der Nukleinsäuren

Es war bekannt, daß Nukleinsäuren aus großen und komplexen Molekülen bestehen – besonders, seit Avery gezeigt hatte, daß die Desoxyribonukleinsäure (DNA) und nicht das Protein der Träger des Erbmaterials ist (siehe 1944). Kurz gesagt bestehen die Gene in den Chromosomen aus DNA.
Welches Strukturmerkmal der DNA trägt nun die riesigen Informationsmengen, die in den Genen vorhanden sein müssen, damit sich menschliche Eizellen zu Menschen und die Ei-

zellen von Heuschrecken zu Heuschrecken entwickeln?
Ein Teil der DNA-Struktur war erforscht; er besteht aus vier verschiedenen *Basen.* Zwei davon (Adenin und Guanin) sind Purine mit einem Doppelringmolekül; die beiden anderen (Cytosin und Thymin) sind Pyrimidine mit einem Einzelringmolekül.
Der österreichisch-amerikanische Biochemiker Erwin Chargaff (geb. 1905) zerlegte Nukleinsäuremoleküle in ihre konstituierenden Basen und trennte sie mit Hilfe der Papierchromatographie. Er bestimmte ihr quantitatives Verhältnis und konnte 1948 nachweisen, daß in den Nukleinsäuren allgemein die Anzahl der Guaninbasen stets gleich der Anzahl der Cytosinbasen ist, während die Anzahl der Adeninbasen stets der Anzahl der Thyminbasen entspricht. Daraus folgte, daß die Anzahl der Purinbasen der Anzahl der Pyrimidinbasen entspricht.
Chargaff erkannte die Bedeutung dieser Entdeckung offenbar nicht, denn er brach seine Experimente ab.

Cyanocobalamin

Minot und Murphy hatten gezeigt, daß die Leber als Nahrungsmittel einen Bestandteil enthielt, der gegen die perniziöse Anämie (bösartige Blutarmut) wirkte (siehe 1926). Um was für einen Bestandteil es sich dabei handelte, war allerdings schwer festzustellen, da man nur versuchen konnte, ihn zu identifizieren, indem man die Auswirkungen von Diätveränderungen bei Anämiepatienten beobachtete.
Im Jahr 1948 entdeckte der amerikanische Chemiker Karl August Folkers (geb. 1906), daß dieser Bestandteil, der gewöhnlich Vitamin B-12 genannt wird, für das Wachstum bestimmter Bakterien erforderlich ist. Das Vorhandensein oder Nichtvorhandensein des Vitamins in verschiedenen Leberteilen konnte nun leicht durch die Reaktion der Bakterien bestimmt werden, und sehr bald wurden Kristalle des reinen Vitamins isoliert.
Die Analyse ergab schließlich, daß dieses Vitamin von allen bekannten Molekülen, die nicht nur aus einer einfachen Kette sich wiederholender Einheiten bestanden, das möglicherweise komplizierteste Molekül hat. Der Körper benötigt es nur in verschwindend kleinen Mengen, ein Tausendstel der Menge anderer Vitamine. Das Molekül besitzt eine Cyanidgruppe und ein Kobaltatom, die beide in lebendem Gewebe in keinen anderen bekannten Substanzen vorkommen. Aus diesem Grund wurde es *Cyanocobalamin* genannt.
Nun war es möglich, die perniziöse Anämie zu behandeln, ohne daß der Patient große Mengen Leber essen muß.

Cortison und Arthritis

Der amerikanische Arzt Philip Showalter Hench (1896–1965) befaßte sich mit der *Arthritis deformans,* einer schmerzhaften und entstellenden Krankheit. Schwangerschaften und Gelbsuchtanfälle linderten ihre Symptome, also vermutete Hench, daß es sich nicht um eine Infektion, sondern um eine Stoffwechselstörung handelt.
Bei der Suche nach einem Stoff, der die Symptome lindern würde, probierte er verschiedene Substanzen aus, unter anderem auch Hormone. Dreizehn Jahre zuvor war es Kendall gelungen, adrenokortikale Hormone zu isolieren (siehe 1935, Cortison). Hench arbeitete nach dem Krieg mit den neuen Hormonen. Er versuchte es mit Verbindung E, auch *Cortison* genannt, das 1946 isoliert worden war, und stellte 1948 fest, daß es gegen die Arthritis deformans sehr wirksam war. Dafür erhielt er zusammen mit Kendall 1950 den Nobelpreis für Physiologie oder Medizin.
Cortison hat allerdings erhebliche Nebenwirkungen und darf nur mit großer Sorgfalt und Sachkenntnis eingesetzt werden.

Gewebeverpflanzung

Für den Körper ist es entscheidend, über Waffen gegen körperfremde Proteine zu verfügen,

denn diese können leicht zu Parasiten oder deren Giftstoffen gehören, die zu Krankheit oder Tod führen können. Der Körper braucht ein Immunsystem, das Antikörper produziert, die sich mit den fremden Proteinen verbinden und sie neutralisieren.
Manchmal allerdings dienen körperfremde Proteine auch der Erhaltung von Leben. Ein Stück Gewebe eines Menschen kann einem anderen Menschen eingepflanzt werden, wenn dieser es dringend braucht. Wenn der Empfänger dann sein Immunsystem aktiviert, um das fremde Gewebe zu bekämpfen und abzustoßen, kann das seinen Tod bedeuten.
Der amerikanische Genetiker George Snell (geb. 1903) beschäftigte sich mit diesem Phänomen. Er glaubte, bei der Fähigkeit eines Organismus, das Gewebe eines anderen Organismus abzustoßen, spielten genetische Faktoren eine Rolle. Bei seiner Arbeit mit Mäusen identifizierte er 1948 Gene, die über Annahme oder Abstoßung entschieden. Das war ein wichtiger Schritt, die Gewebeverpflanzung zu ermöglichen.
Snell bekam dafür 1980 einen Teil des Nobelpreises für Physiologie oder Medizin.

Viruskulturen

Ein Großteil der Fortschritte im Kampf gegen Bakterieninfektionen in den letzten 75 Jahren war nur möglich, weil reine Bakterienkulturen im Labor gezüchtet werden konnten. Dort konnten die Bakterien leicht studiert und Methoden zur Verlangsamung oder Hemmung ihres Wachstums entwickelt werden.
Viren allerdings wachsen nur innerhalb lebender Zellen, und die Arbeit mit Organismen ist viel zeitraubender und weniger präzise als die Arbeit mit Petrischalen. Aus diesem Grund waren Virenerkrankungen viel schwieriger zu bekämpfen als Bakterieninfektionen.
Natürlich brauchten die Viren nicht in erwachsenen Organismen gezüchtet zu werden. Sie konnten ebensogut in den Embryos in Hühnereiern oder in den mit Blut vermischten Zellen dieser Embryos gezüchtet werden. Das Problem dabei war, daß dort nicht nur Viren, sondern auch Bakterien wuchsen, die die Viren verbargen.
Sobald jedoch Penicillin verfügbar war, konnte es der Nährlösung beigemengt werden. Damit konnte das Bakterienwachstum gestoppt werden, ohne die Viren zu beeinträchtigen. Der amerikanische Mikrobiologe John Franklin Enders (1897–1985) entwickelte diese Technik im Jahr 1948. Sie bewährte sich bei der Suche von Mitteln gegen Virenerkrankungen, besonders von *Poliomyelitis* (Kinderlähmung).
Für diese Leistung erhielt Enders 1954 zusammen mit seinen Kollegen Thomas Huckle Weller (geb. 1915) und Frederick Chapman Robbins (geb. 1916) den Nobelpreis für Physiologie oder Medizin.

Bathyscaph

Beebe erforschte mit seiner Tiefsee-Taucherkugel (siehe 1934) die tieferen Schichten des Ozeans. Die Tiefsee-Taucherkugel blieb immer von dem Schiff abhängig, von dem sie hinabgelassen wurde, weil sie nicht unabhängig manövrieren konnte.
So entstand das Bedürfnis nach einem Fahrzeug, das sich in jeder beliebigen Tiefe im Ozean bewegen konnte. Ein solches Fahrzeug wurde von dem Schweizer Physiker Auguste Piccard erfunden, der schon die Stratosphäre in einem Ballon erkundet hatte (siehe 1931). Piccard nannte sein Gerät *Bathyscaph* (griechisch »Schiff der Tiefe«). Schwere Eisenkugeln dienten ihm als Ballast, und ein »Ballon« mit einer Flüssigkeit, die leichter war als Wasser, sorgte für den erforderlichen Auftrieb. Zum Aufstieg wurden die Eisenkugeln abgeworfen.
Im Jahr 1948 erreichte der Bathyscaph mit einem Mann an Bord eine Tiefe von ungefähr 1 400 Metern. Im Lauf der nächsten 15 Jahre erforschten Bathyscaphe die Ozeane und stießen selbst in den größten Tiefen noch auf Leben.

Nachtrag

Am 14. Mai 1948 wurde der Staat Israel gegründet.
Jugoslawien wehrte sich unter der Führung von Josip Broz, allgemein als Tito (1892–1980) bekannt, gegen den sowjetischen Einfluß und begründete ein kommunistisches Regime, das der Sowjetunion feindlich gesonnen war. Am 25. Januar 1948 schickte die Sowjetunion ihre Armee in die Tschechoslowakei, um sicherzustellen, daß dieses Land prosowjetisch bliebe.
Am 24. Juli 1948 verhängten die Sowjets eine Blockade über Westberlin. Die USA richteten zur Versorgung Westberlins eine Luftbrücke ein.
In Indien wurde Gandhi am 30. Januar 1948 von einem hinduistischen Fanatiker ermordet.
Korea wurde unabhängig, aber in zwei Nationen gespalten. Der Norden war prosowjetisch; der Süden unter Syngman Rhee (1875–1965) proamerikanisch.
Die erste Atlantiküberquerung in einem Düsenflugzeug fand 1948 statt.

1949

Icarus

Witt hatte »Eros« entdeckt, einen Asteroiden, dessen Umlaufbahn weit über die Umlaufbahn des Mars ins innere Sonnensystem hineinragte (siehe 1898). Seit damals war eine ganze Reihe von Asteroiden entdeckt worden, die der Erde näher kamen als jeder Planet. Manche davon waren der Sonne näher als sogar die Venus. Sie wurden *Apollo-Objekte* genannt (nach *Apollo,* dem ersten Asteroiden dieses Typs, der 1937 entdeckt worden war). Baade, der den Asteroiden Hidalgo entdeckt hatte (siehe 1920), stieß 1949 auf einen Asteroiden, der der Erde sehr nahe kam: auf ungefähr 6,4 Millionen Kilometer. Außerdem war er ein Apollo-Objekt. Er kam der Sonne sogar näher als der Merkur: Alle 1,12 Jahre flog er im Abstand von nur 28,3 Millionen Kilometern vorbei. Baade nannte ihn nach einer Gestalt aus der griechischen Mythologie Icarus.

Nereid

Kuiper, der die Miranda entdeckt hatte (siehe 1948), berichtete 1949 von einem anderen weitentfernten Mond. Ein Jahrhundert lang war nur Triton, ein ziemlich großer Mond des Neptun, bekannt gewesen. Nun entdeckte Kuiper einen viel kleineren, den er *Nereid* nannte. Er umkreiste den Neptun in der sonderbarsten Umlaufbahn, die man bei einem Mond bisher beobachtet hatte.

Atomuhr

Seit Huygens die Pendeluhr erfunden hatte (siehe 1654), waren die Wissenschaftler bei ihren Versuchen auf genaue Zeitmessungen angewiesen gewesen und hatten ständig nach immer genaueren Methoden der Zeitmessung gesucht.
Schließlich erreichte die Suche nach natürlichen zyklischen Bewegungen, die genau und konstant waren, die molekulare Ebene. Ein Ammoniakmolekül zum Beispiel vibrierte ständig hin und her, weil es zwischen seinen zwei möglichen tetraedrischen Positionen ungefähr 24 Milliarden Mal pro Sekunde abwechselte. Bei konstanten Temperaturen blieb diese Vibration sehr konstant.
Der amerikanische Physiker Harold Lyons (geb. 1913) war der erste, der diese molekulare Vibration für die Zeitmessung nutzbar machte. Er konstruierte die erste *Atomuhr.* Weiterentwicklungen dieser Atomuhr erlaubten schließlich Zeitmessungen, die bis auf ein Millionstel des 10^{12}ten Teils einer Sekunde genau waren.

Berkelium und Californium

Nachdem Seaborg und seine Gruppe das Curium (Element 96) synthetisiert hatten (siehe 1944), blieb es fünf Jahre lang das schwerste bekannte Atom.
Im Jahr 1949 wurden die noch höheren Elemente 97 und 98 hergestellt. Das geschah in der Universität von Kalifornien in Berkeley; deshalb wurden die Elemente *Berkelium* (97) und *Californium* (98) genannt.

Sowjetische Atombombe

Vier Jahre lang hatten die USA das Weltmonopol auf die Atombombe. Für viele Amerikaner war das ein beruhigendes Gefühl. Aber die Sowjets hatten schon seit Jahren an der Atombombe gearbeitet und waren außerdem so klug, sich Informationen über die amerikanischen Techniken zu beschaffen. Am 22. September 1949 führten die Sowjets ihren ersten Atombombentest durch, was die Amerikaner aus ihrer Selbstzufriedenheit aufschreckte. Aus westlicher Sicht war die Welt bisher von einem wohlmeinenden Amerika dominiert worden, bei dem man das Atombombenmonopol in guten Händen glaubte. Nun standen sich zwei feindliche Supermächte gegenüber, die bald in der Lage waren, einander und den Rest der Welt auszulöschen.
Die Nationen der Welt begannen das nukleare Wettrüsten, dessen Ende noch nicht abzusehen ist.

Immuntoleranz bei Embryos

Snell hatte die genetische Grundlage dafür erforscht, daß fremde Proteine abgestoßen werden, was Gewebeverpflanzungen erschwert (siehe 1948).
Dem englischen Anatomen Peter Brian Medawar (1915–1987) kam der Gedanke, Embryos könnten das Immunsystem zum Abstoßen fremder Proteine vielleicht noch nicht entwickelt haben. Als er Mäuseembryos mit Gewebezellen von Mäusen einer anderen Rasse impfte, wurden die Zellen nicht abgestoßen. Als außerdem diese Embryos zu eigenständigen Lebewesen wurden und Antikörper bilden konnten, behandelten sie Zellen der anderen Rasse nicht mehr als fremde Proteine.
Im Jahr 1949 hatte Medawar herausgefunden, wie diese Technik zur Erleichterung von Gewebeverpflanzungen eingesetzt werden könnte. Dafür bekam er 1960 einen Teil des Nobelpreises für Physiologie oder Medizin.

Essentielle Aminosäuren

Seit die erste Aminosäure entdeckt worden war (siehe 1806), waren ungefähr 20 Aminosäuren bestimmt worden, die in Proteinmolekülen vorkommen. Die letzte davon war das *Threonin*, das der amerikanische Biochemiker William Cumming Rose (1887–1985) im Jahr 1935 isolierte.
Roses Ernährungsexperimente zeigten, daß manche Aminosäuren vom Körper aus anderen Aminosäuren hergestellt werden können, während das bei anderen, die deshalb in der Nahrung vorhanden sein mußten, nicht möglich war. Alle Aminosäuren sind für den Körper unentbehrlich, aber acht davon müssen *in der menschlichen Nahrung* enthalten sein, weshalb diese acht als die *essentiellen Aminosäuren* bezeichnet werden.
Den Beweis dafür erbrachte Rose 1949.

Schmutzige Schneebälle

Wenn sich ein Komet der Sonne nähert, entwickelt er eine dunstige *Koma* und einen Schweif. Der amerikanische Astronom Fred Lawrence Whipple (geb. 1906) schlug 1949 als Erklärung dieser Phänomene die Annahme vor, Kometen bestünden aus Eis und einer Mischung aus Silikatstaub und Kies (und hätten in manchen Fällen möglicherweise einen kleinen Kern aus Gestein). Durch die Nähe der Sonne erhitzt, verdampfe das Kometeneis explosionsartig, und der Staub bilde die Koma und den Schweif. Mit anderen Worten, Kometen seien *»schmutzige Schneebälle«*. Diese Vermutung wurde von den meisten Astronomen akzeptiert und wird heute kaum noch bezweifelt.

Nachtrag

Der chinesische Bürgerkrieg endete 15 Jahre nachdem Mao Tse-tung sein Volk auf der Flucht vor dem scheinbar siegreichen Chiang Kai-shek auf den Langen Marsch geführt hatte. Chiang Kai-shek mußte auf die Insel Taiwan fliehen.
In Europa mußten die Sowjets am 12. Mai 1949 die Berlin-Blockade erfolglos abbrechen. Zwei deutsche Staaten wurden gegründet: am 23. Mai 1949 die Bundesrepublik Deutschland mit der Hauptstadt Bonn im Westen; am 7. Oktober 1949 im Osten die Deutsche Demokratische Republik mit dem östlichen Teil Berlins als Hauptstadt.
Transjordanien löste sich von Großbritannien und nannte sich schließlich Jordanien. Niederländisch-Indien löste sich am 27. Dezember 1949 von den Niederlanden und rief den unabhängigen Staat Indonesien aus.
Die USA und die westeuropäischen Länder gründeten zum gegenseitigen Beistand gegen die Sowjetunion und ihre Verbündeten die NATO (North Atlantic Treaty Organization, Nordatlantikpakt).
Südafrika begann die Politik der *Apartheid* (Rassentrennung zwischen Weißen, Schwarzen und anderen ethnischen Gruppen und fortgesetzte brutale Unterwerfung aller Nichtweißen).

1950

Kometenwolke

Seit mindestens hundert Jahren war bekannt, daß Kometen vergleichsweise kurzlebige Phänomene waren. Bei jeder Annäherung an die Sonne mußte ein beträchtlicher Teil der Masse eines Kometen unwiderruflich verdampfen (wenn die Vermutung stimmte, es handele sich um »schmutzige Schneebälle«, siehe 1949). Selbst ein großer Komet konnte nur ein paar tausend Annäherungen an die Sonne überdauern. Es war sogar ein paar Mal beobachtet worden, daß Kometen beim Vorbeiflug an der Sonne zerfielen.
Warum waren dann nicht schon längst alle Kometen verschwunden? Der niederländische Astronom Jan Hendrik Oort (geb. 1900) glaubte, es müsse ein riesiges Kometen-Reservoir geben. 1950 stellte er die Hypothese auf, in einer Entfernung von ein bis zwei Lichtjahren von der Sonne gebe es eine gewaltige sphärische Wolke, die aus vielleicht hundert Milliarden Kometen bestehe. Diese Kometen stellten das äußerste Material des ursprünglichen Nebels dar und seien bei der Kondensation des inneren Materials, die vor 4,6 Milliarden Jahren stattgefunden habe und bei der die Sonne und die Planeten entstanden, übriggeblieben und hätten sich seitdem nicht mehr verändert.
Immer wieder einmal würden Kollisionen oder die von einem der näheren Sterne ausgeübte Schwerkraft die Rotationsgeschwindigkeiten beeinflussen, so daß ein Komet ins innere Sonnensystem fiele, wo er von der Sonne erhitzt wird, Koma und Schweif ausbildet und dann von der Erde aus beobachtet werden könne. Oort schätzte, daß ein Fünftel der ursprünglichen Wolke auf diese Art und Weise nach innen (oder nach außen in den interstellaren Raum) geschleudert worden sei. Damit blieben für eine unbestimmte Zukunft immer noch reichlich Kometen übrig.
Diese Kometenwolke, auch *Oort-Wolke* ge-

nannt, ist noch nicht direkt nachgewiesen worden, aber die meisten Astronomen akzeptieren Oorts Hypothese.

Der Durchmesser des Pluto

Der Planet Pluto war durch Messungen der unerklärlichen Abweichungen der Umlaufbahn des Uranus entdeckt worden. Es war angenommen worden, diese Abweichungen würden von der Gravitationskraft eines unbekannten Planeten verursacht, dessen Umlaufbahn daraus errechnet worden war (siehe 1930). (Auch Neptun war auf diese Weise entdeckt worden – siehe 1846 – aber er hatte nur die meisten und nicht alle Unregelmäßigkeiten in der Bahn des Uranus erklären können.)
Wenn der Pluto die Abweichungen verursachte, mußte seine Masse die der Erde um ein Vielfaches übersteigen. Dies wurde zunächst auch angenommen. Aber er leuchtete viel schwächer, als man es von einem massiven Planeten erwartet hätte, was für einige Verblüffung sorgte.
Im Jahr 1950 gelang es Kuiper, dem Entdekker der Miranda (siehe 1948) und der Nereid (siehe 1949), den Pluto als Scheibe zu sehen und seinen Durchmesser mit knapp 6 000 Kilometern zu bestimmen. Pluto war also kleiner als Mars; seine geringe Leuchtkraft war kein Rätsel mehr. Wenn Pluto so klein war, konnte er nicht die Ursache der Abweichungen des Uranus sein, sondern mußte sich aus reinem Zufall an dieser Stelle befinden.
Damit müßte sich ein Planet, der so viel Masse besäße, daß er die Abweichungen des Uranus verursachen könnte, noch außerhalb der Umlaufbahn des Neptun befinden. Ein solcher Planet ist bislang jedoch nicht entdeckt worden.

Turing-Maschine

Die allgemeine Computer-Faszination, die nach dem Zweiten Weltkrieg ausbrach, packte auch den englischen Mathematiker Alan Mathison Turing (1912–1954). (Turing hatte wichtige Beiträge zum Entschlüsseln des geheimen deutschen Codierungsapparates im Zweiten Weltkrieg geliefert. Dadurch war es möglich geworden, Informationen über geplante deutsche Operationen zu beschaffen, was für den Sieg über die Nazis eine große Rolle gespielt hatte.)
Turing zeigte 1950, daß im Prinzip eine recht einfache Maschine, die nur erstaunlich wenige Operationen durchführen konnte, jedes Problem lösen könnte, das mathematisch formulierbar ist. Dieses Modell einer Rechenmaschine *(Turing-Maschine)* trug viel dazu bei, die Fachwelt davon zu überzeugen, daß es so etwas wie *künstliche Intelligenz* geben könnte.
Turing wies auch darauf hin, wie das Kriterium für künstliche Intelligenz bestimmbar sei. Wenn es möglich sei, mit einer versteckten Einheit ein Gespräch zu führen, ohne nur aufgrund dieses Gesprächs entscheiden zu können, ob diese Einheit ein Mensch ist oder nicht; und wenn diese Einheit eine Maschine sei, dann weise sie künstliche Intelligenz auf.

Spielende Computer

Es lag nahe, Computer zunächst nur als sehr schnelle Rechenmaschinen zu betrachten, die sich von Pascals erstem Addiergerät (siehe 1642) in der Geschwindigkeit, aber eigentlich nicht im Prinzip der Arbeitsweise unterschieden.
Wie sich aber schnell herausstellte, können Computer auch Probleme lösen, von denen man angenommen hatte, daß sie menschliches Denken erforderten. So baute der amerikanische Ingenieur Arthur L. Samuel (geb. 1901) einen Dame-spielenden Computer, der in verbesserter Form schließlich an Dame-Meisterschaften teilnehmen konnte.
Dame ist allerdings ein relativ einfaches Spiel. Der amerikanische Mathematiker Claude Elwood Shannon (geb. 1916) schlug 1950 ein Verfahren zur Konstruktion eines Schachcomputers vor. Solche Maschinen sind inzwi-

schen gebaut worden, sie spielen sehr gut Schach. Es ist sogar nicht auszuschließen, daß ein Computer mit einem Schachprogramm einmal Schachweltmeister wird.

Endoplasmatisches Retikulum

Mit Elektronenmikroskopen (siehe 1932) konnten Gewebezellen viel genauer untersucht werden als jemals zuvor. Einer der ersten Experten in der Zellen-Elektronenmikroskopie war der belgische Zellforscher Albert Claude (1898–1983).
Im Jahr 1950 entdeckte er das *endoplasmatische Retikulum,* das sozusagen als struktureller Bauplan der Zelle fungiert. Es ist ein dünnes, fasriges Skelett, das den einzelnen Organellen der Zelle ihren Platz zuweist. Für diese Entdeckung bekam Claude 1974 einen Teil des Nobelpreises für Physiologie oder Medizin.

Kohlenstoff C–14 als Tracer

Das Kohlenstoff-Isotop C-14 hatte zum ersten Mal bei der Altersbestimmung eine nützliche Rolle in der Wissenschaft gespielt (siehe 1947). 1950 hatte man es in so großen Mengen gewonnen, daß es als radioaktiver Tracer verwendet werden konnte.
In diesem Jahr setzte der deutsch-amerikanische Biochemiker Konrad Emil Bloch (geb. 1912) sowohl stabiles C-13 als auch radioaktives C-14 als Tracer ein und zeigte damit im einzelnen die Veränderungen, die beim Aufbau des Cholesterinmoleküls aus der Acetylgruppe (siehe 1947) ablaufen.
Dafür bekam Bloch 1964 einen Teil des Nobelpreises für Physiologie oder Medizin.

Nachtrag

Nordkoreanische Truppen marschierten am 25. Juni 1950 in Südkorea ein. Der *Koreakrieg* begann. Die Nordkoreaner drangen zuerst rasch nach Süden vor, aber die UN-Truppen (hauptsächlich Amerikaner) unter General Douglas MacArthur (1880–1964) zwangen sie dann wieder zum Rückzug. Am 9. Oktober war Südkorea frei von nordkoreanischen Invasionstruppen. MacArthur marschierte unter Mißachtung chinesischer Warnungen bis in die Nähe der chinesischen Grenze nach Norden. Vom Eingriff Chinas ins Kriegsgeschehen am 26. November wurden MacArthurs Truppen dann vollkommen überrascht. Bis zum Ende des Jahres wurden sie wieder aus Nordkorea vertrieben.
Der Koreakrieg steigerte die antikommunistische Hysterie in den USA. Hiss wurde wegen Meineids verurteilt. Ein bislang unbekannter Senator aus Wisconsin, Joseph Raymond McCarthy (1908–1957), leitete eine vierjährige Einschüchterungs- und Verfolgungskampagne gegen angebliche Kommunisten ein, gegen die er in großem Maßstab nicht fundierte Anschuldigungen verbreitete.
Chinesische Truppen marschierten in Tibet ein und unterstützten die Vietnamesen in Indochina in ihrem Kampf gegen Frankreich.
Die Weltbevölkerung hatte 2,5 Milliarden erreicht; die Bevölkerung der USA überschritt die 150–Millionen-Marke. London war mit 8,1 Millionen immer noch die größte Stadt der Welt, dicht gefolgt von New York.

1951

Brutreaktor

Die Kernreaktoren, die während des ersten Jahrzehnts des Atomzeitalters gebaut worden waren, wurden durch Spaltung von Uran 235 betrieben. Uran 235 ist ein vergleichsweise seltenes Isotop; nur 0,7 Prozent des in der Natur vorkommenden Urans sind spaltbares U 235.
Wird in einem solchen Reaktor nun der Reaktorkern aus Uran 235 gebildet und mit ei-

nem Mantel von Uran 238 umgeben, strömen genügend Neutronen aus dem Kern in den Mantel, um das Uran 238 in Plutonium umzuwandeln. Auch dieses Plutonium ist als Kernbrennstoff gut geeignet. Besteht der Mantel um den Reaktorkern aus Thorium 232, entsteht spaltbares Uran 233.
Solche *Brutreaktoren* »erbrüten« also mehr Kernbrennstoff in den Mänteln, als im Reaktorkern verbraucht wird. Das bedeutet, daß nicht nur das seltene Uran 235 als möglicher Kernbrennstoff verwendet werden kann, sondern ein großer Teil des vorhandenen Vorrats an Uran und Thorium. Die Vision einer unerschöpflichen und zugleich billigen Energiequelle erreichte zu dieser Zeit ihren Höhepunkt. Nur wenige sahen voraus, daß Probleme der Reaktorsicherheit und des radioaktiven Mülls zu einer ernsten Bedrohung für die amerikanische Atomindustrie werden könnten.

Stellarator

Kernspaltung ist nicht die einzige Kernenergiequelle. So wird im Inneren von Sternen durch Kernfusion Wasserstoff in Helium umgewandelt. Es ist bekannt, daß Kernfusion weitaus mehr Energie liefert als Kernspaltung.
Hinzu kommt, daß Wasserstoff – der Stoff, der sich am besten für Kernfusion eignet – in praktisch unbegrenzten Mengen auf der Erde zu finden ist. Im Vergleich zu Uran oder Thorium, den für Kernspaltung geeigneten Stoffen, ist Wasserstoff sehr leicht zu gewinnen. Darüber hinaus sind die Produkte einer Fusionsreaktion wesentlich ungefährlicher als Spaltprodukte.
Kernspaltung kann jedoch schon bei Raumtemperatur erfolgen – dazu müssen die Neutronen abgebremst werden –, während für eine Kernfusion Temperaturen und Druckverhältnisse notwendig sind, wie sie im Inneren von Sternen herrschen.
Eine unkontrollierte Kernfusion ist vergleichsweise einfach herbeizuführen. Es gibt Möglichkeiten, mit Hilfe einer konventionellen Atombombe so hohe Temperaturen und Druckverhältnisse zu erzeugen, wie sie für eine Wasserstoff-Kernfusionsexplosion mit viel höherer Zerstörungskraft ausreichen. Das Ergebnis wäre eine Wasserstoff-Fusionsbombe, allgemein bezeichnet als Wasserstoffbombe oder H-Bombe. Da für die Explosion sehr hohe Temperaturen nötig sind, wird sie auch thermonukleare Bombe genannt.
Der Umstand, daß die Sowjetunion eine eigene konventionelle Atombombe entwickelt hatte, veranlaßte einige Wissenschaftler, allen voran den anti-sowjetischen Physiker Edward Teller (vgl. 1939), die Vereinigten Staaten zum Bau einer Wasserstoffbombe zu bewegen, um ihre Vormachtstellung zu wahren. Andere Wissenschaftler, vor allem Robert Oppenheimer (vgl. 1937), bekamen Skrupel bei dem Gedanken an die ungeheuren Verwüstungen, die eine solche Bombe anrichten konnte. Außerdem war ihnen klar, daß die Sowjetunion nachziehen würde. Sie sprachen sich gegen den Bau der Wasserstoffbombe aus. Auf politischer Ebene wurde entschieden, die Wasserstoffbombe dennoch zu bauen. Teller sorgte dafür, daß Oppenheimers Ablehnung des Projektes zum Ende seiner Karriere führte.
Unterdessen wurde der Versuch unternommen, die Wasserstoff-Fusion zu »zähmen«, um sie als Energiequelle für zivile Zwecke zu nutzen – eine erheblich schwierigere Aufgabe. Dazu mußte die Temperatur des Wasserstoffes auf zehn oder sogar hundert Millionen Grad erhöht werden, während es gleichzeitig galt, den extrem heißen Wasserstoff lange genug zusammenzudrücken, so daß eine Fusionsreaktion anlaufen konnte.
Doch bei solchen Temperaturen dehnt sich Wasserstoff explosionsartig aus und verpufft, es sei denn, er befindet sich in einem ausreichend starken »Behälter«. Natürlich gibt es kein Material, das dafür geeignet wäre: Entweder würde der heiße Wasserstoff den Behälter zum Schmelzen bringen, oder der Behälter würde den Wasserstoff zu stark abkühlen.

Ein Magnetfeld könnte jedoch die Aufgabe des »Behälters« übernehmen. Dazu müßte man allerdings ein Magnetfeld erzeugen, das stark genug wäre, den Wasserstoff zusammenzudrücken, und dazu ist man noch nicht in der Lage.
Im Jahr 1951 wurde unter der Leitung des amerikanischen Physikers Lyman Spitzer jr. (geb. 1914) ein Magnetgefäß in Form einer liegenden Acht gebaut. Dieses Gerät erhielt den Namen *Stellarator* (abgeleitet von dem lateinischen Wort für »Stern«, da mit diesem Gerät die im Inneren von Sternen herrschenden Bedingungen nachgestellt werden sollten). Mit Hilfe des Stellarators wollte man das heiße Wasserstoffgas komprimieren. Später wurde eine verbesserte Version verwendet, die in der Sowjetunion entwickelt worden war und *Tokamak* genannt wurde (eine Abkürzung der Bezeichnung »Toroidal-Kamera-Magnet«).
Seit nunmehr fast vierzig Jahre versucht man, die Kernfusion kontrollierbar zu machen. Zwar sind Fortschritte gelungen, doch das eigentliche Ziel wurde noch nicht erreicht.

Radiowellenstrahlung von Wasserstoff

Van de Hulst hatte auf der Grundlage theoretischer Überlegungen vorhergesagt, daß interstellarer Wasserstoff Mikrowellen mit einer Wellenlänge von 21 cm ausstrahlt (vgl. 1944). Purcell, der an der Entwicklung der Theorie der magnetischen Resonanz beteiligt gewesen war (vgl. 1946), entdeckte 1951 die von van de Hulst vorhergesagte Strahlung und bestätigte so dessen Theorie. Dies zeigt, wie wertvoll Radiowellen für den Nachweis von Atomen und Molekülen im interstellaren Raum sind. Die unterschiedlichen Wellenlängen der abgegebenen Strahlen sind charakteristisch für verschiedene Substanzen und dienen gewissermaßen als deren »Fingerabdruck«.

Struktur der Milchstraße

Die Spiralstruktur von Galaxien war erstmals von Rosse (vgl. 1845) beschrieben worden, doch die Struktur unserer eigenen Galaxis, der Milchstraße, war immer noch ein Rätsel. Da wir uns innerhalb dieser Galaxis befinden, haben wir natürlich keine Möglichkeit, sie von außen zu betrachten und so ihre Struktur zu erkennen.
Mittlerweile waren Astronomen jedoch in der Lage, Radiowellen mit großer Genauigkeit zu bestimmen, und der Amerikaner William Wilson Morgan (geb. 1906) wies 1951 nach, daß die besonders heißen, hellen Sterne, die für die Spiralarme von Galaxien typisch sind, charakteristische Radiowellen von ionisiertem Wasserstoff aussenden. Als nun in unserer eigenen Galaxie ähnliche Strähnen von ionisiertem Wasserstoff gefunden wurden, schien das ein überzeugender Beweis dafür, daß die Milchstraße Spiralarme besitzt. Unsere Galaxis ließ sich somit wie beispielweise der Andromedanebel unter die Spiralgalaxien einreihen. Unsere Sonne liegt in einem der Spiralarme.

Jupiter XII

Seth Nicholson, der in einem Zeitraum von beinahe vierzig Jahren drei der kleineren äußeren Jupitermonde entdeckt hatte, stieß 1951 auf einen vierten. Da es der zwölfte Jupitermond war, der entdeckt wurde, erhielt er den Namen *Jupiter XII*.
Jupiter XII mißt im Durchmesser nur etwa 25 Kilometer. Später wurde er in *Ananke* umbenannt.

Theorie der Supraleitung

Vier Jahrzehnte waren vergangen, seit Kamerlingh Onnes als erster das Phänomen der Supraleitung (vgl. 1911) entdeckt hatte. Bislang war allerdings ungeklärt geblieben, warum bei einigen Metallen und Legierungen bei ei-

ner Temperatur von einigen Graden über dem absoluten Nullpunkt der elektrische Widerstand plötzlich verschwand.
Im Jahr 1951 entwickelte John Bardeen zusammen mit anderen eine Theorie der Supraleitung, wobei er den Quanteneffekt berücksichtigte, der das Phänomen weitgehend zu erklären schien. Im Jahr 1972 erhielt Bardeen für seine Theorie den Nobelpreis für Physik. Da er bereits 1956 mit anderen zusammen für die Erfindung des Transistors ausgezeichnet worden war (vgl. 1948), war er der erste, der den Nobelpreis zweimal für dasselbe Fach bekam.

UNIVAC

Mauchly und Eckert, die 1946 ENIAC fertiggestellt hatten, entwickelten 1951 UNIVAC *(Universal Automatic Computer)*. UNIVAC war nicht nur der erste Computer, der Daten auf Magnetband speicherte, sondern auch der erste, der in Serie gebaut und nicht nur, wie bisher üblich, von seinen Erfindern genutzt wurde. Dies markierte den Beginn der Computerindustrie.

Synthese von Steroiden

Woodward hatte es sich zur Aufgabe gemacht, die komplexesten organischen Molekularstrukturen, die in der Natur vorkamen, zu synthetisieren (vgl. 1944, Synthetische Herstellung von Chinin). Im Jahr 1951 gelang ihm die künstliche Herstellung von Cholesterin und Cortison. Beide gehören zur Stoffamilie der *Steroide*, deren Moleküle eine charakteristische, aus vier Ringen bestehende Struktur aufweisen.

Acetyl-Koenzym A

Lipmann hatte das Koenzym A entdeckt, das als Träger für Acetylreste fungiert und eine wichtige Rolle im Zellstoffwechsel spielt (vgl. 1947).
Im Jahr 1951 beschäftigte sich der deutsche Biochemiker Feodor Felix Konrad Lynen (1911–1979) mit der besonderen Funktion des Koenzyms A im Fettsäurestoffwechsel. Er war der erste, dem es gelang, das Acetyl-Koenzym A zu isolieren. Das Acetyl-Koenzym A dient als Zwischenträger beim Transport einer Acetyl-Gruppe von einer Verbindung zur anderen.
Parallel zu Lynens Arbeit erforschte Bloch die Funktion des Koenzyms A bei der Cholesterin-Synthese. Bloch verwendete das radioaktive Karbon 14–Isotop als Markierung oder *Tracer* des Koenzyms A. Beide, Lynen und Bloch, erhielten im Jahr 1964 für ihre Arbeit gemeinsam den Nobelpreis für Physiologie und Medizin.

Fluoridierung

Eine der häufigsten Krankheiten, unter der Menschen leiden, ist *Karies*. Bis vor kurzem lag die Häufigkeit des Auftretens bei nahezu 100 Prozent. In der modernen Zahnmedizin werden die befallenen Stellen durch Bohren entfernt und durch Füllungen aus Keramik oder Amalgan ersetzt.
Vorbeugen ist allerdings besser als Bohren. Zahnmedizinern war aufgefallen, daß in bestimmten Gebieten der Vereinigten Staaten kaum Kariesfälle auftraten. Der Zahnschmelz der Menschen, die dort lebten, wies bräunliche Flecken auf, die offensichtlich mit dem überdurchschnittlich hohen Fluoridgehalt des Trinkwassers zusammenhingen.
Damit begann die Suche nach dem richtigen Mischungsverhältnis von Trinkwasser und Fluorverbindungen, das die Zähne gegen Zahnfäule schützte, sie aber nicht fleckig oder bräunlich werden ließ. Im Jahr 1951 liefen erste Großversuche mit fluoridiertem Trinkwasser an. Davon und von der Verwendung fluorhaltiger Zahnpasta erhoffte man sich einen drastischen Rückgang der Karieserkrankungen.

Nachtrag

Im Korea-Krieg ließ die Heftigkeit der Kämpfe nach. Erste Verhandlungen über die Beendigung des Krieges wurden aufgenommen.

1952

Wasserstoffbombe

Den amerikanischen Versuchen, eine Wasserstoffbombe zu bauen, war bald Erfolg beschieden. Schwerer Wasserstoff (Deuterium) verschmilzt bei einer geringeren Temperatur als leichter Wasserstoff, und überschwerer Wasserstoff (Tritium) bei einer noch niedrigeren Temperatur. Deuterium ist ein seltenes Isotop des Wasserstoffs, doch die in den Weltmeeren vorkommende Menge würde immer noch ausreichen, um die Menschheit einige Milliarden Jahre mit Fusionsenergie zu versorgen. Das radioaktive Tritium hingegen müßte man, um es in ausreichender Menge zu bekommen, durch Kernreaktion erst herstellen. So wurde geplant, ein Gemisch von Deuterium und Tritium in flüssiger Form unter extrem hohen Temperaturen und Druckverhältnissen, die durch die Explosion einer Spaltbombe erzeugt werden, verschmelzen zu lassen.
Eine solche Wasserstoffbombe wurde am 1. November 1952 auf einem Atoll im Pazifischen Ozean gezündet. Das Atoll wurde komplett zerstört. Die Energie, die durch die Explosion freigesetzt wurde, entsprach der Sprengkraft von 10 Millionen Tonnen (10 Megatonnen) TNT – das ist das 500fache der Hiroshima-Bombe.
Dennoch war die Sicherheit der Vereinigten Staaten damit nicht gewährleistet. Innerhalb eines Jahres hatte die Sowjetunion eine eigene Wasserstoffbombe gezündet. Beide Seiten verbesserten kontinuierlich die Sprengkraft und Wirksamkeit ihrer Fusionsbomben, und auch Großbritannien und China eigneten sich diese Technologie an. Wie Oppenheimer vorhergesehen hatte (vgl. 1951), versetzte die neue Waffe die Welt in Angst und Schrecken. Daran hat sich bis heute nichts geändert.

Einsteinium und Fermium

Seaborg (vgl. 1940 und 1944) und seine Mitarbeiter stellten immer komplexere Atome her und beschossen sie mit kleinen Atomkernen. Einige dieser Atomkerne banden sich an die Kerne der beschossenen Atome, so daß immer neuere und komplexere Atome entstanden.
Im Jahr 1952 wurden allerdings auf andere Weise Atome von großer Komplexität erzeugt. Die zerstörerische Energie der Wasserstoffbombe, die im Pazifik gezündet worden war (siehe oben), hatte Kerne aneinandergebunden und Atome gebildet, die noch komplexer waren als Californium (Element mit der Ordnungszahl 98), das zu dieser Zeit schwerste bekannte Element. So entstanden die Elemente mit der Ordnungszahl 99 und 100. Zu Ehren Albert Einsteins und Enrico Fermis erhielten sie die Namen *Einsteinium* und *Fermium.*

Kaonen und Hyperonen

Yukawa hatte die Existenz von mittelschweren Teilchen theoretisch bereits vorausgesagt (vgl. 1935, Starke Wechselwirkung). Nachdem Powell im Jahr 1947 solche Teilchen entdeckt hatte – sie erhielten den Namen Pionen –, schien nichts auf die Existenz weiterer mittelschwerer Teilchen hinzudeuten.
Doch 1952 entdeckten die beiden polnischen Physiker Marian Danysz und Jerzy Pniewski ein solches Teilchen. Es hatte die 3,5fache Masse eines Pions, doch nur die halbe Masse eines Protons oder Neutrons. Man nannte es *K-Meson* oder abgekürzt *Kaon.*
Dieselben Physiker entdeckten im gleichen

Jahr unter den Produkten kosmischer Strahlung ein weiteres subatomares Teilchen, das eine *größere* Masse als ein Proton oder ein Neutron besaß. Es wurde *Lambda-Teilchen* genannt. Seine Masse betrug das 1,2fache der Masse eines Protons.
Man entdeckte noch weitere Teilchen, deren Masse größer war als die eines Protons, und faßte sie unter dem Namen *Hyperonen* zusammen. Mesonen, Nukleonen (Protonen und Neutronen) und Hyperonen erhielten die Sammelbezeichnung *Hadronen.* Der Name stammt aus dem Griechischen und bedeutet »dick« oder »stark«. Er wurde gewählt, weil alle Teilchen der Gruppe der starken Wechselwirkung unterliegen. Elektronen, Myonen und Neutrinos, die alle der schwachen Wechselwirkung unterliegen, fallen unter den Oberbegriff *Leptonen,* was im Griechischen soviel wie »dünn« oder »schwach« bedeutet. Während die Zahl der Leptonen im Lauf der Jahre nicht sonderlich stark zunahm, wuchs die der Hadronen stetig: Schließlich waren ungefähr hundert Hadronen bekannt. Dies brachte die Physiker zu der Überzeugung, daß ihre Vorstellungen von der subatomaren Struktur unvollständig waren. Die große Zahl der Hadronen machte die Sache zu kompliziert. Man mußte einen neuen Blickwinkel finden, der das Ganze vereinfachte.

Entstehung von Leben

In Gesteinen, die 3,5 Milliarden Jahre alt sind, wurden Spuren winziger Bakterienzellen gefunden – Zeugnisse frühen Lebens. Da die Erde 4,6 Milliarden Jahre alt ist, muß daraus geschlossen werden, daß in dem Zeitraum dazwischen aus lebloser Materie Organismen entstanden sind. Vermutlich sind sie aus den Molekülen der riesigen Staub- und Gaswolke hervorgegangen, aus der unser Sonnensystem entstanden ist.
Wir können mit ziemlicher Sicherheit davon ausgehen, daß das Universum zu 90 Prozent aus einem Gemisch von Wasserstoff und Helium im Verhältnis neun zu eins besteht. Sauerstoff, Kohlenstoff, Stickstoff, Neon, Schwefel, Silicium, Eisen und Argon sind die wichtigsten Elemente, die das restliche Prozent ausmachen. Helium, Neon und Argon bilden keine Verbindungen. Überwiegt Wasserstoff, so gehen Sauerstoff, Kohlenstoff, Stickstoff und Schwefel Verbindungen mit ihm ein und bilden, in dieser Reihenfolge, Wasser, Methan, Ammoniak oder Schwefelwasserstoff. Silicium verbindet sich mit Sauerstoff und verschiedenen Metallen zu Silicaten, die in Form von Gestein auftreten. Eisen schließlich verbindet sich mit anderen, weniger häufigen Metallen.
Die Erde besitzt einen Eisen-Nickel-Kern, umgeben von einem Mantel und einer Kruste aus Gestein. Anfangs war die gesamte Oberfläche von einem Ozean aus Wasser bedeckt. Die Atmosphäre darüber könnte aus Ammoniak, Methan und Schwefelwasserstoff bestanden haben, die sich teilweise im Wasser des Ozeans lösten. Die einfachen Verbindungen in der Atmosphäre und im Wasser waren der Energie der Sonnenstrahlung ausgesetzt und könnten, durch diese Energie angeregt, in einem äußert langwierigen Prozeß komplexere Stoffe gebildet haben. Dieser Prozeß könnte sich so lange fortgesetzt haben, bis die Verbindungen so komplex waren, daß man sie als lebendig betrachten konnte.
Der amerikanische Chemiker Stanley Lloyd Miller (geboren 1930), ein Mitarbeiter Harold Ureys (vgl. 1931), unternahm 1952 erstmals den Versuch, diese Annahme experimentell zu bestätigen.
Miller nahm sorgfältig gereinigtes und sterilisiertes Wasser und schuf eine künstliche Atmosphäre, bestehend aus Wasserstoff, Ammoniak und Methan. Er ließ das Wasser und das Gasgemisch durch eine Vorrichtung zirkulieren und führte durch elektrische Entladungen die notwendige Energie zu. Dieser Vorgang dauerte eine Woche. In der anschließenden Analyse fand Miller organische Verbindungen und sogar einige einfache Aminosäuren, die sich durch abiogene Synthese, das heißt in Abwesenheit jeglichen Lebens, gebildet hatten.

Andere setzten diese Arbeit später fort, wobei sie unterschiedliche Energiequellen und Gemische aus einfachen Verbindungen verwendeten. Außerdem fügten sie komplexere Verbindungen hinzu, die sich bei früheren Experimenten dieser Art gebildet hatten. Allerdings konnte keines dieser Experimente klären, wie das Leben auf der Erde nun genau entstanden war. Gleichwohl bestätigten sie, daß das Leben aller Wahrscheinlichkeit nach durch Prozesse entstanden war, die den Gesetzen der Chemie und Physik gehorchten, so daß keine übernatürliche Ursache gesucht werden mußte.

Beugung von Röntgenstrahlen durch DNA

Wenn die DNA-Moleküle wirklich die Träger der genetischen Information waren, so mußte ihre Feinstruktur untersucht werden. Chargaff hatte einen Anfang gemacht, indem er nachwies, daß die Anzahl der Purin-Gruppen der Anzahl der Pyrimidin-Gruppen entspricht (vgl. 1948), doch es gab noch viel zu tun.

Da Nukleinsäuren langkettige Polymere von Nukleotiden sind, mußten die DNA-Moleküle strukturelle Regelmäßigkeiten aufweisen (wie Kristalle – vgl. 1914). Dies ließ sich durch die Beugung von Röntgenstrahlen – in der Wissenschaft auch röntgendiffraktometrische Untersuchung genannt – nachweisen.

Im Jahr 1952 begann die britische Biophysikerin Rosalind Elsie Franklin (1920–1958), die Beugung von Röntgenstrahlen durch die DNA sorgfältig zu untersuchen. Aus den Ergebnissen zog sie die Schlußfolgerung, daß die DNA-Moleküle die Form einer Helix haben mußten (also wie eine Wendeltreppe geformt waren). Die Phosphat-Gruppen, die die Bestandteile des Moleküls verbanden, lokalisierte sie auf der Außenseite der Helix.

Franklin arbeitete langsam und sorgfältig. Sie wollte ihre Ergebnisse nicht veröffentlichen, bevor sie sie nicht gründlich überprüft hatte. Diese Gewissenhaftigkeit, verbunden mit der Tatsache, daß sie als Frau von ihren Mitarbeitern gern ignoriert wurde, führte dazu, daß andere die Früchte ihrer Arbeit ernteten und nicht sie selbst.

Struktur des Insulins

Die Verwendung der Papierchromatographie (vgl. 1944) hatte es möglich gemacht, die Häufigkeit, mit der verschiedene Aminosäuren in einem bestimmten Eiweißmolekül vertreten sind, zu bestimmen. Werden die Moleküle zu einzelnen Fragmenten zerlegt, die aus zwei, drei oder vier Aminosäuren bestehen, können diese ebenfalls isoliert und identifiziert werden.

Sind die Fragmente erst einmal identifiziert, so lassen sich aus ihrem Aufbau Rückschlüsse auf längere Abschnitte der Moleküle ziehen, indem man davon ausgeht, daß die Fragmente nur aus jenen Aminogruppen bestehen, die sich von den längeren Abschnitten lösen ließen; das unterscheidet sie von den Aminogruppen, die sich nicht aus der Kette lösen ließen. Ausgehend von dieser Gruppe kann in kleinen, arbeitsaufwendigen Schritten schließlich die genaue Anordnung der Aminosäuren des gesamten Eiweißmoleküls ermittelt werden.

Der britische Biochemiker Frederick Sanger (geb. 1918) bediente sich dieser mühsamen Methode, um die Struktur des Proteohormons Insulin zu entschlüsseln. Im Jahr 1952 konnte er nachweisen, daß die Insulinmoleküle aus ungefähr fünfzig Aminosäuren bestehen, die auf zwei miteinander verbundenen Ketten verteilt sind. Außerdem zeigte er die genaue Anordnung der Aminosäuren, aus der die Ketten bestehen.

Für diese Leistung erhielt er 1958 den Nobelpreis für Chemie.

Virusnukleinsäure

Im Jahr 1952 gab es keinen Zweifel mehr, daß Nukleinsäure die Trägerin genetischer Information in pflanzlichen und tierischen Zellen,

ja sogar in Bakterien ist. Die Frage war nun, ob das auch für Viren galt.
Viren bestehen aus einem Kern aus Nukleinsäure (DNA oder RNA) und einer Proteinhülle. Im Jahr 1952 wies Alfred Hershey (vgl. 1945) nach, daß Bakteriophagen (ein Virentyp) Bakterienzellen – ihre natürliche Beute – attackieren und ihre DNA in diese Zellen abgeben. Die Proteinhülse der Bakteriophagen bleibt zwar an der Außenhülle der Bakterien, doch sie enthält vermutlich ein Enzym, das die Auflösung der Zellwand unterstützt und das Eindringen der DNA in die Bakterienzelle ermöglicht. Im Inneren der Zelle sorgt die DNA dafür, daß Nukleinsäure und Proteinhülsen neuer Viren gebildet werden.
Ebenfalls 1952 wies Joshua Lederberg (vgl. 1946) nach, daß Bakteriophagen genetisches Material von einer infizierten Zelle zu einer anderen, die sie später infizieren, übertragen können. Das bedeutet, daß Viren als Werkzeuge für genetische Veränderungen oder Mutationen benutzt werden können. Lederberg nannte dieses Phänomen *Transduktion.* Es eröffnete der Gentechnik einige Möglichkeiten.

Wachstum von Nerven

Die italienisch-amerikanische Embryologin Ruth Levi-Montalcini (1909 geboren) erforschte während des Zweiten Weltkrieges das Wachstum von Hühnerembryonen. Nach dem Weltkrieg nahm sie ihre Arbeit dort auf, wo sie sie aufgrund ihrer schwierigen Situation als Jüdin hatte unterbrechen müssen. Sie fand heraus, daß das Wachstum von Hühnerembryonen durch die Einpflanzung bestimmter Tumore beschleunigt wurde, und wies 1952 nach, daß das Nervenwachstum durch eine lösliche Substanz angeregt wurde, die durch den Tumor freigesetzt wurde. Für ihre Arbeit erhielt sie 1986 den Nobelpreis für Physiologie und Medizin.

Radioimmunoassay

Im Jahr 1952 hatte die amerikanische Biophysikerin Rosalyn Sussman Yalow (geb. 1921) eine Methode entwickelt, mit der Antikörper und andere biologisch aktive Substanzen im Körper lokalisiert werden konnten. Ihre Methode ließ sich auch für die Lokalisierung von Substanzen verwenden, die in so geringen Mengen auftreten, daß sie auf anderem Wege nicht zu entdecken sind.
Yalow verwendete einen Stoff, der ein radioaktives Atom enthielt und sich mit der fraglichen biologisch aktiven Substanz verband. Über das radioaktive Atom ließ sich die Präsenz der Substanz nachweisen. Diese Indikatormethode ermöglichte eine ganze Anzahl von Tests (*Radioimmunoassay)* zur Bestimmung signifikanter Antikörper. Für die medizinische Therapie ist sie insofern von großem Nutzen, als sie den Ärzten erlaubt, Fortschritte bei der Behandlung zu verfolgen.
Für ihre Arbeit wurde Yalow 1977 anteilig mit dem Nobelpreis für Medizin und Physiologie ausgezeichnet.

REM-Schlaf

Träume waren in früheren Zeiten Gegenstand mystischer Spekulationen. Sie wurden als Botschaften aus einer anderen Welt betrachtet, die im wachen Zustand nicht erreichbar war. Freud (vgl. 1900) hatte eine andere Form der Traumanalyse angeregt. Freilich sind einige der Meinung, daß auch sie nicht ganz frei von Mystizimus ist.
Erst 1952 gab es Untersuchungen des Phänomens, die sich nicht auf die subjektiven Berichte der Träumenden stützten. Der amerikanische Psychologe William Charles Dement (geb. 1928), der im Rahmen von Schlaf-Forschungen schlafende Personen beobachtete, bemerkte, daß sich ihre Augen unter den geschlossenen Lidern manchmal minutenlang heftig bewegten. Während dieser Phasen, die er als REM-Phasen (nach dem Ausdruck »rapid eye movements«, zu deutsch

»schnelle Augenbewegung«) bezeichnete, erreichten Atmungsfrequenz, Herzschlagrate und Blutdruck das Niveau des wachen Zustandes. Insgesamt machten sie ein Viertel der gesamten Schlafzeit aus.
Schlafende, die während einer solchen REM-Phase erwachten, berichteten in der Regel, daß sie geträumt hatten. Wurden sie regelmäßig während dieser Phasen geweckt, zeigten sie psychische Streßsymptome. Ließ man sie in den darauffolgenden Nächten ungestört schlafen, traten die REM-Phasen wesentlich häufiger auf, so als müßten die versäumten Träume nachgeholt werden.
Es hatte also den Anschein, als hätte das Träumen eine wichtige Funktion bei der Aufrechterhaltung der Leistungsfähigkeit des komplexen menschlichen Gehirns. In diesem Zusammenhang entdeckte man, daß die REM-Phasen bei Kleinkindern einen noch größeren Teil des Schlafes einnahmen als bei älteren Personen und daß sie auch bei Säugetieren auftraten. Die genaue Funktion der REM-Phasen und des Träumens ist allerdings immer noch umstritten.

Tranquilizer

Beruhigungsmittel haben den offensichtlichen Vorzug, Zustände der Übererregung zu dämpfen und den Patienten ruhigzustellen. Vor 1952 waren Barbiturate die bekanntesten Beruhigungsmittel. Sie hatten allerdings den Nachteil, daß sie müde und schläfrig machten.
Im Jahr 1952 beschäftigte sich der amerikanische Arzt Robert Wallace Wilkins (geb. 1906) mit *Reserpin,* einer Droge, die aus den Wurzeln einer indischen Pflanze gewonnen wird. Er stellte fest, daß sie eine beruhigende Wirkung hatte, ohne jedoch die Wachsamkeit herabzusetzen oder einzuschläfern.
Reserpin und andere vergleichbare Drogen wurden unter dem Sammelbegriff *Tranquilizer* zusammengefaßt. Wegen ihrer beruhigenden Wirkung bei Spannungszuständen, ob diese nun real oder eingebildet waren, gewannen sie sehr rasch an Beliebtheit. In der Psychiatrie wurden sie als Hilfsmittel bei der Behandlung eingesetzt. Obwohl sie kein Heilmittel gegen Geisteskrankheiten sind, leisten sie gute Dienste bei der Beruhigung gewalttätiger Patienten, so daß auf drastischere Mittel wie Zwangsjacken verzichtet werden kann. Zudem sind ruhige Patienten eher in der Lage, mit dem Psychiater zu kooperieren.

Gaschromatographie

Archer John Porter Martin, der bei der Entwicklung der Papierchromatographie (vgl. 1944) mitgearbeitet hatte, versuchte 1952, das gleiche Prinzip auch auf die Trennung von Gasen anzuwenden.
Bei seinem neuen Verfahren wird ein Gas- oder Dampfgemisch mit Hilfe eines inerten Trägergases wie Helium oder Stickstoff durch eine Filtervorrichtung gepumpt. Die Filtervorrichtung enthält entweder ein flüssiges Lösungsmittel oder einen festen Stoff, der absorptionsfähig ist, das heißt, die Gasmoleküle neigen dazu, sich an seiner Oberfläche festzusetzen. Die Bestandteile des Gasgemischs bewegen sich mit dem Trägergas in der Filtervorrichtung mit unterschiedlicher Geschwindigkeit fort und treten am Ende getrennt aus. Dieses Verfahren, die *Gaschromatographie,* ermöglicht nicht nur eine schnelle Trennung von Gasgemischen, mit seiner Hilfe lassen sich auch Verunreinigungen mit großer Genauigkeit bestimmen.

Zonenschmelzverfahren

Der amerikanische Chemiker William Gardner Pfann (1952) entwickelte das *Zonenschmelzverfahren.* Dabei wird ein Stab aus dem zu schmelzenden Material, beispielsweise Germanium oder Silicium, in den Hohlraum einer Heizspirale eingeführt. Der Teil des Stabes, der der Hitze ausgesetzt ist, wird weich und beginnt zu schmelzen. Der Stab wird dann so durch das Heizelement weiter-

bewegt, daß die angeschmolzene Außenschicht am Stab entlangwandert. Die Verunreinigungen im Stab reichern sich in den Schmelzzonen an, so daß sie nach und nach an das Ende des Stabes »gespült« werden. Nach einigen Durchläufen dieser Art kann das Ende der Stange abgeschnitten werden. Was übrig bleibt, sind Materialien von höchster Reinheit.
Die gereinigten Materialien können anschließend gezielt mit bestimmten Verunreinigungen angereichert werden, so daß sie für die Herstellung von Feststoff-Elektronik-Geräten wie Computer verwendet werden können.

Nachtrag

Der Kriegsheld Dwight David Eisenhower (1890–1969) wurde der vierunddreißigste Präsident der Vereinigten Staaten.
Georg VI. von England starb am 6. Februar 1952. Seine Tochter Elisabeth II. (geb. 1926) trat seine Nachfolge an.
Faruk I. von Ägypten (1920–1965) wurde am 26. Juli 1952 zum Rücktritt gezwungen und mußte zugunsten seines Sohnes Fuad II. abdanken.

1953

Doppelhelix

Die Forschungen von Chargaff und Franklin (vgl. 1952) hatten Erkenntnisse gebracht, auf deren Basis nun die Struktur der DNA entschlüsselt werden konnte. Den wichtigsten Beitrag hierzu leisteten der britische Physiker Francis Harry Compton Crick (geb. 1916) und der amerikanische Biochemiker James Dewey Watson (geb. 1928). Beide verwendeten dabei allerdings ein Foto von der Röntgenstrahlbeugung durch DNA, das Rosalind Franklin aufgenommen hatte und das ihnen ihr Chef, der neuseeländische Physiker Maurice Hugh Frederick Wilkins (geb. 1916) zur Verfügung gestellt hatte – offenbar ohne Wissen oder Genehmigung seiner Mitarbeiterin.
Im Jahr 1953 stellten Watson und Crick ein Modell der DNA-Struktur vor. Danach besteht die DNA aus zwei Nukleotidsträngen, die über die Basen der Nukleotide zu einer Doppelhelix verknüpft sind. Die Purin- und Pyrimidinbasen sind räumlich so einander zugeordnet, daß jedem doppelringigen Purin ein einringiges Pyrimidin gegenüberliegt, so daß der Abstand zwischen den beiden Strängen konstant bleibt. Adenin paart mit Thymin, Guanin mit Cytosin (womit auch Chargaffs Ergebnisse erklärt wären).
Jeder Strang der Doppelhelix enthält die gleiche Information wie der andere, nur eben als »Negativ«. Bei der Zellteilung spaltet sich die DNA-Doppelhelix in zwei Stränge, und jeder Strang baut seine fehlende komplementäre Hälfte auf, wobei an jedes Adenin ein Thymin, an jedes Thymin ein Adenin, an jedes Guanin ein Cytosin und an jedes Cytosin ein Guanin angelagert wird. So werden aus einer Doppelhelix zwei. Bei diesem Vorgang der *Replikation* wird die DNA-Struktur nicht verändert, es sei denn, ein Fehler tritt auf, der dann zu Mutationen führt.
Das Watson-Crick-Modell war so logisch aufgebaut, daß es sofort akzeptiert wurde. Watson, Crick und Wilkins erhielten für ihre Arbeit 1962 gemeinsam den Nobelpreis für Physiologie und Medizin. Rosalind Franklin war zu dieser Zeit bereits gestorben. So entfiel die Frage nach ihrer Beteiligung.

Isotaktische Polymere

Vor mehr als vierzig Jahren hatten Chemiker Polymere hergestellt: langkettige Moleküle, die aus einfachen Molekülen aufgebaut sind.
Nach der Entdeckung des Bakelits (vgl. 1909) war man auf die zahlreichen, nützlichen Eigenschaften der Polymere aufmerksam geworden und hatte sie immer häufiger verwandt.

Allerdings beruhte das Verfahren der Polymerisation weitgehend auf dem Zufall. Man ließ einfache Moleküle miteinander reagieren, ohne kontrollieren zu können, wie sie sich zusammenschlossen. So kam es mitunter vor, daß nicht einzelne, langkettige Moleküle entstanden, sondern verzweigte Moleküle. Hatten sich Gruppen von Atomen an die kleinen Bausteine angelagert, ragten sie in alle möglichen Richtungen aus der Kette heraus. Der Nutzen der Polymerisation wurde durch solche unvorhersehbaren Ergebnisse natürlich eingeschränkt.

Im Jahr 1953 entdeckte der deutsche Chemiker Karl Ziegler (1898–1973), daß er ein Harz, an das Ionen von Metallen wie Aluminium oder Titan gebunden waren, als Katalysator für die Herstellung von Polyäthylen verwenden konnte. Dabei bildeten sich Molekülketten ohne Verzweigungen. Das neue Polyäthylen zeichnete sich durch höhere Steifheit aus und besaß einen höheren Schmelzpunkt.

Der italienische Chemiker Giulio Natta (1903–1979) forschte in dieser Richtung weiter und machte dabei eine Entdeckung: Durch die Verwendung von Katalysatoren konnte er sicherstellen, daß die an das langkettige Molekül angelagerten Gruppen in die gleiche Richtung zeigten, wenn sich das Polymer bildete. Auf Anregung seiner Frau nannte er sie *isotaktische Polymere,* nach einem griechischen Ausdruck für »gleiche Anordnung«.

Plattentektonik

Seit dreißig Jahren war bekannt, daß der Atlantik von einem Gebirge durchzogen wurde, das seiner Längsachse folgte. Nach ähnlichen Entdeckungen im Pazifik und im Indischen Ozean war klar, daß dieses Gebirge zu einer unterseeischen Gebirgskette gehörte, die alle drei Weltmeere unterteilt. Man bezeichnete sie als *Mittelozeanischer Rücken.*

Im Jahr 1953 entdeckten der amerikanische Physiker Maurice Ewing (1906–1974) und Bruce Charles Heezen (1924–1977), daß der mittelozeanische Rücken der Länge nach von einer tiefen Schlucht durchschnitten wurde, dem *Zentralgraben.* An einigen Stellen kommt dieser Zentralgraben dem Festland ziemlich nahe: Er zieht sich durch das Rote Meer zwischen Afrika und der Arabischen Halbinsel, dann – die Pazifikküste Nordamerikas fast berührend – durch den Golf nach Kalifornien und die kalifornische Küste hinauf.

Der Graben schien die Erdkruste in mehrere große Platten zu unterteilen, die sich an den Nahtstellen so gut zusammenfügten, als hätte sie ein Tischler angepaßt. Man nannte sie *Krustenplatten.* Die auf diesem Platten-Modell beruhende Erforschung der Entstehung der Erdkruste erhielt den Namen *Plattentektonik.* Die Plattentektonik veränderte die Geologie von Grund auf und lieferte Erklärungen für viele Phänomene, die bislang rätselhaft geblieben waren.

Es gibt sechs große Krustenplatten und eine Anzahl kleinerer. In ihren Randzonen liegen nicht nur viele Vulkane, es kommt dort auch häufiger zu Erdbeben. Die *Pazifische Platte,* die den größten Teil des Pazifischen Ozeans ausmacht und an die Ostküste Asiens sowie an die Westküste Nordamerikas grenzt, ist für 80 Prozent der Erdbebenenergie verantwortlich, die auf der Erde gemessen wird.

Blasenkammer

Bis 1953 war das bekannteste Gerät, mit dem sich die Bahn subatomarer Teilchen sichtbar machen ließ, die von Wilson (vgl. 1911) entwickelte Nebelkammer. Nun dachte der amerikanische Physiker Donald Arthur Glaser (geb. 1926) an eine Weiterentwicklung dieses Prinzips.

Die Nebelkammer enthält ein gesättigtes Gas. Durchquert ein geladenes Teilchen das Gas mit hoher Geschwindigkeit, so bilden sich Flüssigkeitströpfchen, an denen die Bahn des Teilchens sichtbar wird.

Glaser wollte das übersättigte Gas nun durch

eine Flüssigkeit ersetzen, die er mittels Druck bis über ihren Siedepunkt hinaus erhitzte. Wenn ein geladenes Teilchen diese neue *Blasenkammer* durchquerte, so mußten sich Bläschen bilden, und anhand dieser Bläschen hoffte Glaser die Bahn des Teilchens verfolgen zu können.
Da Flüssigkeiten eine höhere Dichte besitzen als Gase, werden Teilchen mit hoher Geschwindigkeit in der Blasenkammer schneller abgebremst als in der Nebelkammer, und ihre Eigenschaften treten somit klarer hervor. Außerdem kommt es häufiger zu Kollisionen, es gibt also mehr zu beobachten. Verwendet man für die Füllung der Kammer flüssigen Wasserstoff, dessen Kern nur aus einem einzigen Proton besteht, so läßt sich zudem die Teilchenbewegung wesentlich einfacher interpretieren, da sie vor einem relativ einfachen Hintergrund stattfindet.
Im Jahr 1953 setzte Glaser sein Vorhaben in die Tat um. Seither ist die Blasenkammer für die Erforschung des subatomaren Bereichs ein unverzichtbares Instrument. Im Jahr 1960 erhielt er für die Entwicklung der Blasenkammer den Nobelpreis für Physik.

Strange particles

Kaonen und Hyperonen unterliegen der starken Wechselwirkung (vgl. oben), die bei ihrer Entstehung eine wichtige Rolle spielt. Nun könnte man annehmen, daß die starke Wechselwirkung auch bei ihrem Zerfall eine Rolle spielt, doch das ist nicht der Fall. Statt dessen zerfallen sie unter Einwirkung der schwachen Wechselwirkung, und zwar langsamer, als zu erwarten wäre.
Die Zerfallszeit der Kaonen und Hyperonen beträgt etwas weniger als eine milliardstel Sekunde – für unsere Begriffe ist das immer noch unvorstellbar schnell. Würden sie aber unter Einfluß der starken Wechselwirkung zerfallen, so würde die Zerfallszeit nur ein Milliardstel einer milliardstel Sekunde betragen. Die lange Zerfallszeit erschien seltsam, dementsprechend nannte man diese Teilchen *strange particles,* zu deutsch »seltsame Teilchen«.
Im Jahr 1953 begann der amerikanische Physiker Murray Gell-Mann (geboren 1929), sich mit dem Phänomen der langen Zerfallszeit zu beschäftigen. Er untersuchte die Eigenschaften von Gruppen aus zwei oder drei Hadronen, die sich nur durch ihre elektrische Ladung unterschieden, und teilte jeder Gruppe eine Art durchschnittlicher elektrischer Ladung zu.
Auf diese Weise konnte Gell-Mann zeigen, daß jede Gruppe eine spezielle Eigenschaft besaß, die er *Strangeness* (Seltsamkeit) nannte und die von den Eigenschaften der durchschnittlichen elektrischen Ladung abhing. Bei den meisten Hadronen wie dem Proton, dem Neutron oder dem Pion, hat die Strangeness den Wert 0, das heißt, daß die Eigenschaft vernachlässigbar klein ist. Bei Kaonen und Hyperonen dagegen hat die Strangeness die Werte +1, –1, +2 oder –2.
Würden diese Teilchen nun unter den Bedingungen der starken Wechselwirkung zerfallen, so müßte der Wert der Strangeness unverändert bleiben. Da jedoch alle Teilchen, in die sie zerfallen könnten, den Wert 0 haben, ist das nicht möglich. Also müssen sie unter den Bedingungen der schwachen Wechselwirkung zerfallen, so daß der Wert der Strangeness nicht ins Gewicht fällt. Daher die verhältnismäßig hohe Lebensdauer der Strange particles.
Für seine Forschungen auf diesem und anderen Gebieten erhielt Gell-Mann 1969 den Nobelpreis für Physik.

Maser

Einstein hatte folgendes dargelegt: Trifft ein Photon einer bestimmten Größe auf ein Molekül, so absorbiert das Molekül das Photon und erreicht dadurch ein höheres Energieniveau. Trifft jedoch ein Photon auf ein Molekül, dessen Energieniveau bereits erhöht ist, so wird das Molekül zur Abgabe eines Photons gezwungen und sinkt auf ein niedrigeres

Energieniveau zurück. Das vom Molekül abgegebene Photon besitzt genau die gleiche Wellenlänge und bewegt sich in die gleiche Richtung wie das auftreffende Photon, das vom Molekül nicht absorbiert wurde. Treffen nun diese beiden Photonen auf zwei andere Moleküle eines höheren Energieniveaus, wiederholt sich der Vorgang, und anschließend bewegen sich vier Photonen weiter. In sehr kurzer Zeit wird eine regelrechte Photonenlawine ausgelöst, wobei alle Photonen die gleiche Wellenlänge *(monochromatisch)* besitzen und sich in die gleiche Richtung fortbewegen *(kohärente Strahlung)*.
Nach dem Zweiten Weltkrieg, als Mikrowellen im Zusammenhang mit Radar und Radioastronomie immer wichtiger wurden, fragte sich der amerikanische Physiker Charles Hard Townes (geb. 1915), ob er dieses Prinzip nicht dazu verwenden könnte, einen Mikrowellenstrahl von großer Intensität zu erzeugen.
Das Ammoniakmolekül, zum Beispiel, schwingt unter geeigneten Bedingungen 24 Milliarden mal in der Minute, und diese Schwingung kann in Mikrowellen mit einer Wellenlänge von 1,25 cm umgewandelt werden. Angenommen, man brachte Ammoniakmoleküle mittels Hitze oder Elektrizität auf ein höheres Energieniveau und setzte sie anschließend einem schwachen Mikrowellenstrahl aus, der die Frequenz der Ammoniakmoleküle hat, so mußte dabei eigentlich ein wesentlich stärkerer Mikrowellenstrahl der gleichen Wellenlänge herauskommen.
Im Dezember 1953 hatte Townes ein Gerät entwickelt, das tatsächlich auf diese Weise funktionierte. Der Vorgang wurde als *microwave amplification by stimulated emission of radiation* bezeichnet, zu deutsch »Mikrowellen-Verstärkung durch stimulierte Strahlungsemission«. Das Gerät erhielt den Namen *Maser,* der aus den Anfangsbuchstaben der englischen Bezeichnung gebildet wurde.
Die russischen Physiker Alexander Michailowitsch Prochorow (geboren 1916) und Nikolai Gennadijewitsch Bassow hatten etwa zur gleichen Zeit unabhängig von Townes die theoretischen Grundlagen des Masers erarbeitet. Im Jahr 1964 wurden alle drei für ihre Arbeiten mit dem Nobelpreis für Physik ausgezeichnet.

Herz-Lungen-Maschine

Eine Herz-Lungen-Maschine (extrakorporaler Kreislauf) kann für kurze Zeit die Funktion von Herz und Lunge übernehmen. Aus den Venen wird venöses Blut in das Gerät gepumpt und in einem Oxygenator mit Sauerstoff angereichert. Anschließend wird das Blut dem Körper über eine Druckpumpe wieder zugeführt. Auf diese Weise können Herz und Lunge für einige Zeit stillgelegt werden, etwa bei einer Operation am offenen Herzen, ohne das Leben des Patienten zu gefährden.
Die erste erfolgreiche Herz-Lungen-Maschine wurde von dem Amerikaner John G. Gibbon entwickelt und 1953 erstmals eingesetzt. Seither wurde sie ständig verbessert und kommt bei Bypass-Operationen am Herzen zum Einsatz, die inzwischen routinemäßig durchgeführt werden, um die lebensbedrohliche Vernichtungsangst bei Angina pectoris zu nehmen.

Transistorisierung

Shockley und seine Mitarbeiter hatten den Transistor entwickelt (vgl. 1948), doch zunächst ließ seine Zuverlässigkeit zu wünschen übrig. Dies änderte sich rasch, und im Jahr 1953 konnten die ersten Instrumente, die mit Transistoren arbeiteten, auf den Markt gebracht werden. Es waren Hörgeräte, die so klein waren, daß sie in der Ohrmuschel getragen werden konnten. Im Vergleich zu ihren Vorgängern waren die transistorisierten Hörgeräte wesentlich zuverlässiger, zudem viel kleiner und handlicher und längst nicht so auffällig.
Unterdessen arbeitete man in Japan an einem Transistorradio, das ebenfalls kleiner und zu-

verlässiger war als alle handelsüblichen Geräte. Das Zeitalter der *Miniaturisierung* brach an.

Spraydosen

Im Jahr 1953 entwickelte der amerikanische Erfinder Robert H. Abplanalb (geb. 1923) einen neuen Plastikventil-Mechanismus, der die Herstellung billiger Aluminium-Spraydosen ermöglichte. Die Flüssigkeit, die versprüht werden sollte, wurde von einem Treibgas in Form winziger Tröpfchen aus der Dose getrieben. Das am häufigsten verwendete Treibgas war Freon (vgl. 1930), das leicht verdunstete und keinen hohen Druck verursachte.
In der Folgezeit wurde der Markt mit Spraydosen förmlich überschwemmt. Dementsprechend viel Freon wurde in die Atmosphäre gepumpt. Freon war nahezu in jeder Hinsicht unschädlich, doch auf die chemische Zusammensetzung der oberen Schichten der Atmosphäre hatte es eine unerwartete Wirkung, die, wie sich schließlich herausstellte, in eine Umweltkatastrophe führen kann.

Nachtrag

Der Koreakrieg endete am 27. Juli 1953 mit der Unterzeichnung eines Waffenstillstandsabkommens. Es gab keinen Friedensvertrag, doch entlang der Grenzen, die vor dem Krieg bestanden hatten, wurde eine entmilitarisierte Zone geschaffen.
Am 5. März 1953 starb Josef Stalin. Sein Nachfolger im Amt des Ersten Parteisekretärs und Ministerpräsidenten war Georgij Maximilianowitsch Malenko (geb. 1902). Am 12. August 1953 zündete die Sowjetunion ihre erste Wasserstoffbombe. Der Physiker Andrej Dmitrijewitsch Sacharow (1921–1989) spielte dabei die gleiche Rolle, die Teller in den Vereinigten Staaten gespielt hatte.
In Kenia begann ein Aufstand gegen die Kolonialmacht Großbritannien. Die Rebellen, die von Jomo Kenyatta (1894–1978) angeführt wurden, nannten sich selbst *Mau Mau* (die Versteckten).
Abd Al Asis Ibn Saud von Saudi-Arabien (1880–1953) starb am 9. November 1953. Sein Sohn, der ebenfalls Abd Al Asis Ibn Saud (1902–1969) hieß, folgte ihm auf dem Thron.
In den Vereinigten Staaten war Senator McCarthy auf dem Höhepunkt seiner Macht.
In Ägypten wurde Fuad II. am 18. Juni 1953 zur Abdankung gezwungen. Die Republik wurde ausgerufen.

1954

Salk-Impfung

Poliomyelitis *(Kinderlähmung)* war eine besonders schreckliche Krankheit. Selbst wenn sie nicht tödlich verlief, so blieb doch häufig eine ständige Lähmung zurück, die den Kranken an den Rollstuhl oder sogar an die eiserne Lunge fesselte. Und was dazukam: Oft waren es junge Menschen, die ihr zum Opfer fielen.
Nachdem es gelungen war, Polioviren in Hühnerembryonen zu züchten, war es auch möglich, Experimente mit ihnen durchzuführen, wie Enders und seine Mitarbeiter gezeigt hatten (vgl. 1948).
Der amerikanische Mikrobiologe Jonas Edward Salk (geb. 1914) versuchte, die Viren soweit abzutöten, daß die Krankheit nicht zum Ausbruch kam und dennoch die Bildung von Antikörpern angeregt wurde, die den Körper gegen eine spätere Infektion immunisierten.
Zunächst probierte Salk seinen Tot-Impfstoff an Kindern aus, die bereits an Kinderlähmung erkrankt waren, sie aber überstanden hatten. Er wollte sehen, ob sich bei ihnen die Anzahl der Antikörper erhöhte. Dann, im Jahr 1953, wagte er erste Versuche mit Kindern, die noch nie an Kinderlähmung erkrankt waren, um herauszufinden, ob sich wirklich Antikörper in ihrem Immunsystem bildeten. Das war der

Fall, und innerhalb von zwei Jahren setzte eine Massenimpfung gegen Kinderlähmung ein. Die gefürchtete Krankheit verlor ihren Schrecken.

Nierenverpflanzung

Wenn ein lebenswichtiges menschliches Organ versagt, so kann der Tod durch die Transplantation eines anderen Organs verhindert werden. Das verpflanzte Organ stammt entweder von einem Menschen, der es nicht unbedingt braucht, oder von einem Menschen, der bei einem Unfall ums Leben gekommen ist, dessen Organe aber noch funktionsfähig sind.
Unglücklicherweise reagiert der menschliche Körper allergisch auf fremdes Gewebe. Die Folge: Spenderorgane werden häufig abgestoßen. Wissenschaftler wie Medawar (vgl. 1949) suchten nach Möglichkeiten, diese Abwehrreaktionen abzuschwächen.
Die erste erfolgreiche Nierentransplantation fand im Dezember 1954 in Boston statt. Die verpflanzte Niere stammte von dem eineiigen Zwilling des Patienten. Da eineiige Zwillinge das gleiche genetische Material besitzen, fällt die Abstoßungsreaktion in der Regel sehr schwach aus. Hat ein Zwilling zwei gesunde Nieren, so kann er dem anderen, dessen Nieren versagen, eine Niere spenden, ohne selbst in Gefahr zu geraten, denn der menschliche Organismus bleibt auch mit einer Niere funktionsfähig. Der Zwilling, an dem die erste Nierentransplantation durchgeführt wurde, lebte nach der Operation noch acht Jahre.
Seit 1954 wurden viele Nieren verpflanzt, manchmal mit beachtlichem Erfolg, auch wenn Spender und Empfänger keine eineiigen Zwillinge waren.

Kernreaktoren

Noch vor der Zündung der ersten Atombombe hatte man in Chicago einen – noch recht ineffizienten – Kernreaktor gebaut (vgl. 1942). Er sollte Erkenntnisse liefern, die für den Bau der Atombombe nötig waren.
Später wurden allerdings auch Versuche unternommen, solche Reaktoren für die friedliche Energiegewinnung nutzbar zu machen. Mit der Wärme, die bei der Spaltung von Uran oder Plutonium freigesetzt wird, wollte man Wasser in Dampf umwandeln und mit dem Dampf schließlich eine Turbine antreiben, die Elektrizität produzierte.
Natürlich mußten Wege gefunden werden, den Spaltprozeß so zu kontrollieren, daß er gebremst werden konnte, falls er zu schnell ablief und so viel Hitze produzierte, daß eine Kernschmelze drohte. Explodieren konnte ein solcher Kernreaktor nicht, wohl aber konnte er radioaktive Strahlung freisetzen. Deshalb waren strenge Sicherheitsbestimmungen unumgänglich.
Der erste Kernreaktor, der elektrischen Strom für friedliche Zwecke liefern sollte, wurde im Juni 1954 in der Sowjetunion in Betrieb genommen. Es war ein recht kleiner Reaktor, doch schon bald wurden in Großbritannien und in den Vereinigten Staaten auch größere Reaktoren gebaut. Schließlich waren sie rund um den Globus zu finden und wurden zu einer wichtigen Energiequelle, insbesondere in Frankreich und in der Sowjetunion.
Kernreaktoren wurden auch zu anderen Zwecken eingesetzt. U-Boote, zum Beispiel, waren in den beiden Weltkriegen sehr verwundbar gewesen, da sie immer wieder zum Auftauchen gezwungen waren, um ihre Batterien aufzuladen. Der Plan, sie mit Kernreaktoren auszustatten, wurde vor allem von dem amerikanischen Marineoffizier Hyman George Rickover (1900–1986) befürwortet. Atomgetriebene U-Boote konnten monatelang unter Wasser bleiben, da keine Batterien aufgeladen werden müssen. Das erste atomgetriebene U-Boot, die *Nautilus,* stach im Januar 1954 in See.
Die Sowjetunion und die Vereinigten Staaten bauten auch einige atomgetriebene Überwasserschiffe, die sich jedoch nicht bewährten.

Synthese von Oxytocin

Etwa zur gleichen Zeit, als Sanger die Struktur von Aminosäuren in den Peptidketten von Insulinmolekülen untersuchte (vgl. 1952), analysierte Vincent du Vigneaud (vgl. 1942) die Struktur des Hormons *Oxytocin,* das im hinteren Teil der Hirnanhangdrüse produziert wird.
Oxytocin ist ausgesprochen einfach aufgebaut. Es ist ein aus acht Aminosäuren bestehendes, ringförmiges Peptid. Im Jahr 1954 ging Vigneaud einen Schritt weiter und synthetisierte es, indem er einfach die richtigen Aminosäuren in der richtigen Anordnung miteinander kombinierte.
Damit wurde erstmals ein Protein synthetisiert, das exakt die gleichen Eigenschaften besaß wie das natürliche Protein, das im Körper vorkommt. Für diese Leistung erhielt Vigneaud 1955 den Nobelpreis für Chemie.

Isolierung von Chloroplast

Seit Pelletier und Caventou das Chlorophyll isoliert hatten (vgl. 1817), war bekannt, daß Chlorophyll eine entscheidende Rolle bei der Photosynthese spielt. Versuche, die Photosynthese mit Chlorophyll im Reagenzglas nachzuvollziehen, scheiterten jedoch.
Beinahe ein Jahrhundert zuvor hatte von Sachs entdeckt, daß Chlorophyll in kleinen subzellularen Gebilden konzentriert war, die *Chloroplasten* genannt wurden und sich im Inneren der Pflanzenzellen befanden (vgl. 1862). Die Vermutung lag nahe, daß das Chlorophyll in der Zelle als Katalysator wirkte, allerdings nicht alleine, sondern als Teil eines komplizierten Systems in den Chloroplasten.
Diese Vermutung konnte bestätigt werden, wenn es gelang, die Chloroplasten unbeschädigt zu isolieren und mit ihrer Hilfe die Photosynthese im Reagenzglas nachzuvollziehen. Allerdings sind Chloroplasten so empfindlich, daß lange Zeit kein geeignetes Verfahren zu ihrer Isolierung gefunden werden konnte.
Im Jahr 1954 schließlich gelang es dem polnisch-amerikanischen Biochemiker David Israel Arnon (geb. 1910), intakte Chloroplasten aus der Spinatblattzelle zu isolieren und nachzuweisen, daß sie auch außerhalb der Pflanzenzelle fähig waren, die Photosynthese durchzuführen.

Synthese von Strychnin

Woodward, der bereits Chinin (vgl. 1944) und andere Stoffe synthetisiert hatte (vgl. 1948), gelang es 1954, das extrem kompliziert aufgebaute Alkaloid Strychnin künstlich herzustellen. Strychninmoleküle bestehen aus sieben Atomringen, die auf eine sehr komplexe Art miteinander verbunden sind.

Genetischer Code

Wenn die DNA wirklich Träger der Erbinformationen war, so mußte sie diese Informationen dadurch weitergeben, daß sie die Bildung von Enzymen steuerte, die wiederum die chemischen Reaktionen im Inneren von Zellen regelten. Die Frage war nur, wie das funktionieren sollte. Die DNA bestand aus Molekülketten, die sich aus vier verschiedenen Nukleotiden zusammensetzten, während die Enzyme, die zu den Proteinen gehörten, aus Molekülketten mit zwanzig verschiedenen Aminosäuren bestanden.
Im Jahr 1954 stellte George Gamow (vgl. 1929) die These auf, daß ein einzelnes Nukleotid nicht für die Bildung einer einzelnen Aminosäure verantwortlich sein konnte, da es zu wenig Nukleotide gab, um das ganze Spektrum der Aminosäuren abzudecken. Es mußten also Nukleotidgruppen sein, die aus mindestens drei, möglicherweise aber auch vier Nukleotiden kombiniert waren. Bestanden die Gruppen aus drei Nukleotiden, wären 64 verschiedene Kombinationen, sogenannte Nukleotiden-Tripletts oder *Codons,* möglich. Diese Codons konnten als Zeichen eines *genetischen Codes* dienen, und mit 64 verschie-

denen Zeichen wären mehr als genug Zeichen vorhanden, um die notwendige Information für die Bildung von zwanzig Aminosäuren zu tragen.
Gamow irrte sich zwar in den Details, doch seine Idee war absolut richtig.

Photoelemente

Achtzig Jahre zuvor hatte man entdeckt, daß das Element Selen elektrischen Strom unter Lichteinfluß wesentlich besser leitet als im Dunkeln. Schließlich fand man heraus, daß Lichtenergie Elektronen der Selenatome freisetzt und daß diese Elektronen dann als zusätzliche Ladungsträger dienen.
Man verwendet Selen für die Herstellung von *Photoelementen* oder *Sperrschichtphotozellen*, kurz *Photozellen* genannt. Diese eignen sich für die Steuerung einfacher Geräte wie zum Beispiel automatische Türöffner. Kurz vor einem Eingang ist ein Lichtstrahl auf eine Photozelle gerichtet. Ein durch die Leitfähigkeit des Selens aufrechterhaltener Stromfluß hält die Türe gegen den Widerstand einer Feder geschlossen. Wird der Lichtstrahl durch ein Objekt unterbrochen, wird die Leitfähigkeit des Selens so herabgesetzt, daß auch der Stromfluß unterbrochen wird, und die Türe öffnet sich.
Da Selen weniger als ein Prozent Lichtenergie in elektrische Energie umwandelt, war es nicht für komplexere Geräte geeignet. Doch 1954 entwickelte man Photozellen aus Galliumarsenid- oder Siliciumkristallen, die Halbleiter des Typs enthielten, der auch in Transistorradios verwendet wird. In diesen Zellen werden unter Lichteinwirkung wesentlich mehr Elektronen freigesetzt; vier Prozent der Sonnenergie werden in Elektrizität umgewandelt. Deshalb wurden solche Zellen auch *Solarzellen* genannt.
Die Photoelemente wurden ständig verbessert. Schließlich erzielte man bei einigen einen Wirkungsgrad von 30 Prozent, das heißt 30 Prozent der einfallenden Strahlungsenergie wurden in elektrische Energie umgewandelt. Da der Wirkungsgrad ständig stieg und die Herstellungskosten gleichzeitig sanken, schien es durchaus denkbar, daß eines Tages elektrische Energie direkt aus Sonnenenergie gewonnen werden könnte. Sollte das gelingen, so würden wir über eine unerschöpfliche Energiequelle verfügen, die unsere Umwelt nicht belastet.

Roboter

Das Wort *Roboter* stammt aus dem Tschechischen und bedeutet soviel wie »Diener« oder »Sklave«. Der tschechische Schriftsteller Karel Capek (1890–1938) verwendete es erstmals in seinem Stück »R.U.R.«, das 1920 uraufgeführt wurde. Inzwischen bezeichnet man damit selbstbewegliche Automaten, die in ihrer äußeren Form mehr oder weniger stark dem Menschen nachgebildet sind und manuelle Arbeiten übernehmen können, die normalerweise von Menschen verrichtet werden.
Obwohl Roboter in Science-fiction-Romanen schon längst zum festen Inventar gehörten, wurde das erste Patent für einen echten Industrieroboter erst 1954 erteilt. Entwickelt hatte ihn der amerikanische Erfinder George C. Devol jr. Zusammen mit dem amerikanischen Unternehmer Josef F. Engelberger (geb. 1925) gründete er später eine Firma, die Roboter herstellte. Die Lektüre des Buches *I, Robot* (»Ich, Roboter«) von Isaac Asimov (geb. 1920), hatte Engelbergers Interesse an Robotern geweckt.
In den folgenden zwanzig Jahren meldeten Devol und Engelberger weitere Patente an, doch die Herstellung von Robotern, die billig und kompakt genug für die Industrie waren, mußte warten, bis weitere Fortschritte auf dem Gebiet der Computertechnik erzielt wurden.

Bevatron

Seit der Entwicklung des ersten Teilchenbeschleunigers durch Cockroft und Walton (vgl. 1929) war es gelungen, die Energie, die Teilchenbeschleuniger produzieren, erheblich zu steigern. Im Jahr 1954 wurde an der University of California ein Teilchenbeschleuniger gebaut, der Protonen auf eine Geschwindigkeit beschleunigen konnte, die einer Spannung von 5 bis 6 Millionen Elektronenvolt, kurz MeV genannt, entsprach. Im Englischen wird eine Milliarde Elektronenvolt, die Energie, die schließlich mit diesem Beschleuniger erreicht wurde, mit dem Kürzel BeV für »Billion Electrovolt« bezeichnet. Daraus leitet sich der Name der Apparatur, *Bevatron,* ab. Mit dem Bevatron konnten Teilchen auf das Energieniveau ziemlich intensiver kosmischer Strahlen gebracht werden.
Anders als Anderson (vgl. 1932) brauchten Wissenschaftler nun nicht mehr zu warten, bis kosmische Strahlen auf Atome in der Atmosphäre trafen und interessante Phänomene erzeugten. Energiereiche Teilchen standen jederzeit in der erforderlichen Menge zur Verfügung. Von nun an konnte man in den Laboratorien gezielte Versuche durchführen, zumal die Teilchenbeschleuniger im Lauf der Zeit ständig verbessert wurden.

Antibabypille

In einer Welt, die unter zunehmender Überbevölkerung litt, war es notwendig, die Geburtenrate zu senken. Aber wie? Der einfachste Weg war immer noch sexuelle Enthaltsamkeit, eine Lösung, die freilich nicht praktikabel war. Was man brauchte, war ein Verhütungsmittel, das das Sexualleben der Menschen nicht beeinträchtigte und gleichzeitig nicht zu teuer war.
Es gab natürliche Methoden der Empfängnisverhütung, wie zum Beispiel die Knaus-Ogino-Methode, die auf den verschiedenen Phasen des Menstruationszyklus beruht, in denen die Wahrscheinlichkeit der Empfängnis sehr gering ist. Da der Menstruationszyklyus von Hormonen gesteuert wird, kam man auf die Idee, nach einem Hormon zu suchen, das – zum Beispiel in Pillenform – eingenommen werden konnte und das dem Körper signalisierte, daß eine Empfängnis nicht möglich sei. Der amerikanische Biologe Gregory Goodwin Pincus (1903–1967) fand ein solches Hormon. Klinische Versuche, die 1954 durchgeführt wurden, zeigten seine Wirksamkeit. Die Verwendung der *Antibabypille* ermöglichte Sexualverkehr ohne die Gefahr einer unerwünschten Schwangerschaft. Die dadurch gewonnene Unabhängigkeit der Frauen war ein weiterer Schritt auf dem Weg zur Emanzipierung und wirtschaftlichen Gleichstellung der Frau in der Gesellschaft.

Kontaktlinsen

Seit ungefähr sechshundert Jahren trugen Menschen, die kurz- oder weitsichtig waren oder an Astigmatismus litten, Brillen, um ihre Sehfehler auszugleichen (vgl. 1249 und 1825). Brillen sind allerdings sehr auffällig und lenken die Aufmerksamkeit auf die körperliche Schwäche. Darüber hinaus entwikkelte sich eine negative Einstellung zu Brillenträgern – Männer mit Brille galten als unmännlich und Frauen mit Brille als häßlich (diese Vorurteile wurden vor allem durch Filme bestärkt). Aus diesem Grund schien es angebracht, unauffälligere Sehhilfen zu entwickeln.
Schon 1887 hatte der deutsche Physiologe Adolf Eugen Fick (1829–1901) die Idee gehabt, *Kontaktlinsen,* also kleine Linsen, die direkt auf die Iris des Auges gelegt wurden, als Sehhilfen zu verwenden.
Glas, das direkt in Kontakt mit dem menschlichen Auge kommt, verursacht jedoch Reizungen und kann gefährliche Schäden hervorrufen. Im Jahr 1954 wurden erstmals Kontaktlinsen aus Plastik hergestellt, die sich als unschädlich erwiesen. Inzwischen sind sie sehr beliebt und weit verbreitet.

Nachtrag

Senator McCarthy griff in seinen Reden die Armee der Vereinigten Staaten an und beschuldigte sie vager Verbrechen und linksgerichteter Tendenzen. Es kam zu einer Anhörung vor dem Kongreß, bei der McCarthys Aktivitäten beleuchtet wurden. Am 2. Dezember wurde McCarthy für sein Fehlverhalten gerügt. McCarthy ergab sich dem Alkohol und starb knapp drei Jahre später.
In Indochina wurden die Franzosen gezwungen, Nordvietnam zu verlassen. Indochina wurde in vier unabhängige Staaten aufgeteilt: Laos, Kambodscha, das von der kommunistischen Partei regierte Nordvietnam und Südvietnam, in dem französische Truppen stationiert blieben.
Gamal Abd el Nasser (1918–1970) wurde Ministerpräsident von Ägypten.
In Algerien kam es zum Aufstand gegen die Kolonialmacht Frankreich.

1955

Explosion von Galaxien

Die Radioastronomie ermöglichte den Astronomen Erkenntnisse über das Universum, die sich durch Beobachtung kaum oder gar nicht gewinnen ließen.
Eine kosmische Radioquelle im Sternbild des Schwans (Cygnus) erwies sich als ungewöhnlich stark. Eine Beobachtung dieses Objekts mit dem Teleskop zeigte eine ungewöhnlich geformte Galaxie, die zwei Kerne besaß. Die Vermutung lag nahe, daß es sich um zwei Galaxien handelte, die zusammengeprallt waren. Der sowjetische Astronom Viktor Amazaspowitsch Ambartsumian (geb. 1908) untersuchte das Phänomen genauer und stellte die These auf, daß es sich nicht um zwei kollidierende Galaxien handelte, sondern um eine explodierende Galaxie. Seine These wurde später bestätigt.
Diese explodierende Galaxie war ein weiteres Beispiel für das Phänomen der *aktiven Galaxien,* in deren Kernen Vorgänge stattfinden, bei denen ungeheure Energiemengen freigesetzt werden. Bei der Beobachtung durch das Teleskop wirkt das Universum friedlich und majestätisch, sieht man einmal von gelegentlichen Novae und Supernovae ab. Doch die Radioastronomie zeigt, daß sich dort in Wirklichkeit verheerende Katastrophen ereignen.

Entstehung von Sternen

Je mehr Masse ein Stern besitzt, desto heller leuchtet er, desto schneller verbrennt er seinen Wasserstoffvorrat und desto kürzer ist seine Verweilzeit auf der Hauptreihe (vgl. 1914). Die Sonne ist mit ihrem Lebensalter von etwa fünf Milliarden Jahren ein vergleichsweise junger Stern. Sie wird sich nur noch fünf oder sechs Milliarden Jahre lang auf der Hauptreihe befinden.
Sterne, die massereicher als die Sonne sind, durchleben die Phase als Hauptreihenstern in weniger als einer Milliarde Jahren, manchmal sogar nur in einigen Millionen Jahren. Sterne, die sich jetzt noch in der Hauptphase befinden, müssen vor weniger als einer Milliarde Jahre entstanden sein. Das führt zu der Annahme, daß es genügend kosmischen Staub gibt, der das Rohmaterial für die Bildung neuer Sterne liefert.
Ein Beispiel dafür wäre der Orion-Nebel, in dem der amerikanische Astronom George Howard Herbig (geboren 1920) 1955 zwei Sterne entdeckte, die ein paar Jahre zuvor noch nicht zu sehen gewesen waren. Die Vermutung liegt nahe, daß diese Sterne aus dem Staub des Orion-Nebels entstanden sind und daß wir Zeugen dieser Entstehung waren.

Radiowellen vom Jupiter

Sterne oder Galaxien sind nicht die einzigen Radioquellen des Universums. Im Jahr 1955 entdeckte der amerikanische Astronom Kenneth Linn Franklin (geb. 1923), daß der Planet Jupiter Radiowellen aussendet. Diese Radiowellen waren nichtthermisch, das heißt, sie wiesen eine Struktur auf, die nicht ausschließlich aus den Temperatureffekten der Wolkenhülle des Jupiter resultieren konnte. Es mußte noch eine andere Ursache dafür geben. Die Wissenschaftler vermuteten, daß energiereiche Teilchen im Umfeld des Jupiter dafür verantwortlich sind, eine richtige Vermutung, wie sich später herausstellte.

Rotation des Pluto

Der Pluto ist so weit von der Erde entfernt, daß die Möglichkeiten, ihn zu beobachten, begrenzt sind. Im Jahr 1955 wurde allerdings festgestellt, daß seine Helligkeit in periodischen Abständen ab- und zunimmt. Ein Zyklus dauerte 6,4 Tage. Dies legte den Schluß nahe, daß Pluto 6,4 Tage braucht, um sich einmal um seine Achse zu drehen, und daß eine Hemisphäre das Licht etwas stärker reflektiert als die andere.

Antiproton

In den sechsundzwanzig Jahren, seit Dirac seine Theorie über die Existenz von Antiteilchen aufgestellt hatte (vgl. 1930), hatten nur die Antielektronen (Positronen) nachgewiesen werden können. Die Wissenschaftler waren weitgehend davon überzeugt, daß, wenn es ein Antielektron gab, auch ein Antiproton existieren mußte. Allerdings mußte es dann eine Masse besitzen, die 1837 mal so groß war wie die des Antielektrons, folglich war 1837 mal soviel Energie nötig, um es zu erzeugen.
Es hatte wenig Sinn, darauf zu warten, daß durch relativ seltene kosmische Strahlen mit ausreichend hohem Energieniveau ein Antiproton gebildet wurde. Nach der Entwicklung des Bevatron (vgl. 1954) war jedoch die Möglichkeit gegeben, genügend Energie zu produzieren, um Antiprotonen zu erzeugen.
Im Jahr 1955 unternahmen Segrè, der das Technetium entdeckt hatte (vgl. 1937), und der amerikanische Physiker Owen Chamberlain (geb. 1920) den Versuch, Kupfer mehrere Stunden lang mit Protonen einer Energie von mehr als sechs Milliarden Elektronenvolt zu bombardieren. Mit Hilfe eines ausgefeilten Systems sollten die Antiprotonen, die bei diesem Versuch möglicherweise entstanden, unter der Vielzahl anderer Teilchen mit unterschiedlicher Masse und Ladung nachgewiesen werden. Der Versuch glückte, unter 40 000 Teilchen fanden die Forscher 60 Antiprotonen.
Für ihre Arbeit erhielten Segrè und Chamberlain 1959 den Nobelpreis für Physik.

Mendelevium

Im Jahr 1955 beschossen Seaborg und seine Mitarbeiter (vgl. 1940) das Element Einsteinium (Ordnungszahl 99) mit Protonen und erzeugten dabei einige Atome eines Elementes mit der Ordnungszahl 101. Nach dem russischen Chemiker Mendelejew, der das Periodensystem der Elemente entwickelt hatte (vgl. 1869), nannten sie das neue Element *Mendelevium.*

Synthetische Diamanten

Seit beinahe zweihundert Jahren war bekannt, daß Diamanten aus Kohlenstoffatomen bestehen, wie auch Graphit oder Kohle. Deshalb hielten es einige Wissenschaftler theoretisch für möglich, Graphit in Diamanten umzuwandeln. Das Problem war nur, daß die Kohlenstoffverbindungen des Graphits so stabil waren, daß es sehr hohe Temperaturen erfordert, sie auseinanderzubrechen. Um die Kohlenstoffatome dann in die komplexere

Struktur von Diamanten zu bringen, waren nicht nur die hohen Temperaturen, sondern auch ein extrem hoher Druck notwendig.

Moissan (vgl. 1886) hatte geglaubt, ihm sei die synthetische Herstellung von Diamanten aus Graphit gelungen – ein Irrtum, wie sich später herausstellte. Zu seiner Zeit konnte man einfach noch nicht die notwendigen Temperaturen und Druckverhältnisse erzielen.

Bridgman hatte mit seiner Arbeit über Hochdruck (vgl. 1905) die Voraussetzungen geschaffen, die eine Umwandlung von Graphit in Diamanten schließlich doch noch möglich machten. Im Jahr 1955 gelang es Wissenschaftlern, einen Druck von 100 000 Atmosphären und eine Temperatur von 2 500°C zu erzeugen. Zusätzlich benutzten sie Chrom als Katalysator. Sie stellten künstliche Diamanten her, die von echten Diamanten durch nichts zu unterscheiden waren. Später, als es gelang, Temperatur und Druck noch höher zu schrauben, konnte man sogar auf den Katalysator verzichten.

Feldionenmikroskop

Auf dem Gebiet der künstlichen Vergrößerung gelang mit der Entwicklung des *Feldionenmikroskops* ein weiterer großer Fortschritt. Erfinder des Geräts war der deutschstämmige amerikanische Physiker Erwin Wilhelm Mueller, der bereits das Feldelektronenmikroskop entwickelte hatte (vgl. 1937).

Das Feldionenmikroskop arbeitet statt mit Elektronen mit positiv geladenen Helium-Ionen. Diese Ionen werden von der Spitze einer sehr feinen Nadel freigesetzt, die fast bis auf den absoluten Nullpunkt abgekühlt ist. Sie treffen auf einen fluoreszierenden Schirm und erzeugen dabei ein um eine Million mal oder mehr vergrößertes Bild von der Nadelspitze.

Mit einem solchen Mikroskop kann man nicht nur Atome abbilden, sondern auch ihre Anordnung untersuchen.

Enzyme als Katalysator der DNS-Replikation

Watson und Crick hatten die Doppelhelix-Struktur der DNA erforscht und gezeigt, daß die beiden DNA-Stränge nach einer Trennung jeweils eine komplette Kopie des anderen aufbauen können (vgl. 1953).

Diese Bildung des zweiten Strangs war von der katalytischen Wirkung eines Enzyms abhängig. Im Jahr 1955 gelang es dem amerikanischen Biochemiker Severo Ochoa (geb. 1905), ein solches Enzym aus dem Bakterium *Aztobacter vinelandii* zu isolieren. Dieses Enzym war in der Lage, den Aufbau von RNA-artigen Substanzen aus Nukleotiden katalytisch zu steuern.

Bald darauf isolierte der amerikanische Biochemiker Arthur Kornberg (geb. 1918), ein ehemaliger Student Ochoas, ein anderes Enzym aus dem Bakterium *Escherichia coli,* das den Aufbau von DNA-artigen Substanzen aus Nukleotiden zu steuern vermochte.

Mit diesen Enzymen war man in der Lage, Nukleinsäure-Ketten aus einem, zwei oder drei verschiedenen Nukleotiden zu synthetisieren.

Ochoa und Kornberg teilten sich 1959 den Nobelpreis für Medizin und Physiologie.

Struktur des Cyanocolbalamin

Die englische Biochemikerin Dorothy Mary Crowfoot Hodgkin (geb. 1910) erforschte die Struktur komplexer Moleküle in lebenden Geweben. Im Jahr 1948 hatte sie die chemische Struktur des Penicillins entschlüsselt. Dabei hatte sie sich der röntgendiffraktometrischen Fotografie (vgl. 1953) bedient und einen elektronischen Rechner benutzt. Damit war sie die erste, die zur Lösung biochemischer Probleme einen Computer eingesetzt hat.

Danach machte sich Hodgkin an die Aufgabe, die Strukturformel des Cyanocolbalamin (Vitamin B–12) zu ermitteln, dessen Molekül eine viermal größere Masse hat als das des

Penicillins. Wieder arbeitete Hodgkin mit röntgendiffraktometrischer Fotografie und Computer, doch auch mit diesen Hilfsmitteln dauerte es Jahre, bis sie die Struktur des äußerst komplexen Moleküls ermitteln konnte. Im Jahr 1955 schloß Hodgkin diese schwierige Arbeit erfolgreich ab und erhielt 1964 für ihre Leistung den Nobelpreis für Chemie.

Nachtrag

Winston Churchill legte sein Amt als britischer Premierminister nieder und zog sich aus dem öffentlichen Leben zurück. Nachfolger wurde sein Außenminister Anthony Eden (1897–1977).
Malenkow trat als sowjetischer Regierungschef nach weniger als zwei Amtsjahren zurück. Sein Nachfolger wurde Nikolai Alexandrowitsch Bulganin (1895–1975).
In Argentinien wurde Präsident Péron durch einen Putsch gestürzt und zur Flucht ins Exil gezwungen.
Das Oberste Bundesgericht der Vereinigten Staaten hob einige Rassentrennungsgesetze auf. In Montgomery, Alabama, weigerte sich eine schwarze Frau namens Rosa Parks, ihren Sitz im Bus an einen weißen Mann abzutreten. Dieser an sich unbedeutende Zwischenfall war symptomatisch für die lauter werdenden Forderungen der schwarzen Amerikaner nach Anerkennung ihrer Bürgerrechte.

1956

Entdeckung des Neutrinos

Pauli hatte die Existenz des Neutrinos postuliert (vgl. 1931), doch bisher war es nicht möglich gewesen, dieses Teilchen nachzuweisen. Da das Neutrino keine elektrische Ladung, möglicherweise auch keine Masse hat und seine Wechselwirkung mit anderen Teilchen außerordentlich klein ist, war es sehr schwer aufzuspüren.
Doch inzwischen gab es Kernreaktoren, die einen hohen Neutrinofluß erzeugen konnten. (Eigentlich zerfallen bei der Kernspaltung Neutronen in Protonen, Elektronen und Antineutrinos, doch wenn es gelang, die Existenz von Antineutrinos nachzuweisen, bestand wohl kein Zweifel mehr an der Existenz des Neutrinos.)
Obwohl die Wechselwirkung von Antineutrinos mit anderen Teilchen nur sehr gering ist, geschieht es doch hin und wieder, daß eines unter einer Trillion mit einem Proton kollidiert. Durch diesen Zusammenstoß wird das Proton in ein Neutron umgewandelt, und ein Antielektron wird freigesetzt – also die umgekehrte Reaktion wie beim Zerfall des Neutrons in Proton, Elektron und Antineutrino.
Antineutrinos ließen sich somit nachweisen, wenn es gelang, das gleichzeitige Auftreten eines Neutrons und eines Antielektrons zu beobachten, die ja durch den Aufprall eines Antineutrinos auf ein Proton entstehen mußten.
Im Jahr 1956 bauten die beiden amerikanischen Physiker Frederick Reines (geb. 1918) und Clyde Lorrain (geb. 1919) eine Versuchsanordnung, mit der sie Antineutrinos zum ersten Mal direkt nachweisen konnten.
Später wurden Neutrinos in der Sonnenstrahlung festgestellt.

Erhaltung der Parität

In der Physik waren im Laufe der Jahrhunderte Erhaltungssätze aufgestellt worden, die sich – unter anderem – auf die Erhaltung der Energie, der Bewegung, des Drehimpulses oder der elektrischen Ladung beziehen. In jedem einzelnen Fall bedeutet das, daß die Quantität der jeweiligen Eigenschaft in einem geschlossenen System (einem System, das in keinerlei Wechselbeziehungen mit Objekten außerhalb des Systems tritt) weder ab- noch zunehmen kann, egal, was innerhalb des Systems pas-

siert. Man ging von der allgemeinen Gültigkeit solcher Erhaltungssätze aus.
Die Erforschung der subatomaren Teilchen zeigte, daß die Erhaltungssätze auch in diesem Bereich gültig sind. Ja, es wurden sogar neue Erhaltungssätze entdeckt, so etwa der Satz von der *Erhaltung der Parität.* Parität ist eine Eigenschaft, die sich auf zwei Werte bezieht, nämlich auf »gleich« oder »ungleich«. Wie bei Zahlen gilt auch bei den Paritäten, daß »ungleich« plus »ungleich« »gleich« ergibt; »gleich« plus »gleich« ergibt ebenfalls »gleich«; aber »gleich« plus »ungleich« ergibt »ungleich«. Jedem Teilchen wurde ein bestimmter Paritätsfaktor zugeteilt, entweder »gleich« oder »ungleich«, so daß die Gesamtheit dieser Teilchen in einem geschlossenen System entweder »gleich« oder »ungleich« ist. Gleichgültig, was mit den Teilchen innerhalb des Systems geschieht, ihre Parität ist am Ende genau die gleiche wie am Anfang, also entweder »gleich« oder »ungleich«. Zumindest nahm man das an.
Kaonen verhielten sich allerdings nicht so, wie man es nach dem Erhaltungssatz der Parität von ihnen erwarten konnte. Manchmal zerfielen sie in zwei Pionen, die zusammen die Parität »gleich« hatten, manchmal jedoch auch in drei, die die Parität »ungleich« hatten. Man schloß daraus, daß es zwei Arten von Kaonen gab, eine mit gleicher Parität und eine mit ungleicher Parität. Allerdings konnte niemand einen Unterschied zwischen den Kaonen feststellen oder voraussagen, welches Kaon welche Parität haben würde.
Im Jahr 1956 äußerten die zwei chinesischen Forscher Cheng Ning Yang und Tsung Dao Lee die Vermutung, daß das Gesetz von der Erhaltung der Parität wohl bei der starken Wechselwirkung gelte, nicht aber bei der schwachen Wechselwirkung. Da der Zerfall von Kaonen unter der schwachen Wechselwirkung stattfand, mußte daraus gefolgert werden, daß es nur eine Art von Kaonen gab und daß sie wahllos in zwei oder drei Pionen zerfallen konnten. Lee und Yang bauten zur Überprüfung ihrer These eine Versuchsanordnung, bei der sie von folgender Überlegung ausgingen: War der Satz der Erhaltung der Parität bei schwachen Wechselwirkungen gültig, so mußte bei bestimmten Veränderungen von Teilchen die gleiche Anzahl von Elektronen nach links und rechts abgestrahlt werden. War der Satz *nicht* gültig, so mußten die Elektronen vorwiegend in eine Richtung abgestrahlt werden. Das Experiment wurde durchgeführt, und die Elektronen wurden vorwiegend in eine Richtung abgestrahlt.
Das bedeutete, daß die Parität zwar bei der starken Wechselwirkung und bei der elektromagnetischen Wechselwirkung erhalten blieb, nicht aber bei der schwachen Wechselwirkung. Für ihre Leistung erhielten Lee und Yang 1957 den Nobelpreis für Physik.
Die Entdeckung dieser beiden Forscher bedeutete nun keineswegs, daß der Satz von der Erhaltung der Parität in sich zusammenfiel. Sie bedeutete vielmehr, daß die Parität mit einer anderen Eigenschaft zu einem Erhaltungssatz kombiniert werden mußte. Wenn man etwa davon ausging, daß Teilchen ihre Elektronen vor allem in eine Richtung abgaben, dann mußten die Antiteilchen ihre Elektronen verstärkt in die andere Richtung abgeben. Diese Eigenschaft wird als *Ladungskonjugation* bezeichnet. Ihre Kombination mit der Parität wurde im Englischen »charge conjugation and parity« genannt, in der Physik allgemein als *CP* bekannt. Davon ausgehend formulierten die Wissenschaftler den Satz der *CP-Erhaltung.*

Antineutron

Nachdem das Antiproton entdeckt worden war (vgl. 1955), konnte man seine Eigenschaften eingehend untersuchen. Traf ein Antiproton auf ein Proton, löschten sie sich aufgrund ihrer genau entgegengesetzten Eigenschaften gegenseitig aus, das heißt, ihre Masse verwandelte sich – in Übereinstimmung mit Einsteins Gleichung über die Äquivalenz von Masse und Energie (vgl. 1905) – in Energie. Wenn das Proton und das Antiproton jedoch nicht miteinander kollidierten, sondern einander nur streiften, löschten sie sich nicht aus. Vielmehr neutralisierten sich die positive Ladung des Protons und die negative Ladung des Antiprotons gegenseitig, und zurück blieben zwei ungeladene Teilchen. Das Proton hatte sich in ein Neutron umgewandelt, das Antiproton, wie 1956 nachgewiesen wurde, in ein *Antineutron.*

Dieses Antineutron stellte die Wissenschaftler vor ein Rätsel. Als der Begriff der Antiteilchen aufkam, waren ausschließlich subatomare Teilchen mit elektrischen Ladungen bekannt. Das Elektron war negativ, also mußte das Antielektron positiv sein. Das Proton war positiv, das Antiproton folglich negativ. Doch ein Neutron besaß keine Ladung. Was also konnte ein Antineutron zu einem Antineutron machen?

Wie sich herausstellte, ist das Neutron als Ganzes zwar ungeladen, doch in seinem »Inneren« besitzt es positive und negative Ladungen. Die Verteilung dieser Ladung kann nicht ganz gleichmäßig sein, da das Neutron durch seinen Drehimpuls oder Spin (vgl. 1925) ein magnetisches Feld bildet, das in eine bestimmte Richtung weist. Beim Antineutron muß die Verteilung der Ladung genau umgekehrt sein, und das bewirkt, daß seine Spinrichtung in die entgegengesetzte Richtung zeigt. Somit weist auch das Magnetfeld des Antineutrons in die entgegengesetzte Richtung.

Eine genauere Untersuchung der Ladungsverteilung innerhalb der neutralen Teilchen mußte warten, bis weitere Entdeckungen gemacht wurden.

Kontinuierlich arbeitender Maser

In dem Maser, den Townes entwickelt hatte (vgl. 1953), wurden die Moleküle zuerst auf ein höheres Energieniveau gehoben und dann auf ein niedrigeres Niveau abgesenkt. Die hierbei gewonnene Energie wurde in einem kohärenten Mikrowellenstrahl abgegeben. Danach mußte eine Pause eingelegt werden, in der die Moleküle wieder auf ein höheres Energieniveau gebracht wurden.

Im Jahr 1956 entwickelte der in den Niederlanden geborene Amerikaner Nicolaas Bloembergen (geb. 1920) einen Maser, in dem es nicht nur zwei, sondern drei Energiezustände gab. So konnten Moleküle auf ein höheres Energieniveau gebracht werden, während auf einem anderen Energieniveau der Mikrowellenstrahl emittiert wurde. Für diesen *kontinuierlich arbeitenden Maser* erhielt Bloembergen 1981 anteilig den Nobelpreis für Physik.

Temperatur der Venus

Da die Venus der Sonne näher ist als die Erde, wurde lange Zeit angenommen, daß sie wärmer sei als die Erde, auch wenn ihre dicke Wolkendecke einen großen Teil der Sonnenstrahlung reflektierte. Die Wolkendecke schien außerdem darauf hinzudeuten, daß es auf der Venus viel Wasser gab, und das konnte den klimatischen Bedingungen nur förderlich sein. Kurz und gut: Die Venus schien eine recht angenehme Welt zu sein.

Doch im Zeitalter der Radioastronomie konnte man solchen Spekulationen auf den Grund gehen. Jedes Objekt gibt Mikrowellen ab, also auch ein Planet. Je höher seine Temperatur ist, desto kürzer sind die Mikrowellen. Mit Hilfe von empfindlichen Radioteleskopen war man in der Lage, solche Mikrowellen aufzuspüren. Im Jahr 1956 untersuchte ein Team amerikanischer Astronomen unter der Leitung von Cornell H. Mayer die Mikrowellen, die von der Nachtseite der Venus ausgesandt wurden. Die Wissenschaftler fanden heraus, daß entweder die Oberflächentemperatur oder eine Schicht in der Atmosphäre der Venus Temperaturen aufweist, die weit über dem Siedepunkt des Wassers liegen. Das Bild von der Venus als einer angenehmen Welt wurde durch diese Entdeckung ein für allemal zerstört.

Ribosomen

Seit man in der Lage war, Zellen unter dem Elektronenmikroskop zu untersuchen, konnte man sehr viele Details beobachten, die man nie zuvor gesehen hatte (vgl. 1932). Zum Beispiel gab es im Zytoplasma der Zelle eine Anzahl kleiner Gebilde, die man *Mikrosomen* (»kleine Körper«) nannte. Der aus Rumänien stammende amerikanische Physiologe George Emil Palade (geb. 1912) untersuchte sie unter dem Elektronenmikroskop. Er fand heraus, daß sie nicht nur Fragmente von Mitochondrien sind, wie manche angenommen hatten, sondern unabhängige Organellen innerhalb der Zelle mit einer anderen chemischen Struktur als Mitochondrien.
Im Jahr 1956 konnte Palade zeigen, daß diese Mikrosomen einen sehr hohen Anteil an RNA (Ribonukleinsäure) besitzen. Aus diesem Grund benannte man sie in *Ribosomen* um. Sehr schnell wurde deutlich, daß sie die Orte der Enzymproduktion in der Zelle sind. Für seine Arbeit erhielt Palade 1974 den Nobelpreis für Physiologie und Medizin.

Transfer-RNA

Der amerikanische Biochemiker Mahlon Bush Hoagland (geb. 1921) entdeckte relativ kleine RNA-Moleküle im Zytoplasma. Es gab unterschiedliche Varianten dieser RNA-Moleküle, und Hoagland konnte nachweisen, daß jede Variante die Fähigkeit hatte, eine bestimmte Aminosäure zu binden.
Mit dem andern Ende konnte sich das RNA-Molekül an einer bestimmten Stelle an ein Ribosom anlagern. Waren die RNA-Moleküle in einer bestimmten Reihenfolge aneinandergereiht, so konnten sich die angehängten Aminosäuren am anderen Ende leicht zu bestimmten Proteinen verknüpfen. Die jeweils eine Aminosäure übertragenden RNA-Moleküle wurden *Transfer-RNA* genannt.
Die Frage war nur, wie es der Transfer-RNA gelingt, die richtige Position zu finden, an der sie sich und die Aminosäure anlagert. Die DNA-Moleküle in den Chromosomen, die die notwendige Erbinformation enthalten, sind im Zellkern, während sich die Transfer-RNA im Zytoplasma befindet.
Die Frage läßt sich mit einem Modell beantworten, das die französischen Biologen Jaques-Lucien Monod (1910–1976) und François Jacob (geb. 1920) entwickelt haben. Nach diesem Modell wird von dem DNA-Molekül im Zellkern eine genaue Kopie einer seiner Ketten gebildet, nämlich das RNA-Kettenmolekül. Dieses RNA-Molekül, das ebenfalls Träger der Erbinformation ist, wandert durch die Zellkernwand in das Zytoplasma hinaus und lagert sich an ein Ribosom an. Als Überträger der Erbinformation wird es *Boten-RNA* genannt.
Jede Transfer-RNA besitzt an dem Ende, an dem keine Aminosäure angelagert wird, eine aus drei Nukleotiden bestehende Verbindung, Codon genannt, die zu einem Codon in der Boten-RNA paßt. Hat sich die Boten-RNA an das Ribosom angelagert, heften sich die Transfer-RNA, die die Aminosäuren tragen, mit ihren Codons nacheinander an die jeweils passenden Codons der Boten-RNA. So haben wir zunächst die Boten-RNA, an der die passenden Transfer-RNA lagern, und an diesen wiederum hängen die Aminosäuren.
Die Erbinformation wird also zunächst von der DNA im Chromosom an die Boten-RNA weitergegeben, die aus dem Zellkern in das Zytoplasma zu den Ribosomen wandert. Hier werden die Transfer-RNA entsprechend der Erbinformation an die Boten-RNA angelagert, und die an der Transfer-RNA hängenden Aminosäuren werden nach dieser Information zu einem Protein verknüpft.
Die Codons im DNA-Molekül plus die Codons in der Boten-RNA plus die Codons in der Transfer-RNA stehen jeweils für eine bestimmte Aminosäure, wie Gamow 1954 postuliert hatte. Aufgabe der Genetiker ist es, herauszufinden, welche Codons für welche Aminosäure stehen. Mit anderen Worten, sie müssen den genetischen Code entschlüsseln.

Hormone der Hirnanhangdrüse

Die Struktur des Oxytocin war von du Vigneaud entschlüsselt worden (vgl. 1954), die des Insulin von Sanger (siehe 1952). Der 1913 in China geborene amerikanische Biochemiker Choh Hao Li wendete die von diesen Forschern entwickelten Methoden an, um die Proteinhormone der Hirnanhangdrüse zu erforschen.
Im Jahr 1956 konnte er nachweisen, daß die Moleküle des ACTH *(adrenocorticotropes Hormon)*, das die Produktion von Steroidhormonen wie Corticosteroid durch die Nebennierenrinden anregt, aus 39 Aminosäuren in einer bestimmten Anordnung besteht. Die Aminosäurekette des natürlichen Hormons muß allerdings nicht vollständig sein, etwas mehr als die Hälfte reicht bereits aus, um zu wirken.
Li wies außerdem nach, daß das melanozytenstimulierende Hormon (MSH) der Hirnanhangdrüse aus einer Aminosäurekette besteht, die an manchen Stellen die gleiche Aminosäurenreihe wie die ACTH-Kette aufweist.
Ebenfalls 1956 isolierte Li das menschliche Wachstumshormon aus der Hirnanhangdrüse und ermittelte die genaue Anordnung der 256 Aminosäuren, die die Molekülkette bilden. Das Wachstumshormon des Menschen unterscheidet sich in der Anordnung der Aminosäuren von dem des Schweins oder des Rinds. Während manche Hormone, die aus Tieren extrahiert werden, für den Menschen von Nutzen sein können, ist das beim Wachstumshormon nicht der Fall.

Nachtrag

In den Vereinigten Staaten gewann Eisenhower mühelos die Wiederwahl. In Montgomery, Alabama, trat Martin Luther King (1929–1968) als Führer der Bürgerrechtsbewegung hervor.
In Afrika erlangten mehrere Staaten ihre Unabhängigkeit: am 1. Januar 1956 Marokko, am 20. März Tunesien, am 1. Januar der Sudan und am 17. September Ghana (die ehemalige Goldküste).
In Asien erlangte Pakistan am 29. Februar 1956 seine Unabhängigkeit von Indien. Die beiden Landesteile – West- und Ostpakistan – wurden geographisch durch einen breiten Streifen indischen Gebietes getrennt.
Am 26. Juli 1956 erklärte Ägypten den Suez-Kanal zu seinem nationalen Eigentum und löste damit die Suez-Krise aus. Am 29. Oktober rückten israelische Truppenverbände mit französischer und britischer Unterstützung auf der Sinai-Halbinsel in Richtung Suez-Kanal vor. Ende des Monats bombardierten England und Frankreich das Kanalgebiet. Auf Drängen der Sowjetunion und der Vereinigten Staaten wurde die Offensive abgebrochen. Am Ende des Jahres war die Krise vorüber.

1957

Sputnik

Fast drei Jahrhunderte zuvor hatte Newton die Gesetze formuliert, die es ermöglichen, mit Hilfe einer Rakete Satelliten auf eine Erdumlaufbahn zu bringen. Nachdem Deutschland im Zweiten Weltkrieg V2–Raketen entwickelt hatte, begannen die USA und die Sowjetunion daran zu arbeiten, eine Rakete in den Weltraum zu schießen. Die Amerikaner waren aufgrund ihrer überlegenen Technik fest davon überzeugt, daß sie die ersten sein würden.
Um so schockierter waren die Amerikaner, als am 4. Oktober 1957 erstmals ein Satellit in eine Umlaufbahn geschossen wurde – ein sowjetischer. Sein Name war *Sputnik 1* (das russische Wort für »Satellit«). Mit Sputnik 1 begann das Zeitalter der Raumfahrt.

Jodrell Bank

Ein Vierteljahrhundert nachdem Jansky Radiowellen aus dem Weltraum aufgefangen hatte (vgl. 1932), wurde in der englischen Versuchstation Jodrell Bank unter Leitung des Astronomen Bernard Lovell (geb. 1913) das erste wirklich große Radioteleskop mit einer Parabolschüssel von 75 Metern Durchmesser errichtet. Die Bauzeit betrug sechs Jahre. Im Jahr 1957 stand das Teleskop kurz vor seiner Fertigstellung und war bereits in der Lage, den sowjetischen Satelliten Sputnik I auf seiner Umlaufbahn zu orten.

Einzelheiten der Photosynthese

Die Photosynthese läßt sich in ihren Einzelheiten viel schwerer untersuchen als die meisten anderen chemischen Reaktionsreihen, die in lebendem Gewebe ablaufen. Die Photosynthese funktioniert nur in intakten Chloroplasten. Das bedeutet, daß mit unbeschädigten, lebenden Zellen gearbeitet werden muß anstatt mit Extrakten oder zerteilten Präparaten. Zudem laufen die Prozesse der Photosynthese mit so hoher Geschwindigkeit ab, daß es zu Beginn fast aussichtslos schien, sie jemals beobachten zu können.

Die biochemischen Methoden, die in den letzten beiden Jahrzehnten entwickelt worden waren, eröffneten jedoch neue Möglichkeiten. Der amerikanische Biochemiker Melvin Calvin (geb. 1911) setzte Pflanzenzellen für kurze Zeitspannen – nicht länger als ein paar Sekunden– Kohlendioxid aus, das Kohlenstoff-14 oder C-14 enthielt. Anschließend zerstampfte er die Pflanzenzellen, brachte sie in Lösung, trennte sie mit Hilfe der Papierchromatographie und untersuchte die Substanzen, die C-14 enthielten.

Die Arbeit war mühsam und zeitaufwendig, doch Schritt für Schritt isolierten Calvin und seine Mitarbeiter die Substanzen, die während der einzelnen Reaktionsphasen der Photosynthese entstanden. Auf diese Weise konnten sie ein sinnvolles Schema der Photosynthese entwickeln.

Im Jahr 1957 waren die bereits bekannten Phasen der Photosynthese in logische Zusammenhänge gebracht und die einzelnen Details zugeordnet. Für diese Arbeit erhielt Calvin 1961 den Nobelpreis für Chemie.

Gibberelline

Es gibt verschiedene Pflanzenhormone, die Wachstum, Keimung oder Blütenbildung fördern. Eine Gruppe dieser Hormone, die *Gibberelline,* kann aus einem Pilz der Gattung *Gibberella* isoliert werden (daher auch der Name). In Japan hatte man bereits vor dem Zweiten Weltkrieg Untersuchungen mit Gibberellinen durchgeführt, im Westen wurden sie erst um 1957 bekannt. Wirtschaftliche Verwendung finden Gibberelline unter anderem in der Blumengärtnerei zur Steigerung der Pflanzengröße.

Interferone

Im Jahr 1957 wies eine Gruppe um den englischen Bakteriologen Alick Isaacs (1921–1967) nach, daß Zellen beim Eindringen von Viren ein Protein freisetzen, das nicht nur der Bekämpfung des Eindringlings, sondern auch dem Schutz vor anderen Viren dient. Das Protein, *Interferon* genannt, bildet sich bereits wenige Stunden nach Eindringen des Virus, also viel schneller als die Antikörper.

Viele Tierarten produzieren Interferone, wobei freilich jede ihre eigenen Interferone besitzt, so daß ein Austausch nicht möglich ist. Nur das menschliche Interferon zeigt die gewünschte Wirkung im menschlichen Körper. Bedauerlicherweise wird es nur in sehr geringen Mengen hergestellt.

Sabin-Schluckimpfung

Die Salk-Impfung hatte sich als wirksamer Schutz gegen die Kinderlähmung (oder Poliomyelitis) erwiesen (vgl. 1954). Allerdings war zu befürchten, daß die dabei injizierten toten Polio-Viren mit der Zeit ihre Eigenschaft verloren, die Bildung von Antikörpern anzuregen. Der polnisch-amerikanische Mikrobiologe Albert Bruce Sabin (geb. 1906) hielt es für möglich, lebende Viren durch Wirtspassagen so zu schwächen, daß sie die Krankheit nicht zum Ausbruch brachten und dennoch die Bildung von Antikörpern anregten. Da sie lebend in den menschlichen Körper aufgenommen wurden – durch Schluckimpfung – konnten sie seiner Meinung nach wesentlich länger die Bildung von Antikörpern anregen als tot injizierte Viren.
Als Sabin der Überzeugung war, er habe Viren des gewünschten Typs gefunden, testete er sie zunächst in Tierversuchen, dann an sich selbst und schließlich an Sträflingen, die sich freiwillig zur Verfügung stellten.
Im Jahr 1957 wurde die Sabin-Schluckimpfung in großem Umfang in der Sowjetunion und in Osteuropa durchgeführt, drei Jahre später auch in den USA.

Herzschrittmacher

Das Herz schlägt regelmäßig. Bei Anstrengung oder Aufregung erhöht es die Frequenz seiner Schläge, um den erhöhten Sauerstoffbedarf des Körpers zu decken, im Ruhezustand schlägt es wieder langsamer. Seit einem halben Jahrhundert ist bekannt, daß der Taktgeber für die Herzfrequenz der Sinusknoten ist, allgemein auch als Herzschrittmacher bekannt. Wird der Herzschrittmacher durch Krankheit oder Verletzung in seiner Funktion beeinträchtigt, kann die Herzfrequenz nicht aufrechterhalten werden – was tödliche Folgen haben könnte.
Man entwickelte künstliche Herzschrittmacher, die elektrische Impulse zur periodischen Reizung der Herzmuskulatur liefern. Die ersten Geräte waren noch so groß, daß sie außerhalb des Körpers getragen werden mußten. Dann, 1957, entwickelte der amerikanische Arzt Clarence Walton Lillehei einen Herzschrittmacher, der so klein war, daß er in die Brust des Patienten eingepflanzt werden konnte. Heute tragen viele ältere Menschen einen künstlichen Herzschrittmacher.

Borazon

Bor besitzt ein Elektron weniger als Kohlenstoff, Stickstoff ein Elektron mehr. Die Moleküle der Bor-Nitrat-Verbindung *Bornitrid* bestehen aus jeweils einem Bor- und einem Nitrat-Atom. Werden sie dem Druck und den Temperaturen ausgesetzt, unter denen Graphit in Diamanten umgewandelt werden kann (vgl. 1955), gehen sie ebenfalls in eine diamantähnliche Konfiguration über. Man spricht dann von *Borazon.* Im Jahr 1957 wurde diese Umwandlung erstmals durchgeführt. Die Elektronen des Borazon haben die gleiche Anordnung wie die des Diamanten. Die perfekte Symmetrie der Diamant-Konfiguration wird allerdings nicht ganz erreicht, deswegen ist Borazon nicht ganz so hart wie Diamanten. Im Bereich höherer Temperaturen ist Borazon jedoch besser zu verwenden – bei 900° C verbrennen Diamanten und verwandeln sich in Kohlendioxid, während Borazon diese Temperatur unbeschadet übersteht.

Nachtrag

Großbritanniens Premierminister Eden, durch die Suez-Krise diskreditiert, trat am 9. Januar 1957 zurück. Nachfolger wurde Harold Macmillan (1894–1986).
Als Reaktion auf die Suez-Krise verkündete Eisenhower die *Nahost-Doktrin,* mit der sich die Vereinigten Staaten bereiterklärten, jedem Staat im Nahen Osten gegen kommunistische Aggression Unterstützung zu gewähren.

1958

Mössbauer-Effekt

Ein Atom, das einen Gammastrahl abgibt, erfährt im Normalfall einen Rückstoß. Die Wellenlänge des Gammastrahls hängt zum Teil von diesem Rückstoß ab. Da dieser von Atom zu Atom etwas variiert, zeigen die emittierten Gammastrahlen entsprechend unterschiedliche Wellenlängen.

Der deutsche Physiker Walter Mössbauer (1929) wies nach, daß die Atome eines Kristalls einen Gammastrahl abgeben können, ohne daß das Spektrum der Wellenlängen gefächert wird. Der Grund dafür liegt darin, daß sich der Rückstoß auf alle Atome des Kristalls verteilt, wodurch die Rückstoßwirkung stark verringert wird. Die Gammastrahlen haben somit eine sehr geringe Streubreite und decken einen scharf begrenzten Spektralbereich ab. Mössbauer entdeckte dieses Phänomen, den nach ihm benannten *Mössbauer-Effekt,* im Jahr 1958. Gammastrahlen, die auf diese Weise emittiert werden, können von einem Kristall, der dem emittierenden ähnlich ist, leicht absorbiert werden. Wenn die Gammastrahlen in ihrer Wellenlänge jedoch auch nur geringfügig von denen abweichen, die der absorbierende Kristall abgeben würde, findet keine Absorption statt.

Für seine Arbeit wurde Mössbauer 1961 anteilig mit dem Nobelpreis für Physik ausgezeichnet.

Röntgenstrahlung der Sonne

Mit Beginn der Raumfahrt wurde es möglich, Röntgenstrahlen von Himmelskörpern aufzufangen. Auf der Erde war das nicht möglich, da solche Röntgenstahlen von der Atmosphäre absorbiert werden.

Im Jahr 1958 nahm der amerikanische Astronom Herbert Friedmann (geb. 1916) während einer totalen Sonnenfinsternis mit Hilfe einer Raumsonde Meßdaten auf, die zeigten, daß die Sonnenkorona Röntgenstrahlen emittierte.

Bereits zwei Jahre zuvor hatte Friedmann berichtet, daß Sonnenfackeln Röntgenquellen sind. Das war nicht weiter überraschend, da es sich bei diesen Sonnenfackeln ganz offensichtlich um sehr energiereiche Explosionen handelte. Überraschend war eher, daß die scheinbar so ruhige Korona Röntgenstrahlen emittierte. Dies stützte die Ansicht von Bengt Edlen (geb. 1906), der 1940 nach Untersuchungen der ultravioletten Strahlung der Sonne behauptet hatte, daß in der Korona eine Temperatur von ungefähr einer Million C° herrscht.

Dies bedeutet aber nicht, daß die Korona eine hohe Gesamtwärme besitzt. Hier muß zwischen Temperatur und Wärme unterschieden werden. Die Wärme der Korona, die aus einer extrem dünnen Gasschicht besteht, wird durch die einzelnen Atome entwickelt, die Energie in Form von Wärme abgeben. Da die Teilchen jedoch nur in geringer Konzentration in der Gasatmosphäre vorhanden sind, ist der Gesamtwärmegehalt nicht besonders groß. Auf jeden Fall nicht groß genug, um die hohen Temperaturen, die die Korona aufweist, zu erklären. Die Frage ist bis heute umstritten.

Magnetosphäre

Im Jahr 1958 brach auch für die Vereinigten Staaten das Raumfahrtzeitalter an. Die Sowjetunion hatte bereits 1957 zwei Satelliten in eine Erdumlaufbahn gebracht: am 4. Oktober Sputnik 1 und am 6. November Sputnik 2. An Bord von Sputnik 2 befand sich ein Hund, das erste lebende Tier, das in einem Satelliten die Erde umkreiste.

Der erste amerikanische Satellit, *Explorer 1,* wurde am 31. Januar 1958 gestartet. Er war mit Instrumenten ausgerüstet, mit denen die Anzahl geladener Teilchen in der oberen Atmosphäre gemessen werden sollte. Die Meß-

daten stimmten bis zu einer Höhe von 800 Kilometern mit den Schätzungen der Wissenschaftler überein. Dann jedoch sank die Zählquote und fiel teilweise bis auf Null ab. Wenig später wurden zwei weitere Satelliten gestartet, einer von den USA, einer von der Sowjetunion, doch auch bei ihnen stellte man das gleiche Phänomen fest.
Der amerikanische Physiker James Alfred Van Allen (geb. 1914) war der Überzeugung, daß die Zählquote nicht deshalb auf Null zurückfiel, weil keine Strahlung vorhanden war, sondern weil im Gegenteil die Strahlungsdosen so gestiegen waren, daß die Meßinstrumente sie nicht mehr verkrafteten.
Explorer 4, der am 26. Juli gestartet wurde, war mit speziellen Geräten ausgerüstet, die durch einen dünnen Bleischild vor zu hohen Strahlendosen geschützt waren – so wie die Augen durch eine Sonnenbrille vor Lichtstrahlen geschützt werden. Die Strahlung, die den Bleischild durchdringen konnte, war nicht stark genug, um die Funktion der Instrumente ernsthaft zu beeinträchtigen. Die übermittelten Daten bestätigten denn auch die Richtigkeit von Van Allens Annahme – die Zählquote stieg mit zunehmender Flughöhe, ja sie stieg sogar viel höher, als die Wissenschaftler erwartet hatten.
Offenbar ist die Erde außerhalb der Atmosphäre von dichten Gürteln geladener Teilchen umgeben, die sich längs der magnetischen Kraftlinien der Erde bewegen. Diese Teilchen werden vom Magnetfeld der Erde eingefangen und gespeichert. Sie verursachen beispielsweise die Morgenröte und, bei ungewöhnlich hoher Konzentration, Magnetstürme, die bei Kompassen und elektronischen Geräten zu Störungen führen können. Die Teilchengürtel erhielten zunächst den Namen *Van-Allen-Strahlungsgürtel*, später jedoch wurden sie allgemein als *Magnetosphäre* bezeichnet.
Dies war die erste wichtige – und völlig unerwartete – Entdeckung, die mit Hilfe künstlicher Satelliten gemacht wurde.

Nobelium

Die Bemühungen, Elemente mit immer höheren Ordnungszahlen zu erzeugen, erreichten 1958 einen neuen Höhepunkt, als es gelang, einige Atome mit der Ordnungszahl 102 zu erzeugen. Die Identifizierung des neuen Elementes nahm geraume Zeit in Anspruch. Es erhielt zu Ehren Nobels (vgl. 1866) den Namen *Nobelium.*

Photokopieren

Ein wichtiger Teil der täglichen Büroarbeit ist das Kopieren von Unterlagen. Abschreiben ist extrem mühsam und zeitaufwendig, außerdem lassen sich Fehler kaum vermeiden. Durchschläge auf Kohlepapier stellen zwar eine Arbeitserleichterung dar, doch die Qualitäten der so angefertigten Kopien läßt normalerweise zu wünschen übrig.
Der amerikanische Physiker Chester F. Carlson (1906–1968) entwickelte eine Kopiermethode, für die er drei Dinge brauchte: trockenes Pulver, elektrische Ladung und Licht. Da keine feuchten Substanzen verwendet wurden, erhielt das Verfahren den Namen *Xerographie* (aus dem Griechischen für »trockene Schrift«). Heute spricht man von *Photokopieren.* Bei Carlsons Verfahren wird das Papier positiv und das Pulver negativ aufgeladen. Das Pulver, der sogenannte Toner, bleibt an den Stellen des Papiers haften, durch die kein Licht dringt, und neutralisiert die Ladung. Anders ausgedrückt, das Puder haftet an den Schatten, die bei der Durchleuchtung der Vorlage auf das Papier geworfen werden. Mit Hitze werden die Tonerteilchen dem Papier eingebrannt, und die Kopie ist fertig. Der gesamte Kopiervorgang läuft in Sekundenschnelle ab, und keine Buchstaben werden verschmiert.
Carlson arbeitete zwanzig Jahre an der Entwicklung des Verfahrens. Im Jahr 1958 hatte er es endlich so weit perfektioniert, daß es in Büros eingesetzt werden konnte. Er gab seiner Erfindung den Namen *Xerox.*

Nachtrag

Im Nahen Osten mehrten sich die Zwischenfälle. Am 14. Juli 1958 wurde der irakische Herrscher Faisal II. ermordet. Mit seinem Tod erlosch die irakische Monarchie.
Im Libanon brach ein Bürgerkrieg aus. Am 15. Juli landeten amerikanische Truppen. Sie stellten die Ordnung wieder her, setzten eine neue Regierung ein und zogen wieder ab.
Der Auflösungsprozeß der europäischen Kolonialreiche setzte sich fort. Frankreichs Einfluß in Tunesien, Guinea und Madagaskar schwand zusehends. Der anhaltende Aufstand in Algerien führte zum Ende der Vierten Republik, die nach dem Zweiten Weltkrieg entstanden war. Charles de Gaulle kehrte an die Macht zurück, und am 18. September 1958 wurde die *Fünfte Republik* ausgerufen, die dem Präsidenten (de Gaulle) größere Machtbefugnisse einräumte.
In der Sowjetunion löste Nikita Chruschtschow, seit 1953 Erster ZK-Sekretär, am 27. März 1958 Bulganin als Ministerpräsident ab.
Im Jahr 1958 konnten Raketen auf sechsfache Schallgeschwindigkeit beschleunigt werden. Das atomgetriebene U-Boot *Nautilus* tauchte unter der Eisdecke am Nordpol durch.

1959

Mondsonden

Am 2. Januar 1959 startete die Sowjetunion mit *Lunik 1* den ersten Raumflugkörper, der die Entweichgeschwindigkeit (11,2 Kilometer pro Sekunde) übertraf und somit aus dem Anziehungsbereich der Erde entweichen konnte. Die Sonde sollte zum Mond fliegen, deshalb nannte man sie *Mondsonde.* Sie verfehlte ihr Ziel jedoch und ging in eine Umlaufbahn um die Sonne. Damit wurde Lunik 1 zum ersten *künstlichen Planeten.*
Am 12. September 1959 startete die UdSSR *Lunik* 2. Am 14. September erreichte die Mondsonde ihr Ziel und zerschellte auf der Mondoberfläche. Damit kam erstmals in der Geschichte ein von Menschenhand gebautes Objekt mit einer anderen Welt in Berührung.
Am 4. Oktober schließlich, zwei Jahre nach dem Start des ersten Satelliten, schickte die Sowjetunion *Lunik 3* in Richtung Mond. Die Bahn der Raumsonde führte an der Rückseite des Mondes vorbei, so daß Aufnahmen von der erdabgewandten Seite gemacht werden konnten, der Seite, die noch nie zuvor ein Mensch gesehen hatte. Vierzig Minuten lang wurde die Mondoberfläche aus einer Höhe von rund 64 000 Kilometern fotografiert. Die Aufnahmen waren verschwommen, doch es war immer noch zu erkennen, daß diese Seite genauso mit Kratern bedeckt war wie die der Erde zugewandte Seite. Allerdings gab es nur ganz wenige *Maria* oder Meere, die relativ kraterfreie Zonen bilden. Warum die beiden Seiten des Mondes so unterschiedlich sind, ist bis heute nicht geklärt.

Form der Erde

Im Jahr 1958 hatten die USA den kleinen Satelliten *Vanguard 1* in eine Erdumlaufbahn gebracht, der alle zweieinhalb Stunden eine Erdumkreisung vollendete. Die Bahn von Vanguard 1 ließ sich mit großer Genauigkeit berechnen. Man stellte fest, daß sich der Punkt der größten Annäherung an die Erde über dem Äquator bei jeder Umrundung ein wenig verschob. Diese Verschiebung wurde durch die größere Anziehungskraft der äquatorialen Ausbauchung der Erde verursacht.
Im Jahr 1959, nachdem Vanguard 1 die Erde mehrere Tausend Mal umrundete hatte, war klar, daß die Verschiebung des erdnächsten Bahnpunktes über der Südhalbkugel stärker war als über der Nordhalbkugel. Die äquatoriale Ausbauchung war demzufolge in einer

Zone südlich des Äquators um ungefähr 7,5 Meter stärker als nördlich des Äquators.
Die Form der Erde konnte durch die satellitengestützten Beobachtungen wesentlich genauer bestimmt werden, als es von der Erde aus jemals möglich gewesen wäre – ein Zeichen dafür, daß die Menschen mehr über die Erde erfahren konnten, wenn sie in den Weltraum vordrangen.

Sonnenwind

Seit einiger Zeit war bekannt, daß Sonnenfackeln (vgl. 1859) hochenergetische Erscheinungen auf der Sonnenoberfläche sind. Gelegentlich konnte man einige Tage nach Auftreten einer solchen Sonnenfackel Magnetstürme auf der Erde feststellen. Die Sonne emittierte dabei offensichtlich Strahlen, die schließlich auch die Erde erreichten.
Bereits 1931 hatte der amerikanische Forscher Sydney Chapman die These aufgestellt, daß die Sonne ständig geladene Teilchen emittiert, die sich in allen Richtungen des Sonnensystems ausbreiten und zu einem kleinen Teil auch die Erde erreichen. Der amerikanische Physiker Eugene Newman Parker (geboren 1927) beschäftigte sich mit Chapmans These und untermauerte sie durch weitere Belege. Er gab dem Phänomen den Namen *Sonnenwind*. Sonnenfackeln konnten also möglicherweise die Ursache für einen extrem hohen Ausstoß solcher Teilchen sein, die auf der Erde die normalen, durch den Sonnenwind hervorgerufenen Erscheinungen verstärkten.
Die Existenz des Sonnenwindes wurde durch Lunik II und Lunik III auf ihrem Weg zum Mond im Jahr 1959 bestätigt, ebenso durch spätere Mondsonden.

Form des Hämoglobinmoleküls

Sechs Jahre zuvor hatte Sanger die genaue Anordnung der Aminosäuren in einer langen Peptidkette entschlüsselt (vgl. 1952), doch damit war die Frage nach der Struktur eines Proteinmoleküls noch nicht vollständig beantwortet. Die Aminosäureketten sind nicht geradlinig im Proteinmolekül angeordnet, sondern weisen Windungen und Faltungen auf und sind überdies durch eine Vielfalt chemischer Bindungen miteinander verflochten.
Ein Enzymmolekül kann bei einer einfachen Anordnung der Aminosäurekette nicht funktionieren. Erst durch die dreidimensionale Faltung der Ketten, durch die bestimmte Aminosäuren miteinander verknüpft werden, entsteht eine Moleküloberfläche, auf der chemische Reaktionen stattfinden können, die ansonsten nur sehr schwer ablaufen könnten.
Der in Österreich geborene britische Biochemiker Max Ferdinand Perutz (geb. 1914) beschäftigte sich mit der Entschlüsselung der dreidimensionalen Struktur des Hämoglobins. Eigentlich wäre die Röntgenstrukturanalyse, also die Beobachtung der Beugung von Röntgenstrahlen durch die Moleküle, dafür die geeignete Methode gewesen. Es stellte sich allerdings das Problem, daß diese Methode zwar für die Ermittlung der Struktur kleiner Moleküle wie Vitamin B–12 ausreichte, bei der Entschlüsselung komplizierterer Proteinmoleküle aber nicht hilfreich war.
Perutz fand heraus, daß er dieses Problem umgehen konnte, indem er in die Proteinmoleküle jeweils ein Gold- oder Quecksilberatom einbaute, da diese Atome Röntgenstrahlen sehr stark beugen. Auf diese Weise erhielt er Anhaltspunkte, die es ihm erlaubten, den Aufbau des Moleküls genauer zu untersuchen.
Im Jahr 1959 hatte Perutz die Position jedes Atoms in der dreidimensionalen Struktur des Hämoglobinmoleküls ermittelt. Sein Kollege, der britische Biochemiker John Cowdry Kendrew (geb. 1917), hatte die gleichen Untersuchungen am Myoglobinmolekül durchgeführt, das dem Hämoglobinmolekül zwar ähnlich, aber etwas einfacher gebaut ist.
Für ihre Leistungen wurden Perutz und Kendrew 1962 gemeinsam mit dem Nobelpreis für Chemie ausgezeichnet.

Homo habilis

Bisher war bekannt, daß den beiden Arten von *Homo sapiens,* dem heutigen Menschen und dem Neandertaler (vgl. 200 000 v. Chr.), der *Homo erectus* (vgl. 500 000 v. Chr.) vorausgegangen war, dessen erste Vertreter vor ungefähr 1,5 Millionen Jahren auf der Erde erschienen sein dürften. Vor *Homo erectus* gab es verschiedene *Australopithecus*-Arten (vgl. 4 000 000 v. Chr.)
Australopithecus, der offenbar noch existierte, als *Homo erectus* sich bereits entwickelt hatte, war ein Hominid, der mit dem heutigen Menschen bereits mehr Ähnlichkeit hatte als mit irgendeinem lebenden oder ausgestorbenen Affen. Dennoch war er zu primitiv, um in die Gattung *Homo* aufgenommen zu werden. Für die Forscher stellte sich die Frage, ob die Entwicklung direkt von den Australopithecinen zu *Homo erectus* fortgeschritten war oder ob es eine Zwischenform gegeben hatte.
Der amerikanische Anthropologe Louis Seymour Bazett Leakey (1903–1972) und seine Frau forschten in der Olduwai-Schlucht im heutigen Tansania nach fossilen Resten einer solchen Zwischenform. Am 17. Juli 1959 stießen die Leakeys auf Teile eines Schädels, der, nachdem die Bruchstücke zusammengesetzt waren, ein Relikt des frühesten bekannten Vertreters der Gattung *Homo* zu sein schien. Er gehörte einer Art an, die vor annähernd zwei Millionen Jahren entstanden war. Diese Art, Zwischenform von *Australopithecus* und *Homo erectus,* erhielt den Namen *Homo habilis* (geschickter Mensch). *Homo habilis* scheint der erste Hominid gewesen zu sein, der die Fähigkeit hatte, Steine zu behauen, um Werkzeuge daraus herzustellen. Alle früheren Hominiden hatten lediglich Blätter, Zweige, Muscheln, Knochen und unbehauene Steine als Werkzeuge benutzt.

Funkenkammer

Die Blasenkammer (vgl. 1953) hatte sich vor allem deshalb als nützlich erwiesen, weil sie die Spuren sehr kurzlebiger Teilchen sichtbar machen konnte. Sie hatte jedoch den Nachteil, daß sie nicht lediglich durch die interessierenden Ereignisse ausgelöst werden konnte, sondern alles fotografierte. So waren die Wissenschaftler gezwungen, aus der Fülle von Bildmaterial diejenigen Teilchenspuren herauszusuchen, die für sie relevant waren. Die Nebelkammer hingegen konnte zwar durch die interessierenden Teilchen ausgelöst werden, war aber nicht immer in der Lage, diese mit der gewünschten Präzision zu verfolgen. Somit galt es, ein Gerät zu entwickeln, das die Vorteile beider in sich vereinte.
Die *Funkenkammer* erfüllte diese Anforderung. Die Funkenkammer ist eine Anordnung von Metallplatten, zwischen die nach dem Durchgang eines Teilchens eine Hochspannung angelegt wird. Die eingeschossenen Teilchen ionisieren Gasatome und initiieren damit elektrische Ströme, die durch einen Nebel aus Neongas wandern. Die Teilchenbahnen werden also durch eine Reihe von Funken markiert. Das Gerät läßt sich so einstellen, daß es nur auf die interessierenden Teilchen reagiert.
Die erste für den praktischen Gebrauch taugliche Funkenkammer wurde 1959 von den japanischen Physikern Saburo Fukui und Shotaro Miyamoto gebaut.

Farbensehen

Seit einem Jahrhundert nahm man an, daß die drei Grundfarben Rot, Grün und Blau genügten, um das gesamte Spektrum an Farben abzudecken und – durch Kombination – weißes Licht zu erzeugen. Diese drei Farben werden zum Beispiel beim Farbfernsehen verwendet, um alle anderen Farben zu erzeugen. In der Retina des menschlichen Auges gibt es drei verschiedene Arten von Zellen, die jeweils einer Grundfarbe zugeordnet sind.
Im Jahr 1959 stellte Land, der ein Verfahren zur Herstellung polarisierender Kunststofffolien erfunden hatte (vgl. 1932), eine neue Theorie des Farbensehens auf. Er ging davon

aus, daß nur Lichtstrahlen zweier verschiedener Wellenlängen zum Farbensehen benötigt werden und daß sie nicht einmal scharf voneinander abgegrenzt sein müssen. Der eine Lichtstrahl konnte aus normalem weißen Licht bestehen, dessen durchschnittliche Wellenlänge im Bereich von Gelb-Grün lag. Dies war die kurzwellige Komponente, während rotes Licht als langwellige Komponente diente. Mit der Kombination von Rot und Weiß ließ sich das gesamte Farbspektrum abdekken. Auf der Grundlage dieser Theorie erfand Land ein farbfotografisches Verfahren, das die Entwicklungskosten um einiges senkte.

Nachtrag

Der kubanische Diktator Fulgencio Batista y Zaldívar (1901–1973) mußte ins Exil fliehen. Fidel Castro, der sechs Jahre lang einen Guerillakrieg gegen Batista angeführt hatte, wurde am 16. Februar Ministerpräsident in der neuen kubanischen Regierung.

Japan brachte transistorisierte Fernseher auf den Markt. Zuvor waren die Fernsehelektriker gewissermaßen ein fester Bestandteil des täglichen Lebens gewesen, doch das änderte sich mit zunehmender Verbreitung der neuen Geräte.

1960

Laser

Das Funktionsprinzip des Masers, der einen intensiven, kohärenten, monochromatischen Mikrowellenstrahl erzeugt (vgl. 1953), kann auch im Bereich anderer Wellenlängen angewendet werden, sichtbares Licht eingeschlossen. Dies war von Townes bereits 1953 postuliert worden.

Das erste Gerät, das nach dem Prinzip des Masers funktionierte und einen intensiven, kohärenten, monochromatischen Strahl sichtbaren Lichts emittierte, wurde im Mai 1960 von dem amerikanischen Physiker Theodore Harold Maiman (geb. 1927) gebaut. Maiman bediente sich dabei des von Bloembergen entwickelten Prinzips der drei verschiedenen Energieniveaus (vgl. 1956).

Für den Bau des Gerätes verwandte Maiman einen massiven Zylinder aus synthetischem Rubin, dessen Enden sorgfältig parallel zueinander plangeschliffen und mit einer dünnen Silberschicht überzogen waren. Aus einer Taschenlampe wurde ihm Energie eingespeist, bis er einen Strahl roten Lichts emittierte.

Der so hergestellte kohärente Lichtstrahl hatte eine geringe Tendenz zur Streuung. Er konnte so scharf gebündelt werden, daß er eine Temperatur entwickelte, die sogar die auf der Sonnenoberfläche herrschenden Temperaturen übertraf. Das Gerät erhielt zunächst den Namen *optischer Maser*, da sich jedoch der in diesem Maser ablaufende Vorgang im Englischen als »light amplification by stimulated emission of radiation« (zu deutsch: Lichtwellen-Verstärkung durch stimulierte Strahlungsemission) definieren ließ, bildete man aus den Anfangsbuchstaben den Namen *Laser*.

In kurzer Zeit entwickelte man viele verschiedene Laser-Typen, die sich auf den unterschiedlichsten Gebieten anwenden lassen.

Beweis für die allgemeine Relativitätstheorie

Die allgemeine Relativitätstheorie, die Einstein aufgestellt hatte (vgl. 1916), war durch drei astronomische Phänomene bestätigt worden. Einmal durch die Verschiebung des Merkur-Perihels, des sonnennächsten Punktes in der Sonnenumlaufbahn des Merkur (vgl. 1846). Dann durch die Beugung von Lichtstrahlen durch Gravitationsfelder (vgl. 1919). Und schließlich drittens durch die – ebenfalls in starken Gravitationsfeldern stattfindende – Verschiebung der Spektrallinien von Atomen in den roten Bereich des Spektrums (vgl. 1925).

Dank Mössbauer (vgl. 1958) war es möglich geworden, die allgemeine Relativitätstheorie nun auch im Laboratorium zu überprüfen. Angenommen, man schickt einen Strahl monochromatischer Gammastrahlen vom Dach eines Hochhauses durch einen Schacht in Richtung Boden. Die Erdanziehungskraft auf dem Boden ist ein klein wenig stärker als auf dem Dach, da der Boden dem Zentrum der Erde etwas näher ist. Die leichte Zunahme der Erdanziehungskraft würde, gemäß der Allgemeinen Relativitätstheorie, zu einer Vergrößerung der Wellenlänge des Gammastrahls führen. Die zunehmende Gravitation und die Verlängerung der Wellenlänge wären zwar minimal, doch immer noch so stark, daß ein Kristall am Boden des Schachtes den Strahl nicht optimal absorbieren könnte.
Das Experiment wurde 1960 durchgeführt, und das Ergebnis bestätigte die Richtigkeit der Allgemeinen Relativitätstheorie – wie auch alle anderen Versuche und Beobachtungen, die seither gemacht wurden.

Neudefinition des Meters

Bei der ersten Festlegung des metrischen Systems (vgl. 1790), war die Standardlänge, der *Meter,* als zehnmillionster Teil des durch die Pariser Sternwarte gehenden Meridian vom Äquator zum Nordpol definiert worden. Diese Entfernung konnte jedoch nicht mit hinreichender Genauigkeit bestimmt werden. So wurde 1889 der Meter als Abstand zweier eingeritzter Linien auf einem Platin-Iridium-Stab festgelegt. Der Stab wurde in einem klimatisierten Tresorraum im Pariser Büro für Maße und Gewichte aufbewahrt. Auf diese Weise wurde er vor Verformung durch Temperaturschwankungen geschützt.
Im Jahr 1960 hatte es der Fortschritt der Wissenschaften möglich gemacht, ein weit präziseres Mittel zur Festlegung des Meters zu finden. Auf der Generalkonferenz für Maße und Gewichte wurde beschlossen, den Meter durch das 1 650 763,73fache der Wellenlänge des orangefarbenen Lichts zu definieren, das von einem Isotop des seltenen Gases Krypton ausgesandt wurde. Mit dieser Definition war der Meter weit präziser definiert als durch den Platin-Iridium-Stab.

Integrierte Schaltung

Transistoren gab es nunmehr schon seit zwölf Jahren (vgl. 1948), und ständig wurde daran gearbeitet, sie noch kleiner und zuverlässiger zu machen. Im Jahr 1960 waren sie bereits so klein, daß es nicht mehr sinnvoll war, sie als getrennte Einheiten einzusetzen.
Man ging dazu über, die Funktionselemente mehrerer Transistoren auf kleinen Siliziumplättchen oder anderen Halbleitern, sogenannten *Chips,* unterzubringen. Diese Plättchen waren nicht größer als einige Quadratmillimeter. Die Chips leisteten dasselbe wie eine größere Anzahl von Transistoren. Man bezeichnete sie als *integrierte Schaltungen.*
Die Verwendung integrierter Schaltungen hatte zur Folge, daß Computer immer kleiner, billiger und vielseitiger wurden. Im Lauf der Zeit gelang es, immer mehr auf einem einzelnen Chip unterzubringen.

Resonanzteilchen

Der amerikanische Physiker Luis Walter Alvarez (1911–1988) arbeitete mit ultrakurzlebigen Teilchen. Dabei bediente er sich der Blasenkammer (vgl. 1953), mit der die Bahn ultrakurzlebiger Teilchen hervorragend verfolgt werden konnte. Er baute eine solche Kammer, die allerdings riesige Ausmaße besaß. Im Jahr 1960 entdeckte er Teilchen, deren Lebensdauer nur einige Billionstel einer billionstel Sekunde betrug. Die Spuren, die sie während ihrer unglaublich kurzen Lebensdauer hinterließen, waren, selbst wenn sie sich mit Lichtgeschwindigkeit bewegten, nicht groß genug, um direkt nachgewiesen zu werden. Die Existenz dieser sogenannten *Resonanzteilchen* konnte nur aus der Art ihrer

Zerfallsprodukte geschlossen werden, die etwas langlebiger waren.
Die Wissenschaftler waren im Lauf der Zeit in der Lage, ungefähr 150 dieser Resonanzteilchen zu entdecken, die der Gruppe der Hadronen (vgl. 1952, Hadronen und Hyperonen) zugerechnet werden. Da es unmöglich schien, daß so viele unterschiedliche Teilchen nebeneinander existierten, ging die Suche nach einfacheren Teilchen weiter. Man nahm an, daß die Resonanzpartikel aus Kombinationen dieser Teilchen bestünden.
Für seine Arbeit wurde Alvarez 1968 mit dem Nobelpreis für Physik ausgezeichnet.

Ausweitung des Meeresbodens

Nachdem feststand, daß die Erdkruste aus unterschiedlich großen Krustenplatten besteht, mußte man annehmen, daß sich diese Platten auch bewegten. Wegeners Theorie über die Kontinentaldrift (vgl. 1912) stieß immer noch auf Ablehnung, da man es für ausgeschlossen hielt, daß sich die Kontinente auf der darunterliegenden harten Basaltschicht vorwärts schieben konnten. Und doch war die Ähnlichkeit zwischen den Küsten zu beiden Seiten des Atlantischen Ozeans nicht zu übersehen.
Im Jahr 1960 stellte der amerikanische Geophysiker Harry Hammond Hess (1906–1969) eine interessante These auf. Hess hielt es für möglich, daß geschmolzenes Magma aus dem Erdmantel nach oben dringt, zum Beispiel durch den Zentralgraben (vgl. 1953), und daß dadurch die Nordamerikanische und die Südamerikanische Platte nach Westen geschoben werden, während sich die Eurasische und die Afrikanische Platte weiter nach Süden verlagern.
Als Folge davon dehnt sich der Atlantische Ozean aus, ein Phänomen, das man als *Ausweitung des Meeresbodens* bezeichnet. Die Küsten hingegen behalten ihre Form aus der Zeit, als die Kontinente noch miteinander Kontakt hatten.
Die Kontinentaldrift kommt also nicht dadurch zustande, daß die Kontinente langsam durch den Basaltuntergrund treiben, wie Wegener angenommen hatte. Die Kontinente sind fest mit den Krustenplatten verbunden und können nicht durch sie hindurchgleiten. Doch die Platten selbst werden an manchen Bruchlinien zusammengeschoben, an anderen auseinandergezogen. Die Belege für diese Theorie ließen nicht lange auf sich warten.

Wettersatelliten

In diesem Jahr wurden erstmals Satelliten in eine Erdumlaufbahn gebracht, die primär der Beobachtung der Erde selbst dienen sollten. Der erste war *Tiros 1*. Er wurde am 1. April 1960 von den Vereinigten Staaten gestartet. Im November folgte *Tiros 2*, der innerhalb von zehn Wochen 20 000 Bilder zur Erde funkte, die weite Teile der Erdoberfläche und die darüberliegenden Wolkendecken zeigten. Unter anderem konnten so ein über Neuseeland liegender Zyklon und ein Tornado erkannt werden, der sich in einer Wolkenformation über Oklahoma zusammenbraute.
Tiros und die *Wettersatelliten*, die später folgten, wurden zu einem unerläßlichen Hilfsmittel der Meteorologen. Durch die Beobachtung von Hurrikans und anderen gefährlichen Stürmen konnten rechtzeitig Warnungen ausgegeben werden. Wir dürfen davon ausgehen, daß auf diese Weise unzählige Menschenleben gerettet und große Sachschäden vermieden wurden, auch wenn Stürme immer noch eine potentielle Gefahr darstellen. Bei der Frage, ob die Raumfahrtprogramme nicht nur der Befriedigung nationaler Eitelkeit und wissenschaftlicher Neugier dienen, sollten solche Fakten nicht unbeachtet bleiben.

Zyklisches AMP

Adenylsäure, auch als Adeninmonophosphat (AMP) bezeichnet, gehört zu den Nukleotiden, die die Molekülketten der Nukleinsäure

bilden. Der amerikanische Pharmakologe Earl Wilbur Sutherland jr. (1915–1974) hatte das AMP einige Jahre zuvor in Gewebe entdeckt. Im Jahr 1960 entschlüsselte er seine Struktur. Er entdeckte, daß zwischen der Phosphatgruppe und dem Molekül zwei Bindungen bestanden und nicht nur eine. Die doppelt gebundene Phosphatgruppe bildete einen Atomring, dementsprechend nannte Sutherland das AMP *zyklisches AMP*.
Das zyklische AMP spielt eine wichtige Rolle im zellulären Stoffwechsel, da es nachhaltigen Einfluß auf die Aktivität vieler Enzyme und auf den Ablauf zahlreicher intrazellulärer Vorgänge zu nehmen scheint.
Sutherland erhielt 1971 in Anerkennung seiner Leistung den Nobelpreis für Medizin und Physiologie.

Nachtrag

John Fitzgerald Kennedy (1917–1963) wurde zum 35. Präsidenten der Vereinigten Staaten von Amerika gewählt.
Am 1. Mai 1960 schossen die Sowjets ein amerikanisches Überschallflugzeug vom Typ U–2 ab, das über sowjetischem Gebiet spioniert hatte. Die USA behaupteten, das Flugzeug sei vom Kurs abgekommen, doch der amerikanische Pilot, der überlebte, widerlegte diese Behauptung.
Kuba verstaatlichte seine Banken und Fabriken. Die USA sahen ihre wirtschaftlichen Interessen verletzt und reagierten entsprechend feindselig. Kuba wandte sich an die Sowjetunion um Unterstützung.
Im Verlauf des Jahres erlangten die meisten afrikanischen Kolonien Frankreichs, Großbritanniens und Belgiens ihre Unabhängigkeit. Die Mittelmeerinsel Zypern löste sich am 16. August von Großbritannien und wurde ebenfalls unabhängig.
Die Weltbevölkerung war auf über drei Milliarden Menschen angewachsen. Die Städte außerhalb Europas und Nordamerikas wuchsen rasch. Tokio wurde mit beinahe zehn Millionen Einwohnern die größte Stadt der Welt, noch vor New York oder London. Die Bevölkerung der USA erreichte 185 Millionen, die der Sowjetunion 215 Millionen.

1961

Bemannte Raumfahrt

Die Sowjetunion hatte vier Jahre zuvor einen Hund als erstes Lebewesen in einem Satelliten in den Weltraum geschosen. Das Tier wurde während des Fluges eingeschläfert. Und ein Jahr zuvor waren, ebenfalls von der Sowjetunion, zwei Hunde in den Weltraum geschickt und unbeschadet zurückgeholt worden. Was nun folgte, war klar.
Am 12. April 1961 wurde der sowjetische Kosmonaut Juri Alexejewitsch Gagarin in der Raumkapsel *Wostok 1* in eine Erdumlaufbahn geschossen. Er umkreiste die Erde 89 Minuten lang und kehrte wohlbehalten zurück. Am 6. August 1961 blieb der sowjetische Kosmonaut German Stepanowitsch Titov vierundzwanzig Stunden im All und umkreiste die Erde siebzehnmal.

Radarecho der Venus

Fünfzehn Jahre zuvor hatte man Mikrowellen zum Mond geschickt und dann ihr Echo auf der Erde empfangen. Der Mond war ein vergleichsweise leicht zu ortendes Radarziel. Im Jahr 1961 hatte die Wissenschaft einen Stand erreicht, der es ermöglichte, Mikrowellen zur Venus zu senden, die immerhin einhundertmal so weit von der Erde entfernt ist wie der Mond. Das Experiment wurde durchgeführt, und das Echo konnte von fünf Wissenschaftlerteams – einem sowjetischen, einem britischen und drei amerikanischen – empfangen werden.
Die bei diesem Versuch ausgesandten Mikrowellen durchquerten den Weltraum mit Licht-

geschwindigkeit. Da die Geschwindigkeit des Lichts um diese Zeit exakt bekannt war, ließ sich aus der Zeit, die ein solcher Strahl für die Strecke von der Erde zur Venus und zurück benötigte, die momentane Entfernung zwischen Erde und Venus mit größter Genauigkeit berechnen. Auf dieser Basis ließen sich auch alle anderen Entfernungen im Sonnensystem mit größerer Präzision ermitteln, da die relative Stellung der Planeten zueinander und zur Sonne sehr genau bekannt war. Die neuen Berechnungen ergaben wesentlich exaktere Daten als die, die durch die Beobachtung des Asteroiden Eros im Jahr 1941 ermittelt worden waren.

Heliosphäre

Im Jahr 1960 hatten die Vereinigten Staaten den Satelliten *Echo 1* in den Orbit geschossen. Echo 1 war mit großen Auslegern aus Aluminiumfolie versehen, die dazu dienten, Mikrowellenreflexionen aufzufangen. Die Umlaufbahn des Satelliten war von dem belgischen Physiker Marcel Nicolet sorgfältig beobachtet worden. Im Jahr 1961 berechnete Nicolet die durch die dünne Atmosphäre entstehende Reibung, die den Flug des Satelliten verlangsamte. Das große Raumvolumen von *Echo 1* und sein vergleichsweise geringes Gewicht verstärkten die reibungsbedingte Bremswirkung so, daß es möglich war, die Dichte der Atmosphäre in einer Höhe von 300 bis 1 000 Kilometern über der Erdoberfläche zu ermitteln. Nicolet wies nach, daß diese Schicht der Atmosphäre aus Helium bestehen mußte; deshalb erhielt sie den Namen *Heliosphäre.*

An die Heliosphäre schloß sich eine noch stärker verdünnte Wasserstoffhülle an, die *Protonosphäre.* Man nahm an, daß sie sich über 60 000 km weit ins All erstreckt, ehe sie endgültig in das Vakuum des interplanetarischen Raumes übergeht.

Quarks

Im Jahr 1961 widmete sich Gell-Mann, der die Existenz der Strange particles zu erklären versucht hatte (vgl. 1953), der Aufgabe, eine Art Periodensystem für die zahlreichen Hadronen, die entdeckt worden waren, zu erstellen.

Gell-Mann ordnete die Hadronen verschiedenen Klassen zu, wobei er die konstante Zunahme bestimmter Eigenschaften der Hadronen als Kriterium wählte. Das so entstandene System nannte er aus einer Laune heraus *Eightfold Way,* ein Name, der sich auf eine bestimmte buddhistische Lehre bezieht. Heute wird es formell als *SU(3)-Symmetrie* bezeichnet. Bei der Erstellung dieses Systems war Gell-Mann aufgefallen, daß einige Gruppen zur Vervollständigung noch zusätzliche Hadronen benötigten. Er nahm an, daß sie noch nicht entdeckt worden waren – so wie auch Mendelejew die Existenz noch unentdeckter Elemente vorausgesagt hatte, da das Periodensystem der chemischen Elemente an diesen Stellen Lücken zeigte (vgl. 1869).

Unabhängig von Gell-Mann arbeitete der Israeli Yuval Ne'emen (geb. 1925) an einer ähnlichen Einteilung der Hadronen.

Um die Existenz der verschiedenen Klassen des Periodensystems zu erklären, postulierte Gell-Mann die Existenz von Teilchen, die er *Quarks* nannte, nach schemenhaften Figuren in James Joyces Roman »Finnegans Wake«. Die Zahl der Quarks war gering, und jedes von ihnen besaß ein Antiquark. Dadurch, daß die Quarks zu unterschiedlichen Zweier- oder Dreierkombinationen zusammengestellt wurden, konnten die verschiedenen Hadronen erklärt werden. Das Seltsame an den Quarks war, daß sie keine ganzzahligen Ladungen haben konnten, wenn Hadronen aus ihnen gebildet werden sollten. Die einzelnen Quarks besaßen Ladungen von plus oder minus $^1/_3$ oder $^2/_3$. Die Eigenschaft nichtganzzahliger Ladungen war für die Wissenschaftler zwar schwer zu akzeptieren, doch die Quark-Theorie lieferte so viele Erklärungen, daß sie gezwungenermaßen anerkannt wurde. Für diese und andere Leistungen (vgl. 1953) erhielt Gell-Mann 1969 den Nobelpreis für Physik.

Genetischer Code

Im Jahr 1956 war geklärt worden, wie die Erbinformation von der DNA auf eine Boten-RNA und dann an die Transfer-RNA weitergegeben wurde. Die Transfer-RNA, die Aminosäuren zur Boten-RNA transportiert, koppelt an einem Codon, also einer Verbindung aus drei Nukleotiden, der Boten-RNA an, das zu ihrem eigenen Codon paßt. Die Aminosäuren werden also in einer Reihenfolge an die Boten-RNA gebunden, die durch die Codons festgelegt wird. Nun stellt sich die Frage, welches Codon zu welcher Aminosäure gehört. Ohne dieses Wissen kann nicht nachvollzogen werden, wie die Bildung von Proteinen durch die Struktur eines Gens gesteuert wird.
Der amerikanische Biochemiker Marshall Warren Nirenberg (geb. 1927) beschäftigte sich mit der Klärung dieser Frage. Er stellte eine synthetische Nukleinsäure her, wobei er auf das von Ochoa entwickelte Verfahren (vgl. 1955) zurückgriff. Nirenberg bildete die synthetische RNA ausschließlich aus Uracil-Nukleotiden. Dementsprechend entstand die RNA Polyuridylsäure, die aus lauter U-Bausteinen bestand (-U-U-U-U-U- ...). Das einzige Codon, das aus diesen Bausteinen entstehen konnte, war das Codon U-U-U.
Bei einem Versuch setzte Nirenberg die Polyuridylsäure als Boten-RNA ein. Der Versuch gelang, Transfer-RNA lagerte sich an die synthetische Boten-RNA an. Die Aminosäuren, die dabei verknüpft wurden, bildeten ein Protein. Das Protein bestand ausschließlich aus der Aminosäure Phenylalanin.
Damit war klar geworden, daß der Code U-U-U für die Aminosäure Phenylalanin stand. Ähnliche Methoden führten zur Entschlüsselung des Codes für andere Aminosäuren, bis schließlich der gesamte genetische Code offenlag.
In Anerkennung seiner Leistung erhielt Nirenberg 1968 anteilig den Nobelpreis für Medizin und Physiologie. Einer der beiden anderen Preisträger war der indisch-amerikanische Chemiker Har Gobind Khorana (geb. 1922), der ebenfalls erheblich zur Entschlüsselung des genetischen Codes beigetragen hatte.

Regulator-Gen

Jacob und Monod, die als erste die Existenz der Boten-RNA postuliert hatten (vgl. 1956), beschäftigten sich mit der Frage, warum sich verschiedene Zellen in einem Körper chemisch unterschiedlich verhalten, obwohl sie die gleiche genetische Ausstattung besitzen.
Die beiden Wissenschaftler stellten die These auf, daß Gene nicht immer gleichmäßig arbeiten, sondern daß sie durch bestimmte Substanzen gesteuert werden, die dafür sorgen, daß sie schneller oder langsamer arbeiten. Verschiedene Zellen besitzen *Repressoren,* die die Gentätigkeit blockieren oder in Gang setzen. Diese Repressoren werden wiederum von einem *Regulator-Gen* mittels eines genetischen Codes gesteuert.
Es gelang schließlich, einen solchen Repressor zu isolieren. Wie sich herausstellte, war es ein kleines Eiweißmolekül. Für ihre Arbeit wurden Jacob und Monod zusammen mit ihrem Mitarbeiter André-Michael Lwoff (geb. 1902) im Jahr 1965 mit dem Nobelpreis für Medizin und Physiologie ausgezeichnet.

Elektronisch gesteuerte Uhr

Im Jahr 1961 kamen elektronisch gesteuerte Uhren auf den Markt. Unruh und Spiralfeder hatten ausgedient, und mit dem lauten Ticken und dem täglichen Aufziehen war es auch vorbei. Die elektronische Uhr wird von einer winzigen Stimmgabel angetrieben, die mit Strom aus einer ebenso winzigen Batterie in Schwingung gehalten wird. Man braucht nur noch einmal im Jahr die Batterie auszutauschen.

Nachtrag

Am 17. April 1961 landeten 1 600 von der CIA ausgebildete Exil-Kubaner in der Schweinebucht an der Südküste Kubas. Die CIA war überzeugt, daß sich das kubanische Volk gegen seine Unterdrücker erheben würde, doch das war ein Irrtum. Statt dessen wurden die Invasoren von den kubanischen Streitkräften innerhalb kürzester Zeit aufgerieben. Kennedy, der keine Verwicklung amerikanischer Streitkräfte wollte, fügte sich in die Tatsache, daß die Invasion in einem peinlichen Fiasko geendet hatte.
Vom 15. bis zum 17. August ließ die Regierung der DDR rings um West-Berlin eine Mauer errichten, an der bewaffnete Wachen patroullierten. Nach dem Mauerbau von Berlin nahm der Flüchtlingstrom aus Ostdeutschland nach West-Berlin stark ab.
Die Wege der Sowjetunion und Chinas, die seit 1949 als kommunistische Staaten Verbündete gewesen waren, trennten sich. Nationale Rivalitäten und der Verdacht der Chinesen, die Sowjetunion schlage nach Stalins Tod eine neue politische Richtung ein, sorgten für eine Abkühlung der Beziehungen.
In Afrika wurde der linksgerichtete kongolesische Ministerpräsident Patrice Hemery Lumumba (1925–1961) am 13. Februar 1961 von rechtsgerichteten Oppositionellen ermordet.
Südafrika trat am 31. Mai aus dem Britischen Commonwealth aus und führte die republikanische Staatsform ein.

1962

Amerikaner im Weltraum

Am 20. Februar 1962 starteten die Vereinigten Staaten die Raumkapsel *Friendship 7*, die den ersten Amerikaner, John Herschel Glenn jr. (geb. 1921), in eine Umlaufbahn brachte. Innerhalb von fünf Stunden umkreiste er die Erde dreimal.

Nachrichtensatelliten

Echo 1 (vgl. 1961) konnte als passiver Nachrichtensatellit dienen, da er in der Lage war, einen auf ihn gerichteten Radiowellenstrahl so zu reflektieren, daß er verschiedene Orte auf der Erde erreichte. Allerdings war die Reflexion so schwach, daß *Echo 1* lediglich zur Demonstration dieser Möglichkeit diente.
Am 10. Juli 1962 schossen die Vereinigten Staaten *Telstar 1* in die Umlaufbahn. Dieser Satellit war speziell für die Nachrichtenübermittlung konzipiert. Er konnte Radiowellen nicht nur empfangen, sondern auch verstärken und wieder zurücksenden. Dank *Telstar 1* und späteren Nachrichtensatelliten wurde es möglich, problemlos und innerhalb weniger Sekunden über Kontinente und Ozeane hinweg Nachrichten auszutauschen. Heute kann man mit der ganzen Welt kommunizieren – in dieser Hinsicht ist die Erde zu einem globalen Dorf geschrumpft.

Venussonde

In den ersten fünf Jahren des Raumfahrtzeitalters hatten vor allem die Erde und der Mond im Mittelpunkt des Interesses gestanden. Nun, im Jahr 1962, brach auch das Zeitalter der *planetaren Sonden* an. Das sind Raumfahrzeuge, die darauf ausgerichtet sind, Planeten in möglichst geringer Entfernung zu passieren und Daten über sie an die Erde zurückzufunken.
Die erste erfolgreiche planetare Sonde wurde von den Vereinigten Staaten am 27. August 1962 gestartet. Ihr Ziel war die Venus, also der Planet, der der Erde am nächsten ist. Aus diesem Grund wurde *Mariner 2* als *Venussonde* bezeichnet. Am 14. Dezember 1962 überflog sie in 35 000 km Höhe die Wolkenschicht der Venus.
Während ihrer Reise übermittelte *Mariner 2*

Daten, die als unwiderlegbare Beweise für die Existenz des Sonnenwindes (vgl. 1959) betrachtet werden mußten. Außerdem fing die Sonde die Mikrowellenstrahlung der Venus auf, die eindeutig bewies, daß auf der Oberfläche des Planeten Temperaturen um 475°C herrschen, mehr als genug, um Zinn und Blei zu schmelzen und Quecksilber zum Verdampfen zu bringen.

Rotation der Venus

Obwohl die Venus der Erde näher kam als jeder andere Planet, war ihre Rotationsperiode ein Geheimnis geblieben. Angesichts der Tatsache, daß die Rotationsperioden entfernterer Planeten, wie zum Beispiel Pluto (vgl. 1955), bekannt waren, mutete dies schon als Ironie an. Schuld daran war die dicke Wolkendecke der Venus, die jeden Versuch, ihre Oberfläche zu erkennen, scheitern ließ. Die Wolkendecke selbst war so gestaltlos, daß auch die Beobachtung ausgewählter Formationen und deren Bewegung um den Planeten nicht möglich war.

Lichtstrahlen können die Wolkendecke der Venus nicht durchdringen, wohl aber Mikrowellen. Wird ein Mikrowellenstrahl von einem Objekt reflektiert, das sich im rechten Winkel zu dem Strahl bewegt – was bei Venus ja der Fall wäre, wenn sie rotieren würde –, dann ist die reflektierte Strahlung gestreut und verzerrt. Aus dem Grad der Verzerrung läßt sich die Geschwindigkeit der Rotation ermitteln.

Im Jahr 1962 konnten die amerikanischen Astronomen Roland L. Carpenter und Richard M. Goldstein nachweisen, daß die Umdrehung der Venus 250 Erdentage dauert, eine erstaunlich kurze Zeit (später wurde die Zahl auf 249,09 Erdentage präzisiert). Außerdem dreht sich die Venus in die andere Richtung als die übrigen Planeten, also von Osten nach Westen. Warum, ist noch nicht geklärt.

Edelgasverbindungen

Seit der Entdeckung der reaktionsträgen oder *inerten* Gase Helium, Neon, Argon, Krypton, Xenon und Radon ein halbes Jahrhundert zuvor war es nicht gelungen, mit ihren Atomen Verbindungen zu bilden. Nach der Entschlüsselung der Elektronenanordnung war diese Reaktionsträgheit verständlicher. Jedes inerte Gas weist in der äußersten Schale acht Elektronen auf. Dies ist von allen denkbaren Konstellationen die stabilste.

Reaktionsträgheit ist jedoch nicht gleichbedeutend mit Reaktionsunfähigkeit. Linus Pauling (vgl. 1931) war zu dem Schluß gekommen, daß die Reaktionsträgheit mit zunehmendem Atomgewicht abnimmt. Demnach mußten Elemente mit höheren Atomzahlen eher bereit sein, eine Verbindung mit Fluor einzugehen, dem reaktionsfähigsten Element im Periodensystem. Fluor ist in der Lage, auch aus stabilen Verbindungen Elektronen zu lösen.

Im Jahr 1962 machte der in England geborene kanadische Chemiker Neil Bartlett (geb. 1932) die Entdeckung, daß Platin-Hexafluorid Elektronen ebenso stark anzieht wie Fluor, sich für Versuche allerdings besser eignet. Er brachte es mit dem inerten Gas Xenon in Berührung. Die beiden Substanzen verbanden sich und bildeten Xenon-Hexafluoridplatinat. Dies war das erste Mal, daß das Atom eines inerten Gases mit einem anderen Atom oder einer Gruppe von Atomen im Experiment eine Verbindung einging.

Nach Bartletts Experiment wurden unter Verwendung von Sauerstoff oder Fluor weitere solche Verbindungen gebildet, nicht nur mit Xenon, sondern auch mit Radon oder Krypton. Die anderen Gase Argon, Neon und Helium blieben jedoch inert.

Nachdem klar war, daß die inerten Gase durchaus in der Lage sind, Verbindungen einzugehen, bevorzugten die Chemiker die Bezeichnung *Edelgas*. Verbindungen wie *Xenon-Hexafluoridplatinat* werden heute als Edelgasverbindungen bezeichnet.

Annäherung an den absoluten Nullpunkt

Seitdem Giauque sein Verfahren zur Erzeugung extrem niedriger Temperaturen (vgl. 1925) vorgestellt hatte, waren Temperaturen von einem fünfzigtausendstel Grad über dem absoluten Nullpunkt erreicht worden. Und das war natürlich noch nicht das Ende. Der absolute Nullpunkt kann zwar niemals erreicht werden, doch durch neue Methoden kann man ihm immer näherrücken.
Im Jahr 1962 verwendete der in Deutschland geborene britische Physiker Heinz London (1907–1970) zu diesem Zweck eine Mischung zweier Heliumisotope, nämlich Helium-4 und Helium-3. Normalerweise vermischen sich die Heliumisotope völlig, doch bei Temperaturen unterhalb 0,8 Kelvin trennen sie sich. Durch Vorgänge, bei denen sich die beiden Isotope zunächst vermischen und dann wieder trennen, läßt sich die Temperatur senken. Durch eine häufigere Wiederholung dieser Vorgänge kann ein deutlicher Kühleffekt erzielt werden. Dank dieser und anderer Methoden, bei denen Helium–3 und magnetische Eigenschaften von Atomkernen eine Rolle spielen, ist es möglich geworden, Temperaturen von einem millionstel Grad über dem absoluten Nullpunkt zu erreichen.

Lichtemissionsdioden

Lichtemissionsdioden (LED) sind Halbleiterplättchen (vgl. 1948), die bei einer bestimmten Höhe des Durchlaßstromes zu glimmen beginnen. Das Licht entsteht dadurch, daß Elektronen durch den Leitungsstrom in eine höhere Umlaufbahn gepumpt werden und dann unter Energieabgabe (Lichtemission) wieder zurückfallen. Die ersten im Alltag verwendbaren LED wurden 1962 hergestellt.
Die LED lassen sich überall dort einsetzen, wo Licht nur gesehen werden und nichts beleuchten muß. Dementsprechend werden sie vor allem in Digitaluhren, Taschenrechnern, Taxametern oder generell als Anzeigen in elektronischen Geräten verwendet.

Umwelt

Es kommt nicht oft vor, daß ein Buch, das für ein breites Publikum gedacht ist, auf ein wissenschaftliches Problem aufmerksam macht. Doch genau das war der Fall, als 1962 *Silent Spring* (»Der stumme Frühling«) von Rachel Louise Carson (1907–1964) erschien. Die amerikanische Biologin schilderte in ihrem Buch die Auswirkungen der bedenkenlosen Anwendung von Pestiziden auf die Umwelt.
Das Buch trug erheblich dazu bei, daß sich das Umweltbewußtsein in weiten Teilen der Bevölkerung schlagartig verbesserte.

Nachtrag

Alarmiert durch die gescheiterte Invasion in der Schweinebucht im Jahr zuvor, akzeptierte Kuba die Stationierung sowjetischer Mittelstreckenraketen auf der Insel. Im Gegenzug versprach Chruschtschow, Kuba zu unterstützen. Um die Stationierung sowjetischer Raketen vor der eigenen Haustüre zu verhindern, verhängten die USA im Oktober 1962 ein Embargo über Kuba. Dies führte zu einer gefährlichen Konfrontation der beiden Supermächte UdSSR und USA, zur Kubakrise. Zu keiner Zeit davor oder danach stand die Welt so dicht vor einem Atomkrieg. Glücklicherweise einigte man sich auf einen Kompromiß. Die Sowjetunion zog ihre Raketen aus Kuba ab, die USA zogen ihre Raketen aus der Türkei ab.
Der Bürgerkrieg in Südvietnam wurde immer verbissener geführt. Die Vereinigten Staaten unterstützten die südvietnamesische Regierung durch die Entsendung von »Beobachtern«, aber auch mit Geld und Waffen. Dies war der Beginn eines Krieges, der als *Vietnamkrieg* in die Geschichte eingehen sollte.
Algerien löste sich von Frankreich und wurde am 3. Juli 1962 ein unabhängiger Staat. In

Afrika erklärten Burundi, Uganda und Tanganjika ihre Unabhängigkeit von Großbritannien, in Westindien Jamaika und Trinidad, im südlichen Pazifik Samoa.

1963

Quasare

Unter den Radioquellen, die während der fünfziger Jahre im Weltraum geortet werden konnten, gab es einige, die auf ein sehr kleines Gebiet beschränkt zu sein schienen. Zu diesen punktförmigen Radioquellen gehörten die Objekte, die als 3C48, 3C147, 3C196, 3C273 und 3C286 bezeichnet wurden. 3C steht für *Dritter Cambridge-Katalog der Radiosterne,* eine von dem britischen Astronomen Martin Ryle (1918–1984) zusammengestellte Liste.

Im Jahr 1960 untersuchten Astronomen wie der Amerikaner Allan Rex Sandage (geb. 1926) oder der Australier Cyril Hazard diese Radioquellen und fanden heraus, daß die Radiostrahlen von bestimmten Sternen emittiert wurden, deren Helligkeit allgemein nicht sehr groß war. Seltsam war nur, daß Sterne mit geringer Leuchtkraft die Quellen so starker Radiostrahlung sein sollten. Deshalb gelangte man zu der Vermutung, daß es sich gar nicht um Sterne handelte, und bezeichnete sie schließlich als *Quasi-stellare Radioquellen,* wobei *Quasi-stellar* einfach »sternähnlich« bedeutet. Heute benutzt man das Kürzel *Quasar.*

Die Spektren der Quasare gaben den Wissenschaftlern Rästel auf, da die Linien in ihnen nicht identifiziert werden konnten. Der in Holland geborene amerikanische Astronom Maarten Schmidt (geb. 1929) stellte 1963 fest, daß sich die Linien identifizieren ließen, wenn man davon ausging, daß sie normalerweise in den ultravioletten Bereich gehörten, jedoch durch eine außergewöhnlich große Rotverschiebung verschoben worden waren. Eine solche Rotverschiebung konnte nur bedeuten, daß die Quasare unvorstellbar weit von der Erde entfernt sind, nämlich über eine Milliarde Lichtjahre. Daß sie trotz dieser Entfernung überhaupt gesehen werden konnten, war in der Tat ungewöhnlich. Schließlich kam man zu dem Schluß, daß es sich um Galaxien mit ungewöhnlich aktiven Zentren handelt (wie die besonders großen Seyfert-Galaxien – vgl. 1943). Aufgrund der großen Entfernung sind nur ihre Zentren sichtbar, so daß sie von der Erde aus wie Sterne wirken. Inzwischen hat man festgestellt, daß einige Quasare über 12 Milliarden Lichtjahre von der Erde entfernt sind.

Arecibo-Radioteleskop

Im Jahr 1963 wurde das größte Radioteleskop, das jemals gebaut wurde, in Betrieb genommen. Es befindet sich ungefähr 13 Kilometer südlich von Arecibo auf Puerto Rico. Der Durchmesser des Reflektors beträgt 305 Meter. Das Teleskop ist jedoch nicht schwenkbar, sondern in eine Talmulde eingeschmiegt und deshalb in einer bestimmten Position fixiert.

Röntgenstrahlenquellen

Viele Jahrhunderte lang waren sichtbare Lichtstrahlen die einzige Information, die uns von den Sternen erreichte. Doch seit dreißig Jahren konnten nun auch Mikrowellen, die von Himmelskörpern emittiert wurden, untersucht werden. Licht und Mikrowellen können die Erdatmosphäre durchdringen, doch es gibt andere Formen von Strahlen, die das nicht können. Sie können nur von Raumsonden untersucht werden, die mit den geeigneten Instrumenten ausgestattet sind.

So werden etwa die von Himmelskörpern ausgesandten Röntgenstrahlen von der Erdatmosphäre absorbiert und erreichen nicht die Erdoberfläche. Erst die Raumfahrt hatte die

Entdeckung von Röntgenstrahlen in der Sonnenstrahlung ermöglicht.
Bruno Rossi, der wichtige Beiträge zur Erforschung der kosmischen Strahlung geleistet hatte, versuchte mit Hilfe von Raumsonden festzustellen, ob der Mond solare Röntgenstrahlen reflektierte. Er konnte kein solches Strahlenecho vom Mond feststellen, dafür aber fing er Röntgenstrahlen vom Crab-Nebel und von den Überresten einer Supernova im Sternbild Skorpion auf.
In dem Maße, wie die Erforschung des Weltraums mit Hilfe künstlicher Satelliten verbessert wurde, konnten viele weitere Röntgenquellen außerhalb des Sonnensystems entdeckt werden.

Hydroxylgruppen im All

Trumpler war der Nachweis gelungen, daß es im interstellaren Raum Materie in Form dünner Wolken gibt (vgl. 1930). Van de Hulst und Purcell hatten gezeigt, daß Wasserstoffatome im ganzen Weltraum verstreut vorkommen (vgl. 1944 und 1951).
Es bestand Grund zu der Annahme, daß die nachgewiesenen Gase im All aus einzelnen Atomen bestanden, da die Atome so dünn gestreut waren, daß die Chancen für Kollisionen und daraus resultierende Verbindungen der Atome sehr gering sind.
Doch angenommen, es kam trotzdem zu Zusammenstößen von Atomen. Die drei am häufigsten vorkommenden Atome sind Wasserstoff-, Helium- und Sauerstoffatome. Heliumatome gehen keine Bindung mit anderen Atomen ein, doch zwei Wasserstoffatome könnten sich zu einem Wasserstoffmolekül verbinden. Ein Wasserstoff- und ein Sauerstoffatom könnten ebenfalls eine Verbindung eingehen und eine *Hydroxylgruppe* bilden.
Solche Hydroxylgruppen kommen in ungebundenem Zustand auf der Erde nicht vor, im Weltraum jedoch sind die Chancen, daß sie auf andere Atome treffen, so gering, daß ein gehäuftes Auftreten von Hydroxylgruppen durchaus möglich ist.
Wenn dem so wäre, müßten sie Mikrowellen charakteristischer Wellenlängen abgeben. Tatsächlich konnten 1963 zwei solche Wellenlängen nachgewiesen werden. Damit war bewiesen, daß es im interplanetaren Raum Hydroxylgruppen gibt.

Frauen im Weltraum

Am 18. Juni 1963, sechs Jahre nach Beginn des Raumfahrtzeitalters, startete die Sowjetunion *Wostok* 6. An Bord befand sich Valentina Vladimirovna Tereschkova (geb. 1937), die erste Frau im All.

Umpolung des Magnetfeldes

Schon 1906 berichtete der französische Physiker Bernard Brunhes von Gesteinen, die gegenpolig zum Magnetfeld der Erde magnetisiert sind. Seine Beobachtungen wurden zunächst ignoriert, doch mit der Zeit erkannte man, daß die Stärke des Magnetfeldes der Erde zu- und abnahm. Schon seit einiger Zeit ist eine ständige Abnahme der allgemeinen Intensität des Magnetfeldes zu beobachten, die sich bis zum Nullpunkt fortsetzen könnte. Von da an wäre eine Wiederzunahme der Intensität des Magnetfeldes auch in gegenpoliger Richtung möglich. Es könnte sein, daß ein solcher Prozeß der *Umpolung des Magnetfeldes* in der Erdgeschichte bereits stattgefunden hat, und zwar wiederholte Male.
Eine wichtige Erkenntnis in diesem Zusammenhang ergab sich aus der Untersuchung des Meeresbodens. Wenn aus dem Zentralgraben der mittelozeanischen Rücken (vgl. 1960) ständig Magma hervorquoll, dann mußten die dabei entstandenen Sedimente auf dem Meeresboden streifenweise vom Zentralgraben wegführen – je weiter entfernt, desto älter mußten sie sein. War es in der Erdgeschichte tatsächlich zu magnetischen Umpolungen gekommen, so mußte sich das an diesen Gesteinsablagerungen ablesen lassen.

Die Sache wurde untersucht, und die Vermutung bestätigte sich. Auf beiden Seiten des Zentralgrabens wurden Sedimente mit normaler Polarisierung gefunden. In den Streifen hingegen, die man in größerer Entfernung vom Graben fand, war die Magnetisierung gegenpolig, ein Stück weiter wieder gleichpolig, dann wieder gegenpolig und so weiter. Die Verteilung der gleich- und gegenpoligen Streifen auf beiden Seiten war ziemlich symmetrisch.

Dies war der bis dahin überzeugendste Beweis – sowohl für die Ausdehnung des Meeresbodens als auch für die periodische Umpolung des Magnetfeldes der Erde.

Das Hervorquellen von Magma aus dem Zentralgraben und seine Ablagerung in Sedimenten führt, wie 1960 nachgewiesen wurde, auch zu einer Verschiebung der tektonischen Platten. Wenn zwei aneinandergrenzende Platten auseinandergedrückt werden, müssen in einem anderen Teil der Erde natürlich zwei Platten aufeinandergeschoben werden. Ausgehend von dieser Tatsache konnte man die Entstehung von Gebirgsauffaltungen, Vulkanen, Erdbeben, von Tiefseerinnen und der ihnen parallel angelagerten Inselbögen erklären. Mit anderen Worten, die Plattentektonik wurde für die Geologie das, was die Evolution für die Biologie, die Atomtheorie für die Chemie und die Erhaltungssätze für die Physik sind.

Nachtrag

Am 22. November 1963 wurde der amerikanische Präsident Kennedy in Dallas von einem Attentäter erschossen. Sein Nachfolger wurde Vizepräsident Lyndon Baines Johnson (1908–1973).

Drei Wochen vor dem Attentat auf Kennedy, am 1. November, putschte in Südvietnam das Militär. Der pro-amerikanische Präsident Ngô Dinh Diêm (1901–1963) wurde ermordet.

Am 5. August 1963 unterzeichneten die Sowjetunion, die USA und Großbritannien das Atomteststoppabkommen, das Kernwaffenversuche in der Atmosphäre, im Weltraum und unter Wasser verbot. Unterirdische Atomversuche waren von diesem Verbot ausgenommen.

Das Beruhigungsmittel Valium kam auf den Markt und wurde zu einem der am häufigsten verschriebenen Medikamente.

1964

Radiowellen-Hintergrundstrahlung

Der amerikanische Physiker Arno Allan Penzias (geb. 1933) und der amerikanische Radioastronom Robert Woodrow Wilson (geb. 1936) versuchten, die Charakteristika von Radiowellenstrahlung aus den Randzonen der Galaxis zu bestimmen. Dazu verwendeten sie eine große, hornförmige Antenne, die ursprünglich dafür gebaut worden war, die Radiowellenechos des Satelliten *Echo* (vgl. 1961) aufzufangen.

Im Mai 1964 entdeckten Penzias und Wilson eine schwache Radiowellenstrahlung, die sie sich zunächst nicht erklären konnten. Nachdem sie alle möglichen Fehlerquellen ausgeschlossen hatten (einschließlich Taubendreck auf der Antenne), stellten sie fest, daß es sich um eine deutliche *Radiowellen-Hintergrundstrahlung* handelte, die aus allen Himmelsrichtungen mit der gleichen Intensität kam.

Die beiden Wissenschaftler wandten sich an den amerikanischen Physiker Robert Henry Dicke (geb. 1916). Dicke erinnerte sich daran, daß Gamow eine solche Hintergrundstrahlung als Folge des Urknalls postuliert hatte (vgl. 1948).

Die Hintergrundstrahlung war charakteristisch für ein Universum mit einer Durchschnittstemperatur von 3 Grad über dem absoluten Nullpunkt, und man konnte annehmen, daß die Durchschnittstemperatur des Universums zum Zeitpunkt des Urknalls

höher gelegen hatte und inzwischen abgekühlt war. Die Hintergrundstrahlung war sozusagen ein »fossiles« Überbleibsel des Urknalls, des Ereignisses, durch welches das Universum möglicherweise entstanden war. Sie gilt heute unter den Astronomen als eine Bestätigung der Urknall-Theorie.
Für ihre Entdeckung wurden Penzias und Wilson 1978 mit einem Teil des Nobelpreises für Physik ausgezeichnet.

Omega-Minus-Teilchen

Der Physiker Gell-Mann hatte ein System für die Klassifizierung von Hadronen in Gruppen entwickelt, den sogenannten Eightfold Way (vgl. 1961). Eine der Gruppen besaß eine unbesetzte Stelle, für die ein Teilchen mit einer Anzahl bestimmter Eigenschaften gefunden werden mußte, wenn Gell-Manns Modell gültig sein sollte. Eine dieser Eigenschaften mußte der Strangeness-Wert -2 sein, eine Eigenschaft, die kein bekanntes Teilchen besaß.
Im Jahr 1964 wurde jedoch das Omega-Minus-Teilchen entdeckt, das genau die Eigenschaften besaß, die Gell-Mann postuliert hatte, auch den Strangeness-Wert -2. Diese Entdeckung war ebenso aufsehenerregend wie seinerzeit die Entdeckung der in Mendelejews Periodensystem fehlenden Elemente (vgl. 1869). Von diesem Moment an mußte die Quark-Theorie von der Wissenschaft endgültig akzeptiert werden.

CPT-Symmetrie

Nachdem die Physiker Lee und Yang 1956 gezeigt hatten, daß der Erhaltungssatz der Parität für Prozesse mit schwachen Wechselwirkungen keine Gültigkeit besitzt, wurde Parität mit der Eigenschaft der *Ladungskonjugation* zu einem neuen Erhaltungssatz kombiniert (die Ladungskonjugation gibt Auskunft darüber, ob es sich bei dem fraglichen Teilchen um ein normales oder um ein Antiteilchen handelt). Beide Eigenschaften mußten sich so ausgleichen, daß das neue Gesetz der *CP-Erhaltung* in Kraft blieb. C steht in diesem Falle für das englische »charge conjugation«, also Ladungskonjugation, P für Parität.
Im Jahr 1964 zeigten die beiden amerikanischen Physiker Val Logsden Fitch (geb. 1923) und James Watson Cronin (geb. 1931), daß – allerdings in seltenen Fällen – auch das Gesetz der CP-Erhaltung verletzt wurde, und zwar beim Zerfall neutraler Kaonen (vgl. 1952). Um diesen Umstand auszugleichen, wurde dem Satz der Faktor der Zeitrichtung T (für »time«) hinzugefügt. Wenn nun die CP-Erhaltung in der einen Richtung asymmetrisch war, wurde dies durch die Asymmetrie der Zeit T in der anderen Richtung ausgeglichen, und das neue Gesetz der *CPT-Symmetrie* behielt seine Gültigkeit.
In Anerkennung ihrer Leistung erhielten Cronin und Fitch im Jahr 1980 den Nobelpreis für Physik.

Struktur der Transfer-RNA

Die Transfer-RNA-Moleküle, die als Zwischenträger zwischen der Nukleotidenkette der Boten-RNA und der angelagerten Aminosäurenkette fungieren (vgl. 1956), sind vergleichsweise klein.
Im Jahr 1964 wurde die Struktur des Transfer-RNA-Moleküls, das für den Transfer der Aminosäure Alanin zuständig ist, von dem amerikanischen Biochemiker Robert William Holley (geb. 1922) und seinen Mitarbeitern vollständig entschlüsselt. Holley bediente sich dabei der gleichen Vorgehensweise wie Sanger, der die Struktur des Insulins (vgl. 1952) ermittelt hatte, das heißt, er zerlegte die Transfer-RNA in Teile, identifizierte diese und ermittelte ihre jeweilige Zuordnung. Das Molekül der Alanin-Transfer-RNA besteht, wie sich herausstellte, aus einer Kette von 77 Nukleotiden. Die Ketten dieses Transfer-RNA-Moleküls wie auch die Ketten anderer, später analysierter Transfer-RNA, scheinen

die Form eines gewölbten, dreiblättrigen Kleeblatts zu besitzen.
Für seine Arbeit wurde Holley 1968 anteilig mit dem Nobelpreis für Medizin und Physiologie ausgezeichnet.

Bemannte Raumfahrt

Am 12. Oktober 1964 startete die Sowjetunion *Woschod 1* mit drei Kosmonauten an Bord. Damit nahmen erstmals mehrere Personen an einem Weltraumunternehmen teil.

Rutherfordium

Im Jahr 1964 berichteten sowohl sowjetische als auch amerikanische Wissenschaftler von der Erzeugung eines Elementes mit der Ordnungszahl 104. Es gab einige Debatten darüber, wer schneller gewesen war und wie das neue Element genannt werden sollte. Die Sowjets gaben ihm den Namen *Kurtschatovium* nach Igor Wassiljewitsch Kurtschatow (1903–1960), der den Bau der sowjetischen Atombombe geleitet hatte. Die Amerikaner nannten es *Rutherfordium* nach Ernest Rutherford.

Nachtrag

In den Vereinigten Staaten bewarb sich Präsident Lyndon Johnson erneut um das Amt des US-Präsidenten und gewann die Wahl. Am 7. August 1964 nahm er den *Tonkin-Zwischenfall* – die angebliche Beschießung von zwei US-Zerstörern durch nordvietnamesische Kriegsschiffe im Golf von Tonkin – zum Anlaß, erstmals Vergeltungsbombardements gegen Nordvietnam anzuordnen und sich vom Kongreß eine Generalvollmacht geben zu lassen. Johnson hatte in Vietnam nun freie Hand. Der Krieg weitete sich aus.
In der Sowjetunion wurde Chruschtschow am 13. Oktober 1964 abgesetzt. Sein Nachfolger als Vorsitzender des Ministerrates wurde Alexei Nikolajewitsch Kossygin (1904–1982). Mit Leonid Iljitsch Breschnew (1906–1982), dem neuen Ersten Sekretär der KPdSU, bildete er die politische Führungsspitze der UdSSR.
In Afrika errangen weitere Staaten ihre Unabhängigkeit von Großbritannien: Malawi, Sambia und Tansania. Süd-Rhodesien – allgemein als Rhodesien bezeichnet, nachdem Nord-Rhodesien zu Sambia geworden war – blieb weiter unter einer Regierung der weißen Minderheit mit Ian Douglas Smith (geb. 1909) an der Spitze.
Indiens Premierminister Jawaharlal Nehru (1889–1964) starb am 27. Mai 1964.

1965

Marsoberfläche

Am 28. November 1964 hatten die USA die Marssonde *Mariner 4* gestartet. Am 14. Juli 1965 passierte sie den Mars in einem Abstand von 10 000 Kilometern. Dabei machte sie zwanzig Aufnahmen, die zur Erde gefunkt wurden.
Zum ersten Mal in der Geschichte konnten aus so kurzer Distanz Aufnahmen von der Marsoberfläche gemacht werden. Auf den Fotos waren Krater zu sehen, die große Ähnlichkeit mit den Kratern auf dem Mond hatten. Allerdings gab es keinen Hinweis auf Kanäle.
Obwohl die Fotos längst nicht alle Regionen der Marsoberfläche erfaßten, ließen sie erkennen, daß der Mars eher dem Mond als der Erde gleicht. Die ohnehin schon auf unsicheren Füßen stehende Vorstellung, auf dem Mars gebe es eine Zivilisation, die künstliche Kanäle angelegt habe (vgl. 1877), mußte nun endgültig aufgegeben werden. Zweifel hatte es schon vorher gegeben, da man wußte, daß die dünne Atmosphäre des Mars keinen Sauerstoff enthält.

Rotation des Merkur

Schiaparelli hatte die These aufgestellt, daß eine Hemisphäre des Merkur ständig der Sonne zugewandt sei (vgl. 1889). Wenn das stimmte, mußte die vermeintliche Rückseite des Merkur eine extrem niedrige Temperatur aufweisen. Im Jahr 1962 hatte man jedoch Mikrowellen von der sonnenabgewandten Seite des Mars entdeckt, die auf eine Temperatur schließen ließen, die weit über der lag, die nach Schiaparellis These zu erwarten gewesen wäre.
Die beiden Amerikaner Rolf Buchanan Dyce (geb. 1929) und Gordon H. Pettengill beschäftigten sich mit der Mikrowellenreflexion der Merkuroberfläche. Im Jahr 1965 konnten sie zeigen, daß der Merkur sich einmal in 59 Tagen um die eigene Achse dreht, während er für seine Bahn um die Sonne 88 Tage benötigt. Das bedeutet, daß früher oder später jede Region des Merkur von der Sonne bestrahlt wird.
Später wurde die genaue Rotationsperiode des Merkur ermittelt. Sie beträgt 58,65 Tage, also genau zwei Drittel der Umlaufperiode um die Sonne. Somit wendet der Merkur der Erde bei jedem zweiten Sonnenumlauf die gleiche Seite zu.

Spaziergänge im All

Im Jahr 1965 waren die Raumfahrer erstmals in der Lage, ihre Raumkapseln zu verlassen und sich, durch Leinen gesichert und durch Raumanzüge geschützt, frei im All zu bewegen.
Der erste Mensch, der einen solchen »Spaziergang« unternahm, war der sowjetische Kosmonaut Alexej Leonow. Er verließ am 18. März 1965 *Woschod* 2. Knapp drei Monate später, am 3. Juni 1965, stieg der amerikanische Astronaut Edward Higgins White (1930–1967) aus *Gemini* 4 aus.

Raumschiff-Rendezvous

Die Manövrierbarkeit der Raumfahrzeuge wurde ständig verbessert. Am 15. Dezember 1965 näherte sich der amerikanische Satellit *Gemini* 7, der sich seit vierzehn Tagen im All befand, bis auf wenige Meter dem Schwesterschiff *Gemini* 6, das vor ihm gestartet war. Dies war das erste *Raumschiff-Rendezvous.*

Nachrichtensatelliten

Am 6. April 1965 starteten die Vereinigten Staaten *Early Bird,* den ersten Nachrichtensatelliten, der hauptsächlich für kommerzielle Zwecke gebaut worden war. Er besaß 240 Fernsprechkanäle und einen Fernsehkanal. Im gleichen Jahr begann auch die Sowjetunion, Kommunikationssatelliten in die Erdumlaufbahn zu schicken.

Venussonden

Die Sowjetunion unternahm wiederholt Versuche, die Venus durch Sonden näher zu erforschen. Im Jahr 1965 zerschellte eine dieser Sonden auf der Venusoberfläche und war somit das erste, von Menschenhand gebaute Objekt, das die Oberfläche eines anderen Planeten berührte.

Holographie

Gabor hatte die theoretische Grundlage der Holographie entwickelt (vgl. 1947), einer neuen fotografischen Technik, bei der die Interferenzmuster eines von einem Objekt reflektierten Lichstrahls und eines Lichtstrahls, der von einem Spiegel unverändert zurückgeworfen wird, gespeichert werden. Durch die Informationen, die durch die beiden Lichtstrahlen transportiert werden, entsteht ein Bild, das die vollständige Information wiedergibt und somit dreidimensional wirkt.
Nach der Entwicklung und Einführung des

Lasers (vgl. 1960) konnte mit Hilfe der Lasertechnik auch Gabors Modell der Holographie verwirklicht werden. Im Gegensatz zu normalen Lichtstrahlen, die unterschiedliche Wellenlängen und Richtungen aufweisen, was die Realisierung der Holographie bislang unmöglich gemacht hatte, eigneten sich die monochromatischen, kohärenten Lichtwellen des Lasers hervorragend für die Holographie. Im Jahr 1965 stellten Emmet N. Leith und Juris Upatnieks von der University of Michigan die ersten Hologramme her.

Mikrofossilien

Die bislang ältesten Fossilienfunde stammten von Gesteinen im Kambrischen Gebirge. Ihr Alter betrug etwas mehr als 600 Millionen Jahre. Da die Erde aber 4,5 Milliarden Jahre alt ist, hätte das bedeutet, daß es fast 3,9 Milliarden Jahre lang kein Leben auf der Erde gab. Doch das war recht unwahrscheinlich, denn auch die ältesten Fossilienfunde hatten bereits eine Entwicklungsstufe erreicht, der eine lange Evolution vorausgegangen sein mußte. Das Problem war, daß Organismen, die vor dem Kambrium existierten, noch keine Schalen oder andere harte Teile gebildet hatten und weichere Teile wie Gewebe nicht ohne weiteres versteinern können.
Im Jahr 1965 entdeckte der amerikanische Paläontologe Elso Sterrenberg Barghoorn (1913–1984) in sehr alten Gesteinsbrocken kleine Partikel aus karbonisierter Substanz. Er hielt es für möglich, daß diese Partikel Bakterien darstellten, die in einem sehr frühen Erdzeitalter existiert hatten. Eine Untersuchung der Partikel mit dem Elektronenmikroskop zeigte, daß es sich tatsächlich um Versteinerungen einzelliger Lebewesen, sogenannter *Mikrofossilien,* handelte. Man fand solche Mikrofossilien in Gesteinen, die bis zu 3,5 Milliarden Jahre alt waren.
Man konnte also davon ausgehen, daß sich erste Lebensformen auf der Erde nicht später als eine Milliarde Jahre nach ihrer Entstehung gebildet hatten.

Synthese von Protein

Nachdem Wissenschaftler wie Sanger (vgl. 1952) und Perutz (1959) die Struktur von Proteinen in einigen Fällen entschlüsselt hatten, war es nun auch möglich, sie zu synthetisieren.
Im Jahr 1965 gelang dem amerikanischen Biochemiker Robert Bruce Merrifield die Synthese von Insulin. Im gleichen Jahr synthetisierte der wallisische Biochemiker David Phillips das Protein Lysozym.

Nachtrag

Die Vereinigten Staaten begannen im Februar 1965 mit der systematischen Bombardierung Nordvietnams. Doch der erhoffte Erfolg, eine schnelle Beendigung des Krieges, blieb aus. Statt dessen wuchs die Unzufriedenheit unter den amerikanischen Collegestudenten, die als Wehrpflichtige jederzeit mit einer Einberufung rechnen mußten.
Der in Indonesien seit langem schwelende Konflikt zwischen der Regierung und der kommunistischen Volksfront kam in einem kommunistischen Putschversuch zum Ausbruch. Die Regierung schlug den Putsch nieder und ließ Hundertausende von Angehörigen der angeblich kommunistenfreundlichen chinesischen Minderheit ermorden.
Rhodesien erklärte am 11. November 1965 seine Unabhängigkeit von Großbritannien.

1966

Mondoberfläche

Am 3. Februar 1966 landete die sowjetische Mondsonde *Luna 9* auf der Mondoberfläche. Dies war die erste weiche Mondlandung, also eine Landung, bei der die Sonde unbeschädigt blieb. Während des Anflugs hatte *Luna 9* die

Mondoberfläche fotografiert. Am 2. Juni führte die amerikanische Mondsonde *Surveyor 1* das gleiche Manöver durch, machte aber erheblich mehr und qualitativ bessere Aufnahmen als *Luna*.
Am 3. April wurde die sowjetische Mondsonde *Luna 10* als erster Raumflugköper in eine Mondumlaufbahn gebracht. Bald folgte eine amerikanische Mondsonde – der erste *Lunar Orbiter.* Anhand der Daten, die er lieferte, waren die amerikanischen Wissenschaftler in der Lage, eine vollständige und detaillierte Karte der Mondoberfläche anzufertigen, sowohl von der Vorderseite als auch von der Rückseite.

Andockmanöver im All

Am 16. März koppelte sich der amerikanische Satellit *Gemini 8* im All an eine andere Raumkapsel an. Dies war das erste Andockmanöver im All – für die Raumfahrt ein äußerst wichtiger Schritt auf dem Weg zu bemannten Mondflügen.

Nachtrag

Der Vietnamkrieg eskalierte weiter. Die Proteste in den Vereinigten Staaten und anderen Ländern nahmen zu.
In China wurde die *Chinesische Kulturrevolution* entfacht, die der Durchsetzung eines radikaleren Marxismus dienen sollte.
Am 19. Januar 1966 wurde Indira Gandhi (1917–1984), die Tochter von Jawaharlal Nehru, Premierministerin von Indien.
Die Unabhängigkeitsbestrebungen der Kolonialstaaten gingen weiter. In Afrika wurden Botswana und Lesotho unabhängig, in Südamerika Guyana. Alle waren britische Kolonien gewesen.

1967

Pulsare

Seit einigen Jahren hatte es Hinweise auf Radioquellen im All gegeben, deren Intensität in kurzen Zeitabständen zu- und abnahm. Die Radioteleskope waren jedoch noch nicht ausgereift genug gewesen, um solche Radiowellenblitze aufzufangen.
Dann bauten britische Wissenschaftler unter der Leitung von Anthony Hewish (geb. 1924) eine Vorrichtung, mit deren Hilfe diese Radiowellen aufgefangen werden sollten. Insgesamt wurden 2 048 Empfangsgeräte über ein Areal von 12 000 Quadratmetern verteilt.
Im Juli 1967 wurde die Anlage in Betrieb gesetzt. Innerhalb eines Monats konnte die Studentin Jocelyn Bell aus dem Bereich zwischen Wega und Atair Radiopulse empfangen. Die Pulse waren mit einer Periode von einer dreißigstel Sekunde erstaunlich kurz. Noch bemerkenswerter war ihre absolute Regelmäßigkeit. Die Intervalle zwischen den Pulsen betrugen, wie exakte Messungen ergaben, 1,33730109 Sekunden.
Die Objekte, die diese regelmäßigen Radiopulse aussandten, wurden zunächst *Pulsierende Sterne* und wenig später kurz *Pulsare* genannt.
Mit der Zeit wurden Hunderte solcher Pulsare entdeckt. Hewish erhielt für seine Leistung im Jahr 1974 den Nobelpreis für Physik.

Atmosphäre der Venus

Die Sowjetunion schickte weiter Sonden zur Venus. Der extrem hohe Druck und die extrem hohen Temperaturen in der Atmosphäre der Venus führten jedoch immer zu einer raschen Zerstörung dieser Sonden.
Dennoch hatten sie bis 1967 eine Reihe aufschlußreicher Daten zur Erde geschickt. So wußte man inzwischen, daß die Dichte der Venusatmosphäre neunzigmal größer ist als

die der Erdatmosphäre – das hatte niemand erwartet. Sie besteht zu 96,6 Prozent aus Kohlendioxid, und Stickstoff macht praktisch den ganzen Rest aus. Der Stickstoffanteil ist damit ebenso hoch wie auf der Erde – doch im Vergleich zu der ungeheuren Menge von Kohlendioxid ist er verschwindend gering. Das Kohlendioxid erzeugt einen *Treibhauseffekt,* der die Venus noch vor dem Merkur zum heißesten Planeten im Sonnensystem macht.

Unfälle in der Raumfahrt

Die Raumfahrt, mittlerweile zehn Jahre alt, hatte ihre ersten Opfer zu beklagen. Am 27. Januar 1967 starben drei amerikanische Astronauten bei einem Routinetest am Boden, als in ihrer Apollokapsel ein Brand ausbrach. Die Opfer waren Virgil Ivan Grissom (1926–1967), der mit *Gemini 3* die Erde umkreist hatte, Edward White, der als erster Amerikaner einen Weltraumspaziergang unternommen hatte (vgl. 1965), und Roger Bruce Chaffee (1935–1967).
Am 24. April 1967 kehrte die sowjetische Raumkapsel *Sojus* von ihrem ersten Flug ins All zurück, doch dabei verfing sich die Kapsel in den Leinen ihres Fallschirms. Der Kosmonaut Wladimir Michailowitsch Komarov, der 1964 die erste Kapsel mit mehrköpfiger Besatzung gesteuert hatte, kam bei diesem Unfall ums Leben. Er war der erste Mensch, der während eines Raumfluges starb.

Herztransplantation

Am 3. Dezember 1967 führte der südafrikanische Chirurg Christiaan Neethling Barnard (geb. 1922) die erste erfolgreiche Herztransplantation durch. Der Patient erhielt das Herz eines anderen Menschen und lebte damit eineinhalb Jahre.
In der Folgezeit wurde eine ganze Anzahl von Herztransplantationen durchgeführt, doch ihr Nutzen blieb zweifelhaft. Außerdem gab es erhebliche ethische Bedenken. Mit der Zeit wurden Herztransplantationen wieder seltener.

Klone

Es ist möglich, aus einem Teil einer Pflanze ohne geschlechtliche Fortpflanzung eine neue, vollständige Pflanze zu ziehen. Ein Zweig zum Beispiel kann auf den Stamm eines anderen Baumes gepfropft werden und dort wachsen und gedeihen, selbst wenn dieser Baum einer anderen Art angehört. Einen solchen aufgepfropften Zweig nennt man *Klon,* nach dem griechischen Wort für »Schößling« oder »Zweig«.
Einfache, wenig spezialisierte Tiere können aus einem vergleichsweise kleinen Gewebestück den vollständigen Organismus regenerieren. Schwämme, Süßwasserpolypen, Plattwürmer und Seesterne sind für diese Fähigkeit bekannt. Die so regenerierten Organismen können ebenfalls als Klone bezeichnet werden.
Wirbeltiere wie Fische, Reptilien, Vögel oder Säugetiere, sind nicht in der Lage, sich selbst durch Klonen zu regenerieren. Isoliert man jedoch die Zelle eines Wirbeltiers, zum Beispiel aus dem Hautgewebe, und plaziert sie in das Ovum eines anderen Wirbeltiers, dessen Nukleus vorher entfernt wurde, dann können sich die Hautzellen mit Hilfe ihrer genetischen Information reproduzieren und neue Zellen bilden. Aus dem Ovum kann also ein neuer Organismus entstehen, der nicht der ursprünglichen Art des Ovums angehört, sondern der, von dem die eingepflanzte Hautzelle stammt. Auch dieser neugebildete Organismus wäre ein Klon.
Fünfzehn Jahre zuvor war den amerikanischen Biologen Robert William Briggs (geb. 1911) und Thomas J. King das schwierige Unterfangen gelungen, einen Zellkern durch einen anderen zu ersetzen.
Im Jahr 1967 benutzte der britische Biologe John B. Gurden diese Technik der *Zellkernverpflanzung,* um die Darmzelle eines südafri-

kanischen Frosches in die Eizelle eines anderen Frosches derselben Art zu verpflanzen. Aus dem Ovum mit seinem fremden Zellkern entwickelte sich ein normaler Frosch, der genetisch identisch mit dem Frosch war, von dem der neue Zellkern stammte. Zum ersten Mal war ein Wirbeltier geklont worden.
Die Eizellen von Amphibien sind nackt und ungeschützt. Bei Reptilien und Vögeln sind sie jedoch durch Eischalen geschützt, und bei Säugetieren bleiben sie innerhalb des Körpers. Entsprechend schwieriger ist es, Zellkernverpflanzungen an ihnen vorzunehmen. Klone konnten aus solchen Eizellen bislang nicht gebildet werden.

Hahnium

Im Jahr 1967 erzeugten amerikanische Wissenschaftler ein Element mit der Ordnungszahl 105. Es wurde nach Otto Hahn (vgl. 1917) *Hahnium* genannt.

Nachtrag

Am 5. Juni 1967 begann im Nahen Osten der *Sechstagekrieg* zwischen Israel und den arabischen Verbündeten Ägypten, Syrien, Jordanien und Saudi-Arabien. Israel griff aufgrund eindeutiger Kriegsvorbereitungen der arabischen Seite in einem Präventivkrieg an, zerstörte die ägyptische Luftwaffe und eroberte den Gasastreifen, die Sinaihalbinsel, die Golanhöhen und West-Jordanien bis zum Jordan.
Unterdessen dauerte der Vietnamkrieg an. Die Vereinigten Staaten fuhren mit der systematischen Bombardierung Nordvietnams fort und lösten damit im eigenen Land immer heftigere Proteste aus. Die allgemeine Unzufriedenheit führte auch zu Unruhen in den schwarzen Ghettos vieler Städte.
Die Bevölkerung der USA überstieg die 200-Millionen-Grenze. In der Sowjetunion lebten 240 Millionen Menschen.

1968

Elektroschwache Wechselwirkung

Nach dem heutigen Stand der Wissenschaft gibt es vier verschiedene Grundhälften der Natur. Sie werden auch Wechselwirkungen genannt, die durch bestimmte Teilchen vermittelt werden: die starke und die schwache Wechselwirkung, die elektromagnetische Wechselwirkung und die Gravitations-Wechselwirkung. Alle bekannten Kräfte im wahrnehmbaren Universum lassen sich einer dieser vier Wechselwirkungen zuordnen. Die verschiedenen Wechselwirkungen unterscheiden sich deutlich voneinander. Sowohl das elektromagnetische Feld als auch das Gravitationsfeld eines Teilchens dehnen sich theoretisch unendlich weit aus. Das elektromagnetische Feld ist zwar erheblich stärker als das Gravitationsfeld, doch die beiden Wirkungen des elektromagnetischen Feldes, nämlich Anziehung und Abstoßung, tendieren dazu, sich gegenseitig auszugleichen. Das Gravitationsfeld hingegen besitzt nur die Kraftwirkung der Anziehung. Die Folge ist, daß das Universum als System von der Gravitations-Wechselwirkung beherrscht wird. In atomaren oder molekularen Strukturen dominiert hingegen die elektromagnetische Wechselwirkung.
Das nukleare Feld eines Teilchens dehnt sich ebenfalls unendlich weit aus, der Wirkungsbereich geht aber nicht über den Bereich des Kerndurchmessers hinaus. In diesen Dimensionen herrschen die starke und die schwache Wechselwirkung. Die starke Wechselwirkung ist, wie der Name schon sagt, wesentlich stärker als die schwache Wechselwirkung. Die Gravitations-Wechselwirkung wirkt nur auf die Masse der Teilchen und die elektromagnetische ausschließlich auf elektrisch geladene Teilchen, die starke Wechselwirkung ist auf Hadronen beschränkt, die schwache auf Leptonen.
Unter Physikern tauchte die Frage auf, warum es überhaupt vier verschiedene Wechsel-

wirkungen geben sollte. Oder anders ausgedrückt: Warum konnten diese vier Kräfte nicht als unterschiedliche Aspekte einer einzigen zugrundeliegenden Wechselwirkung betrachtet werden, so wie beispielweise auch Eis, Wasser und Dampf trotz ihrer unterschiedlichen Eigenschaften Erscheinungsformen der gleichen Substanz sind?
Einstein hatte versucht, ein mathematisches Modell zu finden, das sowohl die Gravitations- als auch die elektromagnetische Wechselwirkung abdeckte – starke und schwache Wechselwirkung waren zu dieser Zeit noch nicht bekannt. Dies war ihm jedoch nicht gelungen.
Im Jahr 1968 schließlich entwickelten drei Physiker, die Amerikaner Steven Weinberg (geb. 1933) und Sheldon Lee Glashow (geb. 1932) sowie der Pakistani Abdus Salam (geb. 1926), unabhängig voneinander eine Theorie, die die elektromagnetische und die schwache Wechselwirkung zusammenfaßte. Sorgfältige Beobachtungen ergaben, daß die beiden Wechselwirkungen bei ausreichend hohen Temperaturen tatsächlich zu einer werden.
Fällt die Temperatur jedoch, so zerfällt diese *elektroschwache Wechselwirkung* wieder in die beiden getrennten Aspekte (so wie bei sinkender Temperatur Dampf zu Wasser und Wasser zu Eis wird, wobei alle drei bei geeigneten Temperatur- und Druckverhältnissen gleichzeitig auftreten können).
Für ihre Theorie der elektroschwachen Wechselwirkung erhielten Weinberg, Glashow und Salam gemeinsam den Nobelpreis für Physik im Jahr 1979.

Nachweis der Neutrinos

Die Existenz von Neutrinos war theoretisch bewiesen. Untermauert wurde sie durch den praktischen Beweis der Existenz von Antineutrinos, die in der Strahlung von Kernreaktoren nachgewiesen worden waren (vgl. 1956). Was fehlte, war ein direkter Nachweis. Die Sonne erzeugt durch die Verschmelzung von Wasserstoff zu Helium Energie (vgl. 1929). Dabei werden riesige Mengen von Neutrinos gebildet. Ein Teil von ihnen erreicht die Erde, und dort könnten sie unter günstigen Bedingungen mit geeigneten Geräten absorbiert werden – womit der endgültige Beweis für ihre Existenz erbracht wäre.
Frederick Reines, der zusammen mit Cowan erstmals die Existenz von Antineutrinos nachgewiesen hatte, versuchte nun, von der Sonne abgestrahlte Neutrinos zu entdecken. Zu diesem Zweck stellte er in einem tiefen Schacht eines Bergwerkes in Süddakota einen riesigen Tank auf, der mit mehreren hundertausend Litern Tetrachlorethylen gefüllt war. Der Tank lag so tief, daß die sich über ihm auftürmenden Gesteinsmassen die gesamte Teilchenstrahlung der Sonne bis auf die Neutrinos absorbierte. Er wurde für einige Monate an seinem Stellplatz belassen und der Bestrahlung durch Neutrinos ausgesetzt. Wenn ein Chloratom im Tetrachlorethylen ein Neutrino absorbierte, wandelte es sich in Argonatome um. Nach einigen Monaten wurde der Tank mit Helium durchgeblasen, und anschließend konnte die Menge der Argonatome im Helium bestimmt werden.
Im Jahr 1968 war der Beweis für die Existenz der Neutrinos erbracht. Merkwürdig war nur, daß die Zahl der nachgewiesenen Neutrinos zu gering ausfiel. Sie betrug ein Drittel von dem, was nach den gängigen Theorien über die nuklearen Vorgänge im Inneren der Sonne zu erwarten gewesen wäre. Das Rätsel der fehlenden Neutrinos beschäftigt die Wissenschaftler noch heute.

Astrochemie

Die Entdeckung von Hydroxylgruppen in interstellaren Gaswolken (vgl. 1963) hatte die Astronomen überrascht. Es war erstaunlich, daß es so viele Atome gab, die miteinander kollidierten und zweiatomige Moleküle bildeten, die über astronomische Entfernungen hinweg zu entdecken waren. Daß es auch Moleküle mit drei oder vier Atomen geben

könnte, hielt man praktisch für ausgeschlossen.
Doch die Radioastronomie konnte mittlerweile Mikrowellen mit großer Präzision aufspüren, und das bescherte den Wissenschaftlern neue Überraschungen. Im Jahr 1968 wurden Mikrowellen aus interstellaren Gaswolken entdeckt, deren Wellenlänge charakteristisch für Wassermoleküle (mit drei Atomen) und für Ammoniakmoleküle (mit vier Atomen) waren. Das war die Geburtstunde der *Astrochemie*. Von da an wurden im Weltraum immer mehr und immer komplexere Moleküle gefunden, von denen manche bis zu dreizehn Atome enthalten.
Bis auf die einfachsten bestehen alle aus Kohlenstoffketten, ein Umstand, der wieder einmal darauf hinweist, wie wichtig das Kohlenstoffatom als Baustein komplexer Verbindungen ist.

Rotierende Neutronensterne

Nach der Entdeckung der Pulsare (vgl. 1967) galt es nun zu klären, was die in regelmäßigen Zeitabständen von einigen Sekunden auftretenden Impulse verursachte. Irgend etwas mußte in dieser Zeit rotieren, pulsieren oder sich drehen. In Anbetracht der kosmischen Größenverhältnisse war es theoretisch keinem Objekt möglich, so überaus schnelle Bewegungen auszuführen, es sei denn, es war sehr klein und gleichzeitig sehr kompakt.
Im Jahr 1968 stellte Thomas Goldman (geb. 1920) die These auf, daß Pulsare rotierende Neutronensterne seien – die Existenz von Neutronensternen war von Zwicky postuliert worden (vgl. 1934). Da Neutronensterne aus zusammengedrängten Neutronen bestehen, besitzen sie bei einem sehr kleinen Durchmesser eine sehr große Masse – bei einem Durchmesser von ungefähr 10 Kilometern hätte ein solcher Stern die Masse der Sonne. Neutronensterne haben ein enorm starkes Magnetfeld, so daß geladene Partikel lediglich an den Magnetpolen entweichen können. Dabei geben diese Partikel Energie in Form von Radiowellen ab. Liegt dieser von einem Magnetpol ausgehende Radiowellenstrahl nun auf einer Linie, die irgenwann während der Umdrehung des Sterns in Richtung Erde weist, müßte dieser Strahl die Erde erreichen. Da eine Umdrehung des Neutronensterns nur wenige Sekunden dauert, würde dieser Radiowellenimpuls die Erde in Abständen von einigen Sekunden überstreichen, wie es die Beobachtung bestätigte.
War Goldmans Theorie richtig, so mußte ein Pulsar außerdem während jeder Umdrehung meßbare Energiemengen verlieren, und entsprechend mußten seine Rotationsperiode und die Impulsfrequenz langsam abnehmen. Sorgfältige Messungen ergaben, daß dies tatsächlich der Fall ist, und die Beschreibung der Pulsare als rotierende Neutronensterne wurde akzeptiert.

Umrundung des Mondes

Am 17. September 1968 flog die unbemannte sowjetische Sonde *Zond 5* um den Mond und kehrte zur Erde zurück. Am 24. Dezember umrundete die amerikanische Sonde *Apollo 8* mit drei Besatzungsmitgliedern an Bord den Mond zehnmal. Einer Landung auf dem Mond stand nun nichts mehr im Wege.

Nachtrag

Am 30. Januar 1968, dem vietnamesischen Neujahrstag oder *Tet*, griffen der Vietcong (südvietnamesische Guerillas, die gegen die von den USA unterstützte südvietnamesische Regierung kämpften) und Nordvietnamesen dreißig Städte in Südvietnam an. Die Tet-Offensive war militärisch zwar ein Fehlschlag, doch sie machte deutlich, daß die amerikanische Kriegsberichterstattung falsche Angaben über den Kriegsverlauf gemacht hatte. Die Protestwelle in den USA erreichte einen Höhepunkt. Am 31. März erklärte Präsident Johnson seinen Verzicht auf eine erneute Kan-

didatur. Die Bombardierung Nordvietnams wurde eingestellt.
Am 4. April 1968 wurde Martin Luther King durch ein Attentat getötet. Robert Francis Kennedy (1925–1968), der jüngere Bruder von John F. Kennedy, wurde am 6. Juni 1968 ermordet.
Im Herbst 1968 wurde Robert Milhous Nixon (geb. 1913) zum 37. Präsidenten der Vereinigten Staaten gewählt.
Am 16. März töteten amerikanische Truppen in dem vietnamesischen Dorf My Lai Hunderte von vietnamesischen Zivilisten, Männer, Frauen und Kinder. Berichte über das Massaker von My Lai wurden fast zwei Jahre lang unterdrückt.
In der Tschechoslowakei wurden die Reform- und Demokratisierungsbemühungen der Regierung – der sogenannte Prager Frühling – durch eine militärische Intervention des Warschauer Paktes gewaltsam unterbunden.

1969

Menschen auf dem Mond

Am 20. Juli 1969 landeten Neil Alden Armstrong (geb. 1930) und Edwin Eugene Aldrin jr. (geb. 1930) mit der Mondlandefähre des Raumschiffs *Apollo 11* auf der Mondoberfläche. Michael Collins (geb. 1930) blieb auf der Mondumlaufbahn. Neil Armstrong verließ die Mondfähre und betrat mit den Worten: »Das ist ein kleiner Schritt für einen Menschen, doch ein riesiger Sprung für die Menschheit« als erster Mensch den Boden eines anderen Himmelskörpers.
Armstrong und Aldrin blieben 21 Stunden und 37 Minuten auf dem Mond. Am 24. Juli, acht Tage nach dem Start, kehrten die drei Astronauten wohlbehalten auf die Erde zurück. Eine zweite amerikanische Mondfähre landete im November 1969 auf der Mondoberfläche, wo sich die Astronauten 15 Stunden aufhielten.

Mobilität im All

Bei der Ankopplung zweier sowjetischer Raumschiffe im All stiegen am 14. Januar 1969 die Kosmonauten von einem Fahrzeug in das andere um – ein weiterer Schritt auf dem Weg zu mehr Mobilität im All.

Optische Pulsare

Pulsare (vgl. 1967), die, wie nachgewiesen wurde, rotierende Neutronensterne sind (vgl. 1968), emittieren Teilchen, die Energie in Form von Mikrowellen abgeben. Es stellte sich allerdings die Frage, ob die Energieabgabe nicht auch in Form anderer Strahlung erfolgen konnte, zum Beispiel in Form von Lichtwellen. Lichtpulse sind freilich schwieriger zu entdecken als Mikropulse. Darüber hinaus haben Lichtwellen ein höheres Energieniveau und werden deshalb nicht in der gleichen Intensität abgegeben wie Mikrowellen.
Von daher war es sinnvoll, die Beobachtungen auf solche Gebiete zu konzentrieren, in denen sich möglicherweise erst vor relativ kurzer Zeit Neutronensterne gebildet hatten, da solche Neutronensterne energiereicher sein müssen als ältere. Der Crab-Nebel bot sich als Beobachtungsziel an, da das Licht seiner Supernovaexplosion die Erde erst vor etwas mehr als neunhundert Jahren erreicht hatte (vgl. 1054 und 1848) und der Pulsar in seinem Zentrum die kürzeste bis dahin bekannte Rotationsperiode hatte, nämlich nur eine dreißigstel Sekunde. Das bedeutete, daß er noch sehr energiereich war.
Im Januar 1969 wurde ein Stern nahe dem Zentrum des Crab-Nebels entdeckt, der in regelmäßigen Zeitabständen – dreißigmal pro Sekunde – Lichtblitze abgab. Die Lichtwellenemission war also zeitgleich mit der Mikrowellenemission. Der Pulsar im Crab-Nebel

war damit der erste *optische Pulsar,* der entdeckt wurde. In seiner Strahlung konnten auch Röntgenstrahlen nachgewiesen werden.

Antarktische Meteoriten

Eine der Schwierigkeiten bei der Untersuchung von Meteoriten besteht darin, daß sie nur schwer von irdischem Gestein oder Metallklumpen zu unterscheiden sind. Es gibt zwei Hauptgruppen von Meteoriten: Eisenmeteorite, die zu 90 Prozent aus Eisen, zu 9 Prozent aus Nickel und zu 1 Prozent aus anderen Metallen bestehen, und Steinmeteorite, die hauptsächlich aus Silikaten bestehen. Die Steinmeteoriten sind bei weitem häufiger. Nur 10 Prozent der Meteoriten, die auf die Erde fallen, sind Eisenmeteoriten. Da sie von den Menschen früher gesammelt und weiterverarbeitet wurden, sind in den Regionen, in denen die ersten Zivilisationen entstanden, keine mehr zu finden.
Steinmeteoriten lassen sich nur durch eine sorgfältige Analyse von irdischen Gesteinsbrocken unterscheiden. Da nicht jeder Stein so gründlich untersucht werden kann, werden Steinmeteoriten nur selten identifiziert, es sei denn, ihr Einschlag konnte unmittelbar beobachtet werden oder sie gingen in Gebieten nieder, in denen es sonst keine Steine gibt.
Der beste Platz für die Suche nach Steinmeteoriten ist die arktische Eisdecke. Jeder Stein, der auf einer Eisdecke liegt, die Hunderte von Metern dick ist, *muß* ein Meteorit sein. Außerdem ist er hier viel leichter zu finden als auf dem eisfreien, steinigen Erdboden. Die Antarktis mit der größten geschlossenen Eisdecke auf der Erde bietet sich als idealer Fundort für Meteoriten an.
Im Jahr 1969 stieß eine Gruppe von japanischen Geologen in der Antarktis auf neun Meteoriten, die dicht nebeneinanderlagen. Dies weckte das Interesse anderer Wissenschaftler. Seit damals wurden Tausende von Meteoritenstücke gefunden, ein Umstand, der eine genauere Untersuchung der Natur dieser Himmelsgeschosse natürlich wesentlich vereinfachte. Nach eingehenden chemischen Analysen der Fundstücke kam man zu der Annahme, daß einige vom Mond, andere sogar vom Mars stammen könnten.

Struktur von Proteinen

Die Methoden zur Analyse von Proteinstrukturen waren seit Sangers Arbeit über die Struktur des Insulins (vgl. 1952) weiterentwickelt worden. Im Jahr 1969 entschlüsselte der amerikanische Biochemiker Maurice Edelman (geb. 1929) die Struktur des Gamma-Globulins, eines Proteins, das einen Bestandteil des Blutes bildet. Gamma-Globulin ist für die Bildung verschiedener Antikörper verantwortlich, die der Abwehr körperfremder Eindringlinge dienen und somit Bestandteil des Immunsystems sind. Für die Analyse seiner Struktur erhielt Edelman im Jahr 1972 den Nobelpreis für Physiologie und Medizin. Im gleichen Jahr entdeckte D. C. Hodgkin (vgl. 1955) die dreidimensionale Struktur des Insulins und vervollständigte damit unser Wissen über dieses Hormon.
Der in China geborene amerikanische Biochemiker Choh Hao Li (vgl. 1943) synthetisierte, ebenfalls 1969, das Enzym Ribonuklease. Dazu mußte er 124 Aminosäuren in der richtigen Reihenfolge zu einer Kette verknüpfen. Die Ribonuklease, die bei der Spaltung von Ribonukleinsäure in kleinere Fragmente als Katalysator dient, war das erste Enzym, das synthetisiert wurde.

Künstliches Herz

Im Vergleich zu den meisten anderen Organen ist das Herz relativ einfach aufgebaut. Seine Hauptaufgabe besteht darin, das Blut durch den Körper zu pumpen. Man kann sich unschwer vorzustellen, daß diese Aufgabe auch von einer künstlichen Pumpe erledigt werden könnte, die dem Herzen in Aufbau und Größe ähnelt und von einer Energiequelle außerhalb des Körpers angetrieben wird.

Der erste Versuch, einem Menschen ein solches künstliches Herz einzupflanzen, wurde 1969 von dem amerikanische Chirurgen Denton Cooley durchgeführt. Das Herz, das er einpflanzte, war von dem in Argentinien geborenen Amerikaner Domingo Liotta angefertigt worden. Der Patient lebte mit dem künstlichen Herzen drei Tage, dann wurde es durch ein natürliches Herz ersetzt.

Bypass-Operationen

Die Versorgung der Herzmuskulatur mit nähr- und sauerstoffreichem Blut erfolgt über die Herzkranzgefäße, die von der Aorta in Richtung der Herzspitze abzweigen. Mit anderen Worten: Das Herz versorgt sich zunächst einmal selbst, bevor es das Blut durch den Körper pumpt. Das leuchtet ein, denn das Herz muß für den Körper Schwerstarbeit verrichten.
Unglücklicherweise neigen die Koronararterien dazu, an ihrer Innenseite einen Belag zu bilden, der reich an Cholesterin ist – insbesondere bei Menschen, die sich cholesterinreich ernähren. Die Folge: Die Arterien verengen sich, und weniger Blut gelangt zum Herzen. Außerdem wächst die Gefahr, daß sich Blutgerinnsel, sogenannte Thrombosen, bilden, die die Blutzufuhr völlig unterbrechen können.
Aus der Unterversorgung des Herzens mit Blut resultieren die starken Schmerzen der *Angina pectoris,* und bei völliger Unterbrechung der Zufuhr kommt es zum *Herzinfarkt,* der zum Tod führen kann. Ein völlig gesundes Herz kann durch diese Belagbildungen in den Herzkranzgefäßen völlig lahmgelegt werden.
Im Jahr 1969 wurde eine chirurgische Technik entwickelt, die für eine Entlastung der Herzkranzgefäße sorgt: Dem Körper des Patienten werden an anderen Körperstellen, zum Beispiel am Oberschenkel, Venen oder Arterien entnommen und so an die vereengten Herzkranzgefäße angelegt, daß sie das Blut an diesen Stellen vorbeileiten. Die Versorgung des Herzens ist damit wieder sichergestellt. Wird mehr als ein Gefäßabschnitt durch einen solchen *Bypass* entlastet, spricht man von einem *Doppelten* oder *Dreifachen Bypass* und so weiter.
Seit 1969 werden *Bypass-Operationen* sehr häufig durchgeführt. Auch wenn sie das Leben des Patienten nicht unbedingt verlängern können, so mindern sie doch die Schmerzen der Angina pectoris und erhöhen die körperliche Belastbarkeit – für viele ist das Gewinn genug.

Nachtrag

Die USA hatten mittlerweile 550 000 Soldaten in Vietnam stationiert – mehr als je zuvor. Am 3. September 1969 starb der nordvietnamesische Präsident Ho Chi Minh (1890–1969).

1970

Schwarze Löcher

Schwarze Löcher (vgl. 1916) können, wie es scheint, aufgrund ihres hohen Gravitationsfeldes nur Materie aufnehmen, aber keine abgeben. Das würde bedeuten, daß sie bis ins Unendliche wachsen und am Ende das gesamte Universum verschlucken.
Im Jahr 1970 stellte der britische Physiker Stephen William Hawking (geb. 1942) die auf quantenmechanischen Überlegungen beruhende Theorie auf, daß Schwarze Löcher eine höhere Temperatur als ihre Umgebung besitzen und folglich auch verdampfen können. Schwarze Löcher mit der Masse eines oder mehrerer Sterne würden so langsam verdampfen, daß dieser Prozeß eine wesentlich größere Zeitspanne als das gegenwärtige Lebensalter des Universums in Anspruch nehmen würde. Allerdings würde er sich in dem Maße beschleunigen, wie die Masse der Schwarzen Löcher abnahm.

Auf der Grundlage der Hawkingschen Theorie gelangte man zu der Annahme, daß sich das Universum nicht zu einer Ansammlung Schwarzer Löcher entwickelt, sondern am Ende aus einem Gemenge von Leptonen und Photonen besteht, das von verdampften Schwarzen Löchern herrührt.

Meteoritische Aminosäuren

Miller hatte erstmals versucht, die Entstehung des Lebens auf der Erde experimentell nachzuvollziehen (vgl. 1952), und Substanzen miteinander reagieren lassen, aus denen die Erdatmosphäre zu Anfang bestand. Tatsächlich hatten sich komplexe organische Verbindungen gebildet. Der in Sri Lanka geborene amerikanische Biochemiker Cyril Ponnamperuma (geb. 1923) führte Millers Versuche fort.
Im Jahr 1970 untersuchte Ponnamperuma einen Meteoriten, der ein Jahr zuvor in Australien niedergegangen war. Seine Arbeit brachte eine überraschende Wendung. Der Meteorit gehörte zur Gattung der *Kohligen Chondrite,* die aus einem spröden, schwarzen Material bestehen, das meßbare Mengen von Wasser und organischen Stoffen enhält. Ponnamperuma konnte nachweisen, daß die im Chondrit enthaltenen Proteinmoleküle aus fünf verschieden Aminosäuren bestanden.
Beim Vergleich dieser meteoritischen Aminosäuren mit Aminosäuren, die in lebendem Gewebe auf der Erde vorkommen, stellte sich heraus, daß sie nicht durch Lebensvorgänge entstanden waren. Sie hätten sonst nur eine von zwei möglichen Strukturen aufweisen dürfen und *optisch aktiv* sein müssen. Die optische Aktivität der Aminosäuren hängt mit der charakteristischen Lichtabsorption zusammen, die bei enzymatischen Vorgängen auftritt. Die meteoritischen Aminosäuren waren optisch inaktiv, und das bedeutete, daß sie in zwei unterschiedlichen Strukturen in jeweils gleicher Menge vorhanden waren, deren optische Aktivitäten sich gegenseitig aufhoben. Diese Eigenschaft wurde nur bei Aminosäuren gefunden, die nicht aus Lebensprozessen entstanden waren.
In Verbindung mit den Resultaten der Astrochemie (vgl. 1968) ließen es Ponnamperumas Ergebnisse noch wahrscheinlicher erscheinen, daß in nicht-lebenden Systemen unter günstigen Bedingungen chemische Veränderungen stattfanden, die unausweichlich auf die Entstehung von Leben hinausliefen.

Synthese von Genen

Khorana, der an der Entschlüsselung des genetischen Codes gearbeitet hatte (vgl. 1961), leitete ein Team von Wissenschaftlern, das 1970 ein genähnliches Gewebemolekül synthetisierte. Das Team hatte dazu kein natürliches Gen als Schablone verwendet, sondern das Gen aus seinen chemischen Bestandteilen zusammengesetzt.
Die Synthese des komplexen Moleküls des Wachstumshormons durch Li – der bereits das Enzym Ribonuklease synthetisiert hatte (vgl. 1968) – war ein weiterer Beleg für den Fortschritt auf diesem Gebiet.

DNA-Neukombination

Im Jahr 1970 entdeckten die Mikrobiologen Hamilton Othanel Smith (geb. 1931) und Daniel Nathans (geb. 1928) ein Enzym, das ein DNA-Molekül an einer ganz bestimmten Stelle auseinanderbrechen konnte. Die dabei entstehenden DNA-Stücke waren immer noch so groß, daß sie unverstümmelte genetische Informationen enthielten. Auf der Basis dieser Entdeckung waren die Wissenschaftler in der Lage, mit verschiedenen DNA-Stücken neue Gene zu konstruieren, die in der Natur nicht vorkamen.
Diese Technik der *Neukombination von DNA* wurde zu einem wichtigen Hilfsmittel in der Genetik. Sie war ein wichtiger Schritt auf dem Weg zur *Genmanipulation,* die die Modifizierung, den Transfer oder die Neuschaffung von Genen ermöglicht.

Für ihre Entdeckung erhielten Nathans und Smith 1978 den Nobelpreis für Physiologie und Medizin.

Reverse Transkriptase

Seit der Entwicklung des Doppelhelix-Modells für die DNA durch Watson und Crick (vgl. 1953) war die Wissenschaft der Meinung gewesen (und Experimente hatten sie darin bestätigt), die genetische Information fließe nur in einer Richtung, und zwar von der DNA zur RNA.
Nicht selten erweist sich später, daß es in der Natur viel komplizierter zugeht als zunächst angenommen. So auch in diesem Fall. Wie sich herausstellte, gab es offenbar Schleifen im Informationsfluß, so daß Informationen manchmal auch von der RNA zur DNA zurückflossen. Im Jahr 1970 gelang es dem amerikanischen Onkologen Howard Martin Temin (geb. 1934), ein Enzym zu lokalisieren, das er *reverse Transkriptase* nannte. Dieses Enzym ist in der Lage, mit Hilfe von Informationen, die es von der RNA erhalten hat, auf die DNA einzuwirken.
Die gleiche Entdeckung machte unabhängig von Temins Arbeit der amerikanische Biochemiker David Baltimore (geb. 1938). Für ihre Entdeckung wurden beiden Wissenschaftlern 1975 Teile des Nobelpreises für Physiologie und Medizin zuerkannt.

Megavitamin-Therapie

Vitamine bilden einen äußerst wichtigen Bestandteil unserer Nahrung – eine Tatsache, die schon Eijkman festgestellt hatte (vgl. 1896). Die erforderlichen Mengen erschienen jedoch sehr klein.
Der Verdacht kam auf, daß die winzigen empfohlenen Dosen allenfalls der Vorbeugung gegen Mangelkrankheiten dienten, für eine optimale Förderung der Gesundheit aber nicht ausreichten. Man verwies auf den extrem hohen Anteil von Vitaminen in der überwiegend aus Obst und Gemüsen bestehenden Nahrung von Naturvölkern. Vielleicht brauchte man so hohe Dosen für eine optimale Gesundheit. Mit der Zeit kam der Begriff der *Megavitamin-Therapie* auf.
Der herausragendste Vertreter dieser Megavitamin-Therapie war Linus Pauling (vgl. 1931), der ab 1970 hohe Dosen von Vitamin C (Ascorbinsäure) empfahl. Die meisten Biochemiker reagierten skeptisch, doch Paulings Meinung konnte man nicht einfach ignorieren.

Glasfaseroptik

Seit der elektrische Strom in Gebrauch gekommen war (vgl. 1800 und 1831), wurden Metalldrähte als Stromleitungen benutzt. Die meisten waren aus Kupfer.
Im Jahr 1970 hatte die Technik einen Stand erreicht, der die Leitung von Licht durch sehr dünne, transparente Glasfasern ermöglichte. Diese Fasern sind so mit einer Kunststoffhülle oder mit einer zweiten Glasschicht überzogen, daß streuende Lichtstrahlen von der Hülle reflektiert werden. Durch die Totalreflexion kann das Licht allen Biegungen folgen. Durch den Gebrauch von Lasern und elektrooptischen Wandlern an den Enden eines Glasfaserkabels können unter anderem auch Schallwellen übertragen werden. Dabei werden die Schallwellen am Eingang des Glasfaserkabels durch den Wandler in Lichtimpulse umgesetzt, weitergeleitet, und am Ende durch den zweiten Wandler wieder in Schallwellen umgewandelt.
Die Glasfaseroptik, auch als Fiberoptik bezeichnet, ermöglichte es, die teuren Kupferkabel durch das billigere Glas zu ersetzen. Da die Lichtwellen zusätzlich enorme Informationsmengen übertragen können, bot sich hier die Möglichkeit, die Kommunikation über Telefon enorm zu erweitern.

Raster-Elektronenmikroskop

In den bislang üblichen Elektronenmikroskopen (vgl. 1932) wurde ein Elektronenstrahl in einem Vakuum durch das Objekt hindurch auf eine darunterliegende fotografische Platte geleitet. Ein Nachteil dieses Durchstrahlmikroskopes besteht darin, daß das Objekt sehr dünn sein muß.
Wird nun ein Elektronenstrahl mit niedrigem Energieniveau verwendet, kann er die Oberfläche eines Objektes abtasten, ähnlich wie bei einem Fernsehempfänger, bei dem ein Elektronenstrahl das Zeilenraster eines Bildschirms abtastet. Die Elektronen, die das Objekt abtasten, lösen auf der Objektoberfläche Sekundärelektronen aus, die verstärkt und der Helligkeitssteuerung einer Bildröhre zugeführt werden.
Ein Mikroskop, das auf diese Weise arbeitet, wird *Raster-Elektronenmikroskop* genannt. Es erzeugt eine dreidimensionale Abbildung des Objektes und vermittelt entsprechend mehr Information. Darüber hinaus ist die Vergrößerungsleistung wesentlich höher als bei einem normalen Elektronenmikroskop. In einigen Fällen kann mit Hilfe des Raster-Elektronenmikroskops sogar die Position einzelner Atome erkannt werden.
Das erste verwendbare Raster-Elektronenmikroskop wurde 1970 von dem britisch-amerikanischen Physiker Albert Victor Crewe entwickelt.

Landungen planetarer Sonden

Am 17. August 1970 startete die Sowjetunion die Venussonde *Wenera* 7. Sie erreichte die Venus am 15. Dezember. Eine kleine Sonde, die mit diversen Instrumenten ausgerüstet war, wurde abgekoppelt. Sie drang in die Atmosphäre ein und landete weich auf der Oberfläche der Venus. Dies war die erste weiche Landung eines von Menschenhand gebauten Objektes auf einem fremden Planeten. Die Instrumente der Sonde übermittelten 23 Minuten lang Daten über Atmosphäre und Oberfläche der Venus, länger konnten die Instrumente dem hohen Druck und den hohen Temperaturen nicht standhalten.
Ebenfalls 1970 landete die unbemannte sowjetische Mondsonde *Lunik 17* auf der Mondoberfläche und kehrte anschließend zur Erde zurück. Im gleichen Jahr starteten China und Japan erstmals eigene Raketen.

Apollo 13

Im Jahr 1970 hätte der Ausfall der Sauerstoffversorgung in der Hauptkammer von *Apollo 13* beinahe zu einem Unglück geführt. Den drei Astronauten gelang es jedoch, rechtzeitig in die Mondlandefähre umzusteigen und mit dieser zur Erde zurückzukehren – ein Ereignis, das weltweit verfolgt wurde. Obwohl die eigentliche Mission fehlgeschlagen war, fand die Rettung der Astronauten aus eigener Kraft weltweite Anerkennung.

Überschall-Verkehrsflugzeuge

Nachdem es gelungen war, die *Schallmauer* zu durchbrechen (vgl. 1947), konnte man nun auch Verkehrsflugzeuge bauen, die Passagiere mit Überschallgeschwindigkeit beförderten.
Im Jahr 1970 wurde das erste Überschall-Verkehrsflugzeug in Betrieb genommen. In den Vereinigten Staaten beschloß man im Hinblick auf Lärmbelastung und Umweltschäden, keine solchen Flugzeuge zu bauen. Großbritannien, Frankreich und die Sowjetunion hielten jedoch an dem Projekt fest. Doch obwohl die Überschall-Flugzeuge aus technischer Sicht zweifellos ein Fortschritt waren, blieb ihnen der wirtschaftliche Erfolg versagt.

Nachtrag

Die Protestwelle gegen den Vietnamkrieg erreichte in den USA einen neuen Höhepunkt. Am 4. Mai feuerte die Nationalgarde in eine

Menge demonstrierender Studenten. Vier Studenten wurden getötet, acht weitere verletzt. Das ägyptische Staatsoberhaupt Gamal Abd el Nasser (1918–1970) starb am 28. September 1970. Nachfolger wurde Anwar Sadat (1918–1981).
In Syrien wurde Hafis Asad (geb. 1928) nach einem Militärputsch am 13. November 1970 Ministerpräsident. In Libyen erlangte nach dem Sturz der Monarchie am 16. Januar 1970 Revolutionsführer Muammar Gaddafi (geb. 1942) die Macht.
Charles de Gaulle starb am 9. November 1970.

1971

Marskartographie

Am 30. März 1971 starteten die USA die Marssonde *Mariner 9*. Sie schwenkte am 13. November des gleichen Jahres in eine Umlaufbahn um den Mars und war somit das erste von Menschenhand gebaute Objekt, das einen anderen Planeten umkreiste.
Mariner 9 war noch im Anflug, als auf dem Mars ein gewaltiger Staubsturm losbrach, der den gesamten Planeten verdeckte. Glücklicherweise befand sich die Sonde in der Umlaufbahn und konnte die beiden Monde des Mars untersuchen, bis sich die Staubwolke gelegt hatte. Sie weisen eine unregelmäßige kartoffelähnliche Form auf und sind mit Kratern übersät. Der größte Durchmesser von Phobos beträgt 27 Kilometer, der von Deimos 16 Kilometer.
Nachdem der Staubsturm sich gelegt hatte, schickte *Mariner 9* mehr als 7 000 Bilder von der Marsoberfläche zur Erde. Mit Hilfe dieser Aufnahmen konnte eine komplette Karte der Marsoberfläche angefertigt werden. Wie schon vermutet worden war, gab es keine künstlich angelegten Kanäle, nur einen riesigen Canyon, der allerdings natürlichen Ursprungs ist und Tausende von Kilometern lang ist. Er erhielt den Namen *Valles Marineris*.
Der Mars weist zahlreiche Krater auf, die sich überwiegend auf der Südhalbkugel befinden. In der anderen Hemisphäre befinden sich Vulkane und zerklüftetes Terrain. Der größte Vulkan ist der *Olympus Mons*. Sein Gipfel steigt bis zu 24 Kilometern über das umliegende Gebiet auf, und seine Basis hat einen Durchmesser von rund 400 Kilometern.
Die Atmosphäre des Mars hat eine viel geringere Dichte als die der Erde (etwa ein Hundertstel) und besteht fast ausschließlich aus Kohlendioxid. Wasser kommt aufgrund der niedrigen Temperaturen nur in gefrorenem Zustand vor. Die Eiskappen an den Marspolen bestehen hauptsächlich aus normalem gefrorenem Wasser und Kohlendioxid.

Mondgestein

Die Erforschung des Mondes wurde im Jahr 1971 fortgesetzt. Die Besatzung von *Apollo 14* landete am 5. Februar 1971 auf dem Mond und sammelte Gesteinsproben. Knapp 45 Kilogramm Mondgestein wurden zur Erde zurückgebracht und untersucht. Diese Gesteinsproben waren die ersten, die Menschen auf einem anderen Himmelskörper gesammelt haben.
Am 30. Juli des gleichen Jahres landete *Apollo 15* auf dem Erdtrabanten. Mit einem Mondfahrzeug legten die Astronauten auf der Mondoberfläche 27 Kilometer zurück. Auch sie brachten Gesteinsproben zurück zur Erde.

Raumstation

Am 19. April 1971 schickte die Sowjetunion *Saljut 1* in die Erdumlaufbahn, die erste Raumstation, die für einen längeren Aufenthalt von Kosmonauten im All ausgelegt war.
Am 6. Juni dockte die Raumfähre *Sojus 11* an die Raumstation an. Die drei Kosmonauten hielten sich 22 Tage in der Raumstation

auf und kehrten anschließend mit *Sojus 11* zur Erde zurück. Doch bei der Landung kamen die drei Kosmonauten ums Leben. Ursache war ein Druckabfall in der Kabine. Dies war bis zu diesem Zeitpunkt der schlimmste Unfall in der Geschichte der Raumfahrt.

Entdeckung eines Schwarzen Loches

Im Jahr 1971 registrierte ein speziell für die Ortung von Röntgenstrahlquellen ausgerüsteter Satellit Unregelmäßigkeiten bei einer Quelle im Sternbild Schwan (lateinisch Cygnus), einer Quelle, der man den Namen *Cygnus X–1* gegeben hatte (X steht für Röntgenstrahlen, im Englischen: X-ray). Solche Unregelmäßigkeiten konnten durch Materie verursacht werden, die in unterschiedlichen Konzentrationen um das Gravitationsfeld eines Schwarzen Loches kreiste.

Sofort wurde Cygnus X–1 einer genaueren Beobachtung unterzogen. Dabei stellte man fest, daß sich in unmittelbarer Nähe der Röntgenstrahlungsquelle ein großer, heißer, blauer Stern befindet, dessen Masse etwa dreißigmal größer ist als die unserer Sonne. Der kanadische Astronom C. T. Bolt konnte zeigen, daß Cygnus X–1 und der blaue Stern einander umkreisen. Aus der Bahn, die sie dabei beschreiben, ließ sich errechnen, daß Cygnus X–1 das Fünf- bis Achtfache der Masse unserer Sonne haben muß. Wäre Cygnus X–1 ein normaler Stern, hätte er leicht zu erkennen sein müssen. Da dies aber nicht der Fall war, mußte man davon ausgehen, daß er ein sehr kleiner Himmelskörper mit extrem hoher Dichte ist. Da seine Masse aber zu groß für einen Neutronenstern war, konnte es sich eigentlich nur um ein Schwarzes Loch handeln. Diese Annahme konnte bis heute zwar nicht eindeutig bestätigt werden, doch im großen und ganzen sind die Astronomen davon überzeugt, daß es sich bei Cygnus X–1 um ein Schwarzes Loch handelt.

Seither wurden auch andere Röntgenstrahlungsquellen beobachtet, bei denen es sich um Schwarze Löcher handeln könnte – wobei der endgültige Beweis jedoch noch fehlt. Diese Schwarzen Löcher befinden sich im Zentrum verschiedener Galaxien, vielleicht auch im Zentrum der Milchstraße.

Schwarze-Mini-Löcher

Hawking hatte die Theorie aufgestellt, daß Schwarze Löcher langsam verdampfen, wobei die Verdampfungsgeschwindigkeit in dem Maß zunimmt, wie die Masse abnimmt (vgl. 1970). Im Jahr 1971 äußerte er die Vermutung, daß beim Urknall Schwarze Löcher aller möglichen Größen entstanden sein könnten. Einige waren nach Hawking gerade so groß, daß heute, 15 Milliarden Jahre nach ihrer Entstehung, ihre Verdampfung soweit fortgeschritten sein müßte, daß in nächster Zeit mit ihrer letzten Verdampfungsexplosion zu rechnen sei. Schwarze-Mini-Löcher dieser Art könnten vergleichsweise häufig vorkommen. Anhand der Strahlung, die bei ihrer Explosion in Form von Röntgenblitzen freigesetzt werde, könne der Nachweis für ihre Existenz erbacht werden.

Hawkings Theorie klingt schlüssig, doch bislang hat noch kein Astronom Strahlungen entdeckt, die auf die endgültige Verdampfungsexplosion eines solchen Schwarzen Loches zurückgeführt werden könnten.

Taschenrechner

Im Jahr 1971 brachte die Firma Texas Instruments den ersten tragbaren Rechner auf den Markt. Durch die Verwendung von transistorisierten Schaltkreisen hatte sein Gewicht auf etwas mehr als ein Kilogramm reduziert werden können. Der Preis betrug 150 Dollar. In den folgenden Jahren wurden sowohl Preis als auch Gewicht erheblich reduziert.

Nachtrag

Nach langjährigen Auseinandersetzungen mit West-Pakistan kam es in Ost-Pakistan im März 1971 zu schweren Unruhen. Am 26. März 1971 erklärte Ost-Pakistan seine Unabhängigkeit von West-Pakistan und nannte sich Bangladesch. Dank indischer Unterstützung war die Abkopplung von West-Pakistan bis zum Ende des Jahres vollzogen.
Am 25. Oktober 1971 wurde die Volksrepublik China in die UNO aufgenommen. Im gleichen Jahr wurde Taiwan aus der UNO ausgeschlossen.

1972

Synthese von Vitamin B–12

Woodward (vgl. 1944), der im Laufe seiner Karriere unzählige komplexe organische Moleküle synthetisiert hatte, arbeitete zehn Jahre an der Synthese des vielleicht kompliziertesten organischen Moleküls überhaupt – Vitamin B–12. Im Jahr 1972 konnte er diese Arbeit erfolgreich abschließen.

Punktuelle Evolution

Seit der Veröffentlichung von Darwins Evolutionstheorie, die auf dem Begriff der natürlichen Selektion beruht (vgl. 1858), war man allgemein davon ausgegangen, daß Evolution ein langsamer, aber stetiger Prozeß sei.
Im Jahr 1972 stellten die amerikanischen Paläontologen Stephen Jay Gould und Niles Eldredge ihre Theorie der *punktuellen Evolution* vor. Dieser Theorie zufolge leben Arten lange Zeit in praktisch unverändertem Zustand. Werden jedoch kleine Gruppen einer bestimmten Art aus irgendeinem Grund veränderten Umwelteinflüssen ausgesetzt, können sie sich vergleichsweise schnell verändern und zu einer neuen Art weiterentwickeln. Nach dieser Theorie verläuft Evolution also schubweise, und lange, relativ stabile Perioden werden gelegentlich durch Phasen rascher Veränderung unterbrochen.
Goulds und Eldredges Theorie stieß nicht überall auf Zustimmung, machte jedoch deutlich, daß Fragen der biologischen Evolution auch heute noch für Verwirrung in der Wissenschaft sorgen. Zwar zweifelt kein namhafter Biologe an der Richtigkeit der Evolutionstheorie, doch einzelne Aspekte des genauen Ablaufs sind nach wie vor umstritten.

Lichtgeschwindigkeit

Olaus Rømer hatte die erste brauchbare Messung der Lichtgeschwindigkeit durchgeführt (vgl. 1675). Seit jener Zeit waren die Messungen immer präziser geworden, wobei Michelson (vgl. 1927) die bislang größte Annäherung gelungen war.
Im Oktober 1972 ermittelte ein Forscherteam unter der Leitung von Kenneth M. Evenson im amerikanischen Boulder, Colorado, mit Hilfe einer Reihe von Laserstrahlen einen neuen Wert für die Lichtgeschwindigkeit. Dieser Wert übertraf alle bis dahin ermittelten Werte an Genauigkeit. Nach Evenson beträgt die Lichtgeschwindigkeit 299 792,46 Kilometer pro Sekunde.

Erderkundungssatelliten

Im Jahr 1972 starteten die Vereinigten Staaten *Landsat 1,* den ersten Satelliten, der speziell dafür bestimmt war, großflächige Aufnahmen von der Erdoberfläche zu machen. Anhand der von ihm übermittelten geologischen Daten konnten Bodenschätze entdeckt werden. Außerdem gaben die Aufnahmen Aufschluß über den Zustand von Agrar- und Waldgebieten, über normales oder anomales Wachstum, großflächige Zerstörungen durch Schädlinge und andere Details.

Immer wieder wird gefragt, warum so viel Geld und Zeit in die Raumfahrt investiert wird, wo es doch auf der Erde so viele ungelöste Probleme gibt. Die Erderkundungssatelliten geben eine mögliche Antwort auf solche Fragen. Sie sind ein wichtiges Instrument für die genauere Analyse der Probleme.
Im Jahr 1972 landete die unbemannte sowjetische Mondsonde *Luna 20* weich auf der Mondoberfläche, sammelte Bodenproben und brachte sie zur Erde zurück. Dies war die größte Leistung der sowjetischen Raumfahrt in diesem Jahr.

Quanten-Chromodynamik

Die Annahme, daß Quarks (vgl. 1961) stets in Zweier- oder Dreiergruppen auftreten, galt im Jahr 1972 als weitgehend gesichert. Danach bilden ein Quark und ein Antiquark ein Meson, drei Quarks hingegen Protonen, Neutronen und andere Hadronen.
Murray Gell-Mann (vgl. 1953), der die Existenz der Quarks postuliert hatte, versuchte nun, die Gesetze für die Kombination von Quarks zu erarbeiten. Als Denkansatz wählte er einen Vergleich zwischen den Quarks und den Grundfarben Rot, Blau und Grün. Treffen rote, grüne und blaue Lichtstrahlen zusammen, entsteht ein Lichtstrahl, der keine Farbe aufweist – ein weißer Lichtstrahl also. Nach Gell-Manns Idee könnte man sich nun eine der Eigenschaften der Quarks ähnlich wie eine Farbe vorstellen – ein Quark hätte somit die Eigenschaft Rot, Grün oder Blau. Als Regel soll gelten, daß das Ergebnis einer Quarkkombination immer die Eigenschaft Weiß sein müßte. Das würde bedeuten, daß sich ein Quark mit der Eigenschaft Rot, ein weiteres mit der Eigenschaft Grün und ein blaues Quark verbinden müssen, um ein Hadron mit der Eigenschaft Weiß zu bilden. Nur Kombinationen, die die Eigenschaft Weiß ergeben, können existieren.
Auf diese Weise begründete Gell-Mann nach dem Vorbild der *Quantenelektrodynamik,* die sich als nützliches Instrument der Quantenphysik erwiesen hatte (vgl. 1948), die *Quantenchromodynamik.* Allerdings ist das Verhalten der Quarks unter der starken Wechselwirkung wesentlich komplizierter als das Verhalten von Elektronen unter der elektromagnetischen Wechselwirkung. Die Quantenchromodynamik muß daher noch erheblich verfeinert werden.

Computertomographie

Röntgenaufnahmen waren seit einem dreiviertel Jahrhundert ein wichtiges Instrument der medizinischen Diagnose. Sie hatten allerdings den Nachteil, daß von einem dreidimensionalen Körper nur eine zweidimensionale Aufnahme angefertigt werden konnte.
Im Jahr 1972 wurde eine neue Röntgentechnik eingeführt, die sogenannte *Computertomographie.* Aus zahlreichen, fächerartig gestreuten Röntgenstrahlen, die das Objekt abtasten, entstehen Schichtbilder, die zusammen ein dreidimensionales Bild des Objektes ergeben.
Im gleichen Jahr gelang der Medizin ein weiterer Fortschritt, als der britische Chirurg John Charnley ein Hüftgelenk durch eine Plastikprothese ersetzte. Eine solche Gelenkprothese kann der Verkrüppelung durch Abnutzung des Gelenks vorbeugen.

Compact Disk

Seit der Erfindung des Phonographen (vgl. 1877) erfolgte die Tonwiedergabe durch die Vibration einer Nadel, die durch die Schallrille einer Platte lief. Doch Nadel und Schallrille nutzten sich mit der Zeit ab, so daß die Tonwiedergabe an Qualität verlor.
Im Jahr 1972 kamen Kompaktschallplatten, allgemein unter dem Namen *Compact Disks* bekannt, auf den Markt. Die Tonaufnahme erfolgt durch einen Laserstrahl, der ein Tonsignal in eine akustische Information umwandelt, die in Form von mikroskopisch kleinen

Vertiefungen auf einer Platte festgehalten wird. Diese Musikinformation wird durch einen anderen Laserstrahl abgetastet und wieder in ein Tonsignal umgewandelt. Die CD nützt sich nicht ab, bietet mehr Speicherplatz und übertrifft an Wiedergabequalität alles Vorangegangene.

Nachtrag

Im Jahr 1972 wurden in den Vereinigten Staaten fünf Männer bei dem Versuch, in die Wahlkampfzentrale der Demokraten im Watergate-Hotel einzubrechen, verhaftet. Von Anfang an stand fest, daß sie im Auftrag hochstehender Politiker gehandelt hatten. Nixon errang bei den Präsidentschaftswahlen einen überwältigenden Sieg.
Obwohl die USA ihr Engagement in Südvietnam verstärkten, verlor die südvietnamesische Armee überall an Boden.
Ceylon rief die Republik aus und änderte seinen Namen in Sri Lanka.
Auf den Philippinen verhängte Staatspräsident Ferdinand Edralin Marcos (geb. 1917) nach Unruhen das Kriegsrecht. Der Diktator genoß die volle Unterstützung der USA.
In Nordirland schwelte nun schon seit drei Jahren der Bürgerkrieg zwischen Protestanten und Katholiken. Nach einem besonders blutigen Zwischenfall am 30. Januar 1972 übernahm Großbritannien die direkte Herrschaft in Nordirland. Doch der Bürgerkrieg ging weiter.

1973

Jupitersonde

Am 2. März 1972 war die amerikanische Jupitersonde *Pioneer 10* gestartet – die erste Sonde, die Informationen über einen Planeten in den äußeren Regionen des Sonnensystems übermitteln sollte. Nachdem sie den Asteroidengürtel des Jupiter unbeschadet passiert hatte, überflog sie den Planeten am 3. Dezember 1973 in einer Höhe von nur 137 000 Kilometern. Dabei durchstieß sie die Magnetosphäre des Planeten.
Das Magnetfeld des Jupiter ist vierzigmal stärker als das der Erde und noch in einer Entfernung von ungefähr 6 900 000 Kilometern nachweisbar.
Aus den Daten, die die Sonde übermittelte, gewann man ein genaueres Bild von der Struktur dieses Planeten. Er weist die Form einer Kugel auf, die vor allem aus flüssigem, heißem Wasserstoff und geringen Mengen von Helium zu bestehen scheint. Damit ähnelt er unserer Sonne.
Die Temperatur steigt unterhalb der sichtbaren Wolkendecke sehr schnell an. An der Wolkenobergrenze beträgt sie –145°C, 1 000 Kilometer tiefer bereits 3 600°C, knapp 3 000 Kilometer tiefer 10 000°C, 24 000 Kilometer tiefer 20 000°C, und im Kern des Jupiter beträgt sie 54 000°C. In dem Bereich von 24 000 km unterhalb der Wolkengrenze nimmt der Wasserstoff eine metallische Form an.
Pioneer 10 beförderte eine Botschaft von der Erde, die in eine goldüberzogene Aluminiumplatte mit den Maßen 15,24 mal 22,86 Zentimeter eingraviert war. Sie zeigt einen Mann und eine Frau neben der Abbildung des *Pioneer-10*-Raumschiffs, um die Größenverhältnisse zu verdeutlichen. Außerdem enthielt sie Informationen über das Sonnensystem und seine Position im Universum in Relation zu entfernten Quasaren.

Skylab

Das erste amerikanische Raumfahrzeug, das als Raumstation bezeichnet werden könnte, trug den Namen *Skylab*. *Skylab* startete am 14. Mai 1973 und umkreiste die Erde in einer Höhe von ungefähr 430 Kilometern. Die erste Besatzung bestand aus drei Astronauten und hielt sich 28 Tage an Bord auf. Die zweite Besatzung blieb 60 Tage in der Raumstation, die dritte 84 Tage. Neben Aufnahmen von der Sonne übermittelte *Skylab* Daten über Bodenschätze auf der Erde.

Ursprung des Universums

Die Wissenschaftler hatten die Urknall-Theorie über die Enstehung des Universums inzwischen akzeptiert. Doch eine zentrale Frage war immer noch offen – wie war das vergleichsweise kleine Objekt, das die gesamte Masse des Universums enthalten hatte und dessen Explosion als Urknall bezeichnet wird, überhaupt entstanden?

Bei dem Versuch, eine Antwort auf diese Frage zu finden, ging der amerikanische Physiker Edward P. Tyron von den Gesetzen der Quantenmechanik aus. Im Quantenvakuum gibt es zulässige Schwankungen, die durch das Auftauchen und Verschwinden subatomarer Teilchen entstehen. Diese Schwankungen verursachen Energie. Das Phänomen beruht auf den Wahrscheinlichkeitsgesetzen der Quantenmechanik.

Nach Tyron gab es vor dem Urknall ein sich unendlich ausbreitendes »Nichts«, in dem die gleichen Vorgänge abliefen wie im Quantenvakuum. Es wäre also denkbar, daß in diesem »Nichts« zulässige Schwankungen, »Quanten-Fluktuationen« auftraten, die nach den Wahrscheinlichkeitsgesetzen der Quantenmechanik irgendwann einmal zur Entstehung von Energie führen konnten. In einem solchen Vorgang könnte das Universum seinen Ursprung haben.

Wie das genau vonstatten gegangen sein könnte, ist in der Wissenschaft immer noch umstritten.

Gentechnologie

Die Zusammensetzung der DNA-Moleküle zu erkennen ist eine Sache, sie zu verändern eine andere. Die beiden amerikanischen Biochemiker Stanley H. Cohen und Herbert W. Boyer hatten nachgewiesen, daß es möglich ist, eine DNA in kleinere Teile zu zerlegen und diese Teile zu neuen Genen zu kombinieren (vgl. 1970). Im Jahr 1973 gelang es ihnen, die neukombinierten Gene in Bakterienzellen zu plazieren, wo sie reproduziert werden konnten, wenn die Zellen sich teilten.

Dies war der Beginn der *Gentechnologie*. Die Gentechnologie bot die Möglichkeit, defekte Gene so zu modifizieren, daß sie als wieder »normal« gelten konnten, und nährte damit die Hoffnung, daß man eines Tages in der Lage sein würde, genetische Defekte zu beheben. Eine andere, weitreichendere Möglichkeit ist die Beeinflussung der menschlichen Evolution – mit all den gefährlichen Folgen, die das haben könnte.

Protonenzerfall

Seit der gelungenen Vereinheitlichung der elektromagnetischen und der schwachen Wechselwirkung (vgl. 1968) hatten Physiker wie Glashow versucht, diese beiden Kräfte mit der starken Wechselwirkung zur sogenannten »Großen Vereinheitlichten Theorie« (abgekürzt GUT nach dem englischen »Grand Unified Theory«) zusammenzuschließen. Obwohl an dieser Thoerie inzwischen eine Reihe von Modifikationen vorgenommen wurde, kann sie immer noch nicht vollauf befriedigen.

Im Jahr 1973 stellte Abdus Salam auf der Grundlage dieser Theorie die These auf, daß Protonen ganz schwach instabil seien.

Danach könnte von jeder Protonengruppe die Hälfte in Positronen und Neutrinos zerfallen. Dieser Vorgang würde etwa 10^{33} Jahre dauern – das ist eine 1 mit 33 Nullen. Zum Vergleich: Die bisherige Lebenszeit unseres Universums würde 6000 Milliarden Millionen mal in diese Zeitspanne hineinpassen. Dennoch wäre es möglich, daß einige Protonen schon früher zerfallen. Man hat versucht, einen solchen Protonenzerfall zu beobachten, bislang jedoch ohne Erfolg.

Nachtrag

Am 28. Januar 1973 einigten sich alle am Vietnamkrieg beteiligten Parteien auf eine Waffenruhe. Im März zogen die letzten US-Truppen ab. In dem zehn Jahre währenden Krieg waren 46 000 Amerikaner gefallen. Die USA mußten die erste militärische Niederlage ihrer Geschichte hinnehmen.
In den USA wurden die Hintergründe der *Watergate-Affäre* aufgedeckt. Wie sich herausstellte, waren hohe Regierungspolitiker, einschließlich Präsident Nixon, in die Affäre verwickelt.
Mit Unterstützung der CIA putschte das chilenische Militär gegen den linksgerichteten Präsidenten Salvador Allende (1908–1973), der sein Amt durch freie Wahlen erlangt hatte, und ermordete ihn. General Augusto Pinochet Ugarte (geb. 1916) übernahm die Macht und errichtete mit Hilfe einer Militärjunta ein totalitäres Regime.
Völlig unerwartet griffen Ägypten und Syrien am 6. Oktober Israel an. Da Israel an diesem Tag den Jom Kippur, den höchsten jüdischen Feiertag, feierte, ging der Krieg als *Jom-Kippur-Krieg* in die Geschichte ein. Nach 18 Tagen hatte Israel den Krieg gewonnen, und ein Waffenstillstand wurde vereinbart.
Eine der Auswirkungen des Jom-Kippur-Krieges war ein Ölembargo der arabischen Staaten gegen die westliche Welt.

1974

Merkurkartographie

Am 3. November 1973 war die amerikanische Planetensonde *Mariner 10* gestartet. Am 5. Februar 1974 überflog sie die Wolkendekke der Venus in einer Höhe von knapp 6 000 Kilometern, und am 19. März passierte sie den Merkur in einem Abstand von nur 700 Kilometern. Sie schwenkte in eine Umlaufbahn um die Sonne ein, die so berechnet war, daß sie noch ein zweites und ein drittes Mal dicht am Merkur vorbeifliegen konnte. Beim dritten Mal betrug der Abstand nur 327 Kilometer.
Die von *Mariner 10* übermittelten Daten bestätigten die bereits errechnete Rotationsperiode und Temperatur des Merkur und zeigten, daß er weder einen Mond noch eine nennenswerte Atmosphäre besitzt. Außerdem konnten Masse, Dichte und Durchmesser präziser bestimmt werden. Und schließlich ermöglichte es die Sonde, drei Achtel der Oberfläche des Merkur zu kartographieren.
Die Aufnahmen, die sie vom Merkur machte, zeigten eine mondähnliche, mit Kratern übersäte Landschaft. Der größte Krater hat einen Durchmesser von ungefähr 200 Kilometern. Im Unterschied zum Mond gibt es auf dem Merkur nur wenige »Meere«. Das größte hat einen Durchmesser von 1 400 Kilometern. Es erhielt den Namen *Caloris* (Hitze). Daneben findet man sogenannte Böschungen, die im Durchschnitt mehrere Hundert Kilometer lang sind und Höhen von ungefähr 2 500 Metern erreichen.
Außerdem wurde mit Hilfe von *Mariner 10* festgestellt, daß der Merkur ein Magnetfeld besitzt, das hundertmal schwächer ist als das der Erde. Dieser Umstand sorgte für Verblüffung, denn der Merkur rotiert so langsam, daß er nach den gängigen Theorien eigentlich gar kein Magnetfeld haben dürfte.

Entstehung des Mondes

Im Verlauf des letzten Jahrhunderts waren drei verschiedene Theorien zur Entstehung des Mondes aufgestellt worden. Zunächst hatte man angenommen, der Mond sei ursprünglich ein Teil der Erde gewesen und durch die Zentrifugalkraft von der Erde losgerissen worden (die Erde hatte sich in ihrer Frühphase noch sehr schnell gedreht). Berechnungen ergaben jedoch, daß sich die Erde nicht schnell genug gedreht hatte, als daß es dazu hätte kommen können.

Nach der zweiten Theorie sind der Mond und die Erde aus der gleichen Ansammlung von Planetesimalen entstanden. Das würde bedeuten, daß die chemische Struktur bei beiden weitgehend identisch sein müßte. Das ist jedoch nicht der Fall. Die Erde besitzt zum Beispiel einen Eisen-Nickel-Kern, während der Mond überhaupt keinen Kern zu haben scheint. Damit war auch diese Theorie widerlegt.
Nach der dritten Theorie hatte sich der Mond weit entfernt von der Erde gebildet und wurde dann zufällig von ihr eingefangen. Wie das vor sich gegangen sein könnte, ist jedoch schwer zu ermitteln.
Jede dieser Theorien wies so gravierende Mängel auf, daß sich keine durchsetzen konnte. Der einzige Ausweg aus diesem Dilemma schien die Schlußfolgerung zu sein, daß der Mond gar nicht wirklich existiert.
Im Jahr 1974 stellte der amerikanische Astronom William K. Hartmann eine vierte These auf. Er ging davon aus, daß die Erde in einer Frühphase unseres Sonnensystems von einem anderen Planeten gestreift wurde, der die Größe des Mars besaß (ungefähr ein Zehntel der Erdgröße). Dabei wurde ein Teil der Erdkruste weggesprengt, aus dem sich der Mond bildete. Der aufprallende Himmelskörper hingegen verband sich mit der Erde, und dabei verschmolz der Nickel-Eisen-Kern der Erde mit dem fremden Objekt. Dem Mond, der ja aus der Erdkruste entstanden war, fehlte natürlich ein solcher Kern.
Hartmanns Theorie blieb zunächst weitgehend unbeachtet, als man den Vorgang jedoch in Computersimulationen durchspielte, erschien sie auf einmal gar nicht mehr so weit hergeholt. Im Moment wird Hartmanns Theorie allen älteren Theorien vorgezogen.

Leda

Der zwölfte Jupitermond war unter den vier Monden entdeckt worden, die den Jupiter auf der äußersten Bahn in einem Abstand von 22 Millionen Kilometern umkreisen. Wenn es einen dreizehnten Mond gab, so mußte er kleiner und dunkler als die anderen Monde sein, sonst wäre er schon längst entdeckt worden.
Am 10. September 1974 gelang es dem amerikanischen Astronom Charles T. Kowall, diesen dreizehnten Jupitermond zu entdecken. Er gehört ebenfalls zu der äußeren Gruppe, die nunmehr fünf Monde umfaßt. Der neue Mond, der nach einer der zahlreichen Geliebten des Zeus (Jupiter) *Leda* genannt wurde, hat anscheinend einen Durchmesser von höchstens 8 Kilometern.

Freon in der Ozonschicht

Das von Midgley entdeckte Freon (vgl. 1930) und andere Fluorchlorkohlenwasserstoffe waren zunächst vor allem in Kühlanlagen und später auch in Spraydosen verwendet worden. Aufgrund ihrer Unschädlichkeit für den Menschen sind sie für diese Zwecke ideal geeignet. Wenn sie durch Sprühen oder durch ein Leck in einer Kühlanlage freigesetzt werden, erreichen sie nie die Menge, die zu einer direkten Schädigung eines lebenden Organismus führen könnte.
Einige Fluorchlorkohlenwasserstoffe steigen jedoch in die obere Atmosphäre auf und gelangen dort in die Ozonschicht. Die beiden amerikanischen Wissenschaftler F. Sherwood Rowland und Mario Molina wiesen darauf hin, daß sie schon in verhaltnismäßig geringen Mengen die Ozonschicht zerstören könnten. Tatsächlich wurde in den letzten Jahren beobachtet, daß die Ozonschicht an bestimmten Stellen dünner wird.
Die Ozonschicht absorbiert die ultravioletten Strahlen der Sonne. Wird sie dünner, so erreichen diese Strahlen, die Hautkrebs und den Grauen Star verursachen können, in höherer Konzentration die Erde. Außerdem könnte eine übermäßige UV-Strahlung Bodenbakterien und Meeresplankton abtöten – die Folgen für das ökologische Gleichgewicht wären unabsehbar.

Tauon

Bislang waren acht verschieden Leptonen bekannt – das Elektron und das Elektron-Neutrino mit ihren Antiteilchen, dazu das Myon und das Myon-Neutrino mit ihren Antiteilchen.
Im Jahr 1974 entdeckte der amerikanische Physiker Martin L. Perl eine dritte Leptonenart, die bei der Umwandlung von energiereichen Elektronen in Positronen entstanden. Sie wurden *Tau-Elektronen* oder kürzer *Tauonen* genannt. Die Wissenschaftler gehen davon aus, daß das Tauon auch ein Tauon-Neutrino besitzt und daß es zu jedem Teilchen selbstverständlich auch das entsprechende Antiteilchen gibt. Somit wären zwölf verschiedene Leptonen bekannt.
Die Masse des Tauon ist 17mal größer als die des Myons und ungefähr 3 500mal größer als die des Elektrons. Es ist extrem instabil und zerfällt nach weniger als einer billionstel Sekunde zu einem Myon.
Es könnte sein, daß es außer den zwölf bekannten Leptonen keine weiteren mehr gibt.

c-Quarks

Während es möglicherweise nur zwölf Leptonen gibt (siehe oben), existieren über Hundert Hadronen, angefangen beim Pion, das von allen die geringste Masse aufweist.
Hadronen sind Teilchen, die aus mehreren einfacheren Teilchen, den Quarks, bestehen. Leptonen hingegen können nach bisherigen Erkenntnissen nicht in einfachere Bestandteile zerlegt werden, ebensowenig wie die Quarks. Im Jahr 1974 waren drei unterschiedliche Quarktypen bekannt – die Up-Quarks, die down-Quarks und die Strangeness-Quarks, abgekürzt zu U-Quarks, d-Quarks und s-Quarks. Aufgrund theoretischer Überlegungen gelangte man zu der Auffassung, daß Quarks paarweise auftreten müssen. Die up- und down-Quarks bildeten ein Paar, doch für das s-Quark war bislang kein komplementäres Teilchen vorhanden. Noch bevor man dieses vierte Quark entdeckt hatte, gab man ihm den Namen c-Quark (das c steht für »charmed«, zu deutsch »bezaubert«).
Im Jahr 1974 gelang es dem amerikanischen Physiker Burton Richter (geb. 1931), mit Hilfe des neusten Teilchenbeschleunigers ein Teilchen zu erzeugen, das seinen Eigenschaften nach ein c-Quark enthalten mußte. Sein amerikanischer Kollege Samuel Chao Chung Ting (geb. 1936) arbeitete unabhängig von ihm an dem gleichen Problem. Auch ihm gelang es, ein Teilchen zu isolieren, das ein c-Quark enthalten mußte. Im Jahr 1976 erhielten die beiden Wissenschaftler für diese Leistung gemeinsam den Nobelpreis für Physik.
Es besteht kein Zweifel, daß sogar eine dritte Quark-Paarung existiert: das t-Quark und das b-Quark. T steht für top, b für bottom, wobei die Begriffe nach einer etwas ungewöhnlicheren Zuordnung auch als »truth« (Wahrheit) und »beauty« (Schönheit) gelesen werden können. Trifft die bislang noch unbewiesene Annahme zu, daß ein solches drittes Quarkpaar existiert, dann gäbe es einschließlich der Antiteilchen insgesamt zwölf Quarks. Dies entspricht genau der Zahl der existierenden Leptonen – ein Umstand, der bedeutsam sein könnte, wenngleich noch niemand eine Erklärung dafür hat, warum Quarks und Leptonen sich zahlenmäßig entsprechen oder warum es ausgerechnet zwölf sein sollten.

Nachtrag

Die Nixon-Administration geriet immer tiefer in den Strudel der Watergate-Affäre. Um einer Amtsenthebung zu entgehen, trat Präsident Nixon am 8. August 1974 zurück. Vizepräsident Gerald Ford (geb. 1913) wurde sein Nachfolger.
Am 20. Juli 1974 marschierten türkische Truppen in Zypern ein und besetzten einen Teil der Insel. Fortan war Zypern in einen griechischen und einen türkischen Teil gespalten.
Am 27. Juli 1974 beschloß die portugiesi-

sche Regierung, ihre afrikanischen Kolonien aufzugeben. Portugal war das erste europäische Land, das überseeische Besitzungen erworben hatte, und das letzte, das sie wieder aufgab.

1975

Mikrochips

Seit der Entwicklung von Transistoren (vgl. 1948) hatte man ständig an ihrer Verbesserung gearbeitet. Die Folge: Sie wurden immer billiger, kompakter und zuverlässiger. Im Jahr 1975 konnten so viele Schaltkreise auf so kleinen Chips untergebracht werden, daß der Name *Mikrochip* angebracht schien.
Dank der Mikrochips wurden auch Computer immer kleiner, billiger und leistungsfähiger. Es entstand der sogenannte *Personal Computer,* kurz PC genannt. Der erste PC wurde 1975 vorgestellt, und bald folgten auch Textverarbeitungssysteme und Roboter. Hatte sich die Anschaffung von Computern bislang nur für Behörden und größere Unternehmen gelohnt, so wurden sie jetzt auch für private Benutzer erschwinglich.

Oberfläche der Venus

Im Jahr 1975 gelang es den sowjetischen Raumsonden *Wenera 9* und *Wenera 10,* weich auf der Venusoberfläche zu landen und den extremen Verhältnissen lange genug standzuhalten, um Aufnahmen von der felsigen Venusoberfläche zur Erde zu senden. Damit war klar, daß soviel Licht die Wolkendecke der Venus durchdringt, daß auf dem Planeten fotografiert werden kann.

Endorphine

Im Jahr 1975 wurde entdeckt, daß das Nervensystem die Ausschüttung von Hormonen steuert, die die Schmerzempfindung blockieren. Diese Stoffe bestehen aus kurzen Aminosäurenketten, die sich an den Rezeptoren festsetzen, durch die Schmerzimpulse weitergeleitet werden. Es ist anzunehmen, daß Morphium und andere Opiate auf den Körper ähnlich wirken wie diese Stoffe, die heute *Endorphine* genannt werden. Der erste Teil des Namens kommt von »endogen« und bedeutet soviel wie »im Körper entstehend«, der zweite Teil bezieht sich auf die morphinähnliche Wirkung.
Endorphine könnten eines Tages zur Beeinflussung des Schmerzempfindens eingesetzt werden, da anders als bei Opiaten keine unangenehmen Nebenwirkungen wie körperliche Abhängigkeit befürchtet werden müssen.

Zusatz

Der Nahe Osten kam nicht zur Ruhe: In der libanesischen Hauptstadt Beirut herrschte Bürgerkrieg, die Türkei erklärte den von ihr besetzten Teil Zyperns zu einem eigenen Staat, und König Faisal von Saudi-Arabien fiel am 25. März 1975 einem Mordanschlag zum Opfer. Auf der anderen Seite wurde der Suezkanal wieder für die allgemeine Schifffahrt geöffnet.
In Spanien starb am 20. November 1975 im Alter von 82 Jahren Francisco Franco. Am 22. November 1975 wurde König Johann Karl I. (geb. 1938) zum spanischen König proklamiert.
Am 9. Oktober 1975 wurde dem sowjetischen Wissenschaftler und Bürgerrechtler Andrej Dmitrijewitsch Sacharow (vgl. 1953) der Friedensnobelpreis zuerkannt. Sacharow war der erste Sowjetbürger, der diesen Preis erhielt.

1976

Leben auf dem Mars

Im Jahr 1975 hatten die USA zwei Marssonden gestartet: am 20. August *Viking 1* und am 9. September *Viking 2*. Beide schwenkten Mitte des Jahres 1976 in eine Umlaufbahn um den Mars und schickten ausgezeichnete Aufnahmen von der Marsoberfläche zur Erde zurück.
Am 20. Juli 1976 landete *Viking 1* auf der Marsoberfläche, und zwar an einer Stelle, die man auf der Erde der tropischen Zone zurechnen würde. Einige Wochen später ging *Viking* 2 weiter nördlich nieder. Vor der Landung führten beide Marssonden Analysen der Marsatmosphäre durch. Sie besteht hauptsächlich aus Kohlendioxid und enthält außerdem 2,7 Prozent Stickstoff und 1,6 Prozent Argon.
Die Oberfläche des Mars hat gewisse Ähnlichkeiten mit der unserer Erde, enthält jedoch mehr Eisen und Schwefel und weniger Aluminium, Natrium und Kalium. Sichtbare Spuren von Leben konnten nicht entdeckt werden.
Beide Marssonden waren in der Lage, Bodenproben zu analysieren und nach mikroskopisch kleinen Lebensformen wie Einzellern zu suchen, doch die Experimente brachten kein eindeutiges Ergebnis. Fest steht nur, daß keine meßbaren Spuren organischer Verbindungen festgestellt werden konnten. Die Wissenschaftler vermuteten, daß gewisse Versuchsergebnisse, die auf das Vorhandensein von Leben hätten hindeuten können, lediglich das Resultat merkwürdiger chemischer Reaktionen waren.
Trotzdem erinnerten gewisse Strukturen der Marsoberfläche an ausgetrocknete Flußbette und deren Nebenflüsse. Möglicherweise hatte es in früheren Zeiten genügend Wasser auf dem Mars gegeben. Wenn ja: Was war mit dem Wasser geschehen, und wie konnte es zu einer so starken Abkühlung des Planeten kommen?

Oberfläche des Pluto

Der kleine Planet Pluto ist normalerweise viel weiter von der Sonne entfernt als die anderen Planeten. Doch wenn er auf seiner Bahn um die Sonne – ein Umlauf dauert 247,7 Jahre – das Perihel, den sonnennächsten Punkt, erreicht, kommt er der Sonne näher als Neptun. Und wie der Zufall es will, hat er sich seit seiner Entdeckung (vgl. 1930) seinem Perihel immer mehr genähert. Natürlich erleichtert das seine Beobachtung beträchtlich.
Aus dem Spektrum des Lichtes, das Pluto von der Sonne reflektiert, konnte 1976 ermittelt werden, daß seine Oberfläche mit gefrorenem Methan bedeckt ist.

Synthetische Gene

Khorana war bereits die Synthese eines Gens gelungen (vgl. 1970). Nun ging er einen Schritt weiter und plazierte das synthetische Gen in einer lebenden Zelle. Das Gen war voll funktionsfähig. Damit war der endgültige Beweis erbracht (sofern er überhaupt noch notwendig war), daß die wissenschaftlichen Schlüsse über die Genstruktur richtig gewesen waren.

Stringtheorie

Im Jahr 1976 wurde die Theorie aufgestellt, daß bei der Abkühlung des Universums nach dem Urknall Falten oder Linien in der Struktur des Universums entstanden seien, aus denen sich lange, eindimensionale *Strings* gebildet haben könnten. In diesen dünnen kosmischen Fäden sei die ursprüngliche Energie noch erhalten, außerdem wiesen sie enorme Massen und ein dementsprechend starkes Gravitationsfeld auf. Die Theorie hat inzwischen zwar Auftrieb erhalten, doch konnte bislang noch kein Nachweis für die Existenz solcher Strings erbracht werden.

Nachtrag

In den USA wurde Jimmy Carter (geb. 1924) zum 39. Präsidenten gewählt.
In China starb am 9. September 1976 Mao Tse-Tung.

1977

Uranusringe

Am 10. März 1977 schob sich der Planet Uranus vor einen Stern der neunten Größenklasse im Sternbild Leier. Der amerikanische Astronom James L. Elliot beobachtete den Vorgang von einem Flugzeug aus, um die Verzerrungen und Brechungen der Lichtstrahlen durch die Erdatmosphäre auf ein Minimum zu reduzieren. Elliot wollte beobachten, wie der Stern sich verfinsterte, wenn der Planet vor ihm vorbeizog. Davon erhoffte er sich Aufschlüsse über die Beschaffenheit der Uranusatmosphäre.
Uranus hatte den Stern noch nicht ganz erreicht, als sich dessen Licht plötzlich verdunkelte und dann wieder heller wurde. Dieser Vorgang wiederholte sich mehrere Male, wobei die Perioden der Verdunklung jeweils nur einige Sekunden betrugen. Als Uranus den Stern passiert hatte, wiederholten sich die Verdunklungsphasen, diesmal jedoch in umgekehrter Reihenfolge. Dies ließ darauf schließen, daß der Uranus von einer Reihe konzentrischer Materieringe umgeben war, deren Dichte so groß war, daß sie das Sternenlicht schwächten.
Der Saturn ist also nicht der einzige Planet mit Materieringen, wie man lange angenommen hatten. An Größe, Helligkeit und Schönheit sind die Saturnringe freilich nach wie vor unübertroffen.

Chiron

Kowall, der Entdecker des Jupitermondes XIII (vgl. 1974), bemerkte am 1. November 1977 weit außerhalb der Jupiterbahn ein Lichtpünktchen, das sich mit einem Drittel der Geschwindigkeit des Jupiter über den Himmel bewegte. Um seine Bahn ermitteln zu können, untersuchte er ältere astronomische Fotografien dieses Gebietes.
Kowall gelang es, die Bahn des Körpers präzise zu berechnen. Es handelt sich um einen Asteroiden von beachtlicher Größe. Seine Sonnenumlaufbahn ist stark elliptisch. Im sonnennächsten Punkt dieser Bahn ist der Asteroid von der Sonne so weit entfernt wie der Saturn, im sonnenfernsten so weit wie der Uranus. Die Umlaufszeit um die Sonne beträgt 50,7 Jahre. Kowall gab dem Asteroiden den Namen *Chiron,* nach dem bekanntesten Zentauren der griechischen Mythologie.

Inflationstheorie

Die Urknall-Theorie beantwortete nicht alle Fragen. Warum zum Beispiel sollte sich das Universum zu einer Ansammlung von Sternen und Galaxien entwickelt haben? Wenn es zu Beginn eine kleine, unvorstellbar heiße Materiekugel war, hätte es dann nicht auch zu einer riesigen, kalten Materiekugel expandieren können? Eine andere Frage beschäftigt sich damit, ob das Universum offen oder geschlossen ist. Bis heute konnte nicht geklärt werden, was von beiden zutrifft, da das Universum weder eine eindeutig negative Krümmung (offen) noch eine eindeutig positive Krümmung (geschlossen) aufweist, sondern nahezu flach ist. Ein offenes Universum würde bis ins Unendliche expandieren, ein geschlossenes sich eines Tages wieder zusammenziehen.
Im Jahr 1977 stellte der amerikanische Physiker Alan Guth eine Theorie über die Entstehung des Universums vor, die er aus den Gleichungen für die *Große Vereinheitlichte Theorie* (vgl. 1973, Protonenzerfall) abgeleitet hatte. Nach Guths Ansicht erlebte das

Universum unmittelbar nach dem Urknall für kurze Zeit eine außerordentlich schnelle Expansions- oder Aufblähungsphase. (Während sich ein Objekt innerhalb des Universums in Relation zu einem anderen Objekt nicht schneller als mit Lichtgeschwindigkeit bewegen kann, kann das Universum als Ganzes theoretisch mit jeder Geschwindigkeit expandieren.)
Diese Expansionsphase könnte einige Eigenschaften des Universums erklären, für die die Urknall-Theorie keine Lösung bereithält. Doch Einzelheiten dieser *Inflationstheorie* sind schwer faßbar, und die Kosmologen werden noch geraume Zeit mit ihr beschäftigt sein.

Vela-Pulsar

Neun Jahre lang war der Pulsar im Zentrum des Crab-Nebels der einzige bekannte optische Pulsar gewesen (vgl. 1969). Dann, 1977, wurde im Vela-Nebel ein zweiter optischer Pulsar entdeckt, der ebenfalls ein Überbleibsel einer Supernova zu sein scheint.

Leben in der Tiefsee

Im Jahr 1977 wurde entdeckt, daß es auf dem Grund der Ozeane Öffnungen gibt, aus denen kontinuierlich mineralhaltiges heißes Wasser strömt. In der Umgebung dieser Öffnungen können Bakterien leben, indem sie aus der Oxidation der Schwefelkomponenten Energie beziehen. Und von den Bakterien wiederum können sich andere Lebensformen ernähren. Die Nahrungskette setzt sich fort bis zu großen Muscheln und Schlauchwürmern.
Im Bereich der heißen Unterwasserquellen kann also ein vollständiges, kleines ökologisches System existieren, obwohl es kein Licht gibt und folglich auch keine Photosynthese möglich ist. Daß so komplexe Lebensformen ohne Photosynthese existieren können, war für die Wissenschaft überraschend.
Untersuchungen, die unabhängig von dieser Entdeckung durchgeführt wurden, zeigten, daß bestimmte Bakterien in der Lage sind, Kohlendioxid zu Methan zu reduzieren. Diese sogenannten *Methanogene* leben nur in einer Umgebung, in der kein freier Sauerstoff vorhanden ist, zum Beispiel im Ozean.
Bakterielle Lebensformen besitzen ganz offensichtlich eine enorme Anpassungsfähigkeit.

Lucy

Im Jahr 1977 entdeckte der amerikanische Paläontologe Donald Johanson das Fossil eines Hominiden, das ungefähr 4 Millionen Jahre alt ist. Aus den gefundenen Knochen konnte das Skelett zu ungefähr vierzig Prozent rekonstruiert werden. Es ist 1,10 Meter groß und stammt von einer Australopithecinenart (vgl. 1924). Sein wissenschaftlicher Name lautet *Australopithecus afarensis,* da es sich jedoch eindeutig um ein weibliches Skelett handelt, nannte man es *Lucy.*
Das Interessante an Lucy ist, daß sie offensichtlich zu den Zweibeinern gehörte. Ihre Hüft- und Oberschenkelknochen zeigen eindeutig, daß sie ebenso mühelos aufrecht gehen konnte wie wir. Mit der Fortbewegung auf zwei Beinen geht eine Umformung des ganzen Skeletts einher. Möglicherweise ist sie die erste Form der Anpassung, die eine Unterscheidung zwischen eher menschenähnlichen und eher affenähnlichen Organismen ermöglicht.

Nichtbakterielle DNA

Die genetischen Informationen auf bakteriellen DNA sind auf vergleichsweise engem Raum zusammengedrängt. Jeder Teil enthält somit wichtige Gene und kann als Matrize für die Proteinsynthese dienen. Dies ist nicht weiter überraschend, da die Zellen der Bakterien wesentlich kleiner sind als die Zellen von Pflanzen oder Tieren und folglich kein Platz verschwendet werden darf.
Im Jahr 1977 wurde entdeckt, daß die Gene

in nichtbakteriellen DNA nicht so eng beieinander liegen. Ein großer Teil der DNA-Moleküle besteht aus Nukleotid-Abschnitten, die keine Bedeutung zu haben scheinen. Jedenfalls dienen sie nicht als Matrize für die Herstellung von Proteinen. Nichtbakterielle Zellen sind relativ groß und daher theoretisch in der Lage, Platz zu »verschwenden«. Dennoch fällt es schwer zu glauben, daß sie das tun. Ihre Funktion müßte allerdings erst noch entdeckt werden.

Pocken und AIDS

Der letzte Fall von Pocken wurde 1977 in Somalia registriert. Heute geht man allgemein davon aus, daß der Pockenvirus endgültig ausgerottet ist – bis auf die Viren, die in Laboratorien zu Versuchszwecken gezüchtet werden.

Doch eine Geißel der Menschheit löste die andere ab. Im Jahr 1977 wurde bei zwei homosexuellen Männern in New York eine Krankheit festgestellt, von der man annahm, daß es sich um eine seltene Form von Krebs handle. Schließlich fand man heraus, daß die beiden Männer an einer Krankheit litten, die den Namen *AIDS* (aus einer Abkürzung der englischen Bezeichnung *Aquired Immune Deficiency Syndrome* gebildet) trägt. Diese Krankheit, die normalerweise tödlich verläuft und für die es bislang keine Heilung gibt, breitete sich sehr rasch aus. In den achtziger Jahren wurde sie zu einer ebenso gefürchteten Krankheit wie die Pocken in den achtziger Jahren des 17. Jahhunderts.

Glasfaseroptik

Im Jahr 1977 unternahm man erstmals den Versuch, Glasfaseroptik oder Fiberoptik (vgl. 1970) in der Fernsprechtechnik anzuwenden. Da sie sich bewährte, wurde sie binnen eines Jahrzehnts auch für transatlantische Kabel benutzt.

Ballon-Angioplastie

Mit den Bypass-Operationen hatte man einen Weg gefunden, Koronarsklerose zu behandeln (vgl. 1969). Eine andere Methode, die keine Operation erforderlich machte, wurde im Jahr 1977 entwickelt. Dabei wird mit Hilfe eines Katheters ein winziger Ballon in die betroffene Arterie eingeführt und dort aufgeblasen. Durch den Druck des sich ausbreitenden Ballons wird der angelagerte Belag, der die Arterien verengt, zusammengedrückt. Die Arterien werden wieder erweitert. Diese *Ballon-Angioplastie* wurde als Alternative zur Bypass-Operation immer wichtiger.

Nachtrag

Menachem Begin (geb. 1931), konservativer Politiker und Verfechter einer harten Linie gegenüber den arabischen Staaten, wurde am 21. Juni 1977 Premierminister von Israel. Erstaunlicherweise leitete er eine Annäherung an Ägypten ein.

1978

Venuskartographie durch Radar

Am 20. Mai 1978 starteten die Vereinigten Staaten das unbemannte Raumschiff *Pioneer Venus*. Am 4. Dezember 1978 schwenkte das Raumschiff in eine Umlaufbahn um die Venus und setzte mehrere Sonden ab, die in die Atmosphäre des Planeten eintauchten und sie analysierten. Dabei fand man heraus, daß die Wolkenschicht der Venus Schwefelsäuretröpfchen enthält, daß nur 2,5 Prozent der Sonnenstrahlen, die auf die Wolkenschicht stoßen, bis zur Venusoberfläche vordringen und daß die Atmosphäre zu 96,6 Prozent aus Kohlendioxid und zu 3,2 Prozent aus Stickstoff besteht. Angesichts der Dichte der

Venusatmosphäre bedeutet dies, daß sie dreimal mehr Stickstoff enthält als die Erdatmosphäre.
Mit Hilfe von Radarmessungen konnten Einzelheiten über die Venusoberfläche ermittelt werden, die aufgrund der dichten Wolkenschicht bislang verborgen geblieben waren.
Die Oberfläche der Venus scheint nicht aus mehreren Kontinentalplatten zu bestehen wie die der Erde. Sie ist zu fünf Sechsteln von einer riesigen, zusammenhängenden Landmasse bedeckt, das restliche Sechstel besteht aus einer Anzahl kleinerer Senken, die jedoch kein Wasser enthalten.
Im Norden der Venusoberfläche liegt ein Plateau, das ungefähr so groß ist wie die Vereinigten Staaten und *Ishtar Terra* genannt wird. Im Osten dieses Plateaus verläuft eine Gebirgskette. In der Äquatorialzone liegt ein zweites, noch ausgedehnteres Plateau namens *Aphrodite Terra*. Auch dort gibt es Gebirgszüge.
Neben diesen Hochebenen entdeckte man Canyons und Berge, die erloschene Vulkane sein könnten.

Charon

Am 22. Juni 1978 studierte der amerikanische Astronom James W. Christy Fotografien des Pluto und entdeckte dabei eine Art Ausbeulung an einer Seite des Planeten. Er zog andere Fotografien zu Rate und stellte fest, daß die Ausbeulung ständig ihre Position veränderte. Er kam zu dem Schluß, daß es sich um einen Trabanten des Pluto handeln muß, der in einer Entfernung von ungefähr 20 000 Kilometer um den Planeten kreist. Gemessen an der Entfernung des Pluto zur Erde ist das nicht viel, und so verwundert es nicht, daß man den Trabanten nicht schon früher entdeckt hatte.
Christy gab dem Trabanten den Namen *Charon,* nach dem Fährmann, der in der griechischen Mythologie die Toten über den Fluß Styx in den Hades bringt.
Für eine Umrundung des Pluto benötigt Charon 6,7 Tage, die gleiche Zeit also, die der Planet für eine Drehung um die eigene Achse braucht. Dieses Phänomen könnte darauf zurückzuführen sein, daß beide Körper, Pluto und Charon, die Rotationsgeschwindigkeit des jeweils anderen durch die Gezeitenwirkung soweit verringert haben, daß sie sich nun ständig die gleiche Seite zuwenden. Sie kreisen um ein gemeinsames Gravitationszentrum, vergleichbar mit den beiden Hälften einer Hantel, die nur durch die gegenseitige Anziehungskraft zusammengehalten werden. Pluto und Charon sind bislang das einzige bekannte Planet-Mond-Gespann dieser Art.
Aus dem Abstand und der Rotationsperiode der beiden Körper läßt sich ihre Gesamtmasse ermitteln. Sie beträgt ungefähr ein Achtel der Masse unseres Mondes. Pluto hat einen Durchmesser von 2 980 km – das ist viel weniger, als die Wissenschaftler angenommen hatten –, und der Durchmesser seines Satelliten beträgt 1 200 Kilometer. Die Masse von Pluto ist nur zehnmal größer als die von Charon, womit die beiden Körper der Vorstellung eines Doppelplaneten sehr nahe kommen. Erde und Mond rangieren auf dieser Liste an zweiter Stelle, obwohl die Masse des Mondes nur 2 Prozent der Masse der Erde beträgt.

Onkogene

Im Jahr 1978 gelang es dem amerikanischen Wissenschaftler Robert A. Weinberg und seinen Mitarbeitern, durch die Übertragung einzelner Gene bei Mäusen ein Tumorwachstum hervorzurufen. Die betreffenden Gene wurden *Onkogene* genannt, wobei die Vorsilbe in der medizinischen Terminologie für »Tumor« steht.
Die Onkogene sind den normalen Genen sehr ähnlich. Manchmal unterscheiden sie sich nur durch eine einzige Aminosäure in der Kette. Deshalb wäre es denkbar, daß ein normales Gen, ein sogenanntes *Proto-Onkogen,* sich bei der Replikation während der Zellteilung durch eine zufällige Veränderung zu einem Onkogen entwickelt.

Virus-Genome

Die Struktur einzelner Gene war inzwischen entschlüsselt worden (vgl. 1944 und 1954). Die nächste große Herausforderung für die Molekularbiologen bestand darin, den Aufbau der Gesamtheit aller Gene in einem Organismus, *Genom* genannt, zu entschlüsseln. Im Jahr 1978 wurde der erste Schritt in diese Richtung getan, als es gelang, die komplette genetische Struktur des Virus SV40 zu ermitteln. Natürlich sind Viren sehr einfach gebaut und besitzen entsprechend kleine Genome. Dennoch weisen sie den Weg, wie letztlich auch die Struktur des menschlichen Genoms ermittelt werden kann.

Retortenbaby

Am 25. Juli 1978 kam in England ein Kind zur Welt, das aus einem künstlich befruchteten Ei hervorgegangen war. Die künstliche Samenübertragung, auch *In-Vitro-Besamung* genannt, findet im Retortenglas statt. Sie eröffnet Paaren, die aus dem einen oder anderen Grund auf normalem Weg keine Kinder zeugen können, die Möglichkeit, dennoch Kinder zu haben.

Nachtrag

Israel und Ägypten schlossen das Camp-David-Abkommen, so benannt nach dem Feriensitz des US-Präsidenten, wo die Unterzeichnung stattfand.

Am 16. März 1978 stellten sowjetische Kosmonauten einen neuen Rekord auf, nachdem sie 96 Tage im Weltraum verbracht hatten. Am 2. September des gleichen Jahres wurde diese Rekordmarke auf 139 Tage verbessert.

Am 24. Februar 1978 fielen Trümmer des sowjetischen Satelliten *Kosmos 1954,* der eine Ladung Uran 235 an Bord gehabt hatte, auf den kanadischen Arktis-Archipel. Dies entfachte eine besorgte Diskussion über radioaktive Substanzen in Satelliten.

1979

Jupitermonde

Die amerikanischen Sonden *Voyager 1* und *Voyager 2* flogen im März bzw. Juli am Jupiter vorbei. Die interessantesten Daten, die sie an die Erde übermittelten, betrafen die vier Galileischen Monde des Planeten.

Die Jupitermonde unterliegen der Gezeitenwirkung des Jupiter, die für eine Erwärmung der Monde sorgt, mit zunehmender Entfernung vom Planeten jedoch abnimmt.

Ganymed und Callisto, die beiden äußeren Galileischen Monde, sind mit Kratern übersät und scheinen hauptsächlich aus Eis zu bestehen. Europa, der zweitnächste Mond des Jupiter, weist *keine* Krater auf. Dafür hat er die glatteste feste Oberfläche, die im Sonnensystem bislang entdeckt wurde. Allerdings ist sie von dunklen, dünnen Linien durchzogen (sie erinnern an die Marskanäle, die in alten Karten eingezeichnet sind). Wie es scheint, ist Europa von einem einzigen riesigen Gletscher bedeckt, unter dessen Oberfläche sich Wasser befindet. Meteroiten, die beim Aufprall normalerweise Krater hinterlassen, schlagen Löcher in die Eisdecke, und die so entstandenen Löcher werden durch zusätzliche Eisbildung wieder geschlossen.

Auf Io, dem innersten Galileischen Mond, gibt es überhaupt kein Wasser. Die Hitze hat es verdampfen lassen. Dafür gibt es aktive Vulkane. Die amerikanischen Sonden konnten sogar einige Ausbrüche fotografieren. Bei solchen Ausbrüchen tritt Schwefeldioxid aus und spaltet sich in Schwefel und Sauerstoff. Deshalb ist die gesamte Oberfläche des Mondes bis auf die jüngsten Krater mit einer rötlichen Schwefelschicht bedeckt. Die Gase, die bei den Eruptionen entstehen, zieht Io auf seiner Bahn um den Planeten wie einen Schleier hinter sich her.

Außerdem lieferten die Sonden Daten über drei kleinere Monde, die bislang unentdeckt geblieben waren. Alle drei waren dem Jupiter näher als die anderen Trabanten, die man von der Erde aus entdeckt hatte. Damit erhöhte sich die Zahl der Jupitermonde auf sechzehn. Schließlich und endlich wurde in geringer Entfernung vom Planeten auch noch ein dünner Materiering entdeckt. Somit gehört Jupiter wie Saturn und Uranus zu den Planeten, die Ringe aufweisen.

Das Aussterben der Dinosaurier

Im Jahr 1979 untersuchte der amerikanische Wissenschaftler Walter Alvarez die Sedimentationsraten in alten Sedimentschichten in Italien. Zu diesem Zweck bediente er sich der Neutronen-Aktivierungs-Analyse, die es ermöglichte, die Mengen der im Sediment enthaltenen seltenen Elemente mit großer Präzision zu bestimmen.

Alvarez entdeckte zu seiner Überraschung, daß eine bestimmte Sedimentschicht eine Iridiumkonzentration aufwies, die 25mal höher lag als in den angrenzenden Schichten. Die betreffende Schicht war 65 Millionen Jahre alt und stammte folglich aus der Übergangszeit vom Mesozoikum zum Känozoikum. In dieser Phase der Erdgeschichte waren die Dinosaurier und eine Vielzahl anderer Tiere und Pflanzen in verblüffend kurzer Zeit ausgestorben.

Schon seit Jahren hatten sich die Wissenschaftler mit diesem Rätsel beschäftigt, doch keinem war es bislang gelungen, eine wirklich zufriedenstellende Antwort zu finden. Nun aber vermutete Alvarez einen Zusammenhang zwischen seiner Entdeckung und diesem rätselhaften »Großen Sterben«. Seiner Meinung nach mußte ein Himmelskörper die Katastrophe ausgelöst haben – ein Meteorit zum Beispiel. Ein Beleg dafür war die hohe Iridium-Konzentration in der Sedimentschicht. In der Erdkruste ist Iridium äußerst selten. Doch ein Meteor oder gar ein Komet konnte einen viel größeren Anteil enthalten.

Alvarez ging davon aus, daß vor rund 65 Millionen Jahren ein großer Asteroid oder Komet mit einem Durchmesser von mehreren Kilometern auf die Erde stürzte und Vulkanausbrüche, Flutwellen, Brände und andere Katastrophen auslöste. Außerdem wurden durch den Aufprall Unmengen von Staub in die obere Atmosphäre geschleudert, so daß die Sonnenstrahlen für längere Zeit kaum noch zur Erdoberfläche durchdrangen. All diese Katastrophen führten nach Alvarez zum Aussterben so vieler Arten (wobei man sich angesichts dieses Szenarios fragen muß, wie überhaupt noch etwas überleben konnte).

Alvarez' Theorie stieß zunächst auf große Skepsis, doch inzwischen wurden so viele Belege gefunden, die sie zu bestätigen scheinen, daß sie immer stärkeren Anklang findet.

Gluonen

Die elektromagnetische Wechselwirkung beinhaltet den Austausch von Photonen in Quark-Kombinationen. Die starke Wechselwirkung (vgl. 1935) hingegen verlangt nach einem Austauschteilchen (vgl. 1935), das ständig von einem Quark zum anderen wechselt und für den Zusammenhalt sorgt. Ein solches Austauschteilchen wird *Gluon* genannt, was im Englischen »Leim« bedeutet.

Die Quark-Kombinationen sind so stabil, daß es bis heute nicht gelungen ist, die einzelnen Teilchen zu isolieren – das macht es außerordentlich schwer, die Existenz von Gluonen nachzuweisen. Im Jahr 1979 gelang es jedoch, energetische Wechselwirkungen subatomarer Teilchen zu erzeugen, bei denen die rudimentäre Bildung von Hadronen, Antihadronen und Gluonen beobachtet werden konnte.

Nachtrag

Der Schah des Iran, Mohammad Resa Pahlawi (1919–1980), ging am 16. Januar 1979 ins Exil. Der Schiitenführer Ajatollah Ruhollah Khomeini (1900?–1989) hatte von Paris aus eine Schlüsselrolle beim Sturz des Schahs gespielt. Am 1. Februar 1979 kehrte Khomeini in den Iran zurück, und am 11. Februar übernahm er die politische Führung. Da die USA den Schah unterstützt hatten, schlug die neue iranische Regierung einen stark anti-amerikanischen Kurs ein. Als der todkranke Schah in die USA reiste, um sich einer medizinischen Behandlung zu unterziehen, besetzten militante Iraner die US-Botschaft in Teheran und nahmen die Botschaftsangehörigen als Geiseln.

Anastasio Somoza, der von den USA unterstützte, korrupte Diktator von Nicaragua, mußte am 17. Juli 1979 ins Exil flüchten. Die neue nicaraguanische Regierung, die Washington wegen seiner somozafreundlichen Politik zürnte, wandte sich zunehmend von den USA ab. Im benachbarten El Salvador bekam das ebenfalls von den USA unterstützte rechtsgerichtete Regime immer größere Schwierigkeiten mit militanten Rebellen.

In Afghanistan eskalierte der Bürgerkrieg zwischen muslimischen Fundamentalisten und prosowjetischen Gruppen. Am 27. Dezember 1979 marschierten sowjetische Truppen in das Land ein.

Am 26. März 1979 unterzeichneten Israel und Ägypten einen offiziellen Friedensvertrag.

China und die Vereinigten Staaten nahmen am 1. Januar 1979 diplomatische Beziehungen auf.

Am 3. Mai 1979 wurde die konservative Politikerin Margaret Thatcher Premierministerin von Großbritannien. Sie war die erste Frau in der britischen Geschichte, die dieses Amt übernahm.

1980

Saturnmonde

Die amerikanische Sonde *Voyager 1* passierte am 12. Dezember 1980 den Saturn. Wenig später folgte *Voyager 2*. Die von den Sonden übermittelten Daten vermittelten den Wissenschaftlern zum ersten Mal ein klareres Bild von den Saturnmonden, über die bis dahin nur wenig bekannt gewesen war.

Von Titan, dem größten Saturnmond, hatte man bislang angenommen, er besitze eine Atmosphäre aus Methan. Nun aber stellte sich heraus, daß die Atmosphäre nur zu einem kleinen Teil, nämlich zu 2 Prozent, aus Methan und zu 98 Prozent aus Stickstoff besteht (Stickstoff ist von der Erde aus nur schwer nachzuweisen, da er Absorptionseigenschaften aufweist, die seine Bestimmung erschweren). Die Dichte der Titanatmosphäre ist unerwartet hoch, vielleicht sogar höher als die der Erde. Sie verhindert eine klare Sicht auf die Oberfläche des Mondes. Es wird vermutet, daß es dort Stickstoffseen gibt, in denen ein Teil der Methanpolymere der Atmosphäre gelöst sein könnte. Vereinzelt wird auch über organische Verbindungen in diesen Seen spekuliert, also über mögliche Lebensformen.

Die anderen Monde des Saturn weisen, wie erwartet, zahlreiche Krater auf. Mimas, der innerste der neun Saturnmonde, besitzt einen Krater, der so groß ist, daß der Einschlag, der ihn verursacht hat, fast zu seiner Zerstörung geführt haben muß.

Enceladus, der zweite Mond, hat eine relativ glatte Oberfläche, während Hyperion die unregelmäßigste Form besitzt und einen Durchmesser hat, der zwischen 110 und 200 Kilometern variiert. Japetus fällt durch die unterschiedliche Helligkeit seiner beiden Hemisphären auf. Man vermutet, daß die helle Seite mit Eis bedeckt ist und das Licht reflektiert, während die andere Seite mit dunklem Staub überzogen ist. Die genaue Ursache ist aber noch unbekannt.

Die Saturnsonden entdeckten acht weitere Saturnmonde, die zu klein sind, um von der Erde aus gesehen zu werden. Insgesamt hat der Saturn also siebzehn Trabanten. Fünf der neuentdeckten Trabanten sind dem Saturn näher als Mimas. Zwei von ihnen, die knapp innerhalb der Mimasbahn um den Planeten kreisen, weisen eine äußerst ungewöhnliche Eigenschaft auf – sie sind *koorbital*. Das be-

deutet, daß sie auf der gleichen Bahn ziehen und sich gegenseitig in einer endlosen Jagd um den Saturn herum verfolgen. Die beiden Monde sind das erste bekannte Beispiel für eine solche Konstellation.
Die drei neuentdeckten Trabanten hinter Mimas sind ebenfalls Beispiele für bislang unentdeckte Konstellationen. Wie sich herausstellte, besitzt der seit langem bekannte Mond Dione einen winzigen koorbitalen Begleiter, den Mond *Dione B*. Er umkreist den Saturn auf der gleichen Bahn wie Dione, wobei er einen Vorsprung von 60 Bogengrad besitzt. Dementsprechend bilden Saturn, Dione und Dione B immer ein gleichseitiges Dreieck. Diese vergleichsweise stabile gravitative Konstellation wird als *Trojanische Situation* bezeichnet, da die trojanischen Asteroiden, kurz auch »Trojaner« genannt, eine ähnliche Konstellation mit der Sonne und dem Jupiter bilden (vgl. 1906).
Der Mond Thetis besitzt sogar zwei koorbitale Begleiter: Einer umkreist den Saturn 60 Bogengrad vor ihm, der andere 60 Bogengrad hinter ihm. Mit dieser Vielzahl ungewöhnlicher Konstellationen ist das Trabantensystem des Saturn fraglos das vielfältigste und komplexeste innerhalb unseres Sonnensystems.
Auch die Saturnringe erwiesen sich aus der Nähe betrachtet als wesentlich komplexer als ursprünglich angenommen. Sie bestehen aus Hunderten, vielleicht sogar Tausenden, kleinerer Ringe, die wie die Rillen einer Schallplatte angeordnet sind. An manchen Stellen zeigen sich dunkle Streifen, die etwa im rechten Winkel zu den Ringen liegen, vergleichbar mit den Speichen eines Rades. Ein sehr blasser Ring am äußersten Rand scheint aus drei miteinander verflochtenen Einzelringen zu bestehen. Keines dieser Phänomene konnte bisher erklärt werden. Es wäre möglich, daß die Wirkung der einfachen Gravitationskräfte durch elektromagnetische Kräfte überlagert wird.

Neutrinomasse

Im Jahr 1980 berichtete Frederick Reines (vgl. 1956) über Versuche, deren Ergebnisse darauf hinwiesen, daß Neutrinos eine, wenn auch sehr geringe, Masse besitzen (jahrelang war angenommen worden, daß Neutrinos überhaupt keine Masse haben).
Moskauer Wissenschaftler waren bei einem ganz anderen Experiment zu ähnlichen Erkenntnissen gekommen. Sie schätzten die Masse eines Neutrinos auf ein 1/13 000 der Masse eines Elektrons.
Wenn diese Beobachtungen richtig waren, so mußte man davon ausgehen, daß die drei unterschiedlichen Neutrinoarten – das Elektron-Neutrino, das Myon-Neutrino und das Tauon-Neutrino – jeweils leicht unterschiedliche Massen besitzen. Damit wären sie in der Lage zu oszillieren, das heißt, sie könnten ständig ihren Zustand ändern und einmal als Myon-Neutrino, dann wieder als Tauon- oder Elektron-Neutrino auftreten.
Dies würde zum Beispiel den Umstand erklären, daß in der Sonnenstrahlung nur ein Drittel der Anzahl von Neutrinos gefunden wurde, die nach den Berechnungen eigentlich vorhanden sein müßte. Bislang war angenommen worden, daß sich nur Elektron-Neutrinos in der Strahlung befinden. Dementsprechend waren die Geräte, die für den Nachweis der Neutrinos installiert worden waren, nur für Elektron-Neutrinos ausgelegt. Wenn die Neutrinos nun aber oszillieren, so bedeutet das, daß sich ein Drittel der Elektron-Neutrinos auf dem Weg von der Sonne zur Erde in Myon-Neutrinos und ein Drittel in Tauon-Neutrinos umwandelt. Die Geräte zeigen jedoch nur die Elektron-Neutrinos an, somit nur ein Drittel der Neutrinos, die die Erde tatsächlich erreichen.
Es gibt noch einen weiteren interessanten Aspekt: Die Masse eines einzelnen Neutrinos mochte zwar sehr klein sein, doch im Universum gab es so viele Neutrinos, daß ihre Gesamtmasse die Gesamtmasse aller anderen Teilchen bei weitem übersteigen wür-

de. Die Existenz dieser Masse, von der die Astronomen bislang keine Notiz genommen hatten, lieferte möglicherweise eine Erklärung für die Rotation von Galaxien, die Bildung von Galaxien Haufen oder generell für die Entstehung von Galaxien. All das konnte plötzlich einen Sinn ergeben, wenn man davon ausging, daß die Masse der Neutrinos die »fehlende Masse« darstellte, die die Wissenschaftler so irritierte.
Darüber hinaus würde die Gesamtmasse der Neutrinos gerade ausreichen, um das Universum zu »schließen«. Somit wäre klar, daß sich das Universum irgendwann wieder zusammenziehen wird.
Allerdings konnte bis heute noch nicht bewiesen werden, daß Neutrinos tatsächlich eine Masse besitzen. Es ist durchaus möglich, daß sich die ganze Sache eines Tages als falscher Alarm entpuppt.

Nachtrag

Der sowjetische Einmarsch in Afghanistan löste weltweite Proteste aus.
Ein Versuch der USA, die Geiseln in der Teheraner Botschaft durch ein Kommandounternehmen zu befreien, endete in einem Fiasko. Acht Amerikaner verloren ihr Leben. Die Geiselkrise schadete der Regierung Carter. Bei den Wahlen am 4. November 1980 wurde Ronald Reagan (geb. 1911) zum neuen Präsidenten gewählt.
Am 22.September 1980 brach der Iranisch-Irakische Krieg aus. Nach Anfangserfolgen des Irak geriet der Krieg sehr schnell in eine Patt-Situation.
Die Weltbevölkerung hatte inzwischen die 4-Milliarden-Grenze überschritten.

1981

Spaceshuttle

Bisher waren alle Raumfahrzeuge jeweils nur für eine Mission gestartet, und es lag auf der Hand, daß man mit einer wiederverwendbaren Raumfähre die Kosten für die Erforschung des Weltraums erheblich senken konnte.
Aus diesem Grund wurde das sogenannte *Spaceshuttle* entwickelt. Die Raumfähre sollte in eine Erdumlaufbahn gehen und anschließend zur Erde zurückkehren. Der Bau des Spaceshuttle selbst trug zwar nicht unbedingt dazu bei, die Kosten des Raumfahrtprogramms zu drücken. Im Gegenteil, es war sogar ziemlich teuer. Doch die Techniker gewannen dabei Erkenntnisse, die sich auf die Entwicklung einer späteren Generation von Raumfähren kostendämpfend auswirken konnten.
Der erste Start einer Raumfähre erfolgte am 12. April 1981, just an dem Tag, an dem sich Gagarins erster bemannter Raumflug zum zwanzigsten Mal jährte (vgl. 1961). Start und Landung verliefen problemlos. In den nächsten Jahren folgten viele solcher Flüge.

Neptunringe

Elliot hatte die Ringe des Uranus entdeckt, als der Planet einen Stern verdeckte (vgl. 1977). Im Jahr 1981 wurde ein ähnliches Phänomen registriert, als sich der Planet Neptun vor einen Stern schob. Mit einem Unterschied allerdings: Beim Uranus waren die Verdunklungsphasen regelmäßig gewesen, beim Neptun war das nicht der Fall.
Daraus wurde geschlossen, daß die Neptunringe nicht kreisförmig, sondern bogenförmig sind und nicht den gesamten Planeten umschließen, sondern an manchen Stellen unterbrochen sind. Sollte sich das als richtig erweisen, wäre es eine ungewöhnliche Erscheinung.

Nachtrag

Am 20. Januar 1981 wurden die amerikanischen Geiseln im Iran nach 444 Tagen Gefangenschaft endlich freigelassen.
Am 6. Oktober wurde der ägyptische Präsident Anwar Sadat während einer Militärparade ermordet.

1982

Extrem schnelle Pulsare

Der schnellste bekannte Pulsar (vgl. 1967) befindet sich im Crab-Nebel. Er rotiert dreißigmal in der Sekunde, entsprechend hoch ist seine Pulsfrequenz. Er galt als der jüngste unter den bekannten Pulsaren. Die Wissenschaftler rechneten sich wenig Chancen aus, noch jüngere und schnellere Pulsare zu entdecken.
Im Jahr 1982 jedoch wurde ein Pulsar entdeckt, der zwanzigmal schneller als der Crab-Pulsar rotiert – in einer Sekunde dreht er sich 642 mal um die eigene Achse und wurde deshalb auch Millisekunden-Pulsar genannt. Und was hinzukam: Nichts deutete darauf hin, daß er besonders jung war. Es wird vermutet, daß der Pulsar zu einem Doppelsternsystem gehört (oder gehörte) und durch die Absorption von Materie seines Begleiters eine so hohe Geschwindigkeit entwickelt hat.
Inzwischen wurden auch andere extrem schnelle Pulsare entdeckt.

Magnetischer Monopol

Die Maxwellschen Gleichungen (vgl. 1985) weisen in bezug auf Elektrizität und Magnetismus eine Asymmetrie auf, die in folgendem Phänomen begründet liegt: Elektrizität existiert in Form der positiven oder negativen Ladung eines Teilchens – es gibt Teilchen, die nur eine positive Ladung besitzen wie das Proton oder das Positron, und es gibt Teilchen, die nur eine negative Ladung besitzen wie das Elektron oder das Antiproton. Aufgrund dieser eindeutigen Verteilung lassen sich Teilchen mit positiver oder negativer Ladung leicht isolieren. Magnetismus hingegen existiert in Form von Nord- und Südpolen, die anscheinend niemals getrennt auftreten. Objekte, die magnetische Kräfte besitzen, haben immer einen Nord- und einen Südpol. Wenn es gelänge, ein Teilchen zu finden, das nur *einen* Pol besaß, einen *magnetischen Monopol* also, wäre das Gegenstück zu den elektrisch einpolig geladenen Teilchen gefunden. Maxwells Gleichungen wären damit absolut symmetrisch.
Nach der Großen Vereinheitlichten Theorie (vgl. 1973, Protonenzerfall) mußten solche magnetischen Monopole existieren, jedoch auch eine so ungeheuer große Masse besitzen, daß sie nur unmittelbar nach dem Urknall entstanden sein konnten. Wenn sie aber entstanden waren, so mußten sie auch noch vorhanden sein und von den Wissenschaftlern aufgespürt werden können.
Der Physiker Blas Cabera entwickelte eine Versuchsanordnung, die beim Passieren eines magnetischen Monopols einen elektrischen Strom erzeugen sollte. Am 14. Februar 1982 wurde tatsächlich ein solcher Stromfluß registriert.
Doch weder Cabera noch irgendeinem anderen Forscher gelang es, den Versuch zu wiederholen. Die Existenz des magnetischen Monopols bleibt also fraglich.

Jarvik–7-Kunstherz

Es waren verschiedene Versuche unternommen worden, das Herz zumindest zeitweilig durch ein künstliches Herz zu ersetzen (vgl. 1969). Doch das von dem amerikanischen Arzt Robert K. Jarvik (geb. 1946) entwickelte Kunstherz erwies sich als das beste. Am 1. Dezember 1982 pflanzte ein Ärzteteam das erste *Jarvik–7-Kunstherz* ein. Der Patient, ein

Zahnarzt im Ruhestand namens Barney Clark, lebte damit 112 Tage. Später wurden solche Kunstherzen auch anderen Patienten eingepflanzt.
Insgesamt konnte das Jarvik–7-Kunstherz aber nicht zufriedenstellen. Es wurde aus einer Energiequelle gespeist, die außen am Körper des Patienten angebracht war und die Bewegungsfreiheit des Patienten einschränkte. Ingesamt führte das künstliche Herz doch zu einer erheblichen Verschlechterung der Lebensqualität.

Laserdrucker

Die ersten Drucker, die für Textverarbeitungssysteme entwickelt wurden, waren Nadeldrucker, die pro Zeile ungefähr eine Sekunde benötigten und sehr laut waren.
Im Jahr 1982 brachte IBM einen Laserdrucker auf den Markt, der fast lautlos ungefähr 30 Zeilen pro Sekunde ausdrucken konnte.

Nachtrag

Am 2. April 1982 besetzte Argentinien die Falklandinseln, eine der letzten britischen Kolonien. Großbritannien reagierte und entsandte Truppen, die am 21. Mai auf den Inseln landeten. Am 15. Juni kapitulierte Argentinien.
Am 25. April gaben die Israelis nach fünfzehn Jahren die von ihnen besetzte Sinai-Halbinsel an Ägypten zurück. Gleichzeitig marschierten israelische Truppen im Libanon ein, besetzten den südlichen Teil des Landes und belagerten die PLO-Truppen in West-Beirut. Erst als die USA Druck ausübten, stoppte Israel den Vormarsch.
In der Sowjetunion trat Juri Wladimirowitsch Andropow (1914–1984) die Nachfolge des verstorbenen Leonid Breschnew an.

1983

W-Teilchen

Gemäß der elektroschwachen Theorie (vgl. 1968) mußte es drei Austauschteilchen geben, die die Wechselwirkung vermittelten: ein positives Teilchen (W+), ein negatives Teilchen (W-) und ein neutrales Teilchen. Außerdem mußten diese Teilchen eine sehr große Masse haben – etwa die 80fache Masse des Protons. Das erklärt, warum sie so schwer nachzuweisen waren. Um sie zu bilden, mußte extrem viel Energie aufgewendet werden.
Im Jahr 1983 standen den Physikern Energiequellen zur Verfügung, die es ihnen ermöglichten, alle drei Teilchen nachzuweisen. Ihre Masse stimmte mit den Berechnungen überein. Damit war die elektroschwache Theorie endgültig bestätigt.
Die entsprechenden Experimente waren von dem italienischen Physiker Carlo Rubbia (geb. 1934) und seinem niederländischen Kollegen Simon van der Meer (geb. 1925) konzipiert und durchgeführt worden. Für diese Leistung erhielten sie 1984 gemeinsam den Nobelpreis für Physik.

Planetenbildung bei Fixsternen

IRAS, ein Satellit, der im Weltraum infrarote Strahlung nachweisen sollte, empfing 1983 solche Strahlen aus der unmittelbaren Nachbarschaft des hellen Fixsterns Wega.
Als Quelle wurde ein Ring aus kleinen Partikeln ausgemacht, der – einem dichten Asteroidengürtel vergleichbar – die Wega umgab. Sofort kam die Vermutung auf, daß sich ein solcher Gürtel zu einem Planeten verdichten könnte und daß solche Planeten bereits existierten.
In jedem Fall war das ein Hinweis darauf, daß auch Sterne außerhalb unseres Sonnesystems Planeten besitzen können und daß *Planeten-*

bildung bei Fixsternen vielleicht sogar eine recht häufige Erscheinung ist.

Nuklearer Winter

Die Spekulationen über den Kometen, der angeblich vor 65 Millionen Jahren auf die Erde gestürzt ist und für das Aussterben der Dinosaurier verantwortlich sein soll (vgl. 1979), führten zu Mutmaßungen über einen nuklearen Winter.

Der Komet, so wird vermutet, wirbelte bei seinem Aufprall eine riesige Staubwolke auf, die in die obere Atmosphäre stieg und für einige Zeit das Sonnenlicht von der Erdoberfläche fernhielt. Verschiedene Leute, darunter auch Carl Sagan (geb. 1935) als ihr prominentester Vertreter, gingen davon aus, daß sich die Zündung mehrerer Tausend Atombomben in einem Krieg ähnlich auswirken würde. Die Folge wäre ein *nuklearer Winter*, gefolgt von einer weltweiten Hungersnot. Von ihr betroffen wären nicht nur »Verlierer« des Krieges, sondern auch die »Gewinner« und, natürlich, auch alle Unbeteiligten.

Inzwischen scheint man die Folgen eines nuklearen Winters nicht mehr ganz so pessimistisch zu beurteilen wie noch zu Anfang. Doch selbst wenn es überhaupt keinen nuklearen Winter gäbe, wären die Folgen eines Atomkrieges wie Feuer, radioaktiver Niederschlag und Zerstörung der Weltwirtschaft immer noch schrecklich genug.

Nachtrag

Am 25. Oktober 1983 überfielen US-Truppen die winzige Insel Grenada und besetzten sie.

Am 21. August 1983 kehrte Benigno Aquino, einer der erbittertsten Gegner des diktatorischen Marcos-Regimes auf den Philippinen, in seine Heimat zurück. Beim Verlassen des Flugzeugs wurde er erschossen. Vieles deutete darauf hin, daß Marcos in das Attentat verwickelt war.

Menachem Begin trat von seinem Amt als israelischer Ministerpräsident zurück. Sein Nachfolger wurde Yitzhak Schamir.

1984

Evolution des Menschen

DNA-Moleküle verändern sich mit der Zeit, und das führt zu Mutationen (vgl. 1937). Bei einem Vergleich von DNA-Molekülen zweier unterschiedlicher Arten kann man feststellen, daß sie einander um so ähnlicher sind, je größer die Verwandtschaft zwischen ihnen ist. Aus der Anzahl der Unterschiede lassen sich vielleicht Rückschlüsse darauf ziehen, wie lange die beiden Arten gebraucht haben, um sich, ausgehend von einem gemeinsamen Vorfahren, unterschiedlich weiterzuentwickeln. Da Mutationen das Ergebnis zufälliger Veränderungen sind, lassen sich solche Schlüsse nicht mit mathematischer Genauigkeit ziehen, aber gewisse Hinweise liefern sie durchaus.

Im Jahr 1984 wurde eine solche Analyse durchgeführt. Danach spricht einiges dafür, daß der Mensch entwicklungsgeschichtlich dem Schimpansen näher steht als dem Gorilla oder dem Orang Utan und daß sich Mensch und Schimpanse vor fünf bis sechs Millionen Jahren aus einem gemeinsamen Vorfahren entwickelt haben.

Braune Zwerge

Im Jahr 1984 berichteten Forscher von einem Begleiter des Roten Zwergsterns Van Biesbrock 8. Wie es hieß, war er noch dunkler und kleiner als der Rote Zwerg. Seine geringe Größe und Helligkeit ließ den Schluß zu, daß er weder die Masse noch die Temperatur besitzt, um Energie durch nukleare Fusion zu erzeugen. Seine Temperatur reicht gerade aus, um ihn glimmen zu lassen. Seine Strahlung

enthält einen hohen Infrarot-Anteil, der eventuell durch andere nukleare Reaktionen verursacht wird.
Wäre der Begleiter von Van Biesbrock 8 völlig kalt und würde er außerdem keine Lichtstrahlen im sichtbaren Spektrum emittieren, so wäre er ein *Schwarzer Zwerg*. Da diese Eigenschaften jedoch fehlen, bezeichnete man ihn schließlich als *Braunen Zwerg*. Die Existenz der Braunen Zwerge wurde später angezweifelt, doch gleichzeitig wurde über die Entdekkung weiterer Brauner Zwerge berichtet.

Nachtrag

In der UdSSR starb am 9. Februar 1984 Juri Andropow (1914–1984). Sein Nachfolger wurde Konstantin Ustinowitsch Tschernenko (1911–1985).
In Indien wurde am 31. Oktober 1984 Indira Gandhi ermordet. Ihr Sohn Rajiv Gandhi (1944–1991) trat ihre Nachfolge als Ministerpräsident an.

1985

Ozonloch

Britische Antarktisforscher stellten über der Antarktis ein Loch in der Ozonschicht fest. Weitere Untersuchungen ergaben, daß die Ozonkonzentration auch an anderen Stellen ungewöhnlich niedrig war. Diese Beobachtungen bestätigten, daß Fluorchlorkohlenwasserstoffe auf die Ozonschicht eine zerstörerische Wirkung ausüben (vgl. 1974).

Pluto und Charon

Die Umlaufbahn des Plutomondes Charon ist so gelagert, daß er Pluto abwechselnd verdeckt und von ihm verdeckt wird, und zwar über Zeiträume von mehreren Jahren hinweg. Natürlich ist dieser Vorgang dann am besten zu beobachten, wenn sich Pluto seinem Perihel, dem sonnennächsten Punkt auf seiner Bahn, nähert, denn dann ist er auch der Erde am nächsten.
Im Jahr 1985 begann Charon, sich zunächst vor seinen Planeten zu schieben, um danach wieder hinter ihm zu verschwinden. Die Untersuchung der Lichtstrahlung von Pluto in der Phase, in der er seinen Mond verdeckte, und in der Phase, in der sich der Mond vor ihn schob, ließen Rückschlüsse auf die Beschaffenheit der Oberfläche beider Himmelskörper zu.
Danach ist die Oberfläche von Pluto mit gefrorenem Methan bedeckt, die des kleineren Charon mit gefrorenem Wasser.

Nachtrag

In der UdSSR wurde Michail Sergejewitsch Gorbatschow (geb. 1931) Nachfolger Tschernenkos im Amt des Generalsekretärs der KPdSU. Zum ersten Mal in der Geschichte der Sowjetunion wurde das Land von einem jungen und dynamischen Politiker geführt, dem auch die Denkweise der westlichen Welt nicht fremd war.

1986

Uranussonde

Der Planet Uranus und einige seiner Trabanten waren von dem Astronomen Herschel entdeckt worden (vgl. 1781). Am 24. Januar 1986 flog *Voyager 2* dicht am Uranus vorbei und gestattete so zum ersten Mal einen Blick auf diesen entfernten Planeten.
Die Rotationsperiode des Uranus konnte anhand der übermittelten Daten exakt bestimmt werden: Sie beträgt 17,24 Stunden (bisher

hatte man einen Wert zwischen 10 und 25 Stunden angenommen). Der Planet besitzt wie erwartet ein starkes Magnetfeld, das jedoch eine Neigung von 60 Grad zur Rotationsachse aufweist.
Die Existenz der Uranusringe, die neun Jahre zuvor von der Erde aus entdeckt worden waren, wurde durch die Sonde bestätigt. Die fünf bekannten Trabanten waren etwas größer als zunächst angenommen. Außerdem wurden zehn neue Trabanten entdeckt, die den Uranus in kürzerer Entfernung umkreisten als der bereits bekannte Mond Miranda. Die nähere Untersuchung von Miranda förderte Erstaunliches zutage. Der Durchmesser des Mondes beträgt nur 480 Kilomter, und das bedeutet, daß die Temperatur in seinem Innern nicht hoch genug ist, um geologische Veränderungen hervorzurufen. Dennoch weist seine Oberfläche eine Vielzahl unterschiedlicher Strukturen auf. Man nimmt an, daß sie die Folge lange zurückliegender Einschläge sind, die die Oberfläche in Fragmente zerteilt haben. Diese Fragmente könnten sich auf ganz unterschiedliche Weise wieder verbunden haben.

Halleyscher Komet

Das Jahr 1986 brachte die vierte Wiederkehr des Halleyschen Kometen, seit Edmond Halley seine Bahn berechnet hatte (vgl. 1705). Leider war er dabei auch in seinem erdnächsten Punkt immer noch sehr weit von uns entfernt, so daß er nur von der südlichen Erdhalbkugel aus mit bloßem Auge beobachtet werden konnte.
Die Wiederkehr des Kometen war insofern einmalig, als es diesmal von Sonden der Sowjetunion und der europäischen Raumfahrtbehörde ESA untersucht werden konnte. Die europäische Sonde *Giotto* (benannt nach dem Maler, der erstmals ein wirklichkeitsnahes Bild dieses Kometen gemalt hatte – vgl. 1304) kam dem Kometen am nächsten.
Whipple (vgl. 1949) hatte Kometen als »schmutzige Schneebälle« bezeichnet, und zu Recht, wie sich nun herausstellte. Der Halleysche Komet ist sogar weit schmutziger, als man erwartet hatte. Bei jeder Annäherung an die Sonne verliert er einen Teil seiner Eis- und Gesteinsmasse. Außerdem werden lose Gesteinspartikel an seine Oberfläche getrieben, wo sie sich sammeln und eine Art Kruste bilden. An den dünnkrustigeren Stellen entweichen Dämpfe, die durch Erhitzen des Eises entstehen. Das Resultat ist eine schwarzgefärbte Oberfläche.
Aus der Helligkeit des Kometen hatte man Rückschlüsse auf seine Größe gezogen, die nun revidiert werden mußten. Da er dunkler war als erwartet, mußte seine Oberfläche größer sein, sonst hätte er die festgestellte Lichtmenge nicht produzieren können.

Nachtrag

Am 18. Januar 1986 explodierte die amerikanische Raumfähre *Challenger* wenige Minuten nach dem Start. Alle sieben Astronauten kamen ums Leben. Die amerikanische Regierung stellte das amerikanische Raumfahrtprogramm so lange ein, bis die Ursachen des Unglücks geklärt waren.
Am 22. Februar verließ Marcos fluchtartig die Philippinen. Corazon Aquino (geb. 1933), die Witwe des ermordeten Politikers Benigno Aquino, wurde Präsidentin.
Olof Joachim Palme (1927–1986), schwedischer Ministerpräsident, wurde am 28. Februar 1986 ermordet.
Als Vergeltungsmaßnahme für eine Reihe von Terroranschlägen, in die Libyen verwickelt gewesen sein soll, bombardierten amerikanische Flugzeuge am 14. April 1986 die libysche Hauptstadt Tripolis.
Am 26. April 1986 kam es in der Sowjetunion zum bisher schlimmsten Reaktorunfall in der Geschichte, als im Kernkraftwerk Tschernobyl in der Ukraine der Reaktor Nr. 4 explodierte. Die dabei freiwerdende Radioaktivität ging über weiten Teilen Europas als radioaktiver Niederschlag nieder.
Gegen Ende des Jahres wurde bekannt, daß die

Reagan-Administration Waffen an den Iran verkauft hatte, um die Freilassung amerikanischer Geiseln zu erwirken. Von den Gewinnen aus diesem Geschäft waren Waffen für die Contra-Rebellen in Nicaragua gekauft worden, die ihre Regierung mit amerikanischer Unterstützung bekämpften. Präsident Reagan bestritt, von all dem gewußt zu haben.

1987

Supernova 1987 A

Die letzte Supernova in unserer Galaxis, die mit bloßem Auge zu sehen war, hatte Kepler im Jahr 1604 beobachtet. Alle anderen hatten extragalaktischen Sternsystemen angehört. Der Erde am nächsten war eine Supernova im Andromeda-Nebel, 2 300 000 Lichtjahre entfernt (vgl. 1886). Allerdings war damals noch nicht bekannt, daß es sich um eine Supernova handelte. So wurde sie auch nicht besonders sorgfältig beobachtet, obwohl bereits geeignete Instrumente zur Verfügung gestanden hätten. Die einzigen Supernovae, die danach bemerkt wurden, gehörten Galaxien an, die noch weiter entfernt waren.
Im Februar 1987 gelang es jedoch, den Ausbruch einer Supernova in der Großen Magellanschen Wolke vom ersten Aufleuchten an zu verfolgen. Obwohl außerhalb der Milchstraße, war sie mit einer Entfernung von 170 000 Lichtjahren die erdnächste seit 1604.
Die Explosion wurde von einem Neutrinoschwarm begleitet. Einige Neutrinos konnten von den erst kürzlich entwickelten *Neutrino-Detektoren* aufgefangen werden.
Je mehr von diesen Geräten gebaut werden und je empfindlicher sie werden, desto gründlicher wird man den Himmel nach Neutrinos absuchen, die möglicherweise einen Supernovaausbruch ankündigen, daran besteht kein Zweifel.
Das Aufleuchten und Verblassen der Supernova in der großen Magellanschen Wolke wurde sorgfältig beobachtet, ebenso die Ausbreitung und Verdünnung des Gasnebels. Im Jahr 1988 wurde von der Entdekkung eines Pulsars in ihrem Zentrum berichtet, der mit einer Geschwindigkeit von 2 000 Umdrehungen pro Sekunde rotierte. Die Entdeckung konnte jedoch nicht bestätigt werden.

Supraleiter

Seit der Entdeckung der Supraleitfähigkeit durch Kamerlingh Onnes (vgl. 1911) hatten Wissenschaftler nach Materialien gesucht, die auch bei höheren Temperaturen supraleitend waren und sich für technische Anwendungen im Alltag eigneten. Sämtliche Metalle und eine Vielzahl von Legierungen wurden untersucht, doch kein Material war bei einer Temperatur von über 23 Grad über dem absoluten Nullpunkt (23 Kelvin) supraleitend. Das hieß, daß weiter mit flüssigem Helium gekühlt werden mußte, und flüssiges Helium ist teuer.
Flüssiger Wasserstoff ist billiger als flüssiges Helium. Er kommt allerdings nur bei Temperaturen über 20 Kelvin vor. Für eine sinnvolle Nutzung der Supraleitfähigkeit mußte die kritische Temperatur, unterhalb derer ein Material supraleitfähig wird, in einem Becken mit flüssigem Wasserstoff aber wesentlich höher liegen. Doch selbst wenn solch ein Material gefunden werden konnte, war die Verwendung von flüssigem Wasserstoff gefährlich, da das emittierte Gas explosiv ist.
Flüssiger Stickstoff ist wesentlich billiger und leichter zu handhaben als flüssiges Helium oder flüssiger Wasserstoff. Zudem ist seine Verwendung recht ungefährlich. Unglücklicherweise existiert er nur bei Temperaturen über 77 Kelvin – und das war bei weitem zu hoch für die supraleitenden Legierungen.
Der Schweizer Physiker Karl Alex Müller (geb. 1927) und sein deutscher Kollege Johannes Georg Bednorz (geb. 1950) untersuchten keramische Substanzen (Verbindungen aus me-

tallischen Oxiden). Im Februar 1987 entdeckten sie, daß diese bereits bei Temperaturen von 30 Kelvin supraleitend werden.
Dieser Durchbruch hatte enorme Auswirkungen auf diesen Forschungszeig – überall machte man sich an die Untersuchung von Oxidkeramik. Man erzielte eine Supraleitfähigkeit dieser Substanzen bei Temperaturen zwischen 90 und 120 Kelvin.
Für ihre Leistung erhielten Müller und Bednorz noch im gleichen Jahr gemeinsam den Nobelpreis für Physik.

Nachtrag

Am 19. Oktober 1987 fielen die Börsenkurse in den USA um 500 Punkte. Dank der Lehren, die man aus dem Börsenkrach von 1929 gezogen hatte, konnten ähnlich katastrophale Folgen wie damals verhindert werden.
Am 8. Dezember 1987 unterzeichneten der amerikanische Präsident Reagan und der Generalsekretär der KPdSU Gorbatschow einen Vertrag über den Abzug nuklearer Mittelstreckenraketen aus Europa.

1988

Entfernte Galaxien

Neue Instrumente und Computertechnologien machten es möglich, Galaxien mit Rotverschiebungen (vgl. 1925) zu entdecken, die alles übertrafen, was in diesem Bereich bislang beobachtet worden war, sogar die starke Rotverschiebung von Quasaren.
Im Jahr 1988 wurden Galaxien entdeckt, die ungefähr 17 Milliarden Lichtjahre von uns entfernt sind. Diese Entdeckung war in bezug auf den Zeitpunkt der Entstehung des Universums bedeutungsvoll. Wenn diese Galaxien 17 Milliarden Lichtjahre von uns entfernt sind, so haben die Lichtstrahlen, die uns von dort erreichen, eine ebenso lange Reise hinter sich. Wir sehen die Galaxien so, wie sie vor 17 Milliarden Jahren existiert haben. Das bedeutet, daß das Universum bereits vor diesem langen Zeitraum alt genug war, um Galaxien zu bilden.
Das exakte Alter des Universums konnte bisher nicht ermittelt werden. Dazu müßte man mehr über die Entfernung der Galaxien und die Geschwindigkeit wissen, mit der das Universum expandiert. Geschätzt wurde das Alter des Universums auf 10 bis 20 Milliarden Jahre, wobei Werte um 15 Milliarden Jahre für am wahrscheinlichsten gehalten wurden.
Wenn die nun entdeckten Galaxien jedoch wirklich 17 Milliarden Lichtjahre von uns entfernt sind, muß das Universum älter sein als angenommen. Jede Information, die wir über diese Galaxien erhalten, könnte Aufschluß über ihre Entstehung und die erste Zeit danach geben. Dies könnte zur Folge haben, daß wir unsere Vorstellungen über Art und Zeitpunkt der Entstehung des Universums revidieren müssen.

Turiner Grabtuch

Das Turiner Grabtuch ist ein Tuch aus Leinen, das Blutspuren und den Abdruck eines bärtigen, langhaarigen Mannes zeigt und als Grabtuch Jesu verehrt wird. Es tauchte um 1350 erstmals in Frankreich auf und wurde 1578 nach Turin gebracht.
Viele Menschen glaubten, es sei das Grabtuch Jesu und gebe wie durch ein Wunder seine Züge wieder. Skeptiker hielten es für eine Fälschung, die erst kurz vor ihrem ersten Auftauchen angefertigt worden sei.
Im Jahr 1988 wurde das Alter des Tuches durch die von Libby entwickelte C-14-Methode (vgl. 1947) bestimmt. Das Ergebnis war eindeutig. Das Gewebe bestand aus Flachsfasern, die erst 700 Jahre alt waren. Das Tuch – und vermutlich auch der Abdruck darauf – war erst kurze Zeit, bevor es zum ersten Mal ausgestellt wurde, angefertigt wor-

den. Das Tuch ist 1 300 Jahre zu jung, um das Grabtuch Jesu zu sein.

Treibhauseffekt

Seit Arrhenius (vgl. 1884) ist bekannt, daß Kohlendioxid in der Atmosphäre die Abgabe von Wärme ins All behindert. Der Wärmestau sorgt für eine Erhöhung der Erdtemperatur, ein Phänomen, das als *Treibhauseffekt* bezeichnet wird.
Ebenfalls bekannt ist, daß der Kohlendioxidgehalt der Erdatmosphäre seit 1900 ständig angestiegen ist. Dies liegt zum einen an der verstärkten Nutzung von Kohle und Erdöl, bei deren Verbrennung Kohlendioxid entsteht, zum anderen an der Abholzung von Wäldern, die einen Großteil des Kohlendioxids verbrauchen.
Das Jahr 1987 war das heißeste Jahr, das bis dahin registriert worden war, und das Jahr 1988 war sogar noch heißer. Weltweit kam es zu Dürrekatastrophen. Alles deutete darauf hin, daß sich der Treibhauseffekt dramatisch verstärkte, und entsprechend wuchs auch die Besorgnis in aller Welt.
Ein allgemeiner Temperaturanstieg würde nicht nur das Klima der Erde verändern (vermutlich zum Schlechteren), sondern auch das Eis an den Polkappen zum Schmelzen bringen. Die Folge wäre ein katastrophaler Anstieg des Meeresspiegels (bis 60 Meter). Der Treibhauseffekt, die Zerstörung der Ozonschicht, die zunehmende Umweltverschmutzung und das unaufhaltsame Anwachsen der Weltbevölkerung scheinen die Bewohnbarkeit unseres Planeten ernsthaft zu gefährden. Immer mehr Menschen werden sich der drohenden ökologischen Katastrophe bewußt.

Nachtrag

Am 14. Mai 1988 begann die Sowjetunion mit dem Rückzug ihrer Truppen aus Afghanistan. Der Irak und der Iran vereinbarten am 20. August einen Waffenstillstand, der den Krieg zwischen beiden Ländern zumindest vorläufig beendete.
Am 10. Oktober wählte der »Oberste Sowjet« Michail Gorbatschow zum ersten Staatspräsidenten der UdSSR. Am 7. Dezember wurde die Sowjet-Republik Armenien von einem verheerenden Erdbeben erschüttert. Über 25000 Menschen kamen ums Leben. Kurzfristig konnte eine der bislang umfangreichsten Hilfsaktionen – häufig privat finanziert – gestartet werden.

1989

Voyager bei Neptun

Am 24. August war es soweit: *Voyager II,* die erfolgreichste Raumsonde, die jemals zu den Planeten aufgebrochen ist, erreichte nach Jupiter, Saturn und Uranus den von der Erde durchschnittlich 4400 Millionen Kilometer entfernten Neptun. Er erwies sich als der zweite »blaue Planet« im Sonnensystem, eine Folge seiner Wasserstoff-Helium-Methan-Atmosphäre. Weiße Cirruswolken und ein großer dunkler Fleck (ein gigantischer Wirbelsturm) jagten mit Windgeschwindigkeiten von bis zu 200 km pro Sekunde um den riesigen Gasball.
Geradezu phantastisch erwiesen sich die Fotos, die *Voyager II* vom größten Neptun-Mond Triton machen konnte: der 2720 km durchmessende Himmelskörper besitzt eine der abwechslungsreichsten Oberflächen des Sonnensystems, die auf eine bewegte geologische Geschichte schließen lassen. Von Wassereis überflutete Gebiete, die an gefrorene Seen erinnern, dunkle Flecken mit hellen Rändern, kreisförmige Strukturen, die von großen Tälern durchzogen werden – und schließlich aktive Geysire, die Stickstoff explosionsartig bis zu 8 km in die Höhe schleudern.
Damit endete eines der unfangreichsten Weltraumprojekte der NASA. Auf absehbare Zeit

wird kein Mensch so viele »neue« Himmelskörper zu Gesicht bekommen wie unsere Generation, die im »*Voyager*-Jahrzehnt« von 1979 bis 1989 erstmals die fernen Welten unseres Sonnensystems erforschen konnte.

Das Blasen-Universum

Wie ist unser Weltall aufgebaut? Nach der gängigen Urknall-Theorie hätte es eigentlich weitgehend homogen sein müssen, d. h. Materie und Energie sollten einheitlich verteilt sein.

Die Astronomen Margaret Geller und John Huchra vom Smithonian Astrophysical Observatorium fertigten erstmals dreidimensionale Karten des Universums an, »Schnitte« in der Größenordnung vieler Millionen Lichtjahre. Dabei zeigte sich, daß die Galaxien und Galaxienhaufen regelrecht miteinander »vernetzt« sind und gewaltige zusammenhängende Strukturen aufbauen können. Ein Beispiel ist die von Geller und Huchra entdeckte »Große Mauer«, die sich über 500 Millionen Lichtjahre hinweg ausdehnt.

Andere Vermutungen konkretisieren sich, etwa die Annahme, daß wir 90 % der Materie im Universum überhaupt nicht wahrgenommen haben. Diese sogenannte »dunkle Materie« entzieht sich allen bisherigen Beobachtungen – obwohl es sie aufgrund verschiedener Berechnungen geben muß.

All dies zeigt, daß die Anfangsbedingungen unmittelbar nach dem Urknall doch nicht so gleichförmig gewesen sind, wie man das bis dahin geglaubt hatte. Unser Universum ist möglicherweise von schaumig-blasiger Natur und läßt noch viel Spielraum für Theorien und Hypothesen über seine Entstehung, seine Entwickling und sein mögliches Ende.

Nachtrag

Am 20. Januar wurde George Bush als Präsident der USA in sein Amt eingeführt. Die Sowjetunion beendete am 15. Februar die Besetzung Afghanistans. Die Vereinigten Staaten intervenierten militärisch in Panama und zwangen Staatschef Noriega zur Flucht.

Am 4. Juni schlug die Pekinger Führung einen insbesondere von den Studenten getragenen Protest auf dem »Platz des Himmlischen Friedens« blutig nieder. Dennoch fand in ganz Osteuropa ein bis dahin nicht für möglich gehaltener Wandel statt. In den Baltenrepubliken der Sowjetunion begannen Unruhen. Polens neuer Ministerpräsident wurde am 24. August der »Solidaritäts«-Politiker Mazowiecki. In Ungarn wurde am 25. Oktober die Republik proklamiert, in Bulgarien gab am 13. Dezember die KP ihre Führungsrolle auf. Im November/Dezember kam es in Prag nach Massendemonstrationen zu einem Rücktritt der kommunistischen Regierung. Neuer Staatspräsident wird Vaclav Havel, der Führer der Opposition. Nach zunächst blutiger Niederschlagung der Aufstände in Rumänien solidarisiert sich das Militär schließlich mit der Bevölkerung. Staatschef Ceausescu wird hingerichtet.

Im Verlauf des Herbstes nahmen auch die Proteste in der DDR zu. Zunächst über Ungarn, dann auch über die Tschechoslowakei, begann eine gewaltige Ausreisewelle. SED-Chef Erich Honecker trat zurück, sein Nachfolger wurde zunächst Egon Krenz, dann Hans Modrow. Am 9. November fiel nach 26 Jahren seines Bestehens der »eiserne Vorhang« zwischen Deutschland und Deutschland.

1990

Reis genetisch manipuliert

Wie lösen wir das Ernährungsproblem der Menschheit? Wie bekommt man – ohne die notwendige, aber praktisch kaum durchführbare rigorose Geburtenkontrolle in den Ländern der dritten Welt – immer mehr Menschen satt?

Eine Chance bietet vielleicht die Erhöhung des Nährwertes wichtiger Lebensmittel, etwa des Reis. Erstmals gelang es japanischen Forschern bei *Japonica-Reis,* vermehrungsfähige transgene Pflanzen zu erhalten. Wenig später konnten dann Swapan Datta und andere Wissenschaftler der Eidgenössischen Technischen Hochschule in Zürich vergleichbares an Exemplaren des *Indica-Reis* vornehmen. Er bildet in vielen Ländern die Basis des täglichen Nahrungsbedarfes.

Die Mikrobiologen schleusten ein fremdes Gen in das Erbgut der Pflanzen ein und konnten aus den manipulierten Zellen eine hohe Ausbeute transgener Pflanzen gewinnen. Der genetisch veränderte Reis war fruchtbar und fähig, die neu erworbene Erbanlage stabil an seine Nachkommen weiterzugeben. Das eingeschleuste Gen war zwar nur ein Markierungsgen, aber es zeigt den Forschern, wie sie in Zukunft auch andere, den Nährwert und die Widerstandsfähigkeit erhöhende Gene in die Pflanze einbringen können.

Venuskartierung

Am 10. August erreichte die amerikanische Raumsonde *Magellan* den Planeten Venus und begann mit einer bis dahin einzigartigen »Radarkartierung« der Oberfläche. Schon früher hatte man mit ähnlichen Verfahren von der Erde aus die Grobstruktur der Venus aufgenommen. Aber die Daten, die *Magellan* übermittelte, sprengten den Rahmen all dessen, was man zuvor gekannt hatte. Auch die Venus besitzt große Meteoritenkrater – aber längst nicht so viele wie der Mond oder der Mars. Ihre dichte Atmosphäre aus Kohlendioxyd läßt kleinere Gesteinsbrocken schnell verglühen. Statt dessen entdeckte man Vulkane und seltsame runde Magmaaufwölbungen, man fand tiefe Gräben und weite, ausgedehnte Wüstenflächen.

Erstaunlicherweise findet auf der Venus kaum eine der irdischen Plattentektonik vergleichbare Krustenbewegung statt. Möglicherweise ist auf der Erde das Wasser der Ozeane daran schuld. Bei der Subduktion, dem Absenken ozeanischer Krustenteile, werden dem oberen Erdmantel auch große Mengen an Wasser zugeführt, was dort chemische Reaktionen hervorruft und den Motor der Kontinentalbewegung am Leben erhält. Die Venus hingegen ist vollkommen trocken, eine über 400° C heiße Wüste, auf der es allenfalls ganz am Anfang einmal Wasser gegeben hat. Davon ist heute nichts mehr vorhanden. Auch die erhofften Spuren eines einstigen Ozeans hat man nicht gefunden: Mit etwa 400 Millionen Jahren ist die Venusoberfläche eine der jüngsten im Sonnensystem, alle älteren Hinweise auf ihre einstige Gestalt sind längst verschwunden.

Nachtrag

Am 8. April fanden erstmals in Ungarn demokratische Wahlen statt. Sieger wurde die antikommunistische konservative Partei.

Die Währungsunion zwischen der Bundesrepublik und der DDR am 1. Juni leitete den ersten großen Schritt zur Vereinigung beider Staaten ein.

Mit dem Überfall des Irak auf das Ölscheichtum Kuwait begann am 2. August eine Krise, die sich im Laufe der kommenden Monate weiter zuspitzte. Der irakische Diktator Saddam Hussein nahm ausländische Staatsbürger als Geiseln und benutzte sie als »lebende Schutzschilde«.

Am 3. Oktober vereinigten sich die beiden Teile Deutschlands zur neuen, größeren Bundesrepublik Deutschland. Die seit dem Zweiten Weltkrieg bestehende Teilung war damit beendet.

In der UdSSR wurde am 19. Oktober die Marktwirtschaft eingeführt und die seit Lenin praktizierte staatliche Planwirtschaft abgeschafft: der wichtigste Schritt weg vom Kommunismus.

1991

»Killer-Krater«

Vor 65 Millionen Jahren ereignete sich auf unserer Erde eine ungeheure Katastrophe. An der Wende von der Kreide- zur Tertiärzeit starben nicht nur die Saurier, sondern mit ihnen auch Dreiviertel der gesamten Lebewelt aus.
Lange Zeit war gerätselt worden, was zu diesem »Faunenschnitt« geführt haben könnte. 1980 hatten Wissenschaftler um den Physiker Luiz Alvarez erstmals Hinweise auf einen gigantischen Meteoriteneinschlag entdeckt – aber wo war der riesige Krater, der davon zurückgeblieben sein mußte?
Anfang Februar erschien die erste Veröffentlichung über die Entdeckung des »Killer-Kraters«: eine 180 km durchmessende kreisförmige Struktur, die unter den Sedimenten der Halbinsel Yukatan (Mexiko) begraben liegt. Nach dem kleinen Ort in ihrem Zentrum nennt man sie »Chicxulub-Krater«. Spätere Untersuchungen – etwa an Gesteinsproben, die man aus Bohrungen gewonnen hatte – bestätigten die Entdeckung. Damit kann als gesichert gelten, daß vor 65 Millionen Jahren ein etwa 10 km großer Asteroid zur Erde stürzte, sich selbst und Teile der Erdkruste bis hinab in den Mantel verdampfte, ungeheure Mengen an Staub in die Atmosphäre wirbelte und einen »nuklearen Winter« auslöste. Die Saurier, die sich ohnehin schon auf dem evolutionsbiologischen »Rückzug« befanden, starben, weil die Nahrungskette unterbrochen wurde und sie sich nicht schnell genug anpassen konnten. Dafür begann die hohe Zeit der Säugetiere: Sie nutzten die freiwerdende ökologische Nische und bereiteten damit den Weg zur Entwicklung des Menschen vor.

Pulsar-Planeten

Daß Planeten bei anderen Sonnen existieren, daran zweifeln die Astronomen schon lange nicht mehr. Problematisch ist allerdings ihr Nachweis, denn unsere optischen Teleskope sind noch zu schwach, um selbst jupitergroße Körper weit entfernter Sterne aufzufinden.
Umso überraschender war die Nachricht von der Entdeckung planetarer Begleiter bei Pulsaren. Pulsare sind ausgebrannte Sternleichen, explodierte Supernovae, von denen nur noch ein schnell rotierender »Rumpfstern« übriggeblieben ist.
Mit Planeten bei solchen Sternen hatte niemand gerechnet, und die erste Meldung über eine solch ungewöhnliche Entdeckung erwies sich auch rasch als Flop: Die britischen Astronomen, die im Sommer einen Planeten bei dem Pulsar PSR 1829-10 gefunden haben wollten, hatten einen simplen Rechenfehler begangen. Aber im Dezember gaben dann die amerikanischen Astronomen A. Wolszczan und D. A. Frail die Entdekkung eines weiteren derartigen Kandidaten bekannt: PSR 1257+12, der etwa 1630 Lichtjahre von uns entfernt ist.
Auch andere Messungen deuten darauf hin, daß eine Vielzahl von Sonnen von Planeten, vergleichbar der Erde, umkreist wird. Mit einem verbesserten Weltraumteleskop sollte es in ein paar Jahren möglich sein, sie optisch abzubilden.

Nachtrag

Trotz zahlreicher Drohungen hatte sich der Irak nicht aus dem besetzten Kuwait zurückgezogen. Am 17. Januar begannen alliierte Truppen unter Führung amerikanischer Verbände zunächst einen Luft- und später einen Landkrieg, der zur Vertreibung der irakischen Truppen und ihrer teilweisen Vernichtung führte. Saddam Hussein wurde durch diese Niederlage zwar geschwächt, aber nicht gestürzt.
Auf den Philippinen brach am 9. Juni der Vul-

kan Pinatubu aus. Gewaltige Schlammassen bedeckten große Landstriche, Ascheteilchen wurden in die Atmosphäre geschleudert. Auswirkungen auf das Klima waren, wenn auch nur in geringem Maße, global feststellbar.
Am 25. Juni sagten sich Slowenien und Kroatien von Jugoslawien los. Die Folge war der Beginn eines brutalen Bürgerkrieges, zunächst insbesondere in Kroatien. Serbische Einheiten besetzten große Gebiete des Landes und begannen mit einer sogenannten »ethnischen Säuberung«.
Im Ötztal der Alpen wurde am 24. September die fast unversehrt gebliebene Leiche eines seit 4000 Jahren im Eis begrabenen Mannes gefunden – eine sensationelle Entdeckung, die Archäologen und Anthropologen ungeahnte Möglichkeiten zur Erforschung dieser Zeit bieten.

1992

Dunkle Eiswelten

Unser Sonnensystem bildete sich vor 4,6 Milliarden Jahren. Soweit wir wissen, setzt es sich aus der Sonne, den neun Planeten und ihren Monden, etlichen Kleinplaneten zwischen Mars und Jupiter und Kometen zusammen. Lange Zeit blieb allerdings die Frage ungeklärt, ob es auch noch jenseits von Pluto Planeten gebe.
Am 30. August entdeckten Astronomen des Observatoriums der Universität Hawai einen etwa 200 km durchmessenden Himmelskörper, der weit jenseits des Pluto seine Bahn um die Sonne zieht. Er erhielt die vorläufige Nummer 1992QB1 und wurde später auf den ungewöhnlichen Namen »Smiley« getauft.
Vermutlich gehört »Smiley« zu einer ganzen Schar ähnlicher kleiner Objekte, die sich im sogenannten »Kuiper-Gürtel« am Rand des Sonnensystems bewegen. Bislang ist noch nicht klar, ob es sich wirklich um Planetoiden oder nicht doch um große Kometen handelt. Die Wahrscheinlichkeit, dort draußen auf einen großen Planeten zu stoßen, ist mit dieser Entdeckung allerdings gesunken.

Gibt es »die Anderen«?

Die Verwirklichung des Menschheitstraumes, eines Tages Kontakt zu einer anderen, fremden Intelligenz aufnehmen zu können, ist vielleicht einen großen Schritt nähergerückt. Am 12. Oktober, dem 500. Jahrestag der Entdeckung Amerikas, startete die von der NASA vorbereitete und nach langen finanziellen Querelen mit dem US-Senat in letzter Minute genehmigte bislang größte Suche nach außerirdischen Lebensformen auf anderen Planeten.
Unter Leitung der Astrophysikerin Jill Tarter werden große Radioteleskope auf der ganzen Welt in den kommenden zehn Jahren etwa 1000 sonnenähnliche Sterne in der näheren Umgebung unseres Sonnensystems abhören, sowie eine Übersichtssuche durch die gesamte Galaxis vornehmen. Ziel soll es sein, die Signale fremder Zivilisationen zu empfangen: gerichtete Sendungen, Industriestrahlungen (etwa kontinuierliche Radioemmissionen, wie sie auch unsere Erde ins All sendet), Hinweise auf sogenannte Dyson-Sphären (gigantische künstliche Kugeln um fremde Sonnen, die eine erhöhte Energieausbeute gewährleisten und im Infrarotbereich strahlen müßten) und generell auf fremde Planetensysteme. Ob die Suche Erfolg hat, hängt von zahlreichen Faktoren ab – aber die SETI-Forscher in aller Welt sind optimistisch, bis zum Jahr 2000 den ersten Hinweis auf eine außerirdische Kultur entdeckt zu haben.

Aurora

Seit langem schwirren Gerüchte, die USA entwickelten ein Hyperschallflugzeug einer völlig neuen Generation. Zum Jahresende hin erhielten diese Gerüchte erneut Nahrung.

Über Los Angeles wurden fast wöchentlich die merkwürdigen, wie aneinandergereihte Kettenglieder erscheinenden Kondensstreifen gesehen, verbunden mit einem ohrenbetäubenden, knatternden Geräusch.
Das neue Flugzeug mit dem Namen *Aurora* (Morgenröte) ist vermutlich etwa 27 Meter lang, besitzt eine Flügelspannweite von 15 Metern, erreicht eine Flughöhe von 40 Kilometern und ist mit *Mach 8* 8530 km/h schnell. Der bisher schnellste Fernaufklärer, der legendäre *Blackbird*, erreichte nur Mach 5. *Aurora* kann in drei Stunden jeden Punkt der Erde erreichen – ein Flugzeug für das 21. Jahrhundert.

Nachtrag

Die Sowjetunion löste sich auf und zerfiel in die »Gemeinschaft unabhängiger Staaten« (GUS). Mit dem 1. Januar hörte das Riesenreich, das jahrzehntelang die Weltgeschichte mitbestimmt hatte, zu existieren auf. Größter Einzelstaat wurde Rußland. Präsident Michail Gorbatschow verlor seinen Posten, Staatschef wurde sein Widersacher Boris Jelzin.
Neue Messungen, veröffentlicht am 4. Februar, zeigten, daß die Ozon-Schicht auch über der nördlichen Halbkugel immer dünner wird.
Am 3. März sagte sich Bosnien-Herzegowina von Jugoslawien los. Serbische Freischärler, z. T. unterstützt von Rest-Jugoslawien (Serbien/Montenegro) eröffneten daraufhin einen zweiten Kriegsschauplatz auf dem Balkan. Hunderttausende von Menschen flohen oder wurden vertrieben. Berichte über Konzentrationslager, Folterungen und Massenvergewaltigungen gelangten ins Ausland, aber außer relativ wirkungslosen Embargobestimmungen gegen Serbien sahen sich weder die UNO noch die USA oder Europa in der Lage, in irgendeiner Weise einzuschreiten.
Ein politisches Gipfeltreffen in Rio de Janeiro am 3. Juni führte zum ersten Mal Staatschefs aus aller Welt zum Thema Umwelt zusammen. Die Ergebnisse waren mager. Insbesondere am Widerstand der USA scheiterten Anträge zur CO_2-Reduzierung.
Die Wahl zum 42. Präsidenten der USA am 4. November gewann der aus Arkansas stammende Bill Clinton.
Um Null Uhr am 1. Januar 1993 startete der »gemeinsame Binnenmarkt« innerhalb der Europäischen Gemeinschaft, der Grenzkontrollen weitgehend überflüssig macht – ein wichtiger Schritt zur politischen Union Europas, die jedoch inzwischen weitgehend eher skeptisch betrachtet wird.

Namenregister

Sachregister